颜济教授、杨俊良教授与加拿大伯纳德 R.包姆博士在丹麦
波罗的海海滨考察、采集小麦族植物种质资源

现代农业科技专著大系
教育部长江学者和创新团队发展计划（IRT0453）资助（PCSIRT）

小麦族生物系统学

第四卷

窄穗草属　新麦草属　赖草属
拟鹅观草属　鹅观草属

颜　济　杨俊良　编著

中国农业出版社

图书在版编目（CIP）数据

小麦族生物系统学．第4卷/颜济，杨俊良编著．—北京：中国农业出版社，2011.5
ISBN 978-7-109-15628-9

Ⅰ.①小… Ⅱ.①颜…②杨… Ⅲ.①小麦—生物学—研究 Ⅳ.①S512.101

中国版本图书馆CIP数据核字（2011）第075223号

中国农业出版社出版
（北京市朝阳区农展馆北路2号）
（邮政编码 100125）
责任编辑 孟令洋 干锦春

中国农业出版社印刷厂印刷 新华书店北京发行所发行
2011年6月第1版 2011年6月北京第1次印刷

开本：787mm×1092mm 1/16 印张：39.25 插页：1
字数：1050千字
定价：240.00元

序　言

小麦族生物系统学第四卷包括五个多年生属，它们是窄穗草属、新麦草属、赖草属、拟鹅观草属和鹅观草属。新麦草属与拟鹅观草属是小麦族中非常重要的供体属，赖草属与鹅观草属则为异源多倍体重要的大属。它们是北半球草原与草甸，以及荒漠植被的主要构成组分，也是麦类作物改良的重要基因资源。例如耐赤霉病与抗赤霉病的基因就在鹅观草属中发现。目前，也只有在鹅观草属与第五卷将要介绍的弯穗草属中找到这种非常重要的基因资源。

在物种演化上，这些属都是以染色体组亚型构成独立基因库，也就是独立的物种。窄穗草属是新西兰的特有小属，所含物种不多，是 **HW** 染色体组组合的异源多倍体植物。拟鹅观草属都是含 **St** 染色体组的物种；新麦草则都是含 **Ns** 染色体组的物种；赖草属是异源多倍体属，它的种是由 **Ns** 与 **Xm** 染色体组组成；鹅观草属则由 **St** 与 **Y** 染色体组组成。

上述的 **Y** 及 **Xm** 染色体组从何而来，至今还没有找到供体。由于 **Y** 与 **St** 染色体组非常接近，因此有人认为它是由 **St** 染色体组转变而来（Lu & Liu，2005），正如小麦的 **B** 染色体组来自拟斯卑尔塔山羊草的 $\mathbf{B^{sp}}$染色体组一样。但正如第三卷序言中谈到的，现在还没有找到直接的证据。**Xm** 染色体组的来源也还是一个没有解答的问题。由于它与 **Ns** 染色体组有许多相近似的证据，因此也有人认为它是 **Ns** 染色体组的变型［Hong-Bin Zhang（张洪斌）与 Jan Dvořák，1991］。编著者看到四川农业大学丁春邦、周永红、郑有良、杨瑞武、魏秀华在 2004 年《植物分类学报》42 卷，第 2 期，发表的一篇题为“拟鹅观草属 6 种 2 亚种和鹅观草属 3 种植物的核型研究”的观察报告。其中他们所用的 *Psaeudoroegneria strigosa* 与 *P. stipifolia* 两个种的材料的核型，它们的随体在最短的第 7 对染色体上，特别是 *P. stipifolia* 两对随体染色体分别在第 5 与第 7 两对短染色体上，这正是 **Y** 染色体组的特征。我们已作了一个进一步研究分析的设计方案给他们，看能否找到 **Y** 染色体组的供体植物。

新麦草属、鹅观草属、弯穗草属都是亚洲特有的属，拟鹅观草属与赖草属则在新旧大陆都有分布。过去许多形态分类学家都承认的猬草属（*Hystrix* Moench 或 *Asperalla* Humb.）、偃麦草属（*Elytrigia* Desv.），经实验生物学的检测，它们都不应再成为独立的属，猬草属除 *Hystrix patula* Moench 含 **H**、**St** 染色体组应归入披碱草属（*Elymus*）恢复成为 *Elymus hystrix* L. 外，其他如 *Hystrix californicus* Bolander、*Hystrix coreana*（Honda）Ohwi、*Hystrix duthier*（Stapt）Bor、*Hystrix komarovii*（Roshev.）Ohwi、*Hystrix sibirica*（Trautv.）Kuntze、*Hystrix longearistata*（Hack.）Honda、*Hystrix sachalinensis* Ohwi 都是含 **NsXm** 染色体组的物种，应归入赖草属。许多形态分类学者都认可的偃麦草属（*Elytrigia* Desv.）的问题，我们在第五卷中再来讨论。

实验生物学检测的结果表明，只根据形态学特征来鉴定的形态分类不可避免会陷入表型逆定理推论可能带来的错误。第三卷阐述的这个基本道理，这里将得到清楚的证明。由于林下荫蔽的生态环境条件下，应该属于赖草属（*Leymus*）的 *Hystrix californicus* Bolander、*Hystrix duthiei*（Stapf）Bor、*Hystrix komarovii*（Roshev.）Ohwi、*Hystrix longearistata*（Hack.）Honda 与披碱草属的 *Elymus hystrix* L. 都是具有疏丛的植株，宽大披针形的叶片，退化的颖。这种生态适应的趋同，而使它们形态趋于近似，形态分类就把它们看成一个属，称为 *Hystrix* 或者名为 *Asperella*！这正如把鲸当成鱼一样。草原草甸生态型的禾草 *Hystrix coreana*（Honda）Ohwi 与 *Hystrix sibirica*（Trautv.）Kuntze，由于它们具退化的颖，并位于外稃的两侧，也就按这些主观臆定的标准划归于所谓的猬草属。而它们却是含 **NsXm** 染色体组的赖草属的物种。由此看来单纯的形态分类，不进一步进行实验生物学的检测订正是不行的。本卷的赖草属将包括这样一些原来称为 *Hystrix* 的物种，现在必须将它们组合到赖草属中。

鹅观草属（*Roegneria* C. Koch）是个大属，有 90 多个种，为亚洲特有植物，只有一个种分布于南欧，一个种分布到北美洲最西端的阿拉斯加。它含有 **St** 与 **Y** 染色体组，它们大都是异源四倍体。目前已知有由这两个染色体组组合成的六倍体的物种，但尚未发现有八倍体物种在自然植被中存在。鹅观草属是 1848 年德国植物学家 Karl（Carl）Heinrich Emil Koch 以模式种 *Roegneria caucasica* K. Koch 建立的合法的属。它有独自的分布区——亚洲，特别是一些种可以适应南亚热带的环境条件，是小麦族其他属少有的。它含有独特的 **St**、**Y** 染色体组组合。无论从数量形态学计算，还是从植物地理分区、细胞遗传学研究、分子遗传学分析，按国际植物命名法规，它都是界限分明独立合法的属。由于 **St** 染色体组具有一系列的强显性基因，因此，使含 **St** 染色体组的不同的异源多倍体组合的属，如披碱草属（**HSt**）、鹅观草属（**StY**）、弯穗草属（**HStY**）的形态性状趋同，从而使一些有影响的形态分类学家，例如：H. H. Цвелев 把鹅观草属（*Roegneria*）合并到披碱草属（*Elymus*）中。特别是在 1984 年，基于遗传学的植物分类学家 Áskell Löve 发表他著名的《小麦族大纲（Conspectus of the Triticeae）》时，**Y** 染色体组尚未发现。他臆测鹅观草属（*Roegneria*）的植物也都是含 **H**、**St** 染色体组的物种，因而把它们归入披碱草属（*Elymus*）而不承认鹅观草属，把 *Roegneria* K. Koch 看成是 *Elymus* L. 的异名，而直接承袭 H. H. цвецев 的形态分类。这显然是因为历史的局限。但现在实验生物学已经把含 **St**、**Y** 染色体组的鹅观草属研究清楚了，却还有一些人仍然教条地对待 Áskell Löve 的失误，坚持不承认鹅观草属，而仍然把属于鹅观草属的种置于披碱草属之中，这显然是错误的，也违背 Áskell Löve 建属的原则。

以上五个属，就是本卷要向读者介绍的。

最后，在研究方法上，我们想借鹅观草属多说几句。从形态性状上来看，由于 St 染色体组的强显性遗传效应，鹅观草属与披碱草属的确大多数性状相似，测量数据相互重叠，难于区分，这样就使许多单纯依据形态来分类的人把它们混为一谈。但从内稃来看，鹅观草属的内稃短于外稃，顶端钝圆、平截或微凹，两脊上纤毛粗长，排列较为稀疏，表现出 **Y** 染色体组的显性特征；而披碱草属的内稃稍短于、等于或长于外稃，上端锐尖，两脊上纤毛细小，排列紧密，表现出 **H** 染色体组的显性特征。在形态上这两个属还是可以区分的（Baum、Yen & Yang，1991；Salomon & Lu，1992；Lu ，1994）。这些少数不同性状，当然是在用遗传学方法检测出这两个属的差异以后，回过头再来细致地作比较观察才会发现。系统学必须依据遗传学的方法来检测，分类学也需要这样辩证地深入比较分析。我们认识一个物种，首先是从形态观察来发现它，因此形态比较是很重要的第一步，也就是认识它的表型。表型是遗传与环境条件互作的产物，由于成对的遗传性状受显隐律的支配，可以在特定环境条件下显现、隐伏，或呈中间性状出现。因此单纯从外表形态不可能认识其隐伏的差异，只有进一步进行遗传学的检测才能看到它们在亲缘系统上的真正区别。找出区别以后，再在众多的性状中筛选出区别于核基因组的特有关键性状（表型），也就是反映染色体组特有的形态显性性状。用这些关键性状我们就可以比较准确地根据形态性状来区别一个分类群的归属。我们还要进一步指出，由于显性性状的掩盖，有那么一些在系统演化上完全不同的种，用形态学来鉴定是无法区分的。例如鹅观草属的四倍体种 *Roegneria panormitana*（Parl.）Nevski 与六倍体种 *Roegneria heterophylla*（Bornm. ex Melderis）C. Yen，J. L. Yang et B. R. Baum，二倍体种 *Eremopyrum sinaicum*（Steudel）C. Yen et J. L. Yang 与四倍体种 *Eremopyrum bonaeparits*（Spreng.）Nevski，就只有用细胞学的方法才能准确地加以区别。

精细准确的图对读者用以识别物种是非常重要的，它一目了然，一个形象，显然优于文字描述。但由于版面，大小尺度必须有所缩放，除标尺外，加上文字描述，数据记录，使读者才有个客观准确的认识。我们在编著本书时，希望每一个种像文字描述一样有一张准确的图。如已有出版图在先的，为尊重原作者的原创功绩与优先权，我们尽量采用原作者的原图。但是一些原图绘画者存在一些主观倾向，对标本的形态绘制不完全准确。我们为尊重原图，在引用原图的同时又必须作必要的修正。对太离谱的就只得改绘，或不引用而另外绘制。这一编著原则特此补充说明。同时由于资料浩繁，篇幅有限，一些存疑分类群就不一定附图。

这一卷中的两个大属，赖草属与鹅观草属，我们与 Bernar R. Baum 博士共同分析研究多次，其中有他许多的宝贵意见，我们也共同写成两篇完整的英文稿，并已分别发表。本卷中这两个属是在英文大纲与初稿的基础上写成中文稿。Baum 博士不能阅读中文，因此文责由颜济与杨俊良来负，在这卷编著者中也就没有列上 B. R. Baum 的名字。同时，我们在研究过程中也抽取一些单个成果在学术专刊上共同发表了几篇论文，它也是围绕这一专著的。这一卷没有写 B. R. Baum 的名字，是因为文责问题。但他是作了重大贡献的。

2005 年初夏到 2006 年秋成初稿于美国加利福尼亚州戴维斯市

2006 年 8 月讨论研究赖草属与鹅观草属于加拿大渥太华

2008 年春定稿于美国加利福尼亚州戴维斯市

编著者

2010 年 6 月

目　录

序言

一、窄穗草属（*Stenostachys*）的生物系统学 …… 1
（一）窄穗草属古典形态分类学简史 …… 1
（二）窄穗草属实验生物学研究 …… 2
（三）窄穗草属的分类 …… 11
二、新麦草属（*Psathyrostachys*）的生物系统学 …… 21
（一）新麦草属古典形态分类学简史 …… 21
（二）新麦草属实验生物学研究 …… 24
（三）新麦草属的分类 …… 60
三、赖草属（*Leymus*）的生物系统学 …… 78
（一）赖草属古典形态分类学简史 …… 80
（二）赖草属实验生物学研究 …… 90
（三）赖草属的分类 …… 174
四、拟鹅观草属（*Pseudoroegneria*）的生物系统学 …… 274
（一）拟鹅观草属古典形态分类学简史 …… 274
（二）拟鹅观草属实验生物学研究 …… 280
（三）拟鹅观草属的分类 …… 303
五、鹅观草属（*Roegneria*）的生物系统学 …… 337
（一）鹅观草属古典形态分类学简史 …… 337
（二）鹅观草属实验生物学研究 …… 356
（三）鹅观草属的分类 …… 444

附录 …… 587
Ⅰ. 赖草属种名录 …… 587
Ⅱ. 鹅观草属种名录 …… 596
致谢 …… 618

一、窄穗草属（*Stenostachys*）的生物系统学

窄穗草属（*Stenostachys*）是新西兰特有的小属，目前知道它有 3 个种。自 1862 年俄罗斯植物学家 Николаи Степанович Туржанинов 以 *Stenostachys narduroides* Turcz. 为模式种建立窄穗草属以来，它是长期不为基于形态学的生物系统学与分类学学者认可的老属。由于细胞遗传学与分子遗传学证明它是一个与众不同含有特殊的 **H** 与 **W** 染色体组组合的异源四倍体植物，因此 140 多年后的今天又才为学者所承认。

（一）窄穗草属古典形态分类学简史

1853 年，英国的植物学家 William Jackson Hooker f. 在《新西兰植物志（Fl. N. Z.）》第 1 卷，312 页（图 70），发表一个定名为纤细裸棱草（*Gymnostichum gracile* Hook. f.）的新西兰禾草新种。但是裸棱草（*Gymnostichum*）这个属是不合法的，因为它是 J. C. D. von Schreber 在 1810 年把 Carl Linné 定名的 *Elymus hystrix* L. 重新组合为 *Gymnostichum hystrix*（L.）Schreber 的。然而以它作为模式种建立这个属之前，同一个分类群已在 1790 年被德国植物学家 Baron Friedrich Wilhelm Heinrich Allexander von Humboldt 组合为 *Asperella hystrix*（L.）Humb，并以它为模式种建立了 *Asperella*（猬草属）；1794 年又被德国植物学家 Conrad Moench 以 *Hystrix patula* Moench 为模式种建立了 *Hystrix* 属。按优先权，裸棱草属（*Gymnostichum*）这个属名就成为不合法的。当然 *Gymnostichum gracile* Hook. f. 也因此成为不合法的种名。

1862 年，俄罗斯植物学家 Николаи Степанович Туржанинов 以 *Stenostachys narduroides* Turcz. 为模式种，以穗窄狭为特征，在《莫斯科自然科学学会公报（Bull. Soc. Nat. Mosc.）》第 35 卷，184 页，发表一个名为 *Stenostachys*——窄穗草的新属。这个分类群虽然就是 9 年前 Hooker f. 定名为 *Gymnostichum gracile* 的同一种植物。但他把这个穗轴节上单生一个小穗，小穗仅含一小花，小花以其腹面面向穗轴，颖极度退化等特殊形态特征作为另立新属之依据。这无论是从国际植物命名法规，还是从当今实验生物学的检测来看都是非常正确的。

1891 年，德国植物学家 Carl Ernst Otto Kuntze 在《植物属的订正（Reviso Generum Plantarum）》第 2 卷，778 页，把 *Gymnostichum gracile* Hook. f. 组合为 *Hystrix gracilis*（Hook. f.）Kuntze。

1894 年，在新西兰奥克兰做首席学监的苏格兰植物学家 Donald Petrie 在《新西兰研究所报告（Transaction of New Zealand Institute）》第 26 卷，272 页，发表一个猬草属的新种，名为 *Asperella aristata* Petrie。

1895 年，英国出生在新西兰做首席森林资源保护官的 Thomas Kirk 在《新西兰研究

所报告（Transaction of New Zealand Institute)》第 27 卷，353 页，把 *Gymnostichum gracile* Hook. f. 组合为 *Asprella gracilis*（Hook. f.）Kirk。把另一个分类群定名为 *Asperella enysii* Kirk，发表在 359 页上。而这个 *Asperella enysii* 正是一年前 Donald Petrie 在同一个刊物上发表的名为 *Asprella aristata* Petrie 的同一个分类群。

同年，Donald Petrie 又在《新西兰研究所报告（Transaction of New Zealand Institute)》第 27 卷，406 页，发表一个猬草属名为 *Asperella laevis* Petrie 的新种。

1914 年，新西兰奥克兰博物馆馆长 T. F. Cheesman 在《新西兰植物图志（Illustr. Fl. N. Z.）》第 2 卷（图 234），把 *Asprella aristata* Petrie 组合为 *Agropyron aristatum*（Petrie）Cheesman。

1943 年，新西兰植物学家 V. D. Zotov 把分类群 *gracilis* 定为新属，名为库克草属——*Cockaynea* Zotov，把 *Gymnostichum gracile* Hook. f. 组合为 *Cockaynea gracilis*（Hook. f.）Zotov 成为模式种，发表在《新西兰皇家学会会报（Transactions of Royal Society of New Zealand)》第 73 卷，234 页上。这个新属比用同一个分类群为模式建立的窄穗草属（*Stenostachys* Turcz.）整整晚了 81 年。

1994 年，新西兰大学地理系的植物学家 H. E. Connor 在《新西兰植物学杂志（New Zealand Journal of Botany)》第 32 卷，143～146 页，发表一个名为 *Stenostachys deceptorix* Connor 的新种。把 William Jackson Hooker f. 定名的 *Gymnostichum gracile* Hook. f. 组合为 *Stenostachys graclis*（Hook. f.）Connor，把 Petrie 定名的 *Asprella laevis* Petrie 组合为 *Stenostachys laevis*（Petrie）Connor。在这里 H. E. Connor 重新肯定 *Stenostachys* Turcz. 这个属名无疑是正确的，但他片面强调 *Gymnostichum gracile* Hook. f. 命名在先而把它组合为 *Stenostachys graclis*（Hook. f.）Connor，以取代 *Stenostachys* Turcz. 原来的模式种 *Stenostachys narduroides* Turcz. 显然是不正确的。因为 *Gymnostichum gracile* Hook. f. 早已因裸穗草属的不合法成为无效的种名。并且既然承认 *Stenostachys* Turcz. 的合法性，但又不承认构成这个属的模式种 *Stenostachys narduroides* Turcz.，而去组合一个不合法的种名"*graclis*"，不是自相矛盾吗？

（二）窄穗草属实验生物学研究

1982 年，Á. Löve 与 H. E. Connor 在《新西兰植物学杂志（New Zealand Journal of Botany)》20 卷，169～186 页，发表一篇题为《新西兰的小麦草的相互关系与分类学》的文章。在这篇文章中他们报道了以下一些有关窄穗草属分类群的杂交试验的结果：

1. *Cockaynea gracilis*（2n=28）×*C. laevis*（2n=28）

在新西兰南岛这两个分类群重叠分布的地区没有发现有天然杂种存在。这两个分类群人工杂交很容易，尽管在自然生境中主要是自花传粉。杂种呈现双亲的中间性状。虽然亲本花粉全都是充分能育的，即使在套袋的情况下结实也很好。但杂种能染色的正常花粉只有 10%～30%，同时，无论在开放授粉或自交情况下都没有种子形成。这一结果可能是由于有两条染色体因一个片段发生交换而使双亲构成差异。来自 15 个杂种个体的 390 个减数分裂中期Ⅰ的花粉母细胞中，有 72 个细胞含 14 个二价体（Ⅱ），有 247 个细胞含 12

Ⅱ＋1Ⅳ，有41个细胞含12Ⅱ＋1Ⅲ＋1Ⅰ。染色体交叉与二价体频率降低，以及出现多价体外，没有观察到其他染色体分裂的不正常现象。两者之间的差别与 *C. laevis* 缺少一个微随体相联系。

2. *Agropyron enysii* （2n＝28）×***Cockaynea gracilis*** （2n＝28）

这两个分类群在自然环境中，即使是生长在一起的地区，也没有观察到有天然杂种出现。3个植株，5个穗子，经人工杂交得到20个饱满与30个较饱满的种子。饱满的种子萌芽率为50％，5株成长抽穗，只有8％的花粉能染色，花药不开裂，高度不育，杂种自交没有种子形成。两个分类群的核型非常相似，只是 *Cockaynea gracilis* 的随体小一些。在减数分裂后期Ⅰ有7.5％的花粉母细胞中有桥与染色体片段，1个桥与1个大片段的细胞占4.7％，2个桥与1个小片段及1个大片段的细胞占2.1％。说明有两个染色体发生倒位构成双亲差异与不亲和。还有其他一些使染色体同源性改变的原因使杂种减数分裂时显示出交叉显著减少，棒型二价体增加，以及有10％～15％的单价体。

3. *A. enysii* （2n＝28）×***Cockaynea laevis*** （2n＝28）

这两个分类群的分布区也是重叠的，没有天然杂种的记录。在相邻的试验小区中也没有观察到有自然杂交的情况。5株 *A. enysii* 与3株 *C. laevis* 所作的正反交共得到9粒充实的杂种种子，得到5个杂种成株。无论隔离自交以及开放授粉都不结实，不开裂的花药中能染色的充实花粉不到1％。核型差别在于 *A. enysii* 具两对随体染色体，而 *C. laevis* 只有1对。525个减数分裂中期Ⅰ花粉母细胞中，有68个含14Ⅱ，241个含12Ⅱ＋1Ⅳ，30个含12Ⅱ＋1Ⅲ＋1Ⅰ，42个含11Ⅱ＋1Ⅲ＋3Ⅰ，15个含11Ⅱ＋1Ⅵ，有6个含10Ⅱ＋1Ⅷ，有4个含10Ⅱ＋1Ⅶ＋1Ⅰ，以及19个含10Ⅱ＋1Ⅲ＋5Ⅰ。显示染色体节段交换造成的异质性反映在配对行为上。在后期Ⅰ几乎每个细胞都观察到落后染色体，以及1或2个桥。从染色体片段大小来判断显示出至低有2个倒位。

从以上数据看来，这3个分类群相互间染色体配对率非常高，应当是含有两个相同的染色体组。但是发生了染色体倒位（桥）与染色体间易位（出现三价体、四价体、六价体、七价体以及八价体等多价体）而造成生殖隔离，形成各自独立的基因库。这一情况与第二卷介绍的黑麦属的情况非常相似。因此，应当把它们看成同一属的3个独立物种。

他们也报道了 *Agropyron enysii* 与六倍体的 *Agropyron kirkii* （＝*Anthosachne multiflora*）、*Agropyron scrabrum* （＝*Anthosachne australasica*）以及八倍体的 *Agropyron tenue* 的杂交试验的结果。这些试验结果介绍如下：

1. *Agropyron enysii* （2n＝28）×***A. kirkii*** （2n＝42）

A. kirkii 体细胞有丝分裂有两对随体染色体，花粉母细胞减数分裂呈现21对二价体。以 *A. kirkii* 为母本授以 *A. enysii* 的花粉没有得到种子，反交得36粒半充实的杂种种子。其中，11粒萌芽，8株成长抽穗。杂种全都含有35条染色体。营养生长旺盛，但花药不开裂，其中花粉粒全是空瘪壳。200个花粉母细胞中，有48个含3Ⅲ＋11Ⅱ＋4Ⅰ，有几个细胞含4～5个三价体（Ⅲ），平均每细胞3.4个三价体。后期Ⅰ，90％以上的细胞含1～6个落后染色体，平均每细胞2.5个，虽然也有少数例外。没有观察到桥与染色体片段。

2. *A. enysii* （2n＝28）×***A. scabrum* Tawera 群** （2n＝42）

与 *A. enysii*×*A. kirkii* 一样，没有得到杂种种子；反交才得到29粒半充实的杂种种子。其中，9粒萌发，生长健壮正常，都是五倍体，含35条染色体。观察的200个花粉母细胞中，有62个染色体配对构型为3Ⅲ+11Ⅱ+4Ⅰ。除两个细胞外，其他观察的细胞都有三价体。有6个细胞含有5个三价体，有1个细胞有6个三价体。后期Ⅰ，所有观察的细胞中都呈现1～6条落后染色体，但是没有桥与染色体片段出现。

从以上两组数据看，基本上是一致的，也就是说 *A. kirkii* 与 *Agropyron scabrum* Tawera 群的染色体组成是相似的。而 *Agropyron enysii* 与它们至低限度有一组染色体组相同，但这一组相同的染色体组之间在结构上有染色体间易位的差异，因而呈现多价体。

在新西兰还有一个八倍体种，即 *Agropyron tenue*。他们作了 *A. enysii* 与它的杂交试验。其结果如下：

3. *A. enysii*（2n=28）×*A. tenue*（2n=56）

A. tenue 的核型与 *A. enysii* 形态上相似而数量加倍，包括随体。它们之间的杂种在200个减数分裂中期Ⅰ花粉母细胞中，有172个细胞含有28个二价体，有15个细胞含有26个二价体+1个四价体，有3个细胞含有26个二价体+1个三价体+1个单价体，有2个细胞含有24个二价体+2个三价体+2个单价体。后期Ⅰ，落后染色体频率很低。

从这一数据来看，他们认为 *Agropyron tenue* 是来自 *Agropyron enysii* 经染色体天然加倍的同源-异源八倍体。

1998年，S. Svitashev、T. Bryngelsson、X. Li 与美国犹他州立大学美国农业部牧草与草原实验室的汪瑞其在《核基因组（Genome）》41卷上发表一篇题为“Genome-specific repetitive DNA and RAPD markers for genome identification in *Elymus* and *Hordelymus*”的文章。对这篇文章编著者首先要向读者说明的是文章的作者是对 *Elymus* 属仍然承袭 Áskell Löve 与 Douglas R. Dewey 的陈旧的大属观点，不按自然系统而把鹅观草属、花鳞草属、窄穗草属、仲彬草属都包含在杂凑而成的广义披碱草属中。因此看他们这一研究成果时，要对他们使用的属种名称加以区别对待。

为正名，编著者先对他们使用的一些学名订正供阅读时参考，对他们文章中的叙述保持原样不作更改。括弧外为他们使用的学名，括弧内为订正的学名。这些订正的学名是：

Agropyron cristatum Gaertn.（*Agropyron pectiniforme* Roem. et Schultes）；

Agropyron mongolicum Keng [*Agropyron pectiniforme* subsp. *mongolicum*（Keng）C. Yen et J. L. Yang]；

Agropyron cristatum subsp. *desertorum*（Fischer ex Link）Á. Löve；

Elymus scaber（R. Br.）Á. Löve，种名形容词“*scaber*”按 Á. Löve 的原文应为“*scabrus*”[*Anthosachne australasica* var. *scabra*（R. Br.）C. Yen et J. L. Yang]；

Elymus dahuricus Turcz. ex Griseb. [*Campeiostachys dahurica*（Turcz. ex Griseb.）J. L. Yang，B. R. Baum et C. Yen]；

Elymus batalinii（Krassn.）Á. Löve [*Kengyilia batalinii*（Krassn.）J. L Yang，C. Yen et B. R. Baum]；

Elymus rigidulus（Keng）Á. Löve [*Kengyilia rigidula*（Keng）J. L. Yang，C. Yen et B. R. Baum]；

Agropyron krylovianum Schischk. [*Kengyilia kryloviana* C. Yen，J. L. Yang et

B. R. Baum]；

Elymus caucasicus（C. Koch）Tzvelev [*Roegneria caucasica* C. Koch]；

Elymus abolinii（Drob.）Tzvelev [*Roegneria abolinii*（Drob.）Nevski]；

Elymus ciliaris（Trin.）Tzvelev [*Roegneria ciliaris*（Trin.）Nevski]；

Elymus gmelinii（Ledeb.）Tzvelev [*Roegneria gmelinii*（Ledeb.）Kitag.]；

Elymus grandis（Keng）Á. Löve [*Roegneria grandis* Keng]；

Elymus praeruptus Tzvelev [*Roegneria interrupta*（Nevski）Nevski]；

Elymus semicostus（Nees ex Steud.）Meldris [*Roegneria semicostata*（Nees ex Steudel）Kitag.]。

以上注释是题外的介绍，下面才介绍这篇论文。

他们把 *Agropyron cristatum*、*Australopyrum velutinum*、*Elymus semicostatus* 及 *Elymus cuacasicus* 提取得全 DNA 与 *Bam*HI 进行消化，并在琼脂糖凝胶上电泳。用 Prep-A-Gene 纯化系统（Bio-Rad，U. S. A.）把“遗留”DNA 从凝胶上分离出来，与 *Sau*3A 进行消化，克隆到 pBlue ScriptKS+（Stratagene，U. S. A.）的 *Bam*HI 位点。根据制造商的推荐，重组 DNA 用于转化 Epicurian Coli Xl－1 Blue 感受态细胞。随机选取自克隆，300 来自 *Ag. cristatum* 与 *Au. velutinum* 以及 800 来自 *E. semicostatus* 与 *E. caucasicus*，把它们附着在新凝胶板上，并转移到四张相同的尼龙膜上。这些尼龙膜与来自 *Hordeum stenostachys*（**H** 染色体组），*Pseudoroegneria spicata*（**St** 染色体组）、*Ag. cristatum*（**P** 染色体组）、*Au. velutinum*（**W** 染色体组），以及 *E. semicostatus*（**St** 染色体组）^{32}P 标记过的 DNA 杂交。只选择同源 DNA 杂交上的克隆。根据 Sambrook et al.（1989）的方法小量制备了质粒 DNA。质粒插入体用 *Xba* Ⅰ与 *Pst* Ⅰ从凝胶板上分离切割下来，再与 *H. stenostachys*、*P. spicata*、*Ag. cristatum*、*Au. velutinum*，及 *E. semicostus* 全核基因 DNA 杂交以验证染色体组特异性。用 Svishev et al.（1994）介绍的方法进行邵氏印迹杂交（Southern blot hybridization）。

进行扩增 DNA 的聚合酶链式反应与分析，筛选 284 十碱基随机引物（Operon Technologies Inc. U. S. A.），找寻 *Elymus* 中 5 个染色体组的特异性标记。染色体组特异带用 General Contractor DNA Cloning Stsyem（5 prime－3 prime Inc.，U. S. A.）从琼脂凝胶上克隆提取出来。筛选出来的具染色体组特异性的插入物与全染色体组 DNA 杂交已如前述。Wei 与汪（1995）叙述的，产生 **St**、**Y** 以及 **Ns** 染色体组特异带的引物也用于分析。

质粒 DNA 用 ABI 373 自动测序仪（Applied Biosystemas，Perkin Elmer，U. S. A.）与 4 种荧光染料进行测序。

从二倍体种 *Ag. cristatum*（**P** 染色体组）、*Au. velutinum*（**W** 染色体组）以及四倍体种 *E. semicostatus* 与 *E. caucasicus*（**StY** 染色体组）的“遗留（Relic）”DNA 分离并加以克隆。**W** 染色体组有 3 个克隆段具有特异序列，**P** 染色体组有两个特异序列。他们没有找到 **Y** 染色体组的特异序列。染色体组邵氏印迹杂交证明 *Elymus* 与其他一些物种（图 1－1）的 DNA 也存在 **W** 与 **P** 的特异序列。克隆 pAgc 1 与 pAgc 30 只与含 **P** 染色体组的物种的 DNA 杂交，如：*Agropyron cristatum*（**P**）、*Ag. mongolicum*（**P**）、*Ag. desertorum*（**PP**）、*Elymus batalinii*（**StYP**）、*E. rigidulus*（**StYP**）、*Ag. krylovianum*，证明含有 **P**

染色体组（图 1 - 1 - A）。克隆 pAuv3、pAuv7 与 pAuv13 只能与含 **W** 染色体组的物种的 DNA 杂交，如：*Australopyrum velutinum*（**W**）、*Au. retrofractum*（**W**）、*Au. pectinatum*（**W**），以及 *Elymus scaber*（**StYW**）（图 1 - 1 - B、C）。

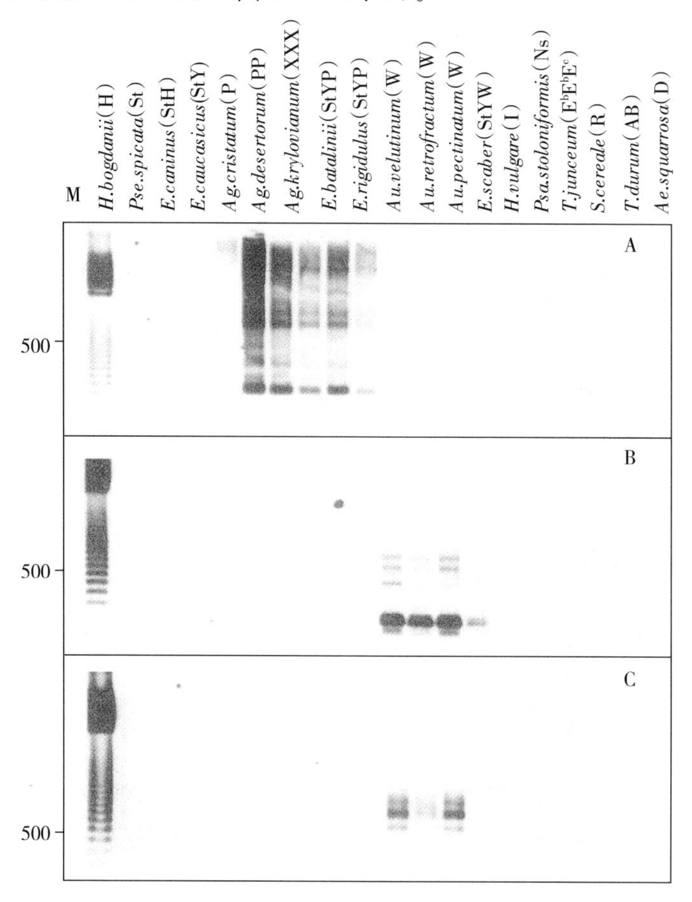

图 1 - 1　来自不同小麦族物种的染色体组 DNA 特异性序列 pAgc30（**P** 染色体组）（A）、pAuv13（**W** 染色体组）（B）以及 pAuv7（**W** 染色体组）（C）与 *Bam*HI -消化（A）及 *Rsa* - Ⅰ -消化（B 与 C）杂交。pAgc1 与 pAuv3 的图形没有显示，它们与 pAgc30 及 pAuv13 得到的图形基本上一致

（引自 Svitashev et al.，1998，图 1）

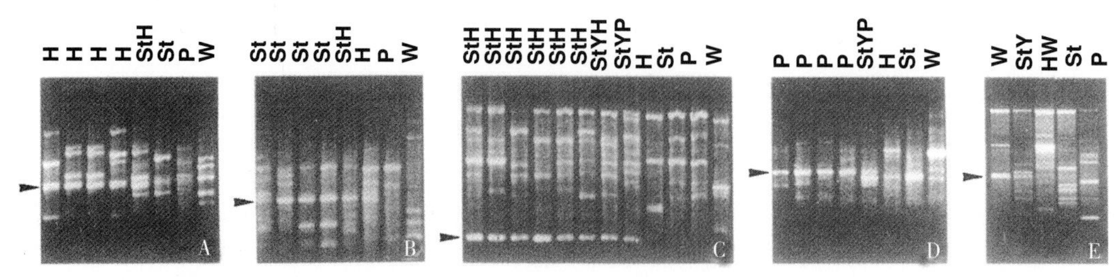

图 1 - 2　染色体组特异性带（箭头指示）**H**（A）、**St**（B）、**Y**（C）、**P**（D）与 **W**（E）染色体组，分别得自 OPB11、OPA20、OPF05、OPC12 与 OPH14 引物

（引自 Svitashev et al.，1998，图 2）

在这篇文章中对本属来说最重要的是证明 *Elymus enysii* 的染色体组组合是 **H** 与 **W** 两个染色体组。从图 1 - 2 我们可以看到它的特异带是 pHch2（**H** 染色体组）与 pAuv13（**W** 染色体组）（表 1 - 1），而不含 **St**、**Y** 与 **Ns** 染色体组（表 1 - 2）。

他们也证明 *Agropyron krylovianum*、*Elymus batalinii*、*E. rigidulus* 都含有 **P** 染色体组（图 1 - 1 - A，pAgc30）。当然这是后话，因为与本属无关，但可供第三卷仲彬草属的参考。

表 1 - 1　用十碱基引物（Operon Technologies Inc.，U. S. A.）**得来的染色体组特异标记**

（引自 Svitashev et al.，1998. 表 2）

染色体组	引　物	大小（bp）
St	OPA20	400
	OPE05	230
	OPG16	210
	OPI12	140
H	OPB11	340
	OPE17	270
	OPK02	220
Y	OPC03	190
	OPF05	200
	OPG15	420
	OPM05	200
P	OPA08	320
	OPC01	340
	OPE10	300
	OPY18	170
W	OPB15	370
	OPF3	180
	OPY - 02	270

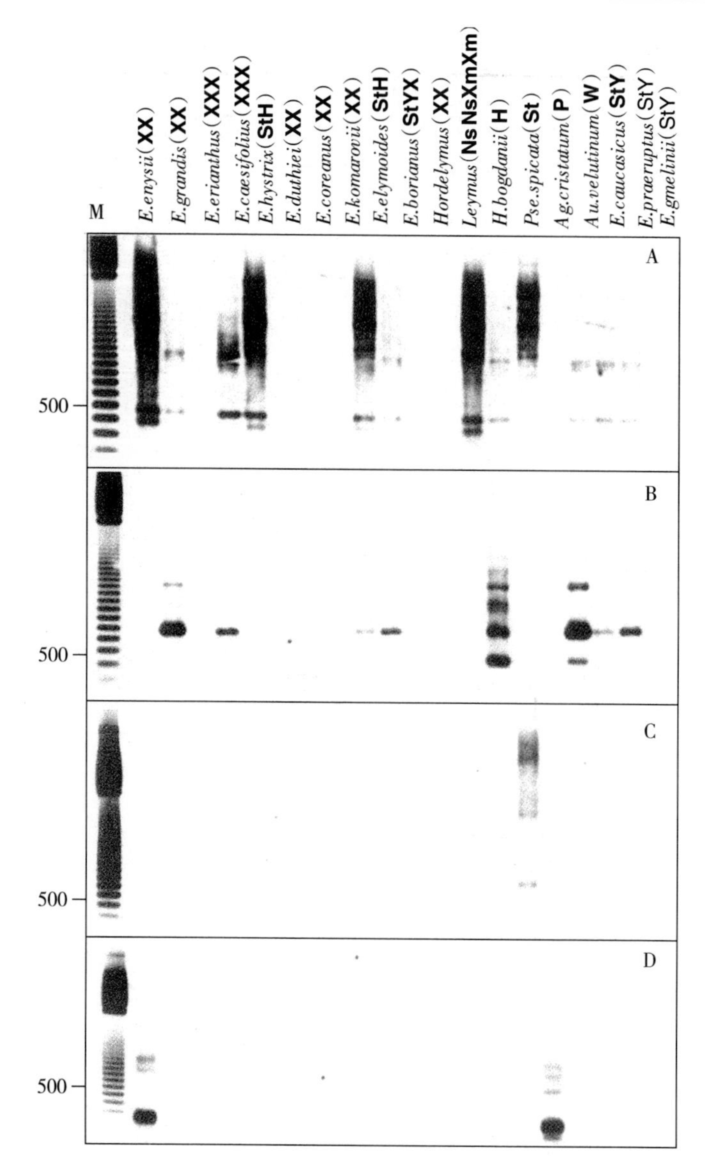

图 1-3 不同物种的 DNA 与染色体组特异性克隆杂交结果

[(A) pHch2 (**H** 染色体组);(B) pPl*Taq*2.5 (**St** 染色体组);(C) pAgc30 (**P** 染色体组);(D) pAuv13 (**W** 染色体组)。DNA 同 *Rsa* Ⅰ 消化 (A),同 *Taq* Ⅰ 消化 (B),同 *Bam*H Ⅰ 消化 (C),同 *Rsa* Ⅰ 消化 (D)]

表 1-2 用十碱基引物(Operon Technologies Inc.,U.S.A.)**对小麦族物种进行的 RAPD 检测**

(引自 Svitashev et al.,1998,表 3)

属　　种	倍性	**St** 染色体组			**Y** 染色体组			**Ns** 染色体组	
		OPA2	OPB08	OPN0	OPB14	OPG15	OPL18	OPK07	OPW05
Agropyron cristatum	2x	−	+	−	++	+	−	−	+
Australopyrum velutinum	2x	−	+	−	−	−	−	−	−
Elymus coreanus	4x	+	+	−	−	+	−	++	++

（续）

属　种	倍性	**St** 染色体组			**Y** 染色体组			**Ns** 染色体组	
		OPA2	OPB08	OPN0	OPB14	OPG15	OPL18	OPK07	OPW05
E. duthiei	4x	−	−	−	−	++	−	++	++
E. elimoides	4x	++	++	++	−	−	−	−	−
E. enysii	4x	−	+	−	−	−	−	−	−
E. grandis	4x	++	++	++	++	++	++	−	+
E. hystrix	4x	−	++	−	[illegible]	[illegible]	[illegible]	−	+
E. komarovii	4x	−	−	−	−	+	−	++	++
E. borianus	6x	+	++	−	+	++	++	−	+
E. caesifollus	6x	++	++	++	+	++	++	−	+
E. erianthus	6x	−	−	−	−	+	−	++	++
Hprdelymus eupropaeus	4x	−	−	−	−	−	−	+	++
Hordeum bogdanii	2x	−	+	−	−	+	++	−	−
Leymus arenarius	8x	+	+	−	−	+	−	++	++
Pseudoroegneria spicata	2x	++	+	++	−	−	−	−	−

注：“−”、“+”及“++”分别表示染色体组特异 RAPD 带不存在，或存在，及其强度。

2005 年，新西兰的 Alan V. Stewart、Nick Ellison 与 H. E. Connor 以及瑞典农业科学大学的 Björn Salomon 在第 5 届国际小麦族学术讨论会上发表一篇题为“Genomic constitu-tion of the New Zealand Triticeae”的论文。报道了他们对叶绿体 DNA（cpDNA）的 *trnL*（UAA）基因内含子序列以及核内核糖体 DNA 内部转录间隔区（ITS）的分析研究结果。用引物 c 与 d 对叶绿体 DNA 区段聚合酶链反应扩增（Taberlet et al.，1991），而 ITS 区段用引物 EC-1 与 EC-2 进行聚合酶链反应扩增（Williams et al.，2001）。聚合酶链反应产物提纯并直接测序。用 Meg Align（DNASTAR）对 DNA 序列排序，并用人工调整到最佳序列对比。用引导 PAUP（4. 0b10 形式；Swofford，2002）进行最简练分析，引导程序样本 100 用作波节支持评估。

ITS 序列分析在图 1-4 中把六倍体的种（*Elymus solandri*、*E. sacandros*、*E. falcis*、*E. apricus*、*E. multiflorus*）与八倍体的（*E. tenuis*）聚在一起，四倍体的种（*Stenostachys laevis*、*S. racilis*）与 *Elymus enysii* 聚在一个分支。*Elymus* 不与 *Pseudoroegneria* 聚在一起，他们认为 IYS 主要序列在六倍体与八倍体种分支是反映 **Y** 染色体组。而主要 ITS 序列在 *Australopyrum*、*Stenostachys* 与 *E. lymus enysii* 是反映 **W** 染色体组。

叶绿体 DNA 序列把新西兰的分类群分别聚在三支，二倍体的 *Australopyrum* 聚在一起而与 *Agropyron* 相邻，反映了 **W** 染色体组与 **P** 染色体组的区别及其相近似性。以分子分析验证了细胞学观察的结论。四倍体的 *Elymus enysii* 与 *Stenostachys gracilis*、*S. laevis* 与 *Hordeum* 聚在一起，反映它们共同含有 **H** 染色体组（图 1-5）。

对于这一试验分析，编著者询问了这一报告的第一作者 Alan Stewart。他来信称“We did not have any plants of *Elymus tenuis*. It is difficult for us to find. These plants are not common.”“We did however have access to the Genbank ITS sequence carried out by Auckland University.”由此看来一个重要信息是 *Elymus tenuis* 不是一个常见的种群，是

W Australopyrum calcis
W Elymus enysii
W Stenostachys gracilis
W Stenostachys laevis
W Australopyrum pectinatum GB
P Agropyron cristatum GB
P Agropyron mongolicum GB
P Agropyron puberrulum GB
Y Elymus apricus GB
Y Elymus falcis GB
Y Elymus sacandros GB
Y Elymus solandri
Y Elymus tenuis GB
Y Elymus multiflorus
Y Elymus tenuis
St Pseudoroegneria libanotica GB
St Pseudoroegneria spicata GB
B Aegilops speltoiaes GB
B Triticum aestivum GB
R Secate cereale GB
R Secate vavilovii GB
R Secate strictum GB
R Secate sylvestre GB
H Hordeum arizonicum GB
H Hordeum jubatum GB
Poa pratensis
95
70
98
95
71
53
76
80
76
100
100

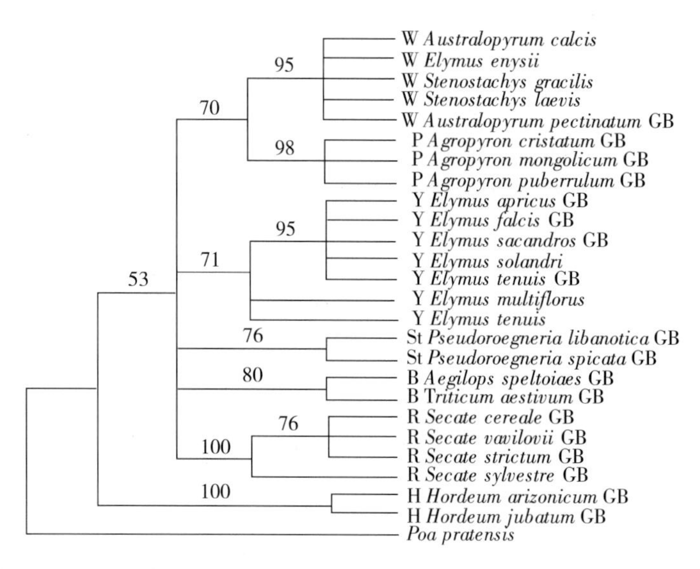

图 1-4 基于最简练分析的内部转录间隔区（ITS）严格共有序列系统树

[GB=序列来自 GenBank；*Poa pratensis* 序列作为外群；引导程序法值（bootstrap value）标明在干枝上；大写字母表示可能的染色体组]

（引自 Stwart，Ellison 与 Salomon，2005，图 1）

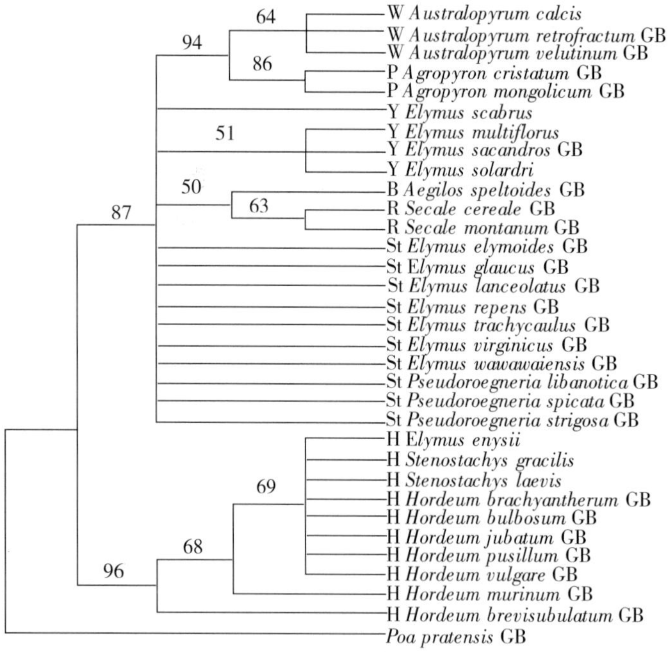

W Australopyrum calcis
W Australopyrum retrofractum GB
W Australopyrum velutinum GB
P Agropyron cristatum GB
P Agropyron mongolicum GB
Y Elymus scabrus
Y Elymus multiflorus
Y Elymus sacandros GB
Y Elymus solardri
B Aegilos speltoides GB
R Secale cereale GB
R Secale montanum GB
St Elymus elymoides GB
St Elymus glaucus GB
St Elymus lanceolatus GB
St Elymus repens GB
St Elymus trachycaulus GB
St Elymus virginicus GB
St Elymus wawawaiensis GB
St Pseudoroegneria libanotica GB
St Pseudoroegneria spicata GB
St Pseudoroegneria strigosa GB
H Elymus enysii
H Stenostachys gracilis
H Stenostachys laevis
H Hordeum brachyantherum GB
H Hordeum bulbosum GB
H Hordeum jubatum GB
H Hordeum pusillum GB
H Hordeum vulgare GB
H Hordeum murinum GB
H Hordeum brevisubulatum GB
Poa pratensis GB
64
94
86
51
50
63
87
69
68
96

图 1-5 基于最简练分析的叶绿体 DNA（cpDNA）严格共有序列系统树

[GB=序列来自 GenBank；*Poa pratensis* 序列作为外群；引导程序法值（bootstrap value）标明在干枝上]

（引自 Stwart，Ellison 与 Salomon，2005，图 2）

一种非常稀有的个别植株。他们这一报告中 *Elymus tenuis* 的数据是引用 Auckland University 的数据，而不是他们分析的。为此作者与 Henry E. Connor 教授讨论了这一问题。他来信称“However，*E. tenuis* 2n=56 is a yet unresolved question. It is not what Áskell Löve and I suggested in 1982. In my recent paper I suggest that it based on **St. Y** and **W**, but don't know the fourth genome. A set of unpublished analyses for *E. enysii* ×*E. tenuis* gave 1 Ⅲ、16 Ⅱ and 14 Ⅰ，others were 17～21 Ⅱ and 7～15 Ⅰ-quite differrent from Áskell's counts.”他自己否定了他与 Áskell Löve 在 1982 年认定的 *E. tenuis* 是起源于 *E. enysii* 的同源四倍体的说法。信中所说“recent paper”，就是 2005 年在《新西兰植物学杂志（New Zealand Journal of Botany)》第 43 卷上发表的题为“Flora of New Zealand-Gramineae supplememnt Ⅱ：Pooideae（Poaceae，Triticeae)”一文。在这篇文章中，Connor 完全是以形态性状为标准来看问题的。虽然他知道 Svitashev 等（1996，1998）已分析证明新西兰的 *Elymus enysii* 是含有 **HW** 染色体组组合的植物，并认同这个分析结果。他也认为把 *Elymus enysii* 放在 *Elymus* 属中是不正确的，而应该像 Wang 与 Henwood（1999）以及 Wang 与 Jacobs（2001）那样转移到一个新属中。他认为“在没有发现其他含有 **HW** 染色体组组合的成员之前它将是一个单种属”。

作者从上述分子遗传学的检测结果已清楚看到窄穗草属的 3 个种都是含 **HW** 染色体组组合的四倍体植物。因此，不能因为 *enysii* 在形态学上具有小穗小花多，颖未退化，颖脉较多，就像 Henry E. Connor 那样把它置于窄穗草属之外。如果这样处理就本（构成遗传物质基础的染色体组组合）末（表型呈现的形态性状）倒置了。

（三）窄穗草属的分类

窄穗草属发表一百多年来长期不被学者承认。但从实验生物学的研究成果来看，它含有特殊的染色体组组合 **HW**，因此应当承认它在系统学上的独立地位。从目前的实验数据看，它含有 4 个分类群。

***Stenostachys* Turcz.，1862. Bull. Soc. Nat. Moscou 35：330. 窄穗草属**

Elymus sect. *Stenostachys*（Turcz.）Á. Löve et Connor，1982. New Zealand J. Bot. 20：183；

Cockaynea Zotov，1943. Transactions of the Royal Society of New Zealand 73：233。

多年生纤细具根茎禾草，分枝穿叶鞘，茎秆长而光滑，穗弯垂。无柄小穗单生穗轴节上，穗节间边沿有向上弯曲的齿刺，10～30 个小穗紧贴穗轴呈覆瓦状排列构成细而窄长的穗。小穗含 1～3 具芒或小尖头的小花。成熟时，颖果联同内外稃脱节于颖上。颖上举，糙涩，芒状，长于穗轴节间，或退化成小残迹，或完全消失。

模式种：*Stenostachys narduroides* Turcz.。

属名：来自希腊文 stenos（στενοζ，狭窄的）与 stachys（σταχυξ，穗状花序）两个词的组合。

染色体组：**H** 及 **W**，染色体组组合 **HHWW**。

窄穗草属分种检索表

1. 颖不退化，渐尖成芒，具1～3脉；边沿具齿刺；外稃除脉上外，光滑无毛，顶端芒侧具一齿尖，芒长1～3.5mm；内稃顶端具两浅裂尖 ………………………………………………………… *S. aristata*
1. 颖退化或成芒状，仅具1脉……………………………………………………………………………… 2
 2. 颖退化不见，或成残迹，或成芒状混生在穗状花序上；外稃具显著的齿刺 ………… *S. narduroides*
 2. 颖芒状，长于或等长于穗轴节间；除芒基部外，外稃光滑无齿刺……………………………………… 3
  3. 外稃具短芒或小尖头两侧具齿尖；内稃尖端二齿裂……………………………………………… *S. laevis*
  3. 外稃具长芒，两侧稀有齿尖；内稃尖端不分裂或稍微凹 ………………………… *S. deceptorix*

1. *Stenostachys narduroides* Turcz.，1862. Bull. Soc. Nat. Moscou 35：311 无颖窄穗草（图1-6、图1-7）

图1-6 *Gymnostichum gracile* Hook. f. 原图
1. 穗轴一段，示小穗及芒状颖 2. 穗轴一段，示颖退化不存
3～4. 鳞被 5. 雄蕊 6. 雌蕊
（引自 Joseph Dalton Hooker f.，1853. Flora Novæ-Zelandiæ Part Ⅰ，Plate LXX；后选副模式标本）

图1-7 *Stenostachys narduroides* Turcz. 的花序(A)、穗轴和颖、单花小穗(B)以及穗轴退化的顶端（C）
（引自 Connor H. E.，1994，图1）

模式标本：现指定J. E. Home、New Zealand为后选模式标本，现藏于**LE**！该标本上标签写有“Cotyppe”（=paratype）字样。后选副模式标本：Raoul 241 Akaroa 1934 P n. v. 现藏于**K**！Joseph Dalton Hooker f.，1853. Flora Novæ-Zelandiæ Part Ⅰ，Plate **LXX**！

异名：*Gymnostichum gracile* Hook. f.，1853. Fl. New Zealand 1：312，t. 70；

Hystrix gracilis（Hook. f.）Kuntze，1891. Rev. Gen. Pl. 2：778；

Asprella gracilis（Hook. f.）Benthem et Hooker ex Kirk，1895. Transac.

New Zealand Inst. 27：353 in obs.；

Agropyron subeglume Candaergy，1901. Achiv. Biol. Végét. pure appliquée 1：64；

Cockaynea gracilis（Hook. f.）Zotov，1943. Transac. Royal Soc. New Zealand 73：234；

Elymus narduroides（Turcz.）Á. Löve et Connor，1982. New Zealand J. Bot. 20：184；

Stenosytachys gracilis（Hook. f.）Connor，1994. New Zealand J. Bot. 32：146。

形态学特征：多年生具根茎的禾草，株高 70～80 cm，叶扁平，穗下垂，疏生林间。秆纤细，光滑无毛，基节多少膝曲。叶鞘长 5～15 cm，无毛或疏生长 0.5～1 mm 的毛，毛直立或倒生。叶耳长 0.5 mm 或更短小，仅及抱茎；叶舌长 0.3～1 mm，上端齿蚀状。叶片长线形，平展，长10～20 cm，宽 1.5～2 mm，上表面被长 0.5～1 mm 的毛，或疏生短齿刺，下表面光滑无毛，叶缘光滑无毛。穗细长下垂，长 10～20 cm，含 15～30 个小穗。穗轴节间长 2～5 mm，穗轴基部节间长于 5 mm，可达 8 mm，穗轴顶节无小穗使最上节间呈一细尾状构造。小穗 1～3 小花，小穗轴棱具短刚毛。颖常退化不见，如存在，呈芒状，1 脉，长 1～3 mm，稀有达 5～6 mm。外稃广披针形，长7～10 mm，多细小齿刺，具浅脊，5～7 脉，脉凸起，上端渐尖成芒，芒长1.5～6 mm；内稃短于外稃，长 5～7 mm，顶端有时微凹，两脊具纤毛。鳞被长 0.5～1 mm，两裂。花药长 1.5～2 mm；雌蕊子房长 1.25～1.4 mm，柱头长 1.5～2 mm。颖果长椭圆形，长 4～4.25 mm。

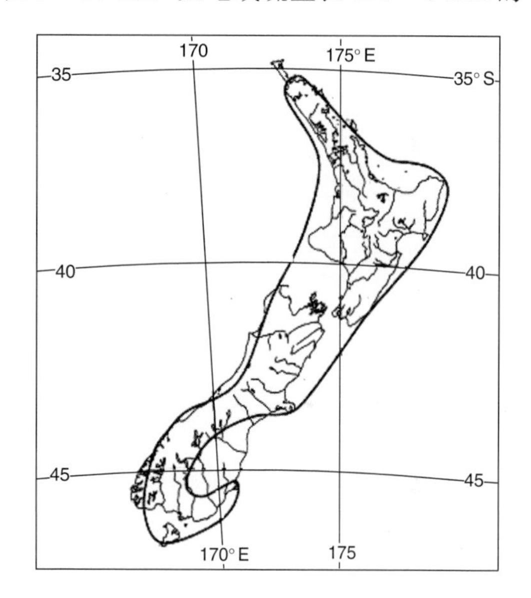

图 1-8 *Stenostachys narduroides* Turcz. 的地理分布

（引自 Connor，1994，图 12）

细胞学特征：2n=4x=28；染色体组 **H**、**W**，染色体组组合 **HHWW**。

分布区：新西兰南北两岛（图 1-8）。

2. *Stenostachys laevis*（Petrie）Connor，1994. New Zealand J. Bot. 32：146. 平滑窄穗草（图 1-9）

模式标本：H. E. Connor（1994），后选模式标本：WELT 68353 Matukituki Valley, west of Lake Wanaka，D. Petrie 3/1893，现藏于 **WELT!**。

异名：*Asprella laevis* Petrie，1895. Transac. New Zealand Inst. 27：406；

Hystrix laevis（Petrie）Allan，1936. New Zealand DSIR Bull. 49：88；

Cockaynea laevis （Petrie） Zotov，1943. Transac. Royal Soc. New Zealand 73：234；

Elymus laevis （Petrie） Á. Löve et Connor，1982. New Zealand J. Bot. 20：184。

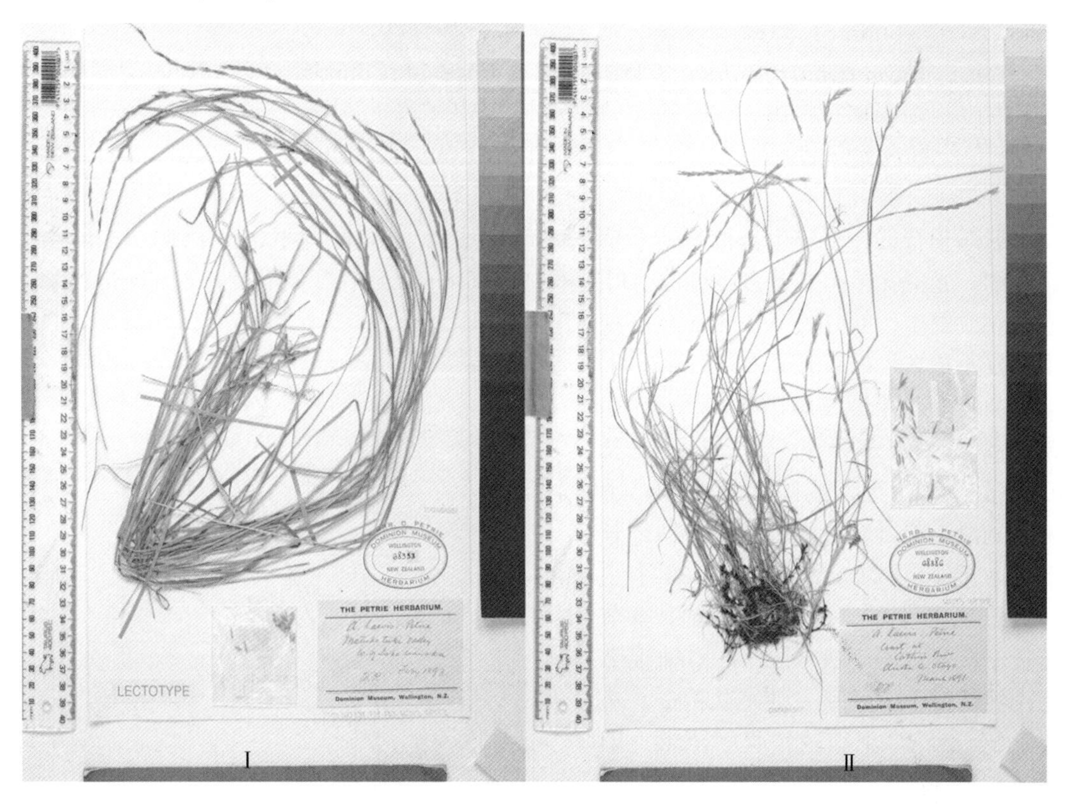

图 1-9 *Stenostachys laevis*

Ⅰ. Lectotype Ⅱ. Paralectotype

（现藏于 **WELT**!。本照片由新西兰惠灵顿国家博物馆植物标本室提供）

形态学特征：多年生疏丛禾草，具长根茎，株高 50～70 cm，穗下垂。秆光滑无毛。叶鞘长 5～10 cm，无毛或被长 0.5 mm 倒生的毛。叶耳仅长 0.15～0.25mm 或完全退化不见；叶舌长 0.5～1 mm，撕裂状。叶片细线形，长 15～25 cm，宽 1.5～2 mm，平展，上表面脉上具细齿刺，稀具长 0.5 mm 的毛，下表面中脉显著，通常无毛，稀在脉侧着生长 1mm 的短毛，叶缘光滑或具微细齿刺。穗状花序细窄，长 8～15 cm，含 10～25 枚小穗。小穗长 8～12 mm，含 1～2 小花。两颖近相等，芒状，长 2～6 mm，具细小齿刺。外稃广披针形，长 6.5～8 mm，光滑无毛，近尖端具细小齿刺，脊较显著。芒长0.5～1 mm，基盘无毛。内稃与外稃等长或稍短于外稃，顶端呈二齿尖，两脊具短刚毛。鳞被两裂或不分裂，长 0.75～1.75 mm。花药长 1.6～2.6 mm。雌蕊子房长 1～2 mm，柱头长 1.75～2.25 mm。颖果长 4 mm 左右。

细胞学特征：2n=4x=28；染色体组 **H**、**W**，染色体组组合 **HHWW**。

分布区：新西兰南北两岛海拔 1 300 m 左右的水湿条件较好的草原（图 1-10）。

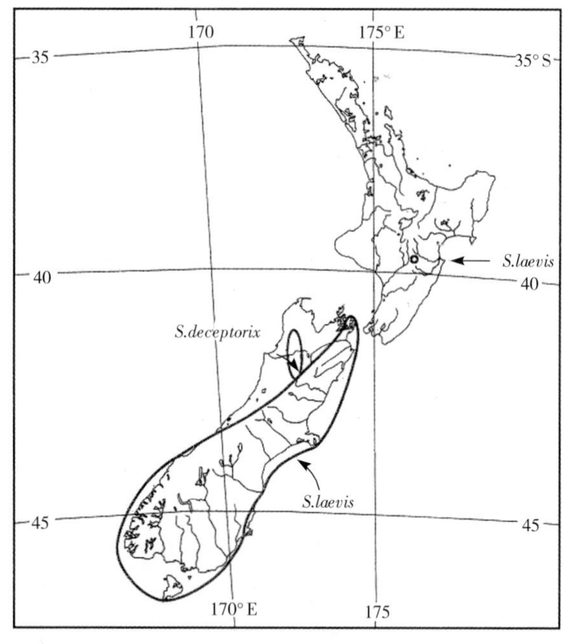

图 1-10 *Stenostachys laevis* 与 *S. deceptorix* 的地理分布

（引自 Connor，1994，图 11）

3. *Stenostachys deceptorix* Connor，1994. New Zealand J. Bot. 32：144. 长芒窄穗草（图 1-11）

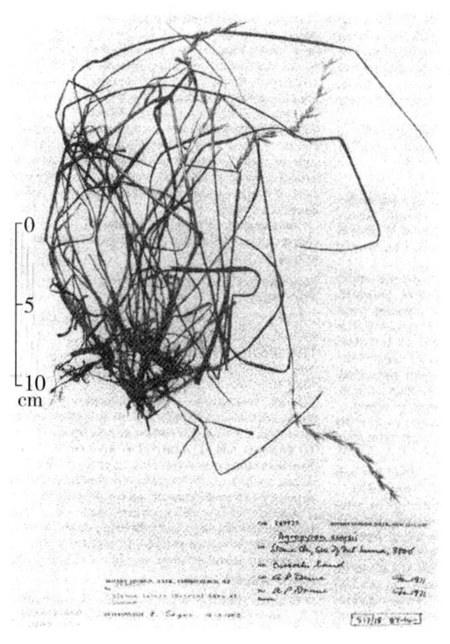

图 1-11 *Stenostachys deceptorix* Connor 主模式标本（现藏于 **CHR!**）

（引自 Connor，1994，图 10）

模式标本：CHR 249929 A. P. Druce，1 月，1971。石溪［Stone C（ree）k］. 鲁纳山（Mt. Luna）西南，海拔 1 150m，草丛中。现藏于 **CHR!**

形态学特征：多年生疏丛具根茎高草，株高 40～100 cm，穗细长下垂。秆光亮无毛，节常膝曲。叶鞘长 5～10 cm，常密被短柔毛，间生长毛，有时无毛，枯老呈纤维状。叶耳长 0.5～0.7 mm，稀有 1～2 长毛；叶舌长 0.25～0.5 mm，上缘齿蚀状。叶片长线形，长 10～30 cm，宽 1～2.5 mm，平展，薄，上下两面脉上具细小齿刺，稀有在叶背面下段邻接叶托部脉间着生长 0.5 mm 的毛，叶缘具细齿刺。穗长圆柱形，弯垂，长 10～20 cm，含 20～30 无柄小穗。穗轴节间长 2～6 mm。小穗含 1～3 小花，长 15 mm 左右。小穗轴长 1.8～2 mm。两颖近等长，长 2～10 mm，1 脉，下部脉突出，渐尖成芒。基盘短，环生短硬毛。外稃广披针形，长 8～10 mm，背部光滑无毛，最上端具细齿刺，外稃芒基部具小裂尖，芒长 5～6.5 mm。内稃长于或等于外稃，顶端微凹，两脊具短纤毛。鳞被长 0.7～0.8 mm。花药长 3～3.5 mm。雌蕊子房长 0.75～1 mm，柱头长 2.5 mm 左右。颖果长 5～5.5 mm。

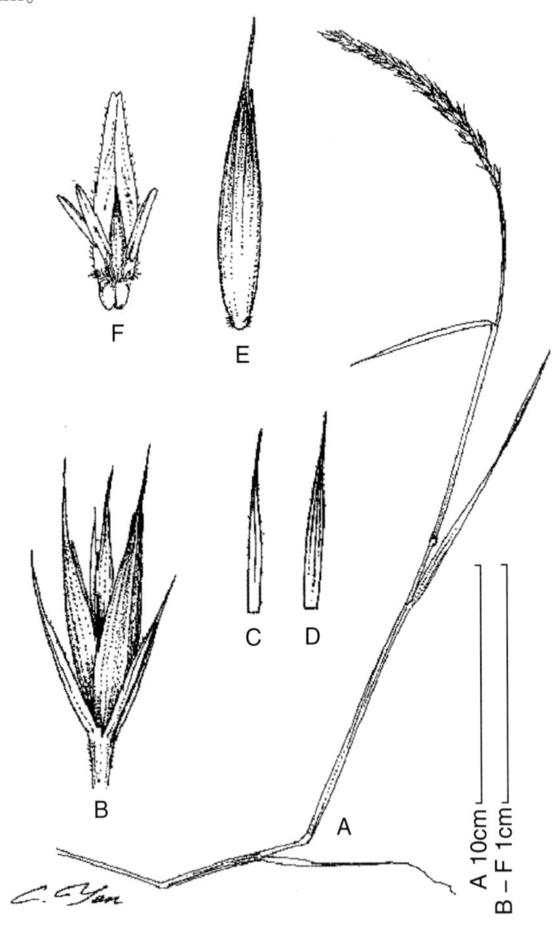

图 1－12　*Stenostavhys aristata*（Petrie）C. Yen et J. L. Yang

A. 膝曲的茎秆、叶及全穗　B. 小穗　C. 具 1 脉的颖　D. 具 3 脉的颖

E. 外稃背面观示基盘具微毛　F. 内稃、鳞被、雄蕊及雌蕊羽毛状的柱头

细胞学特征：2n=4x=28；染色体组 **H、W**，染色体组组合 **HHWW**。

分布区：新西兰南岛纳尔孙（Nalson）西北山地，海拔 800～1 525m。草原与河边台地。

4. *Stenostachys aristata* （Petrie） **C. Yen et J. L. Yang，comb. nov. 根据 *Asprella aristata* Pecrie，1981. Transactions New Zealand Inst. 26：272. 芒颖窄穗草**（图 1 - 12）

模式标本：H. E. Connor 后选模式标本：WELT 68390 D. Petrie，Mt Torlesse，Canterbury Alps，c. 3600，1893 年 1 月。现藏于 CHR!。

异名：*Asprella aristata* Petrie，1891. Transact. New Zealand Inst. 26：272；
Agropyron enysii Kirk，1895. Transact. New Zealand Inst. 27：359；
Agropyron aristatum Cheesman，1914. Illustr. Fl. New Zealand 2：t. 234；
Elymus enysii（Kirk）Á. Löve et Connor，1982. New Zealand J. Bot. 20：183。

形态学特征：多年生疏丛禾草，具根茎，株高 25～80 cm，叶平展，穗下垂。秆光滑无毛或稍糙涩，节常膝曲，最上节间扬花后还继续伸长，可达 60 cm。叶鞘长 6～8 cm，被倒生或直立的长毛，或短柔毛。叶舌长 0.5～0.75 mm，呈三角形，或上端齿蚀状。叶托厚，弯曲；叶耳小，长 0.7 mm。叶片长线形，长 20 mm，宽 2～4 mm，平展，柔软，上表面具细齿刺并混生长毛，下表面脉上与脉间都密被倒生长毛，但也有无毛类型，叶缘具细齿刺。穗状花序长 10～16 cm，含 10～18 小穗，无柄小穗单生穗轴节上。小穗具 3～4 小花，小穗轴长 1～2 mm，被微毛。两颖近等长，糙涩，长 6～9 mm。1～3 脉，中脉两侧不对称，渐尖成芒。基盘钝圆，环生微毛。外稃广披针形，长 7～10 mm，稃背除脉上具细齿刺外，光滑无毛，顶端芒侧成小裂尖，芒长1～3.5 mm；内稃稍短于外稃，长 6～9 mm，顶端呈两浅裂尖，两脊具短纤毛直至基部。鳞被长 1～1.25 mm。花药长 2～3 mm。雌蕊子房长 1.5 mm，柱头长 2～2.5 mm。颖果长6 mm左右。

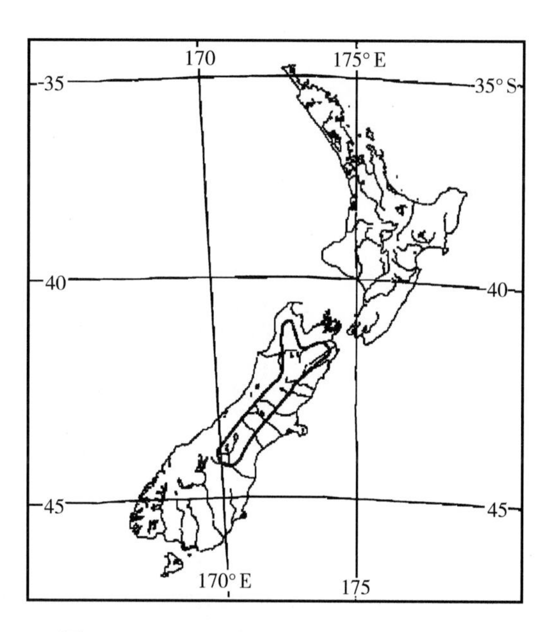

图 1 - 13　*Stenostachys aristata* 的地理分布
（引自 Connor，1994，图 2，删去 *Anthosachne* 属两个种的分布区）

细胞学特征：2n=4x=28；染色体组 **H、W**，染色体组组合 **HHWW**。

分布区：新西兰南岛中部到北部内陆山区，海拔 850～1 675 m。漫水草甸（图 1 - 13）。

后　记

1880 年，英国植物学家 John Buchanan 在《新西兰本土禾草（The Indigenous Grasses of New Zealand)》一书中发表一个名为 *Agropyron scabrum* var. *tenue* Buch. 的新变

种。这个新变种后来检测出它是一个很特殊的八倍体植物。

1982 年，Á. Löve 与 Henry E. Connor 把 *Agropyron scabrum* var. *tenue* Buch. 升级为种，并把它组合到披碱草属中成为 *Elymus tenuis*（Buchanan）Á. Löve et Connor。如果按照 1982 年 Á. Löve 与 Henry E. Connor 的检测，它含有 **HHHHWWWW** 染色体组组合，就应当归入窄穗草属。但后来的测试又有不同的结果，因此存疑，而暂不作更改处理。这个分类群的记录与描述如下：

Agropyron scabrum **var.** ***tenue*** **Buch.，1880. Indig. grasses of N. Z. t. 57 b. et Add. & Corr. 11 粗糙冰草纤细变种**（图 1 - 14）

图 1 - 14 *Agropyron scabrum* var. *tenue* Buch.
A. 植株 B. 小穗 C. 具 3 脉的第 1 颖 D. 具 3 脉的第 2 颖
E. 外稃背面观 F. 具二锐尖的内稃、鳞被、雄蕊及雌蕊的
羽毛状柱头（根据主模式标本 WELT - 59620 绘制）

模式标本：主模式 WELT 59620，Buchanan's folio，无地点，无日期。现藏于 **WELT**！

异名：*Agropyron tenue*（Buchanan）Connor，1954. New Zealand J. Sci. Technol. B35：318；

Elymus tenuis（Buchanan）Á. Löve et Connor，1982. New Zealand J Bot. 20：183。

形态学特征：多年生，具根茎，秆纤弱，长 80～200 cm，披散斜伸，常倒卧地面，

穗细长下垂，疏丛禾草。秆光滑无毛，最上节间在扬花时还可伸长，个别可达 1.5m。叶鞘长 5～7 cm，光滑无毛或被稀疏倒生柔毛；叶耳长 1 mm 左右，疏生 1～2 长毛；叶舌长 0.25～0.3 mm，上缘细纤毛状；叶片细线形，长 10～15 cm，宽 2 mm 左右，平展或上卷，下表面光滑无毛，叶脉明显突出，上表面具向上细齿刺，叶缘具细齿刺。穗长柱形，长 10～15 cm，小穗可达 15 枚；小穗含 6～8 小花，小穗轴长 1.5～2.5 mm，具短毛；基盘长 0.5 mm，环生短毛；颖窄披针形，3 脉，中脉凸起，长 9～15 mm，渐尖成芒，芒长 3 mm 左右，边沿具短齿刺；外稃广披针形，长 6～10 mm，除中脉、稃尖及下部边沿具细齿刺糙涩外，稃背光滑，芒长 15～35 mm；内稃长 7～10 mm，顶端锐尖或分裂呈二裂尖，鳞被长 1.5～1.7 mm，上端具刚毛；花药长 2～3 mm，黄色；雌蕊子房长 1.25～1.5 mm，柱头长 2～2.5 mm；颖果长 4.5～5 mm。

细胞学特征：2n＝8x＝56；染色体组 **H**、**W**，染色体组组合 **HHHHWWWW**（Löve and Conner，1982）；或染色体组 **St**、**W**、**Y**、**?**，染色体组组合 **StStWWYY??**（Conner，1994）。或 **HHStStWWYY**（张海琴，2009）。

分布区：新西兰北岛［伏尔坎尼克高原（Volcanic Plateau）与茹阿辛尼山脉（Ruahine Range）］，南岛［纳尔孙西北、马尔巴勒（Marlborough）以及沿中部山脉以东直到南端海滨］。生长于羊茅—高草开阔草原，海拔 900m 到海滨（图 1-15）。

由于它具非常稀有、零星分布、很难寻找的特点（Alen Stewart，2005，私人通信），如果真是这样，编著者认为它很可能不是一个具有一定群体、正常繁育后代的物种。它的生长分布现象很像是一些偶尔出现的天然杂种或新近发生的自然染色体加倍细胞变异型在自然植被中零星存在的状况，正如作者看到的杂种——窄颖仲彬草（*Kengyilia stenachyra*），以及同源四倍体的毛穗新麦草（*Psathyrostachys lanuginosa*）的生长分布现象一样，没有真正的群体存在，只有偶尔呈现的零星单株。说不定 Á. Löve 检测到的是一个同源四倍体的细胞变异体，而 Connor 后来检测到的又是一个形态近似的天然杂种。最近，张海琴根据卢宝荣转送来 Connor 所作杂交实验检测的染色体组分析细胞学材料确定它含 **HHStStWWYY** 染色体组，并定名为一新属，以 Connor 的姓命名，即 *Connorochloa* S. W. L. Jacobs，M. R. Barkworth et H. Q. Zhang。虽然 Connor 曾不同意以他的姓来命名，但她们仍然在日本 2009 年 12 月 22 日出版的《Breeding Science》59 卷上发表了这个新属。编著者认为，这个新属是否成立？得看它是否有自然生长的群体存在才能确定。

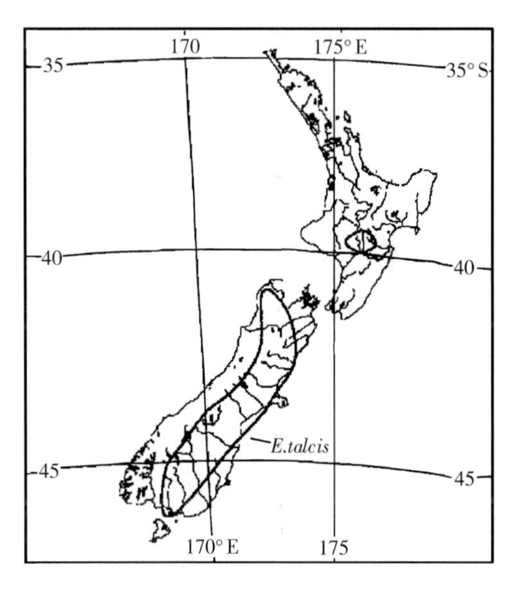

图 1-15　*Stenostachys tenuis*（Buchanan）C. Yen et J. L. Yang 的地理分布

（引自 Connor，1994，图 4，稍加修改）

主要参考文献

Connor H E. 1954. Studies in New Zealand Agropyron. Part I and II. New Zealand J. Sci. Technol，35（B）：315－343.

Connor H E. 1994. Indigenous New Zealand Triticeae：Gramineae. New Zealand J. Bot.（32）：125－154.

Löve Á and Connor H E. 1982. Relationships and taxonomy of New Zealand wheatgrasses. New Zealane J. Bot.（20）：169－186.

Stewart A V，Ellison N，B Salomon and H E Connor. 2005. Genomic conitution of the New Zealand Triticeae. Proc. 5th Intern. Triticeae Symp.：98－100，Prague，Czech Republic.

Svitashev S，Bryngelsseon T，Li X et al. 1998. Genome－specific repetitive DNA and RAPD markers for genome identification in *Elymus* and *Hordelymus*. Genome 41：120－1.

二、新麦草属（*Psathyrostachys*）的生物系统学

新麦草属（*Psathyrostachys* Nevski）是禾本科小麦族中一个小属。主要分布在中亚干旱荒漠、干草原及草原地区，从土耳其东部到中国陕西华山。它是 C. A. Невский 1933 年在《苏联科学院植物研究所学报（Труды Ботанического Института АН СССР)》第 1 系列，第 1 卷，27 页，提出来的新属。但是一个裸名。1934 年出版的《苏联植物志（Флора СССР)》第 2 卷，712 页，作了俄文属的描述。1936 年，在《苏联科学院植物研究所学报》第 1 系列，第 2 卷，57 页，作了拉丁文描述，这个属才算正式建立。1984 年，Áskell Löve 在他的《小麦族大纲》一文中把它的染色体组命名为 **N**。这一名称与一年生的 *Aegilops uniaristata* 染色体组名称代号相同。1994 年，第二届国际小麦族学术会议（美国，犹他州，洛甘）发表了染色体组命名委员会修订意见，把它修订为 **Ns**，与一年生的 *Aegilops uniaristata* 的 **N** 染色体组名称相区别。新麦草的 **Ns** 染色体组是 *Lymus*（赖草属）与 *Pascopyrum*（牧场麦属）的 **Ns** 染色体组的供体。它是亚洲特有的属。

（一）新麦草属古典形态分类学简史

1806 年，德国出生，在俄罗斯圣彼得堡植物园做主任的 Friedrich Ernt Ludwig von Fischer 在《莫斯科自然学会丛刊（Mém Soc. Nat. Moscou)》第 1 卷，45 页，发表一个名为 *Elymus junceus* Fischer 的分类群。1934 年 C. A. Невский 在《苏联植物志》第 2 卷中把它组合在新麦草属中，成为 *Psathyrostachys juncea*（Fischer）Nevski。

1828 年，德国植物学家 Anton Sprengel 在《Tentamen Supplementi ad Spreng. Systema Vegetabilium》第 5 卷，5 页，发表一个名为阿尔泰披碱草——*Elymus altaicus* Sprengel 的新种。它实际上与 *Elymus junceus* Fischer 是同一个分类群。

1829 年，德国植物学家 Carl Bernhard Trinius 在 Carolus Fridericus Ledebour 主编的《阿尔泰植物志（Flora Altaica)》第 1 卷，121 页，发表一个新种，名为 *Elymus lanuginosus* Trin.，这个分类群具有密被白色长柔毛的短穗。1933 年，C. A. Невский 就以它为模式提出新麦草属，1936 年正式建立。这个种也就组合为 *Psathyrostachys lanuginosa*（Trin.）Nevski。

1841 年，Григорий С. Карелин 与 Иван Петрович Кирилов 在《莫斯科自然学会丛刊（Bull. Soc. Nat. Moscou)》第 14 卷，867 页，发表一个名为 *Elymus desertorum* Kar. et Kir. 的新种，它与 *Elymus junceus* Fischer 也是相同的分类群。

同年，德国植物学家 Ernst Gottlieb von Steudel 在《植物学名录（Nomenclatur Botanicus)》第 2 版，第 1 卷，551 页，代 Carl Bernhard Trinius 发表新分类群，即：*Elymus secaliformis* Trin. ex Steudel，但它是一个裸名。

1846年，瑞士植物学家 Pierre Edmond Boissier 在他的《东方新植物学特征简介(Diagnosea plantarum orientalium novarum)》第1卷，第7分册，128页，发表一个名为 *Hordeum fragile* Boiss. 分类群。1934年 С. А. Невский 在《苏联植物志》第2卷中把它组合为 *Psathyrostachys fragilis*（Boiss.）Nevski。

1852年，August Heinrich Rudolph Grisebach 把 *Hordeum fragile* Boiss. 组合为 *Elymus fragilis*（Boiss.）Griseb. 发表在 Ledebour 主编的《俄罗斯植物志（Flora Rossica)》第4卷，330页。

1869年，F. J. Ruprecht 在 F. Osten - Sacken 与 F. J. Ruprecht 主编的《圣彼得堡科学院丛刊〈天山植物选集〉(Sertum Tianshanicum)》36页，发表一个披碱草属的新种，名为 *Elymus hyalanthus* Rupr.。它与 *Elymus junceus* Fischer 也是大同小异的分类群，只能是变种或变种以下的分类群。

1881年，在俄罗斯圣彼得堡植物园工作的德国植物学家 Eduard August von Regel 在《圣彼得堡植物园学报（Тр. Петерб. Бот. Сада)》第7卷，第2册，561页，发表一个名为 *Elymus albertii* Regel 新种，它与 *Elymus junceus* Fischer 也是相同的分类群。

1884年，瑞士植物学家 Pierre Edmond Boissier 在他的《东方植物志（Flora Orient.)》第5卷，691页，发表一个名为 *Elymus caducus* Boiss. 的新分类群。

1902年，俄罗斯植物学家 Ф. Алексъенко 在《梯弗里斯植物园学报（Труды Тифлисского Ботаническаго сада)》第6卷，1期，96页，发表一个名为 *Hordeum rupestre* Alexeenko 新种；又在97页，发表一个名为 *Elymus daghestanicus* Alexeenko 的分类群。同年，他又认为这个分类群应当属于大麦属，因此又把它重新组合为 *Hordeum daghestanicum*（Alexeenko）Alexeenko，发表在《俄罗斯草本植物名录（Список Раст. Герб. Русск. Фл.)》第4卷，29页。这个分类群与他发表的 *Hordeum rupestre* Alxeenko 是同一种植物，这个分类群在1934年 С. А. Нвский 把它组合为 *Psathyrostachys rupestris*（Alex.）Nevski。

1905年，奥地利植物学家 Eduard Hackel 发表一个大麦属的新种以纪念采集人 A. Kronenburg 而命名为 *Hordeum kronenburgii* Hackel，它是采自塔吉克费尔干纳 2 700 m的山上。1934年，С. А. Невский 在《苏联植物志》第2卷中把它组合为新麦草属的一个种，即：*Psathyrostachys kronenburgii*（Hack.）Nevski。

1907年，德国植物学家 Johann Heinrich Rudolf Schenck 在《恩格勒植物学年鉴(Bot. Jahrb. Engler)》40期，109页的检索表中把 Carl Bernhard Trinius 定名的 *Elymus lanuginosus* Trin. 组合为 *Hordeum lanuginosum*（Trin.）Schenck。

1913年，俄罗斯植物学家 Владимир Николаевич Сукачев 在《彼得堡科学院博物馆植物学报（Тр. Бот. Муз. Петерсб. АН)》第11卷，80页，发表一个名为 *Elymus caespitosus* Sukacz. 的新种，现在看来它是多形性的 *Psa. juncea* 的一个变种。

1915年，长期在土耳其斯坦工作的俄罗斯圣彼得堡植物学家 Василий Петрович Дробов 在《彼得堡科学院博物馆植物学报（Тр. Бот. Муз. Петерсб. АН)》第14卷，131与133页，发表两个新种，分别名为 *Elymus kokczetavicus* Drobov 与 *E. junceus* var. *villosus* Drobov，但它们都只能是多形性的 *Psa. juncea* 的变种。

1933 年，苏联植物学家 С. А. Невский 认为这是一群与大麦属、披碱草属完全不同的分类群，应建一新属。他以它们的脆穗为特征，用希腊文 psathyros（ψαθυροζ）易脆的，与 stachys（σταaχυζ）穗，组合为属名，原意为脆穗草属，发表在《苏联科学院植物研究所学报（Тр. Инст. Бот. АН СССР）》系列 1，1 期，27 页，但是个裸名。1934 年他在《苏联植物志》第 2 卷中对这个属作了全面的订正与描述，但用的是俄文。1936 年在《苏联科学院植物研究所学报（Тр. Инст. Бот. АН СССР）》系列 1，2 期，57 页，补充了拉丁文描述，成为合法的属名。他在《苏联植物志》第 2 卷，412～416 页，描述的 *Psathyrostachys* 属新组合了 6 个种，分为两个组，它们是：

Section 1. *Hordella* Nevski 小穗一花，具一退化第 2 小花。颖直，比小穗稍短。叶扁平，稀半内卷。

1. *Psathyrostachys kronenburgii*（Hackel）Nevski

Section2. *Eupsathyrostachys* Nevski 小穗 2～3 花。颖直，短于小穗。叶近扁平。

2. *P. juncea*（Fisch.）Nevski

3. *P. lanuginosa*（Trin.）Nevski

4. *P. daghestanica*（Alex.）Nevski

5. *P. rupestris*（Alex.）Nevski

6. *P. fragilis*（Boiss.）Nevski

1959 年，耿以礼在他主编的《中国植物图说·禾本科》一书中发表两个 *Psathyrostachys* 属的新种，即：*Psathyrostachys perennis* Keng 与 *Psathyrostachys huashanica* Keng，并把 *Psathyrostachys* 属的中文名称称为“新麦草属”。在这个属中还记录了 *P. juncea*（Fisch.）Nevski 与 *P. lanuginosa*（Trin.）Nevski。但耿所指的 *P. lanuginosa*（Trin.）Nevski 是错误的鉴定，这个分布在中国青海、甘肃的分类群并不是 *P. lanuginosa*（Trin.）Nevski。*P. lanuginosa*（Trin.）Nevski 在中国只分布在新疆阿勒泰地区清河县一带。

同年，英国植物学家 A. Melderis 在 M. Kϕie 与 K. H. Rechinger 主编的《阿富汗植物札记（Symbolae Afghannicae）》刊载于 *Kgl. Danske Viden Selsk. Biol. Skr.* 第 14 卷，4 分册，93 页，把 Pierre Edmond Boissier 定名的 *Elymus caducus* 组合为 *Psathyrostachys caduca*（Boiss.）Melderis。

1968 年，苏联一个搞植物分类的 Никифорова，В. Н. 在《中亚植物鉴定（Опред. Раст. Средний Азий）》第 1 卷，196 页，把 E. Hackel 的 *Hordeum kronenburgii* 组合为 *Elymus kronenburgii*（Hack.）Nikif.。而无视 С. А. Невский 合理建立的 *Psathyrostachys* 属。

同年，苏联植物学家 Н. Н. Цвелев 在《中亚植物（Раст. Центр. Азий）》第 4 卷，202 页，把 F. J. Ruprecht 定名的 *Elymus hyalanthus* Rupr. 组合到新麦草属，成为 *Psathyrostachys hyalantha*（Rupr.）Tzvelev。

1972 年，苏联植物学家 Н. Н. Цвелев 在《新维管束植物系统学（Новости Систематика Высших Растений）》第 9 卷发表两个新组合：一个是 *Psathyrostachys juncea* subsp. *hyalantha*（Rupr.）Tzvelev（58 页），它是 Н. Н. Цвелев 在 1968 年组合的

Psathyrostachys hyalantha（Rupr.）Tzvelev 降级为亚种；另一个是 *Psathyrostachys fragilis* subsp. *secaliformis* Tzvelev，它是 E. G. Steudel 代 C. B. Trinius 发表的 *Elymus secaliformis* Trin. ex Steudel。由于它是个裸名，Цвелев 把它组合到新麦草属，并使它合法化。

1987 年出版的，由郭本兆主编的《中国植物志》第 9 卷，第 3 分册，仍然沿用 1959 年耿以礼在他主编的《中国植物图说·禾本科》一书的内容，对甘肃的新分类群仍然错误鉴定为 *P. lanuginosa*（Trin.）Nevski 而没有更改。1980 年，D. R. Dewey 到甘肃采集，在兰州市五泉山采到这一材料，经鉴定，它应为一未描述过的新分类群。

1990 年，Douglas R. Dewey 采得的这一新材料，经他与丹麦皇家兽医及农业大学的 Claus Baden 及 Risø 国家实验室的 Ib Linde - Laursen 合作研究，由 Claus Baden 描述为一新种，以其多根茎疏丛的特征，定名为 *Psathyrostachys stoloniformis* C. Baden。这就是《中国植物图说·禾本科》与《中国植物志》第 9 卷，第 3 分册中把分布在甘肃、青海的这个分类群错误地鉴定为"*P. lanuginosa*（Trin.）Nevski——毛穗新麦草"的物种。

1993 年，颜济与孙根楼在《四川农业大学学报》，第 11 卷，第 2 期，发表一篇"《中国植物志》第 9 卷第 3 分册所描述的种——*Psathyrostachys lanuginosa*（Trin.）Nevski 的订正"报告。对郭本兆教授提供编志时所用的全部标本材料与 Claus Baden 后选模式（lectotype）C. A. Meyer s. n. /15. 5. 1826，Altai，legi versus cacumen montinum Arkaul et Dolenkaka（现藏于 **LE**），以及同后选模式（isolectotype）（现藏于 **G**，**GOUT**，**HEL**，**K**，**LE**，**MO**，**W**）又再次重新作了观察比较鉴定。这些编志所用标本显然与 *Psathyrostachys lanuginosa*（Trin.）Nevski 指定模式标本不是同一个种。鉴定可能是错误的。《中国植物志》第 9 卷，第 3 分册所描述的 *Psathyrostachys lanuginosa*（Trin.）Nevski 正好是 *Psathyrostachys stoloniformis* C. Baden 的性状特征。其区别如下：

植株密丛，不具根茎。通常无叶耳，在稀有情况下具非常微小的膜质叶耳。穗短小，长 10～30mm，宽 4～9mm；颖与外稃及内稃的两脊都密生长柔毛；穗轴节间不具明显的翅…………………………………… *Psathyrostachys lanuginosa*（Trin.）Nevski

植株疏丛，具根茎。有叶耳。穗较长大，长 70～95mm，宽 8～12mm；颖与外稃与内稃的两脊都疏生短毛；穗轴节间具明显的翅，翅上具长毛…………………… *Psathyrostachys stoloniformis* C. Baden

Psathyrostachys lanuginosa（Trin.）Nevski 在中国只分布于新疆富蕴与清河两县。在青海、甘肃分布的只有 *Psathyrostachys stoloniformis* C. Baden。

（二）新麦草属实验生物学研究

1967 年，附设在犹他州立大学的美国农业部牧草与草原实验室的 Douglas R. Dewey 教授在《陶瑞植物学会社丛刊（Bulletin of the Torrey Botanical Club)》94 卷，第 5 册，388～395 页，发表一篇题为"Sythetic hybrids of *Agropyron scribneri*×*Elymus junceus*"的文章，报道了这两个分类群杂交试验的结果。他将 34 朵人工去雄的 *Agropyron scribneri* 小花暴露在异花传粉的 *E. junceus* 的散粉群中，得到 3 粒皱缩的种子。其中两粒萌发成苗，杂种植株形态呈双亲的中间型稍偏向于 *A. scribneri*，证明它们是真杂种。*E. jun-*

ceus 2n=14，*A. scribneri* 2n=28，杂种染色体数 2n=21，在杂种花粉母细胞中没有观察到有配对的染色体。非典型的细胞质分裂形成子细胞大小与染色体数不等，子细胞直接形成花粉，没有经过正常的四分子时期。杂种染色体不配对表明 *A. scribneri* 是一个严格的异源四倍体，但它与 *E. junceus* 之间没有相同的染色体（图 2-1）。

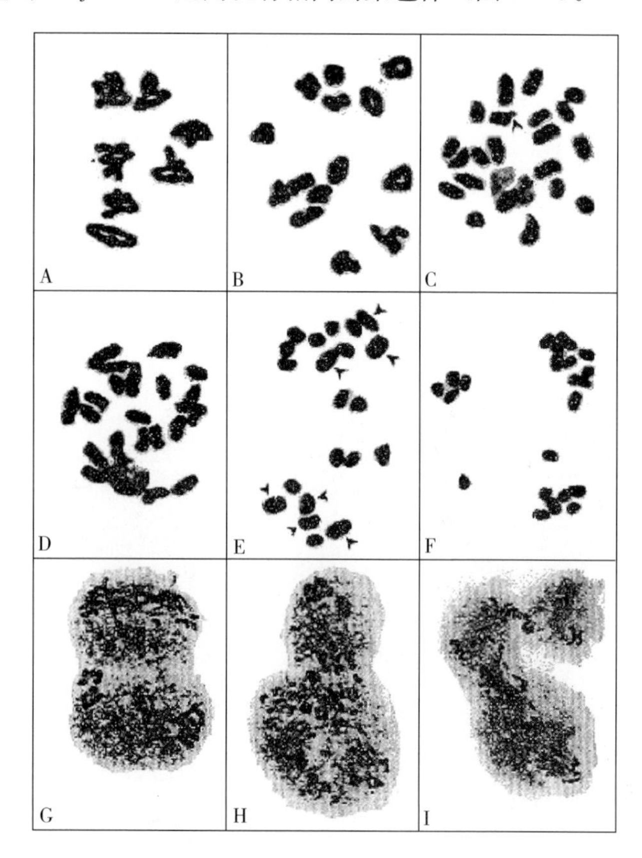

图 2-1 *E. junceus*（A）、*A. scribneri*（B）及它们的属间杂种（C～I）的减数分裂

A. *E. junceus* 中期Ⅰ，显示 7 对二价体 B. *A. scribneri* 中期Ⅰ，显示 14 对二价体 C. 典型的杂种终变期具 21 条单价体，箭头所指一个微小的二次核仁 D. 终变期，显示松散的头对头、边挨边的假二价体 E. 后期Ⅰ，染色体分向两极，箭头所指大染色体可能是 *E. junceus* 的染色体 F. 染色体在后期Ⅰ的聚集不在两极 G. 多少相等的胞质分裂，但分向一极的染色体不相等，而另一个不分向另一极 H. 不相等的胞质分裂伴随不相等的染色体分配 I. 一个细胞具两个胞质收缩区*

（引自 Dewey，1967，图 2；* 编著者注：四极分裂）

1970 年，D. R. Dewey 对二倍体的 *Elymus junceus* Fisch.，以及四倍体的 *Elymus innovatus* Beal.、*E. dasystachys* Trin.、*E. triticoides* Buckl.、*E. cinereus* Scribn. 进行了染色体组分析。他试验观察的结果如表 2-1 所示。*Elymus junceus*（2n=14）×*E. innovatus*（2n=28），88 朵去雄小花得到 15 粒皱缩的杂种种子，萌发后只有 6 株成长抽穗，说明这两个种之间很难杂交。杂种密丛，多基生叶，秆高 1m 左右，形态近似 *Elymus junceus*，但弯弓形的穗每

节两小穗却近似 *E. innovatus*，而不像 *Elymus junceus* 每节三小穗。外稃背面密被柔毛与 *E. innovatus*近似，而与 *Elymus junceus* 的外稃被糙涩硬毛有所不同。

表 2-1 *Elymus junceus*、*E. innovatus*、*E. dasystachys*、*E. triticoides*、*E. cinereus* 及它们的杂种减数分裂中期 Ⅰ 染色体配对

（引自 Dewey，1970，表 1）

种及杂种	2n	Ⅰ		Ⅱ		Ⅲ		Ⅳ		高多价体		细胞数
		变幅	平均	变幅	平均	变幅	平均	变幅	平均	变幅	平均	
E. jun	14	0～2	0.08	6～7	6.96	—	—	—	—	—	—	150
E. inn	28	0～2	0.06	13～14	13.97	—	—	—	—	—	—	217
E. das	28	0～4	0.20	12～14	13.90	—	—	—	—	—	—	182
E. tri	28	0～2	0.12	13～14	13.94	—	—	—	—	—	—	82
E. cin	28	0～2	0.10	13～14	13.95	—	—	—	—	—	—	85
*E. cin**	56	0～2	1.15	18～28	23.90	0～2	0.19	0～4	1.47	0～1	0.10	68
E. jun×*E. inn*	21	5～11	7.05	5～8	6.73	0～1	0.16	—	—	—	—	92
E. inn×*E. das*	28	0～2	0.31	13～14	13.84	—	—	—	—	—	—	163
E. das×*E. tri*	28	0～4	0.95	12～14	13.53	—	—	—	—	—	—	118
E. tri×*E. cin*	28	0～4	0.28	12～14	13.86	—	—	—	—	—	—	147
E. das×*E. cin*	42	3～13	8.51	11～18	13.82	0～4	1.85	0～1	0.08	—	—	39

注：*E. jun*=*E. junceus*，*E. inn*=*E. innovatus*，*E. das*=*E. dasystachys*，*E. tri*=*E. tritioides*，*E. cin*=*E. cinereus*。

* 来自 Dewey，1966。

Elymus junceus 减数分裂中期Ⅰ形成 7 个二价体，以后各期也基本正常，90%的花粉能染色，结实正常。*E. innovatus* 减数分裂稍欠正常，但减数分裂 90%的中期Ⅰ仍含 14 对二价体（图 2-2-B），没有观察到多价体，在后期偶见落后染色体与桥，近 5%的四分子具微核。用 I_2-KI 染色，仅 65%花粉正常着色，结实稍差。

Elymus junceus×*E. innovatus* 杂种抽穗外观正常，但花药瘪缩，仅两株杂种产生一些正常花药。减数分裂观察全来自这两株植株。2/3 的减数分裂中期Ⅰ细胞形成 7 对二价体与 7 条单价体（图 2-2-D）。大多数二价体呈环形两臂交叉，显示具非常相近的同源性。第 2 株较多的构型是 6Ⅰ+6Ⅱ+1Ⅲ（图 2-2-E），占观察细胞 16%；另外，9%的细胞含 9Ⅰ+6Ⅱ。后期Ⅰ所有细胞都具落后染色体以及许多滞后二分体具平均 4.0 的姊妹染色单体过早分离（图 2-2-F）。在后期Ⅰ与后期Ⅱ一些细胞含很多染色体片段，但桥却很少见。大多数四分子含有几个微核，其中一些只是染色体片段，而所有的花粉都是空的，皱缩，不能染色。杂种全都不能结实，几株用秋水仙碱加倍染色体诱变育性也没有成功。实验证明 *Elymus junceus* 含 **J** 染色体组；其他 4 个四倍体种，即：*E. innovatus*、*E. dasystachys*、*E. triticoides*、*E. cinereus*，它们的染色体组应当是 **JJXX**。**J** 染色体组与 *E. junceus*的染色体组相似，而 **X** 染色体组却来源不明。

1972 年，Douglas R. Dewey 在《植物学公报（Botanical Gazette）》第 133 卷，第 4 期上发表一篇题为“二倍体 *Elymus junceus* 与五个四倍体披碱草种间杂种的染色分析

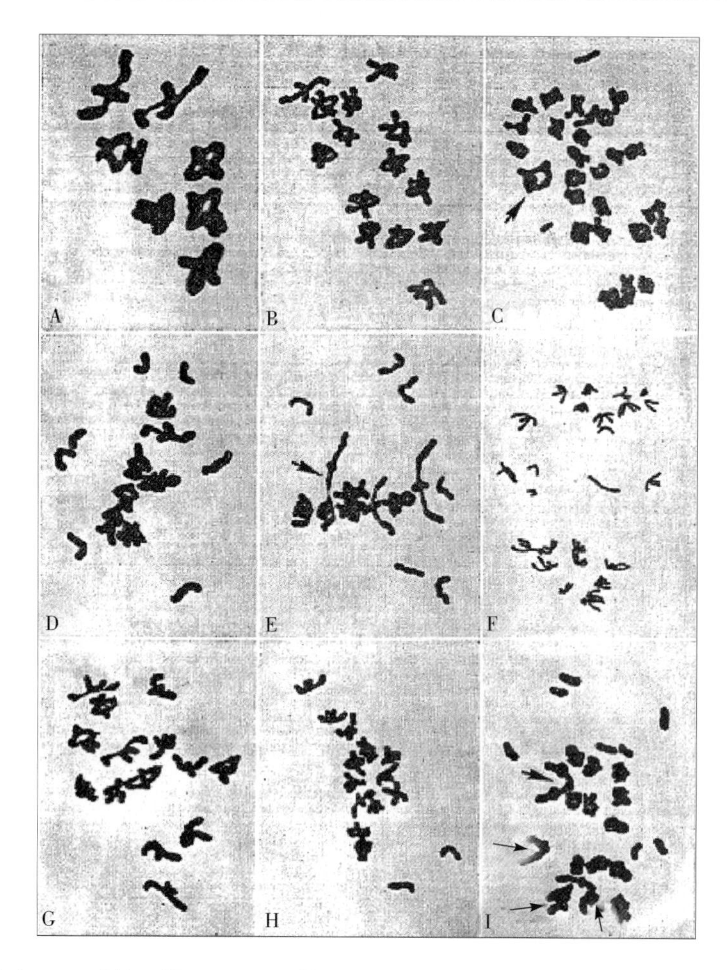

图 2-2 *E. junceus*（A）、*E. innovatus*（B）、*E. cinereus*（C）、*E. junceus*×*E. innovatus*（D～F）、*E. innovatus*×*E. dasystachys*（G、H），以及 *E. dasystachys*×*cinereus*（I）的减数分裂

A. 7Ⅱ B. 14Ⅱ C. 2Ⅰ+25Ⅱ+1Ⅳ（箭头所指） D. 7Ⅰ+7Ⅱ E. 6Ⅰ+6Ⅱ+1Ⅲ（链型，箭头所指）F. 后期Ⅰ落后染色体及染色单体分离 G. 14Ⅱ H. 2Ⅰ+13Ⅱ I. 8Ⅰ+11Ⅱ+4Ⅲ（箭头所指）

（引自 Dewey，1970，图 2）

（Genome analysis of hybrids between diploid *Elymus junceus* and five tetraploid *Elymus* species）”的文章。他作了二倍体 *E. junceus* 与异源四倍体 *E. cinereus* Scribn.、*E. triticoides* Buckl.、*E. karataviensis* Roshev.、*E. dasystachys* Trin.、*E. multicaulis* Kar et Kir 之间的杂交，所有杂种都是三倍体，2n=21。5 种杂种有 4 种十分相似，465 个中期Ⅰ细胞中，它们平均单价体为 6.86，平均二价体为 6.61，平均三价体为 0.31。只有*E. junceus*×*E. multicaulis* 的杂种染色体配对差一些，124 个中期Ⅰ细胞中，平均 9.35Ⅰ+5.60Ⅱ+0.15Ⅲ。*E. junceus* 的基本染色体组在每一个四倍体种都有存在，但另一个染色体组来源不明（图 2-3）。没有一个杂种具能染色的花粉，也没有一个杂种结实。他认为“*E. junceus* 与这几个四倍体种间的遗传渐渗不大可能”。他的观察数据如表 2-2 所示：

表 2-2　*E. junceus* 与 *E. cinereus*、*E. triticoides*、*E. karataviensis*、*E. dasystachys*、*E. multicaulis* 之间的杂种减数分裂中期Ⅰ染色体配对关系

（引自 Dewey，1972，表 1）

杂　种	染色体配对						观察细胞数
	Ⅰ		Ⅱ		Ⅲ		
	变幅	平均	变幅	平均	变幅	平均	
cin×*jun*	4～9	6.81	4～8	6.49	0～2	0.40	132
tri×*jun*	5～9	7.02	4～8	6.45	0～2	0.35	110
kar×*jun*	5～9	6.86	5～8	6.68	0～2	0.26	117
das×*jun*	5～7	6.73	5～8	6.81	0～2	0.22	106
jun×*mul*	6～19	9.35	1～7	5.60	0～1	0.15	124

编著者注：*cin*＝*E. cinereus*，*jun*＝*E. junceus*，*tri*＝*E. triticoides*，*kar*＝*E. karataviensis*，*das*＝*E. dasystachys*，*mul*＝*E. multicaulis*。

1983 年，Dewey 与 C. Hsiao（凯萨琳·萧）对 *Elymus junceus* 的系统地位作了研究分析。这个原产俄罗斯与中国的牧草是 1927 年引入美国的，由于它抗旱、耐盐碱，在美国有很高的经济价值。引进时学名用的是它的原定名 *Elymus junceus* Fischer，自 1806 年 Friederrich Ernst Ludwig von Fischer 把这个分类群定名为 *Elymus junceus* 以后，又有许多人给予它若干个学名。1934 年 C. A. Невский 建立新麦草属，根据断穗轴、2～3 个小穗着生于一个穗轴节、小穗含 2～3 个无柄小花、钻形颖而把它组合到新麦草属，成为 *Psathyrostachys juncea*（Fischer）Nevski。新麦草属以其断穗轴而与披碱草属不同，以其多花小穗与大麦属相区别。Dewey 与 Hsiao 用 *Psathyrostachys fragilis*（Boiss.）Nevski（＝*Hordeum fragile* Boissier）与它相杂交以检测它们的染色体组的相互关系。

1973 年以 *P. fragilis* 为母本，去雄 219 朵小花，得到 55 粒皱缩的种子，许多都没有胚，置于吸水纸上发芽，但无一萌发。1977 年用未去雄 *P. fragilis*（高度自交不稔）穗授以 *P. juncea* 花粉，得到 86 粒皱缩籽粒，多数无胚，6 粒发芽，但后来证明都是自交的假杂种。1979 年，25 个未去雄 *P. fragilis* 的穗用于杂交，得到 311 粒种子，这些种子从非常皱缩到近于正常。20 粒近于正常的种子置于吸水纸上发芽，其余非常皱缩的种子在试管中用 2.7% Difco 兰花培养基培养。3 周后，17 粒萌发。所有萌发的植株都是真杂种。认为虽然它们之间具有很强的杂交不亲和机制存在，但它们在 5 月下旬到 6 月上旬花期交叉相遇，产生天然杂种是可能的。在实际上没有记录，因为它们在地理分布上是隔离的。

F_1 杂种在形态上呈中间型（图 2-4），不过更偏向于父本 *P. juncea*，因而在形态上就可以证明它是真杂种。*P. juncea* 颖与外稃都无芒或具短尖头。杂种的颖与外稃都具芒，但比母本 *P. fragilis* 的芒大大缩短。双亲与杂种都具脆穗轴，每节三小穗，每小穗两小花。杂种比 *P. fragilis* 更高大，更茁壮。与相比较，作为牧草，看不出有什么更多的优点，本身似乎也没有什么育种价值，但可以作为把 *P. fragilis* 某些基因导入到 *P. juncea* 的桥梁。

双亲都是 2n＝14 的二倍体，减数分裂基本上都属正常。它们都在中期Ⅰ花粉母细胞中形成 95%以上的二价体。

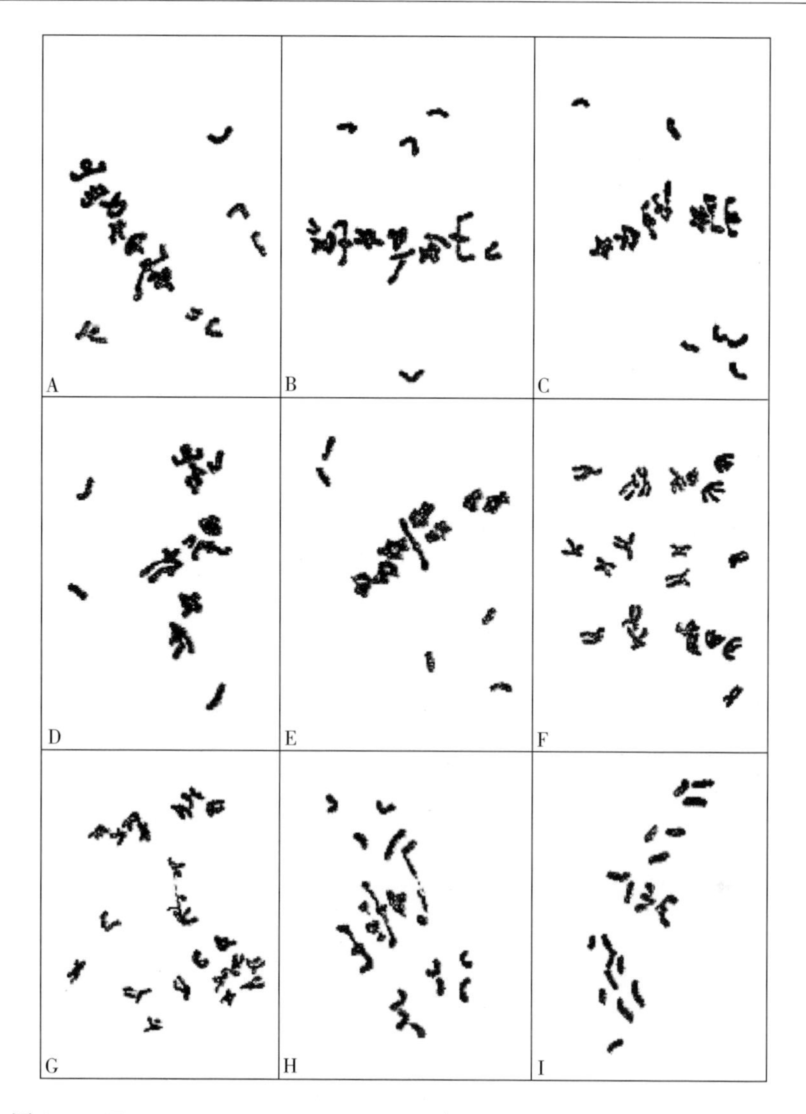

图 2-3　*E. junceus*×*E. cinereus*（A～G）与 *E. junceus*×*E. multicaulis*（H～I）三倍体杂种减数分裂

A. 7Ⅰ+7Ⅱ　B. 9Ⅰ+6Ⅱ　C. 6Ⅰ+6Ⅱ+1Ⅲ　D. 5Ⅰ+5Ⅱ+2Ⅲ　E. 5Ⅰ+8Ⅱ（7个环状，1个棒状）　F. 后期Ⅰ6个落后染色体　G. 后期Ⅰ两个落后染色体与一个桥型片段　H. 11Ⅰ+5Ⅱ（4个棒型与1个环型）　I. 17Ⅰ+2Ⅱ（棒型）

（引自 Dewey，1972，图 2）

P. fragilis×*P. juncea* F_1 杂种也是二倍体，2n=14。其减数分裂也很正常，半数以上（52%）的中期细胞形成7对二价体（图 2-5-C）。其余的细胞含有2～6个未配对的单价体（图 2-5-D～F）。大多数二价体都是环形二价体。多价体非常少，208个中期Ⅰ细胞中只观察到1个三价体与1个四价体。后期Ⅰ比中期Ⅰ还正常，83%的细胞都未观察到有异常现象，100个后期Ⅰ细胞中只观察到8个染色体片段桥，125个四分子中只观察到8个微核。

图 2-4 *Psathyrostachys juncea*（左）、*P. fragilis*（右）及其 F_1 杂种（中）

（引自 Dewey 与 Hsiao，1983，图 1）

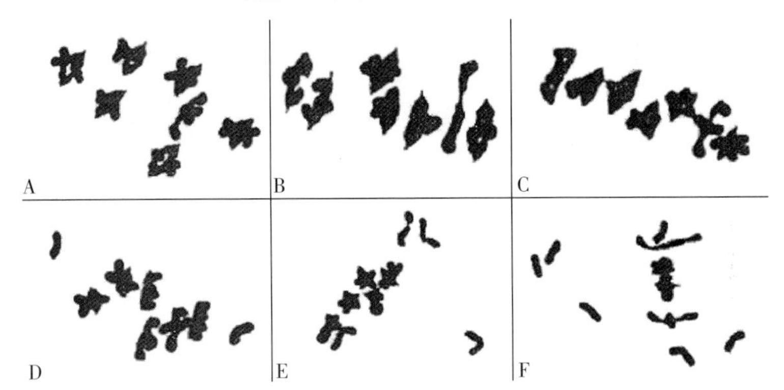

图 2-5 *Psathyrostachys juncea*、*P. fragilis*，以及它们的 F_1 杂种的减数分裂中期Ⅰ染色体配对

A. *P. juncea*，7Ⅱ B. *P. fragilis*，7Ⅱ

F_1 杂种：C. 7Ⅱ D. 2Ⅰ+6Ⅱ E. 4Ⅰ+5Ⅱ F. 6Ⅰ+4Ⅱ

（引自 Dewey 与 Hsiao，1983，图 2）

杂种非常完全的染色体配对表明 *P. fragilis* 与 *P. juncea* 的染色体组具有非常相近的同源关系，这两个种的染色体组之间的结构差异非常小。因为多价体（显示染色体间异质交换）非常少，而桥（显示同臂内倒位）也不常见。

双亲的能育花粉都在 90%以上。*P. juncea* 套袋自花传粉平均每穗结实 0.9 粒，自交结实的植株每穗结实3.2粒。7株中有3株完全没有结实，表明*P. juncea*是高度自交不育的物种。*P. fragilis*套袋自花传粉平均每穗结实0.1粒，表明它的自交不育性更强。6株F_1杂种能染色的正常花粉为0.5%～5.0%，平均1.4%。虽然能产生少量能育花粉，但花药不开裂。在人工使花药裂开的情况下也没有得到种子（表2-3）。

表2-3 *Psathyrostachys juncea*、*P. fragilis*及其杂种F_1的减数分裂

（引自Dewey与Hsiao，1983，表1）

种与杂种	染色体（2n）	植株数		中期Ⅰ					后期Ⅰ		四分子		
				Ⅰ	Ⅱ	Ⅲ	Ⅳ	细胞数	环型Ⅱ（%）	落后染色体/细胞	细胞数	微核/细胞	四分子数
P. juncea	14	1	变幅	0～2	6～7	—	—			0～1		0～3	
			平均	0.10	6.95	—	—	156	75	0.01	125	0.10	125
P. fragilis	14	1	变幅	0～2	6～7	—	—			0～1		0～2	
			平均	0.06	6.97	—	—	104	80	0.06	110	0.02	125
F_1杂种	14	5	变幅	0～6	3～7	0～1	0～1			0～2		0～2	
			平均	1.25	6.36	0.005	0.005	208	43	0.25	100	0.08	125

形态学与细胞学的数据都说明*P. juncea*与*P. fragilis*是两个十分相近的独立物种，应当是一个属，即*Psathyrostachys*——新麦草属。Dewey（1970）称这个属的染色体组为**J**染色体组。

1984年，Á. Löve在他的《小麦族大纲》一文中，把小麦属所有的属的染色体组的名称作了一次统一整理。由于*Psathyrostachys* Nevski的**J**染色体组与*Thinopyrum* Á. Löve的**J**染色体组重复，他就把*Psathyrostachys* Nevski的**J**染色体组更名为**N**染色体组。

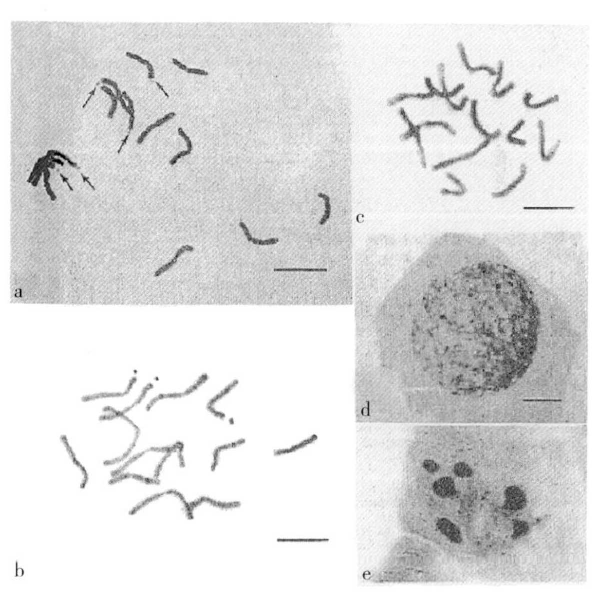

图2-6 *P. fragilis* H917体细胞有丝分裂中期2n=14（a～c）与间期（d、e）

a. 孚尔根染色的染色体，箭头所指为可见的随体 b. C-显带的染色体，3个易见的异染色质随体 c. N-带显带染色体上没有带显示 d. C-带显示核染色中心 e. 硝酸银染色的细胞显示6个核仁

（引自Linde-Laursen与Bothmer，1984，图1）

同年，丹麦Risø国家实验室的Ib Linde-Laursen与瑞典农业科学大学斯瓦洛大作物遗传育种系的Roland von Bothmer对*Psathyrostachys fragilis*（Boiss.）Nevski的体细胞核型作了比较详细的观察研究（图2-6）。他们确定*Psathyrostachys fragilis*的

染色体有以下的特点（图 2-7）：

（1）14 条大染色体，比大麦的染色体平均长度长 30%，与 *Psathyrostachys juncea* 相当。可能是禾本科中最长大的染色体。具 3 对、6 条随体染色体，可能也是小麦族二倍体种中随体染色体数量最多的。（2）两对随体染色体较小，1 对微型随体也可能是小麦族中最小的。3 对随体都是多型性的。（3）少数显著的 C-带只位于远中臂间与臂端，邻接核仁形成部缢痕以及着丝点缢痕。（4）带型高度多形性。这可能与 *P. fragilis* 异花传粉习性有关。（5）不显 N-带。（6）结构异染色质（constitutive heterochromatin）含量较低。

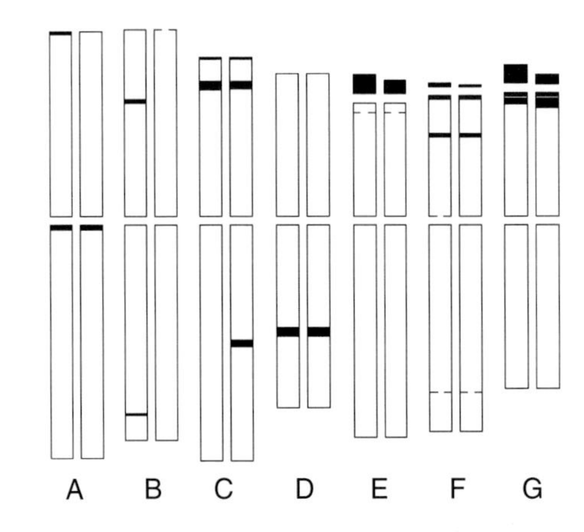

图 2-7 *Psathyrostachys fragilis* 染色体组型，显示 C-带相对大小与位置（黑色区域为 C-带；破断线示非常细小的 C-带）

（引自 Linde-Laursen 与 Bothmer，1984，图 2）

1986 年，美国农业部牧草与草原实验室的 Catherin Hsiao、Richard R.-C. Wang（汪瑞其）与 Douglas R. Dewey 发表一篇题为《小麦族 22 个二倍体种的核型分析与染色体组的关系》的文章，其中报道了新麦草属 5 个种的核型观察的结果。这 5 个种是 *P. lanuginosa*（Trin.）Nevski、*P. juncea*（Fisch.）Nevski、*P. fragilis*（Boiss.）Nevski、*P. kronenburgii*（Hack.）Nevski 与 *P. huashanica* Keng。他们观察的结果记录如表 2-4 及图 2-8 所示。

表 2-4 *Psathyrostachys* 二倍体种染色体相对长度（百分率）及臂比（S/L）

（摘引自 Hsiao、Wang 与 Dewey，1986，表 2）

种		染色体							染色体总长（μm）
		1	2	3	4	5	6	7	
P. fragilis	长	16.44	15.54	15.08	14.25（m）*	13.25（m）*	12.70	12.46（m）*	59.04±0.16
	S/L	0.88	0.76	0.72	0.53	0.77	0.90	0.75	
P. juncea	长	16.03	15.95	14.71	14.07（m）*	13.57（m）*	14.41	12.27（m）*	57.55±0.21
	S/L	0.95	0.81	0.69	0.52	0.93	0.63	0.75	
P. kronenburgii	长	15.68	15.57	15.39	14.20（m）*	13.32（m）*	13.09	12.77（m）*	58.29±0.24
	S/L	0.96	0.81	0.73	0.48	0.59	0.90	0.77	
P. lanuginosa	长	16.29	16.11	14.86	13.87（m）*	13.24（m）*	13.10	12.56（m）*	58.08±0.27
	S/L	0.82	0.92	0.68	0.49	0.91	0.61	0.75	
P. huashanica	长	16.63(2.49)**	15.57	15.36	14.05（m）*	13.28（m）*	12.88	12.25	59.42±0.33

注：括弧内为随体长度；m 为微随体。* 随体位于短臂；* * 随体位于长臂。

他们观察到其中 *P. lanuginosa*、*P. juncea*、*P. fragilis*、*P. kronenburgii* 4 个种核型非常近似，只有 *P. huashanica* 核型独具一格（图 2-8-18A）。*P. lanuginosa*、*P. jun-*

cea、*P. fragilis*、*P. kronenburgii* 染色体都非常大，平均总长（平均染色体组长）58.24μm。都具有 3 对小随体，位于第 4、5、7 染色体短臂顶端。由于微小，在 30%的减数分裂中期Ⅰ的细胞中才能观察到它们。随体大小、数量、位置在这 4 个 **N** 染色体组种中非常一致。*P. fragilis* 与 *P. juncea* 的 F_1 杂种中染色体配对良好（Dewey 与 Hsiao，1983）。核型的一致性显示它们都含有 **N** 染色体组。

P. huashanica 的核型与这 4 个 **N** 染色体组种的核型差别很大。

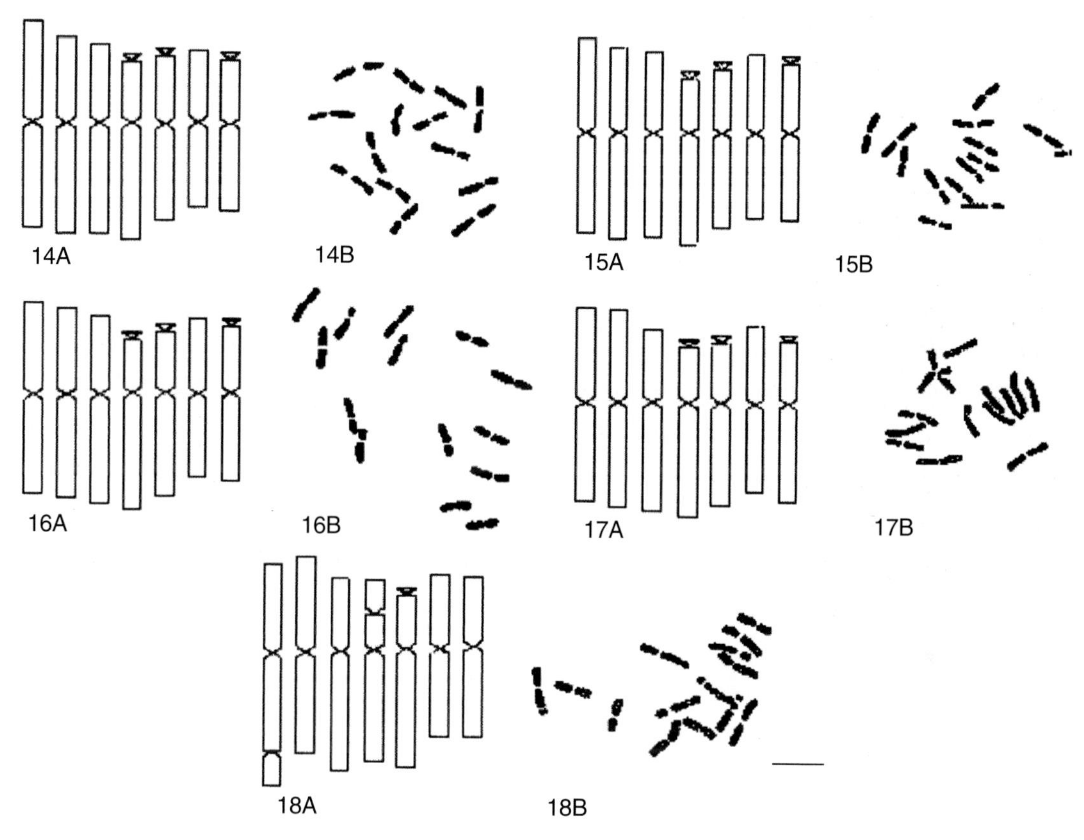

图 2-8　新麦草属染色体组型（A）及体细胞中期染色体（B）

14. *Psathyrostachys fragilis*　15. *P. juncea*　16. *P. kronenburgii*

17. *P. lanuginosa*　18. *P. huashanica*

（引自 Hsiao、Wang 与 Dewey，1986，图 14-18）

1986 年 Linde-Laursen 与 von Bothmer 用孚尔根染色 C-带、N-带以及硝酸银染色 *P. juncea* 与 *P. huashanica* 的根尖涂片观察它们的核型。所有材料来自两个种各自一个单株。两个种都是二倍体，2n=2x=14，它们都是大型染色体。*P. juncea* 含有 8 条具中央着丝点染色体与 3 对随体染色体，异染色质随体微小（图 2-9）。而 *P. huashanica* 则含有 9 条具中央着丝点染色体与 5 条异染色质随体染色体，其中两条为微随体。*P. juncea* C-带带型，比起染色体 1～5 都较细小，C-带位于居间几顶端；而 *P. huashanica* 多数染色体臂上则为粗大的顶端 C-带。从染色体形态，以及 C-带来看，*P. juncea* 的 7 条染色体

与 *P. huashanica* 相比只有两条可以认为具同源性。从核型来看，*P. juncea* 与 *P. fragilis* 的关系比与 *P. huashanica* 相近得多。N-带染色非常微弱。硝酸银染色显示两个种的核仁形成体具有不同的核仁形成能力。微核仁的存在说明额外未查明的染色体还具有核仁形成能力（图 2-10）。上述 3 个种的染色体与带型的多样性反映了它们异花传粉的性质。

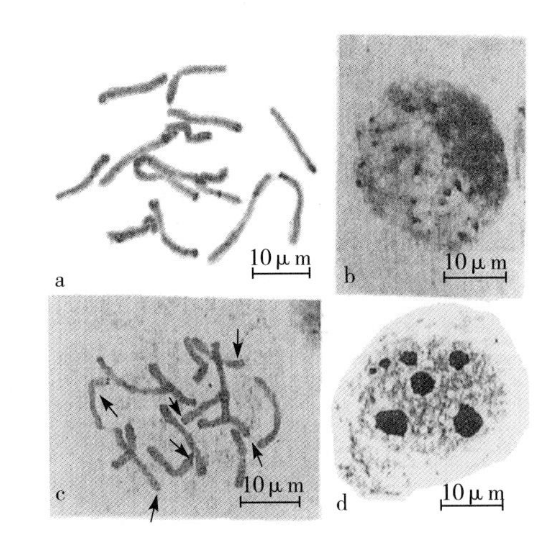

图 2-9 *P. juncea* H 3088，2n=14

a. 吉姆萨（Giemsa）C-带显带处理有丝分裂中期染色体
b. 吉姆萨处理的间期核 c. 硝酸银处理有丝分裂中期染色体。箭头所指为银盐染色的核仁形成体（NORs）
d. 硝酸银处理的间期核，显示核仁
（引自 Linde-Laursen 与 Bothmer，1986，图 1）

在 *P. huashanica* 中，与随体染色体相联系，硝酸银染色显示最多 5 个 NORs。确定核仁形成体缢痕 2 个位于顶端，3 个位于臂中间（也就是大随体）（图 2-11-c）。NORs 大小不等，其中一对位于长臂，也总比其他核仁形成体小些。显示 5 个 NORs 形成核仁的能力有差别，为 5 个间期标准核仁大小不等的现象所支持（表 2-5，图 2-11-d）。也显示事实上存在第 6 条具核仁形成能力的染色体。非常可能就是那条与 NOR 位于长臂的随体染色体同源而尚未鉴别出来的染色体（图 2-12）。前述，Dewey 与凯萨林·萧观察到有两条长臂具随体的染色体。

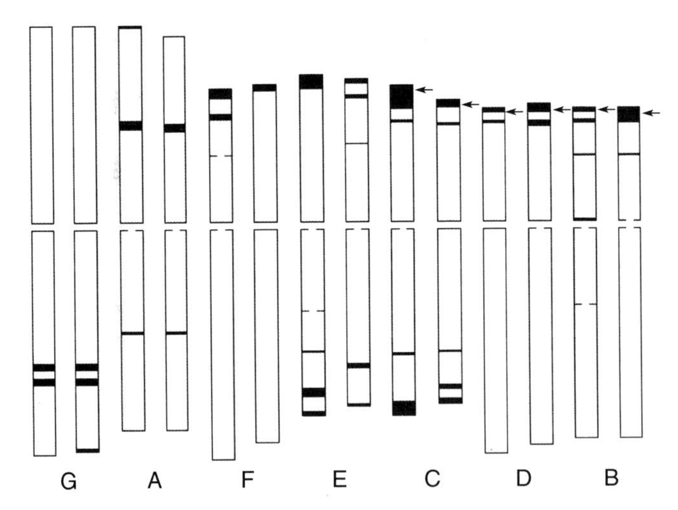

图 2-10 *P. juncea* H 3088 染色体组型，显示染色体相对大小及 C-带位置（破断线表示微细 C-带）[箭头所指为核仁形成体缢痕位置。染色体编号字母根据 Endo（远滕隆）与 Gill，1984]
（引自 Linde-Laursen 与 Bothmer，1986，图 2）

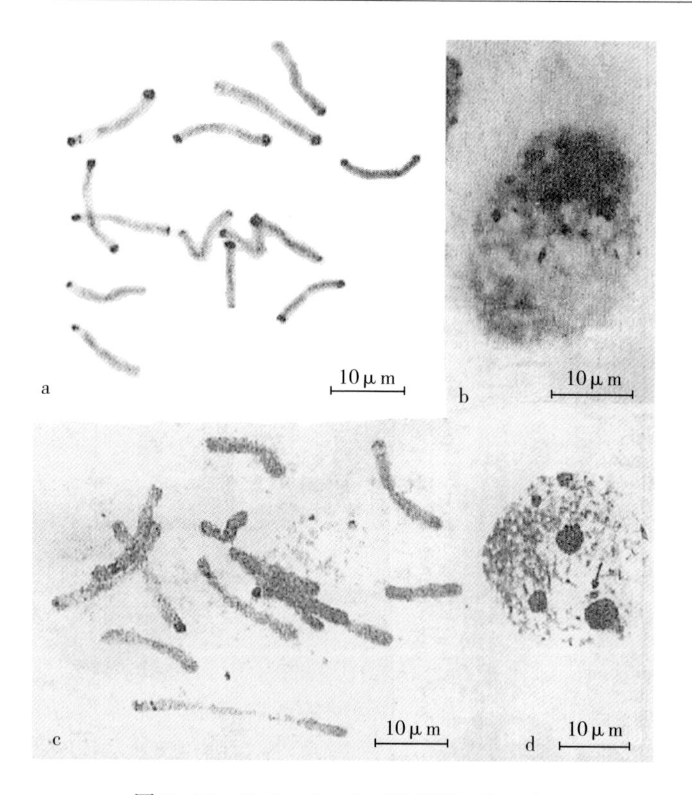

图 2-11　*P. huashanica* H 3087，2n=14

a. 吉姆萨（Giemsa）C-带显带处理有丝分裂中期染色体　b. 吉姆萨处理的间期核　c. 硝酸银处理有丝分裂中期染色体　d. 硝酸银处理的间期核，显示核仁（箭头所指为银盐染色的微核仁）

（引自 Linde-Laursen 与 Bothmer，1986，图 1）

表 2-5　*Psathyrostachys* 的染色体数、最高随体染色体数、硝酸银染色核仁、结构异染色质量（%）以及材料来源

（引自 Linde-Laursen 与 Bothmer，1986，表 1）

种	植株号	2n	最高数		结构异染色质（%）	来源与采集人
			随体染色体	核仁数		
P. juncea	H3088	14	6	7*	5.2	中国新疆博乐县杨俊良
P. huashanica	H 3087	14	5	6*	7.5	中国华山谷口杨俊良
P. fragilis	H 917	14	6	6	3.7	Linde-Laursen 与 Bothmer

* 包括一个微核仁。

1987 年，美国农业部牧草与草原实验室的汪瑞其在《染色体组（Genome）》杂志发表一篇题为“Synthetic and natural hybrids of *Psathyrostachys huashanica*”的文章。这篇文章报道了两个天然杂种与三个人工杂交种的细胞学观察结果。两个天然杂种是从种植在犹他州立大学伊万斯农场的华山新麦草收获的种子中得到的。华山新麦草是颜济采自中国陕西。父本 *P. fragilis* 与 *P. juncea* 是 Dewey 保存的美国农业部多年生小麦族收集材

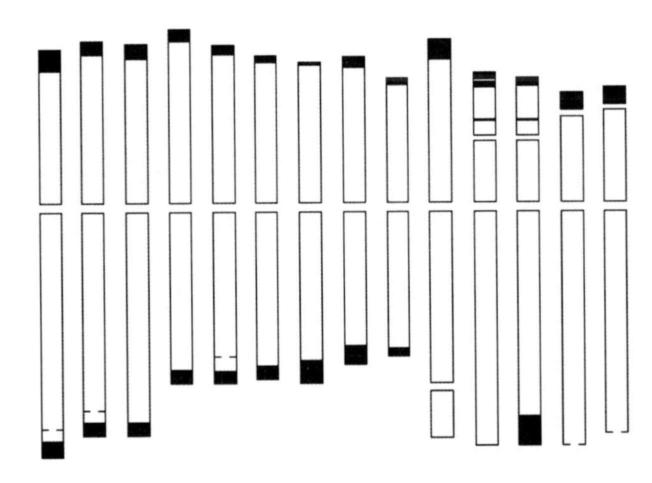

图 2-12 *P. huashanica* H 3087 染色体组型，显示染色体相对大小及 C-带位置（破断线表示微细 C-带）

（引自 Linde-Laursen 与 Bothmer，1986，图 2）

料。它们与 *P. huashanica* 邻行种植。从收获的种子中得到 5 株与 *P. fragilis* 之间的杂种，8 株与 *P. juncea* 之间的杂种。杂种中间型的形态特征与父母本很容易鉴别。从表 2-6 与图 2-13 可以清楚地看到 *P. huashanica* 与 *P. fragilis* 及 *P. juncea* 之间具有很近的亲缘关系。虽然 *P. huashanica* 的核型与它们有很大的差异，但减数分裂染色体配对良好。这个分类群应当是属于新麦草属，即 *Psathyrostachys*。在这篇文章中把它的染色体组定为一个亚型，即 $\mathbf{N^h}$。

表 2-6 *Psathyrostachys huashanica* 的天然杂种与人工合成杂种花粉母细胞减数分裂

（引自 Wang，1987，表 3，编排上稍作修改）

杂　种	植株数	染色体组	观察细胞数	Ⅰ	Ⅱ		Ⅲ	Ⅳ	后期Ⅰ落后染色体数	四分子微核数
					棒型	环型				
人工杂交										
cog×hua	1	**SN^h**	102	11.00	1.28	0.16	0.04	—	3.67	2.68
				(6～14)	(0～4)	(0～1)	(0～1)		(0～10)	(0～7)
ine×hua	2	**SN^h**	152	9.80	1.68	0.29	0.07	0.02	2.41	1.99
				(4～14)	(0～5)	(0～3)	(0～1)	(0～1)	(0～7)	(0～5)
天然杂交										
hua×fra	4	**N^hN**	203	1.03	3.36	3.12	—	—	0.16	0.35
				(0～6)	(0～7)	(0～7)			(0～4)	(0～3)
hua×jun	1	**N^hN**	64	0.50	3.14	3.61	—	—	0.04	0.29
				(0～4)	(0～6)	(0～6)			(0～2)	(0～4)
hua×jun	1	**N^hN**	16	8.75	2.12	0.50	—	—	1.00	2.20
				(4～14)	(0～4)	(0～2)			(0～2)	(0～4)

注：cog=*Pseudoroegneria cognata*，ine=*Pseudoroegneria inermis*，hua=*Psathyrostachys huashanica*，fra=*Psathyrostachys fragilis*，jun=*Psathyrostachys juncea*。

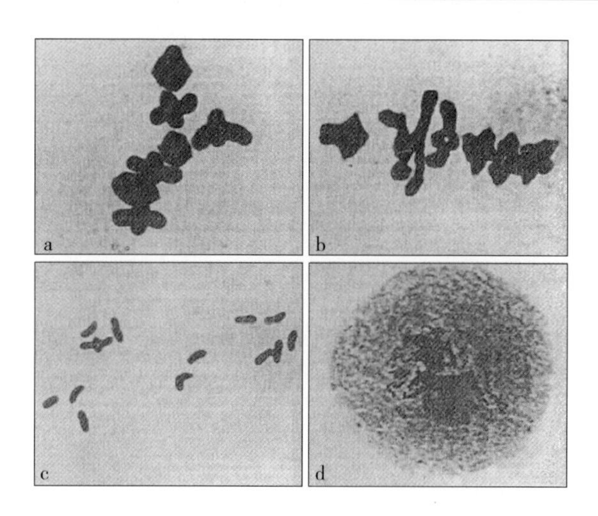

图 2-13　*Psathyrostachys huashanica* 的天然杂种与人工合成杂种花粉母细胞减数分裂

a. *Psathyrostachys huashanica*×*P. fragilis* 花粉母细胞减数分裂中期Ⅰ示 7 对二价体
b. *P. huashanica*×*P. juncea* 花粉母细胞减数分裂中期Ⅰ示 7 对二价体　c. *P. huashanica*×*P. juncea* 花粉母细胞减数分裂中期Ⅰ示染色体最低配对　d. *P. huashanica*×*P. juncea* 花粉母细胞染色体消减

（引自 Wang，1987，图 5）

在人工杂交的 *Pseudoroegneria cognata* 与华山新麦草的杂种以及 *Pseudoroegneria inermis* 与华山新麦草的杂种中，减数分裂染色体很少配对（表 2-6、图 2-14）。说明华山新麦草与它们亲缘关系很远，不是一个属的植物。拟鹅观草属的两个种的染色体比华山新麦草的小。

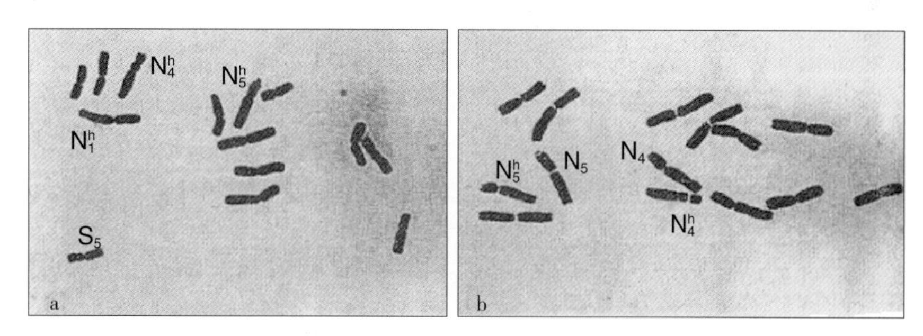

图 2-14　根尖细胞有丝分裂

［*Pseudoroegneria inermis*×*Psathyrostachys huashanica*（a）与 *P. huashanica*×*P. fragilis*（b）不同染色体组的随体染色体已标明。N^h_4：N^h 染色体组第 4 染色体；N^h_1：最长的一个］

（引自 Wang，1987，图 3。根据 Hsiao et al.，1986）

华山新麦草与山地野黑麦——*Secale montanum* 之间的杂种没有观察到减数分裂染色体收缩、联会与分离。而代之以可能经过重复内成有丝分裂（endomitosis）或合并，结果形成多核细胞，核可多达 17 个。以后多核细胞分离形成假四分子（pseudotrads）（图 2-15-c、d），随即形成花粉壁而构成假小孢子（pseudomicrospore）（图 2-15-f）。

因为这种异常假小孢子发生而得不到染色体配对的数据。他认为这种窘境也在 *Thinoptrum elongatum*×*P. juncea* 以及 *Pseudoroegneria spicata*×*P. juncea* 的杂种中遇到。汪瑞其教授遇到的这一现象是一个非常重要问题，由于它超出了传统的细胞学观念的认识，不为当时许多细胞遗传学者所理解。这个问题将在后面详细讨论。

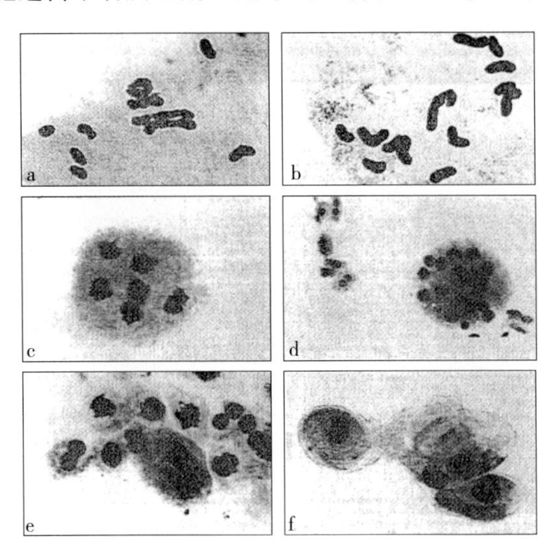

图 2-15 杂种减数分裂染色体配对与粒型

a. *Pseudoroegneria cognata*×*Psathyrostachys huashanica* 减数分裂中期Ⅰ示 6Ⅰ+4Ⅱ

b. *Pseudoroegneria inermis*×*Psathyrostachys huashanica* 减数分裂中期Ⅰ示 12Ⅰ+1Ⅱ

c、d. *Psathyrostachys huashanica*×*Secale montanum* F_1 杂种花药中的多核细胞 e. 假四分子 f. 假小孢子

（引自 Wang，1987，图 4）

同年，Roland von Bothmer、M. Kotimäki 与 Linde-Laursen 对 *Psathyrostachys huashanica* 与 *P. fragilis* 人工杂交的 F_1 杂种所作的染色体组分析也在《植物系统学与进化（Plant Systematics and Evolution）》杂志上发表。进一步确证这两个分类群的亲缘关系非常相近，不是凯萨琳·萧等（1986）从核型差异而推论的可能是个“新染色体组”的意见。他们观察的结果如表 2-7 及图 2-16 所示。

表 2-7 *Psathyrostachys huashanica*、*P. fragilis* 及其种间杂种减数分裂染色体配对情况

（引自 Bothmer et al.，1987，表 2。稍作文字及编排修改）

观察材料	观察细胞数	Ⅰ	Ⅱ			Ⅲ	交叉/细胞	非顶端交叉数
			总数	棒型	环型			
P. huashanica	50	0.12	6.94	2.70	4.24	—	11.18	7.30
		(0～2)	(6～7)	(0～5)	(3～6)		(9～13)	(3～12)
P. fragilis	20	0.10	6.99	0.15	6.75	—	13.65	5/05
		(0～2)	(6～7)	(0～1)	(5～7)		(11～14)	(1～8)
F_1 杂种	50	1.06	6.42	4.40	2.20	0.02	8.48	7.24
		(0～6)	(4～7)	(2～7)	(0～5)	(0～1)	(5～12)	(4～12)

注：括弧内为变幅。

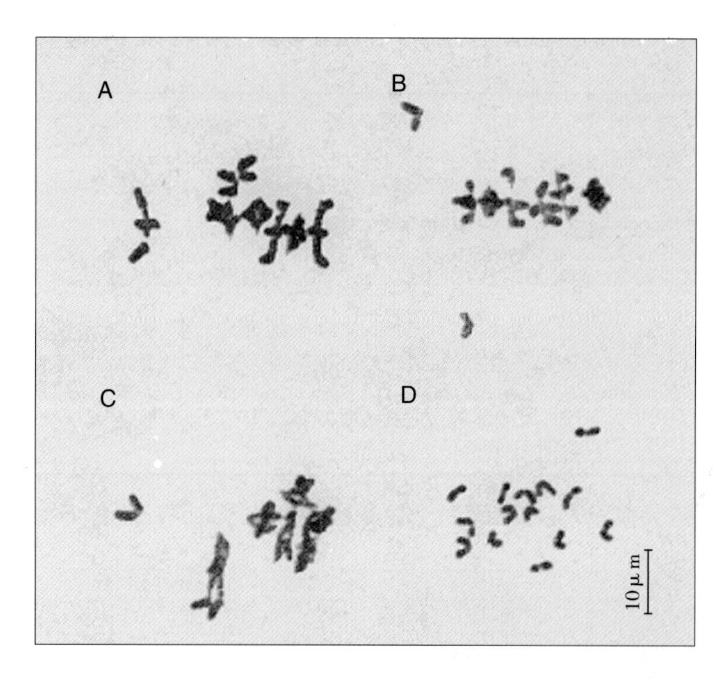

图 2-16　*Psathyrostachys fragilis*×*P. huashanica* F_1 杂种减数分裂中期Ⅰ染色体构型

A. 7Ⅱ（3 个环型）　B. 2Ⅰ+6Ⅱ（2 环型）　C. 1Ⅰ+5Ⅱ（环型）　D. 14Ⅰ

（引自 Bothmer et al.，1987，图 3）

von Bothmer、Kotimäki 与 Linde-Laursen 的这一观察研究进一步确证 *P. huashanica* 的染色体组与 *P. fragilis* 同属 **N** 染色体组，稍有分化，可以确定是 **N** 染色体组的亚型。汪瑞其把它定为 $\mathbf{N^h}$ 是恰当的。它与 *P. fragilis* 很容易杂交，以华山新麦草为母本结实率为 80%，以 *P. fragilis* 为母本则较为困难，结实率只有 8.9%。这也验证了为什么汪瑞其很容易在华山新麦草上得到天然杂种。这与作者在小麦中发现的高亲和性基因 *kr*4 一样（含有这 4 对高亲和性基因 *kr*1、*kr*2、*kr*3 与 *kr*4 的小麦 J-11 与黑麦杂交结实率可达 95% 以上），显示华山新麦草也可能含有高亲和性基因。

1989 年，卢宝荣、颜济、杨俊良与 J. Flink 在《北欧植物学杂志（Nordic J. Bot.）》上发表一篇题为“*Psathyrostachys juncea* 与 *P. huashanica* 之间的杂种的细胞遗传学研究”报告，进一步肯定了华山新麦草的染色体组与新麦草的染色体组的同源性很高，应为 $\mathbf{N^h}$ 染色体组。这篇报告中也提到与 *P. kronenburgii* 杂交得到种子，没有萌发成长为植株。报告的数据如表 2-8、表 2-9 及图 2-17 所示。

表 2-8　新麦草属种间杂交的结果

（引自 Lu et al.，1989，表 2）

杂交组合	杂交花数	结实		萌芽		植株数
		结实数	结实率（%）	萌芽数	萌芽率（%）	
P. juncea×*P. huashanica*	68	14	20.6	10	71.1	8
P. kronenburgii×*P. huashanica*	138	16	11.6	2	12.5	—

表 2-9 *Psathyrostachys huashanica*、*P. juncea* 及其 F_1 杂种的减数分裂染色体配对

（引自 Lu et al.，1989，表 3）

亲本及杂种	观察细胞数	Ⅰ	Ⅱ			细胞中平均交叉数
			总计	棒型	环型	
P. huashanica	50	0.32 (0～2)	6.84 (6～7)	1.98 (0～4)	4.86 (3～7)	11.71 (9～14)
P. juncea	50	0.08 (0～2)	6.93 (6～7)	2.20 (0～4)	4.73 (3～7)	11.67 (9～14)
杂　种	36	5.30 (2～10)	4.04 (2～7)	2.12 (0～5)	2.23 (0～5)	6.57 (3～12)

注：括弧内为变幅。

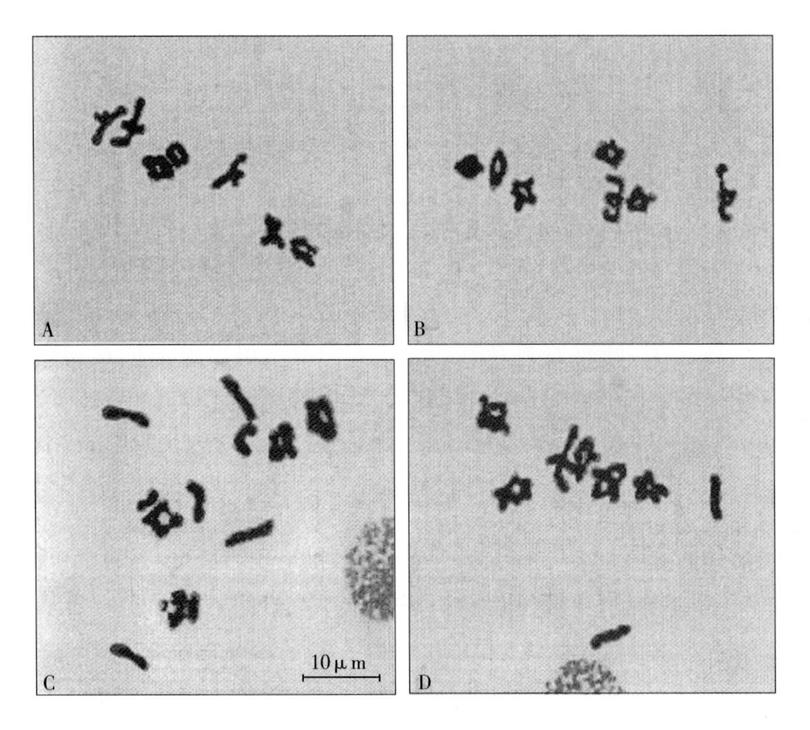

图 2-17 *Psathyrostachys huashanica*、*P. juncea* 及其 F_1 杂种的减数分裂染色体配对

A. *Psathyrostachys juncea*，7Ⅱ（4 对环型，3 对棒型） B. *P. huashanica*（5 对环型，2 对棒型）

C. F_1 杂种 6Ⅰ+4Ⅱ（4 对环型） D. F_1 杂种 2Ⅰ+6Ⅱ（5 对环型，1 对棒型）

（引自 Lu et al.，1989，图 2）

P. juncea 与 *P. huashanica* 的 F_1 杂种高度不育，但减数分裂染色体配对近于正常，二价体平均 4.04 对，最高可达 7 对，细胞内染色体平均交叉频率达 6.57。与汪瑞其（1987）的 *P. huashanica* 与 *P. juncea* 的天然 F_1 杂种的染色体交叉频率平均 6.75 相近似。同 Bothmer 等（1987）的 *P. huashanica* 与 *P. fragilis* 的 F_1 杂种的染色体交叉频率

平均 6.42 也相近。说明三个分类群的亲缘关系都非常相近，进一步证明它们放在同一个属中是恰当的。华山新麦草的染色体组无论从形态上，抑或是从染色体配对数据上来看与其他两个种都有一定的差异，这样的事实的存在也说明它们之间有了一定程度的分化。但，仍然不失为 **N** 染色体组基本型，只是已分化为亚型。再次证明汪瑞其定为 $\mathbf{N}^{h}$ 是恰当的，它比其他亚型间的关系还稍远一些。也就是说其间可能有配对基因（*ph*）与亲和基因（*kr*）的调节作用；在演化系统关系上，可能实际上比一般的种间关系还稍远一点。

同年，C. Baden、von Bothmer、J. Flink 与 N. Jacobsen 发表一篇《新麦草属与大麦属属间杂交的研究》报告，对它们间的系统关系作了比较全面的观察分析。用了 29 种大麦属植物、两个新麦草属的种（即 *Psathyrostachys juncea* 与 *P. fragilis*），做了 38 种杂交组合。一般说来，结实率都比较高（表 2-10、表 2-11），虽然有不到 1%的能染色的充实花粉，但所有杂种均完全不结实。减数分裂染色体配对率很低，花粉母细胞中染色体交叉很少（表 2-12），都说明大麦属与新麦草属的亲缘关系相距比较远，新麦草属的 **N** 染色体组与大麦属的 **H**、**I**、**Xa**、**Xu** 4 种染色体组的同源性都非常低。单纯从形态学性状来看，大麦属与新麦草属比较近似，均在一个穗轴节上具 3 个小穗。只是新麦草属小穗无柄，大麦属有柄；新麦草属小穗多花，而大麦属小穗单花。形态上区别不大，但遗传系统上相距却很远，C. A. Невский 把它们分为不同的属是正确的。

表 2-10 *Psathyrostachys juncea* 与不同大麦种杂交结果

（根据 Baden et al.，1989，表 1。编排修改，大麦属染色体组名为编著者加）

杂交组合	授粉花数	结实数	结实率（%）	出苗数	萌发率（%）
H 染色体组					
H. arizonicum（6x）×*Psa. juncea*（2x）	21	10	48	3	30
H. jubatum（4x）×*Psa. juncea*（2x）	28	15	54	9	60
H. brevisubulatum（2x）×*Psa. juncea*（2x）	21	3	14	2	67
H. brevisubulatum（4x）×*Psa. juncea*（2x）	45	9	20	7	78
H. patagonicum（2x）×*Psa. juncea*（2x）	13	2	15	1	50
I 染色体组					
H. vulgare（2x）×*Psa. juncea*（2x）	22	0	0	0	0
Xa 染色体组					
H. marinum（4x）×*Psa. juncea*（2x）	14	7	50	0	0

表 2-11 *Psathyrostachys fragilis* 与不同大麦种杂交结果

（根据 Baden et al.，1989，表 2。编排修改，大麦属染色体组名为编著者加）

杂交组合	授粉花数	结实数	结实率（%）	出苗数	萌发率（%）
H 染色体组					
H. pubiflorum（2x）×*Psa. fragilis*（2x）	20	13	65	12	92
H. muticum（2x）×*Psa. fragilis*（2x）	27	2	7	1	50
H. chilense（2x）×*Psa. fragilis*（2x）	11	4	36	3	75
H. cordobense（2x）×*Psa. fragilis*（2x）	22	8	36	5	63
H. flexuosum（2x）×*Psa. fragilis*（2x）	25	22	88	0	0
H. euclaston（2x）×*Psa. fragilis*（2x）	16	9	56	1	11
H. intercedens（2x）×*Psa. fragilis*（2x）	24	6	25	0	0
H. bogdanii（2x）×*Psa. fragilis*（2x）	21	2	10	1	50
H. patagonicum（2x）×*Psa. fragilis*（2x）	54	18	33	7	39
H. roshevitzii（2x）×*Psa. fragilis*（2x）	24	0	0	0	0
H. roshevitzii（4x）×*Psa. fragilis*（2x）	24	2	8	0	0
H. brevisubulatum（2x）×*Psa. fragilis*（2x）	35	0	0	0	0
H. brevisubulatum（4x）×*Psa. fragilis*（2x）	12	0	0	0	0
H. brachyantherum（2x）×*Psa. fragilis*（2x）	47	30	64	17	57
H. jubatum（4x）×*Psa. fragilis*（2x）	51	14	28	7	50
H. secalinum（4x）×*Psa. fragilis*（2x）	12	2	17	1	50
H. capense（4x）×*Psa. fragilis*（2x）	12	7	58	3	43
H. depressum（4x）×*Psa. fragilis*（2x）	12	9	75	2	22
H. brachyantherum（4x）×*Psa. fragilis*（2x）	12	11	92	8	73
H. guatemalense（4x）×*Psa. fragilis*（2x）	12	0	0	0	0
H. fuegianum（4x）×*Psa. fragilis*（2x）	19	16	84	4	25
H. lechleri（6x）×*Psa. fragilis*（2x）	12	8	67	2	25
H. procerum（6x）×*Psa. fragilis*（2x）	12	3	25	0	0
I 染色体组					
H. vulgare（2x）×*Psa. fragilis*（2x）	65	13	20	5	39
Xu 染色体组					
H. murinum（2x）×*Psa. fragilis*（2x）	20	0	0	0	0
H. murinum（4x）×*Psa. fragilis*（2x）	35	28	80	0	0
H. murinum（6x）×*Psa. fragilis*（2x）	20	0	0	0	0
Xa 染色体组					
H. marinum（2x）×*Psa. fragilis*（2x）	12	5	42	0	100

表 2-12　大麦属与新麦草属间 F_1 杂种减数分裂染色体配对情况

（根据 Baden et al.，1989，表 5。编排修改）

杂交组合	观察细胞数	Ⅰ	Ⅱ			Ⅲ	细胞中交叉数	非顶端交叉数
			总计	棒型	环型			
H. arizonicum×*Psa. juncea*	28	18.46 (15～24)	3.89 (2～6)	2.96 (1～5)	0.93 (0～2)	0.61 (0～2)	6.11 (2～8)	1.14 (0～2)
H. brevisubulatum×*Psa. juncea*	30	11.00 (10～14)	1.50 (0～2)	1.27 (0～2)	0.23 (0～2)	—	1.73 (0～4)	0.13 (0～1)
H. jubatum HH 2469-1×*Psa. juncea*	50	17.44 (13～21)	1.66 (0～4)	1.60 (0～4)	0.66 (0～2)	0.08 (0～1)	1.88 (0～6)	0.20 (0～2)
H. jubatum HH 2469-2×*Psa. juncea*	28	15.29 (9～21)	2.86 (0～6)	1.93 (0～5)	0.93 (0～4)	—	3.71 (0～8)	1.86 (0～5)
H. jubatum HH 2570×*Psa. juncea*	40	20.85 (16～21)	0.36 (0～1)	0.33 (0～1)	0.03 (0～1)	0.05 (0～1)	0.48 (0～3)	0.30 (0～1)
H. capense×*Psa. fragilis*	50	18.56 (13～21)	1.20 (0～4)	1.16 (0～4)	0.04 (0～1)	—	1.18 (0～4)	—
H. jubatum×*Psa. fragilis*	32	15.78 (11～21)	2.66 (0～5)	1.97 (0～5)	0.69 (0～2)	—	3.41 (0～7)	1.53 (0～5)
H. marinum (2x) ×*Psa. fragilis*	50	13.64 (12～15)	0.22 (0～2)	0.20 (0～1)	0.02 (0～1)	—	0.24 (0～3)	0.08 (0～1)

1990 年，丹麦哥本哈根皇家兽医农业大学生态学系植物组的 Claus Baden、瑞学（Risϕ）国家实验室的 Ib Linde-Laursen 与美国犹他州立大学的 Douglas R. Dewey 联合在《北欧植物学杂志（Nordic J. Bot.）》上发表一个采自中国，定名为 *Psathyrostachys stoloniformis* C. Baden 的新麦草属新种。标本材料一份是 Dewey 1980 年采自甘肃兰州五泉山（D 2562），一份是 1987 年四川农业大学小麦研究所的杨俊良与瑞典农业大学的 Roland von Bothmer、西北高原生物研究所的郭本兆、西北植物研究所的徐朗然，采自青海龙羊峡（H 7031）。当时郭本兆把它错定为"*Psathyrostachys lanuginosa*"。Dewey 在 1981 年给编著者来信中就提到甘肃这一个新麦草不是 *Psathyrostachys lanuginosa*，可能是一新种。这两份种子材料种植在丹麦哥本哈根，经 Claus Baden 作形态鉴定与染色体组分析，它与 *P. huashanica* 以及 *P. fragilis* 杂交，染色体配合很好（表 2-13、图 2-18），但杂种完全不结实。Ib Linde-Laursen 所作细胞学观察研究，两株观察个体的有丝分裂中期染色体长的变幅在 11.3～15.6μm、11.3～17.5μm 之间，平均 13μm。核型与 *P. fragilis*、*P. juncea* 相似，确定它是含 **N** 染色体组的一个新分类群。由 Claus Baden 描述定名为 *Psathyrostachys stoloniformis* C. Baden。它的 C-带染色体组型如图 2-19 所示。

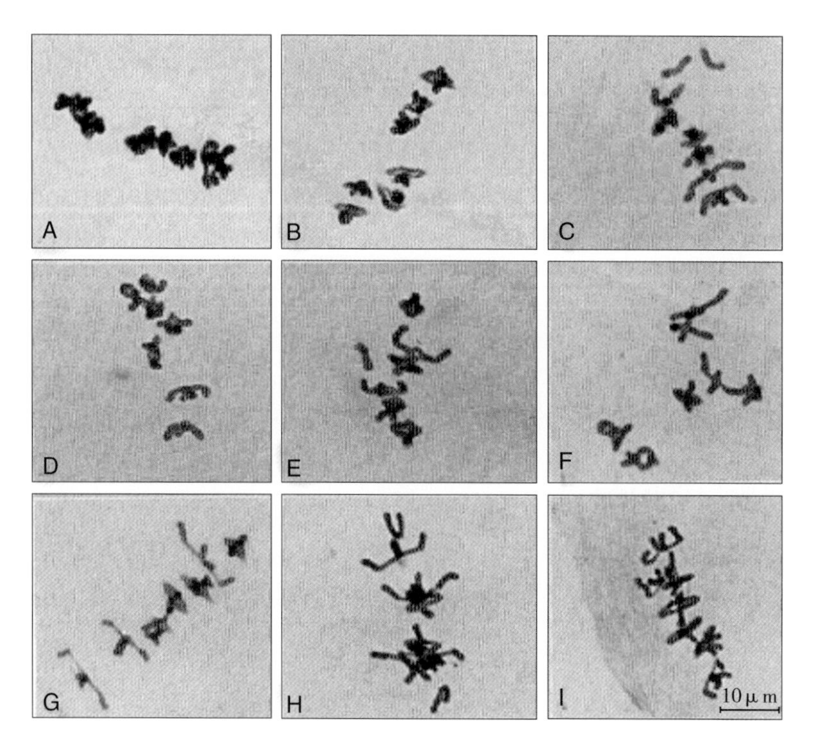

图 2-18 *Psathyrostachys stoloniformis*×*P. fragilis* 与 *P. stoloniformis*×*P. huashanica* F_1 杂种减数分裂中期Ⅰ染色体配对构型

A. *P. stoloniformis*（D 2562），7Ⅱ（5 环型） B. *P. fragilis*（917），7Ⅱ（环型） C. *Psathyrostachys stoloniformis*（D 5262）×*P. fragilis*（H 5421），2Ⅰ+6Ⅱ（3 环型） D. *Psathyrostachys stoloniformis*（D 5262）×*P. fragilis*（H 5421），17Ⅱ（3 环型） E. *Psathyrostachys stoloniformis*（D 5262）×*P. fragilis*（H 3087），2Ⅰ+6Ⅱ（4 环型） F. *Psathyrostachys stoloniformis*（D 5262）×*P. huashanica*（H 3087），7Ⅱ（4 环型） G. *Psathyrostachys stoloniformis*（D 5262）×*P. huashanica*（H 3087），7Ⅱ（4 环型） H. *Psathyrostachys stoloniformis*（D 5262）×*P. huashanica*（H 3087），2Ⅰ+6Ⅱ（3 环型） I. *Psathyrostachys stoloniformis*（D 5262）×*P. huashanica*（H 3087），7Ⅱ（4 环型）

（引自 Baden，et al.，1990，图 6）

表 2-13 新麦草属 3 个种及其 F_1 杂种减数分裂中期Ⅰ染色体配对情况

（引自 Baden et al.，1990，表 3。编排上稍作修改）

亲本种及杂种	观察细胞数	Ⅰ	Ⅱ			Ⅲ	Ⅳ	细胞中交叉数	非顶端交叉数
			总计	棒型	环型				
P. huashanica	50	0.12 (0～2)	6.94 (6～7)	2.70 (0～5)	4.24 (3～6)	—	—	11.18 (9～13)	7.30 (3～12)
P. fragilis	50	0.16 (0～2)	6.90 (6～7)	0.93 (0～3)	5.98 (3～7)	—	—	12.88 (11～14)	6.00 (2～10)

（续）

亲本种及杂种	观察细胞数	Ⅰ	Ⅱ			Ⅲ	Ⅳ	细胞中交叉数	非顶端交叉数
			总计	棒型	环型				
P. stoloniformis	6	0.33 (0～2)	6.83 (6～7)	1.67 (0～4)	5.00 (3～7)	—	—	11.40 (10～13)	7.20 (5～10)
P. stoloniformis（D 2562）×*P. huashanica*（H 3087）									
HH 2853	50	1.38 (0～7)	6.40 (4～7)	3.48 (0～6)	2.93 (1～6)	0.03 (0～1)	0.03 (0～1)	9.55 (6～12)	6.43 (5～10)
HH 2856	50	0.98 (0～13)	6.28 (3～7)	3.28 (0～7)	3.04 (0～3)	0.24 (0～1)	0.12 (0～1)	10.14 (4～14)	7.79 (2～12)
HH 2863	60	0.89 (0～14)	6.38 (0～7)	3.18 (0～6)	3.21 (0～5)	0.12 (0～1)	0.11 (0～3)	10.49 (5～16)	6.94 (3～12)
P. huashanica（H 3087）×*P. stoloniformis*（D 2562）									
HH 2852-2	26	0.58 (0～4)	6.58 (5～7)	2.89 (1～5)	3.73 (1～6)	0.04 (0～1)	—	10.46 (8～13)	6.92 (4～10)
HH 2853-1	20	1.67 (0～5)	5.89 (3～7)	2.78 (0～6)	3.17 (0～6)	0.06 (0～1)	—	9.56 (5～12)	5.78 (1～8)
P. stoloniformis（D 2562）×*P. fragilis*（H 5421）									
HH 6218	90	1.85 (0～10)	5.95 (2～7)	3.61 (0～7)	2.34 (0～5)	0.07 (0～3)	0.04 (0～1)	8.64 (4～13)	5.57 (1～8)

同年，加拿大的 A. Plourde 、G. Fedak、C. A. St-Pierre 与 A. Comeau 在德国的《理论与应用遗传学（Theoretical and Applied Genetics)》杂志上发表一篇题为“一个小麦族属间新杂种：*Triticum asetivum*×*Psathyrostachys juncea*”的报告。他们得到两种染色体组合的杂种，一个是正常的 28 条染色体，即 **ABDN** 组合；另一个是具有 35 条染色体的异常杂种植株。这个异常的杂种植株出现枯斑与缺绿症状，18 个月后才逐渐好转。减数分裂中期Ⅰ **ABDN** 组合的杂种二价体非常低，在 147 个花粉母细胞中，平均只有 1.35，其中棒型二价体平均 1.29，变幅为 0～4，环型二价体平均为 0.06，变幅为 0～2，细胞中染色体平均交叉为 1.41，交换值只有 0.07。说明 **N** 染色体组与其他染色体组亲缘关系甚远。

在 5 倍体杂种中，减数分裂中期Ⅰ染色体配对平均构型为 21.87Ⅰ+6.38Ⅱ+0.11Ⅲ+0.009Ⅳ。在减数分裂细胞中有 12.7%异常，异常包括低于 5 倍体的，只有 20～33 条染色体，也有高于 5 倍体的，高到有 36～60 条染色体。加上非联会的不同前期时的染色体。也观察到一些体细胞类型的细胞具有零散单染色体数（6～15）。可能是受“正统细胞学”观念的束缚，在这些重要细节上他们没有作深入的观察研究。但就是这一点记录已经说明他们在这个新麦草属间杂交子代中曾经观察到染色体数有多种多样的数量变动。

1990 年，汪瑞其发表一篇“小麦族 *Thinopyrum* 与 *Psathyrostachys* 属间杂种”的报

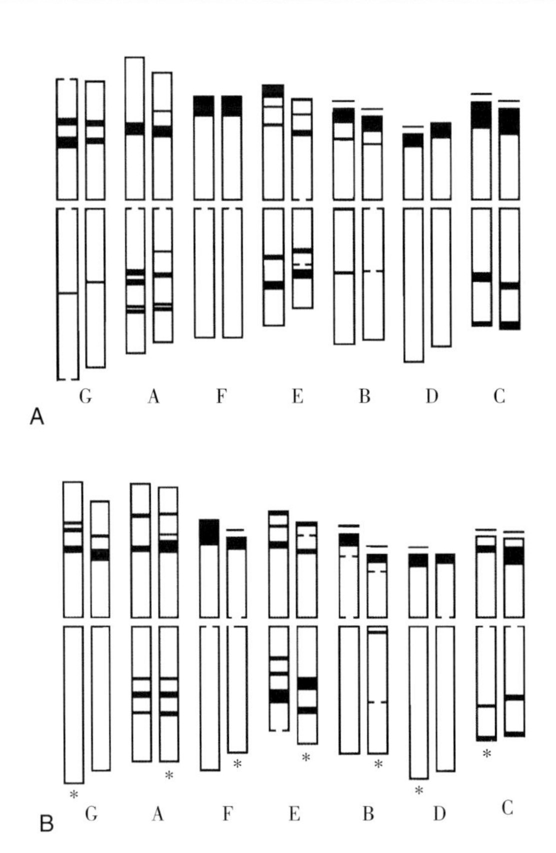

图 2-19 *Psathyrostachys stoloniformis* H 7031（A）与 D 2562（B）的吉姆萨 C-带染色体组型［断线代表微细 C-带，* 指示 *P. stoloniformis*（D2562）×*P. fragilis*（H 5421）杂种中的 *P. stoloniformis* 的染色体］

（引自 Baden et al.，1990，图 4）

告。他用二倍体 *Thinopyrum elongatum*（$\mathbf{J^eJ^e}$）× *Psathyrostachys juncea*（$\mathbf{N^jN^j}$）、*T. elongatum*×*P. fragilis*（$\mathbf{N^fN^f}$）、*T. bessarabicum*（$\mathbf{J^bJ^b}$）×*P. huashanica*（$\mathbf{N^hN^h}$）及 *T. bessarabicum*×*P. juncea*，还用双二倍体 *T. bassarabicum*-*T. elongatum*（$\mathbf{J^bJ^bJ^eJ^e}$）与 *P. juncea* 杂交。其观察结果记录如表 2-14。

表 2-14 *Thinopyrum* 与 *Psathyrostachys* 属间杂种减数分裂中期Ⅰ染色体配对情况

（引自 Wang，1990，表 3。编排上稍作修改）

杂交组合	染色体组	植株编号	观察细胞数	Ⅰ	Ⅱ			Ⅲ	交叉数	x
					棒型	环型	总计			
T. elongatum×*P. juncea*	JeNj	286	100	11.70	0.98	0.05	1.03	0.08	0.089	
				(6～14)	(0～4)	(0～1)	(0～4)	(0～2)		
		291	100	10.74	1.34	0.15	1.49	0.08	0.129	
				(6～14)	(0～4)	(0～1)	(0～4)	(0～1)		

（续）

杂交组合	染色体组	植株编号	观察细胞数	Ⅰ	Ⅱ			Ⅲ	交叉数	x
					棒型	环型	总计			
		183	102	10.55	1.47	0.17	1.64	0.06	0.138	
				(4～14)	(0～4)	(0～2)	(0～5)	(0～1)		
		285	102	11.79	0.99	0.07	1.06	0.03	0.085	
				(6～14)	(0～4)	(0～1)	(0～4)	(0～1)		
		287	84	12.54	0.69	0.02	0.71	0.01	0.054	
				(8～14)	(0～3)	(0～1)	(0～3)	(0～1)		
平均				11.46	1.09	0.09	1.18	0.05	0.098	
				(4～14)	(0～4)	(0～2)	(0～5)	(0～2)		
T. elongatum×*P. fragilis*	**J^e^N^f^**	574	69	11.70	1.07	0.01	1.08	0.04	0.084	
				(8～14)	(0～3)	(0～1)	(0～3)	(0～1)		
		604	100	11.57	1.17	0.03	1.20	0.03	0.092	
				(6～14)	(0～4)	(0～1)	(0～4)	(0～1)		
平均				11.64	1.12	0.02	1.14	0.04	0.089	
				(6～14)	(0～4)	(0～1)	(0～4)	(0～1)		
T. bessarabicum×*P. huashanica*	**J^bN^h**	8703-1	100	11.57	1.16	0.04	1.20	0.01	0.090	
				(4～14)	(0～5)	(0～1)	(0～5)	(0～1)		
		8703-2	100	10.09	1.68	0.17	1.85	0.07	0.154	
				(4～14)	(0～5)	(0～2)	(0～5)	(0～2)		
平均				10.83	1.42	0.11	1.53	0.04	0.123	
				(4～14)	(0～5)	(0～2)	(0～5)	(0～2)		
T. bessarabicum×*P. juncea*	**J^bN^j**	8708-3	66	11.53	1.14	0.08	1.22	0.02	0.096	
				(6～14)	(0～4)	(0～1)	(0～4)	(0～1)		
		8708-1	78	11.14	1.19	0.11	1.30	0.08	0.112	
				(4～14)	(0～4)	(0～1)	(0～5)	(0～1)		
平均				11.34	1.17	0.10	1.27	0.05	0.104	
				(4～14)	(0～4)	(0～1)	(0～5)	(0～1)		
二倍体杂种总平均				11.32	1.20	0.08	1.28	0.05	0.104	
T. bessarabicum-*T. elongatum*×*P. huashanica*										
	$J^bJ^eN^h$	8802-1	135	8.83	2.71	2.10	4.81	0.59	0.578	0.938
				(3～17)	(0～6)	(0～6)	(2～7)	(0～3)		
		8802-2	28	10.74	3.22	1.63	4.85	0.19	0.489	0.992
				(6～15)	(2～5)	(0～4)	(3～7)	(0～1)		
平均				9.79	2.97	1.87	4.84	0.93	0.534	0.965

注：交叉数为观察细胞中交叉频率的平均值；x 为相对类同度（Allonso & Kimber，1981）。因此，二倍体没有 x 值，*T. bessarabicum*×*P. juncea* 平均值下的总变幅是编著者补充修订的。

从表 2-14 的数据来看，**J** 与 **N** 染色体组之间同源性非常之低，它们应当是不同的染色体组。而 *T. bessarabicum* 与 *T. elongatum* 是含有基本型 **J** 染色体组，各为不同的亚型。

1991 年，卢宝荣发表了他所做的华山新麦草与含 **H**、**St**、**Y** 染色体组的 *Elymus tsukushiensis* Honda 之间染色体组亲缘关系的测试结果。测试数据记录如表 2-15。

表 2-15　*Elymus tsukushiensis*×*Psathyrostachys huashanica* 属间杂种减数分裂中期Ⅰ染色体配对

（引自 Lu，1991，表 3）

亲本及杂种	2n	观察细胞数	Ⅰ	Ⅱ			Ⅲ	Ⅳ	细胞中交叉数
				总计	环型	棒型			
P. huashanica	14	50	0.32	6.84	4.86	1.98	—	—	11.71
			(0～2)	(6～7)	(3～7)	(0～4)			(9～14)
E. tsukushiensis	42	50	0.46	20.16	18.44	1.72	0.04	0.02	39.60
			(0～4)	(18～21)	(15～21)	(0～5)	(0～1)	(0～1)	(36～42)
E. tsukushiensis×									
P. huashanica BB 6845	28	143	24.60	1.50	0.02	1.48	0.07	—	1.57
			(16～28)	(0～6)	(0～1)	(1～5)	(0～1)		(0～7)
BB 6850	28	144	25.42	1.20	0.01	1.19	0.02	—	1.3
			(19～28)	(0～4)	(0～4)	(0～1)	(0～1)		(0～5)
BB 6866	28	101	23.84	1.83	0.06	1.77	—	—	2.09
			(18～28)	(0～5)	(0～4)	(0～1)			(0～6)

从表 2-15 数据来看，结合阪本宁男对一个野生三单倍体 *E. tsukushiensis* 的细胞学观察记录，平均有 0.05 的二价体，最高可达 3 对。卢宝荣与 von Bothmer 对 *E. tsukushiensis*×*Secale cereale* 观察，呈现平均 0.95（最高达 5 对）的非黑麦的二价体。这一杂种中出现的二价体完全可能是来自 *E. tsukushiensis* 的染色体组。无论如何 **N** 与 **H**、**S**、**Y** 染色体组之间同源性是非常之低，或“没有同源性”。

表 2-16　普通小麦、华山新麦草及其 F_1 杂种减数分裂中期Ⅰ染色体构型

（引自孙根楼、颜济、杨俊良，1992）

亲本与 F_1 杂种	观察细胞数	Ⅰ	Ⅱ			Ⅲ	平均交叉频率
			总计	棒型	环型		
T. aestivum cv. J-11	65	0.18	20.90	2.30	18.60	—	39.05
		(0～4)	(19～21)	(0～4)	(17～21)		
Psa. huashanica	37	0	7.00	3.19	3.81	—	10.81
		(0)	(7)	(0～5)	(1～7)		
T. aestivum cv. J-11×*Psa. huashanica*	173	26.72	0.62	0.62	0	0.01	0.64

1992 年，四川农业大学小麦研究所的孙根楼、颜济、杨俊良在《遗传学报》上发表一篇题为《普通小麦和新麦草属间杂种的产生及细胞遗传学研究》的文章，介绍了普通小麦中国春 J-

11（一种含 4 对高亲和基因 *kr*1、*kr*2、*kr*3、*kr*4 的选系）与华山新麦草的属间 F_1 杂种的细胞遗传学观察研究结果（表 2 - 16）。F_1 杂种形态呈中间型。

F_1 杂种花粉用 I_2 - KI 染色全部不着色，证明雄配子全部不育。用南大- 11 - 3169、J - 11、绵阳 19 回交（表 2 - 17），授粉后杂种 F_1 子房没有发育反应，表明雌配子同样不育。回交失败。说明华山新麦草与普通小麦之间亲缘关系甚远，没有共同的染色体组。

表 2 - 17　杂种 F_1 与普通小麦回交结果

（引自孙根楼、颜济、杨俊良，1992）

杂交组合	授粉穗数	授粉小花数	结实数
杂种 F_1×南大- 11 - 3169	2	40	0
杂种 F_1×J - 11	6	130	0
杂种 F_1×绵阳 19	2	42	0

1992 年，汪瑞其在加拿大出版的《染色体组（Genome）》杂志上发表一篇题为“*Agropyron*、*Thinopyrum*、*Pseudoroegneria*、*Psathyrostachys*、*Hordeum* 与 *Secale* 属间新二倍体杂种”的文章。对于新麦草属来说，他做了两个组合，一个是 *Pseudoroegneria spicata*×*Psathyrostachys juncea*；另一个是 *Pseudoroegneria spicata* ssp. *inermis*×*Psathyrostachys juncea*。这两个 **StNs** 杂种的减数分裂中期Ⅰ的染色体平均配对构型是 9.90Ⅰ＋1.74Ⅱ（棒型）＋0.16Ⅱ（环型）＋0.07Ⅲ＋0.02Ⅳ。从这个平均数据已清楚地看出 **St** 与 **Ns** 染色体组之间很少有同源性。

1992 年，设在犹他州立大学的美国农业部牧草与草原实验室的 Kevin B. Jensen 与 Ira W. Bickford 对 *Psathyrostachys stoloniformis* 与 *Aproyron cristatum* 之间的 **N** 与 **P** 染色体组组合的 F_1 杂种进行了细胞学观察。在 119 个花粉母细胞中，单价体平均 12.19，变幅6～14；环型二价体平均 0.03，变幅 0～1；棒型二价体平均 0.84，变幅 0～4；三价体平均 0.03，变幅 0～1，交叉值平均 0.07。这也说明 **Ns** 与 **P** 染色体组之间也只有非常低的同源性。

1993 年，孙根楼、颜济、杨俊良在《植物分类学报》发表了华山新麦草和鹅观草属两个种之间的物种生物学研究的报告。纤毛鹅观草（*Roegneria ciliaris*）与华山新麦草（*Psathyrostachys huashanica*）的 F_1 杂种减数分裂中期Ⅰ的染色体配对构型为 20.73Ⅰ＋0.318Ⅱ，鹅观草（*Roegneria tsukushiensis*）与华山新麦草的 F_1 杂种减数分裂中期Ⅰ的染色体配对构型为 24.80Ⅰ＋1.578Ⅱ＋0.021Ⅲ。说明华山新麦草的 $\mathbf{Ns^h}$ 染色体组与 *Roegneria ciliaris* 的 **St**、**Y** 染色体组，以及 *Roegneria tsukushiensis* 的 **H**、**St**、**Y** 染色体组之间都相距甚远，没有染色体相互配对。二价体与三价体都应当是来自母本本身的染色体组，因为数据没有超过母本单倍体的二价体与三价体频率。

从以上的实验生物学数据来看，新麦草属（**Ns**）与大麦属（**I**、**H**、**Xu**、**Xa**）、小麦属（**A**、**B**、**D**）、黑麦属（**R**）、拟鹅观草属（**St**）、鹅观草属（**St**、**Y**）、冰草属（**P**）、冠麦属（$\mathbf{E^e}$、$\mathbf{E^b}$）、南麦属（**W**）的染色体组之间，无论核型，还是染色体组分析，都显然是不同的。而新麦草种间杂交也不育。据此可以确定 *Psathyrostachys* Nevski 作为一个独立的属是恰当的，*Psa. lanuginosa*（Trin.）Nevski、*Psa. juncea*（Fisch.）Nevski、*Psa.*

fragilis（Boiss.）Nevski、*Psa. kronenburgii*（Hack.）Nevski、*Psa. huashanica* Keng，与 *P. stoloniformis* C. Baden 作为独立的种也是恰当的。

同年，刘芳、孙根楼、颜济、杨俊良在《作物学报》第 18 卷第 3 期上发表一篇题为“普通小麦和华山新麦草及其属间杂种 F_1 同工酶分析”的文章。酯酶同工酶分析结果表明，三叶期、拔节期、剑叶、幼穗和幼根，不同器官及同一器官的不同发育时期酯酶同工酶酶谱表型有明显差异，同一物种不同器官酶谱不同，同一器官不同发育时期酶谱也不同。华山新麦草与普通小麦相同器官、相同发育时期相比较，华山新麦草酶带迁移率相同的仅有 7 条，为普通小麦总带数（37 条）的 18.9%，并且在酶带活性强弱上还有差异。在酶带数目上，华山新麦草无论哪一器官、哪一时期都与普通小麦差异较大，说明它们之间亲缘关系较远。F_1 杂种的酶谱基本上是双亲的组合，但偏向母本。丢失的酶带父本偏多，从所分析的 5 个部位来看，母本丢失 3 条，父本达 11 条。根部丢失酶带最多，达 8 条。其中母本 2 条，父本 6 条。说明杂种承袭双亲遗传的表达不是对等的。

1994 年，丹麦的 I. Linde-Laursen 与 C. Baden 观察研究了 *Psathyrostachys fragilis* subsp. *fragilis*（2x）、subsp. *villosus*（2x）与 subsp. *secaliformis*（2x，4x）的核型与染色体配对。subsp. *fragilis* 与 subsp. *villosus* 核型非常相似，4 对中央着丝点染色体、3 对

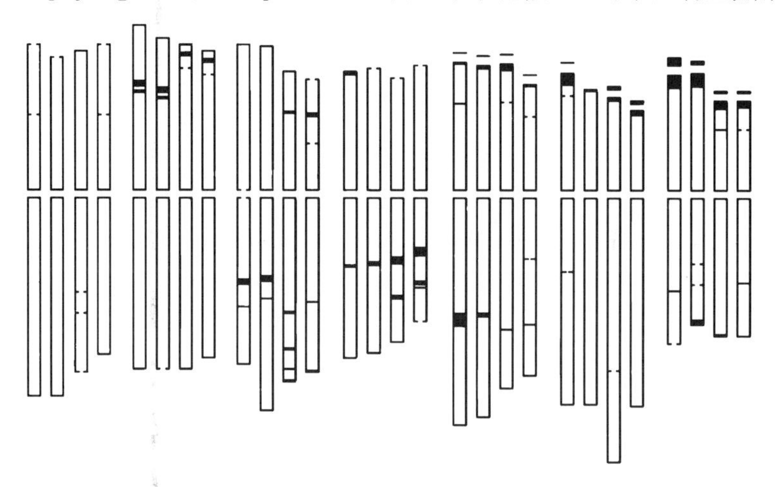

图 2-20 *Psathyrostachys fragilis* subsp. *secaliformis* 的 C-带核型
（引自 Linde-Laursen 与 Baden，1994，图 4）

随体染色体，3 对随体染色体中一对为中央着丝点染色体，两对亚中央着丝点染色体。多形性异染色质随体小型或微型。四倍体的 subsp. *secaliformis* 是含有加倍的 subsp. *fragilis* 核型，它应该是同源四倍体（图 2-20）。因为在间期含有 12 个核仁，可以证明它具有 6 对随体染色体。在 subsp. *villosus* 中有一到两个微型核仁，显示出有一对随体染色体形成核仁的功能较弱。有时只看到两对随体染色体，而两对随体染色体可能是新麦草属的分类特征。C-带窄小的同时，可见带也不稳定，每一染色体 0～3 条带不等，位于中段、顶端，或核仁形成体部位。虽然带型多形性较低，但也足以显示它们是异花传粉植物。*Psathyrostachys fragilis* 的核型基本上与 *P. juncea*、*P. lanuginosa*、*P. stoloniformis* 的核型是相似的，支持它们具有密切关系，同为 **Ns** 染色体组的看法。减数分裂显示

二价体频率较高，subsp. *fragilis* 平均每细胞 6.9，subsp. *villosus* 平均每细胞 6.8。subsp. *villosus* 有一条染色体发生重组。subsp. *secaliformis* 的多价体频率较低，显示它存在配对二倍体化机制。

1995 年，孙根楼、颜济、杨俊良在《草业学报》发表一篇题为《华山新麦草同高加索鹅观草和糙毛仲彬草间物种生物学研究》的论文，报道了华山新麦草与高加索鹅观草、糙毛仲彬草属间杂交，通过幼胚离体培养，成功获得 F_1 杂种。杂种生长旺盛，呈中间型但偏向母本。减数分裂中期Ⅰ的染色体配对构型，高加索鹅观草×华山新麦草为 17.09Ⅰ+1.94Ⅱ+0.01Ⅲ；糙毛仲彬草×华山新麦草为 23.589Ⅰ+2.170Ⅱ+0.024Ⅲ。表明华山新麦草的 **Ns^h** 染色体组与高加索鹅观草的 **St** 和 **Y** 染色体组，以及糙毛仲彬草的 **St**、**Y** 与 **P** 染色体组之间同源性很小，亲缘关系很远。

同年，孙根楼、伍碧华与刘芳在《植物系统学与演化（Plant Systematics and Evolution）》197 卷上发表一篇题为“Cytogenetic and genomic relationships of *Thinopyrum elongatum* with two *Psathyrostachys* species and with *Leymus secaleus*（*Poaceae*）”的文章。今将其中 *Thinopyrum elongatum* 与 *Psathyrostachys juncea* 以及与 *Psa. huashanica* 的试验观察结果介绍如下：

二倍体的 *Thinopyrum elongatum*（应为 *Lophopyrum elongatum*，编著者注）与 *Psathyrostachys juncea* 杂交，结实率为 19.70%。用 N_6 基本培养基进行胚培养，13 个幼胚得到 1 株成苗。F_1 杂种 2n=14，减数分裂染色体配对构型为 13.49Ⅰ（变幅 10～14）+0.26Ⅱ（棒型）（变幅 0～2），交叉值 0.26。说明 **E^e** 与 **Ns^j** 染色体组之间同源性非常低，亲缘关系甚远。

Thinopyrum elongatum 与 *Psathyrostachys huashanica* 的杂交结实率为 16.07%。用 N_6 基本培养基进行胚培养，9 个幼胚得到 1 株成苗。F_1 杂种 2n=14，减数分裂染色体配对构型为 13.45Ⅰ（变幅 10～14）+0.28Ⅱ（棒型）（变幅 0～2），交叉值 0.28。说明 **E^e** 与 **Ns^h** 染色体组之间同源性非常低，亲缘关系甚远。

1996 年，李万儿、刘继红、李逸平、刘芳在《植物系统学与演化（Plant Systematics and Evolution）》202 卷发表一篇题为“Producation and cytogenetic analysis of intergeneric hybrids between *Elymus anthosachnoides* and *Psathyrostachys huashanica*（Poacea：Triticeae）”的文章。报道了含 **St**、**Y** 染色体组组合的异源四倍体假花鳞草与含 **Ns^h** 染色体组的华山新麦草杂交，经胚培养得到的属间杂种的试验观察结果。F_1 杂种形态性状为双亲的中间型，生长茁壮，但完全不育。减数分裂中期Ⅰ的染色体配对构型为 19.48Ⅰ（变幅 17～21）+0.76Ⅱ（棒型）（变幅 0～2），交叉频率为 0.76。再一次证实染色体组 **Ns^h** 与 **St** 以及与 **Y** 染色体组之间同源性非常之低，亲缘关系甚远。

2004 年，丹麦哥本哈根大学的 G. Petersen 与 O. Seberg 以及皇家兽医与农业大学的 C. Baden 在《植物系统学与演化（Plant Syst. Evol.）》149 卷，第 1 期，发表论证新麦草属物种的系统关系的文章。他们用分子遗传学与形态学分析来综合评估它们的种间系统关系。他们分析的 DNA 序列数据包括 3 个质体基因（*rbc*L，核酮糖-1，5-二磷酸羧化酶/加氧酶；*rpo*A，RNA 聚合酶 α 亚基；*rpo*C2，RNA 聚合酶 β 亚基）与一个核基因（*Adh*1，乙醇脱氢酶 1）。分析的结果如图 2-21、图 2-22 与图 2-23 所示。

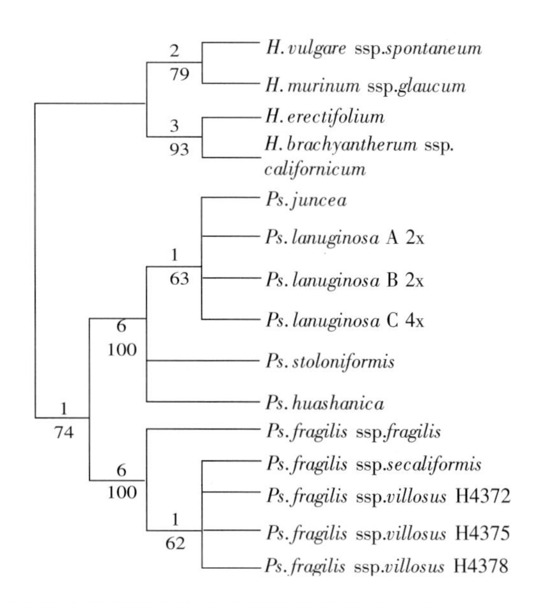

图 2-21　从核 DNC1 序列分析衍生来的单独最简练树（长 31，CI=0.90，RI=0.96）

（分支线上数字为 Bremer 支持值，线下数字为 Jackknife 频率。*H.* =*Hordeum*，*Ps.* =*Psathyrostachys*）

（引自 Petersen et al.，2004，图 1）

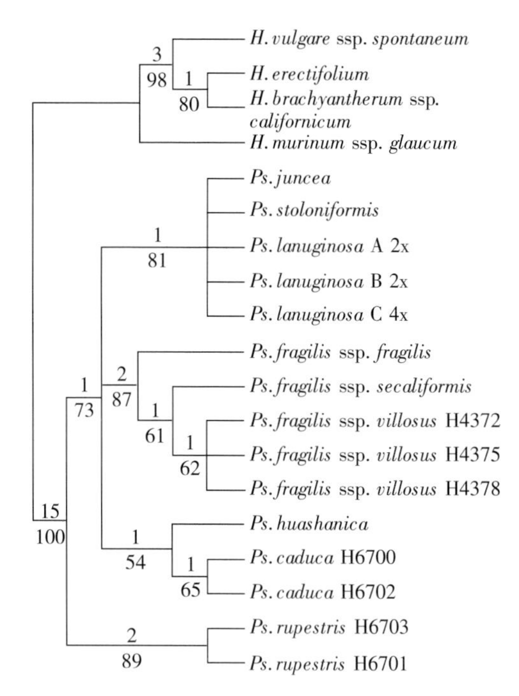

图 2-22　来自三种质体基因序列：*rbc*L、*rpo*A 与 *rpo*C2 组合分析的 9 个同等简练严格一致树（长度 55，CI=0.86，RI=0.94）

［分支线上数字为布雷麦尔支持值（Bremer support value），线下数字为贾克莱夫频率（Jackknife frequency）。*H.* =*Hordeum*，*Ps.* =*Psathyrostachys*］

（引自 Petersen et al.，2004，图 2）

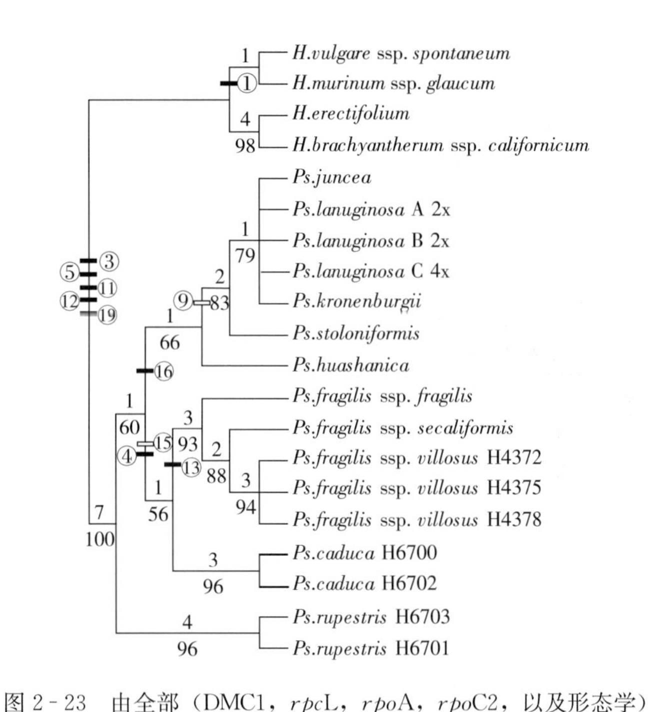

图 2-23　由全部（DMC1，*rpc*L，*rpo*A，*rpo*C2，以及形态学）数据分析衍生而来的 13 个同等简练严格一致树

［线上的数字为布雷麦尔支持值，线下数字为贾克莱夫频率。9 个非同型形态学性状（黑方条），2 个同型形态学性状（白方条）都标在图上。*Hordeum* 的两个同型性状没有标出。圆圈内为性状数。*H.* =*Hordeum*，*Ps.* =*Psathyrostachys*］

从上面 3 个不同层次图来看，*Psathyrostachys fragilis*、*Ps. caduca*、*Ps. rupestris* 分别构成 3 个独立分支，*Ps. juncea*、*Ps. lanuginosa*、*Ps. stoloniformis* 聚合在一起，而 *Ps. huashanica* 则近于 *Ps. stoloniformis*、*Ps. juncea*、*Ps. lanuginosa*。但在质体 DNA 聚类中它与 *Ps. caduca* 有联系。

新麦草属属间杂种的细胞融合、多核与染色体增加或减少

新麦草属的属间杂交子代中经常可以观察到细胞融合、核穿壁、多核、染色体增加或减少、非整倍体等异常现象。我们将以一节来介绍与讨论这一问题。前面我们已经提到这个问题。1987 年，美国农业部牧草与草原实验室的汪瑞其在华山新麦草与山地野黑麦（*Secale montanum*）杂交的杂种 F_1 子代中“没有观察到减数分裂染色体收缩、联会与分离。而代之以可能是经过重复内成有丝分裂（endomitosis）或合并，结果形成多核细胞，核可多达 17 个。以后多核细胞分离形成假四分子（pseudotrads），随即形成花粉壁而构成假小孢子（pseudomicrospore）。因为这种异常假小孢子发生而得不到染色体配对的数据。他发现，“这种窘境也在 *Thinopyrum elongatum* × *P. juncea* 以及 *Pseudoroegneria spicata* × *P. juncea* 的杂种中遇到”。前面已经指出，汪瑞其教授遇到的这一现象是一个非常重要问题，由于它超出了传统的细胞学观念的认识，不为当时许多细胞遗传学者所理解。现将这个问题提出并进行详细讨论。

1988年，汪瑞其在《染色体组》30卷766～775页又发表一篇题为"Coenocytism, ameiosis and chromosome diminution in intergeneric hybrids in the perennial Triticeae"的文章。文章中报道了在 *Pseudoroegneria inermis* × *Psathyrostachys juncea*、*Psathyrostachys huashanica* × *Secale montanum*、*Leymus angustus* × *Hordeum bulbosum*、*Thinopyrum elongatum* × *Psathyrostachys juncea* 等属间杂种子代中观察到多核现象，可多达25个。他观察的结果如表2-18所示。Dewey（1967）观察到 *Elymus scribneri* × *Psathyrostachys juncea* 的杂种花粉母细胞有像酵母菌出芽一样的出芽现象。这也就是作者称为接合管的构造。汪用石蜡切片法证明涂片中看到的多核，出芽都不是人工造成的假象。在不受外力干扰的石蜡切片中同样观察到这些异常现象。他没有报道核物质穿壁，或通过接合孔或接合管转移融合的问题，只归结为非减数分裂（ameiosis）。但是他已指出，"这些研究中当 **Ns** 染色体组与非减数分裂同时存在，并在所有的杂种中显现出异常小孢子发育时，非减数分裂可能是受位于 **Ns** 染色体组某一染色体上的基因控制"。

表2-18 *Psathyrostachys huashanica* 与 *Secale montanum* 杂种的多核细胞

（引自 Wang，1988）

细胞中核数	细胞数	频率（%）
1	18	9.4
2	42	22.0
3	34	17.8
4	31	16.2
5	19	9.9
6	16	8.4
7	6	3.1
8	3	1.6
9	6	3.1
10	3	1.6
11	5	2.6
12	2	1.0
13	1	0.5
14	2	1.0
16	1	0.5
18	1	0.5
25	1	0.5
总计	191	
平均 4.44		

1993年，颜济、杨俊良、孙根楼在 *Cytologia* 发表一篇题为"Intermeiocyte connections and cytimixis in intergeneric hybrid of *Roegneria ciliaris*（Trin.）Nevski with *Psathyrostachys huashanica* Keng"的论文，报道 *Roegneria ciliaris*（Trin.）Nevski 与 *Psathyrostachys huashanica* Keng 属间杂种中观察到的一些过去没有特别关注的奇特现象。这些现象与特殊细胞结构及传统的细胞学观念是相矛盾的。它究竟是真实的自然客观存

在？还是人工处理带来的假象？长期有所争议。在这篇文章中作者采用不作任何处理的新鲜材料在像差显微镜下做活体观察，与石蜡切片（固定结构不受机械性变形）以及醋酸洋红涂片相比较，排除人工假象的可能性。特别是不作任何处理的新鲜材料在像差显微镜下做活体观察看到两个花粉母细胞中染色丝通过接合孔相互融合（图 2－24－15），确切证明这样的细胞融合是自然客观存在的真实现象，而不是人工因素造成的假象。观察确定从花粉母细胞到花粉形成初期，相邻细胞间不同形式的核物质，无论是整个间期核还是染色质、染色丝、染色体，都可以通过胞间连丝（图 2－25－B）、结合孔（图 2－25－A），抑或是接合管（图 2－26）相互交换、转移、融合。其结果是造成染色体在一个细胞中增加或减少，形成整倍多倍体或非整倍体。

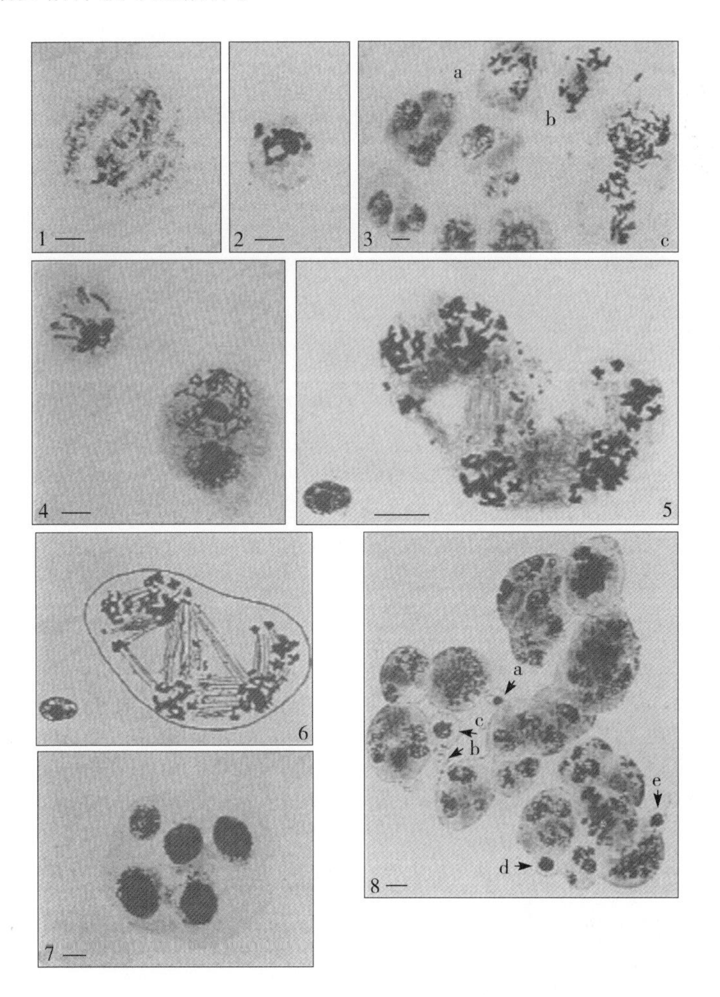

图 2－24 *R. ciliaris*×*Psa. huashanica* F_1 杂种花粉母细胞与幼龄花粉粒（照片中的花粉母细胞都是多核）

1. 正常花粉母细胞，含 21 条染色体 2. 同一杂种的异常花粉母细胞中只有 9 条染色体与染色体片段 3. 同一杂种的异常与正常花粉母细胞。细胞 a 只有 18 条染色体；细胞 b 为正常杂种细胞，含 21 条染色体；细胞 c 为十倍体，含 70 条染色体 4. 两个杂种花粉母细胞，示双核细胞两核分裂不同步；另一体积较小的异常花粉母细胞染色体明显减少 5. 后期Ⅱ，多极核分裂 6. 照片 5 的模式图，示 12 个极的相互关系 7. 含 5 个核的多核花粉母细胞 8. a 示接合管，管中有一迁移中的小核；b～e 示芽状突起，未与相邻细胞接触的接合管

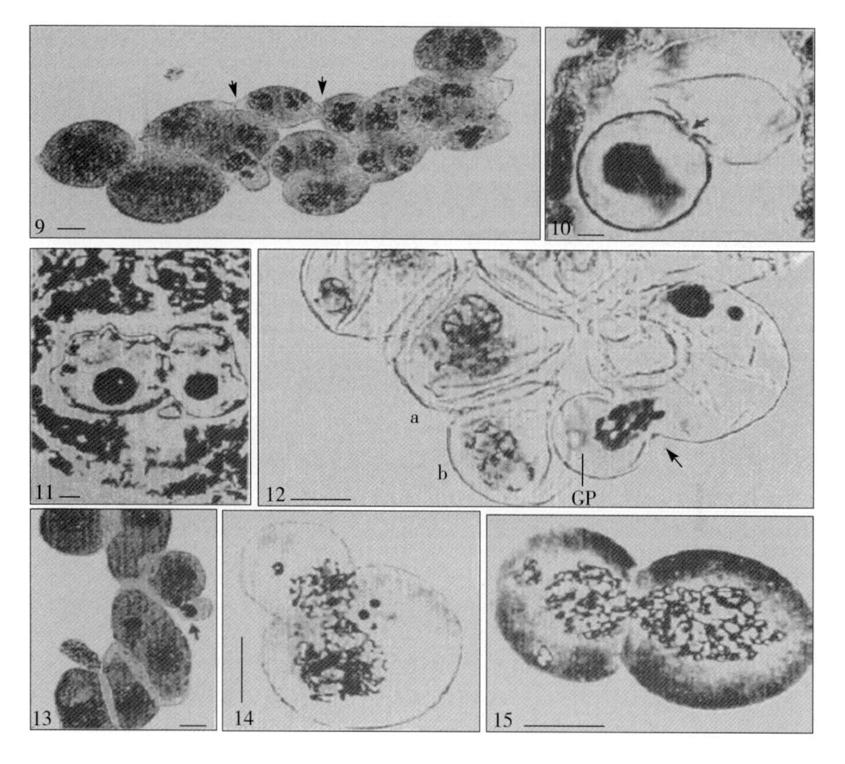

图 2-24 *R. ciliaris*×*Psa. huashanica* F_1 杂种花粉母细胞与幼龄花粉粒（续）

9. 一群花粉母细胞，示接合孔（箭头所指） 10. 石蜡切片的花药，示两个花粉母细胞，其中上位的一个核与细胞质通过接合孔（箭头所指）转移到下位的花粉母细胞中，上位细胞成一瘪壳 11. 石蜡切片的花药，示两个花粉母细胞间形成两个接合孔（箭头所指） 12. 一群幼龄花粉粒，a 与 b 花粉粒都具双核，另一幼龄花粉粒的染色体正通过接合孔转移到相邻的花粉粒中 13. 一群花粉母细胞，示染色质穿壁（箭头所指） 14. 两个花粉母细胞的减数分裂初期染色丝通过接合孔融合 15. 像差显微镜观察的未经任何药剂处理的两个活体花粉母细胞，染色丝正通过接合孔转移

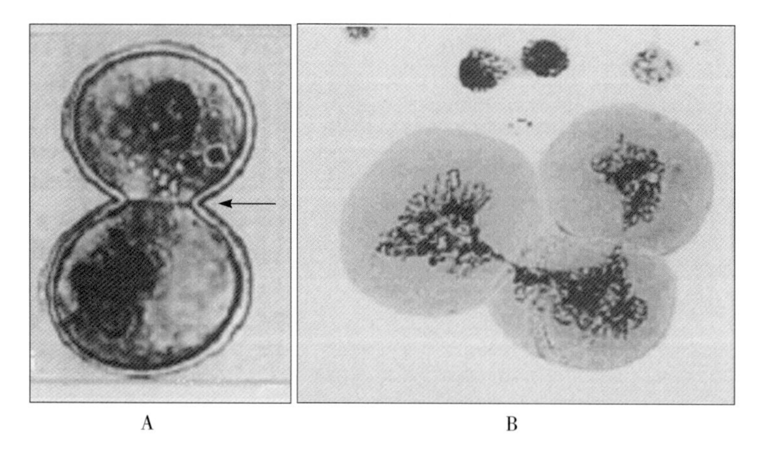

图 2-25 A. *Campeiostachys tsukushiensis*×*Psathyrostachys huashanica* F_1 杂种两个幼龄花粉粒间的接合孔光像焦切面，示接合孔内部构造（箭头所指）；B. *Triticum aestivum*×*Psathyrostachys huashanica* F_1 杂种三个花粉母细胞的染色丝通过胞间连丝进行融合

作者也观察到预期的减数分裂染色体配对构型（表 2-19）。观察结果表明纤毛鹅观草（*Roegneria ciliaris*）的 **St** 与 **Y** 染色体组与华山新麦草（*Psathyrostachys huashanica*）的 **Ns**^{h} 染色体组不配对，基本上没有同源性。

表 2-19 *Roegneria ciliaris*×*Psathyrostachys huashanica* F$_1$ 杂种减数分裂染色体配对

（Yen et al.，1993，表 2）

亲本与杂种	观察细胞数	Ⅰ	Ⅱ		细胞中平均交叉数
			棒型	环型	
Roegneria ciliaris	53	0.04 (0～2)	1.68 (0～5)	12.38 (9～14)	26.44
Psa. huashanica	37	—	3.19 (0～5)	3.81 (1～7)	10.81
R. ciliaris×*Psa. huashanica*	66	20.33 (15～21)	0.32 (0～3)	—	0.32

这个杂种的花粉母细胞减数分裂中期Ⅰ不同细胞间染色体数有很大的差异。理论上它应含有 **St**、**Y** 与 **Ns**^{h} 3 个染色体组共计 21 条染色体。但观察中看到的有 33.33%的花粉母细胞的染色体数是偏离这理论数值的。有少于 21 条的，甚至完全失去核物质与原生质（图 2-24-10）；也有多于 21 条的，多达 42 条，成六倍体，70 条，成十倍体，以及一系列的染色体数不等的非整倍体细胞（表 2-20）。这样的结果与观察到的核物质在各个时期以多种形式在相邻细胞间转移是相吻合的（表 2-21）。两个间期核（图 2-24-9、10），或整套核物质（图 2-24-12、15）通过接合孔或接合管转移到一个细胞中（图 2-26），显然会构成染色体自然加倍或进一步再加倍。六倍体与十倍体细胞可能由此形成。

表 2-20 在同一张 *Roegneria ciliaris*×*Psathyrostachys huashanica* F$_1$ 杂种减数分裂中期Ⅰ涂片上观察到的花粉母细胞中的染色体数

（引自 Yen et al.，1993，表 1。编排上稍作修改）

染色体数	细胞数	百分率（%）
16	1	2.78
17	1	2.78
18	3	8.33
21	24	66.67
24	1	2.78
25	2	5.56
26	1	2.78
33	1	2.78
42	1	2.78
70	1	2.78

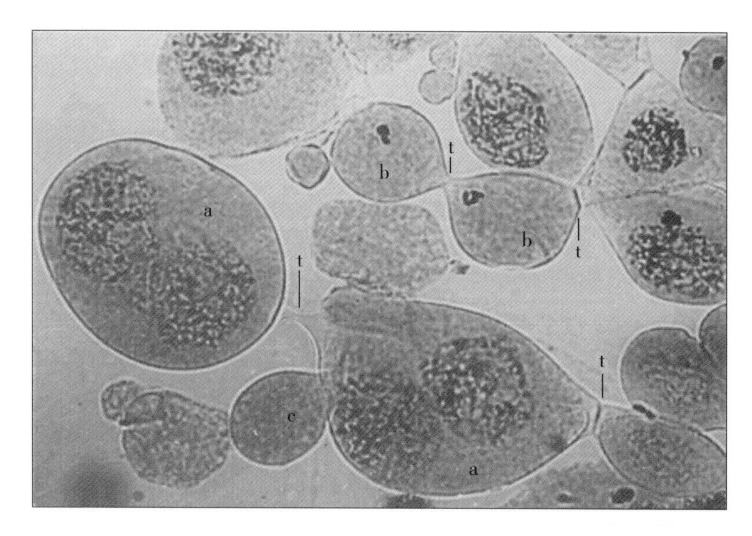

图 2-26 *Psathyrostachys huashanica* × *Triticum tauschii* F_1 杂种花粉母细胞间接合管（t）连接（细胞 a 含两个大核，细胞体积也增大；细胞 b 只残留很少一点染色体片段，细胞 c 核物质已全部转移到细胞 a 之中，成一无核细胞）

表 2-21 *Roegneria ciliaris* × *Psathyrostachys huashanica* F_1 杂种花粉母细胞相互连接情况观察结果

（引自 Yen et al.，1993，表 3）

涂片编号	相互连接在一起的细胞个数																不连接的单个细胞数
	2	3	4	5	6	7	8	9	10	11	12	13	14	16	21	24	
1	28	10	14	4	3	2	3	1	1	0	1	0	1	1	0	1	84
2	11	7	6	4	3	2	0	0	3	0	0	0	0	0	0	0	212
3	24	14	6	6	2	1	2	0	0	0	0	0	0	1	0	0	131
4	17	12	8	3	5	0	0	0	1	0	0	0	0	1	0	0	131
5	27	18	5	3	2	1	0	1	0	0	0	0	0	0	0	0	137
6	18	11	3	1	1	1	1	2	0	1	1	1	0	1	1	0	64
7	30	10	5	4	2	1	0	0	0	0	0	1	0	0	0	0	175
8	29	13	8	3	1	0	0	1	0	0	0	0	0	0	0	0	152
9	17	6	3	1	1	0	0	0	0	0	0	0	0	0	0	0	134
10	14	9	9	6	3	2	0	0	0	0	0	0	0	0	0	0	150
总计	215	111	67	35	23	10	6	5	5	1	2	2	1	4	1	1	1 370

表 2-22 *Roegneria ciliaris*×*Psathyrostachys huashanica* F_1 杂种的多核细胞

（引自 Yen et al.，1993，表 4）

细胞中核数	细胞数	百分率（%）
1	390	81.08
2	30	6.24
3	24	4.99
4	17	3.53
5	8	1.66
6	8	1.66
7	2	0.42
9	1	0.21
11	1	0.21

多核细胞在分裂前或同步分裂时相互融合为多倍体单核，分裂时可能进入正常两极分裂（图 2-24-3）；如果没有融合，在发生同步分裂的过程中则将出现多极核分裂（图 2-24-5、6）。从观察结果看，各极的染色体数是不相等的。可能是非整倍体原因之一。在

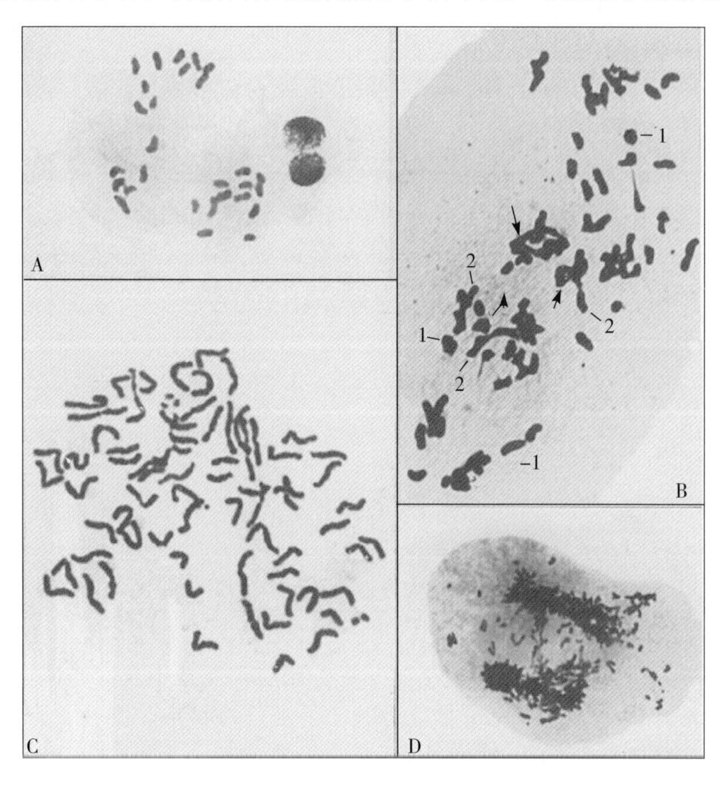

图 2-27 A. *Triticum aestivum*×*Psathyrostachys huashanica* F_1 杂种的正常花粉母细胞中含 28 条单价体；B. *T. aestivum*×*Psa. huashanica* F_1 杂种的含 78 条染色体的非整倍体花粉母细胞，其中 64 条单价体，3 对环型二价体，与两组环型四价体；C. 含 **Ns** 染色体组的十倍体的 *Leymus angustus* 的根尖体细胞，含 70 条 A-染色体与两条很小的 B-染色体；D. 染色体在 100 条以上进行两极分裂的 *T. aestivum*×*Psa. huashanica* F_1 杂种的花粉母细胞

小麦族中作者等还没发现有非整倍体的群体在自然植被中存在，但鸢尾科鸢尾属的扁竹根（*Iris japonica*），从中国四川沿长江南北直到日本，观察过的所有自然植被中的居群全都是非整倍体，也是由核穿壁发生细胞融合形成的（Yen，Sun & Yang，1994b）。虽在小麦族自然植被中还没有发现有这种非整倍体的居群或植株，但高倍异源—同源多倍体确有存在。例如，窄颖赖草［*Leymus angustus*（Trin.）Tilg.］就不乏染色体数高达 70 的十倍体（图 2-27-C），甚至十二倍体。这种高倍同源—异源多倍体（auto-allopolyploid）如果不通过这种细胞间核融合（可能是完整的间期核），而从其他途径，如反复杂交与反复自然加倍，其几率之小，完全近于零！是不大可能的。这种高倍多倍体的物种大多数又与 **Ns** 染色体组联系在一起。关于形成多核，作者（1993、1994）与汪瑞其（1988）都认为有一种特殊基因控制这一机制，而 **Ns** 染色体组上就具有这一种特殊基因。图 2-27-B 中染色体有 84 条之多，其中有三对环型二价体，两组环型四价体，这说明核融合后一个统一的两极核分裂已经形成，虽然它是一个非整倍体。64 条单价体显示染色体结构有一些变化，或者强抑制配对的 *Ph* 基因的存在。据观察，在普通小麦与华山新麦草的 F_1 子代就出现染色体数高达一百以上，多核已完全融合而成为统一的两极分裂，不是不正常的多极分裂的实例（图 2-27-D）。

这种特殊基因也不只存在于 **Ns** 染色体组上。因为在小麦与黑麦的杂交中也有这种核物质通过接合孔转移融合的现象发生（罗明诚等，1992）。显然，这是一种染色体在杂种子代中自然加倍的途径。它与通过核内有丝分裂（endomitosis）构成内多倍体（endopolyploid）的途径从而形成染色体自然加倍，是殊途同归的。

（三）新麦草属的分类

Psathyrostachys Nevski 新麦草属

C. A. Невский，1936. Acta Inst. Bot. Acad. Sci. U. R. S. S.，Ser. 1. 2：57，拉丁文描述；1933. Acta Inst. Bot. Acad. Sci. U. R. S. S.，Ser. 1. 1：27. nom. nud. 裸名；1934. Fl. SSSR，II：712 俄文描述。

形态学特征：多年生，具根茎，密丛或疏丛禾草。株高 15～100（～150）cm。长线形叶片扁平或上卷。穗直立，长线形—短卵圆形。穗轴节上着生 2～3 枚无柄小穗，成熟后穗轴非常容易脆断。小穗含 2～3 小花，上端小花通常发育不全。颖刚毛状，或亚钻形，一脉，柔软，糙涩或被毛，两颖基部独立分开。外稃广披针形，圆背无脊，上部具明显逐渐聚合的脉，尖端成芒或短尖头。内稃两脊通常光滑无毛。

模式种：*Psathyrostachys lanuginosa*（Trin.）Nevski. 绵毛新麦草。

模式标本：C. A. Meyer s. n. 15. 5. 1826，Altai，legi versus cacumen montinum Arkaul et Dolenkaka（阿尔泰、阿尔库尔与多伦卡卡山顶）。主模式 **LE!** 同模式 **G，GOET，HEL，K，LE，MO，W!** C. Baden 1991（Nord. J. Bot. 11（1）：3～26。后选模式以及同后选模式均属无效。

属名：来自希腊文 psathyros（ψαθυροζ，脆断）与 stachys（σταχυζ，穗子）。

染色体组：**Ns**，染色体组组合 **NsNs**、**NsNsNsNs**。

分布区：中国：陕西、甘肃、内蒙古、新疆；蒙古人民共和国；俄罗斯：西伯利亚、中亚、伏尔加与顿河地区；塔吉克斯坦；哈萨克斯坦；吉尔吉斯斯坦；乌兹别克斯坦；伊朗；高加索与外高加索。

新麦草属分种检索表

1. 外稃芒等长于或长于 4.5 mm ………………………………………………………… 2
  2. 外稃芒长 25～34 mm ………………………………………………… (3) *P. fragilis*
  2. 外稃芒长 4.5～15 mm ………………………………………………………… 3
    3. 叶片上表面密被短柔毛；颖长 13～29 mm 被长 0.6～1.0 mm 柔毛 ……………… (7) *P. caduca*
    3. 叶片上表面无毛—糙涩，或被微柔毛，颖长 8～19 mm，无毛 ………………………… 4
      4. 具短的匍匐根茎，形成大的疏丛；叶片宽于 5 mm，平展，上表面被微柔毛，并疏生柔毛；侧生小穗外稃包括芒长 14.7～26 mm ……………………………… (5) *P. huashanica*
      4. 无短的匍匐根茎形成小的疏丛；叶片窄于 3 mm，内卷，上表面无毛或糙涩；侧生小穗外稃包括芒长 12.7～17.2 mm ………………………………………… (8) *P. rupestris*
1. 外稃芒短于 4.5 mm ………………………………………………………………… 5
  5. 穗长 10～30 mm；穗轴非常脆，易断折；颖与外稃密被白色长 0.5～1.3 mm 的柔毛……………………………………………………………………………… (1) *P. lanuginosa*
  5. 穗长 45 mm 以上；穗轴不是非常脆，不易断折；颖与外稃糙涩或被不超过 0.8 mm 的微柔毛 …… 6
    6. 疏丛；具匍匐根茎 ………………………………………………… (6) *P. stoloniformis*
    6. 密丛；不具匍匐根茎…………………………………………………………………… 7
      7. 小穗 1 小花，稀 2 小花；颖被长 0.4～0.6 mm 的短柔毛；外稃具明显的 5 脉，被长 0.3～0.8 mm 的柔毛，芒长（2.2～）3.0～4.5 mm；侧生小穗花药长 5.0～5.6 mm ……………………………………………………………………… (4) *P. kronenburgii*
      7. 小穗 1～3 小花；颖糙涩或被长 0.3 mm 的微柔毛；外稃不具明显的 5 脉，不被毛、糙涩，或被长 0.3 mm 的微柔毛，芒长 2～3 mm；侧生小穗花药长 3.7～5.1 mm … (2) *P. juncea*

1. *Psathyrostachys lanuginosa* (Trin.) **Nevski 1934. Fl. SSSR，Ⅱ：712. 绵毛新麦草**（图 2-28 至图 2-30）

模式标本：C. A. Meyer s. n. 15. 5. 1826，Altai，legi versus cacumen montinum Arkaul et Dolenkaka（阿尔泰，阿尔库尔与多伦卡卡山顶）。C. Baden 后选模式 LE！同后选模式 **G，GOET，HEL，K，LE，MO，W**！。

异名：*Elymus lanuginosus* Trinius，1829. in C. F. Ledebour，Fl. Alt. 1：121；

Hordeum lanuginosum (Trin.) Schenk，1907. Bot. Jahrb. 40：109，in clavis。

形态学特征：多年生，丛生禾草。根茎细线形，褐色；秆高 15～40（～60）cm，2～3 节，光滑无毛，稀在穗下节间疏生短柔毛。基部包围灰褐色枯老基生叶鞘；叶鞘灰白绿色，剑叶鞘稍膨大；叶片线形，灰白绿色，基生叶叶片稍上卷，秆生叶叶片平展，长 1～13 cm，宽 1.5～4 mm，上节位短，下节位长，上表面糙涩，叶脉凸起，下表面光滑或糙涩；膜质叶耳长 0.1 mm，或无叶耳；叶舌长 0.2～0.6 mm，上沿撕裂呈流苏状。穗直立，短小，长卵形—长椭圆形，长 1～3cm，宽 0.6～1 cm；穗轴具 7～15（～20）节，穗轴节间长 1.5～3 mm，宽 0.8～1 mm，棱脊着生长柔毛，每节着生（2～）3 小穗。小穗

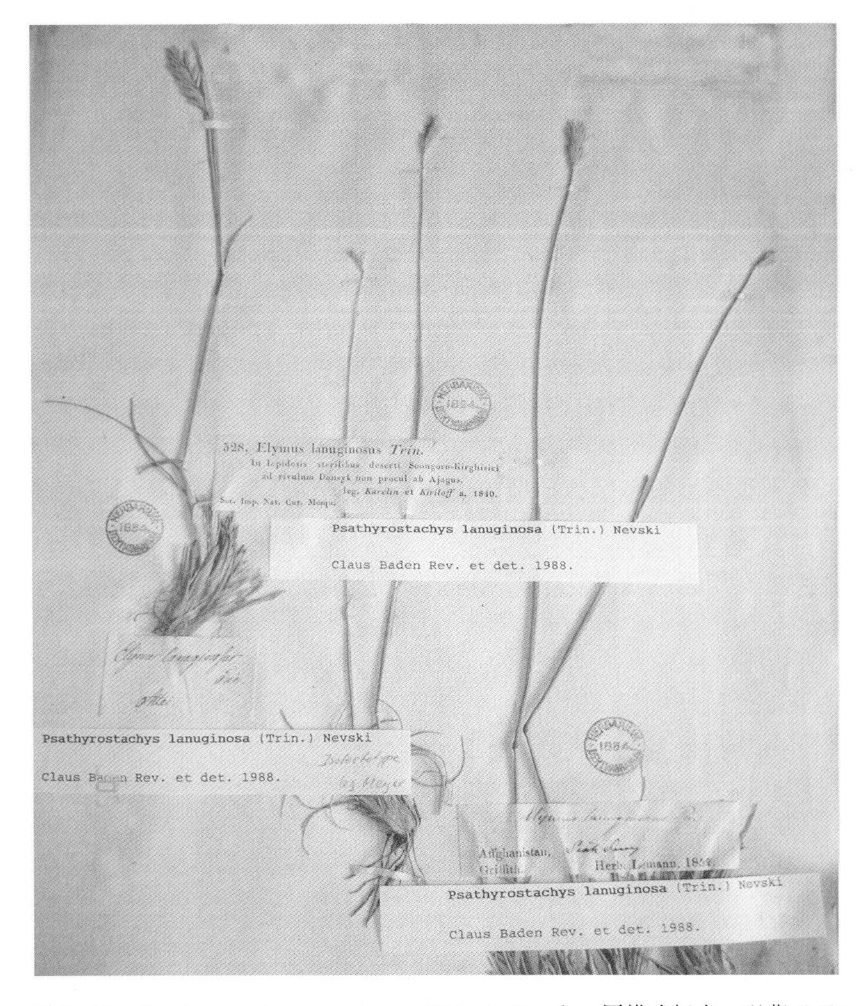

图 2-28 *Psathyrostachys lanuginosa*（Trin.）Nevski，同模式标本，现藏于 **K**!

含 1（～2）小花；颖窄线形，1 脉，长 6～7（～10）mm，宽 0.4～0.5 mm，着生长柔毛，两颖几相等；外稃广披针形，长 7～9（～10.3）mm，宽 2～2.5 mm，具小尖头或长 1～1.5 mm 的短芒，5 脉，背部密被白色长柔毛至绵毛（种名由此而来）；内稃与外稃近等长，两脊上伸成两芒尖，两脊及两脊间背部都疏生长柔毛；花药黄色，长3～4 mm；鳞被两裂，长0.6～0.8 mm。侧生小穗常窄于中央小穗，宽1.3～1.8 mm。

细胞学特征：2n＝2x＝14，2n＝4x＝28；染色体组 **Ns**^{l}，染色体组组合 **Ns**^{l}**Ns**^{l}，**Ns**^{l}**Ns**^{l}**Ns**^{l}**Ns**^{l}。四倍体发现于阿勒泰去富蕴途中阿魏滩南侧小丘陵石质丘坡，不构成群体的个别单株，作者认为还难于把它作为独立的种来对待。只能看作偶尔呈现的变异细胞型（图 2-31）。

分布区：西伯利亚阿尔泰山区；哈萨克斯坦；中国新疆青河县与富蕴县（图 2-32）。

2. *Psathyrostachys juncea*（Fischer）Nevski，1934. Fl. SSSR，Ⅱ：714. 新麦草（图 2-33）

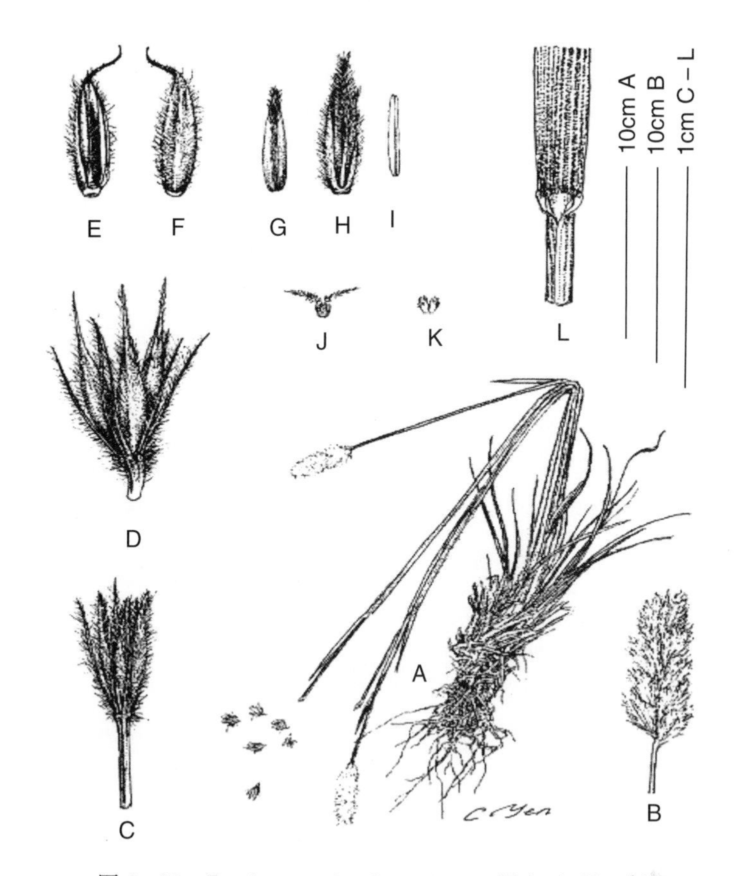

图 2－29 *Psathyrostachys lanuginosa*（Trin.）Nevski

A. 全植株，并示成熟即断折脱落的穗轴及小穗 B. 全穗 C. 穗下节间上段与第 1 三联小穗 D. 穗中部三联小穗 E. 小花腹面观，除去小穗轴及第 2 小花 F. 外稃背面观，示密生长柔毛 G. 内稃背面观，示脊上及两脊间密生柔毛 H. 小花腹面观，示被柔毛的小穗轴及第 2 小花 I. 花药 J. 雌蕊 K. 鳞被 L. 叶鞘上段、叶片下段及叶舌，叶托上无叶耳

图 2－30 *Psathyrostachys lanuginosa*（Trin.）Nevski（断落的穗轴节间与节上的三联小穗，示白色绵毛）

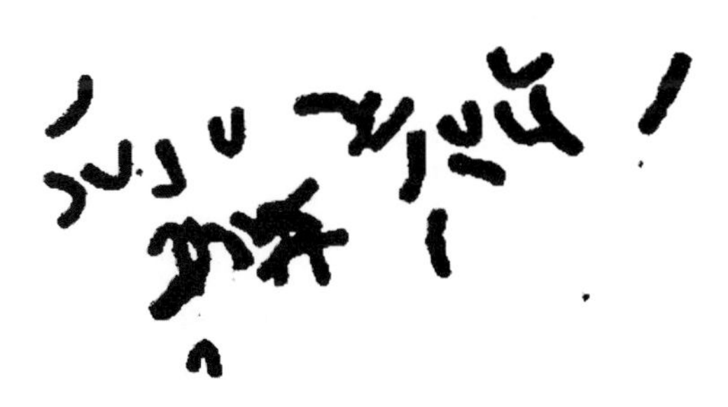

图 2-31 新疆阿魏滩采到的四倍体 *Psathyrostachys lanuginosa*（Trin.）Nevski
（根尖细胞有丝分裂，2n=4x=28）

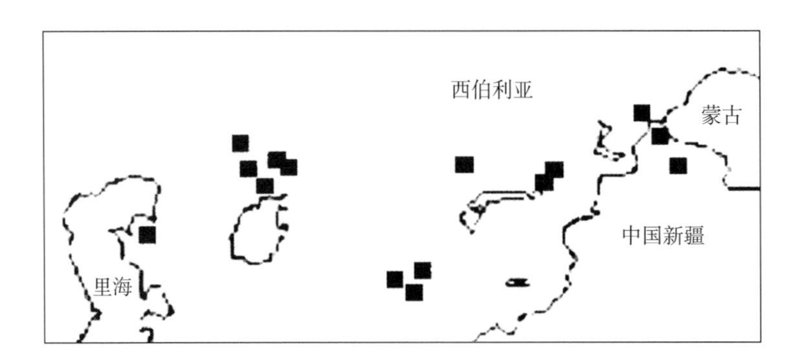

图 2-32 *Psathyrostachys lanuginosa*（Trin.）Nevski 的地理分布示意图

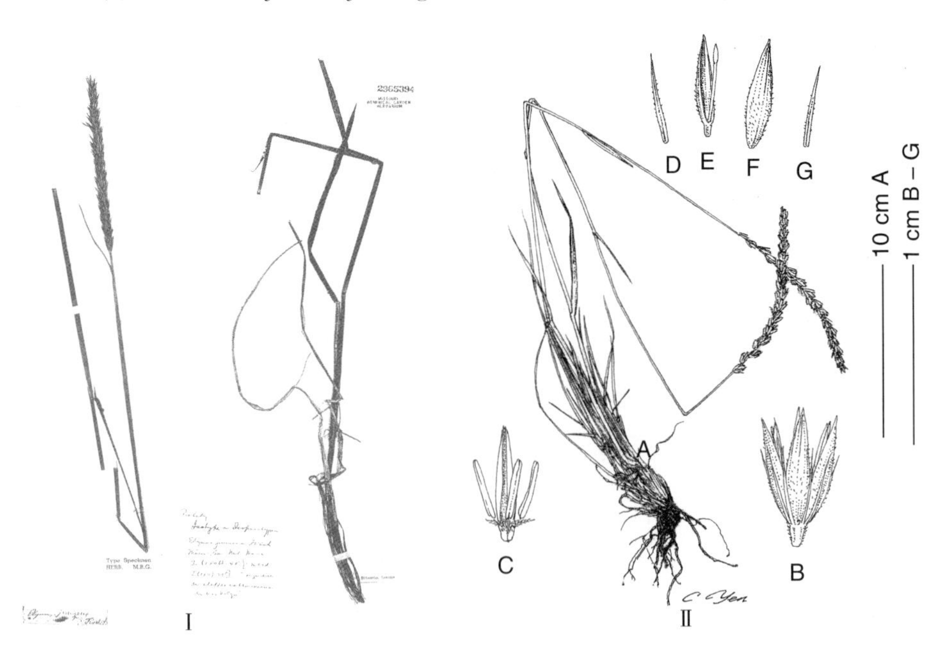

图 2-33 *Psathyrostachys juncea*（Fischer）Nevski

Ⅰ. 同模式标本，现藏于 **MO**! Ⅱ. 详图

A. 全植株 B. 三联小穗及穗轴节间 C. 内稃、鳞被、雄蕊及雌蕊 D. 第 2 颖

E. 小穗轴、第 2 小花及小穗轴顶端的不发育的第 3 小花 F. 第 1 小花背面观示外稃的形态特征 G. 第 1 颖

模式标本：Friedrich Ernst Ludwig von Fischer 描述的模式标本采自普瑞沃兹草原（Privolzh' e steppes）。1983 年 Цвелев 后选模式 Fischer 标本 Redoffsky s. n. Ad Wolgam sponte 现存于 **LE!**，同后选模式：**HEL!**，后选副模式：**MO! US! W!**，藏于 **MO** 的这份标本可能是 Fischer 的同模式标本。

异名：*Elymus junceus* Fischer，1811. Mem. Soc. Nat. Mosc. 1：25，t. 4；

Elymus altaicus Sprengel f.，1828. Tent. Suppl. ad Sreng. Syst. Veg. 5：5；

Elymus desertorum Kar. et Kir.，1841. Bull. Soc. Nat. Mosc. 14：867；

Elymus hyalanthus Rupr.，1869. Ost-Sacken et Rupr.，Sert. Tiansch.：36；

Elymus albertii Regel，1881. Tr. Peterb. Bot. Sada 7，2：561；

Elymus caespitosus Sukacz.，1913. Tr. Bot. Muz. AN 11：80；

Elymus kokczetavicus Drobov，1915. Tr. Bot. Muz. Peterb. AN 14：131；

Elymus junceus var. *villosus* Drobov，1915. Tr. Bot. Muz. Peterb. AN 14：133；

Psathyrostachys perennis Keng，1959. Fl. Ill. Pl. Prim. Sin. Gram.：437. 裸名；

Psathyrostachys hyalantha（Rupr.）Tzvelev，1968. Rast. Tsentr. Azii 4：202。

形态学特征：多年生密丛禾草，株高（20～）30～80（～110）cm，秆光滑无毛，仅穗下节间上段稍糙涩，2～4 节，具短根茎。叶鞘光滑无毛，老基生叶鞘宿存，常纵裂，多少呈纤维状，秆生叶鞘短于节间；叶片细线形，无毛糙涩，粉白绿色，平展，或边缘内卷，基生叶长 6～30 cm，宽 7～18 mm；剑叶长（1～）2.5～4（～7）cm，宽 2～5 mm，叶脉凸起。穗长线形，直立，长（5～）8～12 cm，宽 0.7～1.2 cm，穗轴具（15～）20～30（～43）节，节与节间棱脊具纤毛，节间长 3～5 mm，下部节间可长达 11 mm，

图 2-34 *Psathyrostachys juncea*（Fischer）Nevski 在新疆富蕴铁买克生长的自然状况

成熟时节易脆断折，每节着生（2～）3 无柄小穗。小穗含 2～3 小花；颖锥形，长4～7 mm，被短毛，一脉，两颖近等长；外稃广披针形，具 5～7 脉，被短硬毛或短柔毛，上端渐尖成一小尖头或长 1～2 mm 的短芒；内稃稍短于外稃，两脊具短纤毛，两脊间着生微毛；花药黄色，长 4～5 mm。

细胞学特征：2n=2x=14，染色体组 **Ns**，染色体组组合 **NsNs**。

分布区：俄罗斯欧洲部分：伏尔加及顿河草原地带。亚洲部分：中亚、西西伯利亚及东西伯利亚；哈萨克斯坦；塔吉克斯坦；乌兹别克斯坦；吉尔吉斯斯坦；阿富汗；蒙古；中国：新疆、内蒙古。生长于草原及干坡（图 2-34）。

3. *Psathyrostachys fragilis* （Boiss.） **Nevski，1934. Fi. SSSR，Ⅱ：716. 脆穗新麦草**（图 2-35）

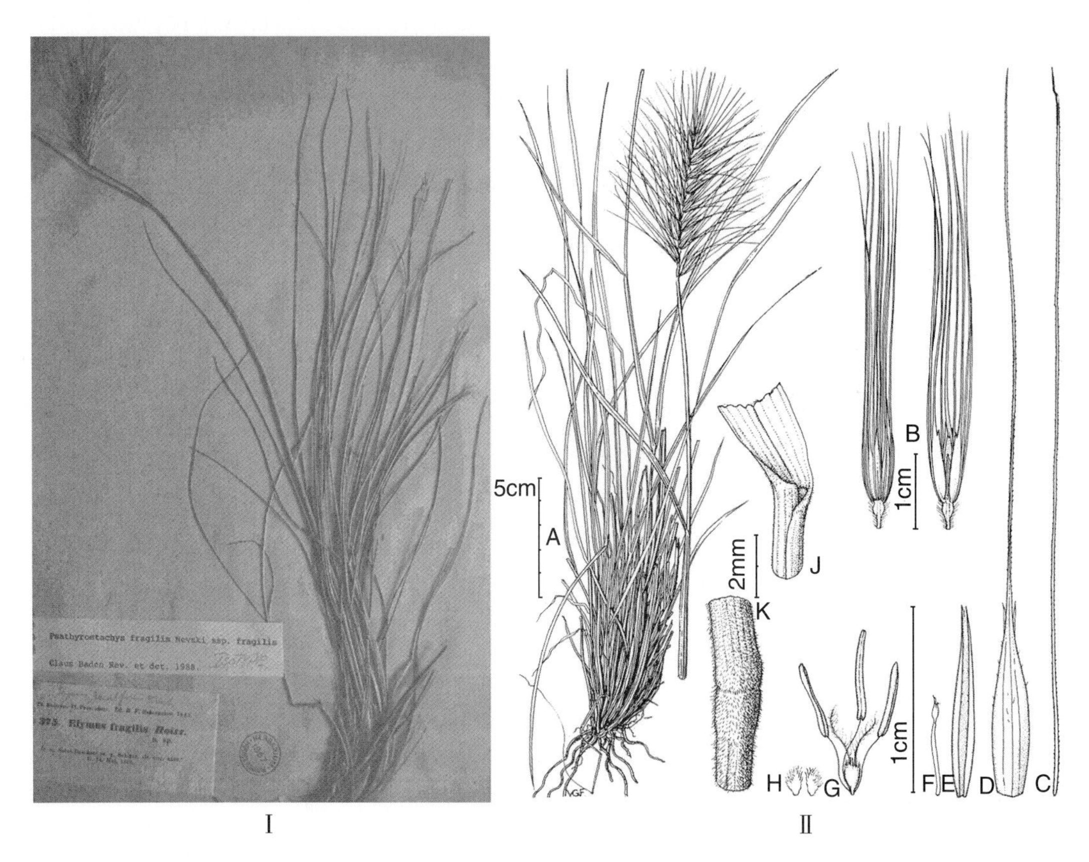

图 2-35 *Psathyrostachys fragilis*（Boiss.）Nevski

Ⅰ. 同模式标本（万永芳摄），现藏于 K！　Ⅱ. 详图

A. 全植株　B. 三联小穗　C. 颖　D. 外稃　E. 内稃　F. 小穗轴及其顶端的退化小穗

G. 雄蕊及雌蕊　H. 鳞被　J. 叶鞘上段及叶片下段示叶舌　K. 节与上下节间一段

[引自 C. Baden，1991. Nord. J. Bot. 11（1）：8，图 2]

3a. var. *fragilis*

模式标本：Kotschy 375，in monte Sabst-Buschom prope Schiraz。主模式 **G-BOISS!**，

同模式 **BM，CAL，G，GOET，HEL，JE，K，LE，M，MO，S. W**!。

异名：*Hordeum fragile* Boiss.，1846. Diagn. Pl. Orient.，Sér. 1，7：128；

Elymus fragilis（Boiss.）Griseb.，1852. in Ledeebour，Fl. Ross. 4：330，quoad nom；

Psathyrostachys scabriphylla Ponert，1973. Feddes Repert. 83：507。

形态学特征：多年生密丛禾草。株高 30～60 cm，秆光滑无毛或节间上段被微柔毛，穗下节间被微柔毛，周沿秆基节膝曲斜升，具短匍匐根茎。叶鞘无毛或下段近节处被微柔毛；通常无叶耳；叶舌长 0.1～0.3 mm，上缘细裂类似纤毛；叶片窄线形，常上卷，长 8～40 cm，宽（1.5～）3～7 mm，剑叶长（1.5～）4～1.1 cm，宽 0.7～1.9 mm，上表面无毛糙涩或被微柔毛，下表面无毛。穗直立，长圆形或上宽下窄的棒形，除芒外，长 7～12 cm，宽 1～1.5 cm，白绿色，（2～）3 无柄小穗同生一节。小穗只第 1 小花发育，第 2 小花不发育，在细梗状小轴上成小壳状构造；颖窄线形，1 脉，渐尖成长芒，包括芒，长 3.5～6 cm，具短硬毛；外稃广披针形，长 9～14 mm，宽 2～2.5 mm，疏生或较密生短柔毛，渐尖成长芒，两侧各具一细长齿刺，芒长 2.5～3.4 cm；内稃与外稃等长或稍长，两脊无毛或具极短硬毛，顶端下凹使两脊在顶端呈二刺尖状构造；鳞被两裂，长 1～1.5 mm，上部具刚毛；花药黄色，长 5～7 mm；颖果白黄—褐色，长 5～6 mm。

细胞学特征：2n=2x=14；**Ns^f**染色体组，**Ns^fNs^f**染色体组组合。

分布区：外高加索、土耳其东部、伊拉克东北部、伊朗。生长于石质岩坡。

1972 年，Н. Н. Цвелев 在《维管束植物新系统学（Нов. Сист. Высших Раст.）》第 9 卷：58 页，发表一个新亚种：*Psathyrostachys fragilis* subsp. *secaliformis* Tzvelev；丹麦的 C. Baden 于 1991 年，在《北欧植物学杂志（Nord. J. Bot.）》11 卷：10 页，也发表一个名为 *Psa. fragilis* subsp. *villosus* C. Baden 的亚种。他们定这些亚种完全没有实验生物学的实验数据作为依据，只是在形态上茎秆节与节间、颖与外稃有毛无毛、毛多毛少的小小差别就把它划成不同的“亚种”！作者认为这种差异完全可能是个体间不同基因组合的差异，把它们就定为“亚种”显然过于草率，最多只能看成变种。在本卷中作者把它们降级为变种，待将来有亲和差异数据时再来审定它们的系统地位与等级划分。

Psathyrostachys fragilis 分变种检索表

1. 秆节、叶鞘下段、节间上段、叶片上表面被短柔毛 ………………………… var. *fragilis*
1. 秆节、叶鞘下段、节间上段、叶片上表面无毛 ………………………………………… 2
   2. 颖与外稃糙涩或疏生微柔毛，毛长 0.3mm ……………………… var. *secaliformis*
   2. 颖与外稃被短柔毛，毛长 0.5～1mm ……………………………… var. *villosus*

3b. var. *villosus*（C. Baden）**C. Yen et J. L. Yang，com. nov. 脆穗新麦草柔毛变种**

根据 *Psathyrostachys fragilis* subsp. *villosus* C. Baden，1991. Nord. J. Bot. 11：10.（图 2-36 Ⅰ）。

异名：*Psathyrostachys fragilis* subsp. *villosus* C. Baden，1991. Nord. J. Bot. 11：10。

形态学特征：秆节、叶鞘下段、节间上段、叶片上表面无毛，颖与外稃被短柔毛，毛长 0.5～1 mm。

细胞学特征：2n=2x=14，**Ns^f**染色体组，**Ns^{f}Ns^f**染色体组组合。

分布区：土耳其东部。生长于石质岩坡。

图 2-36 *Psathyrostachys fragilis*（Boiss.）Nevski

Ⅰ. var. *villosus*（C. Baden）C. Yen et J. L. Yang 主模式标本（万永芳摄，现藏于 **K!**）

Ⅱ. var. *secaliformis*（Tzvelev）C. Yen et J. L. Yang 同后选模式标本（万永芳摄，现藏于 **K!**）

3c. var. *secaliformis*（Tzvelev）**C. Yen et J. L. Yang，com. nov. 脆穗新麦草似黑麦变种**

根据 *Psathtrostachys fragilis* subsp. *secaliformis* Tzvelev，1972. Nov. Sist. Vyssch. Rast. 9：58.（图 2-36 Ⅱ）。

异名：*Elymus secaliformis* Trin. ex Steudel，1841. Nomencl. ed. 2，1：551，裸名；

Psathtrostachys fragili subsp. *secaliformis* Tzvelev，1972. Nov. Sist. Vyssch. Rast. 9：58。

形态学特征：秆节、叶鞘下段、节间上段、叶片上表面无毛，颖与外稃糙涩或疏生微柔毛，毛长 0.3 mm。

细胞学特征：2n=2x=14；**Ns^f**染色体组，**Ns^{f}Ns^f**染色体组组合。

分布区：外高加索、土耳其东部、伊拉克东北部、伊朗西北部。生长于石质岩坡（图 2-37）。

4. *Psathyrostachys kronenburgii*（Hackel）**Nevski，1934. Fl. SSSR，Ⅱ：713. 单花新麦草**（图 2-38）

模式标本：A. Kronenburg，1904 年 7 月，No. 56，费尔甘纳南部塔尔迪克山口

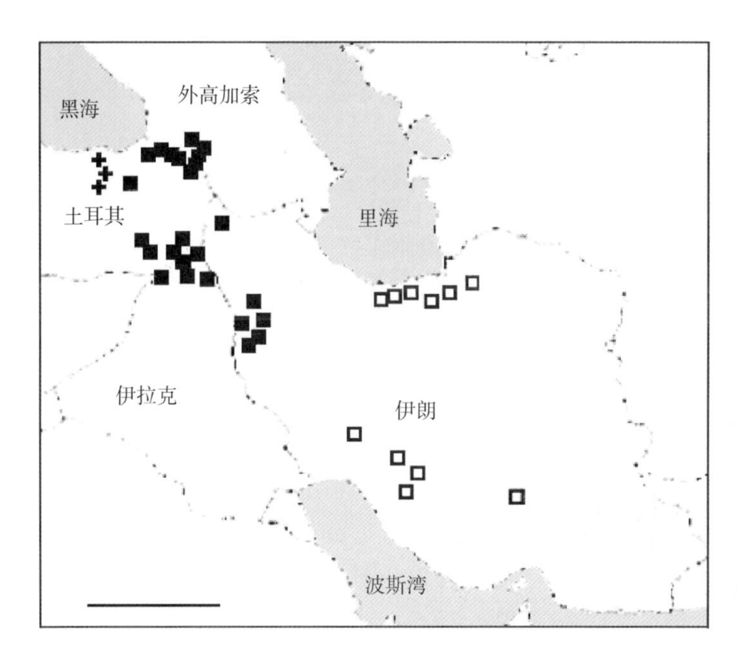

图 2-37 *Psathyrostachys fragilis* 变种的地理分布示意图［var. *fragilis*（方框）；var. *secaliformis*（黑方块）；var. *villosus*（黑十字）］

（引自 Baden，1991，图 4，稍作修改）

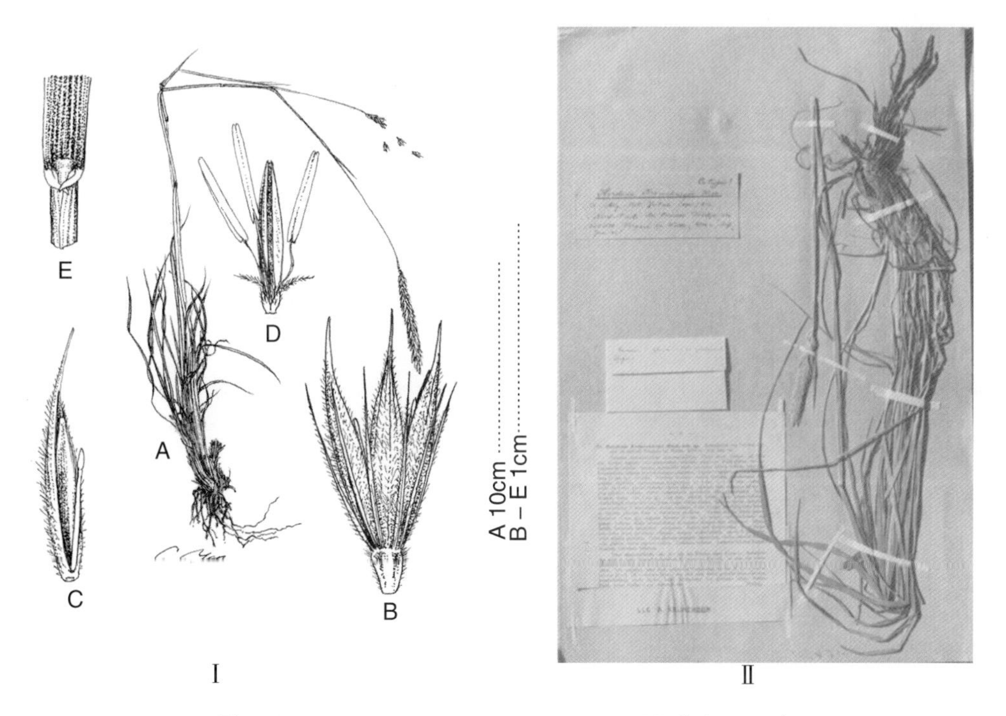

图 2-38 *Psathyrostachys kronenburgii*（Hackel）Nevski

Ⅰ. A. 全植株及脱落的三联小穗；B. 三联小穗；C. 小穗半腹面观，示伸长的穗轴节间及其顶端不发育的第 2 小花；D. 内稃、鳞被、雄蕊及柱头；E. 叶鞘上段及叶片下段，并示叶舌及叶耳 Ⅱ. 共模式（Cotype）标本（现藏于 LE!）

(первала Талдыкк в югоовосточной Фергане，2 700 m)，主模式标本：**B!**；同模式标本：**LE!**，**W!**；共模式标本：**LE!**。C. Baden，1991. ［Nord. J. Bot. 11 (1)：19］后选模式 **B!** 同后选模式 **LE**，**W!** 均属无效。

异名：*Hordeum kronenburgii* Hackel，1905. Allgem. Bot. Zeitschr. 11：133；

Elymus kronenburgii (Hack.) Nikif.，1968. Opred. Rast. Sredn. Azii 1：196。

形态学特征：多年生密丛禾草，具短根茎，株高 30～100 cm，除穗下节间上部被短柔毛外其余部分光滑无毛，枯老基生叶鞘在基部宿存呈纤维状。叶鞘无毛；叶耳长 0.4～1 mm，无毛；叶舌长 0.5 mm，膜质，上端撕裂状；叶片长线形，无毛糙涩，平展，长 6～20 cm，宽 3～5 mm，旗叶长 4～7 cm，宽 2～2.5 mm。穗长条形，直立，穗轴具15～28 节，每节着生（2～）3 枚无柄小穗，穗轴节间棱脊具长 2.5～3.5 mm 柔毛；小穗只第 1 小花发育成能育小花，第 2 小花不发育，在长约 5 mm 的小穗轴顶端呈小壳状构造；两颖近等长，细长锥形，长（3.5～）6～8（～9）mm，被柔毛；外稃广披针形，长0.6～1 cm，宽 2.5～3 mm，5 脉，被长 0.3～0.8 mm 的柔毛，上端渐尖成短芒，芒长1～3 mm；内稃与外稃等长，两脊无毛；鳞被二裂，长 1.3～1.5 mm，具短刚毛；花药黄白色，长4～5 mm；颖果长 4～5 mm。

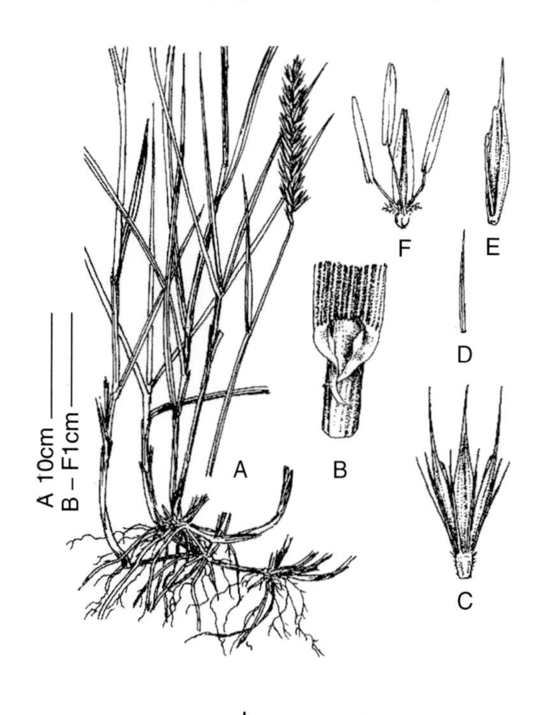

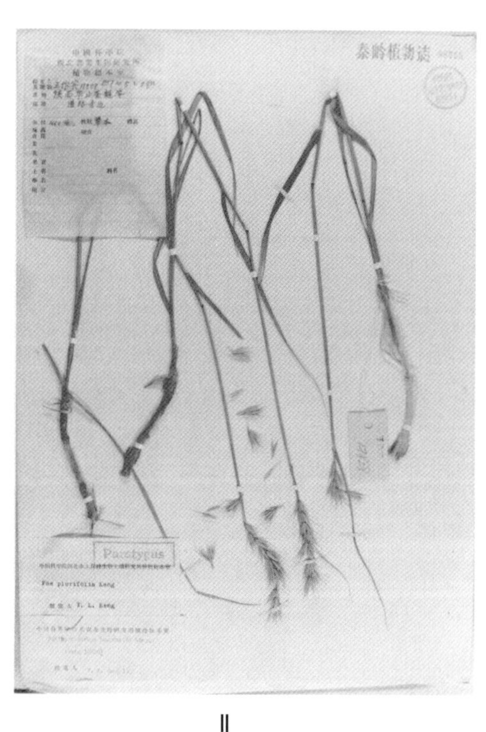

图 2－39 *Psathyrostachys huashanica* Keng ex P. C. Kuo

Ⅰ. A. 植株下部及全穗，示根茎及疏丛习性（引自《中国植物志》第九卷，第三分册：图版 6－1，阎翠兰绘，稍作修改）；

B. 叶鞘上段、叶片下段、叶耳及叶舌；C. 三联小穗背面观；D. 颖；

E. 小花半腹面观，示伸长的小穗轴节间及其顶端的不发育的第 2 小花；

F. 鳞被、雄蕊、雌蕊羽毛状的柱头及内稃腹面观

Ⅱ. 主模式标本（现藏于 **WUK!**）

细胞学特征：2n=2x=14；染色体组 $\mathbf{Ns^k}$，染色体组组合 $\mathbf{Ns^kNs^k}$。

分布区：塔吉克斯坦东部，克尔克孜东部，哈萨克斯坦东南部，中国新疆西北部。

5. *Psathyrostachys huashanica* Keng ex P. C. Kuo，1976. 秦岭植物志，1（1）：99，440. 图 77。华山新麦草（图 2-39）

模式标本：傅坤俊、郭本兆，**10091**，陕西华山，**600m**，**1956** 年 **6** 月 **26** 日。**WUK!**。

形态学特征：多年生具长根茎疏丛禾草，株高 40～60 cm，秆径 2～3 mm，2～4 节。叶鞘光滑无毛，基叶叶鞘基部紫褐色。秆生叶鞘短于节间，仅及节间长 1/2～3/4。叶耳长 1～3 mm，无毛；叶舌长 0.2～0.5 mm。叶片长线形，基生叶长 10～20 cm，宽2～4 mm；秆生叶长 3～8 cm，宽 1.5～3 mm，平展，仅叶缘稍内卷，上表面黄绿色，疏生短柔毛，下表面灰绿色，无毛。穗长圆柱形，长 4～8 cm，宽 1 cm 左右，穗轴节间长 3.5～4.5 mm，棱脊具纤毛，背腹面皆具微毛，成熟时逐节断落，每节着生（2～）3 枚无柄小穗；小穗具 1～2 小花，通常只第 1 小花发育完全，2 颖近等长，锥形，1 脉，长 10～12 mm，糙涩，外稃广披针形，无毛糙涩，长 8～10 mm，宽 2～2.2 mm，尖端渐尖成长 5～9 mm 的直芒；内稃与外稃等长，两脊疏生微小纤毛；鳞被两裂，长 1～1.4 mm；花药黄色，长 4～5mm；颖果长 4～6 mm，宽 1.5～2 mm，黄褐色。

细胞学特征：2n=2x=14；染色体组 $\mathbf{Ns^h}$，染色体组组合 $\mathbf{Ns^hNs^h}$。

分布区：只发现生长于陕西华山谷口上山道旁岩壁缝隙积土中（图 2-40）。

图 2-40 *Psathyrostachys huashanica* Keng ex P. C. Kuo
在华山模式标本产地石质岩坡上自然生长情况

6. *Psathyrostachys stoloniformis* C. Baden，1990. Nord. J. Bot. 9：449. 根茎新麦草（图 2-41、图 2-42）

模式标本：D. R. Dewey D-2562，1980 年，种子采自甘肃兰州五泉山；标本来自美国犹他州立大学实验苗圃。主模式：**C!**；同模式：**K**，**LD**，**UTC!**。

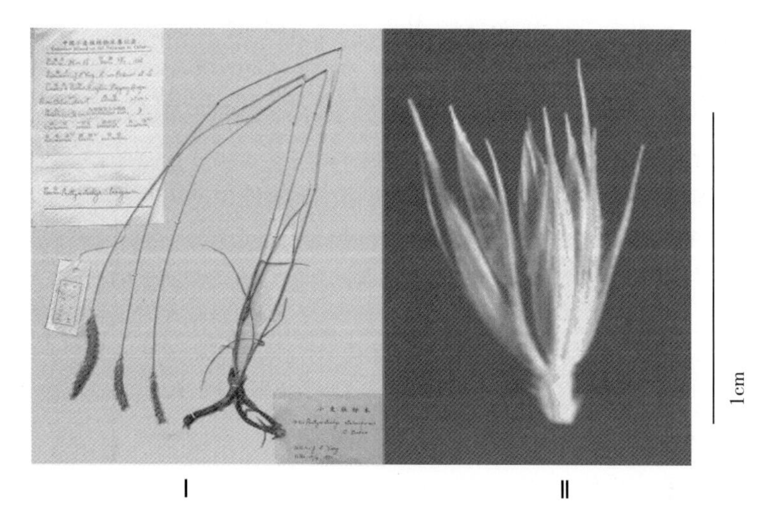

图 2-41 *Psathyrostachys stoloniformis* C. Baden 采自青海龙羊峡

Ⅰ. 同产地模式标本 Ⅱ. 三联小穗及穗下穗轴节间

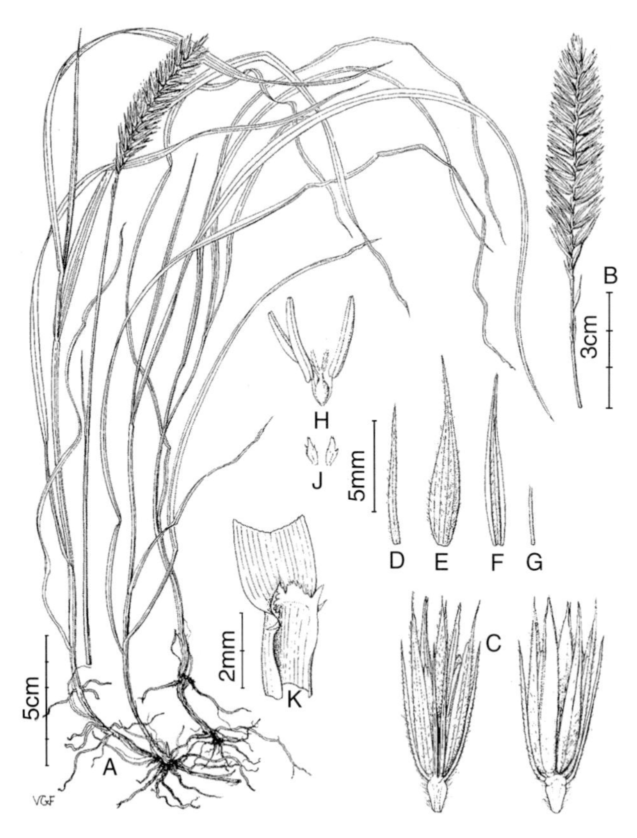

图 2-42 *Psathyrostachys stoloniformis* C. Baden

A. 全植株 B. 穗 C. 三联小穗 D. 颖 E. 外稃 F. 内稃 G. 小穗轴及其上端的退化小穗

H. 雄蕊及雌蕊 J. 鳞被 K. 叶鞘上段与叶片下段示叶舌及叶耳

(引自 C. Baden，1990. Nord. J. Bot. 9 (5)：450，图 1)。

形态学特征：多年生具根茎疏丛禾草，株高 25～60 cm，秆 2～3 节，除穗下节间上部有时被短柔毛外，一般无毛。叶鞘仅及节间一半长，无毛；叶耳小，长 0.4～1.2 mm；叶舌长 0.4～0.6 mm；叶片长线形，长 10～17 cm，宽 3～5 mm，旗叶长 1.5～2 cm，宽 1.5～2.5 mm，上下叶面皆糙涩无毛，叶缘稍内卷。穗长圆形；穗轴具 15～26 节，棱脊着生短纤毛，每节着生（2～）3 枚无柄小穗，成熟时自节上断折；小穗 1～2 花，颖锥形，1 脉，长（8～）9～13 mm，糙涩或被柔毛；外稃广披针形，长 7～10 mm，上端渐尖成短尖头或长 0.8～1.3 mm 短芒，背面无毛或疏生柔毛，5 脉；内稃与外稃等长，两脊疏生短纤毛；花药黄色，长 3.5～5 mm；鳞被两裂，长 1.4～1.8 mm；颖果长椭圆形，长 4.4～4.6 mm，宽 1.2～1.4 mm，黄褐色。

细胞学特征：2n=2x=14；染色体组 **Ns**，染色体组组合 **NsNs**。

分布区：中国甘肃、青海。

存疑分类群：新麦草属有两个分类群目前还没有实验生物学研究数据，它们的系统地位还不能确定。这些分类群附记如下：

7. *Psathyrostachys caduca*（Boiss.）Melderis，1965. in Køie & Rechinger，Kgl. Danske Viden. Selsk. Boil. Skr. 14，4：93. 早落新麦草（图 2-43）

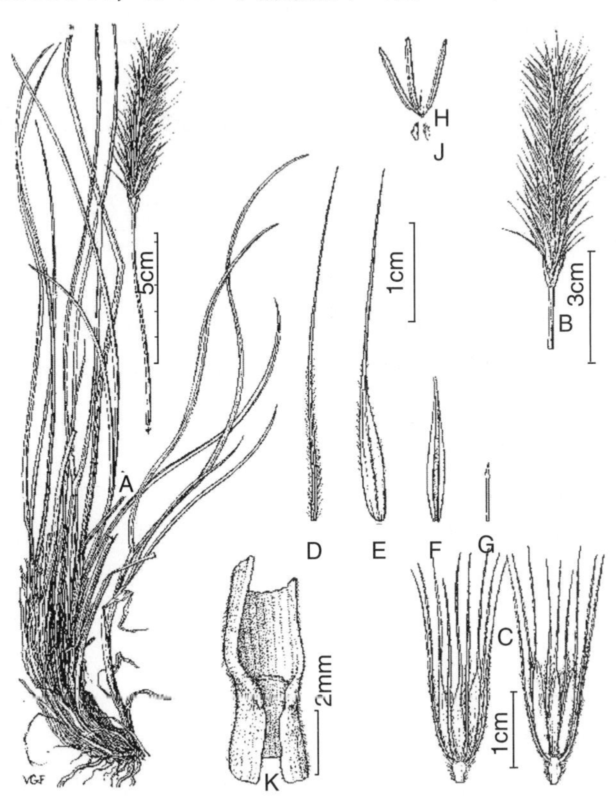

图 2-43 *Psathyrostachys caduca*（Boiss.）Melderis

A. 全植株 B. 穗 C. 小穗 D. 颖 E. 外稃 F. 内稃

G. 小穗轴及其上端退化小花 H. 雄蕊与雌蕊 J. 鳞被 K. 叶鞘上段与叶片下段

（引自 Baden，1991，图 5）

模式标本：Aitchison 815，in valle Kurrum ad Karatigah et Seratigah. 9－11000，C. Baden 后选模式 **G－BOISS!**，同后选模式 **BM**，**K**，**LISU**，**P**，**S!** Ad Yonutt Affghaniæ，Griffith Journ. 1011，副后选模式（paralectotype）**G－BOISS**，**K!**。

异名：*Elymus caducus* Boiss.，1884. Fl. Orient. 5：691；

Hordeum caducum Munro ex Aitch. Cat.，1880. J. Linn. Soc. London（Bot.）18：110。

形态学特征：多年生密丛禾草，株高（23～）40～80（～90）cm，疏生短柔毛，除穗下节间上段外，随即脱落，秆（2～）3～4 节。叶鞘被短柔毛，随即脱落；无叶耳，叶舌撕裂成短毛状；叶片长线形，平展，长 5.5～25 cm，宽 2.5～5 mm，旗叶长 1.7～5.5（～7）cm，宽（1～）2～3 mm，上下叶面皆被短柔毛。穗披针形，长 3～7.6 cm，宽0.7～1.2 cm，穗轴具 18～25 节，每节着 3 枚无柄小穗，穗轴节棱脊着生短硬毛；小穗 1（～2）小花；颖锥形，长（13～）16～23（～29）mm，具长 0.6～1 mm 的柔毛；外稃广披针形，稃背无毛或疏生柔毛，长 0.9～1.4 cm，上端渐尖成长 1.3～1.5 cm 的芒；内稃与外稃等长；小穗轴长 1.3～4 mm，花药紫色，长 5～7 mm；鳞被 2 裂，长 1.2～1.5 mm，颖果长 6～7 mm。

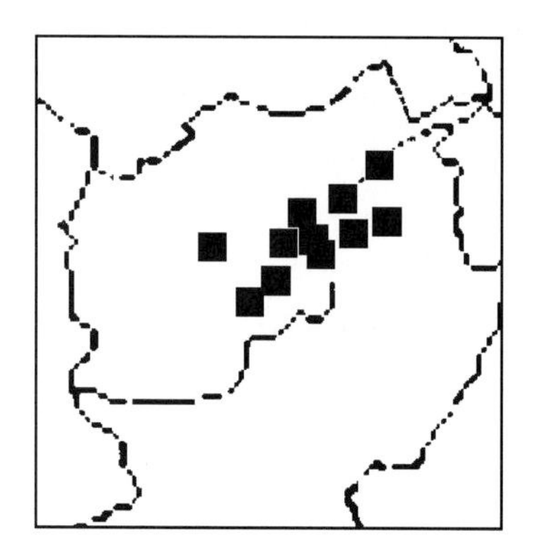

图 2－44　*Psathyrostachys caduca*（Boiss.）的地理分布示意图

分布区：阿富汗中部及东南部，巴基斯坦西北部（图 2－44）。

8. *Psathyrostachys rupestris*（Alex.）Nevski，1934. Fl. SSSR，Ⅱ：715. 岩生新麦草

8a. *Psathyrostachys rupestris* ssp. *repestris* 岩生新麦草岩生亚种（图 2－45－Ⅰ）

模式标本：Th. Alexeenko s. n. 22，5，1901. Dagestan，distr. Avarsk，in decliv meridionali monti Gimri. in rupibus，5200' H. H. Цвелев，1983. 后选模式 **LE!**，Th. Alexeenko 1246. Dagestan，distr. Dargi. probe Akuscha m. Moora，6400'后选副模式 **LE!** Th. Alexeenko s. n. 24，5，1901. Dagestan distr. Avarsk，probe pag. Gimri（Genu），in decliv. montis Schuhi-meer，3900'后选副模式 **LE!**，Th. Alexeenko s. n. 25，5，1901. Dagestan. distr. Avarsk，ad ripam sinistram infra p. Gimri. in rupibus. 2400'后选副模式 **K!**。

异名：*Hordeum rupestre* Alxeenko，1902. Tr. Tifl. Bot. Sada 6，1：96。

形态学特征：多年生密丛禾草，株高 20～50（～70）cm，秆光滑无毛，3～4 节，灰白色枯死老基生叶鞘残留植株基部。叶鞘糙涩无毛；叶耳长 0.4～2 mm；叶舌长 0.2～0.4 mm；叶片长线形，扁平或内卷，长 3～20 cm，宽 0.8～2.8 mm；旗叶长 2～5.5 cm，宽 0.8～1 mm，上表面无毛糙涩，下表面光滑无毛，叶缘有稀疏短毛。穗直立，卵圆形—长圆柱形，长 2.5～6.5 cm，宽 0.5～0.8（～1）cm，穗轴 8～20 节，每节着生 2～3 无柄小穗，穗轴棱脊着生短硬毛；小穗 1～2 小花；颖锥形，长（8～）10～14 mm，糙涩或

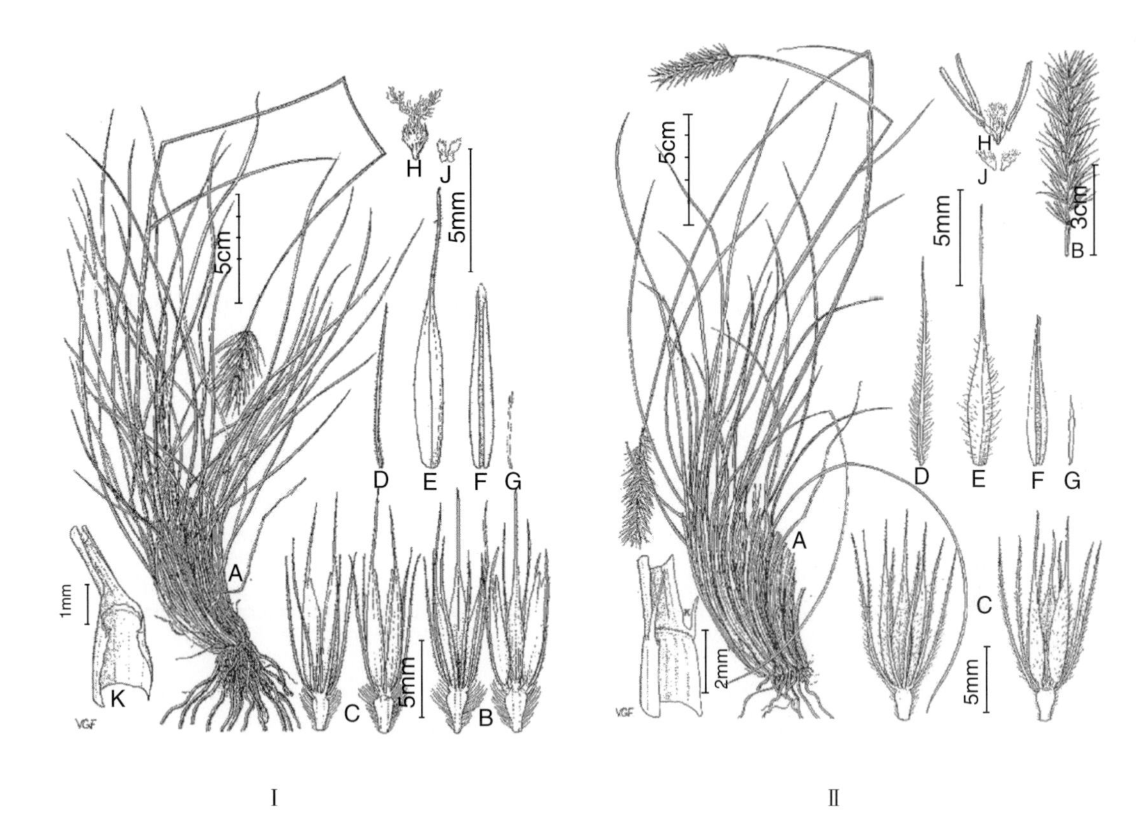

图 2-45　*Psathyrostachys rupestris*（Alexeenko）Nevski

Ⅰ. *Psa. rupestris* ssp. *rupestris*　Ⅱ. *Psa. rupestris* ssp. *daghestanica*（Alex.）Á. Löve

A. 全植株　B. 穗　C. 小穗　D. 颖　E. 外稃　F. 内稃

G. 小穗轴及其上端退化小穗　H. 雄蕊及雌蕊　J. 鳞被　K. 叶鞘上段与叶片下段

（引自 Baden，1991，图 8-9）

下半部具短柔毛；外稃广披针形，长 10～15 mm，上端渐尖成芒，芒长 4.5～7.5 mm，无毛或上部被长 0.5～1 mm 的毛；内稃与外稃等长，小穗轴长 3.4～3.6 mm，花药长 3.8～4.2 mm，鳞被两裂，长 0.7～0.9 mm，颖果长 4～6.5 mm。

8b. *Psathyrostachys rupestris* subsp. *daghestanica*（Alexeenko）**A. Löve. 岩生新麦草达吉斯坦亚种 1984. Feddes Repert. 95：474**（图 2-45-Ⅱ）

异名：*Elymus daghestanica* Alexeenko，1902. Tr. Tifl. Bot. Sada 6，1：87；

Hordeum daghestanicum（Alexeenko）Alexeenko，Spisok Rast. Gerb. Russk. Fi. 4：29；

Psathyrostachys rupestris subsp. *daghestanica*（Alexeenko）Á. Löve，Feddes Repert. 95：474。

这个分类群与 *Psathyrostachys rupestris*（Alex.）Nevski 的区别仅在于 *Psathyrostachys rupestris* 的叶片较窄，穗轴节上大多着生 2 枚小穗，颖与外稃无毛。它们分布在同一地区，很可能是因营养条件差异引起的个体生长健壮与纤弱之分。有毛无毛也仅是基因组合稍有不同。作者认为没有亲和性实验数据的情况下把它们分别定为“亚种”，是不妥当的。作为变种间的差异比较符合实际。

分布区：高加索 Dagestan 特产。

主要参考文献

罗明诚，颜济，杨俊良．1992. 小麦×黑麦杂种 F_1 花粉母细胞中的细胞融合现象及非整倍体的产生．四川农业大学学报，10（4）：612-622.

孙根楼，颜济，杨俊良．1994. 华山新麦草属间杂种细胞间遗传物质的转移及其在物种演化中的意义．四川农业大学学报，12（3）：333-337.

孙根楼，杨俊良，颜济．1993. 华山新麦草和鹅观草属两个种间物种生物学研究．植物分类学报，31（5）：393-398.

Baden C，Linde-Laursen I，Dewey D R. 1990. A new Chinese s pecies of *Psathyrostachys*（Poaceae）with notes on its karyptype. Nord. J. Bot.，9：449-460.

Baden C，Bothmer R von，J Flink and N Jacobsen. 1989. Intergeneric hybridization between *Psathyrostachys* Nevski and *Hordeum* L. Nord. J. Bot.，9：333-342.

Bothmer R von，Jacobsen N，Jørgensen R B et al. 1984. Haploid barley from the intergeneric cross *Hordeum vulgare*×*Psathyrostachys fragilis*. Euphytica，33：363-367.

Bothmer R von，M. Kotimäki，I. Linde-Laursen. 1987. Genome relationships between *Psathyrostachys huashanica* and *P. fragilis*. Pl. Syst. Evol.，156：183-188.

Dewey D R. 1967. Synthetic hybrids of *Agropyron scribneri*×*Elymus junceus*. Bull. Torrey Bot. Club，94：388-395.

Dewey D R. 1970. Genome relationships among diploid *Elymus junceus* and five tetraploid *Elymus* species. Am. J. Bot.，57：633-639.

Dewey D R. 1972. Genome analyses of hybrids between *Elymus junceus* and five tetraploid *Elymus* species. Bot. Gaz.，133：415-420.

Dewey D R，Hsiao C. 1983. A cytogenetic basis for transferring Russian Wildrye from *Elymus* to *Psathyrostachys*. Crop Sci.，23：123-126.

Endo T R，Gill B S. 1984. The heterochromatin distribution and genome evolution in diploid species of *Elymus* and *Agropyron*. Can. J. Genet. Cytol.，26：669-678.

Hsiao C，Wang R R-C，Dewey D R. 1986. Karyotype analyses and genome relationships of 22 diploid species in the tribe Triticeae. Can. J. Genet. Cytol.，28：109-120.

Jensen K B，Ira W Bickford. 1992. Cytology of intergeneric hybrids between *Psathyrostachys* and *Elymus* with *Agropyron*（Poaceae：triticeae）. Genome，35：676-680.

Linde-Laursen I，Baden C. 1994a. Comparison of the Giemsa C-banded karyotypes of the three subspecies of *Psathyrostachys fragilis*，subsp. *villosus*（2x），*secaliformis*（2x，4x），and *fragilis*（2x）（Poaceae），with notes on chromosome pairing. Pl. Syst. Evol.，191：183-198.

Linde-Laursen I，Baden C. 1994b. Giemsa C-bended karyotype of two cytotypes（2x，4x）of *Psathyrostachys lanuginosa*（Poaceae：Triticeae）. Hereditas，120：113-120.

Linde-Laursen I，Bothmer R von. 1984a. Identification of the sometic chromosomes of *Psathyrostachys fragilis*（Poaceae）. Can. J. Bot.，26（4）：430-435.

Linde-Laursen I，Bothmer R von. 1984b. Somatic cell cytology of the chromosome eliminating，intergeneric hybrid *Hordeum vulgare*×*Psathyrostachys fragilis*. Can. J. Bot.，26（4）：436－444.

Linde-Laursen I，Bothmer R von. 1986. Comparison of the karyotypes of *Psathyrostachys juncea* and *P. huashanica*（Poaceae）studied by Banding Techniques. Pl. Syst. Evol.，151：203－213.

Linde-Laursen I，Jensen J. 1991. Genome and chromosome disposition at somatic metaohase in a *Hordeum*×*Psathyrostachys* hybrid. Heredity，66：203－210.

Lu B R，Yen C，Yang J L et al. 1989. Cytogeneticstudies of the hybrid between *Psathyrostachys juncea* and *P. huashanica*（Poaceae）. Nord. J. Bot.，9：11－14.

Lu B R. 1991. Intergeneric crosses of *Psathyrostachys huashanica* with *Elymus* spp. and cytogenetic studies of the hybrids with *E. tsukushiensis*（Poaceae，Triticeae）. Nord. J. Bot.，11：27－32.

Löve Á. 1984. Conspectus of the Triticeae. Feddes Repert.，95：425－521.

Petersen G and Baden C. 2004. A phylogenetic analysis of the genus *Psathyrostachys*（Poaceae）based on one nuclear gene，three plastid genes，and morphology. Pl. Syst. Evol.，249：99－110.

Plourde A，Fedak G St-Pierre C A et al. 1990. A novel intergeneric hybrid in the Triticeae：*Triticum aestivum*×*Psathyrostachys juncea*. Theor. Appl. Genet.，79：45－48.

Ørgaard M，Heslop-Harrison J S. 1994. Investigations of genome relationships between Lymus，Psathyrostachys and Hordeum inferred by genomic DNA：DNA in situ Hybridization. Annals Bot.，73：195－203.

Sun G L，Yen C ，Yang J L. 1983. Intermeiocyte connections and cytomixis in intergeneric hybrids Ⅱ. *Triticum aestivum*×*Psathyrostachys huashanica* Keng. Wheat Information Service，77：13－18.

Sun G L，Yen C ，Yang J L. 1984. Intermeiocyte connections and cytomixis in intergeneric hybrids Ⅲ. *Roegneria tsukushiensis*×*Psathyrostachys huashanica*. Wheat Information Service，79：24－27.

Wang R R－C. 1987. Synthetic and natural hybrids of *Psathyrostachys huashanica*. Genome，29：811－816..

Wang R R－C. 1990. Intergeneric hybrids between *Thinopyrum* and *Psathyrostachys*（Triticeae）. Genome 33：845－849.

William，M. D. H. M.，and A Mujeeb-Kazi. 1992. Isozyme and cytilogical markers of some *Psathyrostachys juncea* accessions. Theor. Appl. Genet.，84：528－534.

Yen C，Yang J L，Sun G L. 1993. Intermeiocyte connections and cytomixis in intergeneric hybrid of *Roegneria ciliaris*（Trin.）Nevski with *Psathyrostachys huashanica* Keng. Cytologia，58：187－193.

Yen C，Sun G L ，Yang J L. 1994. The mechanism of the origination of autoallopolyploidy and aneuploidy in higher plants based on the cases of *Iris* and Triticeae. Proc. 2nd Internat. Triticeae Symp.：45－50.

三、赖草属（*Leymus*）的生物系统学

自1848年德国植物学家Christain Ferdinand Hochstetter认为C. Linné的*Elymus* L.太庞杂，把形态特征显然不同的*Elymus arenarius* L.分离出来，并以这个种为模式种建立赖草属（*Leymus* Hochst.），发表在《植物区系（Flora）》第31卷：118页上的注解中以来，虽经过了漫长的101年，但无人重视C. F. Hochstetter的意见。直到1949年，德国植物学家Robert Kunds Friedrich Pilger在德国出版的《系统植物学、植物历史学与植物地理学年鉴（Botanische Jahrbücher für Systematik，Pflanzengeschichte und Pflanzengeographie）》74卷发表他的“禾草学增篇（Additamenta agrostologica）”，才又重新肯定赖草属的独立合法地位。Robert Kunds Friedrich Pilger才把他自1945年以来研究整理组合为赖草属的9个新组合发表在这篇文章中。虽然在1938年，日本植物学家原宽（Hiroshi Hara）曾经正确地把*Elymus mollis* Trinius组合为*Leymus mollis*（Trin.）Hara，但由于最后他自己把它作为*Elymus mollis* Trin.组合错了的异名——“*Leymus mollis*（Trin.）Hara，mss.”发表在日本《植物学杂志》第52卷，题为“Preliminary report of the Hidaka，Hokkaido（Yezo）XXVIII”的报告中。因此，原宽的这个正确组合被他自己否定成为异名。

苏联植物学家、禾本科形态分类学的权威A. C. Невский（1933，1934），也认为披碱草属（*Elymus*）太庞杂，应分为几个不同的属，他把它分为5个属，即：以*Elymus arenarius* L.为模式种重新建立*Elymus* Linnaeus属；以*Clinelymus sibiricus*（L.）Nevski为模式种建立*Clinelymus*（Griseb.）Nevski属；以*Aneurolepidium multicaule*为模式种建立*Aneurolepidium* Nevski属；把一部分分类群归入德国植物学家Friedrich Wilhelm Heinrich Alexander von Humboldt以*Asperella hystrix*（L.）Humb.为模式种建立的*Asperella* Humboldt属；以*Malacurus lanatus*（Korsh.）Nevski为模式种建立*Malacurus* Nevski属。而不承认C. F. Hochstetter建立的赖草属（*Leymus* Hochst.）。

1976年，苏联植物学家H. H. Цвелев在《苏联的禾草（Злаки СССР）》一书中承认C. F. Hochstetter建立的赖草属（*Leymus* Hochst.）。把A. C. Невский的*Elymus* Linnaeus属、*Aneurolepidium* Nevski属与*Malacurus* Nevski属具有长花药、异花授粉、具根茎的分类群组合在赖草属中。并根据生态习性与形态特征把赖草属分为4个组，即：section *Leymus* Hochst.；section *Aphanoneuron*（Nevski）Tzvelev；section *Anisopyrum*（Griseb.）Tzvelev；section *Malacurus*（Nevski）Tzvelev。但他在赖草属（*Leymus* Hochst.）的文献引证却把C. F. Hochstetter发表在*Flora*第31卷第118页的这个新属错写成第7卷。

Áskell Löve在1984年根据当时实验生物学的研究成果（Dewey，1970，1972，1976），在他的《小麦族大纲》一文中正确地把赖草属定为含**N**与**J**染色体组组合的异源

多倍体属（按现今的实验检测与染色体组新命名来看应为 **NsXm** 染色体组组合）。但在赖草属的分类处理上却完全照抄 H. H. Цвелев，因此也承认 H. H. Цвелев 四个组的划分，甚至把 H. H. Цвелев 的错误文献引证也照抄了过来。

Àskell Löve 根据当时仅有的实验观察资料，认为 *Hystrix patula* 是含 **S**、**H** 染色体组组合的物种，应当组合到 *Elymus* 属中成为一个新组：sect. *Hystrix*（Hoench）Á. Löve，这一点他是正确的。但他在没有实验观测数据的情况下，便将所有 *Hystrix* 的物种都组合到 *Elymus* Linnaeus 属中。然而从今天的实验观测数据来看，*Hystrix californica*（Bol.）Kuntz，*Hy. coreana*（Honda）Ohwi，*Hy. duthiei*（Stapf）Bor，*Hy. duthiei* subsp. *longearistata*（Hackel）Baden，*Hy. komarovii*（Roshev.）Ohwi 等都是含 **NsXm** 染色体组组合的物种，应当归入赖草属（Jensen，1993；Zhang et al.，2002）。按形态学特征建立的猬草属（*Hystrix*）是错误的，因为是把毫无亲缘关系的 *Hystrix patula* 与 *Hystrix coreana*，*Hy. californica*，*Hy. duthiei*，*Hy. duthiei* subsp. *longearistata* 拉扯在一起组成的一个属。现在应当把含 **NsXm** 染色体组组合的物种分离出来，合并在赖草属中按生态系统成立一个林下赖草组。只有在实验生物学的分析观察下，才得以把赖草属不同生态条件下形态特征发生了巨大差异的物种间的遗传亲缘系统关系梳理清楚，才显示出赖草属系统的整个面貌。

作者同意 Barkworth 与 Atkins（1984）的意见，section *Aphaneuron*（Nevski）Tzvelev 与 section *Anisopyrum*（Griseb.）Tzvelev 两个组无论从形态特征与生态环境都区分不开，应当合为一组，即草原草甸赖草组。作者的意见是赖草属含有 3 个生态组群：①沙生赖草组 section - *Arenarius*；②草原草甸赖草组 section - *Pratensisus*；③林下赖草组 section - *silvicolus*。H. H. Цвелев 的高山密丛赖草组 section *Malacurus*（Nevski）Tzvelev，也归入草原草甸赖草组 section *Pratensisus* 中。

赖草属来自新麦草属的 **Ns** 染色体组，其中一些可能含有一个形成接合管或接合孔的基因系统，在它的杂种的配子体细胞中常形成接合管或接合孔，从而发生从染色丝、染色体到整个间期核各个不同时期的核穿壁过程，造成高倍多倍体与非整倍体（Yen，Yang and Sun，1993；Sun，Yen and Yang，1993，1994；Yen，Sun and Yang，1994）。一些赖草属的植物也具有各种不同的倍性，从四倍体、八倍体到十二倍体等，例如 *Leymus angustus*。这样的高倍多倍体如果是通过一次一次的未减数配子间的有性杂交来形成，其几率几乎等于零。但通过接合管或接合孔转移整个间期核或染色丝，或染色体，其几率可大于 50%。作者认为这些含 **Ns** 染色体组的高倍多倍体植物，很可能都是从这样的途径形成的（参阅“二、新麦草属（Psathyrostachys 的生物系统学”中“新麦草属的属间杂种中的细胞融合、多核与染色体增加或减少”一节）。这种高倍多倍体虽然在自然生境中形成分散的居群，以无性根茎与珠芽繁殖，结实率非常低或不结实，但很难把不同倍性的居群看成不同的种，如像大麦属的 *Hordeum bulbosum* 与 *H. nodosum*；*H. violaceum*、*H. brevisubulatum* 与 *H. turkestanicum* 那样。因为大麦属的这些不同倍性同源多倍体都各自通过有性繁殖构成各自独立的正常的基因库。赖草属的这些高倍多倍体却不是这样，它们没有构成正常有性生殖的种群。研究人员还只能把不同倍性的居群看成是不同倍性的变异体，就像二倍体与四倍体的毛穗新麦草（*Psathyrostachys lanuginosa*）难于把它们看成是不同的种一样，它们还未形成以有性生殖相联系的种群。

（一）赖草属古典形态分类学简史

1848年，德国植物学家Christain Ferdinand Hochstetter认为1753年Carl Linné定立的*Elymus arenarius* L.不应该放在披碱草属中，因为这种欧洲海滨流动沙丘上常见的禾草显然与其他的披碱草不同。它有强大而长的根茎，近于革质的茎叶，直立健壮的穗，窄披针形的颖，应另立新属。他把*Elymus*的前两个字母调换了一下构成的一个新词，即*Leymus*，作为它的属名，组合*Elymus arenarius* L.为*Leymus arenarius*（L.）Hochst.，以它为模式种建立新属。发表在《植物区系（Flora）》第31卷118页上。

1905年，移居美国的瑞典植物学家Pehr Axel Rydberg在美国的《托瑞植物学俱乐部公报（Bull. Torr. Bot. Club）》第32卷609页发表一个名为*Leymus villiflorus* Rydb.的赖草属新种。这个新种就是被美国植物学家George Vasey与Frank Lamson-Scribner于1893年发表在《美国国家标本馆研究报告（Contributions of U. S. National Herbarium）》第1卷280页，定名为*Elymus ambiguus* Vasey et Scribner的同一个分类群。Vasey与Scribner把它放在披碱草属中是当时的大趋势，而Rydberg却能在当时客观论证分析它与披碱草的不同而把它定为赖草属。

德国植物学家Robert Kunds Friedrich Pilger在1949年出版的《植物学杂志（Botanische Jahrbücher）》第74卷，Heft 1（im März，1947）上发表了赖草属以下的新组合，它们是：

Leymus arenicola（Scribn. &J. G. Smith）Pilger，6页；

Elymus arenicola Scribner et J. G. Smith，1899，USDA Div. Agrost. Bull. 9：7. =*Leymus flavescens*（Scribn. et J. G. Smith）Pilger。

Leymus flavescens（Scribn. & Smith）Pilg.，6页；

Elymus flavescens Scribn. et J. G. Smith，1897，USDA Div. Agrost. Bull. 8：8。

Leymus paboanus（Claus）Pilg.，6页；

Elymus paboanus Claus=*Aneurolepidium paboanum*（Claus）Nevski，1934，Fl. URSS，2：707。

Leymus×*vancoverensis*（Vasy）Pilger，1947，Bot. Jahrb. 74：6页；

Elymus vancoverensis Vasey，1888，Bull. Torr. Bot. Club. 15：48。

Leymus triticoides（Buckley）Pilger，6页；

Elymus triticoides Buckley，1962，Proc. Acad. Nat. Sci. Philad. 1862：99. 1862. =*E. condensatus* var. *triticoides*（Buckl.）Thurb. 1880，in S. Wats. Bot. Calif. 2：326. =*E. orcuttianus* Vasey，1885，Bot. Gaz.（Crawfordsville）10：258。

Leymus dasystachys（Trin.）Pilger，6页；

Elymus dasystachys 1829，Trin. in Ledeb. Fl. Alt. 1：120. =*Aneurolepidium dasystachyum*（Trin.）Nevski，1934，Fl. URSS. 2：706. =*Leymus secalinus*

（Georgi）Tzvel.。

Leymus angustus（Trin.）Pilg.，6 页；

Elymus angustus Trin. 1829，in Ledeb. Fl. Alt. 1：119. =*Aneurolepidium angustum*（Trin.）Nevski，1934，in Komarov，Fl. URSS. 2：700。

Leymus mollis（Trin.）Pilger，6 页；

Elymus mollis Trin. 1821，in Spreng. Neue Entdeck. 2：72. =*Leymus mollis* Hara，1938，Bot. Mag. Tokyo，52：232. nom. invalid. =*Elymus mollis* Trin。

Leymus innovatus（Beal）Pilger，6 页；

Elymus innovatus Beal，1896，Grasses of North Amer. 2：650。

Leymus giganteus（Vahl.）Pilger，7 页；

Elymus giganteus 1794，Vahl，Symb. Bot. 3：10. = *Elymus racemosus* Lam.，1792. Tabl. Encycl. Meth. Bot. 1：207. =*L. racemosus*（Lam.）Tzvel.。

1960 年，苏联植物学家 Николай Николаевич Цвелев 在列宁格勒版的《植物学研究（Ботанический Маериалы）》第 20 卷上发表一系列的赖草属的新组合，它们是：

Leymus aemulans（Nevski）Tzvel.，430 页；

Aneurolepidium aemulans Nevski，1933，Acta Inst. Bot. Acad. Sc. URSS，Ser. I. Fasc. I. 14. 27. = *Elymus aemulans*（Nevski）Nikif.，1968，Opred. Rast. Sredn. Azii 1：197。

Leymus akmolinensis（Drob.）Tzvel.，430 页；

Elymus akmolinensis Drob. 1915，Tr. Bot. Muz. AN. 14：133. =*Leymus paboanus*（Claus）Pilger ssp. *akmolinensis*（Drob.）Tzvel.，1971，Nov. Sist. Vyssch. Rast. 8：66。

Leymus alaicus（Korsh.）Tzvel.，429 页；

Elymus alaicus Korsh. 1896，Mem. Acad. Sci. St. Peersb.，Ser. 8，4：101. = *Aneurolepidium alaicum*（Korsh.）Nevski，1934，Fl. URSS. 2：704。

Leymus angustiformis（Drob.）Tzvel.，429 页；

Elymus angustiformis Drob.，1941，Fl. Uzbek. 1：540. s. str.（quoad typum）. = *L. alaicus*（Korsh.）Tzvel.。

Leymus baldashuanicus（Roshev.）Tzvel.，429 页；

Elymus baldashuanicus Roshev. 1932，Bull. Jard. Bot. Acad. Sci. URSS. 30：779. =*Aneurolepidium baldashuanicum*（Roshev.）Nevski，1934，Fl. URSS. 2：703. =*Leymus tianschanicus*（Drob.）Tzvel.。

Leymus divaricatus（Drob.）Tzvel.，430 页；

Elymus divaricatus Drob. 1925，Feddes Repert. 21：45. = *Aneurolepidium divaricatum*（Drob.）Nevski，1934，Fl. URSS. 2：709。

Leymus fasciculatus（Roshev.）Tzvel.，430 页；

Elymus fasciculatus Roshev. = *Aneurolepidium fasciculatum*（Roshev.）Nevski，1934，Fl. URSS. 2：709。

Leymus flexilis (Nevski) Tzvel.，429 页；

Aneurolepidium flexilis Nevski，1934，Fl. URSS. 2：705。

Leymus karataviensis (Roshev.) Tzvel.，429 页；

Elymus karataviensis Roshev.，1912，Tr. Pochvx. Bot. Exp. 2(6)：186. tab. 27. = *Leymus alaicus* (Korsh.) Tzvel. ssp. *karataviensis* (Roshev.) Tzvel. = *Aneurolepidium karataviensis* (Roshev.) Nevski，1934，Fl. URSS. 2：705。

Leymus kopetdaghensis (Roshev.) Tzvel.，429 页；

Elymus kopetdaghensis Roshev.，1932，Fedtsch. Fl. Turkm. 1：211，f. 86. (in Russian). = *Aneurolepidium kopetdaghense* (Roshev.) Nevski，1934，Fl. URSS 2：703。

Leymus kugalensis (Nik.) Tzvel.，429 页；

Elymus kugalensis Nik. 1950，Fl. Kirg. SSR. 2：218. Descr. Ross. = *Leymus karelinii* (Turcz.) Tzvel.。

Leymus kuznetzovii (N. Pavl.) Tzvel.，429 页；

Elymus angustiformis N. Pavl. 1956，Fl. Kazakhst. 1：322. = *Elymus angustiformis* N. Pavl. 1952，Becth AH KazCCP no. 5：86. 1952. non Drob. 1941. = *Leymus karelinii* (Turcz.) Tzvel.。

Leymus multicaulis (Kar. et Kir.) Tzvel.，430 页；

Elymus multicaulis Kar. & Kir. = *Aneurolepidium multicaule* (Kar. et Kir.) Nevski，1934，Fl. URSS. 2：708。

Leymus ovatus (Trin.) Tzvel.，430 页；

Elymus ovatus Trin. = *Aneurolepidium ovatum* (Trin.) Nevski，1934，Fl. URSS，2：707。

Leymus petraeus (Nevski) Tzvel.，429 页；

Aneurolepidium petraeusum Nevski，1934，Fl. URSS. 2：705。

Leymus pseudoagropyrum (Trin. ex Griseb.) Tzvel.，430 页；

Triticum pseudoagropyron (Trin. ex Griseb.) Griseb. = *Aneurolepidium pseudoagropyrum* (Griseb.) Nevski，1933，Acta. Inst. Acad. Sc. URSS. Ser. I. fasc. 1：25. = *Leymus chinensis* (Trin.) Tzvel.。

Leymus racemosus (Lam.) Tzvel.，429 页；

Elymus racemosus Lam.，1792. Tabl. Encycl. Meth. Bot. 1：207. 1792. = *Elymus giganteus* Vahl. = *Leymus giganteus* (Vahl) Pilger。

Leymus ramosus (Trin.) Tzvel.，430 页；

Triticum ramosum Trin. 1829，in Ledeb. Fl. Alt. 1：114. = *Aneurolepidium ramosum* (Trin.) Nevski，1934，Fl. URSS. 2：710。

Leymus regelii (Roshev.) Tzvel.，429 页；

Elymus regelii Roshev. = *Aneurolepidium regelii* (Roshev.) Nevski，1934，Fl. URSS. 2：709。

Leymus villosissimus（Scribner）Tzvel.，429 页；

Elymus villosissimus Scribner，1899. U. S. D. A. Div. agrost. Bull. 17：326. ＝ *Leymus mollis* subsp. *villosissimus*（Scribner）Á. Löve。

Leymus ugamicus（Drob.）Tzvel. 429 页；

Elymus ugamicus Drob.，1925，Fedde Repert. 21：45. ＝*Aneurolepidium ugamicum*（Drob.）Nevski，1934，Fl. URSS. 2：704。

Leymus subulosus（M. Bieb.）Tzvel.，429 页；

Elymus subulosus M. Bieb. ＝*Leymus racemosus* subsp. *sabulosus*（M. Bieb.）Tzvel.。

Leymus tianschanicus（Drob.）Tzvel.，469 页；

Elymus tianschanicus（Drobov，1925，Feddes Repert. 21：45. ＝*Aneurolepidicum*（Drob.）Nevski，1934，Fl. URSS. 2：703。

1964 年，Н. Н. Цвелев 又在《苏联北极植物志（Арктическая Флора СССР）》第 2 卷 253 页上，把瑞典植物学家 Eric Oskar Gunnar Hultén 1924 年在瑞典《隆德大学学报（Acta Univ. Lund.）》第 38 期 270 页发表的 *Elymus interior* Hulten.，组合到赖草属中，成为 *Leymus interior*（Hulten）Tzvelev。

1968 年，Н. Н. Цвелев 又在《中亚植物（Растения Центральной Азии）》第 4 卷中，把 Вассилии Петрович Дробов 在 1915 年发表于《植物博物馆丛刊（Труды Ботаническаго Музея）》第 14 期 135 页的 *Elymus kirghisorum* Drobov 组合为 *Leymus angustus* var. *kirghisorum*（Drob.）Tzvelev（205 页）；

把德国植物学家 Carl Bernhard Trinius 在 1833 年定名的 *Triticum chinensis* Trin. 组合为 *Leymus chinensis*（Trin.）Tzvelev（205 页）；

把耿以礼 1941 年发表在中山大学出版的《孙逸仙（Sunyatsenia）》6 卷，1 期 65 页上的 *Elymus dasystachys* var. *ligulatus* Keng 组合为 *Leymus ligulatus*（Keng）Tzvelev（206 页）；

把 Олга Александровна Федченко 在 1903 年定名的 *Elymus dasystachys* var. *pubescens* O. Fedtsch. 组合为 *Leymus secalinus* var. *pubescens*（O. Fedtsch.）Tzvelev（209 页）；

把德裔俄罗斯植物学家 Johann Gottlieb Georgi 在 1775 年定名的 *Triticum secalinum* Georgi 组合为 *Leymus secalinus*（Georgi）Tzvelev（209 页）。

1970 年，Н. Н. Цвелев 又在《苏联植物区系植物标本名录（Список Растений Гербарнои Флоры СССР）》第 18 卷 21 页上，把 Сергеи Иванович Коршский 在 1896 年定名的 *Elymus lanatus* Korsh. 组合为 *Leymus lanatus*（Korsh.）Tzvelev。

同年，Цвелев 在《新维管束植物系统学（Новости Систематики Высших Растений）》第 6 卷 21 页上，把 С. А. Невский 1933 年发表在《苏联科学院植物研究所学报（Тр. Бот. Инст. АН СССР）》系列 1，第 1 卷：19 页上的 *Malacurus* Nevski，组合在赖草属中，成为 sect. *Malacurus*（Nevski）Tzvel.（高山密丛赖草组）。加上原组 *Leymus* Hochst. sect. *Leymus*（沙生赖草组），共把赖草属划分为 2 个组。

1971年，Н. Н. Цвелев 在《新维管束植物系统学（Новости Систематики Высших Растений）》第8卷上发表了4个赖草亚种新组合，它们是：

Leymus paboanus（Claus）Pilg. subsp. *akmolinensis*（Drob.）Tzvel.，66页；

Elymus akmolinensis Drobov，1915，Tr. Bot. Muz. AN 14：133. =*Leymus akmolinensis*（Drob.）Tzvel. *Aneurolepidium akmolinense*（Drob.）Nevski. = *L. paboanus* ssp. *korshinskyi* Tzvel.，1971，Novost. Sist. Vyssh. Rast.，8：65. nom nov. =*Elymus dasystachys* f. *glabra* Korsh。

Leymus racemosus subsp. *crassinervius*（Kar. et Kir.）Tzvel.，65页；

E. giganteus β *crassinervius*. Kar. et Kir.，1841. Bull. Soc. Nat. Moscou 14：868。

Leymus racemosus subsp. *klokovii* Tzvel.，65页；

Elymus giganteus var. *cylindricus* Roshev.，1928，Tr. Peterb. Bot. Sada 40：253，s. st。

Leymus racemosus subsp. *subulosus*（Bieb.）Tzvel.，65页；

Elymus sabulosus M. Bieb.，1808，Fl. Taur. - Cauca. 1：81。

1972年，Н. Н. Цвелев 又在《新维管束植物系统学（Новости Систематики Высших Растений）》第9卷上发表了赖草属2个组的新组合，它们是：

Leymus sect. *Aphanonneuron*（Nevski）Tzvel.（山地草甸赖草组），62页；

Aneurolepidium sect. *Aphanoneuron* Nevski，1934，Fl. URSS 2：299。

Leymus sect. *Anisopyrum*（Griseb.）Tzvel.（不均等赖草组——非沙生低地），63页；

Triticum sect. *Anisopyrum* Griseb.，1825. in Ledeb. Fl. Ross. 4：343。

6个种的新组合分别是：

Leymus ajanensis（V. Vassil）Tzvel.，59页；

Asperella ajanensis V. Vassil.，1940，Bot. Mat.（Leningrad）8：216。

Leymus × *fedtschenkoi* Tzvel.，60页，Н. Н. Цвелев 主观认为是 *L. alaicus* × *L. lanatus* 的杂种，但没有实验根据。

Leymus karelinii（Turcz.）Tzvel.，59页；

Elymus karelinii Turcz.，1856，Bull. Soc. Nat. Moscou 29：64. =*Aneurolepidium karelinii*（Turcz.）Nevski，1936，Tr. Bot. Inst. AN SSSR. Ser. 1，2：70. quoad nom。

Leymus secalinus ssp. *pubescens*（O. Fedtsch.）Tzvel.，59页；

Elymus dasystachys var. *pubescens*. = *Leymus secalinus* var. *pubescens*（O. Fedtsch.）Tzvel.。

Leymus latiglumis Tzvel.，62页，nom. nov.；

Elymus latiglumis Nikif.，1864，Opred. Rast. Sredn. Azii 1：192，201. non Phil。

Leymus divaricatus subsp. *fasciculatus*（Roshev.）Tzvel.，63页；

Elymus fasciculatus Roshev. 1932，Izv. Bot. Sada AN SSSR 30：780. =*Leymus fasciculatus*（Roshev.）Tzvel.。

1973年，H. H. Цвелев在同一期刊第10卷上又发表了赖草属的5个新组合与1个杂种种名：

Leymus alaicus（Korsh.）Tzvel. subsp. *karataviensis*（Roshev.）Tzvel.，50页；

Elymus karataviense Roshev.，1912，Tr. Pochv. - Bot. Eksp. 2：186. ＝*E. karataviensis* Roshev. ex B. Fedtsch.，1915，Rast. Turkest. 154. ＝ *Leymus karataviensis*（Roshev.）Tzvel.。

Leymus alaicus ssp. *petraeus*（Nevski）Tzvel.，50页；

Aneurolepidium petraeus Nevski，1934，Fl. SSSR 2：705。

Leymus secalinus（Georgi）Tzvel. ssp. *ovatus*（Trin.）Tzvel.，49页；

Leymus ovatus（Trin.）Tzvel.。

Leymus nikitinii（Czopan.）Tzvel.，21页；

Elymus nikitinii Czopan.，1956，Izv. AN Turkm. SSR，3：89。

Leymus karelinii var. *kirghisorum*（Drob.）Tzvel.，49页；

Leymus augustus var. *kirghisorum*（Drobov）Tzvelev，1968. Rast. Tsentr. Azii 4：205. ＝*Elymus kirghisorum* Drobov，1915. Tr. Bot. Muz. AN 14：135。

Leymus×*ramosoides* Kolmak. ex Tzvel.，51页。Цвелев主观认为是*L. paboanus*×*L. ramosus*的杂种，但没有实验根据。

1973年，Чопанов在7月5号出版的《哈萨克斯坦谷类植物鉴定手册（Определитель Злаков Казахстана)》28页上，又把Николаи Степанович Туржанинов在1856年于《莫斯科自然科学学会公报（Бьюллетен Московского Общества Испитателеи Природь)》第29卷：64页上发表的*Elymus karelinii* Turcz. 组合为*Leymus karelinii*（Turcz.）Chopanov。已如前述，Цвелев已在1972年4月出版的《新维管束植物系统学》第9卷59页，发表了完全相同的组合，即*Leymus karelinii*（Turcz.）Tzvelev。因此，Чопанов的这个组合就成为无效的了。

1975年，Á. Löve与D. Löve在《植物学通报（Bot. Notiser)》第128卷，第4期503页，把加拿大植物学家W. N. Bowden发表在《加拿大植物学杂志（Canad. J. Bot.)》第37卷1146页上的*Elymus innovatus* ssp. *velutinus* Bowden升级为种，组合为*Leymus velutinus*（Bowden）Á. Löve et D. Löve。

1979年，С. С. Иконников在《巴达赫山维管束植物鉴定手册（Определитель Высших Растений Бдадхшана)》第61页上，把О. А. Федченко定名的*Elymus dasystachys* var. *pubescens* O. Fedtsch.，升级为种，组合为*Leymus pubescens*（O. Fedtsch.）S. S. Ikonnikov。

1980年，Á. Löve在《分类群（Taxon)》29卷，1期上发表了一系列的赖草属的新组合。

把美国禾草学家Frank Lamson Scribner与Elmer Drew Merrill于1902年在《托瑞植物学俱乐部丛刊（Bull. Torr. Bot. Club)》第29卷上发表的*Elymus cinereus* Scribner et Merr. 组合为*Leymus cinereus*（Scribn. & Merr.）Á. Löve（168页）；

把捷克植物学家 Karln Bořivoj Presl 在 1830 年定名的 *Elymus condensatus* K. Presl，组合为 *Leymus condensatus*（K. Presl）Á. Löve（168 页）；

把 Vasey 与 Scribner 在 1893 年定名的 *Elymus ambiguus* Vasey et Scribn.，组合为 *Leymus innovatus*（Beal）Pilger ssp. *ambiguus*（Vasey et Scribn.）Á. Löve（168 页）；

把 Frank Lamson - Scribner 1899 年在《美国农业部禾草学研究组丛刊（U. S. D. A. Div. Agrost. Bull.）》第 17 卷 326 页上发表的 *Elymus villosissimus* Scribner 降级为亚种，组合在赖草属中，成为 *Leymus mollis*（Trin.）Hara ssp. *villosissimus*（Scribn.）Á. Löve（168 页）；

把 M. E. Jones 1895 年发表在美国《加州科学院论文集（Cal. Acad. Sci Proc.）》系列Ⅱ，第 5 卷 725 页上的 *Elymus salinus* M. E. Jones，组合成为 *Leymus salinus*（M. E. Jones）Á. Löve（168 页）；

把 Frank W. Gould 1945 年在《马佐诺（Madrono）》第 8 卷 46 页上定名为 *Elymus triticoides* ssp. *multiflorus* Gould 的亚种，组合在赖草属中，成为 *Leymus triticoides* ssp. *multiflorus*（Gould）Á. Löve（168 页）；

把 Frank Lamson - Scribner 与 Williams 1898 年在《美国农业部禾草学研究组丛刊（U. S. D. A. Div. Agrost. Bull.）》第 11 卷 57 页上发表的 *Elymus simplex*，Scribn. et Williams 组合为 *Leymus triticoides*（Buckl.）Pilger ssp. *simplex*（Scribn. et Williams）Á. Löve（168 页）；

把加拿大农业部植物学家 W. M. Bowden 在 1959 年定名的 *Elymus innovatus* ssp. *velutinus* Bowden 升级为种，组合为 *Leymus velutinus*（Bowden）Á. Löve et D. Löve（168 页）。

1982 年，捷克植物学家 J. Sojak 把德国植物学家 Joseph Friedrich Nicolaus Bornmüller 1888 年在《植物学中心杂志（Beihefte zum botanische Centralblatt）》第 36 卷 186 页上发表的 *Elymus sabulosus* var. *depauperatus* Bornm.，升级为亚种，并组合为赖草属，即 *Leymus racemosus* ssp. *depauperatus*（Bornm.）J. Sojak，发表在布拉格出版的《捷克国家博物馆通报（Casopis Nárdniho Muzea）》151 卷，第 1 期 14 页上。

1982 年，崔乃然在《新疆植物检索表》第 1 卷 184 页上，把 C. A. Невский 定名的 *Aneurolepidium petraeum* Nevski 降级组合为 *Leymus multicaulis* ssp. *petraeus*（Nevski）N. R. Cui。另外，在同页上列出一个新种名 *Leymus bruneostachys* N. R. Cui，但它是个无拉丁文描述的无效裸名。

1983 年，美国犹他州大学的 Douglas R. Dewey 在《布瑞通利亚（Brittonia）》35 卷，1 期 32 页上，把 George Vasey 与 Frank Lamson - Scribner 在 1893 年定名的 *Elymus ambiguus* Vasey & Scribner，组合为 *Leymus ambiguus*（Vasey & Scribn.）D. R. Dewey；把 Frank W. Gould 在 1947 年定名的 *Elymus pacificus* Gould，也组合到赖草属中成为 *Leymus pacificus*（Gould）D. R. Dewey；把 Frank Lamson Scribner 与 Elmer Drew Williams 在 1898 年定名的 *Elymus simplex* Scribner & Williams，组合为 *Leymus simplex*（Scribn. & Williams）D. R. Dewey。

同年，颜济与杨俊良在《云南植物研究》5 卷，3 期 275 页上，发表一个采自青海诺木洪的赖草属新种，*Leymus pseudoracemosus* C. Yen et J. L. Yang。

同在1983年，R. J. Atkins 在《大盆地自然科学家（Great Basin Nat.）》第43卷，第4期569页，把 C. L. Hitchcock 在1969年发表的 *Elymus ambiguus* var. *salmonis* C. L. Hitchc.，升级为亚种，组合在赖草属中，成为 *Leymus salinus* subsp. *salmonis*（C. L. Hitchc.）R. J. Atkins。

1984年，美国犹他州立大学的 Mary E. Barkworth 与 R. J. Atkins 在《美国植物学杂志（Amer. J. Bot.）》71卷，5期621页发表一个名为 *Leymus salinus* subsp. *mojavensis* M. E. Barkworth & R. J. Atkinsde 的新亚种。

同年，A. A. Beetle 在《植物学（Phytology）》55卷，3期212页，把 Frank Lamson-Scribner 与 Elmer Drew Williams 在1898年发表的 *Elymus simplex* var. *luxuianus* Scribn. et Williams 组合为赖草属的 *Leymus simplex* var. *luxurianus*（Scribn. et Williams）A. A. Beetle。

1984年，英国植物学家 A. Melderis 在《爱丁堡皇家植物园记录（Notes Roy. Bot. Gard. Edinburgh)》42卷，1期81页，把1857年瑞士植物学家 Pierre Edmond Boissier 与法国采集家 Balansa 在《法国植物学会公报（Bull. Soc. Bot. Fr.）》4卷308页上发表的 *Elymus cappadocicus* Boiss. & Bal.，组合为 *Leymus cappadocicus*（Boiss. & Bal.）A. Melderis。

同年，Áskell Löve 在他发表在德国出版的《费德斯汇编（Feddes Repertorium)》95卷，7～8合期上的著名文章《小麦族纲要（Conspectus of the Triticeae)》中，对赖草属（477～483页）认定了3个组，31个种，19个亚种，它们是：

Sect. *Leymus*

Leymus mollis（Trin.）Pilger，1947. Bot. Jahrb. 74：6；

ssp. *mollis*；

ssp. *interior*（Hultén）Á. Löve，1984. Feddes Repert 95：477；

ssp. *villosissimus*（Schibner）Á. Löve，1980. Taxon 29：168。

Leymus arenarius（L.）Hochst.，1848. Flora 7：118；

Leymus racemosus（lam.）Tzvelev，1960. Bot. Mat.（Leningrad）20：429；

ssp. *racemosus*；

ssp. *crassinervius*（Kar. et Kir.）Tzvelev，1971. Nov. Sist. Vyssch. Rast. 8：65；

ssp. *klokovii* Tzvelev，1971. Nov. Sist. Vyssch. Rast. 8：65；

ssp. *sabulosus*（M. Bieb.）Tzvelev，1971. Nov. Sist. Vyssch. Rast. 8：65。

Sect. *Aphanoneuron*（Nevski）Tzvelev，1972. Nov. Sist. Vyssch. Rast. 9：62；

Leymus karelinii（Turcz.）Tzvelev，1972. Nov. Sist. Vyssch. Rast. 9：59；

Leymus angustus（Trin.）Pilger，1947. Bot，Jahrb. 74：7；

Leymus latiglumis Tzvelev，1972. Nov. Sist. Vyssch. Rast. 9：63；

Leymus secalinus（Geogi）Tzvelev，1968. Rast. Tsentr. Azii 4：209；

ssp. *secalinus*；

ssp. *ovatus*（Trin.）Tzvelev，1973. Nov. Sist. Vyssch. Rast. 10：49；

ssp. *pubescens* (O. Fedtsch.) Tzvelev, 1972. Nov. Sist. Vyssch. Rast. 9: 59。

Leymus paboanus (Claus) Pilger, 1947. Bot Jahrb. 74: 7;

ssp. *paboanus*;

ssp. *akmolinensis* (Drobov) Tzvelev, 1971. Nov. Sist. Vyssch. Rast. 8: 66。

Leymus alaicus (Korsh.) Tzvelev, 1960. Bot May. (Leningrad) 20: 429;

ssp. *alaicus*;

ssp. *karataviensis* (Roshev.) Tzvelev, 1973. Nov. Sist. Vyssch. Rast. 10: 50;

ssp. *petraeus* (Nevski) Tzvelev, 1973. Nov. Sist. Vyssch. Rast. 10: 50。

Leymus flexilis (Nevski) Tzvelev, 1960. Bot, Mat. (Leningrad) 20: 429;

Leymus kopetdaghensis (Roshev.) Tzvelev, 1960. Bot. Mat. (Leningrad) 20: 429;

Leymus nikitinii (Czopan.) Tzvelev, 1973. Nov. Sist. Vyssch. Rast. 10: 50;

Leymus tianschanicus (Drobov) Tzvelev, 1960. Bot Mat (Leningrad) 20: 469。

Sect. *Anisopyrum* (Griseb.) Tzvelev, 1972. Nov. Sist. Vyssch. Rast. 9: 63;

Leymus multicaulis (Kar. et Kir.) Tzvelev, 1960. Bot. Mat. (Leningrad) 20: 430;

Leymus auritus (Keng) Á. Löve, 1984. Feddes Repert. 95: 481;

Leymus pubinodes (Keng) Á. Löve, 1984. Feddes Repert. 95: 481;

Leymus divaricatus (Drobov) Tzvelev, 1960. Bot. Mat. (Leningrad) 20: 430;

ssp. *divaricatus*;

ssp. *fasciculatus* (Roshev.) Tzvelev, 1972. Nov. Sist. Vyssch. Rast. 9: 63。

Leymus chinensis (Trin.) Tzvelev, 1968. Rast Tsentr. Azii 4: 205, p. p.;

Leymus ramosus (Trin.) Tzvelev, 1960. Bot. Mat. (Leningrad) 20: 430;

Leymus aemulans (Nevski) Tzvelev, 1960. Bot. Mat. (Leningrad) 20: 430;

Leymus flavescens (Scribn. et Smith) Pilger, 1945. Bot. Jaheb. 74: 6;

Leymus pacificus (Gould) D. Dewey, 1983. Brittonia 35: 32;

Leymus velutinus (Bowden) Á. Löve et D. Löve, 1976. Bot. Not. 128: 503;

Leymus salinus (M. E. Jones) Á. Löve, 1980. Taxon 29: 168;

ssp. *salinus*;

ssp. *salmonis* (C. L. Hitchcock) R. Atkins, 1983. in Barkworth et Dewey, Great Basin Naturalist 43: 569。

Leymus triticoides (Buckl.) Pilger, 1945. Bot. Jahrb. 74: 6;

Leymus multiflorus (Gould) Á. Löve, 1984. Feddes Repert. 95: 482;

Leymus simplex (Scrib. et Williams) D. Dewey, 1983. Brittonia 35: 32;

Leymus innovatus (Beal) Pilger, 1947. Bot. Jahrb. 74: 6;

Leymus condensatus (J. et K. Presl) Á. Löve, 1980. Taxon 29: 168;

Leymus cinereus (Scribn. et Merr.) Á. Löve, 1980. Taxon 29: 168;

Sect. *Malacurus*（Nevski）Tzvelev，1970. Nov Sist. Vyssch. Rast. 6：21；

Leymus lanatus（Korsh.）Tzvelev，1970. Spisok Rast. Herb. Fl. SSSR 18：21。

Á. Löve 在这篇文章中界定赖草属是含 **J** 与 **N** 染色体组组合的异元多倍体植物的属。

1985 年，苏联植物学家 Г. А. Пешкова 在苏联《植物学杂志(Ботанический Журнал)》第 70 卷，发表了赖草属 4 个新种，它们是：

Leymus tuvinicus G. A. Peschkova，1557 页；

Leymus sphacelatus G. A. Peschkova，1555 页；

Leymus ordensis G. A. Peschkova，1554 页；

Leymus buriaticus G. A. Peschkova，1556 页。

1987 年，Г. А. Пешкова 又在《维管束植物新系统学(Новости Систематики Высших Расений)》第 24 卷 23 页上把德国植物学家 August Heinrich Rudolph Grisebach 在 Carl Friedrich Ledebour 编著的《俄罗斯植物志（Fl. Ross.）》第 4 卷 333 页上发表的 *Elymus dasystachys β littoralis* Greiseb. 升级为种，组合成为 *Leymus littoralis*（Griseb.）G. A. Peschkova。

1990 年，又在 Л. И. Малышев 与她合编的《西伯利亚植物志（Флора Сибирь)》第 2 卷上，发表一个新种，定名为 *Leymus chakassicus* G. A. Peschkova［参阅 2001 年英文版的 L. I. Malyschev & G. A. Peschkova，Flora Siberica，2（Poaceae）：45. Science Publishers，Inc. Enfield（NH），USA.］。

1992 年，西北高原生物研究所的卢生莲与吴玉虎在东北林业研究所出版的《植物研究》第 12 卷，4 期上发表两个赖草属新种，它们是；

Leymus ruoqiangensis S. L. Lu & Y. H. Wu，434 页；

Leymus pishanica S. L. Lu & Y. H. Wu，344 页。

拉丁文学名的种形容词“*pishanica*”，表性的词尾后缀有错，在《邱园索引（Index Kewensis)》XX（1991—1995）卷 174 页，将它更正为“*Leymus pishanicus* S. L. Lu et Y. H. Wu in Bull. Bot. Res. North - East Forest Inst. 12（4）：344（1992）‘pishanica’ - Xinjiang”。

1994 年，南京植物研究所的陈守良与内蒙古师范学院的杨锡麟在《内蒙古植物志(Flora Innermongolica)》第 2 版，5 卷 594 页，发表一个名为 *Leymus tianshanicus*（Drob.）Tzvel. var. *humilis* S. L. Chen & H. L. Yang 的新变种。

1995 年，西北高原生物研究所的蔡联炳在《植物分类学报》第 33 卷，第 5 期上发表了 3 个新种与一个新变种，它们是：

Leymus flexus L. B. Cai，491 页；

Leymus latiglumis L. B. Cai，493 页；

Leymus crassiusculus L. B. Cai，494 页；

Leymus secalinus（Georgi）Tzvel. var. *tenuis* L. B. Cai，496 页。

1996 年，崔乃然与崔大方在《新疆植物志》第 6 卷上发表两个赖草属新种，它们是：

Leymus bruneostachys N. R. Cui & D. F. Cui，220，603 页；

Leymus yiwuensis N. R. Cui & D. F. Cui，222，603 页，图版 88：1 - 3。

1998年，崔大方在东北林业研究所出版的《植物研究》18卷，2期上发表两个新种与一个新亚种，它们是：

Leymus altus D. F. Cui，144页；

Leymus angustus（Trin.）Pilg. subsp. *macroantherus* D. F. Cui，148页；

Leymus arjinshanicus D. F. Cui，146页。

1997年，附设在犹他州立大学的美国农业部牧草与草原实验室的K. B. Jensen与汪瑞其，根据实验分析的结果，在芝加哥出版的《国际植物科学（Intern. Plant Sci.）》第158卷，第6期877页上，把 *Hystrix coreanus*（Honda）Ohwi组合为 *Leymus coreanus*（Honda）K. B. Jensen et R. R. -C Wang。

2000年，蔡联炳在美国密苏里植物园出版的《Novon》第10卷，1期上发表两个新种，它们是：

Leymus pendulus L. B. Cai，7页；

Leymus obvipodus L. B. Cai，9页。

2007年，美国犹他州立大学生物系的M. R. Barkworth根据Jensen与Wang（1997）的实验结果，在她主编的《北美北墨西哥植物志（Flora of North America North Mexico)》第24卷上，把 *Gymnostichum californicus* Bolander ex Thurb. 组合为 *Leymus californicus*（Bolander ex Thurb.）M. Barkworth。

（二）赖草属实验生物学研究

1931年，苏联细胞学家Н. П. Авдулов对禾本科的一些植物作了核系统学的观察。对 *E. giganteus* Turez. 的观察确定其染色体数2n = 28。

1941年，美国加州大学的G. L. Stebbins与R. M. Love对加利福尼亚的牧草的细胞学研究，认定 *Elymus cinereus* Scribn. et Merr. 的体细胞染色体2n=56，*E. triticoides* Buckl. 2n=28，42。

1948年，美国得克萨斯大学（University of Texas）植物系的Walter V. Brown在《美国植物学杂志（American Journal of Botany)》第35卷发表一篇题为“A cytological study in the Gramineae”文章，其中包括3个分类群的染色体数，它们分别是：*Elymus cinereus* Scrib. et Merr. 2n=56，*E. giganteus* Turez. 2n=56及 *E. triticoides* Buckl. 2n=42。这3种植物现在看来应当属于赖草属。

1949年，美国加州大学伯克利分校的G. L. Stebbins, Jr. 与Marta Shermen Walters发表一篇题为“Artifical and natural hybrids in the Gramineae, tribe *Hordeae*. Ⅲ. Hyrids involving *Elymus condensatus* and *E. triticoides*”的论文。在这篇论文中讨论了 *Elymus condensatus* 与 *E. triticoides* 两个种的系统关系。典型的 *E. condensatus* 不形成根茎，而 *E. triticoides* 则具有发育强健的根茎。所有作为亲本的 *E. condensatus* 都是1939年采自加州洛杉矶县哥曼（Gorman）2859号材料。作为亲本的 *E. triticoides* 则是1939年采自加州圣·宾尼托（San Benito）县萨尔锦提（Sargent）附近编号为2753号的材料。杂交用的 *Agropyron parishii* 是采自圣·宾尼托（San Benito）县编

号为 2776 号材料。*Elymus glaucus* 来自华盛顿州（Washington）普曼（Pullman）美国土壤保持服务部苗圃，原产华盛顿州坡麦偌（Pomeroy）。这 4 个分类群都是四倍体植物，体细胞染色体数为 2n = 28（Stebbins 与 Love，1941；Stebbins et al.，1946）。

Elymus triticoides × *E. condensatus*、*Agropyron parishii* × *E. condensatus*、*E. glaucus* × *E. condensatus* 杂交组合都得到杂种植株。前两个组合植株健壮，但完全不育。后一个组合杂种苗纤弱，在减数分裂前花药就退化夭折。

他们对杂种减数分裂染色体行为的观察记录如表 3-1 和表 3-2 所示。

表 3-1　第一中期与第一后期染色体行为

（引自 Stebbins，Jr. 与 Walters，1949，表 2，稍作订正与重新编排）

种与杂种	植株编号	中期Ⅰ						后期Ⅰ				
		观察细胞数	细胞中染色体联会平均数				观察细胞数	落后染色体数	落后染色体（%）	细胞最多落后染色	染色体桥（%）
			Ⅰ	Ⅱ	Ⅲ	Ⅳ					
E. triticoides	3454	20	0.10	13.95	0	0	50	3	6	1	0
E. triticoides	2753	20	0	14.0	0	0	100	22	22	4	0
E. condensatus	2859	60	0.03	13.98	0	0	100	12	12	2	14
E. triticoides × *E. condensatus*	502-8	50	0.08	13.96	0	0	100	7	7	3	2
E. condensatus × *E. triticoides*	3010	50	0.12	13.94	0	0	100	14	14	2	1
E. condensatus × *E. triticoides*	3455	50	0.50	12.98	0.06	0.34	100	30	30	4 1/2	5
Agropyron parishii × *E. condensatus*	515-2	50	22.64	2.50	0.12	0	50	46	92	23	24

表 3-2　减数分裂晚期染色体行为及花粉育性

（引自 Stebbins，Jr. 与 Walters，1949，表 3）

种与杂种	植株编号	后期Ⅱ					四分子期			花粉
		观察细胞数	落后染色体数	落后染色体（%）	细胞最多落后染色体数	染色体桥片段（%）	观察细胞数	微核数	四分子期最高微核数	能育花粉（%）
E. triticoides	3454	—	—	—	—	—	50	2	1	91.50
E. triticoides	2753	50	2	4	2	2	100	9	2	79.00
E. condensatus	2859	50	8	16	3	8	100	11	4	87.75

（续）

种与杂种	植株编号	后期Ⅱ					四分子期			花粉
		观察细胞数	落后染色体数	落后染色体（%）	细胞最多落后染色体数	染色体桥片段（%）	观察细胞数	微核数	四分子期最高微核数	能育花粉（%）
E. triticoides×*E. condensatus*	502-8	50	2	4	2	0	100	5	2	5.56
E. condensatus×*E. triticoides*	3010	50	6	12	3	0	100	11	3	3.25
E. condensatus×*E. triticoides*	3455	50	11	22	7	2	100	9	3	1.75
Agropyron parishii×*E. condensatus*	515-2	—	—	—	—	—	100	96	15	0.50

注：“—”表示无数据。

从表3-1的数据来看，*E. triticoides* ×*E. condensatus* 的天然与人工 F_1 杂种的减数分裂基本上正常，显示有一小段的染色体杂合性倒位。也是杂合性互换的一个事例。倒位杂合性也在亲本 *Elymus condensatus* 中存在。*Agropyron parishii* × *E. condensatus* 的 F_1 杂种减数分裂则非常不正常，在一些细胞中染色体则完全不配对。大多数 MⅠ细胞中呈现1～7个松散的二价体（编著者注：棒型二价体）。在减数分裂后期则呈现滞留在赤道板上不分向两极的落后染色体状态并常呈现其他反常现象。试验观察的数据表明，这4个分类群中，*Agropyron parishii* 及 *E. glaucus* 与*E. condensatus* 亲缘关系甚远，染色体的同源性很少。*E. triticoides* 与 *E. condensatus* 之间亲缘关系则很近，染色体的同源性很高，可以说具有基本上同源的染色体，只有一小段隐藏有结构杂种性。

1966年，美国犹他州立大学美国农业部农业研究司作物研究实验室的 Douglas R. Dewey 发表一篇题为“Synthetic hybrids of *Elymus canadensis* × octoploid *Elymus cinereus*”的报告。在这篇报告中，他用体细胞染色体 2n=28 的四倍体的 *Elymus canadensis* 与 2n=56 八倍体的 *Elymus cinereus* 杂交，350朵人工去雄授粉小花中得到289粒杂种种子。许多杂种幼苗都是缺乏叶绿素的白化苗，并且随即夭亡，只有100株成活。杂种营养体与穗部形态都近似父本 *Elymus cinereus*。母本 *E. canadensis* 的细胞学观察表明它是一个异源四倍体，在减数分裂中期Ⅰ构成14个闭合二价体。八倍体的 *E. cinereus* 减数分裂证明它的中期Ⅰ染色体平均构型为 1.15Ⅰ + 23.90Ⅱ +0.19Ⅲ + 1.47Ⅳ + 0.01Ⅴ+0.09Ⅵ。显示出它是一种同源异源八倍体，具有 AAAABBBB 或 $A_1A_1A_2A_2B_1B_1B_2B_2$ 组型。F_1 杂种的减数分裂，如果不是全部，大多数配对染色体都是同亲配对。四倍体的 *Elymus canadensis* 与八倍体的 *Elymus cinereus* 之间显示出没有共同的染色体组。杂种完全不育。

1970年，Dewey 又发表一篇题为“Genome relations among diploid *Elymus junceus* and certain tetraploid and octoploid *Elymus* species”的论文。观察研究了1个三倍体杂种 *E. junecus*×*E. innovatus*，以及 *E. innovatus* Beal.、*E. dasystachys* Trin.、*E. triticoides*

Buckl. 与 *E. cinereus* Scribn. et Merr. 杂交的 3 个 四倍体杂种，以及 1 个 *E. dasystachys*（四倍体）× *E. cinereus*（八倍体）形成的六倍体杂种的花粉母细胞减数分裂染色体行为，并进行染色体组分析。

二倍体的 *Elymus junceus* 减数分裂正常，MⅠ形成 7 对二价体，未见多价体，后期也基本正常，个别含落后染色体与桥的细胞在后期只是偶尔呈现，四分子含微核的约 5%，形成 90%的能育花粉，充分结实。*E. innovatus* 只有 65%的花粉能正常用 I_2-KI 染色，结实也比较差。

二倍体的 *Elymus junceus* 与四倍体的 *E. innovatus* 杂交没有多大的困难，虽然说“授粉不好”，但杂交阻碍因子很低。88 朵人工去雄的小花经人工授粉得到 15 粒皱缩的杂种种子，只有 6 粒萌发成长成熟。杂种营养体与 *Elymus junceus* 近似，但穗部性状则更近于 *E. innovatus*。穗轴节上着生两枚小穗与 *E. innovatus* 相似，而 *Elymus junceus* 穗轴节上大都是 3 枚。杂种的减数分裂染色体构型以及其结实性与 *E. innovatus* 非常相近似（图 3-1）。

图 3-1　从左至右：*E. junceus*、*E. innovatus*、*E. dasystachys*、*E. triticoides*、*E. cinereus*、*E. junceus* × *E. innovatus*、*E. innovatus* × *E. dasystachys*、*E. dasystachys* × *E. triticoides* 及 *E. dasystachys*× *E. cinereus* 的穗部形态

（引自 Dewey，1949，图 1）

E. dasystachys 的减数分裂情况比 *E. innovatus* 稍差一些。有 6 株样本花粉母细胞含有两个单价体，少数含有 4 个单价体。这 6 株中，有 4 株的个别细胞中观察到含有 56 条或 112 条染色体。它不像大多数的四倍体减数分裂那么稳定（编著者认为：这与 **Ns** 染色体组的特性有关，也就是在新麦草一章中特别介绍的与细胞融合有关，是导致 *Leymus* 属常出现高倍异源-同源多倍体的原因）。

E. triticoides 是比较稳定的正常四倍体，减数分裂 MⅠ呈现 14 个二价体，只有低于 5%的几率出现反常行为。85%～95%的花粉都是正常的，可以用 I_2-KI 染上紫黑色。*E. cinereus* 细胞学观察证明是典型的异源四倍体，减数分裂与 *E. triticoides* 的情况相一致。

以上分类群以及它们的 F_1 杂种的减数分裂中期Ⅰ的染色体构型记录于表 3-3，图 3-2。

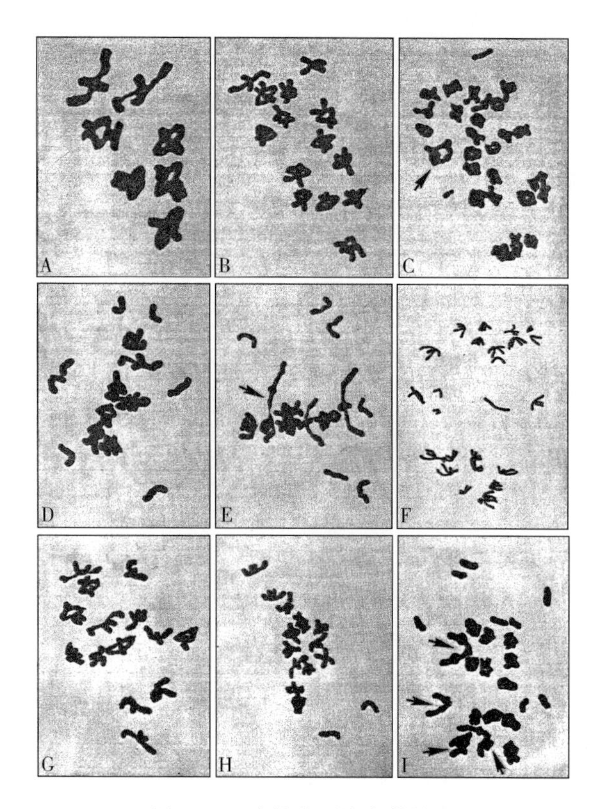

图 3－2　减数分列染色体构型

A. *E. junceus* 7 Ⅱ　B. *E. innovatus* 14Ⅱ　C. *E. cinereus* 2Ⅰ＋25Ⅱ＋1Ⅳ（箭头所指）　D. *E. junceus* × *E. innovatus* 7Ⅰ＋7Ⅱ　E. *E. junceus* × *E. innovatus* 6Ⅰ＋6Ⅱ＋1 Ⅲ（链型，箭头所指）　F. *E. junceus* × *E. innovatus* 第 1 后期示落后染色体及分向两极的染色单体　G. *E. innovatus* × *E. dasystachys* 14Ⅱ　H. *E. innovatus* × *E. dasystachys* 2Ⅰ＋13Ⅱ　I. *E. dasystachys* × *E. cinereus* 8Ⅰ＋11Ⅱ＋ 4Ⅲ（箭头所指）

（引自 Dewey，1970，图 2）

表 3－3　*E. junceus*、*E. innovatus*、*E. dasystachys*、*E. triticoides*、*E. cinereus* 以及它们的 F_1 杂种减数分裂中期Ⅰ的染色体配对

（引自 Dewey，1970a，表 1）

种及 F_1 杂种	2n	Ⅰ		Ⅱ		Ⅲ		Ⅳ		高多价体		观察
		变幅	平均	变幅	平均	变幅	平均	变幅	平均	变幅	平均	
E. junceus	14	0～2	0.08	6～7	6.96	—	—	—	—	—	—	150
E. innovatus	28	0～2	0.06	13～14	13.97	—	—	—	—	—	—	217
E. dasystachys	28	0～4	0.20	12～14	13.90	—	—	—	—	—	—	182
E. triticoides	28	0～2	0.12	13～14	13.94	—	—	—	—	—	—	82
E. cinereus	28	0～2	0.10	13～14	13.95	—	—	—	—	—	—	85
E. cinereus	56	0～2	1.15	18～28	23.90	0～2	0.19	0～4	1.47	0～1	0.10	68

（续）

种及 F_1 杂种	2n	Ⅰ		Ⅱ		Ⅲ		Ⅳ		高多价体		观察
		变幅	平均	变幅	平均	变幅	平均	变幅	平均	变幅	平均	
E. jun. ×*E. inn.*	21	5～11	7.05	5～8	6.73	0～4	0.16	—	—	—	—	92
E. inn. ×*E. das.*	28	0～2	0.31	13～14	13.84	—	—	—	—	—	—	163
E. das. ×*E. tri.*	28	0～4	0.95	12～14	13.53	—	—	—	—	—	—	118
E. tri. ×*E. cin.*	28	0～4	0.28	12～14	13.86	—	—	—	—	—	—	147
E. das. ×*E. cin.*	42	3～13	8.51	11～18	13.82	0～4	1.85	0～1	0.08	—	—	39

E. jun. =*E. junceus*，*E. inn.* =*E. innovatus*，*E. das.* =*E. dasystachys*，*E. tri.* =*E. triticoides*，*E. cin.* =*E. cinereus*。

所有观测的证据表明这些四倍体都是异源四倍体。Dewey 与 Holmgren（1962）曾指出，*E. cinereus* 偶尔有很少量的同源配对出现。Stebbins 与 Walters（1949）认为*E. triticoides* 是一个纯正的异源四倍体。*E. innovatus* 与 *E. dasystachys* 还没有作过细胞学分析；它们显然也基本上是异源四倍体。因此，除 *E. dasystachys* × *E. cinereus* 的六倍体杂种外，绝大多数染色体配对是不同亲本间的染色体的异源联会。

人工合成的 *E. junceus* × *E. innovatus* F_1 杂种平均一个细胞含有 6.73 个二价体，并且大多数是闭合二价体，显示出染色体组间非常相近的同源性。说明 *E. innovatus* 的一个染色体组可能直接或间接来自于 *E. junceus*。虽然两个种间有一个染色体组非常相似，但它们的差异足以使其完全不育。*E. junceus* 的染色体组标记为 $\mathbf{J_1J_1}$，则 *E. innovatus* 的染色体组应为 $\mathbf{J_2J_2X_2X_2}$，**X** 是一个来源不明的染色体组。

4 个异源四倍体种——*E. innovatus*、*E. dasystachys*、*E. triticoides* 与 *E. cinereus* 的 F_1 杂种的减数分裂大多数染色体都完全配对，表明它们具有非常相近的同源性。虽然它们在形态上与生态环境上都有很大差别。这四种植物都是由 **J** 与 **X** 两种染色体组组成。

Dewey 认为 *E. dasystachys*×*E. cinereus* 的六倍体 F_1 杂种的染色体组关系很难解释，因为其中包含了来自八倍体 *E. cinereus* 的染色体同亲配对存在的可能。如果含 56 条染色体的八倍体 *E. cinereus* 是近期由四倍体种染色体加倍形成，它的染色体组组成就应当是 **JJJJXXXX**；其六倍体杂种就应当是 $\mathbf{JJJ_2XXX_2}$。不同的单价体、二价体与三价体的组成形式可以预期在这种杂种的减数分裂中期Ⅰ呈现。如果这种杂种染色体组组合模式是正确的话，它的细胞中不会超过 14 对二价体；单价体与三价体的频率是相等的。这两种预期也都确实存在，有 1/3 的中期Ⅰ细胞二价体超过 14 条，同时在所有的细胞中二价体都超过单价体。简单的同源异源多倍体染色体组结构式显然不足以来解释八倍体*E. cinereus* 的染色体组的构成。高倍多倍体比二倍体，特别是同源多倍体的综合效应使得染色体组更容易调整改组。其结果，八倍体 *E. cinereus* 的染色体组可能与它的四倍体亲本有所不同。是否如此，需要进一步作四倍体与八倍体之间的杂种的染色体配对行为研究。

表 3-4 *Elymus canadensis*、*Elymus triticoides*、*Elymus dasystachys* 与 *Agropyron smithi* 其 F_1 杂种减数分裂中期Ⅰ染色体联会构型

（引自 Dewey，1970b，表 1）

种或杂种	2n	Ⅰ		Ⅱ		Ⅲ		Ⅳ		观察
		变幅	平均	变幅	平均	变幅	平均	变幅	平均	
E. canadensis	28	—	—	—	14.00	—	—	—	—	140
E. triticoides	28	0～2	0.06	13～14	13.97	—	—	—	—	127
E. dasystachys	28	—	—	—	14.00	—	—	—	—	242
A. smithi	56	0～2	0.41	26～28	27.72	—	—	0～1	0.03	87
E. canadensis×*E. triticoides*	28	18～28	23.90	0～5	2.03	0～1	0.003	—	—	235
E. canadensis×*E. dasystachys*	28	16～28	24.38	0～6	1.79	0～1	0.006	—	—	178
E. canadensis×*A. smithi*	42	10～18	13.37	12～16	14.31	—	—	—	—	76

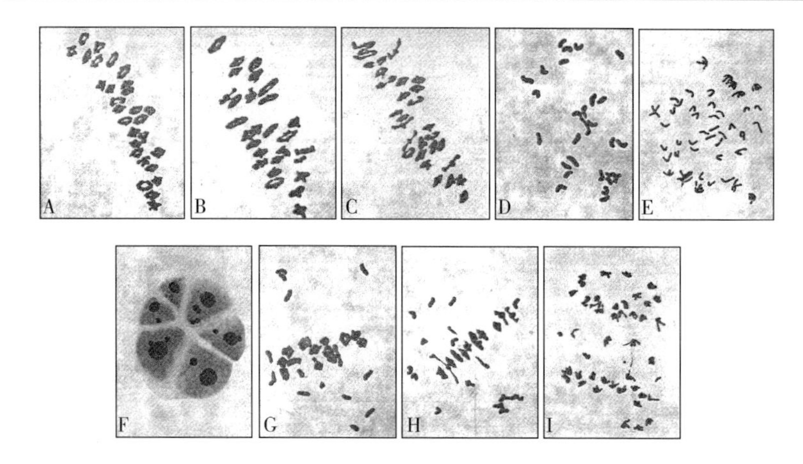

图 3-3 减数分裂染色体构型

A. *Agropyron smithi* 减数分裂 MⅠ，含 28 对闭合二价体 B. *Agropyron smithi* 亚倍体植株（hypoploid plant）减数分裂 MⅠ，含 27 对二价体与 1 个单价体 C. *Agropyron smithi* 超倍体植株（hyperploid plant）减数分裂 MⅠ，含 26 对二价体与 1 个五价体（W 型，位于左上端） D. *E. canadensis* × *E. triticoides* F_1 杂种减数分裂 MⅠ，24 个单价体与 2 对棒型二价体 E. *E. canadensis* ×*E. triticoides* F_1 杂种减数分裂后期Ⅰ，落后二分体（dyads）与它们已分离的姊妹单体 F. *E. canadensis* × *E. triticoides* F_1 杂种减数分裂晚期 6 个细胞的四分子，并含 10 个微核 G. *E. canadensis* × *A. smithi* F_1 杂种减数分裂 MⅠ，10 个单价体与 16 对二价体（两对松散联会已分离） H. *E. canadensis* × *A. smithi* F_1 杂种减数分裂 MⅠ，16 个单价体与 13 对二价体（1 对已分离开） I. *E. canadensis* × *A. smithi* F_1 杂种减数分裂后期Ⅰ，落后染色体与 1 个桥片段

（引自 Dewey，1970b，图 2）

同年，Dewey 又发表一篇题为"Genome relations among *Elymus canadensis*，*Elymus triticoides*，*Elymus dasystachys* and *Agropyron smithi*"的论文。对这四个类群的染色体组进行了染色体组型分析研究。他以 *E. canadensis* 为母本，授以 *E. triticoides*、*E. dasystachys*，以及 *Agropyron smithi* 的花粉。*E. canadensis* × *E. triticoides* 组合 56 朵花得到 15 粒杂种种子，*E. canadensis* × *E. dasystachys* 组合 52 朵花得到 21 粒杂种种子，*E. canadensis* × *A. smithi* 组合 52 朵花得到 1 粒杂种种子。含 28 条染色体的四倍体

种——*E. canadensis*，*E. triticoides* 与 *E. dasystachys* 的减数分裂在中期Ⅰ表现出异源四倍体减数分裂的特征，总是形成14对二价体。八倍体的 *A. smithi*，2n = 56，在87个观察花粉母细胞中，平均含有单价体0.41，二价体27.72，四价体0.03。显然是异源八倍体或部分同源异源八倍体。*E. canadensis* × *E. triticoides* 与 *E. canadensis* × *E. dasystachys* 的 F_1 杂种的减数分裂，染色体都很少配对（表3-4），每个细胞中只含有两对开放二价体（棒型），难于区分是同源还是异源联会。总之，*E. canadensis* 与 *E. triticoides* 及*E. dasystachys* 之间亲缘关系甚远。*A. smithi* 的4个染色体组中有两个与 *E. canadensis* 相似（图3-3）。

1972年，Dewey 在美国芝加哥出版的《植物学公报（Botanical Gazette）》133卷上发表一篇题为"Cytogenetics of tetraploid *Elymus cinereus*，*E. triticoides*，*E. multicaulis*，*E. karataviensis* and their F_1 hybrids"的研究报告。他用亚洲产的 *E. multicaulis* 为母本与北美洲的 *Elymus cinereus*、*E. triticoides* 以及亚洲的 *E. karataviensis* 进行人工杂交。这些分类群都是2n=28的四倍体。*E. multicaulis*×*E. cinereus* 的 F_1 杂种呈现双亲的中间性状；*E. multicaulis* × *E. triticoides* 的 F_1 杂种是纤弱叶绿素缺乏的植株；*E. multicaulis*×*E. karataviensis* 的 F_1 杂种其体积大小与长势都超过双亲。细胞学观察确定所有亲本植物都是异源四倍体，在减数分裂中期Ⅰ都显示恒定的形成14对二价体。F_1 杂种减数分裂中期Ⅰ染色体配对构型记录如表3-5及图3-4所示。

从以上观测数据看，含有基本相同的染色体组——**JJXX**，但它们之间的杂种的能育花粉在5%以下，完全不能结实。

表3-5 *E. multicaulis*×*E. cinereus*、*E. multicaulis*×*E. triticoides* 与 *E. multicaulis*×*E. karataviensis* 的 F_1 杂种减数分裂中期Ⅰ染色体配对

（引自 Dewey，1972，表2）。

杂种	Ⅰ		Ⅱ		Ⅲ		观察细胞数
	变幅	平均	变幅	平均	变幅	平均	
E. multicaulis×*E. cinereus*	0～8	3.52	10～14	12.17	0～1	0.05	120
E. multicaulis×*E. triticoides*	0～8	3.57	10～14	12.16	0～1	0.04	102
E. multicaulis×*E. karataviensis*	0～8	1.39	10～14	13.27	0～1	0.02	139

Dewey 还对含有 **JJXX** 染色体组物种的特征与含 **SSHH** 染色体组的物种作了比较（表3-6），供参考。他实际上已把赖草属与披碱草属区分开来，但当时他还拘泥于传

表3-6 两种亲缘关系的 *Elymus* 分类群性状区别

（引自 Dewey，1972，表3）

JJXX	SSHH
异花授粉	自花授粉
长花药	短花药
无芒或短芒	短芒或长芒
颖钻形	颖披针形或窄披针形
具根茎，疏丛或密丛	密丛
长生活期，多年生	短生活期，多年生

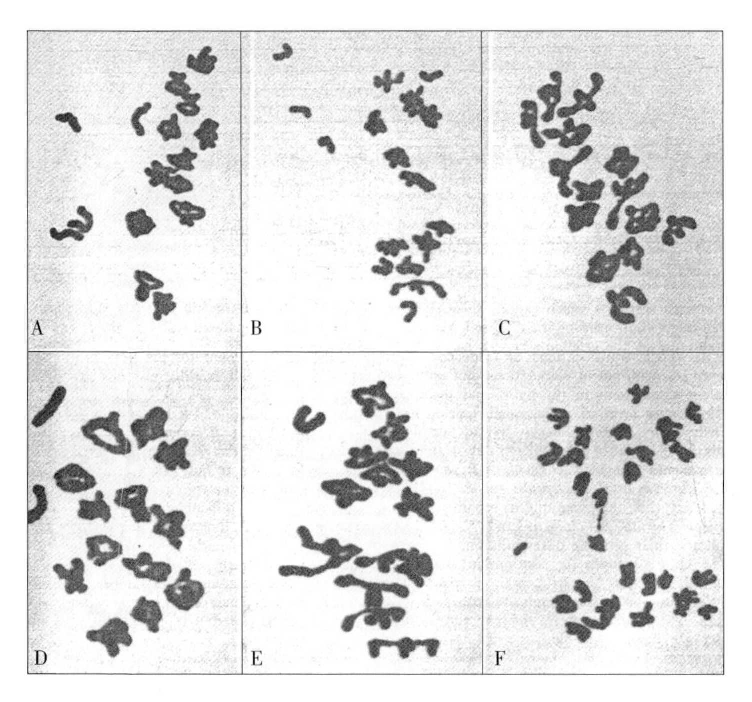

图 3-4 F_1 杂种减数分裂染色体构型

A. *E. multicaulis*×*E. triticoides* 中期Ⅰ，4Ⅰ+12Ⅱ B. *E. multicaulis*×*E. cinereus* 中期Ⅰ，6Ⅰ+11Ⅱ C. *E. multicaulis*×*E. karataviensis* 中期Ⅰ，14Ⅱ D. *E. multicaulis*×*E. karataviensis* 中期Ⅰ，2Ⅰ+13Ⅱ E. *E. multicaulis*×*E. karataviensis* 中期Ⅰ，1Ⅰ+12Ⅱ+1Ⅲ F. *E. multicaulis*×*E. karataviensis* 后期Ⅰ，1个染色体桥碎片

（引自 Dewey，1972a，图 2）

统的分类学，特别是他推崇的 H. H. Цвелев 的系统的桎梏，还追随 H. H. Цвелев 把分类群 *cinereus*，*dasystachys*，*multicaulis*，*karataviensis* 及 *triticoides* 都认定是披碱草属（*Elymus*）的组分（根据编著者 1984 年与 D. R. Dewey 的讨论）。

在同卷、同期，57～64 页上还刊载了他的另一篇文章，即"Cytogenetics of *Elymus angustus* and its hybrids with *Elymus giganteus*，*Elymus cinereus*，and *Agropyron repens*"，在这篇文章中报道了他对这 4 种禾草的细胞遗传学观察研究的结果。

来自亚洲的 *Elymus angustus* 是一个 12 倍体植物，体细胞染色体数达到 2n=84。是他观察到的染色体数最高的小麦族禾草。但是它的减数分裂中期Ⅰ的花粉母细胞中显示出二价体配对占优势，多价体不到 5%，一半以上的细胞只有 1～2 条单价体。来自亚洲的四倍体植物——*Elymus giganteus*（2n=28）用作母本，48 朵去雄小花授以*E. angustus* 的花粉得到一个杂种。这个 F_1 杂种体细胞 2n=70，它应当是一个 *Elymus giganteus* 未减数的卵细胞与一个 *E. angustus* 减数配子受精形成的杂种。这个 F_1 杂种的 105 个减数分裂中期Ⅰ的花粉母细胞中染色体平均构型为 8.20Ⅰ+28.73Ⅱ+1.06Ⅲ+0.26Ⅳ+0.02Ⅴ。整个减数分裂过程的各个时期 90%以上的花粉母细胞或多或少都存在一些不正常的情况，但它形成能染色的能育花粉达 81.1%，在开放授粉的情况下平均每穗能结 5.3 粒种子。

产于北美洲的 *E. cinereus* 是一个八倍体植物，2n=56，两穗未去雄的穗子授以 *E. angustus* 的花粉，得到了 3 株体细胞数 2n=98 的杂种，它们应当是未减数的卵与减数的雄配子受精形成的。这些 F_1 杂种的减数分裂十分正常，在 24 个中期Ⅰ花粉母细胞中平均含有 6.00Ⅰ+41.92Ⅱ+0.83Ⅲ+0.92Ⅳ+0.33Ⅵ。92.8%的花粉都能正常染色，在开放授粉的情况下，平均每穗能结 6.4 粒种子。

新旧大陆都有分布的 *Agropyron repens*（L.）Beauv，2n=42。15 穗未去雄的穗子授以 *E. angustus* 的花粉，得到 5 株杂种苗，但其中 3 株早夭，只有两株成长抽穗。这两株 F_1 杂种，2n=63。它们的减数分裂非常不正常，42 个花粉母细胞中平均含有 24.33 个单价体与 19.33 个二价体。能染色的花粉也达到 41.5%，但完全不结实。从 *E. angustus* 及其杂种的染色体配对情况来看，*E. angustus* 是一个部分同源异源多倍体，至少由两个不同的染色体组组成。*E. angustus* 与 *E. giganteus* 及 *E. cinereus* 的染色体组之间存在一些同源性。三种 *Elymus* 之所以容易杂交是由于 *E. giganteus* 及 *E. cinereus* 产生有未减数配子。

他所观察的减数分裂的数据记录于表 3-7，染色体构型见图 3-5。

表 3-7 *Elymus angustus*、*E. giganteus*、*E. cinereus*、*Agropyron repens* 及它们的 F_1 杂种减数分裂中期Ⅰ的染色体配对构型

（引自 Dewey，1972b，表 2）

种或杂种	2n	染色体联会												观察细胞数
		Ⅰ		Ⅱ		Ⅲ		Ⅳ		Ⅴ		Ⅵ		
		变幅	平均	变幅	平均	变幅	平均	变幅	平均	变幅	平均	变幅	平均	
E. angustus	84	0～4	1.16	39～42	41.35	0～1	0.02	0～1	0.02	—	—	—	—	126
E. giganteus	28	0～2	0.09	13～14	13.95	—	—	—	—	—	—	—	—	153
E. cinereus	56	0～4	0.19	24～28	26.97	0～1	0.01	0～2	0.46	—	—	—	—	70
A. repens	42	0～2	0.20	17～21	20.24	—	—	0～2	0.33	—	—	—	—	102
E. gig.×*E. ang.*	70	4～12	8.20	25～32	28.73	0～3	1.06	0～2	0.26	0～1	0.02	—	—	105
E. cin.×*E. ang.*	98	4～10	6.00	36～45	41.92	0～2	0.83	0～2	0.92	—	—	0～1	0.33	24
A. rep.×*E. ang.*	63	21～31	24.33	16～21	19.33	—	—	—	—	—	—	—	—	42

注：*E. ang.*=*E. angustus*；*E. cin.*=*E. cinereus*；*A. rep.*=*A. repens*。

1972 年 Douglas R. Dewey 在美国《托瑞植物学会公报》（Bulletin of the Torrey Botanical Club）99 卷 2 期上发表一篇题为"Cytogenetic and genomic relationships of *Elymus giganteus* with *E. dasystachys* and *E. junceus*"的文章。他用细胞遗传学染色体组型分析的方法观察研究了 3 个亚洲分类群，即：*E. giganteus*、*E. dasystachys* 及 *E. junceus* 三者之间的染色体组系统关系。他把四倍体的 *E. giganteus* 作为与四倍体的 *E. dasystachys* 以及二倍体的 *E. junceus* 作杂交，观察它们的 F_1 杂种减数分裂的染色体行为，来研究它们的染色体组的相互关系。两个组合的杂种都比双亲强健高大，显现出很强的杂种优势，形态性状则呈中间型。*E. dasystachys* 与 *E. giganteus* 的 F_1 杂种的减数分裂非常正

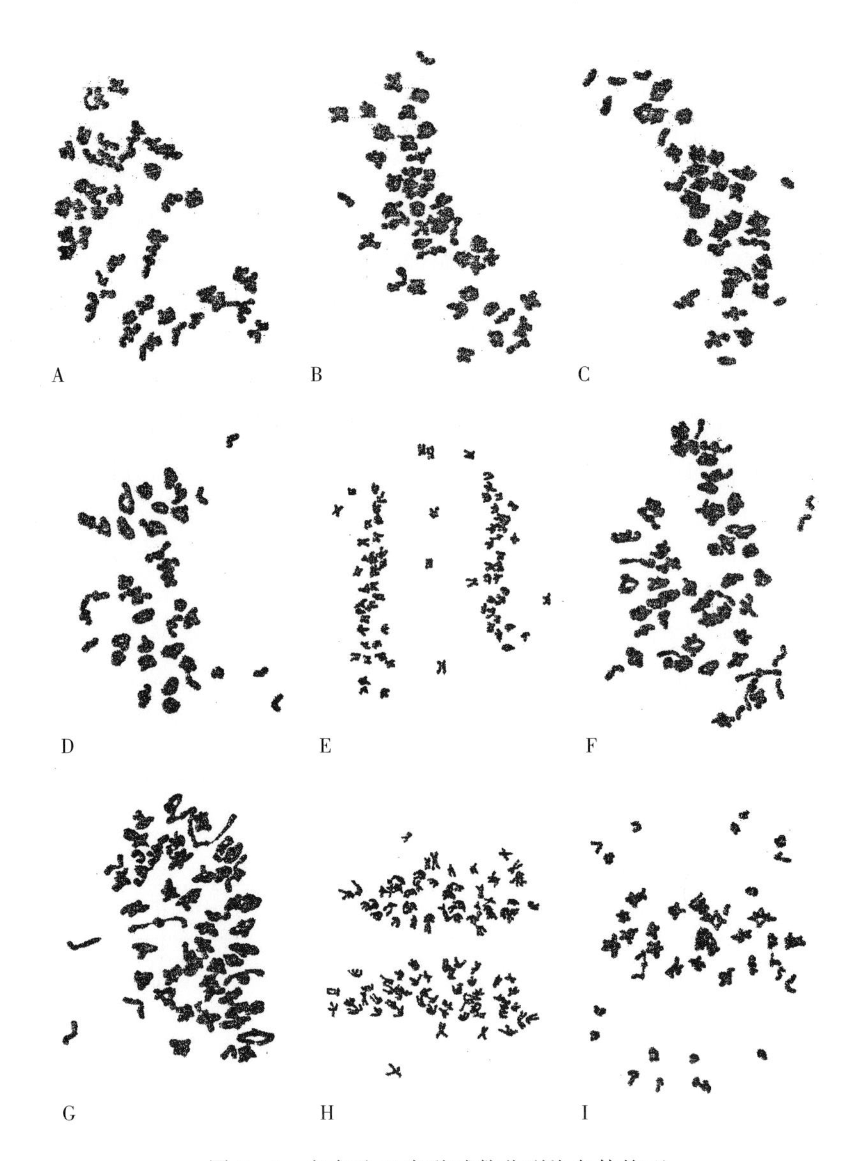

图 3-5 亲本及 F_1 杂种减数分裂染色体构型

A. *E. angustus* 中期Ⅰ：42 个二价体 B. *E. angustus* 中期Ⅰ：2Ⅱ+41Ⅲ C. *E. giganteus*×*E. angustus* 中期Ⅰ：8Ⅰ+31Ⅱ D. *E. giganteus*×*E. angustus* 中期Ⅰ：7Ⅰ+25Ⅱ+3Ⅲ+1Ⅳ E. *E. giganteus*×*E. angustus* 后期Ⅰ：33-5-32 分离 F. *E. cinereus*×*E. angustus* 中期Ⅰ：10Ⅰ+44Ⅱ G. *E. cinereus*×*E. angustus* 中期Ⅰ：6Ⅰ+43Ⅱ+1Ⅵ H. *E. cinereus*×*E. angustus* 后期Ⅰ：49-49 分离 I. *A. repens*×*E. angustus* 中期Ⅰ：21Ⅰ+21Ⅱ

（引自 Dewey，1972b，图 2）

常，359 个中期Ⅰ的花粉母细胞中平均含有 0.11 个单价体、13.94 个二价体。40%～70%的花粉都能正常染色，并能部分结实。说明二者在亲缘系统上是非常相近的物种（按编者的数量标准来看，应当属于亚种间关系）。但在形态表型上二者的差异却非常之大，*E. giganteus* 与 *E. junceus* 的 F_1 杂种的体细胞染色体数不是 21，而是 28，说明它

由来源于一个 *E. giganteus* 减数的卵与一个 *E. junceus* 未减数的雄配子授精发育而成。这个 F_1 杂种的 77 个减数分裂中期Ⅰ花粉母细胞中平均含有 6.90 个单价体、3.94 个二价体、4.38 个三价体、0.03 个四价体。减数分裂各期不正常，完全不育。这两个四倍体种 *E. giganteus* 与 *E. dasystachys* 都含有一个 *E. junceus* 的染色体组，另一个来源不明。观测的数据列于表 3-8，染色体构型见图 3-6。

表 3-8　*E. jonceus*、*E. dasystachys*、*E. giganteus* 及其 F_1 杂种减数分裂中期Ⅰ染色体配对情况

（引自 Dewey，1972，表 2 编排修改）

种与 F_1 杂种	2n	染色体配对								观察细胞数
		Ⅰ		Ⅱ		Ⅲ		Ⅳ		
		变幅	平均	变幅	平均	变幅	平均	变幅	平均	
E. junceus	14	0～2	0.02	6～7	6.99	—	—	—	—	132
E. giganteus	28	0～2	0.04	13～14	13.98	—	—	—	—	135
E. dasystachys	28	0～2	0.06	13～14	13.96	—	—	—	—	115
E. giganteus×*E. junceus*	28	4～11	6.90	1～9	3.94	2～6	4.38	0～1	0.03	77
E. dasystachys×*E. giganteus*	28	0～2	0.11	13～14	13.94	—	—	—	—	359

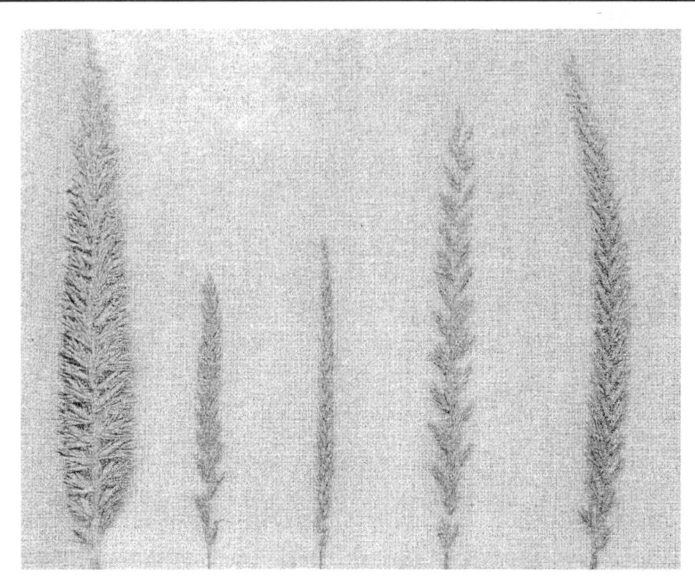

图 3-6　（从左至右）*E. giganteus*、*E. dasystachys*、*E. junceus*、*E. dasystachys*×*E. giganteus* F_1 杂种及 *E. giganteus* ×*E. junceus* F_1 杂种的穗部形态图

（引自 Dewey，1972，图 1）

E. dasystachys×*E. giganteus* 的杂种染色体高水平的配对，说明它们都属于 **JJXX** 染色体组亲缘系统的成员。*E. giganteus*×*E. junceus* 杂种的染色体配对数据更支持这个结论。直接的实验数据证明，*E. cinereus*、*E. condensatus*、*E. innovatus*、*E. karataviensis*、*E. multicaulis*、*E. triticoides* 都是 **JJXX** 染色体组四倍体（Stebbins &

Walters，1949；Dewey，1970，1972a)。Dewey 认为进一步的试验将证明北美洲的四倍体种 *E. mollis* Trin.、*E. ambiguous* Vasey et Scribn. 与 *E. simplex* Scribn. et Williams 也是属于 **JJXX** 染色体组类群的物种。另外，所有属于 *Elymus* L. 与 *Aneurolepidium* Nevski 属名录上的四倍体种也可能都是 **JJXX** 染色体组类群的（Невский，1934)。

E. dasystachys 与 *E. giganteus* 的染色体组非同一般地近缘（图 3-7)，而形态差异却又很大（图 3-6)！**JJXX** 染色体组类群的物种形态差别非常大，一些有强大的根茎（*E. multicaulis*、*E. triticoides*)，而另外一些又是典型的丛生（*E. cinereus*、*E. karataviensis*)；一些穗轴节上着生的小穗 1～2 个（*E. triticoides*)，另一些又达 5 个以上（*E. condensatus*)，而这两个种的染色体组差不多是等同的（Stebbins&Walters，1949)。同时，个体大小、花器形态、有毛无毛、营养体粗糙程度都有很大差异。**JJXX** 染色体组类群物种间杂交不太困难，但许多杂交组合的杂种是高度或完全不育。*E. cinereus*、*E. karataviensis*、*E. multicaulis* 以及 *E. triticoides* 的杂种有少数花粉可染色，但没有 F_1 杂种能结实的。

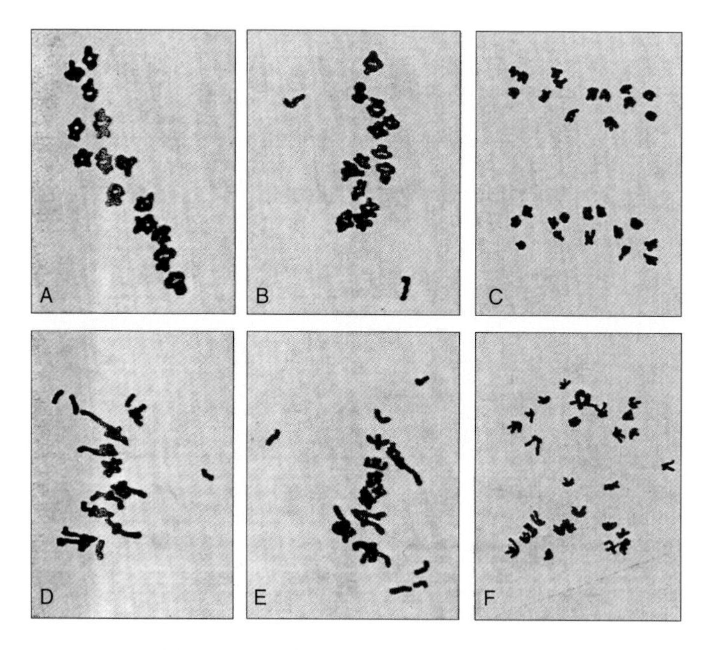

图 3-7　F_1 杂种减数分裂染色体构型

A. *E. dasystachys*×*E. giganteus*14 个闭合二价体　B. *E. dasystachys*×*E. giganteus*2 个二价体与 13 个二价体　C. *E. dasystachys*×*E. giganteus* 标准的 14-13 后期Ⅰ分离　D. *E. giganteus*×*E. junceus* 5 个单价体+4 个二价体+5 个三价体　E. *E. giganteus*×*E. junceus*6 个单价体+5 个二价体+4 个三价体　F. *E. giganteus*×*E. junceus* 后期Ⅰ具 3 个落后染色体

（引自 Dewey，1972，图 2）

E. dasystachys×*E. giganteus* 的杂种是个例外，它形成 10 倍于其他组合的能染色的正常花粉，而它又是唯一能结实的杂种。它们之间渐渗杂交高度可能。Невский（1934）就记录了这些种之间的天然杂种。

E. dasystachys×*E. giganteus* 的杂种与亚洲产的 *E. angustus* 的形态特征、生长习性、

根茎长度、植株大小，都惊人地相似！美国 Intermountain Herbarium 标本室主任 A. H. Holmgren 用解剖显微镜观察比较这个杂种与 *E. angustus* 的差异，结果认定所有差异都在同一个种的变异幅度内。*E. angustus* 完全可能是由 *E. dasystachys* 与*E. giganteus* 杂交产生的杂种形成的。Dewey 得到的杂种是四倍体，含 28 条染色体。*E. angustus* 有多种倍性的类型，Dewey（1972b）从俄罗斯得到的是染色体数为 84 的 12 倍体，Carnahan 与 Hill（1961）记录有 2n=28、42、56 三种细胞型，作者在新疆巩留、特克斯、伊吾等地都采集到 2n=70 的 10 倍体细胞型。Dewey 在这篇文章中认为天然染色体加倍最初是通过产生未减数配子，继而进行多倍体系间杂交，可以形成所观察到的各类染色体数的细胞系。没有理由相信高倍多倍体的 *E. angustus* 除 **J** 与 **X** 染色体组外还有其他染色体组。84 条染色体的 *E. angustus* 大都形成二价体，显示出这种高倍多倍体的 **J** 与 **X** 染色体组出现了一些变异，同时，通常是偏向配对（preferential pairing）。

Dewey 认为未减数的配子对杂交以及某些含 **J** 与 **X** 染色体组的分类群的起源起着重要的作用。试验中观察到只有 *E. junceus* 未减数的配子才能成功地与 *E. giganteus* 杂交。未减数的雄配子在 *E. cinereus*×*E. angustus* 与 *E. giganteus*×*E. angustus* 杂交形成杂种时也观察到有它的存在（Dewey，1972b）。

同年，Dewey 另一篇题为“Genome analysis of hybrids between diploid *Elymus junceus* and five tetraploid *Elymus* species”的文章认为，杂交得到的 F_1 杂种都是三倍体，2n=21。*Elymus junceus*×*E. triticoides*、*E. junceus*×*E. karataviensis*、*E. junceus*×*E. dasystachys* 的 F_1 杂种非常一致，465 个减数分裂 MⅠ花粉母细胞中染色体平均配对构型为 6.86Ⅰ+6.61Ⅱ+0.31Ⅲ。*E. junceus*×*E. multicaulis* 的 F_1 杂种稍有不同，124 个中期Ⅰ细胞中平均染色体构型是 9.35Ⅰ+5.60Ⅱ+0.15Ⅲ。观测数据表明，这 4 个四倍体分类群都有一个染色体组与 *E. junceus* 相同，虽然 *E. multicaulis* 的染色体组稍有轻微的改变。它们都是含有 **JJXX** 染色体组的分类群，所有的杂种都没有能染色的花粉，也完全不结实。

1976 年，Dewey 针对 *Elymus ambiguus* Vasey et Scribner 的染色体组组成及其系统发生的研究结果发表一篇论文。*E. ambiguus* 自交高度不育，但很容易与亚洲的*E. junceus* Fisch.（2n=14）、*E. karataviensis* Roshev.（2n=28）、*E. multicaulis* Kar. Et Kir.（2n=28），以及北美的 *E. innovatus* Beal（2n=28）杂交。*E. ambiguus*×*E. junceus* F_1 的三倍体杂种减数分裂中期Ⅰ染色体配对显示出有一个染色体组与 *E. junceus* 的染色体具很高的同源性。它与四倍体的 *E. innovatus*、*E. karataviensis* 以及 *E. multicaulis* 之间的 F_1 杂种的减数分裂染色体配对表明它们的染色体组之间同源或基本上同源。因此，*E. ambiguus* 也应当是含 **JJXX** 染色体组的分类群。观测数据表明，*E. ambiguus* 与亚洲的四倍体种相比较，它与北美的 *E. innovatus* 更为相近（表 3-9）。*E. ambiguus*×*E. innovatus* 的杂种也是这些杂种中唯一能结实的杂种。

E. ambiguous 证明是一个 **JJXX** 染色体组的四倍体分类群的成员，更增加了 **X** 染色体组从何而来的迹团。已知 **JJXX** 染色体组的分类群包括节上小穗单生（*E. ambiguus*）到 4 个或更多的小穗（*E. cinereus*）；无根茎（*E. ambiguus*）到强大的根茎（*E. triticoides*）；窄而内卷挺直的叶（*E. ambiguus*）到平展宽松的叶（*E. multicaulis*）；高度自交不育（*E. ambiguus*）

表 3-9 *E. ambiguus* 及其杂种减数分裂染色体行为构型

(引自 Dewey,1976,表 2)

种与 F_1 杂种		中期Ⅰ					后期Ⅰ		四分子	
		Ⅰ	Ⅱ	Ⅲ	Ⅳ	观察细胞数	落后染色体	观察细胞数	微核	观察细胞数
E. ambiguus										
Confusion Mt.	变幅	0~2	13~14	—	—	108	0~2	102	0~2	100
	平均	0.08	13.96	—	—		0.04		0.09	
Arco,Idaho	变幅	0~2	13~14	—	—	107	0~1	176	0~2	121
	平均	0.04	13.98	—	—		0.01		0.03	
杂种*	变幅	0~2	13~14	—	—	101	0~2	152	0~2	138
	平均	0.14	13.93	—	—		0.05		0.05	
E. ambiguus× *E. junceus*	变幅	5~7	4~8	0~2	—	108	0~10	167	0~9	244
	平均	6.78	6.83	0.19	—		3.98		1.99	
E. ambiguus× *E. karataviensis*	变幅	0~8	10~14	0~1	—	147	0~5	173	0~5	253
	平均	1.24	13.32	0.03	—		1.02		0.85	
E. ambiguus× *E. multicaulis*	变幅	0~10	7~14	0~2	—	105	0~7	194	0~10	374
	平均	2.98	12.33	0.12	—		1.71		0.86	
E. ambiguus× *E. innovatus*	变幅	0~2	12~14	—	0~1	118	0~2	184	0~1	230
	平均	0.08	13.91	—	0.03		0.05		0.03	

* Confusion Mt. *E. ambiguus* 与 Arco,Idaho *E. ambiguus* 间的天然杂种。

到自交充分能育(*E. giganteus*)。没有任何一个已知的二倍体能与*E. junceus* 组合形成变异幅度这样大的异源四倍体类群。

Dewey 指出,*Elymus* 含有 **JJXX** 染色体组的分类群作为一个生物学单位在系统演化上与模式种 *Elymus sibiricus* 所代表的含 **S** 与 **H** 染色体组的分类群显然是不同的独立演化系统。爱沙尼亚动物植物研究所的 V. Jaaska(1974)根据他的同工酶分析的数据,把这些不同系统的分类群作了一些分类与学名的调整。但他喜欢把现在这个系统留待整个小麦族多年生禾草的系统演化关系搞清楚以后再来修订。

但 Dewey 在 1983 年的一篇名为"New nomenclatural combinations in the North American perennial Triticeae (Gramineae)"的文章中就已把上述问题订正过来,而没有等到整个小麦族多年生禾草的系统演化关系搞清楚以后再来修正。因为其他学者已对这些分类上的错误作了一些订正,今把他们订正结果介绍于表 3-10。

表 3-10 北美洲 *Leymus* 属种名,原为 *Elymus* 属

(引自 Dewey,1983,表 2)

北美 *Elymus* 属种名(引自 Hitchcock,1951)	建议的 *Leymus* 属名称
E. mollis Trin.	*L. mollis*(Trin.)Hara
E. vancouverensis	公认的 *L. mollis* 与 *L. triticoides* 之间的杂种
E. flavescens Scribn. et Smith	*L. flavescens*(Scribn. et Smith)Pilger
E. arenicola Scribn. et Smith	属于 *L. flavescens*,不够种或亚种等级

（续）

北美 *Elymus* 属种名（引自 Hitchcock，1951）	建议的 *Leymus* 属名称
E. innovatus Beal	*L. innovatus*（Beal）Pilger
E. triticoides Buckl.	*L. triticoides*（Buckl.）Pilger
E. pacificus Gould	*L. pacificus*（Gould）D. R. Dewey
E. simplex Scribn. et Williams	*L. simplex*（Scribn. et Williams）D. R. Dewey
E. ambiguus Vasey et Scribn.	*L. ambiguus*（Vasey et Scribn.）D. R. Dewey
E. salina M. E. Jones	*L. salinae*（M. E. Jones）Á LöVE
E. condensatus Presl	*L. condensatus*（Presl）Á LöVE
E. cinereus Scribn. et Merr.	*L. cinereus*（Scribn. et Merr.）Á LöVE

1984 年，附设在犹他州立大学的美国农业部草原与牧草实验室工作的华裔学者汪瑞其（Richard R-C Wang）与凯萨琳萧（Catherine Hsiao）对 *Leymus mollis* 的生物系统地位作了分析研究，发表了一篇题为“Morphology and cytology of interspecific hybrids of *Leymus mollis*”的文章。文章中对他们所做的 4 种种间杂种的染色体组分析作了介绍。他们所作的 4 种组合的种间杂交是：

Lemus mollis（2n＝28）×*Psathyrostachys juncea*（2n＝14）

这个组合的 F_1 杂种穗部形态大体上近似 *L. mollis*。但颖比 *L. mollis* 窄一些、短一些。穗轴节数与 *P. juncea* 相近似。杂种颖具 4 脉，其中 3 脉显著，而 *L. mollis* 具 4～5 脉，*P. juncea* 只具 1 脉。

L. innovatus（2n＝28）×*L. mollis*

这个组合的 F_1 杂种穗部形态在长度与色泽上都近似母本，外稃呈紫色。颖的形态呈中间型，*L. innovatus* 只有 1 脉，而杂种具 3 脉。叶宽则像 *L. mollis*。

L. salinus（2n＝28）×*L. mollis*

这个组合的 F_1 杂种穗部形态呈中间型，颖呈窄披针形，具 3 脉。母本 *L. salinus* 只具 1 脉，而父本 *L. mollis* 却具 4～5 脉。

L. mollis×*L. arenarius*（2n＝56）

这个组合的 F_1 杂种穗部形态也呈中间型，叶脉突起，被微柔毛，草质的颖来自 *L. mollis*，具蜡粉的外稃来自 *L. arenarius*。

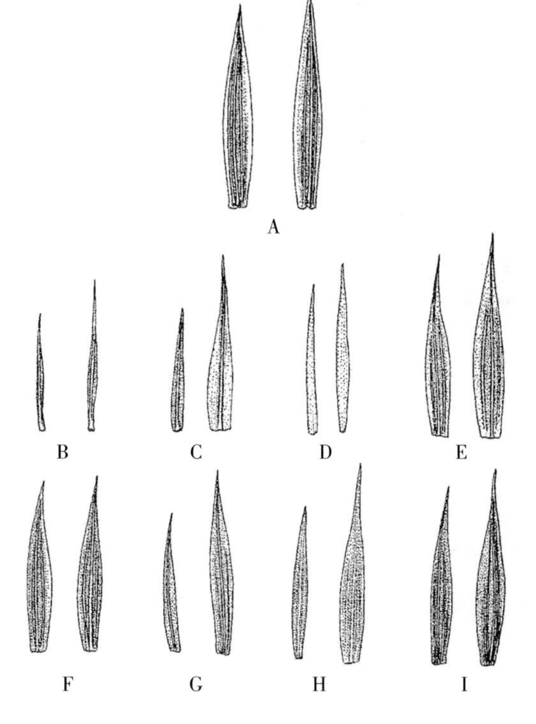

图 3-8　亲本及其杂种的颖片形态

A. *Leymus mollis*　B. *Psathyrostachys juncea*　C. *L. innovatus*　D. *L. salinus* ssp. *salmonia*　E. *L. arenarius* F. *L. mollis*×*P. juncea*　G. *L. innovatus*× *L. mollis*　H. *L. salinus*×*L. mollis*　I. *L. mollis*×*L. arenarius*
（引自 Richard R-C Wang 与 Catherine Hsiao，1984，图 2）

它们的颖片特征如图 3-8 所示。这些 F_1 杂种与它们的亲本减数分裂染色体行为的数据记录于表 3-11 及图 3-9 所示。

表 3-11 亲本种及其 F_1 杂种的减数分裂染色体行为观察数据，括弧内为变幅

（引自 Richard R-C Wang 与 Catherine Hsiao，1984，表Ⅱ）

亲本种与 F_1 杂种	2n	中期								后期Ⅰ落后染色体数	四分体微核数	可染色花粉（%）
		细胞数	Ⅰ	Ⅱ			Ⅲ	Ⅳ	Ⅴ			
				环型	棒型	总计						
P. juncea	14	150	0.08 (0~2)	—	—	6.96 (6~7)	—	—	—	—	—	90
L. innovatus	28	217	0.06 (0~2)	—	—	13.97 (13~14)	—	—	—	—	—	65
L. salinus	28	107	0.04 (0~2)	—	—	13.98 (13~14)	—	—	—	0.01 (0~1)	0.03 (0~2)	92
L. mollis	28	103	0.02 (0~2)	12.73 (10~14)	0.91 (0~4)	13.64 (12~14)	—	0.18 (0~1)	—	0.32 (0~2)	0.07 (0~1)	90
L. arenarius	56	104	0.39 (0~4)	25.30 (21~28)	1.98 (0~7)	27.28 (24~28)	0.04 (0~1)	0.23 (0~1)	—	0.48 (0~2)	0.08 (0~1)	95
L. mol. ×*P. jun.*	21	146	7.73 (3~15)	3.22 (0~8)	3.02 (0~6)	6.24 (3~9)	0.25 (0~2)	0.01 (0~1)	—	3.07 (0~9)	1.49 (0~5)	0
L. inn. ×*L. mol.*	28	124	1.25 (0~4)	9.85 (6~13)	2.95 (0~7)	12.80 (11~14)	0.02 (0~1)	0.01 (0~1)	—	0.74 (0~5)	0.50 (0~4)	0
L. sal. ×*L. mol.*	28	250	1.17 (0~6)	10.18 (6~14)	3.08 (0~8)	13.26 (11~14)	—	—	—	0.82 (0~5)	0.35 (0~3)	0
L. mol. ×*L. aren.*	42	215	12.04 (3~16)	12.31 (9~14)	1.35 (0~5)	13.66 (11~17)	0.77 (0~4)	0.07 (0~1)	0.01 (0~1)	2.53 (0~10)	0.87 (0~4)	0

注：*L. mol.* =*L. mollis*；*L. inn.* =*L. innovatus*；*L. sal.* =*L. salinus*；*L. aren.* =*L. arenarius*；*P. jun.* =*Psathyrostachys juncea*.

Áskell Löve（1984）把整个小麦族的染色体组作了命名调整。把新麦草属（*Psathyrostachys*）的染色体组命名为 **N**，把赖草属定为 **JN**。但却没有直接的证据证明 *Thinopyrum junceum* 的 **J** 染色体组存在于 *Leymus* 之中。没有二倍体的 *Thinopyrum* 与赖草物种间的杂种的记录。虽然 A. J. Grontved（1946）曾报道有 *Agropyron junceum* [=*Thinopyrum junceiforme*（Á. Löve et D. Löve）Á. Löve] 的天然杂种，但染色体配对没有研究过。K. A. Петрова（1978）曾观察到 *Lophopyrum elongatum*（Host）D. R. Dewey（2n=14）与 *Leymus mollis*（2n=28）的 F_1 杂种的减数分裂中期Ⅰ的染色体配对，平均含有 9Ⅰ+6Ⅱ。显示出 *Leymus mollis* 含有一个与 *Lo. elongatum* 部分同源的染色体组。Cauderon 与 Saigne（1961）曾观察到 *Thinopyrum junceiforme*（2n=28）与 *Lophopyrum elongatum*（2n=14）的杂种减数分裂时一些中期Ⅰ的花粉母细胞可以形成 7 个三价体。说明 *Lophopyrum* 的 **E** 染色体组与 *Tinopyrum* 的 **J** 染色体组非常相近。汪瑞其与凯萨琳萧把 *Leymus* 的染色体组定为 **J** 与 **N** 组合。这个 **J** 染色体组不是 Dewey 所指的 **J** 染色体组，Dewey 的 **J** 染色体组是指新麦草的染色体组，而新麦草的染色体组 Á. Löve（1984）已把它改名为 **N** 染色体组。汪瑞其与凯萨琳萧把 *Leymus* 的染色体组定为 **J** 与 **N**

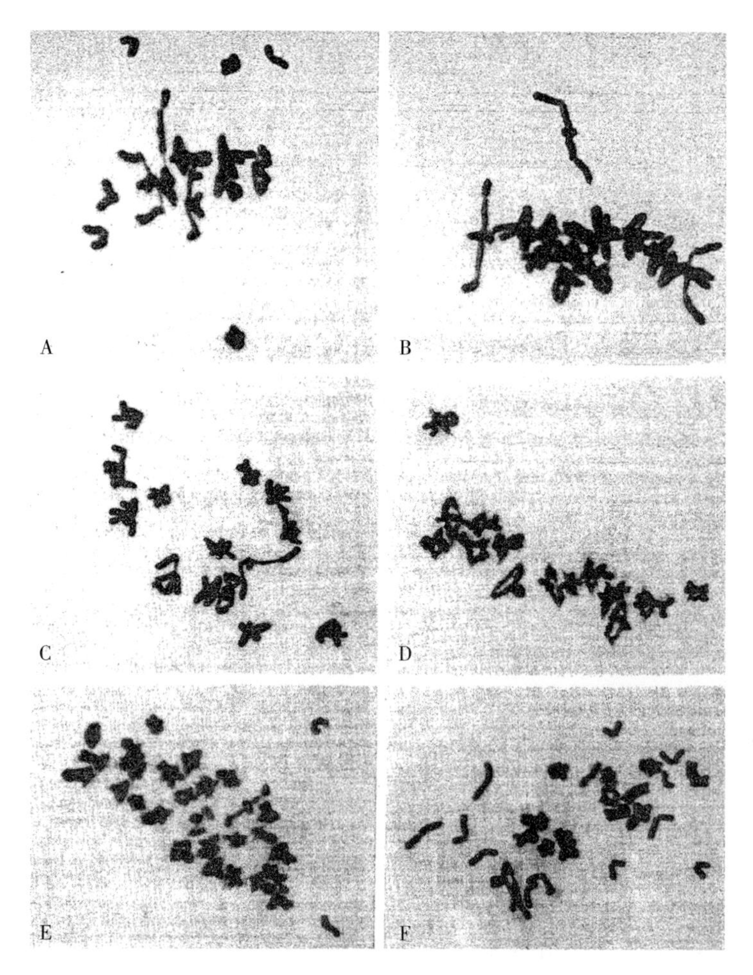

图 3-9　亲本及 F_1 杂种花粉母细胞染色体配对

A. *L. mollis*×*P. juncea* 杂种，7 Ⅱ +7 Ⅱ　B. *L. innovatus*×*L. mollis* 杂种，14 Ⅱ　C. *L. salinus* ×*L. mollis* 杂种，14 Ⅱ　D. *L. mollis* 亲本，28 Ⅱ　E. *L. arenarius* 亲本，2 Ⅰ +27 Ⅱ

F. *L. mollis*×*L. arenarius* 杂种，13 Ⅰ +13 Ⅱ +1 Ⅲ

（引自 Richard R-C Wang 与 Catherine Hsiao，1984，图 3）

组合，是按 Á. Löve 的 **J** 染色体组与 **N** 染色体组命名，即来自 *Thinopyrum* 的 **J** 染色体组与来自 *Psathyrostachys* 的 **N** 染色体组。这里的 **J** 染色体组等于前面 Dewey 所指的 **X** 染色体组，**N** 染色体组等于前面 Dewey 所称的 **J** 染色体组。

根据上述数据，*Leymus mollis* 与其他四倍体赖草一样，含 **JJNN** 染色体组。八倍体的 *L. arenarius* 的染色体组的组合应为 $\mathbf{J_1J_1J_2J_2N_1N_1N_2N_2}$。

1991 年，Zhang（张洪斌）与 Jan Dvořák 发表一篇题为“The genome origin of tetraploid species of *Leymus* (Poaceae: Triticeae) inferred from variation in repeated nucleotide sequences”的论文。他们以 4 种小麦族分类群分离出的 26 个核苷酸重复序列类群（repeated nucleotide sequence families）的变异，来研究赖草属（*Leymus* Hochst.）四倍体种的起源。用 *Leymus multicaulis*、*Psathyrostachys juncea*、*Lophopyrum elongatum*

与*Thinopyrum bessarabicum* DNA 的 *Mbo* Ⅰ片段插入 pUC18 的 *Bam*HI 做成质粒库(plasmid libaraies)。克隆含有的核苷酸重复序列按 Dvořák，McGuire 与 Cassidy (1988)、Zhang 与 Jan Dvořák (1990) 的程序筛选。用两种类型的核苷酸重复序列克隆随机与一个种的核基因组优先杂交。前面的克隆随机选自核苷酸重复序列克隆库，后面的克隆按 Dvořák、McGuire 与 Cassidy (1988) 及 Zhang 与 Jan Dvořák (1990) 的方法示差筛选。

核基因组 DNA 的居群及其种名列如表 3-12。它们与 *Alu* Ⅰ、*Bam*H Ⅰ、*Dde* Ⅰ、*Hae*Ⅲ、*Mbo* Ⅰ、*Msp* Ⅰ、*Sst* Ⅰ以及 *Taq* Ⅰ进行消化。电泳分馏物固定在 Zeta-探针膜(BioRad)上。同时与^{32}P 标记过的表 3-13 所列核苷酸插入片段杂交。邵氏印迹(Southern blot，或称 DNA 印迹)杂交按 Zhang 与 Dvořák (1990) 的方法进行。点印迹杂交用等量每点 0.8μg 的 *Psathyrostachys fragilis* (Boiss.) Nevski 以及四个 *Leumus* 种的单株的变性 DNA 在真空中加样。每个种研究了 2～5 个个体。同样从 *Ps. juncea* 与 *Leymus multicaulis* 中提取的 DNA 固定 0.2、0.4、0.8、1.6 与 3.2μg 的 DNA 用来作标准曲线。这些固定的 DNA 与^{32}P 标记过的 pPjUCD4、pPjUCD5、pPjUCD6、pPjUCD8、pPjUCD10、pPjUCD11，以及 pLmUCD1 杂交并在室温中放射自显影。这些放射自显影图用软激光强度扫描仪(ZEINEH)进行扫描。一个探针与一个种内的一个个体的 DNA 杂交的强度用来检测区分与 *Psa. juncea* 以及 *Psa. fragilis* 杂交的差异程度。如果一个探针与 *Psa. juncea* 以及 *Psa. fragilis* 杂交的差异显著性达不到 5%水平(t 测验)，*Psathyrostachys* 的数据就将合并起来。用邓勒特氏测验(Dunnett's test)检测，如果 *F*-检测显著，对于那些探针与 *Leymus* DNA 杂交的强度将与 *Psathyrostachys* DNA 杂交的探针平均强度用 *F*-检测相比较。

二倍体种每一个居群的核基因组 DNA 都用限制性内切酶消化，邵氏印迹与表 3-13 所列的每一个克隆的核苷酸重复序列插入片段杂交。在邵氏印迹中限制性内切酶酶切片段与探针的带(更多的带)在一个单独的二倍体种的所有的居群中观察到，但是在同样杂交与放射自显影条件下，分类群认定的诊断带(DB)在所有其他二倍体种的任何居群中都没有观察到。提示，DB 是一个相对名称，它并不暗示一个种中绝对存在那一种限制性内切酶酶切片段。如果在同样杂交与放射自显影的条件下一个二倍体种的探针杂交数值等级比其他二倍体种强得多，它应当看作是一个二倍体分类群的诊断杂交强度(DI)。提示，DI 不涉及单个带的强度，但涉及在邵氏印迹或斑点印迹综合杂交强度。仔细查阅核基因组邵氏印迹与杂交探针的每一个 DB 或 DI 是否在 *Leymus* 的各个种以及相关对照二倍体种中存在。二倍体种与一个赖草种之间核苷酸重复序列一致性(RSI)的计算，分解为二倍体分类群的 DB 与 DI 总数中与赖草的 DB 与 DI 一致性的数值。RSI 变异从 0，表示多倍体中没有二倍体的 DB 与 DI，到 1.0，表示所有 DB 与 DI 与二倍体一致。RSI 之间统计差异显著性决定于按 Steel 与 Torrie (1960) 给出的公式来计算的 Z 值。

从 *Psathyrostachys juncea* 分离出 11 个重复序列核苷酸克隆，从 *Thinopytum bessarabicum* 分离出 5 个克隆，从 *Lophopyrum elongatum* 分离出 4 个克隆，从 *Leymus multicaulis* 分离出 6 个克隆，另 1 个额外重复序列核苷酸克隆(pEleacc2)是 McIntyre、Clarke 与 Appls 从 *Lophopyrum elongatum* 中分离出来的。这 27 个克隆中只有两个，即 pPjUCD8 与 pLmUCD5 在邵氏印迹上的限制性分布型基本相同，来自于一个相同的重复

表 3-12 试验中选用的物种

（引自 Zhang 与 Dvořák，1991，表 1）

种	居群	染色体组	产地	来源
Triticum aestivum L. cv. zhongguochun		**ABD**	哥伦比亚	E. R. Sears，苏里大学
T. urartu Thum.	G2991	**A**	亚美尼亚	B. L. Jonson，加利福尼亚大学，Riverside
T. speltoides（Tausch）Gren. et Richter	G1167	**S***	土耳其	J. G. Waines，加利福尼亚大学，Riverside
T. sharonense（Eig）Morris et Sears	A	$\mathbf{S^{sh}}$*	以色列	R. Johnson，IPSR，剑桥实验室，Norich，UK
T. longissimum（Schweinf. et Muschl.）Bowden	G509	$\mathbf{S^{l}}$*	以色列	J. G. Waines
T. bicorne Forssk.	G365	$\mathbf{S^{b}}$	以色列	J. G. Waines
T. searii Feldman et Kislev	G3527	$\mathbf{S^{s}}$*	以色列	J. G. Waines
T. muticum（Boiss.）Hackel	TK136-737	**T***	土耳其	R. J. Metzger，俄勒冈大学，Corvallis
T. caudatum（L.）Pers.	Rub 78-571	**C**	不明	E. R. Sears
T. comosum（Sibth et Smith）Richter	G659	**M**	土耳其	J. G. Waines
T. uniaristatum（Vis.）Richter	P68-33	**N***	不明	E. R. Sears
T. umbellulatum（Zhuk.）Bowden	P72-36	**U**	不明	E. R. Sears
T. tauschii（Coss.）Schmalh.	K901-75	**D**	阿塞拜疆	V. Jaaska，爱沙尼亚大学，塔林，爱沙尼亚
Lophopyrum elongatum（Host）Á. Löve	D	**E**	突尼斯	B. C. Jenkins，曼里托巴大学，温尼伯，加拿大
	CS		法国	D. R. Dewey，犹他州立大学，洛甘，犹他
	e2，e3，e4		科西嘉岛	P. E. McGuire，加州大学，Davis
Thinopyrum bessarabicum（Savul. et Rayss）Á. Löve	D3483	**J**	苏联	D. R. Dewey
	DV721		苏联	V. Jaaska
	AL 62/84		克里米亚	V. Jaaska
	CS31-21		苏联	D. R. Dewey
	AL 63/84		不明	V. Jaaska
Pseudoroegneria tauri ssp. *libalotica*（Hackel）Á. Löve	PI380644	**S**	伊朗	D. R. Dewey
	PI380650		不明	D. R. Dewey
P. spicata（Pursh.）Á. Löve	D1252	**S**	不明	D. R. Dewey
P. stipifolia（Czern. ex Nevski）Á. Löve	PI440000	**S**	苏联	D. R. Dewey
	PI313960		苏联	D. R. Dewey
Agropyron cristatum Gaertn.	PI406450	**P**	苏联	D. R. Dewey
	PI229574		伊朗	D. R. Dewey
	PI281862		不明	D. R. Dewey
	PI314606		苏联	D. R. Dewey
Heteranthelium piliferum（Banks et Solander）Hochst.	PI401352	**Q**	伊朗	D. R. Dewey

（续）

种	居群	染色体组	产地	来源
Taeniantherum caputmedusae（L.）Nevski	PI183270	**T**	苏联	D. R. Dewey
Hordeum vulgare L.	CI3208	**I**	埃塞俄比亚	C. O. Qualset，加州大学，Davis
Secale cereale L.	Petkus	**R**	德国	C. O. Qualset
Dasypyrum villosum（L.）Candargy	Pop. 88	**V**	意大利	P. E. McGuire
Psathyrostachys fragilis（Boiss.）Nevski	PI401397	**N**	伊朗	D. R. Dewey
Ps. juncea（Fisch.）Nevski	PI314668	**N**	苏联	D. R. Dewey
Leymus racomosus（Lam.）Tzvelev	D2949	**JN**	苏联	D. R. Dewey
L. multicaulis（Kar. et Kir.）Tzvelev	PI440324	**JN**	苏联	D. R. Dewey
L. cinereus（Scribn. et Merr.）Á. Löve	CS-18-16-70	**JN**	美国	D. R. Dewey
L. alaicus ssp. *karataviensis*（Roshev.）Tzvelev	PI314667	**JN**	苏联	D. R. Dewey

注：小麦属的 **T***、**S*** 及 **N*** 染色体组名称与 *Taeniantherum* 属的 **T** 染色体组、*Pseudoroegneria* 属的 **S** 染色体组、*Psathyrostachys* 的 **N** 染色体组没有任何关系。染色体组名称依照 Á. Löve（1984）的命名。

序列群系。这两个克隆，前一个来自 *Psa. juncea*，而后一个来自 *Leymus multicaulis*。这些克隆与小麦族试验选用种的杂交性状列于表 3-13。由于 DBs 数量太多，不便一一叙述。

全部 336 种 DBs 与 1 个种 DIs 在二倍体中验证出来，其数量变幅从 *Dasypyrum villosum*（L.）Candargy 的 4 DBs 到 *Psathyrostachys* 的 214 DBs 与 11DIs（表 3-13，表 3-14）。推断二倍体种与 *Leymus* 的亲缘关系，对每一个二倍体种与 4 种 *Leymus* 进行了 RSIs 计算。*Psathyrostachys* 的大部分 DBs 与 DIs 在 *Leymus* 中发现，而其他的二倍体则没有在 *Leymus* 中找到（图 3-10，图 3-11）。*Leymus* 与 *Psathyrostachys* 之间的 RSIs 从 0.92 到 0.95（表 3-14），比检测出来的第二个高数值 RSIs 0.17（与 *Secale cereale* L. 之间）显著高得多（P<0.01）。11 种核苷酸重复序列与 *Psathyrostachys* 的 DNA 的 DI，有 8 种与 *Psathyrostachys* 的 DNA 专一地杂交，而在邵氏印迹上没有任何其他二倍体的信息。这 8 种序列与 *Leymus* 的 DNA 也可以广泛杂交。

Lophopyrum 与 *Thinopyrum* 染色体组亲缘关系非常相近（Dvořák，1981；McGuire，1984；Wang，1985）。*Lophopy rum elongatum* 验证有 10 种 DBs 而没有 DI。*Thinopy rum bessarabicum* 中检测出 36 种 DBs 与 2 种 DIs。而这些 DBs 只有极少数在 *Leymus* 中发现，这些 DIs 则没有观测到（表 3-14，图 3-11）。*Lophopyrum elongatum* 与 *Leymus* 之间 RSIs 全等于 0，*Thinopyrum bessarabicum* 与 *Leymus* 不同的种之间的 RSIs 则在 0～0.13 之间。从 **S**、**P**、**Q**、**T**、**R**、**I**、**V** 染色体组检测到的 4 种至 27 种 DBs

表 3-13 ***Lophopyrum elongatum*（E 染色体组）、*Pseudoroegneria tauri*. ssp. *libalotica*（S 染色体组），*P. spicata*（S 染色体组）、*P. stipifilia*（S 染色体组）、*Thinopyrum bessarabicum*（J 染色体组）、*Agropyron cristatum*（P 染色体组）、*Hordeum vulgare*（I 染色体组）、*Taeniantherum caput-medusae*（T）、*Secale cereale*（R 染色体组）、*Heteranthelium piliferum*（Q 染色体组）、*Dasypyrum villosum*（V 染色体组）、*Psathyrostachys juncea*（N 染色体组）、*Ps. fragilis*（N 染色体组）、*Triticum*（A、S、S^{sh}、S^{l}、S^{b}、S^{s}、T、C、M、N、U、D 染色体组）、*T. aestivum*（ABD 染色体组）的核基因组 DNA 与 27 个部氏印迹内的重复序列核苷酸克隆杂交的特性**

（引自 Zhang 与 Dvořák，1991，表 2）

克隆	插入片段长度（bps）	选择（S）与非选择（U）		核基因组杂交特性			
				E	F	J	S
pPjUCD1	220	U	强度	+	+	+	+
			DBs	N	N	N	N
pPjUCD2	200	U	强度	++	+++	++	+
			DBs（A，S）[c]	0	4	0	0
pPjUCD3	370	U	强度	+	++	++	+
			DBs（H，S）	0	2	0	0
pPjUCD4	310	S	强度	—	—	—	—
			DBs（B，S）	0	0	0	0
pPjUCD5	240	S	强度	—	—	—	—
			DBs（Ms，T）	0	0	0	0
pPjUCD6	340	S	强度	—	—	—	—
			DBs（A，D，H，M，S，T）	0	0	0	0
pPjUCD7	1 100	U	强度	+	+	+	+
			DBs（B，D，H，S）	N	N	N	N
pPjUCD8	450	S	强度	—	—	—	—
			DBs（M，Ms）	0	0	0	0
pPjUCD9	370	U	强度	+	++	+	+
			DBs（A，D，H）	0	3	0	0
pPjUCD10	490	S	强度	—	—	—	—
			DBs（D，M）	0	0	0	0
pPjUCD11	480	S	强度	—	—	—	—
			DBs（D，H，M，Ms）	0	0	0	0
pLmUCD1	270	S	强度	—	—	—	—
			DBs（M，Ms）	0	0	0	0
pLmUCD2	630	U	强度	+++	+++	+++	+++
			DBs（A，D，H，M）	0	2	0	3
pLmUCD3	220	U	强度	+++	+++	+++	+++
			Dbs（D，H）	0	0	0	0
pLmUCD4	340	U	强度	+++	+++	+++	+++
			DBs（D，M）	0	0	0	0
pLmUCD5	330	S	强度	—	—	—	—
			DBs（M，Ms）	0	0	0	0

（续）

克隆	插入片段长度（bps）	选择（S）与非选择（U）		核基因组杂交特性			
				E	F	J	S
pLmUCD6	290	U	强度	+	+++	+	+++
			DBs（A，T）	0	2	0	0
pTjUCD1	290	S	强度	—	++	+++	—
			DBs（A，D，S）	0	0	10	0
pTjUCD2	380	U	强度	++	++	+++	++
			DBs（H，S）	1	1	5	0
pTjUCD3	270	S	强度	++	+	+++	+
			DBs（B，D）	2	5	6	1
pTjUCD4	370	U	强度	+++	—	+++	—
			DBs（D，S）	0	0	2	0
pTjUCD5	250	U	强度	++	++	+++	++
			DBs（A，B，M，T）	3	0	11	2
pLeUCD1	230	S	强度	+++	++	+++	++
			DBs（D，H，Ms，T）	3	5	0	1
pLeUCD3	280	U	强度	+++	+++	+++	+++
			DBs（D，H，S，T）	0	1	0	0
pLeUCD4	450	U	强度	+++	+	+++	++
			DBs（S，T）	0	0	1	0
pLeUCD5	160	U	强度	+++	+	+++	++
			DBs（D，H，M，S，T）	0	1	0	0
pEleacc2	600	S	强度	+++	+++	+++	+++
			DBs（H，M，S）	0	1	1	1

核基因组杂交特性									
Q	T	I	R	N	V	ABD	二倍体小麦	E+J	E+J+P+S
—	+	—	—	+++	—	n	n		
N	N	n	n	N	N	n	n	n	N
+	+++	+++	+++	+++	+	n	n		
1	1	3	2	0	1	n	n	0	0
+	++	+	+	+++	+	n	+		
0	1	2	0	4	1	n	N	0	0
—	—	—	—	+++	—	n	—		
0	0	0	0	9	0	n	N	0	0
—	—	—	—	+++	—	n	—		
0	0	0	0	21	0	n	N	0	0
—	—	—	—	+++	—	n	—		
0	0	0	0	24	0	n	N	0	0
+++	+	+	+	+++	+	n	n		
12	N	n	n	31	N	n	n	n	N
—	—	—	—	+++	—	n	n		
0	0	0	0	9	0	n	n	0	0

（续）

核基因组杂交特性									
Q	T	I	R	N	V	ABD	二倍体小麦	E+J	E+J+P+S
—	—	—	—	+++	—	n	+		
0	0	0	0	8	0	n	N	2	1
—	—	—	—	+++	—	n	—		
0	0	0	0	12	0	n	N	0	0
—	—	—	—	+++	—	n	—		
0	0	0	0	33	0	n	N	0	0
—	—	—	—	+++	—	n	—		
0	0	0	0	11	0	n	N	0	0
+++	+++	+++	+++	+++	+++	n	n		
0	0	1	0	39	0	n	n	0	1
+++	+++	+++	+++	+++	+++	n	+++		
0	1	0	0	4	0	n	N	0	0
+++	+++	+	+++	+++	+++	n	n		
0	2	1	0	2	1	n	n	1	0
—	—	—	—	+++	—	n	—		
0	0	0	0	7	0	n	N	0	0
+	+	—	—	++	+++	n	—		
0	0	0	0	0	1	n	N	0	1
—	—	—	—	—	++	++	n		
N	N	n	n	N	N	n	n	2	0
++	++	—	++	+	+++	++	n		
N	N	n	n	N	N	n	n	0	0
—	—	—	—	—	—	—	n		
0	0	0	0	0	0	n	n	7	1
—	+++	—	+++	—	+++	+++	n		
N	N	n	n	N	N	n	n	2	0
—	—	—	—	—	+++	—	n		
N	N	n	n	N	N	n	n	16	3
—	—	++	—	—	++	++	n		
0	0	1	0	0	0	n	n	15	6
—	++	—	++	++	—	+	n		
0	1	0	0	N	0	n	n	0	5
+	+++	+	++	++	+++	++	n		
0	0	0	0	N	0	n	n	0	1
++	+++	—	++	—	+	++	n		
2	2	0	4	0	0	n	n	2	1
—	—	—	—	++	—	n	n		
0	0	0	0	N	0	n	n	2	1

与 DIs，最多有一种 DB 在 *Leymus* 中发现，而没检测出有这一类的 DIs。这些染色体组与 *Leymus* 之间的 RSIs 都非常低。从 *Thinopyrum bessarabicum* 中分离出来的 5 种重复序列系，pTjUCD3、pTjUCD4 与 pTjUCD5 能与 **J**、**E**、**S**、**P**、**T**、**R**、**V**，以及普通小麦的 DNA 广泛杂交，但与 *Leymus* 的 DNA 不能杂交（图 3－12）。这些观测结果清楚地证明

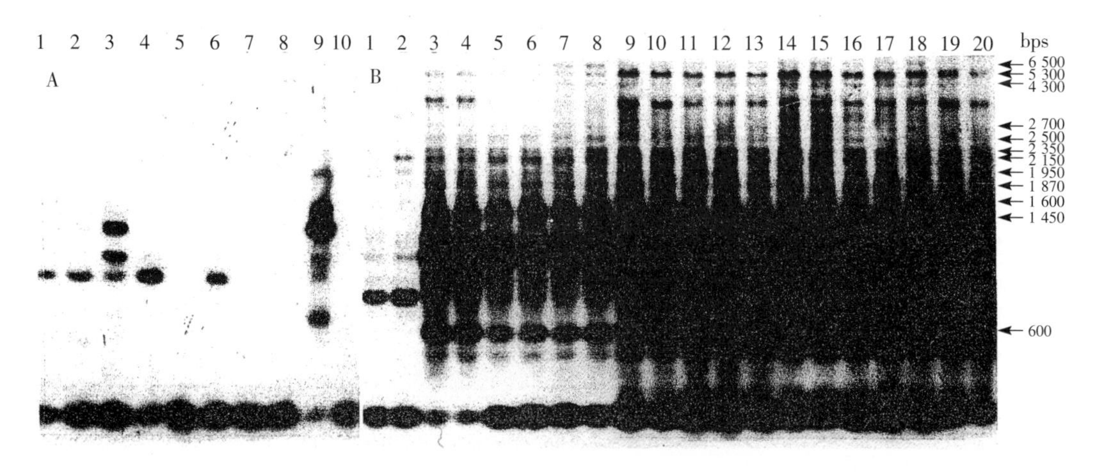

图 3-10 *Hae*Ⅲ消化的核 DNA 与 pLmUCD2 杂交

电泳胶板 A：1. *Lophopyrum elongatum*；2. *Agropyron cristatum*；3. *Thinopyrum bessarabicum*；4. *Pseudoroegneria tauri* ssp. *libalotica*；5. *Heteranthelium piliferum*；6. *Taeniantherum caputmedusae*；7. *Hordeum vulgare*；8. *Secale cereale*；9. *Psathyrostachys juncea*；10. *Dasypyrum villosum*

电泳胶板 B：1. *Lophopyrum elongatum*；2. *Th. bessarabicum*；3、4. *Psa. fragilis*；5～8. *Psa. juncea*；9、10. *Leymus racemosus*；11～13. *Ley. multicaulis*；14～18. *Ley. cinereus*；19、20. *Ley. alaicus* ssp. *karataviensis*

四倍体的*Leymus* 核 DNA 每行加注 5μg，二倍体种每行加注 2.5 μg。箭头指示 *Psa. fragilis* 与 *Psa. juncea* 的 **N** 染色体组的特征带。

（引自 Zhang 与 Dvořák，1991，图 1）

Leymus 含有一个 *Psathyrostachys* 的 **N** 染色体组而不含其他任何一个二倍体的染色体组。

可能有人会认为 *Leymus* 是一个古老的物种，在早期分化前与现代的 *Lophopyrum* Á. Löve 与 *Thinopyrum* Á. Löve 起源于同一家系。既然是这样，这些个别属的带的特征的形成应比 *Leymus* 晚，因此不能预期会在 *Leymus* 中呈现。测验这个假说，把 *Lophopyrum* 与 *Thinopyrum* 作为单独家系处理。那些带或杂交强度与这两个属相同而在其他属中没有，则判断为同一家系。家系总共 49 个带与两种杂交强度，这个家系与 *Leymus* 之间最多共有一个 DB，而没有相同的 DI，而 *Leymus* 与这两个家系间的 RISs 变幅在 0～0.02 之间。三种重复序列 pTjUCD3、pTjUCD4 与 pTjUCD5 能与 *Lophopyrum* 与 *Thinopyrum* 的 DNA 广泛杂交，却不能与 *Leymus* 的 DNA 杂交（图 3-12）。这就显示出 *Leymus* 与现代的 *Lophopyrum* 以及 *Thinopyrum* 不是起源于同一个家系。

如果 *Leymus* 第二个染色体组来自于现代的 *Lophopyrum*、*Thinopyrum*、*Pseu-doroegneria* 或 *Agropyron* 属中的一个种，而在早前发生了分化，则相同的 DBs 与 DIs 也必然会出现在 *Leymus* 中。总共 21 个 DBs 与 3 个 DIs 用来检测，最多只有两个 DBs 存在于赖草属的种中，其 RSIs 变幅为 0.04～0.08。核苷酸重复序列 pTjUCD5 可以广泛与这 4 个属的 DNA 杂交，但不能与 *Leymus* 的 DNA 杂交。这证明它不是来自于这 4 个属的物种。几方面的证据都证明 *Leymus* 的两个染色体组都是来自 *Psathyrostachys* 属的物种。第一组证据来自 *Psathyrostachys* 与 *Leymus*DNA 杂交探针的数量。如果一个重复序列的一个探针只与四倍体的一对染色体组杂交，同时这重复序列系与二倍体染色体组是等量的，四倍体两倍于二倍体的

DNA 必然在邵氏印迹条带上得到相似的杂交强度。如果重复序列系与四倍体的两对染色体组杂交，则印迹条带上含有的四倍体 DNA 将显示比二倍体加倍的杂交强度沉积，呈 2 四倍体∶1 二倍体的比率。当一定数量的探针与 *Leymus* DNA 杂交对 *Psathyrostachys* 显现出双倍强度时（图 3-11），它显示重复序列在 *Leymus* 的两个染色体组中都存在。

表 3-14　小麦族二倍体分类群与多倍体 *Leymus* 之间核苷酸重复序列的一致性

［分母为二倍体分类群的特征带数（DBs）与杂交强度（DIs），分子为在 *Leymus* 检测到的数量，括弧中居群数］

（引自 Zhang 与 Dvořák，1991，表 3）

染色体组	二倍体分类群	*Leymus racemosus*		*Leymus multicaulis*		*Leymus cinereus*		*Leymusvalaicus**		探针数×酶
		$\frac{(DBs+DIs)}{(DBs+DIs)}$	RSI	$\frac{(DBs+DIs)}{(DBs+DIs)}$	RSI	$\frac{(DBs+DIs)}{(DBs+DIs)}$	RSI	$\frac{(DBs+DIs)}{(DBs+DIs)}$	RSI	
E	*Lop. elongatum*（5）	$\frac{0+0}{10+0}$	0.00	$\frac{0+0}{10+0}$	0.00	$\frac{0+0}{10+0}$	0.00	$\frac{0+0}{10+0}$	0.00	6
J	*Th. bessarabicum*（5）	$\frac{5+0}{36+2}$	0.13	$\frac{1+0}{36+2}$	0.03	$\frac{0+0}{36+2}$	0.00	$\frac{3+0}{36+2}$	0.08	14
S	*Psa. spicata*（1） *Psa. stripifilia*（2） *Psa. tauri* ssp. *libanotica*（2）	$\frac{0+0}{8+0}$	0.00	$\frac{0+0}{8+0}$	0.00	$\frac{0+0}{8+0}$	0.00	$\frac{0+0}{8+0}$	0.00	7
P	*Ag. cristatum*（4）	$\frac{0+0}{27+0}$	0.00	$\frac{0+0}{27+0}$	0.00	$\frac{0+0}{27+0}$	0.00	$\frac{0+0}{27+0}$	0.00	17
Q	*Het. piliferum*（1）	$\frac{1+0}{15+0}$	0.07	$\frac{1+0}{15+0}$	0.07	$\frac{0+0}{15+0}$	0.00	$\frac{1+0}{15+0}$	0.07	6
T	*Tae. caputmedusae*（1）	$\frac{1+0}{8+0}$	0.13	$\frac{1+0}{8+0}$	0.13	$\frac{1+0}{8+0}$	0.13	$\frac{1+0}{8+0}$	0.13	6
R	*S. cereale*（1）	$\frac{1+0}{6+0}$	0.17	$\frac{1+0}{6+0}$	0.17	$\frac{1+0}{6+0}$	0.17	$\frac{1+0}{6+0}$	0.17	4
I	*H. vulgare*（1）	$\frac{0+0}{8+0}$	0.00	$\frac{0+0}{8+0}$	0.00	$\frac{0+0}{8+0}$	0.00	$\frac{0+0}{8+0}$	0.00	6
V	*D. villosum*（1）	$\frac{0+0}{4+0}$	0.00	$\frac{0+0}{4+0}$	0.00	$\frac{0+0}{4+0}$	0.00	$\frac{0+0}{4+0}$	0.00	4
N	*Psa. fragilis*（3） *Psa. juncea*（5）	$\frac{203+11}{214+11}$	0.95*	$\frac{202+9}{214+11}$	0.94*	$\frac{198+8}{214+11}$	0.92*	$\frac{197+11}{214+11}$	0.92*	38
E+J		$\frac{1+0}{49+2}$	0.02	$\frac{1+0}{49+2}$	0.02	$\frac{1+0}{49+2}$	0.00	$\frac{1+0}{49+2}$	0.02	16
E+J+P+S		$\frac{2+0}{21+3}$	0.08	$\frac{1+0}{21+3}$	0.04	$\frac{1+0}{21+3}$	0.04	$\frac{1+0}{21+3}$	0.04	16

*　RSI 值比第 2 最高 RSI 值显著更高，达 0.01 统计显著水平。

注：染色体组符号根据 Á. Löve（1984）。

仔细从数量上观察新麦草与赖草 DNA 的斑点印迹，以及膜上只与新麦草 DNA 杂交的 7 种重复序列核苷酸。这 7 种重复序列系中，pPjUCD4 和 pPjUCD8，与 *Psa. juncea* 及 *Psa. fragilis* 的 DNA 杂交，差异非常显著（$P<0.05$）。这两个系在含 **N** 染色体组的二倍

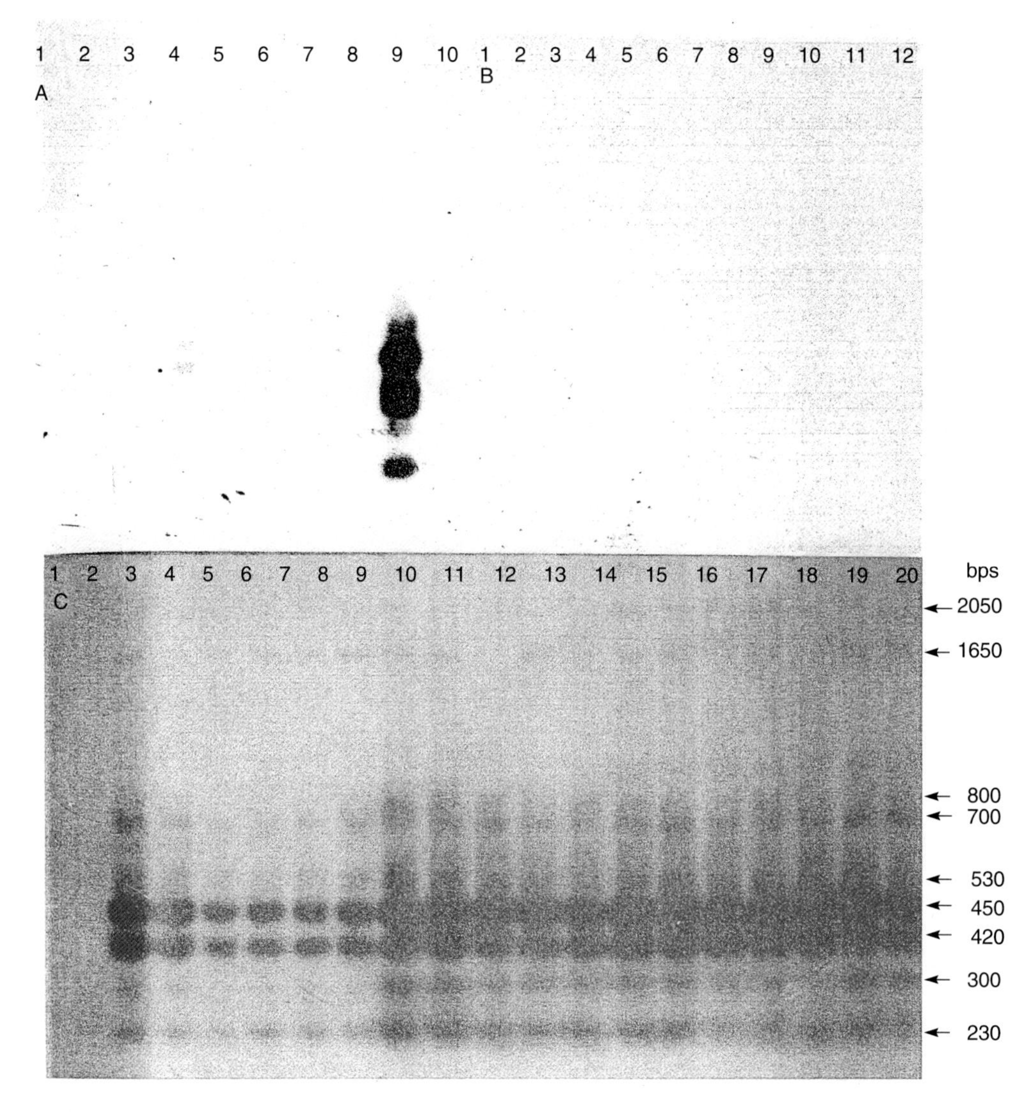

图 3-11　*Hae*Ⅲ消化的核 DNA 与 pPjUCD11 杂交

电泳胶板 A：图 3-10A 的探针已从邵氏印迹中解离，印迹与 pPjUCD11 杂交

电泳胶板 B：1 *Trititcum urartu*，2. *T. speltoides*，3. *T. sharonense*，4. *T. longissimum*，5. *T. bicorne*，6. *T. searsii*，7. *T. muticum*，8. *T. caudatum*，9. *T. commosum*，10. *T. uniaristatum*，11. *T. umbellulatum*，12. *T. tauschii*，每行加注 2.5 μg DNA。注意，电泳胶板 A 与 B 中是 *Psathyrostachys* DNA 探针的诊断杂交强度（DI）

电泳胶板 C：图 3-10B 的电泳胶板邵氏印迹中杂交探针已被解离，印迹重新与 pPjUCD11。注意增加的杂交探针显示 *Leymus* 的 DNA 与 *Psathyrostachys* DNA 有关

（引自 Zhang 与 Dvořák，1991，图 2）

体间含量上明显不同，使它们不适合做测定赖草 **N** 染色体数量的探针。因此，在测试中没有用它们。剩下的 5 种与两种新麦草 DNA 杂交强度差异不显著，因此用于杂交数量性状的测定（表 3-15）。如果 *Leymus* 只含一对 **N** 染色体组，当等量的 *Psathyrostachys* DNA 将与四倍的 *Leymus* 强度一样。这 5 种探针有 3 种与 *Leymus* 的 DNA 杂交呈现与

Psathyrostachys DNA 杂交相似的强度（$P<0.05$，F 测验）。另一种与 *Leymus* 的 DNA 杂交呈现比与 *Psathyrostachys* DNA 杂交的强度强（表 3－15）。只有重复序列 pPjUCD5 与 *Psathyrostachys* DNA 杂交的强度呈现比与 *Psathyrostachys* DNA 杂交的强度弱 30%，但仍然比预期的一对 *Leymus* DNA 杂交的强度要强（$P<0.05$）。因此，全部 5 种重复序列核苷酸在图 3－11 邵氏印迹显示的总的趋势是 *Leymus* 的强度是两对 *Psathyrostachys* 染色体组的强度。

表 3－15　与克隆杂交的 DNA 斑点印迹放射自显影扫描峰值区（观察研究的 DNA 个数记录在括弧内）

（引自 Zhang 与 Dvořák，1991，表 4）

DNA 来源	每点印迹沉积 DNA 量（μg）	一个点印迹的相对密度				
		pPjUCD5	pPjUCD6	pPjUCD10	pPjUCD11	pPjUCD1
Psathyrostachys[1)]	0.8	94.2±2.3	32.7±1.2	44.0±1.6	58.0±2.8	74.8±2.4
Leymus racemosus（2）	0.8	65.2±1.1*	60.6±3.1**	48.6±3.8	59.8±2.4	94.4±3.7
Leymus multicaulis（3）	0.8	61.8±2.6**	48.2±1.1	40.9±0.2	49.0±2.6	76.3±3.9
Leymus cinereus（5）	0.8	67.5±1.1*	60.9±0.8**	56.0±1.8	67.3±0.6	83.7±0.9
Leymus alaicus ssp. *karataviensis*	0.8	71.1±3.8	57.8±4.9**	45.9±2.4	56.2±2.3	82.7±2.6

1）5 株 *Ps. juncea* 与两株 *Ps. fragilis* 的平均值。

证明 *Leymus* 含有两对 **N** 染色体组的第二组证据来自 *Leymus multicaulis* 质粒库随机选取的重复序列核苷酸克隆与 *Psathyrostachys* DNA 杂交的频率。26 个重复序列克隆从 *Psa. juncea* 质粒库中随机选出。其中 6 个（占 23%）存在于 *Psathyrostachys* 染色体组中，而这个杂交试验在小麦族其他种系中则没有发现。如果 *Leymus* 含有 *Psathyrostachys* 染色体组以外的其他染色体组，预期它将有一半（12%左右）从 *Leymus multicaulis* 分离出来的克隆不能与 *Psathyrostachys* DNA 杂交。从 *Leymus multicaulis* 质粒库中随机选出的全部 22 个克隆都能与 *Psathyrostachys* DNA 广泛杂交，*Psathyrostachys* 中分离出来的一个克隆（pPjUCD8）是相同的。如果这 6 个克隆都能代表 *Leymus multicaulis* 的克隆群体，它的克隆群体中就有许多不同的种系。但是没有一个 *Leymus* 的克隆不能与 *Psathyrostachys* 的 DNA 杂交，也就证明 *Leymus* 含有两个 **N** 染色体组。

第三组证据证明 *Leymus* 含有两对 *Psathyrostachys* 的染色体组来自 *Leymus* 的邵氏印迹与 *Psathyrostachys* 非共有带频率低。四种 *Leymus* 与两种 *Psathyrostachys* 间的频率变程从 9.3%到 11.5%，平均 10.5%。与一个相似的研究比较，四倍体小麦 *Triticum turgidum* L.（**AABB** 染色体组）与 *T. timopheevii*（Zhuk.）Zhuk.（**AAGG** 染色体组）含有两对染色体组属于小麦族一个演化种系。**A** 染色体组来自 *Triticum urartu* Thum.，而 **B** 或 **G** 来自 *Triticum speltoides*（Tausch）Gren.（Dvořák、McGuire Cassidy，1988；Dvořák et. Zhang，1990）。电泳带的频率在两种四倍体小麦与 *Triticum speltoides* 间完全不相同，可以推测来自 A 染色体组的带，变程从 24.5%到 37.5%，平均 30.8%（表 3－16），平均值比 *Leymus* 属的 10.5%显著（$P<0.01$）高得多。这个比较也说明 *Leymus* 的两对染色体组都是来自小麦族一个单一的演化系。*Leymus* 的两个染色体组的相互关系比

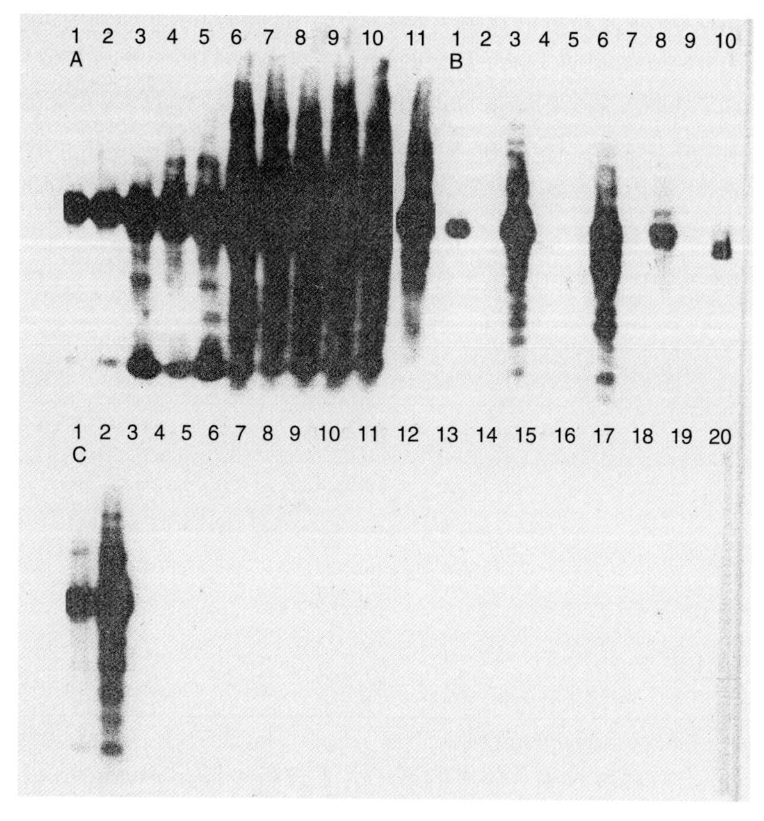

图 3-12　经 *Dde*1 消化的核 DNA 与 pTjUCD4 杂交

电泳胶板 A：1～5. *Lophopyrum elongatum* 居群 D，CS，e3，e4 与 e2；6～10. *Thinopyrum bessarabicus* 居群 D3483，DV721，CS31-21，AL 63/84 与 AL62/84；11. *Triticum aestivum* cv. zhongguochun

电泳胶板 B：1. *Lophopyrum elongatum*，2. *Agropyron cristatum*，3. *Thinopyrum bessarabicus*，4. *Pseudoroegneria tauri* ssp. *libanotica*，5. *Heteranthelium piliferum*，6. *Taeniantherum caput medusae*，7. *Hordeum vulgare*，8. *Secale cereale*，9. *Psathyrostachys juncea*，10. *Dasypyrum villosum*

电泳胶板 C：1. *Lophopyrum elongatum*，2. *Thinopyrum bessarabicus*，3、4. *Ps. juncea*，9、10. *Leymus racemosus*，11～13. *Ley. multicaulis*，14～18. *Ley. inereus*，19、20. *Ley. alaicus* ssp. *karataviensis*

T. aestivum 每行加注 7.5μg 核 DNA，四倍体 *Leymus* 每行加注 5μg 核 DNA，二倍体种每行加注 2.5 μg 核 DNA。注意：pTjUCD4 与 *Lophopyrum*、*Thinopyrum*、*Triticum*、*Taeniatherum*、*Secale* 以及 *Dasypyrum* 能广泛杂交，但不能与 *Psathyrostachys* 及 *Leymus* 的 DNA 杂交

（引自 Zhang 与 Dvořák，1991，图 3）

四倍体小麦的 **A** 与 **B** 或 **G** 之间的关系要相近得多。

根据以上数据，四倍体的 *Leymus* 所含两个染色体组都是来自新麦草属，应为 $\mathbf{N_1N_1N_2N_2}$ 染色体组，而没有来自 *Thinopyrum* 的 **J** 染色体组或者是来自 *Lophopyrum* 的 **E** 染色体组。

1994 年，美国犹他州立大学农业部牧草与草原实验室的 Richard R.-C. Wang（汪瑞其）与 Kevin B. Jensen 对赖草属的染色体组问题又作了探讨。根据他们的试验结果发表了一篇题为“Absence of the **J** genome in *Leymus* species (Poaceae: Triticeae): evidence from DNA hybridization and meiotic pairing”的文章。

表 3-16　*Psathyrostachys* DNA 与 *Triticum speltoides* DNA 在四倍体 *Leymus* 与四倍体小麦 DNA 邵氏印迹没有观察到的带的百分率［*Leymus* 与 *Psathyrostachys* 的 RSI 参阅表 3-14；四倍体小麦与 *Psathyrostachys* 之间的 RSI 等数值(Dvořák 与 Zhang，1990）已列入供参考］

（引自 Zhang 与 Dvořák，1991，表 5）

来　源	RSI	多倍体的总带数	没有非新麦草或非拟斯卑尔塔小麦的带数	%
Leymus racemosus	0.95	376	43	11.4
Leymus multicaulis	0.94	375	35	9.3
Leymus cinereus	0.92	330	38	11.5
Leymus alaicus ssp. *karataviensis*	0.92	351	34	9.7
总　计		1 432	150	10.5*
T. timopheevii（AAGG)	0.95	94	23	24.5
T. turgidum（AABB)	0.84	88	33	37.5
总　计		182	56	30.8*

* 相互差异显著性值在 1%或然率平准水平（公式 19.11，Steel 与 Torrie，1960）。

文章中介绍说：从 *Thinopyrum elongatum*、*Th. elongatum*×*Psathyrostachys juncea* 的杂种、*Leymus salinus* ssp. *salmonis*、*L. ambiguus*、*L. chinensis*、*L. secalinus*、*L. alaicus* ssp. *karataviensis*、*L. innovatus* 的一个单株，*L. mollis* 与 *L. arenarius* 的两株植株提取全核 DNA。两株 *L. mollis* 的叶色不同，一株为绿色，另一株灰蓝色，它是二倍体含 **J**[b]染色体组的 *Th. bessarabicum* 的特征性状。这些 DNA 用内切核酸酶 *Pal* Ⅰ消化 2h，没有用核糖核酸酶（RNase）处理，或用 *Taq* Ⅰ核糖核酸酶处理，1.5%琼脂糖凝胶电泳，固定在正电荷尼龙膜上。供试材料的染色体组组成及其居群见表 3-17。

表 3-17　用于与 DNA 探针 pLeUCD2 进行邵氏杂交的植物材料的染色体组构成及其居群

（引自 Wang 与 Jensen，1994，表 1）

种	染色体组组成	居群
Thinopyrum elongatum	**J[e]J[e]**	PI531719
Th. elongatum×*Psathyrostachys juncea*	**J[e]N[j]**	PI513719×Asay-27*
Leymus salinus ssp. *salmonis*	**NNXX**	E. Jensen
L. ambiguus	**NNXX**	D-3330
L. chinensis	**NNXX**	D-2517
L. secalinus	**NNXX**	PI210988
L. alaicus ssp. *karataviensis*	**NNXX**	PI314667
L. innovatus	**NNXX**	PI236820
L. mollis	**NNXX**	W. Mitchell
L. arenarius	**NNNNXXXX**	PI294582

* Wang (1990)。

用溴化乙锭染色琼脂糖凝胶板，邵氏杂交用 pLeUCD2 标记（图 3-13 与 3-14)，清

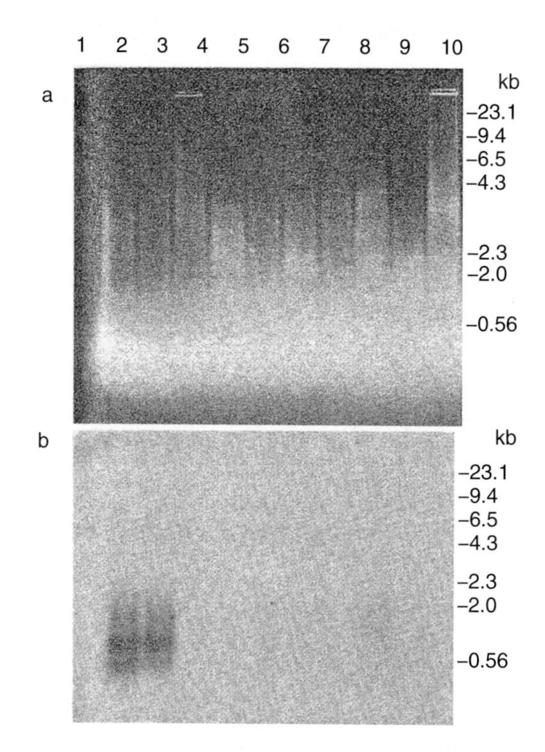

图 3-13 电泳琼脂糖凝胶板（a）与 ^{32}P 标记的 pLeUCD2 探针（b）与 *Pal* I 消化的核 DNA 邵氏杂交放射自显影凝胶板，未经 RNase 处理

[第 1 行 *Thinopyrum elongatum*（**J^{e}J^e**），第 2 行 *Th. elongatum*×*Psathyrostachys juncea*（**J^{e}N**），第 3～5 行 *Leymus arenarius*（**NNNNXXXX**），第 4～6 行 *L. mollis*（**NNXX**），第 7 行 *L. salinus* ssp. *salmonis*（**NNXX**），第 8 行 *L. ambiguus*（**NNXX**），第 9 行 *L. chinensis*（**NNXX**），第 10 行 *L. secalinus*（**NNXX**）]

（引自 Wang 与 Jensen，1994，图 1）

楚显示在 *Leymus arenarius* 以及其他四倍体赖草中都没有 **J^e** 染色体组。分散在 7 条 **J^e** 染色体中的 277 bp DNA 序列以及它与 **J^b**、**S** 和 **P** 染色体组的杂交能力，使这个探针成为测验 **J**、**S** 和 **P** 染色体组存在与否的有力工具。正如预期，与这个探针杂交，发现 **J^e** 染色体组存在于二倍体的 *Thinopyrum elongatum*（图 3-13，第 1 行；图 3-14，第 5 行）以及 *Th. elongatum*×*Psathyrostachys juncea* 杂种（图 3-13，第 2 行；图 3-14，第 1 行）之中，而不存在于这个探针与来自 *L. arenarius* 和 *L. mollis* 的 4 个 DNA 样品杂交印迹中。只有 *L. ambiguus*（图 3-13，第 8 行）和 *L. alaicus* ssp. *karataviensis*（图 3-14，第 3 行）与 pLeUCD2 杂交有一个非常弱的带。如果上述 *Leymus* 物种含有 J 染色体组的话，它们将具有与 *Th. elongatum*×*Psa. juncea* 杂种的杂交印迹同等强度的带，这个杂种有 50%的 DNA 来自 **J** 染色体组。由于在张洪斌与 Dvořák（1990b）的试验中没有观察到 *L. alaicus* ssp. *karataviensis* 与 pLeUCD2 杂交，汪瑞其与 Jensen 认为在他们这个试验中 *L. ambiguus* 和 *L. alaicus* ssp. *karataviensis* 与 pLeUCD2 杂交出现的弱的带是一种非同源杂交中的“噪音”。用 *Taq*I消化的 *Th. elongatum*×*Psa. juncea* 杂种的 DNA 的杂交带显得比较弱

（图 3-14 第 1 行），用于这个杂种洋地黄毒苷法灵敏度低以及 DNA 浓度不够，但仍然比 *L. alaicus* ssp. *karataviensis* 强（图 3-14 第 3 行），对它用了稍微高一点的 DNA 浓度（图 3-14 上半部显示的溴化乙锭染色来判断）。由于第 1 行与第 5 行所用的 DNA 是近于等量，第 1 行（50%是 **J** 染色体组）强度要低于第 5 行（100%是 **J** 染色体组）。

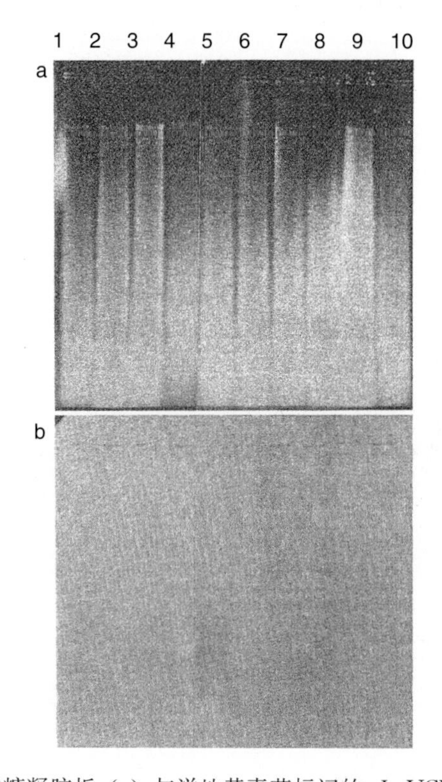

图 3-14　电泳琼脂糖凝胶板（a）与洋地黄毒苷标记的 pLeUCD2 探针（b）与 *Taq* Ⅰ消化的核 DNA 进行邵氏杂交，经 RN ase 处理的凝胶板

［第 1 行 *Th. elongatum*×*Psathyrostachys juncea*（**J^{e}N**），第 2 行 *L. mollis*（**NNXX**），第 3 行 *L. alaicus* ssp. *karataviensis*（**NNXX**），第 4 行 *L. salinus* ssp. *salmonis*（**NNXX**），第 5 行 *Th. elongatum*（**J^{e}J^{e}**），第 6 行 *L. arenarius*（**NNNNXXXX**），第 7 行 *L. ambiguus*（**NNXX**），第 8 行 *L. chinensis*（**NNXX**），第 9 行 *L. secalinus.*（**NNXX**），第 10 行 *L. innovatus*（**NNXX**）］

（Wang & Jensen，1994，图 2）

两种二倍体 *Thinopyrum*，即以 *Th. elongatum* 与 *Th. bessarabicum* 为母本，与 4 种四倍体的 *Leymus*，即以 *L. cinereus*（3 个居群）、*L. multicaulis*、*L. salinus* ssp. *salmonis*、*L. secalinus* 作父本进行人工去雄杂交，有 3 个组合得到 44 粒杂种种子，但只有 *Th. elongatum*×*L. salinus* ssp. *salmonis* 组合 3 粒种子得到 1 株杂种植株。很难得到预期的三倍体的这种情况也支持它们之间没有共同的染色体组的假说。这株杂种与对照的减数分裂染色体配对的观测数据列如表 3-18。

在上述三倍体中，204 个花粉母细胞中就有 119 个含 21 条单价体，最高只有 13 个花粉母细胞具有 3 个棒型二价体，平均只有 0.64 个二价体与 0.01 个三价体（图 3-15）。合计交叉值（crossing over value）只有 0.051 4。这些数值都显示 *Th. elongatum* 的 J^e 染色体组与 *L. salinus* ssp. *salmonis* 的两个染色体组均没有同源性。

表 3-18　F_1 杂种与对照花粉母细胞减数分裂中期Ⅰ的染色体配对行为

（引自 Wang and Jensen，1994，表 3）

F_1 杂种	2n	观察植株数	观察细胞数	Ⅰ	Ⅱ 棒型	Ⅱ 环型	Ⅱ 总计	Ⅲ
Th. elongatum×*L. salinus* ssp. *salmonis*	21	1	204	19.69 (15～21)	0.58 (0～3)	0.06 (0～2)	0.64 (0～3)	0.01 (0～1)
L. salinus×*L. mollis*	28	2	109*	0.73 (0～4)	3.83 (1～7)	9.44 (7～12)	13.27 (11～14)	0.07 (0～1)
L. mollis×*L. salinus*	28	2	25	1.16 (0～6)	1.72 (0～4)	11.08 (9～14)	12.08 (11～14)	0.04 (0～1)

* 有 0.12（0～1）个四价体。

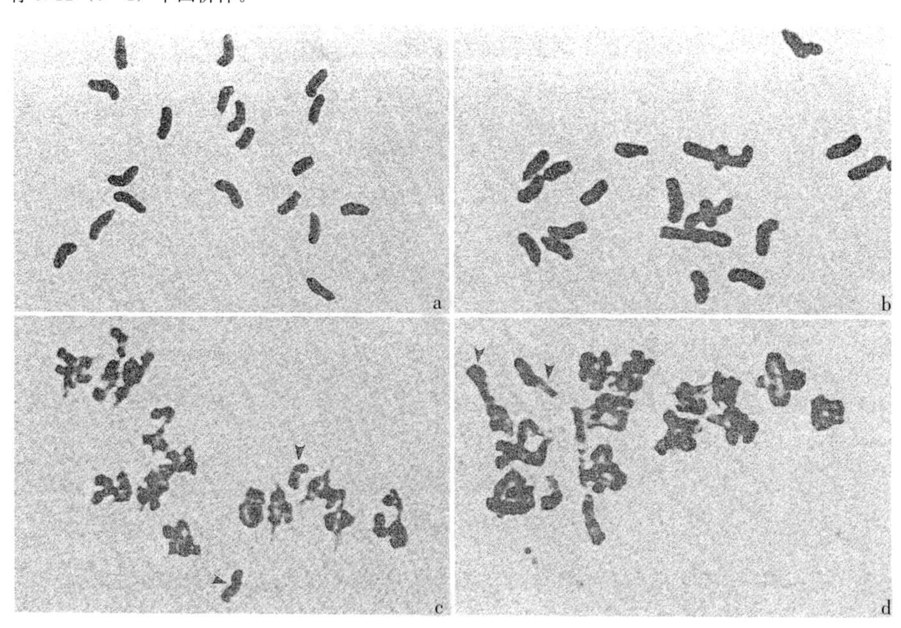

图 3-15　*Thinopyrum elongatum*×*Leymus salinus* ssp. *salmonis* 减数分裂中期Ⅰ的花粉母细胞

a. 21 个单价体　b. 15 个单价体，3 对棒型二价体（*Leymus mollis*×*L. salinus* ssp. *salmonis* 减数分裂中期Ⅰ的花粉母细胞）　c. 2 个单价体，13 对二价体　d. 14 对二价体（两对棒型二价体，箭头所指）

（引自 Wang and Jensen，1994，图 3）

他们认为，如果 *Leymus* 是含有 $N_1N_1N_2N_2$ 的部分同源四倍体，必然会在 *Leymus*×*Psathyrostachys* 的三倍体杂种中观察到至少两个三价体。但是在所有 8 种 *Leymus*×*Psathyrostachys* 杂交组合的正反交杂种中，三价体的频率变幅只有 0.15 到 0.40（Dewey，1970、1972a、1972b、1976；Wang 与 Hsiao，1984）。而人工合成的 $N_1N_1N_2$ 三倍体杂种中却平均含有 3.33 个三价体（Wang 待发表）。而 $N_1N_1N_1$ 三倍体含有 5.08 个三价体（Wang & Berdahl，1990）。因此，四倍体的 *Leymus* 不像是含有两个稍有改变的 **N** 染色体组亚型。

四倍体的 *Leymus salinus* ssp. *salmonis* 与 *L. mollis* 正反交的四倍体杂种的减数分裂

具有典型的异源四倍体的染色体配对构型（表 3－18）。它们的每个花粉母细胞平均结果与 Wang 与 Hsiao（1984）的结果相似。Петрова（1970）观察到 *Thinopyrum elongatum*×*L. mollis* 的三倍体杂种有 3.6 个二价体（2.54 个棒型与 1.06 个环型）。而 Wang 与 Jensen 在 *Th. elongatum*×*L. salinus* ssp. *salmonis* 的杂种中仅观察到 0.64 个二价体，两个观察试验的交换值（c value）都非常低，分别是 0.332 9 与 0.051 4。显示三倍体杂种中具有一对基本相同的染色体组。因此，他们认为这些三倍体杂种的染色体组都应当是 **J^eNX**，而交叉值不同是由于促进/阻遏微效基因的不同作用。

DNA 探针检测结果表明，所有供试的四倍体赖草以及八倍体的 *Leymus arenarius* 都不具有 **J** 染色体组。染色体组分析的证据证明 *L. salinus* ssp. *salmonis* 没有 **J^e**染色体组，*L. mollis* 也没有 **J** 染色体组。这些观测结果证实了 Zhang 与 Dvořák（1991）的结论，*Leymus* 中不具有 **J** 染色体组。但从他们的测试数据来看，*Leymus* 也不是一个含有 **$N_1N_1N_2N_2$**染色体组的部分异元多倍体。四倍体的 *Leymus* 的另一对染色体组是什么，还需进一步研究，现在只能说是 **NNXX**。

1994 年，丹麦皇家兽医与农业大学植物学、树木学与森林遗传学系植物学组的 M. Ørgaard 与英国约翰英尼斯植物科学研究中心细胞核生物学组的 J. S. Heslop-Harrison 在《植物系统学与进化（Plant Systematics and Evolution）》第 189 卷上发表一篇根据核基因组与克隆 DNA 邵氏杂交结果推论 *Leymus*、*Psathyro stachys* 与 *Hordeum* 属种间关系的文章。他们用表 3－19 所列材料来进行研究，即用全核基因组 DNA 作为一个探针，对按大小进行分级分离的限制性酶消化的 DNA 进行研究来确定它们的分类学关系。核基因组邵氏杂交用来评估种的基本特性，重复 DNA 序列的分化与相同性，用以研究属种演化。

表 3－19　用于核基因组邵氏杂交的种与杂种的来源及染色体数

（引自 Ørgaard 与 Heslop-Harrison，1994a，表 1）

分类群	居群	2n	产　地	采集者
Leymus Hochst.				
L. arenarius（L.）Hochst.	H 999	56	丹麦；Zealand，EjbyÅdal	Ørgaard，1991
L. mollis（Trin.）Pilg.	无号	28	无产地	丹麦植物园
L. racemosus（Lam.）Tzvel.				
ssp. *racemosus*	H 5053	28	罗马尼亚：Jud. Constanda Navodari	Jasi
ssp. *sabulosus*（Bieb.）Tzvel.	无号	28	无产地	丹麦植物园
L. paboanus（Claus）Pilg.	H 7566	56	中国：新疆	杨俊良，1986
L. angustus（Trin）Pilg.	H 7479	84	中国：新疆，阿尔泰小东沟岩坡，1 000m	杨俊良等，1986
	H 7526	84	中国：新疆，哈巴河到特立克镇，920m	杨俊良等，1986
Psathyrostachys Nevski				
P. lanuginose（Trin.）Nevski	H 8803	28	中国：新疆，富蕴	杨俊良，1989
P. huashanica Keng	H 3087	14	中国：陕西，华阴，华山谷口	杨俊良，1985
P. fragilis（Boiss.）Nevski	H 4183	14	伊朗	Dewey，PI－343190
P. stoloniformis C. Baden	D 2562	14	中国：甘肃，兰州南郊五泉山	Dewey，1980
	H 9182	14	中国：甘肃，民和＊北 60km，2 440m	Jacobsen，1990

（续）

分类群	居群	2n	产　地	采集者
Hordeum L.				
H. vulgare L. cv. 'Sultan'	无号	14	无产地	约翰英尼斯研究所
H. lechleri（Steud.）Schenck	H 1513	42	阿根廷：Santa Cruz 省	Baum，1979
H. procerum Nevski	H 1781	42	阿根廷：San Jua 省	Bothmer，1979
H. brachyantherum Nevski	H 2072	28	美国：内华达州，Winnemucca 西约 5km Humbolft	Bailey 与 Jacobsen，1980
	H 327	28	美国：阿拉斯加，Wasilla，15km，安克雷奇西北	Baum 与 Bailey,1977
H. depressums（Scribn. et Smith）Rydb.	H 502	28	美国：加利福尼亚	WAG 61（B eltsville PI 247051）
Thinopyrum Löve				
T. bessarabicum(Savul. et Rayss）Löve	无号	14	无产地	约翰英尼斯研究所
Elymus L.				
E. nutans Griseb.	H7490	42	中国：新疆，布尔津，420m	杨俊良等，1986
Secale L.				
S. cereale L. cv. Petkus	无号	14	无产地	约翰英尼斯研究所
Hordeum×*Leymus* 杂种				
H. lecleri（H 1781）× *L. angustus*（H 7526）	HH 14026	63		
H. procerum（H 1781）× *L. racemosus* ssp. *racemosus*（H 5053）	HH 14075	42		

* 编著者说明：Ming He（民和）在青海，当年采集地已在甘肃境内，编著者曾参与此次采集。

按 Anamthawat - Jonsson et al.（1990）的标准方法用非放射 ECL（Amersham）系统探针标记邵氏杂交与检测杂交位点。核基因组 DNA 用幼叶提取，消化用 *Eco* RⅠ、*Dra*Ⅰ、*Hind* Ⅲ或 *Bam* HⅠ限制性内切核酸酶（Gibco - BRL）。DNA 片段，带一个 *Hind* Ⅲ-消化 lambda 作为大小标记，在 0.8%的琼脂糖凝胶板上电泳分离，用溴化乙锭染色，所有核基因组 DNA 泳道含有大约等量的脱嘌呤 DNA，漂洗，再转载在强碱尼龙膜（Hybond N^+）上。印迹后，膜在 42℃的增强化学发光金杂交缓冲液（ECL gold hybridization buffer）中预杂交至少 15min 以及用加有氯化钠（0.1～0.5mol/L）的封闭剂来控制杂交严格性。克隆的与全核基因组 DNA 都用作探针。图 3 - 16 明暗度谱（luminograph）显示标记的 *H. lechleri* 核基因组 DNA 杂交 *Eco* RⅠ、*Hind* Ⅲ以及 *Dra* Ⅰ消化的 *Th. bessarabicum*、*H. vulgare*、*H. lechleri*、*Psa. stoloniformis*、*H. lechleri*×*L. angustus* 有性杂种以及 *L. angustus*。从所有的杂交来看，从暗度最强的 *H. lechleri* DNA（定为 100%）、最弱的 *Th. bessarabicum*（*H. lechleri* 的 8%），到 *H. vulgare*（10%）、*L. angustus*（25%）、*H. lechleri*×*L. angustus* 有性杂种（40%），*Psa. stoloniformis*（50%）强度介于中间。

图 3 - 17 显示用 *L. angustus* 探针杂交后与图 3 - 16 相类似的印迹。*L. angustus* 泳道特别强（作为 100%），强度依次比 *L. angustus* 减弱，次序是 *P. stoloniformis*（40%）、

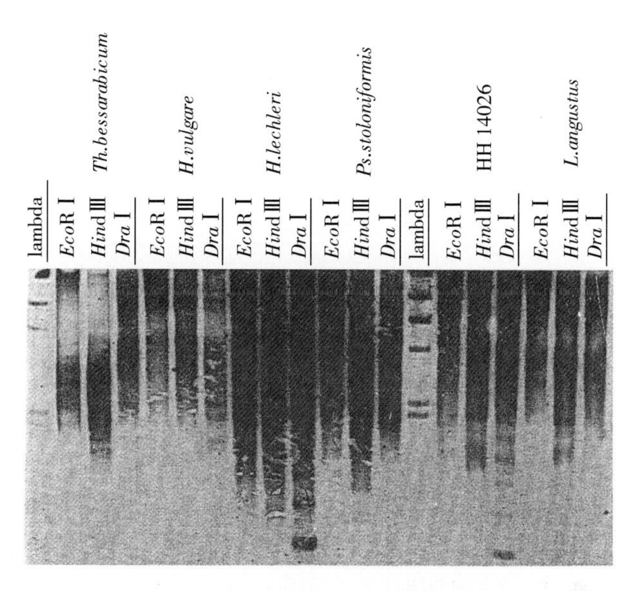

图 3-16 邵氏杂交的电泳明暗度谱

标记核基因组 DNA 探针来自 *Hordeum lechleri*。杂交 *Eco* RⅠ、*Hind* Ⅲ以及 *Dra* Ⅰ消化的核基因组 DNA。从上至下：*Thinopyrum bessarabicum*（2x）、*H. vulgare* cv. ‘Sultan’（2x）、*H. lechleri*（6x）、*Psathyrostachys stoloniformis*（2x）、*H. lechleri*×*Leymus angustus*（9x；HH 14026），以及 *L. angustus*（12x）。曝光 30min。杂交最强的是 *H. lechleri* DNA 泳道。注释：杂交梯序范例 *Dra* Ⅰ杂交的 *H. lechleri* 及其杂种。*Hind* Ⅲ消化的 lambda 作为大小标记，所有带谱从上到下 23.1、9.4、6.6、4.4、2.3 与 2.1 kb

（引自 Ørgaard & Heslop-Harrison，1994a，图 1）

H. lechleri×*L. angusyus*（35%）、*H. lechleri*（10%）、*Th. bessarabicum*（5%）、*H. vulgare*（3%）。三种消化的 *P. stoloniformis* DNA 看到有 5～10 个带，可能是几个重复序列系。探测来自 *Psa. stoloniformis* 相同消化的标记核基因组 DNA 所得到的杂交图与来自 *L. angustus* 的基本相同（Ørgaard，1992）。

图 3-18 来自 *Psa stoloniformis* 的全核基因组 DNA 与一种超过 50-折叠的 *L. angustus* 全核基因组 DNA 封闭交叉杂交以后再与 *Bam* HⅠ消化的 *Hordeum*、*Leymus*、*Psathyrostachys* 的各个种以及杂种的核基因组 DNA 杂交。总的说来，*Psathyrostachys* 与 *Leymus* 的各个种杂交强度最强，最弱的是 *H. vulgare* 与 *S. cereale*（*Brassica nigra* 作为对照标准），而 *H. depressum*、*H. brachyantherum* 以及杂种材料居中。带谱呈现 *Bam* HⅠ消化的核基因组探测（图 3-18）不如 *Dra* Ⅰ与 *Hind*Ⅲ消化的（图 3-16、图 3-17）明显。*Th. bessarabicum* 以及 *H. lechleri* × *L. angustus* 杂交得上，但与 *Psa. stoloniformis*、*L. angustus*，或 *H. vulgare* 杂交不上（图 3-19a）。正如预期，序列上没有所用酶的限制性位点，因此在电泳谱上呈一种狭线印迹（slot blot）。

与 rDNA 克隆 pTa 71 的杂交显示，*H. lechleri*、*L. angustus* 及其杂种、*Psa. stoloniformis*、*H. vulgare*，以及 *Th. bessarabicum* 在 pTa 71 重复单位中都没有一个

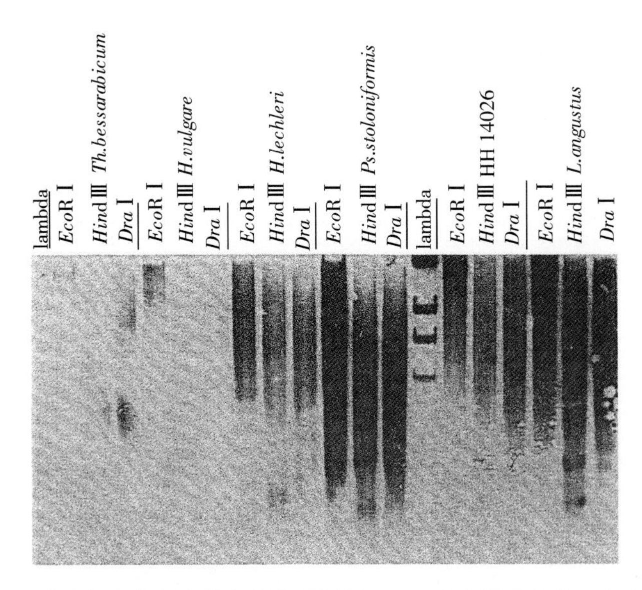

图 3-17　邵氏杂交的电泳明暗度谱［与图 3-16 印迹顺序相似，标记核基因组 DNA 探针来自 *L. angustus*。杂交最强的是 *L. angustus*，最弱的是 *Hordeum* 与 *Thinopyrum bessarabicum* DNA 泳道。注释：高重复序列（2.1 kb）存在于 *Hind* Ⅲ消化的 *L. angustus* 及其杂种中，但不是 *H. lechleri* 的核基因组 DNA］

（引自 Ørgaard 与 Heslop-Harrison，1994a，图 2）

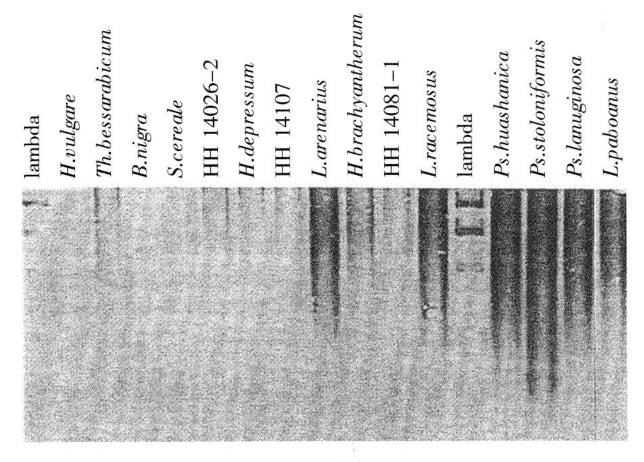

图 3-18　邵氏杂交的电泳明暗度谱［标记核基因组 DNA 探针来自 *Psathyrostachys stoloniformis*。杂交 *Bam* HⅠ 消化的各个种的核基因组 DNA，以及杂种 *H. lechleri* × *L. angustus*（HH 14026）、*H. depressum*×*L. arenarius*（HH 14107）及 *H. brachyantherum*×*L. racemosus*（HH 14081）。曝光时间 2 h。杂交最强的是 *Psathyrostachys stoloniformis* 泳道，同时验明了几个主要重复序列等级］

（引自 Ørgaard & Heslop-Harrison，1994a，图 3）

Hind Ⅲ位点。*Hordeum* 与 *Th. bessarabicum* 在重复单位中有单一的 *Dra* Ⅰ与 *Eco* RⅠ位点，而

Psa. stoloniformis 在它的 rDNA 重复单位中有两个 *Eco* RI 位点。这两个二倍体种 *Th. bessarabicum* 与 *Psa. stoloniformis* 仅有一种类型的重复单位，分别是 9.5 kb 与 9.3 kb。*H. lechleri* 与 *H. vulgare* 有两个 rDNA 重复单位长度，是 9.8kb 与 9.3 kb。*L. angustus* 具有比较复杂的 *Dra* Ⅰ与 *Eco* RⅠ模式，出现 3～4 个不同长度（10.6kb、9.9kb 与 8.9 kb）的重复单位，其中一个被 *Eco* RⅠ切成 8.4kb 与 2.4 kb 亚单位（图 3 - 19b）。

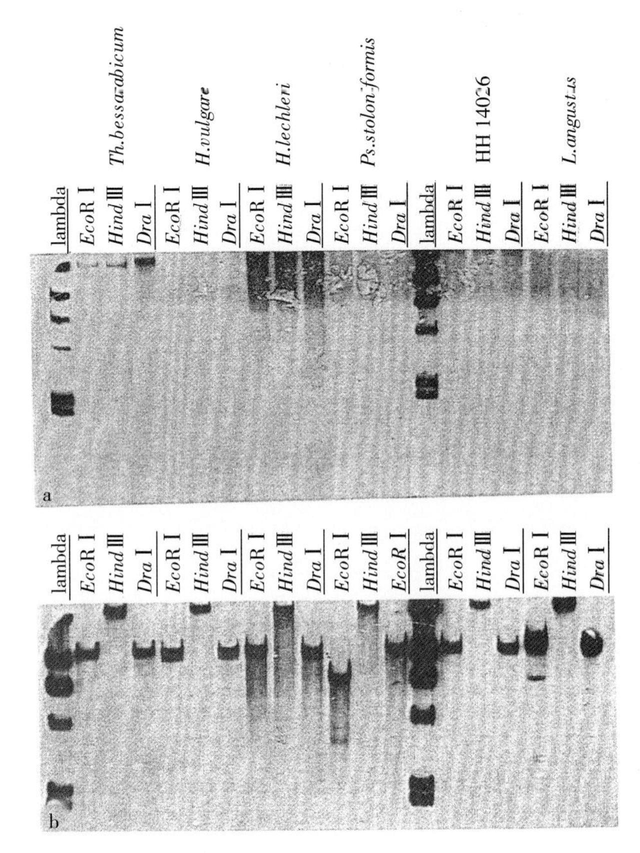

图 3 - 19　*Eco* RⅠ、*Dra* Ⅰ与 *Hind* Ⅲ消化的 *Thinopyrum bessarabicum*、*Hordeum vulgare* cv.‘Sultan’、*H. brachyantherum*、*Psathyrostachys stoloniformis*、*H. lechleri*× *L. angustus* 以及 *L. angustus* 与一个来自黑麦的重复序列克隆 pSc 119.2 杂交的变异（曝光 2 h）（A），以及（B）rDNA 重复单位来自小麦，pTa71（曝光 2 h）。pSc119.2 与来自 *H. lechleri* 以及 *Th. bessarabicum* 的 DNA 序列同源，同时显示与其他序列具有很少的同源性。*Eco* RⅠ rDNA 限制性位点的多形性在不同的种间存在也显示出来

（引自 Ørgaard & Heslop - Harrison，1994a，图 4）

Bam HⅠ印迹显示非常复杂的杂交模式（表 3 - 20，图 3 - 20）。所有测试种都有一种相同的长 3.8 kb 的片段。测试过的 *Leymus* 的种 *L. angustus*、*L. arenarius*、*L. paboanus*、*L. mollis* 与 *L. racemosus* 都没有长度小于 3.8 kb 的可以检测出的限制性片段。在 *L. angustus* 中观察到有高数量的带（有 8 条）。*Psa. stoloniformis*、*Psa. huashanica*、*S. cereale* 与 *Th.*

表 3-20　用核基因组探针 pTa 71 探测来自 *Bam* H Ⅰ 消化的 *Leymus*、*Psathyrostachys*、*Hordeum*、*Hordeum*×*Leymus* 的杂种、*Elymus*、*Thinopyrum* 以及 *Secale* 的主要 rDNA 限制性片段大小（kb）

（引自 Ørgaard 与 Heslop-Harrison，1994a，表 2）

属　种	rDNA 限制性片段（kb）														
	～10.5	10.5～10	10～9.5	9.5～9	9～8.5	8.5～8	8～7.5	7.5～7	7～6.5	6.5～6	6～5.5	5.5～5	5～4	4～3.5	3.5
L. mollis 4x		10.6		9.2				7.0	6.6	6.3				3.8、3.6	
L. racemosus 4x			9.5						6.7			5.4		3.9	
L. arenartus 8x		10.3	9.8					7.0	6.7			5.4		3.9、3.5	
L. paboanus 8x			9.5					7.1		6.1				3.7	
L. angustus 12x	10.9	10.1		9.2	8.7	8.4		7.4、7.1	6.5	6.3	5.9			3.9、3.7	
P. stoloniformis 2x					8.9		7.8		6.9、6.7	6.3				3.9	
P. huashanica 2x	12.7、12.0、11.3			9.4	8.9					6.3	5.8			3.9	
P. lanuginosa 2x					8.9				6.5			5.4		3.9	1.8
H. vulgare 2x			9.5		8.9	8.2	7.5			6.3				3.9	1.8
H. brachyantherum 4x										6.0				3.8	2.3、0.6
H. procerum 6x	10.7	10.3							7.0	6.2				3.8	23
H. depressum 4x	12.7、12.0	10.4			8.7	8.4			6.7					3.9、3.6	2.6 2.3、+更多
H. brachyantherum ×*L. racemasus*	12.6	10.1							6.9	6.3	5.7			3.9	2.3
H. procerum ×*L. racemasus*		10.3		9.8	8.7				6.9	6.2				3.9	2.3
H. lechleri ×*L. angustus*				9.8					6.9					3.9	
H. depressum ×*L. arenarius*	10.6	10.1			8.7	8.4			6.9					3.8、3.6	
E. nutans 6x				9.5					6.9		5.6			3.9	
T. bessarabicum 2x				9.5						6.3				3.9	
S. cereale 2x				9.5							5.9			3.9	

bessarabicum 中都没有任何小片段，而 *Psa. lanuginosa* 与 *H. vulgare* 具有仅为 1.8 kb 的片段。两种介于 0.5～3.8 kb 之间片段存在于 *H. brachyantherum*（4x）与 *H. depressum* 之中。

从上述试验结果来看，*Thinopyrum bessarabicum* 显示与所研究的 *Leymus* 物种间只有很少一点同源性，证实它不是 *Leymus* 染色体组的供体。虽然 *Leymus* 与 *Psathyrostachys* 共有大量的 DNA 序列，同样包含有不同的重复序列。与核糖体 DNA 探针（pTa 71）杂交显示这些观察研究的物种中编码区含有一些结构基因编码 18S、5.8S 与 26S 核糖体 RNA，而基因间隔区变异很大，存在不同大小的限制性片段以及种的编码分类。在这一研究中赖草属的种的不同倍性水平与不同的起源演化与杂交呈一种网状模式。现在看来 *Leymus* 与 *Psathyrostachys* 的种间与属间关系不像 Dewey（1984）、Zhang 与 Dvořák（1991）、Dvořák 与 Zhang（1992）建议的那样简单，不是 **JN** 染色体组，也不是 **NN** 染色体组组合，很可能亚洲的 *Leymus* 与北美的 *Leymus* 亲缘关系要比过去的想象要远一些。可能有多一些染色体组参与多倍体的形成。

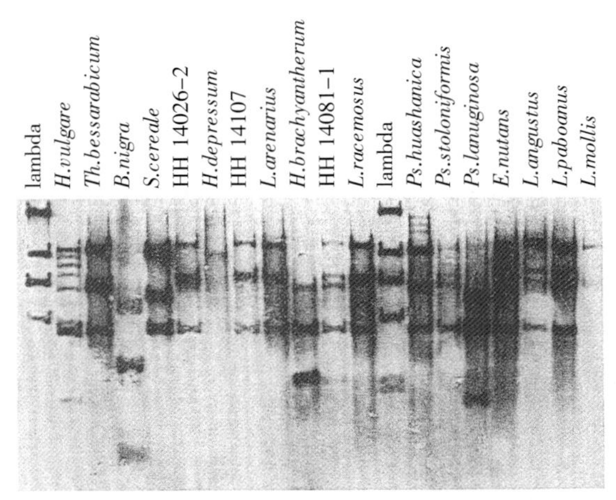

图 3-20 标记的 pTa 71 探针与 *Bam* HⅠ消化的图上所列物种以及杂种（见图 3-18）的核基因组 DNA 杂交的邵氏杂交的电泳图谱（*L. mollis* 泳道比其他泳道承载低。曝光 24h）

（引自 Ørgaard & Heslop-Harrison，1994a，图 5）

同年，他们又在《植物学年报（Annals of Botany)》上发表一篇题为“Investigations of genome relationships between *Leymus*, *Psathyrostachys* and *Hordeum* inferred by genomic DNA: DNA *in situ* hybridization”的文章。他们用全核 DNA 以及 DNA 克隆序列为探针进行荧光原位杂交（*in situ* hybridization）。研究所用材料列于表 3-21。

原位杂交的杂交玻片制作是有关成败与有无差错的关键，因此对其制备作较为详细介绍，以便评论。现介绍如下：

染色体的制备采用做了改进的 Ambros、Matzke 与 Matzke（1986）以及 Schwarzacher 等（1989）的方法。根尖在缓冲酶液（0.01mol/L 柠檬酸/柠檬酸钠，pH 4.6）迅速地清洗几次以清除固定剂。把 5～7 个 2～3 mm 长的根尖放在一个盛有缓冲酶液［酶液含有 2%纤维素酶（Onuzuka R 10，Serva)、20%液体果胶酶（来自 *Aspergillus niger*，Sigma)］的微量离心管中，放在 37℃培养箱中 1 h，再把软化了的组织体用离心机 800 *g* 离心 3 min，清洗 3 次，除去上清液并在新的缓冲液中重新悬浮。用固定液（乙醇∶乙酸＝3∶1）重复清洗 3 次。取一滴 10～20 μl 的悬浮液滴在清洁酸性载玻片上风干。

原位杂交时为了除去细胞 RNA 造成的背景杂交，对染色体制备的每张玻片用 200 μl 的 0.1%（W/V）加有核糖核酸酶（RNase）的 2×SSC（0.03mol/L 柠檬酸钠与 0.3

mol/L氯化钠）的混合液中处理，并盖上塑料滑动盖片在37℃恒温箱中保持1 h。载玻片在2×SSC中洗2次10 min，在新聚解的4%（W/V）多聚甲醛作后固定于水中10 min，在2×SSC中洗10 min，再在70%、85%、96%的乙醇中逐步脱水，最后风干。

表3-21 用于DNA：DNA原位杂交的*Leymus*、*Psathyrostachys*与*Hordeum*材料的来源

（引自Ørgaard与Heslop-Harrison，1994b，表1）

分类群	居群	2n	产地	采集者
Leymus Hochst.				
L. arenarius（L.）Hochst.	H 999	56	丹麦：Zealand，Ejby Ådal	Ørgaard，1991
L. mollis（Trin.）Pilg.	无号	28	无产地	丹麦植物园
L. racemosus（Lam.）Tzvel.				
ssp. *racemosus*	H 5053	28	罗马尼亚：Jud. Constanda Navodari	Jasi
ssp. *sabulosus*（Bieb.）Tzvel.	无号*	28	无产地	丹麦植物园
L. paboanus（Claus）Pilg.	H 7566	56	中国：新疆	杨俊良，1986
L. angustus（Trin）Pilg.	H 7479	84	中国：新疆，阿尔泰小东沟岩坡，1 000 m	杨俊良等，1986
	H 7526	84	中国：新疆，哈巴河到特立克镇，920 m	杨俊良等，1986
Psathyrostachys Nevski				
P. fragilis（Boiss.）Nevski	H 4183	14	伊朗	Dewey，PI-343190
P. stolaniformis C. Baden	D 2562	14	中国：甘肃，兰州南郊五泉山	Dewey，1980
	H 9182	14	中国：甘肃，民和** 北 60 km，2 440 m	Jacobsen，1990
Hordeum L.				
H. lechleri（Steud.）Schenck	H 1513	42	阿根廷：Santa Cruz 省	Baum，1979
H. procerum Nevski	H 1781	42	阿根廷：San Juan 省	Bothmer，1979
H. brachyantherum Nevski	H 2072	28	美国：内华达州，Winnemucca 西约 5 km Humbolft	Bailey 与 Jacobsen，1980
Hordeum×*Leymus* 杂种				
H. lecleri（H 1781）× *L. angustus*（H 7526）	HH 14026	63		
H. procerum（H 1781）× *L. racemosus* ssp. *racemosus*（H 5053）	HH 14075	42		

* 编号有误，编著者订正。

** 编著者说明：Ming He（民和）在青海，当年采集地已在甘肃境内，编著者曾参与此次采集。

rDNA探针pTa71用于原位杂交。pTa71含有核糖体去氧核糖核酸9 kb *Eco*RⅠ片段，它是从普通小麦中分离出来的（Gerlach与Bedbrook，1979），R. B. Flavell M. O' Dell提供的重新克隆成为质体pUC19，它含有遗传编码序列18S、5.8S与26S基因以及非转录间隔区序列。

在全核基因组DNA标记前，对其进行机械切断，DNA溶液通过一个1ml注射器与适合的微针切割100次，使它成为1～5 kb的DNA片段。核基因组DNA探针用洋地黄毒苷-11-dUTP（Boehringer Mannheim）或生物素-11-dUTP（GIBCO-BRL）切口平移（Schwarzacher 等，1989）。探针 pTa71 直接用罗丹明-4-dUTP（rhodamine-4-dUTP）［荧光红（Fluoro Red），Amersham］标记使原位杂交的互补 DNA 序列直接可见。

及时把原位杂交探针与 50%（V/V）甲酰胺、10%（W/V）右旋糖苷硫酸酯、0.1%（W/V）十二烷基硫酸钠及 2×SSC（标准柠檬酸盐溶液）混合，最后浓缩为 5 μg/ml（参阅 Heslop-Harrison 等，1991）。适合每一试验目的的混合的探针量以及封阻 DNA（Blocking DNA）都有所改变。

在一些试验中探针混合用于原位杂交包括从研究种来的未标记的封阻 DNA 或用未作探针用的一个相关种。封阻 DNA 用高压灭菌（1.47×10^5 Pa，5 min）的全核基因组 DNA，DNA 切割成长 100～300 bp 的片段。封阻 DNA 用量，每个载玻片 10～50 倍于探针量。

探针混合液经 10 min 70℃高温变性，30～40 μl 用于玻片的制作并加盖塑料盖片。合并玻片与探针的变性作用过程，在程序温度控制器中进行修正处理使其适于用作原位杂交的玻片（Heslop-Harrison 等，1991）。制作的玻片在经 80℃温度 5 min 变性后，在保湿箱中 37℃进行杂交，持续一个夜晚。

杂交后，玻片在 40℃的 2×SSC 中清洗 5min，继后在 42℃含有 20%的甲酰胺的 0.1×SSC 中严格漂洗 10 min，去除未杂交的或杂交很弱的探针 DNA。漂洗容许 85%以上的与探针同源的 DNA 序列杂交存留。甲酰胺漂洗后，再经两次各 5 min 40℃的 2×SSC 清洗，两次室温条件下的 2×SSC 清洗，其后再在 4×SSC、0.2%（V/V）Tween-20 中进行平衡。

染色体上杂交位点的洋地黄毒苷用荧光染料异硫氰酸荧光素［FITC（fluorescein isothiocyanate）］与绵羊抗洋地黄毒苷抗体结合。检测生物素标记的 DNA 用得克萨斯红（磺基罗丹明 101 的两种单磺酰氯衍生物的混合物）结合亲和素（抗生物素白蛋白）同时进行（Leitch，Leitch & Heslop-Harrison，1991）。在室温条件下，每一玻片用 200 μl 含有 5%（W/V）牛血清白蛋白［BSA（bovine serum albumin）］的 4×SSC-Tween 进行处理 5 min。替换牛血清白蛋白（BSA）每玻片用 40 μl 含 5 μg/ml 得克萨斯红标记的抗生素蛋白与 20 μg/ml 绵羊抗洋地黄毒苷-异硫氰酸荧光素的 5%（W/V）牛血清白蛋白缓冲液，盖以塑料盖片在保湿恒温箱中保持 37℃ 1h。继后玻片又在 37℃条件下于 4×SSC 中清洗 3 次，每次 5 min。

使信号放大，玻片用 4×SSC-Tween 加入 5%（V/V）正常山羊血清（Vector Laboratories）处理 5 min 封闭，随即放入 25 μg/ml 生物素化的抗亲和素 D（Vector Laboratories）或加有 10 μg/ml 缀合的 FITC 兔抗绵羊抗体（Dakopatts）的 5%（V/V）正常山羊血清，在 37℃温度条件下培养 1 h。继后，玻片在 37℃温度条件下于 4×SSC-Tween 中清洗 3 次，每次 8 min。探针加倍的玻片在得克萨斯红标记的亲和素中重培养。经蒸馏水短暂漂洗与风干，在每片 100 μl McIlvaine 柠檬酸缓冲剂（0.01 M 柠檬酸加 0.08 M 磷酸氢钠）中用荧光染料 DAPI（4，6-diamidino-2-phenylindole，2 μg/ml）对染，并在4×SSC-Tween 中短时清洗。每张玻片加 100 μl 抗衰减液（AFI，Citifluor），以减少荧光减退。

荧光信号用莱兹（Leitz）落射荧光显微镜（A，12/3 以及 N2 滤光片）进行观察研究。

根据他们的观察，*Leymus* 不同的种间染色体的长度有显著的差异，*Leymus arenarius* 染色体的长度为 4～8.5 μm，而 *L. paboanus* 的染色体则小一些（参阅图 3-23 至图 3-26）。这可能是分子细胞遗传学展现的是北美与欧亚大陆的赖草的显著不同或者是不同组的赖草的差异。

Psathyrostachys stoloniformis 与 *Leymus angustus* 的一些染色体上核糖体 DNA 在染色体的两端都有。观察过的 *Leymus* 其他种没有观察到任何信号染色体含有两个 Nor loci（核仁形成部位点）。*Psa. stoloniformis* 共有 14 个 rDNA 位点（图 3-21），而 *L. arenarius* 有 8 个，*L. paboanus* 有 16 个，*L. angustus* 有 12 个主要 rDNA 位点，显示 rDNA 位点数量与染色体倍性不相关。他们认为二倍体的 *Psa. stoloniformis* 具有 14 个 rDNA 位点暗示不像 Dvořák 与 Zhang（1992）认为的 *Psathyrostachys* 是 *Leymus* 唯一的亲本（编著者不是否定他们的分析论证，他们的看法也是一家之言。不过应提请读者注意核仁形成部是可以因基因的互作而隐伏不见的。人工新合成的普通小麦 D 染色体组的随体经常呈现，也就是二次缢痕出现，也就是核仁形成部没有消失；但在古老的，非人工合成的普通小麦中就消失不见；这是众所周知的事实，由此可见 Nor loci 的不稳定性，特别是在多倍体中分析时一定要加以考虑）。

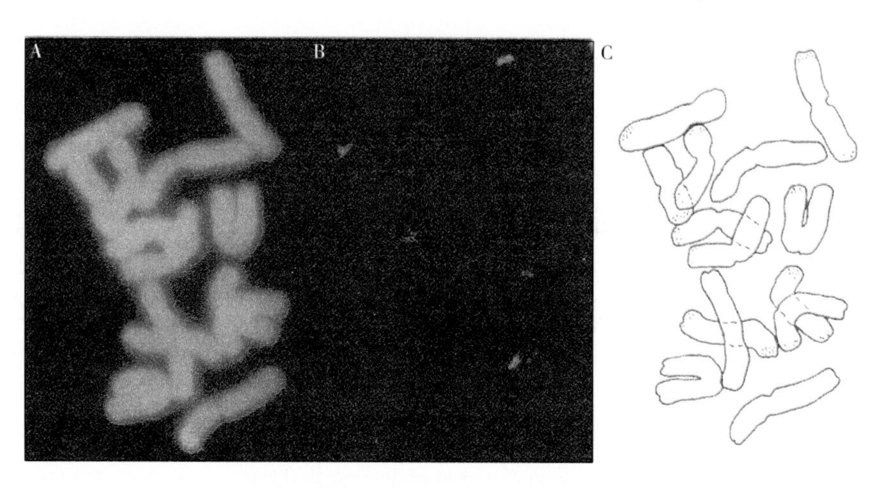

图 3-21　DNA：DNA 原位杂交后的 *Psathyrostachys stoloniformis* 根尖有丝分裂中期染色体（2n=2x=14）

A. DNA 经 DAPI 染色示染色体形态　B. 用 pTa 71 核糖体 DNA 探针杂交后可观察到许多（14）杂交位点。其中 8 个位点很强而其他很弱。4 条染色体两臂都有信号，这一观察研究看到了不寻常的属的特征　C. 染色体上 rDNA 杂交位点（黑点）附着处的图解

（引自 Ørgaard 与 Heslop-Harrison，1994b，图 1）

分子细胞遗传研究用全核基因组 DNA 作为探针可以实现种间关系的评估。当核基因组 DNA 探针已把每个种的染色体区分开来以后，他们的试验结果清楚地显示 *Hordeum* 的 **H** 染色体组与 *Leymus* 的染色体组完全不同。虽然许多 DNA 序列在小麦族的种间是共有的，*Leymus* 与 *Hordeum* 两个属还是具有显著的分化。探针对种间的相同的重复序列的杂交可以用封阻 DNA（blocking DNA）来防止，封阻后看起来就如同没有用探针去探

测的染色体一样没有表现反应。

染色体组的原位杂交显示 *Leymus* 的染色体组不是由 *Psathyrostachys* 的染色体组转变而来。调节探针 DNA 与封阻 DNA 的浓度比例可以把 *Leymus* 与 *Psathyro stachys* 区分开来。当用 *L. arenarius* 的全核基因组 DNA 为探针，在 *Psathyrostachys stoloniformis* 的染色体全长上都可看到一些负带（图 3－22），很像来自 *P. fragilis* 染色体组中存在封阻 DNA 所代表的重复序列以及来自 *P. stoloniformis* 的目标 DNA（target DNA），但来自 *L. arenarius* 的探针 DNA 中却没有。我们可以看到 *Psathyrostachys* 与 *Leymus* 的物种间的 DNA 重复序列模式的差异，并且，前述 rDNA 杂交数据也支持这一看法，*Psathyrostachys* 不是 *Leymus* 染色体组的直接供体。

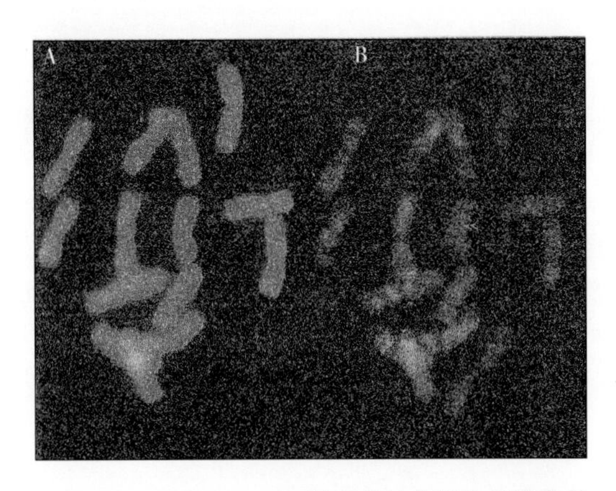

图 3－22　*Psathyrostachys stoloniformis* 根尖有丝分裂中期染色体，用洋地黄毒苷标记的 *Leymus arenarius* 全核基因组 DNA 为探针进行杂交并用来自 *Psa. fragilis* 核基因组 DNA 封阻

A. DNA 用 DAPI 染色示染色体形态　B. 与 *Leymus arenarius* 全核基因组 DNA 杂交后显示在染色体的全长上出现许多负带，暗示 *Leymus arenarius* 不是含有完整的 *Psathy rostachys stoloniformis* 的染色体组

（引自 Ørgaard 与 Heslop－Harrison，1994b，图 2）

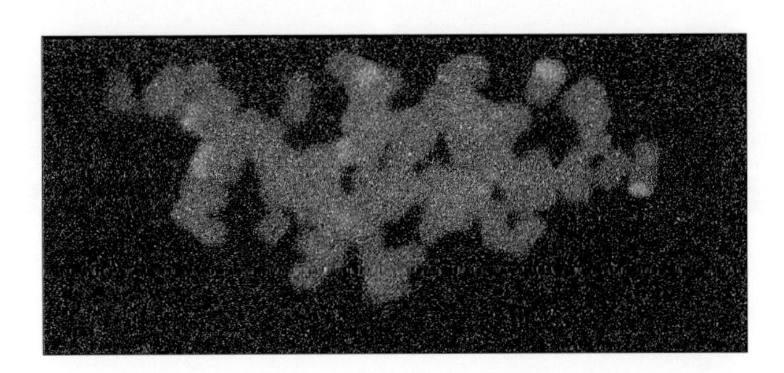

图 3－23　*Leymus paboanus*（2n＝8x＝56）根尖有丝分裂中期染色体用核糖体 DNA pTa 71 探针原位杂交后具有 10 个强杂交位点与一些可见的较小位点

（引自 Ørgaard 与 Heslop－Harrison，1994b，图 3）

他们也认为无论是供试的 *Leymus* 或是 *Psathyrostachys* 的物种都太少，需要更多、更详细的分析研究。

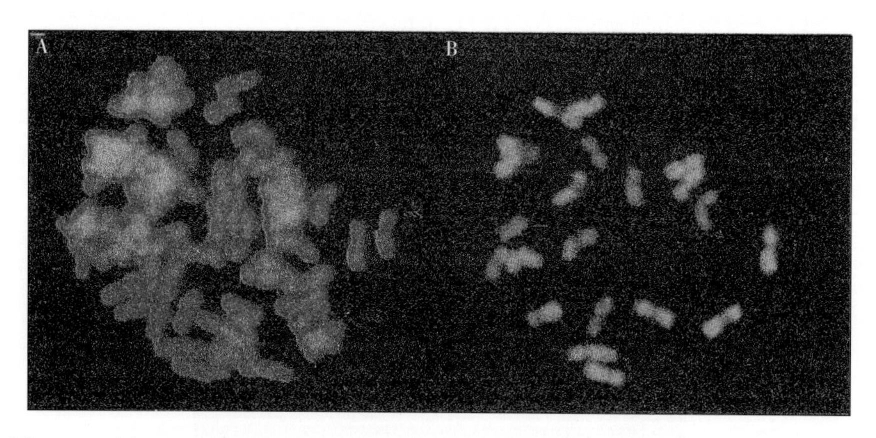

图 3-24 用 *Hordeum lechleri* × *Leymus angustus* F_1 杂种（HH 14026，2n=9x=63）根尖制备的原位杂交

A. DAPI 染色的染色体示其形态 B. 经与来自 *Hordeum brachyantherum*（4x）的标记 DNA 原位杂交并经交叉杂交以减少过量的未标记的 *L. racemosus* 核基因组 DNA。21 条来自 *H. lechleri* 染色体荧光光亮并在染色体全长上染色一致，只在着丝点部位信号较弱，而 42 条来自 *L. angustus* 的染色体几乎看不见

（引自 Ørgaard 与 Heslop-Harrison，1994b，图 4）

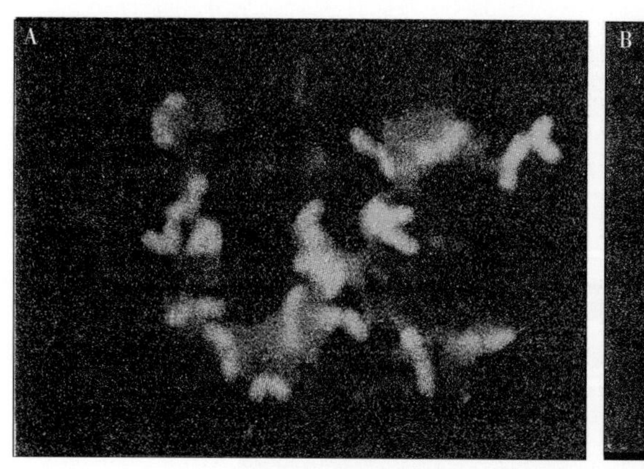

图 3-25 用 *Hordeum lechleri*（6x）× *Leymus angustus*（12x）杂种（HH 14026，2n=9x=63）根尖制备的双标记原位杂交

A. 用 *H. procerum*（6x）标记 DNA 为探针进行原位杂交后，21 条染色体显示杂交信号（绿色），它们都是来自 *H. lechleri* 的染色体，而来自 *L. angustus* 的 42 条染色体显示标记非常微弱。没有用未标记的 DNA 用于封阻杂交（参阅图 3-24） B. 红发射光显示 14 个 pTa 71 rDNA 位点（双点在染色体上）。8 个信号点位于来自 *H. lechleri* 的染色体上，有 6 个位于来自 *Leymus angustus* 的染色体上，有一条来自 *Leymus angustus* 的染色体两个臂上都有 rDNA 的位点

（引自 Ørgaard 与 Heslop-Harrison，1994b，图 5）

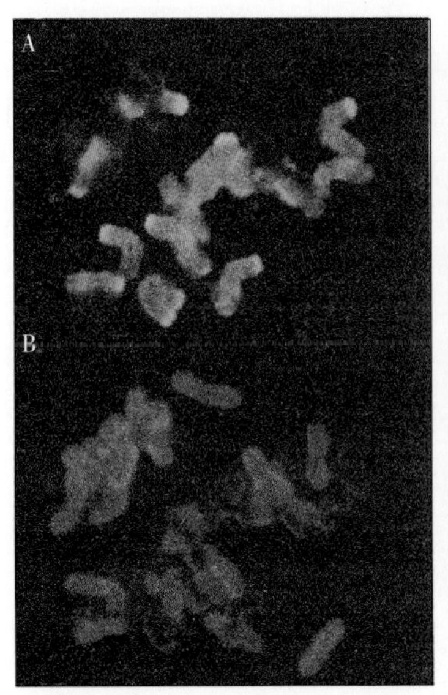

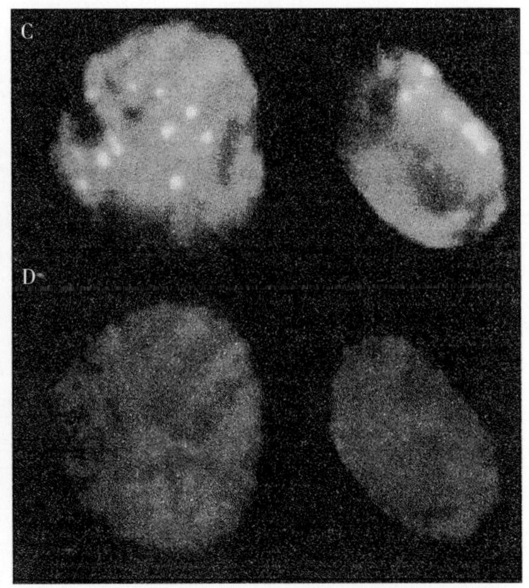

图 3-26 用 *Hordeum procerum*（6x）×*Leymus racemosus*（4x）杂种（HH 14075，2n=5x=35）根尖制备的双标记原位杂交

用洋地黄毒苷标记的 *L. racemosus* DNA（黄绿色）（A、B）以及生物素标记的 *H. procerum*（红色），在中期（A、B）来自双亲的染色体都容易区分，染色体片段在另外的染色体下面的显示标记很少。14 条来自 *L. racemosus* 的黄绿色染色体具有鲜亮的荧光亚端体片段。在间期（C、D），*L. racemosus* 在细胞核中有一个成束的极化与端体区（在 C 图中呈光亮的黄绿色）。各个染色体组的染色体分散分布，没有混同，在核中各个有分区（在图 C 与图 D 中可以看到红色与黄绿色的分布没有交叉）

（引自 Ørgaard 与 Heslop-Harrison，1994b，图 6）

从 Ørgaard 与 Heslop-Harrison（1994）的试验数据总的来看，赖草属的物种有一个染色体组与新麦草的 **Ns** 染色体组最为相近，虽然它发生了一些分化。要完全否定它们之间的近缘关系显然是论据不足。他们的数据还证明了 *Thinopyrum* 不是赖草属的供体，虽然“*Thinopyrum bessarabicum* 显示与所研究的 *Leymus* 物种间有很少一点同源性，但还是证实它不是 *Leymus* 染色体组的供体”。然而“很少”，毕竟还是比其他属种多了那么一点点同源性。这也表明苏联科学家 K. A. Петрова（1970）观察到 *Lophopyrum elongatum*×*Leymus mollis* 百分之 10.9 的减数分裂中期Ⅰ的细胞中含有 9 个单价体+6 个二价体的染色体配对构型是有原因的。编著者认为把前述所有的观察研究的数据与不同观点概括起来看，*Leymus* 的染色体组定为 **NsXm** 是可以认同的，虽然它的 **Ns** 染色体组已与新麦草的 **Ns** 有一些分化，但它们之间毕竟是最相近的，可以说是亚型间关系。**Xm** 染色体组与 **E**（**J**）染色体组及 **Ns** 染色体组或多或少有一些关系，但其间的差异之大已使它们不属于同一染色体组。

也在 1994 年，孙根楼与编著者对一种分布在新疆精河二台至赛里木湖途中石质岩坡比较特殊的赖草属植物 *Leymus amulans*（Nevski）Tzvelev 的染色体组进行了研究。大多数的赖草属植物一个穗轴节上均有两个以上的小穗，多的甚至有 5～6 个，而这种穗轴节上只有一个小穗，与众不同。它究竟是不是应当属于赖草属，需要从染色体组

型来鉴定。我们用 217 朵 *Leymus amulans* 去雄小花授以 *Psathyrostachys huashanica* 的花粉，得到 10 粒杂种种子。胚体培养，得到 4 株 F_1 杂种苗。也曾作了 *L. amulans* 与 *Psa. juncea* 的杂交，184 朵授粉小花，得到 7 粒杂种种子。经胚培，得到 1 株幼苗，但未能成长而早亡。以 *Leymus multicaulis*（Kar. et Kir.）Tzvelev 为母本，109 朵去雄小花，授以 *L. amulans* 的花粉，得到 26 粒发育良好的 F_1 杂种种子。从胚培中得到 1 株杂种，从常规栽培中也得到 1 株杂种植株。对 *L. amulans*×*Psa. huashanica* 与 *L. multicaulis*×*L. amulans* 的 F_1 杂种的减数分裂进行了观察研究，观察结果如表 3-22 所示。

表 3-22 *L. amulans*×*Psa. huashanica* 与 *L. multicaulis*×*L. amulans* 的 F_1 杂种及其亲本的减数分裂中期 I 的染色体配对情况

（引自 Sun et al.，1994，表 1）

亲本种及 F_1 杂种	观察细胞数	I	II			细胞平均交叉
			总合	环型	棒型	
L. amulans	75	0.11 (0～2)	13.95 (13～14)	11.88 (6～14)	2.07 (0～8)	25.83
L. multicaulis	80	0.58 (0～4)	13.70 (12～14)	11.20 (8～14)	2.50 (0～6)	24.90
Psa. huashanica	37	—	7.00 (7)	3.81 (1～7)	3.19 (0～5)	10.81
L. amulans×*Psa. huashanica*	118	7.15 (5～9)	6.92 (6～8)	6.14 (4～7)	0.78 (0～4)	13.06
L. multicaulis×*L. amulans*	76	2.21 (0～4)	12.91 (12～14)	11.87 (8～14)	1.04 (0～5)	24.78

注：括弧内为变幅。

试验观察数据充分说明分类群 *Leymus amulans*（Nevski）Tzvelev 是一个含 **NsXm** 染色体组的植物，应属于赖草属。*L. multicaulis*×*L. amulans* 的 F_1 杂种完全不育，说明它们之间是具生殖隔离的不同物种。

1995 年，孙根楼与编著者又在《植物系统学与演化（Plant Systematics and Evolution)》上发表题为"Morphology and cytology of intergeneric hybrids involving *Leymus multicaulis* (*Poaceae*)"的论文，比较了 *L. multicaulis* 与 *Psathyrostachys huashanica* 以及 *Psa. juncea* 的杂交结果，也分析研究了 *L. multicaulis* 与 *L. secalinus* 的染色体组的差别。

这些测试材料间的杂交数据列于表 3-23。

表 3-23 *Leymus multicaulis* 与 *Psathyrostachys huashanica*、*Psa. juncea* 以及 *L. secalinus* 人工杂交的结果

（引自 Sun et al.，1995，表 1）

杂交组合	杂交小花数	结实数		胚培数	成苗数		常规播种数	成苗数	
		个	%		个	%		个	%
L. multicaulis×*Psa. huashanica*	193	63	32.64	34	12	35.29	7	3	42.86
L. multicaulis×*Psa. juncea*	104	31	29.81	20	4	20.00	6	6	100.00
L. secalinus×*L. multicaulis*	59	10	16.95	6	5	83.33	4	0	0.00

亲本与 F_1 杂种的减数分裂染色体配对行为观察结果列于表 3-24。

表 3-24 *Leymus* 与 *Psathyrostachys* 两个种及它们的 F_1 杂种减数分裂中期Ⅰ的染色体配对构型（括弧内为变幅）

（引自 Sun et al.，1995，表 2）

种与杂种	观察细胞数	2n	Ⅰ	Ⅱ			Ⅲ	细胞平均交叉数
				总计	环型	棒型		
L. multicaulis	80	28	0.58 (0～4)	13.70 (12～14)	11.20 (8～14)	2.50 (0～6)	—	24.90
L. secalinus	67	28	0.15 (0～2)	13.82 (13～14)	13.01 (8～14)	0.81 (0～4)	—	26.83
Psa. huashanica	37	14	—	7.00 (7)	3.81 (1～7)	3.19 (0～5)	—	10.81
Psa. juncea	50	14	—	7.00 (7)	6.12 (4～7)	0.88 (0～3)	—	13.12
L. multicaulis×*Psa. huashanica*	104	21	7.30 (3～13)	6.69 (4～7)	4.15 (1～7)	2.54 (0～5)	0.096 (0～3)	11.03
L. multicaulis×*Psa. juncea*	85	21	7.48 (5～11)	6.75 (5～8)	5.26 (2～7)	1.49 (0～6)	—	12.01
L. secalinus×*L. multicaulis*	131	28	4.49 (0～8)	11.71 (9～14)	9.56 (5～13)	2.15 (0～6)	0.02 (0～2)	21.29

从染色体组型分析的数据来看，*Leymus multicaulis* 有一个染色体组与 *Psathyrostachys huashanica* 以及 *Psa. juncea* 的染色体组同源，与两种新麦草的亲缘关系同样相近，两个新麦草分类群都有可能是它的供体。*L. multicaulis* 与 *L. secalinus* 虽含有相同的染色体组，F_1 杂种的减数分裂染色体配对可以形成 14 个二价体，环型二价体平均 9.56，最高可达 13 对，说明它们都是含 **NsXm** 染色体组的 *Leymus* 属的分类群，但单价体平均也有 4.49，最多也可达 8 条，并且杂种完全不育。充分说明它们之间有一定的分化，已使它们成为两个独立的种。

表 3-25　用于本试验的植物属种

（引自 Dubcovsky 等，1997，表 1）

	染色体组	居群	来源	编号	H 染色体组带[a]				大麦带[b]			Ns 染色体组带[c]				
					pHch2	pHCh93	pHch1.3	AK60A9	pTIUCD2	pHVUCD16	pHVUCD32	pPjUCD5	pPjUCD6	pPjUCD11	pLmUCD1	pTa71
Hordeum vulgare L.	I	cv. Morex	美国	1	—	—	—	—	+	++	++	—	—	—	—	—
Hordeum bulbosum L.	I	DV1322—3	不明	2	—	—	—	+	+	+	+	—	—	ns	—	ns
Hordeum marinum ssp. *marinum* Huds.	**X**[a]	H 90—I	希腊	3	—	—	—	—	+	+	+	—	—	—	—	ns
Hordeum marinum ssp. *marinum*	**X**[a]	H 515	西班牙	4	—	—	—	—	+	+	+	—	—	ns	—	ns
Hordeum marinum ssp. *gussonoeanum* (Parl.) Thell.	**X**[a]	H 299	保加利亚	5	—	—	—	—	+	+	+	—	—	—	—	ns
Hordeum murinum L. ssp. *glaucum* (Steud.) Tzvelev	**X**[u]	H 3325	美国	6	—	—	—	—	+	+	+	—	—	ns	—	ns
Hordeum murinum ssp. *glaucum*	**X**[u]	PI 211045	阿富汗	7	—	—	—	—	+	+	+	—	—	—	—	ns
Hordeum bogclanii Wilensky	**H**	H 7065	中国	8	+	+	+	+	+	+	+	—	—	ns	—	ns
Hordeum roshevirzii Bowden	**H**	H 10070	俄罗斯	9	+	+	+	+	+	+	+	—	—	—	—	ns
Hordeum brevisubulatum (Trin.) Link ssp. *viotaceum* (Boiss & Hohen.) Tzvelev	**H**	PI 401374	伊朗	10	+	+	+	+	+	+	+	—	—	ns	—	ns
Hordeum brachyanrherum Nevski ssp. *californicum* (Covas & Stebbins) Bothmer, Jacobsen & Seberg	**H**	H 1942	美国	11	+	+	+	+	+	+	+	—	—	—	—	ns
Hordeum intercedens Nevski	**H**	H 3251	美国	12	+	+	+	+	+	+	+	—	—	—	—	ns
Hordeum pusiltum Nutt.	**H**	H 2043	美国	13	+	+	+	+	+	+	+	—	—	ns	—	ns
Hordeum chilense Roem. & Schult.	**H**	PI 283376	智利	14	+	+	+	+	+	+	+	—	—	ns	—	ns
Hordeum cordobense Bothmer, Jacobsen & Nicora	**H**	H 6460	阿根廷	15	+	+	+	+	+	+	—	—	—	ns	—	ns

（续）

	染色体组	居群	来源	编号	H染色体组带[a]				大麦带[b]			Ns染色体组带[c]				
					pHch2	pHCh93	pHch1.3	AK60A9	pTIUCD2	pHVUCD16	pHVUCD32	pPjUCD5	pPjUCD6	pPjUCD11	pLmUCD1	pTa71
Hordeum erectifolium Bothmer, Jacobsen & M. Jφrg.	H	H 1150	阿根廷	16	+	+	+	+	+	+	+	—	—	ns	—	ns
Hordeum euclaston Steud.	H	H 1263	阿根廷	17	+	+	+	+	+	+	+	—	—	ns	—	ns
Hordeum fiexuosum Nees ex Steud.	H	H 2127	乌拉圭	18	+	+	+	+	+	+	+	—	—	ns	—	ns
Hordeum muticum J. Presl	H	H 958	玻利维亚	19	+	+	+	+	+	+	+	—	—	ns	—	ns
Hordeum patagonicum (Hauman) Covas ssp. *magellanicum* (Parodi & Nicora) Bothmer, Giles & Jacobsen	H	H 6209	阿根廷	20	+	+	+	ns	+	+	+	—	ns	—	ns	ns
Hordeum pubifilorum Hook. f.	H	H 1236	阿根廷	21	+	+	+	+	+	+	+	—	—	ns	—	ns
Hordeum stenostachys Godr.	H	H 1780	阿根廷	22	+	+	+	+	+	+	+	—	—	—	—	—
Pseudoroegneria stipifolia (Czern. ex Nevski), Á. Löve	St	PI 313960	前苏联	23	—	—	(+)	—	—	(+)	—	—	—	—	—	—
Agropyron cristatum (L.) Gaertn.	P	PI406450	前苏联	24	—	(+)	—	—	(+)	(+)	—	—	—	—	—	—
Australopyrum retrofractum (Vickery) Á. Löve	W	PI 531553	澳大利亚	25	—	—	—	—	(+)	—	—	—	—	—	—	—
Lophopyrum elongatum (Host) Á. Löve	E^e	D 1-1-2	不明	26	(+)	ns	—	—	(+)	ns	—	—	—	—	—	—
Thinopyrum bessarabicum (Savul. & Rayss.) Á. Löve	E^b	D-3483	前苏联	27	—	—	—	—	—	—	—	—	—	—	—	—
Psathyrostachys juncea (Fisch.) Nevski	N_s	PI 314668	前苏联	28	—	—	—	—	—	—	—	+	+	+	+	+
Psathyrostachys juncea	N_s	H 8721	中国	29	—	—	—	—	—	—	—	+	+	+	+	+
Leymus alaicus ssp. *karataviensis* (Roshev.) Tzvelev	N_sX_m	PI 314667	前苏联	30	—	—	—	—	—	—	—	+	+	+	+	+
Leymus multicaulis (Kar. & Kir.) Tzvelev	N_sX_m	PI 440324	前苏联	31	—	—	—	—	—	—	—	+	+	+	+	+

（续）

	染色体组	居群	来源	编号	H染色体组带[a]				大麦带[b]			Ns染色体组带[c]				
					pHch2	pHCh93	pHch1.3	AK60A9	pTIUCD2	pHVUCD16	pHVUCD32	pPjUCD5	pPjUCD6	pPjUCD11	pLmUCD1	pTa71
Leymus cinereus (Scrib. & Merr.) Á. Löve	N_sX_m	CS-18-16-70	美国	32	—	—	—	—	—	—	—	+	+	+	+	+
Elymus erianthus Phil.	$N_sX_mX_m$?	H 213	阿根廷	33	—	—	—	—	—	—	—	+	+	+	+	+
Elymus erianthus	$N_sX_mX_m$?	Rene	阿根廷	34	—	—	—	—	—	—	—	+	+	+	+	+
Elymus mendocinus (Parodi) Á. Löve	$N_sX_mX_mX_m$?	J 601	阿根廷	35	—	—	—	—	—	—	—	+	+	+	+	—
Elymus andinus Trin.	S_tH	J 825	智利	36	+	+	ns	+	+	+	+	ns	—	—	—	—
Elymus angulatus J. Presl	S_tH	H 6419	阿根廷	37	+	+	ns	+	+	+	+	ns	—	—	—	—
Elymus antarticus Hook. f.	S_tH	H 203	阿根廷	38	+	+	+	+	+	+	+	—	—	—	—	—
Elymus araucanus (Parodi) Á. Löve	S_tH	J 650	阿根廷	39	+	+	+	+	+	+	+	—	—	—	—	—
Elymus breviaristatus (Hitchc.) Á. Löve ssp. *scabrifolius* (DÖll) Á. Löve	S_tH	J 699	阿根廷	40	+	+	+	+	+	+	+	—	—	ns	—	ns
Elymus canadensis L.	S_tH	PI 232249	美国	41	+	+	+	+	+	+	+	—	—	—	—	—
Elymus cordilleranus Davidse & Pohl	S_tH	H 6486	秘鲁	42	+	+	+	+	+	+	+	—	—	—	—	+
Elymus gayanus Desv.	S_tH	J 821	智利	43	+	+	ns	+	+	+	+	ns	—	—	—	—
Elymus mutabilis (Drobov) Tzvelev	S_tH	D-2708	中国	44	+	+	+	+	+	+	+	ns	—	—	—	—
Elymus rigescens Trin.	S_tH	J 630	阿根廷	45	+	+	+	+	+	+	+	—	—	—	—	—
Elymus siribicus L.	S_tH	PI 315429	前苏联	46	+	+	+	+	+	+	+	ns	—	—	—	—
Elymus sitanion Schult.	S_tH	PI 232353	美国	47	+	+	+	+	+	+	+	ns	—	—	—	ns
Elymus tilcarensis (J. H. Hunz.) Á. Löve	S_tH	J 413	阿根廷	48	+	+	+	+	+	+	+	—	—	—	—	—
Elymus trachycaulus (Link) Gould ex Shinners	S_tH	PI 232156	美国	49	+	+	+	+	+	+	+	—	—	ns	—	—

（续）

	染色体组	居群	来源	编号	H染色体组带[a]				大麦带[b]			Ns染色体组带[c]				
					pHch2	pHCh93	pHch1.3	AK60A9	pTIUCD2	pHVUCD16	pHVUCD32	pPjUCD5	pPjUCD6	pPjUCD11	pLmUCD1	pTa71
Elymus trachycaulus ssp. *trachycaulus* (Link) Gould ex Shinners	S_tH	PI 537323	美国	50	+	+	+	+	+	+	+	ns	—	—	—	ns
Elymus trachycaulus ssp. *subsecundus* (Link) Gould	S_tI	PI 236687	加拿大	51	+	+	+	+	+	+	+	ns	—	—	—	ns
[*Elymus trachycaulus* ssp. *violaceus* (Hornem.) Á. Löve & D. Löve] *Agropyron* spp.	PP?	PI 276712	前苏联	52	—	ns	—	ns	ns	+	ns	ns	ns	—	ns	ns
Elymus patagonicus Speg.	S_tHH	PI 297898	阿根廷	53	++	++	++	++	++	+	++	—	—	—	—	—
Elymus scabriglumis (Hack.) Á. Löve	S_tHH	PI 269646	阿根廷	54	++	++	++	++	++	+	++	—	—	—	—	—
Elymus dahuricus Turcz. ex Griseb.	S_tYH	PI 499418	中国	55	+	ns	+	+	+	+	+	ns	—	—	—	ns
Elymus drobovii (Nevski) Tzvelev	S_tYH	PI 314201	前苏联	56	+	ns	+	+	+	+	+	ns	—	—	—	ns
Elymus nutants Griseb.	S_tYH	PI 406466	前苏联	57	+	ns	+	+	+	+	+	—	—	—	—	—
Elymus tsukushiensis Honda	S_tYH	PI 499622	日本	58	+	ns	+	+	+	+	+	ns	—	—	—	ns
Elymus tsukushiensis var. *transiens* [syn. *A. kamoji* (Ohwi) Ohwi]	S_tYH	PI 276396	中国	59	+	ns	+	ns	ns	+	ns	ns	ns	—	ns	ns
Elymus glaucissimus (M. Pop.) Tzvelev	S_tS_tY	PI 564934	欧洲	60	—	ns	—	ns	ns	+	ns	ns	ns	—	ns	ns
Elymus tschimganicus (Drobov) Tzvelev	S_tS_tY	PI 499481	中国	61	—	ns	(+)	ns	ns	+	ns	ns	ns	—	ns	ns
Elymus alatavicus (Drobov) Á. Löve	S_tPY	PI 499588	中国	62	—	ns	ns	ns	ns	+	ns	ns	ns	—	ns	ns
Elymus batalinii (Krasn.) Nevski	S_tPY	PI 547361	库尔德斯坦	63	—	ns	—	ns	+	+	ns	—	—	—	—	—
Elymus grandiglumis (Keng) Á. Löve	S_tPY	PI 531614	中国	64	—	ns	—	ns	ns	+	ns	ns	ns	—	ns	ns
Elymus kengii Tzvelev	S_tPY	PI 504457	中国	65	—	ns	—	ns	ns	+	ns	ns	ns	—	ns	ns
Psathyrostachys tauri (Boiss. & Bal.) Á. Löve	S_tP	PI 401329	伊朗	66	—	ns	ns	ns	ns	+	ns	ns	ns	—	ns	ns

（续）

	染色体组	居群	来源	编号	H 染色体组带[a]				大麦带[b]			Ns 染色体组带[c]				
					pHch2	pHCh93	pHch1.3	AK60A9	pTIUCD2	pHVUCD16	pHVUCD32	pPjUCD5	pPjUCD6	pPjUCD11	pLmUCD1	pTa71
Elymus abolinii (Drobov) Tzvelev	**S_tY**	PI 314617	前苏联	67	−	ns	(+)	ns	ns	+	ns	ns	ns	−	ns	−
Elymus barbicallus (Ohwi) S. L. Chen	**S_tY**	PI 499380	中国	68	−	ns	−	ns	ns	+	ns	+	+	−	ns	ns
Elymus caucasicus (C. Koch) Tzvelev	**S_tY**	PI 531572	亚美尼亚	69	−	ns	(+)	+	ns	+	ns	−	−	−	−	−
Elymus ciliaris (Trin.) Tzvelev	**S_tY**	PI 531575	中国	70	−	−	(+)	+	(+)	+	−	−	−	−	−	−
Elymus fedtschenkoi Tzvelev	**S_tY**	PI 531607	巴基斯坦	71	−	ns	(+)	ns	ns	+	ns	ns	ns	−	ns	ns
Elymus gmelinii (Ledeb.) Tzvelev	**S_tY**	PI 499607	中国	72	−	ns	(+)	ns	ns	+	ns	ns	ns	−	ns	ns
Elymus gmelinii ssp. *ugamicus* (Drobov) Á. Löve	**S_tY**	PI 314618	前苏联	73	−	−	−	(+)	(+)	+	−	−	−	−	−	−
Elymus longearistatus (Boiss.) Tzvelev	**S_tY**	PI 401277	伊朗	74	−	ns	(+)	ns	ns	+	ns	ns	ns	−	ns	ns
Elymus nipponicus Jaaska	**S_tY**	PI 275776	日本	75	−	ns	−	ns	ns	+	ns	ns	ns	−	ns	ns
Elymus pendulinus (Nevski) Tzvelev	**S_tY**	PI 547309	前苏联	76	−	ns	−	ns	ns	+	ns	ns	ns	−	ns	ns
Elymus praeruptus Tzvelev	**S_tY**	PI 531651	塔吉克斯坦	77	−	ns	(+)	ns	ns	+	ns	ns	ns	−	ns	ns
Elymus semicostatus (Nees ex Steud.) Melderis ssp. *foliosus* (Keng) Á. Löve	**StY**	PI 531664	中国	78	−	ns	−	ns	ns	+	ns	ns	ns	−	ns	ns
Elymus semicostatus ssp. *striatus* (Nees ex Steud.) Á. Löve	**S_tY**	PI 207453	阿富汗	79	−	ns	+	ns	ns	+	ns	ns	ns	−	ns	ns

注：+，存在；++，高强度存在；(+)，存在呈弱带；−，不存在；ns，无痕迹。

a　pHCH2（*Hae*Ⅲ）：**H**染色体组鉴别强度：杂交信号强度至低限度，比不含**H**染色体组的种强一个等级（见图 3-27）；pHch93（*Hae*Ⅲ）、pHch1.3（*Hae*Ⅲ）与 AKM60A9（*Taq*1）：限制性片段存在于所有含**H**染色体组的二倍体种中，而在小麦族其他二倍体种中不存在或呈弱带。

b　pTIUCD2（*Taq*Ⅰ）与 pHvUCD32（*Tap*Ⅰ）：限制性片段存在于所有含**H**、**I**、**X_a**以及**X_u**染色体组的 *Hordeum* 二倍体种中，而小麦族其他二倍体种中不存在或呈弱带；pHvUCD16a（HaeⅢ）（见图 3-28）：所有大麦属（含**H**、**I**、**X_a**以及**X_u**染色体组）二倍体种鉴别强度，在 *Agropyron* 与 *Pseudoroegneria* 种中呈弱带，在小麦族二倍体种中不存在。

c　pPjUCD5（*Taq*Ⅰ）（见图 3-29）；**N_s**染色体组串联重复（165bp 梯序列）；pPjUCD6（*Hae*Ⅲ）：**N_s**染色体组标记带，一个限制性片段只存在于 *Leymus*，*E. erianthus* 与 *E. mendocinus* 中未包括在表中；pPjUCD11：4 条**N_s**染色体组标记带，只存在于 *Psa. juncea* 中的一个限制性片段未包括在表中；pLmUCD1.（*Taq*Ⅰ）：**N_s** 染色体组标记带；PTA71（*Eco* RⅠ）（见图 3-30）：rDNA 重复单位基因间间隔区增加的 *EcoR*Ⅰ限制性位点。

1997年，在加拿大出版的《核基因组（Genome）》第40卷505～520页，美国加州大学戴维斯分校农学与草原学系的Jorge Dubcovsky与阿根廷国家生物资源研究所的A. R. Schlatter和M. Echaide联合发表了一篇题为“Genome analysis of South American *Elymus*（Triticeae）and *Leymus*（Triticeae）species based on variation in repeated nucleotide sequences”的文章。他们从不同的小麦族的物种中筛选出32个重复核苷酸序列的克隆对H染色体组进行示差杂交（表3-25、表3-26）。

克隆pHch2（图3-27）对所有的**H**染色体组产生杂交信号，并比其他观察的含**I**、**Xa**、**Xu**染色体组的大麦种，或者含**St**染色体组的*Pseudoroegneria*、含**P**染色体组的*Agropyron*、含**W**染色体组的*Australopyrum*、含$\mathbf{E^b}$染色体组的*Thinopyrum*，以及含**Ns**染色体组的*Psathyrostachys*的种至少要强一个等级。pHch2与*Lophopyrum elongatum*（$\mathbf{E^e}$）杂交信号比含**H**染色体组的种要弱3倍。

在每个泳道大量的杂交探针与一个分子成像分析物（Molecular Immager Analyzer）（图3-27B）整合，同时在凝胶中的用荧光溴化乙锭估算的DNA含量来调整。图3-27B，正确的数值都反映在直方图曲线中。*Elymus*属的物种中含**H**染色体组的（**StH**、**StHH**、**StHY**）比不含**H**染色体组的（**StY**、**StStY**、**StPY**）（图3-27A）要强一个档次。唯一例外的是来自苏联的*Elymus trachycaulus* ssp. *violacevum*（PI 276712）。这个PI 276712含28条染色体，覆瓦状排列的小型小穗、比较大的花药（2.5 mm），显示它可能是错误鉴定为*Elymus trachycaulus* ssp. *violacevum*的，它很像是一种四倍体的*Agropyron*属植物。当与克隆pPjUCD11，pHch2（图3-27：泳道52与24）以及pLeUCD1杂交，相似的带谱呈现于四倍体的PI 276712与二倍体的*Agropyron cristatum*之间更支持这一看法。在这一试验中的另外两个*E. trachy caulus*的亚种（*E. trachycaulus* ssp. *trachycaulus*与*E. trachycaulus* ssp. *subsecundus*），呈现含**StH**染色体组的预期杂交强度（图3-27：50与51泳道）。

高强度的杂交信号在表3-25所列用于分析的南美四倍体披碱草中观察到，说明它们都含有**H**染色体组。在六倍体种*E. patagonicum*与*E. scabriglumis*泳道中（图3-27B：泳道53、54）观察到比四倍体强得多的信号，可能是由于双倍的**H**染色体组剂量导致的结果。在所有二倍体H染色体组中存在的限制性片段杂交带（克隆pHch93、pHch1.3及AKM60A9，表3-25）也都存在于南美四倍体与六倍体的披碱草的杂交带谱中。

这一试验研究最重要的发现是**H**染色体组特有克隆pHch2与南美的四倍体的*Elymus erianthus*以及八倍体的*Elymus mendocinus*显示出没有杂交信号（图3-27A、B：泳道33与35）。这个限制性片段在含**Ns**染色体组的二倍体种中也不存在。存在于所有二倍体**H**染色体组中的克隆pHch93、pHch1.3和AKM60A9，二倍体大麦种（**I**、**Xa**、**Xu**与**H**染色体组）中的pT1UCD2和pHvUCD32，与*Elymus erianthus*以及*Elymus mendocinus*杂交也不呈现带谱。

*Elymus erianthus*与*Elymus mendocinus*杂交带谱不仅仅与*Elymus*的**H**染色体组（**StH**、**StHH**、**StYH**）的带谱不同，与*Elymus*的**StY**染色体组也不同（图3-28）。来自*Hordeum vulgare*的克隆pHvUCD16对所有的二倍体*Hordeum*杂交带谱上都显现强烈的杂交信号，对含**StH**的*Elymus*与含**StY**的*Elymus*也都有杂交信号，这个克隆显

示出对 **St** 与 **P** 染色体组也有较弱的信号，但对 *Elymus erianthus* 与 *Elymus mendocinus* 则完全没有（图 3-28：泳道 33 与 35），对 *Psathyrostachys juncea* 以及 3 个 *Leymus* 的种也完全没有（表 3-25：编号 28～32）。来自 *Lophopyrum elongatum* 的克隆 pLeUCD1 显示出对 *Lophopyrum* 的 $\mathbf{E^e}$ 染色体组以及 *Thinopyrum* 的 $\mathbf{E^b}$ 染色体组非常强的杂交信号，对 *Pseudoroegneria* 的 **St** 染色体组、对 *Agropyron* 的 **P** 染色体组，以及所有分析的披碱草属植物较弱一点的杂交信号（图 3-28）。而这个克隆 pLeUCD1 显示出对 *E. erianthus* 与 *E. mendocinus* 的 DNA（图 3-28：泳道 33 与 35），对 *Psa. juncea* 以及 *Leymus* 的 DNA 杂交信号等于零或即使在过度放射自显影的情况下也要比 *Elymus* 的强度低一个档次。

表 3-26　克隆、核基因组来源、插入片段大小、载体与克隆位点

（引自 Dubcovsky，et al.，1997，表 2）

克　隆	来　源	插入片段大小（bp）	载　体	参　考
pTa71	*Triticum aestivum*	9 000	PUC19（*Eco*RI）	Gerlach 与 Bedbrook，1970
pTa250.15	*Triticum aestivum*	900	pUC19（*Hha*I）	Appels 与 Dvořák，1982
pTICD2	*Triticum longissimum*	450	pUCI18（*Bam*HI）	Zhang 与 Dvořák，1992
pHch1.3	*Hordeum chilense*	430	pUC19（*Bam*HI）	Hueros 等，1993
pHch2	*Hordeum chilense*	2 100	pUC19（*Bam*HI）	Hueros 等，1990
pHch3	*Hordeum chilense*	500	pUC19（*Bam*HI）	Hueros 等，1990
pHch4	*Hordeum chilense*	2 600	pUC19（*Bam*HI）	Hueros 等，1990
pHcg5	*Hordeum chilense*	2 000	pUC19（*Bam*HI）	Hueros 等，1990
pHch93	*Hordeum chilense*	1 800	pUC19（*Bam*HI）	E. Ferrer（未发表）
pHch950	*Hordeum chilense*	560	BSB+	Hueros 等，1993
pHvUCD16	*Hordeum vulgare*	465	pUC19（*Bam*HI）	Dvořák（未发表）
pHvUCD19	*Hordeum vulgare*	503	pUC19（*Bam*HI）	Dvořák（未发表）
pHvUCD24	*Hordeum vulgare*	465	pUC19（*Bam*HI）	Dvořák（未发表）
pHvUCD32	*Hordeum vulgare*	361	pUC19（*Bam*HI）	Dvořák（未发表）
pHvUCD41	*Hordeum vulgare*	351	pUC19（*Bam*HI）	Dvořák（未发表）
pHvUCD49	*Hordeum vulgare*	586	pUC19（*Bam*HI）	Dvořák（未发表）
AKM60A4	*Hordeum vulgare*	424	BSIIKS+（*Bam*HI）	A. Kilian（未发表）
AKM60A6	*Hordeum vulgare*	400	BSIIKS+（*Bam*HI）	A. Kilian（未发表）
AKM60A9	*Hordeum vulgare*	347	BSIIKS+（*Bam*HI）	A. Kilian（未发表）
AKM60A15	*Hordeum vulgare*	391	BSIIKS+（*Bam*HI）	A. Kilian（未发表）
AKM60A16	*Hordeum vulgare*	314	BSIIKS+（*Bam*HI）	A. Kilian（未发表）

（续）

克　隆	来　源	插入片段大小（bp）	载　体	参　考
pPjUCD3	*Psathyrostachys juncea*	370	pUC18（*Bam*HI）	Zhang 与 Dvořák，1991
pPjUCD4	*Psathyrostachys juncea*	310	pUC18（*Bam*HI）	Zhang 与 Dvořák，1991
pPjUCD5	*Psathyrostachys juncea*	240	pUC18（*Bam*HI）	Zhang 与 Dvořák，1991
pPjUCD6	*Psathyrostachys juncea*	340	pUC18（*Bam*HI）	Zhang 与 Dvořák，1991
pPjUCD8	*Psathyrostachys juncea*	450	pUC18（*Bam*HI）	Zhang 与 Dvořák，1991
pPjUCD11	*Psathyrostachys juncea*	480	pUC18（*Bam*HI）	Zhang 与 Dvořák，1991
pPjUCD12	*Psathyrostachys juncea*	445	pUC18（*Bam*HI）	Dvořák（未发表）
pPjUCD13	*Psathyrostachys juncea*	240	pUC18（*Bam*HI）	Dvořák（未发表）
pPjUCD14	*Psathyrostachys juncea*	600	pUC18（*Bam*HI）	Dvořák（未发表）
pLmUCD1	*Leymus multicaulis*	270	pUC18（*Bam*HI）	Zhang 与 Dvořák，1991
pLeUCD1	*Lophopyrum elongatum*	230	pUC18（*Bam*HI）	Zhang 与 Dvořák，1991

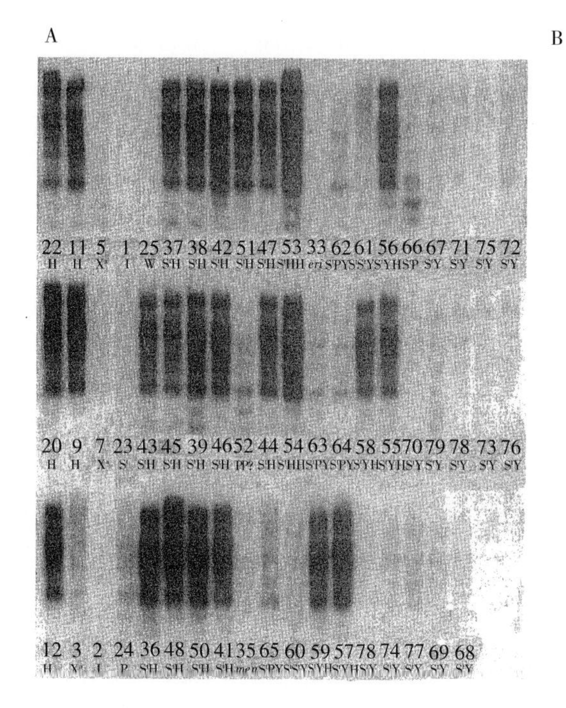

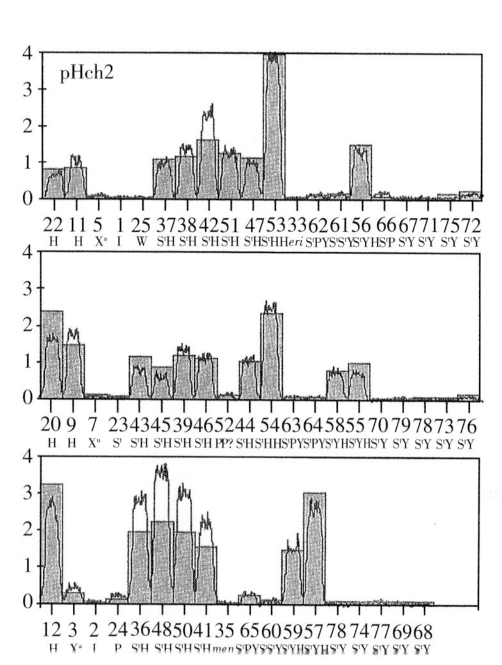

图 3-27　*Hae*Ⅲ消化的 DNA 与克隆 pHch2 杂交（A）［DNA 加注于每一泳道按倍性调整（二倍体，2 μg；四倍体，4 μg；六倍体，6 μg；八倍体，8 μg）］及在 A 中每泳道整合探针杂交量（B）（矩形与相应整合值反映进一步调整单独倍性水平 DNA 加注变化。相关居群编号如同表 3-25 所列，而大写字母为染色体组符号，染色体组不明的 *E. erianthus* 写作 *eri*，*E. mendocinus* 写作 *men*）

（引自 Dubcovsky et al.，1997，图 1）

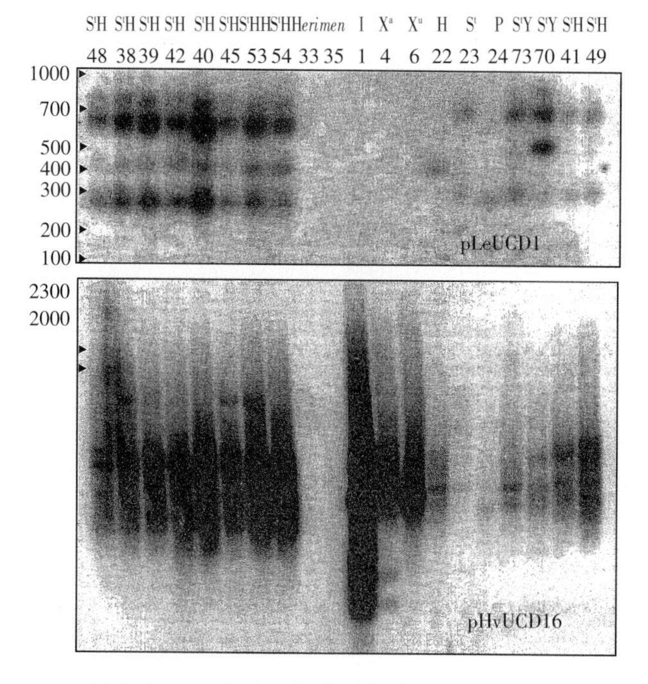

图 3-28 *Hae*Ⅲ消化的DNA与重复核苷酸序列（RNS）pHvUCD16（A）以及pLeUCD1（B）杂交

[DNA加注于每一泳道按倍性调整（二倍体，2 μg；四倍体，4 μg；六倍体，6 μg；八倍体，8 μg）。相关居群编号如同表3-25所列，而大写字母为染色体组符号，染色体组不明的 *E. erianthus* 写作 *eri*，*E. mendocinus* 写作 *men*。分子标记大小（左面）为碱基对（basepairs—bp）]

（引自 Dubcovsky et al.，1997，图 2）

来自 *Psathyrostachys* 或 *Leymus* 的限制性核苷酸序列与 **Ns** 染色体组杂交的特殊带谱见图 3-29。与 pPjUCD5 杂交展现一种典型的一前一后具有 1 个 165bp 单体单位的重复序列族系的梯状带谱。这种梯状特征只在 *Psa. juncea*、*Leymus*、*E. erianthus* 以及*E. mendocinus* 的杂交带谱中见到（图 3-29-A：28～35 泳道）。在 *Elymus*（**StPY**、**StYH**、**StY** 或 **StH** 染色体组组合）以及其他分析过的小麦族物种的杂交中都没有看到这种杂交信号（图 3-29，表 3-25）。克隆 pPjUCD6 与 pLmUCD1 不显现梯状图式，暗示这种重复序列族系的复制品是分散分部的。两个克隆所展现的 **Ns** 染色体组的标记带在 *Leymus*、*E. erianthus* 与 *E. mendocinus* 的杂交带谱中都有，但在其他 *Elymus* 以及其他所分析的小麦族植物中则不存在（图 3-29-B、图 3-29-C，表 3-25）。克隆 pPjUCD6 所展现的带在 3 种 *Leymus* 以及*E. erianthus* 与*E. mendocinus* 都观察到（图 3-29：泳道 30～35），但在 *Psa. juncea*（图 3-29-B：泳道 28～29）以及其他所有分析的物种中却没有。这些带在 *Leymus racemosus* 中也存在，而在 *Psa. fragilis* 中却没有。

除 *E. erianthus* 与 *E. mendocinus* 的杂交带谱与 **Ns** 染色体组的特殊带谱一模一样外（图 3-29：泳道 33 与 35），这两个种的 DNA 与克隆 pTa250. 15、pT1UCD2、pHch1. 3、pHch950、pHvUCD41、AKM60A4、pPjUCD4p 以及 PjUCD13 杂交，则出现许多差异，

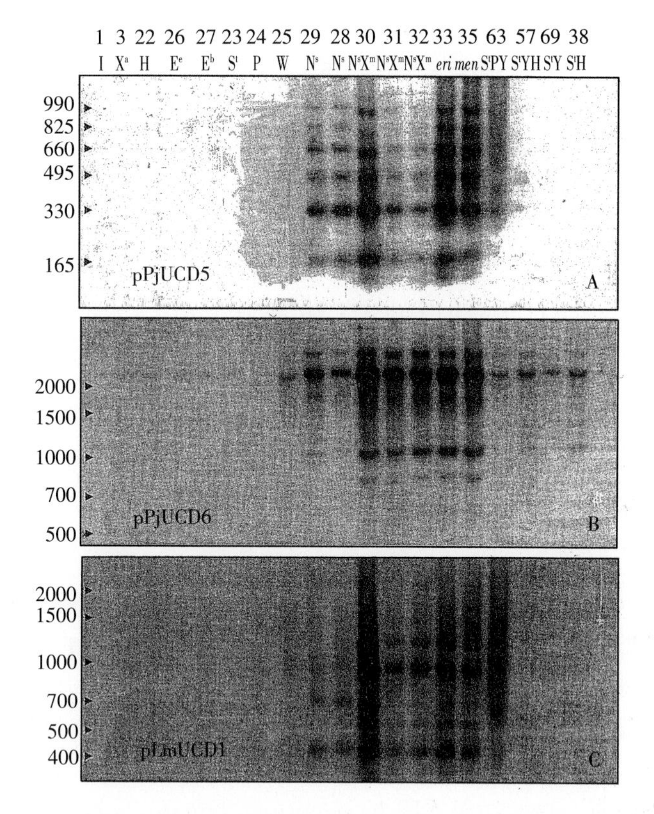

图 3-29　*Taq*Ⅰ消化的 DNA 与克隆 pPjUCD5 杂交（A）；*Hae*Ⅲ消化的 DNA 与克隆 pPjUCD6 杂交（B）；*Taq*Ⅰ消化的 DNA 与克隆 pLmUCD1 杂交（C）［DNA 加入每一泳道按倍性调整（二倍体，2 μg；四倍体，4 μg；六倍体，6 μg；八倍体，8 μg），但在 A 与 C 中，居群 30 与 63 是过量加注。相关居群编号如同表 3-25 所列，大写字母为染色体组符号，染色体组不明的*E. erianthus* 写作 *eri*，*E. mendocinus* 写作 *men*。分子标记大小（左面）为碱基对（basepairs --- bp）］

（引自 Dubcovsky et al.，1997，图 3）

显示这两个多倍体种的染色体组也有很多分化。与克隆 pLmUCD1、pPjUCD4、pPjUCD8 杂交，*Leymus* 的居群间也出现差异。与克隆 pHvUCD32 以及 pHch93 杂交，3 个 *Leymus* 种都反映出有相关的限制性片段存在，但 *E. erianthus*、*E. mendocinus* 与 *Psa. juncea* 中却没有观察到。

图 3-30 是用限制酶 *Eco*RI、*Bam*HⅠ与 *Sst*Ⅰ（单酶消化），以及 *Eco*RⅠ-*Sst*Ⅰ与 *Eco*RⅠ-*Bam*HⅠ（双酶消化）建立的 rDNA 重复单位限制性酶切图谱。所有的 *Psathyrostachys*、*Leymus* 与 *E. erianthus* 居群都展现一个第二 *Eco*RI 位点在 IGS 上，从 18S *Sst*Ⅰ算起位于 2.7、2.55 与 2.4 kb 位置。在 *E. mendocinus* 以及除 *Elymus cordilleranus* 以外的其他小麦族二倍体种中均没有观察到有附加的 *Eco*RI 位点存在。而 *Elymus cordilleranus* 附加的 *Eco*RI 位点近于 600 bp，临近 18S *Sst*Ⅰ位点。

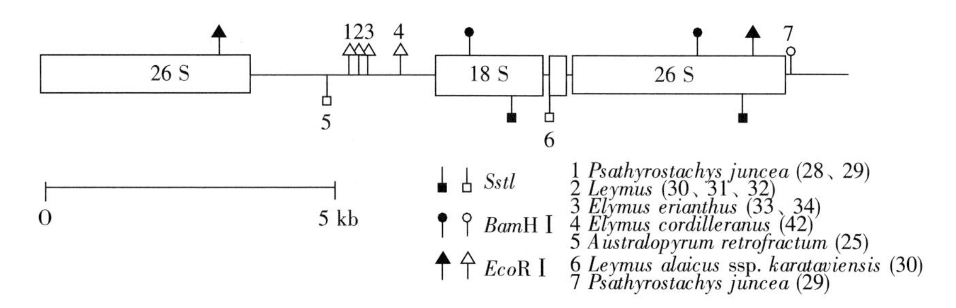

图 3-30 rDNA 重复单位限制性酶切图谱（用黑色标明的是永久性限制性位点，白色标明的是分析种变异的位置，种后号数为表 3-25 所列种的相关居群）

（引自 Dubcovsky et al.，1997，图 4）

增加的 *Sst*I 位点也在 *Australopyrum retrofractum* 以及 *Leymus alaicus* ssp. *karataviensis* 中观察到，但在重复单位不同的区域。一个增加的 IGS *Bam*H Ⅰ 位点也在 *Psa. juncea* 中观察到（图 3-30）。

六倍体的 *Elymus erianthus* 和 *E. mendocinus* 与来自智利大麦的克隆 pHch2 的杂交带谱与所有其他参试的 *Elymus* 都不相同。**H** 染色体组的重复核苷酸序列（RNS）族系与 pHch2 杂交可以看到强烈的扩增，但在 *Elymus erianthus* 和 *E. mendocinus* 杂交中则不存在，即使存在复制数也非常之少。限制性片段在所有含 H 染色体组的大麦物种中存在，同样也在含 **StH**、**StHH**、**StHY** 的 *Elymus* 中存在，但在 *Elymus erianthus* 与 *E. mendocinus*中则没有。这些结果连同 *E. erianthus* 染色体 C-带与 *Elymus* 的差异（Seberg & Linde-Laursen，1996），以及在 **H** 染色体组中缺少与 GAA 卫星高丰度杂交（Pedersen et al.，1996），都证明 *E. erianthus* 没有 **H** 染色体组。rDNA 重复单位的独特的限制性位点（Dubcovsky et al.，1992），以及叶绿体 *rbc*L 序列的变异（Seberg&Linde-Laursen，1996），*Elymus erianthus* 及 *E. mendocinus* 与南美的其他的 *Elymus* 的核型参数不同（Lewis et al.，1996），这两个种的染色体间不对称值显著比其他南美 *Elymus* 的高，染色体的体积也比 **H** 以及 **St** 染色体组的染色体大。这都说明 *E. erianthus* 与 *E. mendocinus*不同于其他南美含 **StH** 以及 **StHH** 染色体组的披碱草。而与克隆 pLeUCD1 杂交也把亚洲的含 **StPY**、**StStY** 以及 **StY** 染色体组的 *Elymus* 区别开来，说明 *Elymus* 与 *E. mendocinus* 不含 **St** 染色体组。

Elymus erianthus 与 *E. mendocinus* 不仅在染色体组上与 *Leymus* 一致，而在生态习性以及形态特征上与赖草也相近。这两个种生长在石质山坡和干草原，与北半球的 *L. ambiguus*（Scrib. et Merr.）D. R. Dewey 及 *L. salinus*（M. E. Jones）Á. Löve 相似。挺直、具灰白色蜡粉的叶，具 1～3 脉的窄颖，短芒的外稃，长大的花药（*Elymus erianthus*：3～4.5 mm；*E. mendocinus*：5～6 mm）。虽然它们没有赖草属常见的强大的根茎，但赖草属非沙生的物种也有许多种是不具根茎的。

他们认为相似的生态与形态特征及联系着 *E. erianthus* 与 *Leymus* 相一致的重复核苷酸序列（RNS）杂交带谱，而把 *E. erianthus* 另立为一个单种属 *Eremium* O. Seberg et I. Linde-Laursen 是不恰当的。Dubcovsky 把 *Elymus erianthus* 与 *Elymus mendocinus* 分别组合为 *Ley-*

mus erianthus（Phil.）Jorge Dubcovsky 与 *Leymus mendocinus*（Parodi）Jorge Dubcovsky。

现再返回去看两份研究报告，一份是阿根廷生物资源研究所的 Silvina M. Lewis、A. J. Martinez 与 J. Dubcovsky，1996 年发表在芝加哥出版的《国际植物科学杂志（International Journal of Plant Science）》上题为“Karyotype variation in South American *Elymus*（Triticeae）”的核型观察研究报告。

他们发现 *Elymus erianthus* 和 *Elymus mendocinus* 与其他南美的披碱草属的物种以及它们亲本的 **St** 与 **H** 染色体组的染色体大小、核型参数以及染色体内不对称指数都有显著的差异。当然他们当时还是把这两个种当成是含 StH 染色体组的 *Elymus* 物种来看待的。

核型参数：

（1）臂比（AR）　$AR=\sum \frac{b}{B}/N$

式中：b 为短臂长度（μm）；B 为长臂长度（μm）；N 为染色体数。

（2）染色体内不对称指数　$IAI=\frac{\text{染色体长度标准离差}}{\text{染色体平均长度}}$

他们观察的数据列于表 3-27。

表 3-27　根尖体细胞与小孢子的核型参数（AR=臂比；IAI）及核仁数

（引自 Lewis 等，1996，表 2）

种	编号	2n	核型参数		二次缢痕数	最高核仁数	
			AR	IAI		根尖	小孢子
四倍体							
E. agropyroides	657	28	0.745 CD	0.119 ABC	4	4	2
E. angustus	H-6419	28	0.758 D	0.113 ABC	4	4	2
E. araucanus	655	28	0.757 D	0.120 ABC	4	4	2
E. cfr. *araucanus*	—	28	0.784 E	0.115 ABC	4	4	2
E. attenuatus	H-6486	28	0.758 D	0.105 A	4	4	2
E. breviaristatus ssp. *scabrifolius*	87/332	28	0.720 AB	0.129 BC	4	4	2
E. breviaristatus ssp. *scabrifolius*	89/124	28	0.708 AB	0.123 ABC	4	4	2
E. breviaristatus ssp. *scabrifolius*	89/127	28	0.703 A	0.122 ABC	4	4	2
E. breviaristatus ssp. *scabrifolius*	H-6482	28	0.746 CD	0.122 ABC	4	4	2
E. breviaristatus ssp. *scabrifolius*	880019	28	0.729 BC	0.128 BC	4	4	2
E. breviaristatus ssp. *scabrifolius*	880011	28	—	—	2	2	1
E. gayanus	659	28	0.746 CD	0.111 AB	4	4	2
E. gayanus	833	28	—	—	4	4	2
E. rigecens	630	28	0.748 CD	0.107 A	4	4	2
E. tilcarensis	413	28	0.762 DE	0.133 C	4	4	2
F（ANOVA）			23.3*	3.83*			
LSR=0.05[a]			0.022	0.021			
六倍体							
E. erianthus	562		0.717 A	0.162 C	6	6	3
E. erianthus	H-213	42	—	—	6	6	3
E. patragonicus	626	42	0.750 B	0.109 A	8	8	4
E. scabriglumis	H-6466	42	0.779 C	0.141 B	8	8	4
E. scabriglumis	H-6455	42	—	—	8	8	4

（续）

种	编号	2n	核型参数		二次缢痕数	最高核仁数	
			AR	IAI		根尖	小孢子
E. scabriglumis	890073	42	—	—	8	8	4
F（ANOVA）			71.23*	43.72*			
LSR=0.05			0.013	0.014			
八倍体							
E. mendicinus	601	56	0.755	0.179	6	6	3
人工合成种							
Pseudoroegneria spicata×*Hordeum violaceum*	植株 1	28	—	—	7	7	—
Pse. spicata×*H. violaceum*	植株 2	28	—	—	8	8	—
Pse. spicata×*H. violaceum*	植株 3	28	—	—	6	6	—
Pse. spicata×*H. violaceum*	植株 14	28	—	—	7	7	—
Pse. spicata×*H. violaceum*	植株 17	28	—	—	7	7	—

a 最小有效范畴；* P<0.05。

从上述观察研究中发现六倍体的 *E. erianthus* 与八倍体的 *E. mendocinus* 的染色体无论从形态、大小，还是随体染色体的数量，与南美洲其他披碱草物种均有显著的差别（图 3-31）。

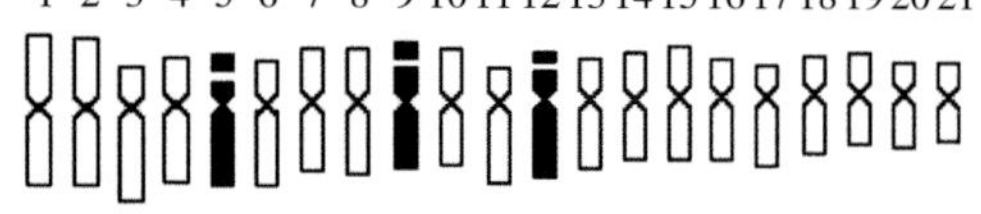

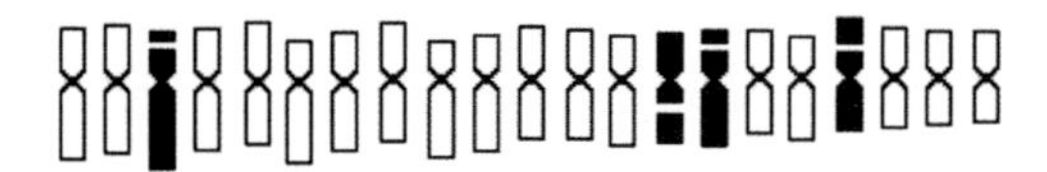

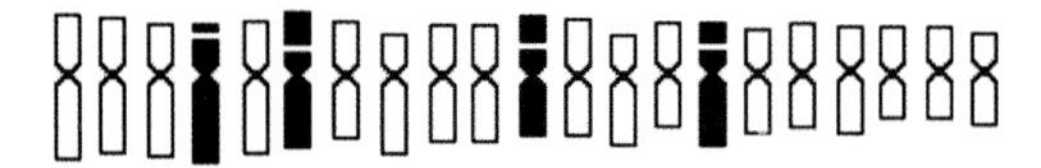

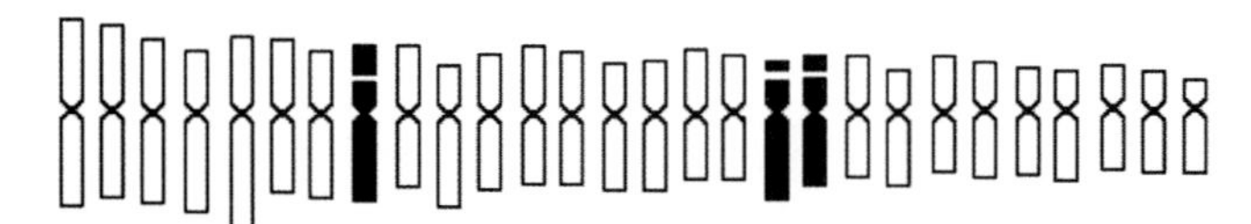

图 3-31 南美六倍体与八倍体披碱草的模式图
（引自 Lewis 等，1996，图 4）

另一份也发表于 1996 年，它是丹麦哥本哈根大学植物研究所的 Ole Seberg 与丹麦 Risφ 国家实验室的 Ib Linde-Laursen 发表在《系统植物学（Systematic Botany）》上的一篇题为“*Erimium*，a new genus of the Triticeae（Poaceae） from Argentina”的文章。在这篇文章中，他们把 *E. erianthus* 改订为一个新属新种，即 *Erimium erianthum*（Phil.）O. Seberg et I. Linde-Laursen。根据的是形态上的不同，染色体吉姆萨 C-带和 N-带与 **St** 以及 **H** 染色体组的染色体不同，以及全叶绿体基因 *rbc*L 序列变异。他们的观察与试验证明，*Elymus erianthus* 不属于 *Elymus* 的分类群，其不含 **St** 与 **H** 染色体组，但并没有证据证明它不属于 *Leymus*。

如前所述，Jorge Dubcovsky、A. R. Schlatter、M. Echaide 认为相似的生态与形态特征并联系着 *E. erianthus* 与 *Leymus* 相一致的重复核苷酸序列（RNS）杂交带谱，显示*E. erianthus* 也同样是含 **NsXm** 染色体组的种，“而 O. Seberg 与 I. Linde-Laursen 把*E. erianthus* 另立为一个单种属 *Eremium* O. Seberg et I. Linde-Laursen 是不恰当的”。但他们所展示的 *Leymus erianthus*（Phil.）Dubcovsky 的 C-带模式图（图 3-32）对鉴定这个分类群是很有参考价值的。

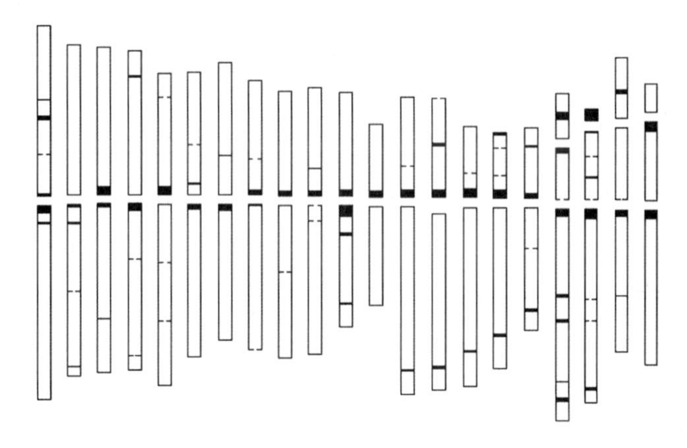

图 3-32　*Leymus erianthus*（Phil.）Dubcovsky C-带核型模式图（示 C-带位置与相对大小，破线表示非常细弱的 C-带有时难于看见；星号指示随体染色体具有一个不常见的随体）

（引自 Ole Seberg Ib Linde-Laursen，1996，图 2）

1997 年，美国农业部设立在犹他州立大学的牧草与草原实验室的 Kevin B. Jensen 与汪瑞其在《国际植物科学杂志（Intern. J. Plant Sci.）》上发表一篇文章，题为“Cytological and molecular evidence for transferring *Elymus coranus* from the genus *Elymus* to *Leymus* and molecular evindence for *Leymus califorlicus*（Poaceae：Triticeae）”。在这篇报告中，叙述了他们对分布在中国东北、朝鲜半岛、日本、俄罗斯西伯利亚东部的 *Elymus coreanus* Honda 及美国加利福尼亚州从马林县（Marin County）到山塔克鲁兹县（Santa Cruz County）沿海森林下特有的 *Elymus californicus* 的染色体组型进行细胞遗传学的染色体组型分析与分子遗传学的随机扩增多态 DNA（RAPD）分析。这一试验所用材料如表 3-28 所示。

表 3-28 试验所用分析目标种以及测试亲本

(引自 Jensen 与 Wang，1997，表 1)

种	居群	染色体数	染色体组	来源
Elymus coreanus	D-3562	28	**NsNsXmXm**	前苏联 Владивосток
Elymus californicus	Stebbins	56	**NsNsXmXm**	美国加州，Sonoma 县
Psathyrostachys stoloniformis	D-2562	14	**NsNs**	中国
Psathyrostachys juncea	"Cabree"	14	**NsNs**	加拿大
Leymus ambiguous	KJ-47	28	**NsNsXmXm**	美国科罗拉多州
Leymus salinus ssp. *salmonis*	KJ-31	28	**NsNsXmXm**	美国爱达荷州
Leymus innovatus	PI-236820	28	**NsNsXmXm**	加拿大
Elymus lanceolatus	Hybrid	28	**StStHH**	美国犹他州洛甘
Pseudoroegneria spicata	P-739	14	**StSt**	美国爱达荷州 Aberdeen

早在 1986 年，凯萨琳萧、汪瑞其与 Douglas R. Dewey 就观察到 **Ns** 染色体组的染色体比其他多年生的小麦族物种的染色体都要长大，他们设计了用亚洲的 *Psathyrostachys juncea*、*Psa. stoloniformis* 及美洲的 *Pseudoroegneris spicata* 与 *Elymus coreanus* 杂交形成三倍体杂种来检测。但 *E. coreanus* × *Psa. juncea*（**NsNs**）与 *E. coreanus* × *Pseudo. spicata*（**StSt**）的杂种非常衰弱，在开花前就夭亡。与赖草属的物种以及新麦草属的 *Psa. stoloniformis* 都容易杂交。为进行染色体组型分析，他们做了如表 3-29 所列的杂交组合。

表 3-29 杂交组合

(引自 Jensen 与 Wang，1997，表 2)

杂交组合	去雄穗数	结实数	杂种数
Elymus coreanus×*Psathyrostachys stoloniformis*（**NsNs**）	3	62	13
E. coreanus×*Psa. juncea*（**NsNs**）	2	66	0*
E. coreanus×*Leymus ambiguus*（**NsNsXmXm**）	3	64	42
E. coreanus×*L. salinus* ssp. *salmonis*（**NsNsXmXm**）	2	50	7
E. coreanus×*L. innovatus*（**NsNsXmXm**）	2	16	15
E. coreanus×*Pseudoroegneria* spicata（**StSt**）	1	4	0*
E. coreanus×*E. lanceolatus*（**StStHH**）	1	8	0*

Elymus coreanus×*Psathyrostachys stoloniformis* F_1 杂种减数分裂中期Ⅰ有 2%的花粉母细胞含有 8 对二价体，31%的花粉母细胞含有 7Ⅰ+7Ⅱ，24%的花粉母细胞含有 9Ⅰ+6Ⅱ，76%的花粉母细胞含有 5～7 对二价体，MⅠ的花粉母细胞平均含有二价体达 5.80 对。染色体配对显示 *E. coreanus* 与 *Psa. stoloniformis* 之间有一组染色体同源，也就是说 *E. coreanus* 有个染色体组是 **Ns** 染色体组。观察细胞总数的 24%有多价体存在，可能是两个分类群间有一个小的异质交换所造成的结果。几乎所有的后期Ⅰ的细胞都有1～7 个落后染色体，所有花药都不开裂，花粉都不能染色，杂种在开放传粉的情况下也不能结实。

为了测验 *Elymus coreanus* 的另一染色体组是否是 **Xm**，他们用北美含 **NsXm** 染色体组的 *Leymus ambiguus*、*Leymus salinus* ssp. *salmonis*、*Leymus innovatus* 与之杂交。

Elymus coreanus×*Leymus ambiguus* 的 F_1 杂种，减数分裂中期Ⅰ二价体变幅是 12～14 对，平均 13.74 对，交叉值为 0.95。如果两个种的染色体组相同，则中期Ⅰ预期配对为 14 对二价体。实际观察有 78%的花粉母细胞含有 14 对二价体，17%的含有 2 个单价体加 13 对二价体；115 个观察细胞中有两个细胞含有一个 V 型三价体，而没有更多的多价体。显示两者之间只有很少一点染色体结构重组差异。染色体配对表明欧亚大陆生长的 *Elymus coreanus* 与美洲原产的 *Leymus ambiguus* 一样含有 **NsNsXmXm** 染色体组。但这个 F_1 杂种完全不育，没有可染色的花粉。虽然染色体组相同，可能由于基因作用导致不育。

Elymus coreanus×*Leymus salinus* ssp. *salmonis* 的 F_1 杂种，减数分裂中期Ⅰ二价体变幅是 11～14 对，平均配对频率为 1.60Ⅰ＋13.15Ⅱ＋0.01Ⅲ＋0.01Ⅳ。33%的花粉母细胞含有 14Ⅱ，49%的花粉母细胞含有 2Ⅰ＋13Ⅱ。它们可以形成 14 个二价体，并具有较高的交叉值（0.88）。偶尔出现多倍体，但低于 1%。这些数据显示这两个种的染色体组可以认定为是同源的，它们具有基本相同的染色体组。这个 F_1 杂种花药不开裂，没有能染色的花粉，开放授粉的情况下也不能结实。

Elymus coreanus×*Leymus innovatus* 的 F_1 杂种，减数分裂中期Ⅰ花粉母细胞平均二价体数为 13.58，交叉值为 0.91，含 14 个二价体的细胞占 64%，2Ⅰ＋13Ⅱ的细胞达 31%，显示这两个种染色体组是基本相同的。虽然多价体，特别是四价体，在观察细胞中达 5%。这个数据显示了两个种的染色体组是基本相同的 **NsNsXmXm** 染色体组。

用分子遗传学的随机扩增多态 DNA（RAPD）分析的结果如表 3-30 所示。**St** 染色体组专属的 $OPC14_{450}$ 只对 *Pseudoroegneria* 物种以及 *Elymus tsukushiensis* × *Lo. elongatum* 杂种的模板 DNA 扩增，而细胞学显示含 **St** 染色体组。克隆 $OPW05_{338}$ 专对 **Ns** 染色体组 DNA 扩增，对 **St** 染色体组形成弱的等长染色带也存在于 *Pseudoroegneria* 各个种中以及 *E. tsukushiensis*×*Lophopyrum elongatum* 的杂种中，显示存在 **St** 染色体组而没有 **Ns** 染色体组。$OPC03_{330}$ 只对 *Th. bessarabicum* DNA 扩增。说明 *Elymus coreanus* 与 *Elymus californicus* 不含有 $\mathbf{E^e}$ 染色体组。

表 3-30　小麦族一些种与杂种用 $OPC14_{450}$（测试 St）、$OPW05_{338}$（测试 Ns）以及 $OPC03_{330}$（测试 E^b）进行 RAPD 分析的结果

（引自 Jensen 与 Wang，1997，表 4）

DNA 来源	染色体组	RAPD 标记		
		$OPC14_{450}$	$OPW05_{338}$	$OPC03_{330}$
Psathyrostachys spp.	**Ns**	－－	＋＋	－－
Hordeum spp.	**H**	－－	－－	－－
Pseudoroegneria spp.	**St**	＋＋	－＋	－－
Thinopyrum bessarabicum	$\mathbf{E^e}$	－－	－－	＋＋
Leymus innovatus	**NsXm**	－－	＋＋	－－
Leymus ambiguous	**NsXm**	－－	＋＋	－－

（续）

DNA 来源	染色体组	RAPD 标记		
		$OPC14_{450}$	$OPW05_{338}$	$OPC03_{330}$
Leymus salinus spp. *salmonis*	**NsXm**	－－	＋＋	－－
Elymus coreanus	?	－－	＋＋	－－
Elymus californicus	?	－－	＋＋	－－
E. coreanus×*Psa. stoloniformis*	? **NsXm**	－－	＋＋	－－
E. coreanus×*L. salinus* ssp. *salmonis*	? **NsXm**	－－	＋＋	－－
E. coreanus×*L. innovatus*	? **NsXm**	－－	＋＋	－－
E. coreanus×*L. ambiguous*	? **NsXm**	－－	＋＋	－－
E. tsukushiensis×*Lophopyrum elongatum*	**StHYE^e**	＋	－＋	－－

可以得出结论，*Elymus coreanus* 和 *Elymus californicus* 都不应该属于披碱草属，而应当属于赖草属。他们把 *Elymus coreanus* 组合为 *Leymus coreanus*（Honda）K. B. Jensen et R. R. -C. Wang，而把 *Elymus californicus* 留待以后发表。

1998 年，瑞典农业大学斯瓦洛夫植物育种研究系的 Sergei Svitashev 与 Tomas Bryngelseson，美国犹他州立大学美国农业部牧草与草原研究室的李小梅以及汪瑞其在加拿大出版的《核基因组（Genome）》上发表一篇题为“Genome-specific repetitive DNA and RAPD markers for genome identification in *Elymus* and *Hordelymus*”的分析报告。他们开发了 **St**、**Y**、**H**、**P**、**W** 等染色体组的 RFLP 与 RAPD 的专一标记，对小麦族 12 个属 43 个种的物种进行分析检测。其中包括 *Elymus hystrix*、*E. coreanus*、*E. duthiei*、*E. komarovii* 与 *E. erianyhus*。检测的结果如表 3-31 所示。

表 3-31　小麦族物种用 12 碱基引物（Operon Technologies Inc.，U. S. A.）**进行 RAPD 分析的结果**

（引自 Svitashev 等，1998，表 3）

属	种	倍性	**St** 染色体组			**Y** 染色体组			**Ns** 染色体组	
			OPA20	OPB08	OPN01	OPH14	OPG15	OPL18	OPK07	OPW05
Agropyron	*cristatum*	2x	－	＋	－	＋＋	＋	－	－	＋
Australopyrum	*velutinum*	2x	－	＋	－	－	－	－	－	－
Elymus	*coreanus*	4x	＋	＋	－	－	＋	－	＋＋	＋＋
	duthiei	4x	－	－	－	－	＋＋	－	＋＋	＋＋
	elimoides	4x	＋＋	＋＋	＋＋	－	－	－	－	－
	enysii	4x	－	＋	－	－	－	－	－	－
	grandis	4x	＋＋	＋＋	＋＋	＋＋	＋＋	＋＋	－	＋
	hystrix	4x	－	＋＋	－	－	－	－	－	＋
	komarovii	4x	－	－	－	－	＋	－	＋＋	＋＋
	borianus	6x	＋	＋＋	－	＋	＋＋	＋＋	－	＋

（续）

属	种	倍性	St 染色体组			Y 染色体组			Ns 染色体组	
			OPA20	OPB08	OPN01	OPH14	OPG15	OPL18	OPK07	OPW05
	caesifolius	6x	++	++	++	+	++	++	−	+
	erianthus	6x	−	−	−	−	+	−	++	++
Hordelymus	*europaeus*	4x	−	−	−	−	−	−	+	++
Hordeum	*bogdanii*	2x	−	+	−	−	+	++	−	−
Leymus	*arenarius*	8x	+	+	−	−	+	−	++	++
Pzeudoroegneria	*spicata*	2x	++	+	++	−	−	−	−	−

注："−"、"+"以及"++"表示染色体组特有 RAPD 带的不存在或存在及存在强度。

四倍体的 *E. hystrix*，过去细胞学检测具有 **StH** 染色体组，这一试验用克隆 pHch2 杂交，证明它含有 **H** 染色体组，但与 **St** 染色体组专有克隆 pP1*Taq* 2.5 杂交则不支持 **St** 染色体组的存在。3 个形成 **St** 特有带的引物仅有一个显示 *E. hystrix* 存在 **St** 染色体组。这一结果显示 *E. hystrix* 不存在 **St** 染色体组，或者是它的 **St** 染色体组在演化过程中已发生很大的改变。

检测数据表明四倍体的 *E. duthiei*、*E. coreanus*、*E. komarovii* 以及六倍体的*E. erianthus* 不含有 **St**、**Y**、**H**、**P** 及 **W** 染色体组，而含有 **Ns** 染色体组。它们都应当是 *Leymus* 属的分类群。

他们也指出，某些 RAPD 标记对染色体组并不是完全专一性的，引物 OPB14 与 OPL18 显示 **Y** 染色体组特有带，同时也对 **P** 与 **H** 染色体组产生杂交带。引物 OPW05 对许多不含 **Ns** 染色体组的种也形成弱带。含 **St** 染色体组的 *E. hystrix* 和 *E. borianus* 与引物 OPA20 及 OPN01 不产生特征带。引导位点的突变可以得到或丧失 RAPD 带。因此需要测试几个染色体组特有 RAPD 带的存在与否，综合分析，再来得出染色体组组成的结论。

2000 年，周永红、郑有良、杨俊良与颜济在《遗传资源与作物演化（Genetic Resources and Crop Evolution）》第 47 卷 191～196 页，发表一篇题为"Relationships among species of *Hystrix* Moench and *Elymus* L. assessed by RAPDs"的分析报告。对 *Hystrix patula* Moench、*Hystrix duthiei*（Stapf）Bor 以及 *Hystrix longearistata*（Nevski）Honda 与披碱草属的一些种进行对比分析，以检测它们之间系统关系。分析所用材料列于表 3 - 32。

表 3 - 32　试验分析所用属种

（引自 Zhou 等，2000，表 1）

编号	属　种	居群	染色体数	染色体组组体	来　源	植株数
1	*Hystrix patula* Moench	—	28	**StStHH**[a]	加拿大渥太华	10
2	*Hystrix duthiei*（Stapf）Bor	—	28	—	中国四川	15
3	*Hystrix longearistata*（Hackel）Honda	—	28	—	日本京都	13
4	*Elymus sibiricus* L.	Y2906	28	**StStHH**[a]	中国甘肃	16

（续）

编号	属　种	居群	染色体数	染色体组组体	来源	植株数
5	*E. nutans* Griseb.	Y9251	42	**StStYYHH[b]**	中国四川	10
6	*E. dahuricus* Turcz.	Y9522	42	**StStYYHH[b]**	中国新疆	9
7	*E. tangutorum* (Nevski) Hand. - Mazz.	Y9527	42	**StStYYHH[a]**	中国甘肃	13
8	*E. submuticus* (Keng) Keng f.	Y2887	42	—	中国青海	12
9	*E. cylindricus* (Franch.) Honda	Y9526	42	—	中国新疆	10
10	*E. breviaristatus* (Keng) Keng f.	Y2709	42	—	中国四川	15
11	*E. excelsus* Turcz.	82 - 56	42	—	中国四川	11
12	*E. caninus* (L.) L.	Y2730	28	**StStHH[a]**	瑞典 Molle	9
13	*E. lanceolatus* (Scrib. et Sm.) Gould	D - 3542	28	**StStHH[a]**	美国华盛顿州	16

a. D. R. Dewey (1984)；b. B. R. Lu (1992)。

用于本试验分析用的 OPA、OPB、OPC、OPD、OPR 以及 OPX 等 10 碱基寡核苷酸随机引物由美国加州 Operon Technologies 公司提供。Taq DNA 聚合酶，10×缓冲剂与 $MgCl_2$ 由中国北京华-美公司提供。除模板 DNA 外，其他所有试剂都是预混合与等分成小份。扩增反应混合液（20 μl）含有 1×缓冲剂，1.8 mmol/L $MgCl_2$，0.1 mmol/L 每一种 dNTP，0.2 μmol/L 引物，20 ng 模板 DNA，与 1 单位的 Taq 聚合酶。大约 30 μl 液体石蜡覆盖每一反应混合液。反应在 MJ Research 公司 PTC - 200 PCR 仪上进行 50 个循环，94℃变性 45 s，36℃退火 45 s，72℃延伸 2 min，在 4℃储存。扩增后的样品加 5 μl 荷载缓冲液，在含有 0.5 μg/ml 溴化乙锭的 1×TBE 的 1.5%琼脂糖凝胶上电泳。DNA 片段成带后照相记录。

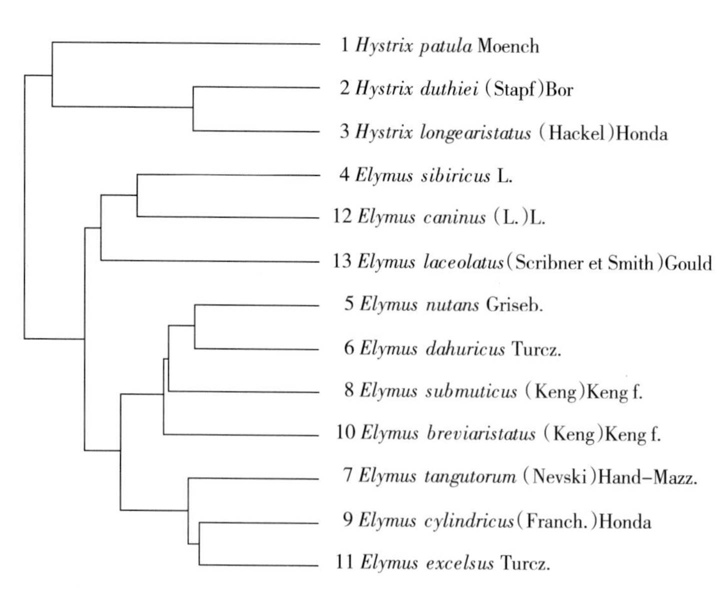

图 3 - 33　13 种分析材料基于 RAPD 分带数据计算 Jaccard 氏遗传相似性系数构成的树状图
（引自 Zhou 等，2000，图 2，稍作修改补充）

照片转录为计算 RAPD 数值。DNA 片段大小决定于与 DNA 大小标记的比较。记录每个居群再现 DNA 带的存在（1）与不存在（0）。这些数值用 NTSYS-pc 软件（Rohlf，1993）计算 Jaccard 氏遗传相似性系数。相似性系数用算术平均非加权成对群法（UPGMA）以及依序分等凝聚与套入成束（SHAN）构成树状图（图 3－33）。

所用引物以及它们的序列及扩增结果见表 3－33。基于 RAPD 数据的 Jaccard 氏系数的遗传相似矩阵见表 3－34。

表 3－33　引物及其序列与扩增结果

（引自 Zhou 等，2000，表 2）

引　物	序　列	总带数	多态性扩增带
OPA－01	5’ CAGGCCCTTC 3’	4	4
OPA－02	5’ TGCCGAGCTG 3’	7	6
OPA－04	5’ AATCGGGCTG 3’	13	12
OPA－05	5’ AGGGGTCTTG 3’	11	10
OPB－07	5’ GGTGACGCAG 3’	9	9
OPB－08	5’ GTCCACACGG 3’	12	12
OPB－10	5’ CTGCTGGGAC 3’	12	11
OPB－11	5’ GATGACCCGT 3’	11	11
OPC－12	5’ TGTCATCCCC 3’	7	7
OPC－13	5’ AAGCCTCGTC 3’	10	10
OPC－17	5’ TTTCCCACGG 3’	9	8
OPD－19	5’ CTGGGGACTT 3’	14	13
OPD－20	5’ ACCCGGTCAC 3’	11	9
OPR－13	5’ GGACGACAAG 3’	12	9
OPR－16	5’ CTCTGCGCGT 3’	19	19
OPX－02	5’ TTCCGCCACC 3’	6	6
总　计	16	167	156

表 3－34　基于 RAPD 数据的 Jaccard 氏系数的遗传相似性矩阵

（引自 Zhou 等，2000，表 3）

	1	2	3	4	5	6	7	8	9	10	11	12	13
1	1.000												
2	0.359	1.000											
3	0.358	0.735	1.000										
4	0.365	0.252	0.275	1.000									
5	0.384	0.257	0.259	0.251	1.000								
6	0.343	0.245	0.270	0.417	0.740	1.000							
7	0.358	0.233	0.277	0.481	0.526	0.559	1.000						

（续）

	1	2	3	4	5	6	7	8	9	10	11	12	13
8	0.347	0.234	0.271	0.410	0.613	0.720	0.538	1.000					
9	0.379	0.268	0.315	0.438	0.511	0.527	0.724	0.540	1.000				
10	0.333	0.225	0.273	0.450	0.663	0.663	0.565	0.641	0.624	1.000			
11	0.336	0.246	0.280	0.486	0.500	0.500	0.722	0.527	0.753	0.554	1.000		
12	0.310	0.223	0.236	0.586	0.422	0.408	0.472	0.400	0.422	0.469	0.620	1.000	
13	0.343	0.226	0.272	0.485	0.453	0.408	0.490	0.430	0.430	0.442	0.410	0.490	1.000

注：材料编号1～13同表3-32编号。

从上述分析结果来看，*Hystrix* 的3个种与 *Elymus* 的10个种分别聚类为两组，说明它们有显著的差异。*Hystrix* 的3个种又分为两组，*Hystrix patula* 为单独一支，*Hystrix duthiei* 及 *Hystrix longearistata* 为另一支。从图3-34的带谱来看，*H. duthiei*（第2泳道）与 *H. longearistata*（第3泳道）的带谱非常一致，而与 *H. patula*（第1泳道）的带谱不同。它们的相似性系数分别只有0.359与0.358，比与 *Elymus sibiricus*（0.365）、*E. nutans*（0.384）的相似性系数还低。说明 *H. patula* 与 *H. duthiei* 及 *H. longearistata* 也不是一个属，它与 *E. sibiricus* 关系还近一些。这就与 Sergei Svitashev 等（1998）的结果相吻合，四倍体的 *E. hystrix*（即 *Hystrix patula*）先前细胞学检测具有 **StH** 染色体组；Sergei Svitashev 等（1998）用克隆 pHch2 杂交证明它含有 **H** 染色体组，但与 **St** 染色体组专有克隆 pP1*Taq*2.5 杂交则不支持 **St** 染色体组的存在。3个形成 **St** 特有带的引物仅有一个显示 *E. hystrix* 存在 **St** 染色体组。这一结果显示 *E. hystrix* 不存在 **St** 染色体组，或者是它的 **St** 染色体组在演化过程中已发生很大的改变。

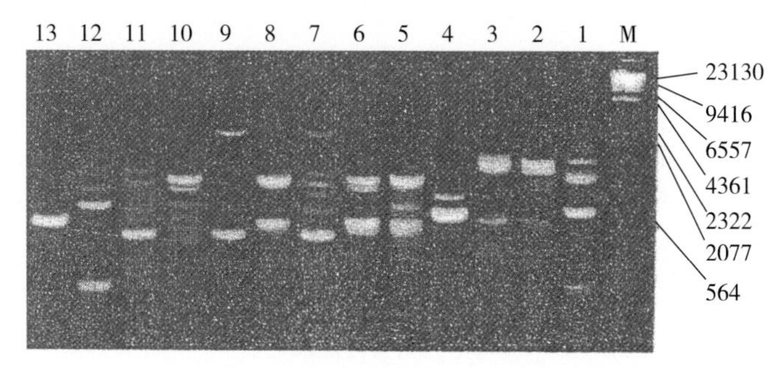

图3-34 13个分析材料的RAPD电泳分带带谱
（引自 Zhou 等，2000，图1）

美国犹他州立大学土壤与生物气象学系的 D. J. Hole、S. M. Clawson，农业部牧草与草原实验室的 K. B. Jensen 与汪瑞其在1999年出版的《国际植物科学杂志（Intern. J. Plant Sci.）》第160卷2期发表一篇分析研究 *Leymus flavescens* 的分子标记与染色体配对的报告。

在这份报告中用表3-35所列材料进行分析研究。采用常规的染色体组分析法，观察目的种与测试种间的 F_1 杂种的减数分裂第一中期染色体配对行为，比较它们的异同。

DNA的分子分析用RAPD分析法，对未知染色体组的 *Leymus flavescens* 与已知种 *L. arenarius*、*Psathyrostachys juncea*（Fisch.）Nevski、*Pseudoroegneria spicata*（Pursh.）Á. Löve 以及 *Hordeum bogdanii* Wilenski 相比较。这些种的模板DNA与 Operon

Technologies 公司的引物 OPA20、OPB08、OPN01 以及 OPW05 进行扩增。负控制对照包括每个引物，含有 RAPD 反应混合液的所有化合物只是未加入模板 DNA。

表 3-35　染色体组分析杂交比较试验所用植物材料

（引自 Hole 等，1999，表 1）

种	2n	染色体组	居群	来源
Leymus flavescens	28	未知	Harris	美国爱达荷州
L. triticoides	28	**NsNsXmXm**	Dewey E-7-6	美国俄勒冈州
L. secalinus	28	**NsNsXmXm**	PI 210988	阿富汗
L. cinereus	28	**NsNsXmXm**	J. A. Young	美国内华达州
L. alaicus subsp. *karataviensis*	28	**NsNsXmXm**	PI 314671	前苏联

他们所做杂交组合以及杂交的结果如表 3-36 所示。

表 3-36　*Leymus flavescens* 杂交试验组合

（引自 Hole 等，1999，表 2）

杂交组合	去雄花数	结实数	成苗数
Leymus flavescens×*L. cinereus*	118	36	35
L. flavescens×*L. triticoides*	110	8	5
L. flavescens×*L. secalinus*	114	5	2
L. flavescens×*L. racemosus*	9*	72	2
L. flavescens×*L. alaicus* subsp. *karataviensis*	160	28	16

* 为去雄杂交穗数。

这些杂交组合所得的 F_1 杂种的减数分裂第一中期染色体配对的情况记录如表 3-37。

表 3-37　*L. flavescens* 与 *L. cinereus*、*L. triticoides*、*L. secalinus*、*L. racemosus* 以及 *L. alaicus* subsp. *karataviensis* 的杂种 F_1 减数分裂第一中期染色体配对构型

（引自 Hole 等，1999，表 3）

F_1 杂种	2n	植株数	Ⅰ	Ⅱ			Ⅲ	Ⅳ	观察细胞数	平均交叉数
				环型	棒型	总计				
L. flavescens×*L. cinereus*	28	3	1.85	12.0	1.08	13.1	—	—	39	25.08
			(0～8)	(4～14)	(0～8)	(10～14)				
L. flavescens×*L. triticoides*	28	3	0.24	12.6	1.27	13.9	—	—	74	26.47
			(0～2)	(11～14)	(0～3)	(13～14)				
L. flavescens×*L. secalinus*	28	2	0.30	13.3	0.48	13.8	—	0.05	81	27.26
			(0～2)	(10～14)	(0～4)	(13～14)				
L. flavescens×*L. racemosus*	28	2	0.15	11.9	1.70	13.6	0.01	0.17	88	26.11
			(0～2)	(8～14)	(0～6)	(13～14)				
L. flavescens×*L. alaicus* subsp. *karataviensis*	28	3	4.16	10.5	1.39	11.9	—	—	99	22.39
			(0～14)	(6～14)	(0～4)	(7～14)				

注：括弧内为变幅。

从表 3－37 数据来看，*L. flavescens* 与 *L. cinereus*、*L. triticoides*、*L. secalinus*、*L. racemosus* 及 *L. alaicus* subsp. *karataviensis* 的 F_1 杂种减数分裂染色体相互配对率很高，大多数都是环型二价体，说明它们之间两组染色体都是同源的。虽然彼此之间已稍有分化，但都是 *Leymus* 属含有 **NsNsXmXm** 染色体组的四倍体分类群。然而它们的 F_1 杂种在开放授粉的条件下也都完全不结实。说明它们各自具有独立的基因库，都是生殖上完全隔离的独立的种。

用 RAPD 技术对 DNA 分析所显示的标记也验证了 *L. flavescens* 与其他赖草属植物一样不含有 **St** 和 **H** 染色体组，但含有 **Ns** 染色体组。RAPD 分析的结果如表 3－38 所示。

表 3－38 *Leymus flascens*、*Leymus arenarius*、*Psathyrostachys juncea*、*Pseudoroegneria spicata* 及 *Hordeumbogdanii* RAPD 分析所显示的染色体组特有标记带（引物来自 Operon Technologies 公司）

（引自 Hole 等，1999，表 4）

模板 DNA	倍性	染色体组特有 RAPD 标记				
		$OPA20_{400}$	$OPB08_{525}$	$OPN01_{817}$	$OPW05_{338}$	$OPW05_{700}$
L. flavescens	4x	－－	＋	＋	＋＋	－－
L. arenarius	8x	－－	＋	－－	＋＋	－－
Psa. juncea	2x	－－	－－	－－	＋＋	－－
Pseu. spicata	2x	＋	＋＋	＋＋	－－	－－
H. bogdanii	2x	－－	＋	－－	－－	＋＋
无模板（对照）	4x	－－	－－	－－	－－	－－

从以上细胞学与分子遗传学的检测来看，可判定 *Leymus flavescens* 是一个独立的赖草属的种。

2003 年，杨瑞武用赖草属 21 种分类群、40 份材料进行 RAPD 聚类分析，来研究赖草属种间系统亲缘关系。他是按 H. H. Цвелев（1956）的分类，分别选取 sect. *Leymus* Hochst. 4 种，共 6 份材料；sect. *Aphanoneuron*（Nevski）Tzvel. 6 种，共 14 份材料；sect. *Anisopyrum*（Griseb.）Tzvel. 10 种，共 20 份材料，总计 40 份材料，如表 3－39 所示。全部材料由美国国家植物种质资源库（National Germplasm Repositories，U. S. A.）提供。

表 3－39 用于 RAPD 分析的赖草属材料

（引自杨瑞武，2003，表 6－1）

序号	种名（亚种名）	组 名	来 源	编 号
1	*L. akmolinensis*	*Aphanoneuron*	俄联邦	PI440306
2	*L. alaicus* ssp. *karataviensis*	*Aphanoneuron*	哈萨克斯坦阿木图	PI314667
3	*L. ambiguus*	*Anisopyrum*	美国科罗拉多	PI531795
4	*L. angustus*	*Aphanoneuron*	哈萨克斯坦	PI440307
5	*L. angustus*	*Aphanoneuron*	哈萨克斯坦	PI440308
6	*L. angustus*	*Aphanoneuron*	俄联邦	PI440317
7	*L. angustus*	*Aphanoneuron*	俄联邦	PI440318
8	*L. angustus*	*Aphanoneuron*	中国新疆	PI531797
9	*L. angustus*	*Aphanoneuron*	中国内蒙古	PI547357

（续）

序号	种名（亚种名）	组　名	来　源	编　号
10	*L. arenarius*	*Leymus*	哈萨克斯坦阿木图	PI272126
11	*L. cinereus*	*Anisopyrum*	加拿大萨斯喀彻温	PI469229
12	*L. cinereus*	*Anisopyrum*	美国蒙大拿	PI478831
13	*L. cinereus*	*Anisopyrum*	美国爱达荷	PI 537353
14	*L. condensatus*	*Anisopyrum*	比利时安特卫普	PI442483
15	*L. erianthus*	*Anisopyrum*	阿根廷	W6 13826
16	*L. hybrid*	*Anisopyrum*	美国内华达	PI537362
17	*L. hybrid*	*Anisopyrum*	美国内华达	PI537363
18	*L. innovatus*	*Anisopyrum*	加拿大	PI236818
19	*L. karelinii*	*Aphanoneuron*	中国新疆	PI598529
20	*L. karelinii*	*Aphanoneuron*	中国新疆	PI598534
21	*L. mollis*	*Leymus*	美国阿拉斯加	PI567896
22	*L. multicaulis*	*Anisopyrum*	哈萨克斯坦	PI440324
23	*L. multicaulis*	*Anisopyrum*	哈萨克斯坦	PI440325
24	*L. multicaulis*	*Anisopyrum*	哈萨克斯坦	PI440326
25	*L. multicaulis*	*Anisopyrum*	哈萨克斯坦	PI440327
26	*L. multicaulis*	*Anisopyrum*	中国新疆	PI499520
27	*L. paboanus*	*Aphanoneuron*	哈萨克斯坦	PI272135
28	*L. paboanus*	*Aphanoneuron*	爱沙尼亚	PI531808
29	*L. pseudoracemosus*	*Leymus*	中国青海	PI531810
30	*L. racemosus*	*Leymus*	俄联邦	PI315079
31	*L. racemosus*	*Leymus*	美国蒙大拿	PI478832
32	*L. racemosus*	*Leymus*	爱沙尼亚	PI531811
33	*L. ramosus*	*Anisopyrum*	中国新疆	PI499653
34	*L. ramosus*	*Anisopyrum*	俄联邦	PI502404
35	*L. salinus*	*Anisopyrum*	美国犹他州	PI531816
36	*L. secalinus*	*Aphanoneuron*	中国甘肃	PI499527
37	*L. secalinus*	*Aphanoneuron*	中国新疆	PI499535
38	*L. triticoides*	*Anisopyrum*	美国俄勒冈	PI516194
39	*L. triticoides*	*Anisopyrum*	美国内华达	PI531821
40	*L. triticoides*	*Anisopyrum*	美国内华达	PI537357

DNA 用新鲜幼嫩叶片提取。随机选用美国 OperonTechnologies 公司 A、B、H、R 组十聚体随机引物。PCR 扩增反映在 25 μl 反应体系中进行：1×PCR 缓冲剂（10mmol/L Tris - HCl，pH8.3，50mmol/L KCl，0.001%明胶）2.5 μl，1.5 mmol/L $MgCl_2$ 1.5 μl，5.0 mmol/L dNTP 0.5 μl，随机物 1 μl，Taq DNA 聚合酶（5 U/μl）0.2 μl，模板 DNA 2 μl 和去离子水 17.3 μl。上覆 25 μl 石蜡油。反应在 PTC - 200 PCR 仪上按 94℃预变性 3 min，每循环中 94℃变性 1min，36℃退火 1 min，72℃延伸 2 min，共 50 个循环。完成最后一个循环后，在 72℃保温 10 min。

以 1×TAE 为缓冲液，将扩增后的样品加 5 ml 加样缓冲液，在含有 0.5 g/L 溴化乙锭（EB）的 1%琼脂凝胶上电泳分离。在凝胶成像仪上观察拍照分离带谱。按 Jaccard

(1908) 的方法计算 Jaccard 遗传相似系数 (GS)，用 GS 按不加权成对群算术平均法 (UPGMA) 进行聚类，利用 NTSYS-pc 软件系统进行统计分析 (Rohlf，1993)。

在他的试验中共选用 51 个随机引物进行 PCR 扩增，从中筛选出带谱清晰并呈现多态的引物 34 个 (66.67%)，并对这 34 个引物的扩增结果进行统计分析，分析结果列于表3-40。扩增带谱如图 3-35 所示。

表 3-40 引物及其序列和扩增结果

(引自杨瑞武，2003，表 6-2)

引物	序列 (5′-3′)	总扩增带数	多态性扩增带数	引物	序列 (5′-3′)	总扩增带数	多态性扩增带数
OPA-06	GGTCCCTGAC	13	13	OPH-02	AGACGTCCAC	11	11
OPA-07	GAAACGGGTG	13	13	OPN-05	AGTCGTCCCC	8	8
OPA-08	GTGACGTAGG	8	7	OPH-06	ACGCATCGCA	11	10
OPA-09	GGGTAACGCC	6	6	OPH-07	CTGCATCGCA	12	12
OPA-10	GTGATCGCAG	7	6	OPH-08	GAAACACCCC	10	10
OPA-11	CAATCGCCGT	12	12	OPH-11	CTTCCGCAGT	14	14
OPA-12	TCGGCGATAG	14	14	OPH-12	ACGCGCATGT	8	6
OPA-16	AGCCAGCGAA	13	13	OPH-13	GACGCCACAC	11	11
OPA-19	CAAACGTCGG	14	13	OPH-14	ACCAGGTTGG	10	10
OPA-20	GTTGCGATCC	8	7	OPH-16	TCTCAGCTGG	10	9
OPB-01	GTTTCGCTCC	12	12	OPH-17	CACTCTCCTC	15	14
OPB-06	TFCTCTGCCC	11	10	OPH-19	CTGACCAGCC	9	7
OPB-07	GGTGACGCAG	7	7	OPR-02	TCGGCACGCA	13	13
OPB-10	CTGCTGGGAC	9	9	OPR-05	CCCCGGTAAC	8	7
OPB-17	AGGGAACGAG	5	5	OPR-12	AAGGGCGAGT	11	10
OPB-18	CCACAGCAGT	11	11	OPR-17	TGACCCGCCT	7	7
OPB-19	ACCCCCGAAG	9	8				
OPB-20	GGACCCTTAC	12	12	总 计	34	352	337

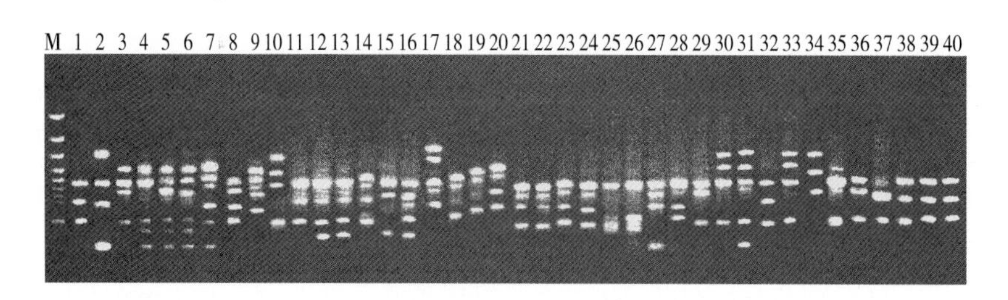

图 3-35 引物 OPA-07 的 PCR 扩增带谱 (材料序号同表 3-39，M 代表 DNA 标志)

(引自杨瑞武，2003，图 6-1)

根据扩增带谱所显示的扩增带，在 NTSYS-pc 软件中计算 40 份材料间的 Jaccard 遗传相似性系数列如表 3-41。从表 3-41 所列数据可以看到，供试材料间的 GS 值变幅范围在 0.15～0.68 之间，平均值为 0.30。*L. innovatus* 与 *L. karelinii* L. 之间 GS 值最大，达 0.47，其遗传相似性高，表明二者遗传关系相对较近。*L. arenarius* 与 *L. pseudoracemosus*

表 3-41 赖草属 RAPD 遗传相似性系数

（引自杨瑞武博士论文，表 6-3）

	1	2	3	4	5	6	7	8	9	10	11	12	13	14	15	16	17	18	19	20	21	22	23	24	25	26	27	28	29	30	31	32	33	34	35	36	37	38	39	40
1	1.00																																							
2	0.42	1.00																																						
3	0.32	0.35	1.00																																					
4	0.45	0.39	0.36	1.00																																				
5	0.37	0.35	0.38	0.53	1.00																																			
6	0.33	0.38	0.33	0.40	0.48	1.00																																		
7	0.38	0.43	0.34	0.40	0.49	0.57	1.00																																	
8	0.29	0.29	0.34	0.38	0.38	0.33	0.38	1.00																																
9	0.34	0.38	0.25	0.42	0.37	0.34	0.41	0.42	1.00																															
10	0.19	0.25	0.20	0.23	0.22	0.22	0.22	0.21	0.26	1.00																														
11	0.26	0.27	0.37	0.27	0.27	0.24	0.29	0.31	0.26	0.17	1.00																													
12	0.31	0.29	0.37	0.39	0.30	0.30	0.33	0.34	0.37	0.24	0.41	1.00																												
13	0.28	0.29	0.35	0.34	0.32	0.27	0.29	0.33	0.32	0.21	0.44	0.51	1.00																											
14	0.29	0.20	0.19	0.30	0.22	0.17	0.21	0.21	0.25	0.21	0.16	0.26	0.27	1.00																										
15	0.26	0.24	0.19	0.28	0.26	0.30	0.26	0.31	0.28	0.23	0.25	0.30	0.33	0.28	1.00																									
16	0.27	0.31	0.31	0.32	0.32	0.29	0.27	0.28	0.30	0.18	0.36	0.38	0.37	0.23	0.32	1.00																								
17	0.29	0.29	0.38	0.30	0.32	0.33	0.31	0.36	0.31	0.16	0.42	0.45	0.41	0.20	0.25	0.43	0.10																							
18	0.30	0.29	0.34	0.35	0.35	0.33	0.33	0.34	0.28	0.16	0.36	0.36	0.39	0.21	0.28	0.44	0.40	1.00																						
19	0.30	0.25	0.33	0.36	0.38	0.34	0.30	0.35	0.30	0.20	0.24	0.29	0.30	0.19	0.33	0.34	0.35	0.51	1.00																					
20	0.32	0.33	0.32	0.37	0.35	0.33	0.37	0.35	0.32	0.19	0.31	0.33	0.31	0.20	0.34	0.37	0.35	0.43	0.56	1.00																				
21	0.27	0.19	0.20	0.27	0.19	0.15	0.18	0.24	0.21	0.17	0.20	0.25	0.24	0.39	0.22	0.21	0.28	0.19	0.20	0.23	1.00																			
22	0.24	0.26	0.27	0.34	0.30	0.31	0.29	0.29	0.24	0.19	0.28	0.28	0.25	0.22	0.26	0.30	0.31	0.33	0.25	0.29	0.30	1.00																		
23	0.31	0.27	0.30	0.32	0.29	0.30	0.29	0.30	0.28	0.21	0.31	0.35	0.31	0.25	0.30	0.39	0.34	0.42	0.35	0.41	0.25	0.44	1.00																	
24	0.26	0.26	0.32	0.27	0.32	0.22	0.23	0.27	0.24	0.17	0.25	0.31	0.28	0.24	0.25	0.35	0.30	0.36	0.33	0.34	0.21	0.30	0.38	1.00																
25	0.35	0.33	0.28	0.33	0.28	0.25	0.25	0.29	0.30	0.19	0.32	0.33	0.30	0.26	0.27	0.28	0.28	0.35	0.31	0.32	0.23	0.37	0.46	0.47	1.00															
26	0.38	0.32	0.30	0.39	0.31	0.32	0.28	0.32	0.30	0.19	0.30	0.31	0.28	0.27	0.25	0.29	0.29	0.39	0.32	0.37	0.22	0.37	0.48	0.40	0.68	1.00														
27	0.31	0.34	0.26	0.37	0.34	0.30	0.30	0.32	0.36	0.17	0.25	0.29	0.29	0.30	0.29	0.34	0.26	0.33	0.37	0.38	0.21	0.28	0.35	0.35	0.40	0.39	1.00													
28	0.29	0.24	0.28	0.23	0.25	0.32	0.25	0.31	0.28	0.20	0.21	0.24	0.25	0.26	0.24	0.25	0.27	0.29	0.29	0.29	0.17	0.26	0.31	0.31	0.33	0.33	0.39	1.00												
29	0.29	0.27	0.28	0.34	0.32	0.26	0.28	0.28	0.29	0.15	0.25	0.26	0.27	0.23	0.22	0.29	0.28	0.33	0.33	0.33	0.24	0.35	0.38	0.33	0.37	0.39	0.36	0.32	1.00											
30	0.31	0.23	0.29	0.31	0.29	0.27	0.27	0.29	0.33	0.20	0.25	0.31	0.27	0.27	0.29	0.29	0.30	0.36	0.38	0.33	0.22	0.26	0.33	0.30	0.35	0.37	0.42	0.37	0.46	1.00										
31	0.29	0.24	0.28	0.32	0.31	0.24	0.28	0.29	0.37	0.21	0.21	0.33	0.25	0.25	0.29	0.28	0.29	0.30	0.33	0.32	0.20	0.27	0.29	0.27	0.30	0.32	0.34	0.37	0.43	0.66	1.00									
32	0.32	0.23	0.22	0.35	0.30	0.30	0.28	0.27	0.26	0.24	0.22	0.29	0.24	0.27	0.26	0.26	0.25	0.31	0.30	0.31	0.21	0.24	0.30	0.24	0.28	0.32	0.38	0.30	0.30	0.50	0.47	1.00								
33	0.26	0.25	0.25	0.33	0.29	0.31	0.30	0.36	0.35	0.22	0.29	0.37	0.34	0.20	0.28	0.35	0.36	0.36	0.36	0.35	0.22	0.29	0.38	0.31	0.27	0.29	0.34	0.32	0.29	0.34	0.31	0.30	1.00							
34	0.24	0.30	0.27	0.26	0.27	0.29	0.24	0.28	0.28	0.20	0.23	0.27	0.30	0.19	0.28	0.33	0.27	0.32	0.34	0.32	0.15	0.22	0.33	0.32	0.26	0.24	0.31	0.43	0.22	0.30	0.29	0.27	0.44	1.00						
35	0.30	0.30	0.26	0.31	0.27	0.28	0.29	0.34	0.33	0.21	0.25	0.32	0.25	0.24	0.32	0.25	0.30	0.28	0.28	0.28	0.18	0.25	0.32	0.32	0.32	0.30	0.32	0.32	0.28	0.35	0.38	0.32	0.32	0.34	1.00					
36	0.24	0.20	0.21	0.23	0.23	0.21	0.23	0.23	0.27	0.24	0.24	0.27	0.29	0.25	0.24	0.28	0.24	0.28	0.29	0.26	0.21	0.22	0.28	0.25	0.30	0.29	0.22	0.23	0.34	0.32	0.30	0.27	0.26	0.20	0.29	1.00				
37	0.24	0.23	0.24	0.25	0.25	0.26	0.25	0.23	0.26	0.23	0.20	0.27	0.29	0.24	0.24	0.29	0.24	0.27	0.24	0.25	0.21	0.18	0.26	0.23	0.23	0.24	0.26	0.24	0.27	0.30	0.27	0.25	0.31	0.28	0.27	0.40	1.00			
38	0.25	0.26	0.27	0.31	0.26	0.25	0.29	0.28	0.27	0.19	0.28	0.40	0.34	0.22	0.26	0.37	0.39	0.37	0.32	0.29	0.21	0.25	0.29	0.31	0.27	0.30	0.29	0.26	0.30	0.32	0.36	0.29	0.39	0.28	0.39	0.28	0.29	1.00		
39	0.24	0.28	0.28	0.29	0.28	0.23	0.30	0.33	0.34	0.20	0.31	0.34	0.34	0.22	0.31	0.31	0.39	0.34	0.31	0.31	0.19	0.29	0.32	0.28	0.30	0.30	0.26	0.27	0.25	0.31	0.34	0.33	0.34	0.28	0.33	0.30	0.34	0.47	1.00	
40	0.25	0.29	0.30	0.30	0.30	0.32	0.31	0.33	0.35	0.24	0.28	0.38	0.31	0.20	0.25	0.35	0.39	0.36	0.29	0.26	0.19	0.28	0.31	0.30	0.29	0.30	0.25	0.27	0.28	0.32	0.36	0.31	0.36	0.31	0.37	0.31	0.29	0.52	0.65	1.00

注：材料编号同表 3-39。

之间 GS 值最小，只有 0.15，显示它们之间遗传亲缘较远。*L. mollis* 与来自俄罗斯的 *L. angustus*（PI440317）遗传亲缘也比较远，它们之间的 GS 值也只有 0.15。两份 *L. multicaulis*（PI440327、PI499520）之间的 GS 值最大，达 0.68，表明其遗传亲缘关系是测试材料中最近的。同种不同材料间遗传亲缘相距最远的也在 *L. multicaulis* 种内，显示在编号为 PI440324 与 PI440326 两份材料之间。

从分析的结果来看（图 3-36），Цвелев 分在 *Anisopyrum* 组的 *L. innovatus* 却与 *Aphanoneuron* 组的 *L. karelinii* 聚类在一起；*Leymus* 组的 *L. pseudoracemosus* 以及 *L. racemosus* 却与 *Aphanoneuron* 组的 *L. paboanus* 聚在一起；*Leymus* 组的 *L. mollis* 又与 *Anisopyrum* 组的 *L. condensatus* 聚在一起，且 Цвелев 的 *Leymus* 组分类群却分别聚类为不同的三支。

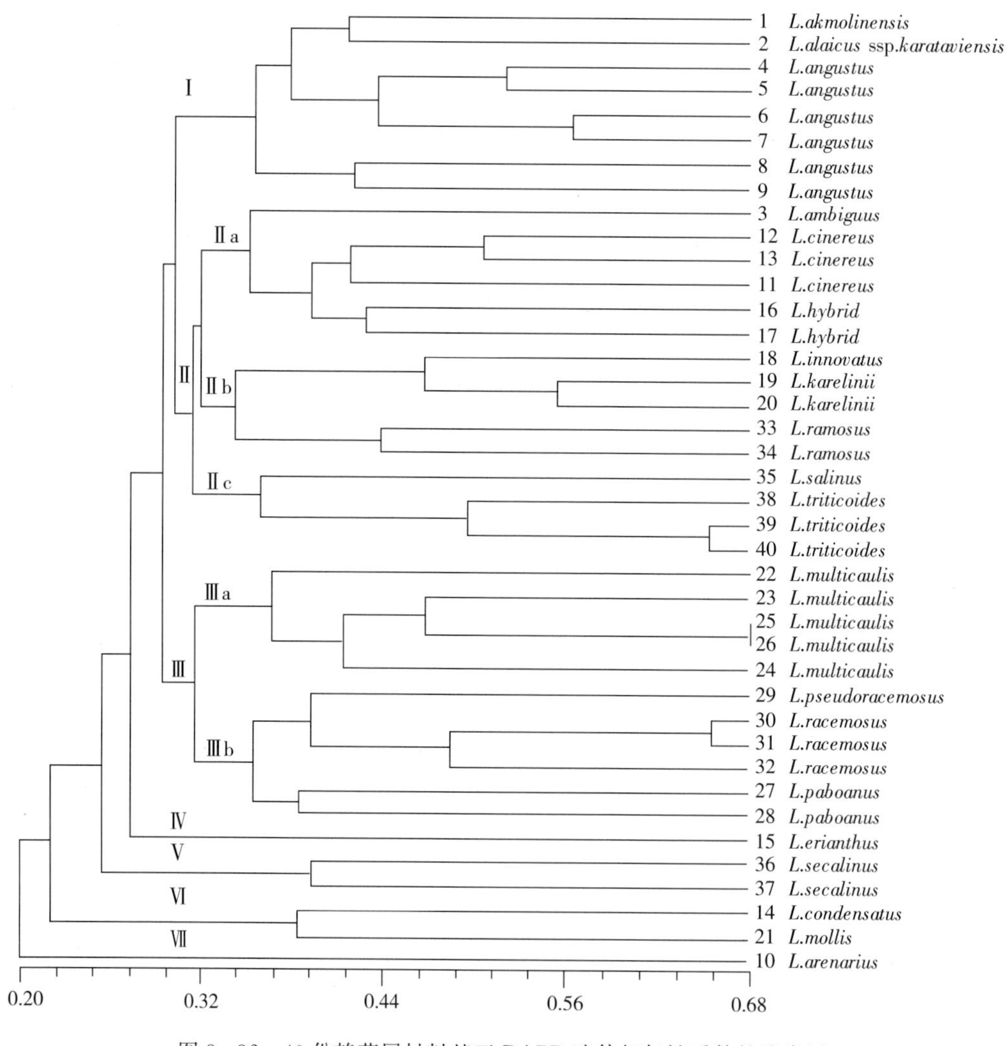

图 3-36 40 份赖草属材料基于 RAPD 遗传相似性系数的聚类图

（引自杨瑞武博士论文，图 6-2，补充部分种学名）

他对同样的测试材料又用随机扩增微卫星 DNA 多态性（Random Amplified Microsatellite Polymorphic DNA——RAMP）分子标记技术进行分析。利用 40 个引物组合对所有测试材料进行多态性检测，从中筛选出谱带清晰并呈多态的引物组合 24 个，用于扩增结果的统计分析（表 3-42）。24 个引物组合的扩增物均具有多态性。图 3-37 是引物组合 GT（CA)$_4$+OPB19 的扩增结果。24 个引物组合共扩增出 192 条带，不同引物组合的扩增带变幅在 4～13 条之间，平均每个引物扩增 8 条带。192 条扩增产物中有 13 条带在 40 份材料之间无多态性，179 条带具多态性，占 93.23%，每个引物组合可扩增出 3～13 条多态性带，平均 7.46 条。表明赖草属植物具有丰富的遗传多样性，其种间与种内不同材料间的 RAMP 变异大，多态性较高。

表 3-42　RAMP 引物组合及其扩增结果

（引自杨瑞武，2003，表 7-1）

引物组合	全部位点	多态性位点	引物组合	全部位点	多态性位点
GT（CA）4+OPA1	12	12	GC（CA）4+OPH3	8	8
GT（CA）4+OPA2	8	8	GT（CA）4+OPH4	9	9
GT（CA）4+OPA10	8	8	GT（CA）4+OPH6	12	11
GT（CA）4+OPA13	8	7	GT（CA）4+OPH8	10	9
GT（CA）4+OPB6	6	4	GT（CA）4+OPH9	8	8
GT（CA）4+OPB7	9	9	GT（CA）4+OPH10	7	6
GT（CA）4+OPB8	7	6	GT（CA）4+OPH13	10	10
GT（CA）4+OPB9	8	7	GT（CA）4+OPH19	6	6
GT（CA）4+OPB15	6	6	GT（CA）4+OPR2	5	4
GT（CA）4+OPB17	7	6	GT（CA）4+OPR8	5	4
GT（CA）4+OPB18	8	8	GT（CA）4+OPR11	4	3
GT（CA）4+OPB19	8	7	GT（CA）4+OPR16	13	13
			总　　计	192	179

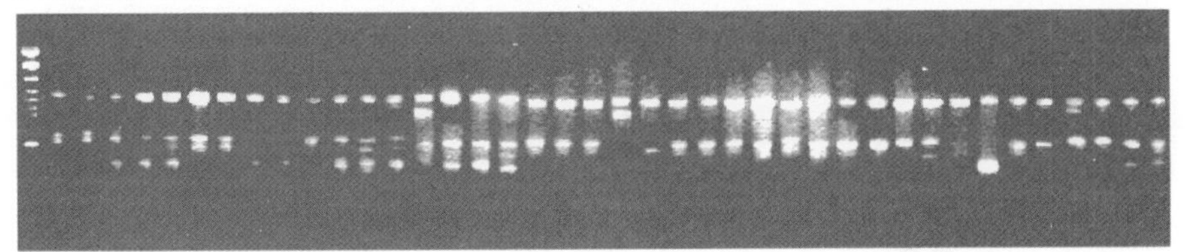

图 3-37　引物组合 GT（CA)$_4$+OPB19 的 PCR 扩增图（材料序号同表 3-39）

（引自杨瑞武，2003，图 7-1）

根据 24 个 RAMP 引物组合产生 192 条扩增带计算的测试材料间的遗传相似性系数（GS）列于表 3-43。数据表明 40 份赖草属植物间遗传相似性值变幅在 0.10～0.73 之间，平均为 0.35。其中 *Leymus angustus* 居群 PI 440307 与居群 PI 440308 和 PI 440317 之间的 GS 值最大（0.73），它们之间的遗传距离最小，亲缘关系最近。*L. akmolinensis* 与 *L. alaicua* subsp. *karataviensis* 之间 GS 值达 0.60，亲缘关系也较近。*L. seudoracemosus*

表 3-43　赖草属 RAMP 遗传相似性系数

（引自杨瑞武，2003，表 7-2）

	1	2	3	4	5	6	7	8	9	10	11	12	13	14	15	16	17	18	19	20	21	22	23	24	25	26	27	28	29	30	31	32	33	34	35	36	37	38	39	40
1	1.00																																							
2	0.60	1.00																																						
3	0.39	0.36	1.00																																					
4	0.54	0.53	0.47	1.00																																				
5	0.46	0.45	0.45	0.73	1.00																																			
6	0.55	0.51	0.57	0.73	0.59	1.00																																		
7	0.48	0.42	0.45	0.69	0.57	0.67	1.00																																	
8	0.38	0.38	0.35	0.54	0.60	0.52	0.53	1.00																																
9	0.34	0.32	0.34	0.45	0.46	0.46	0.55	0.62	1.00																															
10	0.17	0.18	0.21	0.18	0.21	0.16	0.15	0.22	0.18	1.00																														
11	0.39	0.34	0.43	0.43	0.42	0.42	0.38	0.37	0.40	0.28	1.00																													
12	0.35	0.26	0.43	0.39	0.33	0.40	0.36	0.35	0.35	0.21	0.50	1.00																												
13	0.34	0.29	0.53	0.41	0.37	0.42	0.35	0.33	0.34	0.20	0.48	0.64	1.00																											
14	0.23	0.16	0.23	0.20	0.21	0.19	0.18	0.16	0.21	0.35	0.25	0.25	0.31	1.00																										
15	0.30	0.27	0.33	0.36	0.35	0.36	0.32	0.30	0.27	0.22	0.45	0.43	0.47	0.24	1.00																									
16	0.31	0.30	0.41	0.39	0.36	0.38	0.34	0.38	0.29	0.28	0.44	0.33	0.42	0.25	0.43	1.00																								
17	0.29	0.31	0.37	0.43	0.38	0.39	0.37	0.41	0.33	0.27	0.46	0.42	0.46	0.23	0.48	0.64	1.00																							
18	0.31	0.32	0.34	0.42	0.40	0.38	0.38	0.42	0.42	0.20	0.48	0.37	0.42	0.24	0.46	0.39	0.49	1.00																						
19	0.43	0.38	0.40	0.50	0.46	0.48	0.52	0.48	0.54	0.21	0.44	0.36	0.36	0.25	0.36	0.40	0.43	0.58	1.00																					
20	0.40	0.39	0.37	0.47	0.41	0.43	0.45	0.34	0.45	0.21	0.42	0.36	0.38	0.26	0.31	0.37	0.38	0.48	0.62	1.00																				
21	0.18	0.16	0.20	0.20	0.19	0.19	0.18	0.19	0.25	0.27	0.26	0.20	0.19	0.49	0.20	0.24	0.28	0.26	0.24	0.21	1.00																			
22	0.26	0.28	0.29	0.36	0.41	0.41	0.37	0.37	0.39	0.19	0.31	0.29	0.30	0.26	0.28	0.29	0.30	0.32	0.35	0.36	0.26	1.00																		
23	0.38	0.31	0.27	0.36	0.39	0.39	0.39	0.39	0.39	0.16	0.31	0.32	0.29	0.19	0.29	0.25	0.25	0.37	0.37	0.38	0.21	0.50	1.00																	
24	0.30	0.26	0.28	0.34	0.35	0.35	0.33	0.32	0.39	0.23	0.38	0.33	0.30	0.30	0.36	0.32	0.36	0.36	0.42	0.36	0.36	0.39	0.39	1.00																
25	0.39	0.36	0.34	0.41	0.42	0.46	0.44	0.38	0.42	0.15	0.42	0.35	0.35	0.21	0.33	0.28	0.31	0.44	0.43	0.43	0.24	0.51	0.62	0.47	1.00															
26	0.39	0.41	0.29	0.42	0.41	0.48	0.48	0.40	0.45	0.16	0.34	0.27	0.27	0.18	0.31	0.37	0.39	0.40	0.51	0.48	0.26	0.47	0.50	0.49	0.64	1.00														
27	0.31	0.31	0.27	0.37	0.36	0.38	0.42	0.36	0.42	0.11	0.30	0.26	0.25	0.17	0.30	0.24	0.23	0.34	0.40	0.35	0.23	0.33	0.39	0.33	0.39	0.51	1.00													
28	0.37	0.35	0.33	0.44	0.45	0.45	0.49	0.38	0.40	0.15	0.32	0.26	0.26	0.18	0.33	0.27	0.26	0.37	0.44	0.39	0.20	0.31	0.43	0.31	0.46	0.47	0.70	1.00												
29	0.34	0.32	0.35	0.37	0.41	0.39	0.39	0.37	0.40	0.20	0.38	0.38	0.32	0.26	0.40	0.29	0.34	0.40	0.41	0.38	0.29	0.35	0.47	0.38	0.42	0.41	0.50	0.52	1.00											
30	0.29	0.30	0.33	0.30	0.36	0.35	0.36	0.30	0.36	0.17	0.28	0.25	0.29	0.25	0.36	0.26	0.27	0.37	0.32	0.33	0.28	0.24	0.35	0.32	0.40	0.36	0.52	0.57	0.60	1.00										
31	0.33	0.32	0.36	0.40	0.45	0.44	0.41	0.36	0.42	0.16	0.39	0.34	0.33	0.24	0.32	0.30	0.31	0.43	0.45	0.48	0.27	0.38	0.46	0.37	0.52	0.49	0.58	0.64	0.65	0.66	1.00									
32	0.35	0.33	0.35	0.47	0.45	0.45	0.43	0.39	0.46	0.14	0.35	0.29	0.34	0.22	0.35	0.25	0.26	0.43	0.42	0.40	0.27	0.35	0.40	0.35	0.45	0.40	0.54	0.63	0.53	0.64	0.65	1.00								
33	0.38	0.37	0.33	0.42	0.38	0.38	0.39	0.39	0.44	0.13	0.37	0.35	0.31	0.21	0.35	0.36	0.40	0.50	0.58	0.48	0.22	0.36	0.40	0.31	0.43	0.45	0.47	0.41	0.45	0.40	0.51	0.50	1.00							
34	0.30	0.35	0.26	0.41	0.32	0.37	0.37	0.29	0.33	0.10	0.33	0.30	0.27	0.14	0.34	0.34	0.38	0.45	0.48	0.49	0.16	0.30	0.34	0.30	0.34	0.40	0.39	0.33	0.35	0.28	0.41	0.35	0.65	1.00						
35	0.25	0.28	0.32	0.33	0.37	0.34	0.31	0.31	0.42	0.21	0.44	0.30	0.34	0.18	0.37	0.35	0.45	0.44	0.33	0.35	0.24	0.34	0.34	0.41	0.39	0.44	0.39	0.39	0.39	0.38	0.44	0.39	0.42	0.39	1.00					
36	0.23	0.25	0.21	0.25	0.26	0.23	0.24	0.21	0.23	0.24	0.28	0.26	0.23	0.27	0.29	0.25	0.26	0.30	0.27	0.26	0.25	0.20	0.27	0.28	0.25	0.26	0.26	0.27	0.27	0.29	0.28	0.30	0.36	0.28	0.26	1.00				
37	0.22	0.23	0.21	0.22	0.19	0.23	0.24	0.21	0.22	0.20	0.22	0.20	0.20	0.19	0.24	0.22	0.23	0.27	0.26	0.26	0.20	0.21	0.27	0.28	0.29	0.30	0.31	0.28	0.24	0.24	0.22	0.26	0.24	0.26	0.29	0.42	1.00			
38	0.22	0.21	0.28	0.25	0.27	0.26	0.28	0.25	0.33	0.16	0.35	0.24	0.28	0.19	0.43	0.27	0.32	0.34	0.31	0.30	0.29	0.28	0.32	0.43	0.35	0.41	0.42	0.37	0.33	0.34	0.33	0.36	0.31	0.30	0.52	0.24	0.38	1.00		
39	0.23	0.24	0.24	0.24	0.24	0.27	0.25	0.22	0.32	0.17	0.32	0.27	0.32	0.22	0.37	0.26	0.33	0.37	0.31	0.32	0.32	0.25	0.33	0.45	0.34	0.38	0.34	0.34	0.36	0.34	0.38	0.34	0.31	0.32	0.56	0.30	0.32	0.61	1.00	
40	0.27	0.28	0.32	0.30	0.31	0.31	0.32	0.28	0.34	0.16	0.38	0.31	0.38	0.20	0.48	0.31	0.39	0.36	0.31	0.31	0.26	0.28	0.31	0.38	0.34	0.40	0.35	0.32	0.37	0.36	0.34	0.36	0.35	0.36	0.58	0.29	0.30	0.67	0.67	1.00

注：材料编号同表 3-39。

与 *L. racemosus* 之间的 GS 值也达 0.59，也显示较近的亲缘关系。*L. salinus* 与 3 份 *L. triticoides* 之间 GS 平均值为 0.55，也有较近的亲缘关系。来自俄联邦的 *L. ramosus* 与 *L. arenarius* 之间的亲缘关系最远，GS 值只有 0.10。

基于 RAMP 分析数据计算所得的遗传相似性系数把 40 份测试材料聚类为 7 个大类，第Ⅰ、Ⅱ、Ⅲ大类又分为 a 和 b 两个亚类（图 3-38）。RAMP 检测数据聚类得来组群系统也与 Цвелев 主观臆定的 4 个组不相吻合。例如第一组，b 亚组中聚类有属于 Цвелев 的 sect. *Anisopyrum* 的 *L. innovatus* 与 *L. remosus* 以及属于 sect. *Aphanoneuron* 的 *L. karelinii*；第二组 b 亚组把属于 sect. *Aphanoneuron* 组的 *L. paboanus* 和属于 sect. *Leymus* 组的 *L. seudoracemosus* 与 *L. racemosus* 聚类一起。按照 Цвелев 的分组应属

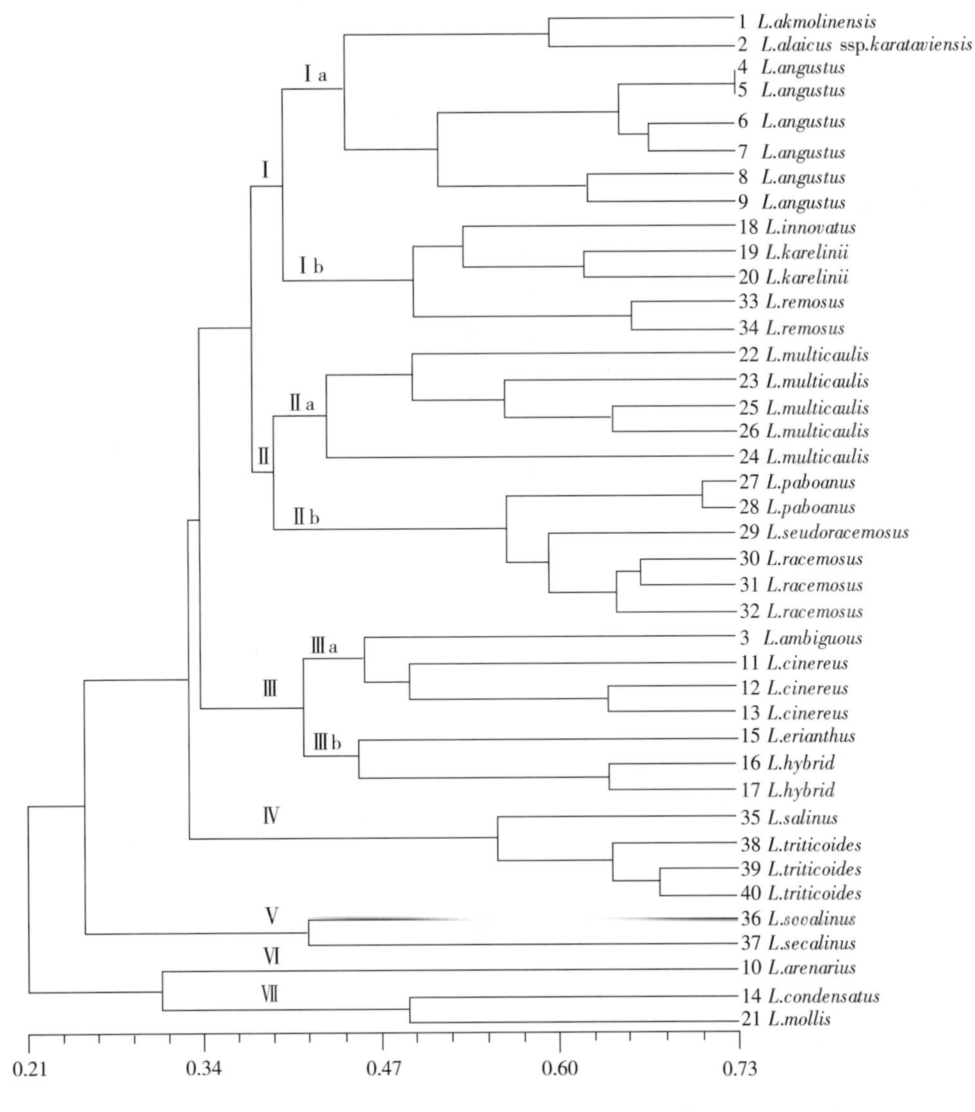

图 3-38　40 份赖草属材料基于 RAMP 遗传相似性系数的聚类图

（引自杨瑞武，2003，图 7-2）

于 sect. *Leymus* 的 *L. arenarius* 却不与 *L. racemosus* 以及 *L. mollis* 聚在一起，而单独成为第Ⅵ组，而 *L. mollis* 又与 *L. condensatus* 聚为第Ⅶ组。分子分析的数据是客观的真实存在，不是主观的臆测，当然更为可信，更为真实。

编著者认为杨瑞武在他的论文中所指出的 RAPD 与 RAMP 两种方法所得的结果虽然基本一致，但也存在不一致的地方。例如，根据 RAPD 分析所得的数据，*L. erianthus* 单独聚为一支，而在 RAMP 分析的结果中显示它与 *L. hybrid* 有较为密切的亲缘关系。这两种方法所得标记数据在亚类划分上具有较高的一致性，但在亚类归属大类上存在明显差别。例如，*L. salinus* 与 *L. triticoides* 在 RAPD 分析中聚类为第二大类的第三亚类，而在 RAMP 分析中则聚类为第四大类；*L. innovatus*、*L. karelinii*、*L. ramosus* 在 RAPD 分析中与 *L. ambiguus*、*L. cinereus*、*L. hybrid*、*L. salinus*、*L. triticoides* 聚类在一起，而在 RAMP 分析中则与 *L. akmolinensis*、*L. alaicus* subsp. *karataviensis*、*L. angustus* 聚类在一起。造成这种差异的主要原因是所用引物有所不同，虽然用的都是美国 Operon Technologies 公司的 A、B、H 和 R 组随机引物，但相同的十聚体随机引物只有 17.24%。而两种分析所用引物数量偏少（RAPD 分析 34 个，RAMP 分析 24 个）也可能是原因之一。虽这两种分析的结果有这样一些差异，但并不影响系统检测总的趋势。例如在 RAPD 分析中，*L. erianthus* 单独聚为一支，但 RAMP 分析表明它与 *L. hybrid* 在遗传系统上有比较近的关系。无论 RAPD 还是 RAMP 的分析，*L. akmolinensis* 与 *L. alaicus* subsp. *karataviensis* 都同样聚在一支，且与 *L. angustus* 同属于一大组；*L. paboanus* 与 *L. racemosus* 以及 *L. pseudoracemosus* 聚在一个亚组；*L. cinereus* 与 *L. hybrid* 以及 *L. ambiguus* 聚在一起；*L. racemosus*、*L. pseudoracemosus* 与 *L. paboanus* 聚在一起，而它们又与 *L. multicaulis* 同在一个大组。

2006 年，R. C. - R. Wang、J. Y. Zhang、B. S. Lee、K. B. Jensen、M. Kidhii 与 H. Tsujimoto 在《核基因组（Genome）》第 49 卷上发表一篇题为“Variations in abundance of 2 repetitive sequences in *Leymus* and *Psathyrostachys* species”的文章。这篇文章报道了一个重要的结论，*Psathyrostachys* 的 **Ns** 染色体组是 *Leymus* 多倍体染色体组的组成部分。在原位杂交（FISH）中用荧光染色显示来自于 *Leymus racemosus*（Lam.）Tzvelev 的两个串联重复序列 DNA：pLrTaiI - 1（TaiI 族）与 pLrPstI - 1（350 - bp1 级族）对 *Psathyrostachys* 与 *Leymus* 各 4 个种进行检测。所有 *Psathyrostachys* 的 4 个种都不存在 pLrPstI - 1 序列。*P. fragilis* 与 *P. huashanica* 不含有 pLrTaiI - 1 序列，*P. juncea* 15 居群与 *P. lanudinosa* 则含有 pLrTaiI - 1 序列，分别位于 7～16 与 2～21。在 *L. ramosus* 中，pLrTaiI - 1 与 pLrPstI - 1 的位数分别是 1～24 与 0～31；在 *L. racemosus* 中，分别位于 2～31 与 5～36；在 *L. mollis* 中，分别位于 0～4 与 0；在 *L. secalinus* 中，分别位于 2～9 与 24～27。用按 DNA 重复序列设计的引物对，对 pLrTaiI - 1 进行的 FISH 检测，成功地将它转移到一个序列标志位点多聚酶链式反应（STS - PCR）中。STS - PCR 检测代表 27 个赖草属物种 73 个居群是否存在 pLrTaiI - 1。除了少数例外，几乎所有的赖草物种都观察到 pLrTaiI - 1 序列的多相显现并且没有一个赖草属的物种完全没有这种重复序列。这一检测结果说明赖草属物种的 **Ns** 染色体组不是来自 *P. fragilis* 与 *P. huashanica*，而可能来自 *P. juncea* 与 *P. lanuginosa*。这是用细胞遗传学的检测法观察

不到的。编著者认为，由于 *P. juncea* 的分布非常广泛，而 *P. lanuginosa* 的分布非常窄狭，赖草属植物的亲本 *P. juncea* 的可能性更大。

还有两篇报道值得参考：一篇是 2002 年，四川农业大学小麦研究所的张海琴、周永红、郑有良、杨瑞武、丁春邦在《植物分类学报》第 40 卷第 5 期上发表的一篇题为“长芒猬草与华山新麦草属间杂种的形态学和细胞学研究”的文章，报道了以 *Psathyrostachys huashanica* Keng ex P. C. Kuo 为 **Ns** 染色体组的测试种与 *Hystrix duthiei* subsp. *longearistata*（Hackel）Baden 进行杂交作染色体组分析。F_1 杂种完全不育，说明它们是生殖完全隔离的种。在减数分裂中期Ⅰ，染色体配对构型列于表 3-44。

表 3-44 *Hystrix duthiei* subsp. *longearistata*、*Psathyrostachys huashanica* 和杂种 F_1 花粉母细胞减数分裂中期Ⅰ染色体配对

（引自张海琴等，2002，表 2）

亲本和杂交组合	2n	观察细胞数	Ⅰ	染色体配对 Ⅱ			Ⅲ	C-值
				总计	棒型	环型		
Hy. duthiei subsp. *longearistata*	28	50	—	14.00 (14)	0.4 (0～3)	13.60 (11～14)	—	0.99
Psa. huashanica	14	50	—	7.00 (7)	3.19 (0～5)	3.81 (2～7)	—	0.73
Hy. duthiei subsp. *longearistata* × *Psa. huashanica*	21	127	9.83 (7～15)	5.46 (3～7)	4.31 (1～7)	1.72 (0～4)	0.07 (0～1)	0.57

另一篇是 2006 年张海琴与周永红在奥地利出版的《植物系统学与演化（Plant Systematics and Evolution）》杂志上发表的“Meiotic pairing behaviour reveals differences in genomic constitution between *Hystrix patula* and other species of the genus *Hystrix* Moench（Poaceae，Triticeae）”的文章。从这篇文章中所观察得到的数据（表 3-45）来看，*Hystrix duthiei* 与 *Hystrix duthiei* subsp. *longearistata* 有一个染色体组与华山新麦草的染色体组同源。*Hystrix patula* 与华山新麦草以及这两种猬草都没有共同的染色体组。

表 3-45 4 个 *Hystrix* 分类群的 F_1 杂种及测试种华山新麦草减数分裂中期Ⅰ染色体联会［平均数与变幅（括弧内）］

（引自 Zhang and Zhou，2006，表 3，稍作说明及编排修改）

种及 F_1 杂种	2n	观察细胞数	Ⅰ	Ⅱ			Ⅲ	Ⅳ	染色交叉数	交叉值
				总计	环型	棒型				
Psa. huashanica	14	50	—	7.00 (7)	3.56 (0～5)	3.44 (2～7)	—	—	10.56 (7～13)	0.75
Hy. patula	28	50	—	14.00 (14)	13.70 (12～14)	0.30 (0～2)	—	—	27.70 (25～28)	0.99
Hy. duthiei	28	50	—	14.00 (14)	13.70 (11～14)	0.30 (0～2)	—	—	27.70 (26～28)	0.99
Hy. duthiei subsp. *longearistata*	28	50	—	14.00 (14)	13.60 (11～14)	0.40 (0～3)	—	—	27.60 (25～28)	0.99
Hy. patula × *Psa. huashanica*	21	50	20.43 (17～21)	0.29 (0～2)	0.02 (0～1)	0.27 (0～2)	—	—	0.29 (0～3)	0.02

（续）

种及 F_1 杂种	2n	观察细胞数	Ⅰ	Ⅱ			Ⅲ	Ⅳ	染色交叉数	交叉值
				总计	环型	棒型				
Hy. duthiei×*Psa. huashanica*	21	81	9.85 (5～13)	5.18 (3～8)	1.83 (0～7)	3.35 (0～7)	0.25 (0～1)	0.03 (0～1)	7.58 (6～14)	0.54
Hy. duthiei subsp. *longearistata*×*Psa. huashanica*	21	76	9.84 (7～15)	5.11 (3～7)	1.20 (0～4)	3.91 (1～7)	0.32 (0～1)	—	6.93 (4～11)	0.50
Hy. patula×*Hy. duthiei* subsp. *longearistata*	28	127	25.36 (20～28)	1.32 (0～4)	0.08 (0～1)	1.24 (0～4)	—	—	1.41 (0～4)	0.05
Hy. duthiei×*Hy. duthiei* subsp. *longearistata**	28	50	0.04 (0～2)	13.98 (13～14)	13.32 (11～14)	0.66 (0～3)	—	—	27.30 (25～28)	0.98
Elymus coreanus（*Hy. coreana*）×*Psa. stolongformis***	21	123	8.48 (3～15)	5.80 (3～8)	3.02 (0～7)	2.77 (0～7)	0.28 (0～3)	0.02 (0～1)	—	0.67

*引自周永红、杨俊良、颜济，1999；**引自 Jensen and Wang，1997。

2006 年，四川农业大学小麦研究所的张海琴、杨瑞武、周永红与日本鸟羽大学农学院植物遗传育种实验室的窦全文及辻本壽在《染色体研究（Chromosome Research）》第 14 卷上合作发表一篇题为“Genome constitution of *Hystrix patula*, *H. duthiei* ssp. *duthiei* and *H. duthiei* ssp. *longearistata* (Poaceae: Triticeae) revealed by meiotic pairing behavior and genomic *in-situ* hybridization”的检测文章。他们用染色体组型分析的方法和 DNA 原位杂交的方法来检测形态分类学猬草属的 3 个分类群的染色体组的组成。检测的结果数据列如表 3-46。

表 3-46 亲本及其杂种减数分裂中期Ⅰ花粉母细胞中染色体联会

（引自 Zhang et al.，2006，表 3）

亲本及杂种	染色体数（2n）	观察细胞数	染色体联会						交叉细胞数	C-值
			Ⅰ	Ⅱ			Ⅲ	Ⅳ		
				总计	环型	棒型				
Pseudoroegneria spicata	14	50	—	7.00 (7)	6.79 (6～7)	0.21 (0～1)	—	—	13.79 (13～14)	0.99
Psathyrostachys huashanica	14	50	—	7.00 (7)	3.56 (0～5)	3.44 (2～7)	—	—	10.56 (7～13)	0.75
Elymus wawawaiensis	28	50	—	14.00 (14)	13.64 (13～14)	0.36 (0～1)	—	—	27.64 (27～28)	0.99
Leyntus mulicaulis	28	57	0.58 (0～4)	13.70 (12～14)	11.20 (8～14)	2.50 (0～6)	—	—	24.90 (22～28)	0.89
Hystrix patula	28	50	—	14.00 (14)	13.70 (12～14)	0.30 (0～2)	—	—	27.70 (25～28)	0.99
Hystrix duthiei ssp. *duthiei*	28	50	—	14.00 (14)	13.70 (12～14)	0.30 (0～2)	—	—	27.70 (26～28)	0.99

（续）

亲本及杂种	染色体数（2n）	观察细胞数	染色体联会						交叉细胞数	C-值
			Ⅰ	Ⅱ			Ⅲ	Ⅳ		
				总计	环型	棒型				
Hystrix duthiei ssp. *longearistata*	28	50	—	14.00 (14)	13.60 (11～14)	0.40 (0～3)	—	—	27.60 (25～28)	0.99
H. patula×*Pse spicata*	21	112	6.85 (3～11)	6.53 (5～9)	4.37 (1～7)	2.16 (0～6)	0.37	—	11.63 (7～16)	0.83
H. patula×*E. wawawaiensis*	28	84	1.54 (0～4)	12.83 (9～14)	9.76 (2～14)	3.07 (0～11)	0.15 (0～1)	0.08 (0～1)	23.15 (15～28)	0.83
H. patula×*Psa. huashanica*	21	50	20.43 (17～21)	0.29 (0～2)	0.02 (0～1)	0.27 (0～2)	—	—	0.29 (0～3)	0.02
H. duthiei ssp. *duthiei*×*Psa. huashanica*	21	81	9.85 (5～13)	5.18 (3～8)	1.83 (0～7)	3.35 (0～7)	0.25 (0～1)	0.03 (0～1)	7.58 (6～14)	0.54
H. duthiei ssp. *longearistata*×*Psa. huashanica*	21	76	9.84 (7～15)	5.11 (3～7)	1.20 (0～4)	3.91 (1～7)	0.32 (0～1)	—	6.93 (4～11)	0.50
L. multicaulis×*H. duthiei* ssp. *longearistata*	28	53	7.00 (0～18)	10.47 (5～14)	4.92 (2～9)	5.55 (1～11)	0.02 (0～1)	—	15.43 (9～20)	0.55
H. patula×*H. duthiei* ssp. *longearistata*	28	127	25.36 (20～28)	1.32 (0～4)	0.08 (0～1)	1.24 (0～4)	—	—	1.41 (0～4)	0.05
H. duthiei×*H. duthiei* ssp. *longearistata*[a]	28	50	0.04 (0～2)	13.98 (13～14)	13.32 (11～14)	0.66 (0～3)	—	—	27.30 (25～28)	0.98

注：括弧内为变幅；a. 数据来自 Zhou，et al.，1999。

Hystrix patula 与 *Pseudoroegeneria spicata* 杂交的 F_1 杂种减数分裂中期Ⅰ平均每一个花粉母细胞有 6.53 对二价体，清楚地显示 *Hystrix patula* 具有一组与 *Pseudoroegneria spicata* 同源的 **St** 染色体组。而它与含 **St** 和 **H** 染色体组的 *Elymus wawawaiensis* 杂交，其 F_1 杂种减数分裂中期Ⅰ平均每一个花粉母细胞有 12.83 对二价体，有 32%的花粉母细胞中呈显 14 对二价体，清楚地显示 *Hystrix patula* 与 *Elymus wawawaiensis* 一样具有一组 **St** 和一组 **H** 染色体组。GISH 原位杂交分析也清楚地显示同样的结果，说明它是一个应当属于 *Elymus* 属的物种。

Hystrix duthiei 及其变种 *Hystrix duthiei* var. *longearistata* 与 *Psathyrostachys huashanica* 杂交的 F_1 杂种，它们的减数分裂中期Ⅰ平均每一个花粉母细胞分别有 5.18 对二价体（变幅 3～8 对）和 5.11 对二价体（变幅 3～7）。而 *Hystrix duthiei* var. *longearistata* 与赖草属的 *Leymus multicaulis* 杂交，F_1 杂种减数分裂中期Ⅰ平均每一个花粉母细胞有 10.47 对二价体，有的所有染色体都正常配对形成 14 对二价体，环型二价体达到 9 对。清楚地显示 *Hystrix duthiei* 及其变种 *Hystrix duthiei* var. *longearistata* 含有 **NsXm** 染色体组，应该是属于赖草属的植物（图 3-39）。

周永红、杨俊良、颜济（1999）从细胞遗传学染色体组分析所得染色体配对数据，周永红、杨俊良、颜济（2000）的核基因组的 RAPD 数据，张颖、周永红、张利、张海琴、杨瑞武、丁春邦（2006）的细胞质基因组的 PCR-RFLP 分析数据，都证明 *Hystrix*

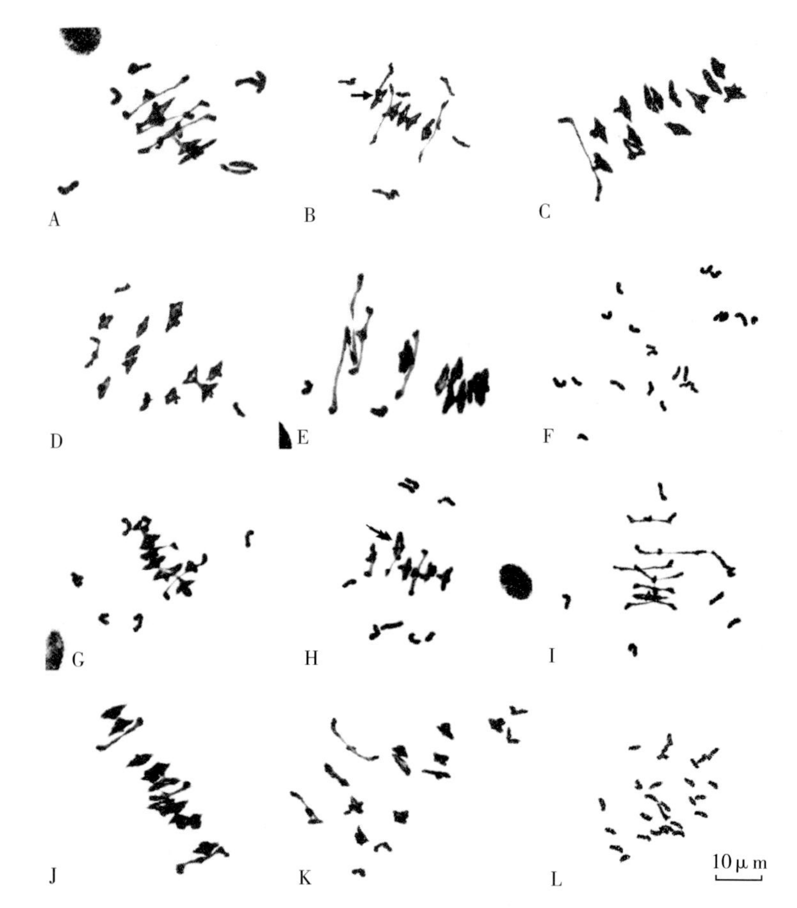

图 3-39 3 个 *Hystrix* 分类群的 F_1 杂种减数分裂中期Ⅰ染色体配对情况

A、B. *Hystrix patula* ×*Pseudoroegneria spicata*：A. 7Ⅰ+7Ⅱ；B. 6Ⅱ+6Ⅱ+1Ⅲ
C～E. *Hystrix patula*×*Elymus wawawaiensis*（**StH**）：C. 14Ⅱ；D. 2Ⅰ+13Ⅱ；
E. 2Ⅰ+11Ⅱ+1Ⅳ（箭头所指） F. *Hystrix patula*×*Psathyrostachys huashanica*
（**Ns**^{h}） G、H. *Hystrix duthiei* ssp. *duthiei*×*Psathyrostachys huashanica*（**Ns**^{h}）：
G. 7Ⅰ+7Ⅱ H. 8Ⅰ+5Ⅱ+1Ⅲ（箭头所指） Ⅰ. *Hystrix duthiei* ssp. *longearistata*×
Psathyrostachys huashanica（**Ns**^{h}）：7Ⅰ+7Ⅱ J、K. *Leymus multicaulis*（**NsXm**）×
H. duthiei ssp. *longearistata*：J. 14Ⅱ；K. 4Ⅰ+12Ⅱ L. *Hystrix patula*×
H. duthiei ssp. *longearistata*：28Ⅰ
（引自 Zhang，et al.，2006，图 1）

duthiei 与 *Hystrix duthiei* subsp. *longearistata* 是遗传同源的分类群，染色体组基本上是相同的。*Hystrix duthiei*、*Hystrix duthiei* subsp. *longearistata* 与 *Hystrix coreanus* 一样，都是含 **Ns** 染色体组的异源四倍体，应当属于 *Leymus* 的分类群。张海琴、杨瑞武、窦全文、辻本壽、周永红（2006）的染色体组型分析与 DNA 原位杂交进一步确切证明 *Hystrix duthiei* 及其变种 *Hystrix duthiei* var. *longearistata*（他们称为亚种）应当是含 **NsXm** 染色体组的 *Leymus* 属的变种，而 *Hystrix patula* 则是含 **StH** 染色体组的 *Elymus* 属的分类群（图 3-40）。

早在 1984 年 Mary E. Barkworth 与 R. J. Atkins 就指出，从北美的赖草属植物来看，

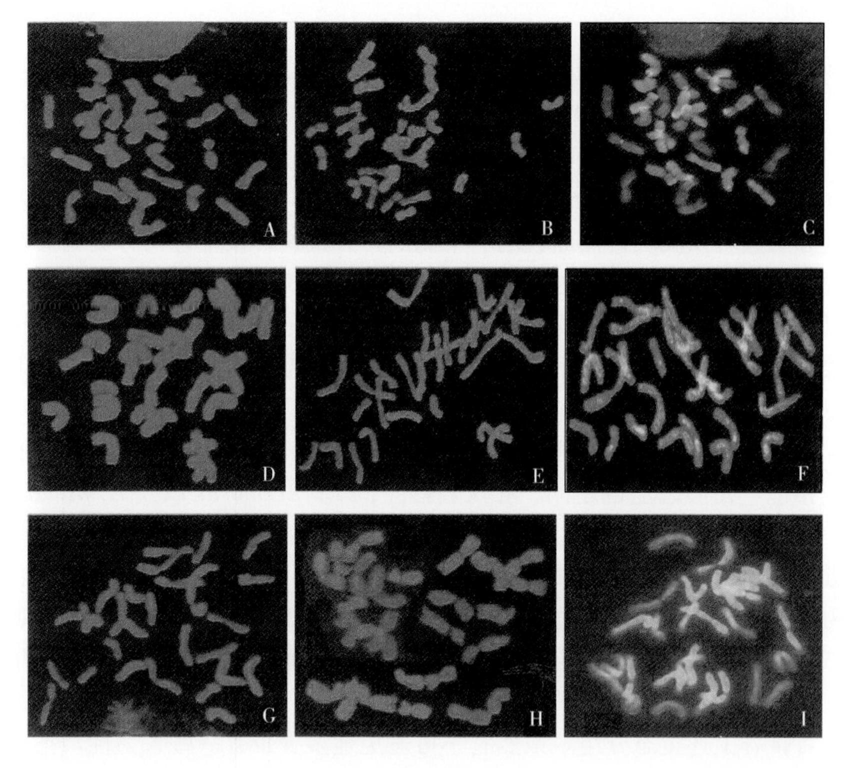

图 3-40　*Hystrix* 三个分类群根尖体细胞有丝分裂中期 GISH 原位杂交分析

A～C. *Hystrix patula*：A. 染色体 DAPI 对比染色；B. 用 *Pse. spicata* **St**-染色体组 DNA 探测，同时封闭 *Hordeum bogdanii* **H**-染色体组，14 条染色体显示红色荧光；C. 当用 *Pse. spicata* **St**-染色体组 DNA 与 *Hordeum bogdanii* **H**-染色体组 DNA 探测，14 条染色体显示红色荧光（**St**），14 条染色体显示绿色荧光（**H**）

D～F. *Hystrix duthiei* ssp. *duthiei*；D. 染色体 DAPI 对比染色；E. 用 *Ps. huashanica* **Ns^h**-染色体组 DNA 探测同时封闭 *Lo. elongatum* 的 **E^e**-染色体组 DNA，14 条染色体显示红色荧光；F. 同时用两种 **Ns^h**-染色体组 DNA 与 **E^e**-染色体组 DNA 探测，14 条染色体全长显示红色荧光（**Ns^h**），而所有 28 条染色体都显示绿色小点杂交信号（**E^e**）

G～I. *Hystrix duthiei* ssp. *longearistata*：G. 染色体 DAPI 对比染色；H. 用 *Ps. huashanica* **Ns^h**-染色体组 DNA 探测同时封闭 *Lo. elongatum* 的 **E^e**-染色体组 DNA，14 条染色体显示红色荧光；I. 同时用两种 **Ns^h**-染色体组 DNA 与 **E^e**-染色体组 DNA 探测，14 条染色体显示粉红色（**Ns^h**），而所有 28 条染色体都显示分散的绿色小点杂交信号（**E^e**）

（引自 Zhang et al.，2006，图 2）

Цвелев 的 sect. *Aphanoneuron* 与 sect. *Anisopyrum* 区分不开。

因此她们在北美赖草属中取消了 *Aphanoneuron* 组，只承认 sect. *Anisopyrum* 与 sect. *Leymus* 两个组。这说明即使从形态学来看，Цвелев 的分组也是脱离客观实际的。

赖草属植物的不同分类群分别生长在北极寒温带到南亚热带，从沙漠、石质岩坡、草原、开阔草甸到荫被林下。按生态环境的不同可以分为沙生类群，它们在形态上都具有强大的根茎。生长在石质岩坡与土质坚实的草原中的分类群，则根茎不发达而常呈密丛。在地下水充分，土壤间隙常充满水的情况下而造成缺氧的草甸与林下，也无伸入地下的强大根茎，并多呈疏丛与单秆。生态环境是逐步过渡的，分类群间的形态适应特征也是呈连续分布的数量差异。即使按生态-形态特征来划分，也有中间过渡类型存在。例如 *L. interior*

与*L. pacificus*，虽然大多分布于沙地，但也可在草原中找到；*L. condensatus*多分布在海岸或河流的干坡，但在开阔的林间也可以找到它。不过，*L. interior*与*L. pacificus*更趋向于沙生；*L. condensatus* 更偏向于草原生态型。我们可以把赖草属的分类群按它们的生态习性划分为沙生生态组（sect. *Leymus*），草原-草甸生态组（sect. *Anisoprum*）与林下生态组（sect. *Sylvicola*）三个组，中间类型的分类群按它们的侧重加以人为归类。生态类群的划分虽然可以反映自然面貌的一个侧面，并且这种按生态的分类划分在采集与保护这些资源时是非常有用的，但这种划分与遗传亲缘系统并不是一致的。遗传关系较远的分类群可以适应同一生态环境，并在自然选择下形成形态上的趋同，成为相同的生态群；遗传亲缘较近的分类群却可适应不同生态环境，且在形态上也常发生趋异。从上述杨瑞武的分析可以看到，同是沙生的*L. mollis*与*L. racemosus*以及*L. pseudoracemosus*的遗传相似性就差异比较大，它们与同样适应沙生环境的*L. arenarius*差异也比较大，虽然它们在生态适应上相似，在形态上也趋同。相反，沙生的*L. racemosus*以及*L. pseudoracemosus*与在碱土中生长的草原生态适应型的*L. paboanus*之间的遗传相似性系数所反映的亲缘关系却比较近，但它们在生态适应上与形态演变上都大不相同。遗传亲缘系统是客观存在的，不能由人来主观划分。前述遗传相似性聚类图（图3-36、图3-38）就客观地反映了种间遗传亲缘系统关系，用不着再去划分什么组、群。但图3-36与图3-38并没有包括所有的种，只有作更多的测定分析使它完善，不能臆定。为了采集、鉴定、保护与利用上的便利，作者推荐上述生态分组，虽然它不可避免地多少带有一些人为性，把中间类群加以人为归并。但从涉及遗传的研究与育种等资源利用上来看，则需要的是真实的自然系统关系，RAPD以及PCR-RFLP等分子遗传分析的结果就是重要的依据。前述事例还给大家展现一个非常重要的现象，相同的林下生态环境条件的自然选择可以把含**StStHH**染色体组*Elymus patula*与它在遗传亲缘上没有同源性，含**NsNsXmXm**染色体组的*Leymus californicus*、*Leymus duthiei*造成形态上的趋同，在形态分类学者眼里把它们看成"一个属（*Hystrix*或*Asperella*）"，进而把它们错误地看成亲缘系统上相近的物种。由于生态适应的不同造成形态的趋异，进而把同样含有相同的**NsNsXmXm**染色体组的林下类群*Leymus californicus*、*Leymus duthiei*与沙生类群*Leymus arenarius*、*Leymus racemosus*看成是不同的属、不同亲缘系统的种。客观事实再次提醒我们，形态相似与相异可以帮助我们初步认识物种，但它只能是初步。因为形态是遗传与环境互作的表型（phenotype），没有进一步的遗传学的实验分析检测，是不能认清真实的亲缘系统关系的，单纯以形态来推测是非常不可靠的。

（三）赖草属的分类

***Leymus* Hochst.，Flora 7：118，in adnot. 1848. 赖草属**

异名：*Elymus* sect. *Psammelymus* Griseb. 1853，in Ledeb.，Fl. Ross. 4：331；
Elymus auct.，non L. 1753. Nevski，1934，in Flora SSSR，II：694；
Aneurolepidium Nevski，1934，Fl. SSSR 2：699，in Russian；Nevski，1936，

Act. Inst. Bot. Acad. Sci. URSS. 1，2：70. in Latin；

Malacurus Nevski，1933，Tr. Bot. Inst. AN SSSR，ser. 1，I：19；

Elymus sect. *Psammelymus* Griseb.，1853，in Ledeb. Fl. Ross. 4：331；

Eremium O. Seberg et I. Linde-Laursen，in Syst. Bot. 21：11。

模式种：*Leymus arenarius*（L.）Hochst.

属的形态特征：多年生。沙生生态环境中生长的类群，皆具强大的根茎；在草原草甸生长的类群常具或不具匍匐或直伸的根茎，如不具时则形成密丛；在林下生长的类群则不具根茎或具短根茎，疏丛或单秆。秆直立，叶鞘呈撕裂状宿存于秆基部；叶耳披针形、新月形，叶舌可长达 1 mm，稀长 3（～4）mm，革质至膜质，沿边缘常被纤毛；叶片线形，挺立，平展或内卷。穗状花序线形、长圆柱形或卵圆形，直立；穗轴坚实，不断折；小穗通常 2～3（～5）枚着生于每一穗轴节上，稀单生，或 5 枚以上，无柄或有柄，具（1～）3～7（～12）花，花两性；小穗轴粗糙或被短柔毛，脱节于颖之上、小花之下，颖披针形或线状钻形、钻形或针状，覆盖最下小花的侧面，基部合生，有的种（原属于猬草属 *Hystrix* 的）退化呈残迹小突起或完全消失退化，多粗糙或被短柔毛、长柔毛，或平滑，具 1～3（～5）脉，脉不甚明显，有时具脊，先端具或不具芒；外稃披针形，稀披针状卵圆形，革质，多少被毛，粗糙或平滑，5～7 脉，不具脊，先端急尖，具短尖头或延伸成芒；基盘钝，三角形或圆形，无毛或具长达 1.5 mm 的毛；内稃与外稃几等长，沿两脊与两脊之间被毛或粗糙，稀无毛平滑；雄蕊 3，花药长 2.5～5（～8.2）mm；颖果与稃贴生。

属名：来自拆字拉丁化希腊文属名 *Elymus*（披碱草属），颠倒前两个字母而成。有从 *Elymus* 属中分离改变而来的喻义。

细胞学特征：2n＝ 4x、6x、8x、10x、12x＝28、42、56、70、84；染色体组由 **Ns** 与 **Xm** 染色体组组合构成。

分布区：北半球中亚、东亚与北美及南美与欧洲。生长于海滨、河湖沙岸、沙漠沙丘、干草原、草原、草甸及林下。

赖草属分组、分种、分变种检索表

1. 叶片长线形，生长在开阔日照生境，中生或盐生禾草………………………………………… 2

  2. 江河湖海沙岸及沙丘、沙地生长的沙生禾草，具有强大的匍匐或下伸的长根茎 …………………
  Section 1：*Leymus* ……………………………………………………………………………… 3

   3. 穗轴节上着生 1 枚小穗，稀 2 枚……………………………………………………………… 4

    4. 颖钻形至窄披针形，3～5 脉；外稃锐尖或具长不到 2 mm 的短尖头 …（5）*Leymus pacificus*

    4. 颖细芒状-窄钻形，通常 1 脉，外稃具长（2.3～）3～6.5（～14）mm 的芒…………………
    ……………………………………………………………………………（8）*Leymus simplex*

   3. 穗轴节上着生多枚小穗…………………………………………………………………………… 5

    5. 穗轴节上着生 2 枚小穗，稀 3 枚………………………………………………………………… 6

     6. 穗状花序上端常下弯，小穗排列较稀疏，外稃背部密被白黄色至黄褐色丝状长柔毛 ……
     ………………………………………………………………………（2）*Leymus flavescens*

     6. 穗状花序直立粗壮，小穗排列紧密……………………………………………………………… 7

      7. 穗状花序长圆柱形，长（7.5～）12～35 cm，颖窄披针形，3～5 脉 …………………

………………………………………………………………………… (1) *Leymus arenarius*

7. 穗状花序短圆柱形……………………………………………………………………………………… 8

8. 颖短于相邻小花外稃，两颖不等长，1～3 脉 …………………………… (3) *Leymus interior*

8. 颖长于或等长于相邻小花外稃，两颖近等长，脉不明显 …………… (9) *Leymus villosissimus*

5. 穗轴节上着生 3 枚以上小穗 ……………………………………………………………………………

9. 颖披针形至宽披针形，3～5 (～7) 脉，长于相邻外稃，短于小穗，两颖近等长，背部被微毛，边缘膜质；外稃密被长柔毛或柔毛 ……………………………………………… (4) *Leymus mollis*

9. 颖披针形至窄披针形，两颖不等长 …………………………………………………………… 10

10. 颖披针形至窄披针形，具不明显的 3 脉，短于相邻外稃，并远短于小穗；外稃背部密被长柔毛，成熟时逐渐脱落 ……………………………………………… (7) *Leymus pseudoracemosus*

10. 颖窄披针形，具明显的 3～4 脉，远长于相邻外稃，并长于小穗；外稃上部光滑无毛，下部被柔毛……………………………………………………………………………………………… 11

11. 穗下节间被短柔毛 ………………………………… (6a) *Leymus racemosus* var. *racemosus*

11. 穗下节间光滑无毛…………………………………………………………………………… 12

12. 颖线形-披针形 ……………………………………………………………………………… 13

12. 颖线形-钻形 ………………………………………… (6d) *Leymus racemosus* var. *subulosus*

13. 两颖基部稍重叠，小穗排列紧密，2～4 枚着生同一穗轴节上 ……………………… ……………………………………………………… (6b) *Leymus racemosus* var. *crassinervius*

13. 两颖基部重叠，小穗排列疏松，2～3 枚着生同一穗轴节上 ………………………… ……………………………………………………… (6c) *Leymus racemosus* var. *cylindricus*

2. 草原草甸砾石岩坡生长的中生及盐生禾草，无根茎或具纤细匍匐及下伸的根茎 …………………… ……………………………………………………………………… Section 2：*Anisopyrum*……14

14. 小穗单生或在穗中部有时着生两枚……………………………………………………………… 15

15. 小穗单生……………………………………………………………………………………………… 16

16. 无根茎，颖钻形至线形，1 脉，不明显；生长于干燥岩坡与碎石堆的中亚禾草 ………… ……………………………………………………………………………… (10) *Leymus aemulans*

16. 具根茎………………………………………………………………………………………………… 17

17. 颖披针形至窄披针形……………………………………………………………………………… 18

18. 两颖不相等，1～3 脉，第 1 颖具长 2.2 mm 的短尖头，第 2 颖具长 4 mm 的短芒，无膜质边缘与纤毛 ……………………………………………………… (36) *Leymus mendocinus*

18. 两颖近等长，3 脉，顶端具短尖头，无芒，边缘膜质并具纤毛 ……………………… ……………………………………………………………………… (44) *Leymus pishanicus*

17. 颖窄披针形至钻形，1 脉或无明显的脉 ……………………………………………………… 19

19. 小花腹面朝向穗轴，颖腹面朝向外稃侧面 ………………… (16) *Leymus arjinshanicus*

19. 小花侧面朝向穗轴，颖腹面朝向外稃背面……………………………………………… 20

20. 两颖近等长，外稃被短柔毛，无芒或锐尖；内外稃等长……………………………… ……………………………………………………………………… (48) *Leymus ruoqiangensis*

20. 两颖不等长，外稃光滑无毛，具长 1.5～2 mm 的小尖头；内稃短于外稃 ………… ……………………………………………………………………… (47) *Leymus ramosus*

15. 小穗 1～ 2 枚着生于同一穗轴节上 …………………………………………………………… 21

21. 叶鞘被柔毛；叶片平展，上表面贴生硬毛，下表面具细刚毛；穗轴节上着生两小穗……… ……………………………………………………… (49c) *Leymus salina* var. *salmonis*

21. 叶鞘无毛；叶片内卷，上表面糙涩或具柔毛，下表面无毛；穗轴节上着生一小穗，稀……两小穗……………………………………………………………………………………………… 22
22. 叶片强烈内卷，近叶舌处密被硬毛 ………………………………（49a）*Leymus salina* var. *salina*
22. 叶片通常平展，近叶舌处不被硬毛…………………………（49b）*Leymus salinus* var. *mojavensis*
14. 穗轴节上着生两个或两个以上小穗……………………………………………………………… 23
23. 穗轴节上着生 2 或 3 枚小穗…………………………………………………………………… 24
24. 穗轴节上着生 1～ 2 枚小穗 …………………………………………………………………… 25
25. 无根茎或具短根茎……………………………………………………………………………… 26
26. 颖 1 脉或无明显叶脉…………………………………………………………………………… 27
27. 颖钻形或针刺状，1 脉或无明显叶脉，小穗含 2～ 4 小花 ……………………………… 28
28. 小穗近无柄 ……………………………………………………………（52）*Leymus sibiricus*
28. 小穗具被短柔毛的短柄 ………………………………………………（25）*Leymus coreanus*
27. 颖钻形、线形或披针形，1 脉，小穗含 5 朵以上小花 …………………………………… 29
29. 小穗（2～）7 花，无柄，颖钻形，无根茎或偶具短根茎……………………………………………………………………………………………………（14）*Leymus anbiguus*
29. 小穗 5～10 花，两小穗中 1 小穗具柄或无柄，颖线形至披针形，具短匍匐根茎…… 30
30. 植株矮小，高 16～50 cm；穗轴节上着生两枚小穗，其中 1 枚具柄，柄长可达 5 mm ……………………………………（27a）*Leymus divaricatus* var. *divaricatus*
30. 植株高大，高 70～128 cm；穗轴节上着生两枚小穗，无柄 ……………………………………………………………（27b）*Leymus divaricatus* var. *fasiculatus*
26. 颖具 3 脉或更多………………………………………………………………………………… 31
31. 节无毛；颖钻形，具不明显的 3 脉；内外稃近等长 ………………（18）*Leymus auritus*
31. 节密被贴生倒向短柔毛；颖长圆状披针形，3～ 5 脉明显；内稃稍长于外稃 ……………………………………………………………………………………（45）*Leymus pubinodis*
25. 具匍匐或下伸的根茎……………………………………………………………………………… 32
32. 秆疏丛或单生…………………………………………………………………………………… 33
33. 秆单生；叶片平展，有时下垂………………………………………（19）*Leymus buriaticus*
33. 秆疏丛生；叶片常内卷，上举………………………………………………………………… 34
34. 小穗有短柄………………………………………………………………（39）*Leymus obvipodus*
34. 小穗无短柄……………………………………………………………………………………… 35
35. 颖下部宽，覆盖外稃基部……………………………………………………………………… 36
36. 颖与第 1 外稃等长或稍短 ……………………………………（37）*Leymus multicaulis*
36. 颖较第 1 外稃稍长或等长……………………………………………………………………… 37
37. 穗长圆形；小穗不紧贴穗轴，穗轴节上着生 2 ～ 3 枚，3～5 小花；颖钻形，微被小刺毛，上部边缘不具小齿；外稃具不明显的 3～5 脉，背部被白色柔毛，喙长约 1 mm ……………………………………（42）*Leymus paboanus*
37. 穗细长圆柱形；小穗紧贴穗轴，穗轴节上着生 2（～3）枚，3（～4）小花；颖披针形，不被小刺毛，上部边缘具小齿；外稃具明显的 5～7 脉，背部微被贴生短柔毛，喙长 1.5～2.6 mm ……………………（32）*Leymus karelinii*
35. 颖下部窄，不覆盖外稃基部…………………………………………………………………… 38
38. 颖 1 脉 …………………………………………………………………（15）*Leymus angustus*

38. 颖（1～）3～5 脉 …………………………………………………………………………… 39
39. 颖钻形…………………………………………………………………………………………… 40
40. 小穗具 1～2 小花；颖 4 脉……………………… （20）*Leymus cappadocicus*
40. 小穗具 5～10 小花；颖 1～3 脉……………………… （22）*Leymus chinensis*
39. 颖线形或披针形……………………………………………………………………………… 41
41. 小穗 3～4 小花；颖线形，1 脉，从基部到中 部两侧具宽透明膜质形成一椭圆形的构造，顶端形成一长 4～5 mm 的芒 ……………………………………………………………………… （17）*Leymus aristiglumus*
41. 小穗 5～9 花；颖披针形，3～7 脉，从基部到中部两侧具窄膜质边缘，上部边缘具纤毛，顶端窄成短芒………………… （51）*Leymus shanxiensis*
32. 秆密丛…………………………………………………………………………………………… 42
42. 具细长根茎……………………………………………………………………………………… 43
43. 颖钻形，无脉或 1 脉，或具不明显的 3 脉………………………… （55）*Leymus triticoides*
43. 颖窄披针形，具 1 脉……………………………………………………………………… 44
44. 颖无毛 ……………………………………………………………… （56）*Leymus tuvinicus*
44. 颖下部无毛，上部被短柔毛 …………………………… （57）*Leymus*×*vancouverensis*
42. 无根茎…………………………………………………………………………………………… 45
45. 颖窄披针形………………………………………………………………………………… 46
46. 颖被短柔毛；外稃密被白色柔毛；内外稃近等长 …………………… （58）*Leymus yiuensis*
46. 颖具分散的微刺或疏被微柔毛；外稃下部密被柔毛，向上端逐渐无毛；内稃稍长于外稃…………………………………………………………………………… （53）*Leymus sphacelatus*
45. 颖线形至钻形……………………………………………………………………………… 47
47. 颖背部与边缘密被微柔毛，1 脉；外稃背部及边缘无长纤毛，喙长 1～2 mm ……………………………………………………………………………… （29）*Leymus flexilis*
47. 颖背部与边缘无毛，1～3 脉；外稃背部及边缘密被长纤毛，喙或芒长 1.8～10.2 mm ………………………………………………………………………… （28）*Leymus erianthus*
24. 穗轴节上着生 2～3 枚小穗 …………………………………………………………………… 48
48. 秆单生或疏丛…………………………………………………………………………………… 49
49. 颖钻形 ………………………………………………………………… （31）*Leymus innovatus*
49. 颖线形至披针形……………………………………………………………………………… 50
50. 颖近等长……………………………………………………………………………………… 51
51. 颖边缘无纤毛 ……………………………………………… （54）*Leymus tianschanicus*
51. 颖边缘有纤毛………………………………………………………………………………… 52
52. 颖具膜质边缘，1～2 脉；外稃密被长柔毛，并逐渐脱落；内稃与外稃等长或短于外稃，两脊具短纤毛；穗稍弯曲 ……………………………………… （30）*Leymus flexus*
52. 颖不具膜质边缘，1 脉；外稃疏被长小刺毛；内稃与外稃等长或长于外稃，两脊疏生小刺；穗弯曲下垂 ………………………………………… （43）*Leymus pendulus*
50. 颖不等长……………………………………………………………………………………… 53
53. 颖 3 脉，具膜质边缘，具纤毛；外稃无膜质边缘，背部疏生柔毛，边缘具纤毛……………………………………………………………………………………… （13）*Leymus altus*
53. 颖 1～ 3 脉，无膜质边缘，具纤毛；外稃无膜质边缘，背部被短柔毛或疏生柔毛，或上半部无毛，边缘不具纤毛…………………………………………………………… 54

54. 叶舌短，长 1～1.5 mm …… 55
55. 穗宽，小穗（1～）2～3（～4）着生在同一穗轴节上，4～7（～10）小花 …… 56
56. 穗基部宽，向上急尖成圆锥形 …… (21) *Leymus chakassicus*
56. 穗基部与上部宽窄近相等成圆柱形 …… 57
57. 颖 1 脉或基部有 2 条不明显的侧脉；叶片上表面及边缘糙涩或被短柔毛，下表面光滑或稍糙涩 …… (50a) *Leymus secalinus* var. *secalinus*
57. 颖 3 脉；叶片上下表面都被短柔毛 …… (50c) *Leymus secalinus* var. *pubescens*
55. 穗窄，小穗 1～ 2，着生在同一穗轴节上，2～3 小花 …… (50d) *Leymus secalinus* var. *tenuis*
54. 叶舌长，3～4 mm …… (50b) *Leymus secalinus* var. *ligulatus*
48. 秆密丛 …… 58
58. 颖窄披针形 …… (40) *Leymus ordensis*
58. 颖钻形 …… 59
59. 颖圆锥形至钻形 …… (34) *Leymus lanatus*
59. 颖线形至钻形 …… 60
60. 具根茎 …… 61
61. 具短匍匐茎；内稃顶端具 2 齿，两脊糙涩 …… (33) *Leymus kopetdagghensis*
61. 具长匍匐茎；内稃顶端平截或稍内凹，两脊上半部具不等长的纤毛 …… (11) *Leymus akmolinensis*
60. 不具根茎 …… 62
62. 基部老叶鞘纤维状；小穗排列稀疏；外稃无毛或向上疏生小刺毛 …… (35) *Leymus latiglumis*
62. 基部老叶鞘不成纤维状；小穗排列紧密；外稃贴生细刚毛 …… 63
63. 穗下节间光滑无毛 …… (12c) *Leymus alaicus* var *petraeus*
63. 穗下节间糙涩或被微柔毛 …… 64
64. 外稃披针形，背部贴生不明显的细刚毛，上端渐尖成长 2.5～3 mm 的短芒 …… (12a) *Leymus alaicus* var. *alaicus*
64. 外稃宽披针形，背部无贴生不明显的细刚毛，上端急尖成一长 0.5 mm 的小尖头 …… (12b) *Leymus alaicus* var. *karataviensis*
23. 穗轴节上着生 4 枚小穗（稀 2 枚） …… 65
65. 秆疏丛或单生 …… 66
66. 穗长，长 16～22 cm，小穗排列稀疏 …… (26) *Leymus crassiusculus*
66. 穗短，长 5～10 cm，小穗排列密集 …… 67
67. 秆基部宿存叶鞘被灰白色短柔毛，稀无毛 …… (23) *Leymus cinereus*
67. 秆基部宿存叶鞘不被灰白色柔毛 …… 68
68. 穗轴节上着生 3～6 枚小穗；小穗 6～9 小花，高度不育；具强壮匍匐根茎；外稃不具透明宽膜质边缘 …… (37) *Leymus*×*multiflorus*
68. 穗轴节上着生 2～7 枚小穗；小穗 3～7 花，高度能育；具 短根茎；外稃具透明宽膜质边缘 …… (24) *Leymus condensatus*
65. 秆密丛 …… 69
69. 穗卵圆形至椭圆形；颖披针形，偏斜，1 脉，下部具膜质边缘，上部无短纤毛 …… (41) *Leymus ovatus*

69. 穗圆柱形或纺锤形；颖窄披针形，对称，1～3脉，下部不具膜质边缘，上部具纤毛 ………………………………………………………………………………………… (46) *Leymus qinghaicus*

1. 叶片披针形；生长在森林荫被处，中生或耐酸植物 ……………………… Section 3. *Silvicola*……70

70. 叶片窄披针形；小穗2～3（～4～5）枚着生于同一穗轴节上；无颖 …………………………………………………………………………………………… (59) *Leymus californicus*

70. 叶片宽披针形；小穗1～2枚着生于同一穗轴节上；颖芒形、钻形或退化成小瘤状突起或完全退化……………………………………………………………………………………………… 71

71. 小穗2～3小花，稀1小花；颖钻形，长1～9 mm，1脉；具短根茎 …………………………………………………………………………………………… (61) *Leymus komarovii*

71. 小穗1～3小花，稀3～5小花；颖钻形、芒状或退化不存；无根茎………………………………… 72

72. 穗下节间无毛；穗轴无毛；小穗单生 …………………… (60b) *Leymus duthiei* var. *japonicus*

72. 穗下节间被短柔毛；穗轴被短柔毛；小穗2枚着生于同一穗轴节上………………………… 73

73. 通常无颖，稀具长1～6 mm呈芒状的颖 ………………… (60a) *Leymus duthiei* var. *duthiei*

73. 颖钻形，长7～10 mm ……………………………… (60c) *Leymus duthiei* var. *longearistata*

Section1 *Leymus-Elymus* auct. non L.：Nevski，1934. in Fl. SSSR，2：694. 沙生组

分组模式种：*Leymus arenarius*（L.）Hochst.。

海岸、湖岸、河岸、沙地或沙丘上生长的沙生禾草。通常根茎强大，稀纤细；茎秆粗壮，穗坚韧直立，穗轴节上聚生2～3（～6）个小穗，颖窄2～3脉，外稃无芒或具短芒。

1. *Leymus arenarius*（L.）Hochst.，1848. Flora，31：118. 沙生赖草（图3～41、图3～42）

模式标本："欧洲海岸边流动沙丘"。Carl Linné至少列有5份合模式标本，现分别藏于丹麦哥本哈根（**C**!）、英国伦敦林奈学会Linnaean Herbarium（**LINN**!）与荷兰来登van Royen Herbarium（**L**!）、瑞典乌普萨拉大学奥洛夫 塞尔苏斯标本室（UPS～CELSIUS!）。其中LINN No. 100. 1标本 于1954年被W. M. Bowden选为后选模式标本，其余则为后选副模式标本（Lectoparatype）。

异名：*Elymus arenarius* L. 1753. Spec. Pl. 83。

形态学特征：多年生，具长而匍匐的根状茎。秆高50～150 cm，粗壮，被白粉，除花序下的秆上约5 mm有时被微毛外，其余部分通常平滑无毛。叶鞘平滑无毛，常被白粉；叶舌长0.3～2.5 mm；叶片平展，或边缘内卷，长7.5～35 cm，宽8～15 mm，上表面密被小刺毛而粗糙，或在脉上被毛，下表面平滑无毛。穗状花序直立而粗壮，长（7.5～）12～35 cm，宽15～25 mm，小穗着生密集，每一穗轴节上着生2枚小穗；穗轴无毛，棱脊上具刺状纤毛，穗轴节间长8～11 mm；小穗长12～32 mm，具2～5（～9）花；颖窄披针形，长15～25（～30）mm，宽2～3.5 mm，3～5脉，下部无毛，上部有时被短毛；外稃宽披针形，长12～25 mm，具5～7脉，背部密被短或长的柔毛；内稃脊的先端疏生纤毛；花药长6～9 mm。

细胞学特征：2n = 8x = 56（Bowden，1957）；基本染色体组组成：**NsNsNsNsXmXmXmXm**（Wang and Hsiao，1984）。

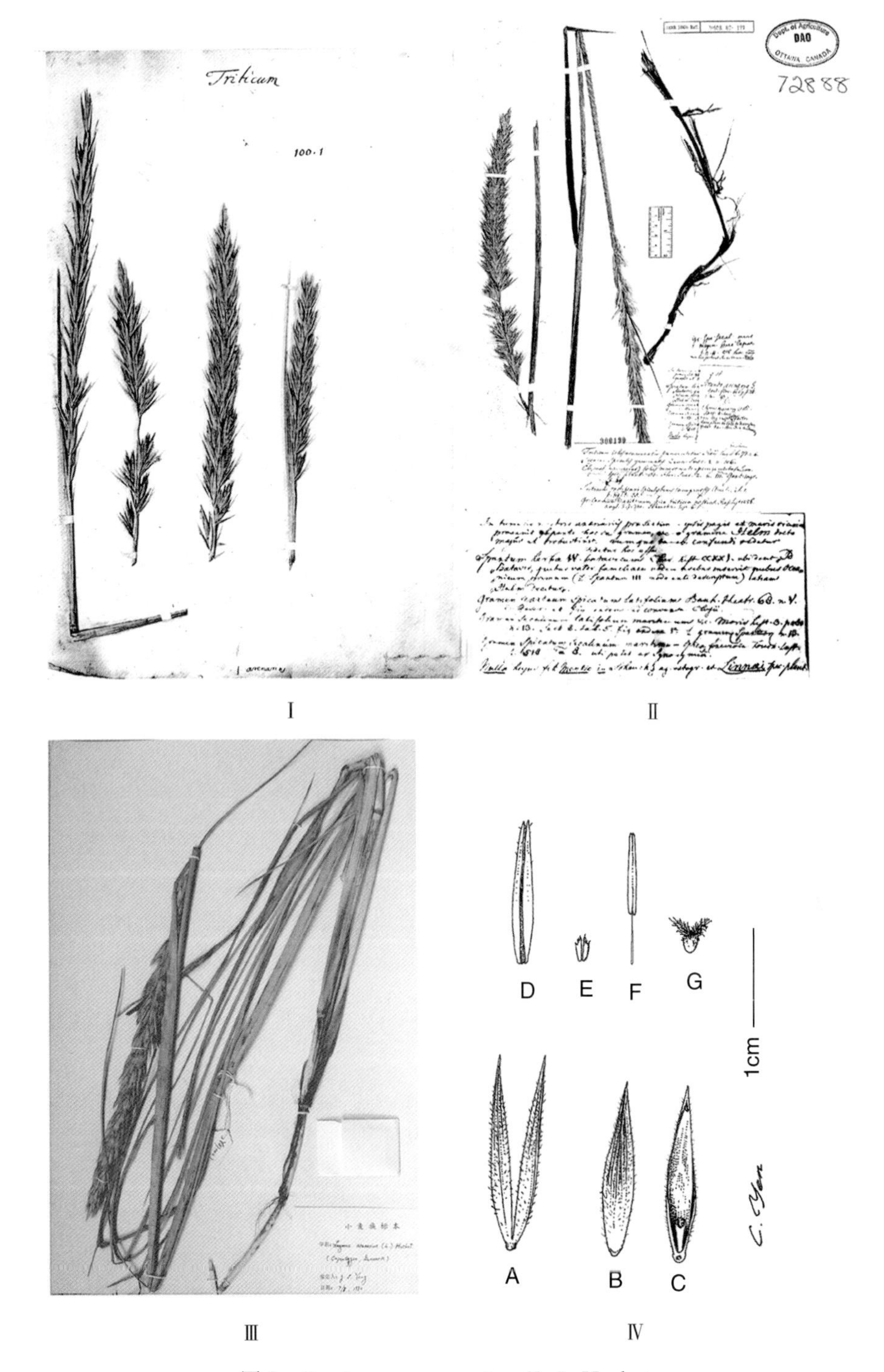

图 3-41 *Leymus arenarius*（L.）Hochst.

Ⅰ. Carl Linné 的合模式标本之一（现藏于 **LINN!**）Ⅱ. Carl Linné 的合模式标本之一（1964，Wray M. Bowden 在《加拿大植物学杂志》42 卷，567 页，发表为后选模式，现藏于 **L!**）。Ⅲ. 颜济、杨俊良采自波罗的海海滨，Topotype（现藏于 **SAUTI!**） Ⅳ. A. 第一与第二颖；B. 小花背面观；C. 小花腹面观；D. 内稃；E. 鳞被；F. 雄蕊；G. 雌蕊

图 3－42　*Leymus arenarius*（L.）Hochst.

［Johann Georg Gmelin 1747 年发表的原图。引自 J. G. Gmelin1747 年出版的《西伯利亚植物志（Flora Sibirica sive Historia Plantarvm Sibiriae)》第 1 卷，图版 XXV。本图以种名“*Elymus arenarius* L.”发表在 1753 年 Carl von Linné 正式发表 *Elymus arenarius* L. 之前。也视为 von Linné 的合模式标本之一］

分布区：欧洲，亚洲，后引进到北美洲。生长在海岸边的沙石中，稀在较大的湖岸，或引种栽植于河边沙滩上。

2. *Leymus flavescens* （Scribn. et J. G. Smith） **Pilger，1947** （published in 1949）. **Bot. Jahrb. 74：6. 黄毛赖草**（图 3 - 43）

图 3 - 43 *Leymus flavescens* （Scribn. et Smith） Pilg.
A. 颖 B. 小穗
（引自 F. Lamson-Scribner，1901。USAD Div. Agrost. Bull. 17，图 618）

模式标本：W. N. Suksdorf，1886 年 6 月 11 日采自美国华盛顿（Washington）州，克利克塔特（Klickitat）县，哥伦巴斯（Columbus）。No. 916。主模式标本：**US!**。

异名：*Elymus flavescens* Scribn. et J. G. Smith，1897. USDA Div. Agrost. Bull. 8：8；

Elymus arenicola Scribner et J. G. Smith，1899. USDA Div. Agrost. Bull. 9：7；

Leymus arenicola (Scribn. et J. G. Smith) Pilger，1947. Bot. Jahrb. 74：6。

形态学特征：多年生；丛生；匍匐根状茎具褐色鳞片。秆直立，高 40～120 cm，除节下被微毛外，其余无毛，秆基部具宿存纤维状叶鞘。叶鞘无毛，具条纹，有时被白粉；叶舌短，长0.3～1.5 mm，干膜质；叶片坚实，平展，干时内卷，长 20～40 cm，宽（3～）4～8 mm，上表面粗糙，或被糙伏毛-微毛，下表面平滑无毛。穗状花序直立，有时上端稍下弯，长 10～25 cm，每一穗轴节上具 2 枚小穗，一枚无柄，一枚常具短柄，柄多少被丝状长柔毛；穗轴被丝状长柔毛，节间长 7～10 mm；小穗长（10～）13.5～25 mm，具 3～9 花；颖钻形至窄披针形，两颖不等长，第 1 颖长 8.5～13.5 mm，第 2 颖长 10～16 mm，第 2 颖稍宽于第 1 颖，无脉，背部多少被微毛或丝状长柔毛，边缘干膜质，具短芒尖；外稃宽披针形或卵形，长 10.5～15 mm，密被白黄色、黄色至褐色丝状长柔毛，先端无芒或具长 2 mm 的短芒；内稃短于外稃，长约为外稃的 2/3，先端 2 裂，两脊上部粗糙；花药长 4.5～7 mm。

细胞学特征：2n＝4x＝28（Á. Löve，1984；D. J. Hole et al.，1999）；染色体组组成：**NsNsXmXm**（D. J. Hole et al.，1999）。

分布区：美国华盛顿州东部、俄勒冈州、爱达荷州、南达科他州（黑山）。生长在沙丘与沙地上，以及河谷、河岸路边。

3. *Leymus interior*（Hulten）Tzvelev，1964. Fl. Arct. URSS. Fasc. 2：253. 远东赖草（图 3-44）

模式标本：A. Толмачев1928 年 7 月 24 日采自俄罗斯：远东、泰米尔（Таймыр）东部、泰米尔湖（Таймырского озера）南岸，74°37′N，103°25′E。No. 434。主模式标本：**S!**；同模式标本：**LE!**。

异名：*Elymus interior* Hulten.，1924. Acta Univ. Lund. n. ser. 38：270. f. 1c & 2a.，1942，Fl. Alaska and Yukon，2：270；

Elymus mollis subsp. *interior*（Hult.）Bowden，1957. Cand. J. Bot. 35：951；

Leymus mollis ssp. *interior*（Hulten）Á. Löve，1984. Feddes Repert. 95（7～8）：477；

Leymus ajanensis（V. Vassil.）Tzvelev，1972. Novost Sist. Vyssh. Rast.，9：59。

形态学特征：多年生；丛生；具细的根状茎。秆高 20～50（～70）cm，除有时花序下被微毛外，其余部分平滑无毛。叶鞘无毛，上部稍膨大；叶片宽 2～7 mm，通常边缘内卷，上表面粗糙，具明显突起的脉，脉上粗糙，下表面平滑无毛。穗状花序直立，长5～10 cm，宽 10～17 mm，小穗 2（～4）枚着生于每一穗轴节上，排

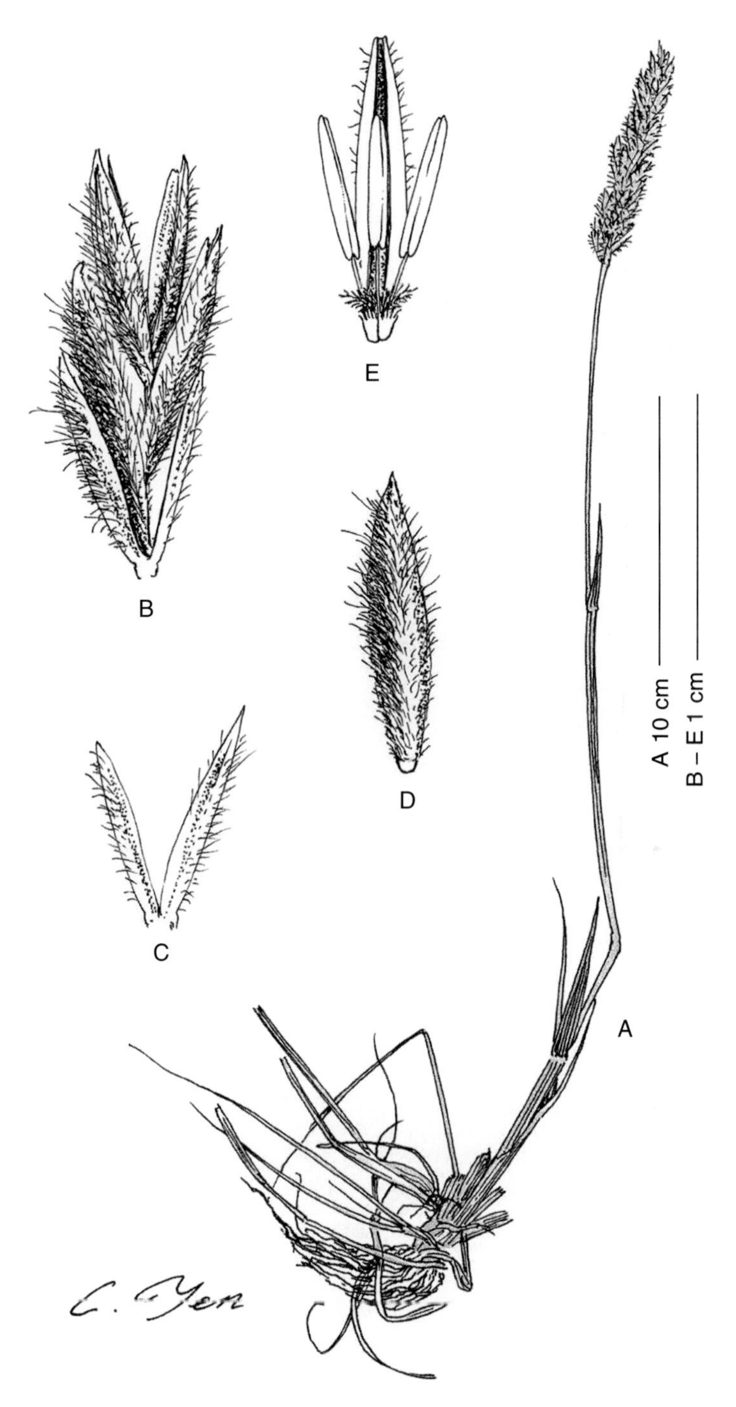

图 3-44 *Leymus interior*（Hulten）Tzvelev

A. 全植株 B. 小穗 C. 颖 D. 小花背面观；示密被长柔毛的外稃

E. 内稃、鳞被、雄蕊及雌蕊柱头

（根据主模式标本绘制，现藏于 **S**!）

列紧密；穗轴密被柔毛；小穗长10～18 mm，淡红紫色，具3～5花；颖窄披针形，灰色至紫色，长5～8（～12）mm，具1～3脉，被长柔毛，具窄膜质边缘；外稃宽披针形，长8～14mm，脉上密被灰色至黄色长毛而隐蔽，外稃背部密被长柔毛，具窄膜质边缘，中脉延伸成小尖头；内稃常稍长于外稃，两脊上具柔毛；花药长（3.5～）5～6.5（～7）mm。

细胞学特征：2n=4x=28（Zukova，1968）。

分布区：俄罗斯东西伯利亚、远东。生长于河边（稀海边）沙地与卵石滩、火山熔渣、草原以及冲积平原的矮树丛中，可上升到山的上带。

4. *Leymus mollis* （Trin.）**Pilger，1947**（published in19 49）**. Bot. Jahrb. 74：6. 滨麦**（图3-45）

模式标本："根据戈热恩克（Goreenk）标本室，生长于堪察加（Camtschatca）与阿留申（Aleuticis）群岛"。Цвелев1976年后选模式标本："乌纳拉什卡（Unalaschka），采集人朗斯多夫（Langsdorf）"，后选模式标本现藏于**LE**!。

异名：*Elymus mollis* Trin.，1821. in Spreng. Neue Entdeck. 2：72；

Elymus arenarius subsp. *mollis*（Trin.）Hulten，1927. Fl. Kamtsch. 1：153；

Leymus mollis（Trin.）Hara，1938. Bot. Mag. Tokyo，52：232. nom. invalid；

Leymus arenarius subsp. *mollis*（Trin.）Tzvel.，1966. Bot. Zhurn. 51：1107；

Elymus dives K. Presl，1830. Rel. Haenk. 1：265；

Elymus arenarius var. *villosus* E. Meyer，1830. Pl. Labrad.：22；

Elymus ampliculmis Provancer，1862. Fl. Canada 2：706；

Elymus cladostachys Tucz.，1856. Bull. Soc. Nat. Moscou 29，1：64；

Elymus capitatus Scribner，1898. U. S. D. A. Div. Agrostol. Bull. 11：55。

形态学特征：多年生；具下伸的根状茎；须根外被沙套。秆单生或少数丛生，直立，高30～100（～170）cm，除花序下密被微毛外，其余平滑无毛，秆基部宿存纤维状的叶鞘。叶鞘无毛；叶舌长1～2 mm；叶片质较硬而厚，粉绿色，长（10～）15～40 cm，宽4～12 mm，通常内卷，上表面微粗糙，下表面平滑。穗状花序长9～30 cm，宽10～15 mm，小穗2～3（～5）枚着生于每一穗轴节上，有时于花序上部与下部单生；穗轴粗壮，被短柔毛，节间长6～10 mm；小穗长（10～）15～20（～25）mm，具2～5花；小穗轴节间长2～3 mm，被微毛；颖宽披针形或披针形，背部被微毛，具脊，边缘膜质，长12～20 mm，3～5（～7）脉，先端长渐尖；外稃披针形，密被长柔毛或被柔毛，长（10～）12～14 mm，7脉，先端具小尖头；内稃与外稃等长或稍短，长10～12 mm，两脊具小纤毛；花药长5～6（～7.5）mm。

细胞学特征：2n=4x=28（Bowden，1957；Соколовская，1968）；染色体组组成：**NsNsXmXm**（Wang and Hsiao，1984）。

分布区：俄罗斯远东、北极南部、堪察加、鄂霍次克海沿岸、乌达（Uda）、乌苏里（Ussuri）、萨哈林岛、鞑靼海峡沿岸、日本海沿岸，中国北部，日本，朝鲜半岛，北美阿拉斯加。生长于海岸沙地与卵石中。

图 3－45 *Leymus mollis*（Trin.）Pilger

A. 全植株 B. 小穗（除去颖） C. 颖 D. 小花

［引自 Tetsuo Koyama（小山哲夫），1987：图 12］

5. *Leymus pacificus* （Gould） **D. R. Dewey，1983. Brittonia，35**（1）：**32. 太平洋赖草**（图 3－46）

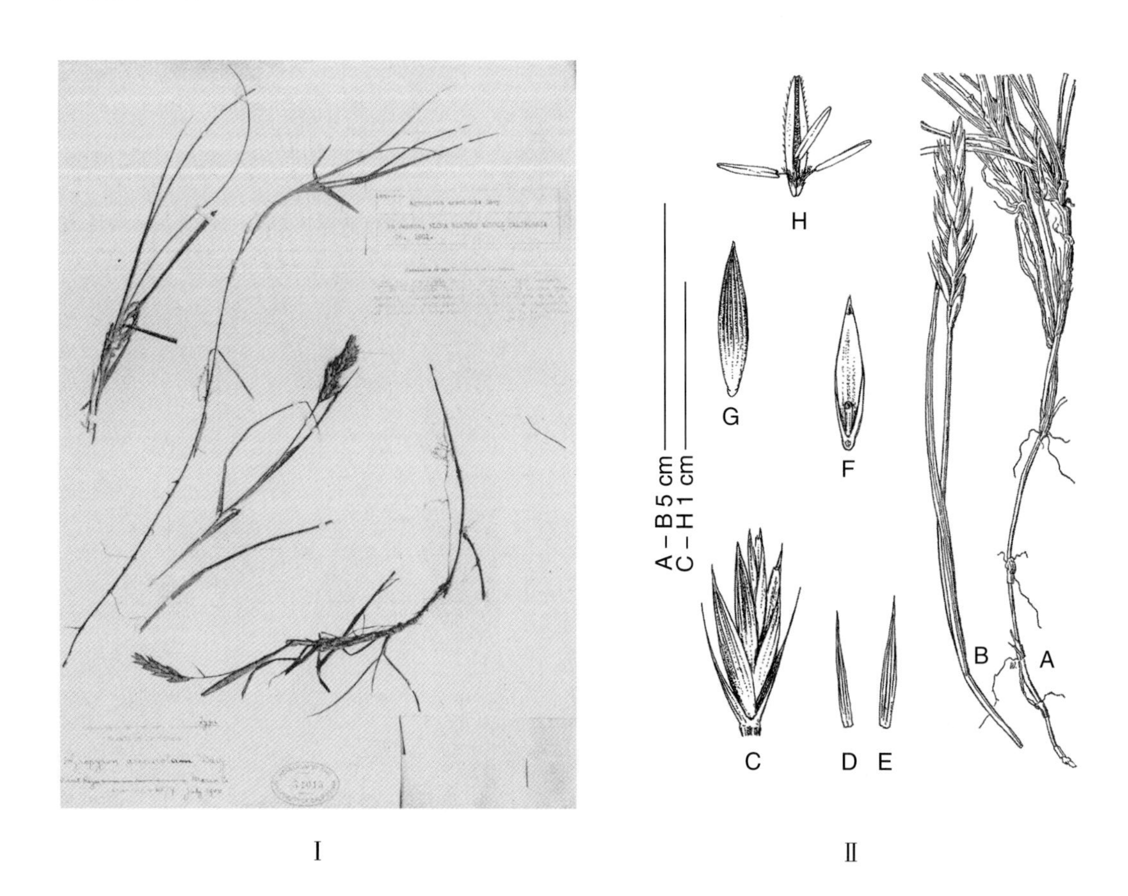

图 3－46 *Leymus pacificus*（Gould）D. R. Dewey

Ⅰ. 主模式标本 Joseph Burtt Davy，6879 号. **UC!** Ⅱ. A. 植株下部，示根茎；B. 植株上部，示穗部形态 C. 小穗；D. 第 1 颖；E. 第 2 颖；F. 小花腹面观；G. 小花背面观；H. 内稃、鳞被、雄蕊及雌蕊柱头（A 与 B 引自 A. S. Hitchcock，1951. Manual of the grasses of the United States，图 340。C～H 颜济补绘。根据 J. B. Davy 采自加利福尼亚 6781 号标本绘制）

模式标本：J. B. Davy 1900 年 7 月采自美国加利福尼亚马林县（Marin County），瑞斯岬（Point Reyes），No. 6879。主模式标本：**UC!**；副模式标本：**UC!**。

异名：*Elymus pacificus* Gould. 1947. Madrono 9：127；

Agropyron arenicola Davy，1901. In Jepson，Fl. West Mid. Calif.：76. non Scribner et Smith，1899。

形态学特征：多年生，具细长而匍匐或上升直立的根状茎。秆高 10～60 cm，直立或在基部呈弓形弯曲，无毛，基部具鞘内分枝，秆基部具纤维状宿存叶鞘。叶鞘无毛；叶舌很短而退化；叶片内卷，长 15～25 cm，宽 2～4 mm，上表面具深沟被疏微毛，下表面无毛；叶耳延伸成一弯曲的角状。穗状花序长 2～8 cm，每一穗轴节上通常着生 1 枚小穗；穗轴几乎平滑无毛；小穗长 12～15 mm，具 4～5 花；颖钻形至直立窄披针形，革质，长

5～10 mm，3～5 脉，边缘具纤毛，先端长渐尖；外稃长约 10 mm，宽，革质，粗糙，先端锐尖或形成短芒尖；内稃两脊上具纤毛。

细胞学特征：2n=4x=28（Gould，1945；Dewey，1984）。

分布区：美国加利福尼亚蒙特瑞（Monterey）县到门多色洛（Mendocino）县。海边沙地。

6. *Leymus racemosus* （Lam.） **Tzvel.， 1960. Bot. Mat.** （Leningrad） **20：429. 大赖草**（图 3-47、图 3-48）

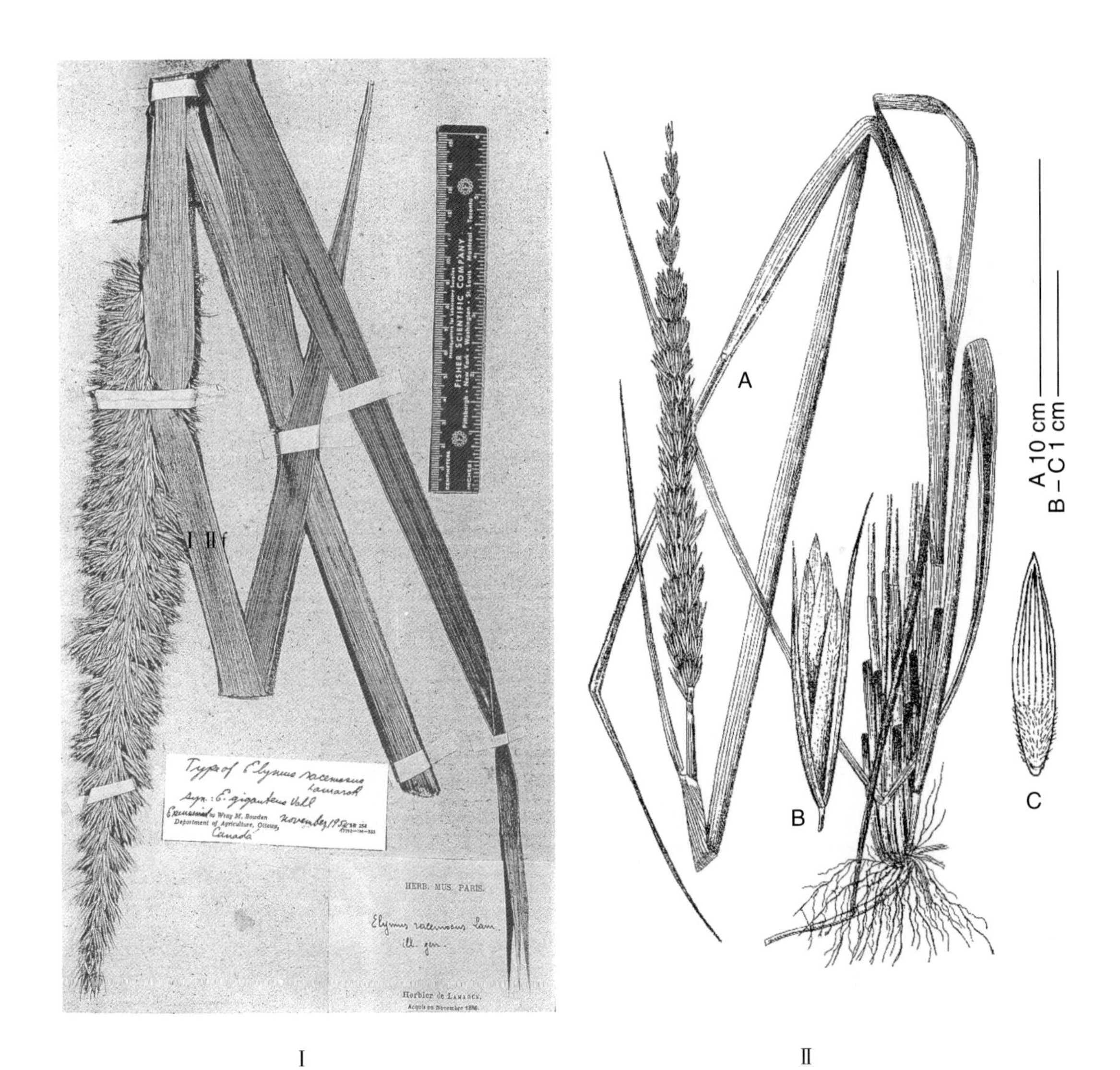

图 3-47　*Leymus racemosus*（Lam.）Tzvelev

Ⅰ. 后选模式标本，现藏于 **P-LA!**　Ⅱ. 详图（引自 E. Бордзловсь 与 E. M. Лавренко，1940. Флора УРСРР，том Ⅱ，Рис. 24。C 改绘）：A. 全植株；B. 小穗；C. 小花背面观，示外稃下部被柔毛

图 3-48 *Leymus racemosus*（Lam.）Tzvelev 在新疆布尔津沙丘上生长的自然状况

6a. var. *racemosus*

模式标本："巴黎种植的标本（可能来自哈萨克斯坦）"。W. M. Bowden，1957。后选模式标本：**P-LA!**。

异名：*Elymus racemosus* Lam.，1791. Tabl. Encycl. Meth. Bot. 1：207；

Elymus giganteus Vahl.，1794. Symb. Bot. 3：10；

Elymus giganteus β *attenuatus* Griseb.，1852. In Ledeb. Fl. Ross. 4：332；

Elymus arenarius var. *giganteus*（Vahl.）Schmalh.，1897. Fl. Sredn. I Yuschn. Ross. 2：667；

Leymus giganteus（Vahl）Pilger. 1947（published in 1949）. Bot. Jahrb. 74：7；

Elymus macrostachys Sprengel.，1799. Journ. Bot.（Gottingen）2：196；

Elymus attenuatus（Griseb.）K. Richter，1890. Pl. Eur. 1：132；

Leymus racemosus ssp. *depauperatus*（Bornm.）J. Sojak. 1982，Cas. Nar. Muz.（Prague）151（1）：14。

形态学特征：多年生，具长而匍匐的根状茎。秆粗壮，直立，高 50～100 cm，径粗 10～12 mm，花序下粗糙至被微毛，其余部分糙涩，秆基部具宿存的黄褐色叶鞘。叶鞘松弛包茎，边缘膜质；叶舌膜质，平截，长约 2 mm；叶片质硬，粉绿色，长 20～40 cm，宽 5～15 mm，上表面与边缘粗糙，下表面平滑无毛。穗状花序直立，粗大，长（15～）20～40 cm，下部径粗 10～25（～40）mm，穗下部小穗 4～6 枚，着生于每一穗轴节上，穗上部为 2～3 枚，排列紧密；穗轴坚硬，扁圆形，无毛，棱脊上具刺状纤毛；小穗淡粉绿色，长 15～32 mm，具 3～5（～6）花；颖窄披针形，坚硬，平滑无毛，长 1.5～2.8 cm，长于小穗或等长，具 3～4 明显的脉，中脉突起成脊，脊上无毛或被短毛，先端长渐尖，基部不重叠；外稃披针形，长 10～20 mm，具 7 脉，稃体下部被柔毛，向先端无毛，先端无芒，具尖头；内稃短于外稃 1～2 mm，两脊平滑无毛；花药长约 5 mm。

细胞学特征：2n=4x=28（Bowden，1957；Dewey，1972；孙根楼等，1990）；染色体组组成：**NsNsXmXm**（Dewey，1972b）。

分布区：中欧多瑙河三角洲；俄罗斯伏尔加—顿河区、外伏尔加、顿河下游、伏尔加下游、高加索、外高加索、西伯利亚；天山；哈萨克斯坦；中国新疆。生长在河边沙地、沙丘、沙地草原与荒漠中。

6b. var. *crassinervius*（Kar. & Kir.）C. Yen et J. L. Yang，2009. J. Syst. Evol. 47：74. 大赖草粗脉变种

模式标本：哈萨克斯坦"色米帕拉亭斯克（Семиралатинск）附近的沙地，1840，No. 1126，采集人：Карелин 与 Кирилов"。主模式标本与同模式标本现存于 **LE!**。

异名：*Elymus giganteus* spp. *crassinervius* Kar. & Kir.，1841. Bull. Soc. Nat. Moscou，14：868；

Leymus racemosus ssp. *crassinervius*（Kar. & Kir.）Tzvel. 1971. Nov. Sist. Vyssh. Rast.，8：65。

形态学特征：本变种与 var. *racemosus* 的区别：花序下的秆上平滑无毛；小穗 2～4 枚着生于每一穗轴节上；颖下部披针形至线形，1～3 脉，基部稍重叠。

细胞学特征：未知。

分布区：俄罗斯西伯利亚；天山；哈萨克斯坦；中国准噶尔至噶什喀尔（沿黑依尔特什）。生长在河边沙地、沙质草原与荒漠，可上升到低山带。

6c. var. *cylindricus*（Roshev.）C. Yen et J. L. Yang，2009. J. Syst. Evol. 47：74 大赖草圆柱变种

模式标本：俄罗斯南乌拉尔"乌拉尔，古北尔林斯克（Guberlinsk），1833，no. 385，采集人：Lessing"。主模式标本与同模式标本现存于 **LE!**。

异名：*Elymus giganteus* var. *cylindricus* Roshev.，1928. Tr. Peterb. Bot. Sada 40（2）：253，s. str；

Leymus racemosus ssp. *klokovii* Tzvel.，1971. Nov. Sist. Vyssh. Rast. 8：65。

形态学特征：本变种与 var. *racemosus* 的区别：秆在花序下无毛；穗较疏松，小穗 3 枚着生在每一穗轴节上；颖具 1 脉；内稃两脊上部具多数纤毛。

细胞学特征：未知。

分布区：俄罗斯：乌拉尔、伏尔加—顿河（Volga-Don）、外伏尔加（Transvolga）、西伯利亚、里海的阿拉尔（Aral）。生长在河边沙地、沙质草原。

6d. var. *sabulosus*（Bieb.）C. Yen et J. L. Yang，2009. J. Syst. Evol. 47：74. 大赖草钻形变种

模式标本：乌克兰克里米亚"出自托利亚（Tauria）"。Цвелев 1976 年后选模式标本：**LE!**。

异名：*Elymus sabulosus* M. Bieb.，1808. Fl. Taur.-Cauca. 1：81；

Elymus arenarius var. *sabulosus*（M. Bieb.）Schmalh. 1897. Fl. Sredn. I Yuzhn. Ross. 2：667；

Elymus racemorus var. *sabulosus*（M. Bieb.）Bowden，1957. Canad. J. Bot.

35：959；

Leymus sabulosus （M. Bieb.） Tzvelev，1960. Bot. Mat. （Leningrad） 20:429；

Leymus racemosus ssp. *sabulosus*（Bieb.）Tzvel. 1971. Novost. Sist. Vyssh. Rast. 8：65。

形态学特征：本亚种与 var. *racemosus* 的区别：秆在花序下平滑无毛；叶片上表面沿脊上散生短刺毛；穗状花序较疏松，狭窄，每穗轴节上具 2～3（～4）枚小穗；颖具 2～3 脉，内稃两脊上无毛或在上部具少数纤毛。

细胞学特征：2n=4x=28（Цвелев，1976）。

分布区：伏尔加—顿河南部、黑海沿岸、克里米亚、高加索、外高加索、里海—阿拉尔；中欧南部的地中海（希腊）、小亚细亚。生长在海岸边与河边沙地、沙质草原。

7. *Leymus pseudoracemosus* C. Yen et J. L. Yang，1983. Acta Yunnanica 5（3）：**275.**
柴达木赖草（图 3－49，图 3－50）

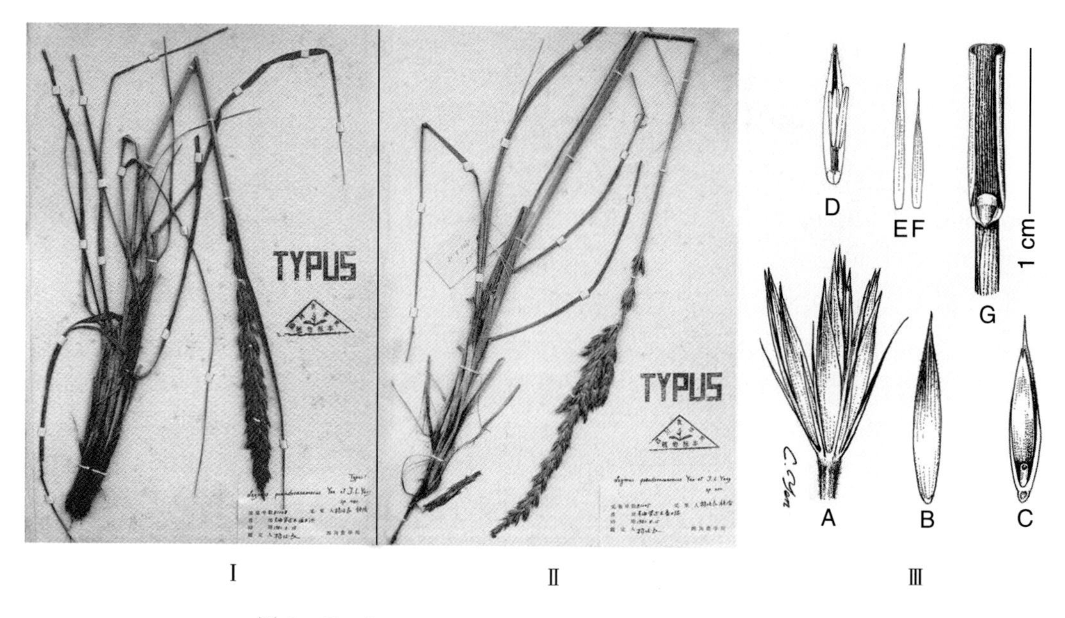

图 3－49 *Leymus pseudoracemosus* C. Yen et J. L. Yang

Ⅰ. 正常穗植株主模式标本，现藏于 **SAUTI!** Ⅱ. 分枝穗植株，同模式标本现藏于 **SAUTI!**
Ⅲ. 形态特征图：A. 穗轴节间上段及节上聚生的 3 枚小穗；B. 小花背面观；C. 小花腹面观；D. 内稃鳞被及蕊；E. 第 2 颖；F. 第 1 颖；G. 叶鞘上段及叶片下段，示叶舌及叶片上表面的柔毛

模式标本：中国青海“柴达木盆地：都兰县，诺木洪，塔里他里哈，生沙漠中，1981 年 8 月 18 日，颜济、杨俊良 81001”。主模式标本与同模式标本：**SAUTI!**。

形态学特征：多年生，丛生，具木质下伸的根状茎。秆直立，高 60～90 cm，茎秆粗壮，秆基径粗 5～6 mm，具 2～3 节，除紧接穗下部分被短柔毛外，其余部分平滑，秆基部具纤维状残存叶鞘。叶鞘平滑，具膜质边缘；叶舌透明膜质，舌状，长约 3 mm；叶片灰绿色，长 15～34 cm，宽 5～7 mm，分蘖叶片可长达 40 cm，宽 4～6 mm，平展或内

图 3-50 青海诺木洪沙漠中生长的柴达木赖草（注意：一些穗上萌生许多无性珠芽状小苗）

卷，上表面被短柔毛或被长柔毛，下表面平滑或微粗糙。穗状花序或穗状圆锥花序，直立，长 15～25 cm，宽 2～3 cm，淡绿色，小穗通常 3～5 枚着生于每一穗轴节上，排列紧密；穗轴密被灰白色短柔毛，棱脊被长柔毛，粗壮，上部节间长 1cm，下部节间长 2.5～3 cm，穗轴下部常具分枝，分枝长（2～）3～4 cm；小穗长 17～21 mm，具 5～10 小花；小穗轴节间长 1～1.8 mm，贴生短柔毛；颖窄披针形或披针形，坚硬，边缘膜质，具纤毛，两颖不等长，第 1 颖长 10～12 mm，第 2 颖长 13～16 mm，具不明显 3 脉，先端具长 1～1.6 mm 的芒；外稃披针形，长 9～13 mm，整个外稃密被长 1 mm 的长柔毛，后逐渐脱落，5～7（～10）脉，边缘膜质，具纤毛，先端渐尖，形成一长 1～1.5 mm 的芒尖；基盘被长 1.5 mm 的毛；内稃与外稃等长或短于外稃 0.5～3 mm，先端 2 裂，裂片长 0.5 mm，两脊上部具稀疏短纤毛；花药淡黄色，长 3～5 mm。

细胞学特征：2n＝4x＝28（杨瑞武等，2004）；染色体组组成：**NsNsXmXm**（杨瑞武，2003）。

分布区：中国青海。生长于沙漠中，海拔 3 100 m。

8. *Leymus simplex* （Scribn. & Williams）**D. R. Dewey，1983，Brittonia 35**（1）**：32. 单一赖草**（图 3-51）

模式标本：T. A. Williams 采自美国，怀俄明州，甜水县（Sweetwater），格林河（绿河），洼地，No. 2354。主模式标本：**US!**。

异名：*Elymus simplex* Scribner & Williams，1898，U. S. D. A. Div. Agrost. Bull. 11：57；

Elymus triticoides var. *simplex*（Scribner & Williams）Hitchc. 1934，Amer. J. Bot. 21：132；

Elymus triticoides ssp. *simplex*（Scribner & Williams）Á. Löve，180，Taxon

29：168。

图 3－51 *Leymus simplex*（Scribn. & Williams）D. R. Dewey
A. 植株下部，示根状茎及分蘖 B. 植株上部，示旗叶及穗部形态 C. 小穗
D. 小花背面观，示外稃及基盘 E. 小花腹面观，示内稃及
小穗轴节间 F. 鳞被、内稃、雄蕊及羽毛状的雌蕊柱头
（图中B引自 Hitchcook，1951：图 341，根据模式标本稍作改绘）

形态学特征：多年生；丛生；具强壮的匍匐根状茎，有时可长达 5 m。秆直立或斜升，坚实，高 39～90 cm，平滑无毛，秆基部被宿存叶鞘，叶鞘平滑无毛；叶舌短，长 0.3～0.5 mm，平截；叶片坚实，直立，平展，成熟时内卷，长 4～10 cm，宽 2.5～6 mm，先端尖硬，上表面被糙伏毛而粗糙，下表面平滑无毛。穗状花序直立，长 5～20 cm，小穗通常单生，有时成对着生，排列较疏松；穗轴棱脊粗糙，强烈压扁；小穗长 15～21 mm，无柄或具短柄，具5～7 花，稀更多；小穗轴被长柔毛；颖钻形至芒状，坚硬，长 8～12（～20）mm，宽0.7～1.2 mm，两颖稍不等长，平滑无毛；外稃长 7～11 mm，背部圆形，平滑无毛，多少被白粉，边缘透明膜质，先端渐尖而形成直芒，芒长（2.3～）3～6.5（～14）mm；内稃与外稃约等长，两脊上除接近基部外具刺毛，两脊间背部微粗糙，或被微毛，先端窄，具 2 小齿；花药长 3.7～4.5 mm。

细胞学特征：2n=4x=28（Á. Löve，1984）。

分布区：美国怀俄明州、科罗拉多州、犹他州。生长在草甸与流动沙地。

9. *Leymus villosissimus*（Scribn.）Tzvel.，1960. Bot. Mat.（Leningrad）**20：249. 柔毛赖草**（图 3-52）

模式标本：James M. Maccoun 采自白令海，圣保罗岛（St. Paul Island），No. 16226。主模式标本：**US!**；同模式标本：**CAN!**。

异名：*Elymus villosissimus* Scribner，1899. U. S. D. A. Div. Agrost. Bull. 17：326；
Elymus mollis ssp. *villosissimus*（Scrib.）Á. Löve. 1950. Bot. Not. 1950：33；
Leymus mollis ssp. *villosissimus*（Scribn.）Á. Löve & D. Löve，1980. Taxon29（1）：168；
Elymus mollis var. *brevispicus* Scribner et J. G. Smith，1898. U. S. D. A. Agrostol. Bull. 11：56。

形态学特征：多年生，具细长匍匐的根状茎。秆直立，高（12～）20～70 cm，除花序下具微毛外，其余无毛，秆基部具宿存叶鞘。叶鞘平滑无毛，疏松包裹茎秆，具条纹；叶舌几乎不存；叶片相对较短，坚硬，粉绿色，长 5～15（～31）cm，宽 3～8（～10）mm，平展或边缘内卷，上表面沿细脉稍粗糙，下表面平滑无毛。穗状花序直立，长 5～15 cm，宽 12～22 mm，每一穗轴节上着生 2 枚小穗；穗轴节间短，6～14 节，被长柔毛；小穗长 14～25 mm，常带褐紫色，具 3～6 花；颖披针形或线状披针形，薄革质，长11～22 mm，通常长于邻近的外稃，稀与其等长，密被长柔毛，或多少被毛，脉微弱，上端渐尖；外稃宽披针形，长 11～13 mm，密被长柔毛，稀无毛；内稃与外稃等长，先端具深 2 齿裂，两脊上具纤毛；花药长（4.6～）6～8（～8.2）mm。

细胞学特征：2n=4x=28(Zhukova，1967；Tzvelev，1976)。

分布区：北美北部区域；俄罗斯北极勒纳三角洲（Delta Lena），以及勒纳河以东的更远处、堪察加、鄂霍次克、萨哈林岛北部；有时一些流入北极海的较大河流的下游也有分布。生长于沿北极海岸线的沙地与卵石堆中。

Section 2 *Anisopyrum*（Griseb.）Tzvelev，Sensu lato. 草原草甸组

- *Triticum* sect. *Anisopyrum* Griseb. 1852，in Ledebour，Flora Rossica 4：343[type：*Triticum ramosum*（Trin.）Ledeb.]；- *Leymus* sect. *Anisopyrum* Tzvelev，1972，in Novosti

图 3－52　*Leymus villosissimus*（Scribn.）Tzvelev

A. 全植株　B. 小穗　C. 小花背面观，示外稃密被柔毛

D. 内稃，示脊上纤毛　E. 鳞被、雄蕊及雌蕊柱头

（引自 F. Lamson－Scribner，1901. USAD，Div. Agrost. Bull. 17：图 622，补充图中 C、D、E）

Sistematiki Vysshikh Rastenii，9：63，s. str.：- *Aneurolepidium* Nevski，1934，in Fl. SSSR 2：687，s. str. [type：*Aneurolepidium multicaule*（Kar. et Kir.）Nevski]；- *Leymus* sect. *Aphanoneuron*（Nevski）Tzvelev，1972，in Novosti Sistematiki Vysshikh Rastenii，9：62 [type：*Leymus kopetdaghensis*（Roshev. ex Nevski）Tzvelev]；*Leymus* sect. *Malacurus*（Nevski）Tzvelev，1970，in Novosti Sistematiki Vysshikh Rastenii，6：21，[type：*Leymus lantus*（Korsh.）Tzvelev]。

草原及草甸生态环境中生长的禾草，具根茎或不具根茎，不具根茎则通常形成密丛。穗直立，小穗单生或 2 枚以上聚生穗轴节上；颖窄，呈窄披针形、线形或锥形，1～3 脉；外稃具芒或无芒。

10. *Leymus aemulans*（Nevski）Tzvel. 1960. Not. Syst. Herb. Inst. Bot. Acad. Sci. URSS，20：430. 单小穗赖草（图 3-53，图 3-54）

图 3-53 *Leymus aemulans*（Nevski）Tzvel.

Ⅰ：新疆二台到赛里木湖石质岩坡生长的状态

Ⅱ：A. 全植株；B. 全穗；C. 小穗及穗轴一段；D. 颖与穗轴一段；E. 小花背面观，示外稃及基盘；F. 小花腹面观，示内稃及小穗轴节间；G. 内稃；H. 颖果；I. 小穗第二、三、四小花；J. 鳞被；K. 雌蕊

模式标本：O. Кнорринг 1909 年 5 月 16 日采自中亚“瑟尔达伦斯卡娅地区（Сырдарьинская обл.）、奥勒—奥廷斯克边区（Аулие—Атинский у.）、伊齐克勒图（Ичкелетау）山上，No. 114。主模式标本：**LE!**。

异名：*Aneurolepidium aemulans* Nevski，1933. Acta Inst. Bot. Acad. Sc. URSS，Ser. I. Fasc. I. 14：27；

Elymus aemulan（Nevski）Nikif.，1968. Opred. Rast. Sredn. Azii 1：197。

形态学特征：多年生，密丛生，不具短的根状茎。秆细瘦，无毛平滑。叶片窄，宽5 mm，平展或近于内卷，粉绿色，上表面粗糙，下表面平滑。穗状花序直立，长5～10 cm，小穗排列稀疏，每穗轴节上着生1枚小穗；小穗与穗轴节间等长或稍长，淡绿色，具3～5花；颖钻形至线形，非常狭窄，宽0.5～0.75 mm，基部较宽，多呈披针形，无毛，两颖不等长，第1颖长3～5.5 mm，先端具小尖头或芒尖，第2颖长6～12 mm，先端渐尖形成一短芒，脉不明显；外稃宽披针形，长（9～）10～12 mm，平滑无毛，具不明显的5脉，先端渐尖形成一长2～4（～5）mm的粗糙短芒；外稃基盘短，钝形，平滑无毛。

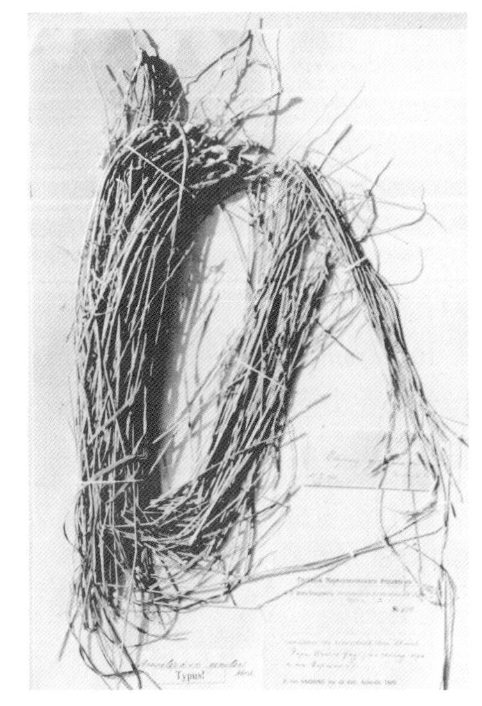

图3-54 *Leymus aemulans*（Nevski）Tzvel.
（主模式标本，现藏于**LE!**）

细胞学特征：2n=4x=28；染色体组组成：**NsNsXmXm**（Sun，G. L. et al.，1994）。

分布区：中亚天山。生长于石质山坡，倒石堆。

11. *Leymus akmolinensis*（Drobov）Tzvelev 1960. Not. Syst. Herb. Inst. Bot. Acad. Sci. URSS，20：430. 阿克莫林赖草（图3-55）

模式标本："B. Дробов 1913年6月19日，采自哈萨克斯坦：阿克莫林斯克（Акмолинск）边区，巴瑞沟（Аула Брай）附近的盐土中，561号标本"。Цвелев1976年后选模式标本与同后选模式标本现藏于**LE!**。

异名：*Elymus akmolinensis* Drobov 1915. Tr. Bot. Muz. AN. 14：133；

Elymus dasystachys f. *glaber* Korsh.，1898. Tent. Fl. Ross. Or.：491，excl. Syn；

Aneurolepidium akmolinense（Drobov）Nevski，1934. Fl. SSSR 2：708；

Leymus paboanus ssp. *akmolinensis*（Drobov）Tzvelev，1971. Nov. Sist. Vyssch. Rast. 8：66；

Leymus paboanus subsp. *korshinskyi* Tzvelev，1971. Nov. Sist. Vyssch. Rast. 8：65。

形态学特征：多年生，丛生，具长的根状茎，植株粉绿色。秆高40～50 cm，直立，下部节常膝曲，除穗下节间微粗糙，其余平滑无毛。叶鞘平滑无毛；叶片几乎平展，或内卷，挺直，宽2～5 mm，上表面及边缘非常粗糙，下表面无毛。穗状花序直立，长6～10（～12）cm，宽5～7（～8）mm，小穗2～3枚着生于每一穗轴节上，排列紧密；穗轴在棱脊上具柔毛至硬毛，下部穗轴节间长5～10 mm；小穗淡粉绿色，有时具微弱紫晕，长8～12（～14）mm，具2～4（～5）花；小穗轴节间密被贴生短毛；颖线状钻形，非常窄，两颖等长，长 7～10 mm，具一微弱的脉，沿边缘与背上部粗糙，背下部平滑，不具膜质边缘；外稃宽披针形，长 6～8.5 mm，除两侧边上及接近先端处有时被硬毛至微毛（稀毛长达 0.5 mm）外，一般平滑无毛，具不明显 7 脉，先端渐尖形成一长 0.5～2 mm 的短芒尖；基盘无毛，钝；内稃脊上上半部密被大小不等长的刺毛。

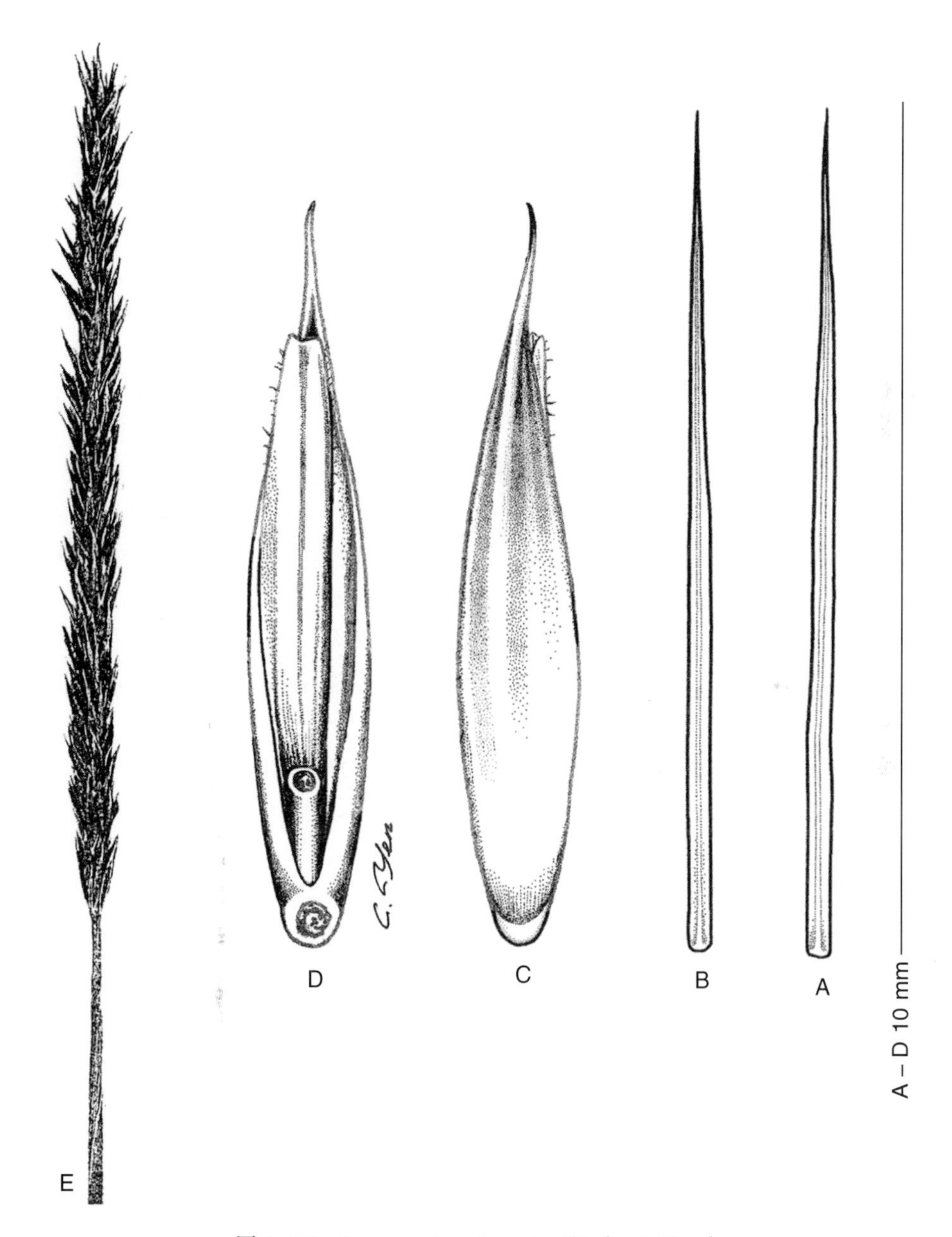

图 3－55 *Leymus akmolinensis*（Drobov）Tzvelev
A. 第 1 颖 B. 第 2 颖 C. 小花背面观 D. 小花腹面观 E. 全穗

细胞学特征：2n＝4x＝28（Tzvel. 1976）；**NsNsXmXm** 染色体组（杨瑞武，2003）。

分布区：哈萨克斯坦；中国准噶尔至塔城；俄罗斯乌拉尔（南部）、西西伯利亚与东西伯利亚。生长于低山地带的含盐碱的草甸、卵石堆中。

12. *Leymus alaicus* (Korsh.) **Tzvelev, 1960. Bot. Mat.** (Leningrad) **20: 429. 阿拉依赖草**

模式标本：C. Коржинсий 1895 年 8 月 6 日，采自塔吉克斯坦"阿拉依（Алай）山谷，靠近伯尔德沙尔（Бирджар）河流碎石滩中"。Цвелев 1976 年后选模式与同后选模式：**LE!**。

12a. var. *alaicus*

异名：*Elymus alaicus* Korsh., 1896. Mem. Acad. Sci. St. Peersb., Ser. 8, 4: 101;

Elymus ugamicus Drobov, 1923. Vved. i. dr. Opred. Rast. Okr. Taschk. 1: 44;

Aneurolepidium alaicum (Korsh.) Nevski, 1934. Fl. URSS. 2: 704;

Aneurolepidiun ugamicum (Drobov) Nevski, 1934. Fl. URSS. 2: 704;

Elymus angustiformis Drobov, 1941. Fl. Uzbek. 1: 540. s. str. (quoad typum);

Leymus angustiformis (Drobov) Tzvelev, 1960. Bot. Mat. (Leningrad) 20:429;

Leymus ugamicus (Drobov) Tzvelev, 1960. Bot. Mat. (Leningrad) 20: 429。

形态学特征：多年生，密丛生，株丛直径可达 10～20 cm（包括宿存叶鞘），不具长匍匐根状茎。秆高 50～100 cm，除穗下节间上部粗糙或被微毛外，其余均无毛，秆基部被残存褐黄色平滑叶鞘。叶片粉绿色，平展，稍内卷，或边缘内卷，挺直，宽 3～6 mm，上表面及边缘很粗糙，叶脉突起成脊，脊间具窄而深的纵沟，下表面微粗糙。穗状花序线形，长（5～）8～14 cm，宽 1 cm，小穗 2～3（～4）枚生于每一穗轴节上，稀上下端节上单生，排列紧密；穗轴粗糙，棱脊上被糙毛；小穗粉绿色或稍具紫晕，长 13～19 mm，稍外展，具 3～5 花；颖钻形至线形，长 9～15（～18）mm（芒尖在内），具 1 脉，颖背上部与边缘粗糙；外稃披针形，长 9～13 mm，稃背上部或全部被细小不明显的贴生刚毛，具 5～7 脉，先端渐尖而形成一长（1～）2.5～3 mm 的短芒；外稃基盘短而钝，无毛或具很短（稀长可达 0.3 mm）簇生的毛。

细胞学特征：2n=4x=28（Á. Löve, 1984）；**NsNsXmXm** 染色体组（Dewey, 1980b；杨瑞武，2003）。

分布区：中亚天山、阿拉依、帕米尔。生长于中山与高山带的石质山坡、倒石堆、岩石上。

12b. var. *karataviensis* (Roshev.) **C. Yen et J. L. Yang, 2009, J. Syst. Evol. 47: 75. 阿拉依赖草卡拉塔文变种**

模式标本：Б. Федченко1908 年 6 月 15 日，采自"塞尔达尔伦斯卡亚区（Сырдаарьинская обл.），齐姆肯特斯克边区（Чимкентский у.），科克布拉科姆（Кок-Булком）与比席沙祖蒙（Биш-Сазом）之间，No. 431"。Цвелев1976 年后选模式标本与同后选模式标本：**LE!**。

异名：*Elymus karataviense* Roshev., 1912. Tr. Pochvx. - Bot. Exp. 2 (6): 186, tab. 27;

Elymus karataviensis Roshev. ex. B. Fedtsch.，1915. Rast. Turkest. 154；
Aneurolepidium karataviense（Roshev.）Nevski，1934. Fl. SSSR 2：709；
Leymus karataviensis（Roshev.）Tzvelev，1960. Bot. Mat.（Leningrad）20：420；
Leymus karataviensis ssp. *karataviensis*（Roshev.）Tzvelev，1973. Novost. Sist. Vyssch. Rast.，10：50。

形态学特征：多年生，密丛生，不具长而匍匐的根状茎。秆直立，粉绿色，高 30～55 cm，除穗下节间粗糙外，其余平滑无毛，秆基被灰色平滑而亮的残留叶鞘。叶片粉绿色，内卷，宽 2 mm，上表面及边缘粗糙，下表面平滑无毛。穗状花序淡绿色，长 6～12 cm，宽（4～）5～8 mm，小穗两枚着生于每一穗轴节上，排列紧密；小穗长 9～15 mm，具 2～5 花；颖钻形至线形，长 8～11（～12）mm，无毛，具 1 脉不明显；外稃宽披针形，长 8～9 mm，平滑无毛，先端骤尖形成长 0.5 mm 的芒尖。

细胞学特征：2n＝4x＝28（Dewey，1972）；**NsNsXmXm** 染色体组（Dewey，1972，Bot. Gaz. 133（1）：51～57. **JJXX**）。

分布区：中国准噶尔至塔城（准噶尔至阿拉套）；天山（南部与西部）。生长于低山与中山带的石质山坡、倒石堆、岩石上。

12c. var. *petraeus*（Nevski）C. Yen et J. L. Yang，2009. J. Syst. Evol. 47：76. 阿拉依赖草石生亚种

模式标本：B. Келлер 1908 年 6 月 17 日采自“塞米帕拉廷斯卡娅区（Семипалатинская обл.）、寨山斯克边区（Зайсанский у.）、寨山市（у г. Зайсан）附近，石质山坡，17 VI 1908”。主模式标本与同模式标本：**LE!**。

异名：*Aneurolepidium petraeus* Nevski，1934. Fl. SSSR 2：705；
Elymus petraeus（Nevski）Pavl.，1956. Fl. Kazakhstan. 1：325；
Leymus petraeus（Nevski）Tzvel.，1960. Bot. Mat.（Leningrad）20：429；
Lymus alaicus ssp. *petraeus*（Nevski）Tzvel.，1973. Novost Sist Vyssh. Rast.，10：50；
Leymus multicaulis ssp. *petraeus*（Nevski）N. R. Cui，1982. Pl. Claves Xinjiang，1：184。

形态学特征：多年生，密丛生，不具长而匍匐的地下茎。秆高 50～70 cm，平滑无毛，秆基部被残留的黄褐色叶鞘。叶片窄线形，粉绿色，宽2.5～3 mm，近于平展或稍内卷，上表面与边缘非常粗糙，下表面平滑。穗状花序线形，淡绿色，长 6.5～8.5 cm，宽 4～5 mm，小穗 2 枚着生于每一穗轴节上，排列紧密；小穗长 1～3 cm，无毛，具 4～5 花；颖线状钻形，长4～8 mm，脉不明显，边缘与脉上粗糙，先端具尖头；外稃窄披针形，长6～7 mm，平滑无毛，先端渐尖而形成一长 0.5～1 mm 的芒尖。

细胞学特征：未知。

分布区：准噶尔至（塔城）、天山（北部）、准噶尔至喀什喀尔（喀什）（东天山）。生长于低山与中山地带的石质山坡、岩石与倒石堆中。

13. *Leymus altus* D. F. Cui，1998. Bull. Bot. Res. 18（2）：144～146. 高株赖草（图 3-56）

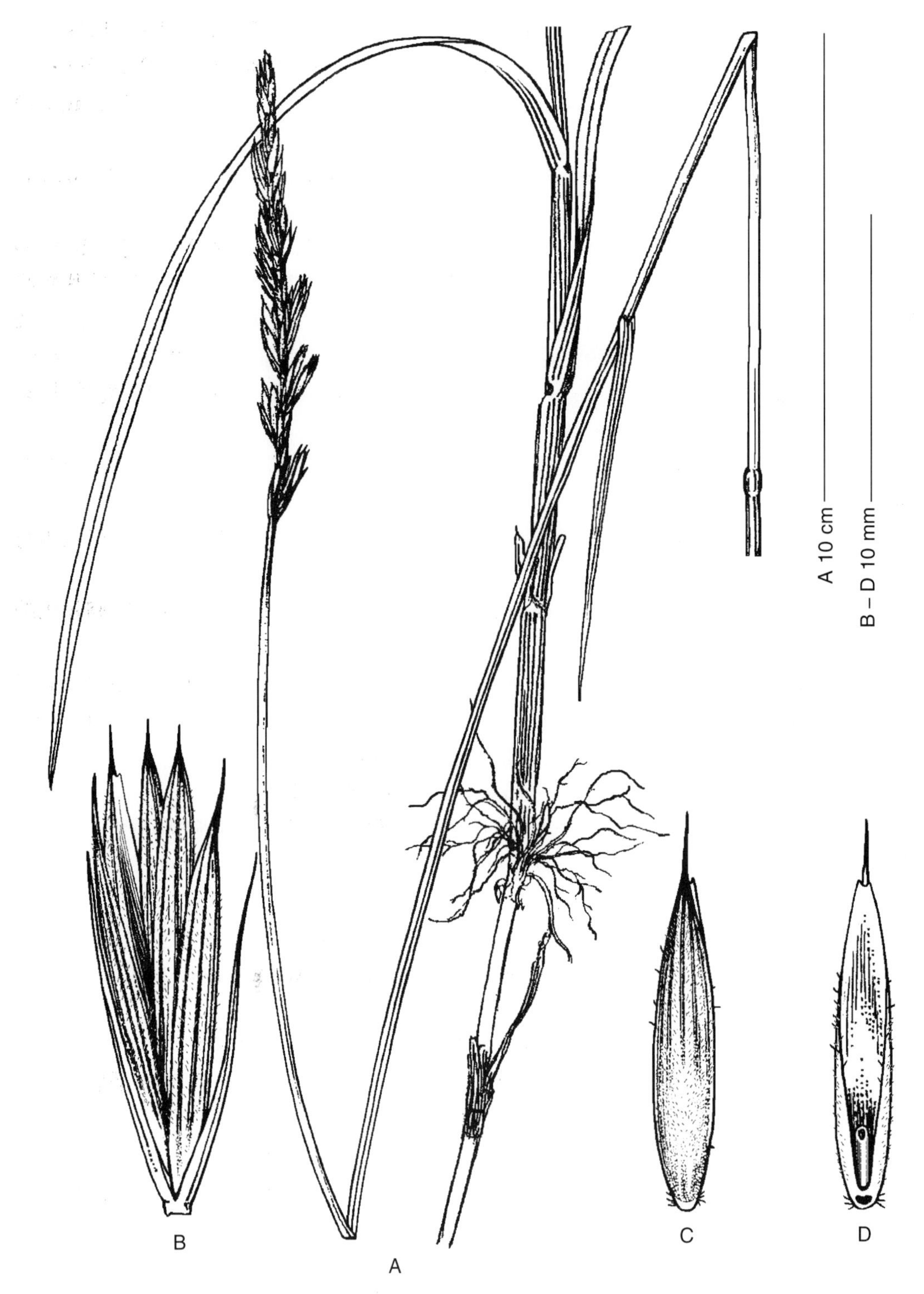

图 3-56 *Leymus altus* D. F. Cui

A. 植株下部及穗 B. 小穗 C. 小花背面观 D. 小花腹面观

（引自崔大方，1998：图 1，谭黎霞绘。本图已修正改绘、删减、增补、标码变更）

模式标本："中国新疆叶城县，乌恰巴什，生长于果园与农田边，海拔2 200 m。1983 年 8 月 13 日，崔乃然 830257"。主模式标本：**XJA - IAC!**；同模式标本：**JS-BI!**。

形态学特征：多年生，具下伸的根状茎。秆单生或疏丛，被白霜，直立，高 80～150 cm，具 2 节，平滑无毛，秆基部具黄色碎裂残留叶鞘。叶鞘平滑无毛，叶舌膜质，长约2 mm；叶片平展，有时内卷，宽 4～5 mm，上表面粗糙，下表面平滑。穗状花序直立，长 8～15 cm，宽 7～9 mm；穗轴边具纤毛，节间具长毛，节间长5～7 mm，基部节间可达 30 mm；小穗单生或中下部 2～3 枚生于每一穗轴节上；小穗灰绿色，长 15～18 mm，具 4～6 花，小穗轴节间长 1.5～2 mm，被短柔毛；颖线状窄披针形，长 10～15 mm，第 1 颖稍短于第 2 颖，3 脉，侧脉通常不明显，边缘膜质具纤毛，先端渐尖而形成芒尖；外稃披针形，背部具 5 脉，被短柔毛，边缘具纤毛，先端具长 1～3 mm 的短芒；基盘具长约 1 mm 的柔毛，第 1 外稃长10～14 mm；内稃与外稃近等长，先端常微二裂，两脊上部具纤毛；花药黄色，长 3～4 mm。

细胞学特征：未知。

分布区：中国新疆叶城。

14. *Leymus ambiguus* （Vasey et Scribn.） **D. R. Dewey，1983. Brittonia，35** （1）：**32. 科罗拉多赖草**（图 3 - 57）

模式标本：George Vasey 采自"美国科罗拉多（Colorado）州，布尔德尔（Boulder）（巨砾）县，彭古尔契（Pen Gulch），无号"（1984 年，D. R. Dewey 注：科罗拉多州的地理名录中没有彭 古尔契，可能 Vasey 所指的是 Boulder 附近的 Pennsyvalia Gulch）。主模式标本：**US!**。

异名：*Eymus ambiguus* Vasey et Scribn.，1893. Contr. U. S. Natl. Herb. 1：280；

Leymus innovatus ssp. *ambiguus* （Vasey et Scribn.） A. Love，1980. Taxon 29：168；

Elymus villiflorus Rydb.，1905. Bull. Torrey Bot. Club. 32：609。

形态学特征：疏丛多年生禾草，偶具短根状茎。秆高 60～110 cm，秆基部宿存叶鞘无毛至疏被微毛。叶鞘无毛；叶舌平截，长 0.2～1.2 mm；叶片平展，长 3～44 cm，宽 2.7～5.8 mm，上表面微粗糙。穗状花序直立，长 8～17 cm，小穗 2 枚着生于每一穗轴节上；小穗长 12～23 mm，具 2～7 花；小穗轴通常被糙伏毛，长 1.6～3.3 mm；颖钻形，两颖不等长，第 1 颖长2～9.5 mm，宽 0.2～0.8 mm，第 2 颖长 6～14 mm，宽0.4～1 mm，无毛，1 脉，不覆盖外稃基部；外稃宽披针形，长 8～14.5 mm，宽 2.3～3.4 mm，先端具芒，芒长 1.3～7 mm；内稃长8.5～12 mm，两脊上具糙伏毛；花药长 3.8～6.8 mm。

细胞学特征：2n＝4x＝28（Nielsen & Humphrss，1937；Brown，1948；Atkins et al.，1984），2n＝8x＝56（Atkins et al.，1984）；**NsNsXmXm** 染色体组（Dewey，1976）。

分布区：美国科罗拉多（Colorado）、怀俄明（Wyomming）、新墨西哥（New Mexico）等州。生长在草原、山坡。

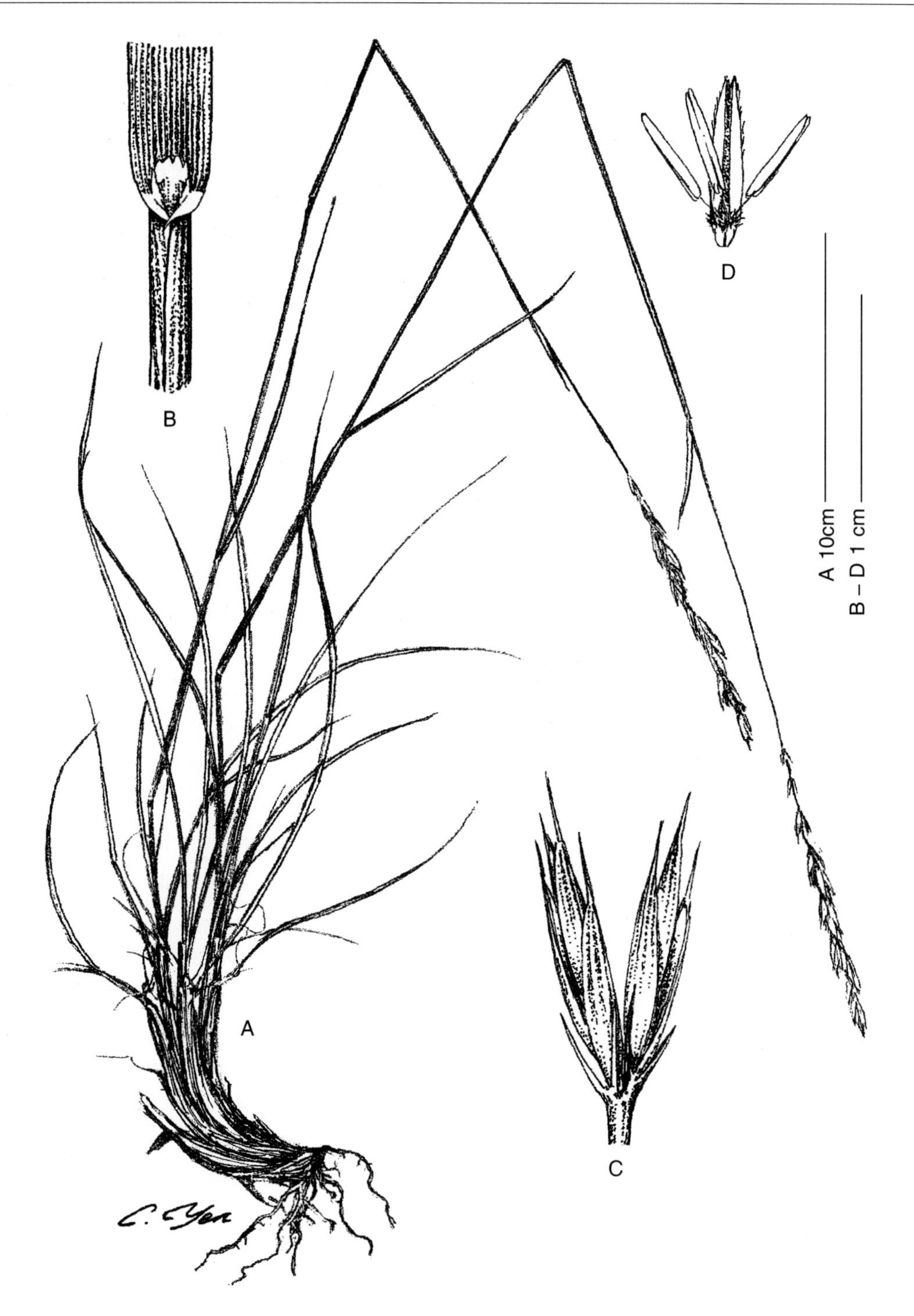

图 3－57 *Leymus ambiguus*（Vasey et Scribn.）D. R. Dewey

A. 全植株 B. 叶鞘上段、叶片下段，并示叶耳及叶舌

C. 穗轴节间上段与节上并列聚生的两小穗 D. 内稃、鳞被、雄蕊及雌蕊柱头上部

15. *Leymus angustus*（Trin.）Pilg. 1947（published in 1949）**. Bot. Jahrb. 74：6. 窄颖**

赖草（图 3-58）

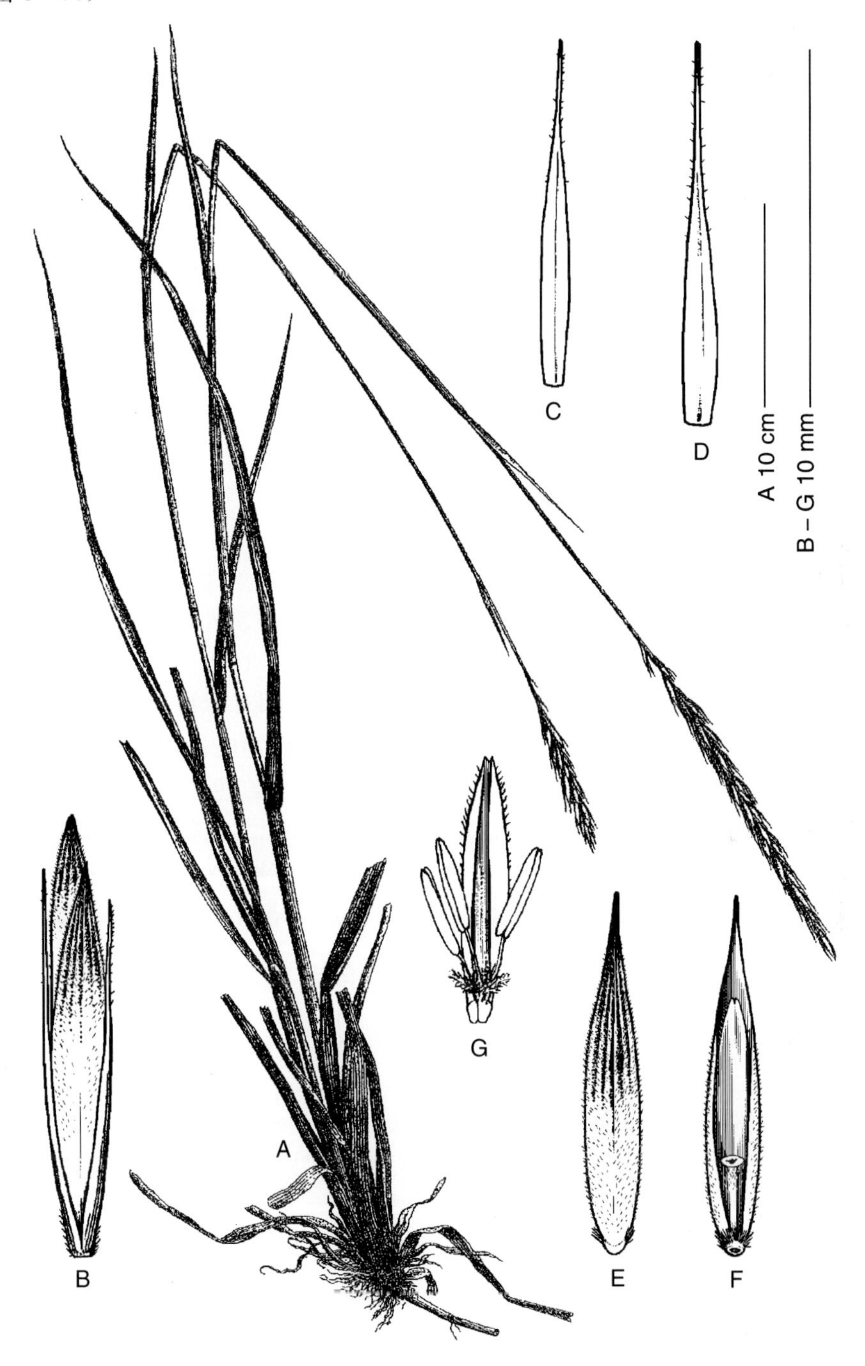

图 3-58 *Leymus angustus*（Trin.）Pilg.

A. 全植株 B. 小穗 C. 第 1 颖 D. 第 2 颖 E. 小花背面观 F. 小花腹面观

G. 内稃、鳞被、雄蕊及雌蕊羽毛状的柱头

（A. 引自 Carl Friedrich von Ledebour，1831. Icones Plantarum Novarum vel Imperfecte Cognitarum Floram Rossicam，Impremis Altaicam，图 229；B～G 颜济补绘）

模式标本：Bunge1826 年 7 月采自阿尔泰（Altai），靠近楚雅（Tschuja）河的空旷地。主模式标本与同模式标本：**LE!**。

异名：*Elymus angustus* Trin. 1829. in Ledeb. Fl. Alt. 1：119；

Aneurolepidium angustum（Trin.）Nevski，1934. in Komarov，Fl. URSS. 2：700；

Leymus angustus（Trin.）Pilg. ssp. *macroantherus* D. F. Cui，1998. Bull. Bot. Res. 14（2）：148*。

（*"亚种" *macroantherus* D. F. Cui，仅花药颜色为紫红色，较长，已合并于 *L. angustus* 中，最多只能是变种等级）

形态学特征：多年生，单生或丛生，具下伸的根茎，须根粗壮，径 1～2 mm。秆直立，高 60～100 cm，具 3～4 节，无毛或在节下及花序以下被短柔毛，秆基部具宿存褐色纤维状叶鞘。叶鞘平滑或稍微粗糙，灰绿色；叶舌短，干膜质，先端钝圆，长 0.5～1 mm；叶片粉绿色，质厚而硬，大部内卷，长 15～25 cm，宽 5～7 mm，两面均粗糙，或下表面近于平滑，先端呈锥状。穗状花序直立，长 15～20 cm，宽 7～10 mm，小穗 2 枚，稀 3 枚着生于每一穗轴节上；穗轴被短柔毛，节间长 5～10 mm，基部节间可长达 15 mm；小穗长 10～14 mm，具 2～3 花；小穗轴节间长 2～3 mm，被短柔毛；颖线状披针形，下部较宽，覆盖外稃基部，向上渐变狭窄而成芒，第 1 颖稍短于第 2 颖，或两颖等长，长 10～13 mm，具一粗壮的脉，颖中上部分粗糙，下部有时被短柔毛；外稃披针形，密被柔毛，长 9～13 mm，具不明显的 5 脉，先端渐尖或延伸成长约 1 mm 的芒尖，基盘被短毛；内稃稍短于外稃，两脊上部具纤毛；花药黄色或紫红色，长 2.5～5 mm。

细胞学特征：2n=4x、6x、8x、10x、12x=28、42、56、70、84（Bowden，1957；Carnahan & Hill，1961；孙根楼等，1990）。染色体组组成：**NsNsXmXm**（Dewey，1972）。

分布区：俄罗斯西伯利亚；中亚天山；中国准噶尔至塔城、阿拉依（Alai）区域、准噶尔至喀什噶尔；蒙古、巴尔喀什（Balkhash）。生长于碱土草原、河谷与湖区的沙地及卵石中，可上升至高山地带。

16. *Leymus arjinshanicus* D. F. Cui，1998. Bull. Bot. Res. 18（2）：**146～148. 阿尔金山赖草**（图 3-59）。

模式标本：中国"新疆若羌县，阿尔金山，铁木里克，土壤含盐的草原，海拔3 100 m，1983，07，16，崔乃然 830238A"。主模式标本：**XJA-IAC!**；同模式标本：**JSBI!**。

形态学特征：多年生，丛生，具下伸的根状茎，须根具沙套。秆直立，高 30～70 cm，具 2～3（～4）节，秆基部具残存呈纤维状褐色的叶鞘。叶鞘平滑无毛，短，边缘膜质，常具细纤毛；叶耳镰状披针形；叶舌平截，长约 0.5 mm；叶片通常内卷，长 10～20 cm，宽约 3 mm，上表面被短柔毛，边缘具小刺，下表面平滑无毛；穗状花序直立或稍弯，长 4～10 cm，宽 6～8 mm，小穗单生于每一穗轴节上，排列疏松；穗轴边缘具纤毛，节间长 5～7 mm，基部可达 15 mm；小穗灰绿色或带紫色，长 10～15 mm，具 3～4 花；小穗轴长约 2 mm，密被短柔毛；颖线状披针形，质地硬，背面中下部平滑，上部粗糙，边缘具小刺，两颖不等长，第 1 颖细而短，长 6～8 mm，第 2 颖粗而长，长 8～10 mm，均具 1 脉，上端渐尖；外稃宽披针形，平滑无毛或边缘被短柔毛，无膜质边缘，

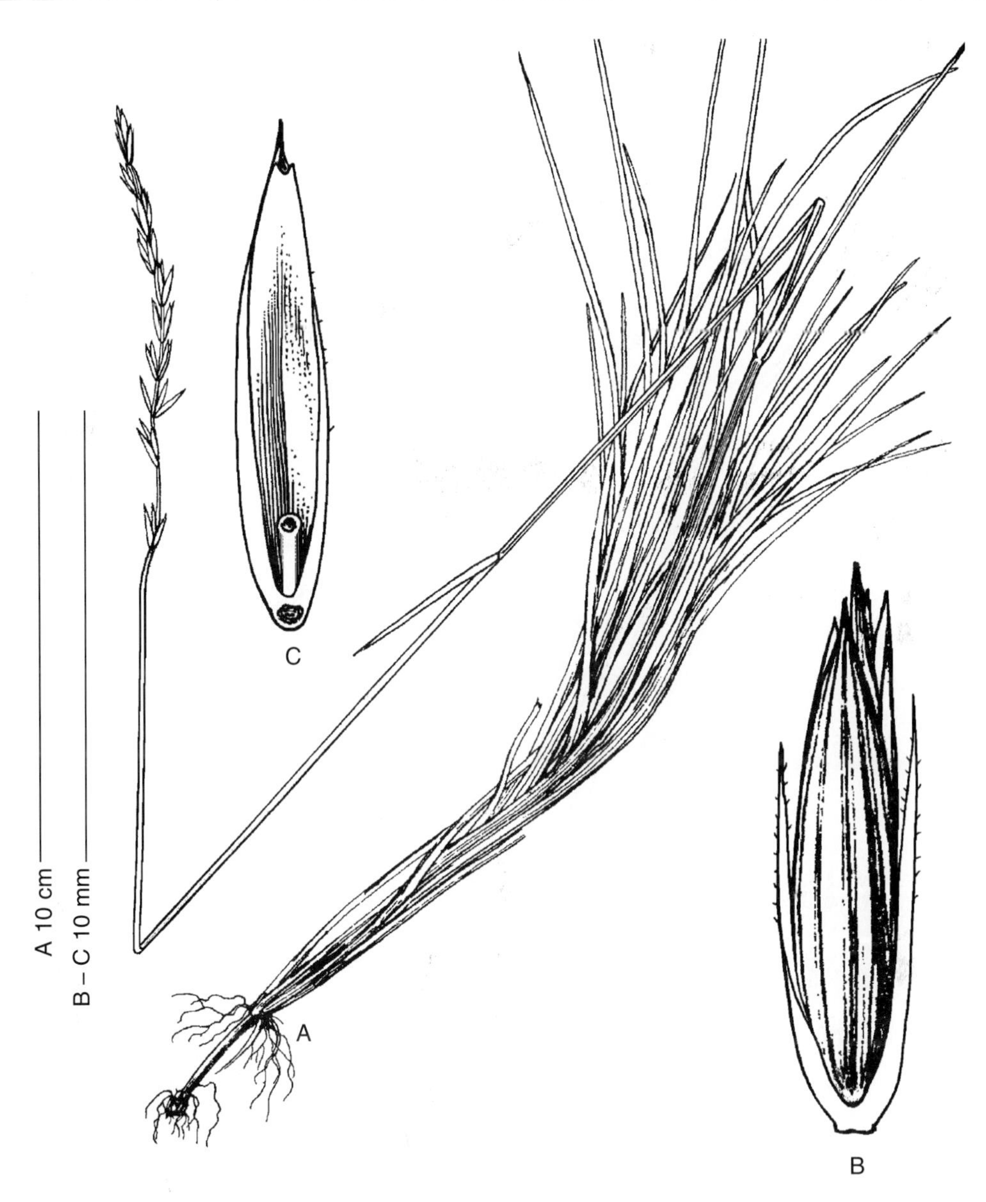

图 3－59　*Leymus arjinshanicus* D. F. Cui

A. 全植株　B. 小穗　C. 小花腹面观

（引自崔大方，1998，图 2，谭黎霞绘。本图修正改绘，标码变更）

先端渐尖或具长达 1 mm 的短尖头，具不明显的 5 脉，因小穗轴扭转而背部裸露；基盘被短柔毛，第 1 外稃长 10～12（连同小尖头）mm；内稃与外稃等长，先端微二裂，两脊上部具纤毛；花药黄色，长约 4 mm。

细胞学特征：未知。

分布区：中国新疆。生长于含盐的草原中，海拔 3 100 m。

17. *Leymus aristiglumus* L. B. Cai, 1997. 植物研究，17：28～29. 芒颖赖草（图 3－60）

模式标本：中国“青海西宁市，向阳山坡，海拔 2 690 m，1990 年 6 月 30 日，张志和等，5871 号”。主模式标本：**HNWP**!。

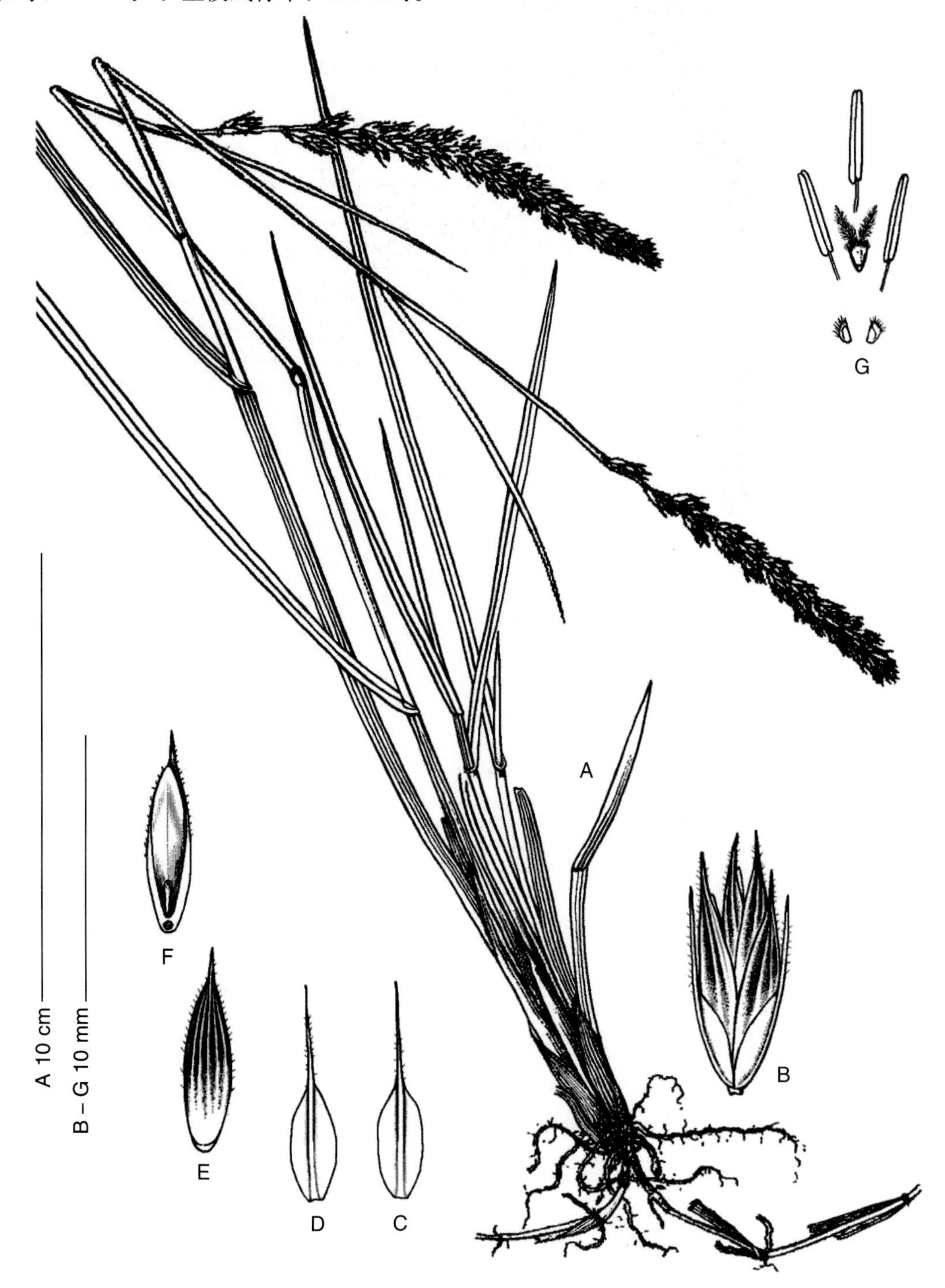

图 3－60 *Leymus aristiglumus* L. B. Cai

A. 全植株 B. 小穗 C. 第 1 颖 D. 第 2 颖 E. 小花背面观 F. 小花腹面观 G. 鳞被、雄蕊及雌蕊

（引自蔡联炳，1997，图 1，阎翠兰绘。本图修正改绘、删减、标码更改）

形态学特征：多年生，具下伸根茎。秆直立，疏丛，高30～50 cm，通常3节。叶鞘大都短于节间，边缘具纤毛，基部宿存叶鞘撕裂呈纤维状；叶舌膜质，先端钝圆，长1.5～2 mm；叶片平展或边缘内卷，长7～16 cm，宽2.5～4 mm，上下两面微粗糙。穗状花序直立，小穗密集，浅绿色，长7～10 cm，宽6～9 mm；穗轴被微毛，节间一般长3～6 mm；2～3小穗着生一穗轴节上；小穗长8～11 mm，3～4小花，小穗轴被微毛；颖锥形，一脉，两侧膜质边缘使其中下部呈椭圆，上段呈芒状，两颖近等长，长3.5～4 mm，宽2 mm左右；外稃披针形，背部无毛，边缘疏生柔毛，具不明显的5脉，第1外稃长6～7 mm，顶端具长约1 mm的短尖头；内稃与外稃近等长，顶端微凹，两脊疏生短刺毛；花药长约4 mm，浅黄色。

细胞学特征：未知。

分布区：中国：青海西宁市，向阳山坡。

18. *Leymus auritus*（Keng）Á. Löve，1984，Feddes Repert. 95（7～8）：481. 夏河赖草

模式标本：秦仁昌1923年8月15日采自甘肃省，尼马兰口（Ni Mar Lan K' ou）到拉卜楞寺途中，No. 748号标本，海拔约4 000 m，曝露的湿草原，形成大面积纯的种群。主模式标本：**N**!（已毁）；同模式标本：**US**!（US标本室编号：No. 1245764）。

异名：*Elymus auritus* Keng，1941，Sunyatsenia 6：65；

Leymus auritus（Keng）Á. Löve，1984，Feddes Repert. 95（7～8）：481。

形态学特征：多年生，秆直立，高23～45 cm，除花序下被微毛外，余均平滑无毛。叶鞘具条纹；叶舌长0.5～1 mm，顶端内凹；叶耳直立；叶片坚实，直立，通常内卷，长2～5.5 cm，宽2～3 mm。穗状花序直立，灰褐色，长3～7 cm，宽6～10 mm，小穗2枚着生于每一穗轴节上，稀单生；小穗长10～16 mm，有时具小柄，长0.6～1 mm，被微毛，具4～7花；小穗轴节间长1～1.5 mm，被微毛；颖钻形，边缘明显粗糙，长6～10 mm，两颖近等长，具不明显3脉；外稃长圆状披针形，平滑无毛，5脉，第1外稃长7～8 mm，边缘干膜质，粗糙，先端具长1～3 mm的芒；基盘被微毛；内稃长6～8 mm，两脊上部稍粗糙；花药长3～3.5 mm。

细胞学特征：未知。

分布区：中国甘肃。生长于草原中，海拔4 000 m。

19. *Leymus buriaticus* G. A. Peschkova，1985. Bot. Zhurn.，70（11）：1556. 刺颖赖草

模式标本：俄罗斯：东西伯利亚："布日阿提阿（Buriatia），鹅湖（Gusinoja Ozero）站附近，靠近湖边草原中，1965，6，23，N1376，G. Peschkova，L. Skudenkova"。主模式标本：**LE**!。

形态学特征：多年生，具长而粗的匍匐根状茎。秆单生，从根茎上交互发出，高35～60 cm，平滑无毛。叶片平展，稀内卷，从茎上下垂，叶脉较细，上表面密被微毛，有时杂以长而岔开的毛，下表面无毛。穗状花序上小穗着生较密集，特别是穗中部，通常小穗2枚着生于每一穗轴节上；穗轴无毛，沿棱脊具纤毛，有时在小穗下面的脊上形成毛的条纹；小穗轴疏被微毛；颖钻状披针形，无毛，边缘具刺毛；外稃的毛稀疏，有时近于无毛，先端渐狭窄而形成短芒尖或短芒；基盘被稀疏微毛（根据原始描述而来）。

细胞学特征：未知。

分布区：俄罗斯东西伯利亚；蒙古。生长于草原的沙坡上、河谷草原化的肥土上。

20. ***Leymus cappadocicus*** (Boiss. & Bal.) **A. Melderis, 1984. Notes Roy. Bot. Gard. Edinburgh, 42** (1)**: 81. 卡帕多西亚赖草**

模式标本：Balansa采自土耳其，卡帕多西亚（Cappadociae）盐生草原，在塞萨热阿（Caesarea）北部与西部之间，No. 853。主模式标本：**G**!。

异名：*Elymus cappadocicus* Boiss & Bal., 1857. Bull. Soc. Bot. Fr. 4: 308 (or in Bull. Soc. Bot. Fr. 1857. -Diagn. Ser. II, 4, p. 143)。

形态学特征：多年生，丛生，具长而匍匐的根状茎。秆直立，被白粉，平滑无毛。叶片内卷，线形，长可达15 cm，宽3 mm，坚硬，被白粉，两面均平滑无毛。穗状花序直立，长4～6 cm，宽3 mm。在穗的下部小穗2枚着生于每一穗轴节上，上部则单生；小穗具1～2花，多数花败育而形成延伸小穗轴；颖窄，线状钻形，长约8 mm，4脉或不具脉，上部边缘粗糙，外稃椭圆形或披针形，第1外稃长约8 mm，与颖等长，背部无毛，具明显5脉，先端急尖，形成一短芒尖。

细胞学特征：未知。

分布区：阿富汗、土耳其。生长于盐土中，海拔2 800～2 900 m。

21. ***Leymus chakassicus*** **G. A. Peschkova, 1990. Fl. Siber.** (Poaceae) **2: 42. 恰卡思阿赖草**

模式标本：俄罗斯西伯利亚“恰卡思什西亚（Chakassia）自治区，阿尔泰斯克（Altaisk）区，勒特尼克（Letnik）村附近，叶尼塞（Jenissei）河河谷、泛滥地，1967，6，28，伊·杰尔乔娃（E. Jerschova）、特·拉马洛娃（T. Lamanova）”（未注明主模式标本存于处）。

异名：*Elymus dasystachys* auct. non Trin;

Elymus ovatus auct. non Trin., quod pl. chakassia。

形态学特征：多年生，具长根状茎。秆高50～130 cm，除花序下被柔毛外，其余部分无毛。叶片黄绿色或褐绿色，平展，稀内卷，上表面粗糙，有时其间杂以长毛，下表面无毛或微粗糙。穗状花序大而宽，长5～20 cm，开花时宽2～2.5 cm，后变窄（约1.5 cm），小穗着生密集；穗轴被毛或粗糙；小穗多花，下部小穗向外开展，上部者贴生；颖线状钻形，沿中脉及边缘具纤毛或粗糙，近于分开，等长于或短于第1小花；外稃黄绿色或橄榄绿色，披针形，多少被柔毛，先端渐尖而成短芒尖，或形成一长0.5～2 mm的短芒；内稃两脊上具外展的纤毛，或仅在上部发育。

细胞学特征：未知。

分布区：俄罗斯中西伯利亚。生长在沿河谷及其草原坡上的盐生草原与草原化草甸上。

22. ***Leymus chinensis*** (Trin. ex Bunge) **Tzvel., 1968. Rast. Tsentr. Azii 4: 205. 羊草**（图3-61）

模式标本：中国北京“中国北部，近康台的草原中，Alexzander Andrejewitsch von Bunge采集”。主模式标本：**LE**!。

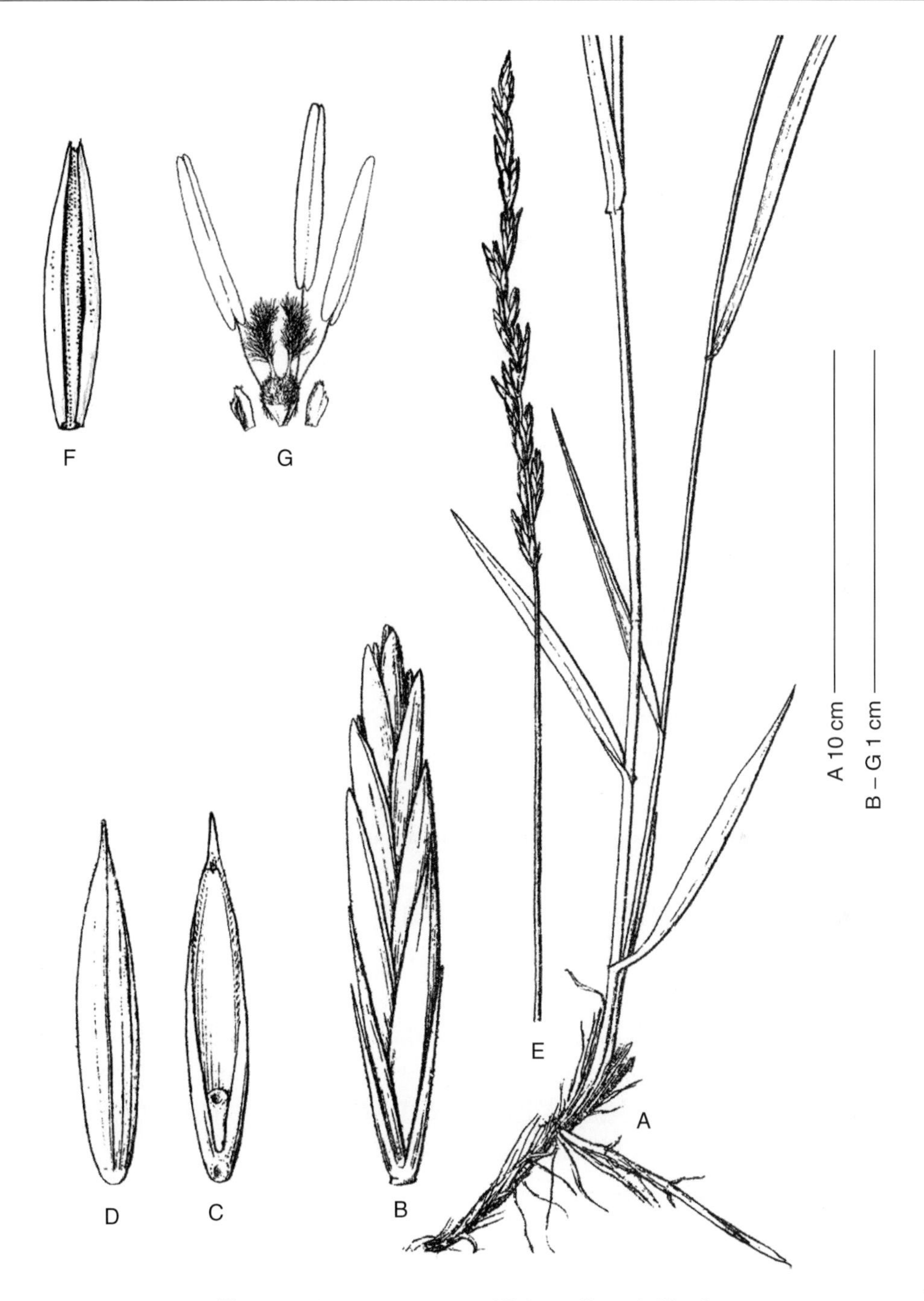

图 3－61 *Leymus chinensis*（Trin. ex Bunge）Tzvel.

A. 植株下部 B. 小穗 C. 小花腹面观 D. 小花背面观 E. 全穗 F. 内稃 G. 鳞被、雄蕊及雌蕊

（引自耿以礼，1959：图 364，仲世奇绘。编排及补充修改）

异名：*Triticum chinensis* Trin. ex Bunge，1833. Enum. Pl. China Bor. 72；

Triticum pseudoagropyrum Trin. ex Griseb.，1852. In Ledeb. Fl. Ross. 4：343；

Elymus pseudoagropyrum （Trin. ex Griseb.） Turcz.，1856. Bull. Soc. Nat. Moscou 29：63；Turcz.，1838. Bull. Soc. Nat. Moscou，11 (1)：105. nom. nud；

Agropyron pseudoagropyrum （Trin. ex Griseb.） Franch.，1884. Pl. David. 1：340；

Agropyron uninerve Candargy，1901. Archiv. Biol. Veg. Athene(or Monogr. tēs phyls tōn krithōdōn) 1 (23)：43；

Agropyron berezovcanum Prodan，1930. Cont. Bot. Cluj 1，17：2；

Aneurolepidium pseudoagropyrum （Trin. ex Griseb.） Nevski，1934. Fl. SSSR：710；

Aneurolepidium chinensis （Trin.） Ohwi，1937. Acta Phytotax. Geobot. (Kyoto)，6：150；

Aneurolepidium chinensis （Trin.） M. Kitagawa，1938. Rep. Inst. Sci. Res. Manchouk. 2：50，281；

Elymus chinensis （Trin.） Keng，1941. Sunyatsenia，6 (1)：66；

Leymus pseudoagropyrum （Trin. ex Griseb.） Tzvelev，1960. Bot. Mat. (Leningrad) 20：43；

Elymus chinensis f. *altus* Melderis，1949. In Norlindh.，Fl. Mongol. Steppe & Des. Areas. Rep. Sci. Exped. North-western Prov. China，Dr. Dven Hedin，Publ. 31：134；

Elymus chinensis f. *macrochaetus* Melderis，1949. l. c；

Elymus chinensis f. *pumilus* Melderis，1949. l. c。

形态学特征：多年生，秆散生，具下伸或匍匐横走的根状茎，须根具沙套。秆直立，有时基部斜升，高（30～）40～90 cm，具（2～）3～5 节，秆基部宿存叶鞘呈纤维状，枯黄。叶鞘平滑；叶舌平截，顶具裂齿，纸质，长 0.5～1 mm，叶片线形，长 7～18（～20）cm，宽 3～6 mm，平展或内卷，上表面与边缘粗糙，有时上表面疏被柔毛，下表面平滑。穗状花序直立，长（7～）10～20 cm，宽（6～）10～15 mm，白绿色，成熟后灰黄色，小穗通常 2 枚着生于每一穗轴节上，在上端及基部者常单生；穗轴边缘具细小纤毛，节间长 6～10 mm，基部者可达 16 mm；小穗线状卵圆形至卵圆形，长 10～22 mm，宽 2.2～2.5 mm，通常具 5～10 花；小穗轴节间平滑，长 1～1.5 mm；颖钻形，质地较硬，两颖近等长，长 5～9 mm，等长于或短于第 1 小花，不覆盖第 1 外稃的基部，背面中下部平滑，上部粗糙，边缘具纤毛，具不明显 1～3 脉；外稃披针形，长7～9（～11）mm，平滑无毛，具狭窄膜质边缘，具不明显 5 脉，先端渐尖或形成一芒状小尖头；基盘平滑；内稃与外稃等长，先端常微 2 裂，两脊上半部具纤毛，或近于无毛；花药长3～4 mm。

细胞学特征：2n＝4x＝28（Guzik，1973）；染色体组成：**NsNsXmXm**（Wang and Jensen，1994）。

分布区：中国、俄罗斯、日本、朝鲜半岛、蒙古。生长于碱性草甸、草原、卵石堆，也常为杂草生长于田间、路边、村落处，可上升至低山地带。

23. *Leymus cinereus* (Scribn. et Merr.) **Á. Löve, 1980. Taxon, 29** (1): **168. 灰赖草**（图3-62）

图 3-62 *Leymus cinereus* (Scribn. et Merr.) Á. Löve

A. 植株中下部 B. 全穗 C. 小穗，示颖及小花 D. 内稃、鳞被、雄蕊及雌蕊柱头上部

（引自 Leroy Abrams，1961. Illustrated Flora of the Pacific States，图 595。改绘并补充，编排标码修改）

模式标本：Purpus 采自美国，内华达（Nevada）州，尼（Nye）县，帕如普（Pahrump）山谷，No. 6050。主模式标本：**US**!。

异名：*Elymus cinereus* Scribner et Merr.，1902. Bull. Torr. Bot. Club. 29：467；

Elymus condensatus var. *pubens* Piper，1899. Erythrea 7：101；

Elymus condensatus f. *pubens* (Piper) St. John, 1937. Flora Southeast. Wash. and Adj. Idaho: 42;

Elymus piperi Bowden, 1964. Can. J. Bot. 42: 592;

Aneurolepidium piperi (Bowden) Baum, Can. J. Bot. 1979. 57: 947。

形态学特征：多年生，具短根状茎，形成大而密的株丛，通常亮绿色，由于被白粉而成灰绿色。秆高 60～210 cm，粗壮，无毛，但常在节及节的附近被微毛，秆基部宿存叶鞘密被微毛使呈灰色。叶鞘变异较大，从密被微毛到无毛；叶舌薄，平截，长 2.5～7.5 mm，密被短微毛；叶片坚实，内卷，长 20～30 cm，宽 3～12 mm，上下表面均密被微毛，或上表面粗糙，下表面无毛，通常被白粉。穗状花序直立，长 12～29 cm，小穗 2～7 枚着生于每一穗轴节上，小穗密集着生；穗轴节间长 6～8 mm，疏被微毛；小穗长 9～19 mm，中部小穗偶具短柄，具 3～7 花；小穗轴被微毛；颖钻形，硬，长 8～18 mm，无毛，或被微毛；外稃长 6.5～12 mm，无毛至被短柔毛，至少在上部被毛；先端急尖，无芒，或具长至 3 mm 的短芒；内稃与外稃等长，两脊上被纤毛，有时在靠近 2 裂的先端密生簇毛；花药长 4～7 mm。

细胞学特征：2n＝4x、8x＝28、56（W. V. Brown, 1948；Bowden, 1959；Dewey, 1966）；由 **NsNsXmXm** 与 **$Ns_1Ns_1Ns_2Ns_2$XmXmXmXm** 染色体组组成（Dewey, 1966）。

分布区：北美洲西部。沿溪流、冲沟、山谷、潮湿或干燥的山坡、平原、路边、蒿类灌丛中的砾石与沙地区域，以及开旷的树林，多在高海拔地区生长。

24. *Leymus condensatus* (J. et C. Presl) **Á. Löve, 1980. Taxon 29** (1)**: 168. 密穗赖草**（图 3-63）

模式标本：Haenke 采自“美国，加利福尼亚州，蒙特瑞（Monterey）县，蒙特瑞（Monterey），无号”。主模式标本：**PR**!。

异名：*Elymus condensatus* J. et C. Presl, 1830. Rel. Haenk. 1: 265;

Aneurolepidium condensatum (J. et C. Presl) Nevski, 1933. Acta Inst. Bot. Acad. Sci. URSS. I. Fac. 1: 14。

形态学特征：多年生，常形成大的密丛，具短而粗的根状茎。秆粗壮，高（60～）115～300（～350）cm，基部径粗 6～10 mm，无毛，节褐色，秆基部具宿存叶鞘。叶鞘疏松，具条纹，无毛；叶舌革质，长 0.7～7.5 mm，平截，流苏状；叶片坚实，具强壮的脉，平展或边缘内卷，宽 10～30 mm，无毛或被银色的微毛。穗状花序粗壮，直立，长 15～44（～50）cm，通常具 9～31 个穗轴节，小穗 3～5（或更多）枚着生于每一穗轴节上，小穗有时多形成短而紧缩的长 2～7 cm 的分枝，分枝上着生一至数枚小穗，而使呈非常密集的穗；穗轴呈之形曲折，三棱形，背部狭窄，棱上粗糙；小穗长 9～25 mm，具 3～7 花，花常不育；颖钻形或扁平但很窄，具一脉或无脉，粗糙；外稃长 7～14 mm，无毛至疏生糙伏毛，具较宽的透明膜质边缘，先端急尖具尖头，或具长可达 4 mm 的短芒；花药黄色，长 3.5～7 mm。

细胞学特征：2n＝4x＝28，2n＝8x＝56（Gould, 1945；A. Love, 1984）；**NsNsXmXm** 染色体组（Stebbins and Walters, 1949）。

分布区：美国加利福尼亚州，加拿大不列颠哥伦比亚。生长在海岸与河流的干燥山坡与开旷的林间隙地中，以及近海岸的岛屿。

图 3－63　*Leymus condensatus*（J. et C. Presl）Á. Löve

A. 全植株　B. 颖　C. 小穗

（引自 F. Lamson-Scribner，1901. USDA Div. Agrost. Bull. 17，图 617，标码修改）

25. *Leymus coreanus* （Honda） **K. B. Jensen et R. R. -C. Wang，1997. Int. J. Plant**

Sci. 158（6）：**877. 朝鲜赖草**（图 3－64）

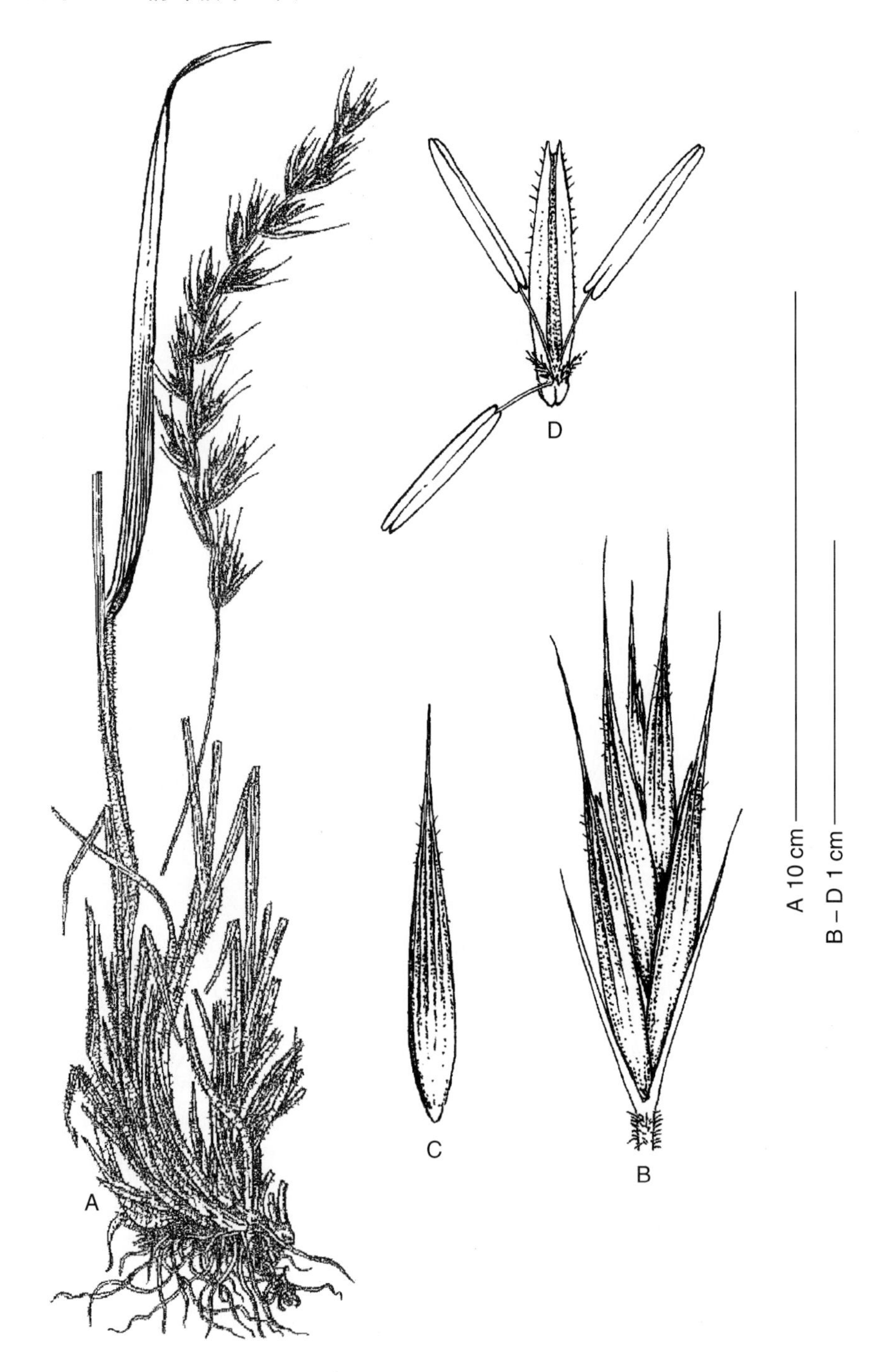

图 3－64 *Leymus coreanus*（Honda）K. B. Jensen and R. R. -C. Wang
A. 全植株 B. 小穗 C. 小花背面观 D. 内稃、鳞被、雄蕊及雌蕊柱头
［图中 A 引自 Н. Н. Цвелев，1985（英文版 2003），Vascular Plant of the Russian Far East，vol. I：图版 IX，A；B～D 颜济补绘］

模式标本：B. Комаров 1897 年 5 月 30 日，采自朝鲜北部，在益门苏（Emmen-su）河，图们江（Tumingan）下游河谷，木山（Musang）区。主模式标本：**TI**!；同模式标本：**LE**!。古海正福，No. 71，1917 年，采自 Hokōri，朝鲜。副模式标本：**TI**!。

异名：*Elymus coreanus* Honda，1930. J. Fac. Sci. Univ. Tokyo 3，3：17；

Asperella coreana（Honda）Nevski，1934. Fl. SSSR 2：693；

Clinelymus coreaus（Honda）Honda，1936. Bot. Mag. Tokyo 50：571；

Hystrix coreanus（Honda）Ohwi，1936. J. Jap. Bot. 12：653；

Elymus dasystachys var. *maximowiczii* Kom.，1901. Tr. Peterb. Bot. Sada，20：320。

形态学特征：多年生，疏丛，有时单生，具短而匍匐的根状茎。秆直立，粗壮，高 60～110 cm，径 3～4 mm，具 3～5 节，除穗下被微毛外，其余平滑无毛，秆基被灰褐色呈纤维状的宿存叶鞘。上部叶鞘无毛，老的叶鞘被长约 1 mm 开展的毛；叶舌长 0.5～1 mm；叶耳长 1.5～3 mm；叶片线状披针形，平展，长 15～47 cm，宽 6～11 mm，上表面无毛至被短柔毛到混生长 1 mm 的毛，下表面无毛至粗糙。穗状花序直立或稍下垂，长 8～13 cm，宽 1～2 cm，小穗 2 枚着生于每一穗轴节上，排列稀疏；穗轴节间长 6～8（～10）mm，宽 1 mm，密被柔毛；小穗椭圆形，长 12～20 mm，宽 1.6～2.8 mm，近无柄或具长 2～4 mm 的短柄，柄密被柔毛，具（2～）3～5（～6）花；小穗轴扁平，长 2～3 mm，微粗糙；颖钻形，长 7～12 mm，宽 0.5～1.1 mm，1 脉，基部具脊，先端粗糙；外稃披针形，长9～11（～13）mm，背部无毛，有时在先端接近芒处疏被毛，5 脉，近先端处突起，先端具长 2～5 mm 的短芒；内稃窄披针形，与外稃近等长或短于外稃，长8～10 mm，先端急尖，具 2 齿，两脊上具纤毛；花药黄色，长（4.5～）5～7 mm。

细胞学特征：2n = 4x = 28（Sokolovskaya & Probatova，cited Tzvelev，1976；K. B. Jensen & R. C. R-C. Wang，1997）；由 **NsNsXmXm** 染色体组组成（Jensen and Wang，1997）。

分布区：中国东北、朝鲜半岛、日本、俄罗斯西伯利亚。生长在中山带的石质山坡、岩石与碎石堆中，稀生于河边沙地中和卵石间。

26. *Leymus crassiusculus* L. B. Cai，1995. Acta Phytotax. Sin. 33（5）：**494～496. 粗穗赖草**（图 3-65）

模式标本：中国“青海兴海，海拔 2 550 m，农田边上，1965-06-23，何廷农 5501”。主模式标本现藏于 **HNWP**!。

形态学特征：多年生，丛生，具木质下伸的根状茎。秆直立，高 70～110 cm，茎基粗约 4 mm，具 2～3 节，平滑无毛，秆基常具宿存的纤维状的叶鞘。叶鞘无毛，有时边缘具纤毛；叶舌膜质，长 1.5～2 mm，先端平截；叶片通常内卷，长 20～42 cm，宽 4.5～7 mm，两面平滑无毛或上面粗糙；穗状花序直立，黄棕色，长 16～22 cm，宽 1.5～2 cm，小穗通常 4～6 枚（稀可达 11 枚）着生于每一穗轴节上，密集；穗轴粗壮，密被长柔毛；穗轴节间长 4～10 mm；小穗长 12～18 mm，具 4～7 花；小穗轴密被柔毛，节间长 1～1.5 mm；颖线状披针形，边缘膜质具纤毛，两颖近等长，长 10～13 mm，1 脉，先端狭长渐尖；外稃披针形，密被柔毛，具不明显 5 脉，第 1 外稃长 8～10 mm，先端具2 mm

以内的短尖头；内稃与外稃近等长，先端微凹，两脊疏生短刺毛；花药黄色，长约 5 mm。

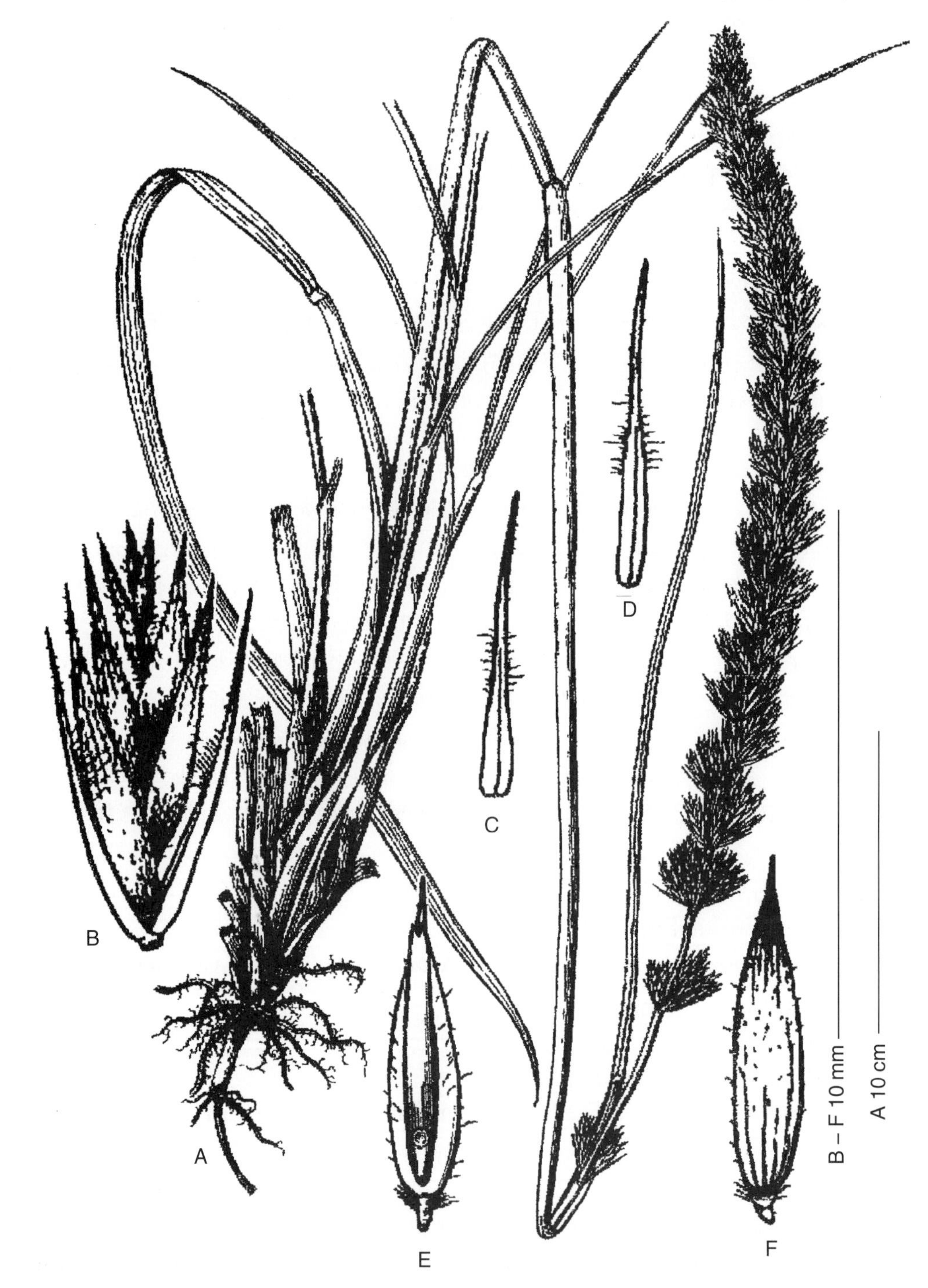

图 3－65 *Leymus crassiusculus* L. B. Cai

A. 全植株 B. 小穗 C. 第 1 颖 D. 第 2 颖 E. 小花腹面观，带小穗轴节间 F. 小花背面观，带小穗轴节间

（引自蔡联炳，1995：图 3，阎翠兰绘。本图已删减、修正、编排标码更改）

细胞学特征：未知。

分布区：中国青海，生长在农田边，海拔 2 550 m。

27. *Leymus divaricatus* （Drobov） **Tzvelev，1960. Bot. Mat.** （Leningrad） **20：430. 双叉赖草**

27a. var. *divaricatus*

模式标本：P. Аболин 与 M. Попов 1821 年采自哈萨克斯坦南部，塞尔达尔雅（Сырдарьинская）省，欧列-阿廷斯克边区（Аулие-Атинский у），靠近布尔洛叶（Бурное）村，No. 8972。主模式标本：**LE**!。

异名：*Elymus divaricatus* Drobov 1925. Feddes Repert. 21：45；

Elymus regelii Roshev.，1932. Izv. Bot. Sada AN SSSR 30：781；

Aneurolepidium divaricatum（Drobov）Nevski，1934. Fl. SSSR 2：709；

Aneurolepidium regilii（Roshev.）Nevski，1934. Fl. SSSR 2：709；

Leymus regilii（Roshev.）Tzvelev，1960. Bot. Mat.（Leningrad）20：430；

Leymus chinensis（Trin.）Tzvelev，1968，Rast. Tsentr. Azii 4：205。

形态学特征：多年生，丛生，稀单生，具短而匍匐的根状茎。秆高（16～）30～40（～50）cm，下部有时形成分枝，除花序下粗糙或微粗糙外，其余部分平滑无毛，秆基部具宿存叶鞘。叶鞘无毛或微粗糙；叶舌很短，长 1～5 mm，撕裂状至纤毛状；叶耳线状针形；叶片粉绿色，平展，可长达 15 cm，宽 3～7 mm，上表面与边缘很粗糙，下表面微粗糙或平滑，边缘波状。穗状花序线状披针形，直立，长 5～10 cm，宽 15 mm，小穗 2 枚着生在每一穗轴节上，一枚无柄，另一枚有柄，柄可长达 5 mm，有时穗上部或下部只着生 1 枚小穗，着生密集；穗轴粗糙，棱脊上被糙毛，下部节间可达 15 mm；小穗圆柱状，略弯，向外展，粉绿色，长 10～25 mm，宽 3 mm，具 5～10 花；颖线形或披针形，长 5～8（～10）mm，平滑无毛，下部明显具 1 脉，先端急尖，具短尖头或长约 2 mm 的芒；外稃披针形至卵形，长 6.6～8 mm，无毛，发亮，淡绿色，不具褐色晕，5～7 脉，先端急尖，无芒，或具长 1～1.5 mm 的小尖头；外稃基盘较短，钝，无毛，或具一簇很短的（0.3 mm）毛；内稃与外稃约等长，两脊上具纤毛。

细胞学特征：2n=4x=28（Á. Löve，1984）。

分布区：哈萨克斯坦巴尔喀什东部与南部；俄罗斯塞尔—达尔雅；天山；中国准噶尔至塔城、准噶尔至喀什噶尔。生长于盐碱草原、盐土、水库岸边附近，也成为杂草生长在种植作物的田间、路旁，可分布到低山带。

27b. var. *fasciculatus* （Roshev.） **Tzvel.，1972. Nov. Sist. Vyssch. Rast.，9：63. 双叉赖草簇生变种**

模式标本：И. Крaшеинникo 1914 年采自哈萨克斯坦北部，图尔盖区（Тургайские обл.），萨热苏（Сарысу）河下游，沙地，No. 5165。Цвелев 1976 年指定模式标本：**LE**!。

异名：*Elymus fasciculatus* Roshev. 1932. Izv. Bot. Sada AN SSSR，30：780；

Aneurolepidium fasciculatum（Roshev.）Nevski，1934. Fl. URSS. 2：709；

Leymus fasciculatus（Roshev.）Tzvel.，1960. Bot. Mat.（Leningrad），20：430。

形态学特征：本变种与 var. *divaricatus* 的区别：秆高 70～120 cm。穗状花序长 10～20 cm，成对小穗通常均无柄，其中一枚小穗偶具短柄；最下面的穗轴节间长（12～）15～25 mm；小穗长（14～）17～23（～26）mm；小穗轴无毛；颖长 7～12 mm，上部边缘粗糙，具小齿；外稃绿色，或具紫晕，长 7～9 mm，上部具不明显 5 脉，芒长（1～）3～4 mm。

细胞学特征：未知。

分布区：哈萨克斯坦，生长在河边沙地与卵石中。

28. *Leymus erianthus*（Phil.）Dubcovsky，1997. Genome 40：505～520. 毛花赖草（图 3－66）

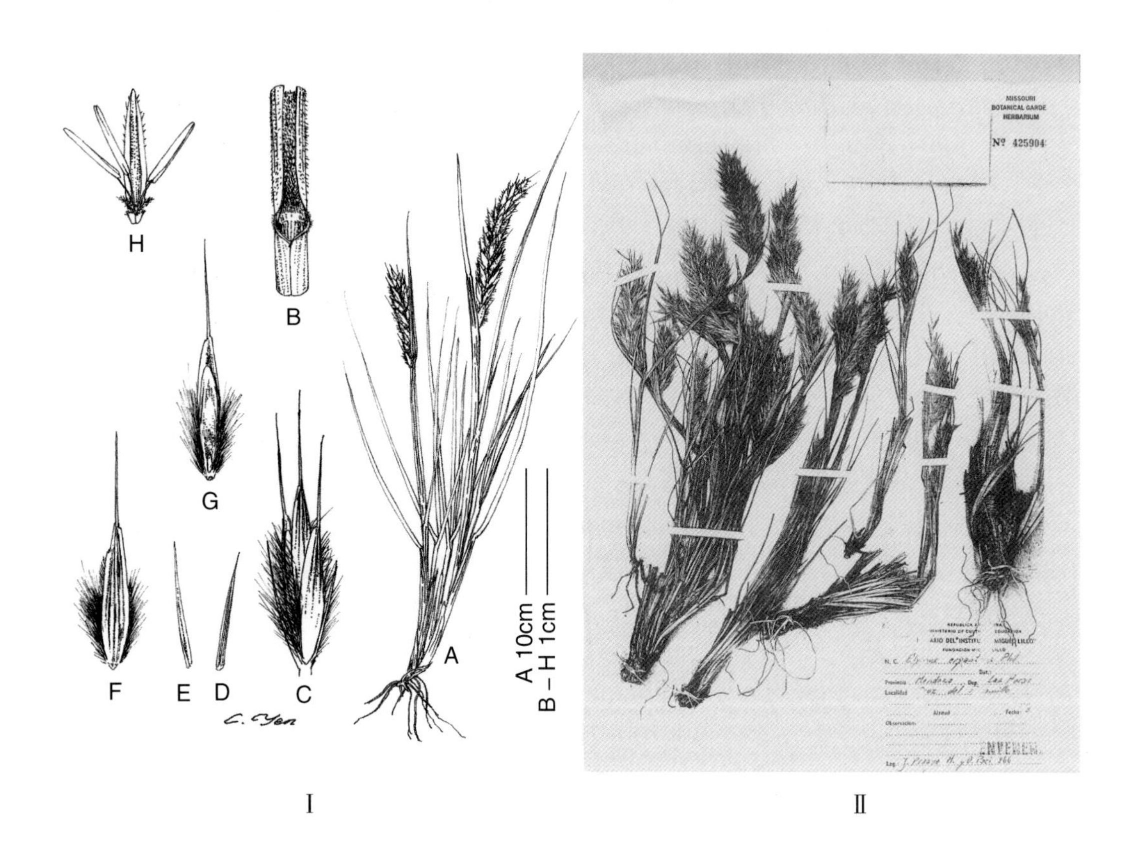

图 3－66　*Leymus erianthus*（Phil.）Dubcovsky

Ⅰ. 形态特征图：A. 全植株；B. 光滑无毛的叶鞘上段，被微毛的叶托，具流苏纤毛的叶舌与密被微柔毛卷合呈管状的叶片；C. 小穗；D. 第 1 颖；E. 第 2 颖；F. 小花背面观，示外稃下段两边缘密生长纤毛；G. 小花腹面观；H. 内稃、鳞被、雄蕊及雌蕊柱头　Ⅱ. 同产地模式标本（Topotype），现藏于 **MO**！

模式标本：阿根廷“Agentina，Mendoza，Las Heras，in Andibus uspallatensis ad thermas Banos del Inca，invenit 1866，Borchers s. n.”。主模式标本：**BAA**！（Ole Seberg，1996；后选模式：**SGO**！，不合法）。

异名：*Elymus erianthus* Philippi，1892. Anales Mus. Nac. Chile. Secc. Bot. 1892：12. t. 5；

Elymus barbatus Kurtz，1894［1897］. Bolitin de Academia Nacional de Ciencias 15：506. nomen nud；

Elymus erianthus var. *aristatus* Hicken，1915. Physis，Revista de la Sociedad Argentina de Ciencias Naturales 2：8；

Elymus erianthus var. *spegazzinii* Haumann，1917. Anqales del Museo Nacional de Historia Natural de BuenosAires 29：410～411；

Elymus spegazzinii Kurtz，1899. Bolitin de Academia Nacional Ciencias 16：259. nomen nud；

Eremium erianthum（Phil.）Seberg et Linde-Laursen，1996. Syst. Bot. 21（2）：11；

Cryptochloris spatacea auct. non Benth.，1882. Hooker's Icon. Pl.：Tab. 1376. Speg.，1897. Revista Fac. Agron. Veterin. La Plata 30～31：584。

形态学特征：多年生，丛生，具鞘内分枝。秆高 30（～70）cm，直立，具 3～4 节，节褐色，无毛，秆基部具硬纸质密被微毛至几无毛的宿存叶鞘。叶鞘被微毛至几无毛；叶舌长 0.3～1 mm，膜质，直，具流苏状的毛；叶耳长 0.3～1 mm，膜质或不存；叶片长（2～）7～14.5（～20）cm，宽 2.2～4.4 mm，内卷，上表面被微柔毛，下表面无毛。穗状花序长（3.5～）6～11 cm，宽（0.8～）15～25 mm，常具紫晕，每一穗轴节上着生 1～2 枚小穗，排列密集；具 11～22 穗轴节，密被毛，穗轴节间长（4～）5.4～12.8（～15.1）mm，宽 0.8～1.2 mm，坚实，棱脊粗糙；小穗长 1～2 cm，宽 2～4 mm，无柄或近于无柄，具 1～3（～5）花，小穗顶端的小花退化只有外稃，小穗轴节间伸长至 2.4～4.6 mm；小穗轴无毛；颖线状钻形，两颖不等长，第 1 颖长（8.2～）10.8～17.2 mm，宽 0.3～0.5（～1.8）mm，第 2 颖长 10.8～19.9 mm，宽 0.4～0.8（～2.3）mm，两颖均 1（～3）脉，无毛或脉上粗糙，先端急尖或渐尖；外稃长 10.2～15.3 mm，宽 3.9～4.3 mm，5（～7）脉，边缘以及背部密被长纤毛，先端急尖、具长 1.8～10.2 mm 的芒；内稃短于外稃，长 8～11.7 mm，先端急尖、平截或内凹，两脊上具纤毛；花药长 2.2～4.4 mm。

细胞学特征：2n＝6x＝42（Schnack & Covas，1947；Hunziker，1954；Dubcovsky et al.，1992）；染色体组组成：**NsNsNsXmXmXm**（Dubcovsky et al.，1997）。

分布区：阿根廷，散生在海拔 3 400 m 以上的干草原中，以及倒石堆中。

29. *Leymus flexilis*（Nevski）Tzvel.，1960. Not. Syst. Inst. Bot. V. L. Komarov Acad. Sci. URSS. 20：429. 曲轴赖草

模式标本：H. H. Павлов 1931 年采自俄罗斯达舍波利苏（Dshebogly-su）河谷，生长在多石的斜坡上，No. 984。主模式标本现藏于 **LE**！。

异名：*Aneurolepidium flexilis* Nevski，1934. Fl. SSSR. 2：705；

Elymus flexilis（Nevski）K. Kuzn.，1948. In Opred. Zlakov Kazakhest：99。

形态学特征：多年生，密丛生，不具长的匍匐根状茎。秆高 30～70 cm，平滑无毛，秆基部稍弯曲，具宿存的灰褐色叶鞘。叶鞘无毛；秆叶的叶舌长可达 1 mm；叶片粉绿色，窄，1～3 mm，内卷，极稀秆叶近于平展，上表面散生刺毛而粗糙，下表面平滑无毛。穗状花序短，线形，长 4～7 cm，宽 7～9 mm，小穗 2 枚着生于每一穗轴节上，小穗

排列较密；穗轴曲折，穗轴节间与棱脊上均被微毛；小穗灰绿色，长 11～14 mm，具2～

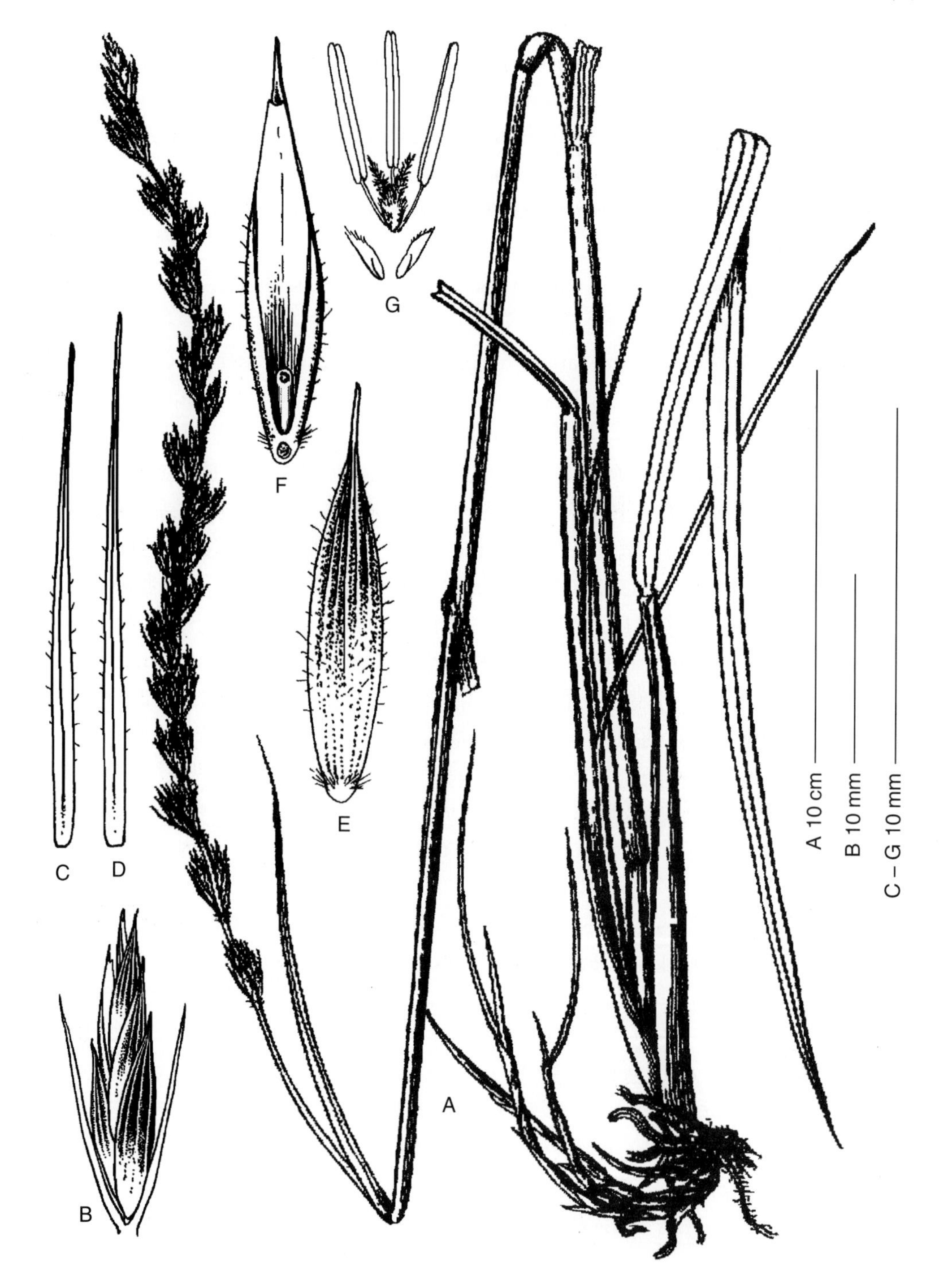

图 3-67 *Leymus flexus* L. B. Cai

A. 全植株 B. 小穗 C. 第1颖 D. 第2颖 E. 小花背面观 F. 小花腹面出 G. 鳞被、雄蕊及雌蕊

（引自蔡联炳，1995：图1，阎翠兰绘。本图已删减、修正改绘，编排标码变更）

3 花；颖钻形至线形，背与边缘密被短柔毛，通常在下部 1/4～1/2 处具 1 脉，不遮盖外稃基部，先端渐尖而形成芒尖；外稃披针形，长8～10 mm，密被白色柔毛，先端渐尖形成一长 1～2 mm 的短芒；内稃窄披针形，两脊上部 2/3 密被纤毛。

细胞学特征：未知。

分布区：俄罗斯塔拉斯至阿拉图（Талас-Алатау）；天山。生长在高山带的石质山坡与碎石堆上。

30. *Leymus flexus* L. B. Cai，1995. Acta Phytotax. Sin. 33（5）：**491～493. 弯曲赖草**（图 3－67）

模式标本：中国“青海兴海，山坡上，海拔 3 200 m，1978－08－19，郭本兆 532”。主模式标本现存于 **HNWP**！。

形态学特征：多年生，疏丛，具下伸的根状茎。秆直立，高60～100 cm，茎粗2～3 mm，具3～4 节，秆基具呈纤维状的宿存叶鞘。叶鞘无毛或下部叶鞘具柔毛；叶舌膜质，长约 1.5 mm，先端钝圆；叶片常内卷，长 15～27 cm，宽 4～5 mm，上表面微粗糙，下表面平滑。穗状花序微弯，淡棕色，长 15～25 cm，宽约 1 cm；小穗通常 3 枚着生于每一穗轴节上，排列疏松；穗轴密被灰白色短柔毛，节间一般长8～15 mm；小穗长 11～17 mm，具 3～7 花；小穗轴明显粗糙，节间长 0.5～1 mm；颖线状披针形，不覆盖外稃基部，两颖近等长，长 11～14 mm，1～2 脉，边缘膜质具纤毛，先端狭窄如芒；外稃披针形，密被长柔毛或逐渐脱落而无毛，第 1 外稃长 9～10 mm，先端具 2～3 mm 的短芒；内稃与外稃近等长，两脊上部具短纤毛；花药黄色，长 3～4 mm。

细胞学特征：未知。

分布区：中国青海，生长于山坡上，海拔 3 200 m。

31. *Leymus innovatus*（Beal）Pilger，1947（published in 1949）**. Bot. Jahrb. 74：6. 新枝赖草**（图 3－68）

模式标本：R. S. Williams 1887 年，采自美国蒙大拿（Montana）州，西姆什（Sims）河北面分支，无号。主模式标本：**MSC**！。

异名：*Elymus innovatus* Beal，1896. Grasses of North Amer. 2：650；

Elymus innovatus var. *glabratus* Bowden，1964. Can. J. Bot. 42：597；

Elymus innovatus subsp. *velutinus* Bowden，1959. Can. J. Bot. 37：1146；

Leymus velutinus（Bowden）Á. Löve et D. Löve，1976. Bot. Not. 128：503；

Elymus brownii Scribner et J. G. Smith，1897. U. S. D. A. Div. Agrost. Bull. 8：7。

形态学特征：多年生，丛生，具匍匐的根状茎。秆高（18～）50～105 cm，除节下常稍被微毛外，其余无毛，常被白粉，秆基部具宿存纤维状叶鞘。叶鞘平滑无毛，具条纹；叶舌很短，其长不超过 0.5 mm；叶片较坚实，内卷，秆叶较短，长（5～）10～18cm，宽 2～6（～8）mm，上表面平滑，边缘与下表面的脉上粗糙。穗状花序直立，长（3～）5～16 cm，每一穗轴节上着生2～3 枚小穗；小穗长 10～18 mm，具 3～7 花；颖钻形，长 5～12 mm，两颖不等长，基部被微毛或粗糙；外稃长 7～10.5 mm，密被紫色或灰色长柔毛，或短柔毛，稀无毛，先端具芒尖或具长 2～4 mm的短芒；内稃与外稃等长，先端具 2

齿，脊上部具细纤毛；花药长3～10 mm。

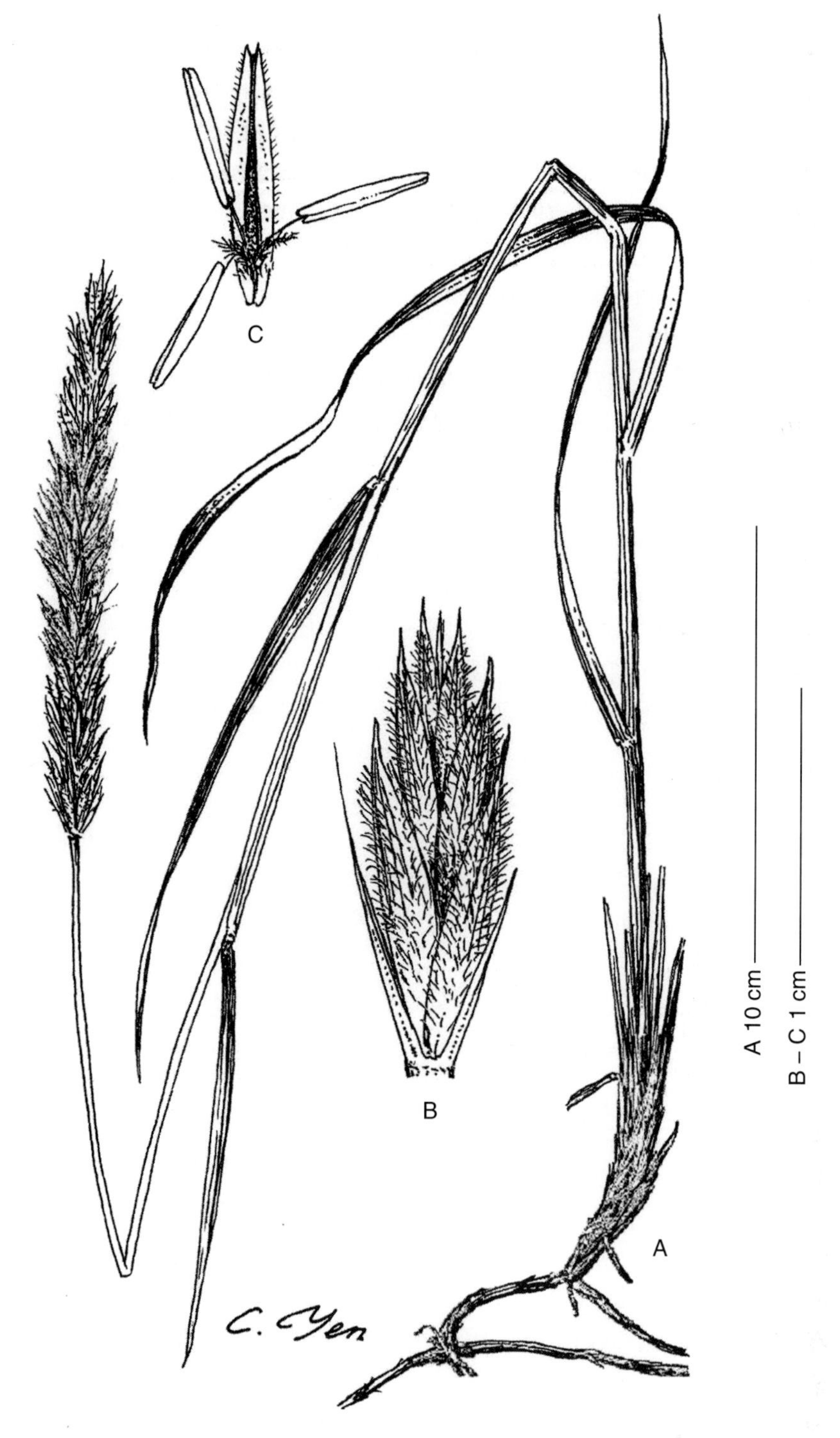

图 3－68 *Leymus innovatus*（Beal）Pilger

A. 全植株 B. 小穗 C. 鳞被、内稃、雄蕊及雌蕊羽毛状的柱头

细胞学特征：2n=4x、8x=28、56（Bowden，1957、1959）；**NsNsXmXm** 染色体组（Dewey，1970）。

分布区：美国蒙大拿（Montana）州、怀俄明（Wyoming）州、南达科他（South Dakota）州（黑山 Black Hills）；阿拉斯加（Alaska）到不列颠哥伦比亚（British Columbia）。生长在开阔林地、河岸、开阔大草原，常生长在多沙石或淤泥的土壤中。

32. *Leymus karelinii* （Turcz.）**Tzvelev**，（12 April.）**1972. Nov. Sist. Vyssch. Rast.，9：59. 卡瑞林氏赖草**（图 3-69）

模式标本：哈萨克斯坦西南“东土库曼尼亚卡瑞林（E. Turcumannia attulit Karelin）”。同模式标本：**LE**!。

异名：*Elymus karelinii* Turcz.，1856. Bull. Soc. Nat. Moscou 29：64；

Elymus turgaicus Roshev.，1910. Tr. Pochnv. -Bot. Exp. 2（7）：259；

Elymus kirghisorum Drobov，1915. Tr. Bot. Muz. AN 14：135；

Aneurolepidium angustum（Trin.）Nevski. 1934，Fl. SSSR 2：700；

Aneurolepidium karelinii（Turcz.）Nevski，1936. Tr. Bot. Inst. AN SSSR. Ser. 1，2：70. quoad nom；

Elymus kugalensis E. Nikit.，1950. In Fl. Kirg. SSR，2：218（俄文描述）；

Elymus angustiformis Pavl.，1952. Vestn. AN KazSSR，5：86，non Drob. 1941；

Elymus kuznetzovii Pavl.，1956. In Fl. Kazakhest. 1：322；

Leymus kuznetzovii（Pavl.）Tzvelev，1960. Bot. Mat.（Leningrad）20：429；

Leymus kugalensis（E. Nikit.）Tzvelev，1960. Bot. Mat.（Leningrad）20：429，nom. nud.

Leymus angustus var. *kirghisorum*（Drobov）Tzvelev，1968. Rast. Tsentr. Azii，4：205；

Leymus karelinii（Turcz.）Chopanov，1973（5July）. Opred. Zlakov Turkmanii：28；

Leymus karelinii var. *kirghisorum*（Drobov）Tzvelev，1973. Novost. Sist. Vyssh. Rast.，10：49。

形态学特征：多年生，疏丛生或单秆，具长而匍匐的根状茎。秆高（40～）60～100 mm，基部径粗 5～6 mm，除花序下粗糙外，其余平滑无毛，秆基部被宿存叶鞘。叶鞘平滑无毛；叶舌短，长 1～2 mm；叶片内卷，或边缘内卷，宽 7 mm，上表面与边缘极为粗糙，下表面微粗糙。穗状花序直立，窄，线形，长 10～20（～25）cm，宽 4～10 mm，小穗 2 枚（稀穗中部 3～4 枚）着生于每一穗轴节上，排列较密；穗轴被短而贴生的硬毛，最下部穗轴节间长 10～17（～20）mm；小穗淡粉绿色，长 12～15（～17）mm，具 2～3（～5）花；颖披针形，基部较宽，并不对称，近于覆盖小穗基部，长 11～15（～18）mm，两颖不等长，或近于等长，具不明显的 1 枚，背部粗糙，上部边缘具小齿，先端渐尖形成一芒尖；外稃披针形，长 11～14 mm，5～7 脉，稃体被短而贴生的毛，有时毛细小而较不明显，极稀无毛或几乎平滑，先端渐尖而形成一芒尖，长 1.5～2.5 mm。

图 3－69 *Leymus karelinii*（Turcz.）Tzvelev

A. 全植株 B. 穗轴节间及节上聚生的两小穗 C. 小花腹面观 D. 小花背面观

细胞学特征：2n＝4x＝28（Tzvelev，1976；孙根楼等，1990）；**NsNsXmXm** 染色体组（杨瑞武，2003）。

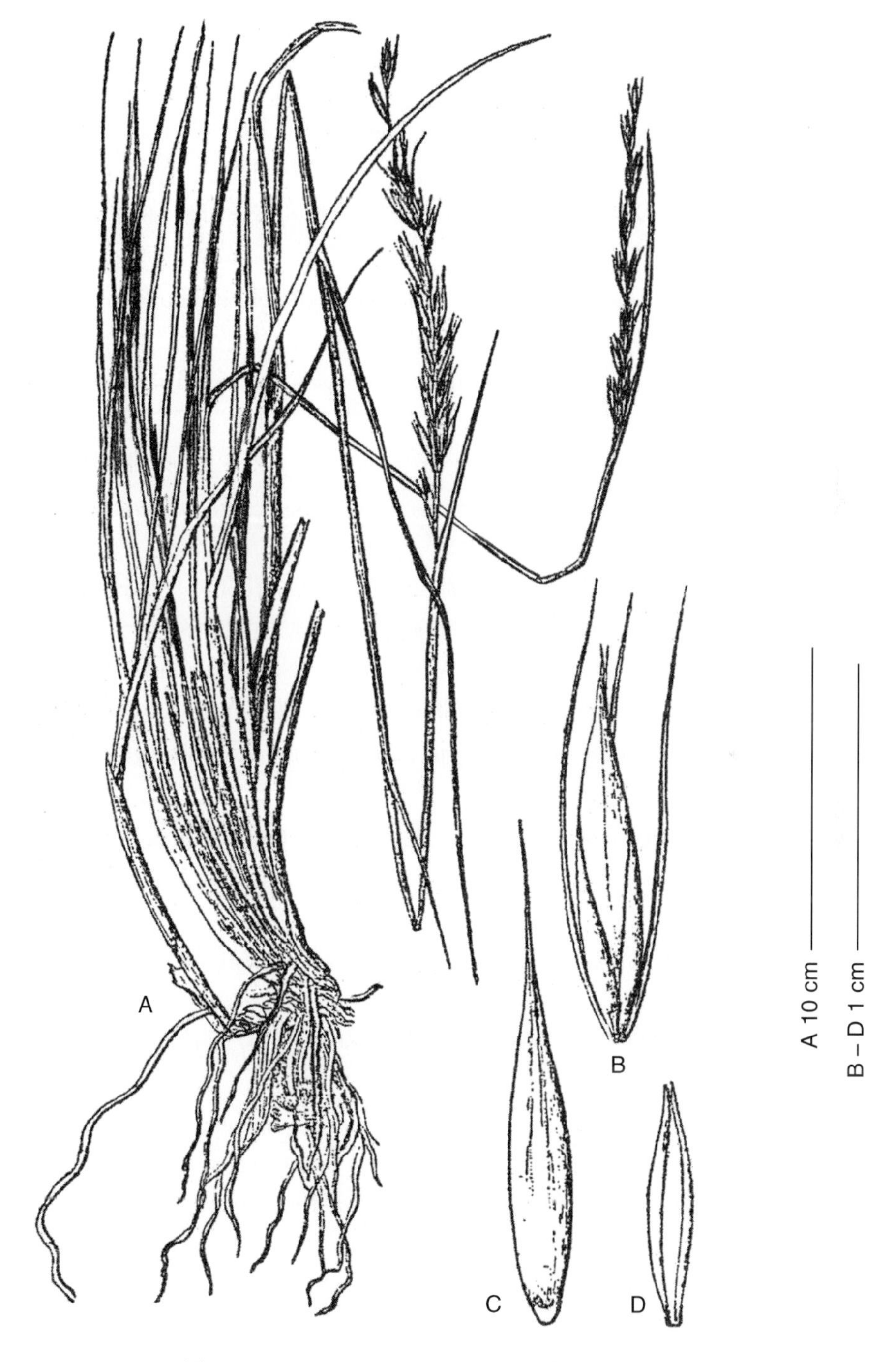

图 3－70　*Leymus kopetdaghensis*（Roshev.）Tzvelev

A. 全植株　B. 小穗　C. 外稃及基盘背面观　D. 内稃腹面观

（引自 Р. Ю. Рожевеч 发表在 Б. А. Федченко 等编著的 Флора Туркмении 第 1 卷，1 分册，图 86。字码、标尺补充）

分布区：中亚阿拉尔-卡斯皮安（Aral-Caspian）、巴尔喀什（Balkhash）；中国准噶尔至塔城、准噶尔至喀什噶尔（Jungaria-Hashgaria）（喀什）、天山北部与西部、塞尔达尔雅（Syr Darya）；西西伯利亚；乌拉尔南部。生长于盐碱草甸、草原、河边沙地与卵石中，可上升至山的上带。

33. *Leymus kopetdaghensis* （Roshev.） **Tzvelev，1960. Bot. Mat.** （Leningrad） **20：429. 科皮塔汗赖草**（图 3－70）

模式标本：E. Бобров 与 A. Ермоленко 1928 年 5 月 24 日采自"大巴尔汗（Б. Балхан），梅尤连穆（Меулям）附近山麓丘陵中的碎石堆，620 m。No. 45"。Цвелев 后选模式标本：**LE!**。

异名：*Elymus kopetdaghensis* Roshev.，1932. In Fedtsch. Fl. Turkm. 1：211，f. 86.（in Russian，1936. Latin described.）；

Elymus karelinii auct.，non Turcz.：Chopan.，1959. Tr. Inst. Bot. AN Turkm. SSR，5：243；

Aneurolepidium kopetdaghense（Roshev.）Nevski，1934. Fl. URSS 2：703；

Aneurolepidium karelinii（Turcz.）Nevski，1936. Tr. Bot. Ist. AN SSSR，ser. 1，2：70，quoad pl。

形态学特征：多年生，密丛生，具短而匍匐的根状茎。秆高 60～150 cm，花序下常被短柔毛或粗糙，秆基部具宿存叶鞘。叶片粉绿色，狭窄，宽仅 1～3（～5）mm，内卷，上下表面均很粗糙。穗状花序细瘦，淡粉绿色，长 10～22（～25）cm，宽 4～7 mm，每一穗轴节上着生 2 枚小穗，中部稀 3 枚；穗轴被小刚毛，穗轴节间上部粗糙，中部穗轴节间短于 10 mm，下部者长 12～20 mm；小穗长 12～17 mm，具3～5 花；颖钻形至线形，两颖近等长，长 15～20（～25）mm，具 1 条微弱的脉，背部与边缘着生刺毛而很粗糙；外稃披针形，长 10～14 mm，5 脉，背部平滑无毛至散生小刺毛而粗糙，先端渐尖而形成一粗糙的芒尖，长 1～2 mm；内稃与外稃约等长，先端具 2 齿裂，脊上粗糙。

细胞学特征：2n＝8x＝56（Chopanov and Yurtsev，1976）。

分布区：中亚土库曼斯坦。生长在中山地带的石质山坡与碎石堆中，海拔 600～2 000 m。

34. *Leymus lanatus* （Korsh.） **Tzvelev，1970. Spisok Rast. Herb. Fl. SSSR 18：21. 绵毛赖草**（图 3－71）

模式标本：C. Коржинский 1895 年 7 月 6 日，采自"大阿拉依（Б. Алай），沿比尔盖尔（Бирджар）河，碎石滩，No. 5852"。主模式标本与同模式标本：**LE!**。

异名：*Elymus lanatus* Korsh. 1896. Mem. Acad St. Petersb. 8. 44：102；

Malacurus lanatus（Korsh.）Nevski，1933. Tr. Bot. Inst. AN SSSR，se. 1，1：19。

形态学特征：多年生，密丛禾草，具短而斜升，为多数粗而坚实的木质纤维包裹的根状茎。秆直立，高 40～100 cm，平滑无毛，通常被白粉。叶鞘无毛；叶舌短，长约 1 mm，平截，边缘睫毛状或撕裂状；叶片平展，坚实，宽 4～7 mm，上表面粗糙，叶脉突起，下表面平滑无毛。穗状花序宽线形或线状长圆形，长 6～13 cm，宽（12～）15～

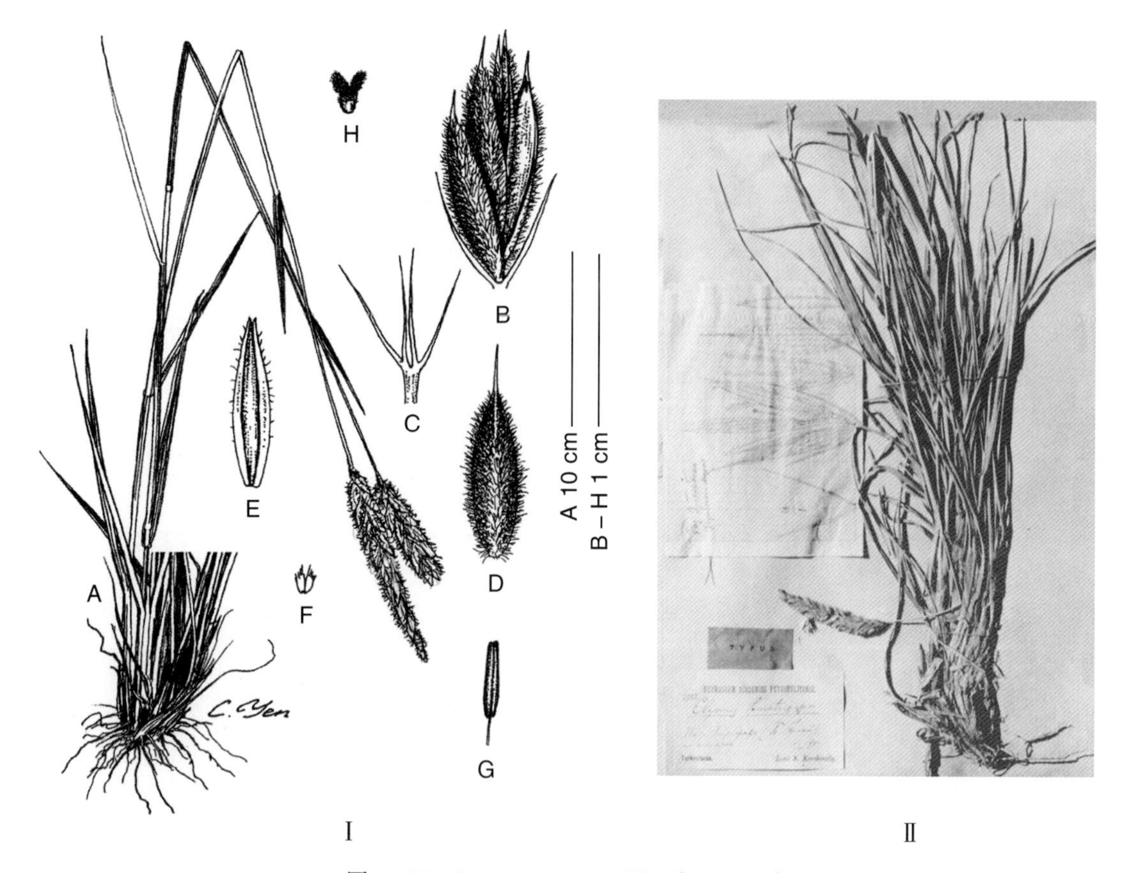

图 3-71 *Leymus lanatus*（Korsh.）Tzvel.

Ⅰ. A. 植株；B. 小穗；C. 穗轴及节上成对聚生的小穗短柄与颖；D. 小花背面观，示外稃密被长柔毛；E. 内稃；F. 鳞被；G. 雄蕊；H. 雌蕊　Ⅱ. 主模式标本，现藏于 **LE**！

22 mm，小穗 2 枚着生于每一穗轴节上，排列紧密；穗轴无毛，棱脊上具短纤毛，以及着生小穗处具一簇长而软的毛（髯毛）；小穗长 12～15 mm，具 3～4 花；小穗轴细而易碎，被柔毛；颖钻形至锥形，宽 0.2～0.3 mm，平滑无毛，下部 1/4～1/2 处可见 1 脉；外稃披针形，长 7～10 mm，具 7～9 脉，背部密被淡红色的长绵毛，绵毛长可达 2 mm，致使整个穗状花序呈毛绒状，先端具长 1.5～2 mm 的针状短芒，芒易脱落；内稃与外稃等长，两脊上部具长纤毛；花药紫色。

细胞学特征：2n=6x=42（Tzvelev，1976；Á. Löve，1984）。

分布区：中亚吉萨尔-达尔瓦孜（Gissar-Darvaz）（东部）、阿拉依（Alai）、帕米尔、伊朗与阿富汗北部。生长在高山带的石质与多石山坡，倒石堆中。

35. *Leymus latiglumis* Tzvel.，1972. Nov. Sist. Vyssch. Rast. 9：62. 阔颖赖草

模式标本：M. Культиасов 与 A. Гранитов 1927 年采自中亚“雅卡巴格（Яккабага）东面的山上、约尔丹（Иордан）村西南、穆斯林墓与山之间，西边红土坡上，No. 1044”。主模式标本与同模式标本：**TAK**！；标本室号：118239 与 118240。

异名：*Elymus latiglumis* Nikif.，1968. Opred. Rast. Sredn. Azii 1：192，201. non Phil；

Elymus angustiformis Drob.，1941. Fl. Uzbek. 1：540，excl. Typo。

形态学特征：多年生，密丛生，不具或疏具长而匍匐的根状茎。秆高 80～100 cm，除花序下密被贴生柔毛外，其余均无毛，秆下部宿存纤维状叶鞘。叶鞘无毛；叶舌短，长约 1 mm；叶片平展或内卷，宽 3～5 mm，叶脉在上表面明显突起成矩形的脊，脊间形成沟槽，上表面粗糙，下表面平滑无毛。穗状花序直立，长 12～17 cm，小穗 2～3（～4）枚着生于每一穗轴节上，稀单生于穗的上下端，小穗排列疏松；穗轴密被贴生微毛，下部穗轴节间可长达 2 cm；小穗淡绿色，长 2～2.5 cm，具 4～6 花；小穗轴密被贴生糙硬毛；颖线状钻形，长 12～15 mm，被刺毛而极粗糙；外稃长 10～14 mm，背部平滑无毛，或先端疏生刺毛，尖端具长 0.5～1 mm 的小尖头，或具长 1～2 mm 的短芒。

细胞学特征：未知。

分布区：中亚吉萨尔—达尔瓦孜（Gissar-Darvaz），雅卡巴格（Yakkabag）境内。生长在低山带裸露的红土上。

36. *Leymus mendocinus*（Parodi）Dubcovsky，1997. Genome 40：518. 门多扎赖草（图 3－72）

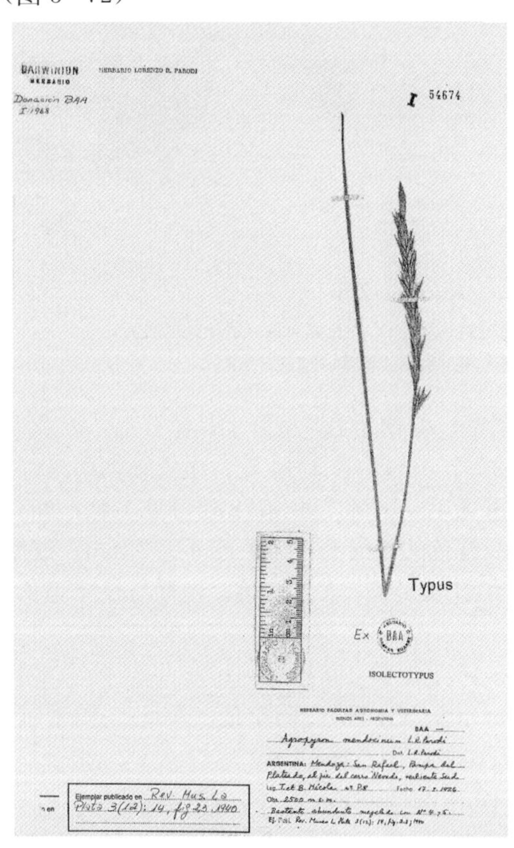

Ⅰ　　　Ⅱ

图 3－72　*Leymus mendocinus*（Parodi）Dubcovsky

Ⅰ. 同模式标本，现藏于 **SI!**　Ⅱ. L. R. Parodi 原图

［引自 Rev. Mua. La Plata 3（12）：14，图 2］

模式标本：T. Macola 与 B. Mácola1926 年 1 月 17 日采自阿根廷“Argentina，Mendoza，San Rafael，Pampa del Plateado，Nevado hill，altitude 2 500 m。No. P-8”。同模式标本：**SI!**。

异名：*Agropyron mendocinum* Parodi，1940. Rev. Mus. La Plata Secc. Bot. 3（12）：14；

Elymus mendocinus（Parodi）Á. Löve，1984. Feddes Repert. 95（7～8）：472；

Elytrigia mendocina（Parodi）Covas ex J. H. Hunz，& Xifreda，1986. Darwiniana 27（1～4）：562。

形态学特征：多年生，丛生，具鞘内分枝。秆高可达 125 cm，直立，具 2～4 褐色无毛的节，基部具宿存叶鞘，质硬，无毛。叶鞘无毛；叶舌长 0.3～1.4 mm，直；叶耳存或不存，如存在长 0.2～0.4 mm，膜质，褐色；叶片平展或内卷，长 6.5～24 cm，宽 3～8.5 mm，上表面粗糙，下表面平滑无毛。穗状花序长 10.5～19 cm，宽 4～10 mm，具 7～14 枚小穗，每一穗轴节上着生 1 枚小穗；穗轴被糙毛，至少在穗轴节上被糙毛，节间长 9.5～16.3 mm；小穗无柄，稀近于无柄，长 1.7～3 cm，宽 3～10 mm，具 3～8 花，顶端为一退化小花，仅具外稃着生在长 1.9～3.2 mm 的小穗轴上；小穗轴微粗糙；颖窄椭圆形或卵形，两颖不等长，通常被微毛，第 1 颖长 4.4～11.6 mm，宽 1～1.5（～2）mm，1～3 脉，第 2 颖长 7.3～13.5 mm，宽 1.5～3.9 mm，1～3（～5）脉，先端急尖至长渐尖而形成一长 2.2 mm 的小尖头（第 1 颖）至 4.1 mm 的短芒（第 2 颖）；外稃长 12.6～20 mm，宽 3.4～4.1 mm，急尖，稀长渐尖；内稃短于外稃，长 10.5～13.6 mm，先端急尖或内凹；花药长 6～9 mm。

细胞学特征：2n=8x=56（Á. Löve，1984；S. M. Lewis et al.，1996）；染色体组组成：**NsNsXmXmXmXmXmXm**（Dubcovsky et al.，1997）。

分布区：阿根廷门多拉（Mendoza）。干燥的岩石间与碎石堆中，海拔600～2 700 m。

37. *Leymus multicaulis*（Karel. et Kir.）Tzvelev，1960. Bot. Mat.（Leningrad）20：430. 多枝赖草（图 3-73）

模式标本：Г. С. Карелин 与 И. П. Кирилов 采自阿尔泰，No. 509。主模式标本与同模式标本：**LE!**。

异名：*Elymus multicaulis* Kar. et Kir.，1841. Bull. Soc. Nat. Moscou 14：868；

Aneurolepidium multicaule（Kar. et Kir.）Nevski，1934. Fl. URSS. 2：708. t. 50. f. 1；

Elymus aralensis Regel，1868. Bull. Soc. Nat. Moscou 41（2）：285。

形态学特征：多年生，单生或丛生，具下伸或匍匐的根状茎。秆直立，高 50～80 cm，直径 1.5～3 mm，具 3～5 节，平滑无毛，或在花序下粗糙，秆基具宿存枯黄色纤维状叶鞘。叶鞘平滑，有时稍带紫色；叶舌长约 1 mm；叶片平展或内卷，灰绿色（带白霜），长 10～30 cm，宽 3～8 mm，上表面粗糙，下表面较平滑，有时粗糙。穗状花序直立或稍下垂，长 5～12 cm，宽 6～10（～13）mm，小穗 2～3 枚着生于每一穗轴节上；穗轴粗糙或被短毛，边缘被纤毛，节间长 5～8 mm，下部节间可长达 10 mm；小穗绿色或

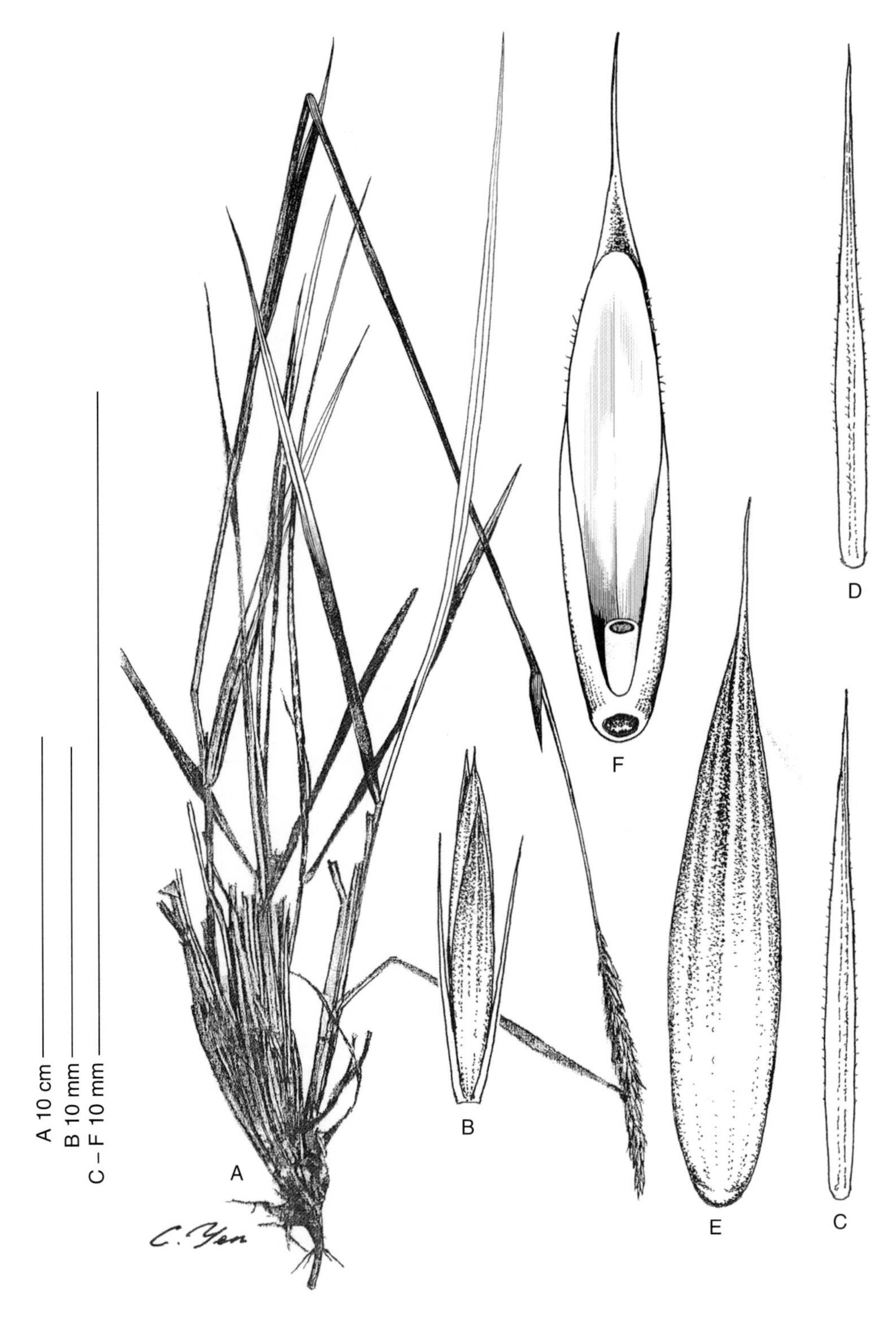

图 3 - 73 *Leymus multicaulis*（Kar. et Kir.）Tzvel.

A. 全植株 B. 小穗 C. 第 1 颖 D. 第 2 颖 E. 小花背面观 F. 小花腹面观

带紫色，成熟后黄色，长 8～15 mm，具（2～）3～6 花；小穗轴节间约 1 mm，被微毛；颖钻形，短于或等长于第 1 小花，脉和颖的边缘被细小刺毛，不覆盖第 1 外稃基部，长（4～）5～7（～8）mm，具 1 脉；外稃宽披针形，平滑无毛，外稃长（4～）5～8 mm，具不明显 5 脉，先端具长 2～3 mm 的短芒；基盘上具有微毛；内稃短于外稃，两脊上具纤毛；花药长约 5 mm。

细胞学特征：2n＝4x＝28（Dewey，1972；孙根楼等，1990）；染色体组组成：**NsNsXmXm**（Dewey，1972）。

分布区：中国塔城、阿勒泰、哈巴河、额敏、福海；俄罗斯伏尔加下游（南部）、阿尔泰（Altai）、楚雅盆地（Chuya Basin）、咸海—里海；天山；土库曼斯坦；哈萨克斯坦。生长在盐碱化的草甸、碎石堆、农田、路边、民居附近，可达低山地带。

38. *Leymus*×*multiflorus*（Gould）Á. Löve. 1980. Taxon 29：168. 多花赖草

模式标本：F. W. Gould 采自美国，加利福尼亚，孔特拉科斯塔（Contra Costa）县，旧金山附近海湾阿巴勒（Albany）. No. 1304。主模式标本与同模式标本：**US!**。

异名：*Elymus triticoides* subsp. *multiflorus* Gould，1945. Madrono，8：46；

Leymus×*multiflorus*（Gould）Barkworth & Atkins，1984. Am. J. Bot. 71（5）：619；

Leymus triticoides ssp. *multiflorus*（Gould）Á. Löve，1980. Taxon 29：168。

形态学特征：多年生，密丛生，具粗壮的根状茎。秆径粗 3.5～5 mm。叶片宽 6～15 mm，亮绿色，无毛。穗状花序不整齐，穗轴节上具 3 或 6 枚小穗；小穗长 17～25 mm，有的小穗具柄，具 6～9 花，花高度不育；颖长于第一外稃。

细胞学特征：2n＝6x＝42（Gould，1945）。Gould（1945）在发表本种细胞学观察时，将其置于 *Elymus triticoides* 之下作为亚种 ssp. *multiflorus*，他认为这一亚种是 *E. triticoides* 与 *E. condensatus* 的天然杂种。×*L. multiflorus* 分布在上述两种的分布范围内，花高度不育。而且 G. L. Stebbins Jr. 也曾对这个群体做过细胞学观测，认为这一杂种为 2n＝4x＝42，拥有两组 *E. triticoides* 的染色体组，一组 *E. condensatus* 的染色体组。

分布区：美国加利福尼亚州中部与南部的海岸区域。

39. *Leymus obvipodus* L. B. Cai，2000. Novon 10：9～11. 有柄赖草（图 3-74）

模式标本：中国："青海省，都兰县，诺木洪农场，海拔 2 900 m，36°29′N，96°27′E，1988-08-25，蔡联炳与智力，98084"。主模式标本现存于 **HNWP!**；同模式标本：**MO!**。

形态学特征：多年生，秆单生或疏丛生，具匍匐状根状茎。秆直立或下部节稍膝曲，高 40～75 cm，径粗 2～3 mm，2～3 节，紧接穗下的秆密被柔毛；秆基部具宿存纤维状叶鞘。叶鞘平滑，有时被微毛；叶舌膜质，长 1～2 cm，钝；叶片内卷，长 6～18 cm，宽 2～4 mm，上表面和下表面均密被微毛。穗形总状花序直立，绿色，长 8～18 cm，宽 6～8 mm，每一穗轴节上着生 1～2 枚小穗，排列稀疏；穗轴密被柔毛，节间通常长 5～20 mm，最下部者可长达 50 mm；小穗长 11～18 mm（包含小柄），均具小柄，柄长 1～14 mm，密被微毛，具 4～8 花；小穗轴节间长 0.52 mm，密被微毛；颖线状披针形或披针形，无毛或背部粗糙，边缘膜质，两颖不等长，第 1 颖长 5～6.5 mm，第 2 颖长 6～7.5 mm，1～3 脉，先端逐渐狭窄形成一长 2～4 mm 的短芒；外稃披针形，有光泽，无

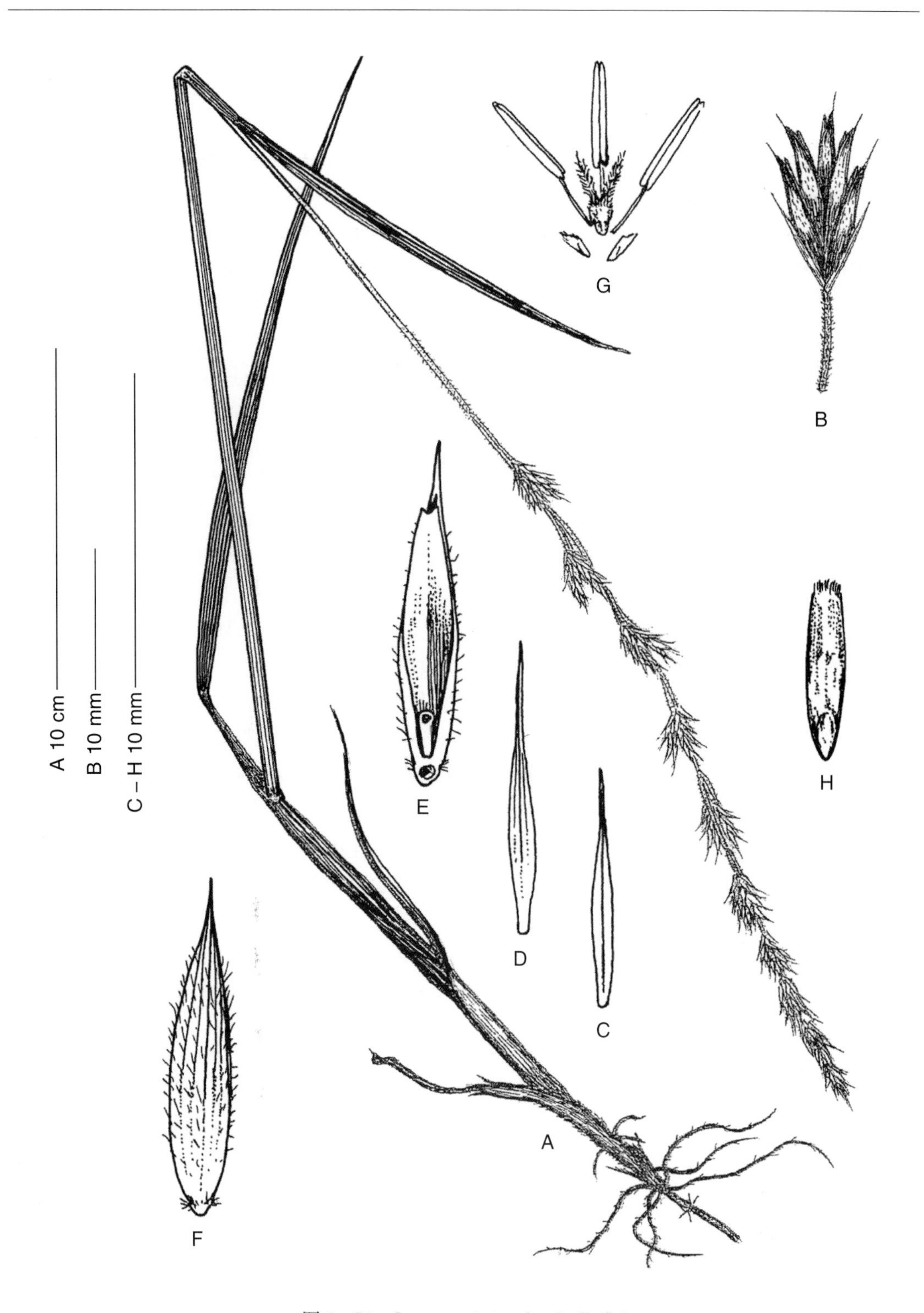

图 3－74 *Leymus obvipodus* L. B. Cai

A. 全植株 B. 小穗 C. 第 1 颖 D. 第 2 颖 E. 小花背面观 F. 小花腹面观 G. 鳞被、雄蕊及雌蕊 H. 颖果
（引自蔡联炳，2000，图 2，绘图人未注明。本图已删减、增补、修正改绘，编排标码变更）

毛，或背部粗糙，沿边缘或靠近边缘处被柔毛，第 1 外稃长 7～10 mm，具不明显 5 脉，先端渐尖，形成长 1～3 mm 的短芒；内稃稍短于外稃，两脊上被稀疏刺毛，脊间无毛；花药黄色，长约 4 mm。

细胞学特征：未知。

分布区：中国青海。生长于土壤为黑土以及沙土的林缘与撂荒地，海拔2 200～2 900 m。

40. *Leymus ordensis* G. A. Peschkova，1985. Bot. Zhurn.，70（11）：**1554. 奥尔达赖草**

模式标本：俄罗斯东西伯利亚“伊尔库特（Irkut）地区，伊池芮特-布尔嘎特（Echirit-Bulgat）区，库达（Kuda）河谷乌石特季-奥尔达（Ustj-Orda）附近，盐碱地中，1957 - 07 - 02，格·佩什可娃（G. Peschkova）”。主模式标本现存于 **LE!**；同模式标本现存于 **NS!**。

形态学特征：多年生，密丛生，灰绿色植株。秆高 50～90 cm（或以上），粗壮，除花序下微粗糙或被微毛外，余平滑无毛。叶片内卷或平展，平滑无毛，有时在上表面沿粗脉微粗糙。穗状花序上小穗排列较疏松，小穗1～3 枚着生于每一穗轴节上，有时全部单生，易脱落，颖和小穗轴以及下面的小花保存较久；颖线状披针形，非常狭窄，长 4～6 mm，两颖不等长，稀等长，通常无毛，几乎短于下部小花两倍，有时其中一颖极为退化，长仅为 1～2 mm；外稃宽披针形，长 8～10 mm，多被柔毛，有时背部稍无毛或全部无毛，先端急尖，形成小尖头或长 0.5～2 mm 的芒尖；内稃两脊密生大小不等的刺毛。

细胞学特征：2n=4x=28（L. I. Malyschev & G. A. Peschkova，1990）。

分布区：俄罗斯：西伯利亚、阿尔泰山；蒙古北部。生长于草原区的盐土草甸与草原中。

41. *Leymus ovatus*（Trin.）**Tzvel. 1960. Bot. Mat.**（Leningrad）**20：430. 卵穗赖草**（图3 -75）。

模式标本：Bunge 采自阿尔泰“楚勒席曼（Tschulyschman）河附近沙地”。主模式标本现存于 **LE!**。

异名：*Elymus ovatus* Trin.，1829. In Ledeb. Fl. Alt. 1：121；

Aneurolepidium ovatum（Trin.）Nevski，1934. Fl. URSS，2：707；

Leymus secalinus subsp. *ovatus*（Trin.）Tzvel.，1973. Nov. Sist. Vyssch. Rast. 10：49。

形态学特征：多年生，具下伸的根状茎。秆单生，高（40～）70～100 cm，具 3～4 节，平滑无毛，或于花序下密被贴生微毛，秆基具宿存枯褐色纤维状叶鞘。叶鞘平滑无毛；叶舌膜质，平截，长约 1 mm，被微毛；叶片平展或内卷，长 5～15 cm，宽 5～8mm，上表面密被白色长柔毛，下表面密被短毛。穗状花序直立，小穗密集成椭圆形或长椭圆形，长 5～9 cm，宽 15～25 mm，小穗 2～4 枚着生于每一穗轴节上；穗轴密被柔毛，节间长 2～6 mm，基部节间可长达 10 mm；小穗黄绿色或褐绿色，长 10～20 mm，无柄或具长约 1 mm 的小柄，具 5～6 花；小穗轴节间长约 1 mm，贴生微毛；颖线状披针形，两颖近等长，长 10～13（～15）mm，覆盖或不覆盖第 1 外稃基部，先端狭窄如芒，下部边缘具窄膜质，常具不明显 1～3 脉，中脉稍突起成脊，脊上与边缘粗糙；外稃披针形，长 8～10（～11）mm，背部明显具 5～7 脉，上部被稀疏贴生的短刺毛，边缘具纤毛，先端渐尖或具长 1～3（～4）mm 的短芒；基盘具长约 1 mm 的硬毛；内稃与外稃等长或稍短，两脊的上半部具纤毛；花药长 3.5～4 mm。

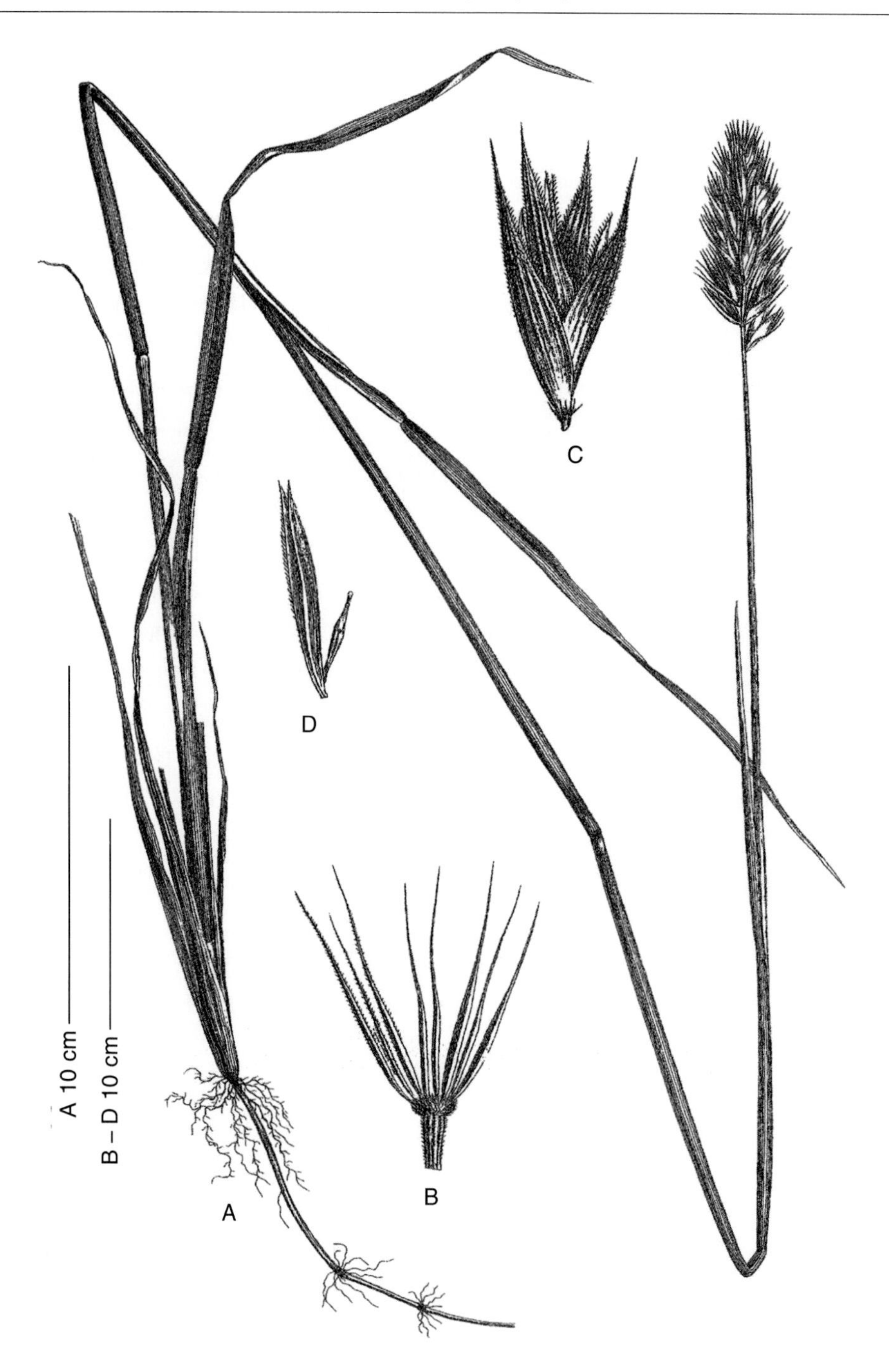

图 3－75　*Leymus ovatus*（Trin.）Tzvel.

A. 全植株　B. 颖与穗轴节间上段　C. 除去颖的小穗，示外稃及基盘上的刺毛　D. 内稃及幼小的颖果

（引自 Carl Friedrich von Ledebour，1831. Icones Plantarum Novarum vel Imperfecte Cognitarum Floram Rossicam，Impremis Altaicam，图 251。稍作编排改变，标码更改）

细胞学特征：未知。

分布区：俄罗斯西伯利亚；哈萨克斯坦；中国新疆；蒙古。生长于河边沙地与卵石堆

中、沙质草原、碱性土草原，可上达中山地带。

42. *Leymus paboanus* （Claus） **Pilg.** ， **1947** （published in 1949） **. Bot. Jahrb. 74**： **6.**
毛穗赖草（图 3－76）

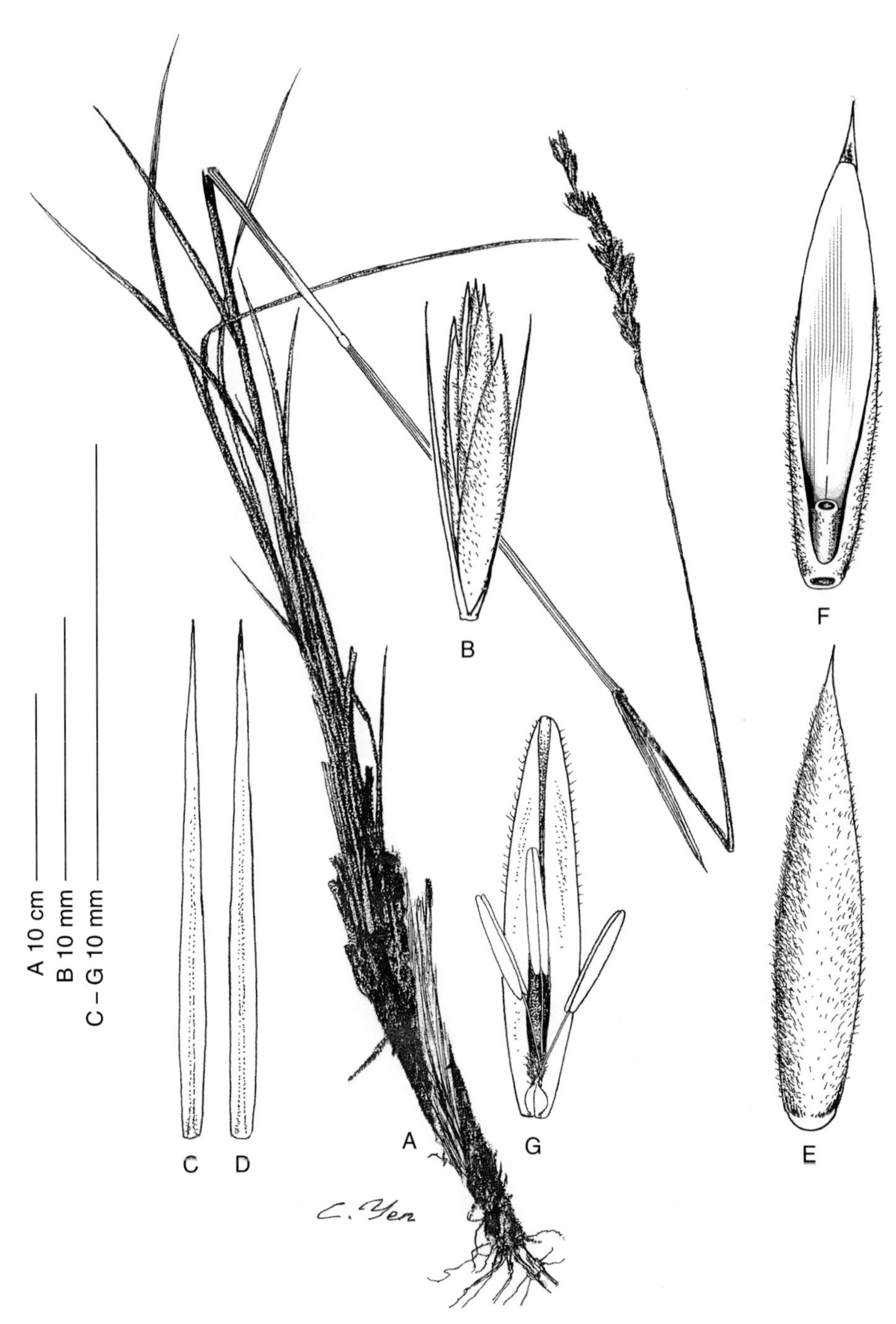

图 3－76 *Leymus paboanus*（Claus）Pilg.

A. 全植株 B. 小穗 C. 第 1 颖 D. 第 2 颖 E. 小花背面观 F. 小花腹面观
G. 内稃、鳞被、雄蕊及雌蕊的一部分羽毛状柱头模式标本：Pabo 1948 年 6 月 26 日采自俄罗斯欧洲部分喀英里尔（Kinel）河附近。Цвелев 1976 年后选模式标本与后选同模式标本：**LE!**。

异名：*Elymus paboanus* Claus，1851. Beitr. Pflanzenk. Russ. Reiches 8：170；

Aneurolepidium paboanum（Claus）Nevski，1934. Fl. URSS，2：707；

Leymus paboanus（Claus）Pilg. var. *viviparous* L. B. Cai，2001. Acta Phytotax. Sin. 39（1）：77；

Elymus dasystachys salsuginosus Griseb.，1852. In Ledeb. Fl. Ross. 4：333；

Elymus salsuginosus（Griseb）Turcz. ex Steud.，1854. Syn. Pl. Glum. 1:350；

Elymus glaucus var. *planifolius* Regel，1881. Tr. Peterb. Bot. Sada 7：585。

形态学特征：多年生，具下伸的根状茎，秆单生或少数丛生。秆高 40～90 cm，具 3～4 节，平滑无毛，秆基具宿存枯黄色纤维状叶鞘。叶鞘平滑无毛；叶舌长约 5 mm；叶片平展或内卷，长 10～30 cm，宽 4～7 mm，上表面微粗糙，下表面平滑。穗状花序直立，长 10～18 cm，宽 8～13 mm，小穗 2～3 枚着生于每一穗轴节上；穗轴较柔弱，上部密被柔毛，向下逐渐平滑，边缘具短纤毛，节间长 3～6 mm，基部者可长达 12 mm；小穗长 8～13 mm，具 3～5 花，稀小花发育成珠芽；小穗轴节间长约 1.5 mm，密被柔毛；颖线状钻形，长 6～12 mm，与小穗等长或稍长，微被小刺毛而粗糙，不覆盖第 1 外稃基部，边缘窄膜质，通常具纤毛；外稃披针形，淡绿色，长 6～10 mm，背部密被长 1～1.5 mm的白色柔毛，脉不明显，在腹面可见 3～5 脉，先端渐尖而具小尖头，或具长1～1.5 mm 的短芒；内稃与外稃近等长，两脊的上半部具纤毛；花药长约 3 mm。

细胞学特征：2n=4x=28（Á. Löve，1984）；染色体组组成：**NsNsXmXm**（杨瑞武，2003）。

分布区：俄罗斯欧洲部分、西伯利亚、阿拉依；天山；哈萨克斯坦巴尔喀什；中国准噶尔—喀什；蒙古。生长在碱化草原、碱土、卵石堆中，可上升至中山地带。

43. *Leymus pendulus* L. B. Cai，2000. Novon10：7～9. 垂穗赖草（图 3－77）

模式标本：中国“青海省西宁，南山，靠近西宁植物园，海拔 2 320 m，36°36′N，101°46′E，1998 年 8 月 12 日，蔡联炳与智力 98023”。主模式标本现存于 **HNWP!**；同模式标本现存于 **MO!**。

形态学特征：多年生，疏丛生或单生，具匍匐的根状茎。秆直立，或下部稍膝曲，高 60～150 cm，径粗 2～3 mm，平滑，具 4～6 节，秆基宿存叶鞘纤维状。叶鞘无毛或粗糙；叶舌透明膜质，钝形，长 2～3.5 mm；叶片平展或内卷，上部叶片长 5～15 cm，宽 2～5 mm，下部叶片长 22～53 cm，宽 4～7 mm，两面均粗糙，边缘具稀疏刺毛或纤毛。穗状花序弯垂，褐色，长 23～32 cm，小穗排列疏松，通常 2～3 枚着生于每一穗轴节上；穗轴细，密被柔毛，上部节间长 6～12 mm，中部与下部节间长 15～30 mm；小穗长 11～15 cm，具 5～7 花；小穗轴节间长 1～1.5 mm，密被微毛；颖革质，线状披针形，背部粗糙，上部边缘被稀疏纤毛，两颖近等长，长 9～11 mm，1 脉，先端渐尖呈芒刺状；外稃披针形，背部疏被刺毛，靠近边缘处被柔毛，具不明显 5 脉，第 1 外稃长 6～9 mm，先端具一纤细的长 2～3 mm 的短芒；内稃与外稃等长或稍长于外稃，先端尖或两裂，两脊

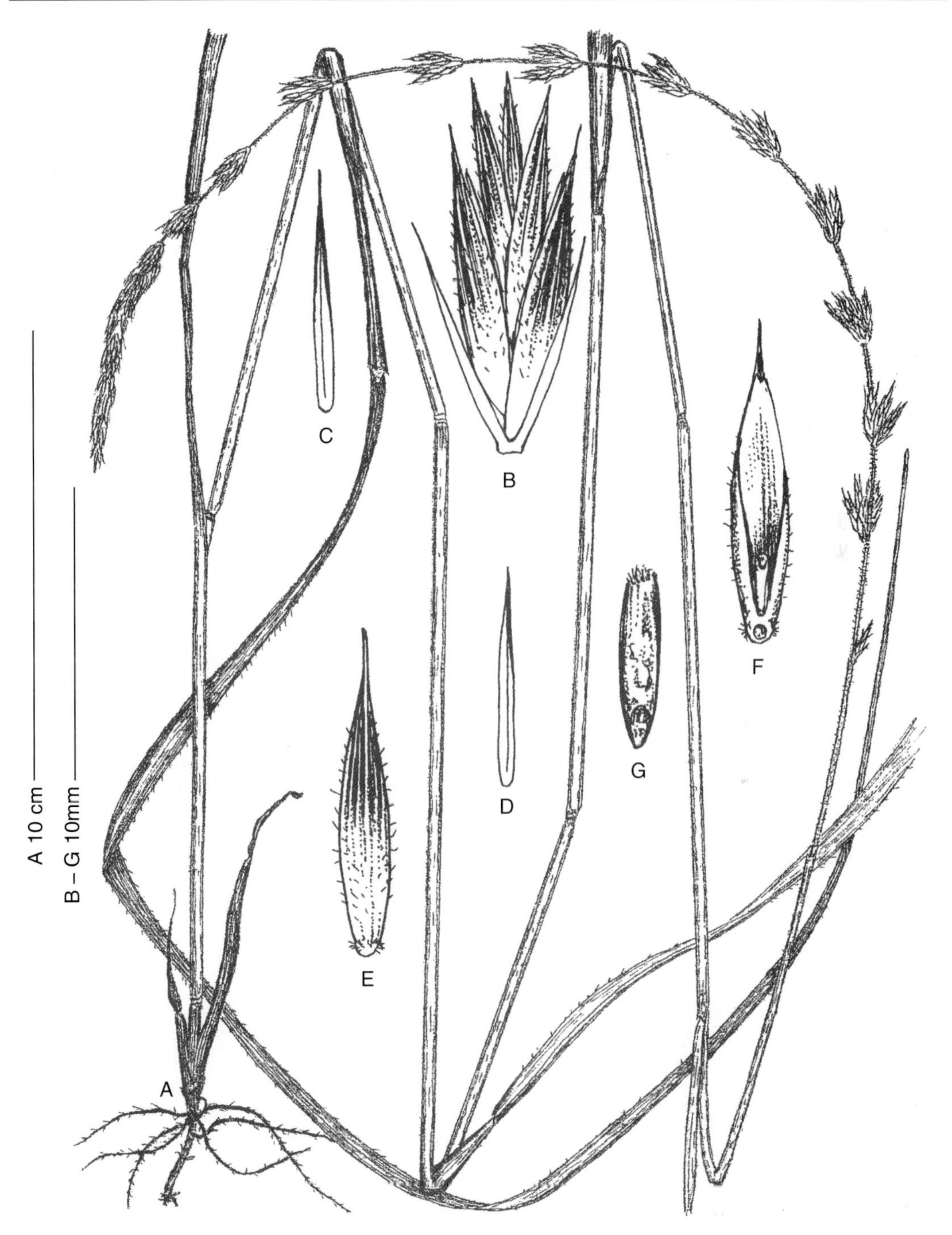

图 3-77　*Leymus pendulus* L. B. Cai

A. 全植株　B. 小穗　C. 第 1 颖　D. 第 2 颖　E. 小花背面观　F. 小花腹面观　G. 颖果

（引自蔡联炳，2000，图 1，绘图人未注明。本图已删减、增补、修正改绘，编排标码更改）

上疏被刺毛，内稃背部脊间粗糙；花药黄色或紫色，长 2.5～3.5 mm。

细胞学特征：未知。

分布区：中国青海。生长于红色沙土至黏土的林缘、山谷以及墙基，海拔 2 200～2 320 m。

44. *Leymus pishanicus* S. L. Lu & Y. H. Wu. 1992. Bull. Bot. Res. North-East. Forest Inst. 12（4）：344. as "Pishanica". 皮山赖草（图 3－78）

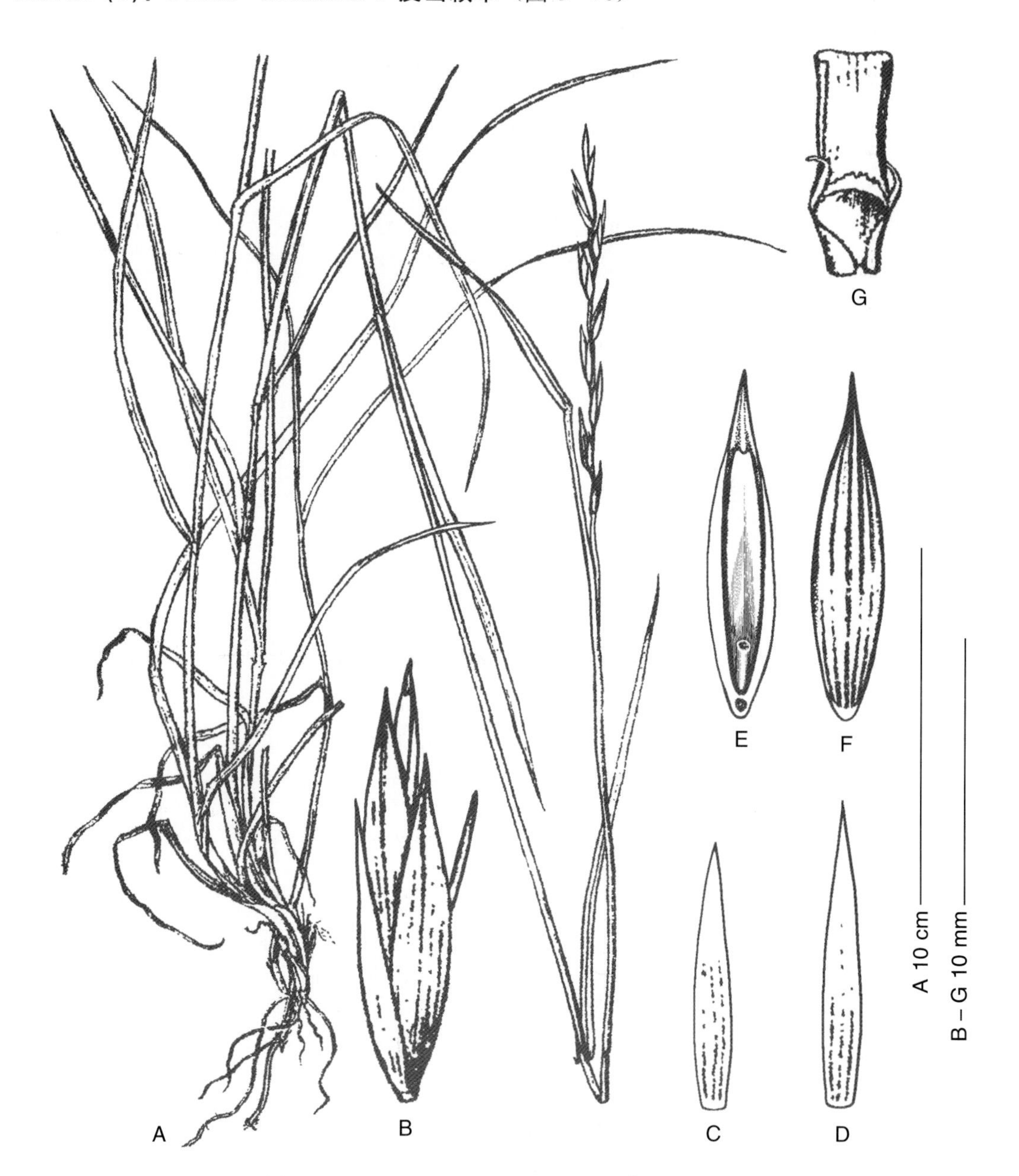

图 3－78 *Leymus pishanicus* S. L. Lu & Y. H. Wu

A. 全植株 B. 小穗 C. 第 1 颖 D. 第 2 颖 E. 小花腹面观 F. 小花背面观 G. 叶耳及叶舌

（引自吴玉虎，1992，图 2，阎翠兰绘。本图稍作修正改绘，编排及标码变更）

模式标本：中国"新疆皮山县，布琼；生于海拔 2 600 m 的草原；1988 年 6 月 20 日，喀喇昆仑山—昆仑山考察队 1877”。主模式标本现存于 **NWBI!**；同模式标本现存于中国科学院昆明植物研究所 **KUN!**、日本东京大学植物园标本室 **TI!**。

形态学特征：多年生，疏丛生，具下伸的长根状茎。秆高 50～80 cm，无毛，具 3～5

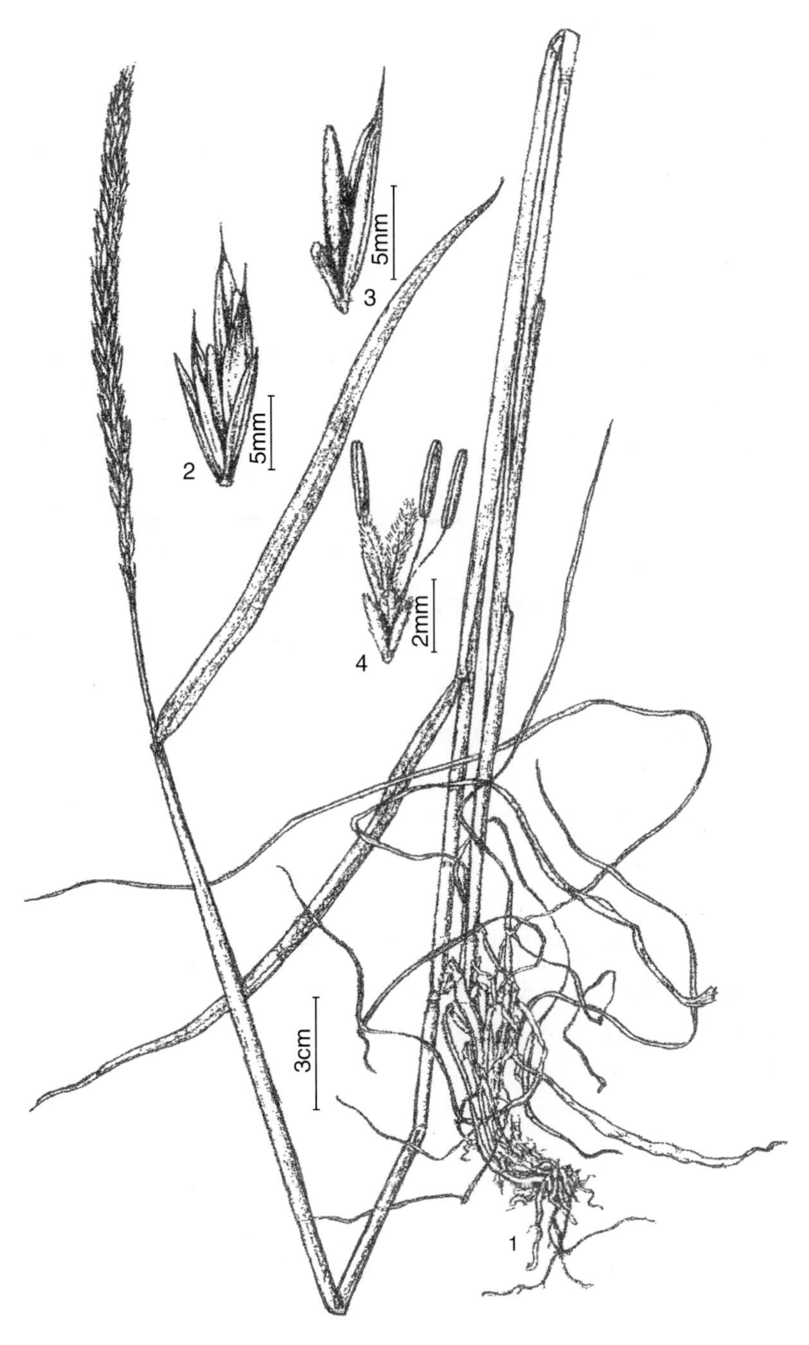

图 3-79 *Leymus pubinodis* (Keng) Á. Löve

1. 全植株 2. 小穗 3. 小花半侧面观 4. 鳞被、雄蕊及雌蕊

(引自 Keng，1941，本图为后选模式标本)

节。叶鞘光滑无毛；叶耳镰刀状，长 1～2 mm；叶舌极短；叶片平展，或边缘内卷，上表面与边缘粗糙，下表面无毛。穗状花序细瘦，直立，长 8～11 cm，小穗通常 1 枚着生在每一穗轴节上，排列疏松；穗轴边缘粗糙，或具纤毛。节间长 8～12 mm；小穗长 12～17 mm，具 2～3 花；颖披针形，两颖近等长，长 9～11 mm，平滑无毛，3 脉，边缘膜质具纤毛，先端渐尖；外稃长圆状披针形，第一外稃长 12～14 mm，平滑无毛，5 脉，无芒；内稃明显短于外稃，长约 9 mm，先端微凹，两脊被纤毛，脊间背部被微毛。

细胞学特征：未知。

分布区：中国新疆皮山县。生长于海拔 2 600 m 的高山草甸中。

45. *Leymus pubinodis* (Keng) **Á. Löve，1984. Feddes Repert. 95** (7～8)：**481，毛节赖草** (图 3-79)

模式标本：曲桂龄，7470 号，1940 年 7 月 25 日，采自四川省，泰宁设治局（今乾宁），少乌寺农场后左侧山丘，房屋废墟后院。主模式标本存于“中国科学社生物学实验室植物标本室（Herbarium of Biological Laboratory，Science Society of China)”，现已遗失。编著者指定后选模式：Sunyatsenia，6 (2)：Plate 14. *Elymus pubinodis* Keng!。

异名：*Elymus pubinodis* Keng，1941. Sunyatsenia，6 (2)：85～87。

形态学特征：多年生，秆单生。秆直立，高 5～100 cm，径粗 2. 5～3. 5 mm，具3～4 节，节缢缩，密被倒生并贴生的短柔毛，节间长达 26. 5 cm，具条纹，被倒生柔毛或无毛。叶鞘松弛，具条纹，最上部叶鞘伸长，长 18～25 cm；叶舌干膜质，长约 1 mm，啮齿状或深裂；叶片线形，平展，长 12. 5～23 cm，宽 4. 5～8 mm，多脉，基部有些缢缩，上表面多被白霜，无毛，下表面无毛。穗状花序直立或稍下弯，长 11～14 cm，宽 5～8 mm，小穗排列密集，每一穗轴节上着生 2～3 枚小穗；穗轴被微柔毛，上部节间长3～5 mm，下部节间长 5～14 mm，棱脊上被细刚毛状纤毛；小穗长 12～15 mm（芒除外），亮绿色或稍带紫色，具 3～4 花；小穗轴长约 3 mm，被微毛；颖长圆状披针形，粗糙，特别在中脉上，两颖近等长，长9～10 mm，3～5 脉，先端多数渐尖至具尖头；第 1 外稃长 9～10 mm，被微毛，特别在向先端处，上部明显 5 脉，中脉延伸至芒中，芒长2～3 mm，粗糙；基盘被微毛；内稃稍长于外稃，窄长圆形，两脊上部具小刚毛状纤毛；鳞被长 1. 5～2 mm，边缘被纤毛；花药褐色或微黑色，长 2～2. 5 mm。

细胞学特征：未知。

分布区：四川青藏高原东部。

46. *Leymus qinghaicus* L. B. Cai，2001. Acta phytotax. Sin. 39 (1)：**75～77. 青海赖草** (图 3-80)

模式标本：主模式标本：中国“青海，刚察，湖边，海拔 2 920 m，1963 年 7 月 14 日，张振万 2389”，**HNWP!**。

形态学特征：多年生，疏丛生或单生，具下伸的根状茎。秆直立或稍倾斜，高 18～45 cm，径粗2～3 mm，具 2～3 节，秆基部具撕裂呈纤维状的宿存叶鞘。叶鞘无毛；叶舌膜质，长1～2 mm，顶端平截或略呈啮齿状；叶片内卷，上表面与下表面均密被微毛，长 5～12 cm，宽 2～5 mm。穗状花序直立，棕色或淡棕色，长 6～10 cm，宽 8～13 mm，小穗排列密集，每一穗轴节上着生 3～4 枚小穗；穗轴密被柔毛，节间一般长 4～8 mm；小

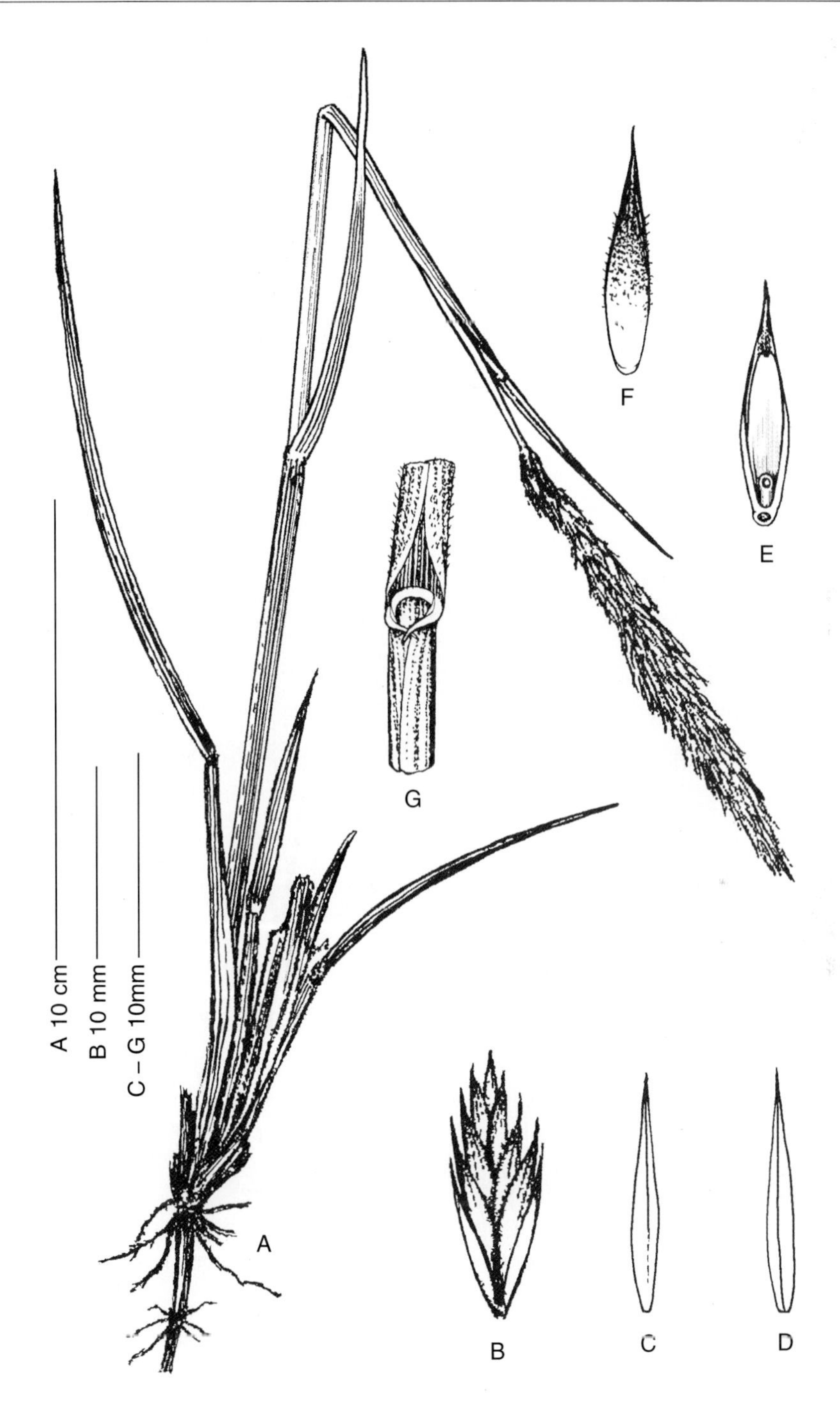

图 3－80 *Leymus qinghaicus* L. B. Cai

A. 全植株 B. 小穗 C. 第 1 颖 D. 第 2 颖 E. 小花腹面观

F. 小花背面观 G. 叶鞘上段与叶片下段，示叶耳及叶舌

（引自蔡联炳，2001，图 1，蔡联炳绘。本图修正改绘，编排及标码变更）

穗长11～15 mm，具 4～7 花；小穗轴节间长 0.8～1.5 mm，密被微毛；颖狭披针形，两

颖近等长，长8～11 mm，两侧稍不对称，通常具1脉，背面无毛，上部边缘具短纤毛；外稃披针形，具不明显的5脉，脉上疏生刺毛，边缘或近边缘疏生柔毛，第1外稃长7～10 mm，先端具长1.5～2.5 mm的短芒；内稃明显短于外稃，顶端微凹，脊上微粗糙；花

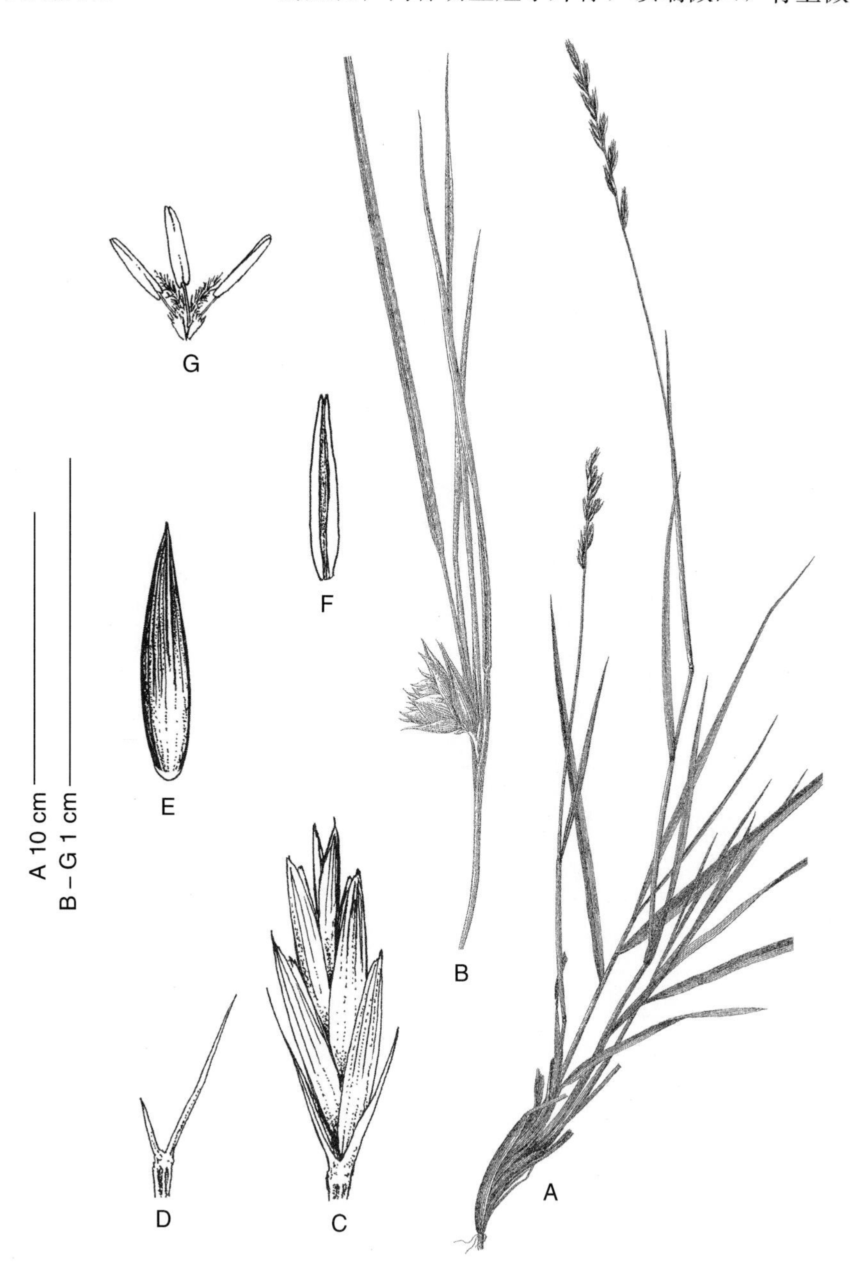

图3-81 *Leymus ramosus*（Trin.）Tzvelev

A. 全植株 B. 偶见穗部形成无性珠芽结构 C. 小穗 D. 示经常可以观察到的第1颖退化的形态 E. 小花背面观，外稃、基盘光滑无毛 F. 内稃 G. 鳞被、雄蕊及雌蕊

（A与B引自Carl Friedrich von Ledebour，1831. Icones Plantarum Novarum vel Imperfecte Cognitarum Floram Rossicam，Impremis Altaicam，图245。编排标码变更，C～G补绘及改绘）

药带黑色，长约 3 mm。

细胞学特征：未知。

分布区：中国青海、刚察、祁连。生长在草原山坡、水池边，海拔2 920～3 100 m。

47. *Leymus ramosus* （Trin.） **Tzvelev，1960. Bot. Mat. 20：430. 分枝赖草**（图 3－81）

模式标本：：Carl Friedrich von Ledebour 1826 年采自俄罗斯，阿尔泰。主模式标本与同模式标本：**LE!**。

异名：*Triticum ramosum* Trin. 1829. In Ledeb. Fl. Alt. 1：114；

Agropyron ramosus（Trin.） K. Richter，1890. Pl. Eur. 1：126；

Aneurolepidium ramosum（Trin.） Nevski，1934. Fl. SSSR. 2：710；

Elymus ramosus （Trin.） Filat，1969. In Ill. Opred. Rast. Kazakhst. 1：129. comb. invalid.，non Desf. 1829；

Elymus trinii Melderis，1970. in Rech. F. Fl. Iranica 70：225；

Elymus divaricatus auct. non Drobov：Nikif.，1968. Opred. Rast. Sredn. Azii，1：196。

形态学特征：多年生，丛生，具细长的匍匐根状茎。秆高（20～）30～45 cm，从基部形成分枝，平滑无毛，秆基部具少数宿存叶鞘。叶鞘平滑无毛；叶舌很短；叶耳线状披针形；叶片粉绿色，内卷或平展，宽 2～6 mm，直挺，上表面具突起的脉，密被刺毛或很短的刚毛而粗糙，沿增厚的脉常疏生叉开的毛，下表面平滑无毛。穗状花序线形，长（3～）4～8 cm，小穗 1 枚着生在每一穗轴节上，排列较疏松；穗轴棱脊上具糙毛，下部节间长 6～10 mm；小穗粉绿色，稀具紫晕，偶尔具短暂的粉白色花，长 11～15（～17）mm，具（4～）5～7（～9）花；小穗轴近于无毛，微粗糙；颖线状钻形，无毛，长 5～8（～9）mm，第 1 颖稍短于或明显短于第 2 颖，两颖均挺直，很窄，无脉或具一不明显的脉，先端尖；外稃宽披针形，或近椭圆状披针形，长 6～8 mm，平滑无毛，或具短刺毛而粗糙，无芒或有时具长可达 1.5～2 mm 的芒尖；基盘钝，平滑无毛。

细胞学特征：2n＝4x＝28（Á. Löve，1984）；染色体组组成：**NsNsXmXm**（杨瑞武，2004）。

分布区：俄罗斯乌拉尔、伏尔加—顿河、黑海、顿河下游、下伏尔加、西伯利亚［上托波尔（Верхн.－Тобол）］、伊尔提斯（Иртыш）、阿尔泰、安嘎拉—萨彦（Ангара-Саян）、阿拉尔—卡斯皮安；乌克兰克里米亚；哈萨克斯坦巴尔哈什；天山；中国准噶尔—喀什噶尔。生长在盐碱土草原、盐碱土草甸、卵石堆、也常成为杂草长在农田与路边，可上到低山地带。

48. *Leymus ruoqiangensis* S. L. Lu & Y. H. Wu. 1992. Bull. Bot. Res. North-East. Forest Inst. 12（4）：**343. 若羌赖草**（图 3－82）

模式标本：中国“新疆，若羌县，阿尔金山自然保护区，生于海拔 3 660～4 100 m 的高寒草原地带的河滩盐碱土上。1988 年 8 月 27 日，喀喇昆仑山-昆仑山考察队 4268”。主模式标本：**NWBI!**；同模式标本：昆明植物研究所 **KUN!**，日本东京大学植物园标本室 **TI!**。

形态学特征：多年生，丛生，具下伸的长根状茎。秆直立，高30～70 cm，平滑无毛，

图 3-82 *Leymus ruoqiangensis* S. L. Lu & Y. H. Wu

A. 全植株 B. 小穗 C. 第1颖 D. 第2颖 E. 小花背面观 F. 小花腹面观

（引自吴玉虎，1992，图1，阎翠兰绘。本图已删减并稍作修正改绘，编排及标码变更）

通常具3～4节，基部具宿存纤维状叶鞘。叶鞘平滑无毛，基部褐色，边缘膜质，常具细纤毛；叶舌长约0.5 mm；叶耳镰状或针形，边缘被柔毛；叶片通常内卷，长（1～4～）6～15 cm，宽1～3 mm，上表面和边缘粗糙，或被微毛，下表面平滑无毛。穗状花序直立，长4.5～14 cm，小穗1枚着生于每一穗轴节上，排列疏松；穗轴边缘具纤毛，节间长6～15 mm，节上被毛；小穗紫色或灰绿色，具3～5花，位于顶端的小花通常不育；颖

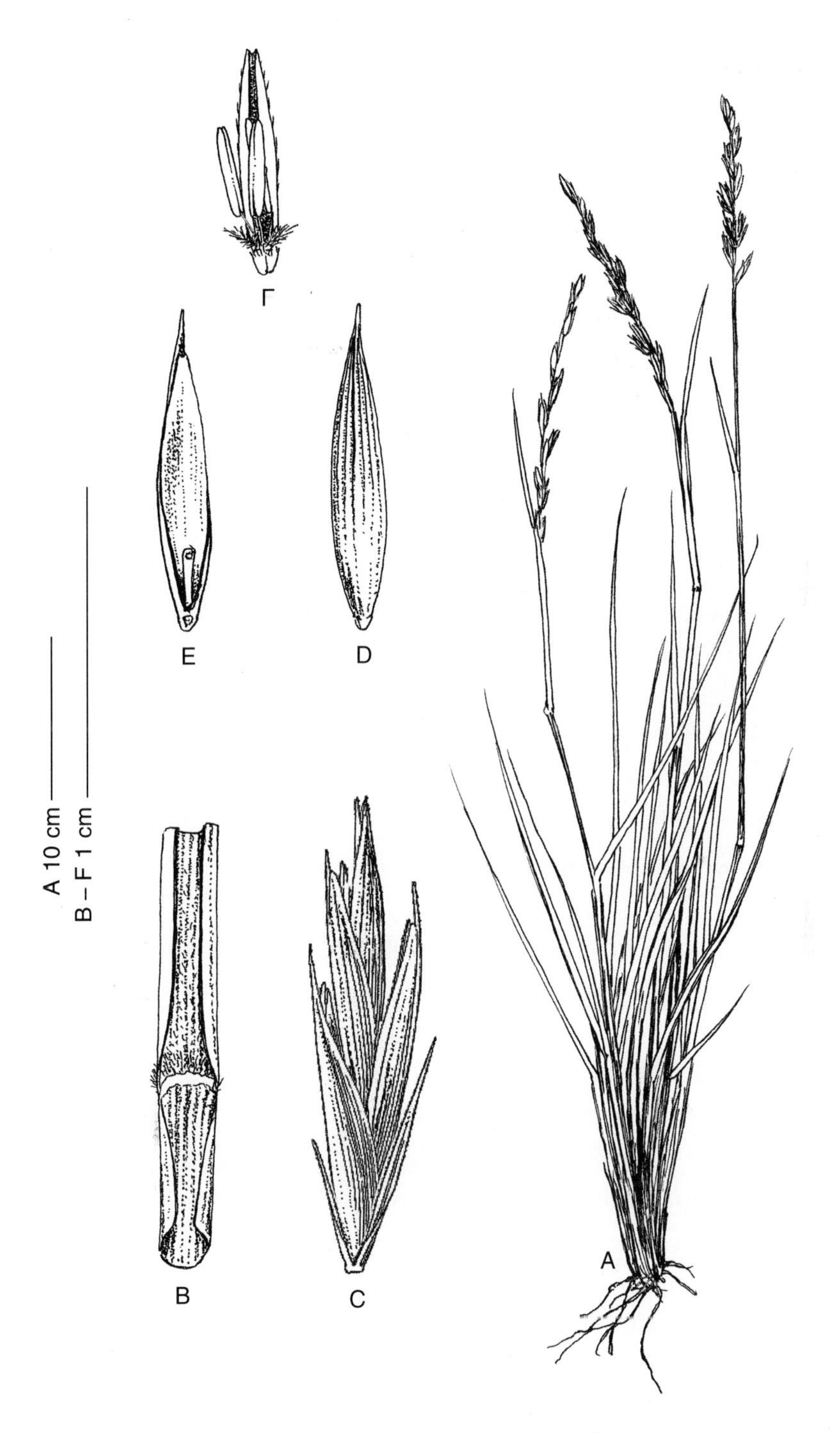

图 3－83 *Leymus salinus*（M. E. Jones）Á. Löve

A. 全植株 B. 叶鞘上段与叶片下段，示叶片基部接近叶舌处密被糙伏毛 C. 小穗
D. 小花背面观，外稃及基盘光滑无毛 E. 小花腹面观 F. 内稃、鳞被、雄蕊及雌蕊羽毛状的柱头
（参照 F. Lamson-Scribner，1901. USAD Div. Agrost. Bull. 17，图 615，修正改绘、补充，并重新编排）

钻形，或窄披针形，长 7～10 mm，两颖近等长，无毛，或疏被柔毛，无脉或具 1 脉，边缘粗糙，先端渐尖；外稃长圆状披针形，第 1 外稃长9～12 mm，具 5 脉，基部裸露，被柔毛，无芒或具小尖头；内稃与外稃等长，沿两脊具纤毛或无毛；花药黑紫色或黄绿色，长 3～4 mm。

细胞学特征：未知。

分布区：中国新疆、若羌，海拔 3 660～4 100 m 的高山盐碱地。

49. *Leymus salinus*（M. E. Jones）Á. Löve，1980. Taxon 29（1）：168. 萨林纳赖草

49a. var. *salinus*（图 3－83）

模式标本：M. F. Jones 采自美国，犹他州，色卫尔（Sevier）县，萨林纳（Salina）山口顶部，No. 5447。主模式标本：**POM!**。

异名：*Elymus salinus* M. E. Jones，1895. Calif. Acad. Sci. Proc. II，5：725；

Elymus ambiguus var. *salinus*（M. E. Jones）C. L. Hitchc.，1969. Vasc. Pl. Pacific North-west 1：558；

Elymus strigosus Rydb.，1905. Bull. Torrey Bot. Club 32：609。

形态学特征：多年生，丛生，稀具短根状茎。秆高 39～102 cm，秆基部具宿存叶鞘。叶鞘无毛；叶舌平截，长 0.1～1 mm；叶片直伸，强烈内卷，长1～35 cm，宽 1～4 mm，上表面粗糙至被柔毛，特别是叶片基部接近叶舌处密被糙伏毛，下表面无毛。穗状花序直立，长 4～12 cm，每一穗轴节上着生 1 枚小穗，稀中部穗轴节着生 2 枚；小穗长9～21 mm，具 3～6 花；小穗轴节间长 0.8～2.5 mm，被粗伏毛；颖钻形，两颖不等长，第 1 颖有时退化不存在，如存在长 11.5 mm，宽有时可达 3.2 mm，第 2 颖长 3.7～12.2 mm，宽 0.4～2.5 mm，背部圆，具 1 脉，颖不覆盖外稃，故可见外稃中脉；外稃无毛，长6.9～12.5 mm，宽 0.6～3.6 mm，无芒，或具长达 2.6 mm 的短芒；内稃长 6.2～12.5 mm，与外稃等长或稍短，两脊上被粗伏毛；花药长 2.7～6.7 mm。

细胞学特征：2n＝4x＝28（Jensen，1972；Dewey，1976；Atkins et al.，1984），2n＝6x＝42（Atkins et al.，1984），2n＝8x＝56（Jensen，1972；Atkinks et al.，1984）。染色体组组成：**NsNsXmXm**（杨瑞武，2004）。

分布区：美国：犹他（Utah）州、怀俄明（Wyoming）州、科罗拉多（Colorado）州、内华达（Nevada）州。生长在高原的岩石山坡。

49b. var. *mojavensis* M. E. Barkworth et R. J. Atkins，1984. Amer. J. Bot. 71 5（5）：621. 萨林纳赖草展叶变种

模式标本：Barkworth、Peterson 与 Annable 1983 年 9 月 12 日采自美国，加利福尼亚（California）州，圣伯纳地洛（San Bernardino）县，克司通（Keystone）峡谷，纽约山脉（New York Mountains）东坡，靠近克司通泉（Keystone Springs）路的上面。T14N R16E，N35°16′，W115°18′，No. 4335。主模式标本：**UC!**。

形态学特征：本变种与原变种的区别：秆高 35～90 cm。基部叶鞘无毛；叶片平展，上表面被柔毛，但其基部叶舌上面不具硬毛，下表面近于无毛，稀散生硬毛。穗状花序除中部 2～3 个穗轴节着生 2 枚小穗外，其余均着生 1 枚小穗。

细胞学特征：未知。

分布区：美国加利福尼亚州、亚利桑那州。散生于山坡上。

49c. var. *salmonis*（C. L. Hitchc.）C. Yen et J. L. Yang，2009. J. Syst. Evol. 47：81. 萨林纳赖草萨蒙变种

模式标本：C. L. Hitchcock 与 Muhlick 采自美国，爱达荷州，库司特尔（Custer）县，查理斯（Challis）南 14.5km 沙尔（Shale）岩，萨茫（Salmon）河东岸，No. 22305。主模式标本：**WTU!**。

异名：*Elymus ambiguous* Vasey & Scribner var. *salmonis* C. L. Hitchc. 1969. Vasc. Pl. Pacific Northwest 1：558。

形态学特征：本变种与原变种的区别：秆高 60～140 cm，基部叶鞘明显被柔毛；叶片平展至内卷，但不强壮，上表面被糙伏毛，下表面明显被硬毛；穗状花序中部通常在每一穗轴节上具 2 枚小穗。

细胞学特征：2n＝4x＝28（Jensen，1972；Dewey，1976；Atkins，1984）；染色体组组成：**NsNsXmXm**（Wang and Hsiao，1984）。

分布区：美国犹他州、内华达州、爱达荷州。散生于岩石山坡上。

50. *Leymus secalinus*（Georgi）Tzvel.，1968. Rast. Tsentr. Azii 4：209. 赖草

50a. var. *secalinus*（图 3－84）

模式标本：俄罗斯贝加尔湖岸“后选模式是 Gmellin，1747 年的西伯利亚植物志，1：119 页图”，Yen，Yang and Baum（2008）。异名异模式：*Elymus dasystachys*：“Altai，in argilloso-salsis ad fl. Tschuja 1826，leg. Bunge”－**LE!**；*Elymus littoralis*：“In arenosis ad Baicalem prope Possolskoi，1829，Turczaninow”－**LE!**。

异名：*Triticum secalinum* Georgi，1775. Bemerk. einer Reise1：198；

Elymus secalinus（Georgi）Bobr.，1960. Bot. Mat.（Leningrad）20：9；

Aneurolepidium secalinum（Georgi）Kitagawa，1965. J. Jap. Bot. 40：136；

Elymus dasystachys Trin.，1829. In Ledeb. Fl. Alt. 1：120；

Aneurolepidium dasystachys（Trin.）Nevski，1934. Fl. SSSR 2：706；

Leymus dasystachys（Trin.）Pilger，1947（published in 1949）. Bot. Jahrb. 74：6；

Elymus dasystachys var. *littoralis* Griseb.，1852. In Ledeb. Fl. Ross. 4：333；

Elymus littoralis（Griseb.）Turcz. ex Steud.，1854. Syn. Glum. 1：350；

Triticum littoralis Pallas，1776. Reise 3：287；

Elymus glaucus Regel，1881. Tr. Peterb. Bot. Sada 7：585，s. Str.（“var. *terectifolius*”）；

Elymus thomsonii Hook. f.，1886. Fl. Brit. India 7：374；

Agropyron berezovcanium Prodan，1930. Contr. Bot. Cluj 1，17：2；

Agropyron chinorossicum Ohwi，1941. Acta Phytotax. Geobot. 10：100；

Leymus littoralis（Griseb.）Peschkova，1987. Nov. Sist. Vyssh. Rast. 24：24。

形态学特征：多年生，具下伸和匍匐的根状茎。秆单生或丛生，直立，高 40～

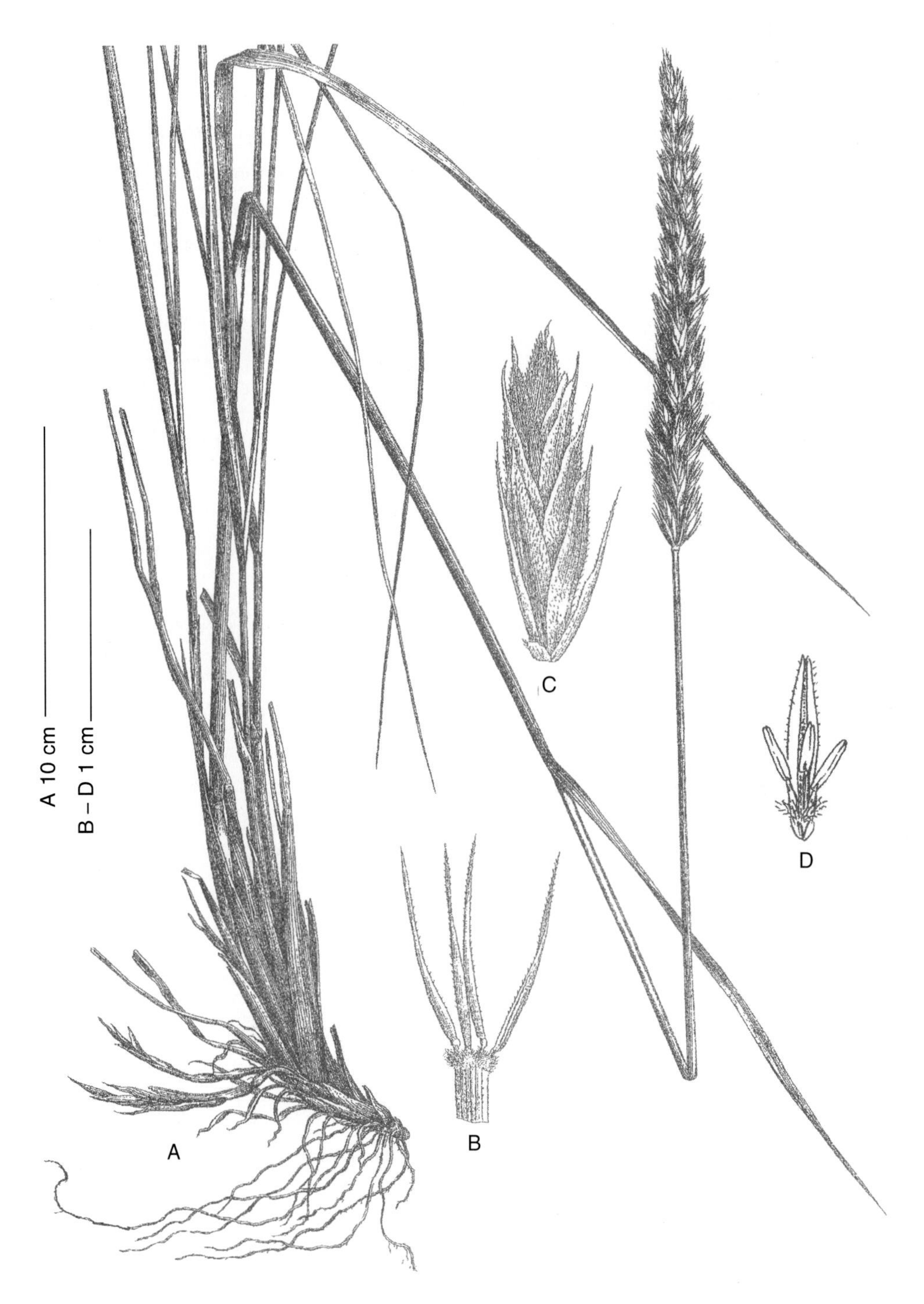

图 3－84 *Leymus secalinus* (Georgi) Tzvel. var. *secalinus*

A. 全植株 B. 颖及穗轴节间上段 C. 小穗 D. 内稃、鳞被、雄蕊及雌蕊柱头

(引自 Carl Friedrich von Ledebour, 1831. Icones Plantarum Novarum vel Imperfecte Cognitarum Floram Rossicam, Impremis Altaicam, 图 249。稍作编排，标码更改与补充图中 D)

100 cm，具3～5节，除花序下密被柔毛外，余均平滑无毛，秆基部具宿存灰色或褐色纤维状叶鞘。叶鞘平滑无毛，或在幼时边缘具纤毛；叶舌膜质，平截，长1～1.5 mm；叶片平展或内卷，长8～30 cm，宽4～7 mm，上表面及边缘粗糙或具短柔毛，下表面平滑或微粗糙。穗状花序直立，灰绿色，长10～15（～24）cm，宽10～17 mm，小穗（1～）2～3（～4）枚着生于每一穗轴节上；穗轴被柔毛，节与边缘被长柔毛，节间长3～7 mm，基部节间长达20 mm；小穗长10～20 mm，具4～7（～10）花；小穗轴节间长1～1.5 mm，贴生微毛；颖线状披针形，不覆盖第1外稃的基部，上半部粗糙，边缘具纤毛，长8～15 mm，第1颖短于第2颖，1脉，极稀，另具2条微弱侧脉，先端狭窄如芒；外稃披针形，边缘膜质，背部被短柔毛或上半部无毛，长8～10（～14）mm，具5脉，先端渐尖或具长1～3 mm的短芒；基盘具长约1 mm的毛；内稃与外稃等长，先端常微2裂，两脊上半部具纤毛；花药长4～5 mm。

细胞学特征：2n=4x=28（Tzvlev，1976；卢宝荣等，1990）；染色体组组成：**NsNs XmXm**（Wang and Hsiao，1984）。

分布区：俄罗斯西伯利亚、阿拉依帕米尔（Alai Pamir）；天山；哈萨克斯坦巴尔喀什湖；中国新疆、青海、甘肃、陕西、四川、内蒙古、山西、河北、黑龙江、辽宁、吉林；蒙古；朝鲜半岛；日本。生长在碱化草甸、山地草原、盐化沙质草甸、石质山坡、河边与湖边沙地、卵石堆，可上达上部山带。

50b. var. *ligulatus*（Keng）C. Yen et J. L. Yang，2009. J. Syst. Evol. 47：81. 赖草长叶舌变种

模式标本：中国甘肃，屏番（Ping Fan的音译），姚开（Yao Kai的音译），光秃干燥砾石山丘脚，海拔2 000 m左右，1923年7月4日，秦仁昌253号。主模式标本存于**N!**；同模式标本存于**US! CAVA!**。

异名：*Elymus dasystachys* var. *ligulatus* Keng，1941. Sunyatsenia 6：65；

Leymus ligulatus（Keng）Tzvel.，1968. Rast Tsentr. Azii. 4：206。

形态特征：本变种与赖草不同：在于其叶舌长，达3～4 mm。

细胞学特征：未知。

分布区：中国甘肃，屏番（Ping Fan的音译），姚开（Yao Kai的音译），光秃干燥砾石山丘脚，海拔2 000 m左右。

50c. var. *pubescens*（O. Fedtsch.）Tzvelev，1968. Rast. Tsentr. Azii 4：209. 赖草毛稃变种

模式标本：Б. Федченко 1901年8月8日采自帕米尔，阿克—伯托（Ak-Baital），No. 2号。Н. Н. Цвелев1976年后选模式标本，现藏于**LE!**。

异名：*Elymus dasystachys* var. *pubescens* O. Fedtsch.，1903. Tr. Peterb. Bot. Sada，21（3）：435；

Leymus secalinus subsp. *pubescens*（O. Fedtsch.）Tzvel.，1972. Novost. Sist. Vyssh. Rast. 9：59。

形态学特征：本变种与var. *secalinus*的区别在于其叶片上下表面均密被短柔毛。

细胞学特征：2n=4x=28（Tzvelev，1976）。

分布区：吉尔吉斯斯坦天山中部、阿拉依（Алай）、帕米尔；中国西藏喜马拉雅山、新疆准噶尔；伊朗。生长于山体上带石质与多石山坡、盐碱沼泽，以及卵石间。

50d. var. *tenuis* L. B. Cai，1995. Acta Phytotax. Sin. 33（5）：496. 赖草纤细变种

图 3－85 *Leymus shanxiensis*（L. B. Cai）G. Zhu et S. L. Chen

A. 全植株 B. 小穗 C. 第 1 颖 D. 第 2 颖 E. 小花背面观 F. 小花腹面观

（引自蔡联炳，1995，图 2，阎翠兰绘。本图已删减并修正改绘，编排及标码变更）

模式标本：中国“西藏，日土，湖边，海拔 4 220 m，1974－07－13，西藏队 No. 3509”。主模式标本：**HNWP!**。

形态学特征：本变种与 var. *secalinus* 的区别在于穗状花序瘦长狭窄，穗轴节着生 1～2 枚小穗，小穗通常具 2～3 小花；颖近于钻形；花药一般长 2～3mm。

细胞学特征：未知。

分布区：中国西藏。生长于湖边，海拔 4 220 m。

51. *Leymus shanxiensis* （L. B. Cai） **G. Zhu et S. L. Chen，2006. Fl. China 22：390. 山西赖草**（图 3－85）

模式标本：中国“山西，右玉，海拔 1 350 m，生长于草原上，1984－09－19，黄土队 3718”。主模式标本：**WUG!**。

异名：*Leymus latiglumis* L. B. Cai，1995. Acta Phytotax. Sinica 33（5）：493～494。

形态学特征：多年生，疏丛生，具下伸的根茎。秆直立，高 70～110 cm，茎粗 2～3 mm，具 2～4 节，平滑无毛。叶鞘微粗糙，下部常被短柔毛，有时边缘具纤毛；叶舌膜质，较短，长约 0.8 mm；叶片平展或边缘内卷，长 10～25 cm，宽 3～5 mm，上表面粗糙或密被柔毛，下表面平滑无毛。穗状花序直立，浅绿色，长 8～15 cm，宽 10～13 mm，小穗通常 2 枚着生于每一穗轴节上；穗轴密被柔毛，节间长 6～11 mm，基部可达 20 cm；小穗长 18～25 mm，具 5～9 花；小穗轴节间长 0.5～1.5mm，密被微毛；颖披针形，下部宽，边缘膜质，具纤毛，两颖近等长，长 11～16 mm，具 3～5（～7）脉，先端狭窄如芒；外稃长圆状披针形，密被长柔毛，5～7 脉，第 1 外稃长 10～12 mm，先端具不及 2 mm的短尖头；内稃与外稃等长或稍短，先端微凹，两脊疏生短刺毛；花药黄色，长约 5 mm。

细胞学特征：未知。

分布区：中国山西。生长于草原上，海拔 1 350 m。

52. *Leymus sibiricus* （Trautv.） **J. L. Yang et C. Yen，2009. J. Syst. Evol. 47：82. 西伯利亚赖草**（图 3－86）

模式标本：A. Чекановский 与 F. Muller 1874 年 7 月 9 日采自俄罗斯，东西伯利亚，靠近奥勒涅克（Оленек）河，麦塞格达河（Мсигда）上游，阿拉斯凯特（Аласкит）河河口间。H. H. Цвелев 1976 年后选模式标本与后选同模式标本：**LE!** ［1997 年，C. Baden 在 Nordic Journ. Bot. 17（5）：463 页也指定该份标本为后选模式，按优先律，C. Baden 的指定应属无效］。

异名：*Asperella sibirica* Trautv.，1877. Tr. Peterb. Bot. Sada，5：132；

Hystrix sibirica（Trautv.）Kuntze，1891. Revis. Gen. pl.：778；

Elymus asiaticus Á. Löve ssp. *asiaticus*，1984. Feddes Repert. 95：465。

形态学特征：多年生，疏丛生，具短根状茎。秆斜升或直立，高（25～）60～80（～100）cm，径粗 3～5 mm，具 3～4 节，无毛，在花序下密或疏被微毛，稀无毛，秆基部具宿存灰褐色叶鞘，无毛。叶鞘无毛；叶舌长 0.5～1 mm；叶耳长 0.5～1 mm；叶片窄线形，平展，长 2.5～16 cm，宽 2～7 mm，两面均无毛，边缘粗糙。穗状花序直立，长（5～）10～15 cm，宽 1～1.5 cm，小穗 2 枚着生于每一穗轴节上（稀单生或达 6 枚），着

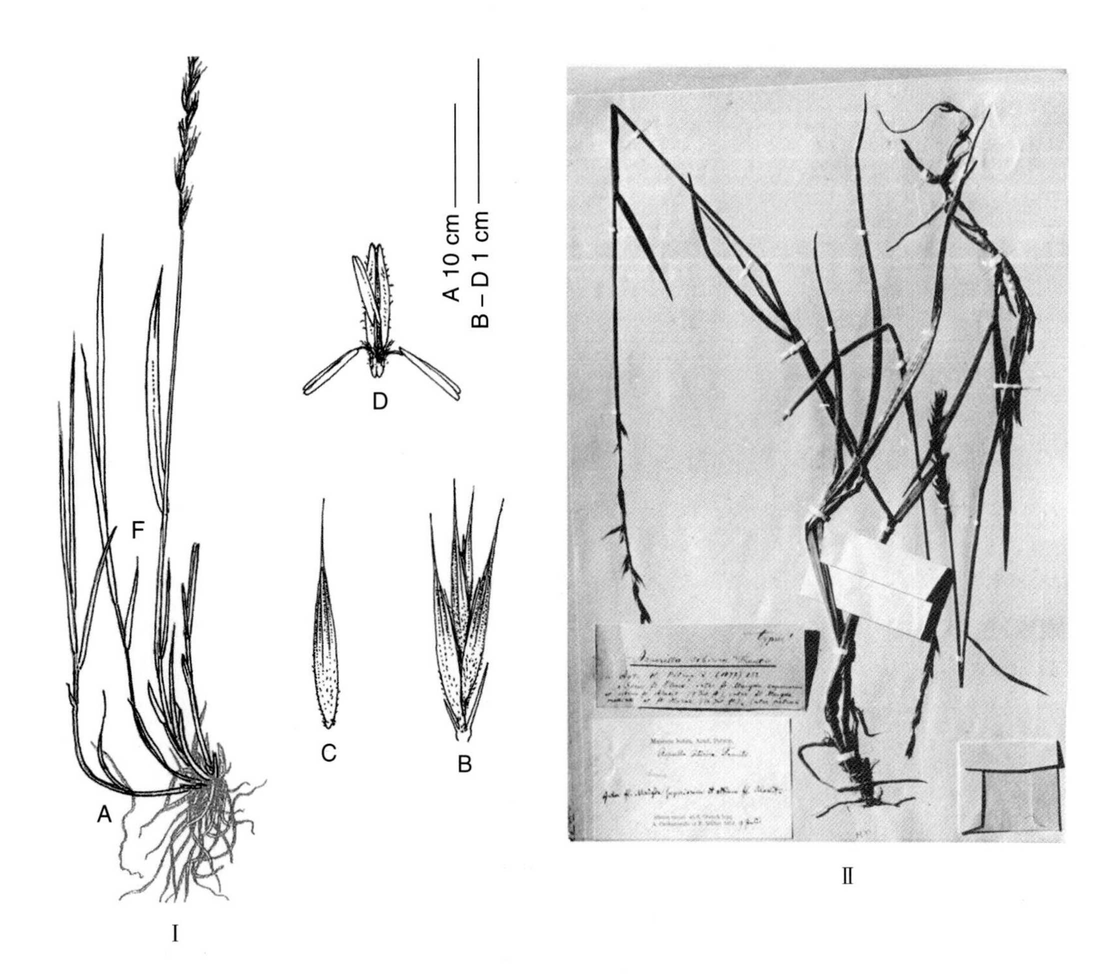

图 3－86 *Leymus sibiricus*（Trautv.）J. L. Yang et C. Yen

Ⅰ. A. 全植株；B. 小穗；C. 小花背面观；D. 内稃、鳞被、雄蕊及雌蕊柱头

［图中 A 引自 Н. Н. Цвелев，1985（英文版 2003），Vascular Plant of the Russian Far East，vol. Ⅰ：图版Ⅸ，B。稍加改绘，补充图中 B～D］ Ⅱ. 后选模式标本，现藏于 **LE**!

生稀疏；穗轴节间长 9～15 mm，宽 0.5～1 mm，无毛或被微毛，棱脊上具短纤毛；小穗近于无柄，长约 15 mm，具（1～）2～4（～5）花；小穗轴长 0.5～2.5 mm，粗糙；颖退化成针头状，如存在，长（2～）5（～7）mm，钻形；外稃披针形，长 6～9（～12.5）mm，背部无毛，基部被短微毛，具 3～5（～7）脉，边缘膜质，先端具长 2.2～5（～6）mm 粗糙的芒；基盘被硬毛；内稃长 6～9（～10）mm；花药长（2.5～）3～5 mm。

细胞学特征：2n＝4x＝28（Соколовская 和 Пробаттова，见 Цвелев，1976）。

分布区：俄罗斯西伯利亚、远东。生长于草甸上、石质山坡、河边沙地和卵石中，可分布到中山带。

53. *Leymus sphacelatus* G. A. Peschkova，1985，Bot. Zhurn. 70（11）：**1555. 褐脊赖草**

模式标本：俄罗斯中西伯利亚“RSSA 图瓦（Tuva）、坦努—奥拉（Tannu-Ola）东部山脊，艾勒格斯特（Elegest）河谷，欧格内瓦（Ogneva）村附近，草原，N51°14′C.

Ⅲ.,E93°40′ B. Ⅱ.，1945－08－13，K. A. 斯科波列夫斯卡娅与 A. A. 曲瑞杰科娃（K. A. Scobolevskaja & A. A. Chorijkova）”。主模式标本：**NS!**；同模式标本：**LE!**。

形态学特征：多年生，密丛生。秆高 60～90 cm，细，坚实，平滑无毛，或花序下微粗糙。基生叶多数，长而渐尖，内卷，稀平展，灰绿色，上部的叶片较短，上表面粗糙，下表面平滑无毛。穗状花序长 5～13 cm，宽约 1 cm，小穗着生密集；穗轴多被毛，在棱脊上具长而密的毛；颖钻状披针形，基部常连接，通常短于下面的小花，背部具松散的短刺毛或毛，不沿中脉着生，具窄膜质边缘，边缘具刺毛或纤毛；外稃背下部密被柔毛，向先端渐无毛，同时沿两侧呈褐色（好似褐色或黑色小点），通常上面的小花无芒，下面小花具长不超过 2 mm 的芒；内稃稍长于外稃，上部沿两脊具褐色，脊上具短而密的刺毛。

细胞学特征：未知。

分布区：俄罗斯西伯利亚。生长于潮湿草甸及盐碱草原。

54. *Leymus tianschanicus* （Drobov） **Tzvelev，1960，Not. Syst. Inst. Bot. V. L. Komarov Acad. Sci. URSS. 20：469. 天山赖草**（图 3－87）

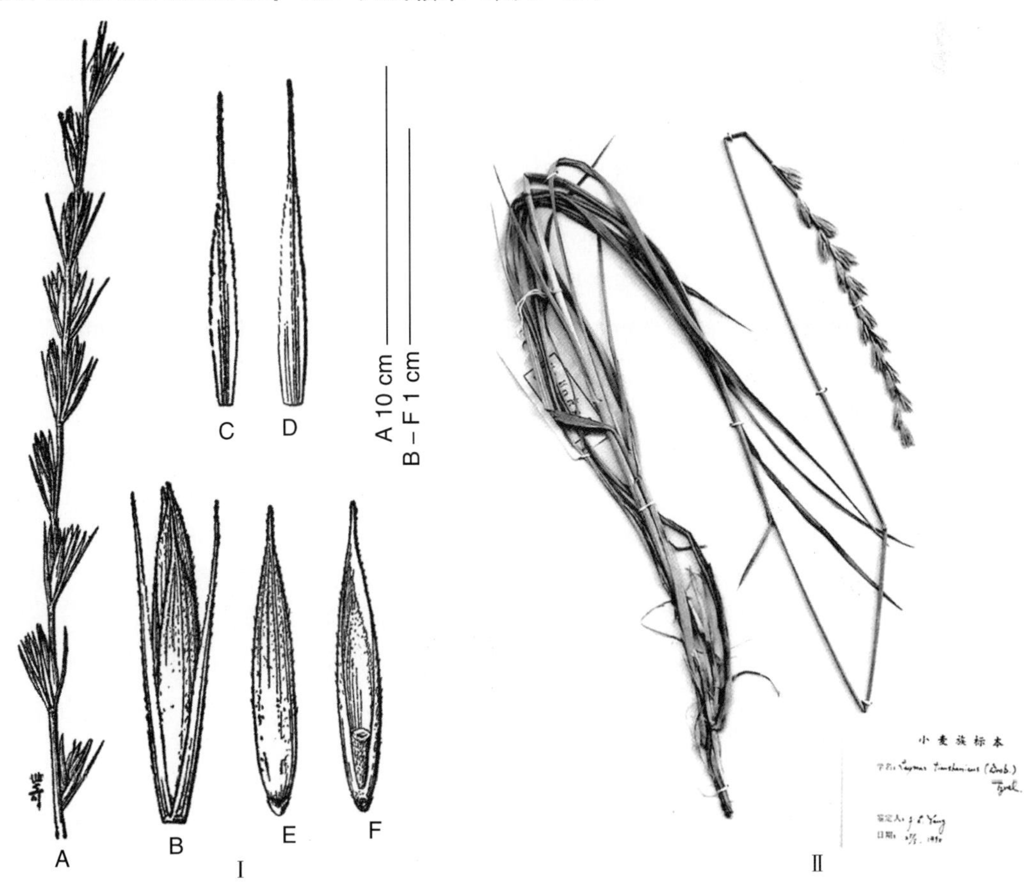

图 3－87　*Leymus tianschanicus*（Drobov）Tzvelev

Ⅰ. A. 花序；B. 小穗；C. 第 1 颖；D. 第 2 颖；E. 小花背面观；F. 小花腹面观

（引自耿以礼，1959，图 366，仲世奇绘）

Ⅱ. 杨俊良、颜济等采自新疆玛纳斯

模式标本：C. A. Дробов1921 年采自西天山斯尔—达尔雅（Syr-darja）省，塔什干（Taschkent）区，靠近布瑞池木拉（Briczmulla）村庄的斜坡上，No. 178。主模式标本：**TAK!**。

异名：*Elymus tianschanicus* Drobov，1925，Feddes Repert. 21：45；

Aneurolepidicum tianschanicus（Drobov）Nevski，1934，Fl. URSS. 2：703；

Elymus baldashuanicus Roshev.，1932，Bull. Jard. Bot. Acad. Sci. URSS. 30：779；

Aneurolepidium baldashuanicum（Roshev.）Nevski，1934，Fl. URSS. 2:703；

Leymus baldashuanicus（Roshev.）Tzvelev，1960，Bot. Mat.（Leningrad）20：429。

形态学特征：多年生，具下伸的木质根状茎。秆单生或丛生，直立，高 70～120 cm，直径 3～6 mm，具 3～4 节，除花序下稍粗糙外，其余平滑无毛，秆基部具宿存纤维状叶鞘。叶鞘平滑无毛；叶舌膜质，先端圆形，长 2～3 mm；叶片质地较硬，平展或内卷，长 20～40 cm，宽 5～9 mm，上表面与边缘粗糙，下表面平滑。穗状花序直立，长 19～35 cm，宽约 1 cm，小穗 3 枚着生于每一穗轴节上，下部常 2 枚，上部排列密集，下部常有些间断；穗轴非常粗糙，密被短刺毛或柔毛，边缘具纤毛，上部节间长 6 mm，基部节间可长达 20（～27）mm；小穗淡粉绿色，长 14～20 mm，具 3～6 花；小穗轴节间长约 3 mm，密被微毛；颖线状披针形，背部及边缘粗糙，长 14～21 mm，两颖等长或第 1 颖较短，脉不明显，先端狭窄如芒，基部具窄膜质边缘，不覆盖或稍覆盖第 1 外稃基部；外稃长圆状披针形或披针形，背部被短毛，基部粗糙，边缘具纤毛，长 10～13 mm，5 脉，先端延伸成长 1～1.5（～3）mm 的芒尖；基盘两侧及上端的毛较长；内稃与外稃等长或稍短，两脊具纤毛，上半部的纤毛长而密；花药长约 5 mm。

细胞学特征：2n=4x=28（孙根搂等，1990），2n=12x=84（孙根楼等，1990）。

分布区：中亚天山、吉萨尔-达尔瓦孜（Gissar - Darvaz）。生长于石质山坡、山地草原带上部，也见于草甸草原、倒石堆中，可上到中山带。

55. *Leymus triticoides* (Buckley) **Pilger，1947，Bot. Jahrb. 74：6. 拟麦赖草**（图 3 - 88）

模式标本：Hall & Harbour 采自美国，落基山，No. 654；主模式标本：**PH!**。

异名：*Elymus triticoides* Buckley，1862，Proc. Acad. Nat. Sci. Philad. 1862：99；

Elymus condensatus var. *triticoides*（Buckl.）Thurber，1880，in S. Watson，Bot. Calif. 2：326；

Elymus orcuttianus Vasey，1885，Bot. Gaz.（Crawfordsville）10：258；

Elymus simplex var. *luxurians* Scribn. & Williams，1898，U. S. D. A. Div. Agrostol. Bull. 11：58；

Leymus simplex var. *luxurians*（Scribn. & Williams）A. A. Beetle 1984，in Phytology 55（3）：212；

Elymus triticoides var. *pubescens* A. Hitchc.，1912，Flora Calif.，1：86。

形态学特征：多年生，密丛，具长而匍匐的根状茎，因而常形成大的群体。秆高45～

图 3-88 *Leymus triticoides*（Buckley）Pilger

（引自 Abrams，1961. Illustrated flora of the Pacific States. 图 593）

125 cm，无毛，稀花序下被微毛，具 4～5 节，粉绿色，节上更为显著，秆基部具灰色宿存叶鞘。叶鞘具条纹，无毛；叶舌平截，长 0.2～1.3 mm，顶端撕裂；叶片平展或内卷，宽 2～10 mm，粉绿色或亮绿色，上表面无毛，粗糙至疏被柔毛，稀被微毛，下表面无毛，边缘微粗糙。穗状花序直立，长 5～20 cm，每一穗轴节上具 2 枚小穗，稀单生或 3 枚，小穗排列较疏；穗轴节 9～22 个，穗轴节间长 5～9 mm；小穗长 10～22 mm，无柄，稀具短柄，具（3～）5～7 花；颖钻形或很窄的线形，坚实，长 5～16 mm，无脉或 1 脉，或不明显3脉，先端具长尖头；外稃披针形，长5～12 mm，坚实，褐色，无毛至被微毛，或点状粗糙，先端急尖，通常具芒尖，或具长3（～7）mm的芒；内稃短于外稃1/4～1/3，先端2裂，两脊上具纤毛；花药长3～6 mm。

细胞学特征：2n=4x、8x=28、56（Gould，1945；Dewey，1972）；染色体组组成：**NsNsXmXm**（Stebbins & Walters，1949；Dewey，1972；Wu et al.，2003）。

分布区：北美洲。广布于北美西部的干草原至湿草原中，也常分布在盐碱草甸中。

56. *Leymus tuvinicus* G. A. Peschkova，1985，Bot. Zhurn. 70（11）：**1557. 图温赖草**

模式标本：俄罗斯西伯利亚"RSSA图瓦（Tuva），靠近库祖尔（Kyzul）对面，13 km至萨茹格-塞浦（Saryg-Sep），山谷盆地河流泛滥冲积的沙地中，1974-07-02，伊·克拉斯洛波若夫（И. Красноборов）、弗·钱敏尊（В. Чанмингчун）与穆·洛蒙罗索娃（М. Ломоносова）"。主模式标本：**NS!**；同模式标本：**LE!**。

形态学特征：多年生，密丛生，具细长而匍匐的根状茎。秆自根茎上直立而伸出，无毛，或于花序下稍被柔毛。叶片平展，具较细弱的脉，上表面粗糙或被微毛，有时在其间疏被长而开展的毛。穗状花序较细，小穗在中部穗轴节上着生2枚，其余部分单生；穗轴粗糙，在棱脊上具长而密的毛；颖线状披针形，无毛，沿边缘粗糙，先端渐尖；外稃披针形，多被柔毛，背部粗糙或近于无毛，先端渐窄而形成长1～4 mm的短芒；基盘大而无毛，两侧具少数短毛；内稃两脊具纤毛。

细胞学特征：未知。

分布区：俄罗斯西伯利亚（阿尔泰，图瓦）。生长在河漫滩、沙漠中。

57. *Leymus* × *vancouverensis* （Vasey）**Pilger，1947**（published in 1949），**Bot. Jahrb. 74：6**（pro species）**. 温哥华赖草**（图3-89）

模式标本：Macoun采自加拿大，不列颠哥伦比亚（British Columbia），温哥华岛（Vancouver Island），马可恩（Macoun），无号。主模式标本：**US!**；同模式标本：**CAN!**。

异名：*Elymus vancouverensis* Vasey，1888，Bull. Torr. Bot. Club. 15：48；

×*Leymus vancouverensis* Vasey var. *vancouverensis* Bowden，1957，Can. J. Bot. 35：976；

×*Leymus vancouverensis* Vasey var. *crescentianus* Bowden，1957；Can. J. Bot. 35：976；

×*Leymus vancouverensis* Vasey var. *californicus* Bowden，1957，Can. J. Bot. 35：976。

形态学特征：多年生，丛生，具长而匍匐的根状茎。秆高80～120 cm，除花序下疏被或密被微毛外，其余部分均无毛，秆下部具宿存叶鞘。叶鞘无毛，叶片平展，或边缘内卷，宽5～8 mm，上表面粗糙，下表面无毛。穗状花序挺立，长（7～）10～27 cm，常为紫绿色或绿色带紫晕，有时被白粉，小穗2枚着生于每一穗轴节上；小穗长15～27 mm，坚挺；颖窄披针形坚实，长10～15 mm，下半部分无毛，上部向先端疏被长柔毛，中脉明显突起，先端渐尖形成芒尖；外稃宽披针形，坚实，长10～15 mm，通常无毛，有时在边缘与先端被微毛，先端渐尖而形成长4 mm以下的短芒；花药高度不育。

细胞学特征：2n=4x=28，2n=6x=42（Bowden，1957）。

图 3-89 *Leymus*×*vancouverensis*（Vasy）Pilger
（引自 Abrams，1961. Illustrated flora of the Pacific States. 图 592）

分布区：美国加利福尼亚州、俄勒冈州；加拿大不列颠哥伦比亚（南部），沿海岸海滩上。这一不育杂种是 *L. mollis* 与 *L. triticoides* 天然杂交形成，散生在这两个亲本种共生地区。

58. *Leymus yiuensis* N. R. Cui et D. F. Cui，1996，新疆植物志（6）：222，603. 伊吾赖草（图 3-90）

图 3 - 90 *Leymus yiuensis* N. R. Cui et D. F. Cui

A. 全植株 B. 小穗 C. 第 1 颖 D. 第 2 颖 E. 小花背面观 F. 小花腹面观

（引自蔡联炳，1997，图 2，王颖绘。本图已删减并修正改绘，编排及标码变更）

模式标本：崔乃然，1982 年 6 月 25 日，中国新疆，伊吾县，草原，海拔 2 400 m，

No. 820064。主模式标本：**XJA!**。

异名：*Leymus yiwuensis* N. R. Cui ex L. B. Cai，1997. Bull. Bot Res. 17：29。

形态学特征：多年生。秆直立或膝曲，高 14～35 cm，平滑无毛，通常具一节。叶鞘平滑无毛，或边缘具纤毛；叶舌膜质，长 0.5～1 mm；叶片内卷，长 4～9 cm，宽 1～2.5 mm，上表面和边缘粗糙，下表面无毛。穗状花序直立，长（3～）5～11 cm，宽（3.5～）5～10 mm，小穗 2 枚着生于每一穗轴节上，排列较密；穗轴被微毛，通常节上具白色长柔毛；小穗绿色，长 7～11 mm，具 3～5（～8）花，小穗轴密被微毛；颖窄披针形，长 5～9 mm，两颖不等长，1 脉，颖下部被微毛，上部粗糙，通常基部覆盖外稃基部，先端狭窄呈芒状；外稃披针形，具明显 5 脉，背部密被白色绵毛，边缘具纤毛，第 1 外稃长 7～8 mm（包括长 1～1.5 mm 的小尖头）；基盘具长 0.5～1 mm 的绵毛；内稃与外稃近等长，沿两脊被纤毛；花药黄色，长 2～3 mm。

细胞学特征：未知。

分布区：中国新疆伊吾县、叶城县、布尔津县。生长在海拔 2 500 m 左右的草地。

Section 3. *Silvicola* C. Yen，J. L. Yang et B. R. Baum，2009，J. Syst. Evol. 47：83. 林下组

多年生；疏丛林下植物；无根茎或具短根茎，叶广披针形；穗直立，穗轴节上着生 1～3 个小穗，小穗 2～5 小花，颖呈针刺状，一脉，或完全退化。

59. *Leymus californicus* （Bolander ex Thurb.）**M. Barkworth，2007. In Barkworth et al.，eds. Flora of North America，vol. 24：368～369. 加利福尼亚赖草**（图 3 - 91）

模式标本：H. N. Bolander 1872 年采自美国加利福尼亚州，旧金山（San Francisco）附近红杉林，无号。主模式标本：**GH!**；副模式标本：**G. MO!**（C. Baden 1997 年指定模式与指定同模式无效）。

异名：*Gymnostichum californicum* Bolander，1880. In S. Wats.，Bot. Calif. 2：327；
Hystrix californicus （Bolander）Kuntze，1891. Rev. Gen. Pl. 2：778；
Asperella californica （Bolander）Benth，ex Vasey，1870. Cat. Gr. U. St. 35：46. nom. illeg；
Asperella californica （Bolander）Beal，1896. Grasses N. Amer. 2：657；
Elymus californicus （Bolander）Gould，1947. Madrono 9：127。

形态学特征：多年生，疏丛生，具短根状茎。秆直立，粗壮，高（100～）120～170（～200）cm，直径 5～10 mm，无毛，具 5～7 节，秆基宿存灰褐色被长 1.3 mm 直立糙毛的叶鞘。叶鞘无毛；叶舌长 1～5 mm；叶耳长 2～6 mm；叶片长 10～50 cm，宽 0.6～2 cm，叶上表面无毛或被疏柔毛，下表面无毛，边缘粗糙。穗状花序成熟时微下垂，长 12～21（～30）cm（芒除外），宽 1～3 cm，小穗 2～3 枚（基部稀 4～5 枚）着生于每一穗轴节上，排列紧密；穗轴节间长（7～）8～11（～15）mm，上端宽 1～1.2 mm，无毛，棱脊上粗糙；小穗无毛，具（2～）3～4（～5）花，小穗具长 2～4 mm 小柄；下穗轴长 3～4 mm；颖退化不存；外稃长 14～22 mm，背部微粗糙或平滑无毛，先端明显 5 脉，具芒，芒长（16～）18～26（～33）mm；内稃长 10～13 mm，明显短于外稃，先端 2 裂，两脊上粗糙；花药长 6～9 mm。

细胞学特征：2n=8x=56（A. Love，1984；K. B. Jensen et al.，1997）；染色体组组

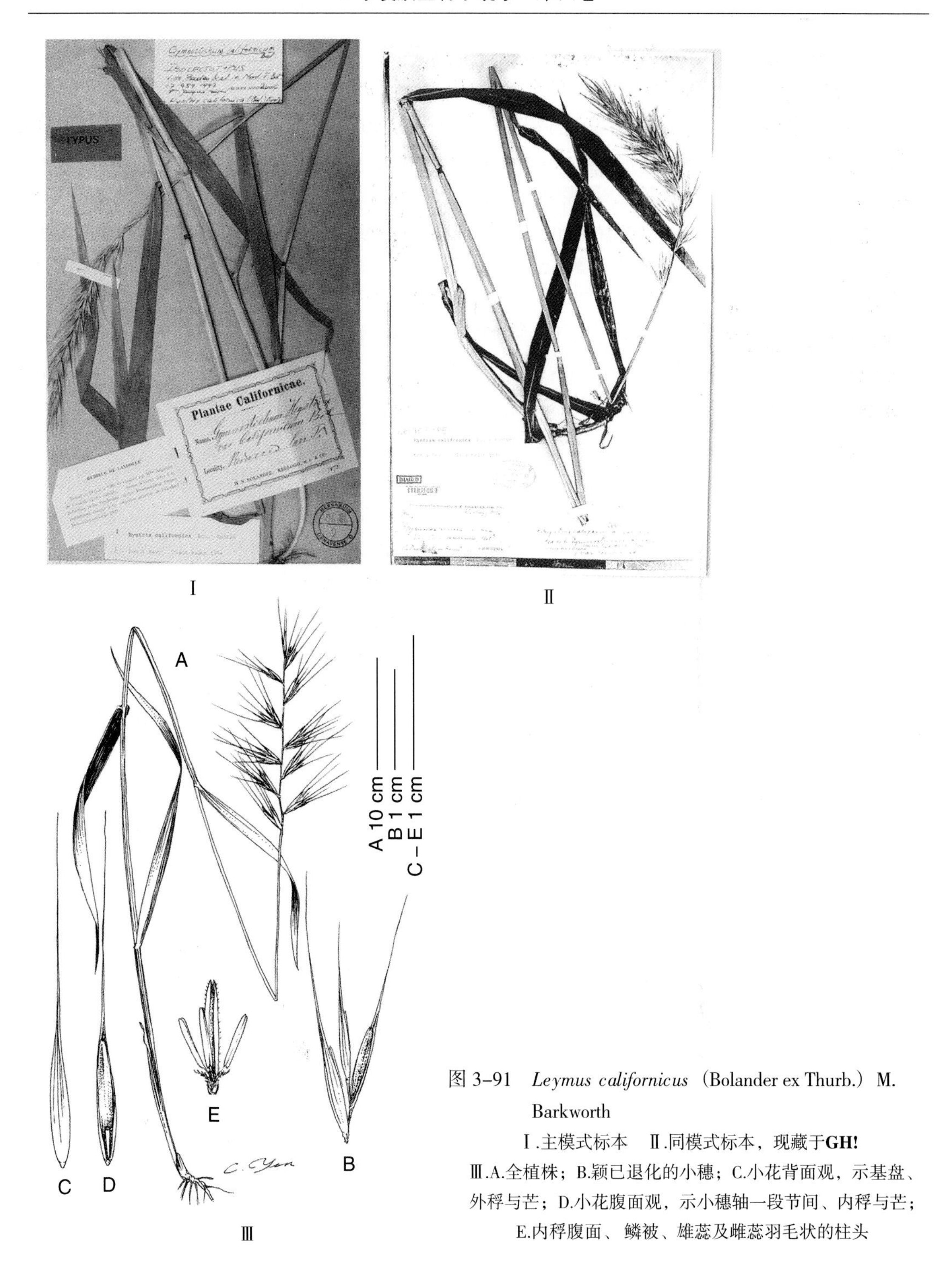

图 3-91 *Leymus californicus*（Bolander ex Thurb.）M. Barkworth

Ⅰ.主模式标本 Ⅱ.同模式标本，现藏于**GH!**

Ⅲ.A.全植株；B.颖已退化的小穗；C.小花背面观，示基盘、外稃与芒；D.小花腹面观，示小穗轴一段节间、内稃与芒；E.内稃腹面、鳞被、雄蕊及雌蕊羽毛状的柱头

成：**NsNsNsNsXmXmXmXm**（K. B. Jensen et al.，1997）。

分布区：美国加利福尼亚州从马林县（Marin County）到圣克如孜县（Santa Cruz County）。生长于森林区与靠近海岸荫被处。

60. *Leymus duthiei* （Stapf） **Y. H. Zhou et H. Q. Zhang ex C. Yen，J. L. Yang et B. R. Baum，2009. J. Syst. Evol. 47：83. 杜氏赖草**

60a. var. *duthiei* （图 3－92）

图 3－92 *Leymus duthiei*（Stapf）Y. H. Zhou et H. Q. Zhang ex C. Yen et J. L. Yang var. *duthiei*

A. 全植株 B. 穗轴一段及其节上着生的两小穗 C. 小花背面观 D. 小花腹面观

E. 内稃及雄蕊 F. 颖果 G. 鳞被 H. 雌蕊

[图中A引自 Tetsuo Koyama（小山哲夫），1987，图 14；B～F颜济绘；G～H引自耿以礼，1959，图 378，史渭清绘]

模式标本：J. F. Duthie 采自中国西藏“西喜马拉雅山，提合日-嘎瓦尔（Tihri-Ganwhal），No. 14564”。C. Baden 1991 年后选模式标本：**K!**；同后选模式标本：**BM!**。

异名：*Asperella duthiei* Stapf，1896. in Hook. f.，Fl. Brit. India 7：375；

Elymus duthiei（Stapf）Á. Löve，1984. Feddes Repert. 95：465. nom illeg.；

non *Elymus duthiei*（Melderis）G. Singh，1983. Taxon 32：639；

Hystrix duthiei（Stapf）Keng，1940. Sinensia 11：611. nom illeg.

Hystrix duthiei（Stapf）Bor，1940. Ind. For. 66：544。

形态学特征：多年生，疏丛生。秆直立，高（53～）80～107（～113）cm，径 1.5～3 mm，具 5～7 节，花序下被微毛，稀无毛，节上多粗糙，其余平滑无毛。叶鞘平滑，下部叶鞘常被微毛；叶舌长约 1 mm，平截，顶端具纤毛；叶片平展，长 10～20 cm，宽 6～12 mm，上表面疏被柔毛，下表面及边缘粗糙。穗状花序稍弯曲，成熟时下垂，长（8～）10～15（～17）cm，宽 5～13（～18）mm，小穗 2 枚着生于每一穗轴节上，稀 1 枚，排列较疏松；穗轴被微毛或密被微毛，稀无毛，脊上被纤毛，节间长 3～7 mm，下部节间可达 10～12 mm；小穗长 3～4 mm，具 1（～2）花及延伸的小穗轴；小穗轴粗壮，扁，长 3～4（～4.8）mm，粗糙；颖大部分退化而不存在，稀为长1～6 mm 微粗糙的芒状，常靠近穗轴一侧的颖退化；外稃披针形，长 9～11 mm，5 脉，背面微粗糙，上半部具小刺毛，稀平滑，先端具芒，芒长 15～31（～35）mm；基盘钝圆，常被短毛；内稃稍短于外稃，先端亚急尖，两脊上被稀疏纤毛；花药黄色，长约 5 mm。

细胞学特征：2n=4x=28（T. Koyama，1987；周永红等，1997；C. Baden，1997）；染色体组组成：**NsNsXmXm**（Svitashev et al.，1998；Zhang and Zhou，2006）。

分布区：中国西藏、陕西、浙江、湖北、湖南、四川、云南；尼泊尔；印度；日本；朝鲜半岛。生长在海拔 1 000～2 800 m 山谷中的林缘和灌丛中、岩道旁岩坡。

60b. var. *japonicus*（Hack.）C. Yen，J. L. Yang et B. R. Baum，2009. J. Syst. Evol. 47：83. 杜氏赖草日本变种（图 3-93）

模式标本：日本“松村 3，日本，Buzen 省，Inugatake 山，1882”。后选模式标本与同后选模式标本，1997 年由 C. Baden 指定。后选模式标本现藏于 **G!**；同后选模式标本现藏于 **TI!**。

异名：*Asperella japonica* Hackel，1899. Bull. Herb. Boissier 7：715；

Hystrix japonica（Hack.）Ohwi，1936. Acta Phtotax. Geobot. 5：185；

Hystrix hackeli Honda，1930. J. Fac. Sci. Univ. Tokyo 3，3：14. nom. illeg.，superfl；

Elymus japonicus（Hack.）Á. Löve，1984. Feddes Repert. 95：465；

Hystrix duthiei（Stap.）Bor ssp. *japonica*（Hack.）Baden，Fred. & Seberg，1997. Nord. J. Bot. 17（5）：461。

形态学特征：与原变种的差异：疏丛生，具细根状茎。秆高 60～80 cm，径 1～3 mm，平滑无毛，4～5 节。叶片平展，长 8～20 cm，宽 8～15 mm，深绿色。穗状花序斜伸或下垂，长 8～12 mm，小穗单生于每一穗轴节上，排列稀松；穗轴无毛，棱脊上被小刺毛而粗糙；小穗无柄，仅具 1 花，略向外开展；延伸小穗轴细，长 5.6～6 mm；颖

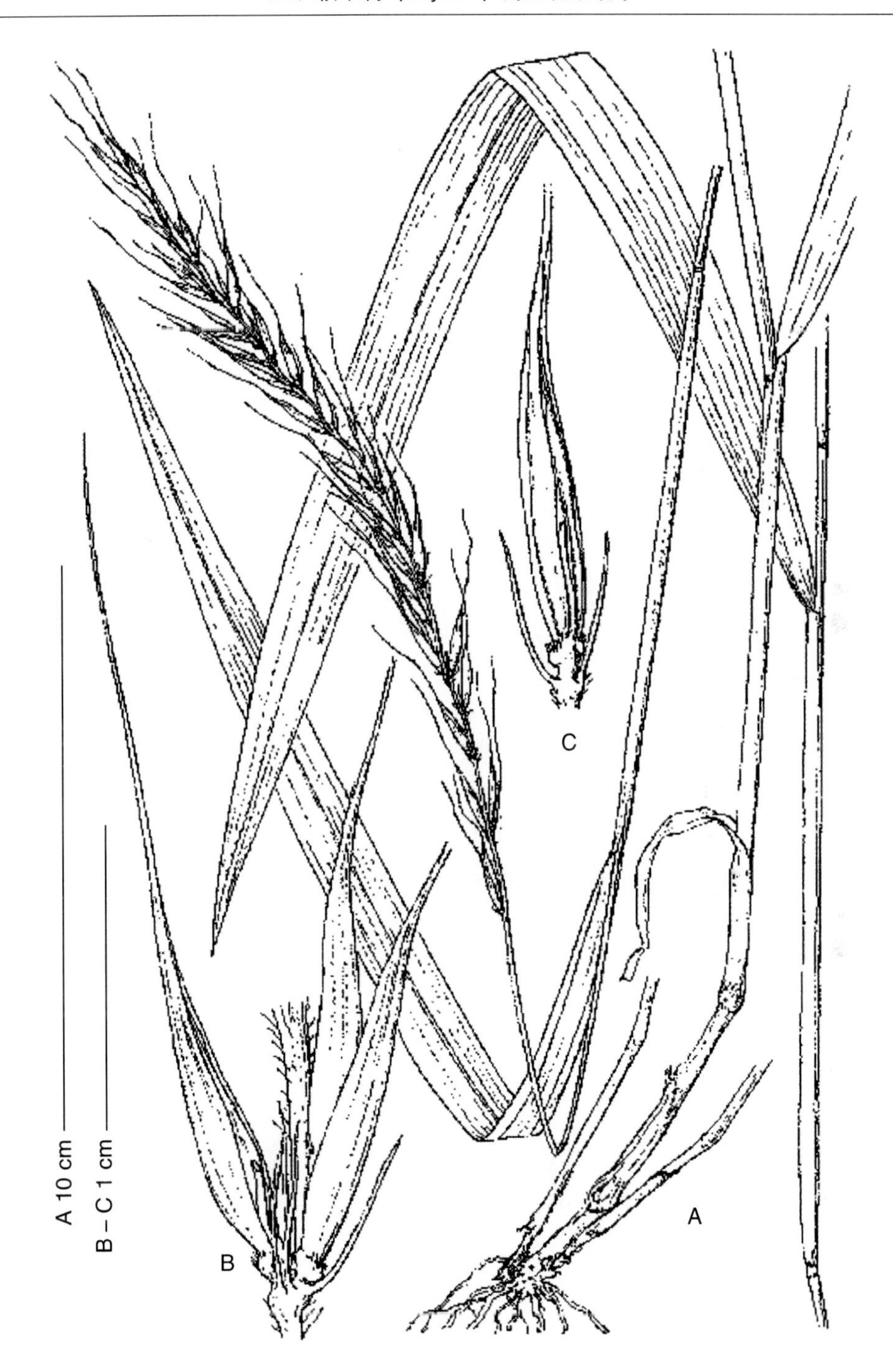

图 3-93 *Leymus duthiei* var. *japonicus*（Hack.）C. Yen，J. L. Yang et B. R. Baum

A. 全植株 B. 穗中段，示穗轴及两个小穗 C. 小穗腹面观

［引自 Tetsuo Koyama（小山哲夫），1987，图 15，标码修改］

极为退化，钻形或针形，长 2～5 mm，或不存在；外稃披针形至披针状长圆形，长 9～11 mm，背部接近边缘及边缘上被糙伏毛，先端具芒，芒长 15～25（～31）mm，细而

直；内稃与外稃近等长；花药长4～4.2 mm。

细胞学特征：未知。

分布区：日本。生长于山区的林中（Benzen to Kyushu and Shikoku islands），稀少。

60c. var. *longearistatus*（Hack.）**Y. H. Zhou et H. Q. Zhang ex C. Yen，J. L. Yang et B. R. Baum，2009. J. Syst. Evol. 47：83. 杜氏赖草长芒变种**（图 3－94）

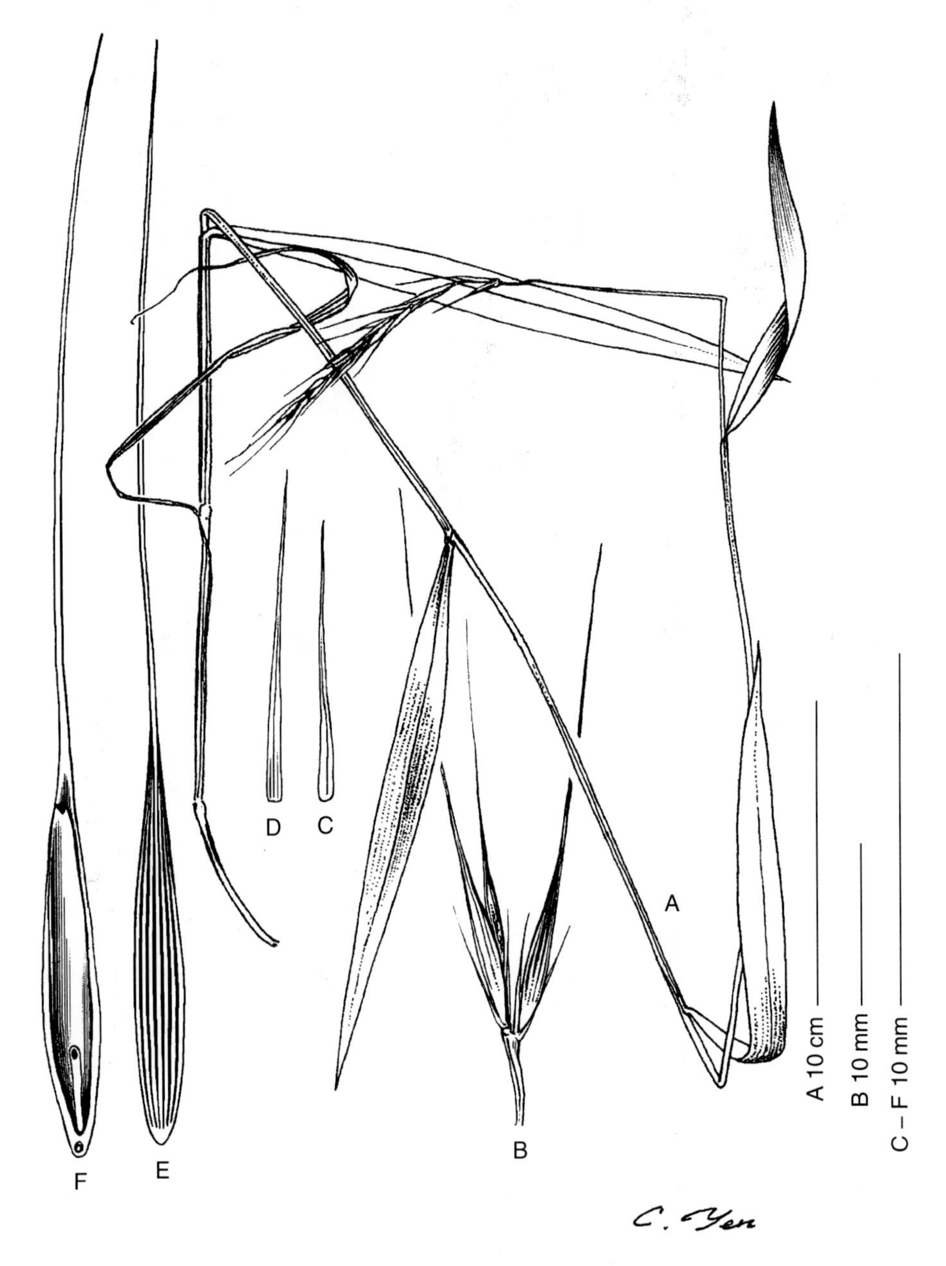

图 3－94　*Leymus duthiei* var. *longearistatus*(Hack.) Y. H. Zhou et H. Q. Zhang ex C. Yen，J. L. Yang et B. R. Baum

A. 植株　B. 小穗及穗轴一段　C. 第 1 颖　D. 第 2 颖　E. 小花背面观　F. 小花腹面观

模式标本：日本“松村（Matsumura）13，日本 Adsuma 山”。后选模式标本：**WU!**；同后选模式标本：**US!**（1997 年 C. Baden 指定）。

异名：*Asperella sibirica* var. *longearistata* Hack.，1904. Bull. Herb. Boissier 2 ser. 4：525；

Hystrix longearistata（Hack.）Honda，1930. J. Fac. Univ. Tokyo sect. 3，bot. 3：14；

Hystrix longearistata（Hack.）Ohwi，1941. Acta Phytotax. Geobot. 10：103；

Elymus asiaticus A. Love ssp. *longearistatus*（Hack.）Á. Löve，1984. Feddes Repert. 95（7～8）：465；

Hystrix duthiei（Stapf）Bor ssp. *longearistata*（Hack.）Baden，Fred. & Seberg，1997. Nord. J. Bot. 17（5）：461。

形态学特征：具匍匐的根状茎。秆通常单生，高 60～110（～130）cm，径粗约 3.5 mm，具（3～）4～7 节，节上微粗糙，除花序下被微毛外，余均平滑。叶鞘被微毛，下部叶鞘被散生的长白毛；叶片长 15～47 mm，宽 6～11 mm，上表面疏被或中度被毛，下表面粗糙。穗状花序微下弯至下垂，长 8～13 cm，宽 1 cm；穗轴密被糙毛，毛长0.5～0.75 mm；小穗近无柄，外展，长 12～20 mm，具 1～2（～5）花；颖钻形，两颖稍不等长，第 1 颖长 7～8 mm，1 脉，第 2 颖长 8.5～10 mm，1～3 脉，边脉微弱，均粗糙；外稃披针状椭圆形，长 9～11 mm，5～7 脉，边脉微弱，粗糙，先端渐尖而成芒尖，长2～3 mm；内稃窄披针形，与外稃近等长，长 8～10 mm，先端急尖，具 2 齿，两脊上被纤毛；花药长约 7 mm。

细胞学特征：2n=4x=28（Osada，1989；周永红等，1997）；**NsNsXmXm** 染色体组（Zhang & Zhou，2006）。

分布区：日本，从 Kyushu 到 Hokaido；亦可能分布于朝鲜。生长于荫蔽的山地森林与沿河流的灌丛中，海拔 700～1 100 m。

61. *Leymus komarovii*（Roshev.）C. Yen，J. L. Yang et B. R. Baum，2009. J. Syst. Evol. 47：84. 柯马洛夫赖草（图 3-95）

模式标本：B. Комаров1895 年 8 月 6 日采自俄罗斯阿穆尔（Амуру）河中游，拉嘎尔（Лагар）牧场，从苏塔拉（Сутара）谷通道进入赫姆卡拉（Химчана）山谷，布顺纳雅（Бушунная）与培热哈德纳雅（Переходная）山谷间的森林中。主模式标本：LE!［1976 年 N. N. Tzvelev 在《苏联的禾草》一书中已有模式记载。1997 年 C. Baden 在 Nordic Journ. Bot. 17（5）：462 上指定的应属无效］。

异名：*Asperella komarovii* Roshev.，1924. Bot. Mat.（Leningrad），5：152；

Hystrx sachalinensis Ohwi，1931. Bot. Mag. Tokyo，45：378；

Hystrix komarovii（Roshev.）Ohwi，1933. Acta Phytotax. Geobot. 2（1）：31；

Elymus komarovii（Roshev.）Á. Löve，1984. Feddes Repert. 95：465. nom. illeg；non *Elymus komarovii*（Nevski）Tzvel.，1968。

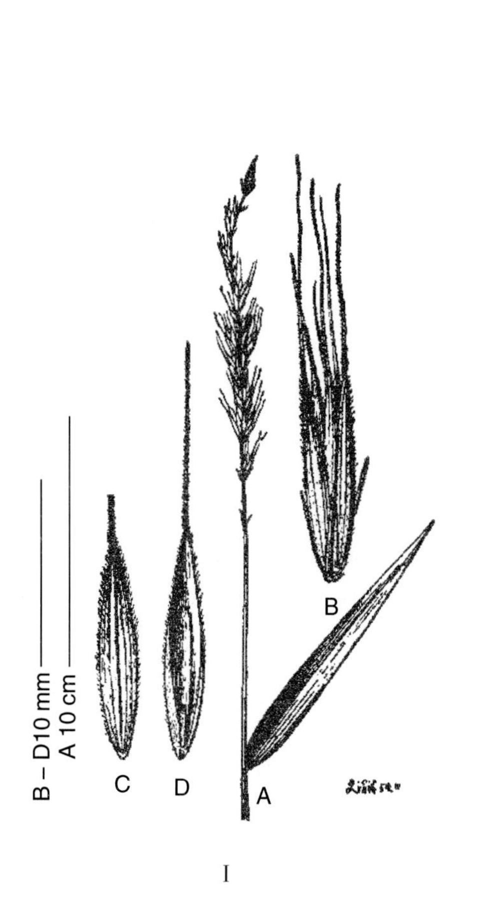

I

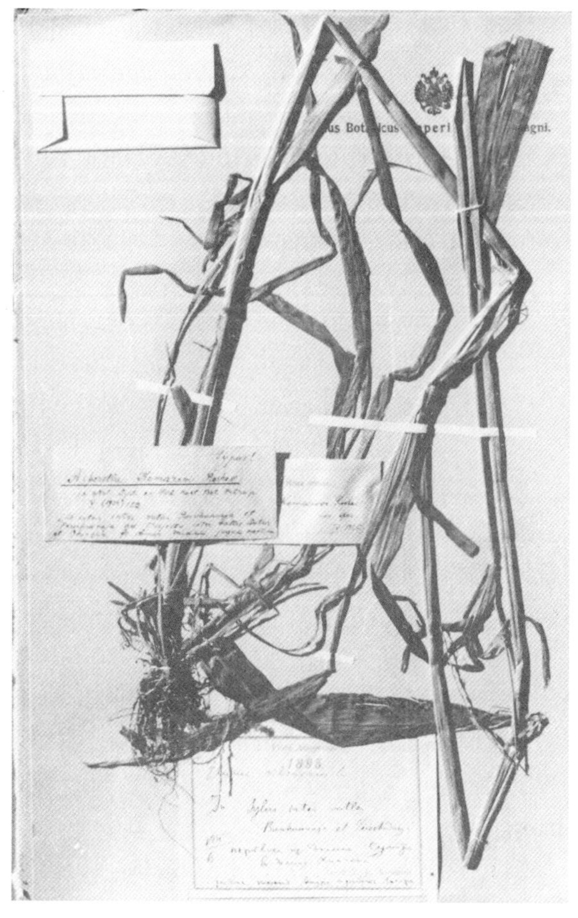

Ⅱ

图 3－95 *Leymus komarovii*（Roshev.）C. Yen，J. L. Yang et B. R. Baum

Ⅰ. A. 旗叶及穗状花序；B. 两并列小穗；C. 小花背面观，示被毛的外稃；D. 小花腹面观，示内稃及小穗轴节间（引自耿以礼，1959，中国主要植物图说·禾本科，图 377，史渭清绘）Ⅱ. 主模式标本，现藏于 **LE**!

形态学特征：多年生；具非常短而不明显的根状茎。秆单生或少数丛生，直立，高 80～130（～150）cm，具 4～6（～8）节，除花序下面被微毛，以及节的上下被反折的毛外，其余平滑无毛。上部叶鞘无毛，基部叶鞘灰褐色，被微毛；叶舌较硬，长 1～1.5（～2）mm；叶片平展，长 10～20 cm，宽 1～2 cm，上表面脉上被长约 1 mm 的柔毛，下表面无毛微粗糙，边缘粗糙。穗状花序较细弱，下垂，长（7～）10～20 cm，宽 1～1.5 cm，小穗 2 枚着生于每一穗轴节上，稀疏着生；穗轴被微毛，脊上具纤毛；小穗具（1～）2～3 花；小穗轴节间长 1～2（～3）mm，被微毛；颖钻形，常退化，如存在，上部小穗的颖长 1～2 mm，下部者长 3～8（～9）mm，1 脉，在基部形成脊，粗糙；外稃披针形，长 9～12 mm，5～7 脉，背面具毛，先端与边缘糙毛可长 0.5～1 mm，先端渐尖而形成长 10～15 mm 的粗糙的芒；基盘密被贴生短毛；内稃披针状长圆形，短于外稃，长 7.5～9（～9.5）mm，先端微 2 裂，两脊具纤毛；花药长 2.5～3（～3.5）mm。

细胞学特征：2n＝4x＝28（S. Svitashev et al.，1998）；**NsNsXmXm** 染色体组（Svitashev et al.，1998）。

分布区：俄罗斯远东沿阿穆尔（Amur）河哲布若雅（Zee - Bureya）、乌苏里（Ussuri）、萨哈林岛南部；日本；中国吉林、黑龙江、辽宁、陕西、河北。生长于林中与灌木丛中，海拔 1 000～2 000 m。

存疑分类群

以下分类群曾在文献中记载，但因不同原因难于确证其归属。

62. *Leymus bruneostachyus* N. R. Cui & D. F. Cui，1996. 新疆植物志，6：220，603. 褐穗赖草

模式标本：没有模式标本依据，按《植物命名国际法规》（Vienna，2005）原则Ⅱ，应为不合法的无效种名。

形态学特征：多年生。秆直立，高约 40 cm，无毛或花序下被微毛。叶鞘密被微毛，边缘具纤毛；叶舌膜质，长 1.5～2 mm；叶片长 15～20 cm，宽 6 mm，平展或内卷，上表面被微毛与柔毛，下表面被微毛。穗状花序直立，长 12～14 cm，宽 7～10 mm，小穗 3 枚着生在每一穗轴节上；穗轴下面部分密被微毛，上面部分被硬毛，节间长 5～7 mm，最基部者可达 40 mm；小穗淡褐色，长 10～15 mm，具 4～6 花；小穗轴密被长硬毛，节间长 1～1.5 mm；颖钻形，长 8～11 mm，沿脊粗糙，边缘具纤毛，脉不明显，不遮盖第 1 外稃基部；外稃披针形，第 1 外稃长 7～9 mm，边缘膜质，背部平滑无毛，5 脉，先端具长约 1 mm 的芒尖；基盘密被硬长毛；内稃稍短于外稃，两脊上具纤毛；花药长 2～4 mm。

细胞学特征：未知。

分布区：中国新疆（青河县）。田间或路边。

63. *Leymus littoralis* （Griseb.） **G. A. Peschkova，1987. Nov. Sist. Vyssch. Rast.，24：23. 海滩赖草**

模式标本：俄罗斯西伯利亚“In arenosis ad Baiclem prope Possolskoi，1829. Turczaninow”。主模式标本：**LE!**。

异名：*Elymus dasystachys β littoralis* Griseb.，1852. In Ledeb. Fl. Ross. 4：333，
Elymus dasystachys auct. p. p. non Trin；
Aneurolepidium dasystachys auct. p. p；
Leymus secalinus auct. p. p。

形态学特征：多年生，丛生，具匍匐纤细的根状茎。秆高 50～100 cm，无毛或在花序下被柔毛，叶片平展，稀内卷，灰色或粉绿色，上表面粗糙，有时有散生长柔毛，下表面平滑无毛。穗状花序长 6～10（～15）cm，宽 7～13（～15）mm，灰绿色或褐色，小穗 2～3 枚着生于每一穗轴节上，排列较疏松；穗轴的棱脊上具纤毛，穗轴节下具密而长的毛带；颖钻形、线形或窄披针形，从基部向上渐尖至急尖，几乎从基部沿边缘与中脉具短刺毛与纤毛，具或不具非常窄的膜质边缘；外稃多被簇生的长柔毛，先端渐窄而形成长 0.5～4 mm 的芒，但最上部的小穗常无芒；内稃两脊具长

纤毛，背部被长刺毛。

从形态描述来看，只能是 *Leymus secalinus* 的变型或变种。

细胞学特征：未知。

分布区：俄罗斯东西伯利亚。生长于海岸沙滩、碱土与沙地草原，以及沙地松林。

64. *Leymus nikitinii* （Czopan.） **Tzvel.，1973. Novost. Sist. Vyssh. Rast.，10：21. 尼氏赖草**

模式标本：В. Никитин 1954 年 5 月 3 日采自中亚土库曼尼亚“科培达格（Копетдага）东，从沙姆利（Шамли）向东 2 km”。主模式标本现存于 **ASH!**。

异名：*Elymus nikitinii* Czopan.，1956. Izv. AN Turkm. SSR，3：89。

形态学特征：未述。

细胞学特征：未知。

分布区：中亚土库曼尼亚（科培达格）。生长在低山带的石质与多石山坡。

没有观察过模式标本，没有查阅过原始形态描述。

65. *Leymus pubescens* （O. Fedtsch.） **S. S. Ikonnikov，1979，Opred. Vyssh. Rast. Badadkhshana 61. 柔毛赖草**

模式标本：“Pamir，Ak-Baital，8 Ⅷ，1901，No. 2，B. Fedchenko” **. LE!**。

异名：*Elymus dasystachys* var. *pubescens* O. Fedtsch.，1903. Tr. Peterb. Bot. Sada，21（3）：435；

Leymus secalinus var. *pubescens*（O. Fedtsch.）Tzvel.，1968. Rast. Tsentr. Azii 4：209；

Leymus secalinus subsp. *pubescens*（Fedtsch.）Tzvel.，1972. Nov. Sist. Vyssh. Rast. 9：59。

形态学特征：未述。

细胞学特征：未知。

分布区：西藏喜马拉雅山脉、克什米尔、天山中段、阿尔泰、帕米尔、直到伊朗。生长于石质岩坡、盐碱草甸及砾石滩中。

没有观察过模式标本，没有查阅过原始形态描述。

后　记

2007 年，蔡联炳与张同林在《植物分类学报》45 卷，第 3 期，376～382 页，发表一篇题为“国产赖草属（禾本科）两个分类群的修订”的文章，“重点依据外部形态特征，伴以解剖学的相关证据，对该两分类群分别予以订正”，即把 *Leymus arjinshanicus* D. F. Cui 以及 *L. arjinshanifcus* ssp. *ruoqiangensis*（S. L. Lu & Y. H. Wu）D. F. Cui 都改订为 *L. ruoqiangensis* S. L. Lu & Y. H. Wu 的异名。把 *L. secalinus*（Geogi）Tzvelev var. *tenuis* L. B. Cai 升级为种，即 *L. tenuis*（L. B. Cai）L. B. Cai。根据外部形态，无论是宏观还是微观，都是非常不可靠的。没有亲和率测定都只能是存疑分类群，是种或是亚种、变种，都只能是主观臆定的。对蔡联炳与张同林的论述，在这里只作后记供参考，是种、亚种还是变种，还有待进一步的杂交测定后，依据它们之间杂交的亲和率才能确定。形态差异非常大的波兰小麦与圆锥小麦却是同一个种，形态上没有区别的 *Roegneria panormitana* 与 *Roegneria heterophylla* 却是互不亲和的两个种，都是鲜明的例证。

主要参考文献

蔡联炳．1995. 国产赖草属新分类群．植物分类学报，33：492－496.

蔡联炳．2001. 青海赖草属一新种和一新变种．植物分类学报，39：75－77.

杨瑞武．2003. 赖草属植物的系统与进化研究．四川农业大学博士学位论文．

杨瑞武，周永红，郑有良，等．2001. 利用RAPD分析披碱草属、鹅观草属和猬草属模式种的亲远缘关系．西北植物学报，21：865－871.

杨瑞武，周永红，郑有良，等．2004. 11个四倍体赖草种的核型．植物分类学报，49：511－519.

张海琴，周永红，郑有良，等．2002. 长芒猬草与华山新麦草属间杂种的形态学和细胞学研究．植物分类学报，40：421－427.

张颖，周永红，张利，等．2006. 小麦族鹅观草属、披碱草属、猬草属和仲彬草属细胞质基因组PCR－RFLP分析．遗传，28：449－457.

周永红，杨俊良，颜济，等．1999. *Hystrix longearistata* 和 *Hystrix duthiei* 的生物学系统研究．植物分类学报，37：386－393.

Atkins R J，Barkworth M E，Dewey D R. 1984. A taxonomic study of *Leymus ambiguus* and *L. salinus*（Poaceae：Triticeae）. Syst. Bot.，9：279－294.

Barkworth M E，Atkins R J . 1984. *Leymus* Hochst.（Gramineae：Triticeae）in North America：Taxonomy and distribution. Amer. J. Bot.，71：609－625.

Bowden W M. 1957. Cytotaxonomy of section Psammoelymus of the genus *Elymus*. Can. J. Bot.，35：951－993.

Bowden W M. 1959. Chromosome number and taxonomic notes on northern grasses. Can. J. Bot.，37：1143－1151.

Brown W V. 1948. A cytological study in the Gramineae. Amer. J. Bot.，35：382－395.

Cai L B（蔡联炳）. 2000. Two new species of *Leymus*（Poaceae：Triticeae）from Qinghai，China. Novon，10：7－11.

Cauderon Y，Saigne B. 1961. New interspecific and intergeneric hybrids involving *Agropyrum*. Wheat Inf. Serv.，12：13－14.

Dewey D R. 1966. Synthetic hybrids of *Elymus canadensis* × octoploid *Elymus cinereus*. Bull. Torrey Bot. Club 93：323－331.

Dewey D R. 1967. Synthetic hybrids of *Agropyron scribneri* × *Elymus junceus*. Bull. Torrey Bot. Club 94：388－395.

Dewey D R. 1970a. Genome relations among diploid *Elymus junceus* and certain tetraploid and cotoploid *Elymus* species. Amer. J. Bot.，57：633－639.

Dewey D R. 1970b. Genome relations among *Elymus canadensis*，*Elymus triticoides*，*Elymus dasystachys*，and *Agropyrin smithi*. Amer. J. Bot.，57：861－866.

Dewey D R. 1972a. Cytogenetics of *Elymus angustus* and its hybrids with *Elymus giganteus*，*Elymus cinereus*，and *Agropyron repens*. Bot. Gaz.，133：57－64.

Dewey D R. 1972d. Genome analysis of hybrids between diploid *Elymus junceus* and five tetraploid *Elymus* species. Bot. Gaz., 415-420.

Dewey D R. 1972b. Cytogenetics of tetraploid *Elymus cinereus*, *E. triticoides*, *E. multicaulis*, *E. karataviensis*, and their F_1 hybrids. Bot. Gaz., 133: 51-57.

Dewey D R. 1976. The genome constitution and phylogeny of *Elymus ambiguus*. Amer. J. Bot. 63: 626-634.

Dewey D R. 1972c. Cytogenetic and genomic relationships of *Elymus giganteus* with *E. dasystachys* and *E. junceus*. Bull. Torrey Bot. Club, 99: 77-83.

Dewey D R. 1983. New nomenclatural combination in the North American perennial Triticeae (Gramineae). Brittonia, 35: 30-33.

Dewey D R. 1984. The genomic system of classification as a guide to intergeneric hybridization with the perennial Triticeae. In J. P. Gustafson ed., Gene manipulation in plant improvement. 16th Stadler Genetics Symposium. Plenum, New York.

Dewey D R, Holmgren A H. 1962. Natual hybrids of *Elymus cinereus* × *Sitanion hystrix*. Bull. Torrey Bot Club, 89: 217-228.

Dubcovsky J, Lewis S M, Hpp E H. 1992. Variation in the restriction fragments of 18s-26s rRNA loci in South American *Elymus* (Triticeae). Genome, 35: 881-885.

Dubcovsky J, Schlatter A R, M Echaide. 1997. Genome analysis of South America Elymus (Triticeae) and *Leymus* (Triticeae) species based on variation in repeated nucleotide sequences. Genome, 40: 505-520.

Hole D J, Jensen K B, R R-C Wang and S M Clawson. 1999. Molecular marker analysis of *Leymus flavescens* and chromosome pairing in *Leymus flavescens* hybrids (Poaceae: Triticeae). Int. J. Plant Sci., 160: 371-376.

Hunziker J. H. 1954. Estudios citoló gicos en las Horeas (Gramineas) I. Revista de investigaciones Agricolas, 8: 99-104.

Jaaska V. 1974. Enzyme variability and phylogenetic relationships in the grass genera *Agropyron* Gaertn. And *Elymus* L. II. The genus *Elymus* L. Eesti NSVTA Toimet. Biologis, 23: 3-18.

Jensen K B, Wang R R-C. 1997. Cytological and molecular evidence for transferring *Elymus coreanus* from the genus *Elymus* to *Leymus* and molecular evidence for *Elymus californicus* (Poaceae: Triticeae). Int. J. Plant Sci., 158: 872-877.

Lewis A M, Martínez A J, Dubcovsky J. 1996. Karyotype variation in South American *Elymus* (Triticeae). Int. J. Plant Sci., 157: 142-150.

Nielsen E L, Humphrey L M. 1937. Grass studies. Amer. J. Bot., 24: 276-278.

Ørgaard M, Heslop-Harrison J S. 1994a. Investigations of genome relationships between *Leymus*, *Psathyrostachys* and *Hordeum* inferred by genomic DNA: DNA *in situ* hybridization. Ann. Bot., 73: 195-203.

Ørgaard M, Heslop-Harrison J S. 1994b. Relationships between species of *Leymus*, *Psathyrostachys*, and *Hordeum* (Poaceae: Triticeae) inferred from shouthern hybridization of genomic andcloned DNA probes. Pl. Syst. Evol., 189: 217-231.

Petrova K A. 1970. Morphology and cytological investigation of *Agropyron elongatum* (Host) P. B. 2n = 14 × *Elymus mollis* Trin. 2n = 28; F_1 hybrids and amphidiploids. In Otdalen. Gibridiz. I popiloidiya, Moscow U. S. S. R., Nauka., 158-176.

Seberg O, Linde-Laursen I, *Eremium*, 1937. a new genus of the Triticeae (Poaceae) from Argentina. Syst. Bot., 21: 3-15.

Stebbins G L，Love R M. 1941. A cytological study of California forage grasses. Amer. J. Bot.，28：371 -382.

Stebbins G L，Marta Sherman Walters. 1949. Artifical and natural hybrids in the Gramineae，tribe Hordeae. Ⅲ. Hybrids involving *Elymus condensatus* and *E. triticoides*. Amer. J. Bot.，36：291 - 301.

Sun G L，Yen C，Yang J L. 1994. The genome constitution of *Leymus aemulis*（Poaceae）. Hereditas，121：191 - 195.

Sun G L，Yen C，Yang J L. 1995. Morphology and cytology of intergeneric hybrids involving *Leymus multicaulis*（Poaceae）. Pl. Syst. Evol.，194：83 - 91.

Svitashev S，Bryngelsson T，Li X M et al. 1998. Genome-specific repetitive DNA and RAPD markers for genome identification in *Elymus* and Hordelymus. Genome，41：120 - 128.

Wang R R-C. 1990. Intergeneric hybrids between *Thinopyrum* and *Psathyrostachys*（Triticeae）. Genome，33：845 - 849.

Wang R R-C，Zhang J Y，Lee B S，et al. 2006. Variations in abundance of 2 repetitive sequences in *Leymus* and *Psathyrostachys* species. Genome，49：511 - 519.

Wang R R -C，Hsiao C. 1984. Morphology and cytology of interspecific hybrids of *Leymus mollis*. J. Hered.，75：488 - 492.

Wang R R-C，Berdahl J D. 1990. Meiotic associations at metaphase I in diploid，triploid，and tetraploid Russian wildrye［*Psathyrostachys juncea*（Fisch.）Nevski］. Cytologia，55：639 - 643.

Wang R R-C，Jensen K B. 1993. Absence of J Genome in *Leymus* species（Poaceae：Triticeae）：evidence from DNA hybridization and meiotic pairing. Genome，37：231 - 235.

Zhang H B，Dvořák. 1991. The genome origin of tetraploid species of *Leymus*（Poaceae：Triticeae）inferred from variation in repeated nucleotide sequences. Amer. J. Bot.，78：871 - 884.

Zhang H Q，Zhou Y H. 2006. Meiotic paring behaviour differences in constitution between *Hystrix patula* and other species of the genus *Hystrix* Moench（Poaceae，Triticeae）. Pl. Syst. Evol.，258：432 -436.

Zhang H Q，Yang R W，Dou Q W，et al. 2006. Genome constitutions of *Hystrix patula*，*H. duthiei* ssp. *duthiei* and *H. duthiei* ssp. *longearistata*（Poaceae：Triticeae）revealed by meiotic pairing behavior and genomic *in-situ* Hybridization. Chromosome Research，14：595 - 604.

Zhou Y H，Zheng Y L，Yang J L，2000. Relationships among species of *Hystrix* Moench and *Elymus* L. assessed by RAPDs. Genetic Resour. Crop Evolu.，47：191 - 196.

Авдулов Н П. 1931. Karyo-systematische Untersuchungen der Familie Gramineen. Bull. Appl. Bot. Plant Breed. Suppl.，44：428.

四、拟鹅观草属（*Pseudoroegneria*）的生物系统学

拟鹅观草属（*Pseudoroegneria* Á. Löve）是 1980 年 Áskell Löve 按细胞遗传学的分析结论建立的属，它以 **St** 染色体组为特征。它是 Á. Löve 把 C. A. Невский 的 *Elytrigia* section *Pseudoroegneria* Nevski 升级为属的。经半个多世纪的研究，充分证明它是小麦族极为重要的染色体组供体属，由其染色体 **St** 组组合成许多异源多倍体属，如：*Anthosachne*、*Campeiostachys*、*Douglasdeweya*、*Elymus*、*Kengyilia*、*Roegneria*、*Trichopyrum*。它们众多的物种分布于亚欧大陆、南北美洲、大洋洲及非洲，构成草原、草甸，甚至林下、荒漠禾草的主要组分。它的 **St** 染色体组连同 **H** 染色体组、**Y** 染色体组以及 **Ns** 染色体组形成小麦族四大基础染色体组。由它们衍生的物种多达 200 多种。由此可见这个属在小麦族系统演化上的重要地位。

（一）拟鹅观草属古典形态分类学简史

1980 年，Áskell Löve 在德国出版的《分类群（Taxon）》29 卷，168 页，发表一个新属——*Pseudoroegneria*（Nevski）Á. Löve（拟鹅观草属），它是把 C. A. Невский 定立的偃麦草属的一个组——*Elytrigia* sect. *Pseudoroegneria* Nevski 升级为属。这是一个非常重要的处理，在这篇报告（IOPB Chromosome number reports LXVI）中只是记载了染色体数和这个新属，在属下组合了两个种，即：*Pseudoroegneria arizonica*（Scribner et Smith）Á. Löve，2n=28；*Pseudoroegneria spicata*（Pursh）Á. Löve，2n=14。在这篇染色体数记录的报告中没有更多的叙述，但从前后连续发表的几篇报告与论文来看（Chromosome number reports LXVII，Taxon 29：351；Generic evolution of the wheatgrasses，Biol. Abl. 101：199～212；Conspectus of the Triticeae，Feddes Repert. 95：425～521），这个新属的确立是基于遗传学的属的全新概念而建立的。

有关拟鹅观草属的形态分类学分类有如下的文献记述，虽然当时还不叫拟鹅观草属。

1814 年，在美洲调查采集的德国植物学家园艺学家 Friedrich Traugott Pursch 在《北美洲植物志（Fl. Amer. Sept.）》第 1 卷，83 页，发表一个名为 *Festuca spicata* Pursch 的新种。

1819 年，在俄罗斯工作的德国植物学家 Friedrich August Marschall von Beiberstein 在他的《托瑞科—高加索植物志（Flora Taurico-Cauccasica）》第 3 卷，81 页，发表了一个雀麦属的新种，命名为 *Bromus strigosus* M. Bieb.。

1825 年，德国植物学家 Kurt Sprengel 在他的《植物系统学（Systema Vegetabilium）》第 1 卷，把 *Bromus strigosus* M. Bieb. 组合到小麦属中成为 *Triticum strigosum*（M. B.）Spreng.。

1829 年，德国植物学家 Carl Bernhard Trinius 在德国植物学家 Carl Frirdrich von Ledebour 主编的《阿尔泰植物志（Flora Altaica)》第 1 卷，117 页，发表一个名为 *Triticum geniculatum* Trin. 新种。

1835 年，C. B. Trinius 又在《Mém. Sav. Etr. Pétersb. 》第 2 卷，529 页，发表一个名为 *Triticum bungeanum* Trin. 的新种，实际上它与 *Triticum geniculatum* Trin. 是同一种植物。

1838 年，C. B. Trinius 在《林奈杂志（Linnaea)》杂志上发表一个小麦属的新种 *Triticum gmelinii* Trin. 。

1848 年，德国植物学家 Carl Heinrich Emil Koch 在《林奈杂志（Linnaea)》21 卷，425 页，把 *Triticum geniculatum* Trin. 组合在冰草属中，而成为 *Agropyron geniculatum*（Trin. ）C. Koch。

1854 年，德国植物学家 Nees von Esenbeck、Christian Gottfried Daniel 定了一个新种，名为 *Triticum divergens*，但没有正式发表。他的同胞 Ernst Gottlieb von Steudel 在他的《颖花科植物纲要（Synopsis Plantarum Glumacearum)》第 1 卷，347 页，代其发表，即：*Triticium divergens* Nees ex Steud. 。

1857 年，瑞士植物学家 Pierre Edmond Boissier 与法国勘察采集家 Benedict Balansa 在《法兰西植物学会公报（Bull. Soc. Bot. Fr. ）》4 卷，307 页，发表两个冰草属新种，它们是 *Agropyron divaricatum* Boiss. et Bal. 与 *Ag. tauri* Boiss. et Bsal. 。

1881 年，在俄罗斯圣彼得堡植物园工作的德国植物学家 Eduard August Regel 在《圣彼得堡植物园学报（Acta Hort. Petrop. ）》第 7 卷，发表了 *Triticum strigosum*（M. B. ）Spreng 3 个变种，它们是：*T. strigosum* var. *microcalyx* Regel（590 页）、*T. strigosum* var. *pubescens* Regel（590 页）与 *T. strigosum* var. *planifolium* Regel（591 页）。

1883 年，Pierre Edmond Boissier 又在他的《东方植物志（Flora Orientalis)》第 5 卷，661 页，把 Beiberstein 定名的 *Bromus strigosus* M. Bieb. 组合到冰草属中成为 *Agropyron strigosum*（M. B. ）Boiss. 。

1885 年，英国出生的美国植物学家 George Vasey 在《美国禾草描述目录（Dscr. Catal. Grasses U. S. ）》中，把 *Triticium divergens* Nees ex Steud. 组合到冰草属中成为 *Agropyron devergens*（Nees）Vasey。

1897 年，美国植物学家 Frank Lamson-Scribner 与 Jared G. Smith 在《美国农业部草学组公报（U. S. Dept. Agric. , Div. Agrostol. Bull. ）》4 卷，27 页，发表一个冰草属新种名为 *Agropyron vaseyi* Scribner et Smith；在 33 页上又把 *Festuca spicata* Pursh 组合为 *Agropyron spicatum*（Pursh）Scribner et Smith。实际上这两个同为一种植物。同在 27 页上，还发表了一个新变种，名为 *Agropyron divergens* var. *inerme* Scribner et Smith。

1900 年，美国植物学采集员 Amos Arthur Heller 在《北美植物目录（Catal. N. Amer. Pl. ）》第 2 版，3 页，用三名法把 *Agropyron divergens* var. *inerme* Scribner et Smith 写成 *Agropyron spicatum inerme* Heller，而没有写出原定名人，写成他定的名。

1901 年，希腊植物学家 Paleologos C. Candargy 在他的专著《Monogr. tēs phyls tōn krithōdōn》中，把 C. B. Trinius 定名的 *Triticum gmelinii* 组合为 *Agropyron gmelinii*

（Trin.）Candargy。又把 *Triticum strigosum* var. *microcalyx* Regel 升级为种，也组合到冰草属中，成为 *Agropyron microcalyx*（Regel）Candargy（40 页）。

1904 年，瑞士植物学家 Eduard Hackel 在《普通植物学杂志（Allgemeine Botanische Zeitschrift）》第 10 卷，21 页，发表一个冰草属的新种，定名为 *Agropyron libanoticum* Hackel。又在 Johann Andreas Kneucker 编辑的《普通植物学杂志》22 页，发表另一个名为 *Agropyron cognatum* Heckel 的新种。

1909 年，在纽约植物园工作的瑞典植物学家 Pehr Axel Rydberg 把 *Agropyron divergens* var. *inerme* Scribner et Smith 升级为种，即 *Agropyron inerme*（Scribner et Smith）Rydberg，发表在《托瑞植物学俱乐部公报（Bull. Torrey Bot. Club）》36 卷，539 页。

1913 年，E. Hackel 在《梯弗里斯植物园通报（Monit. Jard. Bot. Tiflis）》29 卷，26 页，发表一个名为 *Agropyron sosnovskyi* Heckel 的冰草属新种。

1914 年俄罗斯植物学家 Василий Петрович Дробов 在《科学院植物学博物馆公报（Тр. Бот. Муз. АН）》12 卷，46 页，发表一个名为 *Agropyron aegilopoides* Drobov 的新种。而它应当是属于 *strigosum* 的一个形态稍有差异的类群。

1916 年，Василий Петрович Дробов 又在《科学院植物学博物馆公报（Тр. Бот. Муз. АН）》16 卷，138 页，发表一个名为 *Agropyron ferganense* Drobov 的新种。这与 1904 年，瑞士植物学家 Eduard Hackel 定名的 *Agropyron cognatum* Heckel 实际上是同一个分类群。

1926 年，乌克兰植物学家 Григорий Иванович Сирчаев 与 Е. М. Лавренко 在《Consp. Fl. Prov. Chark.》第 1 卷，39 页，发表一个名为 *Triticum intermedium* var. *stipifolium* Czern. ex Sirj. et Lavrenko 新变种。

1929 年，捷克布尔诺马萨瑞克大学植物学教授 Frantisek Nábélek 定立一个名为 *Agropyron kosaninii* Nábélek 的新种，发表在《马萨瑞克大学科学学院丛刊（Publ. Fac. Sci. Univ. Masaryk）》111 卷，25 页。

1932 年，苏联著名禾草学家 Серген Арсениевич Невский 在《苏联科学院植物园公报（Известя Ботаничческого Сада Академии Наук СССР）》30 卷，发表了 *Ag. reflexiaristatum* Nevski（495 页）、*Agropyron propinquum* Nevski（498 页）、*Ag. jacutorum* Nevski（502 页）、*Ag. roshevitzii* Nevski（503 页）、*Ag. amgumensis* Nevski（505 页）5 个新种。

1933 年，Невский 把自己前一年定的 *Agropyron amgumensis* Nevski、*Ag. jacutorum* Nevski 与 *Ag. reflexiaristatum* Nevski 重新组合在偃麦草属中，成为 *Elytrigia jacutora*（Nevski）Nevski（1 卷，24 页）、*E. amgumensis*（Nevski）Nevski（2 卷，78 页）与 *E. reflexiaristata*（Nevski）Nevski（2 卷 77 页），发表在《苏联科学院植物研究所学报（Трудң Ботаничееского Иститтута АН СССР）》系列 1 上。

1934 年，Невский 在《苏联科学院植物研究所学报(Трудң Ботаничееского Иститтута АН СССР）》系列 1，第 2 卷，78 页，发表一个名为 *Agropyron attenuatiglume* Nevski 的冰草属新种。

同年，Невский 在《苏联植物志（Флора СССР）》第 2 卷，记录了以下一些冰草属的新种，它们是：

Agropyron armenum Nevski（640 页）；

Ag. dsungaricum Nevski（641 页）；

Ag. gracillimum Nevski（638 页）；

Ag. pruiniferum Nevski（640 页）；

Ag. scythicum Nevski（638 页）；

Ag. setuliferum（Nevski）Nevski（642 页）；

Ag. stipifolium Czern. ex Nevski（637 页）。

也就在 1934 年，Невский 又在《中亚大学学报（Тр. Среднеаз. Универ. ）》17 卷，61 页，新定两个偃麦草属的新种，一个名为 *Elytrigia dsungarica* Nevski，另一个名为 *Elytrigia setulifera* Nevski；在同一页上，又把 *Agropyron ferganense* Drobov 组合为 *Elytrigia ferganensis*（Drobov）Nevski。而 *Elytrigia ferganensis* 与 *Elytrigia dsungarica* 实际上是同一分类群。

1935 年，Невский 在《苏联科学院植物研究所学报（Трудн Ботаничееского Иститтута АН СССР)》系列 1，第 2 卷，638 页，发表了 *Elytrigia gracillima*（Nevski）Nevski 新组合。

1936 年，Невский 在《苏联科学院植物研究所学报（Трудн Ботаничееского Иститтута АН СССР)》系列 1，第 2 卷，发表了以下 10 个新组合：

Elytrigia armena（Nevski）Nevski（80 页）；

Elytrigia amgumensis（Nevski）Nevski（78 页）；

Elytrigia divaricata（Boiss. et Bal. ）Nevski（78 页）；

Elytrigia geniculata（Trin. ）Nevski（82 页）；

Elytrigia pruinifera（Nevski）Nevski（81 页）；

Elytrigia reflexiaristata（Nevski Nevski（77 页）；

Elytrigia scythica（Nevski）Nevski（79 页）；

Elytrigia sosnovskyi（Heckel）Nevski（82 页）；

Elytrigia stipifolia（Czern. ex Nevski）Nevski（79 页）；

Elytrigia strigosa（M. Bieb. ）Nevski（77 页）。

1940 年，М. В. Клоков 与 Ю. М. Прокудін 在《乌克兰植物志（Флора УРСР）》第 2 卷，330 页，发表一个名为 *Agropyron cretaceum* Klokov et Prokudin 的新种。

1943 年，日本植物学家大井次三郎在《日本植物学杂志》19 卷，167 页，发表一个名为 *Agropyron kanashiroi* Ohwi 的冰草属新种。

1947 年，美国亚利桑那大学的植物学家 Frank W. Gould，把 F. T. Pursch 定名的 *Festuca spicata* Pursh 组合到披碱草属中，成为 *Elymus spicatus*（Pursh）Gould，发表在《Madroño》9 卷，125 页。

1949 年，A. Melderis 把大井定名的 *Agropyron kanashiroi* Ohwi 组合在偃麦草属中成为 *Elytrigia kanashiroi*（Ohwi）Melderis，发表在 T. Norlindh 主编的《蒙古植物志（Fl. Mong. ）》122 页上。

1950 年，М. В. Клоков 又把 *Agropyron cretaceum* Klokov et Prokudin 组合在偃麦

草属中，成为 *Elytrigia cretacea*（Klokov et Prokudin）Klokov，发表在《Визн. Росл. УРСР》900 页。

1955 年，Н. Иванова 在 Грубов 的《植物资源（Bot. Mat.）》17 卷，发表一个偃麦草属的新种 *Elytrigia nevskii* N. Ivanoba（5 页）。

1960 年，A. Melderis 在英国植物学家 N. L. Bor 主编的《缅甸、锡兰、印度与巴基斯坦的禾草（The Grasses of Burma，Ceylon，India and Pakistan)》一书中发表了一些新种与新变种，它们是：

Agropyron pamiricum Melderis（693 页）；

Ag. stewartii Melderis（695 页）；

Ag. cognatum var. *shingoense* Melderis（690 页）。

1963 年，耿以礼、陈守良在《南京大学学报》1 卷，73 页，把耿以礼于 1959 年发表在《中国主要植物图说·禾本科》375 页，图 303 定名的 *Roegneria alashanica* Keng（裸名），补充拉丁文重新正式发表。

1970 年，苏联植物学家 Н. Н. Цвелев 在《苏联草本植物名录（Список Раст. Герб. Фл. СССР)》18 卷，24 页，发表了以下 3 个亚种新组合：

Agropyron strigosum subsp. *aegilopoides*（Drobov）Tzvelev；

Ag. strigosum subsp. *amgumense*（Nevski）Tzvelev；

Ag. strigosum subsp. *jacutorum*（Nevski）Tzvelev。

1972 年，Н. Н. Цвелев 在《新维管束植物系统学（Новости Системтика Высших Расттений)》9 卷，发表一个偃麦草属的新种 *Elytrigia heidemaniae* Tzvelev。

1973 年，Н. Н. Цвелев 又在《新维管束植物系统学（Новости Системтика Высших Расттений)》10 卷，把过去发表的一些分类群重新组合在偃麦草属中，它们是：

Elytrigia divaricata subsp. *attenuatiglumis*（Nevski）Tzvelev（28 页）；

El. stipifolia subsp. *armenia*（Nevski）Tzvelev（29 页）；

El. geniculata subsp. *ferganensis*（Drobov）Tzvelev（29 页）；

El. geniculata subsp. *pruinifera*（Nevski）Tzvelev（29 页）；

El. geniculata subsp. *scythica*（Nevski）Tzvelev（29 页）；

El. touri（Boiss. et Bal.）Tzvelev（30 页）。

1974 年，Н. Н. Цвелев 在《苏联欧洲部分植物志（Фл. Евр. Часть СССР)》第 2 卷，144 页，把 С. А. Невский 定名的 *Elytrigia reflexiaristata*（Nevski）Nevski 降级为 *Elytrigia strigosa* subsp. *reflexiaristata*（Nevski）Tzvelev。

1975 年，苏联的 Б. Саблина 在《新维管束植物系统学（Новости Системтика Высших Расттений)》12 卷，44 页，发表一个偃麦草属的新种，定名为 *Elytrigia dsinalica* Sablina。Н. Н. Цвелев 同在这卷杂志 118 页，把 С. А. Невский 的 *Elytrigia amgumensis*（Nevski）Nevski 及 *Et. jacutorum*（Nevski）Nevski 降级为 *Elytrigia strigosa* subsp. *amgumensis*（Nevski）Tzvelev 及 *El. strigosa* subsp. *jacutorum*（Nevski）Tzvelev。

1976 年，O. Anders 与 D. Podleech 把 E. Hackel 的 *Agropyron cognatum* Hackel 组合为 *Elytrigia cognata*（Hackel）O. Anders et D. Podleech 发表在 *Mitt. Bot. Staatssa-*

*mml. Munchen*12卷，311页。

1977年，O. H. Дубвик 在《维管束与低等植物新系统学（Новости Системаики Высших и Низших Растений)》1976卷，12页，把 C. A. Невский 的 *Agropyron roshevtzii* Nevski 组合到偃麦草属中，成为 *Elytrigia roshevtzii*（Nevski）Dubvik。同页上还发表一个新种，定名为 *Elytrigia kotovii* Dubvik，又在14页上发表一个名为 *Elytrigia ninae* 的新种。在17页，把 *Agropyron kosaninii* Nábélek 也组合到偃麦草属中，成为 *Elytrigia kosaninii*（Nábélek）Dubovik。

同年，捷克斯洛伐克科学院植物研究所的 Josef Holub 在《Folia Geobot. Phytotax. Praha》12卷，426页，把 E. Hackel 的 *Agropyron libanoticum* Hackel 组合为 *Elytrigia libanotica*（Hackel）Holub，同时把 *Agropyron cognatum* Hackel 也组合到偃麦草属成为 *Elytrigia cognata*（Hackel）Holub，而这正是前一年 O. Anders 与 D. Podleech 已经发表的相同组合。

1978年，A. Melderis 在《林奈学会植物学杂志(Bot. J. Linn. Soc.)》76卷，把 *Agropyronre reflexiaristatum* Nevski 组合到披碱草属中，成为 *Elymus reflexiaristatus*（Nevski）Melderis（375页）；把 *Agropyron libanoticum* Hackel 组合成为 *Elymus libanoticus*（Hackel）Melderis（377页）。

1983年，美国犹他州立大学著名禾草学家 Douglas R. Dewey 把 Friedrich Traugott Pursch 的 *Festuca spicata* Pursh 组合到偃麦草属成为 *Elytrigia spicata*（Pursh）Dewey 发表在《Brittonia》35卷，31页。

1984年，颜济、杨俊良在《云南植物研究》6卷，1期，75～76页，发表一个名为昌都鹅观草的新种——*Roegneria elytrigioides* C. Yen et J. L. Yang，也应当属于这一类群。

同年，Áskell Löve 在《Feddes Repertorium》95卷发表一篇影响十分深远的重要文章——“小麦族大纲（Conspectusof the Triticeae)”。这是以他1982年发表的“Generic Evolution of the Wheatgrasses”的新概念为基础全面整理小麦族生物系统的报告。在以 **S**（=**St**）染色体组来界定的 *Pseudoroegneria* 属中，他组合了19个种，与18个亚种。这里要指出的是，Áskell Löve 的亚种是没有实验生物学数据基础的，完全是臆定的。编著者在本书第二卷中才把“生殖隔离程度达不到50%”作为界定亚种的标准。50%以上定为不同的种，没有生殖隔离，只是形态差异的定为变种。Á. Löve 定的这些亚种，可能是种，也可能是亚种，也可能是变种，需要用实验数据来检定。他的拟鹅观草属包含以下的分类群：

1. *Pseudoroegneria strigosa*（M. Bieb.）Á. Löve
   subsp. *strigosa*；
   subsp. *aegilopoides*（Drobov）Á. Love；
   subsp. *amgumensis*（Nevski）Á. Löve；
   subsp. *jacutorum*（Nevski）Á. Löve；
   subsp. *kanashiroi*（Ohwi）Á. Löve；
   subsp. *reflexiaristata*（Nevski）Á. Löve。
2. *Pseudoroegneria divaricata*（Boiss. et Bal.）Á. Löve
   subsp. *divaricata*；

subsp. *attenuatiglumis* (Nevski) Á. Löve。

3. *Pseudoroegneria dsinalica* (Sablina) Á. Löve。

4. *Pseudoroegneria kotovii* (Dubovik) Á. Löve。

5. *Pseudoroegneria ninae* (Dubovik) Á. Löve。

6. *Pseudoroegneria cretacea* (Klok. et Prokudin) Á. Löve。

7. *Pseudoroegneria stipifolia* (Czern. ex Nevski) Á. Löve。

8. *Pseudoroegneria touri* (Boiss. et Bal.) Á. Löve
   subsp. *tauri*;
   subsp. *libanotica* (Hackel) Á. Löve。

9. *Pseudoroegneria pertenuis* (C. A. Mey.) Á. Löve。

10. *Pseudoroegneria kosaninii* (Nábélek) Á. Löve。

11. *Pseudoroegneria sosnovskyi* (Hackel) Á. Löve。

12. *Pseudoroegneria heidemaniae* (Tzvelev) Á. Löve。

13. *Pseudoroegneria cognata* (Hackel) Á. Löve
    subsp. *cognata*;
    subsp. *shigoensis* (Melderis) Á. Löve。

14. *Pseudoroegneria geniculata* (Trin.) Á. Löve
    subsp. *geniculata*;
    subsp. *nevskii* (N. Ivanova in Grubov) Á. Löve;
    subsp. *pamirica* (Melderis) Á. Löve;
    subsp. *pruinifera* (Nevski) Á. Löve;
    subsp. *scythica* (Nevski) Á. Löve。

15. *Pseudoroegneria setulifera* (Nevski) Á. Löve。

16. *Pseudoroegneria armena* (Nevski) Á. Löve。

17. *Pseudoroegneria gracillima* (Nevski) Á. Löve。

18. *Pseudoroegneria spicata* (Pursh) Á. Löve
    subsp. *spicata*;
    subsp. *inermis* (Scribner et Smith) Á. Löve。

19. *Pseudoroegneria stewartii* (Melderis) Á. Löve。

1990 年，崔大方在《植物研究》第 10 卷，25～38 页，发表一个名为 *Elymus magnicaespesus* Cui 的种，与 *Roegneria alashanica* Keng 以及 *Roegneria elytrigioides* C. Yen et J. L. Yang 都是十分相近的分类群。

（二）拟鹅观草属实验生物学研究

1930 年，加拿大的 F. H. Peto 在《加拿大研究杂志（Canadian J. Res.）》第 1 次报道了 *Agropyron spicatum* 是染色体基数为 7 的二倍体植物。

1946 年，美国加州斯坦福大学的 Marguerite E. Hartung 发表在《美国植物学杂志

（Amer. J. Bot.）》上的观察报告：来自美国西部的 14 份二倍体与 5 份四倍体的 *Agropyron spicatum* 有 7 份分离出有芒（*spicatum*）与无芒（*inerme*）两种植株；有 2 份来自加利福尼亚州二倍体 var. *spicatum*，1 份来自华盛顿州，1 份来自爱达荷州的四倍体是纯一的有芒类型，有 6 份来自华盛顿州的二倍体是纯一的 var. *inerme*。她认为虽然许多人认为 *Agropyron inerme* 与 *Agropyron spicatum* 是两个不同的种，但这二者在细胞学与分类学上都没有大的区别。

1950 年，美国加州大学伯克利分校的 G. Ledyard Stebbins，Jr. 与 Ranjit Singh 在《美国植物学杂志（Amer. J. Bot.）》发表一篇题为 "Artificial and natural hybrids in the Gramineae，tribe Hordeae. IV. Two triploid hybrids of *Agropyron* and *Elymus*" 的试验观察报告。他们在这一试验中用了两个异源四倍体种 *Agropyron parishii* 与 *Elymus glaucus*。虽然名为两个不同的属，但根据这一系列研究的前一个报告（Stebbins，J. I. Valencia 与 R. M. Valencia，1946），在细胞遗传学关系上二者十分相近。与其说是不同的属，不如说它们是同一个属、同一个组。另两个材料，*Agropyron spicatum* 与 *Ag. inerme*，1930 年加拿大的 F. H. Peto 就确定它们都是二倍体，而 M. Hartung（1946）更认为 *Ag. inerme* 是 *Agropyron spicatum* 的无芒变异体。这一点 Stebbins 也认同。

他们做了 *Ag. inerme*×*E. glaucus* 杂交组合，杂种 No. 719 与 No. 720 外观性状二者非常相似，与双亲同样健壮，在叶宽、叶长、穗轴节间厚度、颖长方面呈中间性，多数小穗单生节上则偏向母本，在穗下部穗轴节上也有两个小穗着生。

Ag. parishii×*Ag. spicatum* 的杂种 No. 618 比母本纤细一些，外稃芒长一些，除此之外，与标准的 *Ag. parishii* 很难区分。

对 F_1 杂种的减数分裂作了细胞学观察。观察的结果见表 4-1。

表 4-1　*Ag. inerme*×*E. glaucus*（No. 719-1 与 No. 720-1）及 *Ag. parishii*×*Ag. spicatum*（No. 618-1）减数分裂中期Ⅰ染色体配对行为

（引自 Stebbins et al.，1950，表Ⅰ）

	719-1		720-1		618-1	
	细胞数	百分率（%）	细胞数	百分率（%）	细胞数	百分率（%）
细胞含 7Ⅱ+7Ⅰ	23	29.5	13	23.6	28	56.0
细胞含 6Ⅱ+9Ⅰ	17	21.8	16	29.1	5	10.0
细胞含 5Ⅱ+11Ⅰ	17	21.8	11	20.0	1	2.0
细胞含 4Ⅱ+13Ⅰ	8	10.3	7	12.7	0	0
细胞含 3Ⅱ+15Ⅰ	3	3.8	3	5.5	0	0
细胞含 2Ⅱ+17Ⅰ	0	0	1	1.8	0	0
细胞含 2Ⅲ+5Ⅱ+5Ⅰ	1	1.3	0	0	0	0
细胞含 1Ⅲ+6Ⅱ+6Ⅰ	2	2.6	0	0	15	30.0
细胞含 1Ⅲ+5Ⅱ+8Ⅰ	4	5.1	0	0	1	2.9
细胞含 1Ⅲ+4Ⅱ+10Ⅰ	3	3.8	3	5.5	0	0
细胞含 1Ⅲ+3Ⅱ+12Ⅰ	0	0	1	1.8	0	0
总细胞数	78		55		50	
平均三价体数	0.14		0.07		0.31	
平均二价体数	5.6		5.4		6.3	
平均单价体数	9.3		10.0		6.9	

在 *Agropyron inerme* × *Elymus glaucus* F_1 杂种减数分裂中期，虽然存在6个、5个、4个二价体，同时相应的单价体也不少，但大多数是非常普通的构型，即7个二价体与7个单价体。在一些细胞中也观察到三价体（图4-1-8）。大多数二价体是棒型，只有一个交叉把两条染色体联结起来。杂种No.720-1比No.719-1的配对率稍为低一些（表4-1）。后期Ⅰ大约一半的花粉母细胞中具有落后染色体以及少数细胞有桥与染色体片段。这种桥与染色体片段在杂种No.719-2中非常少见，但在No.719-1中11.3%的细胞中具有这种桥与染色体片段。在No.719-1的减数分裂后期Ⅱ染色体片段与桥也很多（图4-1-9～10，图4-2-11～13）。大多数四分子含有微核，花粉完全不育，杂种也不结实。

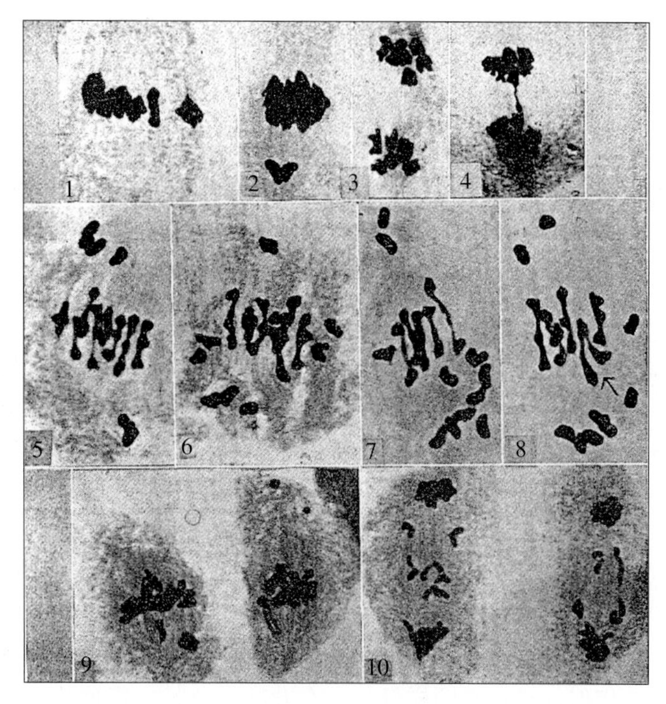

图4-1　1～4. *Agropyron inerme* 花粉母细胞减数分裂：1. 中期Ⅰ示7个2价体　2. 中期Ⅰ示6个2价体与2个单价体　3. 后期Ⅰ　4. 后期Ⅰ具1个桥及染色体片段　5～8. *Agropyron inerme* × *Elymus glaucus* 杂种No.719-1，示不同数量的二价体与一个三价体（图中箭头所指）　9～10. *Agropyron inerme* × *Elymus glaucus* 杂种No.720-1：9. 中期Ⅱ示染色体片段；10. 后期Ⅱ示落后染色体（×1140）

（引自Stebbins与Singh，1950，图1-10）

Ag. parishii × *Ag. spicatum* 杂种No.618的减数分裂中期Ⅰ的染色体配对构型比 *Agropyron inerme* × *Elymus glaucus* F_1杂种的减数分裂正常一些，85%的花粉母细胞中含7个二价体与7个单价体，少数具有

表4-2　后期Ⅰ与后期Ⅱ的染色体行为能力

（引自Stebbins & Singh，1950，表Ⅱ）

	Ag. inerme × *E. glaucus*			*Ag. parishii* × *Ag. spicatum*	
	719-1	720-1		618-1	
	后期Ⅰ	后期Ⅰ	后期Ⅱ	后期Ⅰ	后期Ⅱ
正常细胞百分率（%）	52.3	31.8	23.3	3.0	9.0
具落后染色体细胞百分率（%）	46.9	56.9	44.3	88.0	91.0
具桥与染色体片段细胞百分率（%）	0.8	11.3	32.4	9.0	0.0
总观察细胞数	128	44	176	100	100

1 个三价体、6 个二价体与 6 个单价体，二价体更多是环型（图 4-2-14～15）。后期Ⅰ与后期Ⅱ落后染色体远比 *Agropyron inerme*×*Elymus glaucus* 多（表 4-2）。但桥与染色体片段则远比 *Agropyron inerme*×*Elymus glaucus* 少一些。后期Ⅱ更未观察到桥与染色体片段，花粉完全不育，完全不结实。

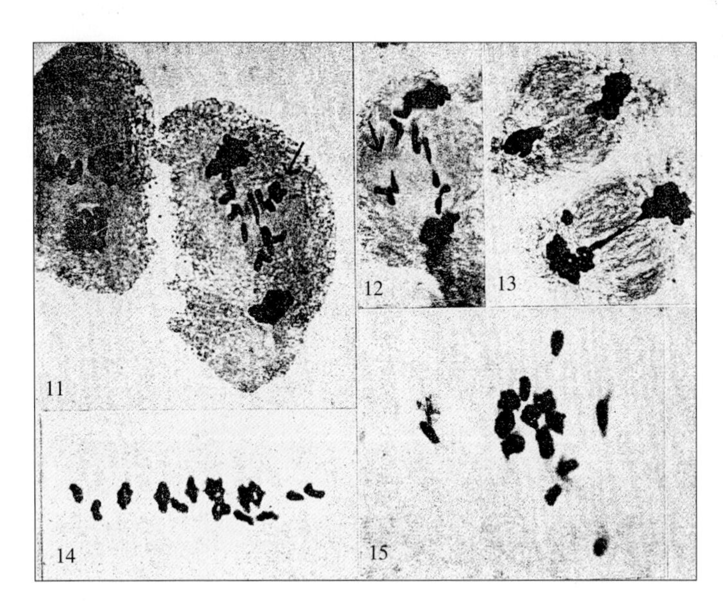

图 4-2　11～13. *Ag. inerme*×*E. glaucus* 杂种 No. 720-1：11. 后期Ⅱ，示双着丝点染色体（箭头所指）；12. 后期Ⅱ细胞的一部分，示牵伸断裂的双着丝点染色体（箭头所指）；13. 末期Ⅱ，示桥与染色体片段　14～15. *Ag. parishii*×*Ag. spicatum*，中期Ⅰ，示 7 个环型二价体与 7 个单价体

（引自 Stebbins 与 Singh，1950，图 11-15）

在这些杂种中形成的二价体是由来自 *Elymus glaucus* 或者 *Agropyron parishii* 的染色体间的同源联会，抑或是代表这两个种的一个染色体组与 *Ag. inerme* 或者 *Ag. spicatum* 的 7 条染色体间的异源联会？从染色体外部形态还难于决定。因为这 4 个种的染色体外形大小非常相似，但有非常重要的非直接证据证明是异源联会。特别是对 *Ag. parishii*×*Ag. spicatum* 组合，因为 Stebbins 与 Walters（1949）在 *Ag. parishii*×*Elymus canadensatus* 的杂种中观察到频率最高的二价体数是 3 对，并且都是松散的棒型二价体，只有一个交叉把染色体联会起来。虽然无法说明它们是同源或异源联会，即使是全部来自 *Ag. parishii* 的同源联会，但是配对率远比 *Ag. parishii*×*Ag. spicatum* 组合低得多。显示 *Ag. parishii* 是一个异源多倍体。Stebbins et al.（1946a，1946b）对一些不同杂种染色体行为分析的结论认为，*Ag. parishii* 与 *E. glaucus* 都是异源多倍体，形成同源联会能力有限，如果有一点的话。

从这些杂种的染色体行为来看，*Ag. parishii* 有一个染色体组与 *Ag. spicatum* 同源。与此相似，*E. glaucus* 与 *A. inerme* 有一组染色体组大部分同源。他们同意 Hartung（1946）的看法，*Ag. spicatum* 与 *Ag. inerme* 关系十分相近，可能是同一个种。

Ag. spicatum、*Ag. inerme* 与 *A. parishii* 有一个染色体组相同，这个染色体组他们把它命名为 A_1；而 *E. glaucus* 有一个染色体组与 A_1 相近似，命名为 A_2。如果按现在统一命名来看，则应该写成 $\mathbf{St_1}$ 与 $\mathbf{St_2}$。

1953 年，G. Ledyard Stebbins Jr. 与 Fung Ting Pun 用 *Ag. spicatum* 与 *Ag. spicatum* var. *inerme* 分析种来检测 *Ag. caespitosum* 的染色体组的组成。他们用 6 个亲本，做了 4 个杂交组合（表 4 - 3）。

表 4 - 3　亲本种系来源与杂交组合

（引自 Stebbins 与 Pun，1953，表 1）

种与杂种	栽培编号	来　源
Ag. spicatum	021	Centerville，Utah. G. L. Stebbins Jr.
Ag. spicatum	089	Wala Wala，Washington USSCS P9180
Ag. spicatum var. *inerme*	544	Lind，Washington Carnegie Institute 4313
Ag. spicatum var. *inerme*	545	Spokane，Washington Carnegie Institute 4312
Ag. spicatum var. *inerme*	091	Soap Lake，Washington USSCS P6023
Ag. caespitosum	987	Bukat，Iran. H. P. Olmo
Ag. spicatum×*Ag. spicatum* var. *inerme*	1115	089×091
Ag. spicatum var. *inerme*×*Ag. spicatum*	1116	544×021
Ag. spicatum var. *inerme*×*Ag. caespitosum*	1117	545×987
Ag. caespitosum×*Ag. spicatum*	1118	987×021

杂交试验观察结果记录如表 4 - 4、表 4 - 5、图 4 - 3 所示。

表 4 - 4　*Ag. caespitosum*（987 - 5）、*Ag. spicatum*（089）、*Ag. spicatum*×*Ag. spicatum* var. *inerme*（1115）及其反交（1116）、*Ag. spicatum* var. *inerme*×*Ag. caespitosum*（1117 - 1）、*Ag. caespitosum*×*Ag. spicatum*（1118 - 2）

（引自 Stebbins 与 Pun，1953，表 2）

	A. ca. 987 - 5		*A. sp.* 089		*A. sp.* ×*i.* 1115 - 4		*A. i.* ×*sp.* 1116		*A. i.* ×*cs.* 1117 - 1		*A. ca.* ×*sp.* 1118 - 2	
	No.	%	No.	%	No.	%	No.	%	No.	%	No.	%
7Ⅱ	43	86.0	87	96.9	81	96.4	62	77.5	46	74.2	14	14.6
6Ⅱ+2Ⅰ	7	14.0	3	3.1	2	2.4	12	15.0	12	19.4	19	19.8
5Ⅱ+4Ⅰ	0	0	0	0	1	1.2	5	6.2	3	4.8	11	12.1
4Ⅱ+6Ⅰ	0	0	0	0	0	0	1	1.3	1	1.6	2	2.1
1Ⅳ+5Ⅱ	0	0	0	0	0	0	0	0	0	0	31	32.3
1Ⅳ+4Ⅱ+2Ⅰ	0	0	0	0	0	0	0	0	0	0	16	16.7
1Ⅳ+3Ⅱ+4Ⅰ	0	0	0	0	0	0	0	0	0	0	3	3.1

表 4-5　后期Ⅰ与后期Ⅱ的染色体行为

（引自 Stebbins 与 Pun，1953，表 3）

	A. cs. 987-5		*A. sp.* 089		*A. sp.*×*i.* 1115-4		*A. i.*×*sp.* 1116		*A. i.*×*cs.* 1117-1		*A. cs.*×*sp.* 1118-2	
	Ⅰ	Ⅱ	Ⅰ	Ⅱ	Ⅰ	Ⅱ	Ⅰ	Ⅱ	Ⅰ	Ⅱ	Ⅰ	Ⅱ
正常分离	49	60	51	50	60	55	63	56	2	4	20	10
落后染色体	1	5	1	1	5	6	1	4	2	18	35	8
桥/片段	0	0	0	0	0	0	0	0	18	0	0	0
染色体分群	0	0	0	0	0	0	0	0	37	0	0	0
总计	50	67	53	51	65	63	66	63	77	51	70	38

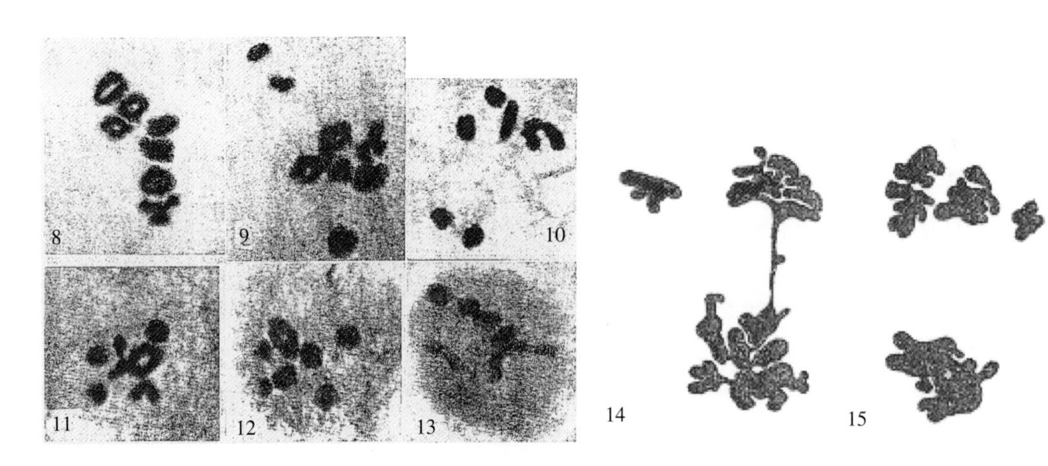

图 4-3　*Agropyron spicatum* var. *inerme*×*Ag. caespitosum* 与 *Ag. caespitosum*×*Ag. spicatum* 减数分裂染色体配对情况

8. *Ag. spicatum* var. *inerme*×*Ag. caespitosum*，No. 1117，7 个二价体　9. 同一杂种，6 个二价体+2 个单价体　10. *Ag. caespitosum*×*Ag. spicatum*，No. 1118，7 个二价体　11. 同一杂种，5 个二价体+1 个环状四价体　12. 同一杂种，1 个环状四价体+4 个二价体+2 个单价体　13. 同一杂种，1 个链状四价体+4 个二价体+2 个单价体　14、15. *Ag. spicatum* var. *inerme*×*Ag. caespitosum*，No. 1117，示落后染色体、桥及片段

（引自 Stebbins 与 Pun，1953）

从实验数据来看，*Ag. spicatum*、*Ag. spicatum* var. *inerme* 与 *Ag. caespitosum* 三者之间有很强的同源性。*Ag. caespitosum* 与 *Ag. spicatum* 及 *Ag. spicatum* var. *inerme* 的杂种完全不育。而 *Ag. spicatum* 与 *Ag. spicatum* var. *inerme* 之间的杂种则基本上是可育的。杂种的减数分裂是不一样的，不育的杂种包括 *Ag. caespitosum* 有相当数量的落后单价体以及桥与染色体片段，显示出倒位杂合性及其他的结构性差异。此外，其中一个杂种 No. 1118，染色体后期Ⅰ具有特殊的无中板聚集现象，显示出亲本种间控制染色体运动的遗传机制不协调，可能是反映基因性不平衡。杂种可能存在染色体结构性的与基因性的两方面的不育原因。

Ag. spicatum 与其变种 var. *inerme* 杂交染色体配对正常，杂种能育。与来自西南亚（高加索、外高加索与伊朗西北部——编著者注）的 *Ag. caespitosum* 杂交虽然染色体配对

率也高，但有四价体与单价体形成，后期出现桥及染色体片段，染色体结构性与基因性造成不育。可以说 *Ag. spicatum* 及其变种 var. *inerme* 与 *Ag. caespitosum* 是亲缘关系很近的不同物种。

1969 年，美国犹他州立大学美国农业部牧草与草原实验室著名的禾草专家 Douglas R. Dewey，也对 *Agropyron caespitosum* 与 *Ag. spicatum* 进行了杂交试验。认为二倍体的 *Agropyron caespitosum* C. Koch 是容易与种间、属间天然杂交的开放授粉植物。在苗圃中与邻近属、种发生天然杂交屡见不鲜。它与二倍体的 *Ag. spicatum* 父本杂交，80 朵去雄雌花得到 24 粒皱缩的杂种种子。23 粒发芽，到三叶期只有 16 株存活。四倍体的 *Ag. spicatum* 为母本，194 朵去雄小花，授以二倍体的 *Ag. caespitosum* 的花粉，没有结一粒种子。反交也没有结实。二倍体的 *Ag. caespitosum* 与二倍体的 *Ag. spicatum* 杂交亲和，对四倍体的 *Ag. spicatum* 则不亲和。*Ag. caespitosum*×*Ag. spicatum* 染色体在终变期配对正常，呈 7 个闭合环状二价体。154 个观察花粉母细胞中只有 3 个有单价体，在 1 个花粉母细胞中发现有一个貌似的四价体，而其他染色体都是二价体。在中期Ⅰ一些二价体开始分离，看起来像单价体。大约 1/4 的中期Ⅰ的花粉母细胞含有 1～4 个单价体，一半的二价体呈环型。中期Ⅰ发展单价体频率增加，中期Ⅰ晚期都不用作分析，这种单价体显而易见是从早前的二价体分离形成的，应算作二价体。154 个细胞中只观察到一个三价体，没有比三价体更高的多价体。减数分裂以后各期观察了 200 多个细胞，后期Ⅰ含落后染色体的细胞不到 10%，最多只含有两条落后染色体。245 个细胞中有 12 个观察到有 1 个桥。250 个后期Ⅱ细胞中，有 5 个观察到桥及其相应的染色体片段，落后染色体的频率比后期Ⅰ低。3%的四分子含有 1～2 个微核（图 4－4）。虽然减数分裂基本上是正常的，能染色的花粉最多只有 4%，且多数能染色的杂种花粉也比正常花粉小一些。这些杂种在开放授粉情况下也无一结实。数据说明它们亲缘关系非常相近，却是各具独立基因库的不同物种。

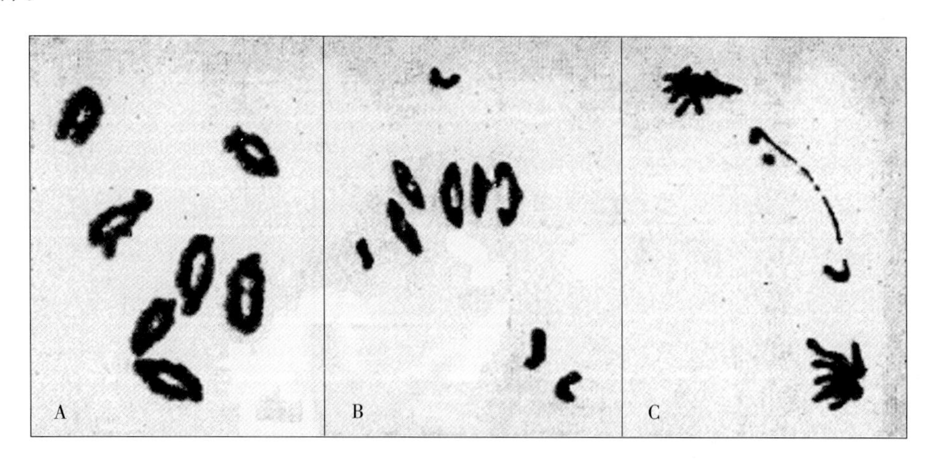

图 4－4 *Agropyron caespitosum*×*Ag. spicatum* F_1 杂种减数分裂

A. 终变期，7 个环型二价体 B. 中期Ⅰ，5 个环型二价体与 4 个单价体

C. 末期Ⅱ，示桥与染色体片段

（引自 Dewey，1969，图 2－A～C）

1971 年，Douglas R. Dewey（Bot. Gaz.，133：436～443）指出应将 *Agropyron caespitosum* C. Koch 的种名更正为 *Ag. libanoticum* Hackel。

1971 年，Douglas R. Dewey 对 *Agropyron spicatum*、*Ag. scribneri*、*Hordeum brachyantherum* 与 *H. arizonicum* 进行染色体组分析研究。论文发表在《托瑞植物学俱乐部公报(Bulletin of theTorrey Botanical Club)》98 卷，第 4 期。

Agropyron scribneri×*Ag. spicatum*，35 朵去雄的花用 *Ag. spicatum* 花粉授粉，得到 12 粒发育良好的种子。10 颗萌发，但有 6 棵白化苗，很早就夭折。其余 4 棵也非常纤弱，成半失绿状态，黄绿色，只有 35 cm 高，穗呈中间型。虽然杂种在苗圃种植生长了 3 年，但一直处于濒临死亡状态。双亲都是正常的植物，减数分裂前者含 28 条，14 对二价体；后者含 14 条，7 对二价体，二者都很少有单体出现。150 个 F_1 杂种花粉母细胞中，有 120 个含 7 个单价体与 7 对二价体，大多数二价体都是环型。第二种较为常见的配对构型是 6 个单价体、6 个二价体与 1 个三价体，这种构型在 15 个细胞中出现，也就是占 10%。后期Ⅰ，有 5.4%的细胞有落后染色体，有 23 个细胞观察到有桥与染色体片段。后期Ⅱ，普遍有落后染色体。200 个四分子中 166 个具有微核。所有杂种花粉都是空壳，4 棵杂种植株都不结实。

Hordeum brachyantherum×*Agropyron spicatum*，30 朵短药大麦的去雄小花，授以 *Ag. spicatum* 花粉，得到 9 粒瘪皱的种子。5 粒萌芽，4 株移植苗圃，杂种植株相当健壮，但叶有黑斑。这种黑斑病看来是生理因素造成的。杂种穗子类似大麦亲本易于脆断；节上着生 2 个小穗，偶尔 3 个小穗；小穗含 3～4 小花；颖钻形，但比大麦亲本宽 1 倍。减数分裂中期Ⅰ的染色体配对构型记录如表 4－6。

表 4－6　*Agropyron spicatum*、*Ag. scribneri*、*Hordeum brachyantherum*、*H. arizonicum* 及其 F_1 杂种减数分裂中期Ⅰ染色体配对情况

（引自 Dewey，1971，表 2，编排上稍微修改）

种与杂种	染色体数	Ⅰ价体		Ⅱ价体		Ⅲ价体		Ⅳ价体		细胞数
		变幅	平均	变幅	平均	变幅	平均	变幅	平均	
Ag. spicatum	14	0～2	0.08	6～7	6.96	—	—	—	—	233
Ag. scribneri	28	0～2	0.10	13～14	13.95	—	—	—	—	115
H. brachyantherum	28	0～2	0.04	13～14	13.98	—	—	—	—	86
H. arizonicum	42	0～2	0.15	17～21	19.63	0～1	0.09	0～2	0.58	65
Ag. spi.×*Ag. scr.*	21	5～9	6.91	5～8	6.88	0～1	0.11	—	—	150
H. brac.×*Ag. spi.*	21	13～21	18.85	0～4	1.07	—	—	—	—	163
H. ariz.×*Ag. spi.*	28	11～22	17.02	3～7	5.02	0～1	0.31	—	—	120

注：*Ag. spi.*＝*Ag. spicatum*；*Ag. scr.*＝*Ag. scribneri*；*H. ariz.*＝*H. arizonicum*；*H. brac.*＝*H. brachyantherum*。

Hordeum arizonicum×*Ag. spicatum*，8 朵小花得到一粒皱瘪的杂种种子。杂种种子很快萌发，并在苗圃中长成一健壮植株。母本 *H. arizonicum* 是一年生植物，杂种却经过了两个严冬而只有轻微的冻害。经分株繁殖，所有无性系都做了分析研究。营养器官与穗子都呈中间型，老穗充分黄熟还继续抽出新穗。二倍体的 *Ag. spicatum* 减数分裂十分正

常，但母本 *H. arizonicum* 却变化很大，半数花粉母细胞中有 1～2 个四价体形成，少数有单价体与三价体。后期Ⅰ有 11.2%的细胞有 1～4 个落后染色体，6.2%的四分子含有微核。杂种含预期的 28 条染色体，减数分裂高度异常。观察的 120 个花粉母细胞中有 28 个中期Ⅰ含 16 个单价体与 6 个二价体，有 10 个细胞含 14 个单价体与 7 个二价体，显示其全染色体组的同源性。多数二价体为棒型，环型二价体也有高达 3 对的。多价体只观察到有三价体，120 个中期Ⅰ细胞中有 37 个含三价体。其中期Ⅰ染色体行为的异常程度与 *H. brachyantherum*×*Ag. spicatum* 杂种相似。后期Ⅰ与后期Ⅱ含有许多落后染色体。所有的四分子都含有微核。

从以上实验数据来看（表 4－6，图 4－5），*Ag. scribneri* 确实含有 **S** 染色体组。*Hordeum brachyantherum*×*Ag. spicatum* 杂种染色体配对率非常低，平均二价体只有 1.07，说明两亲本之间基本上不具同源性。*Hordeum arizonicum* 自身在减数分裂中期Ⅰ就偶尔出现四价体，显示其具部分同源多倍体的性质。因此，在 *H. arizonicum*×*Ag. spicatum* 的杂种减数分裂中期Ⅰ出现的 3～7 对二价体可能就是 *H. arizonicum* 自身染色体的同源联会。从上述 *H. brachyantherum*×*Ag. spicatum* 与 *H. arizonicum*×*Ag. spicatum* 两个组合的杂种的染色体配对数据来看，两种大麦都不含有与 *Agropyron spicatum* 的染色体组同源的染色体组。

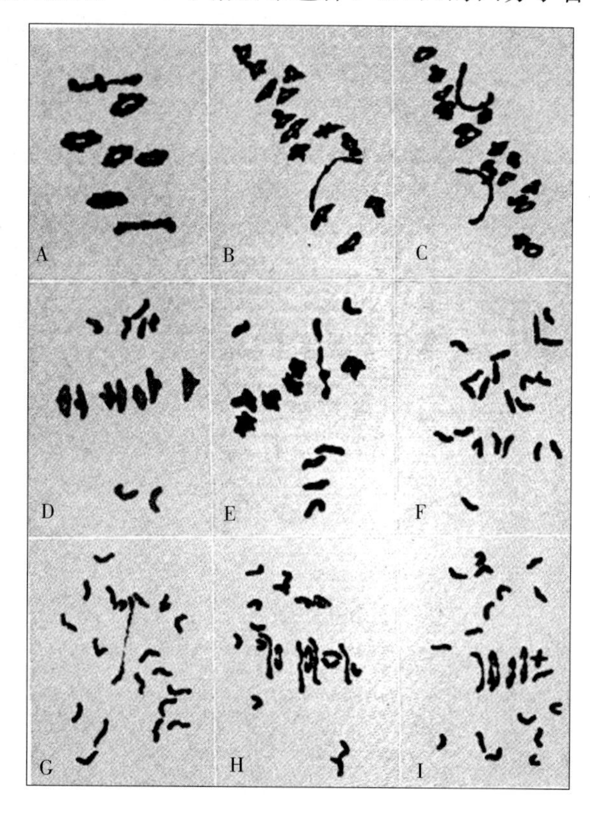

图 4－5 中期Ⅰ *Agropyron spicatum*（A）、*Hordeum brachyantherum*（B）、*H. arizonicum*（C）、*Ag. scribneri*×*Ag. spicatum*（D～E）、*H. brachyantherum*×*Ag. spicatum*（F～G）、*H. arizonicum*×*Ag. spicatum*（H～I）染色体配对构型

A. 7Ⅱ（5 环型＋2 棒型） B. 14Ⅱ（13 环型＋1 棒型） C. 17Ⅱ＋2Ⅳ（链型） D. 7Ⅱ＋7Ⅰ E. 6Ⅰ＋6Ⅱ＋1Ⅲ（链型） F. 21Ⅰ G. 19Ⅰ＋1Ⅱ（松散连接的棒型）H. 16Ⅰ＋6Ⅱ（2 个环型，3 个棒型）I. 17Ⅰ＋4Ⅱ＋1Ⅲ（V 型）

（引自 Dewey，1971，图 2）

1975 年，D. R. Dewey 在芝加哥出版的《植物学公报（Botanical Gazette）》发表一篇分析研究二倍体的 *Agropyron libanoticum* 与二倍体及同源四倍体的 *Agropyron stipifolium* 的染色体组相互关系的文章。二倍体的 *Ag. stipifolium*×*Ag. libanoticum* 的 F_1 杂种，163 个观察的减数分裂中期Ⅰ的花粉母细胞中平均染色体构型为 0.86Ⅰ＋6.48Ⅱ＋0.01Ⅲ＋0.04Ⅳ，显示出两个种具有相同的基本染色体组，但有微小的染色体结构重组而有所不同。不同杂种植株花粉育性有差异，反映在 10 株杂种能染色的花粉变幅在 12%～40%

之间。10 株中 2 株能结实，8 株不结实。同源四倍体的 *Ag. stipifolium* 为母本，与二倍体的 *Ag. libanoticum* 杂交比较困难，只得到 1 粒杂种种子，其染色体数为预期的 21 条。107 个减数分裂中期Ⅰ细胞平均染色体配对构型为 3.31Ⅰ+3.28Ⅱ+3.71Ⅲ。杂种可染色的花粉为 1%～2%，说明它们具有相同的基本染色体组。

1981 年，美国加州大学戴维斯分校的 J. Dvořák 在《加拿大遗传学与细胞学杂志（Can. J. Genet. Cytol.）》23 卷，发表一篇题为"Genome relationships among *Elytrigia* (=*Agropyron*) *elongata*, *E. stipifolia*, '*E. elongata* 4x', *E. caespitosa*, *E. intermedia*, and '*E. elongata* 10 x'"的文章。这里所说的 *E. caespitosa* 不是 1953 年 Stebbins 与 Pun（Amer. J. Bot.，40：444～449）所说的 *Agropyron caespitosum* C. Koch，而 1953 年 Stebbins 与 Pun 所说的 *Agropyron caespitosum* C. Koch，是错误的鉴定，应更正为 *Ag. libanoticum* Hackel。1971 年 Dewey（Bot. Gaz.，133：436～443）也同样指出这个问题。作者对这一研究工作当前感兴趣的是对 *Elytrigia stipifolia* 和 *E. caespitosa* 与本属有关的物种的鉴定，至于 *Elytrigia elongata* 与 *E. intermedia* 留待以后再来研究。

J. Dvořák 观察分析的结果反映在表 4-7 中。

表 4-7 *Elytrigia caespitosa* 与 *E. stipifolia* 的 F_1 杂种染色体配对

（引自 Dvořák，1981，表Ⅱ，已作删减）

	植株	2n	单价体	二价体			三价体	四价体	五价体	六价体	八价体
				棒型	环型	总计					
E. caespitosa A-62-62	1	28	0.1 (0～2)	—	—	11.3 (9～14)	0.0	0.4 (0～2)	0.0	0.6 (0～1)	<0.1 (0～1)
E. caespitosa A-62-62	1	28	0.9 (0～4)	—	—	13.0 (11～14)	0.1 (0～1)	0.2 (0～1)	0.0	0.0	0.0
"*E. elongata* 4x" TS-2.21	1	28	0.4 (0～2)	—	—	13.5 (12～14)	0.0	0.1 (0～1)	0.0	0.0	0.0
E. intermedia PI 281863	1	42	0.2 (0～2)	3.3	16.1	19.4 (15～21)	0.1 (0～1)	0.5 (0～2)	0.0	0.1 (0～1)	<0.1 (0～1)
E. stipifolia× "*E. elongata* 4x"	2	21	7.8 (5～11)	2.8 (1～5)	3.1 (1～5)	5.9 (4～7)	0.41 (0～2)	<0.1 (0～1)	0.0	0.0	0.0
"*E. elongata* 4x" × *E. caespitosa* A-62-62	3	28	1.4 (0～4)	4.4 (1～7)	6.2 (2～10)	10.6 (0～3)	0.6 (0～3)	0.9 (0～1)	0.0	<0.1	0.0
E. intermedia PI 281863× *E. caespitosa* A-62-62	1	36	4.0 (3～6)	1.2 (1～2)	9.8 (7～13)	11.0 (8～14)	1.2 (0～4)	0.7 (0～2)	0.5 (0～2)	0.2 (0～1)	0.0

从表 4-7 数据可以看到，*E. stipifolia*×"*E. elongata* 4x"环型二价体数量很高，三价体很少。清楚地表明是"*E. elongata* 4x"自己的染色体间配对，与 *E. stipifolia* 的染色体配对很少。显示出这两个种含有不同的染色体组，仅有较远的演化系统关系。

两株 *Elytrigia caespitosa* 细胞学构造不同，一株的减数分裂，多达 2 个四价体，含 1 个六价体也常见，偶尔还有八价体；另一株则只有 1 个三价体或四价体。前一株具有高频率的六价体显示它是因易位杂合性造成的多价体联会，而不是异源染色体配对。

"*E. elongata* 4x"×*E. caespitosa* 的 F_1 杂种的减数分列中期Ⅰ，环型二价体数量很多

（图 4-6），而多价体与单价体数量很少（表 4-7）。Dvořák（1981）曾作过 *Triticum aestivum-Elytrigia elongata* 双端体附加系与 *Elytrigia caespitosa* 杂交，观察到*E. elongata* 端体很少与*E. caespitosa* 的染色体配对。在这同一杂种中，*E. caespitosa* 的染色体同源配对频率实际上比与 *E. elongata* 端体的异源配对率高。这一结果说明二者之间没有相同的染色体组，“*E. elongata* 4x”×*E. caespitosa* 的 F_1 杂种的大多数的染色体配对都是同源联会。比较正常的染色体配对必然形成大多数正常四分子（图 4-6-2）。减数分裂细胞中观察到的多价体说明这两个种的染色体组间也发生异源联会。杂种花粉育性非常低，能染色的花粉，一株为 1.8%，另一株为 0.3%。“*E. elongata* 4x”的两个染色体组是有一定程度分化的，*E. caespitosa* 的两个染色体组应当同样是有分化的。*E. caespitosa* 的染色体组是一个不知名的染色体组 $\mathbf{X_{15}}$，*E. caespitosa* 的染色体组组成应该是 $\mathbf{X_{15}X_{15}X^c_{15}X^c_{15}}$。

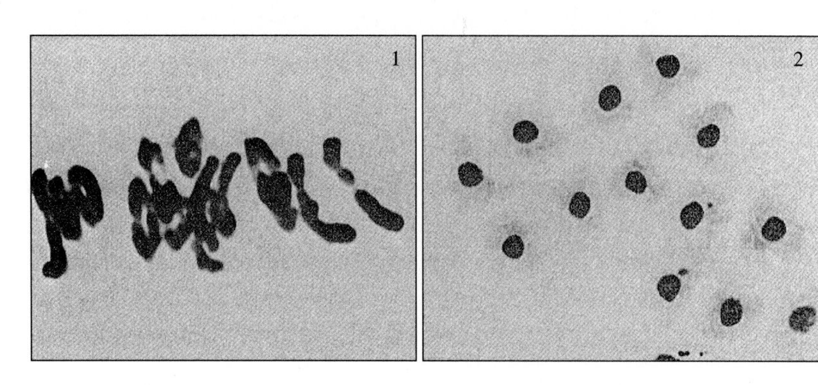

图 4-6 “*Elytrigia elongata* 4x”×*E. caespitosa* F_1 杂种中期Ⅰ花粉母细胞中呈现的 12Ⅱ+1Ⅳ（1）及同一杂种四分子（2）

（引自 Dvořák，1981，图 1 与图 2）

Dvořák 在这篇文章中对观察的测试种的染色体组定名见表 4-8。

表 4-8 *Elytrigia* 一些种的染色体组建议的命名

（引自 Dvořák，1981，表Ⅳ）

种	2n	染色体组组成	注释
E. elongata（Host）Holub	2x	**EE**	
“*E. elongata* 4x”	4x	$\mathbf{E^sE^sE^{sc}E^{sc}}$	
“*E. elongata* 10x”	10x	?	
E. bessarabica（Savul. et Rayss）Löve	2x	$\mathbf{E^jE^j}$	
E. jubceiformis Á. Löve et D. Löve	4x	$\mathbf{E^aE^aE^bE^b}$	
E. juncea（L.）Á. Löve	6x	$\mathbf{E^aE^aE^bE^bE^cE^c}$	
E. caespitosa（C. Koch）Nevski	4x	$\mathbf{X_{15}X_{15}X^c_{15}X^c_{15}}$	$\mathbf{X_{15}}$ 可能等同 **N**
E. intermedia（Host）Nevski	6x	$\mathbf{NNN^1N^1X_4X_4}$	**N** 与 $\mathbf{X_{15}}$ 都有近缘
E. libanotica（Hack.）Holub	2x	**SS**	
E. stipifolia（Czern. ex Nevski）Nevski	2x	$\mathbf{S^sS^s}$	
E. spicata（Pursh）Á. Löve	2x	$\mathbf{S^pS^p}$	

同年，Douglas R. Dewey 对来自帕米尔与阿尔泰的 *Agropyron ferganense* Drobov 及其杂种与 6 个 *Agropyron*、*Elymus* 以及 *Sitanion* 进行了细胞遗传学的试验观察研究。

Agropyron ferganense 与 *Ag. spicatum* 分布在亚洲与美洲的不同地方，但它们形态相似，所处生态环境也相近。*Ag. spicatum* 也有与它相似无芒的类型，两个都具有长花药，都是开放性的异花传粉。108 朵 *Agropyron ferganense* 去雄小花，授以 *Ag. spicatum* 的花粉，得到 46 粒充分发育的杂种种子，杂交成功率 43%。杂种植株生长茁壮，比双亲更加高大，穗比双亲都大。减数分裂染色体配对很好，完全配对的达 62%（346 个观察细胞中占 213 个），74%的二价体是环型，显示两个种的染色体同源性很高。346 个观察细胞有 68 个细胞含有三价体或四价体，可以推断有一个异源易位。减数分裂以后各期比中期Ⅰ更正常，在中期Ⅰ平均每细胞有 0.87 个单价染色体，而在后期Ⅰ落后染色体只有 0.19，在四分子中的微核也只有 0.15。看来中期Ⅰ的一些单价体是早期的二价体分离形成的，而后期正常分向两极。350 个后期细胞中观察到有 11 个细胞有桥与片段出现，显示出有一个小的杂合性臂内倒位。虽然减数分裂基本上正常，但花粉染色率不到 5%，大多数杂种能育花粉不到 2%。花药全都不开裂，也不结实。

Ag. ferganense 与 *Ag. libanoticum* 形态非常近似，只是 *Ag. ferganense* 要粗壮高大一些，它们都是二倍体与异花传粉植物。二者杂交，110 朵 *Ag. ferganense* 的去雄小花授以 *Ag. libanoticum* 花粉，得到 36 粒杂种种子，成功率为 33%。杂种植株健壮，穗性状为双亲的中间型。F_1 杂种为预期的 2n=14。完全配对率比 *Agropyron ferganense* × *Ag. spicatum* 稍低一些，只有 25%的中期Ⅰ细胞含 7 对二价体，54%的二价体是环型。杂种花粉能染色的只有 1%，花药完全不开裂，在开放传粉的情况下也完全不结实。

Ag. ferganense 是含 **S** 染色体组的二倍体种，与 *A. spicatum*、*Ag. libanoticum* 是亲缘关系非常相近的不同物种。

1984 年，Áskell Löve 在《费德汇编（Feddes Repertorium）》95 卷，发表其著名的"小麦族大纲（Conspectus of the Triticeae）"。系统地把小麦族的属按他的染色体组及其组合的概念加以整理。1980 年建立的拟鹅观草属（*Pseudoroegneria*）在这篇论文中界定为 **S** 染色体组构成的属。过去小麦族的染色体组没有一个统一的命名，都是仿效木原均按大写的英文字母由研究者自己随意定，Áskell Löve 第一次把整个小麦族加以统一命名。由于染色体组的概念是 1930 年木原均发表他的染色体组学说形成的专有名词，木原均定名的小麦及其近缘物种山羊草属的染色体组影响深远，Áskell Löve 只好照搬不改，因而与他的命名标准不完全一致。另一方面，染色体组代码在使用上也有重复，拟鹅观草属的 **S** 染色体组与木原均定的 **S** 染色体组（*Triticum* L. section *Sitopsis* 的染色体组）相重复。虽然 Áskell Löve 把木原均定的 **S** 染色体组修订为 **B** 染色体组。不单从名词，就是从这个染色体组本身的性质来看，Áskell Löve 的这一修订也都是非常正确的（参阅：本书第一卷及 Yen，Yang and Yen，2005）。但木原均是权威大学者，因此许多人仍然不认同 Áskell Löve 的修订，照常用木原均的"**S** 染色体组"。因此，1994 年第 2 届国际小麦族会议由染色体组命名委员会不得不提出把 Áskell Löve 的 **S** 染色体组修订成 **St** 染色体组，与之区别。

1985 年，美国犹他州立大学美国农业部牧草与草原实验室的 Richard R.-C. Wang（汪瑞其）、Douglas R. Dewey 与 Catherine Hsiao（凯萨琳·萧），作了冰草与拟鹅观草属间杂交试验，二倍体的 *Agropyron cristatum* × *Pseudoroegneria stipifolium*（2x）、四倍体的 *Agropyron desertorum* × *Pseudoroegneria stipifolium*（4x），它们的减数分裂染色体构型如表 4-9 与图 4-7 所示。

表 4-9 *Agropyron cristatum*（2x）× *Pseudoroegneria stipifolium*（2x）与 *Ag. desertorum*（4x）× *Pseudoroegneria stipifolium*（4x）的 F_1 杂种减数分裂染色体行为

（引自 Wang、Dewey 与 Hsiao，1985）

亲本与杂种	植株数	2n	中期Ⅰ							后期		四分子	
			Ⅰ	Ⅱ 环型	Ⅱ 棒型	Ⅱ 总计	Ⅲ	Ⅳ	细胞数	落后染色体数	细胞数	微核数	细胞数
Ag. cristatum（2x）	1	14	0.06	5.55	1.42	6.97	—	—	104	0.01	125	0.02	125
Ag. cristatum（2x）× *P. stipifolium*（2x）	7	14	7.65 （2～14）	0.21 （0～2）	2.88 （0～6）	3.09 （0～6）	0.04 （0～2）	0.01 （0～1）	276	3.86 （0～8）	126	3.50 （0～9）	150
P. stipifolium（2x）	1	14	0.06 （0～2）	4.90 （2～7）	2.07 （0～5）	6.79 （6～7）	—	—	104	0.01 （0～1）	125	0.01 （0～1）	125
Ag. desertorum（4x）*	1	29	2.06 （0～6）	4.13 （0～8）	4.84 （0～9）	8.97 （4～14）	0.62 （0～3）	1.62 （0～5）	104	0.52 （0～3）	100	0.76 （0～4）	100
Ag. desertorum（4x）× *P. stipifolium*（4x）	5	28	4.48 （0～14）	5.07 （1～11）	5.79 （0～12）	10.86 （7～14）	0.53 （0～3）	0.05 （0～1）	130	2.39 （0～9）	125	1.84 （0～6）	125
P. stipifolium（4x）	1	28	0.08 （0～2）	6.73 （2～13）	1.88 （0～7）	8.61 （2～14）	0.06 （0～1）	2.63 （0～5）	104	0.05 （0～1）	100	0.02 （0～1）	100

注：括弧内为变幅。

* 这株非整倍体 *Ag. desertorum* 有一个Ⅴ价体在一个细胞中，同时一个Ⅵ价体在另一个细胞中。

二倍体间杂种减数分裂染色体配对，$\bar{x}=3.09$ Ⅱ，大量近同源染色体 **S** 与 **P** 间发生异源联会。*Agropyron* 的染色体可以与 *Pseudoroegneria* 的染色体配对，这两个属间基因渗入完全可能。

编著者认为这与 *Agropyron* 的 **P** 染色体组上的特殊基因系统的作用有关。正因为如此，第三卷中我们曾介绍冰草属内除倍性形成生殖隔离外，染色体组亚型间都不形成生殖隔离，这正是 **P** 染色体组具有特殊基因系统所构成的特殊性。

同年，Catherine Hsiao（凯萨琳·萧）、Richard R.-C. Wang（汪瑞其）与 Douglas R. Dewey 对拟鹅观草属二倍体种的核型作了比较观察。观察的 5 个种，*Pseudo-roegneria cognata*、*P. spicata*、*P. stipifolia* 与 *P. strigosa* subsp. *aegilopoides*，虽然相互地理分布非常遥远，一个在北美，而其他在西亚，但它们的核型非常一致。一对小随体在 2 **S** 短臂上，一对大随体位于 5S 的短臂上，大多数都是中央着丝点或亚中央着丝点染色体。

染色体相对较小，染色体组总长平均 47.75 μm。说明它们遗传关系非常相近（图 4 - 8）。

1993 年，Zhi - Wu Liu（刘志武）与 Richard R.-C. Wang 发表了对 *Elytrigia caespitosa*、*Lophopyrum nodosum*、*Pseudoroegneria geniculata* subsp. *scythica* 与 *Thinopyrum intermedium* 的染色体组的分析结果。在这里作者关注的是 *Pseudoroegneria geniculata* subsp. *scythica* 的分析结果。

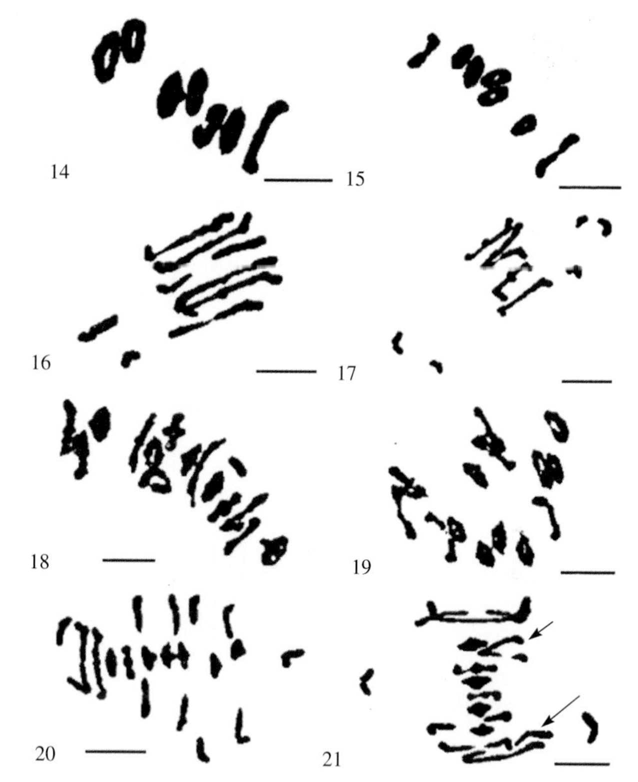

图 4 - 7　拟鹅观草属与冰草属间杂交染色体配对

14. *Agropyron cristatum*，7 Ⅱ　15. *Pseudoroegneria stipifolium*，7 Ⅱ　16. *Ag. cristatum*（2x）×*P. stipifolium*（2x）F_1杂种，2 Ⅰ +6 Ⅱ　17. 与 16 同一杂种，5 Ⅰ +3 Ⅱ +1 Ⅲ　18. *Ag. desertorum*，1 Ⅰ + 8 Ⅱ +3 Ⅳ　19. *P. stipifolium*，6 Ⅱ +4 Ⅳ　20. *Ag. desertorum*×*P. stipifolium*（2n=28），1 Ⅰ +13 Ⅱ（6 个环型）　21. 同一四倍体杂种，2 Ⅰ +10 Ⅱ +2 Ⅲ，其中一个 **PSS** 三价体，一个 **PPP** 三价体

（引自 Wang et al.，1985，图 14 - 21）

在这篇论文的序言中，作者指出"*Lophopyrum nodosum*（Nevski）Á. Löve 与 *Pseudoroegneria geniculata* ssp. *scythica*（Nevski）Á. Löve，没有做过细胞遗传学的分析研究。正如 Á. Löve（1984）在前言中所说，某些种是以其形态上的相似性而划归某些属。他认为，在大多数例子中形态相似的种含有相同的染色体组组成。因此，他处理 *L. nodosum* 与 *P. geniculata* ssp. *scythica* 就暗示它们分别含有 $\mathbf{J^eJ^eJ^eJ^e}$ 与 **SSSS** 染色体组。"美国哈佛大学阿诺德树木园的 J. K. Jarvie 与犹他州立大学植物标本室的 Mary E. Barkworth（1990）分别用同工酶与形态学分析（1992）认为，*L. nodosum* 是一种含 $\mathbf{J^eJ^eSS}$ 的异源四倍体，应与 *E. caespitosa* 及 *T. intermeium* 划分在一起。在这两篇文章中却把 *P. geniculata* ssp. *scythica* 划分在 **S** 染色体组的类群中，这就支持了 Á. Löve 的分类认定它是含 **SSSS** 染色体组组合的四倍体。

Liu 与 Wang 进行的染色体组分析以及核型分析的结果表明，*P. geniculata* ssp. *scythica* 的染色体组组合不是含 **SSSS** 染色体组组合的同源四倍体，而是含 $\mathbf{J^eJ^eSS}$ 染色体组组合的异源四倍体。它不是 *Pseudoroegneria* 的成员，而是与 *Elytrigia caespitosa*、*Lophopyrum nodosum* 含相同的 $\mathbf{J^eJ^eSS}$ 染色体组组合的物种，应归属于 *Trichopyrum*。按现在统一的染色体组命名，应改写成 $\mathbf{E^eE^eStSt}$ 染色体组组合。他们试验观察的数据如表 4 - 10 与表 4 - 11 及图 4 - 9 至图 4 - 12 所示。

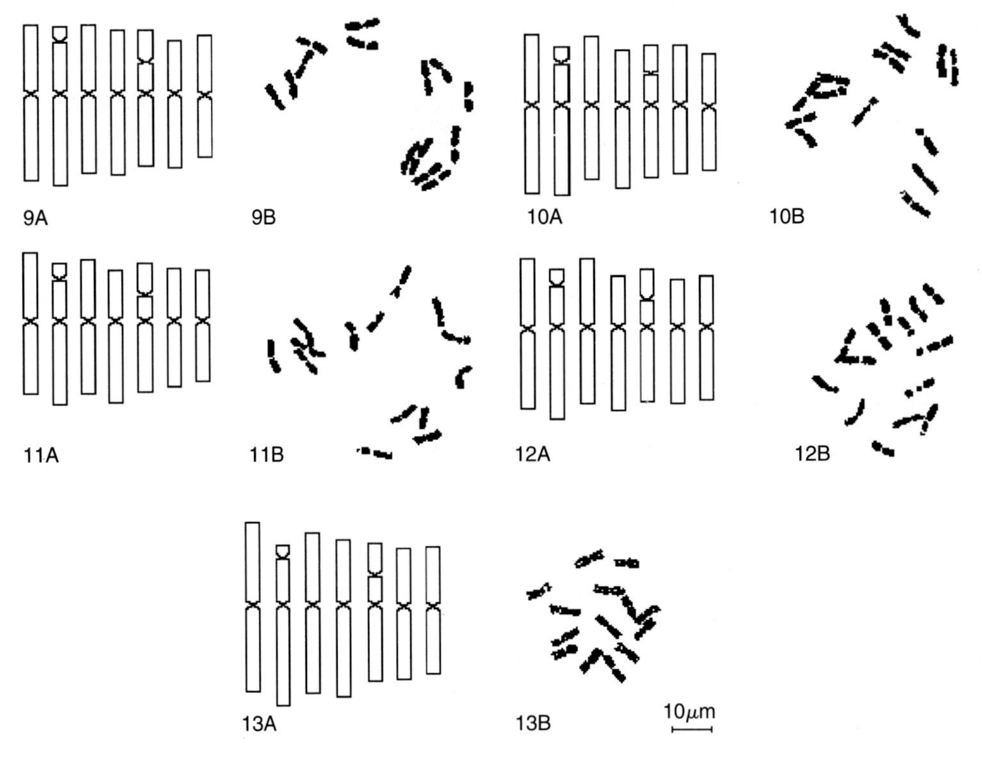

图 4-8　拟鹅观草属 5 个二倍体种的核型

9. *Pseudoroegneria spicatsa*　10. *P. cognata*　11. *P. strigosa* subsp. *aegilopoides*　12. *P. libanotica*　13. *P. stipifloia*

（引自 Hsiao et al.，1986，图 9-13）

表 4-10　杂交试验与核型观察的属种及其居群

（引自 Liu & Wang，1993，表 1）

属种	2n	居　　群	染色体组	备　考
Thinopyrum bessarabicum	14	PI 531711	J^bJ^b	Wang，1985
	14	PI 531710	J^bJ^b	
Thinopyrum elongatum	14	PI 531719	J^eJ^e	Wang，1985
Pseudoroegneria stipifolia	28	PI 531751	SSSS	Wang et al.，1985
Pseudoroegneria strigosa	28	PI 531752	SSSS	D. R. Dewey，未发表
	28	PI 531753	SSSS	
Elytrigia caespitosa	28	PI 531715	J^eJ^eSS	Liu 与 Wang，1989
	28	PI 531716	J^eJ^eSS	
Thinopyrum sartorii	28	PI 531745	$J^bJ^bJ^eJ^e$	Liu 与 Wang，1992
Thinopyrum intermedium	42	PI 281863	$J^eJ^eJ^eJ^eSS$	Löve，1986
	42	D-1391	$J^eJ^eJ^eJ^eSS$	
Pseudoroegneria geniculata subsp. *scythica*	28	PI 283271	????	
Lophopyrum nodosum	28	PI 531734	????	
	28	Jaaska-7	????	

表 4-11 *Elytrigia caespiyosa*、*Lophopyrum nodosum*、*Pseudoroegneria geniculata* ssp. *scythica*、*Thinopyrum bessarabicum* 属间 F_1 杂种减数分裂中期Ⅰ染色体配对情况

（引自 Liu 与 Wang，1993，表 3，作了删减和重新编排）

属种与杂种及其染色体组组合	2n	观察细胞数	Ⅰ	Ⅱ			多价体		备考
				棒型	环型	总计	Ⅲ	Ⅳ	
E. caespitosa J^eJ^eSS	28	100	0.10 (0～4)	0.80 (0～4)	13.10 (10～14)	13.90	0.01 (0～1)	0.01 (0～1)	Liu&WAng，1989
L. nodosum J^eJ^eSS	28	40	0.16 (0～2)	1.02 (0～4)	12.78 (10～14)	13.80	—	0.06 (0～1)	
P. geniculata ssp. *scythica* J^eJ^eSS	28	50	0.48 (0～4)	2.52 (0～6)	10.88 (6～14)	13.40	0.08 (0～1)	0.12 (0～1)	
P. geniculata ssp. *scythica*×*T. bessarabicum* J^eSJ^b	21	264	5.08 (0～8)	2.28 (0～5)	2.82 (0～5)	5.10	1.88 (0～5)	0.01 (0～1)	
T. sartorii×*P. geniculata* ssp. *scythica* J^bJ^eSS	28	94	6.35 (2～10)	6.88 (3～8)	2.50 (2～7)	9.38	0.77 (0～2)	0.16 (0～1)	
T. sartorii×*L. nodosum* J^bJ^eSS	28	50	6.92 (0～12)	6.84 (3～12)	2.00 (0～7)	8.84	0.84 (0～3)	0.22 (0～2)	
E. caespitosa×*L. nodosum* J^bSJ^eS	28	140	1.55 (0～6)	2.79 (1～7)	10.05 (5～12)	12.84	0.22 (0～3)	0.12 (0～2)	
P. strigosa×*L. nodosum* $SSSJ^e$	28	150	2.19 (0～5)	3.79 (1～6)	7.42 (2～10)	11.21	0.48 (0～3)	0.49 (0～3)	
P. geniculata ssp. *scythica*×*P. stipifolia* J^eSSS	28	149	1.29 (1～4)	4.06 (0～6)	8.32 (0～3)	12.38	0.32 (0～1)	0.23 (0～2)	

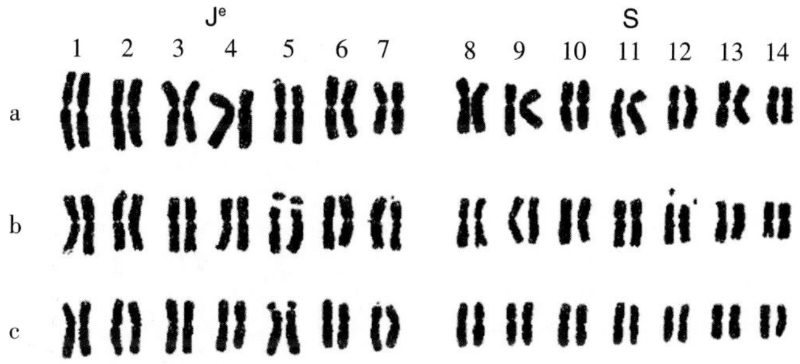

图 4-9 醋酸奥尔新染色的有丝分裂染色体核型

a. *Elytrigia caespitosa* b. *Lophopyrum nodosum*

c. *Pseudoroegneria geniculata* ssp. *scythica*

（引自 Liu & Wang，1993，图 1）

从表 4-11 所列染色体配对数据来看，四倍体的 $SSSJ^e$ 或 $J^bJ^eJ^eS$ 杂种趋向二价体化，染色体组组合趋于适合 Kimber-Alonso 2∶2 模型，而不是 3∶1 或 4∶0 模型。这样偏离预期使基于四倍体染色体配对来决定染色体组组合构成变得不可靠，除非参考恰当杂种加以比较。当上述杂种与已知的 J^eJ^eSS 植物比较时减数分裂配对构型就可以解释了。

这里，核型分析就显得很突出，可以清楚看到 *Pseudoroegneria geniculata* subsp. *scythica* 的核型与已知的 **$J^e J^e$ SS** 植物 *Elytrigia caespitosa* 的核型完全相似。从而有力地证明 *Pseudoroegneria geniculata* subsp. *scythica* 是由 **$J^e J^e$SS** 染色体组组合构成的异源四倍体物种，而不应该属于拟鹅观草属。

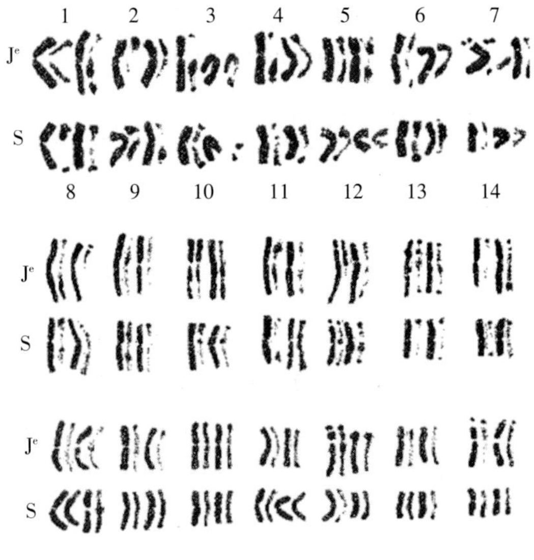

图 4-10 吉姆萨 C-带染色的有丝分裂染色体
a. *Elytrigia caespitosa* b. *Lophopyrum nodosum*
c. *Pseudoroegneria geniculata* ssp. *scythica*
（引自 Liu 与 Wang，1993，图 3）

1994 年，卢宝荣在北京出版的《Cathaya》第 6 卷上发表一篇题为"Meiotic analysis of the intergeneric hybrids between *Pseudoroegneria* and tetraploid *Elymus*"的论文，用染色体组分析的方法分析研究这两个属 **S** 染色体组之间的同源性差异。

在这篇报告中，对昌都鹅观草——*Roegneria elytrigioides* 与 *Pseudoroegneria spicata* 的 F_1 杂种减数分裂中期Ⅰ的染色体配对构型观察结果的平均（括弧中为变幅）为：3.74（1～7）Ⅰ＋3.72（0～7）环型Ⅱ＋0.58（0～3）棒型Ⅱ＋2.86（1～6）Ⅲ＋0.02（0～1）Ⅳ。细胞平均含 14.86 个交叉，变幅为 12～19。按 Chapman

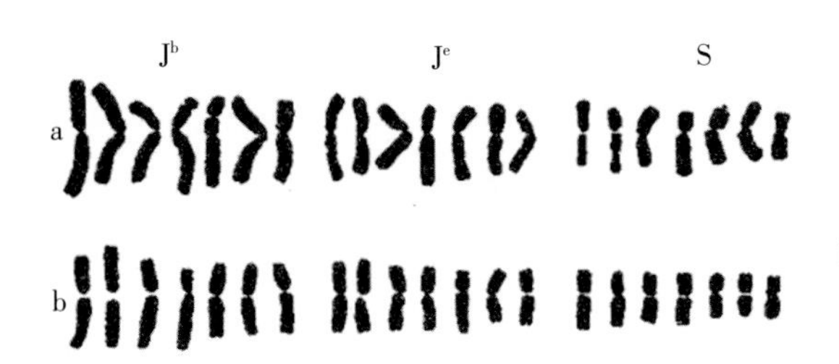

图 4-11 醋酸奥尔新染色的有丝分裂染色体核型
a. *Thinopyrum bessarabicum*×*Elytrigia caespitosa*
b. *Pseudoroegneria geniculata* ssp. *scythica*×
T. bessarabicum
（引自 Liu 与 Wang，1993，图 2）

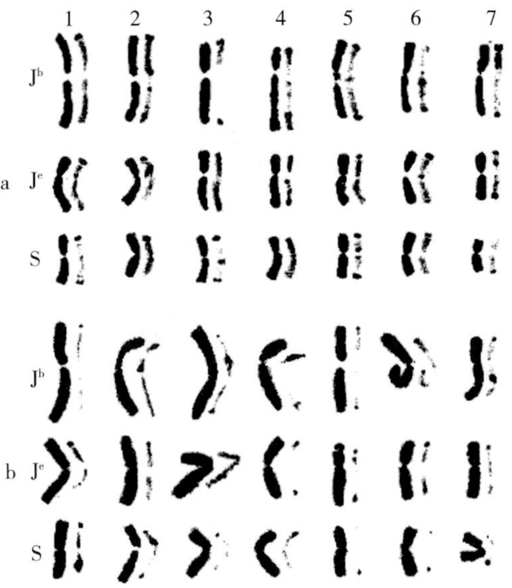

图 4-12 吉姆萨 C-带染色的有丝分裂染色体
a. *Thinopyrum bessarabicum*×*Elytrigia caespitosa*
b. *Pseudoroegneria geniculata* ssp. *scythica*×
T. bessarabicum
（引自 Liu 与 Wang，1993，图 4）

与 Kimber（1992）的 2∶1 模型计算，并相比较列如表 4－12 所示。

从表 4－12 所列数据来看，卢建议把 *Roegneria elytrigioides* C. Yen et J. L. Yang 从鹅观草属组合到拟鹅观草属，即：

Pseudoroegneria elytrigiodes（C. Yen et J. L. Yang）B. R. Lu.

Syn. *Roegneria elytrigioides* C. Yen et J. L. Yang.

表 4－12　*Roegneria elytrigioides* 与 *Pseudoroegneria spicata* 的 F_1 三倍体杂种减数分裂染色体构型观察数与按 Chapman 与 Kimber 模型的计算数比较

（引自 Lu，1994，表 4，摘录）

杂　交　组　合	染色体组组合	观察值 模型值	单价体	二价体		三价体	交叉值	X	加权方差和
				环型	棒型				
R. elytrigioide		观察值	3.74	3.72	0.52	2.84	0.96		
×*P. spicata*	S1S2S	2∶1	4.07	3.81	0.26	2.94		0.841	0.612

2000 年，张新全、颜济、杨俊良、郑有良、伍碧华在《云南植物研究》第 22 卷，发表一篇题为“纤毛鹅观草同阿拉善鹅观草、大丛鹅观草间杂种细胞学研究”的报告。F_1 杂种减数分裂中期Ⅰ的观察数据列于表 4－13。

表 4－13　亲本及杂种减数分裂中期Ⅰ染色体配对情况

（引自张新全等，2000，表 4）

亲本和杂种	细胞数	Ⅰ	Ⅱ			Ⅲ	Ⅳ	交叉数/细胞（c－值）
			总和	环状	棒状			
R. ciliaris	64	0.04	13.98	12.30	1.68			26.28
		（0～2）	（13～14）	（9～14）	（0～5）			（0.94）
R. ciliaris×*R. alashanica*	66	10.62	8.17	3.46	4.71	0.32	0.02	12.35
		（6～13）	（5～11）	（1～7）	（2～9）	（0～2）	（0～1）	（0.44）
R. ciliaris×*R. magnicaespes*	81	18.00	4.76	0.77	3.99	0.16		5.85
		（10～24）	（0～8）	（0～3）	（1～7）	（0～1）		（0.21）

Roegneria ciliaris×*R. alashanica* F_1 杂种减数分裂异常现象在后期Ⅰ与四分子时期均有出现。后期Ⅰ平均每个细胞含有落后染色体数为 1.05（0～10），少数细胞出现桥（图 4－13），平均每个四分子的微核数为 2.64（0～9）。花粉育性低于 3%，天然结实率低于 2%。

Roegneria ciliaris×*R. magnicaespes* F_1 杂种减数分裂异常现象在后期Ⅰ与四分子时期也均有出现。花粉育性低于 2%，天然结实率低于 1%。

从表 4－13 数据来看，与 *R. alashanica* 及 *R. magnicaespes* 之间有一个染色体组相同。由于三价体频率不高，分别是 0.32（0～2）与 0.16（0～1），而单价体频率很高，分别是 10.62（6～13）与 18.00（10～24）。除共同的 **St** 染色体组外，*R. alashanica* 及 *R. magnicaespes* 的另一个染色体组显然是一个与 **St** 及 **Y** 染色体组都不完全相同的未知染色体组。

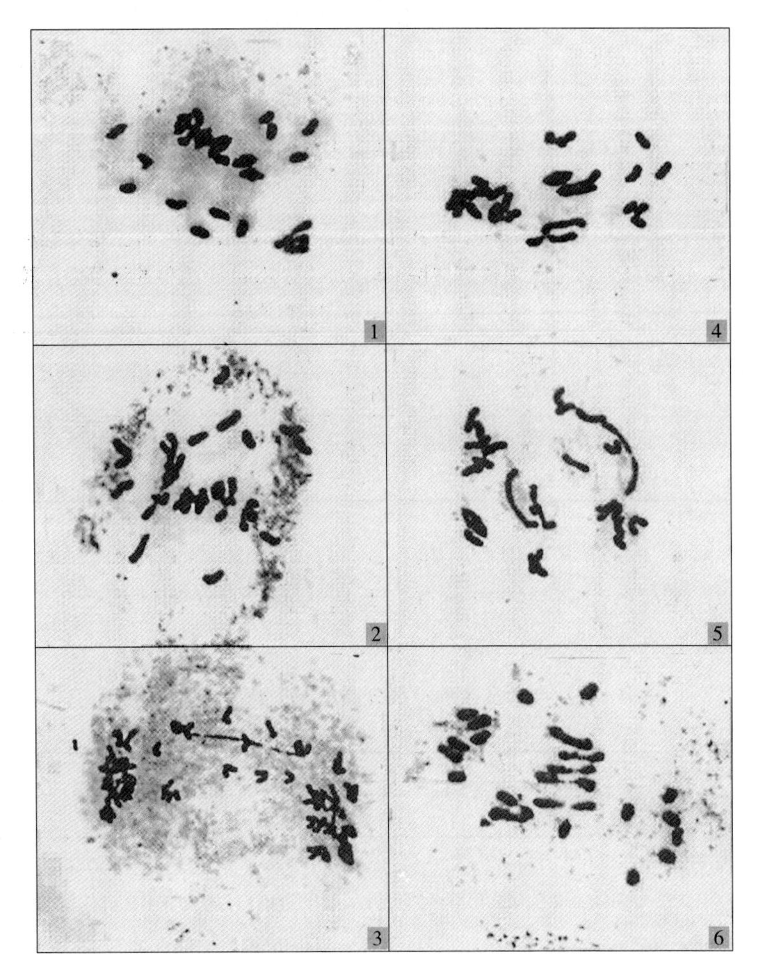

图 4－13　*Roegneria ciliaris* × *R. alashanica*（1～3）与 *R. ciliaris* × *R. magnicaespes*（4～6）F_1 杂种减数分裂中期Ⅰ染色体配对及其他核行为

1. 12Ⅰ+8Ⅱ　2. 11Ⅰ+7Ⅱ+1Ⅲ　3. 后期Ⅰ示落后染色体和桥　4. 17Ⅰ+4Ⅱ+1Ⅲ　5. 20Ⅰ+4Ⅱ　6. 15Ⅰ+5Ⅱ+1Ⅲ

（引自张新全等，2000，图版 1）

2005 年，丁春邦、周永红、杨瑞武、张利、郑有良在《草业学报》第 11 卷，1 期，发表一篇题为“应用 RAPD 分子标记探讨拟鹅观草属的种间关系”的研究报告。他们用随机扩增多态性去氧核糖核酸（RAPD）技术分析了拟鹅观草属 8 个种、1 亚种和鹅观草属 7 个种遗传亲缘关系。所用 80 个随机引物中筛选出谱带清晰并呈现多态性引物 35 个。这 35 个组合引物产生的 344 条 DNA 扩增带中，328 条（95.35%）具有多态性，利用 344 个 RAPD 标记在 NTSYS 软件中计算 Jaccard 遗传相似性系数，用以建立 UPGMA 聚类图。

谱带清晰并呈现多态性的 35 个引物对供试的 16 份材料进行 PCR 扩增，并对 35 个扩增结果进行统计分析，其结果见表 4－14。不同引物的扩增带数变幅为 7～13 带不等，平均每个引物可扩增出 9.8 带；每个引物可扩增出 6～13 条多态性带，平均为 9.4 带。表明试验的8种、1亚种拟鹅观草属和7种鹅观草属物种间RAPD变异大，多态性高。

表4-14　十碱基引物及其序列和扩增结果

（引自丁春邦等，2005，表2）

引　物	序　列	总扩增带数	多态性扩增带数	引　物	序　列	总扩增带数	多态性扩增带数
OPA-06	GGTCCCTGAC	10	10	OPH-02	TCGGACGTGA	10	9
OPA-08	GTGACGTAGG	10	10	OPH-11	CTTCCGCAGT	9	9
OPA-09	GGGTAACGCC	10	10	OPH-12	ACGCGCATGT	7	6
OPA-10	GTGATCGCAG	9	8	OPH-13	GACGCCACAC	13	12
OPA-16	AGCCAGCGAA	8	7	OPH-15	AATGGCGCAG	13	12
OPB-01	GTTTCGCTCC	11	11	OPH-19	CTGACCAGCC	9	8
OPB-03	CATCCCCCTG	10	10	OPR-01	GTAGCACTCC	13	13
OPB-04	GGACTGGAGT	9	9	OPR-03	CTGATACGCC	8	8
OPB-06	TGCTCTGCCC	9	8	OPR-06	GTGGGCTGAC	8	7
OPB-07	GGTGACGCAG	10	10	OPR-08	ACATCGCCCA	13	13
OPB-08	GTCCACACGG	12	12	OPR-09	GTGGTCCGCA	7	7
OPB-10	CTGCTGGGAC	11	10	OPR-10	TCCCGCCTAC	9	8
OPB-11	GTAGACCCGT	12	11	OPR-11	AACGCGTCGG	7	7
OPB-12	CCTTGACGCA	7	6	OPR-12	AAGGGCGAGT	11	11
OPB-15	GGAGGGTGTT	12	12	OPR-13	GGAGTGCCTC	10	9
OPB-18	CCACAGCAGT	8	7	OPR-15	GGAAGCCAAC	12	12
OPB-19	ACCCCCGAAG	8	7	OPR-17	TGACCCGCCT	10	10
OPB-20	GGACCCTTAC	9	9	总　计	35	344	328

用NTSYS-pc计算的材料间的Jaccard遗传相似性系数（GS）见表4-15。供试材料间GS值变幅范围为0.213～0.728，其中*Roegneria elytrigioides*与*R. alashanica*的GS值最大（0.728），遗传距离最小，亲缘关系最近；*Pseodoroegneria tauri*与*R. kamoji*的GS值最小（0.213），遗传距离最大，亲缘关系最远。

表4-15　遗传相似系数

（引自丁春邦等，2005，表3）

1	2	3	4	5	6	7	8	9	10	11	12	13	14	15	16	17
1	1.000															
2	0.363	1.000														
3	0.344	0.407	1.000													
4	0.325	0.376	0.327	1.000												
5	0.388	0.364	0.397	0.405	1.000											

（续）

1	2	3	4	5	6	7	8	9	10	11	12	13	14	15	16	17
6	0.282	0.354	0.324	0.317	0.364	1.000										
7	0.333	0.372	0.373	0.328	0.479	0.325	1.000									
8	0.363	0.342	0.326	0.337	0.414	0.298	0.447	1.000								
9	0.297	0.403	0.335	0.429	0.338	0.331	0.316	0.320	1.000							
10	0.345	0.344	0.333	0.379	0.380	0.336	0.354	0.301	0.363	1.000						
11	0.318	0.382	0.351	0.405	0.412	0.369	0.367	0.331	0.377	0.728	1.000					
12	0.351	0.286	0.385	0.338	0.429	0.315	0.404	0.323	0.355	0.505	0.511	1.000				
13	0.278	0.234	0.279	0.310	0.348	0.286	0.265	0.230	0.260	0.283	0.290	0.286	1.000			
14	0.245	0.216	0.295	0.315	0.292	0.248	0.247	0.236	0.255	0.279	0.301	0.289	0.397	1.000		
15	0.291	0.233	0.303	0.316	0.282	0.278	0.245	0.229	0.213	0.288	0.309	0.257	0.438	0.422	1.000	
16	0.306	0.262	0.290	0.331	0.288	0.306	0.256	0.245	0.294	0.281	0.282	0.277	0.417	0.611	0.405	1.000

注：1. *Pseudoroegneria spicata*；2. *P. strigosa*；3. *P. strigosa* ssp. *aegilopoides*；4. *P. libanotica*；5. *P. stipifolia*；6. *P. geniculata*；7. *P. gracillima*；8. *P. kosaninii*；9. *P. tauri*；10. *Roegneria elytrigioides*；11. *R. alashanica*；12. *R. magnicaespes*；13. *R. caucasica*；14. *R. grandis*；15. *R. kamoji*；16. *R. ciliaris*。

从以上RAPD分析的数据与分枝图（图4－14）来看，*Roegneria elytrigioides*、*R. alashanica*、*R. magnicaespes* 没有和*Roegneria caucasica*、*R. grandis*、*R. ciliaris* 以及

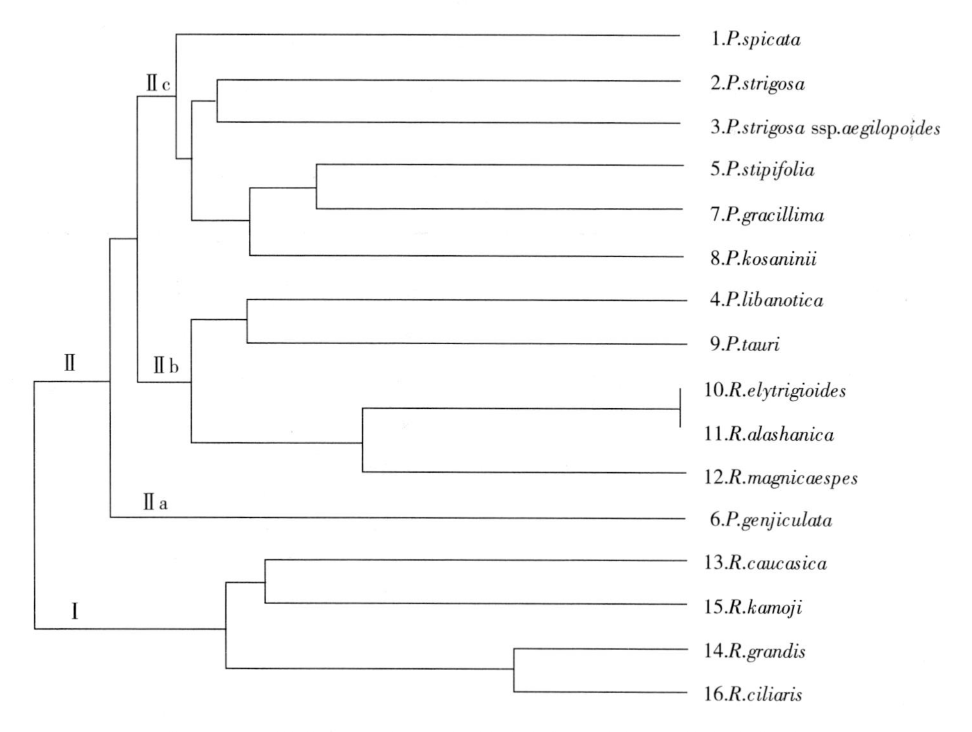

图4－14　用Jaccard遗传相似系数聚类分析建立的树状分枝图

（引自丁春邦等，2005，图2）

R. kamoji 聚类在一起，而是与拟鹅观草的物种聚类在一起。这些数据支持把 *Roegneria elytrigioides*、*R. alashanica*、*R. magnicaespes* 划归 *Pseudoroegneria* 属。

同年，丁春邦等又在《云南植物研究》27 卷，2 期，发表一篇题为“应用 RAMP 分子标记探讨拟鹅观草属的种间关系”的分析报告。她们认为，RAMP——随机扩增微卫星去氧核糖核酸多态性分子标记技术，利用一条 5′-端锚定的 2～4 个寡核苷酸与微卫星（SSR——信号序列受体）序列互补引物和一条 RAPD 引物组合对基因组 DNA 中的微卫星进行随机扩增。部分 RAMP 扩增片段呈现共显性，符合孟德尔分离定律，从而弥补了 RAPD 技术的缺憾，比 RAPD 技术更能揭示物种间亲缘关系，适合遗传背景还不太清楚的物种的遗传多样性研究。

他们随机选用两个 5′-锚定寡核苷酸引物 GC（CA)$_4$ 和 GT（CA)$_4$ 与美国 Operon Technologies 生产的 A、B、H 和 R 组任意序列寡核苷酸引物组合来扩增 16 居群测试材料的核基因组 DNA。RAMP 扩增物每一条带视为一个位点，“Quality One”软件统计位点总数和多态位点数，按条带有无分别赋值为 1 或 0。在 NTSYS-pc 统计分析软件中计算遗传相似性系数（GS）。用 GS 值，按不加权成对算术平方法（UPGMA）建立系统聚类树状分枝图。他们的测试数据记录如表 4－16 与表 4－17 及图 4－15 所示。

表 4－16　引物组合与扩增结果

（引自丁春邦等，2005b，表 2）

引物组合	总带数	多态带	引物组合	总带数	多态带
GC（CA)$_4$+OPA－01	11	10	GT（CA)$_4$+OPB－05	9	9
GC（CA)$_4$+OPA－02	7	6	GT（CA)$_4$+OPB－07	6	5
GC（CA)$_4$+OPA－13	12	10	GC（CA)$_4$+OPH－01	8	8
GT（CA)$_4$+OPA－02	10	9	GC（CA)$_4$+OPH－03	7	6
GT（CA)$_4$+OPA－04	10	10	GC（CA)$_4$+OPH－06	10	10
GT（CA)$_4$+OPA－10	12	11	GC（CA)$_4$+OPH－10	11	11
GT（CA)$_4$+OPA－13	9	7	GC（CA)$_4$+OPH－11	9	8
GT（CA)$_4$+OPA－18	8	8	GC（CA)$_4$+OPH－16	8	7
GT（CA)$_4$+OPA－19	11	10	GC（CA)$_4$+OPH－19	9	8
GT（CA)$_4$+OPA－20	7	7	GC（CA)$_4$+OPH－17	9	8
GC（CA)$_4$+OPB－03	10	10	GC（CA)$_4$+OPR－04	9	8
GC（CA)$_4$+OPB－05	9	8	GC（CA)$_4$+OPR－05	10	10
GC（CA)$_4$+OPB－07	9	9	GC（CA)$_4$+OPR－07	14	13
GC（CA)$_4$+OPB－08	8	7	GC（CA)$_4$+OPR－11	8	7
GC（CA)$_4$+OPB－09	10	10	GC（CA)$_4$+OPR－14	10	8
GC（CA)$_4$+OPB－10	9	9	GC（CA)$_4$+OPR－18	10	9
GC（CA)$_4$+OPB－11	11	10	总　计　33	310	186

表 4-17 遗传相似性系数

（引自丁春邦等，2005b，表 3）

	1	2	3	4	5	6	7	8	9	10	11	12	13	14	15	16
1	1.000															
2	0.396	1.000														
3	0.341	0.453	1.000													
4	0.328	0.287	0.293	1.000												
5	0.358	0.340	0.328	0.364	1.000											
6	0.307	0.325	0.291	0.320	0.361	1.000										
7	0.322	0.302	0.289	0.345	0.303	0.401	1.000									
8	0.271	0.317	0.261	0.365	0.316	0.320	0.484	1.000								
9	0.255	0.278	0.234	0.408	0.425	0.330	0.354	0.323	1.000							
10	0.271	0.248	0.252	0.283	0.272	0.300	0.365	0.365	0.343	1.000						
11	0.276	0.272	0.276	0.308	0.331	0.346	0.359	0.317	0.328	0.625	1.000					
12	0.355	0.277	0.244	0.330	0.333	0.272	0.361	0.320	0.321	0.462	0.455	1.000				
13	0.268	0.264	0.237	0.291	0.325	0.352	0.260	0.212	0.322	0.300	0.285	0.242	1.000			
14	0.267	0.272	0.267	0.311	0.325	0.319	0.259	0.228	0.355	0.300	0.264	0.289	0.591	1.000		
15	0.283	0.290	0.254	0.338	0.292	0.265	0.274	0.196	0.220	0.246	0.301	0.295	0.412	0.388	1.000	
16	0.273	0.258	0.230	0.236	0.313	0.254	0.219	0.255	0.246	0.275	0.281	0.246	0.464	0.396	0.427	1.000

注：1. *Pseudoroegneria spicata*；2. *P. strigosa*；3. *P. strigosa* ssp. *aegilopoides*；4. *P. libanotica*；5. *P. stipifolia*；6. *P. geniculata*；7. *P. gracillima*；8. *P. kosaninii*；9. *P. tauri*；10. *P. elytrigioides*；11. *Roegneria alashanica*；12. *R. magnicaespes*；13. *R. caucasica*；14. *R. grandis*；15. *R. kamoji*；16. *R. ciliaris*。

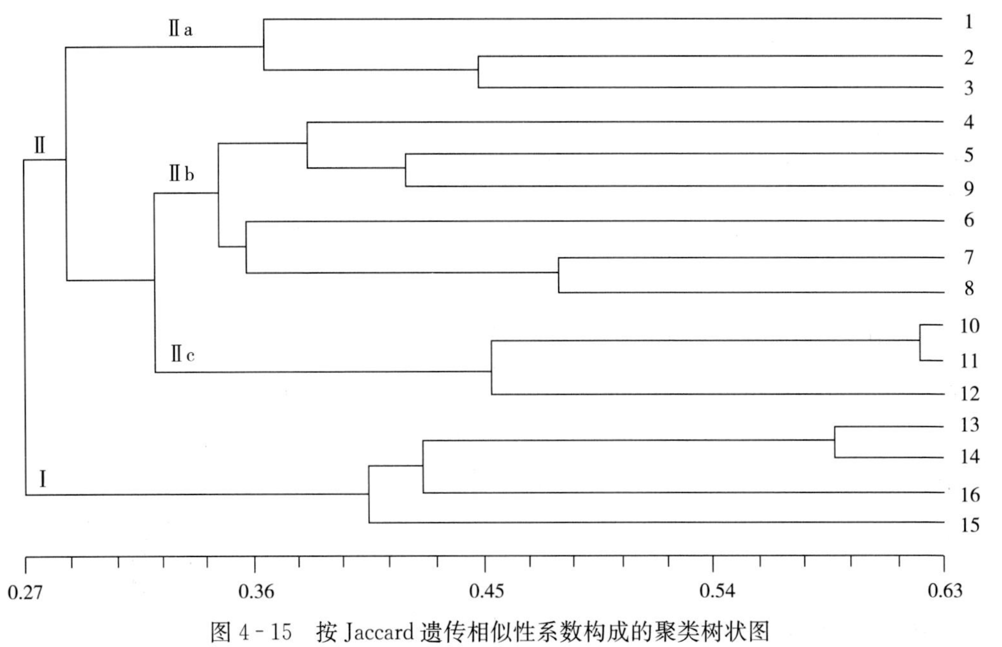

图 4-15 按 Jaccard 遗传相似性系数构成的聚类树状图

1. *Pseudoroegneria spicata*；2. *P. strigosa*；3. *P. strigosa* ssp. *aegilopoides*；4. *P. libanotica*；5. *P. stipifolia*；6. *P. geniculata*；7. *P. gracillima*；8. *P. kosaninii*；9. *P. tauri*；10. *P. elytrigioides*；11. *Roegneria alashanica*；12. *R. magnicaespes*；13. *R. caucasica*；14. *R. grandis*；15. *R. kamoji*；16. *R. ciliaris*

（引自丁春邦等，2005b，图 2）

从所得遗传相似性数据形成的聚类树状图可以看到，*Pseudoroegneria elytrigioides*、*Roegneria alashanica*、*R. magnicaespes* 聚类在一个分支（Ⅱc），而与鹅观草的其他物种相分离。虽然在分支Ⅱ之内，但与其他拟鹅观草又有区别，这与张新全等（2000）用细胞遗传学分析所得结论相吻合。*P. elytrigioides*、*R. alashanica* 与 *R. magnicaespes*3 个物种含有一个不同于 Y 染色体组，与 **St** 染色体组也有区别的染色体组，在系统上偏向于拟鹅观草属。把这 3 个种组合到拟鹅观草属是合理的。RAPD 分子遗传检测分析的结果显示，*P. kosaninii*、*P. gracillima* 的遗传相似性系数把它们与模式种 *P. strigosa* 聚类在同一个 Ⅱc 分支中。RAMP 分析的结果也把它们同已知的 **St** 染色体组物种 *P. libanotica*、*P. stipifolia* 聚类在 Ⅱb 分支中。表明它们亲缘系统很相近，应当是拟鹅观草属的物种。

（三）拟鹅观草属的分类

Pseudoroegneria（Nevski）**Á. Löve，1980. Taxon 29：168. 拟鹅观草属**

拟鹅观草属是 Áskell Löve 根据 *Elytrigia* sect. *Pseudoroegneria* Nevski，1934，Tr. Sredneaz. Univ.，ser. 8B，17：60，and Tr. Inst. Bot. AN SSSR，ser. 1，2：77. 升级为属的。为分布于西亚、中亚到北美西北部的多年生禾草。丛生，具长或短的根状茎。秆高 30～100 cm，叶片平展或内卷，穗状花序较疏松；穗轴坚实，近于无毛或在棱脊上粗糙，穗轴节间向小穗一面内凹；小穗单生于穗轴节上，通常具 3～6（～9）花，小穗轴无毛；颖披针形或窄披针形，无毛，具 5～7 脉，主脉向先端处有时具少数刺毛，先端亚急尖或渐尖，或钝至平截；外稃窄披针形，无毛，粗糙，无芒或具长 8～30 mm 的芒；内稃与外稃等长，两脊上具纤毛；花药长大。

模式种：*Pseudoroegneria strigosa*（M. Bieb.）Á. Löve. 糙毛拟鹅观草。

属名：来自拉丁化希腊文：pseudo－，拟或假；roegneria，鹅观草属；两个词的组合。

细胞学特征：染色体组 **St**，染色体组组合：**StSt** 与 **StStStSt**。

拟鹅观草分种及变种检索表

1. 北美西部多年生禾草。疏丛，无根茎或具根茎。秆直立，纤细。叶片长线形，长 10～18 cm，宽 2～6 mm，平展，干燥时内卷。叶舌短，平截，长 0.1～0.4 mm；叶耳光滑无毛。穗长线形，长 8～15 cm，宽3～8（10）mm。小穗披针形，4～9 小花，贴生穗轴；两颖近等长或不等长，窄披针形，平滑，4～5 脉，脉上粗糙，先端渐尖，长偏斜，具膜质边缘，或具短小芒尖；外稃窄披针形，长8～14 mm，背部圆，渐尖，具芒或无芒 ………………………………………… 2

  2. 外稃有芒……………………………………………………………………………… 3

    3. 叶片平滑无毛 ……………………（8a）*Pseudoroegneria spicata*（Pursh）Á. Löve var. *spicata*

    3. 叶片密被短柔毛 ……（8c）*Pseudoroegneria spicata* var. *pubescens*（Elmer）C. Yen et J. L. Yang

  2. 外稃无芒 ……（8b）*Pseudoroegneria spicata* var. *inermis*（Scribner et Smith）C，Yen et J. L. Yang

1. 中亚及青藏高原昌都澜沧江河谷多年生禾草……………………………………………… 4

4. 无根茎……………………………………………………………………………………… 5

5．外稃具长（0.5～）1～2（～3）的短芒，颖 3～5 脉，具长 0.5～2 mm 的短芒 …………………
………………………………………………… (24) *Pseudoroegneria stewartii* (Melderia) Á. Löve

5. 外稃无芒………………………………………………………………………………… 6

6. 叶鞘被短柔毛……………………………………………………………………………… 7

7. 叶鞘密被短柔毛，叶片直立，坚硬，上端内卷，上下表面粗糙，具短柔毛。穗纤细，长10～15 cm，排列稀疏，穗轴被柔毛，棱脊粗糙；小穗 6～8 花；两颖不等长，长倒卵形，无毛，先端钝或近于斜偏平截，具透明膜质边缘；外稃长圆状披针形，5 脉，无毛，先端略尖 ……
……………………………………………… (6) *Pseudoroegneria kosaninii* (Nábélek) Á. Löve

7. 叶鞘无毛或被短柔毛，叶片斜伸，不坚硬，内卷或边缘内卷，上表面微粗糙无毛，下表面平滑无毛，边缘稍增厚并具一行刺毛。穗纤细，长 7.5～12（～17.5）cm，穗轴不被柔毛，棱脊具刺毛；小穗紧贴穗轴，4 花；两颖不等长，披针形，无毛，先端亚急尖，不具透明膜质边缘；外稃披针形，5 脉，无毛，先端钝 ……………………………………………………
………………………………………… (9) *Pseudoroegneria stipifolia* (Czern. ex Nevski) Á. Löve

6. 叶鞘不被短柔毛…………………………………………………………………………… 8

8. 颖具膜质边缘……………………………………………………………………………… 9

9. 两颖不等长 ……………………………………………………………………………… 10

10. 颖披针形至圆锥形，5～6 脉，具宽膜质边缘 ……………………………………… 11

11. 颖先端亚急尖，外稃披针形，5 脉，边脉不与中脉在先端汇合，间脉在先端以下近 1 mm 处与中脉汇合，先端钝；内稃与外稃等长或短于外稃，先端钝，稍内凹…………
……………………………………… (5) *Pseudoroegneria gracillima* (Nevski) Á. Löve

11. 颖先端钝或亚急尖；外稃窄披针形，5 脉，边脉与中脉在先端汇合，间脉与中脉汇合稍低于边脉，先端钝；内稃与外稃等长，先端钝，不内凹…………………………
…………………………………… (21) *Peudoroegneria pertenui* (C. A. Mey.) Á. Löve

10. 颖线状长圆形，3～5 脉，不具宽膜质边缘，先端急尖；外稃披针形，5 脉，边脉、间脉与中脉在先端汇合，先端钝；内稃短于外稃…………………………………………
………………… (11b) *Pseudoroegmeria tauri* var. *libanotica* (Hackel) C. Yen et J. L. Yang

9. 两颖近等长，披针形，5～7 脉，颖具窄膜质边缘 ……………………………………… 11

11. 颖先端急尖；外稃长圆状披针形，5～7 脉，边脉与间脉在先端以下与中脉汇合，先端钝；内稃短于外稃…………………………………………………………………………
……………………………… (11a) *Pseudoroegneria tauri* (Boiss. et Bal.) Á. Löve var. *tauri*

11. 颖先端钝至急尖；外稃披针形，5 脉，边脉不与中脉汇合，间脉在先端以下与中脉汇合，先端钝；内稃于外稃等长或稍长于外稃…………………………………………
……………………………………………… (22) *Pseudoroegneria setulifera* (Nevski) Á. Löve

8. 颖不具膜质边缘 ………………………………………………………………………… 12

12. 两颖近等长，窄披针形，3 脉，先端渐尖呈钻形；外稃窄披针形，5 脉，先端渐尖呈钻形至成一长 0.5～1 mm 的小尖头；内稃与外稃等长 ……………………………………
…………………………………………… (23) *Pseudoroegneria sosnovskyi* (Hackel) Á. Löve

12. 两颖不等长，宽披针形，4～5 脉，先端渐尖成一长不到 1 mm 的小尖头；稃宽披针形，5 脉，先端尖，但不呈小尖头，内稃与外稃等长或稍短……………………………
………………………… (7) *Pseudoroegneria magnicaespes* (D. F. Cui) J. L. Yang et C. Yen

4. 有根茎 …………………………………………………………………………………… 13

13. 疏丛生……………………………………………………………………………………… 14

14. 两颖近等长。秆与叶鞘平滑无毛。穗细瘦直立，小穗稍长于穗轴节间……………………… 15

15. 外稃具长芒，芒长于外稃 1～2 倍以上，非常粗糙，具极短的刺糙毛 ……………………… 16

16. 叶片被微毛及刺毛………………………………………………………………………… 17

17. 叶片上表面混生微毛与刺毛，下表面平滑无毛。穗状花序直立，长（5～）7.5～12（～16）cm；小穗稍长于穗轴节间，紧贴穗轴，（3～）4～5 小花；颖窄披针形，平滑无毛，5～7 脉，先端尖；外稃窄披针形，平滑无毛；内稃与外稃近等长，先端钝，两脊上半部具纤毛 ……………………………………………（10）*Pseudoroegneria strigosa*（M. Bieb.）Á. Löve

17. 叶片上表面仅生微毛或仅生刺毛，下表面平滑无毛。穗状花序直立，长（5～）7.5～12（～16）cm；小穗稍长于穗轴节间，紧贴穗轴，（3～）4～5 小花；颖窄披针形，平滑无毛，5～7 脉，先端尖；外稃窄披针形，平滑无毛；内稃与外稃近等长，先端钝，两脊近 2/3 部分具纤毛 ……………………………………………………………………………………
…………（25a）*Pseudoroegneria strigosa* var. *aegilopoides*（Drobov）C. Yen et J. L. Yang

16. 叶片被柔毛……………………………………………………………………………… 18

18. 穗状花序直立……………………………………………………………………………… 19

19. 叶片上表面被柔毛或粗糙，下表面平滑无毛。颖窄披针形，平滑无毛，5～6 脉，先端渐尖成小尖头；外稃披针形，5 脉，内稃与外稃等长，窄披针形，先端内凹或钝，两脊 1/2 被纤毛…………………………………………………………………………
…………（25b）*Pseudoroegneria strigosa* var. *amguensis*（Nevski）C. Yen et J. L. Yang

19. 叶片上表面被短柔毛或疏柔毛，下表面平滑无毛。颖窄披针形至披针形，平滑无毛，5～7 脉，先端渐尖；外稃披针形，5 脉，内稃与外稃等长，窄披针形，先端略钝，两脊 2/3 被纤毛…………………………………………………………………………
…………（25e）*Pseudoroegneria strigosa* var. *reflexiaristata*（Nevski）C. Yen et J. L. Yang

18. 穗状花序下垂。叶片上表面被长柔毛与短柔毛，边缘被刺毛或微毛，下表面平滑无毛。颖披针形，长仅及第 1 小花一半，平滑无毛，5～6 脉，先端亚钝形或亚急尖；外稃披针形，5 脉，平滑，仅基部被微毛，芒向外反折；内稃与外稃等长，窄披针形，先端稍内凹，两脊几乎全被纤毛……………………………………………………………………
……………（25c）*Pseudoroegneria strigosa* var. *jacutorum*（Nevski）C. Yen et J. L. Yang

15. 外稃不具长芒，急尖或渐尖，或具短尖尾。叶片直立，疏松内卷，中脉凸起，无毛，边缘常粗糙。颖披针形，5 脉，边缘微白，先端渐尖或亚急尖；外稃披针形，上部具不明显的 5 脉，具窄干膜质边缘；内稃短于外稃，窄披针形，上部变窄，先端钝，两脊上半部具微小纤毛 ……
……………………（25d）*Pseudoroegneria strigosa* var. *kanashiroi*（Ohwi）C. Yen et J. L. Yang

14. 两颖不等长………………………………………………………………………………… 19

20. 叶鞘无毛…………………………………………………………………………………… 20

21. 叶片上下两面均平滑无毛，坚韧直立，平展或内卷成钻形。穗状花序细瘦，含 5～12 小穗，穗轴节间平滑无毛；小穗 5～6 小花，小穗轴节间平滑或具微毛；颖长圆状披针形，边缘膜质，先端钝或锐尖，一侧具齿；外稃长圆状披针形，上部具明显 5 脉，先端钝或具长约 0.5 mm 的小尖头；基盘钝，具微毛；内稃等长或稍长于外稃，先端平截，两脊上部具细短硬纤毛 ………………………（3）*Pseudoroegneria elytrigioides*（C. Yen et J. L. Yang）B. R. Lu

21. 叶片上下两面均被微毛；坚韧直立，平展或内卷成钻形。穗状花序细瘦，含（3～）4～7 小穗，穗轴节间除棱脊上微粗糙外，平滑无毛；小穗 3～6 小花，颖长圆状披针形，边缘膜质，先端急尖；外稃披针形，上部具不明显的 3～5 脉，先端急尖或骤尖；基盘钝，无毛；内稃等

长，稍短或稍长于外稃，先端内凹，两脊上部微粗糙，下部近平滑 ………………………… 21

22. 小穗轴节间平滑无毛；颖腹面无短柔毛……………………………………………………………

……………（1a）*Pseudoroegneria alashanica*（Keng）C. Yen et J. L. Yang var. *alashanica*

22. 小穗轴节间密被短毛；颖腹面被短柔毛 ……………（1b）*Pseudoroegneria alashanica* var. *jufinshanica*（C. P. Wang et H. L. Yang）C. Yen et J. L. Yang

20. 叶鞘具短柔毛，边缘无毛；叶片无毛，粗糙，稀被白色短毛，下表面无毛。穗状花序直立，小穗排列疏松，穗轴节间无毛，棱脊粗糙，小穗下部贴生穗轴，上部外弯；颖披针形，平滑无毛，边缘膜质，先端亚急尖；外稃宽披针形，上部明显 5 脉，间脉与主脉在最先端汇合，背部平滑无毛；内稃披针形，与外稃等长，先端亚急尖或内凹…………………………………… 22

23. 外稃不具芒 ………………………………………（2）*Pseudoroegneria cognata*（Hackel）Á. Löve

23. 外稃具芒…………………………………………………………………………………………………

………………（13a）*Pseudoroegneria cognata* var. *shigoensis*（Melderis）J. L. Yang et C. Yen

13. 密丛生……………………………………………………………………………………………………… 23

24. 外稃无芒……………………………………………………………………………………………… 24

25. 叶鞘被贴生微毛。叶片上表面混生长或短柔毛，稀仅具短柔毛；下表面无毛，稀具细小疏毛。穗状花序直立，小穗排列疏松，3～5（～6）小花，小穗下部贴生穗轴，上部外展；颖披针形，先端钝圆，短于第 1 小花，4～6 脉；外稃披针形，5 脉，边脉在先端靠近主脉，但不汇合，间脉与主脉在先端稍下汇合，先端钝；内稃长圆形，短于外稃（1～）2～3.5 mm，先端内凹或钝，两脊无毛，上部粗糙…………………………………………………………………………

……………………………………………………………（20）*Pseudoroegneria ninae*（Dubovik）Á. Löve

25. 叶鞘被柔毛……………………………………………………………………………………………… 25

26. 下部叶鞘密被短柔毛，边缘着生纤毛，中部叶鞘密被白色长柔毛，上部叶鞘无毛。叶片平展或内卷，上下表面均无毛，但下表面在接近叶鞘处密生短柔毛。穗状花序长10～16（～20）cm，纤细，小穗排列疏松；穗轴无毛，棱脊粗糙，小穗 4～5（～6）小花，贴生穗轴；颖披针形，无毛，5～6 脉，先端钝或渐尖；外稃披针形，平滑无毛，5 脉，先端略钝；内稃宽披针形，与外稃等长或稍短，先端钝或内凹，两脊上具纤毛……………………………………

………………………………………（14）*Pseudoroegneria cretacea*（Klok. et Prokudin）Á. Löve

26. 下部叶鞘被长柔毛，并混以贴生短柔毛，稀无毛。叶片直立平展，或边缘内卷，上表面被短柔毛，混生长柔毛，脉凸起，下表面被微毛，近叶鞘处贴生。穗状花序纤细，小穗排列疏松，小穗贴生穗轴，与穗轴节间近等长，小穗（3～）4～5（～6）小花；颖披针形，（4～）5～6 脉，先端钝圆或钝尖；外稃披针形，5～7 脉，先端略钝；内稃短于外稃 1～2 mm，先端钝或内凹，两脊上部粗糙或具纤毛 ……………………………………………………

……………………………………………………（19）*Pseudoroegneria kotovii*（Dubovik）Á. Löve

24. 外稃有芒或芒尖……………………………………………………………………………………… 26

27. 外稃具长 0.1～4 mm 的短芒或芒尖 ………………………………………………………… 27

28. 颖两侧近对称，具窄膜质边缘………………………………………………………………… 28

29. 穗轴节间棱脊密生微刺毛，颖披针形，平滑无毛，先端急尖；外稃宽披针形，先端形成一直或明显反折长 0.5～2 mm 的短尖头或短芒 ………………………………………………

………………………………………（4）*Pseudoroegneria geniculata*（Trin.）Á. Löve

29. 穗轴节间棱脊疏生微刺毛……………………………………………………………………… 29

30. 颖披针形，先端急尖或亚急尖；外稃披针形，先端渐尖，基部及边缘不被短柔毛，先端渐尖，不具波状与撕裂状…………………………………………………………………………

………………（17a）*Pseudoroegneria geniculata* var. *pruinfera*（Nevski）C. Yen et J. L. Yang

30. 颖窄披针形，先端渐尖；外稃窄披针形，先端渐尖，基部及边缘被短柔毛，先端渐尖，具波状与撕裂状………………………………………………………………………………

………………（17a）*Pseudoroegneria geniculata* var. *pamirica*（Melderis）C. Yen et J. L. Yang

28. 颖两侧不对称，在上部 1/3 处一侧可宽达 0.5～0.6mm，具宽膜质边缘，先端钝或具长 0.3 mm 的短尖头；外稃披针形，无毛近平滑，先端常具长 2～4 mm 的短芒 …………………

……………………………………………（18）*Pseudoroegneria heidmaniae*（Tzvelev）Á. Löve

27. 外稃具长 10 mm 以上的长芒 ……………………………………………………………………… 30

31. 颖披针形，两颖近等长，5～7 脉，先端急尖；外稃披针形，先端渐尖，具长 17～20 mm 的微弯或近直立的芒；内稃两脊上部 3/4 被纤毛…………………………………………………………

……………………………………………………（16）*Pseudoroegneria dsinalica*（Sablina）Á. Löve

31. 颖长圆形，两颖不等长，5～7 脉，先端急尖或具二齿，或具短尖头；外稃披针形，先端渐尖，具一齿，具长 18～22 mm 明显外折的芒；内稃两脊粗糙 ……………………………………………

……………………………………（15）*Pseudoroegneria divaricata*（Boiis. et Bal.）Á. Löve

1. *Pseudoroegneria alashanica*（Keng）C. Yen et J. L. Yang，comb. nov. 根据 *Roegneria alashanica* Keng，1963，in Keng et S. L. Cheng，Acta Nanking Univ.（Biology）3：73. 阿拉善山拟鹅观草（图 4－16）

1a. var. *alashanica*

模式标本：中国内蒙古巴彦淖尔盟，巩吉台，阿拉善山（贺兰山）生于山坡草地，海拔高 1 800 m，1933 年 8 月 29 日，白蔭元 146。主模式标本：**PE!**。

异名：*Roegneria alashanica* Keng，1963，in Keng & S. L. Cheng，Acta Nanking Univ.（Biology）（南京大学学报·生物学）3：73；Keng et al.，1959. Fl. Illustr. Plant. Prim. Sin. Gram.（中国主要植物图说·禾本科）：375，图 303。

形态学特征：多年生，疏丛生，有时具匍匐或斜升的根状茎，具质硬而横径约 1 mm的纤维状根。秆直立，或基部斜升，坚硬，细，高 40～60 cm，径粗约 1 mm，通常具 3 节，基部常被宿存的纤维状叶鞘。叶鞘紧抱茎秆，无毛；叶舌透明干膜质，长约 1 mm；叶片坚韧直立，内卷成钻形，长 5～12 cm，宽 2～3 mm，两面均被微毛，或下面平滑无毛。穗状花序直立，细瘦，长 5～10 cm，具（3～）4～7 枚小穗，小穗与穗轴贴生；穗轴节间长约 10 mm，上部者可长达 15 mm，除棱脊上微粗糙外，其余平滑无毛；小穗淡黄绿色，长12～15 mm，宽 2～3 mm，具 3～6 花；小穗轴节间无毛，长 1.5～2 mm；颖长圆状披针形，平滑无毛，两颖不等长，第 1 颖长 5～6 mm，第 2 颖长 7～9 mm，颖宽约2 mm，具 3 脉或 3～5 脉，先端急尖，或具白色干膜质，边缘干膜质；外稃披针形，平滑无毛，第 1 外稃长约 10 mm，上端 3～5 脉，有时脉不明显，先端急尖或骤尖，但无芒，有时钝；基盘钝，无毛；内稃与外稃等长，或略长，或略短，先端内凹，两脊上微粗糙，或下部近于平滑；花药乳白色，长约 3 mm。

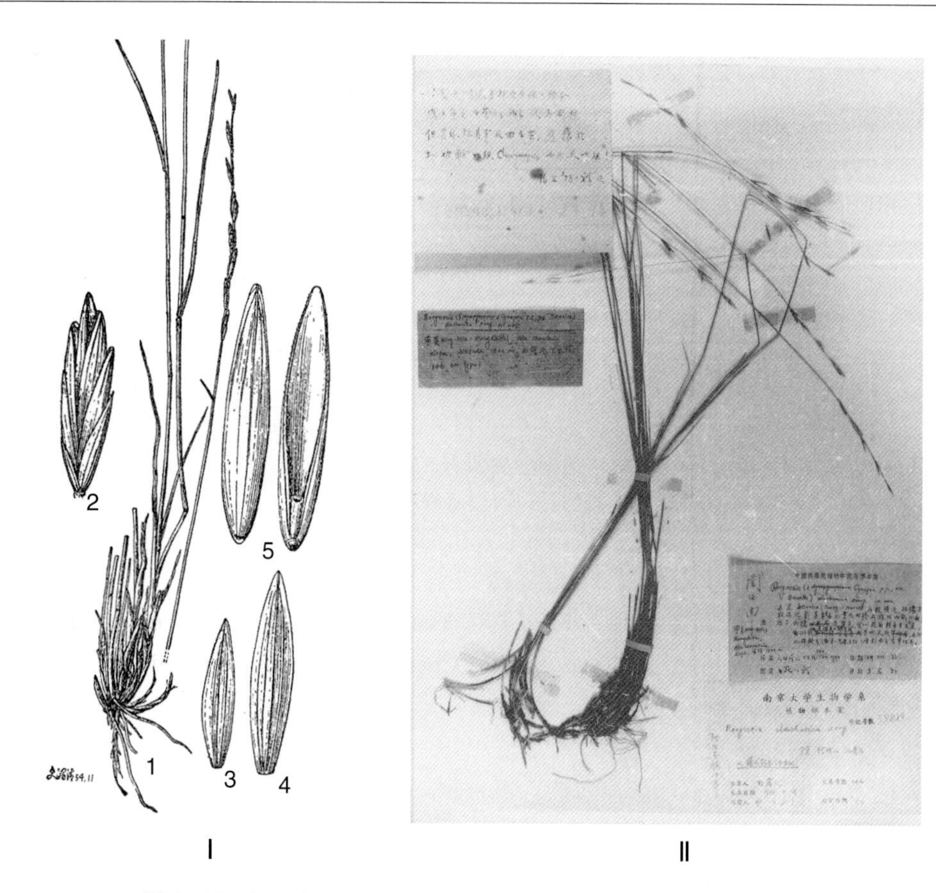

图 4-16 *Pseudoroegneria alashanica*（Keng）C. Yen et J. L. Yang

Ⅰ. 1. 全植株；2. 小穗；3. 第 1 颖；4. 第 2 颖；5. 小花背面及腹面

（引自耿以礼等，中国主要植物图说·禾本科，图 303，1959，史渭清绘）

Ⅱ. 主模式标本（白蔭元 146 号），现藏于 **N**!

细胞学特征：2n＝4x＝28（张新全等，1999；丁春邦等，2004）；染色体组组成：**$St_1St_1St_2St_2$**（丁春邦等，2004）。

分布区：中国宁夏、甘肃、内蒙古、新疆。生长在海拔 1 800～2 900 m 的山坡草地、岩石间。

1b. *Pseudoroegneria alashanica* var. *jufinshanica*（C. P. Wang et H. L. Yang）**C. Yen et J. L. Yang，comb. nov. 根据 *Roegneria alashanica* var. *jufinshanica* C. P. Wang et H. L. Yang，1984. Bull. Bot. Res. 4：87～88. 九峰山鹅观草**（图 4-17）

模式标本：中国内蒙古，大青山至九峰山，生于海拔高 2 200 m 的高山地。马毓泉、吴庆如 20，1964 年 7 月 15 日。主模式标本现藏于 **NMAC**!。

异名：*Roegneria alashanica* var. *jufinshanica* C. P. Wang et H. L. Yang，1984. Bull. Bot. Res. 4：87～88；

Roegneria jufinshanica（C. P. Wang et H. L. Yang）L. B. Cai，1997. Acta Phytotaxonomica Sinica，35：170～171；

Elymus jufinshanus（C. P. Wang et H. L. Yang）S. L. Chen，1997. Novon 7：228。

形态学特征：本变种与原变种的区别在于本变种颖腹面密被柔毛；小穗轴密被毛。

细胞学特征：未知。

分布区：中国内蒙古，大青山至九峰山。生长在海拔 2 200 m 的高山地带。

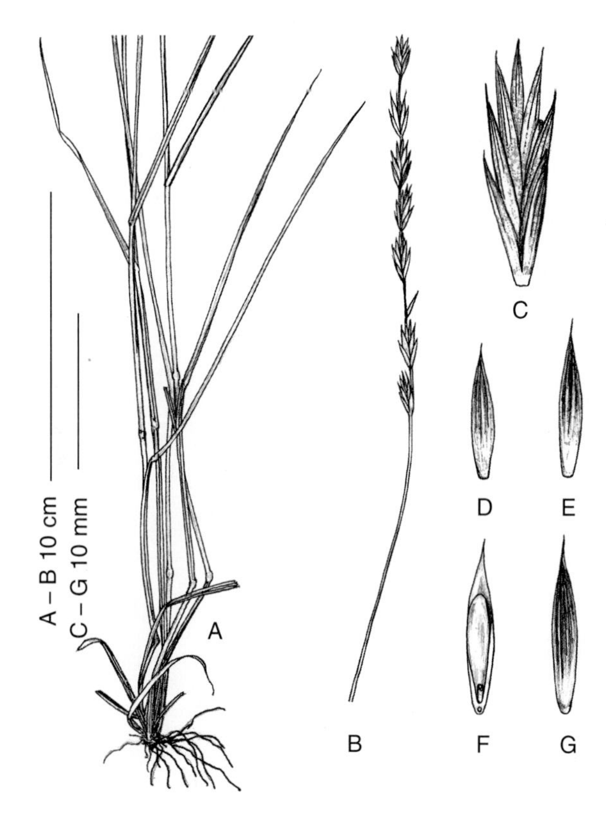

图 4－17　*Pseudoroegneria alashanica* var. *jufinshanica*（C. P. Wang et H. L. Yang）C. Yen et J. L. Yang

A. 植株下部　B. 全穗　C. 小穗　D. 第 1 颖　E. 第 2 颖　F. 小花腹面观　G. 小花背面观

（引自杨锡麟、王朝品，1984，图 5，杨锡麟绘。本图已作删减与修正，标码修改）

2. *Pseudoroegneria cognata*（Hackel）Á. Löve，1984，Feddes Repert. 95：446. 克什米尔拟鹅观草（图 4－18）

模式标本：克什米尔（Kashmir），Duthci 11893；主模式标本：**W**！。

异名：*Agropyron cognatum* Hackel，1904，in Kneucker，Allgem. Bot. Zeitschr. 1904：22 in obs；

Agropyron ferganense Drobov，1916，Tr. Bot. Muz. AN 16：138；

Agropyron dsungaricum Nevski，1934，Fl. SSSR 2：641；

Elytrigia cognata（Hackel）O. Anders et D. Podleech，1976. Mitt. Bot. Staatssamml. Munchen 12：311；

Elytrigia cognata (Hackel) Holub, 1977, Folia Geobot. Phytotax. Praha 12: 426;

Elytrigia ferganensis (Drobov) Nevski, 1934, Tr. Sredneaz. Univ., ser. 8B, 17: 61;

Elytrigia dsungarica Nevski, 1934, Tr. Sredneaz. Univ., ser. 8B, 17: 61;

Elytrigia geniculata ssp. *ferganensis* (Drob.) Tzvel., 1973, Nov. Sist. Vyssch. Rast. 10: 29。

形态学特征：多年生，疏丛生，具匍匐根状茎，植株粉绿色。秆膝曲斜升或直立，高 50～90 cm，平滑无毛。最下部的叶鞘具很短的柔毛，边缘无毛；叶片粉绿色，内卷或边缘内卷，长约 15 cm，宽 1～4 mm，上表面无毛，粗糙，稀被白色短毛，下表面无毛，稀粗糙。穗状花序直立，长（6～）9～15（～19）cm，小穗排列疏松；穗轴节间无毛，但两棱脊上很粗糙，穗轴下部节间长 15～25（～32）mm；小穗绿色或稍具紫晕，长（10～）15～20 mm，下部贴生穗轴，上部外弯；颖披针形，两颖不等长，第 1 颖长（5～）7～9（～9.5）mm，3～5 脉，第 2 颖长（6～）9～11 mm，5～7 脉，两颖均平滑无毛，或其中 1 脉微粗糙，边缘膜质，先端亚急尖；外稃宽披针形，长 8～9（～11）mm，上部明显具 5 脉，间脉与主脉在最先端汇合，背部平滑无毛，先端钝，无芒；内稃披针形，与外稃等长，先端亚急尖或稍内凹，两脊上具纤毛；花药长 6～7 mm。

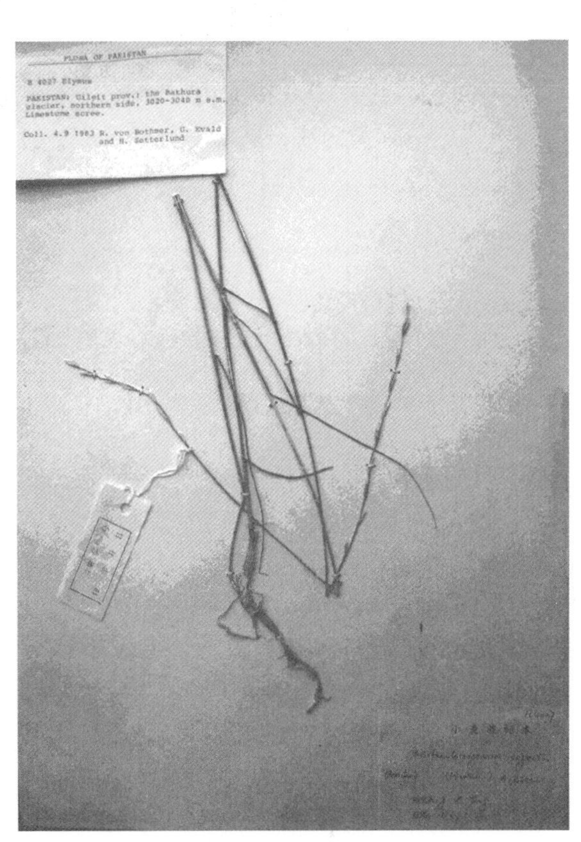

图 4-18 *Pseudoroegneria cognata*（Hackel）Á. Löve（Roland von Bothmer 采自巴基斯坦克什米尔）（现藏于 **SAUTI!**）

细胞学特征：2n＝2x＝14（Dewey，1981；Á. Löve，1984）；染色体组组成：**StSt**（Dewey，1981）。

分布区：西亚伊拉克北部、伊朗、阿富汗、巴基斯坦、克什米尔；中亚准噶尔—塔尔巴嘎台、准噶尔—噶什嘎尔、天山、喀喇昆仑山。生长在石质山坡、岩坡及石堆上。

3. *Pseudoroegneria elytrigioides* （C. Yen et J. L. Yang）**B. R. Lu, 1994, Cathya 6: 1～14. 昌都拟鹅观草**（图 4-19）

模式标本：西藏昌都，澜沧江河谷石质山坡上，锦鸡儿灌丛中，海拔 3 200 m，颜济

82004 号，1982 年 9 月 2 日。主模式标本：**SAUTI**!。

异名：*Roegneria elytrigioides* C. Yen et J. L. Yang，1984，Acta Bot. Yunnanica 6（1）：75～76；

Roegneria alashanica Keng var. *elytrigioides*（C. Yen et J. L. Yang）L. B. Cai，1997，植物分类学报，35（2）：148～177。

形态学特征：多年生，疏丛生，具长的匍匐根状茎。秆直立，细瘦，高 59～75 cm，径 1～1.2 mm，平滑无毛，具 2～4（～6）节，秆基部具宿存碎裂呈纤维状的叶鞘。叶鞘平滑无毛；叶舌透明膜质，平截，呈啮齿状，长约 0.5 mm；叶片绿色，坚韧直立，平展，或内卷成钻形，长（7～）10～15 cm，宽 1.5～3.3 mm，两面均平滑无毛。穗状花序直立，细瘦，长（5～）8～16 cm，具 5～12 枚小穗；穗轴节间上部的长 8～15 mm，下部的长约 20 mm，平滑无毛；小穗长 12～15 mm，具 5～6 花；小穗轴节间长 1.5～1.8 mm，平滑或具微毛；颖长圆状披针形，平滑无毛，革质，两颖不等长，第 1 颖长 3.5～6.5 mm，3～4 脉，第 2 颖长 5～8.5 mm，4～5 脉，边缘膜质，先端钝或锐尖，一侧具齿；外稃长圆状披针形，长 7～9 mm，平滑无毛，上部具明显 5 脉，先端钝或具长约 0.5 mm 的尖头；基盘钝，具微毛；内稃与外稃等长，或稍长于外稃，先端平截，两脊上部具细短的硬纤毛；花药淡黄色至淡褐色，长 4.5～5 mm。

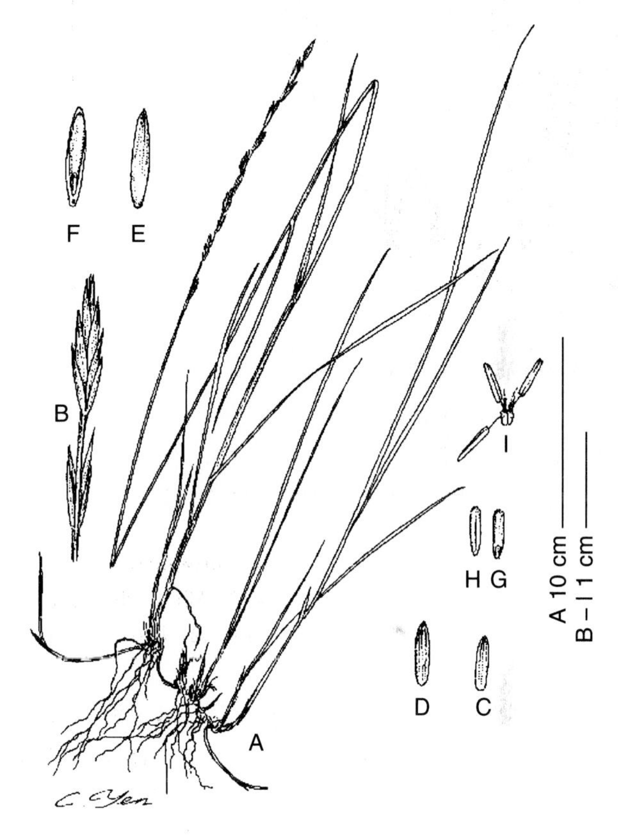

图 4－19 *Pseudoroegneria elytrigioides*（C. Yen et J. L. Yang）B. R. Lu

A. 全植株 B. 小穗及穗轴的一段 C. 第 1 颖 D. 第 2 颖 E. 小花背面观，示外稃及基盘 F. 小花腹面观，示内稃及小穗轴节间 G. 颖果背面观 H. 颖果腹面观 I. 鳞被、雄蕊及雌蕊的柱头

细胞学特征：2n＝4x＝28（B. R. Lu，1994）；染色体组组成：**$St_1St_1St_2St_2$**（B. R. Lu，1994）。

分布区：中国西藏，昌都至东俄洛。生长在石质山坡锦鸡儿灌丛中，海拔 3 200～3 600 m。

4. *Pseudoroegneria geniculata*（Trin.）Á. Löve，1984，Feddes Repert. 95：446. 膝曲拟鹅观草（图 4－20）

模式标本：俄罗斯阿尔泰：Ad fl. Tscharysch，1826，No. 86，jeg. Ledebour。主模式标本与同模式标本：**LE**!。

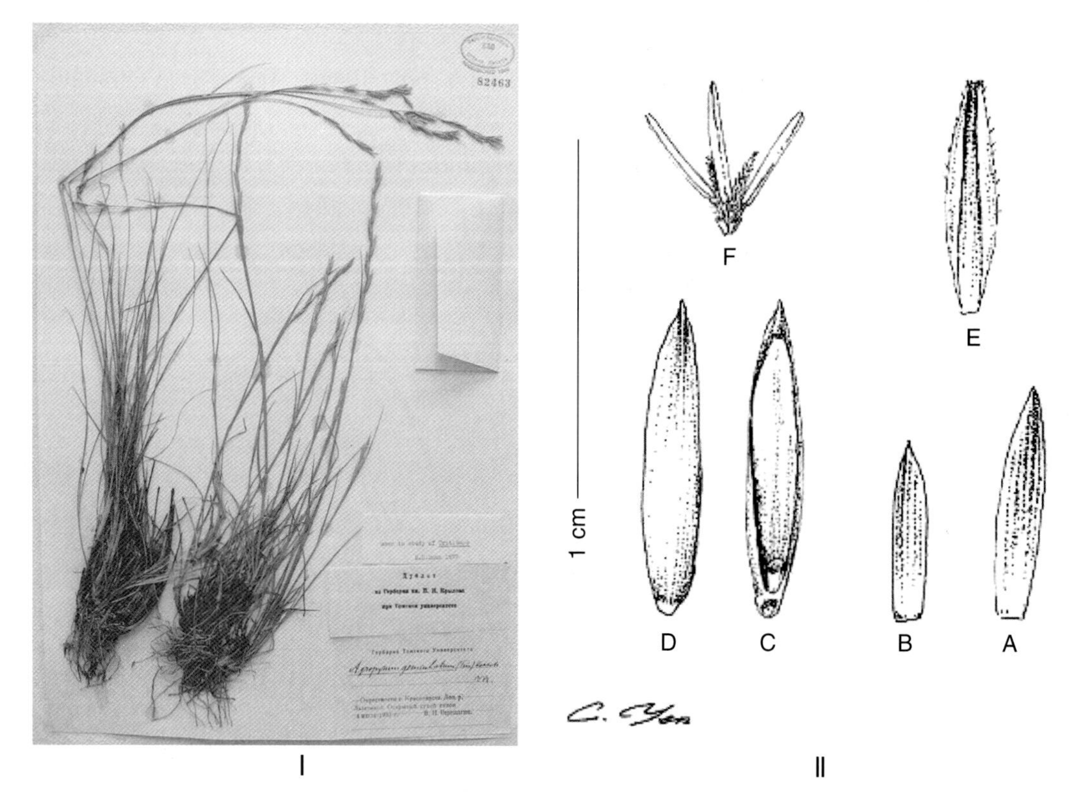

图 4-20 *Pseudoroegneria geniculata*（Trin.）Á. Löve

Ⅰ. 植株全貌 Ⅱ. A. 第 2 颖；B. 第 1 颖；C. 小花腹面观，示内稃及小穗轴节间；D. 小花背面观，示外稃及基盘；E. 内稃腹面观，示两脊上半部具短纤毛；F. 鳞被、雄蕊及雌蕊

异名：*Triticum geniculatum* Trin.，1829，in Ledeb. Fl. Alt. 1：117；

Triticum bungeanum Trin.，1835，Mem. Sav. Etr. Petersb. 2：529；

Agropyron geniculatum（Trin.）C. Koch，1848，Linnaea 21：425；

Elytrigia geniculata（Trin.）Nevski，1936，Tr. Bot. Inst. AN SSSR，ser. 1，2：82；

Agropyron nevskii N. Ivanova，1955. in Grubov，Not. Syst.（Komarov Bot. Inst.）17：4；

Elytrigia nevskii（N. A. Ivanova ex Grubov）N. Ulzíykhutag，1983. Bugd Naǐramdakh Mongol Ard Ulsỳn guurst urgamlỳn Latin-Mongol-Oros neriīn toí：53。

形态学特征：多年生，密丛生，具短根状茎。秆具白霜或粉绿色，基部膝曲，高（20～）30～70 cm，平滑无毛。叶片粉绿色，窄，平展或内卷呈锥形，上表面密被短柔毛，下表面无毛或被短柔毛，边缘非常粗糙。穗状花序细瘦，直立，长 6.5～12 cm，小穗排列疏松，穗轴节间无毛，在棱脊上密被刺毛，下部节间可长达 8～16（～20）mm；小穗粉绿色，有时稍具紫晕，长 15～18 mm，具 5～7 花；小穗轴无毛；颖披针形，平滑，有时在脉上部疏生刺毛，两颖不等长，第 1 颖长 5～7 mm，3～5（～7）脉，第 2 颖长 6～9 mm，5～7 脉，先端急尖形成小尖头，具白色窄膜质边缘；外稃宽披针形，长8～10 mm，平滑，上部具 5 脉，先端形成一直或明显反折、长 0.5～2 mm 的芒尖或短芒；基盘平滑无毛；内稃与外稃等长或稍短于外稃，长 8～9 mm，先端稍内凹，两脊上部 2/3～3/4 被纤毛，花药长 4～5 mm。

细胞学特征：2n = 4x = 28（Dewey，1984；L. S. Malyschev 与 G. A. Peschkova，1990）；染色体组组成：**$St_1St_1St_2St_2$**（Dewey，1984）。

分布区：俄罗斯西伯利亚；蒙古。生长在石质山坡、岩石与倒石堆中；海拔可达 1 750 m。

5. *Pseudoroegneria gracillima*（Nevski）Á. Löve，1984，Feddes Repert. 95：447. 细长拟鹅观草（图 4－21）

模式标本：俄罗斯联邦达吉斯坦：Daghestania，Mikra，1 Ⅶ，1885，No. 422，G. Radde。主模式标本与同模式标本：**LE**!。

异名：*Agropyron gracillimum* Nevski，1934，Fl. SSSR 2：638；

Elytrigia gracillima（Nevski）Nevski，1936，Tr. Bot. Inst. AN SSSR，ser. 1，2：79。

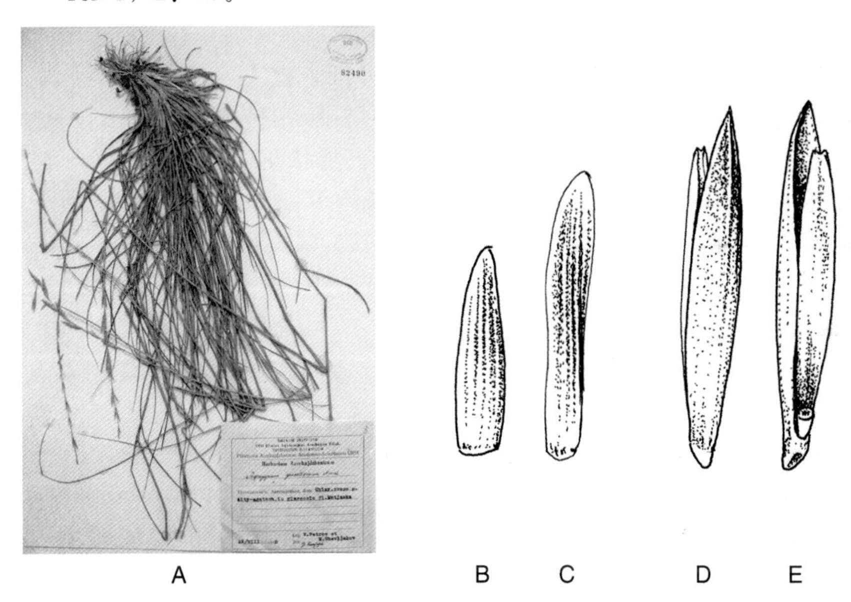

图 4－21 *Pseudoroegneria gracillima*（Nevski）Á. Löve

A. 全植株 B. 第 1 颖 C. 第 2 颖 D. 小花背面观，示外稃及基盘 E. 小花腹面观，示内稃及小穗轴节间

形态学特征：多年生，密丛生，不具根状茎。秆细瘦，高 50～65 cm，通常平滑无毛，有时在节下被微毛。叶鞘平滑无毛，极稀下部的被微毛，边缘不具纤毛；叶片粉绿色，纤细，宽 5～15 mm，内卷，基生叶丝状，上表面密被刺毛或短毛，下表面无毛，极稀被微毛。穗状花序细瘦，长 6.5～16（～18）cm，小穗排列稀疏；穗轴节间在棱脊上很粗糙，下部穗轴节间长 13～20（～22）mm；小穗粉绿色，外展或紧贴，长 12～16（～17）mm，具 4～7 花；颖披针形至圆锥形，革质，平滑无毛，两颖不等长，第 1

颖长6～8（～9）mm，第2颖长（7.5～）8～10（～12）mm，颖宽1.6～1.8 mm，两颖均具5～6脉，平滑无毛，有时脉上被散生刺毛，具宽膜质边缘，先端亚急尖；外稃披针形，长8～11 mm，背部平滑无毛，5脉，边脉与中脉在先端汇合或近于汇合，间脉与中脉在先端以下1 mm或稍短于1 mm处汇合，先端亚钝形至亚急尖；内稃短于或近等长于外稃，披针形，先端圆钝或稍内凹，两脊的上半部被纤毛，花药长5.5～6 mm。

细胞学特征：2n=4x=28（Sokolovskaya et Probatova，cited from Tzvelev，1976；丁春邦，2004）；染色体组组成：**StSt??**（丁春邦等，2004）。

分布区：高加索达吉斯坦。生长于低山地带与中山地带的石灰质岩石与石质山坡上。

6. *Pseudoroegneria kosaninii* （Nábélek）**Á. Löve，1984，Feddes Repert. 95：445. 科杉宁拟鹅观草**

模式标本：M. Halakur-Dar，distr. Ramoran，Kurdistania turc. Nábélek 3336。Z主模式标本：**BRA**!。

异名：*Agropyron kosaninii* Nábélek，1929，Publ. Fac. Sci. Univ. Masaryk 111：25；
Elytrigia kosaninii （Nábélek） Dubovik，1977，Nov. Sist. Vyssch. I Nizschikh Rast. 1976：17。

形态学特征：多年生，丛生，无根状茎。秆纤细，直立，高可达40 cm，密被短柔毛。叶鞘密被短柔毛，边缘散生纤毛；叶片直立，坚硬，向先端内卷，长15～20 cm，宽2～4 mm，上下表面均粗糙，被短柔毛，边缘粗糙。穗状花序纤细，长10～15 cm，小穗5～8枚排列疏松；穗轴被柔毛，棱脊粗糙；小穗长约15 mm，与穗轴节间不等长，具6～8花；颖长倒卵形，无毛，脉上微粗糙，两颖不等长，第1颖长6～8 mm，第2颖长8～9 mm，5脉，先端钝，或近于偏斜平截，具透明膜质边缘；外稃长圆状披针形，长约9 mm，5脉，无毛，先端略尖。

细胞学特征：2n=4x=28（丁春邦等，2004）；染色体组组成：**StSt??**（丁春邦等，2004）。

分布区：伊拉克、伊朗。生长于含钙质的岩石缝隙中；海拔1 770～2 400 m。

7. *Pseudoroegneria magnicaespes* （D. F. Cui）**J. L. Yang et C. Yen. comb. nov. 根据 *Elymus magnicaespes* D. F. Cui，1990，Bull. Bot. Res. 10：25～35. 大丛拟鹅观草**（图4-22）

模式标本：中国新疆库车县，大涝坝；生长于海拔2 100 m的山地草甸草原及草原，1983年8月18日，崔乃然830348。主模式标本：**XJA-1AC**!；同模式标本：**NAS**!。

异名：*Elymus magnicaespes* D. F. Cui，1990，Bull. Bot. Res.（植物研究）10：25～35；
Roegneria magnicaespes（D. F. Cui）L. B. Cai，1997，Acta Phytotax. Sin. 35（2）：148。

形态学特征：多年生，呈较大的草丛。秆直立，高50～70 cm，径约2 mm，通常具2节，平滑无毛；秆基部具宿存成纤维状的叶鞘。叶鞘平滑无毛；叶舌膜质，平截，长约0.5 mm；叶片坚韧，通常内卷成针状，宽1.5～2.5 mm，上表面粗糙，下表面平滑。穗状花序细瘦，直立，长 8～12 cm，具 7～12 枚小穗，小穗贴生穗轴；穗轴节间长约 1 cm，背部微粗糙，棱脊上具短刺毛；小穗长 11～18 mm，宽 2～3 mm，具 4～6 花；小穗轴节间长 1～1.5 mm，密被微毛；颖长圆状披针形，宽约 2 mm，两颖不等长，第 1 颖长 3～6 mm，第 2 颖长 6～9 mm，两颖均具 4～5 脉，先端渐尖，有时具不到 1 mm 长的短尖头；外稃长圆状披针形，平滑无毛，具 5 条明显的脉，先端尖，第 1 外稃长约 10 mm；基盘平滑无毛；内稃与外稃等长或稍短，先端渐窄，微下凹，两脊上具短纤毛；花药长约 3 mm。

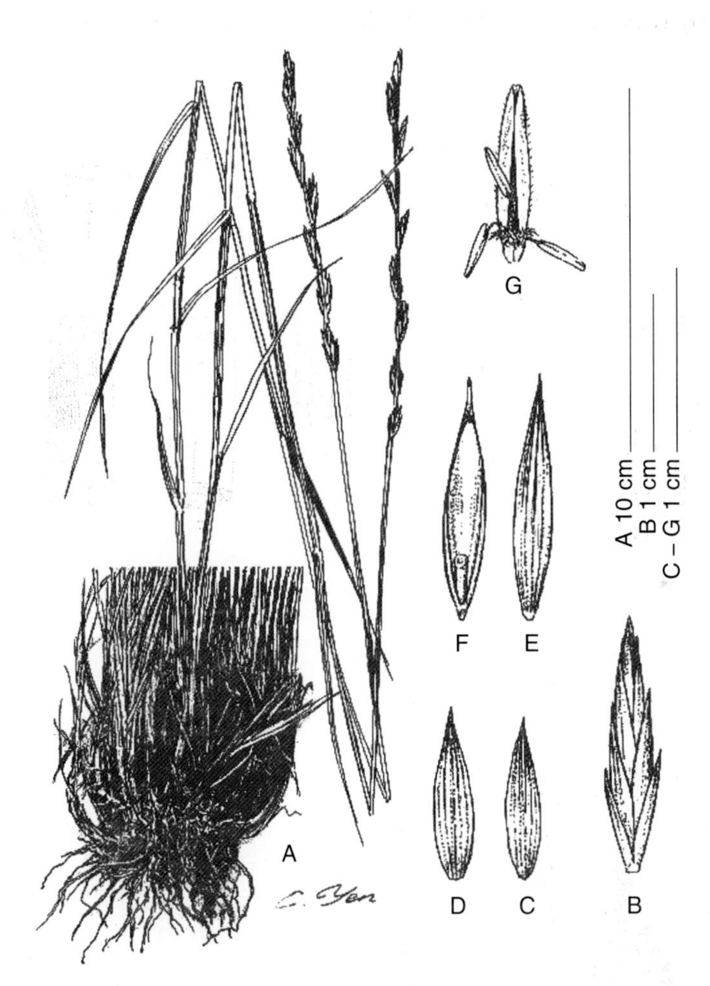

图 4－22 *Pseudoroegneria magnicaespes*（D. F. Cui）J. L. Yang et C. Yen

A. 成株 B. 小穗 C. 第 1 颖 D. 第 2 颖 E. 小花背面观 F. 小花腹面观

G. 内稃、鳞被、花药及羽毛状的柱头

细胞学特征：2n＝4x＝28（张新全等，1999）；染色体组组成：$\mathbf{St_1 St_1 St_2 St_2}$（丁春邦等，2005）。

分布区：中国新疆。生长在山地草甸草原、草原和干旱山坡锦鸡儿灌丛中；海拔 2 000～2 200 m。

8. *Pseudoroegneria spicata* (Pursh) **Á. Löve, 1980, Taxon 29: 168. 穗状拟鹅观草**

8a. var. *spicata* (图 4-23)

模式标本：后选模式标本藏于"Engelmann Herbarium"（**MO**）。Carl Geyer 采自上密苏里（upper Missouri）。Frank Lamson—Scribner 与 Jared G. Smith 1897 年指定。

异名：*Festuca spicata* Pursh，1814，Fl. Am. Sept. 1：83；

Triticum missouricum Sprengel，1825. Syst. Veg.：325；

Triticum divergens Nees ex Steud.，1856，Syn. Glum. 1：347；

Agropyron divergens (Nees) Vasey，1885，Descr. Catal. Grasses U. S.：96；

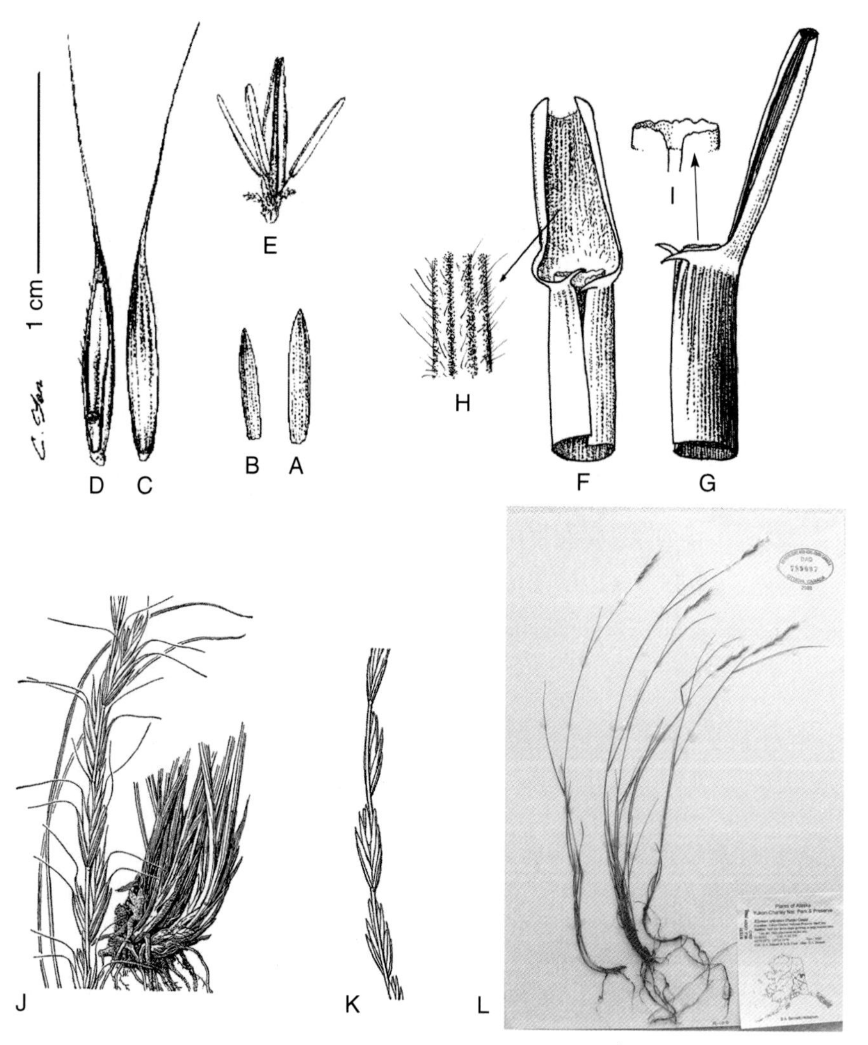

图 4-23 *Pseudoroegneria spicata* (Pursh) Á. Löve

A. 第2颖 B. 第1颖 C. 小花背面观，示外稃 D. 小花腹面观，示内稃背面、小穗轴节间及外稃边沿的纤毛 E. 鳞被、内稃、雄蕊与雌蕊 F. 叶片下部与叶鞘上部并示叶耳与叶舌 G. 同F，侧面观 H. 叶片上表面放大，示长短纤毛 I. 叶舌放大 J. 穗部一段，示小穗及草丛下部 K. 无芒变种 var. *inermis* 穗部一段，示小穗 L. 全植株

（F～I 仿 Hitchcock et al.，1969，图 187；J 仿 Hitchcock，1935，图 465；K 仿 Hitchcock，1935，图 467）

Agropyron spicatum Scribn. et Smith，1897，U. S. Dept. Agric. Div. Agrostol. Bull. 4：33；

Agropyron vaseyi Scribn. et Smith，1897，U. S. Dept. Agric. Div. Agrostol. Bull. 4：27；

Elymus spicatus（Pursh）Gould，1947，Madrono 9：125；

Elytrigia spicata（Pursh）D. Dewey，1983，Brittonia 35：31；

Pseudoroegneria spicata ssp. *spicata* Á. Löve，1980，Taxon 29：169；

Roegneria spicata（Pursh.）A. A. Beetle，1984. Phytologia 55：213。

形态学特征：多年生，疏丛生。通常无根茎，有些植株也有根茎。秆挺拔直立，纤细，高 30～122 cm，被白粉，具 3～4 节，节褐色。叶鞘具条纹，平滑无毛；叶舌短小，常为紫色，长 0. 1～0. 4 mm；叶片挺直，平展或内卷，长 10～18 cm，宽 1～3mm，蓝绿色，平滑无毛，或在上表面被微毛，或在突起的脉上及边缘粗糙，分蘖叶片细窄，长为秆的一半。穗状花序直立，长（4～）8～20 cm，具 5～12 小穗，小穗排列稀疏；穗轴节间长 10～20 mm，下部穗轴节间长于上部穗轴节间；小穗长披针形，扁，长 12～25 mm，黄绿色，外展，具 7～13 花；小穗轴节间圆柱形，微粗糙；颖线状披针形，长 6. 3～8. 4 mm，两颖稍不等长，平滑，脉上粗糙，先端渐尖，或具芒尖，常偏斜，具干膜质边缘；外稃窄披针形，长 8～11 mm，背部圆，下部平滑，上部粗糙或微被短柔毛，先端渐尖，具芒，芒长 12～24 mm，粗糙，外展或弯曲；内稃稍短于外稃，先端圆或钝，两脊上部粗糙；花药长 4～5 mm。

细胞学特征：2n＝2x＝14；染色体组组成：**StSt**（Stebbins Jr. 与 Singh，1950）。

分布区：美国西部至加拿大的西南部直到阿拉斯加。生长在草原与高原上。

8b. var. *inermis* （Scribner et Smith）**C. Yen et J. L. Yang，comb. nov. 根据 *Agropyron divergens* var. *inerme* Scribn. et Smith，1897，U. S. Dept. Agric. Div. Agrostol. Bull. 4：27. 穗状拟鹅观草无芒变种**（图 4 - 23 - K）

模式标本：合模式，现藏于 **US**!，包括："British Columbia：98a John Macoun，Yale，1889；Columbia Valley，July 10，1885. Washington：1913，1914，1915，1916 Piper，1889；Sandberg and Leiberg，237，1893. Idaho：178 and 704 Sandberg，Heller and MacDougal，1892；2819，1820，2822，2823 Henderson，1894；3058 Henderson，1895. Utah：361 Tracy，1887，Ogden，以及 Banner County，Nebraska：469 Rydberg，1895"。

异名：*Agropyron divergens* var. *inerme* Scribn. et Smith，1897，U. S. Dept. Agric. Div. Agrostol. Bull. 4：27；

Agropyron spicatum inerme Heller，1900，Catal. N. Amer. Pl.，ed. 2：3. non Beetle，1951；

Agropyron inerme（Scribn. et Smith）Rydberg，1909，Bull. Torrey Bot. Club 36：539；

Pseudoroegneria spicata ssp. *inermis*（Scribnsr et Smith）Á. Löve，1980，Taxon 29：169；

Roegneria spicata f. *inermis*（Scribn. et Smith）a. a. Beetle，1984. Phytologia

55：213。

形态学特征：多年生，密丛生，不具根状茎。秆细瘦，直立，平滑无毛，高 50～100 cm。叶鞘平滑无毛；叶片细窄，平展或内卷成钻形，上表面被微毛，下表面粗糙，特别在向尖端处。穗状花序细瘦，直立，长 15～20 cm，小穗与穗轴节间约等长；小穗长 10～15 mm，贴生穗轴，或稍向外张；颖窄披针形，两颖不等长，长（5～）8～13 mm，先端近急尖，但不呈长渐尖；外稃长（8～）10.7～13 mm，平滑，背部扁平，脉不明显，先端急尖或渐尖，无芒或尖端具一直或张开，但不反折的芒，短于稃体，穗成熟后很快便断落。

细胞学特征：2n=2x=14；染色体组组成：**StSt**（Stebbins Jr. et al.，1961）。

分布区：北美不列颠哥伦比亚（British Columbia）向东至俄勒冈（Oregon），再向东到犹他（Utah），爱达荷（Idaho）。生长在干旱平原与小山坡。

8c. var. *pubescens*（Elmer）C. Yen et J. L. Yang，comb. nov. 根据 *Agropyron spicatum* var. *pubescens* Elmer，1903. Bot. Gaz. 36：52. 穗状拟鹅观草毛叶变种

模式标本：美国“on Mt. Stuart，altitude 1 000 m，Kittias county，Washington，July，1898. A. D. E. Elmer，No. 1158”。主模式标本：**CI**!。

异名：*Agropyron spicatum* var. *pubescens* Elmer，1903. Bot. Gaz. 36：52；

Pseudoroegneria spicata f. *pubescens*（Elmer）M. E. Barkworth，2007. Fl. North Amer. vol. 24：282。

形态学特征：本变种与原变种的区别在于叶片密被短柔毛。

细胞学特征：未知。

分布区：美国华盛顿州卡什卡德山（Cascade Mountains）。

9. *Pseudoroegneria stipifolia*（Czern. ex Nevski）Á. Löve，1984，Feddes Repert. 95：445. 糙缘拟鹅观草（图 4-24）

模式标本：哈尔科夫“Circa charcovian，Suchojjar，Vii 1864，leg. Cznernjaev”。主模式标本与同模式标本：**LE**!。

异名：*Agropyron stipifolium* Czern. ex Nevski，1934，Fl. SSSR 2：637；

Triticum intermedium var. *stipifolium* Czern. ex Sirj. et Lavr.，1926，Consp. Fl. Prov. Chark. 1：39（non basionym!）；

Elytrigia stipifolia（Czern. ex Nevski）Nevski，1936，Tr. Bot. Inst. AN SSSR，

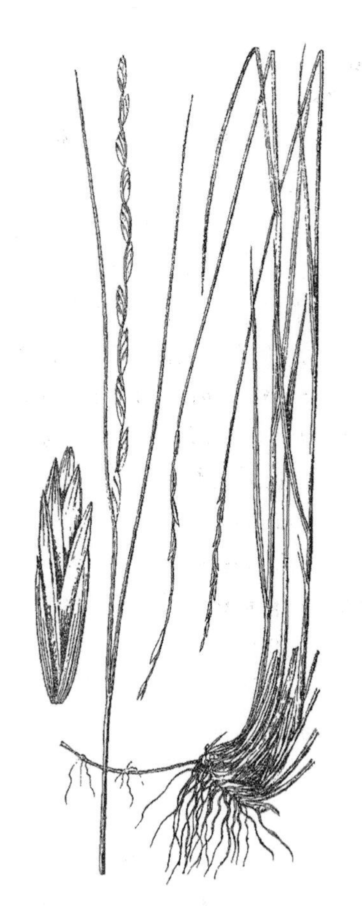

图 4-24 *Pseudoroegneria stipifolia*（Czern. ex Nevski）Á. Löve（引自 E. I. Бордзіловський 与 E. M. Лавренко 主编的《Флора УРСР》，том Ⅱ，图 20）

ser. 1，2：79。

形态学特征：多年生，丛生。秆高 60～90（～100）cm，平滑无毛，基部为黑褐色的宿存叶鞘包裹。叶鞘无毛，有时在最下面的叶鞘被毛，边缘具纤毛，特别是下部；叶片粉绿色，内卷，或边缘内卷，宽（2～）2.5～4.5 mm，上表面无毛，但微粗糙，下表面通常平滑无毛，边缘由于稍增厚并具一行刺毛而非常粗糙。穗状花序细瘦，长 7.5～12（～17.5）cm，小穗排列疏松；穗轴在棱脊上被刺毛而非常粗糙，下部穗轴节间可长达 10～20 mm；小穗绿色，长 13～17 mm，紧贴穗轴，具 4 花；颖披针形，革质，平滑，两颖不等长，第 1 颖长 7～8.5（～9）mm，第 2 颖长 9～11 mm，宽 2.2 mm，均具 5 脉，先端亚急尖；外稃披针形，亚钝形，无毛，长 10～11 mm，5 脉，边脉聚集在一起，但不与主脉汇合，间脉与主脉在先端以下 1～1.5 mm 处与主脉汇合；内稃与外稃等长，先端钝或近于钝，明显内凹；花药长约 6 mm。

细胞学特征：2n=2x，4x=14，28（Dewey，1970；Dewey et al.，1985）；染色体组组成：**StSt，StStStSt**（Dewey，1970；Dewey et al.，1985）。

分布区：乌克兰克里米亚；俄罗斯伏尔加—顿河、高加索、大高加索、黑海。生长在石灰质的石质山坡草原。

10. *Pseudoroegneria strigosa*（M. Bieb.）Á. Löve，1980，Taxon 29：168. 糙伏毛拟鹅观草（图 4 - 25）

模式标本：乌克兰克里米亚雅尔塔附近“Tauria australis，leg. Steven”。主模式标本

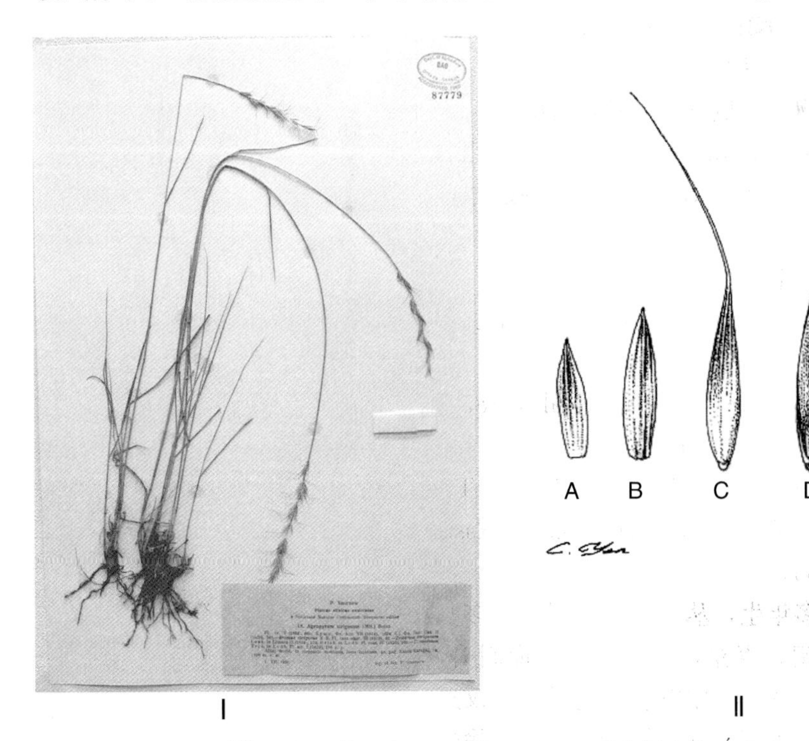

图 4 - 25　*Pseudoroegneria strigosa*（M. Bieb.）Á. Löve

Ⅰ. 全植株　Ⅱ. A. 第 1 颖；B. 第 2 颖；C. 小花背面观，示外稃、基盘及芒；D. 小花腹面观，示内稃背面及小穗轴节间；E. 内稃腹面观、鳞被、雄蕊及雌蕊

与同模式标本：**LE**!。

异名：*Bromus strigosus* M. Bieb.，1819，Fl. Taur. - Cauc. 3：81；

Agropyron strigosum（M. Bieb.）Boiss.，1883，Fl. Or. 5：661；

Elytrigia strigosa（M. Bieb.）Nevski，1936，Tr. Bot. Inst. AN SSSR ser. 1，2：77；

Elymus flexiaristatus（Nevski）Melderis，1978，Bot. J. Linn. Soc. 76：375；

Agropyron microcalyx（Regel）Candargy，1901，Monogr. Tes phyls ton krithodon：40。

形态学特征：多年生，疏丛生，根状茎纤细。秆细瘦，直立，高 50～60 cm，平滑无毛。叶片窄线形，内卷，稀近于内卷，宽 3 mm，粉绿色，上表面被微毛和糙伏毛，或仅有微毛，下表面平滑无毛。穗状花序直立，细瘦，长（5～）7.5～12（～16）cm；穗轴在棱脊上微粗糙；小穗粉绿色，长（10～）11～13（～15）mm（芒除外），稍长于穗轴节间，紧贴穗轴，具（3～）4～5 花；小穗轴无毛；颖线状披针形，平滑，两颖近等长，长（4～）6～8（～9）mm，具 5～7 脉，先端尖；外稃线状披针形，长 7.5～9 mm，平滑无毛，上部具突起 5 脉，先端具芒，芒长 10～17（～22）mm，长为外稃的 1～2 倍，粗糙，被少数极短的糙毛；内稃与外稃等长，或近于等长，先端钝，两脊上半部具纤毛，下半部平滑。

细胞学特征：2n＝2x＝14（Petrova，1967）；2n＝4x＝28（Dewey，1984）；染色体组组成：**StSt，StStStSt**（Dewey，1984）。

分布区：乌克兰克里米亚半岛。生长在低山和中山地带的石灰质岩石、倒石堆以及石质山坡上。

11. *Pseudoroegneria tauri*（Boiss. et Bal.）Á. Löve，1984，Feddes Repert. 95：445. 托瑞拟鹅观草

11a. var. *tauri*（图 4-26、图 4-27）

模式标本：Portes Ciliciennes，Taurus，Balansa 826。主模式标本：**G**!。

异名：*Agropyron tauri* Boiss. & Bal.，1857，Bull. Soc. Bot. Fr. 4：307；

Elytrigia tauri（Boiss. & Bal.）Tzvel.，1973，Nov. Sist. Vyssch. Rast. 10：36。

形态学特征：多年生，丛生，不具根茎，多数纤维状须根。秆细瘦，直立，或基部膝曲而斜升，高约 50 cm，平滑无毛。叶片内卷呈线形，或仅边缘内卷，稀平展，长约 15 cm，宽 2～3 mm，除先端粗糙外，两面均平滑无毛。穗状花序长 4～8 cm，具 4～8 枚小穗，小穗排列稀疏；穗轴平滑无毛；

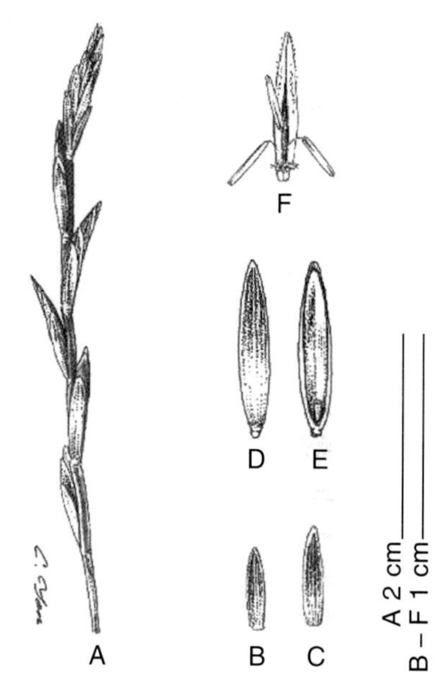

图 4-26 *Pseudoroegneria tauri*（Boiss. et Bla.）Á. Löve

A. 穗状花序 B. 第 1 颖 C. 第 2 颖 D. 小花背面观，示外稃 E. 小花腹面观，示内稃 F. 内稃（脊上纤毛只着生在上端）、鳞被、雄蕊及雌蕊羽毛状的柱头

Ⅰ　　Ⅱ

图 4-27　*Pseudoroegneria tauri*（Boiss. et Bal.）Á. Löve 同模式标本（isotype）：Balansa n. 826 照片（Ⅰ. 现藏于 **K!**；Ⅱ. 现藏于 **LE!**）

小穗长 10～11 mm，椭圆状楔形，与穗轴贴生，具（3～）4～5（～7）花；颖长圆状披针形，平滑，两颖近等长，长 5～6.5 mm，5～7 脉，具窄膜质边缘，先端急尖；外稃长圆状披针形，长 8～9 mm，平滑无毛，上部具 5 脉，先端急尖，无芒；内稃短于外稃，两脊上仅近先端处被纤毛。

细胞学特征：2n = 2x = 14（Dewey，1974）；染色体组组成：**StSt**（Dewey，1974）。

分布区：伊拉克、伊朗、阿拉托里亚。生长在干燥山坡；海拔 1 100～2 100 m。

11b. *Pseudoroegneria tauri* var. *libanotica* （Hackel）**C. Yen et J. L. Yang，comb. nov. 根据 *Agropyron libanoticum* Hackel，1904，Allgem. Bot. Zeitschr. 10：21. 托瑞拟鹅观草黎巴嫩变种**（图 4-28）

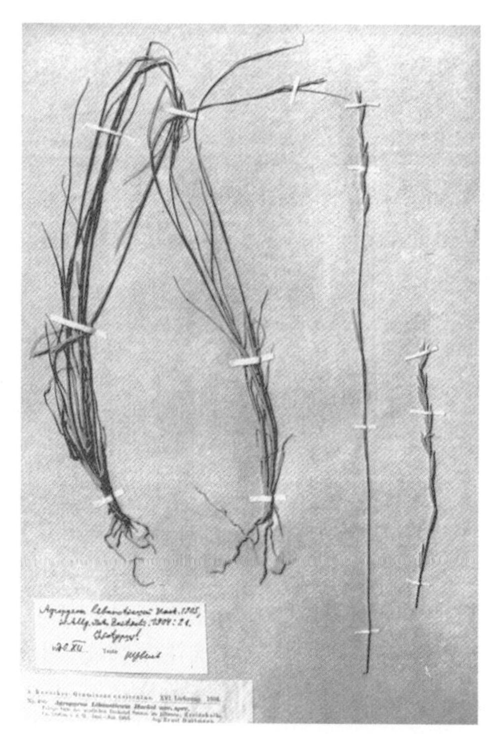

图 4-28　*Pseudoroegneria tauri* var. *libanotica*（Hackel）C. Yen et J. L. Yang 同模式标本（isotype）照片（现藏于 **LE!**）

模式标本：黎巴嫩：Westl. Dschebel Sannin，Libanon，Hartmann。主模式标本：**W!**。

异名：*Agropyron libanoticum* Hackel，1904，Allgem. Bot. Zeitschr. 10：21；

Elymus libanoticus（Hackel）Melderis，1978，Bot. J. Linn. Soc. 76：377；

Elytrigia libanotica（Hackel）Holub，1977，Folia Geobt. Phytotax. Praha 12：426；

Pseudoroegneria tauri ssp. *libanotica*（Hackel）Á. Löve，1984，Feddes Repert. 95：445；

Pseudoroegneria libanotica（Hackel）D. R. Dewey，1984，in J. P. Gustafson：Gene manipulation in plant improvement：272。

形态学特征：多年生，密丛生，不具根状茎。秆直立或基部膝曲斜升，纤细，通常高约 50 cm，平滑无毛。叶片狭窄，内卷，长可达 15 cm，宽 1 mm，被蜡粉，上表面被柔毛或微毛，下表面平滑无毛，先端略尖或渐尖，近于直立，坚挺。穗状花序线形，长约 8 cm；小穗排列疏松；穗轴平滑无毛；小穗椭圆状长圆形，长约 12 mm，长为穗轴节间的 1/3 以上，具 4～5 花；颖线状长圆形，无毛，脉上微粗糙，两颖不等长，第 1 颖长 6～7 mm，第 2 颖长 7～8 mm，均具 3～5 脉，先端急尖；外稃长 7～8 mm，背部平滑无毛，5 脉。

细胞学特征：2n=2x=14（Dewey，1975）；染色体组组成：**StSt**（Dewey，1975）。

分布区：黎巴嫩、伊拉克、伊朗北部。生长于干燥岩石山坡上；海拔 1 700～2 600 m。

存 疑 分 类 群

以下分类群目前或尚无实验生物学的试验研究的检测数据，其系统地位还不能确切判定；或已有数据证明不应属于拟鹅观草属，附录如下供参考。

12. *Pseudoroegneria armena*（Nevski）**Á. Löve，1984，Feddes Repert. 95：447. 亚美尼亚拟鹅观草**

模式标本：南高加索“Bezodalsky range：In montibus Besobdalensibus”。主模式标本：**TGM**！。

异名：*Agropyron armenum* Nevski，1934，Fl. SSSR 2：640；

Elytrigia armena（Nevski）Nevski，1936，Tr. Bot. Inst. AN SSSR ser. 1，2：80；

Elytrigia stipifolia ssp. *armena*（Nevski）Tzvelev，1973，Nov. Sist Vyssch. Rast. 10：29。

形态学特征：多年生，密丛生，具短而匍匐的根状茎。秆高 40～55 cm，细瘦，平滑无毛。叶鞘无毛，叶片粉绿色（具白霜），宽 2 mm，内卷呈刚毛状，稀近于内卷，上表面被毛，下表面无毛。穗状花序细瘦，长 4.5～8（～14）cm，小穗排列疏松；穗轴节间在两棱脊上粗糙，下部穗轴节间可长达 8～14 mm；小穗不紧贴穗轴，近外展，粉绿色，稍带紫晕，长（8～）8.5～11 mm，具 3～4 花；颖披针形，约与第 1 小花等长或稍短，两颖不等长，第 1 颖长（5～）6～7 mm，第 2 颖长 7～8 mm，两颖均具 5～7 脉，平滑，先端渐尖，亚急尖，外稃窄披针形，长 8～8.5 mm，5 脉，边脉在顶端相汇合而不与主脉相汇合，间脉在顶端稍下处与主脉汇合，先端近于钝形至近于急尖；内稃与外稃等长，或稍长于外稃，先端亚钝形，两脊上部 2/3 具不明显的短纤毛。

细胞学特征：未知。

分布区：高加索特有种。生长于石质山坡、草原，可分布至中山地带。

13. *Pseudoroegneria cognata*（Hackel）Á. Löve，1984. 克什米尔拟鹅观草

13a. var. *shigoensis*（Melderis）J. L. Yang et C. Yen comb. nov. 根据 *Agropyron cognatum* var. *shingoense* Melderis，1960，in Bor：Grasses of Burma，Cylon，India and Pakistan：690. 克什米尔拟鹅观草新戈变种

模式标本：克什米尔（巴尔提斯坦 Baltistan），Shingo valley，3048～3353 m。7/7，1893，J. F. Duthie 11895。主模式标本：**K**!。

异名：*Agropyron cognatum* var. *shingoense* Melderis，1960，in Bor：Grasses of Burma，Ceylon，India and Pakistan：690；

Pseudoroegneria cognata ssp. *shingoensis*（Melderis）Á. Löve，1984，Feddes Repert. 95：446。

本变种与 var. *cognate* 的区别在于其外稃具长约 7 mm 的短芒。

细胞学特征：2n=2x=14（Á. Löve，1984）。

分布区：巴基斯坦克什米尔。

14. *Pseudoroegneria cretacea*（Klok. et Prokudin）Á. Löve，1984，Feddes Repert. 95：445. 白垩拟鹅观草（图 4-29）

模式标本：乌克兰，Ukr. SSR，Donets district，Amvrosievsk rgion，village Bely Yar，on chalk deposits，9 Ⅵ 1930，M. Klokov。主模式标本：**KW**!。

异名：*Agropyron rigidum*（Schrad.）Beauv. var. *cretaceum* Czern.，1859，Consp. Plant Chark. 71；

Triticum cretaceum Czern. ex Prokudin，1938，Proc. Bot. Inst. Kharkov 3：166；

Elytrigia cretacea（Czern.）Klokov et Prokudin，1938，Proc. Bot. Inst. Kharkov 3：166，f. 5. I；

Agropyron cretaceum Klok. et Prokudin，1940，Fl. URSR 2：330；

Elytrigia cretacea（Klok. & Prokudin）Klok.，1950，Vizn. Rosl. URSR：900；

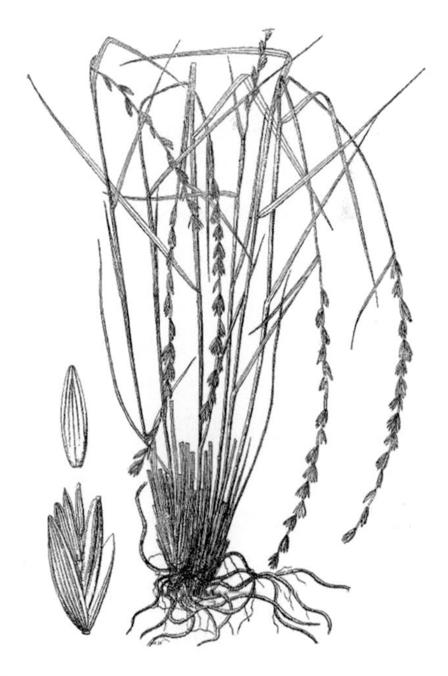

图 4-29 *Pseudoroegneria cretacea*（Klokov et Prokudin）Á. Löve

（引自 E. I. Бордзіловський 与 E. M. Лавренко 主编的《Флора УРСР》，том Ⅱ，图 21。M. B. Клоков 与 Ю. M. Прокудін 原图）

Elytrigia stipifolia (Czern. ex Nevski) Nevski subsp. *stipifolia* Tzvel., 1976, Poaceae Soviet Union, 2: 134。

形态学特征：多年生，密丛生，具短的根状茎，株丛单独着生或以短的根状茎相连接。秆基部覆以宿存的黑褐色叶鞘，高 35～60（～90）cm，粉绿色，花序下无毛或粗糙，秆的下部密被短柔毛。叶鞘边缘着生纤毛，下部和中部的叶鞘密被白色长柔毛，上部者无毛；叶片直立至开展（与秆呈 44°～55°角），粉绿色，平展或内卷，或边缘内卷，上表面无毛，粗糙，下表面平滑无毛，仅在下面接近叶鞘处密生短柔毛，边缘粗糙。穗状花序长 10～16（～20）cm，纤细，小穗排列疏松；穗轴无毛，棱脊上粗糙；小穗贴生穗轴，长 10～13（～15）mm，具 4～5（～6）花；颖披针形，无毛，有时脉上粗糙，两颖不等长，第 1 颖长 6～7（～8.5）mm，第 2 颖长 7.5～8.5 mm，两颖均具 5～6 脉，先端钝或渐尖；外稃披针形，长 7.5～8.5（～11）mm，平滑无毛，具 5 脉，先端略钝；内稃宽披针形，较外稃略短或等长，先端钝或内凹，两脊上具纤毛；花药长 4～5 mm。

细胞学特征：2n=4x=28（Á. Löve, 1984）。

分布区：乌克兰、俄罗斯。生长在石灰土沉积地上。

15. *Pseudoroegneria divaricata* (Boiss. et Bal.) **Á. Löve, 1984, Feddes Repert. 95: 444. 弯芒拟鹅观草**

模式标本：小亚细亚，in region subalpina montiun Karamas dagh et Dede dagh Cappadocia alt. 1 600 m. Cl. Balansa。主模式标本：**G**!。

异名：*Agropyron divaricatum* Boiss. et Bal., 1857, Bull. Soc. Bot. Fr. 4: 307；

Elytrigia divaricata (Boiss. et Bal.) Nevski, 1936, Tr. Bot. Inst. AN SSSR, ser. 1, 2: 73。

Pseudoroegneria divaricata subsp. *attenualiglumis* (Nevski) Á. Löve, 1984, Feddes Repert. 95: 444。

形态学特征：多年生，密丛生，具短根状茎，根木质化。秆直立，通常高 60 cm，基部略平卧后直立，粉绿色，除花序下粗糙外，其余平滑无毛。叶鞘无毛，叶舌短，近于缺失，平截；叶片平展，通常长达 15 cm，宽 2～3 mm，粉绿色，两面均被短柔毛，边缘粗糙。穗状花序直立，长 8～16 cm，小穗排列疏松；穗轴节间在棱脊上粗糙，下部的可长达 25 mm；小穗成熟后张开呈楔形，具 4～5 花，上部小花常不育；小穗轴碎折；颖长圆形，无毛，或粗糙，或平滑，两颖不等长，第 1 颖长 6～7（～8）mm，5 脉，先端急尖，或具 2 齿，或具短尖头，或具短芒，第 2 颖长 8～10 mm，5～7 脉，先端急尖，具小尖头，或具长 2～3 mm 的短芒；外稃长 10～12 mm，先端 2 裂，背部平滑，上部具明显 5 脉，具芒，长 18～22 mm，明显外折，粗糙；内稃与外稃等长，两脊上粗糙。

细胞学特征：未知。

分布区：小亚细亚。生长在石灰岩山坡上；海拔 1 200～1 600 m。

16. *Pseudoroegneria dsinalica* (Sablina) **Á. Löve, 1984, Feddes Repert. 95: 445. 高加索拟鹅观草**

模式标本：高加索，内高加索，喀斯洛沃得斯克附近，德斯那尔山，石灰岩山坡，1972 年 7 月 7 日 Б. Саблина。主模式标本：帕贾提戈尔斯克药物研究所标本室（Herbario

Instituti Pharmaceutici Pjatigorsk）；同模式标本：**LE**!。

异名：*Elytrigia dsinalica* Sablina，1975，Nov. Sist. Vyssch. Rast. 12：44。

形态学特征：多年生，密丛生，具短根状茎。秆高 60～65 cm，平滑无毛。叶片内卷，宽 1.5～2.2 mm，灰绿色，上表面无毛，脉上粗糙，下表面平滑。穗状花序直立或稍下垂，长 15～18 cm，狭窄；小穗贴生穗轴，长 12～19 mm（芒除外），宽 4～6 mm，具 5～9 花；颖披针形，两颖近等长，长 9～10 mm，5～7 脉，下部粗糙，先端急尖，外稃披针形，长 7～9 mm，无毛，有时上部 1/3 沿脉微粗糙，5 脉，先端具芒，芒长 17～20 mm，微弯曲，或近于直立，密被小刺毛；内稃与外稃近等长，两脊上部 3/4 被纤毛而粗糙；花药长 9（～13）mm。

细胞学特征：未知。

分布区：内高加索。生长在低山带石灰岩上。

17. *Pseudoroegneria geniculata* （Trin.） **Á. Löve**

17a. var. *pamirica* （Melderis） **C. Yen et J. L. Yang，comb. nov. 根据 *Agropyron pamiricum* Melderis，1960，in Bor：Burm. Cyl. Ind. And Pak.：693. 膝曲拟鹅观草帕米尔亚种**

模式标本：帕米尔，Pamir：3 962～4 267 m，1895，Alcock 17795。主模式标本：**BM**!。

异名：*Agropyron pamiricum* Melderis，1960，in Bor：Grass Burm. Ceyl. Ind. and Pak.：693；

Pseudoroegneria geniculata ssp. *pamirica*（Melderis）Á. Löve，1984，Feddes Repert. 95：446.

形态学特征：多年生。秆高约 70 cm，平滑无毛，具 2～3 节。叶鞘平滑无毛；叶舌长约 0.5 mm，透明，平截，先端撕裂状；叶片多有些内卷，长 14～17.5 cm，宽 2～2.5 mm，上表面脉稍增厚，脉上密被短柔毛，边缘粗糙，下表面平滑无毛。穗状花序长约 13.5cm，直立坚挺，小穗排列疏松；穗轴平滑无毛，棱脊上被短纤毛而粗糙；小穗窄披针形，长约 20 mm，具 6～7 花；小穗轴具糙伏毛；颖窄披针形，无毛，两颖不等长，第 1 颖长 5.5～6 mm，第 2 颖长 7～8 mm，具 3～5 脉，脉中部向先端粗糙，边缘具透明膜质，先端渐尖，或多或少变为渐尖，具尖头，长 0.5～0.8 mm；外稃窄披针形，长 8.5～9 mm，背部无毛，上部具明显 5 脉，基部及边缘被短柔毛，先端波状到撕裂状，具小尖头，长约 0.5 mm；内稃与外稃等长，或稍长，窄披针形，先端平截，两脊先端具短纤毛；花药黄色，长约 4 mm。

细胞学特征：2n＝4x＝28（Á. Löve，1984）。

分布区：帕米尔高原。生长在岩石山坡；海拔 3 000～4 250 m。

17b. var. *pruinifera* （Nevski） **C. Yen et J. L. Yang，comb. nov. 根据 *Agropyron pruiniferum* Nevski，1934，Fl. SSSR. 2：640. 膝曲拟鹅观草霜叶亚种**

模式标本：乌拉尔南部，Bashkiria，Zilairskii canton，village Ilyasovo，Turenka mountain，16 Ⅶ 1930，N. Ivanova et al.。主模式标本：**LE**!。

异名：*Agropyron pruiniferum* Nevski，1934，Fl. SSSR. 2：640；

Elytrigia pruinifera （Nevski） Nevski，1936，Tr. Bot. Inst. AN SSSR，ser. 1，2：81；

Elytrigia geniculata ssp. *pruinifera* （Nevski） Tzvelev，1973，Nov. Sist. Vyssch. Rast. 10：29；

Pseudoroegneria geniculata subsp. *pruinifera* （Nevski） Á. Löve，1984，Feddes Repert. 95：446。

形态学特征：多年生，密丛生；具短根状茎。秆高 30～70 cm，基部粗壮，粉绿色，被蜡粉，平滑无毛，或在节下被短柔毛。叶鞘平滑无毛；叶片很窄，内卷，挺直，上表面被微毛，下表面平滑，秆基部不育性分蘖，具开展的内卷呈刚毛状的叶片。穗状花序长 6～12（～15）cm，小穗排列疏松；穗轴两棱上具刺毛而粗糙，下部穗轴节间可长达 8～12 mm；小穗粉绿色，长 11～14（～15）mm，具 3～5 花；颖披针形，短于第 1 小花，两颖不等长，第 1 颖长（4～）5～6（～7）mm，第 2 颖长 6～7（～8）mm，均具 5～6 脉，宽 1.5 mm，平滑无毛，具干燥膜质边缘，先端急尖至亚急尖；外稃披针形，长 8～8.5 mm，渐尖，5 脉，两对侧脉与主脉在同一水平汇合，稀间脉与主脉在稍下处汇合；内稃线状披针形，与外稃等长，先端微内凹，两脊上部 2/3～3/4 具长纤毛；花药长 5～5.5 mm。

细胞学特征：未知。

分布区：俄罗斯欧洲部分的乌拉尔，伏尔加—顿河；西西伯利亚。生长在低山地带的岩石山坡与岩石上，特别是石灰岩上。

18. *Pseudoroegneria heidmaniae* （Tzvelev） **Á. Löve，1984，Feddes Repert. 95：446. 海德玛拟鹅观草**

模式标本：外高加索，Transcaucasia，prov. Nachiczevan，opp. Ordubad，prope pag. Utsh-Darange，in rupibus calcareis，7 Ⅵ 1933，T. Heidema。主模式标本与同模式标本：**LE**!。

异名：*Elytrigia heidmaniae* Tzvelev，1972，Nov. Sist. Vyssch. Rast. 9：60。

形态学特征：多年生，密丛生，具短根状茎，多数纤维状须根。秆高 20～50 cm。叶鞘无毛或具短柔毛；叶片通常疏松内卷，直径 0.4～0.9 mm，上表面被微毛，下表面无毛近于平滑，或在秆下部的叶片被短柔毛。穗状花序长 4～8 cm，小穗排列疏松；小穗长 7～10 mm，具 3～6 花；颖披针形，两侧不对称，无毛或近于平滑，长 3.5～7 mm，2～3 脉，脉明显突起，具宽膜质边缘，在颖上部 1/3 处的一侧可宽达 0.5～0.6 mm，先端钝，但也常具一长 0.3 mm 的小尖头；外稃披针形，长 6～7.5 mm，无毛，并近于平滑，先端无尖头，或具长 2～4 mm 的短芒；内稃与外稃约等长，两脊粗糙几乎达基部；花药长 3.5～4.5 mm。

细胞学特征：未知。

分布区：外高加索。生长在低山带的石灰质岩石上。

19. *Pseudoroegneria kotovii* （Dubovik） **Á. Löve，1984，Feddes Repert. 95：445. 科托夫拟鹅观草**（图 4－30）

模式标本：乌克兰“RSS Ucr.，ditio Krymenensis，districtus Bjelogorskiensis，p. Miczurino，in cretaceis，22. Ⅶ 1956，M. Kotov”（主模式标本：**KW**）。

异名：*Elytrigia kotovii* Dubovik，1977，Nov. Sist. Vyssch. I Nizschikh 1976：14。

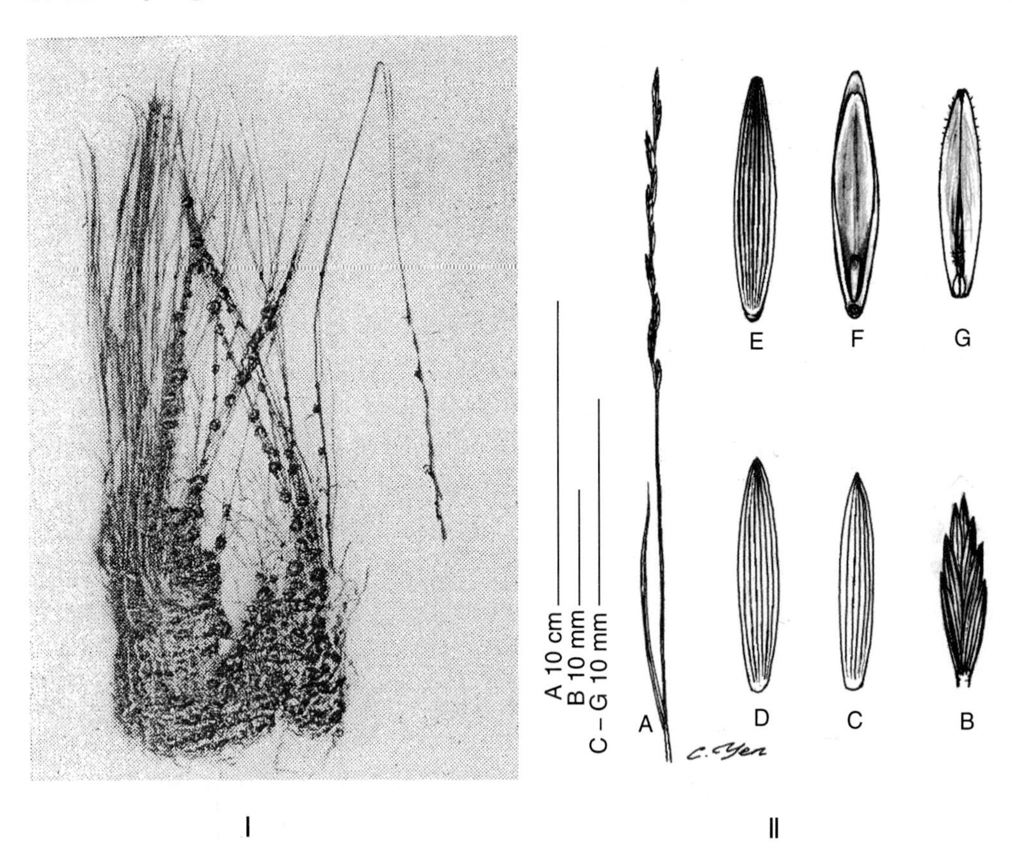

图 4－30　*Pseudoroegneria kotovii*（Dubovik）Á. Löve

Ⅰ. 主模式标本，现藏于 **KW**!　Ⅱ. A. 全穗及旗叶；B. 小穗；C. 第 1 颖；D. 第 2 颖；
E. 小花背面观，示外稃及基盘；F. 小花腹面观，示内稃背面及小穗轴节间；
G. 内稃腹面观，示两脊上端稀疏纤毛

形态学特征：多年生，密丛生，株丛间以短根茎连接。秆高（40～）55～85 cm，秆下部特别是节下贴生微毛，秆基部具宿存的深褐色叶鞘。叶鞘边缘具纤毛，下部叶的叶鞘具长柔毛，并混以贴生的短柔毛，稀无毛；叶片直立，淡绿色，近于内卷，平展，或边缘内卷，宽 2.5～4 mm，上表面被短柔毛，混以长柔毛，脉突起，下表面被微毛，接近叶鞘处贴生微毛。穗状花序纤细，小穗排列疏松，长 10～22 cm；穗轴棱脊上粗糙，穗轴节间下部的长 12～27 mm；小穗粉绿色，与穗轴贴生，长 12～18 mm，与穗轴节间近等长，具（3～）4～5（～6）花；颖披针形，平滑，（4～）5～6 脉，脉间贴生微毛，两颖不等长，第 1 颖长（4.5～）6～9.5 mm，第 2 颖长（5～）7～11.5 mm，先端圆钝或钝而渐尖；外稃披针形，长（8～）9.5～12 mm，5～7 脉，先端略钝；内稃短于外稃 1～2 mm，先端钝或内凹，两脊上部粗糙或具纤毛。

细胞学特征：未知。

分布区：乌克兰。生长在石灰质土中。

20. *Pseudoroegneria ninae* （Dubovik） **Á. Löve，1984，Feddes Repert. 95：445. 棕鞘拟鹅观草**

模式标本：乌克兰，ditio Krymensis，districtus Czernomorskiensis，fossa steppacea Gladovaja dicta S versus a p. Czernomorskoje，declivia lapidosa，29. Ⅷ. 1974，O. Dubovik。主模式标本：**KW**！

异名：*Elytrigia ninae* Dubovik，1977，Nov. Sist. Vyssch. I Nizschikh Rast. 1976：12。

形态学特征：多年生，密丛生，具短的根状茎。秆高40～75 cm，无毛，秆基部覆盖宿存暗棕色的叶鞘，上部的叶鞘无毛，边缘具纤毛，下部的叶鞘贴生微毛。叶片直立，粉绿色至绿色，略内卷，宽1.5～2.5 mm，上表面具长的和短的两种柔毛，稀仅具短柔毛，下表面无毛，稀具细小疏毛。穗状花序直立，长8～18.5 cm；小穗排列疏松；穗轴在棱脊上微粗糙，上部平展，下部穗轴节间长10～20 mm；小穗长11～17 mm，贴生穗轴，先端外展，具3～5（～6）花，稍短于穗轴节间；颖披针形，先端圆钝，或钝而渐尖，短于下部小花，平滑，两颖不等长，第1颖长6～11 mm，第2颖长7～12 mm，颖宽1.5～1.8 mm，两颖均具4～6脉；外稃披针形，长10～13 mm，先端略钝或内凹，上部明显具5脉，边脉与中脉在先端靠近但不汇合，间脉与中脉在先端稍下汇合；内稃长圆形，短于外稃（1～）2～3.5 mm，先端内凹或钝，两脊上部粗糙；花药长约4 mm。

细胞学特征：未知。

分布区：乌克兰。生长在塔尔汉库提克（Tarchankutic）半岛石质山坡。

21. *Pseudoroegneria pertenuis* （C. A. Mey.） **Á. Löve，1984，Feddes Repert. 95：445. 细长拟鹅观草**

模式标本：高加索，Zuvant，In rupestribus subalpinis prope pag. Siwers，14 Ⅵ 1830，C. A. Meyer。主模式标本与同模式标本：**LE**！。

异名：*Triticum intermedium* var. *pertenue* C. A. Meyer，1831，Verzeichn. Pfl. Cauc.：25；

Agropyron pertenue（C. A. Mey.）Nevski，1934，Fl. SSSR 2：640；

Elytrigia pertenuis（C. A. Mey.）Nevski，1936，Tr. Bot. Inst. AN SSSR，Ser. 1，2：80；

Elytrigia tauri（Boiss. et Bal.）Tzvelve ssp. *pertenuis*（C. A. Mey.）Tzvelev，1973，Nov. Sist. Vyssch. Rast. 10：30。

形态学特征：多年生，丛生，不具短根状茎。秆高45～47 cm，非常细瘦，除靠近基部的节下被微毛而粗糙外，其余平滑无毛。叶鞘无毛，边缘不具纤毛；叶片粉绿色，内卷，稀边缘内卷而近于平展，宽1～1.5 mm，上表面密被短毛，并杂以很稀疏的长毛，下表面平滑无毛。穗状花序很细瘦，长（5.5～）6～12 cm，具6～10小穗，小穗排列稀疏；穗轴在棱脊上粗糙，下部穗轴节间长（8～）10～13 mm；小穗绿色或绿紫色，长9～14（～15）mm，紧贴穗轴或近外展，具4～5花；颖革质，披针形，除脉上具稀疏刺毛外，其余平滑无毛，两颖不等长，第1颖长（3～）4～5（～5.5）mm，第2颖长5～7 mm，两颖均具5～6脉，先端钝或亚急尖，无芒，具宽膜质边缘；外稃窄披针形，长7～

9 mm，5 脉，间脉与主脉交汇处稍低于边脉与主脉汇合点；内稃与外稃等长，线状披针形，先端钝，几乎不内凹，两脊上部 2/3～3/4 被纤毛。

细胞学特征：2n=4x=28（Á. Löve，1984）。染色体组组合是否为 **PPStSt** 还需对测试标本作形态学与细胞遗传学的再鉴定，在第三卷中已有详述。如含 **PSt** 染色体组，则应归入 *Douglasdeweya* 属。它与 *D. wangii* 及 *D. deweyii* 的关系是同一种还是不同的种？是不同的亚种还是变种？也还需要检测它们的杂交亲合率才能确定。

分布区：俄罗斯高加索。生长在低山地带的石质山坡和岩石中。

22. *Pseudoroegneria setulifera*（Nevski）Á. Löve，1984，Feddes Repert. 95：446. 刺叶拟鹅观草

模式标本：土库曼，Karlyukskii region of the Tukmennia SSR，ascent toward the watershed line of the Kugitang range opposite village Khoja-Filat。18 Vii 1931 年 7 月 18 日，C. A. Невский，871 号。主模式标本：**LE**!。

异名：*Elytrigia setulifera* Nevski，1934，Tr. Sredneaz. Univ.，ser. 8B，17：61；

Agropyron setuliferum（Nevski）Nevski，1934，Fl. SSSR 2：642。

形态学特征：多年生，丛生。秆基部平卧后直立，或自基部直立，高 50～80 cm，除花序下非常粗糙外，其余平滑无毛。叶片平展，边缘内卷，或内卷近于刚毛状，略为粉绿色或为明显粉绿色，长约 20 cm，宽 2～3 mm，上表面被短柔毛，下表面很粗糙，或仅边缘粗糙，或仅在边脉上粗糙，分蘖的叶片长，刚毛状内卷。穗状花序细瘦，长 5～12 cm，小穗排列稀疏；穗轴密被细刚毛而粗糙，下部节间可长达 10～20 mm；小穗绿色或微具紫晕，短于穗轴节间，稀与其等长，小穗长（8～）10～15（～18）mm，具（3～）5～6 花；颖披针形，硬革质，脉上全部或仅中脉具刺毛而粗糙，两颖近等长，长 5～8 mm，宽约 2.2 mm，5～7 脉，先端钝至近于急尖，具窄膜质边缘；外稃披针形，长 8～9 mm，平滑无毛，5 脉，边脉先端不与中脉汇合，或稀与中脉汇合，间脉与中脉在先端以下汇合，或近于汇合，先端钝形或近于钝形；内稃与外稃等长，或稍长于外稃；花药长约 5 mm。

细胞学特征：未知。

分布区：中亚，吉萨尔－达尔瓦孜（Gissar-Darvoz），帕米尔。生长在含钙质的石质山坡（柏树林带的石质山坡）。

23. *Pseudoroegneria sosnovskyi*（Hackel）Á. Löve，1984，Feddes Repert. 95：445. 索氏拟鹅观草

模式标本：土耳其，Bora-Chane，distr. Olty，Prov. Kars，Sosnovsky。主模式标本：**TGM**。

异名：*Agropyron sosnovskyi* Hackel，1913，Monit. Jard. Bot. Tiflis 29：26；

Elytrigia sosnovskyi（Hackel）Nevski，1936，Tr. Bot. Inst. AN SSSR，ser. 1，2：82。

形态学特征：多年生，密丛生。秆高 35～50 cm，纤细，无毛。叶片粉绿色，平展，干燥时边缘内卷，长可达 12 cm，宽（1～）1.5～2 mm，上表面被微毛，下表面平滑无毛。穗状花序纤细，长 12～15 cm，具 9～16 枚小穗，小穗排列稀疏；穗轴在主棱脊上粗糙，下部穗轴节间长15～17 mm；小穗粉绿色，较淡，披针形，长10～16 mm，具3～4（～5）花，贴生穗轴上；颖狭窄，线状披针形，两颖近等长，长6～9 mm，较最下部的小花短，均具3脉，中脉明显突起，先端钻形；外稃线状披针形，或长圆状披针形，背部平滑无毛，长8～9 mm，5脉，先端钻形至具一长0.5～1 mm的小尖头；内稃与外稃近等长，先端亚急尖，稍内凹，呈2齿状，两脊上具纤毛；花药长约4 mm。

细胞学特征：未知。

分布区：高加索，也可能在外高加索南部有分布；阿尔明尼亚至土耳其的库尔德。生长在干燥石质小山和山坡上。

24. *Pseudoroegneria stewartii* (Meld.) **Á. Löve, 1984, Feddes Repert. 95: 447. 史迪威拟鹅观草**

模式标本：巴基斯坦，Baltistan，near Kasurmik，Shyok watershed，15/8 1940，R. R. and I. D. Stewart 20704。主模式标本：**K**!。

异名：*Agropyron stewartii* Melderis，1960，in Bor：Grass. Burm. Ceyl. Ind. And Pak.：695。

形态学特征：多年生，丛生。秆高60～70 cm，平滑无毛，具3节。叶鞘平滑无毛；叶舌透明，先端平截，撕裂状，长0.2～0.3 mm；叶片平展，长3～6 cm，宽1～2.5 mm，脉纤细，上表面在脉上微粗糙，下表面平滑无毛，边缘粗糙。穗状花序直立或稍下弯，小穗排列疏松；穗轴节间平滑无毛，棱脊上具短纤毛而粗糙；小穗长（10～）13～16 mm（芒除外），披针形或窄披针形，绿色，具3～4花；小穗轴节间被糙伏毛；颖披针形或窄披针形，无毛，主脉突起微粗糙，两颖不等长，第1颖长5～7.5 mm，第2颖长6.5～8 mm，两颖均具3～5脉，先端渐尖，具短芒，芒长0.5～2 mm，具窄的白色或紫色的膜质边缘；外稃长圆状披针形，长8～10 mm，具5脉，除脉上微粗糙外，其余无毛，先端具短芒，芒长（0.5～）1～2（～3）mm；内稃略短于外稃，窄披针形，先端内凹，两脊上先端具短纤毛，两脊间背部上端被短小刺毛；花药黄色，长2～2.5 mm。

细胞学特征：未知。

分布区：巴基斯坦：巴尔提斯坦（Baltistan）。生长在高山山坡；海拔2 743～3 048 m。

25. *Pseudoroegneria strigosa* (M. Bieb.) **Á. Löve. 糙伏毛拟鹅观草**

25a. var. *aegilopoides* (Drobov) **C. Yen et J. L. Yang, comb. nov. 根据 *Agropyron aegilopoides* Drobov, 1914, Tr. Bot. Muz. AN 12: 46. s. str. 糙伏毛拟鹅观草拟山羊草变种**（图4-31）

模式标本：外贝加尔，Selenginsk，in rupe cepifera，1892，Turczaninov。后选模式标本：**LE**!；同后选模式标本：**LE**!（注：后选模式标本为Tzvelev在1976年指定）。

异名：*Agropyron aegilopoides* Drobov，1914，Tr. Bot. Muz. AN 12：46. s. str；
Triticum gmelinii Trin.，1838，Linnaea 12：467；
Agropyron gmelinii (Trin.) Candargy，1901，Mongr. Tes phyls ton krithodon：23，non Scribner et Smith，1897；
Agropyron propinquum Nevski，1932，Izv. Bot. Sada AN SSSR 30：498；

Agropyron roshevitzii Nevski，1932，Izv. Bot. Sada AN SSSR 30：503；

Agropyron strigosum ssp. *aegilopoides*（Drobov）Tzvelev，1970，Spisok Rast. Herb. Fl. SSSR 18：24；

Elymus roshevitzii（Nevski）Dubovik，1976，Nov. Sist Vyssch，I Nizschikh Rast. 1976：12；

Pseudoroegneria strigosa ssp. *aegilopoides*（Drobov）Á. Löve，1984，Feddes Repert. 95：444。

形态学特征：本变种与 var. ***strigosa*** 的区别，在于其叶片上表面仅具刺毛或仅具极短的毛；内稃两脊超过一半的长度具刺毛。

细胞学特征：2n＝2x＝14（Á. Löve，1984），28（Dewey）

分布区：俄罗斯外贝加尔。

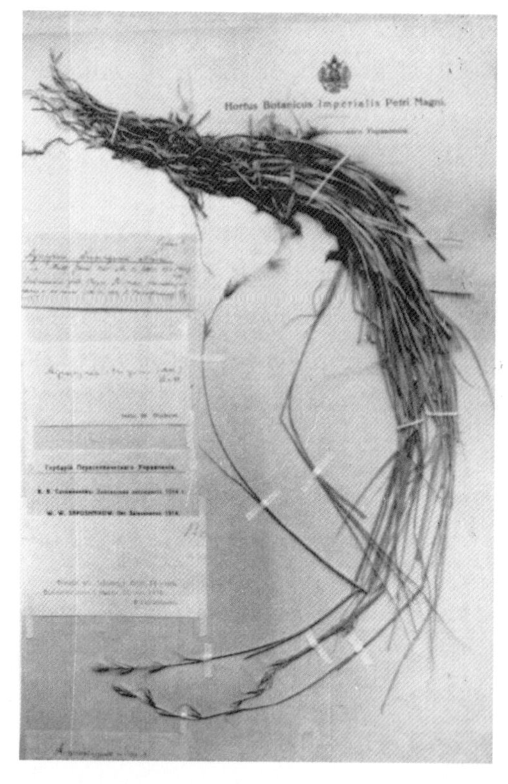

图 4－31　*Pseudoroegneria strigosa* var. *aegilopoides*（Drobov）Á. Löve（同后选模式标本，现藏于 **LE**!）

25b. var. *amguensis*（Nevski）**C. Yen et J. L. Yang，comb. nov. 根据 *Agropyron amguensis* Nevski，1932. Izv. Bot. Sada AN SSSR 30：505. 糙伏毛拟鹅观草远东变种**

模式标本：俄罗斯“远东，Primorie District，Amguni basin，slopes，along the bank of Chuchagirskoe lake，25 VI 1909，No. 144，I. Kuznetzov”。主模式标本：**LE**!。

异名：*Agropyron amgunensis* Nevski，1932，Izv. Bot. Sada AN SSSR 30：505；

Agropyron strigosum ssp. *amgunense*（Nevski）Tzvelev，1970，Spisok Rast. Herb. Fl. SSSR 18：24；

Elytrigia strigosa ssp. *amgunensis*（Nevski）Tzvelev，1975，Nov. Sist. Vyssch. Rast. 12：118；

Pseudoroegneria strigosa ssp. *amgunensis*（Nevski）Á. Love，1984，Feddes Repert. 95：444。

形态学特征：多年生，丛生。秆直立，细瘦，高 60～80 cm，粉绿色，平滑无毛。叶鞘平滑无毛；叶片平展或边缘内卷，绿色或粉绿色，窄线形，宽 2.5～4 mm，上表面被柔毛或粗糙，下表面平滑无毛。穗状花序直立，纤细，长 8～11（～12）cm，小穗排列疏松；穗轴节间长 12～16 mm，棱脊上粗糙；小穗粉绿色，淡，长（14～）18～20 mm（芒除外），宽 2.5～6 mm，近于贴生穗轴，或稍外展，具 5～7 花；小穗轴无毛；颖窄披针形，通常超过第1小花长度的一半，有时与其等长，平滑，有时仅在脉上部1/3疏生刺毛，两颖近等长，长（7～）8～10 mm，5～6脉，先端渐尖而形成小尖头；外稃披针形，长9～11 mm，5脉，先端具一长（14～）16～25（～30）mm的芒，芒极粗糙；内稃与外稃等长，或近等长，长9～11mm，线状披针形，先端内凹或钝，两脊上部1/2被纤毛；花药黄色，长约6.5 mm。

细胞学特征：未知。

分布区：俄罗斯远东。生长在低山与中山地带的石质山坡和倒石堆上。

25c. var. *jacutorum* （Nevski） **C. Yen et J. L. Yang，comb. nov. 根据 *Agropyron jacutorum* Nevski，1932，Izv. Bot. Sada AN SSSR 30：502. 糙伏毛拟鹅观草北极变种**（图4-32）

模式标本：俄罗斯，Yakutsk district and surrounding，meadow in the Amga valley near village Amginskoe，4 Ⅶ 1912，No. 386，V. Drobov. 主模式标本与同模式标本：**LE**!。

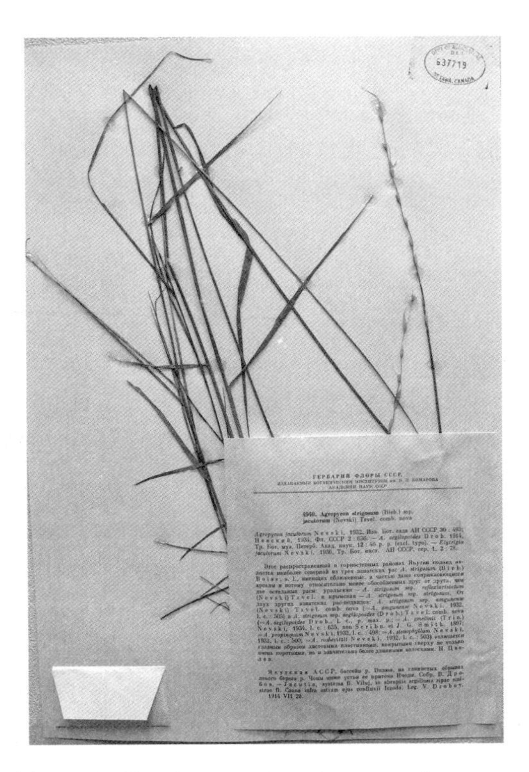

图4-32 *Pseudoroegneria strigosa* var. *jacutorum* （Nevski） C. Yen et J. L. Yang

异名：*Agropyron jacutorum* Nevski，1932，Izv. Bot. Sada AN SSSR 30：502；

Agropyron strigosum ssp. *jacutorum* （Nevski） Tzvelev，1970，Spisok Rast. Herb. Fl. SSSR 18：24；

Elytrigia jacutorum （Nevski） Nevski，1933，Tr. Bot. Inst. AN SSSR，ser. 1，

1：24；

Elytrigia strigosa ssp. *jacutorum* （Nevski） Tzvelev，1975，Nov. Sist. Vyssch. Rast. 12：118；

Pseudoroegneria strigosa ssp. *jacutorum*（Nevski） Á. Löve，1984，Feddes Repert. 95：444。

形态学特征：多年生，密丛生，具短根状茎。秆直立或基部略膝曲，粉绿色，被蜡粉，高（50～）60～85（～100）cm。叶片粉绿色，边缘内卷或平展，挺直，宽 2～4 mm，上表面密被混合的长柔毛与短柔毛，边缘被刺毛或微毛，下表面平滑无毛。穗状花序下垂，长（5～）6～11（～13）cm，小穗排列稀疏；穗轴节间细，上部的长（8～）9～13（～15）mm，下部的长（10～）15～17（～20）mm，棱脊上粗糙；小穗粉绿色或略带紫色，长（11～）12～16（～17）mm，宽 2～4（～5）mm（芒除外），具 4～5（～6）花；颖披针形，平滑，两颖近等长，长为第 1 小花的 1/2，4～7 mm，具 5～6 脉，先端亚钝形或亚急尖，有时两侧不对称并在先端具齿；外稃披针形，平滑，仅基部被微毛，长 9～10 mm，5 脉，先端具芒，芒长 11～18（～20）mm，具小刚毛而粗糙，向外反折或近直立，常带紫色；内稃与外稃等长，先端稍内凹，或多或少两脊上几乎全部被短纤毛；花药黄色，长约 4 mm。

细胞学特征：未知。

分布区：俄罗斯东西伯利亚北极（Lower Kolyma 和 Lena-Kolyma）、远东（Okhosk，Zee-Burya）。生长在中山带含钙质的石质山坡。

25d. var. *kanashiroi* （Ohwi） **C. Yen et J. L. Yang，comb. nov. 根据 *Agropyron kanashiroi* Ohwi，1943，J. Jap. Bot. 19：167. 糙伏毛拟鹅观草金城变种**

模式标本：中国内蒙古“Mongholia interior：福生庄（leg. T. Kanashiro，n. 3907）. KYO”。

异名：*Agropyron kanashiroi* Ohwi，1943，J. Jap. Bot. 19：167；

Elytrigia kanashiroi （Ohwi） Melderis，1949，in T. Norlindh. Fl. Mong.：122。

Pseudoroegeneria strigosa ssp. *kanashiroi* （Ohwi） Á. Löve，1984. Feddes Repert. 95：444。

形态学特征：多年生，丛生，具白色匍匐的短根状茎。秆细瘦，直立，高 40～50 cm，平滑无毛，具 2～3 节。叶舌短，平截；叶鞘无毛，紧贴秆上；叶片长 10～15 cm，宽 2～3 mm，通常直立，疏松内卷，淡绿色，上表面无毛，中脉隆起，边缘常粗糙，下表面有条纹。穗状花序直立，长 5～10 cm，小穗 7～10 枚排列疏松；穗轴平滑无毛，纤细，棱脊上粗糙；小穗圆柱状披针形，淡绿色，长 12～15 mm，具 4～6 花；颖披针形，平滑，两颖略不等长，长 6～7 mm，5 脉或近于 5 脉，边缘微白色，先端渐尖或亚急尖；外稃披针形，淡绿色，长 9～10 mm，易早落，上部具不明显 5 脉，背部圆，具窄干膜质边缘，先端急尖或渐尖，或具短尖尾；基盘钝，无毛；内稃短于外稃，长 8～9 mm，线状披针形，先端钝，上部渐变窄，两脊自中部以上被微小纤毛；花药淡黄色，长 3.5～4 mm。

细胞学特征：未知。

分布区：中国内蒙古。生长在草原上。

25e. var. *reflexiaristata*（Nevski）C. Yen et J. L. Yang，comb. nov. 根据 *Agropyron reflexiaristatum*（Nevski）Nevski，1936，Tr. Bot. Inst. AN SSSR，ser. 1，2：77. 糙伏毛拟鹅观草曲芒变种（图 4-33）

模式标本：俄罗斯，乌拉尔，Montes Ilmensis，leg. Leesing。主模式标本与同模式标本：**LE**!。

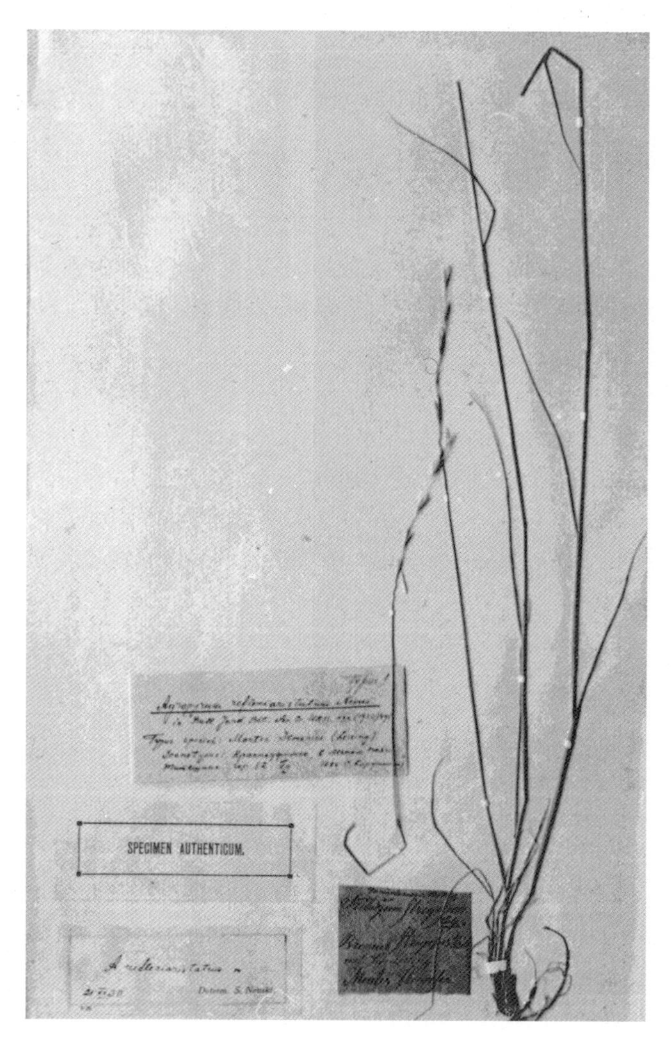

图 4-33 *Pseudoroegneria strigosa* var. *reflexiaristata*（Nevski）C. Yen et J. L. Yamg（主模式标本现藏于 **LE**!）

异名：*Agropyron reflexiaristatum* Nevski，1932，Izv. Bot. Sada AN SSSR 30：495；
Elytrigia reflexiarista（Nevski）Nevski，1936，Tr. Bot. Inst. An SSSR ser. 1，2：77；

Agropyron strigosum ssp. *reflexiaristatum*（Nevski）Tzvelev，1970，Spisok Rast. Herb. Fl. SSSR 18：23；

Elytrigia strigosa ssp. *reflexiaristata*（Nevski）Tzvelev，1974，Fl. Evr. Chasti SSSR 2：144；

Pseudoroegneria strigosa ssp. *reflexiaristata*（Nevski）Á. Löve，1984，Feddes Repert. 95：444。

形态学特征：多年生，丛生，具短根状茎。秆细瘦，直立，粉绿色，高约 80 cm，平滑无毛。叶鞘平滑无毛；叶片内卷，稀近于平展，宽约 4 mm，上表面被短柔毛，或稀疏柔毛，下表面平滑无毛。穗状花序细瘦，长（6.5～）8～14（～18）cm，穗轴平滑或棱脊上粗糙；小穗略开展或略紧贴穗轴，粉绿色，长 14～20（～24）mm，略长于穗轴节间，或与其等长，宽 2.5～7 mm，具（3～）5～7 花；颖线状披针形或披针形，平滑无毛，两颖近等长，长（5～）6～9.5 mm，稍短于第 1 花，具5～7 脉，先端近于钝形；外稃披针形，长 8～10 mm，上部 5 脉明显，背面光滑无毛，先端渐尖成芒，芒长 12～25 mm，非常粗糙，密被刺毛，反折；内稃与外稃等长，线状披针形，先端略钝，两脊上部 2/3 被纤毛；花药黄色，长 5.5～6 mm。

细胞学特征：未知。

分布区：俄罗斯欧洲部分的伏尔加—卡马河（Kama）（卡马盆地）、乌拉尔。生长在低山带的石质山坡与倒石堆，多为石灰岩。

主要参考文献

丁春邦，周永红，杨瑞武，等. 2005a. 应用 RAPD 分子标记探讨拟鹅观草属的种间关系. 草业学报，14：38-43.

丁春邦，周永红，杨瑞武，等. 2005b. 应用 RAMP 分子标记探讨拟鹅观草属的种间关系. 云南植物研究，27：163-170.

丁春邦，周永红，杨瑞武，等. 2005c. 应用 RAPD 特异标记分析拟鹅观草属部分物种的基因组组成. 广西植物 25：249-253.

丁春邦，周永红，郑有良，等. 2004. 拟鹅观草属 6 种 2 亚种和鹅观草属 3 种植物的核型研究. 植物分类学报 42：162-169.

颜济，杨俊良，1999. 小麦族生物系统学，第 1 卷. 北京：中国农业出版社.

张新全，颜济，杨俊良，等. 2000. 纤毛鹅观草同阿拉善鹅观草、大丛鹅观草间杂种细胞学研究. 云南植物研究，22：155-160.

Dewey D R. 1969. Sythetic hybrids of *Agropyron caespitosum*（*libanoticum*）× *Agropyron spicatum*, *Agropyron caninum* and *Agropyron yezoense*. Bot. Gaz.，130：110-116.

Dewey D R. 1971. Genome relations among *Agropyron spicatum*，*A. scribneri*，*Hordeum brachyantherum*，and *H. arizonicum*. Bull. Torry Bot. Club，98：200-206.

Dewey D R. 1975. Genome relations of diploid *Agropyron libanoticum* with diploid and autotetraploid *Agropyron stipifolium*. Bot，Gaz.，136：116-121.

Dewey D R. 1981. Cytogenetics of *Agropyron ferganense* and its hybrids with six species of *Agropyron*，*Elymus*，and *Sitanion*. Amer. J. Bot.，68：216-335.

Dewey D R. 1984. The genomic system of classification as a guide to intergeneric hybridization with the perennial triticeae. In J. P, Gudtafson (ed.) . Gene manipulation in plant improvement: 209 - 279. Plenum Publishing Corp. , New York, U. S. A.

Dvořák J. 1981. Genome relationships among *Elytrigia* (=*Agropyron*) *elongata*, *E. stipifolia*, "*E. elongata* 4x," *E. caespitosa*, *E. intermedia*, and "*E. elongata* 10x" . Can. J. Genet. Cytol. , 23: 481 - 492.

Hartung M E. 1946. Chromosome number in *Poa*, *Agropyron*, and *Elymus*. Amer. J. Bot. , 33: 516 -531.

Hsiao C, Wang R R-C, Dewey D R. 1986. Karyotype analysis and genome relationships of 22 diploid species in the tribe Triticeae. Can. J. Genet. Cytol. , 28: 109 - 120.

Jarvie J K, Barkworth M. 1992. Morphological variation and genome constitution in some perennial Triticeae. Bot. J. Linn. Soc. , 108: 167 - 180.

Jensen K B, Zhang Y F, D R Dewey. 1990. Mode of pollination of perennial species of the Triticeae in relation to genomeically defined genera. . Can. J. plant Sci. , 70: 315 - 225.

Liu Z W, Wang R R-C. 1993. Genome analysis of *Elytrigia caespitosa*, *Lophopyrum nodosum*, *Pseudoroegneria geneculata* ssp. *scythica* and *Thinopyrum intermedium* (Triticeae: Gramineae) . Genome, 36: 102 - 111.

Lu B R. 1994. Meiotic analysis of intergeneric hybrids between *Pseudoroegneria* and tetraploid *Elymus*. Cathaya, 6: 1 - 14.

Löve Á. 1984. Conspectus of the Triticeae. Feddes Repert. , 95: 425 - 521.

Peto F H. 1930. Cytological studies in the genus *Agropyron*. Can. J. Res. , 3: 428 - 448.

Stebbins G L Jr, Singh R. 1950. Artifical and natural hybrids in the Gramineae. IV Two triploid hybrids of *Agropyron* anf *Elymus*. Amer. J. Bot. , 37: 388 - 393.

Stebbins G L Jr, Pun F T. 1953. Artifical and natural hybrids in the Gramineae. V. Diploid hybrids of *Agropyron*. Amer. J. Bot. , 40: 444 - 449.

Wang R R-C. 1987. Diploid perennial intergeneric hybrids in the tribe Triticeae. Ⅲ. Hybrids among *Secale montanum*, *Pseudoroegneria spicata*, and *Agropyron mongolicum*. Genome, 29: 80 - 84.

Wang R R-C. 1990. Compaeative chromosome pairing in triploids and diploids of perennial; Triticeae. Genome, 33: 89 - 94.

Wang R R-C. 1992. New intergeneric diploid hybrids among *Agropyron*, *Thinopyrum*, *Pseudoroegneria*, *Psathyrostachys*, *Hordeum*, and *Secale*. Genome, 35: 545 - 550.

Wang R R-C, Dewey D R, Hsiao C. 1985. Intergeneric hybrids of *Agropyron* and *Pseudoroegneria*. Bot. Gaz. , 146: 268 - 274.

Yen C, Yang J L, Yen Y. 2005. Hitoshi Kihara, Á. Löve and the modern genetic concept of the genera in the tribe Triticeae (Poaceae) . Acta Phytotax. Sinica, 43: 82 - 93.

五、鹅观草属（*Roegneria*）的生物系统学

鹅观草属（*Roegneria* K. Koch）是欧亚大陆特有的多年生禾草，它主要分布在中亚与东亚，只有一种 *Roegneria panormitana*（parl.）Nevski 分布在地中海与东南欧。按国际植物命名法规它应当是个合法的属。其模式种含特有的 **StY** 染色体组（Jensen and Wang，1991；Lu and von Bothmer，1993；Redinbaugh et al.，2000）。

由于所含 **St** 染色体组的基因大多呈强显性，因而与其他几个含 **St** 染色体组的属及异源多倍体属，如拟鹅观草属（**St**）、披碱草属（**HSt**）、弯穗草属（**HStY**）、花鳞草属（**StWY**）等在表型形态上趋同，从而使单纯依据形态学特征来分类的形态分类学家难于区分，容易混淆，造成混乱。这就是 100 多年来在分类学界对鹅观草属众说纷纭，未统一的根本原因。只有在细胞遗传学与分子遗传学的实验分析所得的结果的基础上，它们的系统演化及相互关系才得到澄清。从而界定鹅观草属——*Roegneria* C. Koch 是含 **St** 与 **Y** 染色体组组合的异源多倍体属。

（一）鹅观草属古典形态分类学简史

1848 年，德国植物学家 Karl（Carl）Heinrich Emil Koch 以 *Roegneria caucasica* C. Koch 为模式建立的 *Roegneria* C. Koch 属，发表在 Linnaean 21 卷，413 页。当时是一个单种属，但它经过漫长的 84 年不为学者所承认。

直到 1933 年才被苏联植物学家 Серген Арсениевич Невский 重新发现，并加以研究。从 1933—1936 年，他组合与描述 49 个种，分别隶属于 Section *Clinelymopsis* Nevski 与 Section *Cynopoa* Nevski 两个组，24 个系。基本上奠定了形态分类学鹅观草属的格局。组合与描述的种如下：

1933 年在《苏联科学院植物研究所学报（Труды Ботанического Интитута АН СССР)》系列 1，1 期，发表以下 3 个组合。

Roegneria angustiglumis（Nevski）Nevski（25 页）；

Roegneria ciliaris（Trin.）Nevski（14 页）；

Roegneria jacutensis（Drob.）Nevski（24 页）。

1934 年又在《苏联科学院植物研究所学报（Труды Ботанического Интитута АН СССР)》系列 1，2 期，发表以下 3 个新种。

Roegneria kamczadalora Nevski（52 页）；

Roegneria macrochaeta Nevski（48 页）；

Roegneria pendulina Nevski（50 页）。

同年，在《中亚大学学报（Труды Среднеазиатский Университет)》系列 8B，17 期，发表以下两个组、17 个新组合与 1 个新种。

Section *Clinelymopsis* Nevski（68 页）；

Section *Cynopoa* Nevski（68 页）；

Roegneria abolinii（Drob）Nevski（68 页）；

Roegneria canina（L.）Nevski（71 页）；

Roegneria curvata（Nevski）Nevski（67 页）；

Roegneria curvatiformis（Nevski）Nevski（69 页）；

Roegneria dentata（Hook. f.）Nevski（69 页）；

Roegneria drobovii（Nevski）（71 页）；

Roegneria fibrosa（Schrenk）Nevski（70 页）；

Roegneria himalayana Nevski（68 页）；

Roegneria interrupta（Nevski）Nevski（68 页）；

Roegneria praecaespitosa（Nevski）Nevski（70 页）；

Roegneria schrenkiana（Fish. & Mey.）Nevski（68 页）；

Roegneria schugnanica（Nevski）Nevski（68 页）；

Roegneria sclerophylla Nevski（68 页）；

Roegneria striata（Nees ex Steud.）Nevski（71 页）；

Roegneria tianschanica（Drob.）Nevski（71 页）；

Roegneria transhyrcanica Nevski（71 页）；

Roegneria tschimganica（Drob.）Nevski（64 页）；

Roegneria ugamica（Drob.）Nevski（70 页）。

同年，在他编写的《苏联植物志（Флора СССР)》第 2 卷，599～627 页，“属 196. ROEGNERIA C. KOCH”一章中对鹅观草属作了如下分类：

Section 1. *Clinelymopsis* Nevski

Series 1. *Caucasicae* Nevski

1. *R. caucasica* C. Koch

Series 2. *Nanae* Nevski

2. *R. czimgannica*（Drob.）Nevski

3. *R. schugnanica*（Nevski）Nevski

Series 3. *Confusae* Nevski

4. *R. schrenkiana*（Fisch. Et Mey.）Nevski

5. *R. confusa*（Roshev.）Nevski comb. nov.

Series 4. *Himalayanae* Nevski

6. *R. himalayana* Nevski

Series 5. *Ciliares* Nevski

7. *R. amurensis*（Drob.）Nevski comb. nov.

8. *R. ciliaris*（Trin.）Nevski

Series 6. *Curvatae* Nevski

9. *R. turczaninovii*（Drob.）Nevski comb. nov.

10. *R. curvata*（Nevski）Nevski

Series 7. *Interruptae* Nevski

11. *R. interrupta*（Nevski）Nevski

Section 2. *Cynopoa* Nevski

Series 1. *Inaequisetae* Nevski

12. *R. abolinii*（Drob.）Nevski

Series 2. *Macrochaetae* Nevski

13. *R. macrochaeta* Nevski

Series 3. *Panormitanae* Nevski

14. *R. panormitana*（Bertol.）Nebski com. nov.

Series 4. *Oplismenolepides* Nevski

15. *R. drobovii*（Nevski）Nevski

Series 5. *Dentatae* Nevski

16. *R. ugamica*（Drob.）Nevski

17. *R. sclerophylla* Nevski

Series 6. *Subsecundae* Nevski

18. *R. uralensis*（Nevski）Nevski comb. nov.

19. *R. tianschanica*（Drob.）Nevski

20. *R. komarovii*（Nevski）Nevski comb. nov.

Series 7. *Viridiglumis* Nevski

21. *R. viridiglumis* Nevski comb. nov.

22. *R. taigae* Nevski

Series 8. *Pendulinae* Nevski

23. *R. pendulina* Nevski

24. *R. brachypodioides* Nevski comb. nov.

Series 9. *Caninae* Nevski

25. *R. canina*（L.）Nevski

Series 10. *Angustiglumes* Nevski

26. *R. angustiglumis*（Nevski）Nevski

27. *R. kamczadalorum* Nevski

28. *R. oschensis*（Roshev.）Nevski comb. nov. nom. nud. 由于 *Agropyron oschense* Roshev. 只有俄文描述，是个裸名，因此这个新组合也就是个裸名。

Series 11. *Transbaicalenses* Nevski

29. *R. transbaicalensis*（Nevski）Nevski com. nov.

Series 12. *Troctolepides* Nevski

30. *R. buschiana*（Roshev.）Nevski comb. nov.

31. *R. troctolepis* Nevski

Series 13. *Praecaespitosae* Nevski

32. *R. leptoura* Nevski comb. nov.

Series 14. *Boreales* Nevski

33. *R. sajanensis* Nevski sp. nov.

34. *R. borealis* (Turcz.) Nevski comb. nov

35. *R. scandica* Nevski

Series 15. *Fibrosae* Nevski

36. *R. fibrosa* (Schrenk) Nevski

Series 16. *Pubescentes* Nevski

37. *R. jacutensis* (Drob.) Nevski

38. *R. pubescens* (Trin.) Nevski comb. nov.

Series 17. *Latiglumes* Nevski

39. *R. turuchanensis* (Reverdatto) Nevski comb. nov.

40. *R. macroura* (Turcz.) Nevski comb. nov.

1936 年，Невский 在《苏联科学院植物研究所学报（Труды Ботанического Интитута АН СССР)》系列 1，2 期，又发表以下 4 个新种与 1 个新组合：

Roegneria scandica Nevski（54 页）；

Roegneria taigae Nevski（50 页）；

Roegneria trinii Nevski（49 页）；

Roegneria troctolepis Nevski（53 页）；

Roegneria latiglumis（Scribn. & Smith）Nevski（55 页）。

C. A. Невский 以他短暂的一生对禾草学作出了卓越的贡献。由于时代的局限性，其鹅观草属是把 **StY**、**HSt** 与 **HStY** 不同系统的异源多倍体分类群混同在一起的。**St** 染色体组的强显性性状，使它们在表型上趋同。不深入遗传分析的纯形态分类学家是很难把它们区分开来的。只有通过遗传分析把它们区分开来以后，再找出它们各自的关键性状（Key character)，也就是非优势染色体组的个别显性性状（在这里即 **Y** 或 **H** 染色体组所表达的性状)，再来做形态鉴别，是可以按关键性状把它们区别开的。今天的科学实验已经阐明清楚这些分类群间的区别，如果还要重蹈 Невский 这样的错误当然就是不应当的了。

20 世纪 30～40 年代，受 C. A. Невский 的影响，国际上许多植物学家都相继承认 *Roegneria* C. Koch 的合法性。例如：

1938 年，日本植物学家北川政夫在《满洲科学研究所报告（Rep. Inst. Sci. Res. Manch.)》2 卷，285 页，把他本人在 1936 年发表的 *Agropyron ciliare* var. *lasiophyllum* Kitag.（Rep. Ist Sci. Exp. Manch. IV pt. 4：60，98）重新组合到鹅观草属中，成为 *Roegneria ciliaris*（Trin.）Nevski var. *lasiophylla*（Kitag.）Kitag.（285 页）。

1939—1942 年，他又发表了以下新组合与 3 个新种，它们是：

Roegneria gmelinii（Ledeb.）Kitag.，in Fl. Manshoukuo 91. 1939. ＝*Tr. caninum* var. *gmelinii* Ledeb.，Fl. Alt. 1：118. 1829；

Roegneria semicostata（Steud.）Kitag.，Rep. Inst. Manchoukuo 3 App. 1：91. 1939. =*Tr. semicostatum* Steud.，Syn. Pl. Glum. 1：346. 1854；

Roegneria gmelinii（Ledeb.）Kitag. var. *macranthera*（Ohwi）Kitag.，Neo-Lineam. Fl. Manshur. 108. 1979. = *Ag. turczaninovii* var. *macrantherum* Ohwi，Acta Phytotax Geobot. 10：98. 1941；

Roegneria pendulina Nevski f. *pubinodis*（Keng）Kitag.，Neo-Lineam. Fl. Manshur. 109. 1979. =*Ro. pendulina* var. *pubinodis* Keng；

Roegneria racemifera（Steud.）Kitag.，J. Jap. Bot. 42：220. 19xx. =*Bromus racemiferus* Steud.，Syn. Pl. Glum. 1：323. 1854. = *Ro. ciliaris* var. *minor*（Miq.）Ohwi。

Roegneria multiculmis Kitag.，J. Jap. Bot. 17：235. 194；

Roegneria nakai Kitag.，J. Jap. Bot. 17：236. 1941；

Roegneria hondai Kitag.，Rep. Inst. Sci. Res. Manch. 6（4）：118～119. 1942。

1941年，苏联植物学家 Василий Петрович Дробов 在《乌兹别克植物志（Флора Узбек.）》第1卷，280页，将瑞士植物学家 Pierre Edmond Boissier 在1846年所定的长芒短柄草 *Brachpodium longearistatum* Boiss.（Diagn. Pl. Or. ser. 1，7：127）组合为长芒鹅观草 *Roegneria longearistata*（Boiss.）Drob.。

同年，日本植物学家大井次三郎在日本《植物分类学与地理植物学杂志》第10卷，把本田正次1927年所定的 *Agropyron formosanum* Honda（Bot. Mag. Tokyo 41：385）组合为 *Roegneria formosana*（Honda）Ohwi（95页）；把 *Agropyron mayebaranum* Honda（Bot. Mag. Tokyo 41：384）组合为 *Roegneria mayebarana*（Honda）Ohwi（98页）；把1929年所定的 *Agropyron yezoense* Honda（Bot. Mag. Tokyo 43：292）组合为 *Roegneria yezoensis*（Honda）Ohwi（98页）；把1936年所定的 *Elymus tsukushiense* Honda（Bot. Mag. Tokyo 50：391）组合为 *Roegneria tsukushiensis*（Honda）Ohwi（99页）。

大井次三郎又在1942年出版的《植物分类学与地理植物学杂志》第11卷，3期，发表两个新种：一个是 *Roegneria kamoji* Ohwi（179页），而它就是1903年奥地利植物学家 Eduard Hackel 发表的 *Agropyron semicostatum* var. *transiens* Hack.（Bull. Herb. Boiss. II. 3：507）；另一个是 *Roegneria barbicalla* Ohwi（257页），是他把自己定名的 *Ag. barbicallum* Ohwi 作为异名（257页）。

他又在1966年把 C. A. Невский 于1932年发表的 *Agropyron canaliculatum* Nevski（Izv. Bot. Sada. AN SSSR 30：509）组合在鹅观草属中，成为 *Roegneria canaliculata*（Nevski）Ohwi（Add. Corr. Fl. Afghan.：76）。

1945年，Hylander 在瑞典《乌朴沙拉大学学报（Uppsala Univ. Arakr.）》7卷上发表两个新组合，苏联学者 Василий Петрович Дробов 定名的 *Agropyron mutabilis* Drob. 组合为 *Roegneria mutabilis*（Drob.）Hylander（36页）；把 Schwein. 在1824年定名的 *Triticum pauciflorum* Schwein. 组合为 *Roegneria pauciflora*（Schwein.）Hylander（89页）。

1949 年，A. Melderis 在 Tycho Norlindh 主编的《蒙古草原与沙漠地区植物志·斯文赫定博士中国西部诸省科学考察（Fl. Mongol. steppe & desert areas，rep. sci. exped. North-Western Prov. China，Dr. Sven Hedin）》一书，122 页，发表一个鹅观草属新组合，*Roegneria scabridula*（Ohwi）Meld.。他是把大井次三郎 1943 年发表的 *Agropyron scabridulum* Ohwi（J. Jap. Bot. 19：166）组合为鹅观草属。

1950 年，他在瑞典出版的《瑞典植物学杂志（Svensk Bot. Tidskr.）》44 卷，发表以下两个新组合及两个新变种，它们是：

Roegneria borealis（Turcz.）Nevski var. *islandica* Meld.（163 页）；

Roegneria doniana（F. B. White）Meld.（158 页）；

Roegneria doniana（F. B. White）Meld. var. *stefansonii* Meld.（158 页）；

Roegneria violacea（Hornem.）Meld.（159 页）。

1952 年，日本植物学家中井猛之进在《国立科博研报（Bull. Nat. Sci. Mus. Tokyo）》31 卷，"朝鲜植物志梗概"一文中发表了 1 个鹅观草属的新组合——*Roegneria hackeliana*（Honda）Nakai（141 页）。他是把它作为 *Roegneria amurense* Nevski 的异名记录在 *Roegneria amurense* Nevski 之后。同时把 *R. ciliaris*（Trin.）Nevski、*R. koryoensis*（Honda）Ohwi、*R. turczaninovii*（Drobov）Nevski、*R. nakai* Kitagawa 也作为它的异名。

1953 年，他在 Nils Hylander 主编的《Nord Karlvaxtfl.》1 卷，376 页，发表 1 个鹅观草属新种 *Roegneria behmii* Meld.，但它是无拉丁文描述的裸名；同年在《Bot. Not.》第 358 页发表了拉丁文描述。

1953 年，苏联植物学家 В. Вaссилиев 在列宁格勒植物研究所出版的《Bot. Mat.》发表一个鹅观草属的新种，*Roegneria tuskaulensis* V. Vassiliev（36 页）。这个分类群实际上是披碱草属的犬草［*Elymus caninus*（L.）L.］。

1954 年，他在同一期刊 16 卷上又发表以下两个新种，它们是：

Roegneria nepliana V. Vassiliev（56 页）；

Roegneria villosa V. Vassiliev（57 页）。

同年，他在《苏联科学院植物研究所系统学标本室通报（Not. System. Herb. Inst. Bot. AN SSSR)》58 页，发表一个新组合，将美国植物学家 F. Lamson-Scribner 与 Elmer Drew Merrill 定名的 *Agropyron alaskanum* 组合为 *Roegneria alaskana*（Scribn. & Merr.）V. Vassiliev。

1956 年，Áskell Löve 与 D. Löve 在《哥德堡植物园学报（Acta Horti. Gotob.）》20 卷上把 1940 年 Polunin 在《加拿大国家博物馆公报（Bull. Natl. Mus. Canada)》92 卷上发表的 *Agropyron violaceum* var. *hyperarticum* Polunin，组合为鹅观草属的 *Roegneria borealis*（Turcz.）Nevski ssp. *hyperarctica*（Polunin）Á. & D. Löve（188 页）。

1957 年，苏联植物学家 П. Н. Овчинников 与 Сидоренко 在《塔吉克斯坦苏维埃共和国植物志（Флора Таджикистана)》第 1 卷，发表 1 个新组合与两个新种，它们是：

Roegneria jaquemontii（Hook. f.）Ovcz & Sidor.（295 页）；

Roegneria carinata Ovcz. & Sidor.（310 页，in Addenda 505 页）；

Roegneria lachnophylla Ovcz. & Sidor.（309 页，in Addenda 505 页）。

同年，中国植物学家耿以礼在他的《中国主要禾本植物属种检索表》一书中，发表了以下新组合：

Roegneria ciliaris（Trin.）Nevski var. *submutica*（Honda）Keng（71、168 页）；

Roegneria dura（Keng）Keng（74、185 页）；

Roegneria japonensis（Honda）Keng（186 页）；

Roegneria japonensis var. *hackeliana*（Honda）Keng（71 页）；

Roegneria melanthera（Keng）Keng（187 页）；

Roegneria nutans（Keng）Keng（185 页）；

Roegneria thoroldiana（Oliv.）Keng（188 页）。

1957 年，苏联植物学家 M. Попов 在《中西伯利亚植物志（Флора Средн. Сибирь）》第 1 卷，113 页，发表一个鹅观草属的新种 *Roegneria lenensis* M. Popov。

1958 年，苏联植物学家 Караваев. 在《亚库特植物区系大纲（Консп. Фл. Якут.）》59 页，发表一个鹅观草属的新组合 *Roegneria karawaewii*（P. Smirn.）Karav.。

同年，在《乌兹别克大学学报（Труды Узбек. Университет)》系列 19 上，发表了一个名为 *Roegneria nevskiana* Nikit. ex Zak. 的新种，但它是个无效的裸名。根据 H. H. Цвелв 的研究，认为这也只能是 *Elymus longearistatus* subsp. *flexuosissimus*（Nevski）Tzvelev 的一个异名。

1959 年，耿以礼在他主编的《中国主要植物图说·禾本科》一书中发表了以下的新种与新变种，他们是：

Roegneria alashanica Keng（375 页）；

Roegneria aliena Keng（366 页）；

Roegneria altissima Keng（381 页）；

Roegneria anthosachnoides Keng（391 页）；

Roegneria barbicalla Ohwi var. *breviseta* Keng（357 页）；

Roegneria barbicalla Ohwi var. *pubifolia* Keng（359 页）；

Roegneria barbicalla Ohwi var. *pubinodis* Keng（359 页）；

Roegneria breviglumis Keng（377 页）；

Roegneria brevipes Keng（378 页）；

Roegneria calcicola Keng（354 页）；

Roegneria dolichathera Keng（352 页）；

Roegneria foliosa Keng（366 页）；

Roegneria formosana（Honda）Ohwi var. *longearistata* Keng（386 页）；

Roegneria formosana（Honda）Ohwi var. *pubigera* Keng（387 页）；

Roegneria glaucifolia Keng（384 页）；

Roegneria gmelinii（Ledeb.）Kitag. var. *pohuashanensis* Keng（395 页）；

Roegneria grandiglumis Keng（405 页）；

Roegneria grandis Keng（371 页）；

Roegneria hirsuta Keng（407 页）；

Roegneria hondai Kitag. var. *fascinata* Keng（361 页）；

Roegneria hybrida Keng（352 页）；

Roegneria kamoji Ohwi var. *macerrima* Keng（351 页）；

Roegneria kokonorica Keng（408 页）；

Roegneria longiglumis Keng（406 页）；

Rorgneria melanthera（Keng）Keng var. *tahopaica* Keng（402 页）；

Roegneria laxiflora Keng（399 页）；

Roegneria leiantha Keng（373 页）；

Roegneria leiotropis Keng（314 页）；

Roegneria minor Keng（397 页）；

Roegneria mutica Keng（408 页）；

Roegneria parvigluma Keng（376 页）；

Roegneria pendulina Nevski var. *pubinodis* Keng（364 页）；

Roegneria platyphylla Keng（370 页）；

Roegneria puberula Keng（354 页）；

Roegneria pubicaulis Keng（366 页）；

Roegneria purpurascens Keng（383 页）；

Roegneria rigidula Keng（402 页）；

Roegneria serotina Keng（379 页）；

Roegneria stricta Keng（396 页）；

Roegneria sinica Keng（367 页）；

Roegneria stenachyra Keng（404 页）；

Roegneria varia Keng（397 页）；

以上新种与新变种都是用中文描述，按国际植物学命名法规的规定，都是不合法的裸名。

1963 年，耿以礼与陈守良在《南京大学学报（生物学）》1963 年第 1 期（总 3 期）上，发表一篇题为“国产鹅观草属 *Roegneria* C. Koch 之订正”论文，将上述各个种与变种补充了拉丁文描述，裸名问题得到解决。在该文中又另外发表了以下 6 个新种，即：

Roegneria sylvatica Keng et S. L. Chen（36 页）；

Roegneria viridula Keng et S. L. Chen（39 页）；

Roegneria humilis Keng et S. L. Chen（40 页）；

Roegneria aristiglumis Keng et S. L. Chen（55 页）；

Roegneria glaberrima Keng & S. L. Chen（72 页）；

Roegneria geminata Keng & S. L. Chen（80 页）。

在这篇论文中完整地体现了耿以礼的分类系统，现介绍如下：

Section Ⅰ. *Cynopoa* Nevski

Ser. 1. *Cynopoa*

1. *Roegneria kamoji* Ohwi
   (1) var. *kamoji*
   (2) var. *macerrima* Keng
2. *Roegneria hybrida* Keng

Ser. 2. *Dolichatherae* Keng

3. *Roegneria dolichathera* Keng
   (3) var. *dolichathera*
   (4) var. *glabrifolia* Keng
4. *Roegneria puberula* Keng
5. *Roegneria calcicola* Keng

Ser. 3. *Mayebaranae* Keng

6. *Roegneria mayebarana* (Honda) Ohwi

Ser. 4. *Barbicallae* Keng

7. *Roegneria barbicalla* Ohwi
   (5) var. *barbicalla*
   (6) var. *breviseta* Keng
   (7) var. *pubinodia* Keng
   (8) var. *pubifolia* Keng
8. *Roegneria hondai* Kitagawa
   (9) var. *hondai*
   (10) var. *fascinate* Keng

Ser. 5. *Pendulinae* Nevski

9. *Roegneria pendulina* Nevski
   (1) var. *pendulina*
   (2) var. *pubinodia* Keng
10. *Roegneria multiculmis* Kitagawa
   (1) var. *multiculmis*
   (2) var. *pubiflora* Keng
11. *Roegneria pubicaulis* Keng

Ser. 6. *Sinicae* Keng

12. *Roegneria scabridula* Ohwi
13. *Roegneria aliena* Keng
14. *Roegneria foliosa* Keng
15. *Roegneria sinica* Keng
   (1) var. *sinica*
   (2) var. *media* Keng

Ser. 7. *Dentatae* Nevski

16. *Roegneria platyphylla* Keng

Ser. 8. *Angustiglumes* Nevski

17. *Roegneria sylvatica* Keng

18. *Roegneria angustiglumis* （Nevski） Nevski

19. *Roegneria viridula* Keng

Ser. 9. *Boreales* Nevski

20. *Roegneria humilia* Keng

Ser. 10. *Fibrosae* Nevski

21. *Roegneria leiantha* Keng

Ser. 11. *Pauciflorae* Keng

Roegneria pauciflora （Schwein.） Hylander（引种，非国产）

Ser. 12. *Grandes* Keng

22. *Roegneria grandis* Keng

Section Ⅱ. *Roegneria*

Ser. 13. *Roegneria*

23. *Roegneriaparvigluma* Keng

Ser. 14. *Nanae* Nevski

24. *Roegneria nutans* （Keng） Keng

25. *Roegneria breviglumis* Keng

26. *Roegneria brevipes* Keng

27. *Roegneria serotina* Keng

Ser. 15. *Confusae* Nevski

28. *Roegneria confuse* （Roshev.） Nevski

（1） var. *confuse*

（2） var. *breviaristata* Keng

29. *Roegneria altissima* Keng

30. *Roegneria dura* （Keng） Keng

（1） var. *dura*

（2） var. *variiglumis* Keng

31. *Roenerisa aristiglumis* Keng

32. *Roegneria purpurascens* Keng

33. *Roegneria glaucifolia* Keng

34. *Roegneria leiotropis* Keng

35. *Roegneria formosana* （Honda） Ohwi

（1） var. *formosana*

（2） var. *longearistata* Keng

（3） var. *pubigera* Keng

Ser. 16. *Ciliares* Nevski

36. *Roegneria ciliaris* （Trin.） Nebski

(1a) var. *ciliaris* f. *ciliaris*

(1b) var. *ciliaris* f. *eriocaulis* Kitagawa

(2) var. *lasiophylla* (Kitagawa) Kitagawa

(3) var. *submutica* (Honda) Keng

37. *Roegneria japonenisis* (Honda) Keng

(1) var. *japonensis*

(2) var. *hackeliana* (Honda) Keng

38. *Roegneria amurensis* (Drobov) Nevski

Ser. 17. *Anthosachnoides* Keng

39. *Roegneria anthosachnoides* Keng

Ser. 18. *Curvatae* Nevski

40. *Roegneria turczaninovii* (Drobov) Nevski

(1) var. *turczaninovii*

(2) var. *macrathera* Ohwi

(3) var. *tenuisata* Ohwi

(4) var. *pohuashanensis* Keng

41. *Roegneria nakaii* Kitagawa

Ser. 19. *Strictae* Keng

42. *Roegneria stricta* Keng

(1a) var. *stricta* f. *stricta*

(1b) var. *stricta* f. *majus* Keng

43. *Roegneria varia* Keng

44. *Roegneria minor* Keng

Ser. 20. *Glaberrimae* Keng

45. *Roegneria glaberrima* Keng et S. L. Chen

46. *Roegneria alashanica* Keng

Section Ⅲ. *Paragropyron* Keng

Ser. 21. *Laxiflorae* Keng

47. *Roegneria laxiflora* Keng

Ser. 22. *Paragropyron*（这一系合并了中国主要禾本植物属种检索表中的两个系，即 Ser. *Thoroldianae* Keng 与 Ser. *Melantherae* Keng）

48. *Roegneria rigidula* Keng

(1) var. *rigidula*

(2) var. *intermedia* Keng

49. *Roegneria melanthera* Keng

(1) var. *melanthera*

(2) var. *tahopaica* Keng

50. *Roegneria thoroldiana* (Oliv.) Keng

Ser. 23. *Stenachyrae* Keng

51. *Roegneria stenachyra* Keng

52. *Roegneria geminata* Keng et S. L. Chen

Ser. 24. *Grandiglumes* Keng

53. *Roegneria grandiglumis* Keng

Ser. 25. *Latiglumes* Nevski

54. *Roegneria longiglumis* Keng

Ser. 26. *Hirsutae* Keng

55. *Roegneria hirsute* Keng

（1） var. *hirsute*

（2） var. *variabilis* Keng

（3） var. *leiophylla* Keng

Ser. 27. *Kokonoricae* Keng

56. *Roegneria kokonorica* Keng

耿以礼的分类体系从理论上来看完全是沿用 Серген Арсениевич Невский 的体系，只是形式上有所不同。由于耿以礼发现一些新分类群，也就很自然地增加了一个新组 Section *Paragropyron* Keng 与一些新系、新种、新变种。把 Невский 的 Section *Clinelymopsis*Nevski 复原为属的原组，即 Section *Roegneria*，而不另立新组名，这是很合理的。但他和陈守良同 Невский 一样，把不同系统的异源多倍体（**St**、**StY**、**HSt**、**HStY**）的分类群混同在一起，还增加一个含 **PStY** 染色体组的分类群。也存在 Невский 同样的分类问题。另，耿以礼把多倍体鹅观草属犬草组看成是由短柄草属演化而来，并且是小麦族的祖先！这是由纯形态分类与主观推论所带来的错误。从现代实验分析的结果来看，鹅观草属是由 *Pseudoroegneria* 属的 **St** 染色体组与 **Y** 染色体组供体杂交形成的次生异源多倍体属，它与短柄草属（*Brachypodium*）毫无亲缘关系。

耿以礼对中国的，包括鹅观草属在内的禾草的鉴定研究作出了巨大贡献，发现众多的新分类群，为中国的禾草学奠定了坚实的基础。他从形态研究第一个指出有这样一类禾草介于冰草与鹅观草之间，即拟冰草组 Section *Paragropyron*。实验分析证明，它们确含冰草的 **P** 染色体组与鹅观草的 **StY** 染色体组。他指出的这一个重要的系统学地位现已从鹅观草属中分离出来，按自然系统地位成为新属，为纪念耿先生的功绩，我们以耿先生的名号将它命名为仲彬草属（*Kengyilia*），已在第三卷中详细介绍。

1964 年，苏联植物学家 Н. Н. Цвелев 在《苏联北极植物志（Аркт. Фл. СССР)》第 2 卷，发表两个新组合与一个新种，它们是：

Roegneria hyperarctica（Polunin）Tzvel.（244 页）；

Roegneria kronokensis（Komarov）Tzvel.（246 页）；

Roegneria subfibrosa Tzvel.（238 页）。

Цвелев 在 1968 年编辑《中亚植物志》时，将一些鹅观草属的分类群组合为冰草属，从 1970 年开始又陆续把所有的鹅观草属植物组合为披碱草属的物种。他在系统上的不确定性，说明他在形态分类方面没有一个来自客观实际的标准，完全以他的主观意识的划分而定。

1965 年，苏联植物学家 P. M. Середин 在《维管束植物新系统学（Новсти Систeмики Высших Растений）》第 2 卷，55～56 页，发表一个名为 *Roegneria prokudini* Seredin 的新种。

1966 年，苏联植物学家 B. H. Сипливинский 在《维管束植物新系统学（Новсти Систeмики Высших Растений）》第 3 卷，275 页，发表一个名为 *Roegneria burjatica* Sipl. 的新种。

1969 年，苏联植物学家 Б. Н. Голоский 在《哈萨克斯坦植物图鉴（Иллюстр. Опред. Раст. Кзахтан.）》1 卷，115 页，发表一个鹅观草属名为 *Roegneria arcuata*（Golosk.）Golosk. 的新组合。这是把他自己在 1950 年发表的 *Agropyron arcuatum* Golok. 组合到鹅观草属中来的。

在同书、同卷中还发表了另外两个新组合，它们是：

Roegneria karkaralensis（Roshev.）Filat.（115 页）；

Roegneria transiliensis（M. Pop.）Filat.（116 页）。

同年，苏联植物学家 Чопан. 在《维管束植物新系统学（Новсти Систематики Высших Растений）》第 6 卷，24 页，发表一个名为 *Roegneria linczevskii* Czopan. 的新种，但它实际上就是鹅观草属的模式种 *Roegneria caucasica* C. Koch。

1979 年，中国农业科学院草原研究所陈山与高娃在《植物分类学报》17 卷，4 期，93 页，发表一个名为 *Roegneria intermongolia* Sh. Chen et Gaowua 的鹅观草新种。

1980 年，苏联植物学家 Б. А. Юрцев 与 В. В. Петровский 在《莫斯科市自然科学检测公报生物学（Бюллетень Москов. Обшегород. Испыт. Природовед. Биол.）》85 卷，6 期，100 页，发表一个鹅观草属新组合 *Roegneria novae-angliae*（Scribn.）B. A. Yurtsev & V. V. Petrovskii，他们是把美国禾草学家 F. Lamson-Scribner 在 1900 年定名的 *Agropyron novae-angliae* Scribn. 组合到鹅观草属中来的。

1981 年，Б. А. Юрцев 又在苏联《植物学杂志（Бот. Журнал）》66 卷，7 期，发表鹅观草属的一个新种与一个新组合，它们是：

Roegneria villosa V. Vassiliev ssp. *laxe-pilosa* B. A. Yurtsev（1041 页）；

Roegneria macroura（Turcz.）Nevski ssp. *pilosivaginata* B. A. Yurtsev（1042 页）。

1980 年，内蒙古师范学院杨锡麟在《植物分类学报》18 卷，2 期，发表一个新种、两个新变种，它们是：

Roegneria pulanensis H. L. Yang（253 页）；

Roegneria aristiglumis Keng et S. L. Chen var. *hirsuta* H. L. Yang（253 页）；

Roegneria aristiglumis Keng et S. L. Chen var. *leiantha* H. L. Yang（253 页）。

同年，他又在《中国植物志》9 卷，3 分册，发表一个鹅观草属的新组合，"*Roegneria tibetica*（Meld.）H. L. Yang"（72 页）与"*Roegneria thoroldiana*（Oliv.）Keng var. *laxiuscula*（Meld.）H. L. Yang"（98 页），他是把 A. Melderis 1960 年定名的 *Agropyron tibeticum* Meld. 与 *Ag. thoroldianum* var. *laxiusculum* Meld. 组合到鹅观草属中来的。

1984年，内蒙古农牧学院的王朝品与内蒙古师范学院杨锡麟在东北林业科学院出版的《植物研究》4卷，4期，发表一个新种与两个新变种，它们是：

Roegneria hirtiflora C. P. Wang et H. L. Yang（86页）；

Roegneria alashanica Keng var. *jufinshanica* C. P. Wang & X. L. Yang（87页）；

Roegneria sinica Keng var. *angustifolia* C. P. Wang & X. L. Yang（88页）。

1982年，新疆八一农学院崔乃然把 H. H. Цвелеев 定名的 *Elymus fedtschenkoi* Tzvelev 组合为 *Roegneria fedtschenkoi*（Tzvel.）N. R. Cui 发表在《新疆植物检索表》1卷，158页。崔乃然可能不了解 H. H. Цвелеев 定名的 *Elymus fedtschenkoi* Tzvelev 这个分类群原来就是根据 *Roegneria curvata*（Nevski）Nevski 的模式标本与原始描述另外定名的，当 Цвелеев 要把它组合到披碱草属时，披碱草属早在1903年已另有 *Elymus curvata* Piper 这样的学名。因此，Цвелеев 才不得不把它另以纪念 Федченко，定名为 *Elymus fedtschenkoi* Tzvelev。如果要恢复它成为鹅观草属的分类群，那只能恢复成为 *Roegneria curvata*（Nevski）Nevski。崔乃然的这个组合是无效的组合。

1984年，A. A. Beetle 在《植物学（Phytologia)》55卷，3期，发表了鹅观草属的4个新组合，它们是：

Roegneria albicans（Scribn. & Smith）A. A. Beetle（212页）；

Roegneria albicans（Scribn. & Smith）A. A. Beetle var. *griffithsii*（Scribn. & Smith ex Piper）A. A. Beetle（212页）；

Roegneria spicata（Pursh）A. A. Beetle（213页）；

Roegneria spicata（Pursh）A. A. Beetle f. *inerme*（Scribn. & Smith）A. A. Beetle（213页）。

1985年出版的《中国沙漠植物志》1卷，80页上发表的一个名为 *Roegneria kanashiroi*（Ohwi）K. L. Chang 的鹅观草属新组合，应当属于拟鹅观草属的分类群［*Pseudoroegneria strigosa*（M. Bieb.）Á. Löve ssp. *kanashiroi*（Ohwi）Á. Löve，Feddes Rep. 95（7～8)：444. 1984］。

1984年，编著者在《云南植物研究》6卷，1期，75页上发表一个名为 *Roegneria elytrigioides* Yen & J. L. Yang，现已证明它应当是 *Pseudoroegneria elytrigioides*（Yen & J. L. Yang）B. R. Lu.。

1988年，编著者与卢宝荣通过染色体组分析把 *Roegberia japnonensis*（Honda）Keng 订正为 *Roegneria ciliaris*（Trin.）Nevski var. *japonensis*（Honda）Yen, J. L. Yang & B. R. Lu，发表在《云南植物研究》10卷，3期，269页。

1989年，Б. А. Юрцев 又在苏联《植物学杂志（Бот. Журнал)》74卷，1期，发表鹅观草属的一个新亚种 *Roegneria villosa* V. Vassiliev ssp. *coerulea* B. A. Yurtsev（113页）。

1993年，M. Kerguelen 在《法兰西植物志异名索引（Index Synonym. Fl. France Coll. Patrim. Nat. 8)》16页上把瑞士植物学家 Edmond Boissier 定名的 *Agropyron panormitanum* var. *hispanicum* Boiss. 组合并升级成为 *Roegneria canina*（L.）Nevski ssp. *hispanica*（Boiss.）M. Kerguelen。但是犬草是含 StH 染色体组，属于披碱草属的分类群，不应当属于鹅观草属。

1994 年，中国科学院西北高原生物研究所蔡联炳在东北林业科学院出版的《植物研究》14 卷，4 期，发表以下两个鹅观草属新种：

Roegneria yushuensis L. B. Cai（338 页）；

Roegneria trichospicula L. B. Cai（340 页）。

1996 年，他又在《植物分类学报》34 卷，3 期，发表 4 个鹅观草属新种，它们是：

Roegneria crassa L. B. Cai（332 页）；

Roegneria angusta L. B. Cai（332 页）；

Roegneria debilis L. B. Cai（327 页）；

Roegneria flexuosa L. B. Cai（330 页）。

同年，又在《广西植物》16 卷，3 期，发表以下两个鹅观草属新种，它们是：

Roegneria laxinodis L. B. Cai（199 页）；

Roegneria curtiaristata L. B. Cai（200 页）。

同年，又在《植物研究》16 卷，1 期，50 页上发表一个新变种组合，即 *Roegneria tschimganica*（Drob.）Nevski var. *glabrispicula*（D. F. Cui）L. B. Cai。

1991 年，加拿大农业与农业食品部东部谷物与油籽研究中心 Bernard R. Baum 与编著者在《加拿大植物学杂志（Canadian Journal of Botany)》69 卷，282～294 页，发表一篇题为“*Roegneria*: its generic linits and justification for its recognition”的论文，其中发表了以下鹅观草属的新组合：

Roegneria boriana（Meld.）J. L. Yang & B. R. Lu，Canad. J. Bot. 69（2）：287. 1991. =*Ag. borianum* Meld.，in Bor，Grass. Burm. Ceyl. Ind. Pak. 659. 1960；

Roegneria longiseta（Hitchc.）Baum，Yen & J. L. Yang，Canad. J. Bot. 69（2）：290. 1991. = *Brachypodium longesetum* Hitchc.，Brittonia 2：107. 1936. = *El. longisetus*（Hitchc.）Veldk.，Blumea 34：74. 1989；

Roegneria russellii（Meld.）J. L. Yang & Yen，Canad. J. Bot. 69（2）：291. 1991. = *Ag. russellii* Meld.，in Bor，Grass. Burm. Ceyl. Ind. Pak. 694. 1960. =*El. russillii*（Meld.）Cope，in Nasir & Ali，Fl. Pakistan no. 143. 1982；

Roegneria scabra（R. Br.）J. L. Yang & Yen，Canad. J. Bot. 69（2）：291. 1991. = *Tr. scabrum* R. Br.，Prodr. Fl. Novae Holl. 178. 1810. = *Festuca scabra* Labillardiere，Nov. Holl. Pl. 1：26. non Vahl，1791。根据现在实验分析的结果来看，它含有特殊的 **StYW** 染色体组合，应当是属于花鳞草的一变种 *Anthosachne australasica* Steudel var. *scabra*（Labill.）Yen et J. L. Yang。

1994 年，杨俊良与周永红在美国米苏里植物园出版的《Novon》4 卷，3 期，307 页，发表一个名为 *Roegneria tenuispica* J. L. Yang & Y. H. Zhou 的鹅观草属新种。

同年，在同杂志、同期上，编著者还发表一个特产于青海的鹅观草属的新种 *Roegneria tridendata* Yen & J. L. Yang（310 页）。根据实验分析结果来看，它应当是属于弯穗草属（*Compeiostachys*）的分类群。

1997 年，杨俊良、周永红与颜济根据实验分析结果，在《广西植物》17 卷，1 期，把瑞典农业大学的 Björn Salomon 1990 年在《Willdenowia》19 卷，2 期，发表的 *Elymus* shandongensis B. Salomon 组合为 *Roegneria shandongensis* （B. Salomon） J. L. Yang, Y. H. Zhou et Yen。

1997 年，蔡联炳在《植物分类学报》35 卷，2 期，发表一篇题为“中国鹅观草属的分类研究”，其中有以下 5 个新种、5 个新组合，但有 1 个是无效的组合，即：*Roegneria shandongensis* （Salom.） L. B. Cai，这一组合晚于 *Roegneria shandomgensis* （Salomon） J. L. Yang，Y. H. Zhou et Yen，1997. Guihaia 17（1）：19～22，蔡联炳组合应为无效。

Roegneria hongyuanensis L. B. Cai（157 页）；

Roegneria yangiae （B. R. Lu） L. B. Cai（158 页）；

Roegneria breviglumis var. *brevipes* （Keng） L. B. Cai（160 页）；

Roegneria cacumina （B. R. Lu et Salomon） L. B. Cai（160 页）；

Roegneria tschimganica （Drobov） Neviski var. *variiglumis* （Keng） L. B. Cai（160 页）；

Roegneria retroflexa （B. R. Lu et B. Salomon） L. B. Cai（161 页）；

Roegneria shouliangiae L. B. Cai（161 页）；

Roegneria alashanica var. *elytrigioides* （Yen et J. L. Yang） L. B. Cai（163 页）；

Roegneria magnipoda L. B. Cai（164 页）；

Roegneria anthosachnoides Keng var. *scabrilemmata* L. B. Cai（165 页）；

Roegneria shandongensis （Salom.） L. B. Cai（166 页）；

Roegneria glabrispicula （D. F. Cui） L. B. Cai（167 页）［*Ro. tschimganica* （Drob.） Nevski var. *glabrispicula* （D. F. Cui） L. B. Cai］；

Roegneria jaquemontii （Hook. f.） Ovcz & Sidor. var. *pulanensis* （H. L. Yang） L. B. Cai，（169）（*Ro. pulanensis* H. L. Yang）。

Roegneria breviaristata （D. F. Cui） L. B. Cai（170 页）；

Roegneria nudioscula L. B. Cai（171 页）；

Roegneria sinkiangensis （D. F. Cui） L. B. Cai（174 页）；

Roegneria macrothera （Ohwi） L. B. Cai（176 页）［*Ro. turczaninowii* （Drob.） Nevski var. *macrothera* Ohwi］。

在这篇论文中还提出一个其他的分类系统，现介绍如下：

Section 1. *Roegneria* 小颖组（即耿的拟披碱草组）

Ser. 1. *Tridentatae* L. B. Cai

1. *Roegneria tridentate* Yen et J. L. Yang

Ser. 2. *Hongyuanenses* L. B. Cai

2. *Roegneria hongyuanensis* L. B. Cai

3. *Roegneria gracilis* L. B. Cai

4. *Roegneria yangiae* （B. R. Lu） L. B. Cai

5. *Roegneria cacumina* （B. R. Lu et B. Salomon） L. B. Cai

Ser. 3. *Roegneria* （即 Ser. *Caucasicae* Nevski）

6a. *Roegneria formosana* （Honda） Ohwi var. *formosana*

6b. *Roegneria formosana*（Honda）Ohwi var. *longearistata* Keng
6c. *Roegneria formosana*（Honda）Ohwi var. *pubigera* Keng
7. *Roegneria parvigluma* Keng
8a. *Roegneria breviglumis* Keng var. *breviglumis*
8b. *Roegneria breviglumis* Keng var. *brevipes*（Keng）L. B. Cai
9. *Roegneria nutans*（Keng）Keng
10. *Roegneria laxinodis* L. B. Cai
11a. *Roegneria tschimganica*（Drob.）Nevski var. *tschimganica*
11b. *Roegneria tschimganica*（Drob.）Nevski var. *variiglumis*（Keng）L. B. Cai
12. *Roegneria retroflexa*（B. R. Lu et B. Salomon）L. B. Cai
Ser. 4. *Schrenkianae* L. B. Cai
13. *Roegneria debilis* L. B. Cai
14. *Roegneria schrenkiana*（Fisch. Et Mey.）Nevski
Ser. 5. *Confusae* Nevski
15. *Roegneria shouliangiae* L. B. Cai
16. *Roegneria confusa*（Roshev.）Nevski var. *breviaristata* Keng
17a. *Roegneria aristiglumis* Keng et S. L. Chen var. *aristglumis*
17b. *Roegneria aristiglumis* Keng et S. L. Chen var. *leiantha* H. L. Yang
Section 2. *Goulardia*（Husnot）L. B. Cai 半颖组（=Section *Cynopoa* Nevski 犬草组）
Ser. 6. Alashanicae L. B. Cai
18a. *Roegneria alashanica* Keng var. *alashanica*
18b. *Roegneria alashanica* Keng var. *elytrigioides*（Yen et J. L. Yang）L. B. Cai
19. *Roegneria yushuensis* L. B. Cai
Ser. 7. *Dolichatherae* Keng emend. L. B. Cai（=Ser. *Confusae* Nevski）
20. *Roegneria magnipoda* L. B. Cai
21. *Roegneria curtiaristata* L. B. Cai
22. *Roegneria calcicola* Keng
23. *Roegneria macerrima*（Keng）L. B. Cai
24. *Roegneria trichospicula* L. B. Cai
25. *Roegneria dolichathera* Keng
26. *Roegneria leiotropis* Keng
27. *Roegneria puberula* Keng
28. *Roegneria altissima* Keng
Ser. 8. *Anthosachnoides* Keng
29a. *Roegneria anthosachnoides* Keng var. *anthosachnoides*
29b. *Roegneria anthosachnoides* Keng var. *scabrilemmata* L. B. Cai
30. *Roegneria glaucifolia* Keng
31. *Roegneria flexuosa* L. B. Cai

32. *Roegneria purpurascens* Keng

33. *Roegneria longearistata* (Boiss.) Drob. var. *canaliculata* (Nevski) L. B. Cai

Ser. 9. *Caninae* Nevski

34. *Roegneria shandongensis* (Salomon) L. B. Cai

35a. *Roegneria tsukushiensis* (Honda) B. R. Lu, Yen et J. L. Yang var. *transiens* (Hackel) B. R. Lu, Yen et J. L. Yang

35b. *Roegneria tsukushiensis* (Honda) B. R. Lu, Yen et J. L. Yang var. *hybrida* (Keng) L. B. Cai

36. *Roegneria canina* (L.) Nevski

Ser. 10. *Serotinae* L. B. Cai

37. *Roegneria serotina* Keng

38. *Roegneria glabrispicula* (D. F. Cui) L. B. Cai

39. *Roegneriaserpentina* L. B. Cai

40a. *Roegneria jacquemontii* (Hook. f.) Ovcz. et Sidor. var.. *jacquemontii*

40b. *Roegneria jacquemontii* (Hook. f.) Ovcz. et Sidor. var.. *pulanensis* (H. L. Yang) L. B. Cai

Section 3. *Curvata* (Nevski) H. L. Yang 长颖组（=弯穗草组，内蒙古师范大学学报）

Ser. 11. Grandes Keng

41. *Roegneria grandis* Keng

42. *Roegneria magnicaespis* (D. F. Cui) L. B. Cai

43. *Roegneria cheniae* L. B. Cai

44. *Roegneria breviarista* (D. F. Cui) L. B. Cai

45. *Roegneria jufinshanica* (C. P. Wang et H. L. Yang) L. B. Cai

Ser. 12. *Pendulinae* Nevski

46. *Roegneria nudiuscula* L. B. Cai

47. *Roegneria tenispica* J. L. Yang et Y. H. Zhou

48a. *Roegneria sinica* Keng var. sinica

48b. *Roegneria sinica* Keng var. *angustifolia* C. P. Wang et H. L. Yang

49. *Roegneria hondai* Kitag.

50. *Roegneria aliena* Keng

51a. *Roegneria barbicalla* Ohwi var. *barbicalla*

51b. *Roegneria barbicalla* Ohwi var. *pubinodis* Keng

51c. *Roegneria barbicalla* Ohwi var. *foliosa* (Keng) L. B. Cai

52. *Roegneria stricta* Keng

53a. *Roegneria pendulina* Nevski var. *pendulina*

53b. *Roegneria pendulina* Nevski var. *pubinodis* Keng

54. *Roegneria scabridula* Ohwi

55. *Roegneria tianschanica* (Drob.) Nevski

Ser. 13. *Curvatae* Nevski

56. *Roegneria glaberrima* Keng et S. L. Chen

57. *Roegneria crassa* L. B. Cai

58. *Roegneria varia* Keng

59. *Roegneria nakaii* Kitag.

60. *Roegneria sinkiangensis* （D. F. Cui） L. B. Cai

61a. *Roegneria abolinii* （Drob.） Nevski var. *abolinii*

61b. *Roegneria abolinii* （Drob.） Nevski var. *pluriflora* （D. F. Cui） L. B. Cai

62a. *Roegneria turczaninovii* （Drob.） Nevski var. *turczaninovii*

62b. *Roegneria turczaninovii* （Drob.） Nevski var. *pohuashanensis* Keng

62c. *Roegneria turczaninovii* （Drob.） Nevski var. *tenuiseta* Ohwi

63. *Roegneria minor* Keng

64. *Roegneria altaica* （D. F. Cui） L. B. Cai

Ser. 14. *Angustiglumes* Nevski

65. *Roegneria viridula* Keng et S. L. Chen

66. *Roegneria humilis* Keng et S. L. Chen

67. *Roegneria sylvatica* Keng et S. L. Chen

68a. *Roegneria mutabilis* （Drob.） Hyland. var. *mutabilis*

68b. *Roegneria mutabilis* （Drob.） Hyland. var. *nemorlis* （D. F. Cui） L. B. Cai

69. *Roegneria intramongolica* Sh. Chen et Gaowua

Ser. 15. *Angustae* L. B. Cai

70. *Roegneria tibetica* （Meld.） H. L. Yang

71. *Roegneria media* Keng

72. *Roegneria angusta* L. B. Cai

Section 4. *Ciliaria* （Nevski） H. L. Yang 大颖组

Ser. 16. *Dentatae* Nevski

73. *Roegneria ugamica* （Drob.） Nevski

74. *Roegneria macrathera* （Ohwi） L. B. Cai

Ser. 17. *Ciliares* Nevski

75a. *Roegneria ciliaris* （Trin.） Nevski var. *ciliaris*

75b. *Roegneria ciliaris* （Trin.） Nevski var. *lasiophylla* （Kitag.） Kitag.

75c. *Roegneria ciliaris* （Trin.） Nevski var. *submutica* （Honda） Keng

75d. *Roegneria ciliaris* （Trin.） Nevski var. *hackeliana* （Honda） L. B. Cai

76. *Roegneria amurensis* （Drob.） Nevski

77. *Roegneria hirtiflora* C. P. WANG et H. L. Yang

Ser. 18. *Platyphyllae* L. B. Cai

78. *Roegneria komarovii* （Nevski） Nevski

79. *Roegneria platyphylla* Keng

蔡联炳的这个分类系统与Heвский及耿以礼的系统在理论原则上基本是一样的，只是形式上稍有变动。前人已有的他又另取名代替，例如Section 1. *Roegneria*，耿以礼中文名为“拟披碱草组”，他又另称之为“小颖组”。Heвский的Section *Cynopoa* Nevski，耿以礼称之为“犬草组”，他又另命名Section *Goulardia*（Husnot）L. B. Cai为“半颖组”。杨锡麟定的Section *Curvata*（Nevski）H. L. Yang“弯穗草组”，他又要把中文名称改为“长颖组”。弯穗组是*Curvata*的译意，是恰当的，完全没有必要另称“长颖组”。本来这样的“组”、“系”已经不具有自然系统的实际意义，只是主观臆定的等级。他也与Heвский、耿以礼一样，把**St**、**HSt**、**StY**、**HStY**的分类群混同在一起，不过因为他承认*Kengyilia*属，**PStY**染色体组的物种确是分离了出来。

（二）鹅观草属实验生物学研究

早在1962年，Juegen Schulz-Schaeffer与Peter Jurasits在《American Journal of Botany》第49卷，940～953页，发表一篇题为“冰草属生物系统学的研究Ⅰ. 物种核型细胞学研究”的观察报告，这里所谓的冰草属是广义的冰草属，总共观察研究了25个种的核型。其中包括了分布于东、南欧的*Agropyron panormitanum* Parl.，这个分类群现在归于鹅观草属，即*Roegneria panormitana*（Parl.）Nevski。根据他们的观察，这是一个含28条染色体的四倍体植物，具有两对不同类型的随体染色体，一对属于F-1型，另一对属于A-1型，最短的一对染色体是随体染色体（现在知道它是**Y**染色体组的典型特征，而当时还不知道什么是**Y**染色体组）。他们观察的根尖有丝分裂终变期染色体照片及绘制的核型图介绍如下（图5-1）。

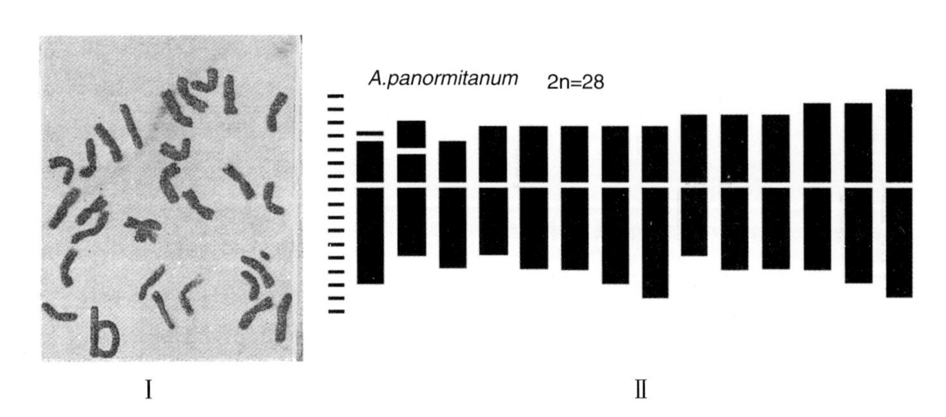

图5-1 *Roegneria panormitana*（Parl.）Nevski的核型

Ⅰ. 有丝分裂终变期染色体　Ⅱ. 按有丝分裂终变期染色体测量绘制的模式核型图

［引自Juegen Schulz-Schaeffer与Peter Jurasits，1962，图2（Ⅱ）与图4b（Ⅰ）］

1964年，日本三岛国家遗传研究所的阪本宁男在横滨木原生物学研究所出版的《生研时报》16期刊载的第四届日本小麦遗传学大会论文集上，发表一篇题为“Cytogenetic Problems in *Agropyron* Hybrids”的论文。这篇论文中称为*Agropyron*的是广义的冰草属，其中包含 *Roegneria* 属。他对分布在日本与尼泊尔的一些分类群作了染色体组构成的细胞遗传学实验研究，试验中还加入一个美洲种 *Agropyron trachycaulum*。5 个原产日本的种中，有 3 个是四倍体（2n＝28），它们是 *Agropyron ciliare*（Trin.）Franchent、*Ag. gmelini*（Ledeb.）Scribn. et Smith var. *tenuisetum* Ohwi 与 *Ag. yezoense* Honda，其余两个是 *Ag. humidum* Ohwi et Sakamoto 与 *Ag. tsukushiense*（Honda）Ohwi，都是六倍体。两个尼泊尔种是四倍体，*Ag. gmelini*（日本也有）与 *Ag. semicostatum* Nees。从形态上来看，*Ag. semicostatum* 很像 *Ag. tsukushiense*，但倍性不同，用它们进行杂交，以其杂种的减数分裂观察来分析它们的染色体组的相互关系。这些杂种：①生长健壮，分蘖、抽穗、开花都很正常；②总的来看，许多数量性状呈双亲的中间性状，或超亲，或近于一个亲本；③所有杂交组合的杂种花粉完全不育，胚珠高度不育，扬花时花药不开裂，花粉完全空瘪，异花授粉不结实。减数分裂观察实验研究的结果如表 5－1 所示。

表 5－1　日本、尼泊尔与美洲 *Agropyron* 种间杂种的染色体配对

（引自 Sakamoto，1964，表 2）

杂交组合（♀×♂）	检测细胞数	二价体变幅	二价体众数	平均染色体配对平均值				
				Ⅴ	Ⅳ	Ⅲ	Ⅱ	Ⅰ
日本 4x×4x *Ag. ciliare*×*Ag. yezoense*	45	10～14	14		0.36	0.20	11.29	2.29
日本 4x×尼泊尔 4x *Ag. ciliare*×*Ag. semicostatum*	408	5～14	12	0.002	0.14	0.15	11.34	4.20
Ag. semicostatum×*Ag. yezoense*	69	10～14	12		0.04	0.04	12.26	3.17
日本 4x×美洲 4x *Ag. ciliare*×*Ag. trachycaulum*	325	2～9	5		0.02	0.07	5.33	17.10
日本 4x×6x *Ag. tsukushiense*×*Ag. ciliare*	107	9～15	14		0.06	0.08	13.06	8.44
Ag. tsykushiense×*Ag. yezoense*	87	7～15	14		0.15	0.3	12.24	8.81
Ag. gmelini（日本）×*Ag. tsukushiense*	50	11～15	13		0.18	0.16	12.28	8.84
Ag. humidum×*Ag. ciliare*	53	12～16	14		0.09	0.02	13.17	6.45
尼泊尔 4x×日本 6x *Ag. tsukushiense*×*Ag. semicostatum*	115	6～14	11		0.11	0.16	9.80	14.05
Ag. humidum×*Ag. semicostatum*	47	8～14	10				10.66	13.62
Ag. gmilini（尼泊尔）×*Ag. tsukushiense*	97	3～15	12		0.11	0.11	11.30	11.57
Ag. gmilini（尼泊尔）×*Ag. humidum*	25	9～15	11		0.04	0.08	11.92	10.76
日本 6x×6x *Ag. humidum*×*Ag. tsukushiense*	46	20～21	21			0.02	20.74	0.46

编著者注：阪本在这一观察试验中所用的 *Agropyron ciliare*、*Ag. yezoense*、*Ag. semicostatum*、*Ag. gmilini* 应属于 *Roegneria* 属；*Ag. tsukushiense* 与 *Ag. humidum* 应属于 *Campeiostachys* 属；*Ag. trachycaulum* 应属于 *Elymus* 属。

上述观察结果表明，双亲来自日本的 *Ag. ciliare*×*Ag. yezoense* 四倍体杂种的二价体数变幅很小（10～14）Ⅱ，而众数为 14；日本与尼泊尔间的四倍体杂种 *Ag. ciliare*×*Ag. semicostatum* 以及 *Ag. semicostatum*×*Ag. yezoense* 与它比较则二价体数变幅要稍大一些，分别为（5～14）Ⅱ与（10～14）Ⅱ，众数小一些，为12。总的来说，三者之间的染色体组都非常相近。日本与美洲之间的四倍体杂种 *Ag. ciliare*×*Ag. trachy-caulum* 的二价体数变幅非常之大（2～9）Ⅱ，而众数只有5。说明二者的染色体组之间差别很大。来自日本亲本的五倍体杂种的二价体数变幅较大（7～16）Ⅱ，众数为13～14。日本与尼泊尔间的五倍体杂种则二价体数变幅较小（7=3～15）Ⅱ，众数也小一些（10～12）。但它们的染色体组间也有较高的同源性。两个日本六倍体亲本的六倍体杂种，二价体变幅很小，为（20～21）Ⅱ，众数很高，为21。说明它们的亲缘关系非常近，虽然杂种自花不育，开放传粉60穗，1 102朵小花，只得到14粒种子；用 *Ag. humidum* 为父本回交，得到两粒种子。说明花粉完全不育，胚珠也高度不育。证明它们是亲缘关系非常相近的不同的种，各自具有独立的基因库。

在这篇论文中，阪本宁男引证前人的研究表明北美的二倍体 *Ag. spicatum* 的染色体组与 *Ag. inerme* 相同（Stebbins and Pun，1952a），也在北美四倍体种 *Ag. trachycaulum* 及 *Ag. parishii* 中具有（Stebbins and Singh，1950）。这个染色体组也在南美的六倍体种 *Ag. agroelymoides* 中发现（Hunziker，1955），而欧亚大陆的二倍体种 *Ag. caespitosum* 的染色体组与它相一致，四倍体种 *Ag. caninum* 也有一组与它相同（Stebbins and Pun，1953a；Ag. Snyder，1956）。这个染色体组也在许多北美的 *Elymus* 属的种中含有，如 *E. glaucus*（Stebbins and Singh，1950）、*E. virginicus* 以及 *E. canadensis*（Stebbins and Snyder，1956）。说明这个染色体组在欧亚大陆与南北美洲广泛分布。日本 *Agropyron* 属的物种与尼泊尔的物种的两个染色体组基本上同源，与 *Ag. trachycaulum* 也有一组染色体组同源，而与 *Ag. cristatum* 的染色体组不同。*Ag. trachycaulum* 与 *Ag. glaucus* 又有一组染色体组与 *Hordeum jubatum* 以及 *H. nodosum* 的染色体组同源（Stebbins et al.，1946b；Gross，1960）。

阪本在这篇文章中虽然没有标出染色体组符号，但这些属种间的染色体组的相互关系已清楚地表明。

1966年，阪本宁男与村松干夫（Mikio Muramatsu）在《Japanese Journal of Genetics》41卷，第2期，发表一篇题为"Cytogenetic studies in the Triticeae. Ⅱ. Tetraploid and hexoploid hybrids of *Agropyron*"的文章。文章说："在日本找到本地生长的 *Agropyron* 5个种，其中3个是四倍体，*Ag. ciliare*（Trin.）Franch.、*Ag. gmelini*（Ledeb.）Scribn. et Smith 与 *Ag. yezoense* Honda.，以及两个六倍种，*Ag. humidum* Ohwi et Sakamoto 与 *Ag. tsukushiense*（Honda）Ohwi"。他们又引进了尼泊尔产的 *Ag. gmelini* 与 *Ag. semicostatum* Nees，它们在形态上与日本产的 *Ag. gmelini* 及 *Ag. tsukushiense* 非常相似；与美洲产的 *Ag. trachycaulum*（Link）Malte，不同植物地理区材料相比较，试验检测的结果列如表5-2。

表5-2 F_1 杂种染色体配对情况

杂交组合（♀×♂）（栽培编号）	观察细胞数	二价体变幅	二价体众数	染色体配对平均值				
				Ⅴ	Ⅳ	Ⅲ	Ⅱ	Ⅰ
日本4 x×日本4 x *Ag. yezoense*×*Ag. ciliare*（R170）	45	10～14	14	—	0.356	0.200	11.289	2.289
日本4 x×尼泊尔4 x *Ag. yezoense*×*Ag. semicostatum*（5731）	408	5～14	12	0.002	0.135	0.150	11.336	4.196

（续）

杂交组合（♀×♂） （栽培编号）	观察细胞数	二价体变幅	二价体众数	染色体配对平均值				
				Ⅴ	Ⅳ	Ⅲ	Ⅱ	Ⅰ
Ag. semicostatum×*Ag. yezoense*（5743）	69	10～14	12	—	0.043	0.043	12.261	3.174
日本 4 x×美洲 4 x *Ag. ciliare*×*Ag. trachycaulun*（5733）	325	2～9	5	—	0.015	0.065	5.329	11.095
日本 4 x×日本 6 x *Ag. humidum*×*Ag. tsukushiense*（5751）	46	20～21	21	—	—	0.022	20.739	0.457

从表 5－2 所列数据来看：①两个日本四倍体种 *Ag. ciliare* 与 *Ag. yezoense*，它们的两组染色体彼此非常相似；②两个日本六倍体种 *Ag. humidum* 与 *Ag. tsukushiense*，它们的三组染色体彼此基本上相同，但 F_1 杂种完全不育；③尼泊尔四倍体种 *Ag. semicostatum* 与日本四倍体种的两组染色体彼此非常相近；④美洲四倍体种 *Ag. trachycaulum* 所含染色体组与日本四倍体种的亲缘关系较远。

由于日本的 *Ag. gmelini* 与两个尼泊尔来的 *Ag. gmelini* 与 *Ag. semicostatum*，开花期在 5 月底至 6 月上旬，高温使杂交困难。1957 年所做的日本的与尼泊尔的 *Ag. gmelini* 和 *Ag. ciliare* 之间的杂交都没有得到杂种种子。日本的 *Ag. ciliare* No. 4 与尼泊尔的 *Ag. gmelini* 得到 1 粒种子，1 棵植株。由于仅观察了 16 张减数分裂中期Ⅰ的片子，观察到其染色体配对构型有：1 Ⅲ＋11 Ⅱ＋3 Ⅰ，12 Ⅱ＋4 Ⅰ，1 Ⅲ＋12 Ⅱ＋1 Ⅰ，1 Ⅳ＋11 Ⅱ＋2 Ⅰ，13 Ⅱ＋2 Ⅰ，1 Ⅳ＋1 Ⅲ＋10 Ⅱ＋1 Ⅰ与 14 Ⅱ 7 种；它们的频率分别是：1、1、1、1、3、1 与 8 个细胞。因为数据较少而未列入表 5－2。

同年，阪本宁男与村松干夫（Mikio Muramatsu）又在《Japanese Journal of Genetics》41 卷，第 3 期，发表一篇题为“Cytogenetic studies in the Triticeae. Ⅲ. Pentaploid *Agropyron* hybrids and genomic relationships among Japanese and Nepalese species”的文章。这篇文章报道了他们对日本产的四倍体 *Agropyron ciliare*、*Ag. gmilini* 、*Ag. yezoehse*，尼泊尔产的 *Ag. gmilini*、*Ag. semicostatum* 与日本产的六倍体的 *Ag. humidum* 以及 *Ag. tsukushiense* 杂交形成的五倍体种间杂种的细胞遗传学试验研究的结果，分析讨论了上述日本与尼泊尔的 *Agropyron* 物种的染色体组结构以及它们的分化（表 5－3）。

表 5－3　种间杂交的结果

（引自 Sakamoto 与 Muramatau，1966，表 2）

杂 交 组 合	杂交年份	杂交花数	结实数	播种数	出苗数	F_1杂种栽培编号
日本四倍体 4 x×日本六倍体 6 x						
Ag. tsukushiense No. 1×*Ag. ciliare* No. 1*	1956	24	12	11	10	5 734
Ag. tsukushiense No. 2×*Ag. ciliare* No. 5	1956	64	0			
Ag. tsukushiense No. 2×*Ag. ciliare* No. 3	1958	26	3	3	3	5 930
Ag. tsukushiense No. 1×*Ag. yezoense**	1956	22	14	14	12	5 736
Ag. yezoense×*Ag. tsukushiense* No. 1*	1956	24	17	17	6	5 742
Ag. gemiluni（日本）×*Ag. tsukushuense* No. 2	1957	20	1	1	1	5 888
Ag. humidum No. 1×*Ag. ciliare* No. 5	1956	100	29	29	19	5 752

（续）

杂交组合	杂交年份	杂交花数	结实数	播种数	出苗数	F_1杂种栽培编号
Ag. humidum No. 1×*Ag. ciliare* No. 2*	1956	18	0			
Ag. yezoense×*Ag. humidum* No. 2	1958	22	0			
尼泊尔四倍体 4 x×日本六倍体 6 x						
Ag. tsukushiense No. 1×*Ag. semicostatum**	1956	24	19	16	14	5 737
Ag. humidum No. 1×*Ag. semicostatum*	1957	18	7	7	2	5 886
Ag. gemilini（尼泊尔）×*Ag. tsukushiense* No. 2	1957	20	12	12	4	5 884
Ag. tsukushiense No. 1×*Ag. gemilini*（尼泊尔）*	1956	20	2	2	2	5 735
Ag. tsukushiense No. 2×*Ag. gemilini*（尼泊尔）	1957	20	0			
Ag. gemilini（尼泊尔）×*Ag. humidum* No. !	1957	20	2	2	1	5 885
Ag. humidum No. 1×*Ag. gemilini*（尼泊尔）	1957	28	0			

* 后一作者试验杂交于京都大学农学院。

他们对上述 F_1 杂种的减数分裂中期Ⅰ的染色体配对情况进行了观察分析。观察分析的结果如表 5-4 及表 5-5 所示。

表 5-4 日本 4x 种 *Ag. ciliare*、*Ag. yezoense* 及 *Ag. gemilini* 与日本 6x 种 *Ag. humidum* 及 *Ag. tsukushiense* 之间的 F_1 杂种的染色体配对

（引自 Sakamoto 与 Muramatsu，1966，表 4，稍作编排修改）

染色体配对					杂交组合									
					Ag. tsukushiense No.1×*Ag.ciliare*（5743）		*Ag. tsukushiense* No. ×*Ag.yezo-ense*（5736）		*Ag. yezoense* × *Ag.tsukushiense* No.1×（5742）		*Ag. gemilini* × *Ag.tsukushiense* No.2(5885)		*Ag. humidum* No.1 ×*Ag.cilare* No.5（5752）	
Ⅴ	Ⅳ	Ⅲ	Ⅱ	Ⅰ	频	率	频	率	频	率	频	率	频	率
		1	6	20			1	1（1.2%）						
			9	17	1	1（0.8%）								
			10	15	2	2（1.6）								
	1	1	7	14			1	1（1.2）						
			11	13	4	5（4.0）	1	9（10.3）	1	3（5.5%）	1	2（4.0%）		
		1	10	12	1		4		1		1			
	1		9	13			1							
		2	9	11			1		1					
	1	1	8	12			2							
			12	11	8	10（8.0）	8	18（20.7）	2	7（12.7）	9	14（28.0）	4	4（7.5%）
		1	11	10	2		7		2		2			
		2	10	9			2		2					
	1		10	11					1		2			
	1	1	9	10			1				1			
			13	9	30	35（28.0）	16	25（28.7）	9	17（30.9）	13	18（36.0）	8	9（17.0）
		1	12	8	2		5		6		3		1	
	1		11	9	3		4		1		2			
1			11	8					1					
			14	7	46	52（41.6）	24	28（32.2）	18	25（45.4）	10	14（28.0）	28	31（56.4）
		1	13	6	3		2		1					
	1		12	7	3		1		6		3		3	
	2		10	7			1							
	1	1	10	6							1			
			15	5	2	2（1.6）	2	5（5.7）			2	2（4.0）	6	8（15.1）
	1		13	5			3		3	3（5.5）			2	
			16	3									1	1（1.9）
总计					107		87		55		50		53	

从表 5－4 及表 5－5 可以看到，种间 F_1 杂种花粉母细胞减数分裂中期Ⅰ相互间配对，显示出具有很高的同源性。虽然这种间 F_1 杂种全都不育，但从染色体配对分析来看，日本产的四倍体种与日本产的六倍体种间有两组染色体相同。尼泊尔产的四倍体种与日本产的六倍体种间也有两组染色体同源，虽然它们的二价体频率稍低一些，但只能说明尼泊尔的四倍体种与日本种的染色体组稍有分化，染色体组基本上仍然是相同的（表 5－5）。

表 5－5　两个尼泊尔 4 x 种 *Ag. semicostatum* 及 *Ag. gemlini* 与两个日本 6 x 种 *Ag. humidum* 及 *Ag. tsukushiense* 之间的 F_1 杂种的染色体配对

（引自 Sakamoto 与 muramatsu，1966b，表 5）

染色体配对				杂交组合											
				Ag. tsukushiense No.1 × *Ag.semi-costatum*（5737）频率			*Ag. humidum* No. 2 × *Ag.semi-costatum*（5886）频率			*Ag. gemilini* × *Ag.tsukushiense* No.2（5884）频率			*Ag. gemilini* × *Ag.tsukushiense* No.1（5885）频率		
Ⅳ	Ⅲ	Ⅱ	Ⅰ												
		3	29							1	1	（1.0%）			
		4	27												
		5	25							1	1	（1.0）			
		6	23	1						1	1	（1.0）			
	1	5	22	1	3	（1.9%）									
1		4	23	1											
		7	21	5						2	2	（2.1）			
1	1	6	20	1	7	（4.5）									
1	1	4	20	1											
		8	19	13	15	（9.7）	1	1	（2.1%）	2	2	（2.1）			
	1	7	18	2											
		9	17	23			10	10	（21.3）	5	6	（6.2）	1	1	（4.0%）
	1	8	16	3	28	（18.0）				1					
1		7	17	2											
		10	15	26			15	16	（31.9）	8			1	1	（4.0）
	1	9	14	2	30	（19.4）				3	13	（13.4）			
1		8	15	2						2			7		
		11	13	22			8	8	（17.0）	14				9	（36.0）
	1	10	12	8	37	（23.9）				1	16	（16.5）			
1		9	13	6						1			2		
1	1	8	12	1											
		12	11	16			6	7	（14.9）	15			3	3	（12.0）
	1	11	10	5	25	（16.1）	1			1	18	（18.6）			
1		10	11	4						2					
		13	9	7	8	（5.2）	2	2	（4.3）	10			6		
	1	12	8	1						2	14	（14.4）		7	（28.0）
	2	11	7							1					
1		11	9							1			1		
		14	7	2	2	（1.3）	4	4	（8.5）	12			3	3	（12.0）
	1	13	6							1	15	（15.5）			
1		12	7							2					
		15	5							5	8	（8.2）	1	1	（4.0）
1		13	6							3					
总计				155			47			97			25		

概括前一篇报告（Sakamoto 与 Muramatsu，1966a）中四倍体与六倍体 F_1 杂种观察的结果与这篇报告中 F_1 五倍体杂种的观察结果（表 5－6），我们可以看到日本种与尼泊尔种的染色体组的相互关系。他们对 3 个日本四倍体种、2 个尼泊尔四倍体种以及 2 个日本六倍体种的染色体组的构型作出了分析认定。他们认为日本的四倍体 *Ag. ciliare*、

Ag. gemilini 与 *Ag. yezoense* 各含两组相同的染色体组，分别命名为 **I** 染色体组与 **K** 染色体组，即它们各含有两组 **II KK** 染色体组。日本的 2 个六倍体种，则各含有三组 **II KK LL** 染色体组。而尼泊尔的 2 个四倍体种，各含有两组 $\mathbf{I^N I^N}$ 与 $\mathbf{K^N K^N}$ 染色体组。他们的分析与命名现在看来是完全正确的。但是后来又有其他的命名。特别是受 Áskell Löve 与 Douglas R. Dewey 等权威的影响，多数学者均采用 Áskell Löve 与 Douglas R. Dewey 的命名，而不再用阪本宁男与村松干夫的命名。在染色体组的命名上也没有一个像植物学命名那样严格的、统一的法规让大家必须遵守。大家采用后来 Áskell Löve 与 Douglas R. Dewey 的命名也就是不违法的了。

表 5-6 五倍体 F_1 杂种染色体配对概要

（引自 Sakamoto 与 Muramatsu，1966b，表 6）

杂交组合（♀×♂）（栽培编号）	观察细胞数	二价体变幅	二价体众数	染色体配对平均值 V	IV	III	II	I
日本 4 x×日本 6 x								
Ag. tsukushiense×*Ag. ciliare*（5734）	107	9～15	14		0.056	0.075	13.056	8.439
Ag. tsukushiense×*Ag. yezoense*（5736）	87	7～15	14		0.149	0.333	12.241	8.805
Ag. yezoense×*Ag. tsukushiense*（5742）	55	13～15	14	0.036	0.182	0.291	12.600	8.010
Ag. gemilini×*Ag. tsukushiense*（5888）	50	11～15	13		0.180	0.160	12.280	8.840
Ag. humidum×*Ag. ciliare*（5752）	53	12～16	14		0.094	0.019	13.170	6.453
尼泊尔 4 x×日本 6 x								
Ag. tsukushiense×*Ag. semicostsatum*（5737）	155	6～14	11		0.110	0.160	9.800	14.052
Ag. humidum×*Ag. secostatum*（9886）	47	8～14	10			0.021	10.660	13.617
Ag. gemilini×*Ag. tsukushiense*（5884）	97	3～15	12		0.113	0.113	11.299	11.567
Ag. gemilini×*Ag. humidum*（5885）	25	9～15	11		0.040	0.080	11.920	10.760

阪本宁男与村松干夫在这篇文章的第一页的第二条页下注中就表明了学名 *Agropyron humidum* 是根据大井次三郎 1965 年的文章，正确名称应为 *Ag. humidorum*。不知道什么原因他们没有更正？

1966 年，阪本宁男又在《日本遗传学杂志（Japanese Journal of Genetics）》41 卷，第 3 期，发表一篇题为“Cytogenetic studies in the tribe Triticeae. IV. Natural hybridization among Japanese *Agropyron* species”的报告，其中对采自静冈县三岛附近的两个天然杂种以及采自福冈的材料进行了试验研究。

阪本宁男报告说，四倍体的 *Ag. ciliare* Franchet（2n＝28）与六倍体的 *Ag. tsukushiense*（Honda）var. *transiens*（Honda）Ohwi（2n＝42）非常普遍地分布在三岛附近的路旁、丘陵以及河岸边。两个种生长在一起的地方，发现许多天然杂种。大多数天然杂种植株可能由于杂种优势的原因，生长得非常健壮。1959 年观察，所收集的 23 个杂种无性株系中除来自君泽（Kamizawa）编号 H 34号外，其余全部不育。H 34号 48 个穗子上，798 朵小花中，只结有一粒非常小、软而尚未发育完全的种子。他对编号 H13 号，一个五倍体杂种所作的细胞学观察的结果记录如表 5-7。这个五倍体杂种应当是来自 *Ag. ciliare* Franchet（2n＝28）与 *Ag. tsukushiense*（Honda）var. *transiens*（Honda）Ohwi（2n＝42）之间的天然杂交。

六倍体的两种禾草，*Agropyron humidum* Ohwi et Sakamoto 是在三岛地区稻田中常见的；而 *Ag. tsukushiense* （Honda）var. *transiens*（Honda）Ohwi 则不生长在稻田中，而生长在田边、道旁、丘坡等陆地上，它们生长分布的生态习性是不重叠的。1956—1962年，共采集到 34 个天然杂种无性系，都是在田边小道或灌溉渠旁采集到的，很少在稻田中采到。这两种六倍体种间的天然杂种能结少量种子，由于不同无性株系与年份的不同，这些天然杂种的结实率变异为 0～1.5%，总的来说结实率是非常之低。

表 5-7　采自三岛的 *Ag. ciliare* 与 *Ag. tsukushiense* 的一个天然杂种减数分裂中期 I 染色体配对情况

（引自 Sakamoto，1966，表 2，编排稍作修改）

染色体配对				观察细胞数	
Ⅳ	Ⅲ	Ⅱ	Ⅰ		
		12	11	1	
	1	11	10	1	
					2（7.1%）
		13	9	6	
					6（21.4%）
		14	7	16	
	1	13	6	1	
1		12	7	1	
					18（64.4%）
		15	5	2	
					2（7.1%）
总观察细胞数：28					

这两个种也很容易进行人工杂交，1956 年得到 17 个 F_1 植株，它们的雄器完全不育，雌器也高度不育（Sakamoto and Muramatsu，1966a）。这些人工杂种与天然杂种非常相似。采用两个天然杂种，一个来自三岛（H 1），另一个来自福冈（a-7），以及一个人工杂种（5751）为材料，对它们进行了减数分裂的细胞学观察，其结果记录如表 5-8 所示。

表 5-8　人工杂种与天然杂种及其亲本的减数分裂染色体配对情况

（引自 Sakamoto，1966，表 4）

染色体配对				*Ag. humidum* No. 1	人工杂种（5751）	天然杂种		*Ag. tsukushiense* No. 2
Ⅳ	Ⅲ	Ⅱ	Ⅰ			三岛（H1）	福冈（a-7）	
		21		114	35	56	73	132
1		19		0	0	1	1	0
		20	2	0	10	5	3	3
	1	19	1	0	1	0	1	0
		19	4	0	0	1	0	0
总　计				114	46	63	78	135

在三岛附近，特别是在 Kamogahora，*Ag. humidum* 与一种早熟生态型（early ecotype）的 *Ag. tsukushiense* 可以在稻田中交织生长在一起。来自 *Ag. humidum* 群体的花粉

的授粉，1958年在一个稻田里的几个群体中采集到32个天然杂种的株系；1959年，在另一个稻田里采到40个株系。另外，1958年，对采自三岛的 *Ag. humidum* 与早熟生态型的 *Ag. tsukushiense* 作了人工杂交。在试验地中，它们全部雄性不育，没有开裂的花药，自交与开放授粉都不结实。人工与天然杂种在形态上都非常相似，近似于 *Ag. humidum*。1958年所采集的32个天然杂种株系从1 209小穗中得到15粒种子，结实率为0.4%。1959年，在另一稻田中的天然杂种，经检测，结实率为0.2%。这些天然杂种开花期花药全都不开裂，因此这些种子都应当是来自与 *Ag. humidum* 或早熟生态型的 *Ag. tsukushiense* 亲本的回交。1958年得到的15粒种子经播种，萌生5个植株，其中5933-1早夭。这些回交子代植株在试验田中显示出具有0.3%～31.2%的能育花粉，0～3.3%的开放授粉结实率。花药开裂，特别是5933-2、5933-3与5933-5植株开裂很好。5933-2植株有1.7%的自交结实率。5933-5与早熟生态型的 *Ag. tsukushiense* 亲本的再回交，结实率达到28.6%。从穗长、小穗数、植株习性、蜡质性状来看，这4株回交子代，5933-2、5933-4与5933-5可能是由早熟生态型的 *Ag. tsukushiense* 的花粉回交派生的，而5933-3可能是由 *Ag. humidum* 的花粉回交派生的。这些观察结果暗示这两个种的基因库间渐渗可能存在。

中岛（Nakajima K.）采自九州福冈的 *Ag. ciliare* 与 *Ag. tsukushiense* 之间杂交的五倍体天然杂种的标本，大井次三郎在1942年把它定为一个新种，名为 *Agropyron nakasimae* Ohwi（Ohwi，1942）；后来又把它更名为 *Ag. mayebaranum* var. *nakasimae*（Ohwi）Ohwi（Ohwi，1953）。中岛1952年采自福冈的 *Ag. tsukushiense*×*Ag. humidum* 的六倍体天然杂种的标本，大井次三郎曾把它定为 *Ag. hatusimae* Ohwi；初岛住彦原本把它定为 *Ag. mayebaranum* var. *intermedium* Hatusima（Ohwi，1953），包括1955年长田武正（T. Osada）采自福冈以及阪本宁男采自三岛的相似六倍体天然杂种。阪本宁男在这篇文章中指出，正确的学名应当是 *Ag. mayebaranum* Honda。

1968年，美国犹他州立大学作物研究室的 Douglas R. Dewey 在《美国植物学杂志（American Journal of Botany）》55卷，第10期，发表一篇题为"Synthetic *Agropyron* - *Elymus* hybrids. Ⅲ. *Elymus canadensis* × *Agropyron caninum*, *A. trachycaulum* and *A. striatum*"的研究报告。在这篇报告中，Dewey 第一次提出了 **Y** 染色体组的问题。这篇报告中所研究的 *Elymus canadensis* 是一个在小麦族中能广泛与其他北美东部的种进行杂交（Brown and Pratt，1860；Church，1967），以及能与7个北美西部的种杂交的种，如 *Elymus glaucus* Buckl.（Dewey，1965）及 *E. cinereus* Scribn. et Merr.（Dewey，1966b）。也能与 *Sitanion hystrix*（Nutt.）J. G. Smith 杂交。已知还能与10个 *Agropyron* 种杂交，包括 *Ag. spicatum*（Pursh）Scribn. et Smith（Stebbins and Snyder，1956）、*Ag. subsecundum*（Link）Hitchc.（Dewey，1966a），以及 *Ag. dasystachyum*（Hook.）Scribn.（Dewey，1967b）。

除二倍体 *Ag. spicatum* 以及十倍体的 *Ag. cinereus* 外，前面提到的种都是四倍体，2n＝28，它们都有一个染色体组与 *Ag. spicatum* 的染色体组部分或完全同源（Stebbins and Snyder，1956）。*Ag. canadensis* 的两个染色体组与其他美洲东部的 *Elymus*（Church，1967）、*E. glaucus*（Dewey，1965）、*Sitanion hystrix*（Dewey，1967a）、*Ag. subsecun-*

dum（Dewey，1966a），以及 *Ag. dasystachyum*（Dewey，1967b）的染色体组也是部分或完全同源。*Elymus canadensis* 与 *Ag. striatum* Nees ex Steud. 杂交是它与亚洲种之间第一次杂交。

Elymus canadensis PI 233249 是采自美国蒙大拿州西南部；*Ag. caninum* PI 252044 采自意大利特尔敏里诺（Terminillo）；*Ag. trachycaulum* PI 232154 采自美国俄勒冈州福特克拉马斯（Fort Klamath）；PI 276111 引自匈牙利，原名 *Ag. tenerum* Vasey，为 *Ag. trachycaulum* 的异名，应当是原产北美；*Ag. striatum* PI 207453 来自阿富汗喀布尔省。

Ag. striatum 是白绿色，具纹理直立茎秆，稀疏叶片，约 105 cm 高的禾草。在美国犹他州洛甘种植，显示不耐寒，所有植株都只留有存活的根冠部分来春返青。穗线形，小穗稀疏，外稃芒长而直，内稃与其他的种不同，不是急尖，而是非常地钝圆。

Dewey 对这几个种进行的杂交，以及对 F_1 杂种减数分裂染色体配对情况的观察结果记录如表 5-9。

表 5-9 *Elymus canadensis* 与 *Agropyron caninum*、*Ag. trachycaulum* 及 *Ag. striatum* 杂交 F_1 杂种减数分裂中期 Ⅰ 染色体配对情况

（引自 Dewey，1968，表 1）

F_1杂种	染色体配对										观察细胞数
	Ⅰ		Ⅱ		Ⅲ		Ⅳ		Ⅴ		
	变幅	平均	变幅	平均	变幅	平均	变幅	平均	变幅	平均	
E. canadensis×*Ag. caninum*	0～8	3.0	9～14	12.4	0～2	0.07	—	—	—	—	111
E. canadensis×*Ag. trachycaulum*	0～1	0.1	11～14	11.5	—	—	0～1	0.2	0～4	0.7	111
E. canadensis×*Ag. striatum*	0～8	3.0	9～14	12.4	0～2	0.07	—	—	—	—	111

对 6 株 *Elymus canadensis*×*Ag. caninum* 的 F_1 杂种全进行了观察检验，每个杂种的染色体配对都彼此相似。一些杂种植株非常适合细胞学的分析，因为染色体分散良好，并且很容易得到大量的配对数据。在大多数终变期的花粉母细胞中染色体全都配对，虽然有些二价体呈现出只由一个交叉连接起来。许多这种松散配对的二价体在中期Ⅰ早期就彼此分离，中期Ⅰ减数分裂细胞所含 80%的单价体大约都是由这种松散二价体分离形成。细胞中剩下的 14 对二价体，好些也是棒型的（图 5-2-A）；有少数细胞只有 8 个单价体（图 5-2-C）；观察到 6 个细胞含有 1 或 2 个三价体（图 5-2-B）。大多数中期Ⅰ的细胞含有 4 个单价体与 12 个二价体，占 111 个观察细胞的 31.5%。其次是 2 个单价体与 13 个二价体。后期Ⅰ的细胞近一半都有落后染色体，20%的细胞含有染色体桥片段。后期Ⅱ落后染色体也普遍，大约一半左右的四分子含 1～5 个微核。

对一株 *E. canadensis* × *Ag. trachycaulum* PI 232154 以及 10 株 *E. canadensis* × *Ag. trachycaulum* PI 276111 的 F_1杂种进行了细胞学分析观察研究。11 个杂种染色体配对相似，观察数据也就合并在一起。单价体很少，多价体，特别是六价体在中期Ⅰ的细胞中非常普遍。这种多价体的形成可能是由于异质交换的结果。三对染色体间发生两个异质交换就可能产生多价体，包括四价体与六价体。96 个中期Ⅰ细胞中只有 6 个含有单价体，而不超过两个以上。65%以上的细胞含有 11 个二价体与 1 个六价体（图 5-2-F）；有 12 个细胞含有 12 个二价体与 1 个四价体（图 5-2-E）；含 14 个二价体的细胞观察到有 15 个（图 5-2-D）。多数的二价体是紧密的闭合环形，显示出它们具很近的同源性。后期Ⅰ大多数都正常。148 个观察细胞中有 20 个具落后染色体。两个细胞含有一个桥以及一个非常小的无中心粒的片段。后期Ⅱ比后期Ⅰ更为正常，86%以上的四分子都无微核。

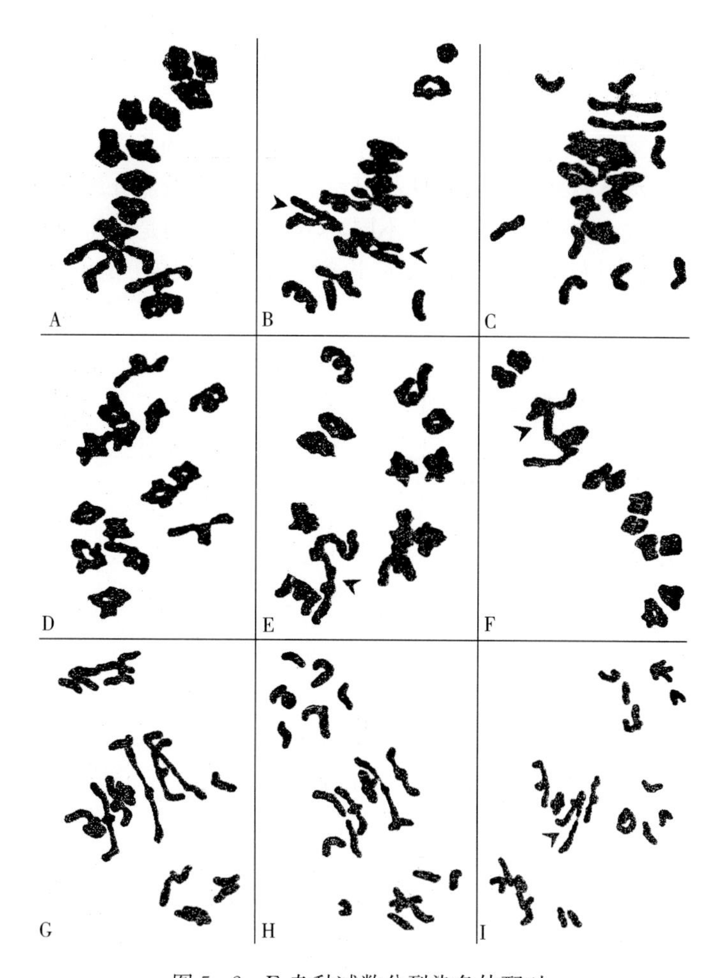

图 5-2　F_1杂种减数分裂染色体配对

Elymus canadensis×*Agropyron caninum*：A. 14 个二价体，10 个环型+4 个棒型；B. 2 个单价体，10 个二价体+2 个三价体（箭头所指）；C. 8 个单价体+10 个二价体　*Elymus canadensis*×*Agropyron trachycaulum*：D. 14 个二价体，11 个环型+3 个棒型；E. 12 个二价体+1 个四价体（箭头所指）；F. 11 个二价体+1 个六价体（箭头所指）　*Elymus canadensis*×*Agropyron striatum*：G. 14 个单价体与 7 个二价体，其中 6 个棒型；H. 18 个单价体+5 个二价体；I. 17 个单价体+4 个二价体+1 个三价体（箭头所指）

（引自 Dewey，1968，图 2）

E. canadensis×*Ag. striatum* 没有其他组合的染色体配对那样好（表 5-9），没有一个细胞的单价体少于 12 个，并且大多数二价体都是棒型，显示出它们之间的染色体不完全

同源。频率最高的配对是 16 个单价体与 6 个二价体，约占观察细胞的 41%。有 1/3 的细胞有 14 个单价体与 7 个二价体（图 5-2-G）；有 20 个细胞含有 18 个单价体与 5 个二价体（图 5-2-H）；而只有 1 个细胞二价体不到 5 对；72%的细胞具有三价体（图 5-2-I）。在 1 个细胞中观察到 1 个四价体，但是不很确切，从其余的染色体来看也不能完全解释。所有后期Ⅰ的细胞中都有落后染色体，而许多落后染色体的染色单体过早分离。后期Ⅰ偶尔出现桥片段。后期Ⅱ的细胞也普遍都存在落后染色体。大约不到一半的四分子含有微核。

从育性来看，*Ag. striatum* 80%的花粉能用 I_2-KI 染色。最高是 *Ag. caninum*，大约是 98%。许多 *Agropyron* 与 *Elymus* 的种自然情况下都是异花授粉。但参加试验的这几个种经套袋证明都完全是自花授粉。*E. canadensis*×*Ag. caninum* 杂种的花粉都是皱缩的，没有能染色的花粉。*E. canadensis*×*Ag. trachycaulum* 杂种的花粉也是皱缩的，但大多数杂种能产生 1%～3%的染色花粉。*E. canadensis*×*Ag. striatum* 的杂种能产生 0.1%的充实并能染色的花粉。然而在 1966 年与 1967 年，没有任何杂种结实。

Elymus canadensis、*Agropyron caninum*、*Ag. striatum* 以及 *Ag. trachycaulum* 的杂交亲和性显示出它们的亲密相互关系与它们的自然地理分布以及现有的分类地位（编著者注：指当前流行的形态学分类）无关。Cugnae 与 Simonet（1953）在他们所做的 *E. canadensis* var. *glaucifolius* 与 *Ag. caninum* 间的杂种上得到 42.1%的结实率。这个数值同样可以用于本试验研究的分析参考。

染色体配对数据显示，*E. canadensis* 与 *Ag. caninum* 之间的染色体组虽然没有 *E. canadensis* 与 *Ag. trachycaulum* 的染色体组那样相近，但也基本上是相同的。*E. canadensis* 与 *Ag. caninum* 之间的杂种的减数分裂中期Ⅰ的花粉母细胞偶尔有三价体及后期Ⅰ有一些桥与片段，显示出它们的染色体组之间有易位以及倒位片段的不同。

Agropyron striatum 与 *E. canadensis* 的亲缘关系没有 *Ag. caninum* 与 *E. canadensis* 那样密切，只有一个染色体组与 *E. canadensis* 的一个染色体组部分同源，另一个染色体组就完全不同。*Ag. spicatum* 的染色体组存在于 *E. canadensis* 之中（Stebbins and Snyder，1956），以及其他许多 *Agropyron*、*Elymus*、*Sitanion* 的种之中（Dewey，1966a），可能也就是 *Ag. striatum* 的一个染色体组。

Dewey 的观点是，*Elymus canadensis*、*Agropyron caninum*、*Ag. striatum*、*Ag. trachycaulum* 之间的关系反映在染色体组上是：*E. canadensis* 为 $\mathbf{S_1S_1X_1X_1}$，**S** 来自供体 *Ag. spicatum* 的染色体组。**X** 是一个来源不明的染色体组（编著者注：直到 1971 年，Dewey 在《American journal of botany》第 58 卷发表的论文“Synthetic hybrids of *Hordeum bogdanii* with *Elymus canadensis* and *Sitanion hystrix*”中，才把 **X** 的来源阐明清楚，**X** 是来自大麦属的 **H** 染色体组）。*Ag. trachycaulum* 可以设计成 $\mathbf{S_2S_2X_2X_2}$，表明不完全同源。*Ag. caninum* 可以定为 $\mathbf{S_3S_3X_3X_3}$。*Ag. striatum* 的染色体组是 $\mathbf{S_4S_4YY}$ 或 $\mathbf{X_4X_4YY}$ 两种之一，如果它含有 *Ag. spicatum* 的染色体组，那就是前者。

1969 年，Dewey 又在《植物学公报（Botanical Gazette）》130 卷，第 2 期，发表一篇题为“Synthetic hybrids of *Agropyron caespitosum*×*Agropyron spicatum*、*Agropyron caninum* and *Agropyron yezoense*”的报告。根据犹他州立大学作物研究室的一个为小麦族的分类学订正所做的细胞遗传学与系统发育学的基础研究的长期计划，对上述杂种进行

研究分析。

Agropyron caespitosum Koch 是一个二倍体，2n=14，是高加索、外高加索与伊朗北部的特有种，丛生，具细长无芒的穗。它与二倍体的 *Ag. spicatum*（Pursh）Scribn. et Smith（Stebbins and Pun，1953）、四倍体的 *Ag. dasystachyum*（Hook.）Scribn. var. *riparium*（Scribn. et Smith）Bowden 以及 *Sitanion hystrix*（Nutt.）J. G. Smith（Dewey，1968b）杂交证明，它们之间有一组染色体同源。

Ag. spicatum（Pursh）Scribn. et Smith 是北美西部特有的丛生禾草，有具芒及无芒的两种，有二倍体和四倍体两种细胞型。它是 *Agropyron* 中杂交频率最高的。*Ag. spicatum* 的一个染色体组已知已组成 25 个 *Agropyron*、*Elymus* 与 *Sitanion* 种的核物质（Stebbins and Snyder，1958；Dewey，1966）。

Agropyron caninum（L.）Beauv. 是一个具芒、异源四倍体、自花授粉、欧洲的丛生禾草。它含有一个与 *Ag. spicatum* 同源的染色体组（Stebbins and Snyder，1956），并且与 *E. canadensis* 两个染色体组之间具有非常相近的同源性（Dewey，1968a）。

Ag. yezoense Honda 是原产远东及日本的丛生、具芒、自花授粉的异源四倍体。它能与日本以及尼泊尔的一些种自由杂交，被认为染色体组之间具有同源性（Sakamoto and Muramatsu，1966a、1966b）。

Dewey 说，这一试验研究的目的就是探求 *Ag. caespitosum*、*Ag. caninum*、*Ag. spicatum* 与 *Ag. yezoense* 染色体组间的相互关系。试验观察的结果记录如表 5-10 所示。

表 5-10 *Agropyron caespitosum*、*Ag. spicatum*、*Ag. caninum*、*Ag. yezoense*，以及它们的 F_1 杂种的减数分裂中期 I 染色体配对情况

（引自 Dewey，1969）

亲本及杂种		染色体配对			观察细胞数
		I	II	III	
Agropyron caespitosum	变幅	0~2	6~7		161
2n=14	平均	0.24	6.88	0.0	
Ag. spicatum	变幅	0~2	6~7		155
2n=14	平均	0.06	6.97	0.0	
Ag. caninum	变幅		14		121
2n=28	平均	0.0	14.00	0.0	
Ag. yezoense	变幅	0~2	13~14		82
2n=21	平均	0.12	13.94	0.0	
Ag. caespitosum×*Ag. spicatum*	变幅	0~4	4~7	0~1	154
2n=21	平均	0.53	6.71	0.02	
Ag. caespitosum×*Ag. caninum*	变幅	7~21	0~7	0~2	251
2n=21	平均	12.60	3.69	0.14	
Ag. caespitosum×*Ag. yezoense*	变幅	7~19	1~7	0~1	92
2n=21	平均	13.31	3.71	0.08	

从以上数据来看，所有亲本细胞学状况都是正常的，四倍体亲本显示为异源四倍体。*Ag. caespitosum*×*Ag. spicatum* 在减数分裂中期Ⅰ染色体平均配对为 0.52 Ⅰ+6.72 Ⅱ+0.02 Ⅲ，说明亚洲与美洲的这两个种，它们的染色体基本上是同源的，虽然有一些分化。大多数杂种完全不育，但有两株结了少数几粒种子。*Ag. caespitosum*×*Ag. caninum* 的杂种间染色体配对差异非常大，在一些植株中染色体几乎不配对，而另一些植株却又常形成 7 个闭合二价体。可能是在一些植株中阻止联会的基因影响了配对。欧洲的 *Ag. caninum* 的两个染色体组中有一个与亚洲的 *Ag. caespitosum* 的染色体组同源。4 株 *Ag. caespito-*

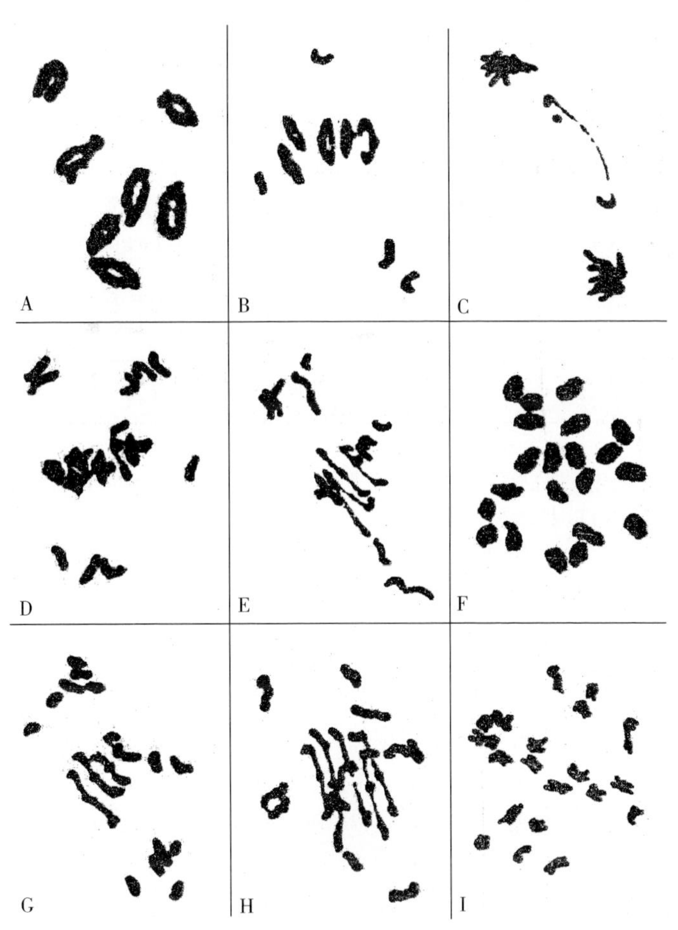

图 5-3　*Agropyron caespitosum*×*Ag. spicatum*（A. 终变期 7 个闭合环型二价体；B. 5 个环型二价体+4 个单价体；C. 后期Ⅱ出现的染色体桥）、*Agropyron caespitosum*×*Ag. caninum*（D. 中期Ⅰ含 9 个单价体；5 个环型二价体与 1 个棒型二价体的花粉母细胞；E. 中期Ⅰ含 12 个单价体、3 个二价体与 1 个三价体的花粉母细胞；F. 终变期 21 个单价体的花粉母细胞）及 *Agropyron caespitosum*×*Ag. yezoense*（G. 中期Ⅰ含 13 个单价体、4 个棒型二价体的花粉母细胞；H. 中期Ⅰ含 11 个单价体、5 个棒型二价体的花粉母细胞；I. 后期Ⅰ出现 12 个落后染色体的花粉母细胞）F_1 杂种减数分裂核行为

（引自 Dewey，1969，图 2）

sum×*Ag. yezoense* 杂种，其染色体平均配对为 13.31 Ⅰ+3.73 Ⅱ+0.08 Ⅲ，二价体多为棒型。说明它们有同源性的一对染色体组也是比较疏远的，有较多的改变。上述这些杂种的减数分裂的染色体配对情况参阅图 5-3。

1980 年，Dewey 在《植物学公报（Botanical Gazette）》141 卷，第 3 期，发表一篇题为"Cytogenetics of *Agropyron ugamicum* and six of its intrespecific hybrids"的论文。在文章中报道：在 1965 年，美国农业部的植物考察人员 Quentin Jones 与 Wesley Keller 带了 7 份 *Ag. ugamicum* 到美国。后在犹他洛甘与已知染色体组的 *Ag. spicatum*（Pursh）Scribn. et Smith、*Ag. libanoticum* Hack.、*Ag. caninum*（L.）Beauv.、*Ag. mutablie* Drob.、*Ag. tracaulum*（Link）Malte ex H. F. Lewis，以及 *Ag. pringlei*（Scribn. et Smith）Hitchc. 进行杂交。*Ag. spicatum* 是北美二倍体与四倍体植物，其染色体组组成为 **SS** 以及 **SSSS**；*Ag. libanoticum* 可以说是它分布在中东的一个副本，其染色体组组成也是 **SS**，只是没有四倍体的细胞型。*Ag. caninum* 与 *Ag. mutablie* 是分布在欧亚大陆的异源四倍体，*Ag. trachycaulum* 与 *Ag. pringlei* 是分布在北美的异源四倍体，它们都是含 **SSHH** 染色体组的植物（Dewey，1975b、1976）。试验所用材料如表 5-11 所示。

表 5-11　7 个 *Agropyron ugamicum* 居群以及与它们杂交的其他 6 个 *Agropyron* 种

（引自 Dewey，1980，表 1）

种及提供人	原产地及采集人记录
Ag. ugamicum	
PI 314200	乌兹别克斯坦，塔什干以东 70 km，卡古尔山（Chatkul Mt.），运动保留地
PI 314209	同 PI 314200
PI 314211	与 PI 314200 地点相同
PI 314614	哈萨克斯坦，阿拉木图，沿阿拉阿廷卡河（Alma Atinka River）上 20 km。多年生密丛高 1 m，茎秆与穗带红色，穗直立
PI 314618	哈萨克斯坦，阿拉木图东 85 km，采自一个山谷
PI 314620	同 PI 314618
PI 314631	哈萨克斯坦，阿拉木图以东 54 km，沿塔尔加尔河。疏穗，无芒
Ag. caninum	
PI 314628	哈萨克斯坦，阿拉木图以东 54 km，沿塔尔加尔河。密穗，短芒
Ag. libanoticum	
PI 343188	M. D. Kernick 采自伊朗，坎大万（Kandavan），原采集名为 *Ag. tauri*
Ag. mutabile	
PI 314622	哈萨克斯坦，阿拉木图以东 97 km，云杉森林山谷
Ag. pringlei	
G. L. Stebbins	美国加利福尼亚州，埃尔多拉多（Eldorado）县，塔贺湖（Lake Tahoe）西南，普雷斯山（Price Mt.）西南面海拔 2 926 m
Ag. spicstum	
PI 232134	美国怀俄明州，苏布里特（Sublette）县，风河山（Wind River Mt.），半月湖（Half-moon Lake），2 438 m，宿营地
Ag. trachycaulum	
A. T. Bleak	美国犹他州，瓦萨奇（Wasatch）高原，伊芙芮（Ephraim）以上 3 048 m

Dewey 把 *Ag. ugamicum* 与上述已知染色体组的种进行种间杂交，并对它们的 F_1 减数分裂时染色体配合行为进行细胞遗传学分析。其观测结果记录如表 5-12 所示。它们的减数分裂中期Ⅰ的染色体配对构型如图 5-4 所示。

表 5-12　*Ag. ugamicum* 以及它与 6 个 *Agropyron* 种的种间杂种的减数分裂情况

（引自 Dewey，1980，表 2）

种或杂种	染色体数（2n）	植株数		中期Ⅰ					环状Ⅱ（%）	后期Ⅰ		四分子	
				Ⅰ	Ⅱ	Ⅲ	Ⅳ	细胞数		落后染色体/细胞数	细胞数	微核/细胞数	四分子数
ugam.	28	8	变幅	0～2	13～14					0～2		0～2	
			平均	0.04	13.98			100	92	0.05	175	0.03	175
spic. ×*ugam.*	21	5	变幅	5～15	2～7	0～2	0～1			0～9		0～6	
			平均	9.83	4.89	0.46	0.01	197	20	2～40	132	2～43	150
liba. ×*ugam.*	21	10	变幅	7～21	0～7	0～1				0～7		0～6	
			平均	13.35	3.76	0.04		339	15	1.92	237	1.68	225
ugam. ×*trac.*	28	9	变幅	7～24	1～9	0～3	0～1			0～17		0～12	
			平均	14.96	5.35	0.74	0.03	633	36	9.82	319	4.38	225
prin. ×*ugam.*	28	5	变幅	7～22	0～9	0～5	0～1			0～17		0～13	
			平均	14.09	5.77	0.74	0.05	341	21	8.82	115	4.23	250
ugam. ×*cani.*	28	2	变幅	11～24	2～8	0～2	0～1			0～12		0～8	
			平均	16.77	5.22	0.25	0.01	200	53	2.52	106	3.24	150
ugam. ×*muta.*	28	2	变幅	11～24	2～7	0～2				0～9		0～18	
			平均	19.40	4.06	0.16		142	30	2.51	99	5.82	100

注：学名缩写是编著者更改。*cani.* = *Agropyron caninum*；*muta.* = *Agropyron mutabile*；*prin.* = *Agropyron pringlei*；*spic.* = *Agropyron spicatum*；*trac.* = *Agropyron trachycaulum*；*ugam.* = *Agropyron ugamicum*。

根据 Dewey 主要对 PI314209 进行了观察，其他居群除株高外也相似。Невский (1934) 的记录，秆高从 50 cm 到 120 cm，Dewey 观察的居群也大致在这个范围以内。在一个居群内非常整齐一致，显示出 *Agropyron ugamicum* 是自花授粉的植物。高 70～80 cm 粗糙直立的茎秆。宽 8 mm、平展黑绿色的叶片。穗直立，小穗密集，有时扁于一侧，长 10～15 cm，穗子常常部分抽出就已散粉，一种自花授粉植物的特性。穗轴节间平均长 1 cm，但小穗本身超过 2 cm，因此小穗在穗轴上的同一侧相互重叠。小穗含 7～9 小花。颖具突出的 5～7 脉，宽披针形（3 mm），长 1.0～1.3 cm，具透明边缘，渐尖成短芒。外稃长 0.9～1.2 cm，具长达 0.6 cm 的短直芒。花药长 2.5～3 mm，短花药是显示自花授粉的另一特征。

每一居群至少有一株进行细胞学观察，全都是 2n=28，而减数分裂除一株外，其他的都是典型的异源多倍体。通常都是二价体，超过 90%都是环型二价体（图 5～4 - A），只有一棵植株出现四价体（图 5-4-B），表现出发生了染色体间易位。中期Ⅰ绝大多数都是正常的，能染色的花粉变幅为 80%～95%，10 株平均为 89%。

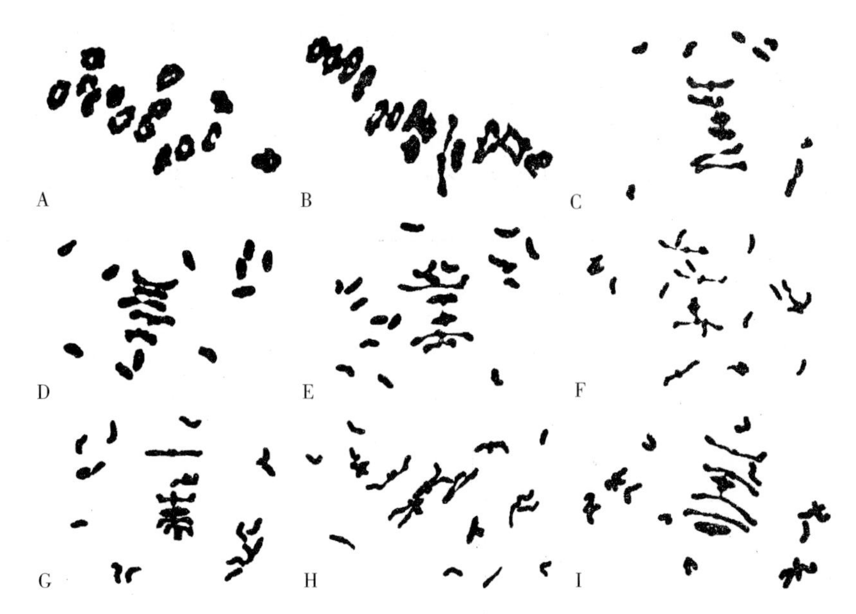

图 5-4 *Agropyron ugamicum* 及其杂种减数分裂中期Ⅰ染色体配对构型

A～B. *Ag. ugamicum*，14 Ⅱ（A 全为环型），12 Ⅱ＋1 Ⅳ（B） C. *Ag. spicatum* × *Ag. ugamicum*，9Ⅰ＋6Ⅱ D. *Ag. libanoticum*×*Ag. ugamicum*，11Ⅰ＋5Ⅱ E. *Ag. ugamicum*× *Ag. caninum*，18Ⅰ＋5Ⅱ（2个环型与3个棒型） F. *Ag. ugamicum*×*Ag. mutabile*，18Ⅰ＋5Ⅱ（1个环型与4个棒型） G～H. *Ag. ugamicum*×*Ag. trachycaulum*，16Ⅰ＋6Ⅱ（G，1个环型与5个棒型），11Ⅰ＋4Ⅱ＋3Ⅲ（H，2个环型与2个棒型二体，3个V形三价体） I. *Ag. pringlei* ×*Ag. ugamicum*，16Ⅰ＋6Ⅱ（2个环型与4个棒型）

（引自 Dewey，1980，图 2）

人工套袋自交结实率与开放传粉同样高，说明 *Agropyron ugamicum* 是一种正常的自花授粉植物。

Ag. spicatum×*Ag. ugamicum* 的 F_1 杂种：它的两个亲本无论地理分布、生态环境、形态特征还是授粉方式，都完全不同。分布在北美西部的 *Ag. spicatum* 具有长、大花药（4～6 mm），异花授粉，用来与 *Ag. ugamicum* 杂交的是二倍体（2n＝14）的种系。这个组合得到 22 粒有活力的种子。其中一些成苗很弱，以及失绿白化，只得到 12 株正常苗。经检测，只有 8 株是真杂种，其余 4 株为 *Ag. spicatum* 自交苗。这些杂种变异非常大，一些非常茁壮（高 100 cm 以上），另一些却非常细弱（不到 45 cm 高）。在试验地中经过 7 年仍有 5 株健在。

这 5 株杂种都作了细胞学分析，都是 2n＝21。如果双亲含有相同的一组染色体，可以预期在花粉母细胞中将有 7 条单价体与 7 对二价体呈现，实际观察仅有 10％；最多的是 9 条单价体与 6 对二价体的细胞，占 21％（图 5-4-C）。虽然所有细胞中有 80％的二价体都是棒型，显示同源性稍差一点。中期Ⅰ的花粉母细胞有 38％含有 1 个或 2 个三价体，在 197 个花粉母细胞中只观察到 1 个四价体。后期Ⅰ普遍存在落后染色体，并且四分子期都有微核。它们的平均频率分别为 2.40 与 2.34，但比平均单价体数 9.83 少得多。所有花粉都是空的，也不能染色，杂种也不能结实。

Ag. libanoticum×*Ag. ugamicum* 的 F_1 杂种：*Ag. libanoticum* 从以色列分布到伊朗，它与 *Ag. ugamicum* 都是亚洲的禾草，但它们的分布区不重叠。*Ag. libanoticum* 与北美的 *Ag. spicatum* 相似，生长在开阔的石质岩坡；形态上 *Ag. libanoticum* 无芒，长花药，异花授粉；从细胞学上来看，它只有二倍体（2n=14）。22 粒杂种种子萌生的茁壮的 F_1 代株高超过 100cm。杂种穗长超过双亲，形态呈中间型。

所有杂种都含 21 条染色体。虽然染色体组与 *Ag. spicatum*×*Ag. ugamicum* 的个减数分裂中期Ⅰ细胞中有 13 个具有 7 条单价体与 7 对二价体（编著者注：只占 3.86%）。11 Ⅰ+5 Ⅱ（图 5-4-D），13 Ⅰ+4 Ⅱ，或 15 Ⅰ+3 Ⅱ合起来占 65%。只有 15%的二价体是环型二价体。三价体比 *Ag. spicatum*×*Ag. ugamicum* 的 F_1 杂种少得多（表 5-12）。其中有 9 株花粉不能染色；有 1 株稍少于 1%的花粉能染上黑褐色，可能具有育性。全部花药不开裂，也没有结实。

Ag. ugamicum×*Ag. caninum* 的 F_1 杂种：这两个种常分布在一起，都是丛生禾草，自花授粉，小花药，具有宽而平展稀疏的叶片，通常都有 100 cm 多高，也都是四倍体植物（2n=28）。它们生态习性也很相似。这些相似性促使 Невский（1934）把它们都归于 *Roegneria* 属中。*Ag. caninum* 外稃有芒，颖较小，而与 *Ag. ugamicum* 有所不同。地理分布 *Ag. caninum* 从西欧直到中亚；*Ag. ugamicum* 从中亚到东亚，有一部分在中亚相互重叠。例如居群 PI 314631 与 PI 314628 就是在同一地区采集的（表 5-11）。

F_1 杂种的外稃芒的长短与颖的大小都是双亲的中间型。如果不知道它的来源，只看标本，很可能被鉴定为短芒的 *Ag. caninum* 类群。虽然它们形态性状上有许多相似之处，但 F_1 杂种减数分裂染色体配对却显示出它们的两组染色体中只有一组具部分同源性。如果它们两者之间有一组染色体组相同，其 F_1 杂种减数分裂中期Ⅰ染色体配对则将有 14 条单价体与 7 对二价体。在观察的 200 个细胞中这种配对只占 14%。大多数是 16Ⅰ+6Ⅱ（图 5-4-E）与 18Ⅰ+5Ⅱ，分别占 28%与 20%。许多二价体都是环型（53%），比本试验其他杂种的都多。后期Ⅰ具一条或多条落后染色体的细胞占 71%。93%的四分子含有微核。所有花粉都是无效的空壳，所有杂种都不结实。

Ag. ugamicum×*Ag. mutabile* 的 F_1 杂种：*Ag. mutabile* 也是一个丛生、小花药、自花授粉的异源四倍体（2n=28）。它与 *Ag. ugamicum* 非常近似，只是在数量性状如颖，以及小穗小花多少等有所不同。因此，一些分类学者（Bor，1970；Цвелев，1976）就认为它们之间具有较近的亲缘关系。*Ag. mutabile* 分布从欧洲斯堪的纳维亚半岛，到亚洲东北部的堪察加半岛，向南直到南西伯利亚。扩展分布于高加索山地及中亚的天山山脉。它与 *Ag. ugamicum* 北部分布区重叠。

5 粒 F_1 杂种种子，只得到 2 株 F_1 杂种植株。杂种植株比任一双亲的生长势都差，形态呈中间型。染色体配对比 *Ag. ugamicum*×*Ag. caninum* 的 F_1 杂种也差一些，含 14 个单价体与 7 个二价体的花粉母细胞在 142 个观察细胞中只占 2%。呈现最多的两种构型就是 18Ⅰ+5Ⅱ以及 20Ⅰ+4Ⅱ，分别占 21%与 28%。最多 7 个二价体显示出 *Ag. ugamicum* 与 *Ag. mutabile* 共有一组相同的染色体组，但是平均二价体数只有 4.06，意味着它们的同源性不完全。环型二价体比较少也显示出不完全同源。

Ag. ugamicum×*Ag. trachycaulum* 的 F_1 杂种：*Ag. trachycaulum*，俗称瘦长小麦草

(Slender Wheatgrass)，是一种丛生、自花授粉、小花药的四倍体（2n=28）禾草。从墨西哥北部直到阿拉斯加有分布，它是在北美分布较广的一个复合群。它具有大的颖与小穗常偏于一侧的穗，与 *Ag. ugamicum* 近似。它们之间很容易杂交，28 朵去雄的 *Ag. ugamicum* PI 314209 居群的花，人工授以 *Ag. trachycaulum* 的花粉，得到 19 粒杂种种子，但只有 9 粒萌发，出苗不好很可能是由于来自 *Ag. trachycaulum* 与 *Ag. ugamicum* 都具有的种子休眠特性。杂种比双亲都更为茁壮，高达 130 cm。

花粉母细胞中平均二价体数为 5.35。最多见的构型为 16 Ⅰ+6 Ⅱ（图 5-4-G），在 633 个中期Ⅰ花粉母细胞中占 13%。有 12%的构型为 14 Ⅰ+7 Ⅱ。三价体特别普遍，54%的花粉母细胞中都具有（图 5-4-H）。染色体桥显示具有异质结合同臂内倒位，而在 38%的后期Ⅰ的细胞中观察到。219 个细胞，除 2 个外，全都具有落后染色体，并且 98%的四分子有微核。没有能染色的花粉存在，杂种不结实。

Ag. pringlei×*Ag. ugamincum* 的 F_1 杂种：*Ag. pringlei* 是北美局限分布于加利福尼亚州塞拉—内华达山脉高海拔地区的一种四倍体（2n=28），丛生，小花药，自花授粉禾草。它是一种矮小植物，不到 50 cm 高。穗紫色而弯曲，小穗稀疏，外稃芒长而反曲。26 朵去雄的 *Ag. pringlei* 小花，得到 6 粒瘪缩的杂种种子。杂种比母本高大。穗子像 *Ag. pringlei* 具深紫色花氰素，小穗稀疏，外稃长芒也像母本；大颖则类似父本 *Ag. ugamincum*。

F_1 杂种减数分裂行为非常近似 *Ag. ugamicum*×*Ag. trachycaulum* 的 F_1 杂种（表 5-12）。最多的构型是 16Ⅰ+6Ⅱ（图 5-4-Ⅰ）及 14Ⅰ+7Ⅱ，分别占 16%与 10%。有 51%的花粉母细胞含有三价体，其中一些细胞具有 4 个三价体。后期Ⅰ有 96%的细胞有落后染色体，有 12%的细胞形成有 1 个染色体桥。96%的四分子具有微核。花粉不育，杂种不结实。

从 *Ag. spicatum*×*Ag. ugamicum* 与 *Ag. libanoticum*×*Ag. ugamicum* 的 F_1 三倍体杂种的减数分裂染色体配对的实际情况来看，它们都具有一组 **S** 染色体，而 *Ag. ugamicum* 的 **S** 染色体组是稍有改变的部分同源染色体组。*Ag. caninum*（Stebbins and Snyder，1956）、*Ag. mutabile*（Dewey，1079）、*Ag. trachycaulum*（Stebbins and Snyder，1956）与 *Ag. pringlei*（Dewey，1976）都已证明是含有 **SSHH** 染色体组的异源四倍体植物。而 *Ag. ugamicum* 与它们只有一组染色体同源，那就应当是 **S** 染色体组，而没有 **H** 染色体组。

东亚的 *Agropyron* 的种都是典型的丛生、小花药与自花授粉植物。它们与欧亚大陆、北美以及南美的 **SSHH** 种的染色体组组成不同。远东的种含有改变了的 **S** 染色体组，以及一个或两个未知的染色体组（Sakamoto，1964；Sakamoto and Muramatsu，1966；Dewey，1969）。曾经把来自阿富汗与印度西北部（Bor，1970）的 *Agropyron striatum* Nees ex Steudel 的染色体组定为 **SSYY**（字母 **Y** 表示来源不明），是基于它与 *Elymus canadensis* L. 的杂种的染色体配对而定的（Dewey，1968）。*Ag. striatum* 与 *Ag. ugamicum* 可能含有基本相同的 **SSYY** 染色体组。

Bor（1970）曾经认为 *Ag. striatum* 是 *Ag. semicoatatum*（Nees ex Steudel）Boiss. 的异名。如果 Bor 是对的，那么，即使不是全部，*Ag. semicostatum* 与更多的日本的 *Agro-*

*pyron*的种都含有 **S** 与 **Y** 染色体组；阪本宁男与村松干夫所定的 **I** 与 **K** 染色体组，也就是 Dewey 所定的 **S** 与 **Y** 染色体组。

1983 年，中国农业科学院作物研究所的刘志武与美国犹他州立大学美国农业部作物研究室的 Douglas R. Dewey 在中国《遗传学报》10 卷上发表一篇题为“*Elymus fedtschenkoi* 的染色体组构成”的报告。他们用两个已知染色体组的测试种 *Elytrigia ferganensis* 和 *Elymus dantatus*（Hook. f.）Tzvelev subsp. *ugamicus* 与它杂交。测试种 *Elytrigia ferganensis* 就是 *Pseudoroegneria cognata*（Hackel）Á. Löve；*Elymus dantatus*（Hook. f.）Tzvelev subsp. *ugamicus* 就是 *Roegneria ugamica*（Drobov）Nevski。前者是含 **SS** 染色体组的二倍体（Dewey，1981）；后者是含 **SSYY** 染色体组的四倍体植物（Dewey，1980）。他们测试的结果数据如表 5 - 13 所示。

表 5 - 13　*Elymus fedtschenkoi* 及其杂种的减数分裂

（引自刘志武与 Dewey，1983，表 1）

杂种及其 F_1	染色体数（2n）	中期Ⅰ						后期Ⅰ		四分子	
		染色体配对				细胞数	环状二价体（%）	落后染色体/细胞	细胞数	微核/细胞	四分子数
		单价体	二价体	三价体	四价体						
E. fedtschenkoi	28	0.04	13.98	—	—	104	98.0	0.08	50	0.06	50
		（0～2）	（13～14）					（0～2）	（0～2）		
E. fedtschenkoi×	21	11.75	4.46	0.11		235	18.9	5.37	200	2.49	200
Elyt. ferganensis		（5～17）	（2～8）	（0～2）	—			（0～13）	（0～8）		
E. fedtschenkoi×*E.*	28	0.20	12.89	0.04	0.47	127	91.0	0.30	125	0.27	125
dentatus ssp. *ugamicus*		（0～2）	（10～14）	（0～1）	（0～1）			（0～1）		（0～2）	

编著者注：本表编排稍作修改；删除了“变幅”与“平均数”，这两项列在染色体数栏内不恰当，代之以括弧内为变幅的通常方式；修正了排印错误，把 *E. dentatus* ssp. *ugamicus* 上面排的“*E. edtschenkoi*”更正为 *E. fedtschenkoi*，两个杂交组合都加了×符号。

Elymus fedtschenkoi×*Elytrigia ferganensis* 的 F_1 杂种是三倍体（2n=21），在减数分裂中期Ⅰ的花粉母细胞中有少数细胞其染色体配对呈现 7Ⅰ+7Ⅱ的构型；最常见的配对方式是 9Ⅰ+6Ⅱ、11Ⅰ+5Ⅱ和 13Ⅰ+4Ⅱ，占 235 个镜检细胞的 68.5%；有 22%的细胞出现 1～2 个三价体。后期Ⅰ每个细胞都有落后染色体。86%的四分子带有微核。都是无效花粉，杂种不育。

Elymus fedtschenkoi×*E. dentatus* ssp. *ugamicus* 的 F_1 杂种是四倍体（2n—28），在减数分裂中期Ⅰ的花粉母细胞中 89%染色体配对很完全，91%二价体呈环型，几乎一半的花粉母细胞全是二价体，42%的细胞含 12Ⅱ+1Ⅳ。他们指出四价体出现频率高应归因于染色体异质性交换。尽管减数分裂接近正常，但花粉可染色的不超过 2%，10 株杂种植株中 9 株不结实，只有一株收到 16 个瘪粒种子。

根据上述观测数据，*Elymus fedtschenkoi* 也是含 **SSYY** 染色体组的四倍体植物，具自花授粉习性，与预期相一致。

他们认为“生殖方式是植物分类上应该加以考虑的重要生物学特性。Tzvelev 的 *Elymus* 概念是和这个原则相吻合的。他把其他几个属（*Roegneria*、*Anthosachne*、*Clineelymus*）中的丛生、小花药和自花授粉种与 *Elymus* 属中生殖习性相似的归并到一起，而排除了匍匐茎、长花药和异花授粉种。另一方面，Melderis（1980）的 *Elymus* 属是 *Elymus* 和 *Elytrigia* 两个属的结合，这就把匍匐茎和丛生性、长花药和短花药、异花授粉和自花授粉的不同种群合并在一起。Melderis 的 *Elymus* 属是不自然的凑合，使 Triticeae 的分类更加混乱”。他们认为“Melderis 的 *Elymus* 属是不自然的凑合”是对的，但编著者认为 Tzvelev 的 *Elymus* 属也同样是不自然的凑合，同样是把遗传系统上完全不同的演化群凑合在一起。他们所说的这些特性都不是反映系统演化本质的特征，而是形态分类学家的主观认定。正如前述的赖草属（*Leymus*），这些不同特性都存在，表现在不同的种群上，但它们确含有相同一致的染色体组，同一演化系统。

1986 年，堪萨斯州立大学植物病理系的 K. L. D. Morris 与 B. S. Gill，在加拿大出版的《核基因组（Genome）》第 29 卷，发表一篇题为“Genomic affinities of individual chromosome based on C-and N-banding analyses of tetraploid *Elymus* species and their diploid progenitor species”的报告。他们用 C-带与 N-带染色体显带技术来分析研究两个四倍体披碱草（*Elymus*）种：*Elymus trachycaulus*（**HHSS**）与 *Elymus ciliaris*（**SSYY**）

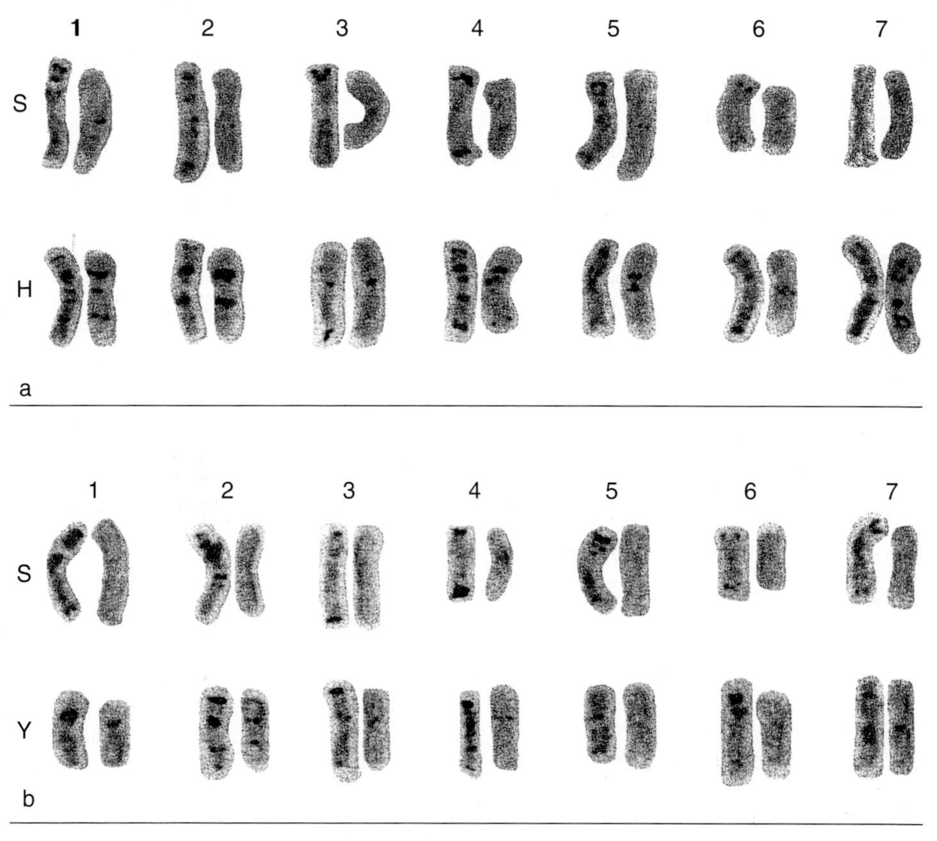

图 5-5　*Elymus trachycaulus* 与 *Elymus ciliaris* 的 C-带与 N-带核型
（引自 K. L. D. Morris 与 B. S. Gill，1987，图 2）

及其二倍体亲本，*Pseudoroegneria spicata* 及其无芒变种 var. *inerme*（**SS**）、*P. libanotica*（**SS**）、*P. stipifolia*（**SS**）、*Critesion bogdanii*（**HH**）与 *C. californicum*（**HH**）的染色体个体的染色体组亲缘关系。他们所分析研究的 *Elymus ciliaris* 其实应当是属于鹅观草属（*Roegneria* C. Koch），由于他们采用 Ásell Löve 与 Douglas R. Dewey 的分类系统，因而称之为 *Elymus ciliaris*（Trin.）Tzvelev。

显带的结果可以看出（图 5-5），吉姆萨 C-带染色技术对所有染色体组的染色体的异染色质都有很好的染色效果，显示出各条染色体上异染色质不同分布的特征，对识别不同染色体组的各条染色体非常方便。N-带技术对 **S** 染色体组的染色体大都未能染色；对 **H** 与 **Y** 染色体组的染色体有不同的染色效果，这对区别染色体组的不同染色体很有好处。

1988 年，四川农业大学小麦研究所的卢宝荣、颜济与杨俊良在《云南植物研究》10 卷，2 期，发表一篇题为“鹅观草属三个种的核型研究”的报告。在这篇报告中，编著者报道了对 *Roegneria kamoji* Ohwi、*R. ciliaris*（Trin.）Nevski 与 *R. japonensis*（Honda）Keng 在形态分类学常规鉴别通用的形态特征上又作了仔细的比较与核型比较。其中 *R. kamoji* 经根尖体细胞检测是六倍体，与其他两个均为四倍体的分类群有明显区别。对两个在形态上有中间过渡类型不易区别的四倍体分类群作了严格的核型数量统计分析。方法是在制备好的根尖体细胞醋酸洋红压片上观测 50 个有丝分裂中期细胞，并在显微镜下进行摄影记录，对 15～20 个染色体分散较好的细胞的染色体进行测量并统计计算核型平均值，并对 *R. ciliaris*（Trin.）Nevski 与 *R. japonensis*（Honda）Keng 相对应的染色体的相对长度与臂比平均值进行 t-测验。所采用的公式如下：

$$\bar{d} = (\bar{x}_1 - \bar{x}_2)$$

$$S\bar{d} = \sqrt{\frac{\sum (d-\bar{d})^2}{n(n-1)}}$$

$$t = \frac{\bar{d}}{S\bar{d}}$$

式中：$\bar{d}$——差数平均数；

$S\bar{d}$——差数标准差。

从外部形态性状比较来看，3 个分类群中除 *R. kamoji* 的小穗长、外稃长、内稃长、芒长大于 *R. ciliaris* 与 *R. japonensis* 外，株高、顶节长、旗叶长、每穗小穗数、颖长、花药长三者都比较接近；每小穗小花数 *R. kamoji* 显著少于后两者。*R. kamoji* 的内、外稃等长，颖和外稃光滑无毛；而 *R. ciliaris* 与 *R. japonensis* 的内稃显著短于外稃。*R. ciliaris* 与 *R. japonensis* 之间就很难区别，虽然在两者的极端类型上 *R. ciliaris* 的颖和外稃均具纤毛，*R. japonensis* 的颖光滑无毛，只是外稃具纤毛，其他性状均无显著差异，就是颖毛也有中间类型。

从基本上不受外界环境影响，非常稳定的内在核型来看，*R. kamoji* 显著不同，首先它是六倍体，染色体就多了 14 条，7 对。而 *R. ciliaris* 与 *R. japonensis* 的核型非常一致，不可能区分，说明它们应是一个种，只是在形态性状的基因组合上有所变异。它们的核型及检测数据介绍如下（图 5－6，表 5－14 至表 5－16）：

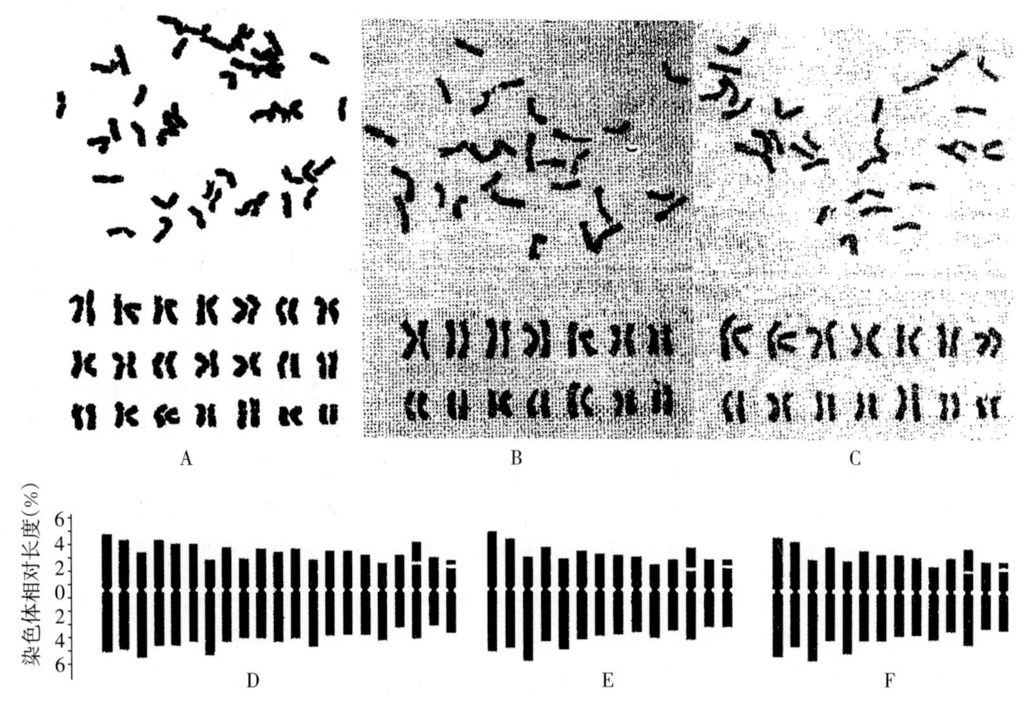

图 5－6　*Roegneria kamoji*、*R. ciliaris* 与 *R. japonensis* 的核型

A. *Roegneria kamoji* 有丝分裂核型　B. *R. ciliaris* 有丝分裂核型　C. *R. japonensis* 有丝分裂核型

D. *R. kamaji* 模式核型　E. *R. ciliaris* 模式核型　F. *R. japonensis* 模式核型

（引自卢宝荣等，1988a，图 1－4。编排已修改）

表 5－14　*Roegneria kamoji* 的染色体相对长度、臂比及类型

（引自卢宝荣等，1988，表 3，编排已修改）

染色体编号	相对长度（%）	臂比	类型
1	5.57＋4.80＝10.37±0.48	1.16	m
2	5.40＋4.32＝9.72±0.54	1.25	m
3	6.18＋3.30＝9.48±0.49	1.88	sm
4	4.96＋4.36＝9.32±0.45	1.44	m
5	4.94＋4.00＝8.94±0.43	1.24	m
6	4.65＋4.08＝8.73±0.47	1.14	m
7	5.82＋2.63＝8.45±0.45	2.21	sm
8	4.56＋3.82＝8.38±0.44	1.19	m
9	4.25＋3.99＝8.24±0.47	1.07	m
10	4.35＋3.70＝8.05±0.43	1.18	m
11	4.65＋3.30＝7.95±0.44	1.41	m
12	4.27＋3.66＝7.93±0.41	1.16	m
13	5.03＋2.83＝7.86±0.38	1.78	sm
14	4.23＋3.44＝7.67±0.32	1.23	m
15	3.93＋3.42＝7.35±0.35	1.15	m

（续）

染色体编号	相对长度（%）	臂比	类型
16	3.89+3.15=7.04±0.34	1.24	m
17	4.54+2.33=6.87±0.40	2.33	sm
18	3.30+3.21=6.51±0.30	1.03	m
19	4.41+2.01=6.42±0.32	2.19	SAT*
20	3.21+2.83=-6.04±0.28	1.18	m
21	3.89+2.02=5.91±0.24	1.93	SAT*

* 随体长度未计算在内。

表 5-15 *Roegneria ciliaris* 与 *R. japonensis* 的染色体相对长度、臂比及类型

（引自卢宝荣等，1988，表 3，编排已修改）

R. ciliaris				*R. japonensis*			
染色体编号	相对长度（%）	臂比	类型	染色体编号	相对长度（%）	臂比	类型
1	6.26+4.74=10.00±0.66	1.11	m	1	5.07+4.47=9.54±0.68	1.13	m
2	4.89+4.22=9.11±0.63	1.16	m	2	4.72+4.12=8.84±0.58	1.15	m
3	6.04+2.58=8.52±0.57	2.22	sm	3	5.76+2.68=8.44±0.49	2.15	sm
4	4.43+3.67=8.10±0.53	1.21	m	4	4.22+3.79=8.01±0.48	1.14	m
5	5.00+2.55=7.55±0.59	1.96	sm	5	5.23+2.66=7.89±0.45	1.97	sm
6	4.22+3.22=7.44±0.67	1.31	m	6	4.17+3.45=7.62±0.44	1.21	m
7	4.05+3.01=7.06±0.55	1.35	m	7	4.08+3.09=7.17±0.48	1.32	m
8	3.82+2.94=6.76±0.52	1.28	m	8	3.74+3.01=6.75±0.44	1.24	m
9	3.51+2.88=6.39±0.49	1.22	m	9	3.59+2.85=6.44±0.43	1.28	m
10	4.10+2.16=6.26±0.47	1.95	m	10	4.15+2.02=6.27±0.40	1.96	m
11	3.33+2.68=6.01±0.39	1.24	m	11	3.31+2.79=6.10±0.34	1.19	m
12	4.31+1.68=5.91±0.35	2.50	SAT*	12	4.29+1.67=5.96±0.33	2.52	SAT*
13	3.10+2.55=-5.65±0.33	1.21	m	13	3.07+2.67=-5.74±0.45	1.16	m
14	3.20+1.94=5.14±0.37	1.65	SAT*	14	3.30+1.91=5.21±0.32	1.70	SAT*

* 随体长度未计算在内。

表 5-16 *Roegneria ciliaris* 与 *R. japonensis* 染色体相对长度及臂比的 t-测验表

（引自卢宝荣等，1988，表 4）

编号	相对长度 *d* 值	臂比 *d* 值	编号	相对长度 *d* 值	臂比 *d* 值
1	0.46	-0.02	10	-0.01	-0.05
2	0.27	0.01	11	-0.09	0.05
3	0.18	0.07	12	-0.05	0.02
4	0.19	0.07	13	-0.09	0.05
5	-0.34	-0.01	14	-0.07	0.05
6	-0.18	0.01	d	0.014	0.016
7	-0.11	0.03	Sd	0.053	0.014
8	0.11	0.05	t	0.26	1.14
9	-0.05	-0.06			

注：$T_{0.05}$（13）=2.16；$T_{0.01}$（13）=3.01。

从表 5－14 至表 5－16 各项数据可以看出，*Roegneria ciliaris* 与 *R. japonensis* 两者的各对应的染色体的相对长度、臂比，以及进行的 t －测验，均显示无显著差异。染色体受外界环境的影响远小于外部形态性状，较之由外部形态性状所提供的信息，其更为深刻地反映遗传亲缘的本质关系。而具颖毛与无颖毛、穗直立或下垂等形态性状只从两极端类型来看似乎有所不同，但中间类型的客观存在使它们无法划分。因此，从核型再来比较，更说明二者是分不开的一个分类群。至于 *Roegneria kamoji*，它是完全不同的六倍体，从前述阪本宁男等人的研究已经清楚它是含 **HHSSYY** 染色体组的植物，从现在的分类划分来看，它应当属于弯穗草属（*Campeiostachys* Drobov）。从随体在最短的染色体上来看，也清楚地显示它含有 **Y** 染色体组。

同年，卢宝荣与编著者又将对这 3 个分类群的染色体组分析与同工酶分析研究的结果发表在《云南植物研究》10 卷，第 3 期上。染色体组分析观测所得数据列如表 5－17。

表 5－17 *Roegneria ciliaris*、*R. japonensis* 与 *R. kamoji* 及其 F_1 杂种减数分裂中期Ⅰ染色体配对构型

（引自卢宝荣等，1988b，表 3，编排已修改）

亲本及 F_1 杂种	染色体数（2n）	观察植株数	观察细胞数	染色体构型（平均值及变幅）						细胞平均交叉数
				Ⅰ	Ⅱ			Ⅲ	Ⅳ	
					总计	环型	棒型			
R. kamoji	42	3	100	0.28	20.86	20.40	0.46	—	—	41/24
				(0～2)	(20～21)	(19～21)	(0～2)			(30～42)
R. ciliaris	28	3	100	0.12	13.94	13.20	0.74	—	—	27/11
				(0～4)	(12～14)	(10～14)	(0～3)			(25～28)
R. japonensis	28	3	100	—	14.00	13.14	0.86	—	—	27.14
					(14)	(11～14)	(0～3)			(25～28)
R. kamoji	35	2	50	6.25	13.69	12.51	1.81	0.61	0.18	29.54
×*R. ciliaris*				(4～8)	(10～14)	(9～14)	(0～3)	(0～2)	(0～1)	(25～30)
R. ciliaris	35	15	260	6.20	13.18	12.00	1.39	0.63	0.29	28.42
×*R. kamoji*				(3～8)	(9～16)	(8～16)	(0～5)	(0～2)	(0～1)	(25～29)
R. japonensis	35	13	235	6.09	13.39	11.84	1.56	0.48	0.33	28.18
×*R. kamoji*				(4～9)	(8～14)	(5～14)	(0～7)	(0～2)	(0～2)	(25～29)
R. ciliaris	28	17	712	0.005	13.95	12.76	1.12	—	0.12	41/24
×*R. japonensis*				(0～2)	(11～14)	(10～14)	(0～4)		(0～2)	(25～28)
R. japonensis	28	29	822	0.009	13.77	10.74	1.05	0.05	0.10	27.41
×*R. ciliaris*				(0～2)	(12～14)	(10～14)	(0～4)	(0～2)	(0～2)	(25～28)

注：括弧内为变幅。

对 3 个分类群的 F_1 杂种的育性测试是检测它们的系统地位关系的十分关键测试。测试所得数据列于表 5－18。

表 5－18 *Roegneria ciliaris*、*R. japonensis* 与 *R. kamoji* 之间的 F_1 杂种花粉育性及结实率

（引自卢宝荣等，1988b，表 4，编排已修改）

杂种组合	可染色花粉数			套袋自交结实			开放自然结实		
	观察数	染色数	%	观察数	结实数	%	观察数	结实数	%
R. kamoji×*R. ciliaris*	100	0	0	100	0	0	100	0	0
R. ciliaris×*R. kamoji*	560	8	1.00	100	0	0	100	0	0
R. japonensis×*R. kamoji*	550	12	2.00	100	0	0	100	0	0
R. ciliaris×*R. japonensis*	800	708	88.50	540	476	88.15	540	488	90.37
R. japonensis×*R. ciliaris*	900	764	84.89	570	485	85.09	520	456	87.69

从表 5－17 与表 5－18 记录的数据来看，*R. kamoji* 与 *R. ciliaris* 及 *R. japonensis* 杂交 F_1 杂种完全不育，也有一组染色体组与 *R. ciliaris* 及 *R. japonensis* 不同。*R. ciliaris* 与 *R. japonensis* 两组染色体组都是相同的，但相互间有少数染色体易位而造成它们的 F_1 杂种减数分裂中期Ⅰ出现少量的三价体与四价体。关键的是它们 F_1 杂种无论自交还是开放授粉结实率都在 85%以上，完全没有生殖隔离存在。它们只能是同一基因库的同一物种，其间的差异只能属于变种一级。

酯酶与酸性磷酸酯酶的电泳检测结果也支持这一结论。

1988 年，美国农业部农业研究服务司设在犹他州立大学的草原与牧草研究室的 Kevin B. Jensen 与得克萨斯农工（A & M）大学草原系 S. M. Tracy 植物标本室的 Stephan L. Hatch 在加拿大出版的《核基因组（Genome)》30 卷，发表一篇题为“Cytology of *Elymus panormitanus* and its F_1 hybrids with *Pseudoroegneria spicata*, *Elymus caninus* and *Elymus dentatus* ssp. *ugamicus*”的报告。

报告介绍，*Elymus panormitanus*（Parl.）Tzvelev [syn. *Agropyron panormitanum* Parl.; *Roegneria panormitana*（Parl.）Nevski] 是一种具短根茎、颖长、大，多年生小麦族禾草。它是意大利植物学家 Filippo Parlatore 在 1840 年定名发表的。标本采自意大利帕里尔莫（Palermo）。1934 年，A. C. Невский 把它改订为鹅观草属；1976 年 H. H. Цвелев 又把它放在披碱草属中。它生长在中山地带、林间沼洼开阔地，它的分布从中欧、地中海，直到小亚细亚与伊朗西北部。从形态上看与东亚的 *Elymus abolinii*（Drob.）Tzvelev、*Elymus gmelinii*（Lebed.）Tzvelev、*Elymus dentatus*（Hook. f.）Tzvelev ssp. *ugamicus*（Drob.）Tzvelev 以及 *Elymus drobovii*（Nevski）Tzvelev 相似，而东亚这些种都是含 **S** 与 **Y** 染色体组的植物（Dewey，1984）。他们用已知染色体组的种 *Pseudoroegneria spicata*（**S**）、*Elymus caninus*（**H**、**S**）及 *Elymus dentatus* ssp. *ugamicus*（**S**、**Y**）与它作杂交，从 F_1 杂种的减数分裂染色体配对的行为来分析研究 *Elymus panormitanus*（Parl.）Tzvelev 的染色体组组成。

他们的观察测试的结果记录如表 5－19 所示：

Elymus panormitanus 与 **S** 染色体组分析种 *Pseudoroegneria spicata* 杂交，F_1 杂种含 21 条染色体，形态特征为介于双亲之间的中间型。其减数分裂中期Ⅰ的花粉母细胞含

7～17条单价体，平均含量每细胞12.96条；二价体2～7对，平均3.93对。数据支持*Elymus panormitanus*含有**S**染色体组，但已有一些改变，可以定为$\mathbf{S^PS^P}$染色体组。所有后期Ⅰ的细胞都不正常，平均有2.8条落后染色体。四分子也不正常，平均含有5.4个微核。观察到微核数的增加显示后期Ⅱ染色体发生了不均等分离。在一个后期Ⅱ的细胞中观察到一个桥，Jensen他们认为可能由于染色体黏着形成。

表5-19 *E. panormitanus*及其F_1杂种减数分裂染色体行为

（引自Jensen与Hatch，1988，表3，编排稍作修改）

种及F_1杂种	染色体数（2n）	植株数		中期Ⅰ					
				染色体联会（每个细胞中含有量）				观察细胞数	环型二价体（%）
				Ⅰ	Ⅱ	Ⅲ	Ⅳ		
E. panormitanus	28	4	变幅	0～2	13～14	—	—	—	—
			平均	0.07	13.96	—	—	103	90
E. panormitanus	21	6	变幅	7～17	2～7	0～1	—	—	—
×*P. spicata*			平均	12.96	3.93	0.06	—	165	10
E. panormitanus	28	8	变幅	14～24	2～6	0～1	—	—	—
×*E. caninus*			平均	20.54	3.70	0.03	—	133	11
E. panormitanus	28	5	变幅	6～19	3～11	0～1	0～1	—	—
×*E. dentatus* ssp. *ugamivcus*				12.89	7.28	0.17	0.01	155	17

种及F_1杂种	染色体数（2n）	植株数		后期Ⅰ		四分子	
				细胞中落后染色体数	观察细胞数	四分子中微核数	观察四分子数
E. panormitanus	28	4	变幅	0～2	—	0～2	—
			平均	0.03	252	0.04	148
E. panormitanus	21	6	变幅	0～6	—	0～8	—
×*P. spicata*			平均	2.81	70	5.43	109
E. panormitanus	28	8	变幅	0～8	—	0～10	—
×*E. caninus*			平均	4.25	96	4.75	118
E. panormitanus	28	5	变幅	1～7	—	0～11	—
×*E. dentatus* ssp. *ugamivcus*				4.48	23	4.37	194

*Elymus panormitanus*与*E. caninus*杂交用以检测*Elymus panormitanus*是否含有**H**染色体组。*E. caninus*已知含有**HHSS**染色体组。这个组合的F_1杂种的减数分裂中期Ⅰ每细胞平均二价体数为3.70，这个数值与上一个组合的数值差异不显著（P＝0.001）。细胞中最高数为6对，含6对二价体的花粉母细胞不到2%。最多的是含4对二价体的细胞，占35%。从这些数值来看，这个杂种含有$\mathbf{S^P}$、**S**、**H**与一个未知的染色体组（原作者写成$\mathbf{S^PSH?}$）。能染色的花粉不到1%。开放授粉的情况下结实率不到3%。

*Elymus panormitanus*与*Elymus dentatus* ssp. *ugamicus*之间的杂交组合，38朵人工

去雄的 *E. panormitanus* 的小花，人工授以 *E. dentatus* ssp. *ugamicus* 花粉，得到 2 粒有活力的 F_1 杂种种子。杂种比双亲茁壮显示其杂种优势；小穗性状为中间型。两株杂种染色体数都是 2n=28。减数分裂中期Ⅰ频率最高的联会是 7 对二价体，占观察细胞总数的 30%。41%的细胞含有 8～11 对二价体，其中环型二价体占 17%。含 11 对二价体的细胞占 3%。

Dewey（1980）曾经观察到，*E. dentatus* ssp. *ugamicus* 与含 **SSHH** 染色体组的 *E. caninus* 和 *E. mutabilus* 的 F_1 杂种在减数分裂中期Ⅰ时花粉母细胞中平均二价体数分别为 5.22 与 4.06。前面两个组合 *E. panormitanus*×*P. spicata* 与 *Elymus panormitanus*×*E. caninus*，花粉母细胞中二价体数平均分别为 3.93 与 3.70；而 *Elymus panormitanus*×*E. dentatus* ssp. *ugamicus* 组合把 **Y** 染色体组引入后，花粉母细胞中平均二价体数却上升到 7.28（P=0.10）。说明 *E. panormitanus* 的第 2 个染色体组可能是一个与 Y 染色体组部分同源的 $\mathbf{Y^P}$ 染色体组。因此，这个 F_1 杂种含的是 $\mathbf{S^PSY^PY}$ 染色体组。

1989 年，Jensen 与 Hatch 又在美国芝加哥出版的《植物学公报（Botanical Gazette）》150 卷，发表对 *Elymus gmelinii*（Ledeb.）Tzvelev 及 *Elymus strictus*（Keng）Á. Löve 两个种所进行的形态学、分类学及染色体组分析。这两个种都是 2n=28 的四倍体，它们在减数分裂中期Ⅰ分别呈现平均 13.99 与 13.95 个二价体，显示出它们具有清楚的异源性。用它们与已知染色体组组成的分析种 *Pseudoroegneria spicata*（**SS**）、*P. stipifolia*（**SS**）、*Elymus canadensis*（**HHSS**）、*E. lanceolatus*（**HHSS**）、*E. dentatus* ssp. *ugamicus*（**SSYY**）及 *E. abolinii*（**SSYY**）杂交。于 F_1 杂种的减数分裂中期Ⅰ观察分析它们的染色体配对行为。观察的结果记录如表 5-20 所示。

表 5-20　*Elymus gmelinii* 与 *Elymus strictus* 及其 F_1 杂种减数分裂中期Ⅰ染色体配对情况

（引自 Jensen 与 Hatch，1989，表 4，编排稍作修改）

种或 F_1 杂种	染色体数（2n）	植株数	观察细胞数		染色体联会（每细胞）					
					Ⅰ	Ⅱ		Ⅲ	Ⅳ	环型Ⅱ（%）
						环型	棒型			
E. gmelinii	28	6	77	变幅	0～2	10～14	0～4	—	—	92
				平均	0.03	12.94	1.05	—	—	
						(13.95)				
E. strictus	28	9	238	变幅	0～4	8～14	0～6	—	—	90
				平均	0.12	12.50	1.45	—	—	
						(13.95)				
E. gmelinii×	21	1	86	变幅	7～17	0～4	1～5	0～1	—	23
P. stipifolia（**SS**）				平均	12.17	1.00	3.36	0.03	—	
						(4.36)				
E. strictus×	21	4	107	变幅	6～15	0～5	0～6	0～2	—	45
P. spicata（**SS**）				平均	9.86	2.42	2.95	0.13	—	
						(5.37)				
E. strictus×	28	6	123	变幅	14～22	0～5	0～6	0～1	—	41
E. canadensis（**SSHH**）				平均	17.21	2.22	3.15	0.02	—	
						(5.37)				

（续）

种或 F_1 杂种	染色体数（2n）	植株数	观察细胞数		染色体联会（每细胞）					
					Ⅰ	Ⅱ 环型	Ⅱ 棒型	Ⅲ	Ⅳ	环型Ⅱ（%）
E. strictus×	28	2	107	变幅	12～20	0～6	0～5	0～1	—	54
E. lanceolatus（**SSHH**）				平均	16.22	3.13	2.68	0.07	—	
						（5.81）				
E. gmelinis×	28	1	56	变幅	0～10	9～14	0～9	0～1	—	64
E. abolinii（**SSYY**）				平均	4.54	7.41	4.16	0.11	—	
						（11.57）				
E. gmelinis×	28	1	53	变幅	0～14	7～14	2～11	0～1	0～1	41
E. dentatus				平均	4.55	4.64	6.81	0.13	0.04	
ssp. *ugamicus*（**SSYY**）						（11.45）				
E. strictus×	28	4	118	变幅	0～12	2～11	2～9	0～2	0～1	58
E. abolinii（**SSYY**）				平均	3.02	7.08	5.02	0.16	0.08	
						（12.10）				

Elymus strictus 及 *E. gmelinii* 与两个 **S** 染色体组的测试种 *Pseudoroegneria spicata*、*P. stipifolia* 相杂交的 F_1 三倍体杂种，形态上是介于双亲之间的中间型。*E. gmelinii*×*P. stipifolia* 与 *E. strictus*×*P. spicata* 的 F_1 三倍体杂种的减数分中期Ⅰ的花粉母细胞中分别平均含有单价体 12.17 条和 9.86 条；每细胞中分别平均含有二价体 4.36 对和 5.37 对。而二价体中分别只有 23%和 45%具有两个以上的交叉；三价体分别占有 3%和 12%的花粉母细胞。显示出 *Elymus strictus* 及 *E. gmelinii* 各含有一组有所改变的 **S** 染色体组。

上述杂交组合中的两个北美的 **SSHH** 染色体组的测试种的组合，即 *E. strictus*×*E. canadensis* 与 *E. strictus*×*E. lanceolatus*。如果来自中国的 *E. strictus* 含有 **H** 染色体组，预期必在这两个组合的一些花粉母细胞中呈现 12～14 对二价体。但实际观测结果是：它们的 F_1 杂种的花粉母细胞减数分裂中期Ⅰ平均二价体分别为 5.37 对与 5.81 对；最多不超过 8 对，8 对的也只在一个细胞中观察到（图 5-7-A）。从以上数据，包括三倍体杂种的分析来看，*E. strictus* 以及与其相杂交的测试种，都共同含有一组 **S** 染色组；而 *E. strictus* 不含有 **H** 染色体组。与这两个北美测试种的 F_1 杂种中出现的三价体，分别在 2%与 7%的花粉母细胞中观察到，可能是测试种的染色体组间发生了一个很小的染色体异质交换。这两种杂种的减数分裂都很不正常，后期Ⅰ细胞中平均含有落后染色体分别为 2.22 条与 3.88 条。四分子中平均含有微核数分别为 3.88 与 6.70。开放授粉也不能结实；能染色花粉平均不到 2%。

它们与含 **SSYY** 染色体组的测试种进行杂交来检测 *E. gmelinii* 和 *E. strictus* 是否含有 **Y** 染色体组。如果它们含有 **Y** 染色体组，在 F_1 杂种的减数分裂中期Ⅰ则预期将呈现 12～14 对二价体。这种染色体联会在 *E. gmelinii*×*E. abolinii*（**SSYY**）、*E. gmelinii*×*E. dentatus* ssp. *ugamicus*（**SSYY**）与 *E. strictus*×*E. abolinii*（**SSYY**）的 F_1 杂种的减数分裂中期Ⅰ的花粉母细胞中，具有这种配对的细胞分别有 13%、13%与 14%于观察中被确

证。这就显示出它们之间的两组染色体组显然是同源的，大多数的细胞含有 12 对二价体（图 5-7-B）。不到 25%的细胞含有多价体（5-7-C、D），显示出这两个种与测试种之间有一小小的异质易位而有所不同。环型二价体多说明 *E. gmelinii* 与 *E. strictus* 都是含有 **SSYY** 染色体组的物种，并且与两个 **SSYY** 染色体组测试种之间的同源性很高。

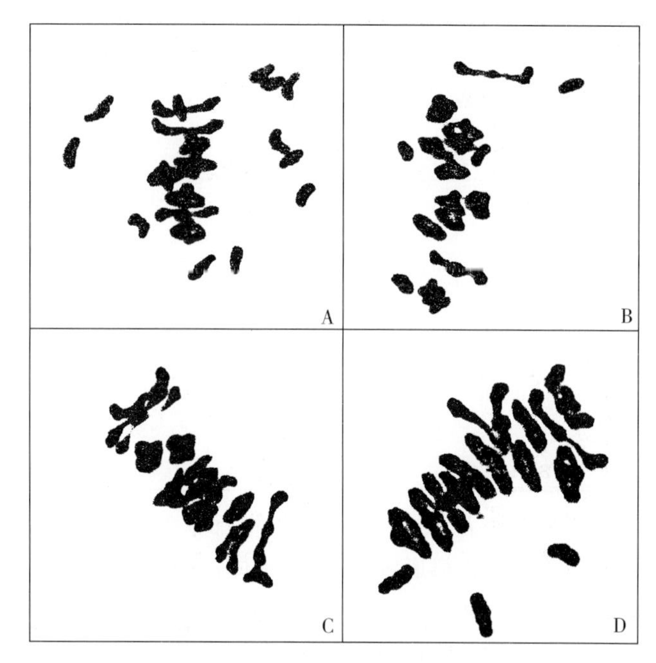

图 5-7 *Elymus strictus* 染色体组型分析

A. *Elymus strictus*×*E. lanceolatus*，12Ⅰ+8Ⅱ　B. *E. strictua*×*E. abolinii*，4Ⅰ+12Ⅱ　C. *E. strictua*×*E. abolinii*，1Ⅰ+12Ⅱ（7 个环型）+1Ⅲ（V 型）　D. *E. strictua*×*E. abolinii*，3Ⅰ+11Ⅱ（9 个环型）+1Ⅲ（V 型）

（引自 Jensen 与 Hatch，1989，图 3）

同年，Kevin B. Jensen 又在《核基因组（Genome）》32 卷，发表一篇题为"Cytology, fertility and origin of *Elymus abolinii*（Drob.）Tzvelev and its F_1 hybrids with *Pseudoroegneria spicata*, *E. lanceolatus*, *E. dentatus* ssp. *ugamicus* and *E. drobovii*（Poaceae: Triticeae）"的报告。在这一报告中报道了他用 **S** 染色体组的 *Pseudoroegneria spicata*、**HS** 染色体组的 *Elymus lanceolatus*、**SY** 染色体组的 *E. dentatus* ssp. *ugamicus*，以及 **HSY** 染色体组的 *E. drobovii* 与 *E. abolinii* 进行杂交作染色体组型分析来检测 *E. abolinii* 的染色体组的组成。由于 H. H. Цвелев（1976）曾推测 *E. abolinii* 是 *E. dentatus* ssp. *ugamicus* 与 *E. gmelinii* 之间杂交演生而来的，他在这篇报告中以形态性状比较分析来支持这种看法，并认为杂种再与 *E. dentatus* ssp. *ugamicus* 回交形成。不过他提出的"可能再回交"的看法也只是自己的观点，并没有实验根据。

他的染色体组型分析的试验观察数据如表 5-21 所示。

表 5-21　*E. abolinii* 及其不同的 F_1 杂种在减数分裂中期Ⅰ染色体配对情况

（引自 Jensen，1989，表 3）

种或 F_1 杂种	染色体数（2n）	杂种株数	染色体配对（每细胞数、变幅以及平均值）						观察细胞数	环型二价体（%）
			Ⅰ	Ⅱ			Ⅲ	Ⅳ		
				环型	棒型	总计				
E. abolinii	28	7	0～4	8～14	0～5	12～14	—	—	273	92
			0.13	12.86	1.07	13.93	—	—		

（续）

种或 F_1 杂种	染色体数（2n）	杂种株数	染色体配对（每细胞数、变幅以及平均值）						观察细胞数	环型二价体（%）
			Ⅰ	Ⅱ			Ⅲ	Ⅳ		
				环型	棒型	总计				
E. abolinii×	21	4	6～15	0～7	0～7	3～7	0～2	—	135	59
P. spicata（**SS**）			8.86	3.56	2.52	6.08	0.09	—		
E. abolinii×	28	3	14～24	0～7	0～7	2～7	0～1	—	84	31
E. lanceolatus（**SSHH**）			18.99	1.39	3.11	4.50	0.01	—		
E. abolinii×	28	3	0～10	3～14	0～9	9～14	—	—	168	86
E. dentatus ssp. ugamicus（**SSYY**）			1.73	11.33	1.81	13.14	—	—		
E. abolinii×	35	1	6～15	3～14	3～8	9～14	0～1	0～1	102	68
E. drobovii（**SSHHYY**）			10.47	8.28	3.93	12.21	0.04	0.01		

他所观察的 *E. abolinii* 所有植株都是四倍体，2n=28。减数分裂也很正常，中期Ⅰ95%的花粉母细胞都形成 14 对二价体，平均每个细胞含有 13.93 对二价体；92%的二价体都是环型。中期Ⅰ也没有观察到染色体有体积大小上的异常，没有多价体。后期Ⅰ与四分子时期有 9%的细胞有落后染色体与微核。花粉能育性检测，单株变幅为 55%～90%，平均为 79%。开放授粉小穗平均结实为 3、7 粒变幅为 1～6.5 粒。套袋自交，结实平均 2.7 粒，变幅为 0.9～4.1 粒。说明它是一个自花授粉的异源四倍体植物。

52 朵人工去雄的 *E. abolinii* 小花授以 *Pseudoroegneria spicata* 的花粉，得到 17 粒发育良好的杂种种子。播种后得到 9 株 F_1 杂种植株。杂种植株形态介于双亲的中间型。F_1 杂种都是三倍体，2n=21。预期应构成 7 对二价体与 7 条单价体。所有减数分裂中期Ⅰ的花粉母细胞都含有高频率的单价体，变幅为 6～15，平均每细胞 8.86 条。只有 11%的细胞含有预期的 7 对二价体与 7 条单价体。二价体每细胞平均为 6.07 对。61%的细胞所含二价体超过 5 对。数据显示 *E. abolinii* 含有稍有改变的 **SS** 染色体组。在减数分裂中期Ⅰ观察到有 9%的三价体。可能由于不同染色体组间的染色体发生了易位。后期Ⅰ有 86%的细胞有落后染色体，平均每细胞 2.10 条。四分子期比后期Ⅰ正常一些，含微核的四分子只有 76%。可能归因于后期Ⅰ二价体较早分离。所有花药都不开裂，花粉能染色的大致只有 4%左右。1 392 个杂种小穗在开放授粉的情况下也无一结实。

E. abolinii 与 **SSHH** 染色体组测试种 *E. lanceolatus* 之间人工去雄杂交所得 34 个幼胚经胚培养得到 12 株 F_1 杂种。Dewey（1984）证实 *E. lanceolatus* 的 **S** 染色体组与 *Pseudoroegneria spicata* 的 **S** 染色体组同源。如果 *E. abolinii* 也含有 **H** 染色体组的话，那么，这个组合的 F_1 杂种的减数分裂中期Ⅰ的一些花粉母细胞中将呈现 13～14 对二价体。但是，实际观察的结果二价体最多只有 7 对，而这种细胞只占总数的 5%。所有的中期Ⅰ的花粉母细胞，都含有高频率的不配对的染色体。含有 5 对二价体的花粉母细胞频率最高，占有总数的 29%。花粉母细胞中平均二价体数为 4.50。与 *P. spicata* 的测试已证明 *E. abolinii* 含有稍有改变的 **S** 染色体组。这些数据说明这些二价体是 **S** 染色体组的染色体间的部分同源配对。在 1 个细胞中观察到 1 个三价体，可能由于个别细胞发生了不同组间染色体

的易位而形成的。后期Ⅰ不正常，92%的细胞具有落后染色体。所有四分子都含有微核，平均每四分子 6.37 个微核。

E. abolinii 与含 **HHSSYY** 染色体组的六倍体 *E. drobovii* 杂交，人工去雄的 70 朵小花，得到 6 个幼胚，胚培养后只有 1 株 F_1 五倍体杂种植株。杂种穗子类似 *E. drobovii* 小穗成覆瓦状紧密排列，外稃具长芒。

F_1 五倍体杂种的减数分裂中期Ⅰ的花粉母细胞中染色体配对频率最高的是 9 个单价体与 13 个二价体，占总观察数的 28%；88%的细胞有 11 个或更多的二价体。如果 **Y** 染色体组在 *E. abolinii* 中存在，那么，在减数分裂中期Ⅰ的花粉母细胞中将呈现 7 条单价体与 14 对二价体。这种染色体配对构型在观察到的总数中占 18%。这些数据已说明 *E. abolinii* 含有与*E. drobovii* 同源的 **Y** 染色体组。在 4%与 1%的细胞中分别含有三价体与四价体。

E. drobovii（**HHSSYY**）与 *E. lanceolatus*（**HHSS**）的 **H** 染色体组和 **S** 染色体组都是部分同源，这在两个种之间所作的染色体组型分析的结果中早已被证实（Dewey，1980b）。当 *E. lanceolatus* 与 *E. abolinii* 杂交，**S** 染色体组间配对也没有显著超过预期。因此，*E. abolinii* 与 *E. drobovii* 杂交子代配对增加应当是 **Y** 染色体组，而不是 **H** 染色体组。根据这个测试的染色体配对数据来看，*E. abolinii* 的染色体组组型应当是 **SSYY**。

E. abolinii×*E. drobovii* 的 F_1 杂种减数分裂后期Ⅰ的细胞 99%都含有落后染色体，平均每细胞 3.68 条。大多数四分子都含有微核，平均每细胞 4.36 个。能染色的花粉不到 5%，花药不开裂；开放授粉条件下也不结实。

62 朵 *E. abolinii* 人工去雄的小花，授以 *E. dentatus* ssp. *ugamicus* 的花粉，得到 5 株 F_1 杂种。F_1 杂种的减数分裂中期Ⅰ的花粉母细胞中，染色体配对二价体频率较高，含 14 对二价体的细胞占观察细胞总数的 43%，平均每细胞 13.1 对二价体。没有多价体出现。充分证明 *E. abolinii* 与 *E. dentatus* ssp. *ugamicus* 都含有 **S** 与 **Y** 染色体组，并且同源性很高［交叉值（C-value）=0.85，平均臂交频率］。说明这两个种亲缘关系非常近。后期Ⅰ有 31%的细胞含有落后染色体，平均每细胞 1.17 条。39%的四分子含有微核，平均每细胞 4.36 个。有 28%的花粉能染色，花药部分开裂。

同在 1989 年，卢宝荣与瑞典斯瓦伊洛夫的瑞典农业大学作物遗传育种系的 Roland von Bothmer 用 *Elymus shandongensis* 与普通小麦进行杂交，除得到五倍体的 F_1 杂种外，还得到一株小麦的 **A**、**B**、**D** 三组染色体都在胚的早期发育过程中被完全削除，只剩下 *E. shandongensis* 两组单倍体，即双单倍体（dihaploid）的植株。报告说："*E. shandongensis* 是一个四倍体种，具有 **S** 与 **Y** 染色体组（卢宝荣未发表数据）。"

这株双单倍体植株在减数分裂期显示 **S** 与 **Y** 染色体组相互间存在染色体配对的情况。不仅有两侧相并或两端相接的松散联会现象，而且有棒型与环型二价体，以及三价体等确切不误的构型（图 5-8）。充分显示出 **S** 与 **Y** 染色体组相互间各有 4 条染色体存在一定的同源性。编著者认为这是这一报告所提供的 **S** 与 **Y** 染色体组相互间存在一定的同源性的最有力的证据。

在远缘杂交中发生染色体削除（chromosome elimination）是屡见不鲜的现象（Kasha and Kao，1970；Kasha et al.，1972；Lange，1971）。可作为一种染色体调控技术在遗传学研究与育种中。

图 5-8 *Elymus shandongensis* 双单倍体减数分裂中期Ⅰ与后期Ⅰ的染色体构型

A. 14 条单价体，2 条染色体两侧并联（箭头所指） B. 1 对棒型二价体与 12 条单价体，单价体中有 4 条俩俩侧联成两对（箭头所指） C. 2 对棒型二价体与 10 条单价体 D. 1 对环型二价体，2 对棒型二价体与 8 条单价体 E. 1 个链型三价体，1 对棒型二价体与 9 条单价体 F. 减数分裂后期Ⅰ，示不均等分裂与 1 个落后染色体

（引自 Lu 与 Bothmer，1989，图 3）

报告说：他们"研究了亲本、双单倍体及杂种的减数分裂染色体行为。*E. shandongensis*（2n=4x=28）以及六倍体小麦在中期Ⅰ只形成二价体。在双单倍体中观察到一些同源染色体配对，平均每细胞 0.68 对二价体，变幅 0～4 对，以及频率非常低的三价体。"这就展现出在 **S** 与 **Y** 染色体组之间具有一种微弱的姻亲关系。一种单倍-不足［半合子低效（hemizygous ineffective）］近同源染色体配对基因控制也可能在这个种中存在。

表 5-22 *Elymus shandongensis*、*Triticum aestivum* 及其 F_1 杂种与双单倍体减数分裂中期Ⅰ染色体构型

（引自 Lu 与 Bothmer，1989，表 1）

亲本及 F_1 杂种与衍生双单倍体	染色体数（2n）	观察细胞数	染色体构型						二次联会	每细胞染色体交叉数
			Ⅰ	Ⅱ 总计	Ⅱ 棒型	Ⅱ 环型	Ⅲ	Ⅳ		
E. shandongensis (H 3202)	28	50	0.08 (0～2)	13.96 (13～14)	1.18 (0～4)	12.78 (10～14)	—	—	—	26.71 (24～28)

（续）

亲本及 F_1 杂种与衍生双单倍体	染色体数（2n）	观察细胞数	染色体构型						二次联会	每细胞染色体交叉数
			Ⅰ	Ⅱ			Ⅲ	Ⅳ		
				总计	棒型	环型				
双单倍体	14	114	12.59	0.68	0.65	0.03	0.01	—	0.56	0.73
（BB 6988 - 1）			（6～14）	（0～4）	（0～4）	（0～1）	（0～1）		（0～3）	（0～4）
F_1 杂种	35	135	34.49	0.25	0.25	—	—	—	1.04	0.25
（BB 6988 - 2）			（31～35）	（0～2）	（0～2）				（0～4）	（0～2）
T. aestivum	42	50	0.04	20.86	18.46	2.40	—	0.06	—	39.45
（ev 15171）			（0～2）	（19～21）	（15～21）	（0～6）		（0～1）		（36～42）

注：括弧内为变幅。

1990 年，四川农业大学小麦研究所的卢宝荣、颜济、杨俊良与瑞典农业大学作物遗传育种系的 Jan Flink 在《云南植物研究》12 卷，2 期，发表一篇题为“小麦族鹅观草属三种植物的生物系统学研究”的论文，对 *Roegneria pendulina* Nevski、*R. pendulina* var. *pubinodis* Keng、*R. ciliates*（Trin.）Nevski 与 *R. kamoji* Ohwi 的 F_1 杂种进行了染色体组型分析。*R. ciliatis*（**SSYY**）与 *R. kamoji*（**HHSSYY**）是已知染色体组型（Sakamoto and Muramatsu，1966a/b；Dewey，1980、1984；Lu et al.，1988）的测试种，用它们来与缘毛鹅观草及其变种毛节缘毛草进行人工杂交。这一分析研究所用的材料，*Roegneria pendulina* 采自陕西华阴县华清池；其变种 *R. pendulina* var. *pubinodis* 采自河南郑州；*R. ciliaris* 采自四川天全县二郎山；*R. kamoji* 采自四川雅安。杂交的结果如表 5 - 23 所示。

表 5 - 23　*Roegneria* 种间杂交结果

（引自 Lu et al.，1990，表 2）

杂交组合	杂交花数	结实率		发芽率（%）	成株数
		结实数	%		
R. pendulina×*R. kamoji*	201	125	62.2	30.4	28
R. pendulina var. *pubinodis*×*R. kamoji*	112	95	84.6	4.2	4
R. pendulina×*R. ciliaris*	176	92	52.9	3.2	3

上述杂交组合所得 F_1 杂种减数分裂中期我Ⅰ花粉母细胞中染色体配对情况观察结果记录如表 5 - 24 所示。

表 5 - 24　F_1 杂种减数分裂中期Ⅰ花粉母细胞中染色体配对情况

（引自 Lu et al.，1990，表 4）

种及杂交组合	居群	染色体数（2n）	观察细胞数	染色体配对						花粉母细胞中染色体臂交叉数
				Ⅰ	Ⅱ			Ⅲ	Ⅳ	
					总计	棒型	环型			
R. pendulina	85 - 155	28	56	—	14.00	0.26	13.74	—	—	27.74
					（14）	（0～3）	（11～14）			（25～28）

（续）

种及杂交组合	居群	染色体数（2n）	观察细胞数	染色体配对						花粉母细胞中染色体臂交叉数
				Ⅰ	Ⅱ			Ⅲ	Ⅳ	
					总计	棒型	环型			
R. pendulina var. *pubinodis*	86-156	28	50	—	14.18 (14)	0.44 (0～3)	13.74 (11～14)	—	—	27.56 (24～28)
R. ciliaris	86-129	28	50	0.12 (0～4)	13.88 (13～14)	0.80 (0～3)	13.08 (0～14)	—	—	27.11 (25～28)
R. kamoji	86-143	42	50	0.28 (0～2)	20.86 (29～21)	0.46 (0～2)	20.40 (19～21)	—	—	41.24 (39～42)
R. pendulina ×*R. kamoji*	86-155 86-143	35	54	11.20 (7～21)	11.07 (8～14)	5.76 (1～9)	5.31 (3～12)	0.36 (0～2)	0.16 (0～1)	17.55 (10～25)
R. pendulina var. *pubinodis* ×*R. kamoji*	86-156 86-143	35	55	9.88 (6～17)	11.00 (6～14)	3.24 (0～7)	7.76 (0～14)	0.37 (0～2)	0.51 (0～1)	21.33 (15～26)
R. pendulina ×*R. ciliaris*	86-155 86-120	28	64	3.93 (0～10)	10.11 (5～14)	4.55 (1～10)	5.56 (2～11)	0.27 (0～2)	0.08 (0～2)	18.75 (12～26)

编著者注：括弧中为变幅。

从表5-24数据来看，3个组合的F_1杂种减数分裂中期Ⅰ花粉母细胞中染色体配对的二价体变幅分别是8～14、6～14与5～14，细胞中平均二价体分别是11.07对、11.00对与10.20对，而环型二价体平均是5.31对、7.76对与5.56对。说明*R. pendulina*及其变种*R. pendulina* var. *pubinodis*与两个测试种之间都有两组染色体基本上同源。也就是说，它们也含有**S**与**Y**染色体组。但是这些组合的F_1杂种减数分裂中期Ⅰ花粉母细胞中也分别平均含有11.0个、9.88个与3.93个的单价体，变幅分别为7～21、6～17与0～10。说明它们与测试种的**S**与**Y**染色体组不是完全相同而是部分同源。3个组合的F_1杂种的减数分裂中期Ⅰ花粉母细胞中都出现少量多价体，也说明参试种有个别染色体发生了组间易位。作者把*Roegneria pendulina*的染色体组组型写为$\mathbf{S^pS^pY^pY^p}$。

他们对上述F_1杂种的育性观测的结果记录如表5-25。

表5-25 *Roegneria pendulina*、*R. pendulina* var. *pubinodis*与*R. ciliaris*及*R. kamoji*之间的F_1杂种及其亲本的育性观测的结果

（引自Lu et al.，1990，表5）

种及杂种	观察花粉数	花粉育性		观察小花数	结实率	
		花粉数	%		结实数	%
R. pendulina	179	150	83.8	100	91	91.0
R. pendulina var. *pubinodis*	186	122	65.6	100	89	89.0
R. ciliaris	271	151	55.7	100	93	93.0
R. kamoji	135	111	82.2	100	92	92.0
R. pendulina×*R. kamoji*	400	1	0.3	3 000	4	0.001
R. pendulina var. *pubinodis*×*R. kamoji*	600	1	0.2	100	0	0.0
R. pendulina×*R. ciliaris*	445	13	2.9	2 000	2	0.001

从表 5－25 记录数据来看，杂种育性非常低，能育的也只有 1/1 000 左右。充分显示出它们与测试种之间都是各具独立基因库的独立物种。但亲缘关系很近，基因流有 1/1 000左右的渗入交换几率。

同年，美国农业部设在犹他州立大学的牧草与草原实验室的 K. B. Jensen 在《植物学公报（Bot. Gaz.）》上发表一篇题为“Cytology and morphology of *Elymua pendulinus*, *E. pendulinus* ssp. *multiculmis* and *E. parviglume*（Poaceae: Triticeae）”的报告，也对 *Elymus pendulinus*（Nevski）Tzvelev（*Roegneria pendulina* Nevski 的异名）进行了染色体组型分析。他还分析研究了 *E. pendulinus* ssp. *multiculmis*（Kitagawa）Á. Löve 与 *E. parviglume*（Keng）Á. Löve 两个分类群。用了 **S** 染色体组测试种 *Pseudoroegneria spicata*，**H** 与 **S** 染色体组的测试种 *Elymus lanceolatus* 与 *E. trachycaulus*，**S** 与 **Y** 染色体组测试种 *E. dentatus* ssp. *ugamicus* 与 *E. yezoensis* Honda，与其进行杂交，在 F_1 杂种的减数分裂中期Ⅰ观察检测染色体配对情况来分析研究它们的染色体组的组型。观测的数据如表 5－26 所示。

表 5－26 *Elymus pendulinus*、*E. pendulinus* ssp. *multiculmis* 与 *E. parviglume* 及其 F_1 杂种减数分裂中期Ⅰ染色体配对情况

（引自 Jensen，1990，编排稍作修改）

种或 F_1 杂种	染色体数（2n）	植株数		Ⅰ	Ⅱ			Ⅲ	Ⅳ	观察细胞数	环型二价体（%）
					总计	环型	棒型				
E. pendulinus	28	5	变幅	0～2		10～14	0～4		0～1	118	97
			平均	0.02	13.89	13.52	0.46		0.01		
E. pendulinus ssp.	28	4	变幅	0～4		10～14	0～4	0～1	0～1	102	94
multiculmis			平均	0.15	13.98	13.12	0.77	0.01	0.01		
E. parviglume	28	5	变幅	0～2		9～14	0～5	—	—	123	92
			平均	0.11	13.95	12.83	1.12	—	—		
E. pendulinus	21	4	变幅	6～15		0～7	0～7	0～1	—	105	60
×*Pseudoroegneria spicata*			平均	9.61	5.24	3.04	2.24	0.04	—		
E. pendulinus	28	7	变幅	12～20		0～7	0～7	0～2	0～1	111	42
×*E. lanceilatus*			平均	16.33	5.70	2.40	3.30	0.08	0.01		
E. dentatus ssp. *ugamicus*	28	2	变幅	0～8		4～13	1～12	—	0～2	45	70
×*E. pendulinus*			平均	2.67	12.59	8.84	3.75	—	0.04		
E. pendulinus ssp. *multiculmis*×*P. spicata*	21	2	变幅	7～17		0～6	0～7	0～1	—	106	22
			平均	11.17	4.89	1.08	3.81	0.03			
E. pendulinus ssp. *multiculmis*×*E. trachycaulus*	28	1	变幅	14～24		0～3	1～6	0～1	—	55	17
			平均	18.75	4.55	0.91	3.64	0.05			
E. dentatus ssp. *ugamicus*×	28	2	变幅	0～6		6～11	1～8	—	—	15	67
E. pendulinus ssp. *multiculmis*			平均	3.47	12.27	8.20	4.07	—	—		

（续）

种或 F_1 杂种	染色体数（2n）	植株数		Ⅰ	Ⅱ 总计	Ⅱ 环型	Ⅱ 棒型	Ⅲ	Ⅳ	观察细胞数	环型二价体（%）
E. parviglume	28	2	变幅	0～12		3～12	0～8	0～1	0～1	81	64
×*E. yezoensis*			平均	3.26	12.20	7.83	4.37	0.05	0.06		
E. pendulinus ssp. *multi-*	28	2	变幅	0～4		9～14	0～5	—	—	68	91
culmis×*E. pendulinus*			平均	0.24	13.88	12.63	1.25	—	—		
E. pendulinus	28	2	变幅	0～12		0～12	1～9	0～2	0～2	122	61
×*E. parviglume*			平均	2.57	11.53	7.02	4.51	0.38	0.30		

Elymus pendulinus ssp. *multiculmis* 118 朵人工去雄的小花授以 *E. pendulinus* 的花粉，得到 66 粒 F_1 杂种种子。F_1 杂种减数分裂中期Ⅰ染色体配对基本上像双亲一样正常，95%的花粉母细胞含有 14 对二价体。平均臂交（C-值）达 0.94，而双亲 *E. pendulinus* ssp. *multiculmis* 与*E. pendulinus* 分别为 0.97 与 0.98。单价体比双亲稍高一些，为 0.24；母本与父本分别为 0.15 与 0.02。杂种能染色的花粉占 87%。开放授粉的情况下每小穗能结实 3 粒。说明双亲同源性非常高，编著者认为，数据显示双亲之间没有生殖隔离，它们的关系是同一个种的关系，只是稍有形态与遗传差异的不同变种，还不能算作亚种（subspecies）。

Elymus pendulinus×*E. parviglume*，如果这两个亲本存在很近的染色体组相互关系，则预期它们的 F_1 杂种在减数分裂中期Ⅰ将出现 14 对二价体。实际观察结果是，这样构型的花粉母细胞只有 15%；频率最高的是，11 对二价体伴随 1 个三价体，或 10 对二价体伴随 1 个四价体；10～14 对二价体的细胞占 91%，15%的细胞含有多价体。观察到 1 个细胞有 1 个六价体。平均臂交频率为 0.73，结合高数量的染色体配对，显示两个亲本间具有相似的染色体组，相互所不同的是具有一个或两个染色体易位。有 11%的花粉能染色。在开放授粉的情况下也未能结实。看来，它们是含有基本上相似的部分同源染色体组的两个独立近缘种。

E. pendulinus ssp. *multiculmis* 和 *E. pendulinus* 分别与 **S** 染色体组测试种 *Pseudoroegneria spicata* 杂交，它们的 F_1 杂种在减数分裂中期Ⅰ的花粉母细胞中观测到含有高频率的单价体，平均每细胞分别为 9.61 条与 11.17 条；平均每细胞二价体分别为 5.64 对与 4.89 对；臂交值（C-value）分别为 0.65 与 0.43。这些数值说明它们与 **S** 染色体组测试种之间有一组染色体同源。也就是说，他们都含有一组 **S** 染色体组。

Elymus pendulinus 与 **HHSS** 染色体组测试种 *E. landeolatus* 杂交，*E. pendulinus* ssp. *multiculmis* 与 **HHSS** 染色体组测试种 *E. trachycaulus* 杂交，以检测它们是否也含有 **H** 染色体组。如果它们含有 **H** 染色体组，则 F_1 杂种减数分裂中期Ⅰ的花粉母细胞中预期会出现 13～14 对二价体。但是，实际观测结果是每细胞中平均二价体分别只有 5.70 对与 4.55 对。事实说明 *E. pendulinus* ssp. *multiculmis* 和 *E. pendulinus* 与测试种间只含有一组共有的 **S** 染色体组，而不含 **H** 染色体组。

E. dentatus ssp. *ugamicus* 与 *E. yezoensis* 都是含 **SSYY** 染色体组的已知种，用它们与 *E. pendulinus* ssp. *multiculmis*、*E. pendulinus* 及 *E. parviglume* 杂交来检测它们是否都含有 **SSYY** 染色体组。如果 *E. pendulinus* ssp. *multiculmis*、*E. pendulinus* 与 *E. parviglume* 含有 **Y** 染色体组，它们与 *E. dentatus* ssp. *ugamicus* 及与 *E. yezoensis* 的 F_1 杂种在减数分裂中期Ⅰ的花粉母细胞中预期都会出现 13～14 对二价体。实际观测结果是，这种配对构型分别占 22%、20%与 14%，花粉母细胞中平均二价体数分别为 12.57 对、12.27 对与 12.18 对，而环型二价体分别占有 70%，67%与 64%。说明它们与测试种之间的两组染色体组的同源性都很高，它们都是含 **SSYY** 染色体组的物种。*E. dentatus* ssp. *ugamicus* 与 *E. pendulinus*，以及 *E. parviglume* 与 *E. yezoensis* 的 F_1 杂种，能染色的花粉都不到 1%；*E. dentatus* ssp. *ugamicus* 与 *E. pendulinus* ssp. *multiculmis* 的 F_1 杂种，能染色的花粉有 17%。报告中说，由于缺乏穗子，结实率只检测了 *E. parviglume* 与 *E. yezoensis* 的 F_1 杂种在开放授粉下的结实情况。检测的 532 个小穗无一结实。这些不同种的 **SSYY** 染色体组，相互间比较都有微小的差异，也就是说，都是部分同源染色体组。

同在 1990 年，卢宝荣与瑞典农业科学大学作物育种系的 Roland von Bothmer 教授在瑞典出版的《遗传（Hereditas）》113 卷上发表一篇题为“Genomic constitution of *Elymus parviglumis* and *E. pseudonutans*: Triticeae (Poaceae)”的论文。他们用 3 个已知染色体组的测试种 *Elymus caninus*（2n=4x=28，**SSHH**）、*E. semicostatus*（2n=4x=28，**SSYY**）与 *E. tsukushiensis*（2n=4x=42，**SSHHYY**），来检测 *Elymus parviglumis* 与 *E. pseudonutans* 的染色体组的组成。他们所谓的 *Elymus parviglumis*（Keng）Á. Löve 就是 *Roegneria parvigluma* Keng，所谓的 *E. pseudonutans* Á. Löve 就是 *Roegneria nutans*（Keng）Keng。(在这里暂不改错误用名)。他们观测的数据如表 5-27 所示。

表 5-27 *Elymus parviglumis*、*E. pseudonutans* 及其 F_1 杂种减数分裂中期Ⅰ染色体配对构型

（引自 Lu 与 Bothmer，1990，表 3，编排稍作修改）

亲本及 F_1 杂种	染色体数（2n）	观测细胞数	染色体构型						每细胞染色体交叉数
			Ⅰ	Ⅱ			Ⅲ	Ⅳ	
				总计	环型	棒型			
E. parv.（H 7107）	28	50	0.02 (0～2)	13.98 (13～14)	13.22 (10～14)	0.76 (0～4)	—	—	27.22 (24～28)
E. pseu.（H7216）	28	50	0.04 (0～2)	13.96 (13～14)	12.98 (9～14)	0.98 (0～5)	—	—	27.56 (23～28)
E. pseu.（H 7358）	28	50	—	14.00 (14)	13.28 (11～14)	0.72 (0～4)	—	—	27.28 (25～28)
E. cani.（H 7550）	28	50	0.04 (0～2)	13.98 (13～14)	13.30 (10～14)	0.68 (0～4)	—	—	27.32 (24～28)
E. semi.（H 4058）	28	50	0.04 (0～2)	13.96 (13～14)	12.93 (13～14)	1.03 (0～2)	—	—	26.89 (24～28)
E. tsuk.（H 7083）	42	50	0.46 (0～4)	20.16 (18～21)	18.44 (15～21)	1.72 (0～5)	0.04 (0～1)	0.02 (0～1)	39.60 (36～42)

（续）

亲本及 F_1 杂种	染色体数（2n）	观测细胞数	染色体构型						每细胞染色体交叉数
			Ⅰ	Ⅱ			Ⅲ	Ⅳ	
				总计	环型	棒型			
E. parv.×*E. cani*	28	50	17.56 (14～22)	5.02 (3～7)	1.24 (0～4)	3.78 (1～6)	0.04 (0～1)	—	6.34 (3～11)
E. parv.×*E. semi.*	28	200	2.23 (0～8)	12.74 (9～14)	9.49 (6～13)	3.25 (0～8)	0.03 (0～1)	0.03 (0～1)	22.48 (17～27)
E. parv.×*E. tsuk.*	35	99	10.27 (5～23)	12.02 (4～14)	7.30 (1～12)	4.72 (1～10)	0.10 (0～1)	0.10 (0～1)	19.89 (16～26)
E. pseu.×*E. cani*	28	50	18.09 (13～24)	4.89 (2～7)	1.42 (0～3)	3.47 (2～6)	0.04 (0～1)	—	6.32 (2～9)
E. pseu.×*E. semi.*	28	150	3.98 (0～12)	12.09 (8～14)	6.31 (1～10)	5.78 (1～9)	0.26 (0～2)	0.13 (0～2)	18.65 (12～24)
E. pseu.×*E. tsuk.*	35	50	8.48 (5～16)	11.16 (8～14)	6.44 (3～9)	4.72 (2～10)	0.86 (0～3)	0.38 (0～2)	20.66 (15～26)
E. parv.×*E. pseu.*	28	500	2.74 (0～12)	12.23 (7～14)	9.24 (3～14)	2.99 (0～9)	0.08 (0～1)	0.14 (0～1)	22.00 (14～28)
E. pseu.×*E. parv.*	28	350	3.06 (0～12)	11.97 (6～14)	8.47 (3～14)	3.50 (0～9)	0.15 (0～2)	0.11 (0～2)	21.17 (12～28)
E. parv.×*E. parv.*	28	100	1.00 (0～4)	12.95 (10～14)	10.93 (7～14)	2.02 (0～4)	0.08 (0～1)	0.21 (0～1)	25.87 (20～28)
E. pseu.×*E. pseu.*	28	100	0.61 (0～3)	12.49 (10～14)	11.88 (9～14)	0.61 (0～5)	0.03 (0～1)	0.07 (0～1)	25.69 (22～28)

注：*E. cani.*＝*E. caninus*；*E. parv.*＝*E. parviglumis*；*E. pseu.*＝*E. pseudonutans*；*E. semi.*＝*E. semicostatus*；*E. tsuk.*＝*E. tsykushiensis*。

从表 5-27 数据可以看出，5 个亲本中除六倍体的 *E. tsukushiensis* 单价体稍多一点，并有少量的三价体与四价体外，其余 4 个亲本都很正常，只是个别花粉母细胞含有两条单价体，绝大多数染色体都配合成环型，棒型也很少，更无多价体出现。

E. parviglumis×*E. caninus* 的 F_1 杂种的减数分裂中期Ⅰ染色体配对率很低，平均每细胞只有 5.02 对二价体与 0.04 个三价体，存在大量的单价体，大约每细胞 18 条。与 *E. tsukushiensis* 的杂交组合的结果也差不多，每个花粉母细胞平均含有 10.27 条的单价体，12.01 对二价体，1/1 000 的三价体与 1/1 000 的四价体。它与 *E. semicostatus* 的 F_1 杂种减数分裂中期Ⅰ染色体配对非常好，花粉母细胞中含二价体 9～14 对，平均 12.58 对；其中环型二价体平均 9.49 对，最多达 13 对。含有极少量的三价体与四价体，各为 0.3/1 000 左右。它与 *E. pseudonutans* 杂交的结果也十分类似，花粉母细胞中平均二价体有 12.24 对，环型二价体平均有 9.24 对，含有少量的三价体与四价体，分别平均为 0.8/1 000与 14/1 000。

E. pseudonutans 与测试种作了 6 个组合，其中一个组合 *E. pseudonutans*×*E. caninus*，其 F_1 杂种为四价体（2n＝4x＝28），在减数分裂中期Ⅰ的花粉母细胞中呈现大量的

单价体，平均每细胞 18.09 条，变幅在 13～24 条之间，与 *E. parviglumis*×*E. caninus* 的 F_1 杂种的情况非常一致。平均每细胞的二价体只有 4.89 对，变幅在 2～7 对之间；而环型二价体平均只有 1.41 对，变幅在 0～3 对之间。其二价体大多数是棒型，平均为 3.47 对，变幅为 2～6 对。还有 0.4/1 000 的三价体。它与 *E. tsukushiensis* 的杂交组合的 F_1 杂种，同 *E. parviglumis*×*E. tsukushiensis* 的 F_1 杂种的情况也非常一致。显示它们共同含有两组基本相同染色体组，而六倍体 *E. tsukushiensis* 有一组染色体是它所没有的，比较其他组合数据，这一组显然是 **H** 染色体组。它与 *E. semicostatus* 杂交所得的 F_1 杂种，同 *E. parviglumis*×*E. semicostatus* 的 F_1 杂种的情况也非常一致。单价体平均一个是 3.89 条，另一个是 2.23 条；二价体平均一个是 11.24 对，另一个是 12.58 对，变幅一个是 8～14 对，另一个是 9～14 对。环型二价体的频率 *E. pseudonutans*×*E. semicostatus* 的 F_1 杂种要稍低一些，平均为 6.31 对，变幅为 1～10 对。而 *E. parviglumis*×*E. semicostatus* 的 F_1 杂种则平均为 12.58 对，变幅在 9～14 对之间。前者染色体臂交平均为 18、65，变幅在 12～24 之间；而后者平均则为 22.48，变幅在 17～27 之间。频率差异还是比较显著的（P=0.05）。

从以上检测数据来看，*E. parviglumis*、*E. pseudonutans* 与 *E. semicostatus* 都是含有基本相同的 **SSYY** 染色体组的物种。

1991 年，四川农业大学小麦研究所孙根楼、颜济与杨俊良在《云南植物研究》13 卷，1 期，发表一篇题为“本田鹅观草和缘毛鹅观草杂种的细胞遗传学研究”的报告。对两个四倍体鹅观草属的种进行染色体组型比较分析。*Roegneria hondai* Kitagawa（本田鹅观草）是一个染色体组组成未知种，而测试种 *Roegneria pendulina* Nevski 是含 **S** 与 **Y** 染色体组的已知种（Lu et al.，1990）。对它们的 F_1 杂种减数分裂中期Ⅰ的染色体配对行为进行分析以检测本田鹅观草的染色体组的组成。

Roegneria hondai 采自四川南坪县，编号为 Y362；*Roegneria pendulina* 采自四川汶川县。以 *R. hondai* 为母本，98 朵人工去雄的小花授以 *R. pendulina* 的花粉，获得 20 粒发育较好的杂种种子，结实率为 20.4%。

F_1 杂种的减数分裂中期Ⅰ花粉母细胞染色体配对的观测数据记录如表 5-28 所示。

表 5-28 *Roegneria hondai*、*R. pendulina* 及其 F_1 杂种的减数分裂中期Ⅰ花粉母细胞染色体配对的情况

（引自孙根楼等，1991，表 1）

亲本及 F_1 杂种	观察细胞数		Ⅰ	Ⅱ			Ⅲ	Ⅳ	每细胞平均交叉数
				总计	棒型	环型			
Roegneria hondai	8	平均	—	13.90	5.28	8.62	—	—	22.64
		变幅		14	2～9	5～12			
Roegneria pendulina	35	平均	0.17	13.88	4.05	9.83	—	—	23.71
		变幅	0～2	13～14	0～7	7～14			
R. hondai×*R. pendulina*	67	平均	4.54	11.50	6.49	5.01	0.19	0.04	17.01

F_1 杂种的减数分裂中期Ⅰ花粉母细胞平均每个细胞二价体的频率为 11.5，变幅为9～

13，平均交叉频率为 17.01。表明这两个种的染色体组基本上是同源。但是，单价体的平均频率为 4.54，变幅为 2～10 条，出现 6 条单价体的细胞占观察细胞总数的 32.84%，出现 1～6 条单价体的细胞多达 89.56%。虽然父本 *R. pendulina* 就具有 1～2 条单价体，但频率仅为 0.6%。因此，双亲染色体部分不同源所造成的不配对仍然是主要原因。这种不同源的染色体至少有 1～3 对。大量（4.54）单体的存在导致后期出现落后染色体以及四分子出现多数微核。部分花粉母细胞在减数分裂中期Ⅰ也出现三价体与四价体，这显然是不同组间的少数染色体发生了易位，频率不高，仅为 2.3%。总的来看这两个种都含有 **S** 与 **Y** 染色体组，但二者之间的部分染色体有所改变，造成不完全配对的结果，显示它们含有部分同源染色体组。它们同是含有 **SSYY** 染色体组不同亚型的鹅观草属的不同物种。

1991 年，美国农业部牧草与草原研究室的 K. B. Jensen 与 Richard R.-C. Wang（汪瑞其）在加拿大出版的《核基因组（Genome）》杂志上发表一篇题为“Cytogenetics of *Elymus caucasicus* and *Elymus longearistatus* (Poaceae: Triticeae)”的研究报告，报道了他们对这两个种所进行的染色体组型分析的结果。他们测试的这两个种，*Elymus caucasicus* (C. Koch) Tzvelev 的 PI-531572 与 PI-531573 两份材料，都来自前苏联；*Elymus longearistatus* (Boiss.) Tzvelev 的 PI-401277、PI-401282 与 PI-401283 三份材料，都来自伊朗。

采用已知染色体组的 *Pseudoroegneria libanotica*（**SS**）（Dewey，1975）、*P. spicata*（**SS**）（Dewey，1965）、*Hordeum violaceum*（**HH**）（Dewey，1979）、*Elymus lanceolatus*（**HHSS**）（Dewey，1965）、*E. panormitanus*（**SSYY**）（Jensen and Hatch，1988）、*E. abolinii*（**SSYY**）（Jensen，1989）、*E. fedtschenkoi*（**SSYY**）（Liu and Dewey，1983）、*E. pendulinus*（**SSYY**）（Lu, et al.，1990；Jensen，1990）与 *E. drobovii*（**HHSSYY**）（Dewey，1980）作为测试种与 *Elymus caucasicus* 及 *Elymus longearistatus* 作杂交。对 F_1 杂种减数分列中期Ⅰ的花粉母细胞的染色体配对情况进行观察分析。

他们所进行的染色体组型的观察分析结果的数据记录如表 5-29 及图 5-9。从这些结果来看，*E. caucasicus* 与 *E. longearistatus* 都是异源四倍体，2n=28。*E. caucasicus* 完全配对的花粉母细胞含 14 对染色体，占总观测细胞数的 94%；平均每细胞 13.9 对，平均臂交频率（C-值）0.96，并且完全没有多价体。*E. longearistatus* 完全配对的花粉母细胞含 14 对染色体，占总观测细胞数的 94%；平均每细胞 13.9 对，平均臂交频率 0.97，也是完全没有多价体。

表 5-29 *E. caucasicus* 与 *E. longearistatus* 及其 F_1 杂种减分裂中期Ⅰ染色体配对情况

（引自 Jensen 与 Wang，1991，表 3）

种或 F_1 杂种	染色体数 (2n)	植株数	Ⅰ	Ⅱ			Ⅲ	Ⅳ	观察细胞数	C-值
				环型	棒型	总计				
E. caucasicus	28	2	0.17	13.02	0.89	13.91	—	—		
			(0～6)	(8～14)	(0～3)	11～14	—	—	93	0.96
E. longearistatus	28	1	0.12	13.33	0.61	13.94	—	—		
			(0～2)	(10～14)	(0～3)	13～14	—	—	51	0.97

（续）

种或 F_1 杂种	染色体数（2n）	植株数	Ⅰ	Ⅱ 环型	Ⅱ 棒型	Ⅱ 总计	Ⅲ	Ⅳ	观察细胞数	C-值
E. caucasicus×	28	1	3.68	8.84	3.10	11.94	0.06	0.06		
E. longearistatus			(0～8)	(4～13)	(0～9)	9～14	(0～3)	(0～1)	63	0.75
E. caucasicus×	21	3	7.44	4.01	2.05	6.06	0.45	0.03		
P. libanotica			(3～13)	(0～7)	(0～7)	2～9	(0～3)	(0～1)	169	0.70
E. longearistatus×	21	3	8.42	1.55	4.05	5.60	0.43	0.02		
P. spicata			(4～15)	(0～5)	(1～7)	2～8	(0～3)	(0～1)	111	0.60
E. longearistatus×	21	4	19.79	0.0	0.57	0.57	0.02	—		
H. violaceum			(11～21)		(0～5)	0～5	(0～1)	—	204	0.04
E. caucasicus×	28	3	17.80	1.54	3.29	4.83	0.15	0.02		
E. lanceolatus			(14～22)	(0～7)	(0～6)	3～7	(0～2)	(0～1)	123	0.24
E. caucasicus×	28	4	6.53	4.72	5.06	9.78	0.56	0.24		
E. panormitanus			(0～14)	(0～12)	(0～11)	6～14	(0～2)	(0～1)	104	0.58
E. caucasicus×	28	3	8.09	3.98	5.29	9.27	0.33	0.10		
E. abolinii			(2～18)	(0～8)	(1～9)	5～12	(0～3)	(0～2)	91	0.51
E. fedtschenkoi×	28	2	9.98	2.91	5.34	8.25	0.46	0.04		
E. longearistatus			(2～20)	(0～7)	(1～9)	3～13	(0～3)	(0～1)	199	0.44
E. panormitanus×	28	3	10.29	3.78	4.77	8.55	0.16	0.05		
E. longearistatus			(5～16)	(1～8)	(0～9)	(4～11)	(0～1)	(0～1)	103	0.46
E. longearistatus×	28	1	11.68	1.38	6.14	7.52	0.41	0.01		
E. pendulinus			(6～16)	(0～4)	(3～9)	(4～10)	(0～2)	(0～1)	69	0.35
E. caucasicus×	35	1	22.66	1.72	5.22	6.94	0.11	0.03		
E. drobovii			(15～31)	(0～5)	(1～9)	(2～10)	(0～2)	(0～1)	156	0.32

注：括弧内为平均数与变幅。

E. caucasicus 与 *E. longearistatus* 杂交，12 朵去雄小花，人工授粉得到 12 粒 F_1 杂种种子，成苗 9 株。杂种为四倍体，体细胞含 28 条染色体。如果它们同源，理论上预期将在 F_1 杂种减数分裂中期Ⅰ的花粉母细胞中呈现 14 对二价体。实际观测结果，这样的细胞仅占总观测数的 16%；含 12 对二价体，带 4 个单价体的细胞占 27%；89%的花粉母细胞含有 10～14 对二价体；具有多价体的细胞占总观测数的 11%。显示出这两个种有较小的染色体易位差异。平均臂交频率为 0.75；能染色的花粉不到 1%，花药不开裂；开放授粉的情况下也不结实。说明这两个种是亲缘关系很近，但它们又是各具独立基因库的不同物种。

它们与 **S** 染色体组分析种之间杂交形成的三倍体 F_1 杂种，有两个组合：*E. caucasicus*×*P. libanotica* 与 *E. longearistatus*×*P. spicata*。其 F_1 杂种减数分裂中期Ⅰ的花粉母细胞中均存在大量的单价体，前者平均每细胞 7.4 条，后者平均 8.4 条。二价体在两个组合的 F_1 杂种减数分裂中期Ⅰ的花粉母细胞中，含有 7 对与 6 对的细胞在总观测数中，前者占 29%与 19%，后者占 22%与 18%。数据显示 *E. caucasicus* 与 *E. longearistatus* 都是含有一组来自于 *Pseudoroegneria*、基本上同源的 **S** 染色体组。Dewey（1969）曾观测到

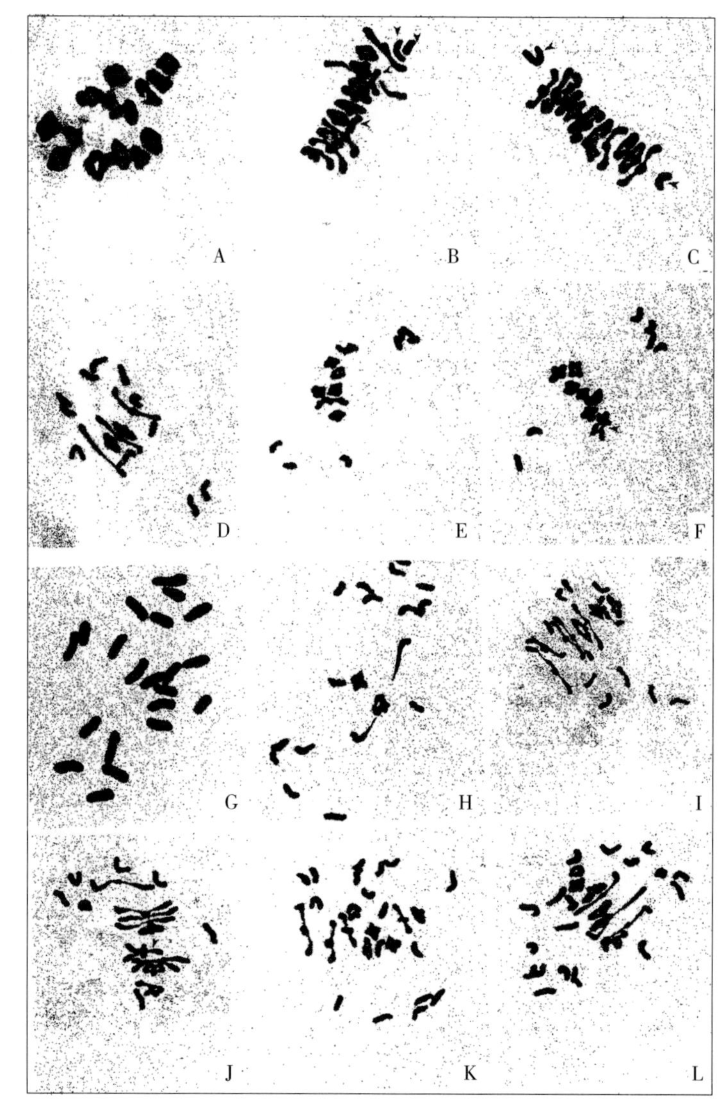

图 5-9 *E. caucasicus*、*E. longearistatus* 及其 F_1 杂种减数分裂中期Ⅰ染色体配对构型

A. *E. caucasicus*14 对环型二价体 B. *E. caucasicus* × *E. longearistatus* 4Ⅰ（箭头所指）+12Ⅱ C. *E. caucasicus*×*E. longearistatus* 2Ⅰ（箭头所指）+13Ⅱ D. *E. caucasicus*×*P. libanotica* 11Ⅰ+5Ⅱ E. *E. caucasicus*×*P. libanotica* 7Ⅰ+7Ⅱ F. *E. caucasicus*×*P. libanotica* 6Ⅰ+6Ⅱ+1Ⅲ（箭头所指） G. *E. longearistatus*×*H. violaceum* 21Ⅰ H. *E. longearistatus*×*H. violaceum* 15Ⅰ+3Ⅱ I. *E. caucasicus*×*E. abolinii* 10Ⅰ+9Ⅱ J. 7Ⅰ+9Ⅱ+1Ⅲ（箭头所指） K、L. *E. caucasicus*×*E. drobovii* 19Ⅰ+8Ⅱ

（引自 Jemsen 与 Wang，1991，图 1 与 2，两图合并，编排修改）

在 *P. libanotica*×*P. spicata* 的 F_1 杂种每个花粉母细胞中平均二价体为 6.7 对，平均臂交频率为 0.84。因此，*E. caucasicus* × *P. libanotica* 的平均臂交频率为 0.79，*E. longearistatus*×*P. spicata* 的平均臂交频率为 0.60，可归因于 *P. libanotica* 与 *P. spicata* 的 **S** 染色体组之间的差异。多价体，前一组合占 43%，后一组合占 37%，是由于双亲染

色体组间的染色体有易位差异。

他们用 **H** 染色体组的测试种 *Hordeum violaceum* 与 *E. longearistatus* 作杂交来检测 *E. longearistatus* 是否含有 **H** 染色体组。这个组合的三倍体 F_1 杂种减数分裂中期Ⅰ的花粉母细胞中平均只含 0.6 对的二价体，并且全都是棒型。平均臂交频率为 0.04。含 21 条单价体的花粉母细胞占总观察数的 65%。二价体最多只有 5 对，96%的细胞二价体不到 3 对［编著者注：二价体可能来自 **S** 与 **Y** 染色体组之间的染色体配对，因为 **S** 与 **Y** 染色体组具有一定的同源性，虽然同源性很小（Lu and Bothmer，1989、1990、1990a；Lu、Salomon and Bothmer，1991）］。显示 *E. longearistatus* 不含 **H** 染色体组。

他们用含有 **HHSS** 染色体组的 *E. lanceolatus* 与 *E. caucasicus* 杂交测试 *E. caucasicus* 是否含有 **HHSS** 染色体组。40 朵人工去雄的 *E. caucasicus* 的小花，授以 *E. lanceolatus* 的花粉，得到 22 个幼胚，培养形成 3 株 F_1 杂种植株。在减数分裂中期Ⅰ的花粉母细胞中按理论预期呈现 4～7 对二价体。实际观测结果，这种构型的细胞占总观测细胞数的 78%。多价体主要是三价体，占 17%。结合上一测试来看，*E. caucasicus* 与 *E. longearistatus* 都不含 **H** 染色体组。

E. caucasicus 和 *E. longearistatus* 与 4 个 **SSYY** 染色体组的测试种杂交，以检测它们是否含有 **SSYY** 染色体组。如果它们含有 **SSYY** 染色体组，则将在 F_1 杂种减数分裂中期Ⅰ的花粉母细胞中观察到 8～14 对二价体。实际观察的结果是，*E. caucasicus* 与 *E. pannormitanus* 的 F_1 杂种在减数分裂中期Ⅰ的花粉母细胞中平均每细胞 9.8 对，*E. caucasicus* 与 *E. abolinii* 杂交的 F_1 杂种为 9.3 对，*E. fedtschenkoi* 与 *E. longearistatus* 杂交 F_1 杂种为 8.3 对，*E. panormitanus* 与 *E. longearistatus* 杂交 F_1 杂种为 8.6 对，*E. longearistatus* 与 *E. pendulinus* 杂交的 F_1 杂种为 7.5 对。在这些杂种中出现频率最高的构型是 8Ⅰ+10Ⅱ、10Ⅰ+9Ⅱ及 12Ⅰ+8Ⅱ。只有在 *E. caucasicus* 与 *E. panormitanus* 杂交的组合中观察到含 14 对二价体的细胞。而 *E. longearistatus* 与 *E. pendulinus* 杂交的 F_1 杂种的花粉母细胞中平均少于 8 对。这些杂种平均臂交频率变幅在 0.35～0.58 之间。中期Ⅰ的花粉母细胞中含多价体的，*E. caucasicus* 与 *E. panormitanus* 的 F_1 杂种占 69%，*E. caucasicus* 与 *E. abolinii* 的 F_1 杂种占 38%，*E. fedtschenkoi* 与 *E. longearistatus* 的 F_1 杂种占 37%，*E. panormitanus* 与 *E. longearistatus* 的 F_1 杂种占 20%，*E. longearistatus* 与 *E. pendulinus* 的 F_1 杂种占 35%。

E. caucasicus 和 *E. longearistatus* 与 4 个 **SSYY** 染色体组的测试种杂交的 F_1 杂种的二价体频率显示出很低，但与 **HHSS** 测试种的杂种相比较，加入 **Y** 染色体组还是比加入 **H** 染色体组高一些，还是在理论预期数值以内。上述杂种的染色体组组型可以写作 $\mathbf{S^iS^jY^iY^j}$，**i** 代表 *E. caucasicus* 以及 *E. longearistatus* 的染色体组；**j** 代表测试种不同亚型的染色体组。

E. caucasicus 与六倍体 **HHSSYY** 染色体组测试种 *E. drobovii* 杂交的 F_1 杂种在减数分裂中期Ⅰ的花粉母细胞中按理论预期呈现 11～14 对二价体，但是实际观察频率最高的是 7 对二价体与 21 条单价体，58%的细胞只有 7～10 对二价体，远远低于预期的理论数值，这个理论数值是假设 **Y** 染色体组没有改变的情况下设定的。Dewey（1980b）记录显示 *E. drobovii* 与 *E. lanceolatus* 之间杂交的杂种只有 9 对二价体，显示它们的 **S** 与 **H** 染色体组

都是部分同源染色体组。当 *E. lanceolatus* 与 *E. caucasicus* 杂交，每细胞 **S** 染色体组有 4.5 对二价体；与 *E. drobovii* 杂交，杂种增加了 **Y** 染色体组，每细胞的二价体由 4.5 对增加到 6.9 对，说明 *E. caucasicus* 与 *E. drobovii* 的 **Y** 染色体组也是部分同源染色体组。

E. caucasicus 及 *E. longearistatus* 在减数分裂中期Ⅰ的花粉母细胞中分别平均含有 13.91 对与 13.94 对二价体，没有多价体。综合上述数据，它们与其他 **SSYY** 染色体组测试种都是含 **S** 与 **Y** 染色体组的异源四倍体植物。与其他测试种相比较，其相互之间的 **SSYY** 染色体组都是基本上相似的部分同源染色体组。

同年，瑞典农业科学大学作物遗传育种系的卢宝荣、Bjorn Salomon 与 Roland von Bothmer 在瑞典出版的《遗传（Hereditas)》上发表一篇论述不同 **S** 染色体组间的关系，以及 **S** 与 **Y** 染色体组间关系的文章。他们用了 3 个已知染色体组的种 *Pseudoroegneria cognata*、*Elymus semicosratus* 与 *E. pendulinus* 进行相互杂交（表 5-30），观察他们的减数分裂染色体配对行为。他们观测的数据记录如表 5-31。

表 5-30　属间与种间杂交的结果

（引自 Lu et al.，1991，表 2）

杂交组合（♀×♂）	杂交编号	授粉小花数	结实		成株	
			结实数	%	成株数	%*
E. semicostatus×*P. cognate*	HH 2478	18	6	33.3	1	5.6
E. semicostatus×*P. cognate*	HH 2480	24	12	50.0	10	41.7
P. cognate×*E. pendulinus*	BB 6853	12	6	50.0	1	8.3**
E. pendulinus×*E. semicostatus*	BB 6764	8	2	25.0	2	25.0
E. pendulinus×*E. semicostatus*	BB 6713	18	8	44.4	8	44.4

*　与授粉小花数相比的百分率；**　成株与出芽种子数相比的百分率。

表 5-31　*Pseudoroegneria cognata*、*Elymus semicosatus*、*E. pendulinus* 及其属间与种间 F_1 杂种减数分裂染色体配对情况

（引自 Lu et al.，1991，表 3）

亲本及杂种组合	亲本居群及杂种编号	染色体数（2n）	观察细胞数	染色体构型						每个细胞内交叉数
				Ⅰ	Ⅱ 总计	Ⅱ 棒型	Ⅱ 环型	Ⅲ	Ⅳ	
P. cognate	H 4031	14	50	0.12 (0～2)	6.94 (6～7)	0.46 (0～2)	6.48 (5～7)	—	—	13.42 (11～14)
E. semicostatus	H 4058	28	50	0.04 (0～2)	13.96 (13～14)	1.03 (0～2)	12.93 (13～14)	—	—	26.89 (26～28)
	H 4074	28	50	0.20 (0～2)	13.82 (12～14)	0.88 (0～4)	12.94 (10～14)		0.04 (0～1)	26.80 (24～28)
E. pendulinus	H 3192	28	50	0.04 (0～2)	13.98 (13～14)	1.02 (0～3)	12.96 (11～14)	—	—	26.94 (25～28)
	H 7342	28	50	—	14.00 (14)	0.60 (0～3)	13.40 (11～14)	—	—	27.40 (25～28)

（续）

亲本及杂种组合	亲本居群及杂种编号	染色体数（2n）	观察细胞数	染色体构型						每个细胞内交叉数
				Ⅰ	Ⅱ			Ⅲ	Ⅳ	
					总计	棒型	环型			
E. semicostatus×*P. cognate*	HH 2478	21	20	6.45 （5～7）	6.75 （5～8）	1.10 （0～2）	5.65 （4～7）	0.35 （0～2）	—	13.10 （12～14）
E. semicostatus×*P. cognate*	HH 2480	21	50	6.72 （4～11）	5.34 （3～8）	2.14 （0～6）	3.20 （0～2）	1.20 （0～）	0.02 （0～1）	11.02 （12～14）
P. cognate×*E. pendulinus*	HH 6853	21	50	7.66 （5～13）	5.82 （3～8）	4.02 （1～7）	1.80 （0～5）	0.44 （0～2）	0.08 （0～1）	8.86 （7～15）
E. pendulinus×*E. semicostatus*	HH 6713	28	50	3.98 （0～10）	11.26 （9～14）	5.08 （1～9）	6.18 （3～11）	0.22 （0～1）	0.20 （0～2）	18.72 （15～23）
E. pendulinus×*E. semicostatus*	HH 6764	28	50	3.71 （0～9）	11.39 （8～14）	4.61 （1～9）	6.78 （2～11）	0.29 （0～1）	0.18 （0～2）	19.45 （14～25）

3个亲本 *Pseudoroegneria cognata*、*Elymus semicostatus* 与 *E. pendulinus* 的减数分裂显示都很正常，绝大部分都是环型二价体，单价体非常少。只在 *E. semicostatus* 的一个居群中含有很少的四价体。

三倍体杂种花粉母细胞含有稳定的染色体数（2n＝3x＝21）。*E. semicostatus*×*P. cognata* 显示具有比 *P. cognata*×*E. pendulinus* 组合更高的臂交频率，前者平均为13.10，而后者只有8.86（表5-31）。两个不同的 *E. semicostatus*×*P. cognata* 组合平均含有6.5单价体、6对二价体与1个三价体（最多3个）。在杂种 HH 2480 中，具有很少的四价体，在50个观察细胞中，观察到有1个细胞含有3个三价体。另一个杂种 HH 2478 则三价体比较少，也没有四价体。*P. cognata*×*E. pendulinus* 组合配对率要低一些，平均7.7个单价体，5.8对二价体，0.4个三价体与0.1个四价体。

两个 *E. pendulinus*×*E. semicostatus* 的不同杂交组合的四倍体杂种，都含有28条染色体，减数分裂染色体配对情况也很相似。含有大量的二价体，平均11对（最高14对）。因此，单价体也比较少，平均4条，最多7条。经常含有三价体与四价体，平均每花粉母细胞含有0.5个，最多3个。

在所有组合的后期Ⅰ与后期Ⅱ都普遍具有落后染色体。而在 *E. semicostatus*×*P. cognata* 与 *E. pendulinus*×*E. semicostatus* 的杂种中还出现染色体桥连同染色体片段。大多数四分子都有微核，三倍体杂种的四分子中特别多。

他们采用 Alonso 和 Kimber（1981）以及 Kimber 和 Alonso（1981）的染色体组数学模型来与其观测数据相比较，结果如表5-32所示。

从上述实验观测所得数据来看，*P. cognata*、*E. semicostatus* 与 *E. pendulinus* 之间杂交亲和性很高，结实率都为25%～50%。反倒是最低的是种间杂交组合，属间杂交还要高一些，并且一些不用胚培养也能成苗。看来它们之间亲缘关系很近。但 F_1 杂种都高度不育，说明各具独立的基因库，各为独立的种。他们列举了 G. L. Stebbins、D. R. Dewey、Á. Löve 与 H. E. Connor 等人的试验结果，说明拟鹅观草属的二倍体种与含 **SSHH** 染色体组的披碱草属四倍体种杂交也有很高的亲和性，也可以不用胚培养就能得到杂种种子萌发成苗。同一试验的 *P. cognata*×*E. pendulinus* 组合也直接获得杂种种子萌发成苗。

表 5-32 根据 Alonso 和 Kimber（1981）及 Kimber 和 Alonso（1981）三倍体与四倍体染色体组数学模型计算的与实际观测的减数分裂构型

（引自 Lu et al.，1991，表 4，稍作编排修改）

杂交组合	杂交组合编号	观测/模型	Ⅰ	Ⅱ		Ⅲ	Ⅳ		C	X	SS
				棒型	环型		链型	环型			
E. semicostatus×	HH 2478	观测	6.45	1.10	5.65	0.35	—	—	0.936		
P. cognata		2∶1	6.54	0.78	5.71	0.47				0.979	0.129
E. semicostatus×	HH 2480	观测	6.72	2.14	3.20	1.20	0.02	—	0.781		
P. cognata		2∶1	6.56	2.40	3.14	1.12				0.924	0.103
P. cognsata×	BB 6853	观测	7.66	4.02	1.88	0.44	0.08	—	0.607		
E. pendulinus		2∶1	8.23	3.35	1.67	0.91				0.883	1.038
E. pendulinus×	BB 6713	观测	3.98	5.08	6.18	0.22	0.12	0.08	0.663		
E. semicostatus		2∶2	3.28	5.49	5.67	0.32	0.66	0.02		0.939	0.979
E. pendulinus×	BB 6764	观测	3.71	4.61	6.76	0.28	0.16	0.02	0.688		
E. semicostatus		2∶2	2.90	5.16	6.14	0.32	0.38	0.03		0.932	1.647

注：C=平均臂交频率；X=最近缘染色体组相对密切关系；SS=平方和。

不同组合的三倍体 F_1 杂种的减数分裂染色体构型，X-值变幅从 0.924 到 0.979，全都适合 2∶1 模型。也就是说，其中两个染色体组的亲缘相近性远比第三者高。根据以前的研究记录（Dewey，1968；Lu et al.，1990c；Jensen，1990b），*E. semicostatus* 与 *E. pendulinus* 都是含 **SSYY** 染色体组的物种。可以推测，它们与含 **S** 染色体组的 *E. cognata* 杂交形成的三倍体 F_1 杂种具有 **SSY** 染色体组。F_1 杂种减数分裂染色体配对应当是由两个亲本而来的两个 **S** 染色体组的染色体配对。这就可以直接比较 *E. semicostatus* 与 *E. pendulinus* 所含 **S** 染色体组的染色体与供体种的 **S** 染色体组的染色体的异同。从上述实际观测数据来看，*P. cognata*×*E. semicostatus* 两个组合减数分裂花粉母细胞内染色体平均臂交分别为 11.02 与 13.10，而 *P. cognata*×*E. pendulinus* 则为 8.86，前者显然比后者高。这后者的结果与 Dewey（1981）所观测的 *P. cognata* 与含 **SH** 染色体组的物种杂交的结果相类似，Dewey 观测的每细胞平均臂交为 8.14。这样看来，*E. semicostatus* 与 *E. pendulinus* 所含 **S** 染色体组可能来自不同的亲本，它们的 **S** 染色体组之间已有不同的分化。*E. semicostatus* 与 *P. cognata* 的 **S** 染色体组亲缘更为相近。从地理分布来看他们测试的 *E. semicostatus* 与 *P. cognata* 都是来自相邻近的巴基斯坦北部，而 *E. pendulinus* 则来自较远的东亚。

E. pendulinus 与 *E. semicostatus* 之间杂交的四倍体 F_1 杂种的减数分裂染色体构型与 2∶2 数学模型相比较，不同组合 X-值变幅从 0.883 到 0.939。这就显示两组染色体组各自相近，与另一组不同，这就支持先前论证（Dewey，1968；Lu et al.，1990c；Jensen，

1990b）它们是含有 **SSYY** 染色体组的物种。F_1 杂种的减数分裂平均每细胞含 11.5 对二价体，19 个臂交，显示它们之间的染色体相互存在一些分化，至少有 4 条染色体经常不配对。少数桥-染色体片段的形成可能由于倒位或有 1 个亚染色分体（U-型）交换（Jonse and Brumpton，1971）。在 **SSY** 以及 **SSYY** 染色体组的杂种中按细胞平均频率有 0.5 个多价体存在，在两个组合中观察到一个细胞中可多达 3 个。可能在亲本的染色体间发生了重组，例如易位，但更像是 **S** 与 **Y** 染色体组之间具有一些同源性。

同年，编著者在《加拿大植物学杂志（Canadian Journal of Botany）》69 卷发表一篇题为“*Roegneria* its generic limits and justification for its recognition”的论文。发表这篇文章的时候，仲彬草属（*Kengyilia* C. Yen et J. L. Yang）刚建立，对鹅观草属拟冰草组（Section *Paragropyron* Keng ）还未进行深入的研究。因此，当时也还未将拟冰草组的一些含 **PStY** 染色体组的种组合到仲彬草属中去（ 在 1990 年编著者发表仲彬草属后不久，K. B. Jensen 也发现拟冰草组的 *Kengyilia hirsuta* Keng、*K. grandiglumis* Keng、*K. alatavica*、*K. batalinii* 也都是含 **PStY** 染色体组的种，他是追随 Á. Löve 把这几个分类群放在 *Elymus* 属中的）。因此，仍然将拟鹅观草组的种包括在鹅观草属中。另外，当

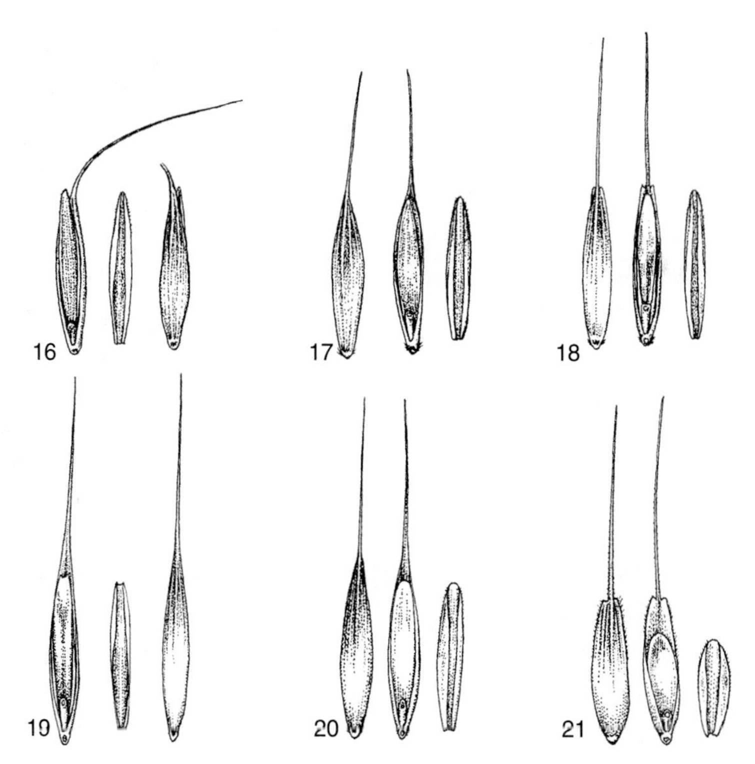

图 5-10　*Elymus* 与 *Roegneria* 之间形态特征的差异

［在 *Elymus* 属中，内稃等于或稍长于外稃，并具锐尖的内稃尖端。16. *Elymus sibiricus* L.；17. *Elymus mutabilis*（Drobov）Tzvelev；18. *Elymus caninus*（L.）L. *Roegneria* 内稃短于外稃（21），如果近等长则尖端钝圆（20）、截平或微凹（19），不锐尖。19. *Roegneria caucasica* C. Koch；20. *Roegneria turczaninovii*（Drobov）Nevski；21. *Roegneria ciliaris*（Trin.）Nevski。在每一个分图中内稃都与相邻外稃在一起可以对比，另一图显示外稃背面观］

（引自 Baum. C. Yen 与 J. L. Yang，1990，图 16 至图 21）

时对法国植物学家 Nicaise Auguste Desvaux 在 1810 年以 *Elytrigia repens* Desv. 为模式建立的偃麦草属（*Elytrigia* Desv.）也未作深入分析。不过旨在从形态上来区分鹅观草，主要的是与披碱草属（*Elymus* L.）的区别还是正确的。也就是在明确了它们的染色体组的组成以后再来找出它们直接反映其染色体组的关键形态性状，以便日常鉴别使用。这也是在系统分类学研究方法上提出的一个从形态认识入手，到遗传试验分析来确定其真实的系统地位后，再回到找出其形态鉴别的关键特征的这样一个程序。

经分析比较，反映 **St** 与 **Y** 染色体组的关键形态性状是：无根茎（或具短根茎）；穗直立至弯曲，少数下垂；小穗单生穗轴节上，穗轴节间较长，小穗贴近穗轴；小穗脱节于颖之上，颖宿存于穗轴节上；内稃明显短于外稃或稍短于外稃，尖端钝圆或微凹，绝无锐尖，两脊间距离宽（图 5－10）。

1992 年，瑞典农业科学大学的 B. Salomon 与卢宝荣在奥地利出版的《植物系统学与演化（Plant Systematics and Evolution）》杂志第 180 卷上发表一篇题为“Genomic groups，morphology，and sectional delimitation in Eurasian Elymus（Poaceae：Triticeae）”的论文，他们用 7 个四倍体种，即 *Elymus sibiricus*、*E. caninus*、*E. gmelinii*、*E. semicostatus*、*E. caucasicus*、*E. parviglume* 与 *E. longearistatus* subsp. *canaliculatus* 代表 5 个组（编著者注：他们是按 A. Melderis、H. H. Цвелев 与 Á. Löve 的分类），来作形态与种间杂交分析（图 5－11）。以染色体在减数分裂中期 I 的臂交频率来分析它们相互间的亲缘疏密关系（图 5－12）。他们的结论使这一研究展示了：①更深入地在染色体组的层面上显示不同种间的亲疏信息；②种的染色体组组成与现有的分类分组（编著者注：指 H. H. Цвелев 与 Á. Löve 的分类分组）不相符合；③染色体组组成与内稃顶端形态以及脊上纤毛大小有相关性。这一点与 Baum 及编著者在 1991 年发表的报告是一致的。编著者认为他们这一试验研究的结果已经清楚地说明了 A. Melderis、H. H. Цвелев 与 Á. Löve 的分类系统是与客观实际不相一致的，是不正确的。他们的主观主义的分类系统，把应当是属于鹅观草属的 *Roegneria gmelinii*、*R. semicostata*、*R. caucasica*、*R. parviglumis*、*R. longearistata* 仍然放在 *Elymus* 属中是与他们自己的客观试验研究结果相矛盾的。他们客观检测的数据与分析是值得参考的。现节录表 5－33、表 5－34。

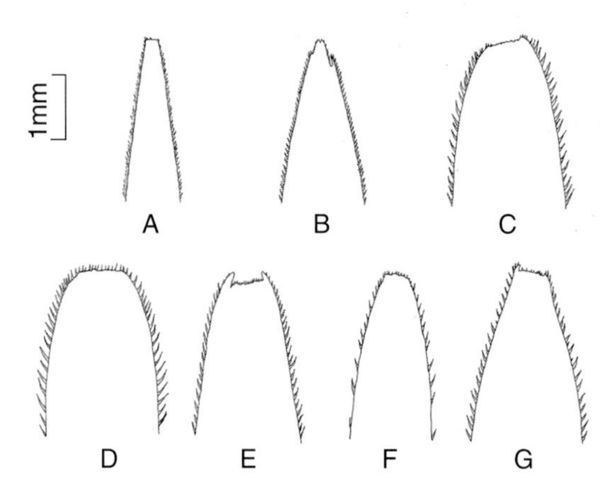

图 5－11　*Elymus*7 个种的内稃顶端形态

A. *E. sibiricus*（H3094）　B. *E. caninus*（H3169）
C. *E. gmelinni*（H8490b）　D. *E. semicostatus*（H4002）
E. *E. caucasicus*（H3207）　F. *E. parviglume*（H8371）
G. *E. longearistatus* subsp. *canaliculatus*（H4118）
（引自 Salomon 与 Lu，1992，图 2）

同年，四川农业大学小麦研究所孙根楼与编著者在《云南植物研究》14 卷上发表一篇题为“鹅观草属三个种的核型研究”的报告，报道了 *Roegneria caucasica*、*R. fedtschenkoi* 和 *R. komarovii* 核型的观察比较结果。观测数据列于表 5－35。

表 5-33　各个种的形态特征

（引自 Salomon 与 Lu，1992，表 5）

组种	*Elymus* *E. sibiricus*	*Goulardia* *E. caninus*	*Semeiostachys* （*Goulardia*） *E. gmelinii*	*Semeiostachys* （*Goulardia*） *E. semicostatus*	*Clinelymiopsis* *E. caucasicus*	*Clinelymiopsid* *E. parviglume*	*Anthosachne* *E. longearistatus* subsp. *canaliculatus*
穗子形态	下垂	直立—半直立	直立	直立—半直立	下垂	下垂	下垂
每穗节数	14～28	11～24	10～16	8～14	3～6	7～15	3～8
每节小穗数	2	1	1	1	1	1	1
穗轴节间长（mm）	5～12	4～11	9～13	11～17	20～30	9～25	15～25
小穗小花数	4～7	3～6	4～6	4～7	4～5	3～9	5～9
颖长（mm）*	3～6	6～10	8～11	9～18	2～7	2～5	4～9
颖脉数*	1～4	3～5	4～5	4～6	3～5	1～5	3～5
外稃	粗糙	光滑	粗糙	粗糙	粗糙	粗糙	粗糙
外稃芒长（mm）*+	10～30	7～20	20～35	12～22	22～40	10～20	30～60
外稃芒形*	直—弯曲	直立	弯曲	直立	直立	直立	弯曲
内稃上端	锐尖	锐尖	钝圆	钝圆	钝圆	钝圆	钝圆
内稃纤毛长（mm）	0.1	0.1	0.2	0.2	0.2	0.2	0.2
花药长（mm）*	1～2	2～3	2～3	3～6	2～3	2～3	3～4
染色体组	**SH**	**SH**	**SY**	**SY**	**SY**	**SY**	**SY**

注：数据来自已有文献与观察。标有星号 * 的是 Melderis(1970)、Tzvelev(1973)与 Löve(1984)认为分组的重要性状。+正常有芒种的稀有的无芒个体没有考虑在内。

表 5-34 *Elymus* 种间杂种的减数分裂中期Ⅰ染色体构型顺序按平均交叉频率排列

（引自 Salomon 与 Lu，1992，表 4）

Cross	No.	2n	N	Ⅰ	Ⅱ	棒型Ⅱ	环型Ⅱ	Ⅲ	Ⅳ	Ⅴ	Ⅵ	Ⅶ	Ⅷ	交叉/细胞
E. sibiricus×*E. caninus*	BB 7346	28	30	0.70 (0～3)	11.10 (9～14)	3.10 (0～8)	8.00 (2～12)	0.43 (0～2)	0.90 (0～2)		0.03 (0～1)			23.10 (18～27)
E. parviglume×*E. gmelinii*	BB 7184	28	50	2.02 (0～6)	10.66 (8～14)	3.46 (0～9)	7.20 (4～11)	0.22 (0～2)	0.36 (0～2)	0.12 (0～1)	0.18 (0～1)	0.08 (0～1)	0.04 (0～1)	21.80 (17～26)
E. parviglume×*E. semicostatus*	BB 6807	28	50	3.10 (0～8)	12.22 (9～14)	3.68 (1～8)	8.54 (5～12)	0.02 (0～1)	0.10 (0～1)					21.24 (18～26)
E. parviglume×*E. longearistatus*	BB 7074	28	50	3.08 (0～8)	11.26 (8～14)	4.02 (0～9)	7.24 (4～10)	0.30 (0～1)	0.20 (0～2)	0.06 (0～1)	0.04 (0～1)	0.02 (0～1)		20.32 (16～24)
E. longearistatus×*E. semicostatus*	BB 7071	28	50	3.08 (0～8)	11.26 (7～14)	4.56 (0～9)	6.70 (2～9)	0.34 (0～2)	0.18 (0～1)	0.06 (0～1)	0.06 (0～1)			19.74 (13～24)
E. caucasicus×*E. semicostatus*	BB 7072	28	49	5.94 (0～13)	9.82 (6～14)	4.46 (1～9)	5.36 (2～8)	0.35 (0～2)	0.31 (0～1)	0.02 (0～1)	0.02 (0～1)			17.00 (11～22)
E. caucasicus×*E. parviglume*	BB 7061	28	51	8.08 (2～13)	9.22 (6～12)	3.57 (1～6)	5.65 (2～9)	0.24 (0～2)	0.22 (0～1)					16.08 (10～21)
E. sibiricus×*E. parviglume*	BB 7253	28	50	16.52 (14～22)	5.54 (3～8)	4.52 (2～7)	1.02 (0～3)	0.12 (0～1)						6.81 (4～9)
E. parviglume×*E. caninus*	BB 7090	28	50	17.84 (14～22)	5.02 (3～7)	3.78 (1～6)	1.24 (0～4)	0.04 (0～1)						6.34 (3～11)
E. longearistatus×*E. sibiricus*	BB 6265	28	30	18.40 (10～18)	3.70 (4～8)	3.57 (0～6)	0.13 (0～6)	0.53 (0～2)	0.07 (0～1)	0.07 (0～1)				5.37 (0～9)
E. sibiricus×*E. semicostatus*	BB 6233	28	40	19.18 (14～28)	3.98 (0～7)	3.33 (0～6)	0.65 (0～3)	0.22 (0～2)	0.05 (0～1)					5.23 (0～9)
E. semicostatus×*E. caninus*	BB 7364	28	50	19.30 (14～24)	4.04 (2～7)	3.54 (1～6)	0.50 (0～3)	0.18 (0～1)	0.02 (0～1)					4.96 (2～9)
E. caucasicus×*E. caninus*	BB 7214	28	50	24.14 (19～28)	1.84 (0～4)	1.80 (0～4)	0.04 (0～1)	0.06 (0～1)						2.01 (0～6)

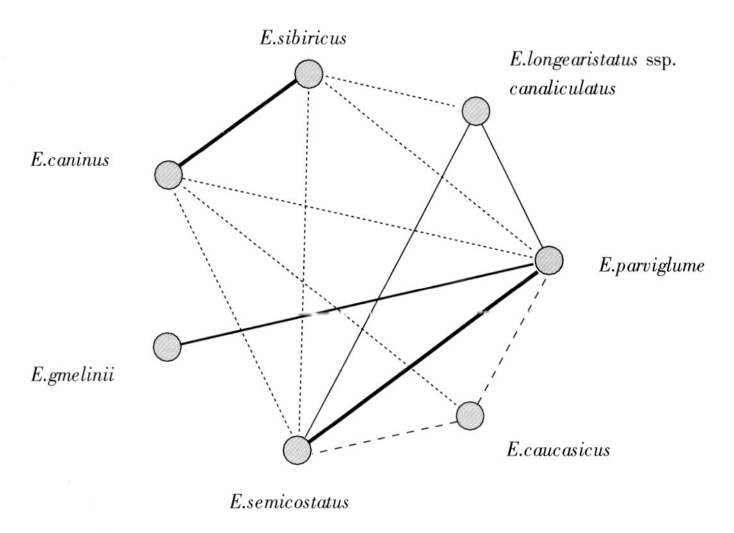

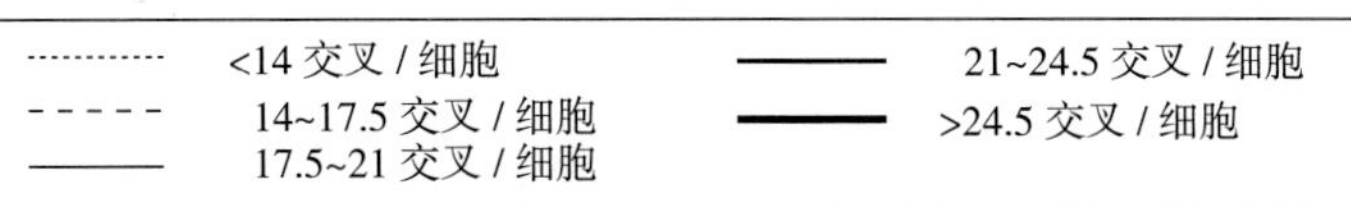

图 5-12　显示 *Elymus* 种间杂种平均每花粉母细胞染色体臂交叉数的多边图

（引自 Salomon 与 Lu，1992，图 1）

表 5-35　鹅观草属 3 个种的染色体参数

（引自孙根楼、颜济、杨俊良，1992，表 1）

种	染色体编号	相对长度（%）	臂比	长度系数	类型
Roegneria komarovii	1	3.96+5.45=9.41	1.38	1.32（L）	m
	2	2.72+5.94=8.66	2.18	1.21（M_2）	sm
	3	3.96+4.46=8.42	1.13	1.18（M_2）	m
	4	3.96+4.41=8.17	1.06	1.14（M_2）	m
	5	3.47+3.96=7.43	1.14	1.04（M_2）	m
	6	2.97+4.46=7.43	1.50	1.04（M_2）	m
	7	2.27+4.46=7.18	1.64	1.01（M_2）	m
	8	3.22+3.71=6.93	1.15	0.97（M_1）	m
	9	2.72+3.96=6.68	1.46	0.94（M_1）	m
	10	2.48+3.96=6.44	1.60	0.90（M_1）	m
	11	2.97+3.22=6.19	1.08	0.87（M_1）	m
	12	1.57+4.47=6.04	2.87	0.85（M_1）	SAT
	13	2.84+2.96=5.80	1.04	0.81（M_1）	m
	14	2.48+2.72=5.20	1.10	0.72（S）	m
Roegneria fedtschenkoi	1	4.52+5.53=10.05	1.22	1.41（L）	m
	2	4.02+5.03=9.05	1.25	1.27（L）	m

（续）

种	染色体编号	相对长度（%）	臂比	长度系数	类型
	3	3.02+5.53=8.55	1.83	1.20（M_2）	sm
	4	4.02+4.27=8.29	1.06	1.16（M_2）	m
	5	3.52+3.77=7.29	1.07	1.02（M_2）	m
	6	3.27+4.02=7.29	1.23	1.02（M_2）	m
	7	3.27+3.77=7.04	1.15	0.99（M_1）	m
	8	2.51+4.27=6.78	1.70	0.95（M_1）	m
	9	2.76+3.77=6.53	1.37	0.91（M_1）	m
	10	2.51+4.02=6.53	1.60	0.91（M_1）	m
	11	2.51+3.52=6.03	1.40	0.84（M_1）	m
	12	1.58+4.20=5.78	2.66	0.81（M_1）	SAT
	13	2.40+3.13=5.53	1.30	0.77（M_1）	m
	14	2.51+2.76=5.27	1.10	0.74（S）	m
Roegneria caucasica	1	4.23+4.80=9.03	1.13	1.26（L）	m
	2	3.95+4.52=8.47	1.14	1.18（M_2）	m
	3	2.82+5.36=8.18	1.90	1.14（M_2）	sm
	4	3.39+4.52=7.91	1.33	1.11（M_2）	m
	5	3.56+4.23=7.79	1.19	1.09（M_2）	m
	6	3.39+4.23=7.62	1.25	1.07（M_2）	m
	7	3.27+3.95=7.22	1.21	1.01（M_1）	m
	8	2.82+3.95=6.77	1.40	0.95（M_1）	m
	9	3.11+3.56=6.67	1.14	0.93（M_1）	m
	10	2.54+3.95=6.49	1.56	0.91（M_1）	m
	11	2.82+3.39=6.21	1.20	0.87（M_1）	m
	12	1.69+4.52=6.21	2.67	0.87（M_1）	SAT
	13	2.54+3.39=5.93	1.33	0.83（M_1）	m
	14	1.41+4.23=5.64	3.00	0.79（M_1）	SAT*

* 随体长度未计算在内。

从表5-35与核型图（图5-13）可见，*R. komarovii* 和 *R. fedtschenkoi* 在第12号染色体上都有随体；*R. caucasica* 比 *R. fedtschenkoi* 及 *R. komarovii* 少一对中部着丝点染色体，在12号与14号染色体上都有随体。在相对长度组成上，三者之间存在有差异，染色体长度比也不相同。但在核型类型上均属于Stebbins的"2A"型，核型1对称系数也很相似。它们的核型特征更多地表现出相似性，表明它们有着共同的起源和不同程度的同质性。*R. komarovii* 与 *R. fedtschenkoi* 的核型虽然有些差异，但更多的是相似性，反映出它们是相近似的染色体组。日本细胞学家Oinuma T.（1953）根据许多测试结果归纳后指出："具有相同染色体组的不同物种具有相似的核型"。这一看法已被越来越多的测试所验证。也就是说从核型来看，*R. fedtschenkoi* 是含 **SSYY** 染色体组的种，据此可以推测

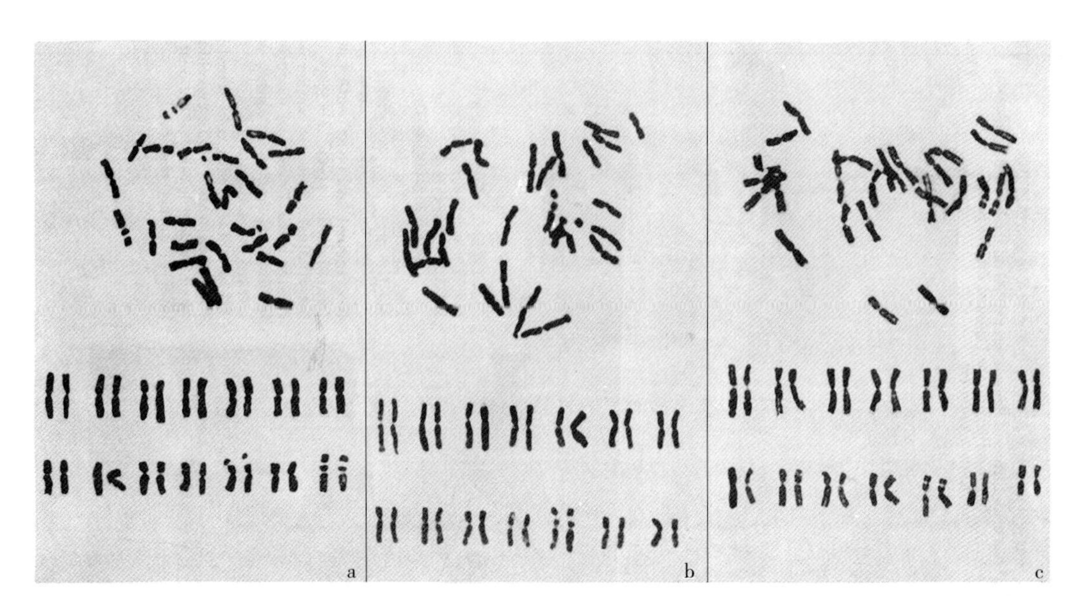

图 5-13 *Roegneria* 3 个种的核型

a. *R. caucasica* b. *R. fedtschenkoi* c. *R. komarovii*

（引自孙根楼、颜济、杨俊良，1992，图版Ⅰ）

R. komarovii 也是含 **SSYY** 染色体组的种。

1993 年，Björn Salomon 在《核基因组（Genome）》36 卷上发表一篇题为 "Interspecific hybridization in the *Elymus semicostatus* group（Poaceae）" 的报告。报道了他所进行的 *E. semicostatus*、*E. validus*（亚组Ⅰ）、*E. abolinii*（亚组Ⅱ）、*E. fedtschenkoi*、*E. nevskii*、*E. praeruptus*（亚组Ⅲ）以及 *E. panormitanus*（亚组Ⅳ）7 个种的种间杂交所得的 16 个 F_1 杂种的减数分裂染色体配对数据。这些数据列于表 5-36。

表 5-36 *Elymus* 种间杂种减数分裂中期Ⅰ染色体配对情况

（引自 Salomon，1993，表 4）

杂种组合（♀×♂）	No.	染色体数（2n）	N	Ⅰ	Ⅱ			Ⅲ	Ⅳ	Ⅴ	交叉/细胞
					总计	棒型	环型				
E. validus× *E. semicostatus*	BB 6212	28	50	1.24 (0～4)	13.34 (11～14)	2.20 (0～4)	11.14 (9～14)		0.02 (0～1)		24.56 (21～28)
E. validus× *E. semicostatus*	BB 6213-1	28	50	0.28 (0～4)	13.80 (11～14)	1.38 (0～5)	12.42 (8～14)		0.02 (0～1)		26.32 (21～28)
E. validus× *E. semicostatus*	BB 6213-8	28	28	0.07 (0～2)	13.82 (11～14)	1.14 (0～3)	12.68 (10～14)		0.07 (0～1)		26.75 (24～28)
E. abolinii× *E. semicostatus*	BB 6782	28	50	1.62 (1～6)	13.02 (9～14)	3.68 (0～8)	9.34 (5～13)	0.06 (0～1)	0.04 (0～1)		22.62 (16～27)
E. abolinii× *E. semicostatus*	BB 7363	28	30	1.83 (0～7)	13.03 (9～14)	4.40 (2～9)	8.63 (4～11)	0.03 (0～1)			22.40 (17～25)

（续）

杂种组合（♀×♂）	No.	染色体数（2n）	N	Ⅰ	Ⅱ 总计	Ⅱ 棒型	Ⅱ 环型	Ⅲ	Ⅳ	Ⅴ	交叉/细胞
E. abolinii× *E. semicostatus*	BB 7384	28	30	1.53 （0～6）	13.10 （11～14）	3.73 （1～7）	9.37 （4～13）		0.07 （0～1）		22.70 （15～27）
E. validus× *E. abolinii*	BB 6744	28	45	3.53 （0～12）	11.87 （8～14）	3.38 （0～6）	8.49 （4～14）	0.07 （0～1）	0.13 （0～3）		21.00 （15～28）
E. validus× *E. abolinii*	BB 6797	28	50	5.96 （0～12）	10.86 （8～14）	5.94 （1～10）	4.92 （1～10）	0.08 （0～1）	0.02 （0～1）		16.04 （11～21）
E. semicostatus× *E. fedtschenkoi*	BB 7372	28	21	5.52 （0～10）	11.10 （9～14）	5.29 （2～9）	5.81 （2～9）	0.10 （0～1）			16.90 （12～22）
E. fedtschenkoi× *E. validus*	BB 7377	28	50	5.04 （0～12）	11.20 （6～14）	5.06 （2～11）	6.14 （1～10）	0.08 （0～1）	0.08 （0～1）		17.70 （11～23）
E. nevskii× *E. semicostatus*	BB 7389 b	28	50	1.24 （0～4）	12.34 （9～14）	4.04 （0～8）	8.30 （5～12）	0.08 （0～2）	0.46 （0～1）		22.28 （18～28）
E. panormitanus× *E. semicostatus*	BB 7368	28	30	13.10 （7～20）	7.10 （3～10）	4.53 （1～7）	2.57 （0～6）	0.23 （0～1）			10.13 （7～14）
E. abolinii× *E. fedtschenkoi*	BB 7416	28	50	2.62 （0～6）	12.42 （9～14）	2.92 （0～7）	9.50 （5～13）	0.10 （0～2）	0.06 （0～1）		22.30 （18～27）
E. praeruptus× *E. aboilnii*	BB 7371	28	30	3.77 （0～9）	11.10 （8～14）	4.87 （2～9）	6.23 （2～10）	0.30 （0～2）	0.23 （0～1）	0.03 （0～1）	18.90 （23～25）
E. fedtschenkoi× *E. nevskii*	BB 7419	28	50	0.02 （0～1）	13.04 （12～14）	0.80 （0～3）	12.24 （9～14）	0.02 （0～1）	0.46 （0～1）		27.10 （25～28）
E. praeruptus× *E. fedtschenkoi*	BB 7373	28	50	1.04 （0～5）	11.70 （8～14）	1.66 （0～5）	10.04 （5～14）	0.36 （0～2）	0.62 （0～2）		24.58 （17～27）

注：配对值为平均数，括弧内为变幅。

Salomon 在序言中就说明："实质上基于形态学的 *Elymus* 同一个组可能包括了不同的基本染色体组组合，而含相同染色体组的物种却又分在 3 个或更多的组当中（Salomon and Lu，1992）。因此，按形态学显示的亲缘关系与染色体组显示的亲缘关系不完全一致。"他说这篇报告所研究的 *E. semicostatus* 种群包含 9 个来自亚洲的种是以大的直立穗、大颖与圆形内稃尖端为特征。基于形态学，*E. semicostatus* 种群又分成 4 个亚群：第一亚群以 *E. semicostatus*（Nees ex Steud.）Meld. 为代表，包括 *E. vailidus*（Meld.）Salomon，分布于喜马拉雅山区。第二亚群只含 *E. abolinii*（Drob.）Tzvelev 一个种，分布在中亚天山北部，其形态特征介于第一与第三亚群之间。第三亚群以 *E. fedtschenkoi* Tzvelev 为代表，包括 *E. nevski* Tzvelev 与 *E. praeruptus* Tzvelev，以较长的内稃与密而偏向一侧的小穗为特征。它们也分布于中亚，*E. fedtschenkoi* 从北面的阿尔泰山区通过天山直到巴基斯坦北部。*Elymus panormitanus*（Parl.）Tzvelev 构成第四亚群，它与其他不同的是外稃短于颖，另外分布于地中海与西南亚。

这些种群间与种群内所作的种间杂交的 F_1 杂种一般都发育茁壮。但也有些 F_1 杂种，

特别是 *E. abolinii* 与 *E. panormutanus* 的杂种，发育不好；*E. abolinii*×*E. nevskii* 及 *E. panormitanus*×*E. abolinii* 的所有杂种都在开花前夭亡。全部 F_1 杂种都完全不育，*E. nevskii*×*E. semicostatus* 的子代有 1.0%的花粉能染色。

所有检测的 F_1 杂种的减数分裂中期Ⅰ染色体配对数据都记录如表 5～36。在亚群内的种间杂交，其杂种染色体配率都很高并有高频率的二价体，平均二价体变幅从 *E. praeruptus* × *E. fedtschenkoi* 的 11.70 对到 *E. validus* × *E. semicostatus* 的 13.82 对，80%～90%二价体都是环型。染色体交叉频率变幅从 24.56 到 27.10。不同亚群间的杂种，除一个外，其他的情况也与此相似。平均二价体变幅从 *E. validus*×*E. abolinii* 的 10.86 对到 *E. abolinii*×*E. semicostatus* 的 13.10 对。染色体交叉频率从 24.56 到 22.70。只有 *E. panormitanus*×*E. semicostatus* 的杂种不同，显示出很低的配对率，平均二价体仅为 7.10 对，且只有 36%是环型，染色体交叉频率也只有 10.13。Jensen 与 Hatch（1988）所测试的 *E. nevskii* 与 *E. panormitanus* 之间的染色体配对情况，二价体平均也只有 7.28 对，染色体臂交叉频率只有 8.89。*E. panormitanus* 与中亚及东亚的含 **SY** 染色体组的种杂交，染色体配对也显得比较低（Lu and Salomon，1992）。但是，*E. panormitanus* 是含 **SY** 染色体组的种是没有疑问的（Jensen and Hatch，1988），虽然它的 **SY** 染色体组与东方的有不同的分化。下面是 Salomon 在文章中发表的基于染色体臂交叉频率描绘的多边亲缘关系图（图 5-14），其间的关系可以一目了然。不过原图上 *E. panormitanus* 与 *E. nevskii* 之间的虚线不是根据他自己的检测数据，而是借用别人的观测，编著者把它删去。另外，*E. semicostatus* 与 *E. fedtschenkoi* 之间应为粗虚线（交叉平均 16.90），他画成了细实线，编著者作了修改。

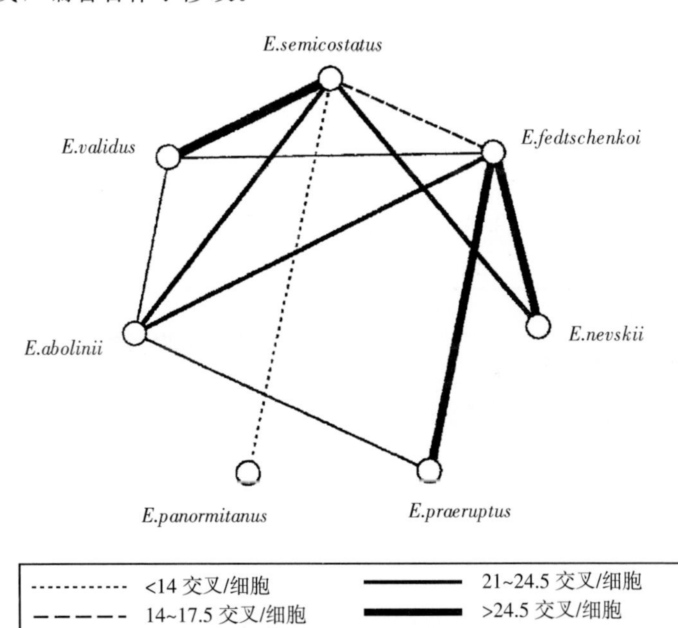

------------ <14 交叉/细胞	━━━ 21~24.5 交叉/细胞
– – – – – 14~17.5 交叉/细胞	▬▬▬ >24.5 交叉/细胞
——— 17.5~21 交叉/细胞	

图 5-14　基于染色体臂交叉平均频率的多边关系图

（引自 Salomon，1993，图 2）

1993年，卢宝荣在瑞典斯瓦洛伊夫对耿以礼定名的中国鹅观草属的假花鳞草进行了分析研究，改称为披碱草，即称为 *Elymus anthosachnoides*（Keng）Á. Löve。他用已知染色体组的 *Elymus abolinii*（Drpbov）Tzvelev 为测试种与它杂交，进行染色体组分析。他所写的这篇报告发表在瑞典出版的《遗传（Hereditas）》118卷1期上。他用染色体组型分析与同工酶分析来检测。以 *E. abolinii* 为父本进行两次杂交（杂交编号 BB7293 与 BB7628），前者授粉18朵小花得到7粒发育良好的绿色种子，结实率38.9%；后者授粉14朵小花得到10粒种子，结实率为71.4%。所有种子都具有正常的胚，在培养基上萌发，成长后来自 BB7628 的一株是长势比较弱的双单倍体，形似母本，经根尖细胞检测，含14条染色体；其余都是茁壮 F_1 杂种，含28条染色体。

减数分裂中期Ⅰ染色体配对的数据列于表5-37。

表5-37 *Elymus anthosachnoides*、*E. abolinii* 及其 F_1 杂种与双单倍体减数分裂中期Ⅰ染色体配对情况

（引自 Lu，1993a，表1）

亲本、F_1 杂种及双单倍体	染色体数（2n）	观察细胞数	染色体构型						每细胞染色体交叉数	C-值
			Ⅰ	Ⅱ 总计	Ⅱ 棒型	Ⅱ 环型	Ⅲ	Ⅳ		
E. anthosachnoides	28	50	0.10	13.86	0.98	12.88	—	0.02	26.76	0.956
（H9054）			（0～1）	（11～14）	（0～4）	（10～14）		（0～1）	（23～28）	
E. abolinii	28	50	0.04	13.98	0.76	13.22	—	—	27.22	0.972
（H3208）			（0～2）	（13～14）	（0～3）	（12～14）			（25～28）	
E. anthosachnoides×	28	50	10.14	8.01	5.78	2.32	0.38	0.18	11.64	0.409
E. abolinii（BB7293）			（4～19）	（3～12）	（2～10）	（0～6）	（0～2）	（0～1）	（7～19）	
（BB7628）	28	50	6.98	10.48	5.24	5.24	0.02	—	15.78	0.564
			（0～14）	（7～14）	（1～9）	（1～10）	（0～1）		（8～23）	
双单倍体（BB7628）	14	150	13.35	0.30	0.29	0.01	0.01	—	0.31	0.022
			（8～14）	（0～3）	（0～3）	（0～1）	（0～1）		（0～3）	

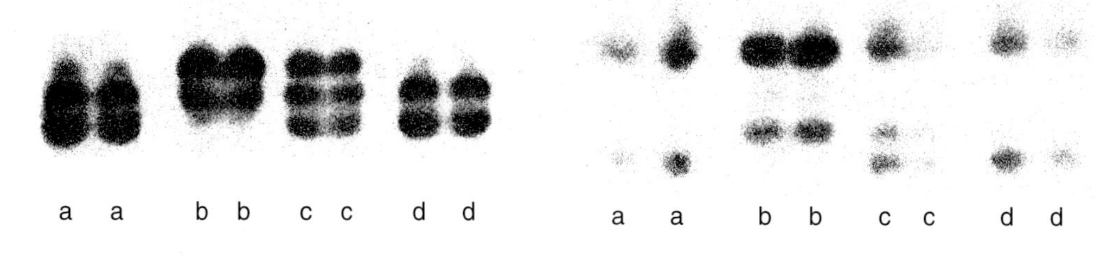

图5-15 *Elymus anthosachnoides*、*E. abolinii* 及其 F_1 子代、派生的双单倍体的 PGM（A）与 IDH（B）同工酶电泳带谱

a. *E. anthosachnoides* b. *E. abolinii* c. F_1杂种 d. 双单倍体

（引自 Lu，1993a，图4）

从表 5－37 所记录数据来看，*Elymus anthosachnoides* 与已知含 **SY** 染色体组的测试种杂交所得 F_1 杂种的减数分裂中期Ⅰ的染色体构型具有比较高的配对频率，二价体可高达 14 对，而臂交值（C-值）达 0.487。说明两亲本染色体组基本上相同，都是含 **SSYY** 染色体组。但存在变幅为 0～19 条单价体、0～2 的三价体及 0～1 的四价体，说明二者的染色体组相互有结构上的差异，如易位。

从同工酶分析来看（图 5－15），双亲的带谱有快慢的差别，这种差别就是在同一个种内的不同居群间也可能存在（Yen et al.，1983）。F_1 杂种的酶谱到恰好是双亲的重合，而双单倍体恰好与母本一致。可以证明细胞学分析的正确性。

同年，卢宝荣与Björn Salomon 在荷兰出版的《遗传学（Genetica）》90 卷上发表一篇对 *Elymus parviglumis*、*E. semicostatus* 及 *E. tibeticus* 3 个种群染色体组的相互关系的研究报告。这 3 个种群都是含 **S** 与 **Y** 染色体组的植物，是根据他们指定的形态特征来划分的（Salomon，1993a；Lu，1993b；Salomon and Lu，1993），卢宝荣与Björn Salomon 的分类，实际上是代表北欧小麦族研究团队的观点。这篇报告中，报道了他们所作 3 个种群 13 个种间染色体组分析测试观察的结果。按观测所得 F_1 子代的减数分裂中期Ⅰ每个花粉母细胞中染色体臂交叉平均值作出多边关系图（图 5－16）如下：

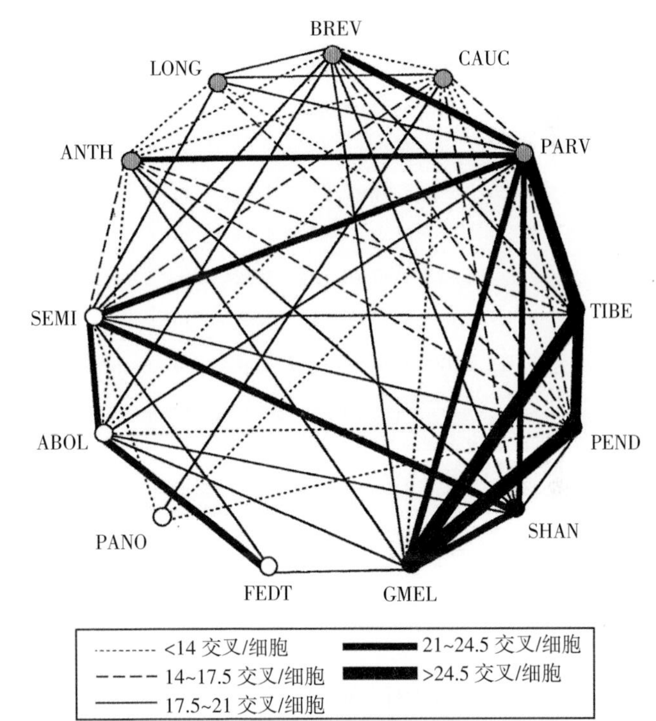

图 5－16　根据 F_1 杂种减数分裂中期Ⅰ染色体臂交叉频率为代表的染色体平均配对情况做出的多边关系图，以显示 *Elymus parviglumis*（纵线圆形）、*E. semicostatus*（白色圆形）与 *E. tibeticus*（黑色圆形）3 个种群的种相互亲缘关系疏密程度

（PARV＝*E. parviglumis*；ANTH＝*E. anthosachnoides*；BREV＝*E. brevi pes*；LONG＝*E. longearistatua*；TIBE＝*E. tibeticus*；GMEL＝*E. gmelinii*；PEND＝*E. pendu Linus*；SHAN＝*E. shandogensis*，SEMI＝*E. semicostatus*；ABOL＝*E. abokinii*；FEDT＝*E. fedtschenkoi*；PANO＝*E. panormitanus*）

（引自 Lu 与 Salomon，1993，图 2）

从图 5－16 所显示染色体组间相互亲缘关系疏密程度来看，他们认为“数据并没有显示有染色体组亲缘关系种群内高于种群间的倾向。因此，减数分裂数据并不支持这些含 **SY** 染色体组的种划分归入这 3 个种群”。也就是说以他们的主观形态标准来划分的种群与客观亲缘系统关系是不一致的。这是一个以表型来推论遗传系统与亲缘关系在逻辑上易犯错误的一个好例证。

同年，四川农业大学小麦

研究所的周永红、孙根楼、杨俊良在《广西植物》发表一篇“鹅观草属 5 个种的核型研究”的报告，首次报道了 *Roegneria altissima*、*R. anthosachnoides*、*R. dolichathera*、*R. sylvatica* 与 *R. varia* 的核型。这 5 个种的核型都是典型的 **SY** 染色体组的核型，最短的第 14 对染色体上具随体。它们都是属于 2A 型核型。这 5 个种的染色体的参数如表 5-38 所示。

表 5-38　鹅观草属 5 个种的染色体参数

（引自周永红、孙根楼、杨俊良，1993，表 2，编排稍作修改）

种	染色体序号	相对长度（%）	臂比（长/短）	类型	种	染色体序号	相对长度（%）	臂比（长/短）	类型
R. altissima					*R. sylvatica*				
	1	3.92+5.20=9.12	1.33	m		1	4.28+4.42=8.71	1.04	m
	2	3.83+5.13=8.96	1.34	m		2	3.78+4.39=8.17	1.16	m
	3	3.36+5.38=8.74	1.60	m		3	2.60+5.38=7.98	2.07	sm
	4	4.09+4.29=8.38	1.05	m		4	3.25+4.66=7.91	1.43	m
	5	3.24+5.04=8.28	1.56	m		5	2.37+5.23=7.60	2.21	sm
	6	3.58+3.99=7.57	1.11	m		6	3.28+4.28=7.56	1.30	m
	7	2.21+3.58=6.79	1.12	m		7	3.52+3.97=7.49	1.13	m
	8	2.60+3.97=6.57	1.53	m		8	3.51+3.70=7.21	1.05	m
	9	2.49+3.92=6.41	1.57	m		9	2.75+4.39=7.14	1.60	m
	10	2.92+3.37=6.29	1.15	m		10	2.71+4.31=7.02	1.59	m
	11	2.94+3.13=6.07	1.06	m		11	2.90+2.51=6.41	1.21	m
	12	2.35+3.53=5.88	1.50	m		12	2.94+3.25=6.19	1.11	m
	13	2.60+3.17=5.77	1.22	m		13	2.44+2.94=5.38	1.20	m
	14*	1.67+3.51=5.18	2.10	sm (SAT)		14*	1.60+3.63=5.23	2.27	sm (SAT)
R. anthosachnoides					*R. varia*				
	1	3.96+5.44=9.40	1.37	m		1	4.25+5.63=9.88	1.32	m
	2	2.86+5.88=8.74	2.06	sm		2	4.42+4.53=8.95	1.02	m
	3	3.69+4.81=8.50	1.30	m		3	3.92+4.25=8.17	1.08	m
	4	3.38+4.95=8.33	1.46	m		4	2.76+4.97=7.73	1.80	sm
	5	3.85+4.18=8.03	1.09	m		5	3.31+4.31=7.62	1.30	m
	6	3.65+4.12=7.77	1.13	m		6	2.87+4.53=7.40	1.58	m
	7	3.30+4.04=7.34	1.22	m		7	2.43+4.69=7.12	1.93	sm
	8	2.91+3.93=6.84	1.35	m		8	3.31+3.70=7.01	1.12	m
	9	3.16+3.44=6.60	1.09	m		9	2.32+4.69=7.01	2.02	sm
	10	2.17+4.04=6.21	1.86	sm		10	3.20+3.37=6.57	1.05	m
	11	2.86+3.19=6.05	1.16	m		11	2.71+3.37=6.08	1.24	m

（续）

种	染色体序号	相对长度（%）	臂比（长/短）	类型	种	染色体序号	相对长度（%）	臂比（长/短）	类型
	12	2.66+3.16=5.82	1.19	m		12	2.60+3.31=5.91	1.27	m
	13	2.61+2.86=5.47	1.10	m		13	2.21+3.09=5.30	1.40	m
	14*	1.59+3.27=4.86	2.06	sm (SAT)		14*	1.88+3.37=5.25	1.79	sm (3AT)
R. dolichathera									
	1	3.30+5.70=9.00	1.73	m		10	2.17+4.19=6.36	1.93	m
	2	4.29+4.60=8.89	1.07	m		11	2.95+3.28=6.23	1.11	m
	3	4.13+4.30=8.43	1.04	m		12	2.67+3.35=6.02	1.25	m
	4	3.64+4.37=8.01	1.20	m		13	2.17+3.37=5.54	1.55	m
	5	2.85+5.01=7.86	1.76	sm		14*	2.73+3.52=5.25	2.04	sm (SAT)
	6	3.51+4.05=7.56	1.15	m					
	7	3.46+3.71=7.17	1.07	m					
	8	3.04+3.91=6.95	1.29	m					
	9	3.19+3.56=6.75	1.11	m					

* 随体长度未计算在染色体长度内。

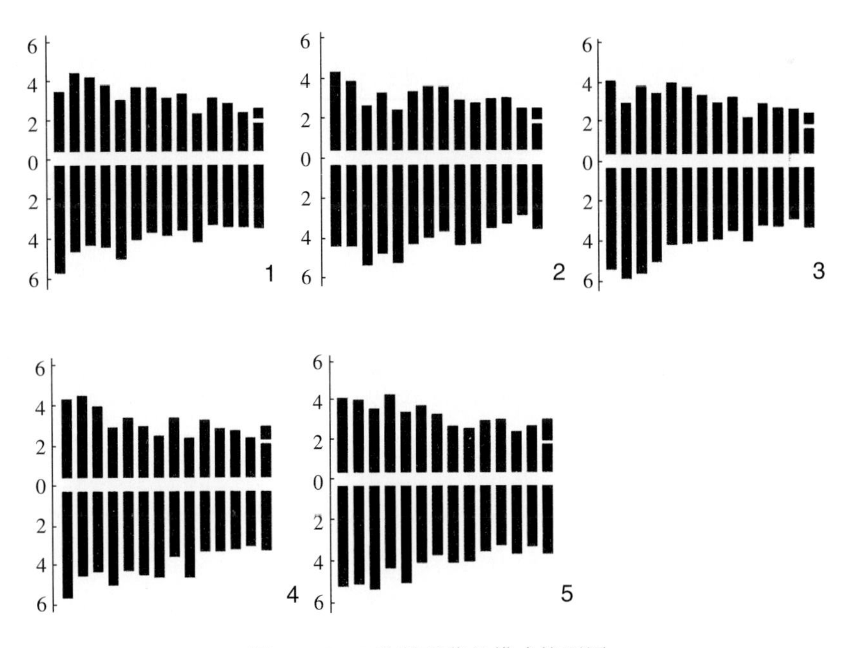

图 5-17　5 种鹅观草的模式核型图

1. *Roegneria dolichathera*　2. *R. sylvatica*　3. *R. anthosachnoides*　4. *R. varia*　5. *R. altissima*

（引自周永红、孙根楼、杨俊良，1993，图 2，编排修改）

从表 5-38 检测数据与核型（图 5-17）来看：*R. altissima*，2n=4x=28=26m+2sm

(SAT)；*R. anthosachnoides*，2n=4x=28=22m+4sm+2sm（SAT）；*R. dolichathera*，2n=4x=28=20m+6sm+2sm（SAT）；*R. sylvatica*，2n=4x=28=22m+4sm+2sm（SAT）；*R. varia*，2n=4x=28=20m+6sm+2sm（SAT）。它们的核型都有一些差异，但都没有超出 Stebbins（1971）划分的 2A 型范围，同属于 2A 型。它们的最短的第 14 对染色体是随体染色体，是 **Y** 染色体组的标志。编著者认为，它们都是含 **Y** 染色体组的四倍体，这也就说明它们都可能是属于 *Roegneria* 的物种，只是 **S** 染色体组还有待确切的证明。综合近缘植物的细胞学资料来作宏观分析推测，它们含 **SY** 染色体组应是基本正确的。

同年，卢宝荣在《植物系统学与进化（Plant systematics and evolution）》186 卷上发表一篇对 *Elymus nutans* 与 *E. jacquemontii* 所作细胞遗传学分析研究结果的报告。他用了已知染色体组的 1 个 *Pseudoroegneria spicata*（**SS**），与 *Elymus abolinii*（**SSYY**）、*E. altissimus*（**SSYY**）、*E. anthosachnoides*（**SSYY**）、*E. barbicallus*（**SSYY**）、*E. brevipes*（**SSYY**）、*E. caninus*（**SSHH**）、*E. caucasicus*（**SSYY**）、*E. gmelinii*（**SSYY**）、*E. parviglumis*（**SSYY**）、*E. pseudonutans*（**SSYY**）、*E. retroflexus*（**SSYY**）、*E. semicostatus*（**SSYY**）、*E. shandongensis*（**SSYY**）、*E. tibeticus*（**SSYY**）、*E. dahuricus*（**SSYYHH**）、*E. himalayanus*（**SSYYHH**）、*E. scabrus*（**SSYYWW**）17 个种进行测试研究。

从形态学与细胞学来看，*E. nutans* Griseb. 十分清楚是不属于鹅观草属的种，在这我们就不引证与讨论它；只摘录属于鹅观草的 *E. jacquemontii* 部分所作细胞遗传学分析研究的结果。他的实验观测数据分别列于表 5-39 与表 5-40。

表 5-39 *Elymus jacquemontii* 种间与属间杂交结果

（引自 Lu，1993b，表 2，编排已修改）

杂交组合	杂交数	授粉小花数	结实		胚		植株	
			结实数	%	胚数	%*	植株数	%*
E. jacquemontii ♀								
×*Pseud. spicta* ♂	1	12	9	75.0	9	75.0	9	75.0
×*E. altissimus* ♂	1	12	8	66.6	8	66.6	8	66.6
×*E. anthosachnoides* ♂	1	9	4	44.4	4	44.4	4	44.4
×*E. barbicallus* ♂	1	16	16	100.0	16	100.0	16	100.0
×*E. brevipes* ♂	1	11	10	90.9	10	90.9	9	81.8
×*E. cacuminus* ♂	1	4	4	100.0	4	100.0	4	100.0
×*E. caninus* ♂	1	12	3	25.0	3	25.0	1	8.3
×*E. caucasicus* ♂	1	12	11	91.7	10	83.3	10	83.3
×*E. parviglumis* ♂	1	9	6	66.6	6	66.6	6	66.6
×*E. pseudonutans* ♂	1	8	8	100.0	8	100.0	8	100.0
×*E. retroflexus* ♂	1	9	1	11.1	1	11.1	1	11.1
×*E. semicostatus* ♂	1	18	18	100.0	18	100.0	18	100.0

* 按授粉小花数的百分率。

表 5-40 *Elymus jacquemontii* 及其种属间 F_1 杂种减数分裂中期Ⅰ平均染色体构型

（引自 Lu，1993b，表 3，编排稍作修改）

亲本及杂交组合	杂交数	染色体组	染色体数(2n)	观察细胞数	染色体构型 Ⅰ	Ⅱ 总计	Ⅱ 环型	Ⅱ 棒型	Ⅲ	Ⅳ	Ⅴ	每细胞染色体交叉数	C-值
E. jacquemontii		SSYY	28	50	0.12	14.66	13.80	0.86	—	—	—	27.02	0.965
					(0~2)	(13~14)	(10~14)	(0~4)				(24~28)	
E. jacquemontii	1	SSYY	28	50	9.21	5.38	2.80	2.58	0.32	0.02	—	8.88	0.634
×*Ps. spicata*					(6~13)	(3~7)	(1~5)	(1~4)	(0~2)	(0~1)		(5~12)	
E. jacquemontii	1	SSYY	28	50	9.04	9.34	3.24	6.10	0.08	0.02	—	12.81	0.458
×*E. altissimus*					(1~18)	(5~13)	(0~7)	(2~11)	(0~1)	(0~1)		(5~21)	
E. jacquemontii	1	SSYY	28	50	7.34	10.21	4.27	5.94	0.08	—	—	14.71	0.525
×*E. anthosachnoides*					(0~14)	(6~14)	(0~8)	(3~10)	(0~1)			(8~20)	
E. jacquemontii	1	SSYY	28	50	6.10	10.20	4.96	5.24	0.34	0.12	—	16.12	0.576
×*E. barbicallus*					(0~12)	(7~14)	(1~9)	(2~11)	(0~2)	(0~1)		(11~21)	
E. jacquemontii	1	SSYY	28	50	4.18	10.54	6.16	4.38	0.48	0.30	0.02	18.62	0.665
×*E. brevipes*					(6~12)	(6~14)	(3~9)	(2~8)	(0~2)	(0~1)	(0~1)	(15~23)	
E. jacquemontii	1	SSYY	28	50	3.94	11.22	7.21	4.01	0.22	0.24	—	19.62	0.701
×*E. cacuminus*					(0~8)	(7~14)	(4~11)	(1~8)	(0~2)	(0~2)		(14~24)	
E. jacquemontii	1	SSYY	28	50	12.84	6.73	1.91	4.82	0.56	0.22	0.04	10.11	0.361
×*E. caucasicus*					(6~18)	(2~10)	(0~5)	(1~8)	(0~2)	(0~2)	(0~1)	(5~15)	
E. jacquemontii	1	SSYY	28	50	6.02	10.60	4.28	6.32	0.18	0.06	—	15.36	0.549
×*E. parviglumis*					(1~12)	(8~13)	(1~9)	(4~9)	(0~1)	(0~1)		(11~22)	
E. jacquemontii	1	SSYY	28	50	7.08	9.76	3.68	6.08	0.30	0.10	0.02	14.36	0.513
×*E. semicostatus*					(1~15)	(4~13)	(1~8)	(3~10)	(0~2)	(0~2)	(0~1)	(9~20)	

从表 5-39 与表 5-40 所列数据来看，作者已清楚地指出 *Elymus jacquemontii* (Hook. f.) Tzvelev 是一个含 **SSYY** 染色体组的四倍体物种。

也在 1993 年，卢宝荣又在奥地利出版的《植物系统学与进化（Plant Systematics and Evolu-tion)》187 卷上发表一篇“在 *Elymus parviglumis* 种群内染色体组间相互关系”的论文。用 *Elymus altissimus*、*E. anthosachnoides*、*E. breviglumis*、*E. brevipes*、*E. cacuminus*、*E. caucasicus*、*E. jacquemontii*、*E. longearistatus*、*E. parvglumis*、*E. pseudonutans*、*E. retroflexus*、*E. sclerus*、*E. yangii* 13 个种，做了 59 个种间杂交，杂交结果如图 5-18 所示。

总共 179 个杂交，158 个杂交得到杂种植株，成功率 87%。结实率差别很大（0~100%）；不同杂交组合间成株率差别也很大，有些为 0，有些却高达 90%左右。除 *E. pseudonutans* 与 *E. breviglumis* 之间的杂交外，其余的花药都不开裂，能染色的正常花粉都不到 1%。而 *E. pseudonutans* 与 *E. breviglumis* 之间的杂交能染色的花粉有 50%~

70%，在温室内 F_1 杂种具有稍低于30%的结实率。

他认为"*E. pseudonutans* 与 *E. breviglumis* 两个分类群有非常高的染色体组同一性，没有生殖阻碍，而形态上也非常相似。因此两个种应当合并为一个。*E. pseudonutans*（Keng）Löve（*Agropyron nutans*）先出版，应当是这个种的合法名称。*Elymus breviglumis* 应当作为 *E. pseudonutans* 的异名。"编著者认为，卢宝荣的这个论证是正确的，应当合并为一个种，但是不是异名，由于它们之间的 F_1 杂种的结实率不到30%，应当是亚种的问题。它们是含 **S** 与 **Y** 染色体组的物种，应当属于 *Roegneris* C. Koch——鹅观草属，而不是 *Elymus* L.——披碱草属。它们的合法名称应当是 *Roegneria nutans* 与 *Roegneria nutans* subsp. *breviglumis*。

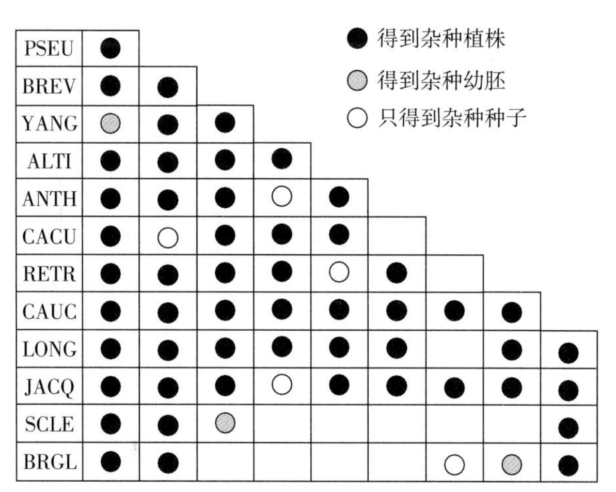

图 5-18 *Elymus parviglumis* 种群内种间杂交的结果
（空方表示不成功杂交）
（ALTI＝*E. altissimus*；ANTH＝*E. anthosachnoides*；BRGL＝*E. breviglumis*；BREV＝*E. brevipes*；CACU＝*E. cacuminus*；CAUC＝*E. caucasicus*；JACQ＝*E. jacquemontii*；LONG＝*E. longearistatus*；PARV＝*E. parviglumis*；PSEU＝*E. pseudonutans*；RETR＝*E. retroflexus*；SCLE＝*E. sclerus*；YANG＝*E. Yangii*）
（引自 Lu，1993c，图 1）

从他所观测的13个亲本的减数分裂情况来看，所有亲本种都是正常的异源四倍体，环型二价体都可达14对，只有 *E. yangii* 个别花粉母细胞只有7对，但平均环型二价体也达13.15对。有3个种没有单价体，分别是 *E. altissimus*、*E. breviglumis* 与 *E. longearistatus* subsp. *longearistatus*。有单价体的平均都在0.16以下，变幅除 *E. yangii* 外，都在0～2之间，*E. yangii* 变幅为0～4，但平均只有0.12。都没有出现多价体。结合它们相互杂交的子代都是花药不开裂的不育杂种来看，它们各自都是具有独立基因库的正常物种。

E. parviglumis 与 *E. brevipes*、*E. pseudonutans*、*E. anthosachnoides* 以及 *E. altissimus* 之间的杂种都有较高的染色体交叉频率，每细胞平均在21.06～22.28。它与 *E. sclerus*、*E. breviglumis*、*E. jacquemontii*、*E. yangii*、*E. cacuminus*、*E. retroflexus*、*E. longearistatus* 之间的杂种其次，交叉频率在17.88（与 *E. retroflexus*）到19.96之间。减数分裂配对最低的是与 *E. caucasicus* 杂交的杂种，平均每细胞交叉频率只有16.53。

E. caucasicus 与 *E. parviglumis* 种群内各个种杂交所得杂种减数分裂配对都很低，只有与 *E. longearistatus* 之间杂交所得杂种每花粉母细胞平均交叉频率18.29，与 *E. parviglumis* 之间的杂种平均交叉频率16.53，与其他各个种都能杂交得到杂种植株，但减数分裂每细胞染色体配对交叉数只有12.99（±2.38），低于每细胞平均14的水平（图5-19）。看来 *E. caucasicus* 在遗传亲缘关系上与 *E. parviglumis* 种群内各个种的距离都比较

远。这又说明按他们主观标准所定的“种群（group）”，与客观存在是不一致的。

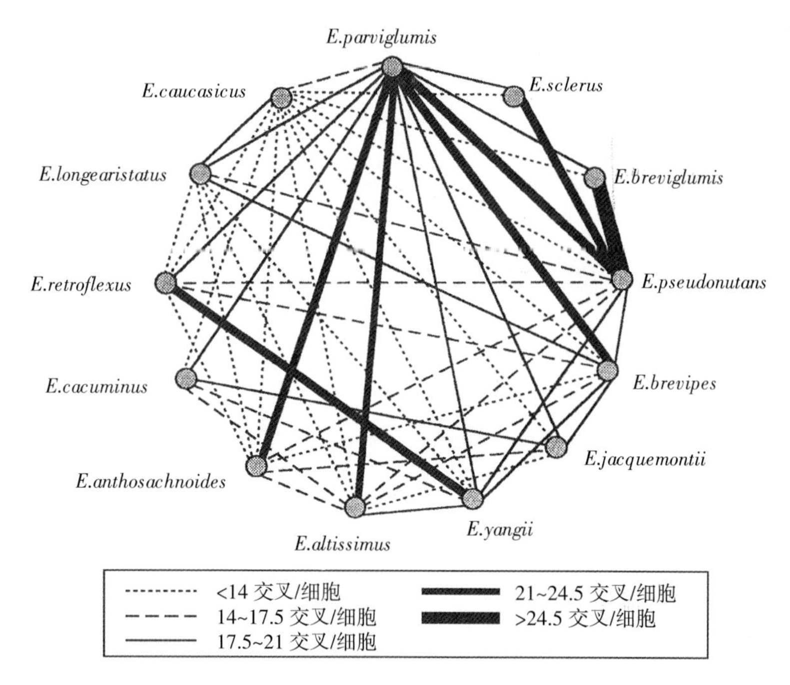

图 5-19　基于 *Elymus parviglumis* 种群内种间 F_1 杂种减数分裂中期Ⅰ染色体臂平均交叉频率所作的多面相互关系图

（引自 Lu，1993c，图 2）

E. longearistatus 与各个种杂交所得杂种在减数分裂中期染色体平均交叉频率都比较低，与 *E. yangii*、*E. altissimus*、*E. retroflexus*、*E. anthosachnoides* 之间的杂种每细胞平均交叉频率不到 12.50。与 *E. altissimus* 和 *E. anthosachnoides* 的正反交杂种中还观察到交叉频率显著不同。

从 *E. sclerus* 和 *E. breviglumis* 两个种与其他 **SY** 染色体组的四倍体的杂种的减数分裂染色体配对情况来看，这两个种也是含 **S** 与 **Y** 染色体组的四倍体。

他根据 C-值又作了聚类分析。由于 *E. sclerus* 与 *E. breviglumis* 杂交数目不够，因此未包括在聚类分析之内。它们与 *E. pseudonutans* 及 *E. parviglumis* 有很高的染色体组的近缘性，因此它们与种群内其他种的关系可以估计。*E. parviglumis* 种群 11 个种按它们的亲本及其种间杂种的平均 C-值作聚类分析，如表 5-41 所示。

表 5-41　*E. parviglumis* 种群内，按亲本及其种间杂种的平均 C-值所作的聚类分析

（引自 Lu，1993c，表 4）

PSEU	0.963				
PARV	0.796	0.979			
BREV	0.736	0.766	0.957		
YANG	0.729	0.652	0.745	0.971	
ALTI	0.613	0.752	0.515	0.718	0.971

（续）

	PSEU	PARV	BREV	YANG	ALTI	ANTH	CACU	RETR	CAUC	LONG	JACQ
ANTH	0.526	0.765	0.311	0.600*	0.617	0.959					
CACU	0.602	0.713	0.621*	0.573*	0.510	0.561*	0.929				
RETR	0.618	0.639	0.663	0.765	0.580*	0.256	0.581*	0.929			
CAUC	0.392	0.590	0.455	0.410	0.421	0.447	0.478	0.438	0.974		
LONG	0.541	0.653	0.682	0.417	0.441	0.422	0.545*	0.413	0.684	0.931	
JACQ	0.587*	0.549	0.665	0.591*	0.458	0.525	0.701	0.552*	0.361	0.544*	0.965

* 表示由平均数代替失去值。

分析得来的 *E. parviglumis* 种群的聚类图（图 5 - 20）有两大分枝［具平方根（RMS）距离 0.527］。*E. caucasicus* 与 *E. longearistatus* 聚类为一大亚群，具平方根距离 0.316，而 *E. parviglumis* 与其他的种聚类为另一大亚群，具平方根距离 0.204～0.504。

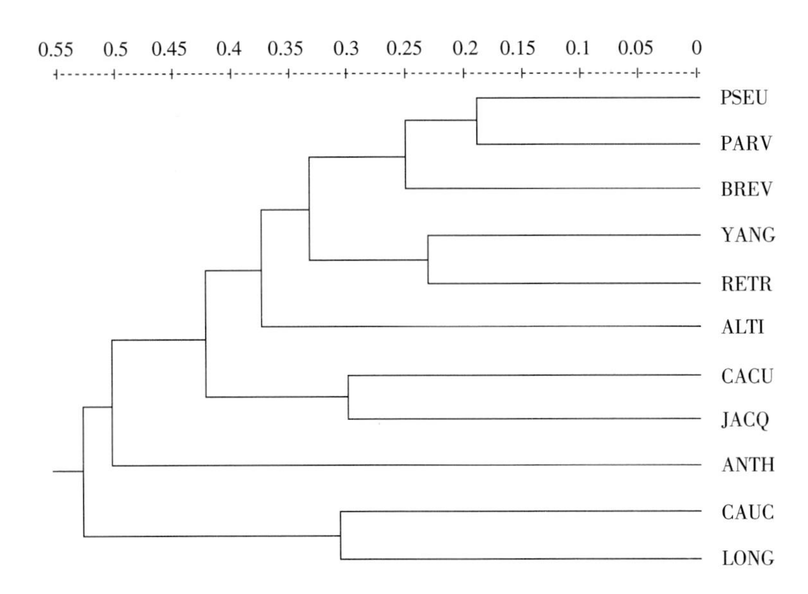

图 5 - 20 基于平均 C-值的聚类分析 *E. parviglumis* 种群内各种相互遗传近缘关系树状图（*Elymus breviglumis* 与 *E. sclerus* 不在内）

（引自 Lu，1993c，图 5）

1993 年，卢宝荣与他的导师 Roland von Bothmer 共同在加拿大出版的《核基因组（Genome）》36 卷上发表一篇题为“Genomic constitution of four Chinese endemic Elymus species：*E. brevipes*，*E. yangii*，*E. anthosachnoides* and *E. altissimus*（Triticeae，Poaceae）”的论文，对这 4 个中国特有的种进行染色体组分析。目的是确定它们的染色体组组成以及探测它们之间有无染色体组的变异。他们用了两个含 **SH** 染色体组的测试种 *E. caninus*（L.）L. 与 *E. sibiricus* L，两个含 **SY** 染色体组的测试种 *E. semicostatus*（Nees ex steud.）Meld. 与 *E. parviglumis*（Keng）Löve，以及两个含 **HSY** 染色体组的测试种 *E. tsukushiensis* 与 *E. himalayanus*（Nevski）Tzvelev 与它们杂交，检测它们的 F_1

杂种减数分裂染色体的配对情况。他们检测的结果列于表 5 - 42。

表 5 - 42　种间与种内 F_1 杂种减数分裂中期 Ⅰ 与后期 Ⅰ 染色体构型

（引自 Lu 与 Bothmer，1993，表 4）

杂交组合（♀×♂）	分析杂交数	染色体数（2n）	观察细胞数	染色体构型 Ⅰ	Ⅱ 总计	Ⅱ 环型	Ⅱ 棒型	Ⅲ	Ⅳ	交叉数细胞	最多染色分体桥数
E. brevipes	1	28	150	1.09	13.03	10.70	2.33	0.11	0.13	24.29	1
×*E. brevipes*				(0～6)	(10～14)	(6～14)	(0～6)	(0～1)	(0～1)	(18～26)	
E.. yangii	1	28	50	0.18	13.84	12.80	1.04	0.02	0.02	25.72	—
×*E. yangii*				(0～2)	(12～14)	(10～14)	(0～4)	(0～1)	(0～1)	(24～28)	
E. anthosachnoides	1	28	50	0.58	13.36	11.68	1.68	0.14	0.20	25.48	1
×*E. anthosachnoides*				(0～4)	(11～14)	(8～14)	(0～5)	(0～1)	(0～2)	(22～28)	
E. altissimus	1	28	100	0.61	13.68	11.58	2.10	0.01	—	25.30	1
×*E. altissimus*				(0～4)	(12～14)	(8～14)	(0～6)	(0～1)		(21～28)	
E. brevipes	1	28	50	14.32	6.16	1.57	4.59	0.32	0.08	8.68	2
×*E. anthosachnoides*				(812)	(4～10)	(0～4)	(1～9)	(0～1)	(0～1)	(4～14)	
E. brevipes	1[a]	28	50	6.36	10.09	3.14	6.95	0.18	0.10	14.41	2
×*E. altissimus*				(2～4)	(7～12)	(0～5)	(3～11)	(0～2)	(0～1)	(8～19)	
E. yangii	3	28	150	2.59	12.33	8.35	3.98	0.10	0.06	21.16	2
×*E. brevipes*				(0～8)	(9～14)	(2～13)	(0～11)	(0～1)	(0～1)	(15～26)	
E. yangii	1	28	50	4.24	11.72	8.14	3.58	0.08	0.02	20.11	2
×*E. altissimus*				(0～8)	(8～14)	(4～11)	(0～10)	(0～1)	(0～1)	(14～25)	
E. altissimus	1	28	50	4.26	11.72	8.18	3.54	0.10	—	20.11	—
×*E. yangii*				(0～10)	(9～14)	(5～11)	(1～7)	(0～1)		(15～25)	
E. anthosachnoides	1	28	50	5.88	10.71	6.09	4.62	0.16	0.06	17.28	—
×*E. altissimus*				(0～12)	(8～14)	(3～9)	(2～7)	(0～1)	(0～1)	(12～22)	
E. brevipes	2	28	100	17.66	5.10	1.18	3.92	0.04	—	6.35	—
×*E. caninus*				(12～22)	(3～8)	(0～4)	(1～8)	(0～1)		(3～13)	
E. brevipes	5[a]	28	250	4.36	10.96	6.36	4.60	0.27	0.13	18.55	2
×*E. semicostatus*				(0～12)	(4～14)	(1～11)	(1～11)	(0～2)	(0～2)	(12～24)	
E. psrviglumis	3	28	150	2.72	11.86	7.79	4.07	0.16	0.26	20.92	—
×*E. brevipes*				(0～9)	(6～14)	(2～13)	(0～9)	(0～1)	(0～1)	(14～27)	
E. brevipes	1[a]	35	50	8.48	11.16	6.44	4.72	0.86	0.38	20.66	1
×*E. tsukushiensis*				(5～16)	(8～14)	(3～9)	(2～10)	(0～3)	(0～2)	(15～26)	
E. brevipes	1	35	35	21.93	6.44	1.61	4.83	0.03	—	8.19	1
×*E. tsukushiensis*				(13～29)	(4～11)	(0～5)	(2～8)	(0～1)		(8～19)	
E. himalayanus	2[b]	35	77	7.88	11.87	4.95	6.92	0.73	0.23	19.14	1
×*E. brevipes*				(3～12)	(9～15)	(1～10)	(0～10)	(0～3)	(0～1)	(15～23)	

（续）

杂交组合（♀×♂）	分析杂交数	染色体数（2n）	观察细胞数	染色体构型						交叉数细胞	最多染色分体桥数
				Ⅰ	Ⅱ			Ⅲ	Ⅳ		
					总计	环型	棒型				
E. yangii	1	28	50	22.94	2.50	0.40	2.10	0.02	—	3.04	—
×*E. caninus*				(16～28)	(0～6)	(0～3)	(0～6)	(0～1)		(0～8)	
E. yangii	2[a]	28	100	3.96	11.41	6.32	4.57	0.28	0.34	18.81	2
×*E. semicostatus*				(0～10)	(9～14)	(4～10)	(1～9)	(0～1)	(0～2)	(13～25)	
E. yangii	1[a]	28	50	3.30	11.22	6.04	5.18	0.30	0.06	18.26	—
×*E. parviglumis*				(0～10)	(7～14)	(3～10)	(2～9)	(0～2)	(0～1)	(13～25)	
E. tsukushiensis	1	35	21	12.85	9.62	2.38	7.24	0.67	0.23	14.01	2
×*E. yangii*				(8～21)	(6～13)	(1～4)	(4～10)	(0～2)	(0～1)	(11～17)	
E. tsukushiensis	1[a]	35	50	20.32	6.81	0.93	5.88	0.30	0.02	8.34	3
×*E. yangii*				(8～27)	(3～13)	(0～5)	(2～10)	(0～2)	(0～1)	(3～17)	
E. anthosachnoides	3[a]	28	150	6.09	10.41	6.08	4.33	0.24	0.07	17.10	1
×*E. semicostatus*				(0～13)	(6～14)	(1～11)	(0～9)	(0～1)	(0～1)	(10～25)	
E. anthosachnoides	2[c]	28	100	3.48	11.02	7.07	3.95	0.30	0.29	19.96	2
×*E. parviglumis*				(0～11)	(7～14)	(2～12)	(1～9)	(0～2)	(0～1)	(18～26)	
E. anthosachnoides	1	35	50	9.31	12.14	5.90	6.24	0.18	0.22	19.12	—
×*E. tsukushiensis*				(5～13)	(7～15)	(2～11)	(2～10)	(0～2)	(0～1)	(12～23)	
E. altissimus	1[a]	28	50	21.86	2.98	0.38	2.60	0.06	—	3.51	—
×*E. caninus*				(15～26)	(1～5)	(0～4)	(1～4)	(0～1)		(1～9)	
E. altissimus	1	28	50	15.18	5.96	1.12	4.84	0.24	0.04	7.68	—
×*E. sibiricus*				(10～22)	(3～9)	(0～4)	(1～8)	(0～2)	(0～1)	(3～13)	
E. altissimus	2	28	100	2.60	12.44	9.31	3.14	0.10	0.05	22.03	2
×*E. semicostatus*				(0～8)	(9～14)	(5～12)	(0～7)	(0～1)	(0～1)	(17～27)	
E. altissimus	2[d]	28	100	2.67	12.23	8.08	4.15	0.06	0.19	21.06	1
×*E. parviglumis*				(0～10)	(9～14)	(4～12)	(1～7)	(0～2)	(0～1)	(14～27)	
E. altissimus	1	35	50	17.82	8.42	2.16	6.26	0.06	0.04	10.18	—
×*E. tsukushiensis*				(13～23)	(5～11)	(0～5)	(3～10)	(0～1)	(0～1)	(8～14)	

注：杂交组合的不同杂种间减数分裂构型交叉频率有显著差异的没有计入平均数。

a. 五价体=0.02（0～1）；b. 五价体=0.08（0～1）；c. 五价体=0.04（0～1）以及六价体=0.06（0～1）；d. 正反交平均构型。

E. brevipes、*E. yangii*、*E. anthosachnoides* 与 *E. altissimus* 4 个种形态上各具特征，减数分裂都很正常，在中期Ⅰ染色体大都是环型二价体，在花粉母细胞中多价体平均只有 0.01～0.2，显示它们都是正常的异源四倍体。不同地理产地的同种的居群间杂交也观察到具有杂种优势，说明它们之间也有遗传异质性存在。它们的种间杂种完全不育，证明它们都是各自独立的种。这些种间杂种，除 *E. brevipes*×*E. anthosachnoides* 外，减数分裂

的花粉母细胞中二价体都在 10 对以上，染色体臂交叉数在 14 以上而 C-值变化在 0.49～0.75，显示它们的染色体组非常相近，但不完全相同。*E. brevipes*×*E. anthosachnoides* 的杂种染色体配对较少，C-值 0.31，他们认为可能由于受杂种中存在的配对调节基因（例如 Ph 基因）作用而造成的。与其他杂种的平均 C-值相比较，大约减少了 0.37。

他们用 Chapman 与 Kimber 的四倍体模型（Chapman and Kimber，1992a）与五倍体模型（Chapman and Kimber，1992b）来测算它们的适合度，结果列于表 5-43。

表 5-43 四倍体与五倍体观察与计算的减数分裂构型间具最低 WSSD
（Chapman 与 Kimber，1992a、1992b）**的最佳适合模型**
（引自 Lu 与 Bothmer，1993，表 5）

杂交组合	染色体组	最佳适合模型	C-值	X-值	WSSD
E. brevipes×*E. caninus*	SSYH	2∶1∶1	0.23	0.98	0.57
E. altissimus×*E. caninus*	SSYH	2∶1∶1	0.12	0.99	0.01
E. altissimus×*E. sibiricus*	SSYH	2∶2	0.27	0.93	1.20
		2∶1∶1	0.27	0.91	3.68
E. yangii×*E. caninus*	SSYH	2∶1∶1	0.11	1.00	0.28
E. brevipes×*E. semicostatus*	SSYY	2∶2	0.65	0.98	12.51
E. parviglumis×*E. brevipes*	SSYY	2∶2	0.74	0.98	6.31
E. yangii×*E. semicostatus*	SSYY	2∶2	0.67	0.97	8.37
E. anthosachnoides×*E. semicostatus*	SSYY	2∶2	0.61	0.98	25.92
E. anthosachnoides×*E. parviglumis*	SSYY	2∶2	0.70	0.98	14.13
E. altissimus×*E. semicostatus*	SSYY	2∶2	0.79	1.00	12.42
E. altissimus×*E. parviglumis*	SSYY	2∶2	0.75	0.99	5.49
E. brevipes×*E. anthosachnoides*	SSYY	2∶1∶1	0.31	0.93	2.45
		2∶2	0.31	0.89	5.29
E. brevipes×*E. altissimus*	SSYY	2∶2	0.50	0.98	0.76
E. yangii×*E. brevipes*	SSYY	2∶2	0.75	1.00	7.62
E. yangii×*E. altissimus*	SSYY	2∶2	0.72	1.00	25.07
E. altissimus×*E. yangii*	SSYY	2∶2	0.72	1.00	25.98
E. anthosachnoides×*E. altissimus*	SSYY	2∶2	0.62	0.98	20.17
E. brevipes×*E. tsukushiensis**	SSYYH	2∶2∶1	0.74	0.97	2.04
E. brevipes×*E. tsukushiensis**	SSYYH	2∶1∶1∶1	0.29	0.97	3.77
		2∶2∶1	0.29	0.99	5.24
E. himalayanus×*E. brevipes*	SSYYH	2∶2∶1	0.69	0.97	9.02
E. anthosachnoides×*E. tsukushiensis*	SSYYH	2∶2∶1	0.68	0.99	0.73
E. altissimus×*E. tsukushiensis*	SSYYH	2∶2∶1	0.39	1.00	0.64
E. tsukushiensis×*E. yangii***	SSYYH	2∶2∶1	0.50	0.96	2.59

（续）

杂交组合	染色体组	最佳适合模型	C-值	X-值	WSSD
E. tsukushiensis×*E. yangii***	**SSYYH**	3∶2	0.30	1.00	0.17
		2∶2∶1	0.30	9.68	0.26

注：C-值：平均染色体臂交叉频率；X-值：非常相近染色体组相对近缘度；WSSD：方差加权和。

* *E. brevipes*×*E. tsukushiensis* 不同的杂交。

** *E. tsukushiensis*×*E. yangii* 不同的杂交。

测算结果与预期相符。其中，*E. brevipes* 与 *E. anthosachnoides* 以及与 *E. tsukushiensis* 的某一些居群之间，**S** 与 **Y** 两组染色体中有一组差异比较大；另外，*E. altissimus* 与 *E. sibiricus* 的 **H** 与 **Y** 染色体组之间有相近的倾向，也就是相对来说差异比较小。

有不同数量的多价体与染色分体桥在许多组合中呈现，显示了不同种的染色体各自在演化中产生了一些染色体结构性的差异，如像发生了易位与倒位等不同情况，从而在种间杂种减数分裂中形成这些多价体与桥。

同在 1993 年，瑞典的卢宝荣、Björn Salomon 与美国犹他州立大学牧草与草原实验室的 Kevin B. Jensen 合作，在《核基因组（Genome）》36 卷上发表一篇题为“Bio-systematic study of hexaploids *Elymus tschimganicus* and *E. glaucissimus*. Ⅱ. Interspe-cific hybridization and genomic relationship”研究报告，报道了两种比较特别的六倍体。他们对这两个六倍体用了 27 个含有 **SH**、**SY**、**SYH**、**SYP**、**SYW** 以及 **SHH** 染色体组的测试种与它们进行杂交，杂交很容易，母本 *E. tschimganicus* 与 *E. brevipes* 及 *E. longearistatus* subsp. *longearistatus* 杂交都是 100%形成幼嫩颖果可供胚培。最少也有 17%，如 *E. tschimganicus* 与 *E. semicostatus*。成苗以后有 5 个组合的杂种植株未能抽穗而死亡，未能作染色体组分析，它们是 *E. tschimganicus*×*E. nutans*、*E. tschimganicus*×*E. panormitanus*、*E. tschimganicus*×*E. scabrus*、*E. tschimganicus*×*E. semicostatus*、*E. confusus*×*E. tschimganicus*。两个测试对象及其他 22 个测试种的 23 个杂交组合的 F_1 杂种，对它们都进行了染色体组型分析。分析的结果列于表 5-44。

从表 5-44 检测结果来看，*E. tschimganicus* 与 *E. glaucissimus* 的减数分裂显示它们都是正常的异源六倍体植物，在中期Ⅰ染色体绝大多数都是配成二价体，平均分别为 20.86 与 20.98；单价体偶见，分别为 1.2%与 0.07%。在 *E. tschimganicus* 的 50 个观察细胞中有两个细胞各含有 1 个四价体。

从五倍体杂交组合来看，*E. tschimganicus* 的 11 个杂交组合的 F_1 杂种与 *E. glaucissimus* 的 5 个杂交组合的 F_1 杂种都含有 35 条染色体，2n=5x=35。他们发现一个例外，*E. tschimganicus*×*E. fedtschenkoi* 杂交组合的杂种中有大约 15%的花粉母细胞含有 2n=10x=70 条染色体（图 5-21）。染色体天然加倍在许多种间杂种中都曾发现，而这也是物种形成的重要的一步。总的来说它们的减数分裂构型非常近似，也很正常。

E. caninus、*E. mutabilis* 及 *E. sibiricus* 等含 **SH** 染色体组的测试种与 *E. tschimganicus* 及 *E. glaucissimus* 杂交，其 F_1 杂种减数分中期Ⅰ每花粉母细胞二价体平均在 4.64～

表 5-44 *E. tschimganicus*、*E. glaucissimus* 及其 F_1 杂种减数分裂中期Ⅰ染色体配对构型

（引自 Lu、Jensen 与 Salomon，1993，表 3，编排稍作修改）

亲本及杂种	杂交数	染色体数（2n）	观测细胞数	染色体构型							花粉母细胞内交叉数	C-值	染色体组
				Ⅰ	Ⅱ			Ⅲ	Ⅳ	Ⅴ			
					总计	环型	棒型						
TSCH		42	50	0.12	20.86	19.10	1.76	—	0.04	—	40.11	0.96	$S_1S_1S_2S_2YY$
				(0~2)	(19~21)	(16~21)	(0~5)		(0~1)		(37~42)		
GLAU		42	88	0.07	20.98	19.91	1.07	—	—	—	40.89	0.97	$S_1S_1S_2S_2YY$
				(0~2)	(20~21)	(16~21)	(0~5)				(37~42)		
TSCH（♀）	2	35	100	18.75	5.36	1.19	4.17	1.66	0.14	—	10.47	0.37	SS_1S_2YH
×*CANI*（♂）				(11~26)	(2~9)	(0~4)	(1~8)	(0~5)	(0~1)	—	(4~15)		
TSCH（♀）	1	35	519	16.90	5.61	1.15	4.46	2.24	0.04	—	11.34	0.41	SS_1S_2YH
×*MUTA*（♂）				(9~23)	(1~10)	(0~4)	(0~9)	(0~6)	(0~1)				
TSCH（♀）	1	35	50	9.81	11.20	5.74	5.46	0.61	0.24	—	18.94	0.67	SS_1S_2YY
×*BREV*（♂）				(5~14)	(6~15)	(3~9)	(3~11)	(0~2)	(0~2)		(14~25)		
TSCH（♀）	1	35	50	10.84	9.94	4.26	5.68	0.78	0.46	0.02	17.41	0.63	SS_1S_2YY
×*CAUC*（♂）				(6~15)	(6~13)	(1~9)	(2~10)	(0~4)	(0~4)	(0~1)	(13~22)		
TSCH（♀）	1	35	50	9.36	9.41	3.74	5.67	1.60	0.36	0.04	18.08	0.65	SS_1S_2YY
×*FEDT*[a]（♂）				(5~14)	(7~13)	(1~7)	(2~10)	(0~4)	(0~2)	(0~1)	(12~23)		
TSCH（♀）	1	35	50	16.48	8.72	2.53	5.19	0.35	0.14	—	11.41	0.41	SS_1S_2YY
×*LONG*（♂）				(11~24)	(4~12)	(0~5)	(2~9)	(0~3)	(0~2)		(7~18)		
TSCH（♀）	1	35	50	10.82	11.42	5.20	6.22	0.36	0.06	—	17.61	0.63	SS_1S_2YY
×*PARV*（♂）				(7~18)	(7~14)	(1~11)	(3~11)	(0~1)	(0~2)		(11~22)		
TSCH（♀）	1	42	50	18.32	9.68	3.57	6.11	1.22	0.14	0.02	16.22	0.39	SS_1S_2YYH
×*DAHU*（♂）				(14~27)	(6~13)	(1~6)	(3~9)	(0~3)	(0~1)	(0~1)	(11~22)		
TSCH（♀）	1	42	733	26.60	6.74	0.25	6.49	0.61	0.02	—	8.27	0.19	$SS_1S_2YH_1H_2$
×*PATA*（♂）				(15~38)	(2~13)	(0~3)	(2~13)	(0~5)	(0~1)		(2~23)		
TSCH（♂）	1	35	50	5.16	11.32	7.84	3.48	2.22	0.06	0.06	24.18	0.86	SS_1S_2YY
×*CACU*（♀）				(1~9)	(8~14)	(5~11)	(0~8)	(0~4)	(0~1)	(0~1)	(20~28)		
TSCH（♂）	1	35	50	6.00	10.82	7.16	3.66	1.78	0.48	0.02	23.54	0.84	SS_1S_2YY
×*PEND*（♀）				(3~9)	(8~14)	(4~11)	(1~6)	(0~4)	(0~2)	(0~1)	(19~28)		
TSCH（♂）	1	35	50	9.50	9.64	3.50	6.14	1.66	0.28	—	17.52	0.63	SS_1S_2YY

（续）

亲本及杂种	杂交数	染色体数（2n）	观测细胞数	染色体构型 Ⅰ	Ⅱ 总计	Ⅱ 环型	Ⅱ 棒型	Ⅲ	Ⅳ	Ⅴ	花粉母细胞内交叉数	C-值	染色体组
× *PSEU*（♀）				（4～16）	（6～12）	（0～7）	（3～9）	（0～4）	（0～1）		（11～23）		
TSCH（♂）	1	35	50	10.58	11.04	4.96	6.08	0.07	0.06	—	17.60	0.63	SS_1S_2YY
× *SHAN*（♀）				（7～15）	（8～14）	（1～9）	（4～10）	（0～3）	（0～1）		（14～22）		
TSCH（♂）	1	42	50	10.70	10.16	6.10	4.06	2.76	0.36	0.24	24.26	0.58	SS_1S_2YYH
× *HIMA*[a]（♀）				（7～17）	（6～14）	（3～9）	（0～11）	（1～5）	（0～3）	（0～1）	（20～28）		
TSCH（♂）	1	42	50	21.18	8.72	3.52	5.20	0.78	0.22	0.02	14.60	0.35	SS_1S_2YYH
× *TSUK*（♀）				（15～30）	（5～13）	（1～8）	（2～10）	（0～3）	（0～1）	（0～1）	（9～21）		
TSCH（♂）	3	42	150	18.03	9.51	2.58	6.93	1.15	0.32	0.03	15.63	0.56	SS_1S_2YYP
× *BATA*[a]（♀）				（18～21）	（5～13）	（0～8）	（3～12）	（0～4）	（0～1）	（0～1）	（6～18）		
TSCH（♂）	1	42	50	10.30	12.48	4.58	7.90	1.50	0.46	0.08	21.84	0.52	S_1S_2???
× *CAEC*（♀）				（5～16）	（7～16）	（2～9）	（2～14）	（0～4）	（0～2）	（0～1）	（14～28）		
GLAU（♀）	1	35	50	19.04	4.64	1.29	3.35	2.14	0.06	—	10.86	0.39	SS_1S_2YH
× *SIBI*[b]（♂）				（14～23）	（2～8）	（0～5）	（1～7）	（0～5）	（0～1）		（7～15）		
GLAU（♀）	1	35	50	9.90	10.74	4.08	6.66	1.08	0.10	—	17.44	0.62	SS_1S_2YY
× *ANTH*（♂）				（6～12）	（7～14）	（1～7）	（2～10）	（0～3）	（0～1）		（12～23）		
GLAU（♀）	2	35	100	10.32	9.62	4.31	5.31	1.10	0.49	0.02	17.96	0.64	SS_1S_2YY
× *CAUC*（♂）				（5～19）	（5～13）	（0～9）	（2～10）	（0～4）	（0～2）	（0～1）	（11～25）		
GLAU（♀）	1	35	25	5.95	12.40	5.94	6.46	1.13	0.13	0.07	21.27	0.76	SS_1S_2YY
× *GMEL*（♂）				（4～10）	（11～14）	（3～8）	（5～9）	（0～3）	（0～1）	（0～1）	（18～24）		
GLAU（♀）	1	35	50	7.11	10.28	5.16	5.12	1.76	0.44	0.04	20.86	0.75	SS_1S_2YY
× *TIBE*[a]（♂）				（2～15）	（7～14）	（2～12）	（2～10）	（0～5）	（0～2）	（0～1）	（15～25）		
GLAU（♀）	1	42	70	17.60	11.13	3.54	7.59	0.63	0.02	—	15.99	0.38	SS_1S_2YYH

a. Ⅵ＝0.02（0～1）；b. Ⅷ＝0.02（0～1）。

TSCH ＝ *E. tschimganicus*；*GLAU* ＝ *E. glaucissimus*；*CANI* ＝ *E. caninus*；*MUTA* ＝ *E. mutabilis*；*BREV* ＝ *E. brevipes*；*CAUC* ＝ *E. caucasicus*；*FEDT* ＝ *E. fedtschenkoi*；*LONG*＝ *E. longearistatus*；*PARV*＝ *E. parviglumis*；*DAHU*＝ *E. dahuricus*；*PATA*＝ *E. patagonicus*；*CACU*＝ *E. cacuminus*；*PEND*＝ *E. pendulinus*；*PSEU*＝*E. pseudonutans*；*SHAN*＝ *E. shandongensis*；*HIMA*＝ *E. himalayanus*；*TSUK*＝ *E. tsukushiensis*；*BATA*＝ *E. batalinii*；*CAEC*＝ *E. caecifolius*；*SIBI*＝ *E. sibiricus*；*ANTH*＝*E. anthosachnoides*；*GMEL*＝*E. gmelinii*；*TIBE*＝*E. tibeticus*；*DROB*＝*E. drobovii*。

5.61 对，最多 10 对；多价体（三价体到八价体）平均 1.80～2.28 个，最多 6 个；大量的单价体，平均每细胞 16.90～19.04 条。染色体臂交叉值变幅在 0.37～0.41。*E. tschimganicus*×*E. caninus* 不同的杂交杂种的染色体臂交叉频率有差异。

含 **SY** 染色体组的测试种与 *E. tschimganicus* 及 *E. glaucissimus* 杂交，其 F_1 杂种减数分裂中期Ⅰ每花粉母细胞二价体对数比含 **SH** 染色体组的测试种的 F_1 杂种高得多，平均对数 9.50～12.40，在 *E. tschimganicus* × *E. longearistatus* subsp. *longearistatus* 的组合中观察到最低平均值为 8.44 对。不同组合每细胞平均三价体数 0.07～2.22；平均四价体 0.06～0.49。高多价体出现在 *E. tschimganicus* 与 *E. caucasicus*、*E. fedtschenkoi*、*E. pendulinus*，以及 *E. glaucissimus* 与 *E. gmelinii*、*E. tibeticus* 之间的杂种中（图 5－21），交叉值变幅在0.41～0.86。后期Ⅰ所有组合都有落后的单价体；1～2 个染色单体桥伴随染色体片段在大多数组合中都存在。五倍体杂种所有四分子都存在微核。

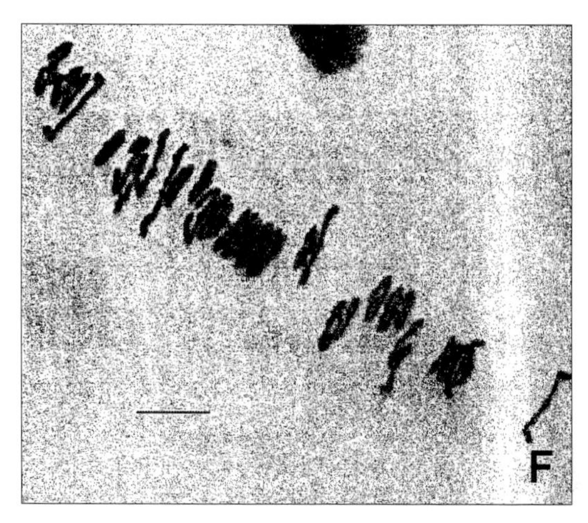

图 5－21　*E. tschimganicus*×*E. fedtschenkoi* 杂交组合的杂种中有大约 15%的花粉母细胞含有 2n=10x=70 条染色体

（引自 Lu、Jensen 与 Salomon，1993，图 1F）

六倍体杂种减数分裂染色体构型比五倍体杂种要复杂一些，所有的 F_1 杂种花粉母细胞染色体数都是 42。它们与 **SYH** 染色体组测试种杂交减数分裂中期Ⅰ每细胞二价体平均值由 8.75（*E. tsukushiensis*×*E. tschimganicus*）到 11.13（*E. glaucissimus*×*E. drobovii*），三价体变幅由 0.63（*E. glaucissimus*×*E. drobovii*）到 2.76（*E. himalayanus*×*E. tschimganicus*），四价体变幅由 0.02（*E. glaucissimus*×*E. drobovii*）到 0.36（*E. himalayanus*×*E. tschimganicus*），在许多组合的杂种中偶尔观察到少量的五价体与六价体。平均单价体每细胞 10.70（*E. himalayanus*×*E. tschimganicus*）至 21.18（*E. tsukushiensis*×*E. tschimganicus*）条。含 **SYP** 染色体组的 *E. batalinii* 为母本与 *E. tschimganicus* 杂交，其 F_1 杂种的减数分裂染色体配对的构型与 **SYH** 染色体组测试种的测试数值相似，因为它们都有一组异源染色体组。每花粉母细胞平均含 9.51 对二价体，1.15 个三价体，0.32 个四价体，以及低频率的五价体及六价体。单价体平均每细胞 18.03 条。一个染色体组不明的六倍体 *E. caecifolius* 为母本，与 *E. tschimganicus* 杂交，其 F_1 杂种有稍高一些的二价体频率（12.84）。单价体与多价体同其他的测试种近似（表5－44）。*E. tschimganicus* 与含 $\mathbf{SH_1H_2}$ 的已知种杂交，其 F_1 杂种减数分裂染色体配对率较低，每花粉母细肥平均只有 6.74 对二价体，多价体偶见。因此，也就存在大量的单价体（每花粉母细胞平均 26.60 条）。

1994 年，瑞典的 Björn Salomon 与卢宝荣在他们分类划分的 *Elymus semicostatus* 群与 *E. tibeticus* 群的 8 个种之间作了一系列杂交，进行染色体组间染色体臂交叉频率的观测来检验它们的近缘程度。他们观测的结果如图 5－22 所示。

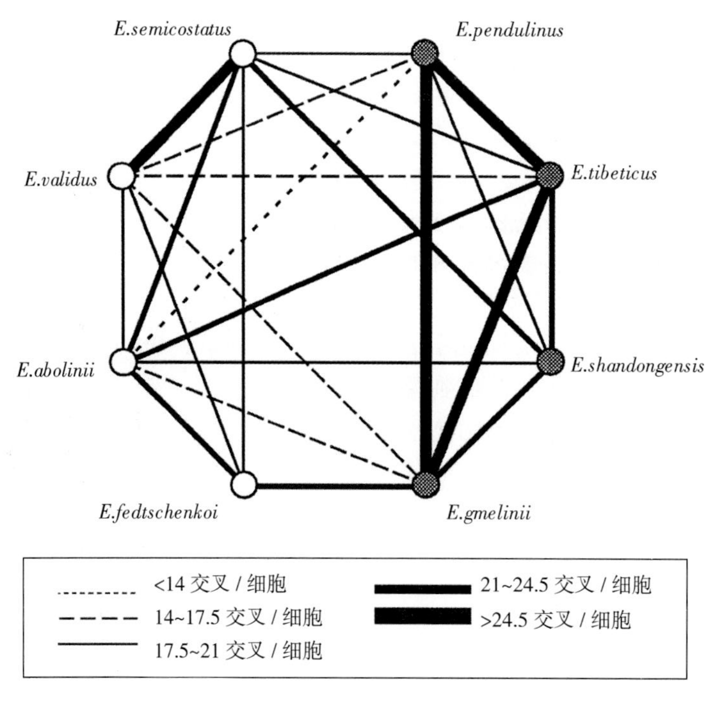

图 5－22　*E. semicostatus* 种群（白色圆形）与 *E. tibeticus* 种群（灰色圆形）种间杂交多面关系图（显示的花粉母细胞平均染色体臂交叉数）

（引自 Salomon 与 Lu，1994，图 2）

据报道，Salomon 曾经从形态、分布、染色体组来研究 *E. semicostatus* 群 9 个种的相似性而认为可以再分为 4 个亚群，这次试验包括其中 3 个。*E. tibetivcus* 群，初步研究大约有 10 个种。"*E. pendulinus* 是一个分布很广的种，从天山、阿尔泰山，直到中国北部与西伯利亚南部，是一个形态变异大的种，曾被描述为若干个种，如 *Roegneria pubicaulis* Keng、*R. multiculmis* Kitagawa 与 *R. brachypodioides* Nevski 等。一些分类群应该重新划分为独立的亚种，例如 *E. nipponicus* Jaaska（＝*Agropyron yezoense* Honda）。""形态变异或多或少有连续性"。*E. tibeticus* 也是变异较大的种，也曾被描述为 *Roegneria stricta* Keng、*R. varia* Keng 以及 *R. sinica* Keng。*E. gmelinii* 也是分布广、变异大的种，也曾被描述为 *Roegneria purpurasens* Keng、*Agropyron turczaninovii* Drob.。*E. pendulinus*、*E. tibeticus* 与 *E. gmelinii* 三者之间具有很高的染色体组的相似性，它们之间的杂种减数分裂中期Ⅰ花粉母细胞中染色体臂交叉频率平均高达 24.48～26.20，并有细胞含 14 对环型二价体。它们的染色体组相互间只有很少的改变。

E. abolinii 与 *E. pendulinus* 之间的 F_1 杂种减数分裂染色体配对频率非常低，平均二价体 5.92 对，单价体高达平均 15.62 条，平均交叉频率只有 7.26，有的花粉母细胞中只有 2 对二价体，其中只有 1 对是环型，只有 3 个交叉，似乎只有一组染色体同源。但它与含 **SY** 染色体组的 *E. semicostatus*、*E. fedtschenkoi* 及 *E. tibeticus* 杂交的子代又显示出染色体配对频率较高，平均交叉频率都在 21 以上，说明它含有 **SY** 染色体组。*E. abolinii* 与

E. pendulinus 之间的 F_1 杂种减数分裂染色体配对的低频率，可能是受在一定条件下才起作用的特殊配对调节基因的控制。

他们认为，结果不能清楚地证实他们的形态种群的假说及其分布区关系。

同年，四川农业大学小麦研究所的周永红与刘芳在《四川农业大学学报》第 12 卷，3 期，发表一篇“新种 *Roegneria tenuispica* 的核型和同工酶分析”的报告。目的在于比较与相近的 *R. pendulina* 的异同，提供系统分析的实验数据。他们的结果说明 *Roegneria tenuispica* 应当是鹅观草属的一个种，因为具有典型的鹅观草属的特有核型，其随体在第 14 对，也就是最短的一对染色体上。他们观测的核型及其测量数据如图 5－23 与表 5－45 所示。

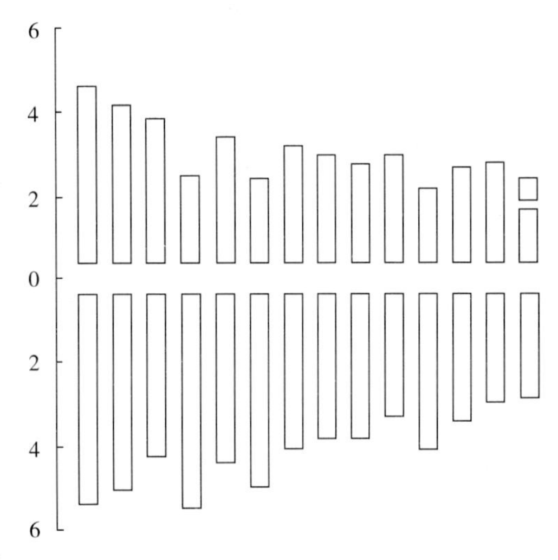

图 5－23 *Roegneria tenuispica* Yang et Zhou 的核型模式图

（引自周永红、刘芳，1994，图 2）

表 5－45 *Roegneria tenuispica* 核型分析结果

（引自周永红、刘芳，1994，表 1）

染色体序号	相对长度（%）	臂比（长/短）	类型
1	4.57＋5.41＝9.98	1.18	m
2	4.08＋5.14＝9.22	1.26	m
3	3.86＋4.28＝8.14	1.11	m
4	2.48＋5.48＝7.96	2.21	sm
5	3.29＋4.40＝7.69	1.34	m
6	2.46＋5.01＝7.94	2.04	sm
7	3.15＋4.06＝7.21	1.29	m
8	3.05＋3.88＝6.93	1.27	m
9	2.75＋3.83＝6.58	1.39	m
10	3.00＋3.27＝6.27	1.09	m
11	2.21＋4.03＝6.24	1.82	sm
12	2.68＋3.39＝6.07	1.26	m
13	2.70＋2.95＝5.65	1.09	m
14	1.94＋3.07＝5.01	1.58	SAT

体细胞染色体数 2n＝4x＝28。

Roegneria tenuispica 与 *R. pendulina* 的酯酶同工酶分析用了幼根与幼芽两种材料，采用垂直平板聚丙烯酰胺凝胶电泳。近阴极，Rf＝0～0.30，划为 A 区；Rf＝0.31～0.70，划为 B 区；Rf＝0.71～1.00，划为 C 区。

R. tenuispica 和 *R. pendulina* 在同一器官中酶谱表现不同。在幼根中，*R. pendulina* 共有 7 条酶带，其中强带 3 条，弱带 1 条，痕迹带 3 条，分布于 B 区；而 *R. tenuispica* 在 B 区也有 7 条酶带，只有两条强带、1 条弱带，痕迹带有 4 条。二者在中速迁移 B 区都有 7 条带，迁移率相同的有 Rf＝0.34、0.42、0.44、0.68。但它们强带数目不相同，*R. pendulina* 有 3 条，Rf＝0.63、0.66、0.68；*R. tenuispica* 只有两条，Rf＝0.64、0.68，并且痕迹带迁移速率不相同。在幼根中，这两个物种的酶谱更多的是显示相异性。在幼芽中，*R. pendulina* 共有 16 条酶带，分布在 A、B、C 3 个区，其中强带 3 条，中带 3 条，弱带 3 条，痕迹带 7 条。而 *R. tenuispica* 在 A、B、C 3 个区共有 13 条酶带，强带 2 条、中带 4 条、弱带 4 条、痕迹带 3 条。两个种具共同迁移率的酶带有 Rf＝0.18、0.34、0.42、0.44、0.47、0.54、0.57、0.60、0.68、0.91 十条。但在 Rf＝0.47 处，*R. pendulina* 是一条痕迹带，而 *R. tenui-spica* 则是一条中带。二者在强带中只有一条迁移率相同，Rf＝0.68。*R. pendulina*3 条中带与 *R. tenuispica* 的 3 条中带迁移率相同，*R. tenuispica* 在 Rf＝0.47 处还有一条中带。两个种的酯酶同工酶所反映出的是它们之间有共同的酶带，但更多的是酶带数量与迁移率的不同。同工酶是基因直接产生的特异蛋白质，能很好地反映遗传分子水平的异同。从上述核型与酯酶同工酶数据来看，*R. tenuispica* 与 *R. pendulina* 应当是有近缘关系的鹅观草属的两个不同物种。

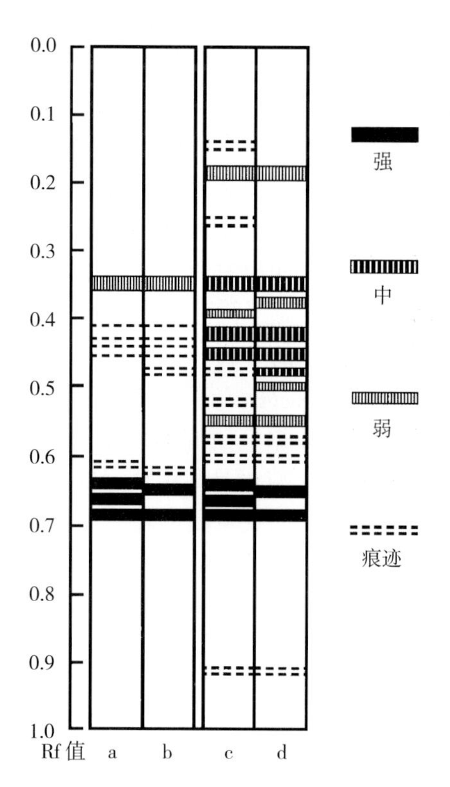

图 5-24　*Roegneria tenuispica* 与 *R. pendulina* 的酯酶酶谱模式图

a. *R. pendulina* 幼根　b. *R. tenuispica* 幼根
c. *R. pen-dulina* 幼芽　d. *R. tenuispica* 幼芽
（引自周永红、刘芳，1994，图 3，
在中、弱图形上稍加修改）

但要提醒读者的是同工酶分析与其他分子分析方法一样，包括 DNA 分析，分析的都是局部遗传标记，当然局部遗传标记的数据也是非常有价值的，但要百分之百肯定，唯一的方法还是用细胞遗传学的染色体组型分析来检测染色体全长，才能确切不误地回答染色体组的异同；也只有杂交亲和率与 F_1 杂种的结实率才能对分类群的系统地位作出肯定的判断。

1995 年，美国的 Kevin B. Jensen 与瑞典的 Björn Salomon 共同在美国芝加哥出版的《国际植物科学（International Plant Science)》156 卷，发表一篇题为“Cytogenetics and morphology of *Elymus panormitanus* var. *heterophyllus* and its relationship to *Elymus panormitanus* var. *panormitanus* (Poaceae: Triticeae)”的论文。对采自以色列的 *Elymus panormitanus* var. *heterophyllus* 进行了染色体组型分析。这是一个六倍体种，它与 *Elymus panormitanus* 在外表形态上非常近似，根据 Melderis (1960) 的描述，只是叶片

窄一些，小穗小花少一些，每个小穗只有2～3朵发育完好的小花、光滑无毛的颖、短的花药（约3mm）而有所区别。而Salomon（1994）对它的模式标本的观测，发现模式标本间在外稃长、发育完好的小穗小花数、颖的被覆物，以及花药长度都没有差异，只在叶宽、颖对小穗的相对长度、颖的干膜质边沿的宽度、外稃的长度上有一点差异。在形态对比上他们列一个表，今引录如下（表5-46）。

表5-46 *Elymus panormitanus* var. *heterphyllus* 与 *E. panormitanus* 的形态比较

（引自Jensen与Salomon，1995，表3）

性　状	*E. panormitanus*			*E. panormitanus* var. *heterophyllus*		
	平均	最低	最高	平均	最低	最高
旗叶长	18.5	14.0	23.7	14.9	12.0	20.0
旗叶宽	5.7	4.0	10.0	3.2	3.0	4.0
穗长	15.6	12.0	27.0	18.9	13.5	27.0
穗上小穗数	9.3	7.0	16.0	8.8	6.0	10.0
穗第1节间长	17.6	12.0	40.1	23.1	18.0	35.0
穗第3节间长	14.4	11.0	25.0	19.7	15.0	29.0
小穗长	22.2	20.0	25.0	26.6	21.0	33.0
小穗小花数	6.3	4.0	15.0	6.3	5.0	7.0
第1颖						
长	17.5	13.0	22.0	16.1	14.0	20.0
宽	2.1	1.7	2.4	2.0	1.5	2.3
芒长	1.8	0.0	4.0	1.9	0.0	3.0
第2颖						
长	18.5	14.0	24.0	17.7	14.0	20.0
宽	2.2	1.9	2.8	2.2	1.4	2.9
芒长	2.3	0.0	5.0	1.5	0.0	2.0
第1外稃						
长	14.8	12.5	19.0	15.6	10.0	19.0
宽	2.0	1.7	2.5	2.3	1.6	2.5
芒长	22.5	13.0	32.0	20.1	13.0	25.0
颖长比小穗长	0.8	0.6	1.1	0.6	0.6	0.7

他们对这个分类群作了染色体组型分析，分析的结果列于表5-47。

他们在讨论中指出，*Elymus panormitanus* var. *heterophyllus* 的减数分裂的染色体行为与其他同源异源六倍体，如 *Elymus tschimganicus*（**SSSSYY**）、*E. glaucissimus*（**SSSSYY**）染色体组的减数分裂的染色体行为非常相似。

表 5-47 *Elymus panormitanus* var. *heterophyllus* 及其 F_1 杂种减数分裂染色体配对行为

（引自 Jensen 与 Salomon，1995，表 5，种名修改缩写）

亲本及 F_1 杂种	染色体数（2n）	植株数	染色体配对（数量/细胞）						观察细胞数	每细胞中平均交叉数
			Ⅰ	Ⅱ 环型	Ⅱ 棒型	Ⅱ 总计	Ⅲ	Ⅳ		
hetero	42	3	0.13 (0～4)	18.67 (11～21)	2.26 (0～10)	20.93 (19～21)	0.01 (0～1)		116	39.62
hetero×*spica*	28	3	9.36 (3～14)	2.04 (0～6)	2.74 (0～8)	4.78 (1～11)	2.68 (0～5)	0.25 (0～2)	84	14.27
hetero×*stipi*	35	3	9.82 (5～14)	5.80 (2～10)	3.45 (0～8)	9.25 (4～14)	1.43 (0～4)	0.64 (0～2)	97	20.45
hetero×*lance*	35	3	17.84 (11～25)	1.48 (0～5)	4.27 (1～8)	5.75 (2～8)	1.78 (0～5)	0.09 (0～2)	110	11.94
hetero×*panor*	35	3	6.12 (2～12)	8.40 (3～11)	2.42 (0～8)	10.82 (8～14)	2.14 (0～4)	0.20 (0～1)	50	25.17
hetero×*nevsk*	35	3	15.61 (9～24)	2.11 (0～8)	5.66 (1～9)	7.77 (4～12)	1.09 (0～4)	0.14 (0～1)	70	13.03
nevsk×*hetero*	35	3	12.93 (7～18)	2.55 (0～7)	5.96 (3～10)	8.51 (4～12)	1.49 (0～4)	0.15 (0～1)	55	15.24

注：*hetero*＝*Elymus panormitanus* var. *heterophyllus*；*spica*＝*Pseudoroegneria spicata*；*stipi*＝*Ps. stipifolia*；*lance*＝*E. lanceolatus*；*panor*＝*E. panoemitanus*；*nevsk*＝*E. nevskii*。

它与 *Pseudoroegneria spicata*（**SS**）杂交，其 F_1 杂种染色体配对的数据，每花粉母细胞平均有 4.80 对二价体，证明有 **S** 组染色体。存在多价体，三价体平均达 2.68 个，变幅 0～5，超过 59%的细胞含有 3 个三价体，频率仅稍低于 **S** 染色体组的同源三倍体杂种（Wang，1990），显示 *Elymus panormitanus* var. *heterophyllus* 含有两组有所改变的 **S** 染色体组亚型加上一组尚未探明的染色体组。这个四倍体杂种完全不育。

Elymus panormitanus var. *heterophyllus* 与 *Pseudoroegneria stipifolia*（**SSSS**）杂交 F_1杂种为五倍体，2n=5x=35，单价体频率与 *Elymus panormitanus* var. *heterophyllus* ×*Pseudoroegneria spicata* 的 F_1杂种一样，基本上没有改变，前者平均 9.82 条，后者平均 9.36 条。显示来自 *Ps. stipifolia* 的两组S染色体都配上了对。二价体前者平均为 9.25 对，与 *Ps. spicata* 的杂种平均为 4.80 对，约为 1 倍。而三价体比 *Ps. spicata* 的杂种减少了大致一倍。说明这个五倍体染色体组的组成应为 **SSSSX**。这些同源异源六倍体分类群 *Elymus panormitanus* var. *heterophyllus*、*E. patagonicus*（**SSHHHH**）、*E. tschimganicus*（**SSSSYY**）在含有多份同一染色体组的情况下，比之多价体，都有一种形成二价体的强烈趋向（Dewey，1972；Jensen et al.，1994）。这个五倍体杂种完全不育。

Elymus panormitanus var. *heterophyllus* 与 *E. lanceolatus*（**SSHH**）的 F_1杂种，在减数分裂中期Ⅰ的花粉母细胞中单价体平均高达 17.84 条；三价体变幅 0～5 个，62% 的花粉母细胞中有 2 个以上的三价体。它的染色体组组成应为 **SSSHX**。这个五倍体杂种完全不育。

Elymus panormitanus var. *heterophyllus* 与 *E. panormitanus*（**SSYY**）之间的五倍体 F_1杂种，减数分裂中期Ⅰ每一个花粉母细胞中平均二价体为 10.82 对，变幅为 8～14 对，环型二价体平均为 8.40，变幅 3～11，棒型二价体平均为 2.42，变幅为 0～8；平均三价体为 2.14 个，变幅为 0～4 个，染色体臂交叉频率平均达 25.17。这个杂种的染色体组组成应为 **SSSYY**。其良好的配对显示双亲的 **S** 与 **Y** 两组染色体基本上同源。杂种 **S** 与 **Y** 各一组来自 *E. panormitanus*，余下的 **SSY** 三组来自 *Elymus panormitanus* var. *heterophyllus*。这个 F_1杂种有 5%～10%的花粉能正常染色，平均每株结实 1.3 粒。F_2植株产生了 85g F_3种子。可能它的一个亲本就是 *Elymus panormitanus*，是由 *Elymus panormitanus* 与 *Pseudoroegneria* 属的一个二倍体种经天然杂交与染色体加倍而形成的六倍体种。

Elymus panormitanus var. *heterophyllus* 与 *E. nevskii*（**SSYY**）之间的正反交 F_1杂种，减数分裂中期Ⅰ每一个花粉母细胞中平均二价体为 7.77～8.51 对，环型二价体平均为 2.11～2.55 个，棒型二价体为 5.66～5.96 个，三价体平均为 1.09～1.49 个，变幅为 0～4 个。与 *E. panormitanus* var. *heterophyllus* 与 *E. panormitanus* 之间的五倍体 F_1杂种相比较，同样含 **SSSYY** 染色体组，但配对频率大为降低。说明这个东亚的 *E. nevskii* 的 **S** 与 **Y** 染色体组与 *Elymus panormitanus* var. *heterophyllus* 的 **S** 与 **Y** 染色体组有所分化而多少有些不同。这两个种之间的杂种完全不育。

他们在总结中认为，*Elymus panormitanus* var. *heterophyllus* 是一个典型的异源六倍体植物。由于它与 *Elymus panormitanus* 之间没有能够完全确切分开的性状，所有性状都是相互重叠连续，杂交又有一定育性存在，他们认为定为 *Elymus panormitanus* 的变种是恰当的。这里我们回顾 Björn Salomon 在 1994 年发表在《Nordic J. Botany》14 卷，1 期，题为"Taxonomy and morphology of *Elymus semicostatus* group (Poaceae)"的文章，他指出"*Elymus panormitanus* var. *heterophyllus* Bornm. ex Melderis 证明是一个六倍体。初步结果显示 var. *heterophyllus* 在形态学与细胞学上都与 *E. panormitanus* 有区别，必须处理为新种。它是由 *E. panormitanus* 直接与一个二倍体的 *Pseudoroegneria* 种杂交形成"。

编著者认为在种属间杂交中，子代的表型由显性的亲本基本上掩盖隐性亲本的事例并不少见，在第二卷中介绍的 *Eremopyrum sinaicum*（Steudel）C. Yen et J. L. Yang 与 *Er. distans*（K. Koch）Nevski 天然杂交形成的 *Er. bonaepartis*（Spreng.）Nevski 就是一个很好的例子。*Er. sinaicum* 基本上把 *Er. distans* 的性状掩盖了，只有小穗中最上一朵发育完整的小花具短芒这一特殊性状才能把 *Er. sinaicum* 与 *Er. bonaepartis* 在外部形态上区分开来。因此，许多形态分类学家把 *Er. sinaicum* 也看成是 *Er. bonaepartis* 而称它为二倍体的 *Er. bonaepartis*。但它们在系统演化上是完全不同的，它不仅是 *Er. sinaicum* 的子代，而同样是 *Er. distans* 的子代。它不是 *Er. sinaicum* 的简单的染色体组加倍延续演化，而是与 *Er. distans* 的杂交综合。这里我们看到的 *Elymus panormitanus* var. *heterophyllus* 与 *Elymus panormitanus* 之间的情况，同 *Er. sinaicum* 与 *Er. bonaepartis* 的情况非常相似，*Elymus panormitanus* 是与一个含 **StSt** 染色体组的 *Pseudoroegneria* 属的二倍体物种杂交以后，再经染色体天然加倍才演化形成的。而这个二倍体种的 **St** 染色体组与 *Elymus panormitanus* 的 **St** 染色体组还稍有不同的分化。在系统演化上，它不是 *Elymus panor-*

*mitanus*的简单的染色体加倍延续演化，或是染色体组组性不改变的简单的基因突变渐进演化，而是再经属间杂交，加入一个新的、部分同源的 **St** 染色体组再聚合演化形成的。因此，把 *Elymus panormitanus* 与 *Elymus panormitanus* var. *heterophyllus* 看成是同一个种的不同变种是不正确的，不符合系统演化的实际地位。虽然它们之间杂种部分能育，但结实率不到1%。从这个数值来看也是种间关系，而不是亚种间关系，更不是变种间关系。从系统生物学来看，*Elymus panormitanus* var. *heterophyllus* 是新种，而不应该是个变种，正确的学名应当更正组合为 *Roegneria heterophylla* （Bornm. ex Melderis） C. Yen，J. L. Yang et B. R. Baum，这才符合它的系统地位。1994 年 Björn Salomon 原来的意见才是正确的。

同年，卢宝荣与 Roland von Bothmer 在《植物系统学与演化》第 197 卷上发表一篇题为 "Interspecific hybridizations with *Elymus confusus* and *E. dolichatherus* and their genomic relationships (Poaceae: Triticeae)" 的研究报告。他们的研究结果显示 *E. confusus* 是含 **SSHH** 染色体的四倍体；*E. dolichatherus* 是含 **SSYY** 染色体组的四倍体。*E. confusus* 我们在第五卷中再来介绍，只是介绍他们对含 **S** 与 **Y** 染色体组的 *E. dolichatherus* 的检测情况。

11 个 *E. dolichatherus* 的杂交组合都得到健壮的植株。但与 *E. caninus* 及 *E. schugnanicus* 杂交的两个组合的杂种未能抽穗，因此只有 9 个组合的杂种作了染色体组型分析。他们观测的数据列于表 5 - 48。

表 5 - 48 *Elymus dolichatherus* 及其 F_1 杂种减数分裂中期 Ⅰ 染色体构型

（摘录自 Lu 与 Bothmer，1995，表 3，学名改为缩写）

亲本及 F_1 杂种	杂种编号	染色体数 (2n)	观察细胞数	染色体构型						交叉/细胞
				Ⅰ	Ⅱ			Ⅲ	Ⅳ	
					总计	环型	棒型			
dolic	H3340	28	50	0.08 (0～2)	13.96 (13～14)	12.82 (10～14)	1.14 (0～3)	—	—	26.78 (23～28)
dolic (♂) ×*spica* (♀)	BB7529	21	50[a]	8.34 (5～13)	6.04 (3～8)	2.56 (0～5)	3.48 (1～6)	0.14 (0～1)	0.04 (0～1)	9.02 (5～12)
dolic (♂) ×*spica* (♀)	BB7552	28	50	18.60 (13～22)	4.54 (3～6)	0.96 (0～3)	3.58 (1～5)	0.16 (0～1)	—	5.78 (3～11)
dolic (♂) ×*antho*(♀)	BB7529	28	50[a]	15.86 (10～22)	5.72 (3～9)	1.66 (0～6)	4.06 (2～7)	0.18 (0～1)	0.04 (0～1)	7.86 (3～15)
dolic (♂) ×*antho* (♀)	BB7199	28	50	4.16 (0～10)	11.78 (7～14)	8.00 (5～12)	3.78 (1～7)	0.10 (0～1)	0.02 (0～1)	20.19 (14～26)
dolic (♂) ×*barbi* (♀)	BB7289a	28	50	6.26 (0～16)	10.46 (6～14)	4.24 (0～8)	6.22 (3～9)	0.22 (0～1)	0.04 (0～1)	15.10 (6～22)
dolic (♂) ×*panor* (♀)	BB7533	28	50[a]	16.43 (8～22)	5.69 (3～9)	1.04 (0～4)	4.65 (1～9)	0.06 (0～1)	—	6.78 (3～11)
dolic (♂) ×*semic* (♀)	BB7287	21	50[a]	2.82 (0～10)	12.32 (9～14)	9.31 (5～14)	3.01 (0～6)	0.04 (0～1)	0.12 (0～1)	22.06 (15～28)

（续）

亲本及 F_1 杂种	杂种编号	染色体数（2n）	观察细胞数	染色体构型						交叉/细胞
				Ⅰ	Ⅱ			Ⅲ	Ⅳ	
					总计	环型	棒型			
dolic（♂）×*tibet*（♀）	BB7288	21	50[a]	5.96（0～13）	10.58（7～14）	7.17（3～11）	3.41（1～7）	0.24（0～1）	0.04（0～1）	18.36（12～25）
dolic（♂）×*tsuku*（♀）	BB7289b	35	50[a]	14.92（11～23）	9.84（6～13）	3.54（0～9）	6.30（3～10）	0.16（0～1）	—	13.68（7～21）

注：*dolic*＝*E. dolichatherus*；*spica*＝*Pseudoroegneria spicata*；*sibir*＝*E. sibiricus*；*antho*＝*E. anthosachnoides*；*antiq*＝*E. antiquus*；*barbi*＝*E. barbicallus*；*panor*＝*E. panormitanus*；*semic*＝*E. semicostatus*；*tibet*＝*E. tibeticus*；*tusku*＝*E. tsukushiensis*。

表 5－48 数据再用 Chapman 与 Kimber（1992a、1992b）的数学模型来检测它们具最低平方差加权和（WSSD）的最佳适合模型的结果列于表 5－49。

表 5－49　三倍体、四倍体、五倍体种间杂种减数分裂构型的观测与计算具最低平方差加权和最适合模型［C(C-值)：染色体臂交叉平均频率；X(X-值)：最近似染色体组相对近似度；WSSD 方差加权和］

（引自 Lu 与 Bothmer，1995，表 4，学名缩写）

杂交组合	最佳适合模型	染色体组	C	X	WSSD
dolic×*spica*	2∶1	**SSY**	0.634	0.981	0.372
dolic×*sibir*	2∶1∶1	**SSHY**	0.208	0.976	0.035
dolic×*antho*	2∶1∶1	**SSYY**	0.281	0.968	0.586
dolic×*antiq*	2∶2	**SSYY**	0.716	0.995	20.953
dolic×*barbi*	2∶2	**SSYY**	0.546	0.984	1.975
dolic×*panor*	2∶2	**SSYY**	0.245	0.964	1.174
dolic×*semic*	2∶2	**SSYY**	0.790	0.996	14.395
dolic×*tibet*	2∶2	**SSYY**	0.655	0.982	45.107
dolic×*tusku*	2∶2∶1	**SSYYH**	0.489	0.995	2.542

注：*dolic*＝*E. dolichatherus*；*spica*＝*Pseudoroegneria spicata*；*sibir*＝*E. sibiricus*；*antho*＝*E. anthosachnoides*；*antiq*＝*E. antiquus*；*barbi*＝*E. barbicallus*；*panor*＝*E. panormitanus*；*semic*＝*E. semicostatus*；*tibet*＝*E. tibeticus*；*tusku*＝*E. tsukushiensis*。

综合以上分析，*Elymus dolichatherus*（Keng）Á. Löve 应当是含 **SSYY** 染色体组的异源四倍体植物，它应当更正为 *Roegneria dolichathera* Keng 才符合系统分析的客观实际。

所有 F_1 杂种都完全不育，花粉空瘪不能染色，也不结实。这也说明 *Roegneria dolichathera* Keng 是一个独立的物种。

1997 年，四川农业大学的张新全、杨俊良、颜济在《中国草地》上发表一篇观测大鹅观草核型的报告。从核型特征来看，大鹅观草属于 *Roegneria* 属的一个种是正确的。观测的核型数据及核型模式图记录如表 5－50 与图 5－25。从核型观测数据来看，可以判断

Roegneria grandis 含有 **Y** 染色体组，因为它的随体位于第 14 对、最短的一对染色体上，这是 **Y** 染色体组的特征。而四倍体，综合近缘种的情况来看，另一组染色体非常可能是 **St** 染色体组，这就大致显示它是 *Roegneria* 属的一个成员，而不属于 *Elymus* 属，也不属于 *Pseudoroegeneria* 属。

表 5-50 *Roegneria grandis* Keng 的染色体形态测量值

（引自张新全等，1997）

染色体序号	相对长度（%） 长臂+短臂=全长	臂比（长/短）	类型
1	5.45+4.00=9.45	1.36	m
2	5.27+3.65=8.92	1.44	m
3	4.83+3.60=8.43	1.34	m
4	4.75+3.30=8.05	1.44	m
5	4.39+3.39=7.78	1.29	m
6	4.00+3.21=7.21	1.25	m
7	4.00+3.16=7.16	1.27	m
8	4.22+2.72=6.94	1.55	m
9	3.82+2.94=6.76	1.30	m
10	3.87+2.64=6.51	1.47	m
11	3.47+2.81=6.28	1.23	m
12	3.30+2.50=5.80	1.32	m
13	3.12+2.20=5.32	1.42	m
14	3.21+1.71=4.92	1.88	SAT*

* 随体长未计算在内。

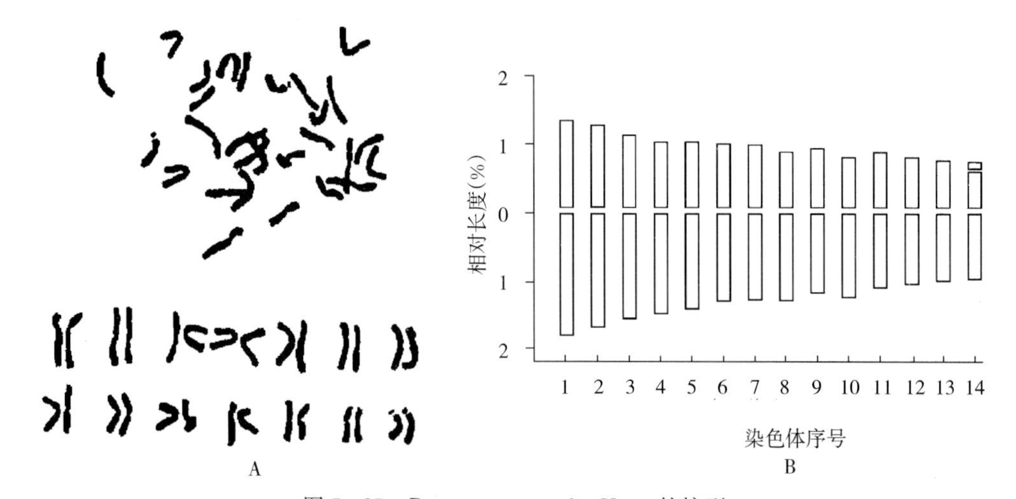

图 5-25 *Roegneria grandis* Keng 的核型

A. 根尖体细胞有丝分裂终变期 B. 核型模式

（引自张新全等，1997，图 1 与图 2 模式图改绘）

1998年，中国科学院西北高原生物研究所的蔡联炳与冯海生在《广西植物》第18卷，1期，发表一篇很好的核型观察研究报告，这篇报告题目是“鹅观草属五个类群的核型与进化”。核型的部分做得很好，不过以这很少一点核型数据来谈进化就显得依据过于少了一些。正如他们所说的：“单凭几个材料的核型研究是不够的，………所以要真正探明该属的系统问题，还有待做大量深入工作。”还不单是如他们所说，他们论证的对象是基于形态学的分组（section），作为系统学来看，这些形态分类学的分组本身就是错误的，因为它是把不同遗传演化系统的种群混淆在显性修饰过的表型归类上，而与真实的遗传系统演化是完全不相同的。编著者肯定这篇报告的核型观察部分，现介绍如下。他们对 *R. barbicalla* Ohwi、*R. breviglumis* Keng、*R. brevipes*、*R. ciliaris*（Trin.）Nevski 与 *R. dolichathera* Keng 5个种的核型观测的数据记录如表5-51及图5-26所示。

表5-51 鹅观草属5个类群的染色体的核型参数

（引自蔡联炳、冯海生，1998，表1）

分类群	染色体编号	相对长度（%）	臂比	类型
R. dolichathera	1	3.90+5.77=9.67	1.48	m
	2	3.90+4.89=8.79	1.25	m
	3	3.09+5.30=8.39	1.72	m
	4	2.74+5.13=7.87	1.87	sm
	5	3.79+3.90=7.69	1.03	m
	6	3.44+3.55=6.99	1.03	m
	7	3.09+3.84=6.93	1.24	m
	8	3.32+3.55=6.87	1.07	m
	9	2.91+3.79=6.70	1.30	m
	10	2.40+4.07=6.47	1.70	m
	11	2.74+3.49=6.23	1.27	m
	12	2.39+3.67=6.06	1.54	m
	13	2.39+3.44=5.83	1.44	m
	14*	1.70+3.83=5.53	2.25	sm（SAT）
R. breviglumis	1	4.33+5.37=9.70	1.24	m
	2	3.27+5.59=8.86	1.71	sm
	3	4.17+4.43=8.60	1.06	m
	4	3.12+5.34=8.46	1.71	sm
	5	3.60+4.69=8.29	1.30	m
	6	2.76+4.80=7.56	1.74	sm
	7	3.55+3.81=7.36	1.07	m
	8	2.97+3.91=6.88	1.32	m
	9	2.61+3.96=6.57	1.52	m
	10	3.13+3.39=6.52	1.08	m
	11	2.66+3.13=5.79	1.18	m
	12*	2.03+3.76=5.79	1.85	sm（SAT）
	13	2.24+3.23=5.47	1.44	m
	14*	1.62+2.50=4.12	1.54	m（SAT）
R. brevipes	1	4.21+4.82=9.03	1.14	m
	2	3.72+5.12=8.84	1.38	m
	3	3.17+5.61=8.78	1.77	sm
	4	2.74+5.91=8.65	2.16	sm
	5	3.96+4.33=8.29	1.09	m
	6	3.60+3.84=7.74	1.07	m
	7	2.43+4.89=7.32	2.01	sm
	8	2.93+3.90=6.83	1.33	m
	9	2.68+3.90=6.58	1.46	m
	10	2.93+3.48=6.41	1.19	m
	11	2.80+3.41=6.21	1.22	m
	12	2.62+2.80=5.42	1.07	m
	13	2.07+3.05=5.12	1.47	m
	14*	2.70+2.99=5.06	1.44	m（SAT）
R. ciliaris	1	4.53+5.07=9.60	1.12	m
	2	3.95+4.85=8.80	1.23	m

（续）

分类群	染色体编号	相对长度（%）	臂比	类型	分类群	染色体编号	相对长度（%）	臂比	类型
R. ciliaris	3	2.40+6.13=8.53	2.55	sm		2	3.17+6.57=9.74	2.07	sm
	4	3.84+4.48=8.32	1.17	m		3	3.38+5.22=8.60	1.54	m
	5	3.36+3.95=7.31	1.18	m		4	3.73+4.26=7.99	1.14	m
	6	2.45+4.75=7.20	1.94	sm		5	2.90+4.83=7.73	1.67	m
	7	3.04+3.95=6.99	1.30	m		6	1.76+5.49=7.25	3.12	sm
	8	3.20+3.73=6.93	1.17	m		7	3.29+3.91=6.20	1.19	m
	9	3.09+3.52=6.61	1.14	m		8	3.34+3.38=6.27	1.01	m
	10	2.77+3.68=6.45	1.33	m		9	1.62+5.05=6.67	3.12	sm
	11	2.93+3.25=6.18	1.11	m		10	2.90+3.56=6.46	1.23	m
	12*	1.65+4.43=6.08	2.68	sm（SAT）		11	2.63+3.34=5.97	1.27	m
	13	2.35+3.15=5.50	1.34	m		12*	1.40+4.17=5.57	2.98	sm（SAT）
	14*	1.38+4.11=5.49	2.99	sm（SAT）		13	2.50+2.77=5.27	1.11	m
R. barbicalla	1	4.65+5.18=9.83	1.11	m		14*	1.49+3.51=5.00	2.36	sm（SAT）

* 随体长未计算在内。

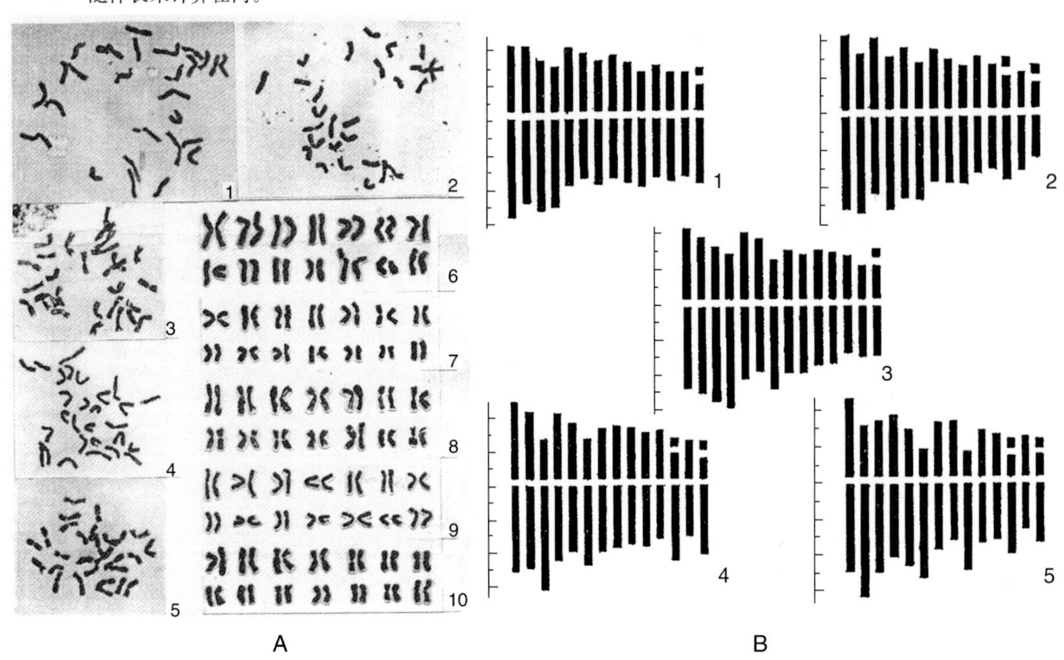

图 5-26 鹅观草属 5 个类群的核型

A. 根尖体细胞有丝分裂终变期染色体及排列核型（1、6. *R. barbicalla*；2、7. *R. brevipes*；3、8. *R. breviglumis*；4、9. *R. ciliaris*；5、10. *R. dolichathera*）

B. 模式核型（1. *R. dolichathera*；2. *R. breviglumis*；3. *R. brevipes*；4. *R. ciliaris*；5. *R. barbicalla*）

（引自蔡联炳、冯海生，1998，图 1 与图 2）

这5个种的**St**与**Y**染色体组组型分析是早就研究清楚了的，蔡联炳、冯海生的核型观测再一次证明**Y**染色体组的随体特征是位于12与14对染色体上。这也就是*Roegneria*属的细胞学特征。这对于种质资源鉴定十分方便，作根尖涂片就可以很快得到答案。

1998年，四川农业大学小麦研究所的张新全、杨俊良、颜济在奥地利出版的《Plant Systematics and Evolution》209卷上发表一篇对*Roegneria grandis* Keng的染色体组分析的报告。用了3个已知染色体组的四倍体测试种：*Elymus caninus*（L.）L.（**HHSS**）、*Roegneria ciliaris* var. *japonensis*（Honda）C. Yen，J. L. Yang et B. R. Lu（**SSYY**）、*Pseudoroegneria spicata*（Pursh）Á. Löve（**SSSS**）与它作属种间杂交来进行染色体组分析，以检测它的染色体组的组成。检测的数据列于表5-52。

表5-52 *Roegneria grandis*及其属种间F_1杂种减数分裂中期Ⅰ染色体配对情况

（引自张新全等，1998，表3）

亲本及杂种	观察细胞数	Ⅰ	Ⅱ			Ⅲ	Ⅳ	细胞内交叉数
			总计	环型	棒型			
R. grandis	80	—	14.00 (13～14)	12.73 (10～14)	1.27 (0～4)	—	—	26.73
E. caninus	55	0.08 (0～2)	13.90 (13～14)	12.55 (9～14)	1.35 (0～5)	0.04 (0～1)	—	26.53
R. ciliaris var. *japonensis*	74	0.22 (0～2)	13.89 (13～14)	11.15 (9～14)	2.74 (0～5)	—	—	25.04
P. spicata	105	—	14.00 (13～14)	13.50 (12～14)	0.50 (0～2)	—	—	27.50
R. grandis×*P. spicata*	91	8.32 (6～12)	8.71 (6～11)	4.08 (1～7)	4.63 (1～9)	0.62 (0～3)	0.10 (0～1)	14.33
R. ciliaris var. *japonensis*×*R. grandis*	84	0.79 (0～6)	13.27 (10～14)	8.63 (5～12)	4.64 (2～10)	0.17 (0～1)	0.04 (0～1)	22.36
R. grandis×*E. caninus*	81	15.93 (14～20)	5.84 (3～7)	1.09 (0～4)	4.75 (1～6)	0.13 (0～1)	—	7.19

注：括弧内为变幅。

所有4个亲本都是四倍体，2n=4x=28，减数分裂也都是正常的，95%的花粉母细胞都是含14对二价体（图5-27a、b）。只有*Roegneria ciliaris* var. *japonensis*与*Elymus caninus*偶尔有单价体出现，但频率很低。花粉母细胞中染色体臂交叉变幅在25.04～27.50。*R. grandis*能染色的花粉平均为87%，其他的种也在60%～90%。

Roegneria grandis×*Pseudoroegneria spicata*组合的F_1杂种，形态上呈中间性状。从表5-52所列数据来看，显然它们含有一组共同的染色体。所有减数分裂中期Ⅰ的花粉母细胞都含有高频率的单价体，变幅6～12条，平均8.32条，但60%以上的花粉母细胞二价体在9对以上。85%的花粉母细胞在后期Ⅰ含有落后染色体，平均频率为2.53。四分子时期比后期Ⅰ正常一些，只有60%的含有微核。能染色的花粉平均1%。开放授粉的情况下也没有结实。

Roegneria grandis×*Elymus caninus*组合的F_1杂种，所有减数分裂中期Ⅰ的花粉母

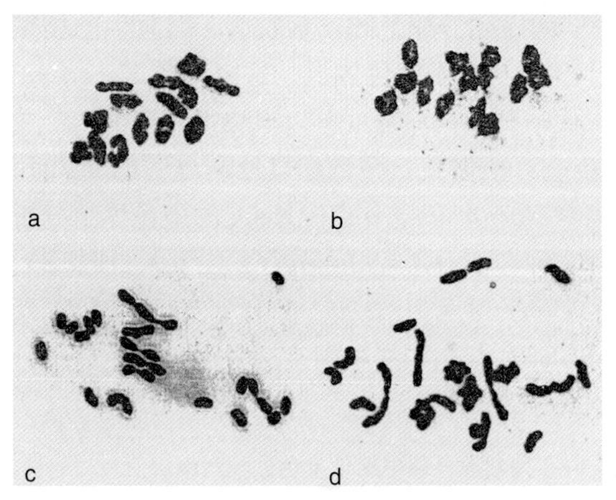

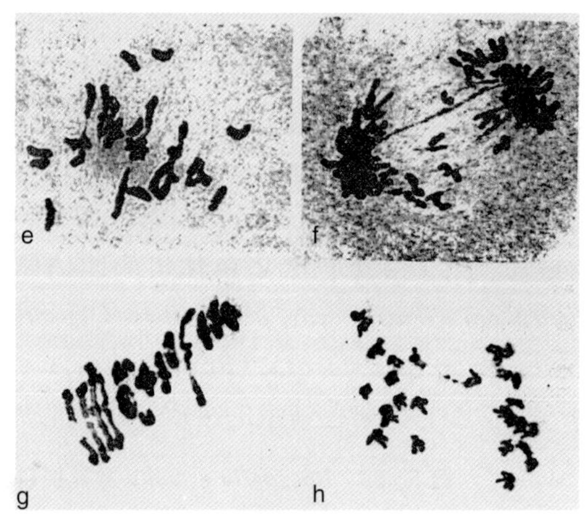

图 5-27 *Roegneria grandis* 及其属种间杂种减数分裂染色体构型

a. *R. grandis*，14Ⅱ（12 环型+2 棒型） b. *Pseudoroegneria spicata*，14Ⅱ（全是环型） c. *R. grandis*×*Elymus caninus*，6Ⅱ（棒型）+16Ⅰ d～f. *R. grandis*×*P. spicata*：d. 8Ⅱ+12Ⅰ；e. 7Ⅱ+1Ⅲ+11Ⅰ；f. 后期Ⅰ的落后染色体及桥 g～h. *R. ciliaris* var. *japonensis*×*R. grandis*：g. 14Ⅱ（9 个环型+5 个棒型）；h. 后期Ⅰ的落后染色体及桥

（引自张新全等，1998，图 1，编排稍作修改）

细胞都含有高频率的单价体，变幅 14～20 条，平均 15.93 条；66%的花粉母细胞含有 7 对二价体，平均每细胞 5.84 对。说明它们之间只有一组染色体同源，*Elymus caninus* 具有 **H** 与 **S** 染色体组，而 *Roegneria grandis*×*Pseudoroegneria spicata* 组合的 F_1 杂种已证明 *Roegneria grandis* 含一组 **S** 染色体组，*R. grandis* 与 *E. caninus* 有一组同源的染色体就应当是 **S** 染色体组，也就说明 *R. grandis* 不含 **H** 染色体组。这个组合的 F_1 杂种的减数分裂后期Ⅰ的花粉母细胞中，95%的细胞都含有落后染色体，平均每细胞含有 3.60 条；所有四分子都含有微核，每四分子平均达 4.30 个微核。也还有近于 1%的花粉能染色。杂种完全不育。

Roegneria ciliaris var. *japonensis*×*Roegneria grandis* 组合的 F_1 杂种，减数分裂中期Ⅰ的花粉母细胞中，52%含有 14 对二价体（图 5-27-g）。这个数值充分说明这两个分类群含有同源的两组染色体，三价体频率平均 0.17，四价体频率平均 0.04，变幅都是 0～1。说明他们之间有很少一点染色体结构性变异。这些数据清楚显示 *R. grandis* 含有的是 **St** 与 **Y** 染色体组。减数分裂后期Ⅰ的花粉母细胞中，有 25%的细胞含有落后染色体；有 38%的四分子含有微核，平均每四分子 0.76 个。这个 F_1 杂种有 3%的花粉能染色，但在开放授粉的情况下，也没有结实。经检测说明 *Roegneria grandis* Keng 是一个含 **SSYY** 染色体组、具有独立基因库的异源四倍体植物。

1999 年，四川农业大学小麦研究所的周永红、颜济、杨俊良与郑有良在《植物系统学与演化（Plant Systematics and Evolution）》215 卷上发表一篇题为"Biosystematic study of *Roegneria tenuispica*, *R. ciliaris* and *R. pendulina* (Poaceae: Triticeae)"的报告。报告用检测种 *R. ciliaris* 与 *R. pendulina* 测试 *Roegneria tenuispica* 的染色体组的组成。测试结果如表 5-53 所示。

表 5－53 *Roegneria* 亲本种及其杂种花粉母细胞减数分裂中期Ⅰ染色体配对情况

（引自周永红等，1999，表 3）

亲本与杂种	染色体数（2n）	观察细胞数	染色体配对						细胞中交叉数	C-值
			Ⅰ	Ⅱ			Ⅲ	Ⅳ		
				总计	棒型	环型				
R. tenuispica	28	50	0.04 （0～2）	13.98 （13～14）	0.28 （0～2）	13.70 （12～14）	—	—	27.68 （25～28）	0.99
R. pendulina	28	50	—	14.00 （14）	0.28 （0～2）	13.72 （13～14）	—	—	27.72 （25～28）	0.99
R. ciliaris	28	50	0.08 （0～2）	13.96 （13～14）	1.00 （0～3）	12.96 （10～14）	—	—	26.87 （25～28）	0.96
R. ciliaris× *R. tenuispica*	28	60	1.72 （0～5）	13.02 （10～14）	4.40 （0～14）	8.62 （0～12）	0.05 （0～1）	0.03 （0～1）	21.87 （14～26）	0.78
R. pendulina× *R. tenuispica*	28	60	1.03 （0～4）	13.43 （11～14）	1.65 （0～7）	11.78 （7～14）	0.03 （0～1）	—	25.28 （21～28）	0.90

从表 5－53 的数据来看，*Roegeneria tenuispica* 的染色体组的组成是与测试种是相同的，由 **St** 与 **Y** 两组染色体组组成的异源四倍体。但是他与 *R. pendulina* 的亲缘关系较近，与 *R. ciliaris* 的亲缘关系较远。它与 *R. pendulina* 的染色体配对更好一些，花粉母细胞中至少有 7 对环形二价体，没有四价体，只有 0.3%的三价体。虽然它们之间的 F_1 杂种只有 1.1%左右的结实率，是各自独立的种，但比之与 *R. ciliaris* 之间的 F_1 杂种完全不结实就算亲缘关系近得多了。

2004 年，周永红、杨瑞武、丁春邦与张利在《草业学报》13 卷，第 3 期，发表一篇题为“Genomic constitution of *Roegneria glaberrima*”的报告。他们以 *Pseudoroegneria spicata*（**St**）、*Roegneria dolichathera*（**StY**）与 *R. kamoji*（**HStY**）作为染色体组测试种分别与 *Roegneria glaberrima* 进行杂交，观测它们的 F_1 杂种花粉母细胞减数分裂染色体配对行为，来作 *Roegneria glaberrima* 的染色体组型分析。他们观测的结果如表 5－54 与表 5－55 所示。

表 5－54 亲本种及其 F_1 杂种花粉母细胞中期Ⅰ（MⅠ）染色体配对情况

（引自周永红等，2004，表 3）

亲本及杂种	染色体数（2n）	观察细胞数	染色体配对						细胞中交叉数
			Ⅰ	Ⅱ			Ⅲ	Ⅳ	
				总计	棒型	环型			
Pseudoroegeberia spicata	14	52	0.08 （0～2）	6.96 （6～7）	0.40 （0～3）	6.56 （4～7）	—	—	13.52 （11～14）
Roegneria glaberrima	28	50	0.12 （0～2）	13.94 （13～14）	0.74 （0～4）	13.20 （10～14）	—	—	27.14 （24～28）
Roegneria dolichathera	28	52	0.12 （0～2）	13.94 （13～14）	1.02 （0～3）	12.92 （11～14）	—	—	26.87 （24～28）

（续）

亲本及杂种	染色体数（2n）	观察细胞数	染色体配对						细胞中交叉数
			Ⅰ	Ⅱ			Ⅲ	Ⅳ	
				总计	棒型	环型			
Roegneria kamoji	42	50	0.28 (0～2)	20.86 (20～21)	0.46 (0～2)	20.40 (19～21)	—	—	41.24 (39～42)
Roegneria glaberrima× *Pseudoroegneria spicata*	21	50	7.92 (5～13)	6.54 (4～8)	3.38 (0～7)	3.16 (0～7)	—	—	9.70 (6～14)
Roegneria dolichathera× *Roegneria glaberrima*	28	50	3.16 (0～10)	12.42 (9～14)	5.52 (3～9)	6.90 (4～11)	—	—	19.32 (15～25)
Roegneria glaberrima× *Roegneria kamoji*	35	50	7.74 (5～13)	13.46 (11～15)	3.30 (0～7)	10.16 (7～14)	0.06 (0～1)	0.04 (0～1)	23.88 (19～28)

表 5-55　亲本种与 F_1 杂种的花粉育性与结实情况

（引自周永红等，2004，表 4）

亲本与杂种	观察花粉数	能育花粉		观察小花数	结实	
		花粉数	%		结实数	%
Pseudoroegneria spicata	250	207	82.8	100	87	87
Roegneria glaberrima	250	218	87.2	100	91	91
Roegneria dolichathera	250	228	91.2	100	92	92
Roegneria kamoji	250	238	95.2	100	93	93
R. glaberrima×*P. spicata*	500	0	0	500	0	0
R. dolichathera×*R. blaberrima*	500	3	0.6	500	0	0
R. glaberrima×*R. kamoji*	500	0	0	500	0	0

从表 5-54 的数据来看，*Roegneria glaberrima* 与 *Pseudoroegnaria spicata* 有一组染色体组相同，即 *Roegneria glaberrima* 含有一组 **St** 染色体组。与 *Roegneria dolichathera* 之间两组染色体组都相同，也就是它们都含有相同的 **St** 与 **Y** 染色体组。参考表 5-55 的数据来看，虽然两者都含的是相同的 **St** 与 **Y** 染色体组，但已有分化成的不同的亚型；相互杂交，F_1 子代不结实，已各自成为独立的种。

特别评论：

在这一节的最后，我们不得不对陈守良与徐克学在 1989 年于《植物分类学报》27 卷，3 期上的一篇题为“应用数量分类探讨鹅观草属的归属问题”的论文进行评论。编著者很尊重陈先生，她在中国禾本科的形态分类学上有卓越的贡献。但不将这篇疑似科学的文章论述清楚，会对读者带来错误的导向。看来陈先生对遗传学未作深入研究，因此把染色体组与一般形态性状并列作为性状之一来进行分析。染色体组是除胞质基因以外，核内基因的总合，即核基因组，它包含无数的表型显性性状与隐藏的隐性性状的基因，它不是一个性状。染色体组间检测有区别，即使有许多相似的表型性状，在系统演化上也是不同的。染色体组与一般个别形态性状显然是完全不同层次，陈先生将它们混为一谈，基础就错了，再用数量分析的形式来表现仍然是错的。对引用自 Dewey（1984）的偃麦草属的染色体组“**SX**”，把“**X**”作为一个染色体组符号进行分析显然是不对的，Dewey 的“**X**”代表未定染色体组，Dewey 的 *Elytrigia*（**SX**）是指 *E. repens*（$\mathbf{S_1S_1S_2S_2XX}$）（Dewey，1984，245 页），而现在已知这个未知染色体组是 **H** 染色体组（Assadi and Runemark，1994；Vershinin et al.，1994）。而陈先生也引用的 Áskell Löve（1984）的“Conspectus of the Triticeae”一文，Áskell Löve 明确在文中指出 *Elytrigia* 属含有 **E**、**J**、**S** 3 种染色体组，陈先生又不采用。陈先生把鹅观草属与披碱草属都定为 **S**、**H**、**Y**，3 种染色体组组成也是错误的。鹅观草属不含 **H** 染色体组，披碱草属不含 **Y** 染色体组。因此，陈先生这篇文章的结论当然也是完全错了的。

与陈先生这篇文章形成鲜明对照的是 1994 年卢宝荣在《植物分类学报》32 卷，第 6 期，发表的一篇题为“*Elymus sibiricus*，*E. nutans* 和 *E. burchen-buddae* 的形态学鉴定及其染色体组亲缘关系的研究”的文章。在这篇论文中用相互杂交来测试，实验证明这 3 个分类群相互杂交完全不育，生殖隔离，是各自独立的种。*E. sibiricus* L. 含有 **SH** 染色体组，*E. burchen-buddae*（Nevski）Tzvelev 含有 **SY** 染色体组，而 *E. nutans* Griseb. 却含有 **SHY** 染色体组。在演化系统上也各不相同，*E. sibiricus* L. 是拟鹅观草属与大麦属的 1 个二倍体种杂交形成；*E. burchenbuddae*（Nevski）Tzvelev 则是拟鹅观草属（*Pseudoroegneria*）的一个二倍体种与一个 **Y** 供体的二倍体种相互杂交形成；而 *E. nutans* Griseb. 则是一个鹅观草属的四倍体种与一个大麦属大麦草组的二倍体种相互杂交形成。在形态上，三者非常相似，形态性状变幅相互重叠，难于区分，甚至陈先生等（1978）把起源各不相同的 *E. nutans* Griseb 与 *E. burchen-buddae*（Nevski）Tzvelev 合为一个种！这就是单纯依靠形态学的分类常被复杂的显性表型所迷惑而看不清演化系统的原因。在这里卢宝荣坚持杂凑的 *Elymus* 概念也是不科学的学派偏见。十分清楚，这里看到的是 3 个独立的系统，一个是披碱草属——*Elymus sibiricua* L.，一个是鹅观草属——*Roegeneris nutans*（Keng）Keng，另一个是弯穗草属——*Campeiostachys nutans*（Griseb.）J. L. Yang，B. R. Baum et C. Yen，这才是真实的客观存在。

在表型形态上，卢宝荣也观察到三者的区别，那就是在内稃上，*Elymus* 具长于或等于外稃的内稃，窄而锐尖的顶端与细小密排的脊上纤毛，与大麦属大麦草组（sect. *Campestria* Anderson）的形态相似，这些特征性状显然来自 **H** 染色体组。*Roegneria* 的内稃短于外稃，顶端钝圆或平截，微凹，具长而粗、排列较疏的纤毛，而与 **Y** 染色体组相联系；*Campeiostachys* 则结合二者的特征，长而尖的内稃与粗长稀疏的脊上纤毛。*Roegneria* 与 *Elymus* 在内稃形态上的区别编著者早有报道（1991），并在鉴别实践中久经检验证明其可靠。形态性状的识别是重要的，也是认识物种的第一步，但是也是不可靠的，因为它受遗传性显隐律的支配，它会掩盖隐性亲本遗传性的表达，同时形态性状也受生态环境条件的选择而使不同系统的分类群表征趋同。因此，分类群系统的鉴定必须依靠遗传学的鉴别确证。为了识别方便，再找出可靠的特征表型，这才是正确识别分类群系统的途径。

（三）鹅观草属的分类

***Roegneria* C. Koch，1848. Linnaea 21：413. 鹅观草属。**

属的形态特征：多年生；疏丛生或密丛生，较少单生；不具长而匍匐的根状茎，有时具短而直立的根状茎或根头。秆高15～135 cm，直立，有时基部膝曲。叶片平展或内卷。穗状花序顶生，直立、弯曲或下垂；穗轴坚实，不逐节断落，顶生小穗正常发育；小穗单生于每一穗轴节上，小穗无柄或具极短的柄，具2～10余花；颖背部扁平或呈圆形而不具脊，先端无芒，具尖头，或具短芒；外稃背部圆形而无脊，平滑、糙涩或被毛，先端无芒、具短芒或长芒，芒直立、反曲或外展；基盘平滑或被毛；内稃先端平截、钝或圆钝，有时内凹，具两脊，脊上平滑、粗糙，或被纤毛，两脊间较宽，脊间背部平滑或被毛；花药较小，长（1～）1.5～3.5 mm，稀长达5.5～6.5 mm。

属的模式种：***Roegneria caucasica*** C. Koch

细胞学特征：2n=4x，6x=28，42；具**StStYY**、**StStStStYY**染色体组。

分布区：本属已知有97种变种，主要分布于北半球温带地区，中亚，喜马拉雅山等地。以中国分布最多，约70种、15变种；仅1种分布于欧洲南部。海拔300～5 700 m。

鹅观草属的种与变种检索表

一、喜马拉雅山与青藏高原区

1. 穗直立或弯曲……………………………………………………………………………… 2
  2. 两颖近等长…………………………………………………………………………… 3
    3. 外稃无芒，具长约0.5 mm的小芒尖，并具1～3浅齿；内稃稍短于外稃，先端内凹…………………………………………………………（50）*R. buschiana*（Roshev.）Nevski
    3. 外稃具芒……………………………………………………………………………… 4
      4. 芒明显短于外稃，长4～5 mm，边缘膜质；内稃与外稃约等长，先端钝或内凹……………………………………………………………………（72）*R. leiantha* Keng
      4. 芒长于或与外稃近等长…………………………………………………………… 5
        5. 芒长于外稃1～3倍，外稃线状披针形；内稃与外稃几乎等长，先端钝或圆钝……………………………………………………………（45）*R. angusta* L. B. Cai
        5. 芒与外稃近等长………………………………………………………………… 6
          6. 内稃与外稃等长或稍短于外稃，两脊上部3/4或全部疏生小刺毛；小穗明显具柄 ……………………………………………………………（76）*R. magnipoda* L. B. Cai
          6. 内稃明显长于外稃，两脊上部疏生纤毛；小穗无柄…………（54）*R. curtiaristata* L. B. Cai
  2. 两颖不等长…………………………………………………………………………… 7
    7. 颖具芒………………………………………………………………………………… 8
      8. 颖具窄膜质边缘；外稃窄披针形，芒与外稃等长或长于外稃1倍，芒直或稍弯曲；内稃窄披针形，先端平截至钝形，或内凹，两脊间背上部具小刺毛 ………………………………………………………（36）*R. tibetica*（Melderis）H. L. Yang
      8. 颖不具窄膜质边缘；外稃宽披针形，芒长于外稃2～3倍，明显反曲 ……………………… 9

9. 颖长圆状披针形，3～5 脉；内稃与外稃等长，或稍长，先端钝；花药黄色 ………………………………………………………………………………………………… (85) *R. pulanensis* H. L. Yang

9. 颖披针形，5～7 脉；内稃与外稃等长，或稍短，先端平截；花药褐色 ………………………………………………………………………………………………… (93) *R. shouliangiae* L. B. Cai

7. 颖无芒 ………………………………………………………………………………………… 10

10. 内稃短于外稃……………………………………………………………………………… 11

11. 内稃明显短于外稃；外稃芒稍长于稃体………………………………………………… 12

12. 小穗窄，排列疏松，不贴生穗轴，穗轴节间纤细，最下部穗轴节间较长于小穗 ………………………………………………………………………………… (71) *R. laxinodis* L. B. Cai

12. 小穗不窄，排列紧密，与穗轴贴生，穗轴节间较粗壮，最下部穗轴节间约与小穗等长………… ……………………………… (39) *R. valida* (Melderis) J. L. Yang, B. R. Baum et C. Yen

11. 内稃稍短于外稃；外稃芒明显长于稃体…………………………………………………… 13

13. 外稃芒长于外稃约 1 倍；叶片柔软，平展，不直立；小穗具 1～3 小花；颖不具膜质边缘；外稃边缘与基部贴生微毛；内稃先端圆钝或内凹 ……………………… (2) *R. altissima* Keng

13. 外稃芒长于外稃两倍；叶片坚实，内卷，直立；小穗具 3～5 小花；颖具膜质边缘；外稃脉上粗糙，或具小硬毛；内稃先端平截……………………………… (17) *R. glaucifolia* Keng

10. 内稃与外稃近等长…………………………………………………………………………… 14

14. 外稃芒短于外稃，芒长 2～5 mm；外稃具很窄的紫色膜质边缘；小穗常略偏于一侧；颖先端渐尖，而成短芒或尖头，长 1～ 3 mm；内稃两脊上具翼，上部密被硬纤毛，向下逐渐变短而稀疏，内稃背部脊间被微毛 ……………………………… (64) *R. humilis* Keng & S. L. Chen

14. 外稃芒长于外稃……………………………………………………………………………… 15

15. 外稃芒稍长于外稃………………………………………………………………………… 16

16. 颖具膜质边缘………………………………………………………………………………… 17

17. 颖窄披针形，无毛，先端急尖，不具小尖头；外稃背部无毛…………………………… ………………………… (94) *R. sikkimensis* (Melderis) J. L. Yang, B. R. Baum et C. Yen

17. 颖宽披针形，被硬毛，先端渐尖或具长 0.5～1 mm 的小尖头；外稃背部粗糙至被纤毛，下部密被微毛 ………………………… (35) *R. tenuispica* J. L. Yang et Y. H. Zhou

16. 颖不具膜质边缘，圆状披针形，稍偏斜，先端急尖，或具小尖头；外稃披针形，无毛，芒长 7～17 mm，稍反折……………………………………………… (40) *R. varia* Keng

15. 外稃芒长于外稃 1 倍或以上………………………………………………………………… 18

18. 外稃芒长于外稃约 1 倍……………………………………………………………………… 19

19. 穗轴节间无毛；小穗具 5～6 小花；内稃先端钝 ……………………………………… ……………………… (49) *R. burchan budda* (Nevski) J. L. Yang, B. R. Baum et C. Yen

19. 穗轴节间棱脊上具纤毛；小穗具 6～8 花；内稃先端内凹或平截 …………………… ………………………………………………………………………………… (53) *R. crassa* L. B. Cai

18. 外稃芒长于外稃 2 倍………………………………………………………………………… 20

20. 叶片无毛，内卷；颖具膜质边缘，先端渐尖具长 1～2 mm 的小尖头；外稃披针形，芒长于外稃 3～6 倍，强烈反折，有时在基部具 2 齿；内稃先端钝或平截 …………………… ……………………………………… (24) *R. jaquemontii* (Hook. f.) Ovczinn. & Sidorenko

20. 叶片在边缘疏被纤毛，平展；颖不具膜质边缘，先端急尖或渐尖，通常具 1 齿以及短芒；外稃窄披针形；内稃先端钝或内凹……………………………………………… ……………………………… (56) *R. duthiei* (Melderis) J. L. Yang, B. R. Baum et C. Yen

1. 穗弯曲下垂 …………………………………………………………………………………………… 21

21. 外稃芒短于外稃……………………………………………………………………………………… 22

22. 叶片上表面疏生微毛，无呈镰刀状的明显叶耳；小穗 3～4 小花；颖 3 脉；外稃芒稍弯曲，长 6～8mm ………………………………………………………………………… (61) *R.* ×*gracilis* L. B. Cai

22. 叶片上表面疏生长柔毛，有呈镰刀状的明显叶耳；小穗 4～6 小花；颖 3～5 脉；外稃芒直，长 2～4 mm ……………………………………………………………………… (102) *R. yushuensis* L. B. Cai

21. 外稃芒长于外稃……………………………………………………………………………………… 23

23. 外稃芒略长于外稃…………………………………………………………………………………… 24

24. 穗状花序直立，或下垂弯曲；叶片平展；小穗具 6～8 小花；颖窄披针形，长为小花的 3/4，3 脉而突起，具很窄的膜质边缘；外稃先端急尖，使外稃近似长卵圆形，芒长（4～）12～18 mm；内稃明显短于外稃，长约为外稃的 3/4，顶端稍钝 ……………………………………… (33) *R. semicostata*（Nees ex Steud.）Kitagawa…………25

25. 叶鞘与叶片无毛…………………………………………………………………………………… 26

26. 小穗披针形，不紧贴穗轴；第 1 颖短于第 1 外稃，芒长（4～）12～18 mm ………………………………………………………………………………… (33a) var. *semicostata*

26. 小穗长圆形或长圆状披针形，紧贴穗轴；第 1 颖与第 1 外稃近等长，芒长可达 20 mm …………………………… (90a) var. *striata*（Nees et Steud.）J. L. Yang，B. R. Baum et C. Yen

25. 叶鞘与叶片密被长柔毛……………………………………………………………………………… …………………………… (90b) var. *thomsonii*（Hook. f.）J. L. Yang，B. R. Baum et C. Yen

24. 穗状花序下垂………………………………………………………………………………………… 27

27. 叶片平展；小穗具 2～4 小花；外稃芒直，长 6～11 mm；内稃两脊全长具短纤毛……………………………………………………………………………………… (63) *R. honyuanensis* L. B. Cai

27. 叶片内卷；小穗具 5～10 小花；外稃芒反曲，长 7～18 mm；内稃两脊上半部具短纤毛 …………………………………………………………………………………… (29) *R. nutans*（Keng）Keng

23. 外稃芒长于外稃 1 倍或以上…………………………………………………………………… 28

28. 外稃芒长于外稃 1 倍……………………………………………………………………………… 29

29. 第 1 颖与第 2 颖长都不到外稃长度的一半，第 1 颖长 3～4 mm，3 脉，第 2 颖长 5 mm，4～5 脉；外稃长 10 mm 左右，芒长 20～25 mm，反曲；花药黑色 …………………………………………………………………………………… (7) *R. breviglumis* Keng

29. 第 2 颖长达外稃长度一半以上，或稍短于外稃…………………………………………………… 30

30. 两颖近等长；叶片硬，内卷；小穗绿紫色；外稃长 9～11 mm，芒长 18～28 mm，紫色，略向外反曲，内外稃近等长，两脊上部 1/3 具纤毛，两脊间背部被微毛；花药紫黑色 ……………………………………………………………………… (86) *R. purpurascens* Keng

30. 两颖不等长…………………………………………………………………………………………… 31

31. 叶片硬，平展或边缘内卷；小穗具长 0.5～1.5（～2）mm 的短柄；颖边缘膜质；外稃芒长 15～28 mm，强烈反曲，内稃顶端钝圆；花药黄色……………………………………………………………………………………… (15) *R. dura*（Keng）Keng

31. 叶片不硬，平展；小穗不具短柄；颖不具膜质边缘；外稃芒长 12～20 mm，直或稍弯曲；内稃顶端平截；花药紫色…………………………………………………………… (77) *R. microlepis*（Melderis）J. L. Yang，B. R. Baum et C. Yen

28. 外稃芒长于外稃 2 倍以上………………………………………………………………………… 32

32. 外稃芒长于外稃约 2 倍…………………………………………………………………………… 33

33. 芒直伸；叶鞘基部被灰色柔毛；小穗具4～7小花，具长0.5～2 mm的细柄；两颖不等长，短小，长为外稃的一半以下，窄披针形；外稃窄披针形，背部微粗糙或近于平滑，芒直，长12～35 mm；内稃短于外稃，先端平截 …………………………………………………………………………………… (41) *R. yangiae* (B. R. Lu) L. B. Cai

33. 芒反曲；叶鞘无毛 …………………………………………………………………… 34

34. 颖短，不到外稃长度的一半 …………………………………………………………… 35

35. 小穗具长0.5～2 mm的短柄；外稃背部无毛，微粗糙或近于平滑，上半部具明显的5脉，芒较粗壮，长22～35 mm，反曲；内稃短于外稃，两脊上半部具纤毛；花药黄色 ………………………………………………………………………… (8) *R. brevepes* Keng

35. 小穗具短于0.5 mm的短柄；外稃背部密被短细刚毛，3脉，侧脉常微弱，芒细弱，长21～30 mm，反曲或稍反曲；内稃与外稃等长，两脊上部1/3具纤毛；花药黄色或黄紫色 …… ………………………………………………………………………………………… 36

36. 秆高40～100 cm；叶片上表面粗糙或被柔毛，下表面粗糙，边缘无毛或粗糙；穗状花序稍曲折；小穗具（2～）3～4小花；第1颖长1.5～2 mm；外稃3脉，外稃芒长21～20 mm …………………………………………………………………………………… …………………… (47) *R. antiqua* (Nevski) J. L. Yang, B. R. Baum et C. Yen var. *antiqua*

36. 秆高约70 cm；叶片上、下表面均被长柔毛，边缘具纤毛；穗状花序不曲折；小穗具5～9小花；第1颖长2～2.5 mm；外稃5脉，芒长10～17 mm …………………………… ………………… (4) *R. antiqua* var. *parvigluma* (Keng) J. L. Yang, B. R. Baum et C. Yen

34. 颖长，第1颖长2～6 mm，第2颖长（2.5～）3～9 mm；叶片内卷或边缘内卷，上、下表面均密被毛；外稃窄披针形，背部粗糙或疏被微毛，芒长15～30 mm；内稃稍短于外稃，顶端钝或圆钝，两脊全部着生纤毛 ………………………………………………………………… ……………………………………………………… (9) *R. cacumina* (B. R. Lu et B. Salomon) L. B. Cai

32. 外稃芒长于外稃达4倍以上，长35～55 mm，强烈反曲；叶片细窄，内卷或边缘内卷，稀平展，上、下表面无毛，粗糙；穗轴节间平滑无毛；小穗具长0.3～0.5 mm的短柄；外稃窄披针形，基盘密被小刺毛；内稃稍短于外稃，或等长，顶端圆或钝 ……………………………………… ……………………………………………………… (32) *R. retroflexa* (B. R. Lu et B. Salomon) J. B. Cai

二、东 亚 区

1. 穗状花序直立 …………………………………………………………………………… 2

2. 外稃无芒或仅具长1～5 mm的短尖头 ………………………………………………… 3

3. 外稃无芒或具长1 mm的短尖头；叶片革质，平展；穗线形；穗轴节间等于或长于相邻小穗；两颖不等长，第1颖长10～14 mm，第2颖长11～15 mm，5～7脉；小花基盘被白色柔毛，两侧柔毛可达1 mm；内稃短于外稃1/4～1/3，顶端钝圆 ……………… (20) *R. grandis* Keng

3. 外稃具长约2 mm或以上的短芒尖 ……………………………………………………… 4

4. 外稃短芒尖长约1～2 mm ………………………………………………………………… 5

5. 小穗具3～6小花；两颖不等长，第1颖长9～10 mm，第2颖长10～11 mm，均5～7脉，与外稃近等长，背部密被微小硬毛至细柔毛，先端渐尖，无齿，具长1～1.5 mm的短尖头；内稃明显短于外稃，先端钝，两脊上部具纤毛 ……………………………………… ………………………………………………………………… (66) *R. intramongolica* S. Chen & Gao

5. 小穗具2～4小花；两颖近等长，长4～8 mm，均3～5脉，短于外稃，背部无毛，脉上疏被小刺毛，先端急尖，具2～3齿或长1～1.5mm的短尖头；内稃稍短于外稃，先端钝或略内凹，两脊粗糙…………………………………………………（97）*R. subfibrosa* Tzvelev

4. 外稃短芒尖长4～5 mm ……………………………………………………………………6

6. 外稃短芒尖长1.5～4 mm，基部不具2齿；小穗具5～7小花；两颖近等长，长9～15 mm，5～7脉，具干膜质边缘，先端渐尖，具短芒尖，等于或稍短于外稃；内稃与外稃近等长，顶端平截或内凹，两脊上部4/5具纤毛 ……………………………（67）*R. kamczadolora* Nevski

6. 外稃短芒尖长（2～）4～5 mm，基部两侧具2齿；小穗2～3小花；两颖近等长，长（5～）7～9（～10）mm，3～5脉，具紫红色膜质边缘，先端急尖，具长1～2 mm的短尖头，稍短于外稃；内稃与外稃近等长或稍短，顶端钝，两脊上被纤毛 ……………………………………………………………………（68）*R. kronokensis*（Komarov）Tzvelev

2. 外稃具芒……………………………………………………………………………7

7. 外稃芒等长或稍长于外稃……………………………………………………………8

8. 颖顶端急尖…………………………………………………………………………9

9. 叶片边缘内卷或对折，上、下两面均被柔毛；颖先端一侧微凹陷，第1颖长5～7 mm，5脉，第2颖长6～8 mm，6脉；外稃芒长12 mm左右，反曲 …………（78）*R. minor* Keng

9. 叶片平展，上、下两面均平滑无毛；颖顶端骤然收缩成长可达2 mm的短尖头，第1颖长5 mm，3脉，第2颖长7～8 mm，5脉；外稃芒长（6～）7～8 mm，直伸……………………………………………………………………（74）*R. lenensis* M. Popov

8. 颖先端渐尖；叶片质硬，直立内卷，上表面疏生柔毛，下表面无毛；第1颖长7～8 mm，第2颖长8～9 mm，均3～5脉；外稃长9 mm，芒长10～15 mm，直伸或稍弯曲；内稃与外稃近等长，顶端平截或内凹，两脊上半部具刺状纤毛 ……………………（95）*R. sinica* Keng

10. 叶片窄，宽4 mm以下；颖无芒， ……………………………………………………11

11. 无根茎；叶片窄，叶片宽2～4 mm，基盘两侧具长0.3 mm以上的毛…………………………………………………………………………（95a）*R. sinica* Keng var. *sinica*

11. 具短根茎；叶片非常窄，宽仅1～2 mm，基盘两侧具长0.3 mm以下的毛……………………………………（95b）*R. sinica* var. *angustifolia* C. P. WanG et H. L. Yang

10. 叶片宽，可达7 mm，颖具长1～3 mm的短芒……………………………………………………………………（95c）*R. sinica* var. *media* Keng et S. L. Chen

7. 外稃芒长于外稃约1～2倍………………………………………………………12

12. 外稃芒长于外稃约1倍…………………………………………………………13

13. 内稃与外稃近等长……………………………………………………………14

14. 叶片上、下表面均无毛；小穗具5～8小花；两颖不等长，第1颖长7～8 mm，4～5脉，第2颖长8～9 mm，5～6脉，先端具芒尖；外稃宽披针形，先端急尖至具长16～25 mm的直芒…………………………………………………………………………15

15. 秆节、叶片与叶鞘均无毛 ……………………（5）*R. barbicalla* Ohwi var. *barbicalla*

15. 秆节无毛或被毛；叶片无毛或上表面被毛；叶鞘无毛或基部被毛……………………16

16. 叶片无毛；节密被柔毛，节下多被柔毛；基部叶鞘几乎都被毛……………………………………………………（48a）*R. barbicalla* Ohwi var. *pubinodes* Keng

16. 叶片上表面被柔毛；节与叶鞘无毛，稀被微毛……………………………………………………（48b）*R. barbicalla* Ohwi var. *pubifolia* Keng

14. 叶片上表面疏被柔毛，下表面无毛；两颖近等长，第1颖长9～10 mm，3～5脉，第2颖长9.5～11.5 mm，6～7脉，先端具芒尖；外稃宽披针形，先端急尖或具反曲的芒，芒长 18～22 mm ……………………………………………… (28) *R. nakai* Kitagawa…………17

17. 小穗轴被微毛，内稃顶端圆钝，平截或稍内凹… (28a) var. *nakai*

17. 小穗轴被长柔毛，内稃顶端深内凹构成一圆孔状构造 ……………………………………………………………… (28b) var. *innermongonica* C. Yen et J. L. Yang

13. 内稃短于外稃 ……………………………………………………………………………………………… 18

18. 叶片上表面仅脉上疏生硬毛；两颖不等长，第 1 颖长 7～10 mm，3～5 脉，第 2 颖长8.5～11 mm，4～6 脉，先端渐尖或急尖具短尖头，与外稃近等长或稍长；外稃顶端芒两侧具微齿，芒长（15～）20～25 mm，直伸；内稃稍短于外稃，顶端钝并下凹 ……………………………………………………………………………………………… (22) *R. hondai* Kitagawa

18. 叶片上表面疏生柔毛；两颖不等长，第 1 颖长 7～8 mm，3～5 脉，第 2 颖长 8～9.5 mm，5～6（～7）脉，先端渐尖或急尖，或具短尖头并常在一侧或两侧具一齿；外稃顶端具一齿，芒长 12～25 mm，直伸；内稃稍短于外稃，顶端钝圆 ……………………… (43) *R. aliana* Keng

12. 外稃芒长于外稃 2 倍以上 ………………………………………………………………………………… 19

19. 叶片平展，上表面被微毛，下表面无毛；小穗在穗上着生偏斜，具 5～7 小花；颖窄披针形，第 1 颖长 6～11.5 mm，3 脉，稀 4～5 脉，第 2 颖长 9～12 mm，5 脉，先端渐尖；外稃背部被粗短刺毛，芒长（20～）25～43 mm，反曲；内稃与外稃近等长，或短于外稃，顶端圆钝或微内凹 ……………………………………………………………………………………………… 20

20. 秆高 60～100 cm；叶片宽 3～8 mm；穗状花序几乎都直立；穗轴较粗壮 ………………… 21

21. 秆较细弱，径宽 1.5～2 mm；两颖不等长，长 7～12 mm，短于第 1 外稃 ……………………………………………………………… (19) *R. gmelinii*（Ledeb.）Kitagawa var. *gmelinii*

21. 秆较粗壮，径宽约 3 mm；两颖近等长，长 10～15 mm，与第 1 外稃等长，或第 2 颖长于第 1 外稃 ……………………………… (60a) *R. gmelinii* var. *macrathera*（Ohwi）Kitagawa

20. 秆高 50～70 cm；叶片宽 2～6 mm；穗状花序弯曲或下垂；穗轴较细弱 …………………… 22

22. 叶片宽 2.5～6 mm；穗状花序长 8～15 cm，宽 3～6 mm（芒除外）；小穗长 15～25 mm，具 5～7 小花 ……………………………………………………………………………………………… (60b) *R. gmelinii* var. *pohuashanensis*（Keng）J. L. Yang，B. R. Baum et C. Yen

22. 叶片宽 2～2.5 mm；穗状花序长 10～15 cm，宽 2～3 mm（芒除外）；小穗长 12～18 mm，具 3 小花和 1 不育外稃 ……………………………………………………………………………… (60c) *R. gmelinii* var. *tenuiseta*（Ohwi）J. L. Yang，B. R. baum et C. Yen

19. 叶片平展或边缘内卷，上表面密被柔毛，下表面无毛；小穗着生不偏于一侧，具 3～6 小花；颖宽披针形，第 1 颖长 6～7 mm，第 2 颖长 7～8 mm，均为 3～5 脉，先端渐尖成芒尖，或急尖成小尖头；外稃顶端两侧或一侧具微齿，芒长（15～）26～32 mm，纤细直伸 ……………………………………………………………………………………………… (14) *R. dolichathera* Keng

1. 穗状花序下垂 ……………………………………………………………………………………………… 23

23. 外稃芒略长于外稃；两颖不等长，具窄膜质边缘，顶端均具芒与 1～2 齿，第 1 颖长 5～6 mm，芒长 3～4 mm，第 2 颖长 6～7 mm，芒长 4～6 mm；外稃长 9～10 mm，芒长 14～18 mm；内稃明显短于外稃，顶端平截或微凹 …………………………………… (92) *R. serpentina* L. B. Cai

23. 外稃芒长于外稃 1 倍以上 ………………………………………………………………………………… 24

24. 外稃芒长于外稃不到 2 倍 ……………………………………………………………………………… 25

25. 两颖不等长，广披针形，无毛，第 1 颖长 5～6（～7）mm，第 2 颖长（6.5～）7～9 mm，均（3～）5～7 脉，先端渐尖，具小尖头；外稃广披针形，背部平滑无毛，具窄膜质边缘，芒长 11～21 mm；内稃与外稃近等长或稍短，顶端钝，两脊上部 1/3 具纤毛 ………………

……………………… (33) *R. shandongensis* (B. Salomon) J. L. Yang, B. R. Baum et C. Yen

25. 两颖近等长……………………………………………………………………………………… 26

26. 颖先端具齿……………………………………………………………………………………… 27

27. 颖先端具小尖头，一侧或两侧具齿；外稃宽披针形，背部被糙毛，边缘具长而硬的纤毛，芒长（10～）15～20（～30）mm，反曲，基部一侧或两侧具齿；内稃短于外稃1/3，顶端圆钝，两脊上半部具纤毛……………………………………………………………………… 28

28. 穗状花序下垂，颖边缘具纤毛；外稃背部密被或疏被糙毛，边缘具长纤毛…………… 29

29. 外稃芒长超过10 mm ……………………………………………………………………… 30

30. 叶片上、下表面均无毛，边缘无毛……………………………………………………
…………………………………………… (12a) *R. ciliaris* (Trin.) Nevski var. *ciliaris*

30. 叶片上、下表面均被毛，边缘被毛……………………………………………………
………………………… (12b) *R. ciliaris* var. *amurensis* (Drobov) C. Yen et J. L. Yang

29. 外稃芒长1～3（～7）mm ……………………………………………………………
…………… (52a) *R. ciliaris* var. *submutica* (Honda) J. L. Yang, B. R. Baum et C. Yen

28. 穗状花序直立，有时微弯；颖边缘无长纤毛…………………………………………… 31

31. 外稃背部粗糙或疏被糙毛，边缘具短纤毛……………………………………………
……………………… (12c) *R. ciliaris* var. *japonensis* (Honda) C. Yen, J. L. Yang et Lu

31. 外稃背部无毛或粗糙，边缘不具纤毛…………………………………………………
……………………………………… (52a) *R. ciliaris* var. *hackeliana* (Honda) L. B. Cai

27. 颖先端具短芒尖，明显具齿；外稃披针形，背部不被糙毛，上半部分疏被贴生小刺毛，边缘被长纤毛，芒长15～28 mm；内稃与外稃等长，先端钝圆，两脊上部1/2具纤毛
……………………………………………………………………………………………… 32

32. 秆节无毛，稀被微毛……………………………… (31a) *R. pendulina* Nevski var. *pendulina*

32. 秆节被微毛，或密被倒生白毛，稀无毛…………………………………………………… 33

33. 秆节被微毛…………………………………………………………………………………… 34

34. 穗状花序长6～12 cm；外稃背上部微粗糙 ………………………………………
(80a) *R. pendulina* var. *brachypodioides* (Nevski) J. L. Yang, B. R. Baum et C. Yen

34. 穗状花序长18～25 cm；外稃背部或背上部疏被微毛 …………………………………
……… (31b) *R. pendulina* var. *multicaulis* (Kitagawa) J. L. Yang, B. R. Baum et C. Yen

33. 秆节密被倒生白色微毛 ……………………… (80b) *R. pendulina* var. *pubinodis* Keng

26. 颖先端不具齿……………………………………………………………………………………… 35

35. 颖宽披针形，无毛，第1颖长4.5～6 mm，3～4脉，第2颖长5.5～7 mm，5脉，先端急尖或渐尖；外稃披针形，平滑无毛或微粗糙，芒长17～23 mm，细，直立；内稃稍短于外稃，顶端钝圆，内凹，两脊近于平滑，仅近顶端处具小刺毛…………………………………
………………………………………………………………………… (83) *R. puberula* Keng

35. 颖披针形，被柔毛，第1颖长（6～）7～7.5 mm，（3～）5脉，第2颖长8～9 mm，（5～）7脉，先端渐尖或具短芒尖；外稃披针形至宽披针形，背部被糙毛，稀无毛，芒长10～20（～25）mm，细，直立；内稃与外稃近等长，顶端钝圆或内凹，两脊被纤毛，背部两脊间被微毛 ……………………………………………… (42) *R. yezoensis* (Honda) Ohwi

24. 外稃芒长为外稃的2倍以上……………………………………………………………………… 36

36. 叶片平展或稍内卷………………………………………………………………………………… 37

37. 小穗具3～5小花；颖不具膜质边缘，先端渐尖或急尖，或具长约1 mm的小尖头 ………… 38

38. 伸出叶鞘部分的秆与节，以及下部的叶鞘无毛；外稃背面全部被微小糙毛，边缘无毛，芒粗壮，长 20～40 mm，弯曲或直伸；内稃短于外稃，顶端平截或内凹，两脊无毛，或近先端微粗糙，背部两脊间被微毛 ······································ (73) R. *leiotropis* Keng

38. 伸出叶鞘部分的秆与节，以及下部的叶鞘密被倒生微毛；外稃背部粗糙，无小糙毛，上部边缘具纤毛，芒细，长 20～30mm，直伸或稍弯曲；内稃与外稃等长，顶端钝或内凹，两脊上部密被小刺状纤毛，但向下逐渐稀疏并消失，背部两脊间被微小刺毛··················· ·· (84) *R. pubicaulis* Keng

37. 小穗具 6～8 小花，颖具膜质边缘，先端渐尖，具长 1～2.5 mm 的短芒尖，外稃宽披针形，具膜质边缘，背中部无毛，上端与基部以及两侧疏生小硬毛，近边缘处具长纤毛，芒长（20～）25～30 mm，直伸或稍弯曲；内稃与外稃等长或稍短，顶端圆钝，两脊具翼，翼上端 3/4 具纤毛 ······································ (65) *R. hybrida* Keng

36. 叶片内卷··· 39

39. 叶片稍内卷，有时平展·· 40

40. 叶片两面均被柔毛；颖窄披针形，明显短于外稃，第 2 颖短于邻接外稃约 1/5；外稃披针形，背上部与边缘着生硬毛，芒粗壮反曲；内稃短于外稃，顶端钝圆，两脊上半部具纤毛；花药红褐色··· 41

41. 外稃背上部与边缘被糙毛；穗状花序长 8～9 cm（芒除外） ································ ·· (3) *R. anthosachnoides* Keng

41. 外稃背部无毛或散生稀疏微小刺毛；穗状花序长 10～16 mm ······························ ·· (45a) *R. anthosachnoides* var. *scabrilemma* L. B. Cai

40. 叶片两面均无毛；颖宽披针形，第 2 颖与邻接外稃近等长；外稃宽披针形，背部粗糙，或贴生微毛，芒粗壮，直伸或不规则的曲折；内稃与外稃等长，先端圆钝，或稍内凹，两脊具翼，全长具纤毛 ······································ (59) *R. formosana* (Honda) Ohwi··········42

42. 叶片宽 4～6 mm；穗状花序长 15～20 mm；外稃长约 8 mm ································ ·· (59a) *R. formosana* var. *formosana*

42. 叶片宽 2～4 mm；穗状花序长 7～12 mm；外稃长 8.5～11 mm ································ 43

43. 全部叶鞘无毛；外稃芒长 2～3.5 cm ··············· (59b) *R. formosana* var. *longearistata* Keng

43. 基部叶鞘通常被柔毛；外稃芒长 1～2 cm ·· ·· (59c) *R. formosana* var. *pubigera* Keng

39. 叶片经常内卷，两面均无毛；两颖不等长，宽披针形，第 2 颖稍短于相邻外稃，先端急尖，具短芒尖，或渐尖延伸成长 2.5 mm 的短芒；外稃宽披针形，背的上部被贴生微毛，芒长（15～）25～30 mm，稍反曲；内稃与外稃等长，或稍短于外稃，顶端圆钝或平截，两脊上部 1/3 具小刺毛 ·· (91) *R. serotina* Keng

三、中 亚 区

1. 穗状花序直立或稍弯曲··· 2

2. 外稃无芒或芒短于外稃··· 3

3. 小穗排列紧密··· 4

4. 叶鞘密被微毛；上部节间与节密被贴生微毛；叶片平展，两面均密被长柔毛；小穗排列紧密，常偏于一侧；两颖近等长，披针形，长 8～10 mm，先端成一芒点，不具齿，具白色膜质边缘；外稃披针形，背部密被微毛，先端渐尖形成长 3～5 mm 的短芒；内稃稍短于外稃，

顶端钝或稍内凹 ………………………………… (70) *R. lachnophylla* Ovczinn. & Sidorenko

4. 叶鞘无毛，或下部叶鞘被柔毛…………………………………………………………………………… 5

5. 植株不具根状茎；叶鞘全部无毛……………………………………………………………………… 6

6. 叶鞘与叶片绿色；颖披针形，长 8～10 mm，先端渐尖、急尖至小尖头，不具齿，具窄膜质边缘；外稃披针形，无毛，长 9～11 mm，先端渐尖，具长 1～3 mm 的短芒尖，有时一侧具齿；基盘具长 0.2 mm 的毛；内稃与外稃等长，顶端钝并下凹，两脊上部密被纤毛，背部两脊间被微毛 ……………………………… (98) *R. sylvatica* Keng & S. L. Chen

6. 叶鞘与叶片灰白绿色；颖长圆状至椭圆形，长 7～9 mm，无毛，先端钝或偏斜，啮齿状或具齿；外稃披针形，无毛或在基部被短毛，长 10～11 mm，无芒，先端钝，稍内凹或具齿；内稃短于外稃 1.8～2 mm，顶端钝，稀内凹 ……… (100) *R. troctolepis* Nevski

5. 植株具匍匐根状茎；叶鞘无毛或下部被柔毛；叶片平展或内卷，上、下两面均疏生白毛，或上表面粗糙，下表面无毛；穗轴节间长 4～5 mm，最下部者长达 8 mm；小穗具（3～）5～9 小花，在穗上偏于一侧；颖宽披针形，无毛，两颖不等长，第 1 颖长 8～10 mm，5（～7）脉，第 2 颖长 10～15 mm，(5～) 7～9（～11）脉，先端渐尖，常具 1 齿，边缘膜质；外稃披针形，长 11～13（～15）mm，背部贴生微小糙毛，先端具芒或尖头，或短芒尖，长 0.5～5（～7）mm，芒基部具 2 齿；内稃与外稃等长或稍短，顶端钝或内凹，两脊全长具纤毛，背部脊间被微毛 ……………………… (38) *R. ugamica* (Drobov) Nevski

3. 小穗排列稀疏……………………………………………………………………………………………… 7

7. 穗轴节间长 6～13 mm；小穗不贴生穗轴，长 15～20 mm（芒除外），具 5 ～6 小花；两颖近等长，长 8～12 mm，4～6（～7）脉，具宽膜质边缘，先端渐尖；外稃长圆状披针形，无毛，上部明显具 5 脉，长约 10 mm，芒长 2～6 mm；内稃与外稃等长或稍短 ………………
……………………………………………………………… (101) *R. viridula* Keng & S. L. Chen

7. 穗轴节间长 11～17 mm（最下部的可长达 30 mm）；小穗贴生穗轴，长 15 ～20 mm（芒除外），具 4～ 5 小花；两颖近等长，长 10～15 mm，6～9 脉，具窄膜质边缘；外稃披针形，背部密被微毛，基部被柔毛，上部明显 5 脉，长 11～12 mm，芒长 3～8 mm；内稃短于外稃 1～2 mm …………………………………………………………… (79) *R. nudiuscula* L. B. Cai

2. 外稃具芒……………………………………………………………………………………………………… 8

8. 外稃芒与外稃等长或稍短………………………………………………………………………………… 9

9. 两颖近等长 ………………………………………………………………………………………… 10

10. 颖先端具长 2～7 mm 的短芒尖或短芒，有时具一齿；外稃披针形，长 10 ～ 12mm，疏生柔毛，先端渐尖，延伸成一长 8～15 mm 的芒；内稃与外稃近等长，顶端钝或内凹……………
…………………………………………………………… (25) *R. komarovii* (Nevski) Nevski

10. 颖先端不具短芒尖或短芒，具或不具小尖头；外稃芒基部具 2 齿 ……………………… 11

11. 颖先端急尖具小尖头，有时具一齿；外稃背部粗糙或被糙毛，先端延伸成长（5～）10～16（～20）mm 的直芒；内稃顶端钝或内凹 …………………………………………
…………………………………………………… (99) *R. tianschanica* (Drobov) Nevski

11. 颖先端不具小尖头；外稃背部贴生短柔毛，先端延伸成长 14～18 mm 的芒，芒成熟后反曲；内稃顶端圆钝 ……………………………… (44) *R. altaica* (D. F. Cui) L. B. Cai

9. 两颖不等长 ………………………………………………………………………………………… 12

12. 颖先端具短芒尖或小尖头，内稃与外稃等长………………………………………………… 13

13. 颖披针形，先端具长 0.2～2 mm 的短芒尖，第 1 颖长约 12 mm，第 2 颖长 14～15 mm，均为 5～7 脉；外稃披针形，长 12 mm，芒长 7～14 mm，直伸或反曲；内稃顶端平截或

内凹 ………………………………………………………………………（81）*R. platyphylla* Keng

13. 颖窄披针形，先端具长 0.2 mm 的小尖头，第 1 颖长 5～6 mm，1～3（～5）脉，第 2 颖长6～8 mm，3～5 脉；外稃长圆状披针形，芒长（9～）10～15 mm；内稃顶端圆钝……………………………………………（69）*R. kuramensis*（Melderis）J. L. Yang，B. R. Baum et C. Yen

12. 颖先端不具短芒尖或小尖头，第 1 颖长 7～8 mm，3～5 脉，第 2 颖长 9～10 mm，（3～）6～7 脉；外稃披针形，长 9～10 mm，芒长 10～18 mm，直伸或稍反曲；内稃短于外稃，先端钝 …………………………………………………………………………（58）*R. foliosa* Keng

8. 外稃芒长于外稃 1 倍及以上 ……………………………………………………………… 14

14. 外稃芒长于外稃 1 倍……………………………………………………………………… 15

15. 颖先端不具短芒尖……………………………………………………………………… 16

16. 颖先端不具齿，第 1 颖长 7～8 mm，第 2 颖长 10 mm，均具 5～7 脉，先端渐尖；外稃长 7～9.5 mm，背部与边缘密被粗糙毛，外稃芒长 16～25 mm，直伸或稍弯曲；内稃短于外稃 1/3，两脊全长疏被纤毛 ………………………（62）*R. hirtiflora* C. P. Wang & H. L. Yang

16. 颖先端具齿……………………………………………………………………………… 17

17. 叶片两面均无毛…………………………………………………………………………… 18

18. 第 1 颖长 4～6 mm，3 脉明显突起，另外 1～2 脉细弱，第 2 颖长 5.5～7.5 mm，3～5 脉突起，先端急尖，或一侧具齿；外稃宽披针形，长 9 mm，芒长 10～20 mm，反曲；内稃与外稃等长或稍短，顶端平截或内凹，两脊上部 1/3 具短刚毛状纤毛…………………………………………………………………………（16）*R. glaberrima* Keng & S. L. Chen

18. 第 1 颖长 9～11 mm，3～4 脉，第 2 颖长 11～12 mm，3～5 脉，先端渐尖或具小尖头，一侧具 1 齿；外稃披针形，长 7～8mm，芒长 12 ～15 mm，细弱，直伸；内稃与外稃等长，顶端钝，两脊上部具刚毛状纤毛 …………………………（87）*R. scaberidula* Ohwi

17. 叶片上表面密被微毛，下表面被细微毛或无毛；第 1 颖长 10～13 mm，第 2 颖长12～15 mm，均具（5～）6～8 脉，先端常偏斜，具 1～2 齿；外稃披针形，长 10～12 mm，先端具 2 齿，芒长 20～25 mm，反曲；内稃与外稃等长或稍短，顶端钝圆，两脊上部 1/3（稀 1/2）具纤毛………………………………………………（23）*R. interrupta*（Nevski）Nevski

15. 颖先端具短芒尖或小尖头………………………………………………………………… 19

19. 穗状花序小穗着生密集…………………………………………………………………… 20

20. 叶鞘无毛；叶片无毛或微粗糙；第 1 颖长 11～13 mm，第 2 颖长 12 ～15 mm，均具 5～7（～9）脉，先端渐尖，延伸成长 2～3 mm 的短尖头，常具 1 齿；外稃披针形，长 10～12 mm，贴生小刺毛，上部边缘不具膜质，无齿，芒长 12～20 mm，直伸或稍弯曲；内稃与外稃等长，顶端钝，两脊上部 1/3 具纤毛……………………………………………………………………………………………………（89）*R. sclerophylla* Nevski

20. 下部叶鞘密被长柔毛；叶片上表面边缘疏被白色长柔毛；第 1 颖长 7～8.5 mm，第 2 颖长 8.5～10 mm，均 4～5 脉，先端渐尖成一长 2～4.5 mm 的短芒尖；外稃宽披针形，长 8～9.5 mm，无毛，上部具膜质边缘，有时具 1～2 齿，芒长 12～20 mm，黑色，直伸；内稃与外稃等长，顶端钝圆，两脊上部具长纤毛……………………………………………………………………（6）*R. boriana*（Melderis）J. L. Yang et B. R. Lu

19. 穗状花序小穗稀疏着生…………………………………………………………………… 21

21. 叶鞘无毛，粗糙；叶片上表面密被白色长柔毛并混以微毛，或疏生白色柔毛，下表面与边缘粗糙；第 1 颖长 11～18 mm，5～7 脉，第 2 颖长 12～20 mm，6～7（～9）脉，先端渐尖延伸成长 3 mm 的短芒尖，无齿；外稃披针形，长 13～16（～18）mm，背上部分无毛，或疏被贴生短糙毛，上部边缘无膜质，不具齿，先端具长20～30（～35）mm的芒，芒细弱，直伸或稍弯曲；内稃短于外稃，顶端圆钝，稀平截，两脊上部2/3具纤毛……
………………………………………………………………（27）*R. macrochaeta* Nevski

21. 叶鞘无毛，或下部叶鞘被微毛；叶片上表面被柔毛，下表面与边缘微粗糙；第1颖长（6～）8～8.5 mm，3脉，第2颖长7～9 mm，5脉，先端急尖而骤缩成短芒尖，长3 mm，不具齿；外稃披针形，长9～13 mm，背上部分被柔毛，上端边缘无膜质，具2齿，芒长20 mm，细，稍弯曲；内稃稍短于外稃，顶端圆钝，稍内凹，两脊密被纤毛………
…………………………………………………………………（82）*R. prokudinii* Seredin

14. 外稃芒长于外稃2倍以上……………………………………………………………… 22

22. 颖宽披针形，两颖近等长，第1颖长10～18 mm，第2颖长10.5～18 mm，均5～7脉，无窄膜质边缘，先端渐尖，有时延伸成短芒尖，具1齿或裂片；外稃宽披针形，长10～14 mm，背部贴生刺状硬毛，芒长25～37（～40）mm，直伸或反曲；内稃与外稃等长，先端圆钝或钝，或平截 ……………………………………………（13）*R. curvata*（Nevski）Nevski

22. 颖披针形，两颖不等长，第1颖长9～10 mm，第2颖长10～12 mm，均为3脉，具窄膜质边缘，先端渐尖，具长2 mm的短芒尖，不具齿或裂片；外稃披针形，长10～12 mm，背上部被短糙毛，芒长20～35 mm，反曲；内稃与外稃等长，顶端圆钝………………………
……………………………………………………（96）*R. sinkiangensis*（D. F. Cui）L. B. Cai

1. 穗状花序下垂 ………………………………………………………………………… 23

23. 外稃芒短于外稃；叶鞘无毛；叶片平展，上表面无毛或疏被白色长柔毛，下表面无毛；小穗排列较稀疏；颖披针形，两颖不等长，颖长于外稃，第1颖长10～15 mm，第2颖长11～16 mm，均为5～7脉，先端渐尖，偏斜，具1齿，具干膜质边缘；外稃披针形，长9～13 mm，背部粗糙或贴生微毛，芒长3～5（～10）mm，稀超过长10 mm，极少长达22mm，直伸或弯曲；内稃短于外稃，顶端略钝；花药黄黑色 ……………………（1）*R. abolinii*（Drobov）Nevski

23. 外稃芒长于外稃……………………………………………………………………… 24

24. 外稃芒长于外稃1倍；叶鞘无毛；叶片内卷，上表面粗糙或被微毛，下表面平滑无毛；小穗排列较稀疏；颖宽披针形，两颖不等长，颖短于外稃，第1颖长5～6 mm，第2颖长7～8 mm，均为5～7脉，先端急尖，偏斜，不具齿，无膜质边缘；外稃披针形，长9～10 mm，背部疏生小刺毛，芒长20～25 mm，反曲；内稃与外稃等长或稍短，顶端平截，两脊上具短刺毛 ……………………………………………………（57）*R. flexuosa* L. B. Cai

24. 外稃芒长于外稃2倍以上…………………………………………………………… 25

25. 外稃芒长于外稃2倍……………………………………………………………… 26

26. 两颖近等长，披针形或宽披针形，长4～9（～10）mm，无毛，先端急尖或渐尖，有时具长1～1.5 mm的小尖头；外稃披针形，背部粗糙，长9～10 mm，先端渐尖，芒长20～30 mm，稍反曲；内稃与外稃近等长或短于外稃，顶端钝或稍内凹 ………………
……………………………………………………（37）*R. tschimganica*（Drobov）Nevski

26. 两颖不等长……………………………………………………………………… 27

27. 密丛生；不具短根状茎；上部叶鞘无毛，基部叶鞘被灰色或褐色的柔毛；叶片上、下表面粗糙或密被微毛；颖披针形，第1颖长1.8～4 mm，3～4脉，第2颖长2～6 mm，3～5脉，具很窄的膜质边缘，先端急尖或渐尖，具小尖头或短芒尖；外稃窄披针形，长7.5～10 mm，背部粗糙或被微毛，先端渐尖，芒长20～35 mm，反曲；内稃短于外稃，顶端钝并内凹 …………………（88）*R. schugnanica*（Nevski）Nevski

27. 疏丛生；具短根状茎…………………………………………………………… 28

28. 叶鞘无毛；叶片两面均平滑无毛；颖宽披针形，第 1 颖长 5 mm，第 2 颖长 7 mm，均 3 脉，具膜质边缘，先端急尖，具长（1～）3～7（～10）mm 的短芒；外稃宽披针形，长（9～）10～12 mm，背部疏生小刺毛，先端渐尖，具 2 微齿，芒长 17～30 mm，直伸或弯曲；内稃与外稃等长，顶端平截或内凹……………………………………………………………………………………
……………………………………（18）*R. glaucissima*（M. Popov）J. L. Yang，B. R. Baum et C. Yen

28. 叶鞘无毛或疏被微毛；叶片上表面无毛或疏被微毛，下表面无毛；颖宽披针形，第 1 颖长 2～4（～5）mm，3 脉，第 2 颖长 4～5（～9）mm，（4～）5 ～ 6 脉，不具膜质边缘，先端渐尖或急尖，具小尖头；外稃窄披针形，长 11～12（～14）mm，背部疏生柔毛，边缘具粗硬毛，先端渐尖，芒长 24～32（～35）mm，直伸或稍弯曲；内稃短于外稃，顶端钝或平截，具 2 齿尖 …
…………………………………………………………………………（11）*R. caucasica* K. Koch

25. 外稃芒长为外稃的 3 倍以上……………………………………………………………………………… 29

29. 叶片狭窄，宽 0.5～1 mm，常内卷并直立，上表面无毛或疏被微毛，下表面无毛；小穗具（6～）7～8 小花；第 1 颖长 3～9 mm，（3～）5 ～7 脉，第 2 颖长（4～）6～10 mm，5～7 脉，具窄膜质边缘，先端急尖，具小尖头，或渐尖延伸成长达 5 mm 的短芒尖或短芒；外稃窄披针形，长 8～12 mm，背部被细刚毛或贴生短微毛，边缘具粗硬毛，先端渐尖，芒长 25～40 mm，芒下部宽形成一沟，直伸或稍反曲；内稃短于外稃 1/4，极稀与外稃等长，顶端钝圆，两脊上部 1/3 具纤毛；花药黄紫色……………………………………………………………………………
………………………………………………………………………（10）*R. canaliculata*（Nevski）Ohwi

29. 叶片宽 1.5 mm，常内卷呈刚毛状，上表面密被短柔毛，稀无毛，下表面无毛；小穗具7～12 小花；第 1 颖长 6～9 mm，第 2 颖长 9 ～12 mm，均 3～ 5 脉，不具膜质边缘，顶端急尖或渐尖，形成一长至 3 mm 的短芒尖；外稃窄披针形，背部平滑无毛，长 10～12（～14）mm，先端渐尖，芒长（35～）40～80 mm，反曲；内稃与外稃等长或稍短，顶端钝，两脊上部 2/3 具纤毛；花药黄色……………………………………………（26）*R. longearistata*（Boiss.）Drobov……………30

30. 叶片两面均密被微毛………………………………………………………………………………… 31

31. 外稃整个背部无毛；内稃两脊上部 2/3 具纤毛……………………………………………
……………（75a）*R. longearistata* var. *badaschanica*（Tzvelv）J. L. Yang，B. R. Baum et C. Yen

31. 外稃仅背面中部无毛，上部与基部密被微毛；内稃两脊上部 1/3 具纤毛……………………
…………（75e）*R. longearistata* var. *sintenisii*（Melderis）J. L. Yang，B. R. Baum et C. Yen

30. 叶片上表面密被微毛，下表面无毛……………………………………………………………… 32

32. 小穗轴与基盘无毛…………………………………………………………………………… 33

33. 内稃两脊上部 1/2 具纤毛………………………………………………………………
……………（75d）*R. longearistata* var. *litvinovii*（Tzvelev）J. L. Yang，B. R. Baum et C. Yen

33. 内稃两脊上部 2/3 具纤毛………………………………………………………………… 34

34. 小穗具 7～12 小花 ………………………………（26a）*R. longearista* var. *longearistata*

34. 小穗具 3～4 小花 ………………………………………………………………………
……………（75c）*R. longearistata* var. *haussknecktii*（Boiss.）J. L. Yang，B. R. Baum et C. Yen

32. 小穗轴粗糙；基盘两侧具小刺毛；内稃两脊上部 1/3 具纤毛…………………………………
…………（75b）*R. longearistata* var. *flexuousissima*（Nevski）J. L. Yang，B. R. Baum et C. Yen

四、西亚与东南欧区

1. 密丛生，不具根状茎；小穗具 2～3 小花；两颖近等长，窄披针形或披针形，长（12～）15～24

mm，长于外稃，约与小穗等长，（5～）7～9 脉，先端渐尖成长 5 mm 的短芒尖，具膜质边缘；外稃窄披针形，长 9～15 mm，背部近于平滑，芒长（10～）20～32（～35）mm，直伸；内稃略短于外稃，顶端稍内凹 ………………………………………………………………………………………… 2

2. 四倍体，2n=24 ………………………………………………（30）*R. panormitana*（Parl.）Nevski

2. 六倍体，2n=42 ……（21）*R. heterophylla*（Bornm. ex Melderis）C. Yen，J. L. Yang et B. R. Baum

分 种 描 述

1. *Roegneria abolinii*（Drob.）Nevski，1934. Acta Univ. As. Med.，ser. 8B，17：68. 阿波林鹅观草（图 5－28）

指定模式标本：Northern Tianshan “Zailiiskii Alatau，the Lssyk River below the lake，larch forest，6 VI 1915，No. 206，Abolin”（后选模式标本 1976 年 H. H. Цвелв 指定）。现藏于 **TAK**!。

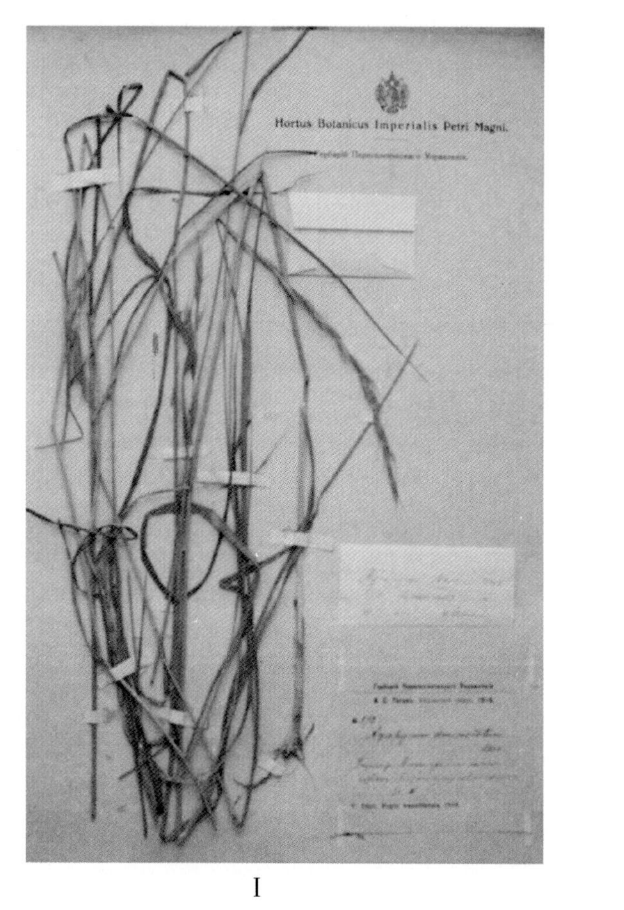

Ⅰ

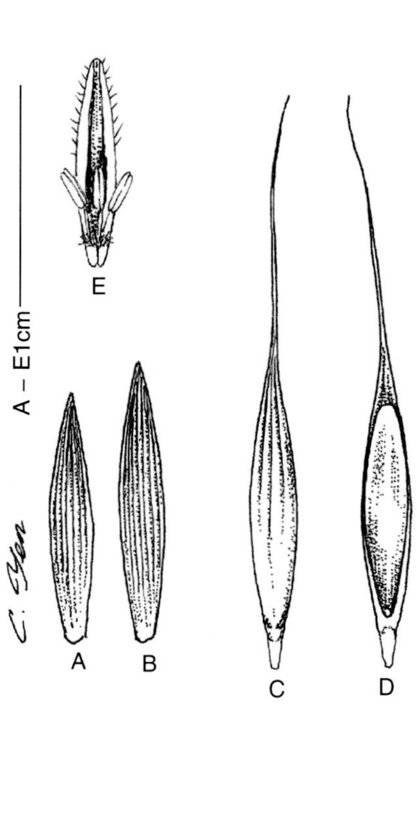

Ⅱ

图 5－28 *Roegneria abolinii*（Drob.）Nevski

Ⅰ. 同后选模式标本（现藏于 **LE**!） Ⅱ. A. 第 1 颖；B. 第 2 颖；C. 小花背面观，示楔形小穗轴；D. 小花腹面观，示钝圆的内稃；E. 内稃、鳞被、雄蕊及雌蕊的羽毛状柱头

异名：*Agropyron abolinii* Drob.，1925. Feddes Repert. 21：42；

Semeiostachys abolinii（Drob.）Drob.，1941. Fl. Uzbek. 1：281；

Elymus abolinii（Drob.）Tzvel.，1968. Rast. Tsentr. Azii 4：214；

Roegneria abolinii var. *divaricans* Nevski，1934. Acta Univ. As. Med.，ser. 8B，17：68。

形态学特征：多年生，丛生，不具根状茎。秆直立，高 80～115 cm，无毛。叶鞘无毛；叶片平展，上表面无毛，或粗糙，或疏被白色长柔毛，下表面无毛，边缘无毛。穗状花序直立或下垂，长 10～20 cm，宽 6～10 mm，小穗排列较疏松，贴生于穗轴上；穗轴节间粗糙，具短而多的小刺毛；小穗绿色，或稍具红晕，具 5～7 花；小穗轴贴生柔毛；颖披针形，粗糙或微粗糙，两颖不等长，第 1 颖长 10～15 mm，第 2 颖长 11～16 mm，颖宽 2～3 mm，两颖均具 5～7 脉，先端渐尖，两侧稍不对称，具 1 齿，边缘干膜质；外稃披针形，长 9～13 mm，背部粗糙或微粗糙，或贴生微毛，先端具 1 齿，具芒，芒的长度变异较大，通常芒长 3～5（～10）mm，稀长 10～22 mm，直立或稍弯曲；基盘被白毛；内稃短于外稃，长 8～10 mm，先端微钝，两脊上部 1/2 具纤毛，两脊间上部粗糙；花药黄黑色，长 2.5～3.5 mm。

细胞学特征：2n = 4x = 28；染色体组组成：**StStYY**（Dewey，1980；Jensen，1989）。

分布区：塔吉克斯坦、吉尔吉斯斯坦、中国。生长于草甸、山谷坡上、森林边缘；海拔 2 500～3 000 m。

2. *Roegneria altissima* Keng，1963. in Keng & S. L. Chen，Acta Nanking Univ. 1（总 3）**：53；1959. Fl. Ill. Pl. Prim. Sin. Gram.：381**（in Chinese），**高株鹅观草**（图 5-29）

模式标本：中国四川巴塘："察瓦龙，那觉，海拔高 3 400 m，常见于松林内，1935 年 9 月，王启无 66409"；主模式标本现藏于 **PE**！。

异名：*Elymus altissimus*（Keng）Á. Löve，1984. Feddes Repert. 95（7～8）：446。

形态学特征：多年生，丛生，具多数纤维状须根。秆直立，高 70～150 cm，径粗约 2 mm，无毛，具 5～6 节，基部节稍膝曲。叶鞘无毛；叶舌干膜质，平截，长约 0.5 mm；叶片平展，淡绿色，长 24～41 cm，宽 6～10 mm，上表面疏被柔毛，下表面平滑无毛，边缘粗糙。穗状花序直立或稍弯曲，长（10～）15～18（～20）cm（芒除外），宽 5 mm，小穗排列疏松；穗轴节间粗糙，长 12～20 mm，最下部者可长达 30 mm，两棱脊粗糙；小穗绿色或稍带紫色，长约 11 mm，具很短的小梗（长 0.3 mm），具 3～5（～7）花；小穗轴节间长 2～2.5 mm，密被短柔毛；颖长圆状披针形，坚实，无毛，脉上较粗糙；两颖不等长，第 1 颖长 5 mm，3（～5）脉，第 2 颖长 6 mm，5～7 脉，颖先端渐尖；外稃长圆状披针形，黄白色或紫色，除边缘与基部贴生微柔毛外，余均无毛，第 1 外稃长 9～10 mm，外稃具芒，芒长 12～22 mm，粗壮，稍下弯；内稃稍短于外稃，先端钝、圆钝或凹下，两脊上部 1/3 具稀疏纤毛。

细胞学特征：2n=4x=28；染色体组组成：**StStYY**（Lu & Bothmer，1993）。

分布区：中国四川巴塘县。生长于山坡脊上或松林内、灌木丛中、溪边；海拔 2 400～3 400 m。

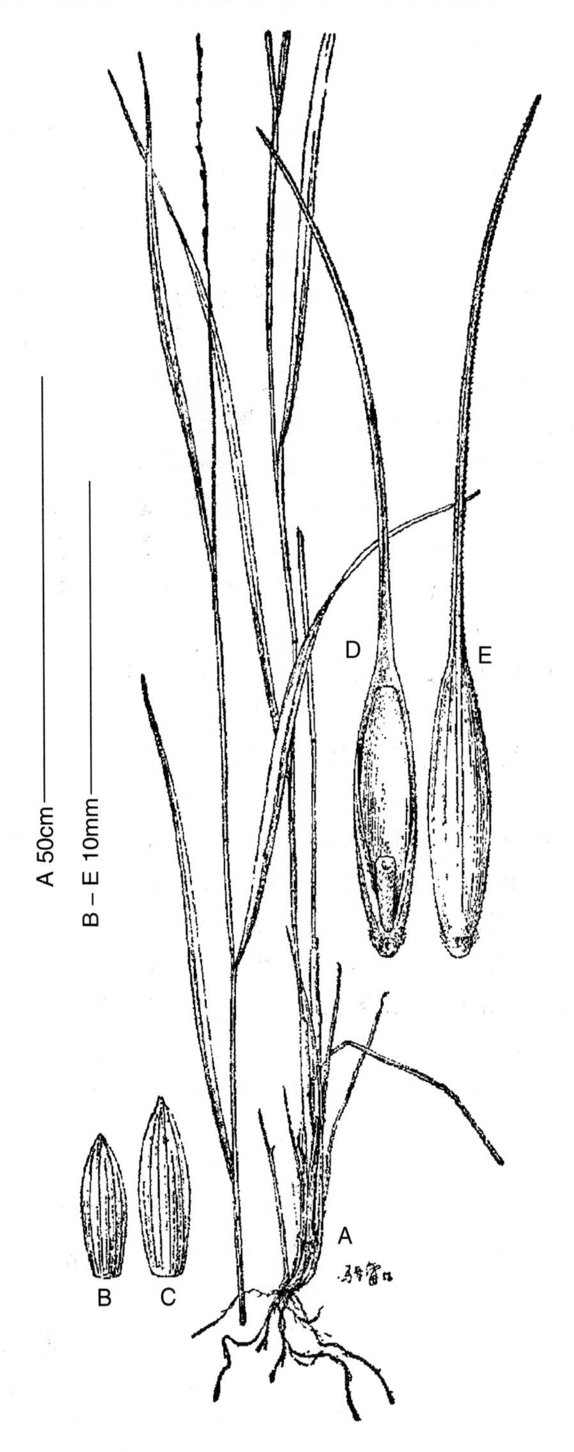

图 5－29 *Roegneria altissima* Keng

A. 植株 B. 第 1 颖 C. 第 2 颖 D. 小花腹面观 E. 小花背面观

（引自 1959 年耿以礼主编《中国主要植物图说·禾本科》，图 310，冯晋庸绘，根据主模式标本：王启无 66409 号。本图标码修改）

3. *Roegneria anthosachnoides* Keng，1963. In Keng & S. L. Chen，Acta Nanking Univ.（Biol.）**1**（总 3）：**65；1959. Fl. Ill. Pl. Prim. Sin. Gram. 391**（in Chinese）．**假花鳞草**（图 5－30）

模式标本：中国云南“知子罗县，1934 年 8 月 26 日，蔡希陶 58184”；主模式标本现藏于 **NAS**！。

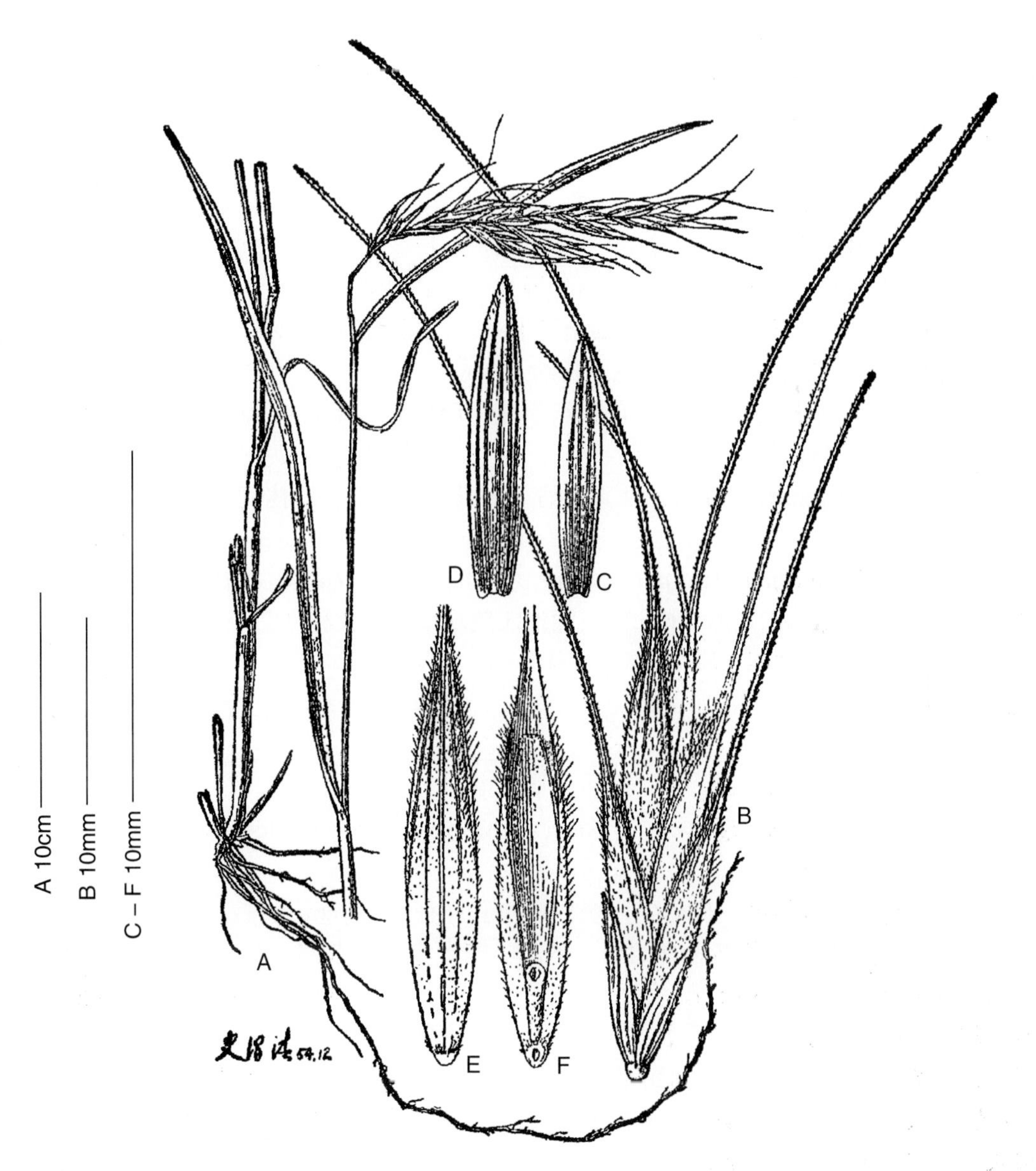

图 5－30　*Roegneria anthosachnoides* Keng

A. 茎秆、叶及全穗　B. 小穗　C. 第 1 颖　D. 第 2 颖　E. 小花背面观，示外稃及基盘
F. 小花腹面观，示内稃及小穗轴节间

（引自 1959 年耿以礼主编《中国主要植物图说・禾本科》，图 319，史渭清绘制，
根据主模式标本：蔡希陶 58184 号。本图稍加改绘及标码修改）

异名：*Elymus anthosachnoides*（Keng）Á. Löve，1984. Feddes Repert. 95（7～8）：459。

形态学特征：多年生，秆单生或疏丛生，具多数纤维状须根。秆直立，高60～75（～100）cm，径粗1.5～2.5 mm，平滑无毛。叶鞘平滑无毛；叶舌干膜质，平截，长约1 mm；叶片平展，或近于内卷，长11～25 cm，宽3.5～7 mm，两面均疏被长柔毛，或下表面的柔毛更为稀疏，或近于无毛。穗状花序下垂，长8～9 cm（芒除外），小穗排列稀疏；穗轴节间长6～17 mm，两主棱上被小纤毛或无毛，或被微毛；小穗淡黄绿色或绿紫色，具很短的柄（长约0.4 mm），长2.4～3 cm（芒除外），具5～7花；小穗轴节间长2.5～3 mm，被长柔毛；颖披针形或线状披针形，无毛，粗糙或脉上粗糙，两颖不等长，第1颖长5～7.5 mm，第2颖长7～9 mm，两颖均3～5脉，但有时尚具1～2短脉，先端急尖或具小尖头；外稃披针形，被硬毛，硬毛常沿边缘在外稃上部着生，毛长约1.5 mm，具5脉，中脉强壮，侧脉较弱，第1外稃长13～14 mm，具芒，芒长20～37 mm（第1外稃芒长30～35 mm），粗糙，向外展或弯曲；基盘具微毛，两侧被长柔毛；内稃长9～11 mm，短于外稃1～2 mm，稀稍短于外稃，先端圆钝，两脊上半部被纤毛，背上部两脊间疏被贴生微毛；花药红褐色，长约2 mm。

细胞学特征：2n＝4x＝28；染色体组组成：**StStYY**（Lu & Salomon，1992；Lu & von Bothmer，1993）。

分布区：中国云南、四川、甘肃、青海。生于山坡上、林间与灌木丛中；海拔1 300～4 000 m。

4. *Roegneria antiqua* var. *parvigluma*（Keng）J. L. Yang，B. R. Baum et C. Yen，2008. J. Sichuan Agricul. Univ. 26：328. 澜沧江鹅观草小颖变种（图5-31）

模式标本：中国"四川康定，河边，1951年6月30日，崔友文4162"。主模式标本现藏于**PE**!。

异名：*Roegneria parvigluma* Keng，1963. In Keng & Chen，Acta Nanking Univ.（Boil.）3（1）：47；1959. Fl. Ill. Pl. Prim. Sin. Gram. 376（in Chinese）；

Elymus parviglumis（Keng）Á. Löve，1984. Feddes Repert. 95（7～8）：467。

形态学特征：多年生，疏丛生，须根具沙套。秆高70 cm左右，基节有时膝曲，具3～4节。叶鞘无毛，或基部者具柔毛，下部叶鞘大多长于节间；叶舌干膜质，平截，长约0.5 mm；叶片长6～15 cm，宽2.5～8 mm，上、下叶面沿脉上及边缘均具纤毛，下面有时较少。穗状花序（除芒），长10～15 cm，稍弯曲成弧形，含小穗6～10枚；穗轴被微毛或下部近光滑，棱脊上有短纤毛，节间长1～2 cm，最下部节间可长达2.5 cm；小穗（除芒外）长1.3～3 cm，具5～9小花；小穗轴节间长约2～3 mm，密被短毛；颖矩形，或长圆状披针形，尖端通常具小尖头，两颖不等长，第1颖长2～3.5 mm，3脉，第2颖长4～5 mm，可达5脉；外稃披针形，背部贴生小刺毛，通常基部及上端较密，中部以上具明显5脉，长8～11.5 mm，先端延伸成一长10～17 mm的向外反曲芒，糙涩；基盘被微毛，两侧的毛较长；内稃与外稃近等长，先端钝圆，平截或微凹，两脊上半部疏生刺状小纤毛；花药黄色，长约3 mm。

图 5－31 *Roegneria antiqua* var. *parvigluma*（Keng）J. L. Yang，B. R. Baum et C. Yen

A. 植株下部及旗叶与穗 B. 小穗 C. 第 1 颖 D. 第 2 颖 E. 小花腹面观 F. 小花背面观

（引自 1959 年耿以礼主编《中国主要植物图说・禾本科》，图 305，史渭清绘制，根据崔友文 4162 号主模式标本。本图标码修改）

本变种与 var. *antiqua* 的区别在于：植株较矮，高 70 cm；叶片两面及脉上均具长柔毛，边缘具纤毛；穗状花序较短，长 10～15 cm，从不曲折；小穗较长，可长达 16～30 mm，具 5～9 花；颖长圆形，第 1 颖长 2～3.5 mm，3 脉，第 2 颖长 4～5 mm，3（～5）

脉；外稃芒较短，长 10～17 mm，5 脉。

细胞学特征：2n=4x=28（Lu et al.，1990）；染色体组组成：**StStYY**（Lu & Bothmer，1990；Jensen，1990）。

分布区：中国四川、甘肃、陕西、青海、云南等省及西藏自治区。生长在河边、路边、山坡与草甸上；海拔 1 010～3 100 m。

5. *Roegneria barbicalla* Ohwi，1942. Acta Phytotax. Geobot. 11（4）：257

5a. var. *barbicalla*，毛盘鹅观草（图 5-32）

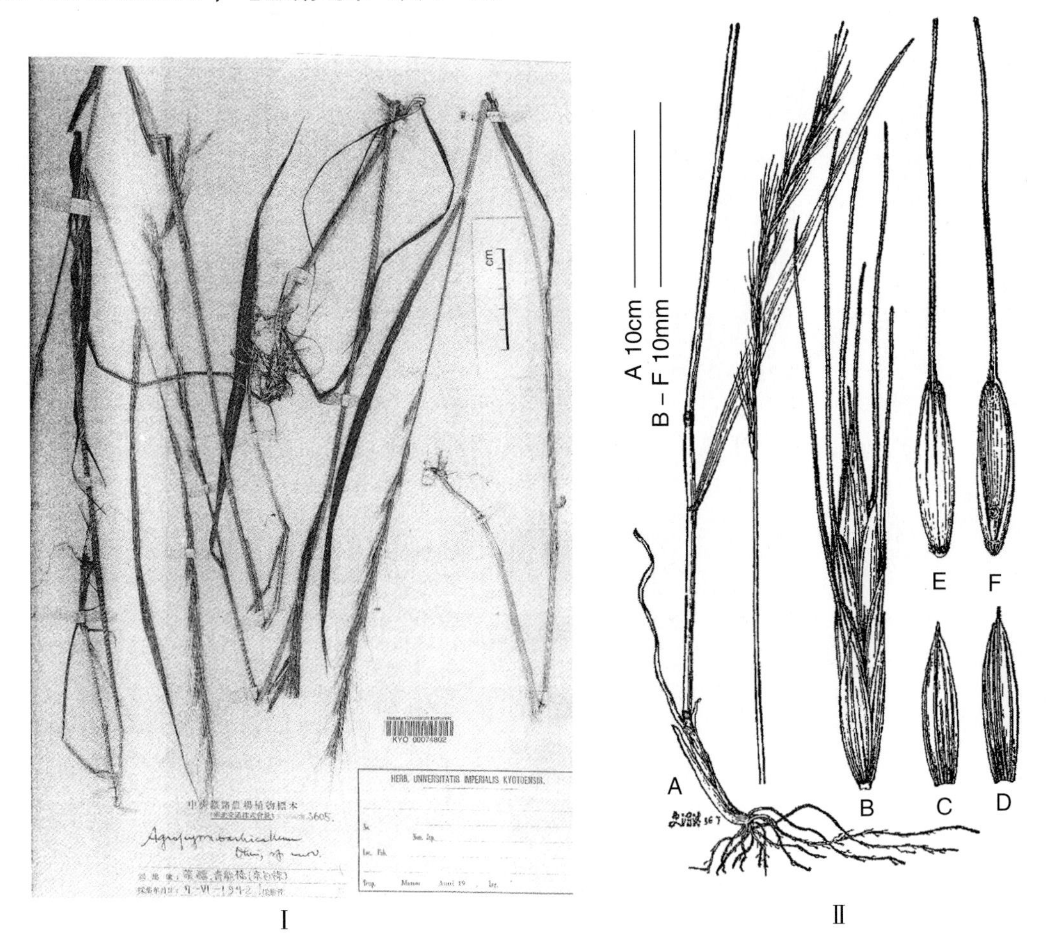

图 5-32 *Roegneria barbicalla* Ohwi

Ⅰ. 主模式标本（现藏于 **KYO**!） Ⅱ. A. 植株下部及根、叶和全穗；B. 小穗；C. 第 1 颖；D. 第 2 颖；E. 小花背面观，示外稃及被毛基盘；F. 花腹面观，示内稃及小穗轴节间

（引自 1959 年耿以礼主编《中国主要植物图说·禾本科》，图 287，史渭清绘制，根据刘鑫源 407 号标本。本图标码修改）

模式标本：中国“河北青龙桥，Kanashiro 3605”；主模式标本现藏于 **KYO**!。

异名：*Roegneria barbicalla* var. *pubifolia* Keng，1963. In Keng & S. L. Chen，Acta；Nanking Univ.（Biol.）1（总 3）：25；1959. Fl. Ill. Pl. Prim. Sin. Gram. 359（in Chinese）；

Elymus barbicallus（Ohwi）S. L. Chen，1988. Bull. Nanking Bot. Gard. Mem. Sun Yat Sen，1987：8；

Elymus barbicallus（Ohwi）S. L. Chen var. *pubifolius*（Keng）S. L. Chen，1997. Novon 7（3）：227。

形态学特征：多年生，丛生。秆直立，高（50～）70～100 cm，平滑无毛，具 4 节，节上无毛。叶鞘平滑无毛；叶舌很短，平截；叶片平展，长 15～20 cm，宽 6～8 mm，两面均无毛，粗糙，稀上表面被短柔毛。穗状花序直立，长（12～）14～22 cm（芒除外），宽 6～8 mm，小穗着生稀疏；穗轴节间长 12～22（～27）mm，两棱脊上具小纤毛；小穗绿色，长 15～20（～25）mm（芒除外），具 5～8 花；小穗轴节间长约 2 mm，被细短柔毛；颖披针形，无毛或脉上粗糙，两颖不等长，第 1 颖长 7～8 mm，（3～）4～5 脉，第 2 颖长 8～9 mm，5～6 脉，先端渐尖；外稃宽披针形，无毛，脉上粗糙，第 1 外稃长 8～10 mm，边缘粗糙，具芒，芒长 16～25（～30）mm，细直或稍弯曲；基盘具毛，两侧的毛较长，长约 0.6 mm；内稃与外稃近等长，先端圆钝，有时微凹，两脊上半部具纤毛，背部两脊间上部贴生微硬毛；花药黄色，长 2～3 mm。

细胞学特征：2n=4x=28；染色体组组成：**StStYY**（Lu & Salomon，1992）。

分布区：中国河北、甘肃、陕西、山西、内蒙古、云南；生长于山谷坡上；海拔 1 000～1 700 m。

6. *Roegneria boriana*（Meld.）J. L. Yang et B. R. Lu，1991. Can. J. Bot. 69（2）：287. 黑芒鹅观草（图 5-33）

模式标本：巴基斯坦“Swat：Kalam，7 000ft.，24 Ⅷ 1955，A. Rahman 229”；主模式标本现藏于 **K**！。

异名：*Agropyron borianum* Meld.，1960. In Bor，Grass. Burm. Ceyl. Ind. and Pak. 659；

Elymus borianus（Meld.）T. A. Cope，1982. Fl. Pakistan 143：617。

形态学特征：多年生，丛生。秆直立，高 90～100 cm，平滑无毛，具 4 节。叶鞘上部的无毛，下部的密被长毛；叶舌透明膜质，先端钝并呈撕裂状，长约 1 mm；叶片平展，长 10～20 cm；宽（4～）4.5～6 mm，叶脉细，上表面边缘疏被白色长柔毛，下表面无毛。穗状花序直立，长 12～17 cm（芒除外），宽 5～10 mm（芒除外），小穗着生密集；穗轴节间无毛，两棱脊上密被纤毛；小穗绿色至紫绿色，长 12～16 mm，具 3～5 花；颖长圆状至椭圆形，坚硬或革质，无毛，两颖不等长，第 1 颖长 7～8.5 mm，第 2 颖长8.5～10 mm，两颖均 4～5 脉，脉稍突起成龙骨状，粗糙，边缘透明膜质，先端渐尖并形成一短芒，芒长 2～4.5 mm；外稃长圆状披针形，坚实，长 8～9.5 mm，背部无毛，先端具透明膜质边缘，有时在芒的基部具 1～2 齿，芒长 12～20 mm，黑色，直立，硬，粗糙；内稃与外稃等长，线状披针形，先端圆形，两脊上部具长纤毛，两脊间背上部具短小刚毛；花药黄色，长 4～5.5 mm。

细胞学特征：2n=4x=42（Lu，1993）；染色体组组成：**StStStStYY**（Svitashev et al.，1998）。

分布区：巴基斯坦、伊朗。生长于干旱山坡；海拔 1 800～2 100 m。

图 5－33 *Roegneria boriana*（Melderis）J. L. Yang et B. R. Lu

A. 全植株 B. 小穗 C. 第 1 颖 D. 第 2 颖 E. 小花背面观 F. 小花腹面观

7. *Roegneria breviglumis* Keng，1963. In Keng et S. L. Chen，Acta Nanking Univ.（Biol.）**1**（总 3）：**48～49；1959，Fl. Ill. Pl. Prim. Sin. Gram. 377**（in Chinese），**短颖鹅观草**（图 5－34）

模式标本：中国“四川少乌寺（泰宁附近）农场左侧，生于新形成的河床上，1940 年 7 月 21 日，曲桂龄 7415”；主模式标本现藏于 **PE!**。

异名：*Elymus breviglumis*（Keng）Á. Löve，1984. Feddes Repert. 95（7～8）：467。

形态学特征：多年生，疏丛生，具多数纤维状须根。秆直立，基部稍倾斜，高 45～60 cm，无毛，具 3 节。叶鞘无毛；叶舌短，平截，长约 0.5 mm；叶片内卷，质地坚硬，长 5～9 cm，宽 1.5～3 mm，上表面无毛，粗糙，下表面无毛，边缘无毛。穗状花序细弱，弯曲至下垂，长 6～10 cm，小穗着生稀疏，基部小穗有时不发育；穗轴节间长5～14 mm，

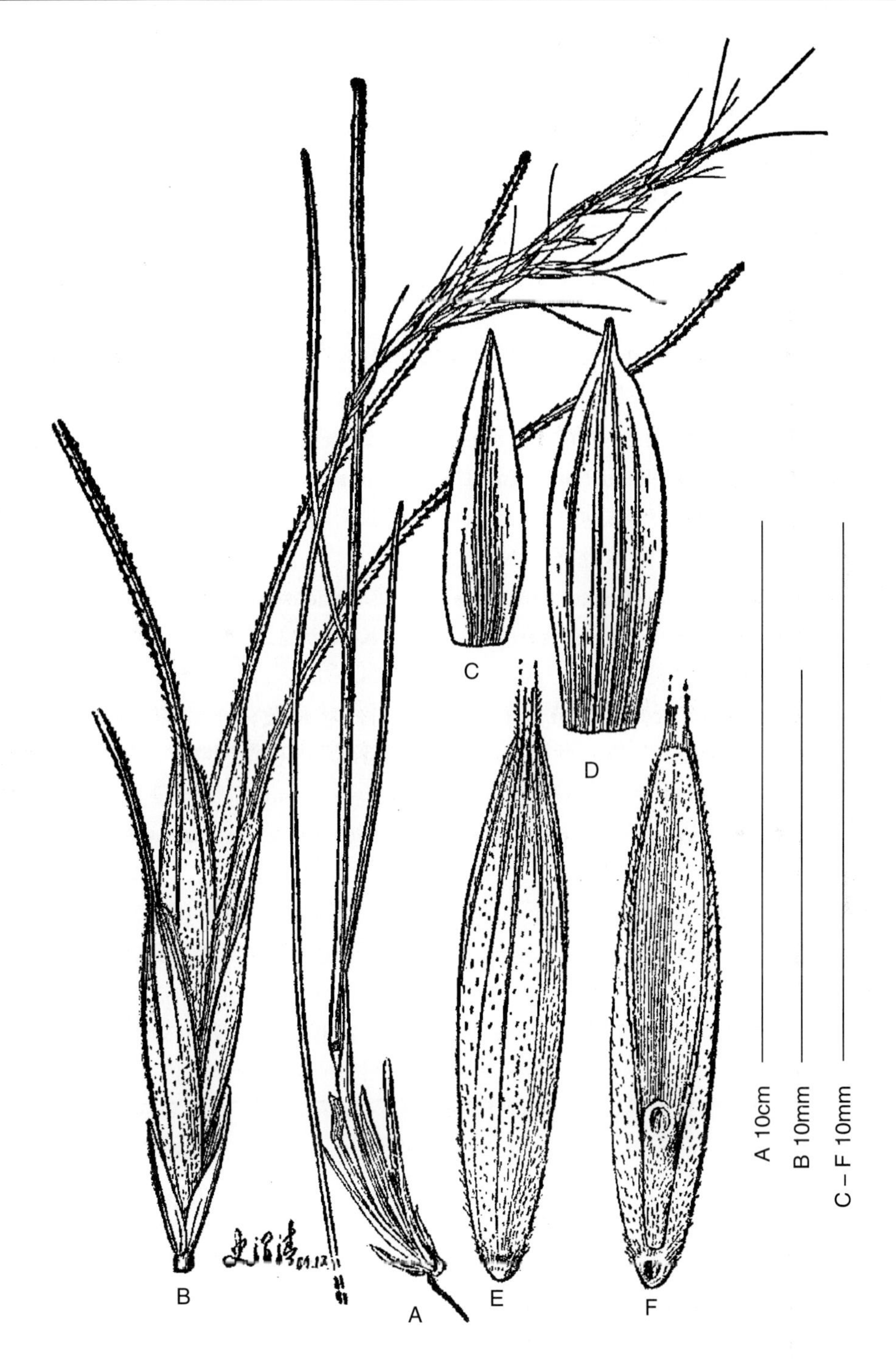

图 5－34　*Roegneria breviglumis* Keng

A. 植株下部及根、叶和全穗　B. 小穗　C. 第 1 颖　D. 第 2 颖　E. 小花背面观，示外稃及被微细硬毛　F. 小花腹面观，示内稃及小穗轴节间

（引自 1959 年耿以礼主编《中国主要植物图说·禾本科》，图 306，史渭清绘制，根据主模式标本：曲桂龄 7415 号。本图标码修改）

主棱上粗糙；小穗绿色，具3～4花，有时具一不育花；小穗轴节间长2 mm，被微毛；颖卵状披针形，平滑，两颖不等长，第1颖长3～4 mm，3脉，两侧脉有时不明显，第2颖长5 mm，4～5脉，先端急尖；外稃长圆状披针形，背部被稀疏小硬毛，上部具明显5脉，第1外稃长约10 mm，具芒，芒长20～25 mm，反曲；基盘具较长细毛；内稃与外稃等长，先端钝，两脊上半部具纤毛，两脊间背部除基部外被微毛；花药黑色，长1.5 mm。

细胞学特征：2n＝4x＝28（Lu et al.，1990）；染色体组组成：**StStYY**（Lu & Salomon，1992）。

分布区：中国四川、甘肃、青海。生长在河边草地、山谷中的林缘、林间空地；海拔2 750～3 690 m。

8. *Roegneria brevipes* Keng，1963. In Keng & S. L. Chen，Acta Nanking Univ.（Biol.）**1**（总3）：**49；1959. Fl. Ill. Pl. Prim. Sin. Gram. 378**（in Chinese）. **短柄鹅观草**（图5-35）

模式标本：中国"青海湟源县窝药乡西南，暴露岩石山巅，1944年8月8日，耿以礼、耿伯介5246"；主模式标本现藏于**N**!。

异名：*Elymus brevipes*（Keng）Á. Löve，1984. Feddes Repert. 95（7～8）：467；

Roegneria breviglumis var. *brevipes*（Keng）L. B. Cai，1997. Acta Phytotax. Sin. 35（2）：160。

形态学特征：多年生，秆单生或丛生，具多数纤维状须根。秆高30～60（～85）cm，径粗约1～1.5 mm，具2～3节，无毛，或在穗状花序下被毛或粗糙。叶鞘无毛；叶舌长约0.2 mm，或缺失；叶片平展，或干后内卷，长10～18 cm，宽1～3 mm，质地坚硬，上表面无毛微粗糙，下表面无毛。穗状花序弯曲或下垂，长7～11 cm（芒除外），宽5～15 mm，小穗排列稀疏，有时稍偏于一侧着生；穗轴纤细，节间长6～10（～15）mm，无毛，两棱脊上具细纤毛；小穗绿色，或稍带紫色，具很细的小梗（长0.5～2 mm），具4～7花；小穗轴节间长1.5～3 mm，密被微毛；颖线状披针形，背部粗糙，两颖不等长，第1颖长1～3 mm，2～3脉，第2颖长3～4.5 mm，3～4脉，先端渐尖或急尖；外稃线状披针形，背部微粗糙或近于平滑，上部具明显5脉，第1外稃长9～10 mm，具芒，芒长22～35 mm，粗糙，反曲；基盘具毛，两侧毛较长；内稃短于外稃，长7.5～9 mm，先端平截，两脊上半部具纤毛，两脊间背部被微毛；花药黄色，长1.5～2.5 mm。

细胞学特征：2n＝4x＝28（Lu et al.，1990）；染色体组组成：**StStYY**（Lu & Bothmer，1993）。

分布区：中国青海、甘肃、西藏、四川。生长于石质山坡、草地、林缘；海拔2 800～4 500 m。

9. *Roegneria cacumina*（B. R. Lu et B. Salomon）**L. B. Cai，1997. Acta Phytotax. Sin. 35**（2）：**158～160. 峰峦鹅观草**（图5-36）

模式标本：中国西藏"拉萨东162 km，墨竹工卡与工布江达间的通道，1988年9月19日，楊俊良等880756"；主模式标本现藏于**LD**!；同模式标本：**SAUTI，K，PE**!。

异名：*Elymus cacuminus* B. R. Lu & B. Salomon，1993. Nord. J. Bot. 13（4）：355。

形态学特征：多年生，密丛生，具多数纤维状须根。秆直立，高25～40（～45）cm，

图 5-35 *Roegneria brevipes* Keng

A. 植株下部及穗 B. 小穗 C. 第 1 颖 D. 第 2 颖 E. 小花背面观 F. 小花腹面观

（引自 1959 年耿以礼主编《中国主要植物图说·禾本科》，图 307，史渭清绘制，

根据主模式标本：耿以礼及耿伯介 5246 号。本图标码修改）

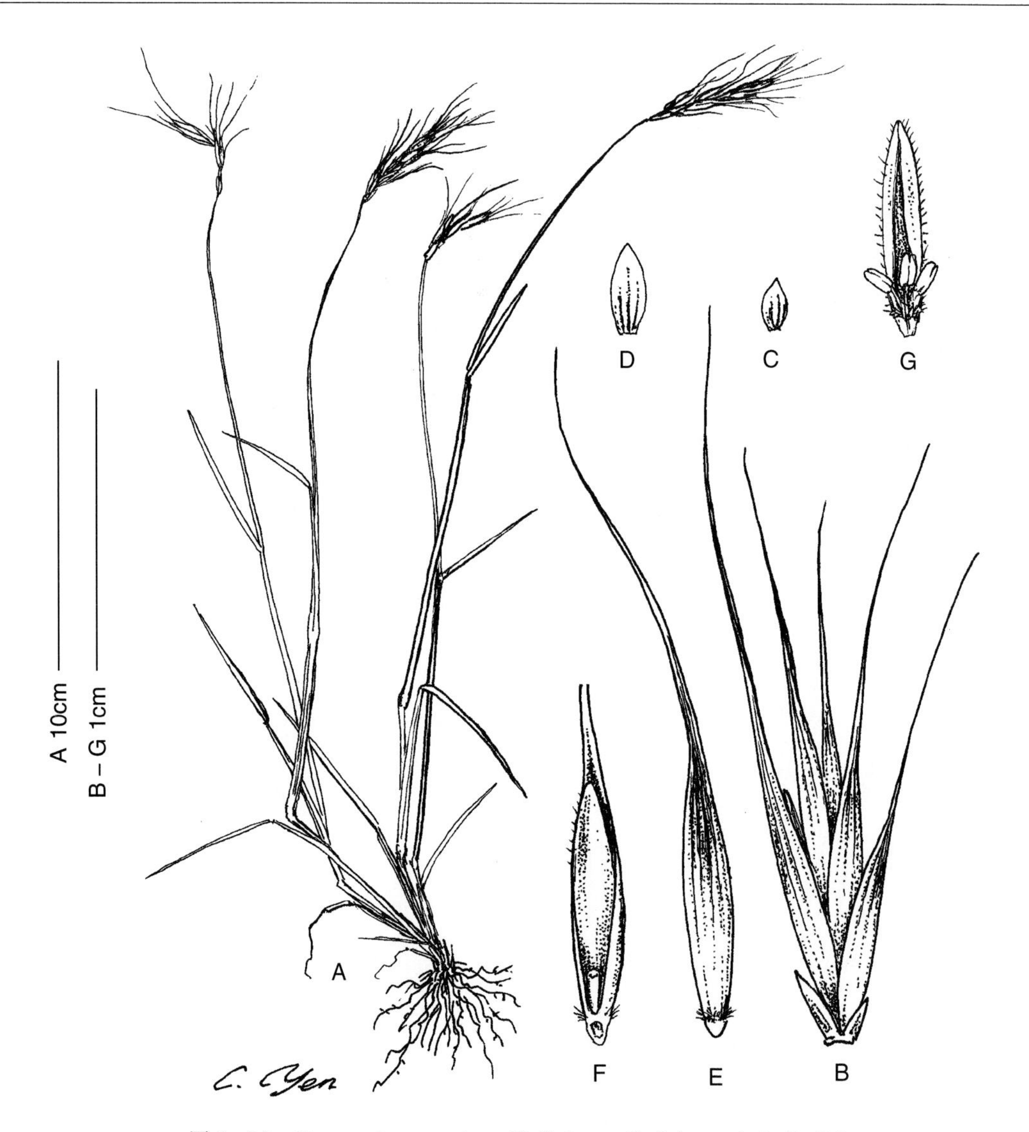

图 5－36 *Roegneria cacumina*（B. R. Lu et B. Salomon）L. B. Cai

A. 全植株 B. 小穗 C. 第 1 颖 D. 第 2 颖 E. 小花背面观 F. 小花腹面观

G. 内稃、鳞被、雄蕊及雌蕊羽毛状柱头一部

径粗 1～2.5 mm，具 2～3 节，无毛。叶鞘无毛，有时基部者被短细微毛；叶舌很短，先端呈撕裂状，长 0.2～0.3（～0.5）mm；叶片内卷或边缘内卷，长 2～4.5 cm，宽 1～3 mm，上、下表面均密被毛，边缘粗糙。穗状花序下垂，长 4～13 cm（芒除外），宽 8～12 mm，小穗着生密集，并偏于一侧；穗轴节间长 1.2～3.2 mm，基部者可长达 3～6（～10）mm，背部及两脊粗糙；小穗绿色或绿紫色，长 10～15 mm，具长 0.5～0.9 mm 的短梗，具 3～6 花；小穗轴节间长 1.5～3 mm，被毛至疏被毛；颖卵状披针形，背部无毛，脉上粗糙，两颖不等长，第 1 颖长 2～6 mm，（1～）2～5 脉，第 2 颖长（2.5～）3～9 mm，3～5（～7）脉，先端具小尖头，具窄膜质边缘；外稃窄披针形至椭圆形，背

部粗糙至疏被微毛，5 脉，第 1 外稃长 8～11 mm，具芒，芒长 15～30 mm，弯曲；基盘被细刚毛，两侧者较长；内稃稍短于外稃，长 7.5～9 mm，先端钝或圆钝，两脊上全部着生纤毛，两脊间背部无毛至疏被微毛；花药黄色至紫色，长 1.3～2 mm。

细胞学特征：2n=4x=28（Lu & Salomon，1993）；染色体组组成：**StStYY**（Lu & Salomon，1993）。

分布区：中国西藏。生于岩石山坡、干燥灌丛、山谷溪边与路旁；海拔 4 300～5 000 m。

10. *Roegneria canaliculata* （Nevski）**Ohwi，1966. Add. Corr. Fl. Afhan. 76. 沟芒鹅观草**（图 5－37）

Ⅰ

Ⅱ

图 5－37 *Roegneria canaliculata*（Nevski）Ohwi

Ⅰ. B. E. Лепсккий1899 年 7 月 29 日，2500 号，主模式标本（现藏于 **LE!**）

Ⅱ. A. 小穗；B. 小花背面观；C. 小花腹面观；D. 第 1 颖；E. 第 2 颖

模式标本：塔吉克斯坦“Darvaz，Peterthe Great Range，south slope，glacier Vereshkai，alt. 3350 m，29 Ⅷ 1899，No. 2500，V. E. Lepskii"；主模式标本现藏于 **LE**！。

异名：*Agropyron canaliculatum* Nevski，1932. Bull. Jard. Bot. Acad. Sci. URSS. 30：509；

Elymus canaliculatus（Nevski）Tzvel.，1968. Rast. Tsentr. Azii. 4：220；

Elymus longearistatus ssp. *canaliculatus* Tzvel.，1972. Nov. Sist. Vyssch. Rast. 9：62；

Agropyron longe-aristatum var. *aitchisonii* Boiss.，1884. Fl. Orent. 5：660；

Agropyron aitchisonii（Boiss.）Candargy，1901. Monogr. Tes phyts ton Krithodon：40。

形态学特征：多年生，密丛生，具多数纤维状须根。秆直立，或在基部膝曲，高20～70 cm，平滑无毛，有时稍被白霜。叶鞘无毛或微粗糙；叶片内卷，稀边缘内卷，挺直，长约 10 cm，宽 0.5～1 mm，上表面无毛至粗糙，或疏被微毛，下表面无毛，边缘粗糙。穗状花序下垂，或稍曲折，长 6～20 cm，宽 6～15 mm，小穗排列稀疏；穗轴节间长 10～20 mm，下部的可长达 25 mm，背部及两棱均粗糙；小穗淡绿色至紫红色，长 15～16（～25）mm，具（6～）7～8（～12）花；小穗轴节间长 1.5～2 mm，被糙毛至疏毛；颖窄披针形，背部粗糙，脉上粗糙，两颖不等长，第 1 颖长 3～9 mm，（3～）5～7 脉，第 2 颖长（4～）6～10 mm，5～7 脉，边缘具窄膜质，先端急尖具小尖头，或渐尖形成一长可达 5 mm 的短芒；外稃窄披针形，背部密被细刚毛而粗糙，或贴生短微毛，3～5 脉，侧脉不明显，主脉突起，第 1 外稃长 8～12 mm，先端渐尖而延伸成芒，芒长 25～40 mm，粗糙，下部宽而呈一沟形，芒直伸或反曲；基盘粗糙，两侧被细毛；内稃短于外稃约 1/4，极稀与外稃等长，长 7～8.5 mm，先端钝圆，两脊上部 1/3 具纤毛；花药黄色或黄紫色，长（2.5～）3～4（～5）mm。

细胞学特征：2n=4x=28（Lu & Bothmer，1993）；染色体组组成：**StStYY**（Lu & Bothmer，1993）。

分布区：塔吉克斯坦、俄罗斯、伊朗、阿富汗、巴基斯坦、中国。生长在石质山坡、岩石上；海拔 3 200～4 000 m。

11. *Roegneria caucasica* C. Koch，1848. Linnaea 21：413. 高加索鹅观草（图 5-38、图 5-39）

模式标本：俄罗斯高加索“In den Waldern Daghestans，Herschaft Kuba，C. Koch”；后选模式标本（Baum 等指定，2007）。现藏于 **K**！。

异名：*Triticum roegneri* Griseb.，1852. Fl. Ross. 4：339；

Agropyron roegneri（Griseb.）Boiss.，1884. Fl. Orient. 5：662；

Agropyron caucasicum（C. Koch）Grossh.，1939. Fl. Kavk. 1：327；

Elymus caucasicus（C. Koch）Tzvel.，1972. Nov. Sist. Vyssch. Rast. 9：61；

Roegneria linczeveskii Czopan.，1969. Nov. Sist Vyssch. Rast. 6：24。

形态学特征：多年生，疏丛生，具短根状茎及多数纤维状须根。秆直立或膝曲，高 50～100 cm，平滑无毛，或穗状花序下粗糙，或下部节上被短微毛。叶鞘无毛或疏被微毛；叶片平展，绿色或被白霜，薄，长约 18 cm，宽 3～7 mm，上表面无毛或疏被毛，下

图 5－38 *Roegneria caucasica* C. Koch

A. 全植株 B. 小穗 C. 第 1 颖 D. 第 2 颖 E. 小花背面观（芒上段切去）
F. 小花腹面观（芒上段切去） G. 内稃 H. 颖果

表面无毛，边缘粗糙。穗状花序细弱，稍下垂，小穗排列稀疏，长（9～）11～13（～15）cm，宽 8～10 mm；穗轴节间长 20～24 mm，无毛，棱脊上粗糙；小穗绿色，长 10～15

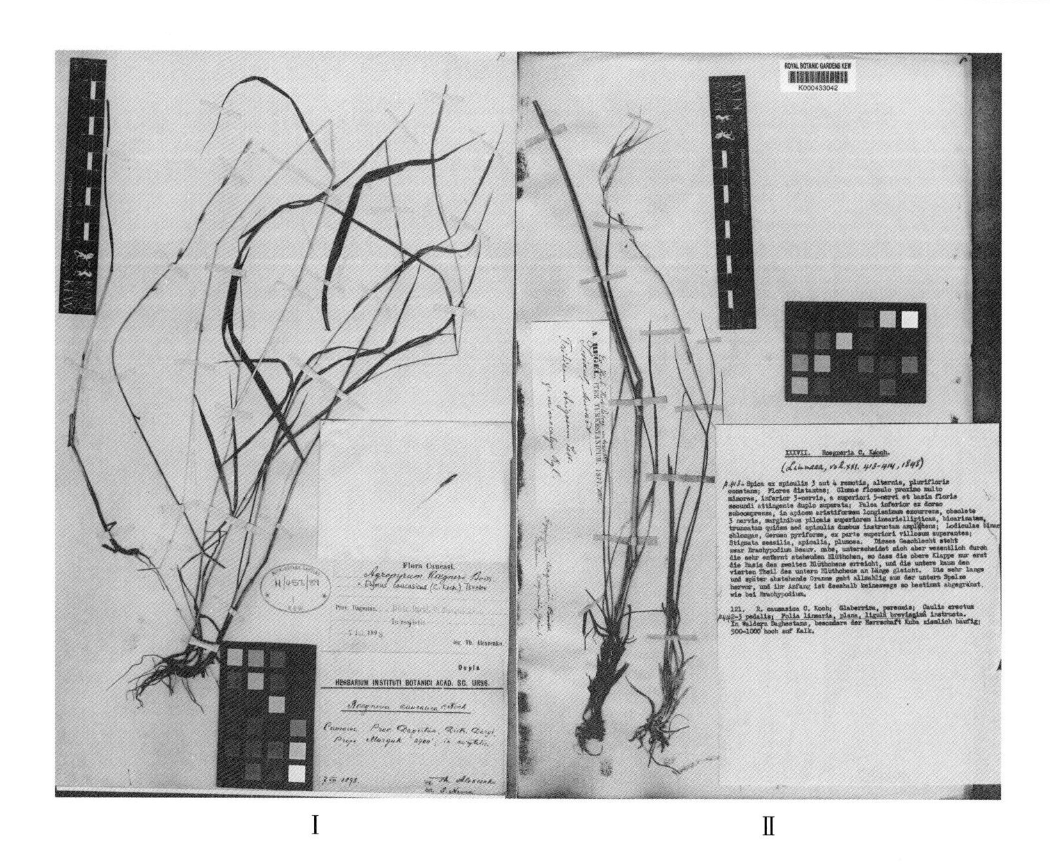

Ⅰ　　　　　　　　Ⅱ

图 5-39　*Roegneria caucasica* C. Koch［后选模式标本（Ⅰ）与同后选模式标本（Ⅱ）(B. R. Baum，C. Yen et J. L. Yang 指定，2007)，现藏于 **K**!］

mm，具短柄（长 0.3 mm），具 4～6 花；小穗轴节间长 1～3 mm，被毛；颖长圆状披针形，无毛，脉上粗糙，两颖不等长，第 1 颖长 2～4（～5）mm，3 脉，第 2 颖长 4～5（～9）mm，(4～）5～6 脉，先端渐尖或急尖而具小尖头；外稃披针形，背部被疏毛，边缘被粗硬毛，第 1 外稃长 11～12（～14）mm，具芒，芒长 24～32（～38）mm，直伸或弯曲；基盘两侧被毛；内稃短于外稃，先端圆钝，或平截，具 2 齿，两脊上全部被纤毛，两脊间被微毛或被疏毛；花药黄色、暗紫色，长 3～3.5（～5）mm。

细胞学特征：2n=4x=28（Sokolovskaya and Pobatova，cited Tzvelev，1976）；染色体组组成：**StStYY**（Jensen et al.，1976；Lu et al.，1993）。

分布区：俄罗斯（高加索地区）、土库曼斯坦、伊朗。生长在林中、林间空地、灌木丛中；海拔 2 000～2 200 m。

12. *Roegneria ciliaris*（Trin.）Nevski，1933. Acta Inst. Bot. Acad. Sci. URSS. ser. Ⅰ，1：14. 纤毛鹅观草

12a. var. *ciliaris*（图 5-40）

模式标本：中国北京“In pratis probe Kantai，Ⅵ n 14，Bunge”；两张同模式标本现藏于 **LE**!。

图 5 - 40　*Roegneria ciliaris*（Trininus）Nevski

A. 全植株　B. 小穗　C. 第 1 颖　D. 第 2 颖　E. 小花背面观　F. 小花腹面观

（引自 1959 年耿以礼主编《中国主要植物图说·禾本科》，图 316，冯晋庸绘制。本图稍加改绘及标码修改）

异名：*Triticum ciliare* Trin.，1883. In Bunge，Enum. Pl. China Bor.：72；Mem. Acad. Sci. St. Petersb. Sav. Etr. 2：246；

Agropyron ciliare（Trin.）Franch.，1884，Nouv. Arch. Mus. Hist. Nat. Paris Ⅱ，7：151；

Brachypodium ciliare（Trin.）Maxim.，1879. Bull. Soc. Imp. Nat. Mosc.：71；

Agropyron semicostatum var. *ciliare* (Trin.) Hack., 1903. Bull. Herb. Boiss. Ⅱ, 3: 506;

Elymus ciliaris (Trin.) Tzvel., 1972. Nov. Sist. Vyssch. Rast. 10: 22;

Roegneria ciliaris var. *ciliaris* f. *eriocaulis* Kitag., 1938. Rep. Inst. Sci. Res. Manch. 2: 274;

Agropyron ciliare subsp. *minor* (Miquel) T. Koyama, 1987, Grass of Japan Neibour. Regions 483;

Brachypodium japonicum var. *minor* Miq., 1866. Ann. Mus. Bot. Lugd. Bat. 2: 287;

Agropyron ciliare var. *minus* (Miq.) Ohwi, 1953. Fl. Japon: 105。

形态学特征：多年生，单生或疏丛。秆直立，或在基部膝曲，高（30～）40～100 cm，平滑无毛，稀在下部节间被微毛，常被白霜。叶鞘无毛，稀在基部叶鞘接近边缘处被柔毛；叶片平展，长10～20 cm，宽3～10 mm，上、下表面均无毛，边缘粗糙。穗状花序下垂或稍下垂，长10～22 cm，宽8～10 mm，小穗排列中度；穗轴节间长10～15 mm，下部的可长达25 mm，无毛，棱脊上粗糙；小穗绿色，长15～22 mm，具（4～）7～12花；小穗轴节间长0.5～1.5 mm，被短微毛；颖长圆状披针形，两侧不对称，背部无毛，边脉与边缘具纤毛，两颖不等长，第1颖长（5～）7～8 mm，第2颖长8～9 mm，两颖均5～7脉，先端急尖并具小尖头，两侧或一侧具齿；外稃长圆状披针形，长7～10 mm，背部被硬毛，近边缘处具长而硬的纤毛，上部具明显5脉，常在先端的一侧或两侧具齿，具芒，芒长（10～）15～20（～30）mm，粗糙，外展；基盘被毛，两侧的毛较长；内稃明显短于外稃，长仅为外稃的2/3（短1.2～2 mm），先端钝或圆钝，两脊上部1/3具纤毛；花药黄色，长1.5～2 mm。

细胞学特征：2n=4x=28（Lu et al., 1988）；染色体组组成：**StStYY**（Lu et al., 1988）。

分布区：中国、俄罗斯、朝鲜、日本。生长于路边或山坡上；海拔300～1 380 m。

12b. var. *amurensis* (Drob.) **J. L. Yang, B. R. Baum et C. Yen, 2008. J. Sichuan Agricul. Univ. 26: 333. 阿穆尔鹅观草**（图5-41）

模式标本：俄罗斯远东"阿穆尔下游索幼孜洛（Soyuznoe）村，发亮的石灰石山岩，1891年6月19日，C. Коржинский"；主模式标本与同模式标本现藏于**LE**!。

异名：*Agropyron amurense* Drob., 1914. Tr. Bot. Muz. AN 12: 50;

Agropyron ciliare var. lasiophyllum Kitagawa, 1936. Rep. First Sci. Exp. Manch. Sect. Ⅳ. Pt. 4, 60, 98;

Roegneria ciliaris var. *lasiophylla* (Kitagawa) Kitagawa, 1938. Rep. Inst. Sci. Res. Manch. 2: 285;

Agropyron ciliare var. *pilosum* (Korsh.) Honda, 1965. Fl. Jap. 154. (in English);

Elymus ciliaris ssp. *amurensis* (Drob.) Tzvel., 1972. Nov. Sist Vyssch. Rast. 9: 61;

Elymus amurensis (Drob.) S. K. Cherepanov, 1981. Sosud. Rast. URSS. 348。

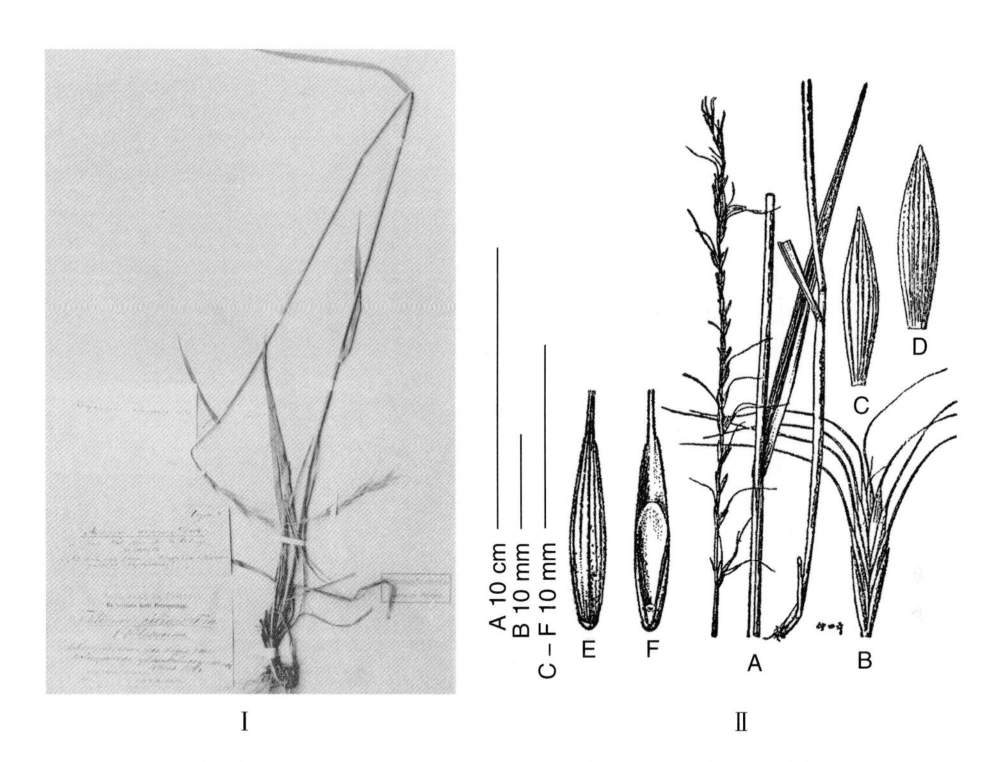

图 5-41 *Roegneria ciliaris* var. *amurensis*（Drobov）C. Yen et J. L. Yang

Ⅰ. 主模式标本（现藏于 **LE!**） Ⅱ. A. 茎秆、叶及全穗；B. 小穗；C. 第 1 颖；

D. 第 2 颖；E. 小花背面观，示外稃及基盘；F. 小花腹面观，示内稃及小穗轴节间；

（引自 1959 年耿以礼主编《中国主要植物图说·禾本科》，图 318，仲世奇绘。本图稍加改绘及标码修改）

形态学特征：多年生，疏丛生。秆直立，基部节稍膝曲，高 80～130 cm，无毛。叶鞘无毛或被向上的细毛；叶片宽 4～8 mm，上表面密生柔毛，下表面脉上具白色长柔毛，边缘具白色长柔毛。穗状花序直立、下垂或弯曲，长 10～22 cm，小穗排列疏松；穗轴节间长 9～13（～15）mm，两棱脊上粗糙；小穗绿色，具 5～7（～9）花；小穗轴节间长 2～3 mm，被细微毛；颖长圆状披针形，无毛，脉上粗糙，边缘上部具纤毛，两颖不等长，第 1 颖长 8～11 mm，3～5（～7）脉，第 2 颖长 9～13 mm，5～7 脉，颖先端渐尖并在末端呈一小尖头；外稃长圆状披针形，背部贴生细微毛，边缘具粗糙硬毛，长 9～12 mm，由突起的主脉延伸成长 20～25 mm 的芒，芒的基部具 2 齿，芒极外展；内稃甚短于外稃，先端圆钝形，长约 7 mm，两脊上部 1/3 具纤毛；花药黄色，长约 2.5 mm。

细胞学特征：2n=4x=28；染色体组组成：StStYY（Dewey，1964）。

分布区：俄罗斯、中国。生长在林间空地、河边沙地卵石间与石质山坡上。

12c. var. *japonensis*（Honda）**C. Yen，J. L. Yang et B. R. Lu，1988. Acta Bot. Yunnan. 10**（3）：**269. 竖立鹅观草**（图 5-42）

模式标本：日本春日部（Kasukabe），武藏县（今东京都），久内清孝，1926 年；小石川，武藏县，本田正次，1926 年；阿佐川，武藏县，服部静夫，1920；高尾山，武藏县，本田正次，1926；人吉市，肥后（今熊本县），前原勘次郎，No. 189 与 No. 193。合

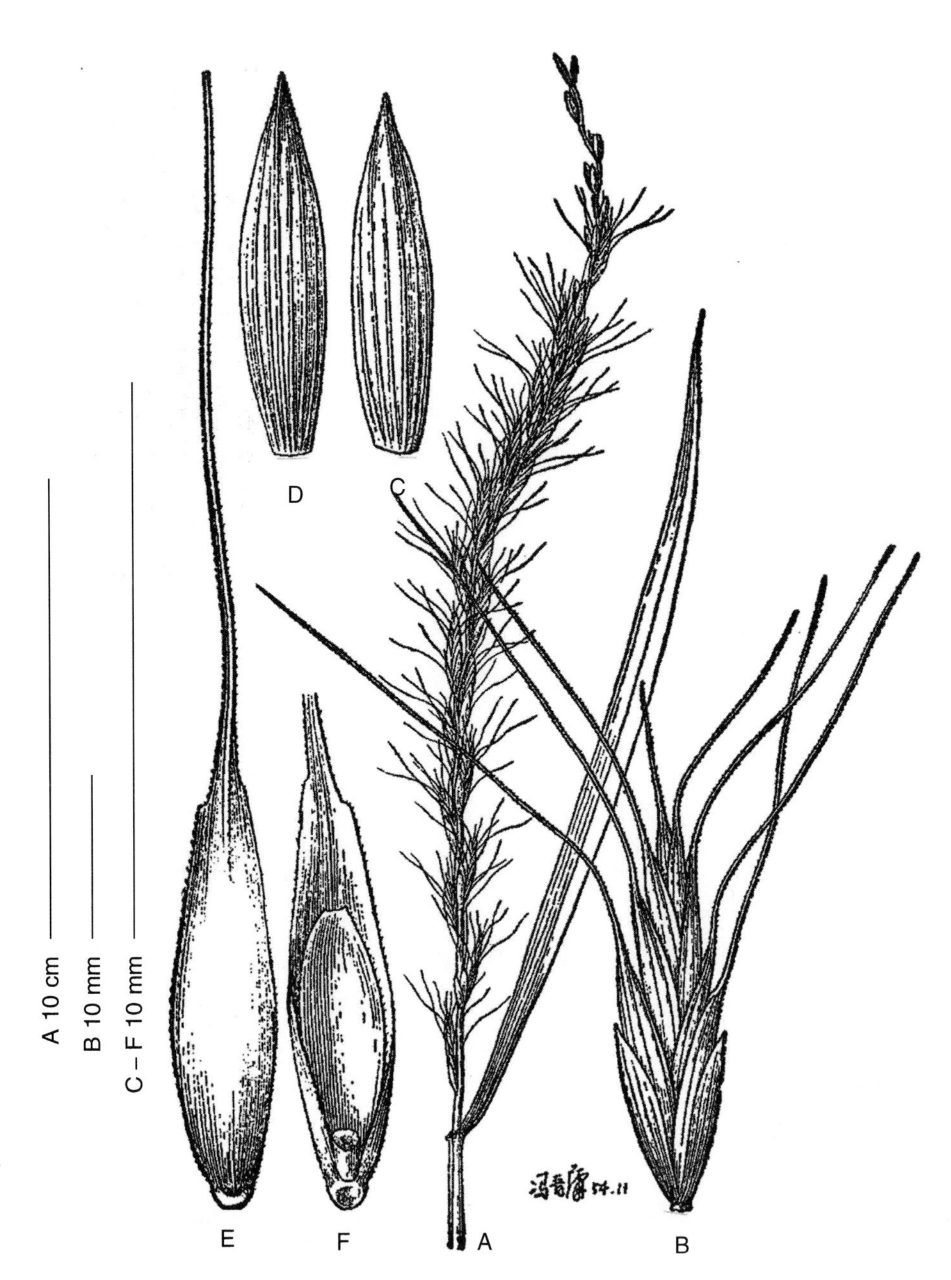

图 5－42 *Roegneria ciliaris* var. *japonensis*（Honda）C. Yen，J. L. Yang et B. R. Lu

A. 全穗 B. 小穗 C. 第 1 颖 D. 第 2 颖 E. 小花背面观 F. 小花腹面观

（引自 1959 年耿以礼主编《中国主要植物图说·禾本科》，图 317，冯晋庸绘制。本图标码修改）

模式标本现藏于 **TI!**。

异名：*Agropyron japonicum* Honda，1927. Bot. Mag. Tokyo 41：384；

Agropyron japonicum var. *hackelianum* Honda，1927. Bot. Mag. Tokyo 41：385；

Agropyron japonense Honda，1935. Bot. Mag. Tokyo 49：698；

Agropyron ciliare var. *hondai* Keng，1935. Contr. Biol. Lab. Sci. Soc. China 10 (2)：187；

Elymus ciliaris（Trin.）Tzvel. subsp. *japonicus* A. Love，1984. Feddes Repert. 95（7～8）：459；

形态学特征：本变种与 var. **ciliaris** 的区别，在于其穗状花序直立，或顶端稍下垂；颖的边缘不具纤毛。

细胞学特征：2n=4x=28（Lu et al.，1988）；染色体组组成：**StStYY**（Lu. et al.，1988）。

分布区：中国、日本。生长于路边、小山坡上；海拔 300～1 000 m。

13. *Roegneria curvata*（Nevski）Nevski，1934. Acta Univ. As. Med. Ser. 8B, Bot. Fasc. 17：67. 曲穗鹅观草（图 5-43）

var. *curvata*

模式标本：哈萨克斯坦“Northern slope of Ketmenskie，the Kirgisai ravines，

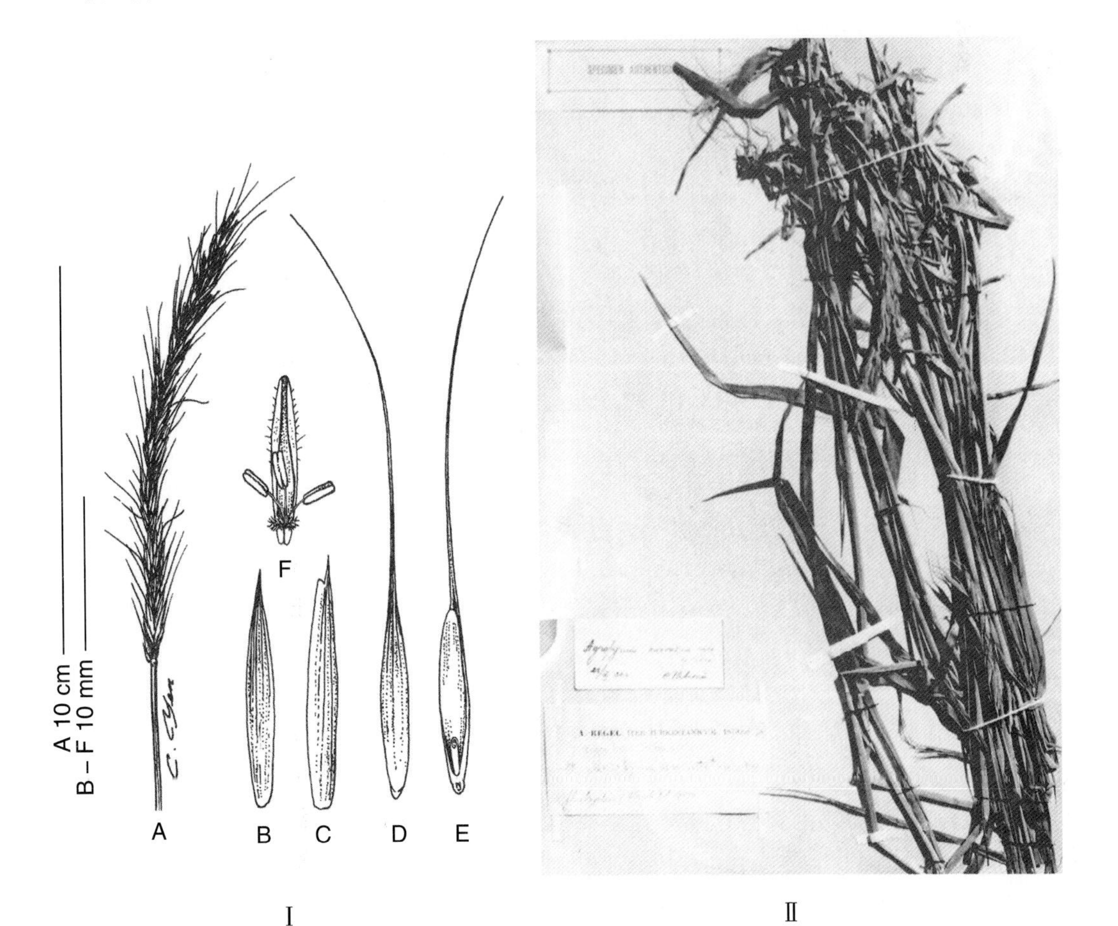

图 5-43 *Roegneria curvata*（Nevsli）Nevski

Ⅰ. A. 全穗；B. 第 1 颖；C. 第 2 颖；D. 小花背面观；E. 小花腹面观；F. 内稃、鳞被、雄蕊及雌蕊柱头 Ⅱ. 主模式标本照片（现藏于 **LE!**）

Podgorny village，19 Ⅶ 1910，No. 2260 A. Michalson"；主模式标本现藏于 **LE!**。

异名：*Agropyron curvatum* Nevski，1932. Bull. Jard. Bot. Acad. Sci. URSS. 30：629；

Elymus fedtschenkoi Tzvel.，1973. Nov. Sist Vyssch. Rast. 10：21；

Roegneria fedtschenkoi（Tzvel.）N. R. Cui，1982. In Claves Pl. Xinjiang，1：158。

形态学特征：多年生，疏丛生，具短的根状茎。秆直立，或在基部稍膝曲，高 50～100（～120）cm，粗壮，无毛。叶鞘平滑无毛，稀下部者被疏毛；叶片平展，有时内卷，长12～30 cm，宽 3～12 mm，上表面粗糙或无毛，稀被疏柔毛，下表面平滑或粗糙。穗状花序直立，稍弯曲，长 7～16 cm，宽 2.8～5 mm，小穗着生密集并常偏于一侧；穗轴节间长 7～15 mm，两棱脊上粗糙；小穗绿紫红色，或绿色，长 16～22 mm，具（3～）5～6 花；小穗轴长 2～3 mm，被细短微毛；颖宽披针形，背部粗糙，脉上粗糙，具膜质边缘，两颖近等长，第 1 颖长 10～18 mm，第 2 颖长 10.5～18 mm，宽 2.3～3.5 mm，均5～7 脉，先端渐尖，有时形成一芒尖，并具一齿或裂片；外稃椭圆状披针形，长 10～14 mm；背部紧贴刺状硬毛，5 脉，中脉突起而近入芒中，芒长 25～37（～40）mm，粗糙，直立或弯曲，或外展；基盘具微毛，两侧毛较长；内稃与外稃等长，或稍短于外稃，长9～13 mm，先端钝圆或钝，或平截，脊上半部被纤毛；花药黄色或黄紫红色，长2.5～3.2 mm。

细胞学特征：2n＝4x＝28（Liu Z. W. & Dewey，1983）；染色体组组成：**StStYY**（Liu Z W. & Dewey，1983）。

分布区：哈萨克斯坦、中国、俄罗斯、吉尔吉斯斯坦、巴基斯坦、蒙古。生长在石质山坡、卵石堆中、灌丛中、湿地；海拔 1 100～3 800 m。

14. *Roegneria dolichathera* Keng，1963. In Keng & S. L. Chen，Acta Nanking Univ.（Biol.）**1**（总 3）：**19；1959. Fl. Ill. Pl. Prim. Sin. Gram.：352**（in Chinese）**. 长花鹅观草***（图 5-44）

模式标本：中国"四川天全县，青草坪至漩沟途中，林下，海拔 2 350 m，1936 年 6 月 4 日，曲桂龄 2697"；主模式标本现藏于 **N!**。

异名：*Elymus dolichathera*（Keng）Á. Löve，1984. Feddes Repert. 95(7～8)：453；

Roegneria dolichathera var. *glabrifolia* Keng，1963. In Keng & S. L. Chen，Acta Nanking Univ.（Biol.）3（1）：19。

形态学特征：多年生，疏丛生。秆直立，硬，高 60～90 cm，径粗 1～2 mm，4～5 节，无毛，节上常被蜡粉。叶鞘无毛或边缘被纤毛，有时在上部形成一脊；叶舌长 0.5 mm，平截，啮齿状；叶片平展或边缘内卷，长 12～20 cm，宽 3～7 mm，上表面密被柔毛，稀无毛，下表面无毛。穗状花序直立或稍下垂，或弯曲，小穗排列较疏；穗轴节间长 8～10 mm，下部者可长达 30mm，棱脊上粗糙，节上被微毛；小穗绿色，3～6 小花，长 13～19 mm，背部贴生微毛；颖长圆状披针形，无毛，脉上粗糙，两颖不等长，第 1 颖长

* 耿以礼原定名"长芒鹅观草"，而它的拉丁文种名应为长花鹅观草，且 В. П. Дробов 1941 年已定名有长芒鹅观草［*R. longearistata*（Boiss.）Drobov］，故加以更正。

图 5-44 *Roegneria dolichathera* Keng

A. 全植株 B. 小穗 C. 小花半侧面观 D. 鳞被、雄蕊及雌蕊

（引自耿以礼，1959，图 283，冯钟元绘制，根据主模式标本：曲桂龄 2697 号。本图标码修改）

6～7 mm，第 2 颖长 7～8 mm，两颖均具 3～5 脉，先端渐尖成芒尖，或急尖而形成小尖头；外稃长圆状披针形，第 1 外稃长 9～10 mm，背上部微粗糙，具明显 5 脉，下部两侧贴生微毛，先端两侧或一侧具微齿，具芒，芒长（15～）26～32 mm，纤细直立，微粗糙；基盘被微毛，两侧毛较长；内稃稍短于外稃，或与外稃等长，先端钝，内凹，两脊上部 1/3 被纤毛；花药黄色，长1.8～2 mm。

细胞学特征：2n=4x=28（Lu，1992）；染色体组组成：**StStYY**（Lu，1992）。

分布区：中国四川、湖北、陕西。生长在林下、山坡上、河边、溪旁；海拔 570～3 090 m。

15. ***Roegneria dura*** （Keng） **Keng，1957. Clay. Gen. & Sp. Gram.：74，185；1959. Fl. Ⅲ. Pl. Prim. Sin. Gram.：382. 耐久鹅观草**（图 5-45）

模式标本：中国甘肃“西南部岷山，铁布地，Kwang Kei 山，海拔 4 200 m，1925 年 10 月，J. F. Rock 13711”；主模式标本现藏于 **US**!。

异名：*Brachypodium durum* Keng，1941. Sunyatsenia 6（1）：54；

Elymus sclerus Á. Löve，1984. Feddes Repert. 95（7～8）：448；

Roegneria dura Keng var. *variglumis* Keng，1963. In Keng & S. L Chen，Acta Nanking Univ.（Biol.）1（总 3）：54。

形态学特征：多年生，疏丛生或单生。秆直立，有时在基部节上膝曲，高 55～85cm，无毛或在穗状花序下略粗糙，节被白粉并有紫红晕。叶鞘无毛，有时在基部者被倒毛；叶舌很短，平截，长约 0.2 mm；叶片质地较硬，平展，或边缘内卷，长 8～11 cm（分蘖者可长达 25 cm），宽 1.5～4.5 mm，上表面微粗糙或疏被短毛，下表面无毛，有时基生叶两面均被毛。穗状花序下垂，长 5～11 cm，宽 7～15 mm，小穗排列较疏，但有时较密，呈两列排列，稀偏于一侧；穗轴节间长 7～12 mm，最下部者可长达 30 mm，两棱脊粗糙；小穗绿色，具白粉，或带紫红色，具一长 0.5～1.5（～2）mm 的短柄，短柄无毛或被微毛，具 3～5（～7）花；小穗轴节间长 1.8～2.8mm，紧贴短微毛；颖披针形或卵状披针形，两颖不等长，背部无毛，脉上粗糙，第 1 颖长（2～）3～6（～7）mm，（1～）3（～5）脉，第 2 颖长 4.5～9.5 mm，3～5（～7）脉，先端急尖或渐尖，或具小尖头，边缘膜质；外稃线状披针形，长 9～11 mm，5 脉，背部贴生小刺毛而粗糙，脉上具短硬毛，具芒，芒长 15～28 mm，粗壮，并强烈反曲；基盘狭窄呈点状，两侧被短毛；内稃与外稃等长，或短于外稃，长 8.5～11 mm，先端圆形或钝形，两脊上部 1/3 具刚毛状纤毛；花药黄色，紫黑色或黑色，长 1.5～2 mm。

细胞学特征：2n=4x=28（Lu et al.，1990）；染色体组组成；**StStYY**（Lu，1993）。

分布区：中国甘肃、四川、青海。生长于山坡、草地、路边；海拔 2 440～3 900 m。

16. ***Roegneria glaberrima*** **Keng et S. L. Chen，1963. In Keng & S. L. Chen，Acta Nanking Univ.**（Biol.）**1**（总 3）：**72～73. 光穗鹅观草**（图 5-46）

模式标本：中国新疆“阿勒泰县，较干旱砾石坡脚，海拔 1 400 km，1956 年 8 月 27 日，秦仁昌 2548”；主模式标本现藏于 **PE**!。

异名：*Elymus glaberrimus*（Keng & S. L. Chen）S. L. Chen，1987. Bull. Nanjing Bot. Gard. Mem. Sun Yat Sen 1987：9；

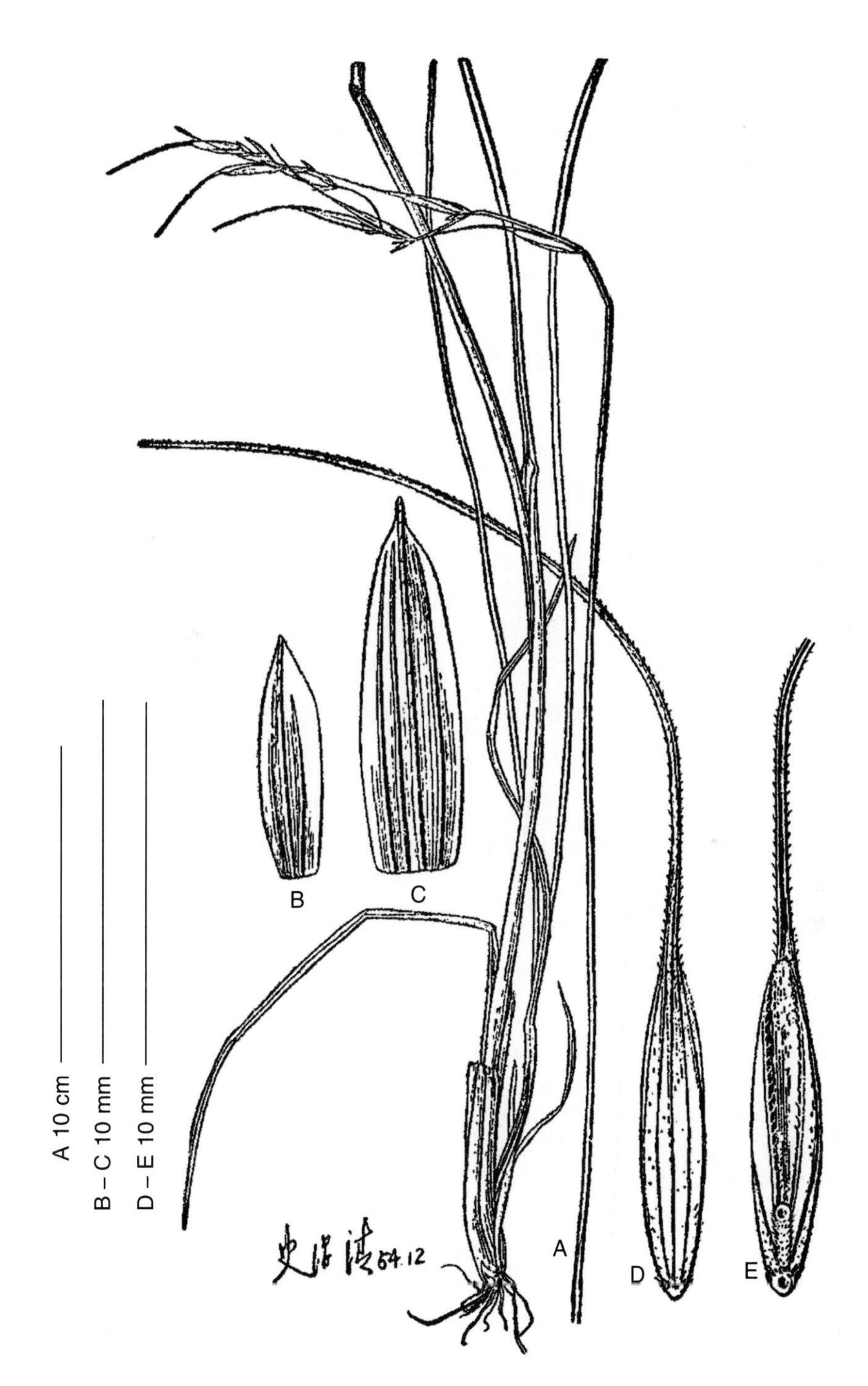

图 5－45　*Roegneria dura*（Keng）Keng

A. 全植株　B. 第 1 颖　C. 第 2 颖　D. 小花背面观　E. 小花腹面观

（引自 1959 年耿以礼主编《中国主要植物图说・禾本科》，图 317，

史渭清根据张敦厚 1759 号标本绘制。本图标码修改）

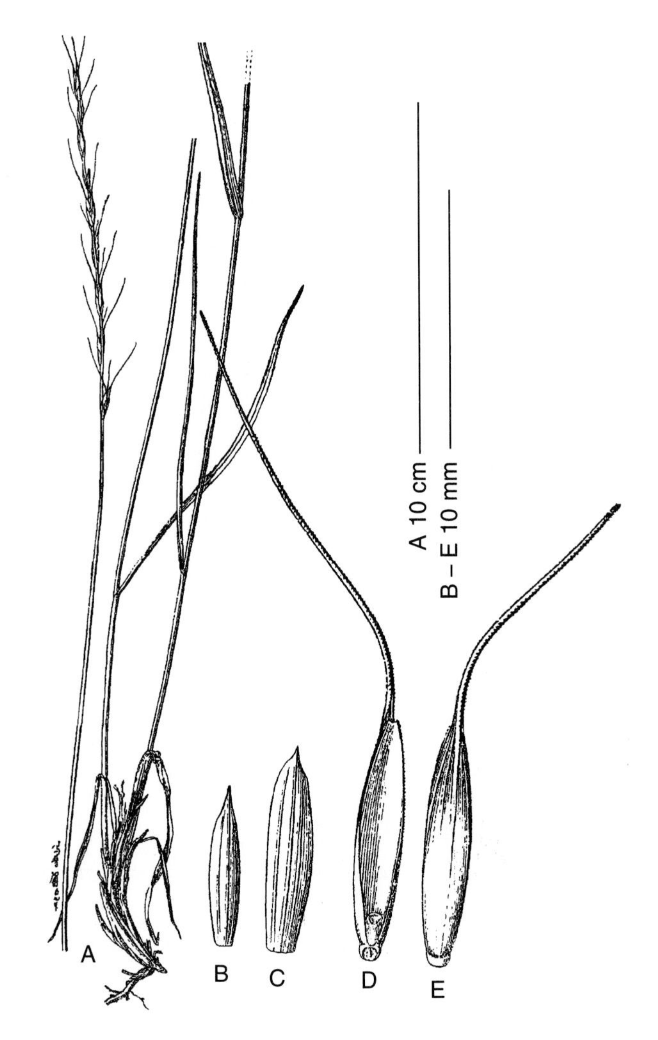

图 5-46 *Roegneria glaberrima* Keng et S. L. Chen

A. 全植株 B. 第1颖 C. 第2颖 D. 小花腹面观 E. 小花背面观

（引自耿以礼、陈守良，1963，图5。冯晋庸绘自模式标本：秦仁昌2548号）

Roegneria glaberrima var. *breviaristata*（D. F. Cui）L. B. Cai，1996. Bull. Bot. Res. 16：49；

Roegneria breviaristata（D. F. Cui）L. B. Cai，1997. Acta Phytotax. Sinica 35：170。

形态学特征：多年生，丛生，具多数纤维状须根，外具沙套。秆直立，高70～80 cm，径粗1～2 mm，无毛，被白霜而呈灰绿色，具3节，节上无毛。叶鞘无毛，有时基部者被短微毛；叶舌干膜质，长约0.5 mm；叶片坚硬，平展或内卷，常被白霜而呈灰绿色，上表面粗糙，下表面平滑无毛，长8～15 cm，宽3～4 mm。穗状花序直立，长8～12 cm，小穗着生稀疏；穗轴节间长7～17 mm，棱脊上粗糙；小穗淡绿色，成熟时呈禾秆色；小穗轴节间长1.5～2 mm，无毛；颖长圆状披针形，两颖不等长，光滑无毛，黄绿色，第1颖长4～6 mm，具明显而突起的3脉及1～2细弱的脉，稀可为1脉，第2颖长5.5～7.5 mm，具3～5明显而突起的脉，先端急尖，或一侧具一齿，边缘膜质；外稃长圆状披针形，第1外稃长9 mm，背部平滑无毛，具芒，芒长10～20 mm，微粗糙，反曲；基盘平滑无毛；内稃与外稃等长，或略长于外稃，先端平截或稍下凹，两脊上部1/3具较短的刚毛状纤毛，两脊间背部平滑或在基部粗糙；花药黄色，长4～5 mm。

细胞学特征：2n=4x=28（Lu et al.，1990）；染色体组组成：**StStYY**（周永红等，2004）。

分布区：中国新疆。生长于山坡上、卵石间，以及山地草原上；海拔1 400～2 100 m。

17. *Roegneria glaucifolia* Keng，1963. In Keng & S. L. Chen，Acta Nanking Univ. （Biol.）**1**（总3）：**57；1957. Fl. Ill. Pl. Prim. Sin. Gram.：384**（in Chinese）．**马格草**（图5-47）

模式标本：中国西藏"马格，1952年9月9日，钟补求5365"；主模式标本现藏于**PE**!。

异名：*Elymus caesifolius* Á. Löve，1984. Feddes Repert. 95（7～8）：448。

形态学特征：多年生，丛生，具短的根状茎。秆直立，坚硬，高30～60 cm，径粗约2 mm，无毛，具2～3节，节上无毛。叶鞘无毛，或基部者被短微毛；叶舌干膜质，平截，长0.2～0.5 mm；叶片坚实，平展或边缘内卷，常直立，灰绿色，长6.5～12 cm，宽3～5 mm，上表面粗糙，下表面无毛，边缘粗糙。穗状花序直立，长6.5～10 cm，宽4～5 mm，小穗着生稀疏；穗轴节间长8～16 mm，棱脊上粗糙；小穗绿紫红色，被白粉，长13～15 mm（芒除外），具3～5花；小穗轴节间被微毛，长1～1.3 mm；颖长圆状披针形，两颖不等长，无毛，脉上粗糙，边缘干膜质，第1颖长4～7 mm，3（～5）脉，第2颖长6～8 mm，3～5脉，先端急尖或渐尖；外稃长圆状披针形，第1外稃长9～11 mm，外稃背部粗糙，5脉，脉上粗糙或被毛，具芒，芒长15～30 mm，粗糙，反折；基盘两侧被短微毛；内稃与外稃等长，或略短于外稃，先端平截，两脊上半部具纤毛，两脊间背上半部被短柔毛；花药黑色，长约2 mm。

细胞学特征：2n=6x=42（Lu et al.，1993）；染色体组组成：**StStStStYY**（Svitashev et al.，1998）。

分布区：中国西藏。生长于河谷阶地；海拔3 400～3 800 m。

18. *Roegneria glaucissima* （M. Pop.）**J. L. Yang，B. R. Baum et C. Yen，2008，J. Sichuan Agricult. Univ. 26：236. 苍白鹅观草**（图5-48）

模式标本：塔吉克斯坦"Zailinsky Alatau：Mount Alatau transiliensis，ad initia fl. Tachilik nin angustiis Tschizmunak，in glareosis，11 VII 1934，M. Popov"；主模式标本现藏于**MW**!。

异名：*Agropyron glaucissimum* M. Pop.，1938. Bull. Mosk. Obshch. Isp. Prir.，Otd. Bid. 47：84；

Roegneria glaucissima（M. Pov.）Filat.，1969. Ill. Opred. Rast. Kazakhst. 1：114.（comb. invalid）；

Elymus glauciccimus（M. Pop.）Tzvelev，1972. Nov. Sist. Vyssh. Rast. 9：61。

形态学特征：多年生，疏丛生，具短的根状茎。秆直立，有时在基部节上膝曲，高50～100 cm，被白霜，无毛。叶鞘无毛；叶片坚实，平展或内卷，上、下表面均平滑无

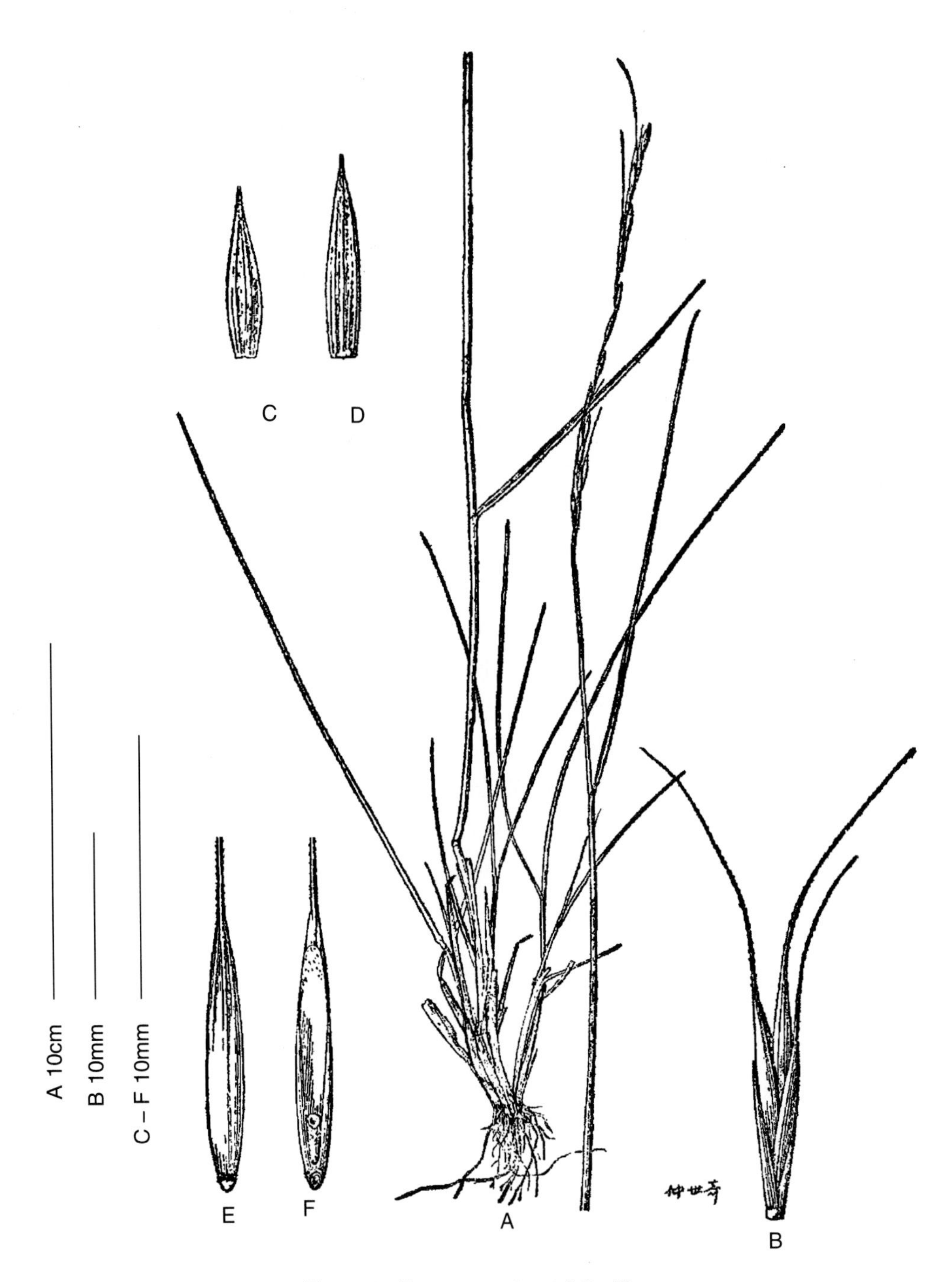

图 5-47 *Roegneria glaucifolia* Keng

A. 全植株 B. 小穗 C. 第1颖 D. 第2颖 E. 小花背面观 F. 小花腹面观

（引自1959年耿以礼主编《中国主要植物图说·禾本科》，图313，仲世奇根据钟补求5365号主模式标本绘制。本图标码修改）

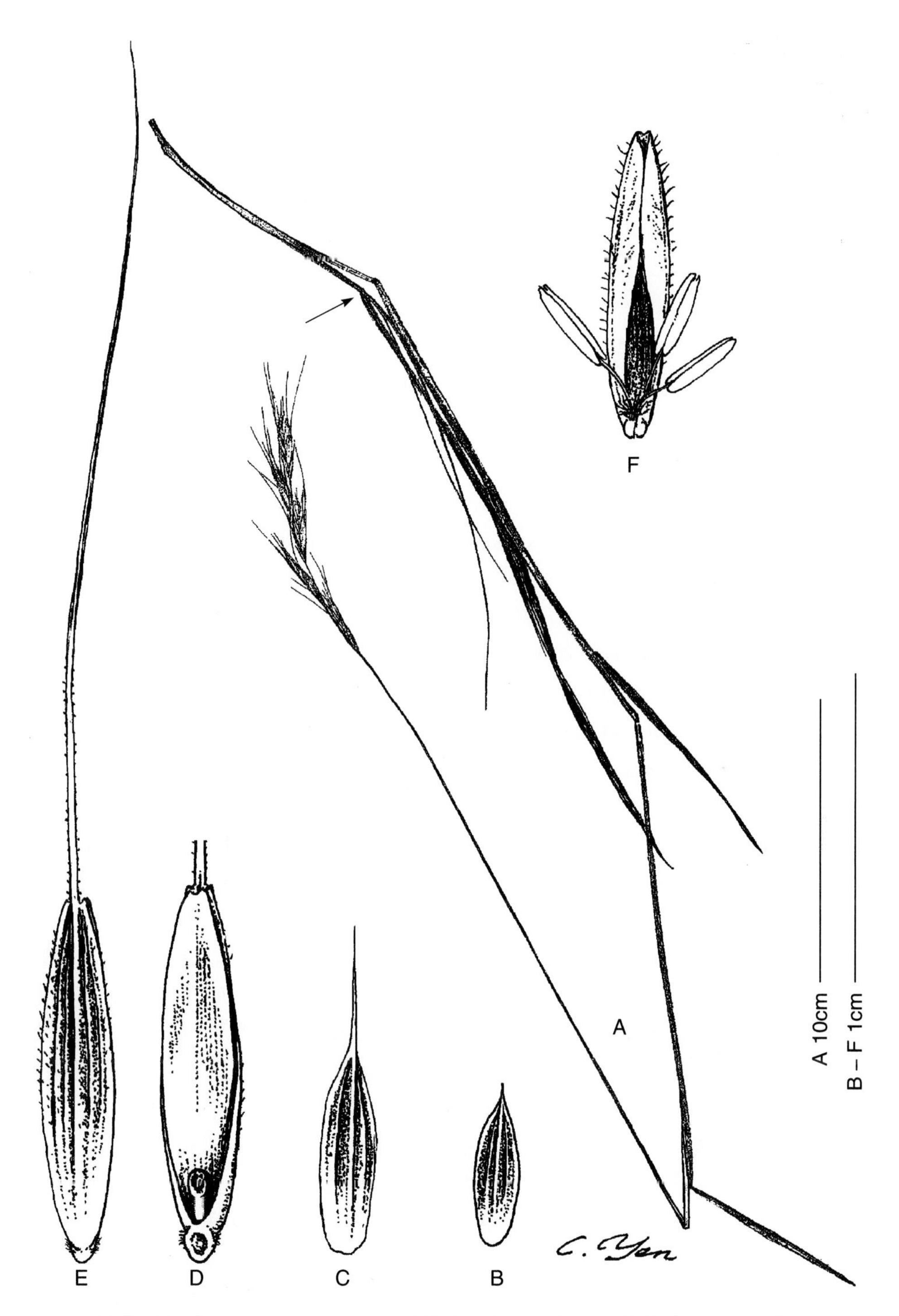

图 5-48 *Roegneria glaucissima*（M. Pop.）J. L. Yang，B. R. Baum et C. Yen

A. 茎、叶、穗，箭头所指茎秆叶腋萌生分枝芽 B. 第 1 颖 C. 第 2 颖

D. 小花腹面观，芒上部切去 E. 小花背面观 F. 内稃、鳞被、雄蕊及雌蕊羽毛状柱头

毛，边缘粗糙或具纤毛。穗状花序下垂，长 10～17 cm，小穗排列疏松，特别是下部的小穗；穗轴节间微粗糙；小穗较长，紫红色被白霜；小穗轴节间被微毛；颖长圆状披针形，两颖不等长，接近先端处微粗糙，边缘膜质，脉突起，第 1 颖长约 5 mm，第 2 颖长约 7 mm，两颖均 3 脉，先端骤尖形成一短芒，芒长（1～）3～7（～10）mm；外稃长圆状披针形，第 1 外稃长（9～）10～12 mm，背部散生小刺毛，5 脉，先端具 2 微齿，具芒，芒长 17～30 mm，直，粗糙，外折并反曲；基盘密被毛；内稃与外稃等长，先端平截至下凹，两脊上被粗糙纤毛；花药长（2～）2.7～3.4 mm。

细胞学特征：2n＝6x＝42（Jensen et al.，1993；Lu et al.，1993）；染色体组组成：**StStStStYY**（Redinbaugh et al.，2000）。

分布区：哈萨克斯坦、塔吉克斯坦。生长在中山带与高山带的石质山坡、倒石堆及洼地。

19. *Roegneria gmelinii*（Ledeb.）Kitag.，1939. Rep. Inst. Sc. RES. Manch. 5. App. 1，91. 格米宁鹅观草

var. *gmelinii* 格米宁变种（图 5-49）

模式标本：俄罗斯"E montibus altaicis，1827，Ledebour"；主模式标本现藏于 **LE**!。

异名：*Triticum caninum* var. *gmelinii* Ledeb.，1829. Fl. Alt. 1：118，non *Triticum gmelinii* Trin.，1838；non *Agropyron gmelinii* Scribn. & Smith，1897；
Agropyron turczaninovii Drob.，1914. Tr. Bot. Muz. AN SSSR. 12：47；
Roegneria turczaninovii（Drob.）Nevski，1934. Fl. SSSR. 2：607；
Semiostachys turczaninovii（Drob.）Drob.，1941. Fl. Uzbek. 1：539；
Elymus gmelinii（Ledeb.）Tzvel.，1968. Rast Tsentr. Azii. 4：216；
Triticum rupestre Turcz. ex Ganesch.，1915. Tr. Bot. Muz. AN SSSR. 13：33。

形态学特征：多年生，疏丛生，具短的根状茎。秆直立，基部节稍膝曲，高 60～100 cm，径粗 1.5～2 mm，无毛，具 3～4 节，节上无毛。叶鞘无毛，下部叶的叶鞘有时具倒生毛；叶舌短，平截，长 0.2 mm，或近于退化；叶片平展，稀内卷，长 9～20 cm，宽（3～）4～9 mm，分蘖叶叶片有时长达 26 cm，上表面疏被柔毛，下表面无毛，稀两面均无毛。穗状花序直立，长 7～15 cm，宽 5～6 mm，小穗着生常明显偏于一侧；穗轴节间长 10～22 mm，棱脊上密被刺毛与直立的刚毛；小穗紫红褐色，或几乎为暗绿紫色，有时被灰白色的毛，阴地着生者为灰绿色，长 18～25 mm（芒除外），具 4～7 花；小穗轴节间长 1.5～2 mm，被短微毛；颖线状披针形，两颖不等长，无毛，脉上极粗糙，第 1 颖长 6～11.5 mm，第 2 颖长 9～12 mm，均具 3～5 粗壮脉及 1～2 较短而细的脉，颖先端渐尖；外稃披针形，长 9～12 mm，背部具短而粗的刺毛，有时中部几乎无毛，具芒，芒长（20～）25～43 mm，潮湿时直立，干燥时外展；基盘具短毛，两侧的毛较长；内稃与外稃等长或稍短，先端圆钝，或稍下凹，两脊上部 1/3～1/2 被粗纤毛，两脊间背上部微被短硬毛；花药深黄色，长 2～3.5 mm。

细胞学特征：2n＝4x＝28（Tzvel.，1976）；染色体组组成：**StStYY**（Jensen & Hatch，1989）

分布区：俄罗斯、中国、哈萨克斯坦、蒙古、日本。生长于草地、林间空隙、疏林中、卵石间、灌丛中、路边；海拔 1 350～2 300 m。

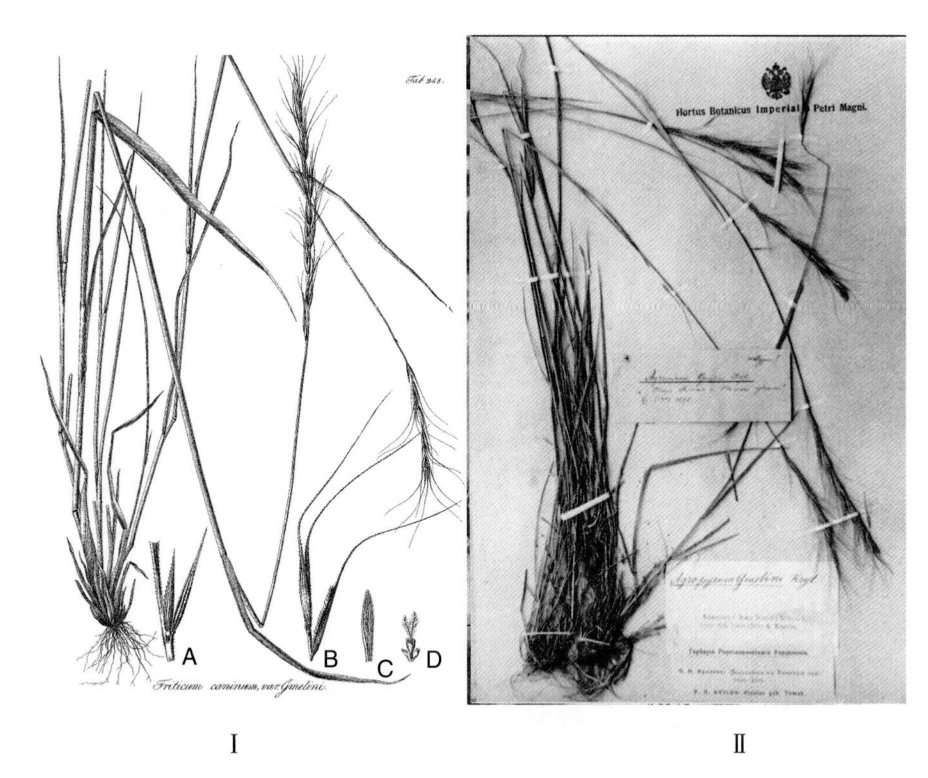

图 5－49　*Roegneria gmelinii*（Ledeb.）Kitagawa

Ⅰ. A. 穗轴一段及颖；B. 小穗轴及三小花，示外稃及芒；C. 内稃；D. 鳞被及雌蕊

（引自 Carolus Fridericus A Ledebour，1831. Icones Plantarum，图 248）　Ⅱ. 主模式标本（现藏于 **LE**!）

20. ***Roegneria grandis*** **Keng，1963. In Keng & S. L. Chen，Acta Nanking Univ.**（Biol.）**1**（总 3）：**45；1959，Fl Ill. Pl. Prim. Sin. Gram. 371**（in Chinese）. **大鹅观草**（图 5－50）

模式标本：中国"陕西鄠县，凤凰山，1931 年 7 月 7 日，郭本兆 149"；主模式标本现藏于 **PE**!。

异名：*Elymus grandis*（Keng）Á. Löve，1984. Feddes Repert. 95（7～8）：458.

形态学特征：多年生，疏丛生或单生，具下伸的根状茎。须根稀疏粗壮，长达 15 cm。秆直立，坚硬，高 80～100 cm，径粗约 3.5 mm，平滑无毛，具 5～6 节。叶鞘无毛；叶舌坚实，长 1～1.5 mm，平截，或啮齿状；叶片革质，平展，长 20～30 cm，宽 1 cm，上表面平滑无毛或粗糙，下表面平滑无毛，先端渐尖，常撕裂呈纤维状。穗状花序直立，细瘦，长（5～）20～25 cm，小穗排列疏松；穗轴节间长 15～20 mm，最下部者可长达 4 cm，无毛，棱脊上粗糙，被细刺毛；小穗常紧贴于穗轴上，长 2～3 cm，宽 3～5 mm，绿色，具 7～12 花；小穗轴节间长 1.5～2 mm，贴生短微毛；颖长圆状披针形，质硬，两颖不等长，平滑无毛，或微粗糙，第 1 颖长 10～14 mm，第 2 颖长 11～15 mm，均具 5～7 脉，脉突起，粗壮，颖先端急尖，边缘膜质；外稃长圆状披针形，第 1 外稃长 12～15 mm，背部无毛，有时上部两侧具小刺毛，上部具突起 5 脉，先端渐尖，无芒，具长约 1 mm 的小尖头；基盘被白色柔毛，两侧毛较长，可长达 1 mm；内稃短于外稃 1/3～1/4，先端钝

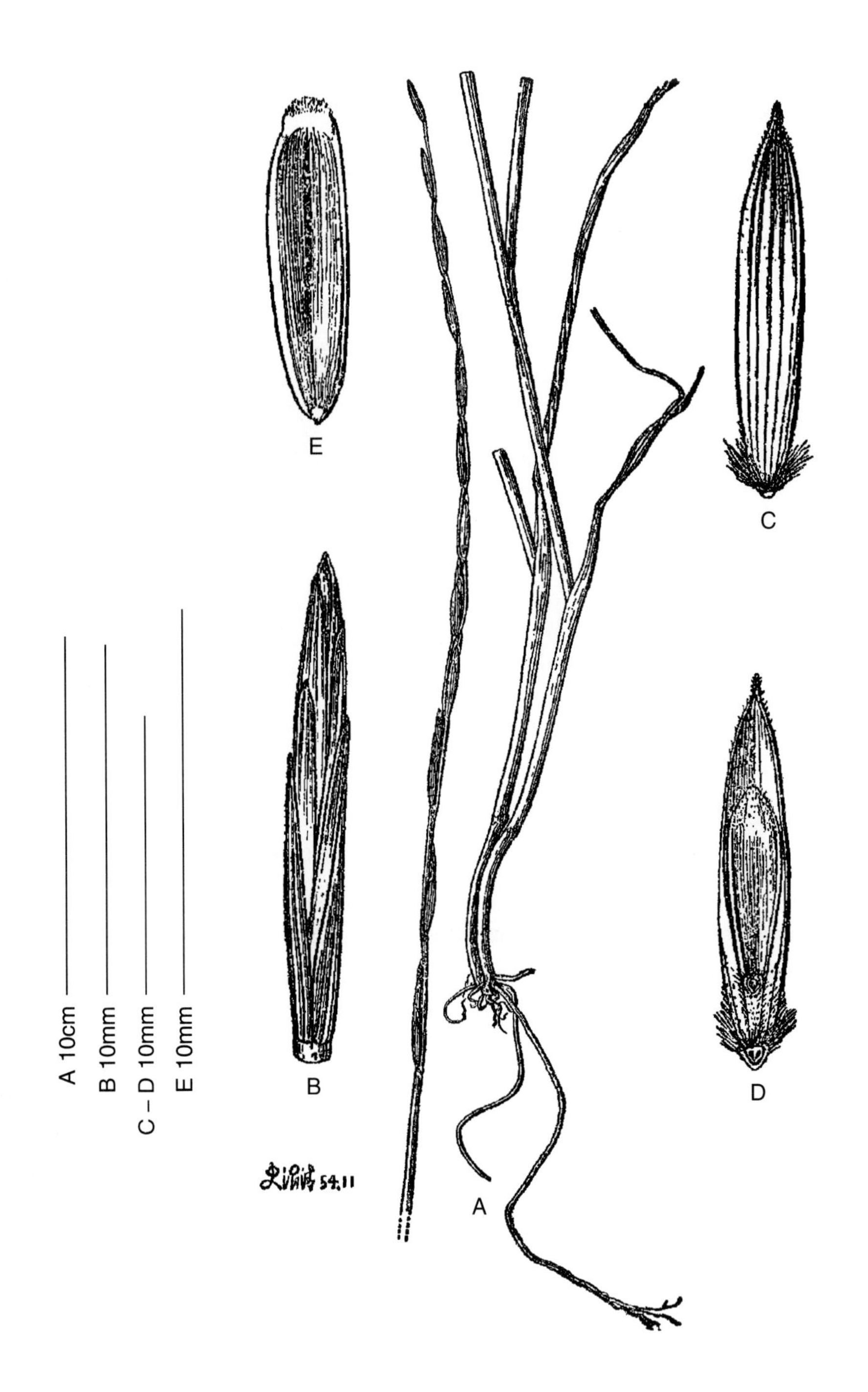

图 5－50 *Roegneria grandis* Keng

A. 根、茎秆、叶及全穗 B. 小穗，示不等长的两颖及小花 C. 小花背面观，基盘被长柔毛 D. 小花腹面观，示短的外稃与内稃及小穗轴节间 E. 颖果腹面观

（引自 1959 年耿以礼主编《中国主要植物图说·禾本科》，图 300，史渭清绘制，根据主模式标本：郭本兆 149 号。本图标码修改）

圆，两脊上无纤毛，两脊间背部被密生微毛。

细胞学特征：2n＝4x＝28（Zhang et al.，1998）；染色体组组成：**StStYY**（Zhang et al.，1998）。

分布区：中国陕西省。生长在山坡上。

21. *Roegneria heterophylla* （Bornm. ex Melderis）**C. Yen，J. L. Yang et B. R. Baum，2008. Novon 18：405～407. 异叶鹅观草**（图 5－51）

模式标本：“Lebanon：Ain Zhalta，reg. subalp.，in declivitatibus occ.，1 200～

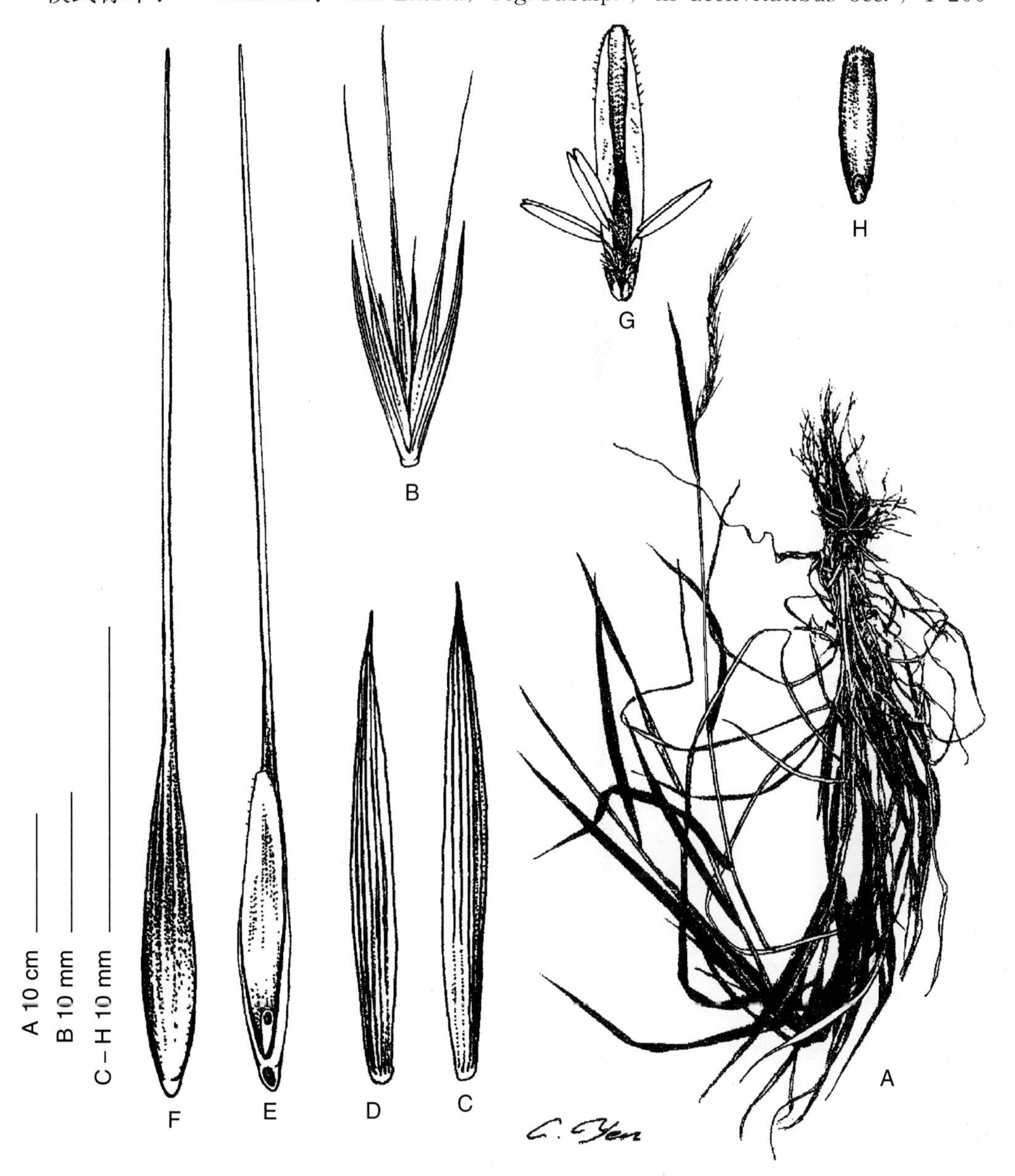

图 5－51 *Roegneria heterophylla*（Bornm. ex Melderis）C. Yen，J. L. Yang et B. R. Baum

A. 全植株 B. 小穗 C. 第 2 颖 D. 第 1 颖 E. 小花腹面观 F. 小花背面观

G. 内稃、鳞被、雄蕊及雌蕊羽毛状柱头 H. 颖果

1 300 m. Bornmüller et al. 13036”，主模式现藏于 **JE**！；同模式现藏于 **BM，G，LD**！。

异名：*Agropyron panormitanus* var. *heterophyllum* Bornm. ex Meld. A. Melderis, 1960. In：Rechinger f. K. H.，Zur Flora von Syrien und Libanon. Ark. Bot.（Ser. 2）5：69～70。

形态学特征：多年生，丛生，无根状茎。秆直立，或基部膝曲斜生，高 100 cm 左右，平滑无毛，上端近节处疏生柔毛，节无毛。叶鞘无毛或疏生柔毛；叶片平展，或内卷，长 25 cm，宽（2.5～）5 mm，上表面粗糙，有时散生白色长柔毛，下表面无毛，边缘粗糙。穗状花序直立，或微弯，细弱，长 10～16.5 cm，具 7～11 小穗，排列稀疏；穗轴节间长 10～18 mm，宽 1～1.7 mm，棱脊具糙毛而粗糙；小穗绿色，近无柄，紧贴穗轴，长（12～）15～20 mm（芒除外），具 2～3 花；小穗轴节间被细刺毛，节间最上部形成长刚毛；颖线状披针形或披针形，革质，非常粗糙，两颖近等长，长（12～）15～24 mm，约与小穗等长，具（5～）7～9 脉，脉上粗糙，先端渐尖而形成一小尖头，或长可达 5 mm 的短芒，具窄膜质透明边缘；外稃窄披针形，背部近于平滑，向先端渐粗糙，长 9～15 mm，上部明显 5 脉，先端逐渐变窄延伸成一长（10～）20～32（～35）mm 的芒，芒直，粗糙；基盘具微毛，两侧毛较长；内稃披针形，略短于外稃，先端宽圆，两脊上部 1/3 具纤毛；花药黄色，长约 3 mm。

细胞学特征：2n = 6x = 42（Salomon，1994）；染色体组组成：**StStStStYY**（Salomon，1994；Jensen and Salomon，1995）。

分布区：以色列、黎巴嫩、叙利亚。

22. *Roegneria hondai* Kitagawa，1942. Rep. Inst. Sci. Res. Manch. 6（4）：**118～119. 本田鹅观草**（图 5-52）

模式标本：中国河北“Prov. Jehe：in monte Wu-lung-shan（Nakai，Honda & Kitagawa，Sept. 1，1933；Sept. 2，1933”；主模式标本现藏于 **TI**！。

异名：*Roegneria hondai* var. *fasicinata* Keng，1963. In Keng & S. L. Chen，1963；Acta Nanking Univ.（Biol.）1（总 3）：26；1959. Fl. Ill. Pl. Prim. Sin. Gram. 361（in Chinese）；

Elymus hondae（Kitag.）S. L. Chen，1987. Bull. Nanjing Bot. Gard. Mem. Sun Yat Sen 1987：9。

形态学特征：多年生，疏丛生。秆直立，高 70～100 cm，径粗约 2mm，无毛。叶鞘除下部疏被倒生毛外，其余无毛；叶舌平截，长约 0.5 mm；叶片平展，长 13～20 cm，宽 3～7 mm，上表面无毛或粗糙，脉上被稀疏硬毛，下表面无毛，稀基部叶片两面密被微毛。穗状花序直立或弯曲，长 13～15（～20）cm，小穗排列稀疏；穗轴节间长 10～20 mm，最下部者可长达 28 mm，两棱脊上粗糙；小穗绿色，常具紫红色晕，长 16 mm 左右（芒除外），具 5 花；小穗轴节间长 1.5～2 mm，被短小柔毛；颖宽披针形，两颖不等长，无毛，脉上粗糙，第 1 颖长 7～10 mm，3～5 脉，第 2 颖长 8.5～11 mm，4～6 脉，颖先端渐尖，或急尖而具小尖头；外稃披针形，第 1 外稃长约 10 mm，外稃背部无毛，上部具明显 5 脉，脉上粗糙，边缘粗糙，先端一侧或两侧具微齿，具芒，芒长（15～）20～25 mm，直；基盘具微毛，两侧毛较长，长 0.5～1 mm；内稃稍短于外稃，先端钝并下凹，两脊上半部具纤毛，两脊间背部被短微毛；花药黄色，长约 2.5 mm。

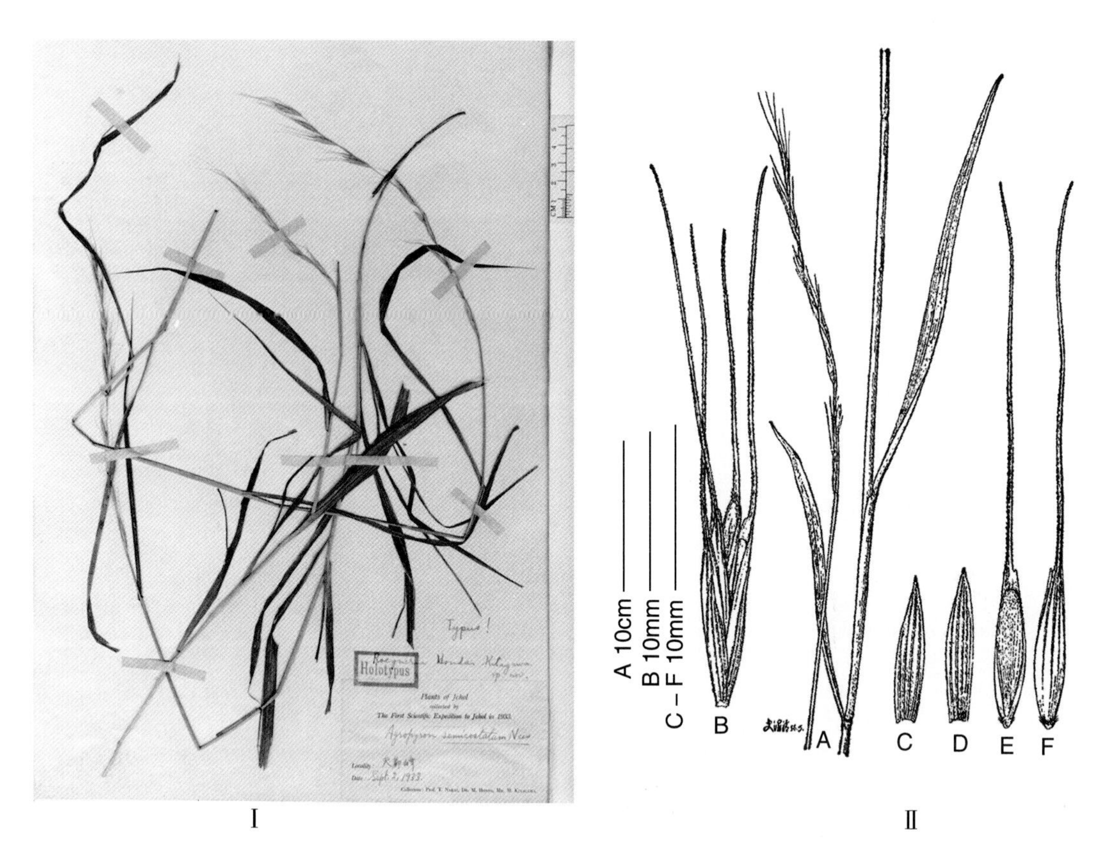

图 5－52　*Roegneria hondai* Kitagawa

Ⅰ. 主模式标本（现藏于 TI!）　Ⅱ. A. 全穗及叶秆；B. 小穗；C. 第 1 颖；D. 第 2 颖；E. 小花腹面观；F. 小花背面观

（引自 1959 年耿以礼主编《中国主要植物图说・禾本科》，图 300，史渭清绘制，根据王作宾 700 号标本。本图标码修改）

细胞学特征：2n＝4x＝28（Sun et al.，1991）；染色体组组成：**StStYY**（Sun et al.，1991）。

分布区：中国河北、吉林、黑龙江、内蒙古、四川。生长在山坡、林间空地、林缘；海拔 1 000～2 300 m。

23. ***Roegneria interrupta*** （Nevski） **Nevski，1934. Acta Univ. As. Med. Ser. 8B，Bot Fasc. 17：68. 间断鹅观草**（图 5－53）

模式标本：乌兹别克斯坦"Sammarkand district and region，Zimart on Jijik Ruta，meadow along a rivulet，12 Ⅶ 1913，No. 183，B. Fedtschenko"；主模式标本现藏于 **LE**!。

异名：*Agropyron interruptum* Nevski，1932. Bull. Jard. Bot. Acad. Sci. URSS. 30：632. non *Elymus interruptus* Buckley，1862；

Semeiostachys interrupta （Nevski） Drob.，1941. Fl. Uzbeck. 1：281；

Elymus praeruptus Tzvel.，1972. Nov. Sist. Vyssch. Rast. 9：61；

Agropyron macrolepis Drob.，1925. Feddes Repert. 21：41. pro parte。

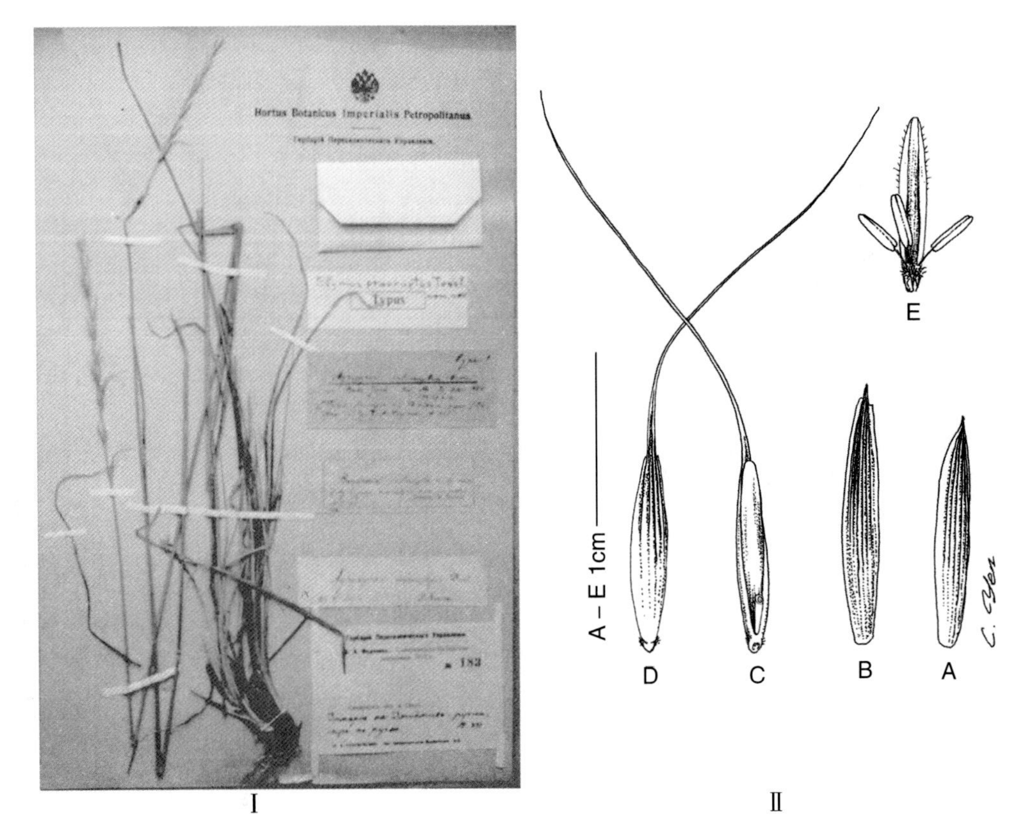

图 5-53 *Roegneria interrupta*（Nevski）Nevski

Ⅰ. 主模式标本（B. Федченко，No. 183，现藏于 **LE**!） Ⅱ. A. 第 1 颖；B. 第 2 颖；C. 小花腹面观；D. 小花背面观；E. 内稃、鳞被、雄蕊及雌蕊柱头

形态学特征：多年生，密丛生。秆直立，或在基部膝曲，粗壮，高（35～）60～95 cm，无毛或在节上被微毛。叶鞘无毛，平滑；叶片扁平，常边缘内卷，长 10 cm，宽 4 mm，被白霜，上表面密被短柔毛，脉明显突起，下表面被细柔毛或无毛，边缘粗糙。穗状花序直立，细瘦，长（8～）15～17 cm，小穗排列较稀疏，穗轴节间长 1～2.3 cm，近于平滑或粗糙，沿棱脊疏生小刺毛；小穗绿色具白霜，或具紫晕，紧贴穗轴着生，具（3～）6～7 花，长 18～20 mm（芒除外）；小穗轴节间长 2.5～3 mm，近于平滑无毛；颖宽披针形，两颖不等长，平滑无毛或稍粗糙，第 1 颖长 10～13 mm，第 2 颖长 12～15 mm，两颖均（5～）6～8 脉，先端常偏斜，具 1～2 齿，具窄透明膜质边缘；外稃披针形，长 10～12 mm，先端具 2 齿，背部疏生短刺毛，上部具明显 5 脉，中脉明显突起而延伸成一弯曲或直的芒，芒长 20～25 mm；基盘两侧疏被白色极短的毛；内稃与外稃近等长或稍短，先端圆钝，有时偏斜，两脊上部 1/3（稀 1/2）被纤毛；花药黄色，长 3～3.5（～4）mm。

细胞学特征：2n＝4x＝28（B. Salomon，1993）；染色体组组成：**StStYY**（B. Salomon，1993）。

分布区：中亚天山西段，吉萨尔—达尔瓦孜（Gissar-Darvaz），阿拉依（Alai）。生长在石质山坡、岩石上、山地草甸、卵石间。

24. ***Roegneria jaquemontii*** （Hook. f.） **Ovez. et Sider，1957. Fl. Tadzch. SSR. 1：295.**
低株鹅观草（图 5－54）

图 5－54 *Roegneria jaquemontii*（Hook. f.）Ovez. et Sider

A. 植株 B. 小穗 C. 第 1 颖 D. 第 2 颖 E. 小花背面观

（引自杨锡麟《中国植物志》9 卷，第 3 分册，图版 22：9～13，杨锡麟、刘进军编绘。本图编排、标码修改）

模式标本：中国西藏“Western Tibet：Bekar，Jaquemont；Nubr，alt. 17 000 ft.，Thomson；19，8，1848”；后选模式（1993年卢宝荣指定）现藏于**K**!。

异名：*Agropyron jacquemontii* Hook. f.，1897. Fl. Brit. Ind. 7：369；

Anthosachne jacquemontii（Hook. f.）Nevski，1934. Acta Univ. As. Med. ser. 8B，17：65；

Elymus jacquemontii（Hook. f.）Tzvel.，1968. Rast. Tsentr. Azii 4：221。

形态学特征：多年生，密丛生，植株基部密集着生短而发亮的宿存叶鞘。秆直立或斜生，高12～60（～90）cm。叶鞘透明银色；叶片内卷或边缘内卷，长3～9 cm，宽1.5～2 mm，上下表面均无毛，尖端钝。穗状花序直立或微弯曲，长（3～）4～7 cm（芒除外），小穗4～5枚，排列较稀疏；穗轴节间长8～15 mm，纤细，平滑无毛；小穗长12～18（～20）mm（芒除外），具4～7花；小穗轴节间长2～2.5 mm，平滑无毛；颖窄长圆状披针形，两颖不等长，颖背部平滑无毛，稀略糙涩，第1颖长4.5～6.5 mm（包括芒尖），第2颖长6～8 mm（包括芒尖），两颖均3脉，脉明显突起，先端渐尖或形成一长1～2 mm的芒尖，边缘透明膜质；外稃披针形，第1外稃长7～9 mm（芒除外），外稃背部平滑无毛，稀微粗糙，上部5脉，先端有时具二齿，具芒，芒长（15～）30～50（～60）mm，纤细，强烈反折；基盘无毛；内稃与外稃等长，先端钝形或平截，两脊上半部具纤毛；花药黄色，长1.5～2 mm。

细胞学特征：2n=4x=28（Lu，1993）；染色体组组成：**StStYY**（Lu，1993）。

分布区：中国（西藏喜马拉雅、喀喇昆仑山）、印度、巴基斯坦（克什米尔）、塔吉克斯坦。生长在溪边、石质山坡、岩石间及冲积土上；海拔3 900～5 700 m。

25. *Roegneria komarovii*（Nevski）Nevski，1934. Fl. SSSR. 2：615. 科马洛夫鹅观草（图5-55）

模式标本：俄罗斯西伯利亚“Sayan mountains，valley of Kherok River，13 Ⅷ. 1902，V. Komarov”；主模式标本现藏于**LE**!。

异名：*Agropyron komarovii* Nevski，1932. Bull. Jard. Bot. Acad. Sci. URSS. 30：620；

Elymus komarovii（Nevski）Tzvel.，1968. Rast. Tsentr. Azii 4：216. non *Elymus komarovii*（Roshev.）Ohwi，1933；

Elymus uralensis subsp. *komarovii*（Nevski）Tzvel.，1973. Nov. Sist. Vyssch. Rast. 10：22。

形态学特征：多年生，疏丛生，具短的根状茎。秆直立，或在基部稍膝曲，高50～75 cm，平滑无毛。叶鞘平滑无毛，有时下部叶鞘疏被柔毛；叶片平展，宽4～8（～10）mm，上表面沿叶脉疏生长柔毛，下表面无毛，粗糙。穗状花序直立或先端弯曲，长8.5～15 cm，小穗密集着生，偏于一侧；穗轴节间长3.5～5（～7）mm，棱脊上粗糙；小穗绿色或绿紫色，长2～3 cm（芒在内），具3～5花；小穗轴节间长1～2 mm，密被微毛；颖宽披针形，两颖近等长，长8～10 mm，5～7（～9）脉，脉上粗糙，先端稍不对称，渐尖形成一长2～7 mm的芒尖或短芒，有时先端具一齿，具白色的宽膜质边缘；外稃披针形，长10～12 mm，疏被柔毛，先端渐尖，延伸成一长8～15 mm的芒，芒粗糙，直；基盘被微毛，两侧毛较长；内稃与外稃近等长，长9～11 mm，先端钝或内凹，两脊

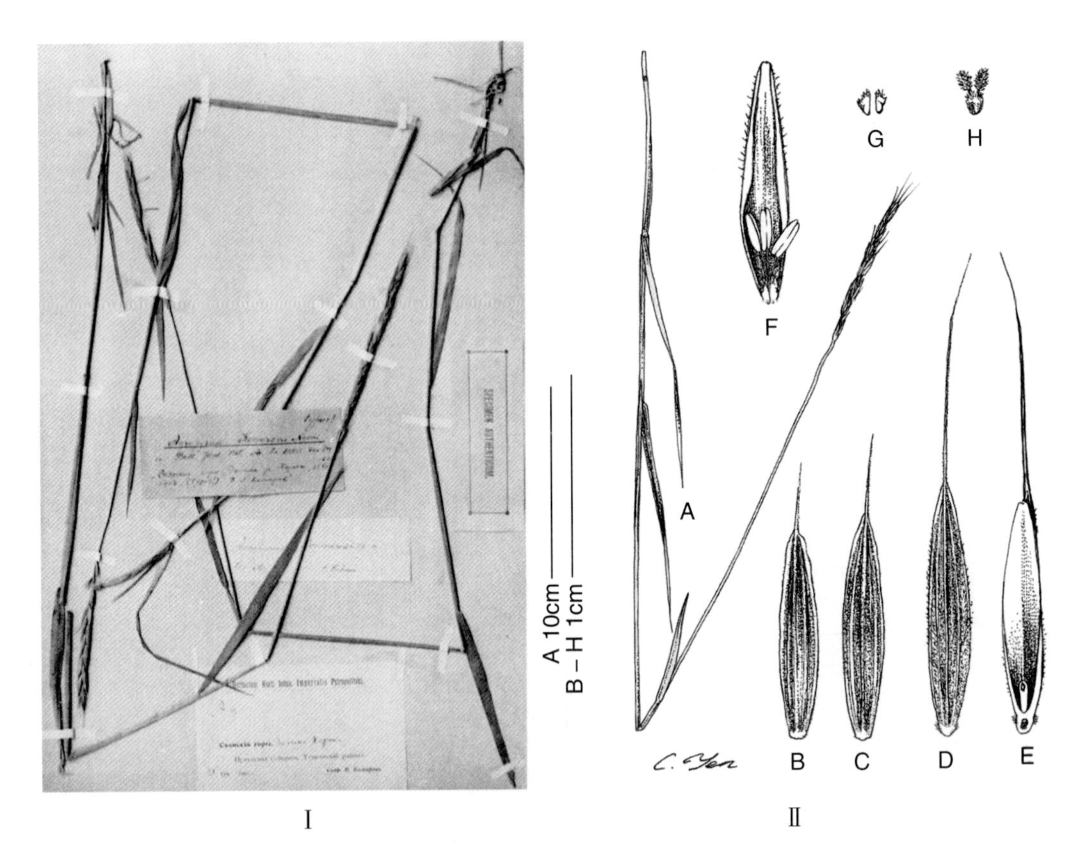

图 5－55 *Roegneria komarovii*（Nevski）Nevski，

Ⅰ. 主模式标本（现藏于 LE!） Ⅱ. A. 茎秆、叶及穗；B. 第 1 颖；C. 第 2 颖；

D. 小花背面观；E. 小花腹面观；F. 内稃及雄蕊；G. 鳞被；H. 雌蕊

上部 1/3～1/2 具纤毛；花药黄色，长约 2 mm。

细胞学特征：2n＝4x＝28（Sun et al.，1993）；染色体组组成：**StStYY**（Sun et al.，1993）。

分布区：俄罗斯、哈萨克斯坦、蒙古、中国（新疆）。生长在石质山坡、山地草原、林缘及林间空地、冲积草甸、卵石河床、灌木丛中；海拔 1 820～2 900 m。

26. *Roegneria longearistata*（Boiss.）Drob.，1941. Fl. Uzbek. 1：280. 长芒鹅观草

26a. var. *longearistata*（图 5－56）

模式标本：伊朗 "Southern Persia：in monte Totschal prop Teheran，23 VII 1843. Pl. Pers. Bor，no. 569. Th. Kotschy"；主模式标本现藏于 **G**!；副模式标本现藏于 **LE**!，**BM**!。

异名：*Brachypodium longearistatum* Boiss.，1846. Diagn. Pl. Or. ser. 1，7：127；

Agropyron longearistum（Boiss.）Boiss.，1884. Fl. Or. 5：660；

Anthosachne longearistata（Boiss.）Nevski，1934. Acta Univ. As. Med. Ser. 8B，17：64；

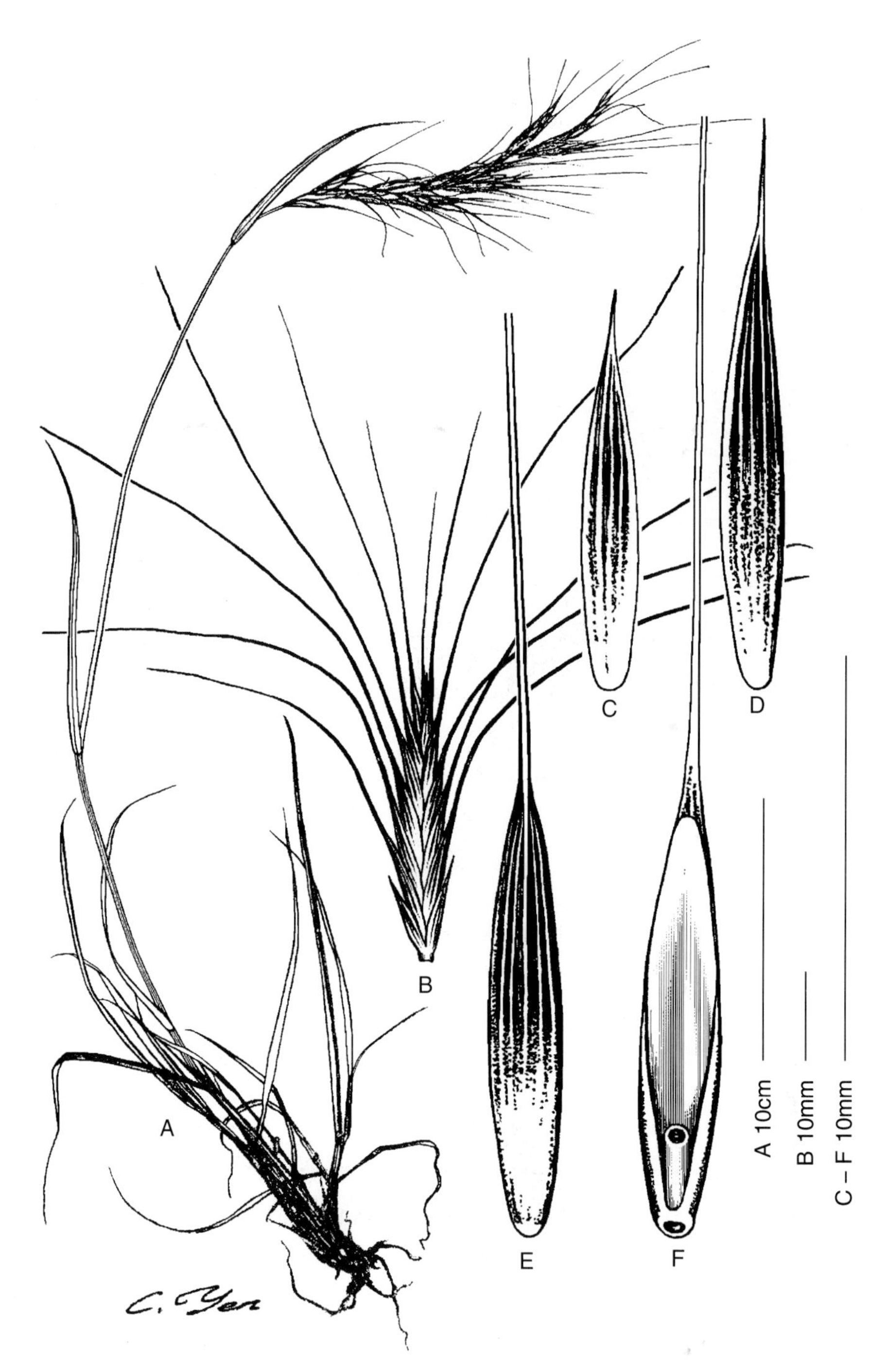

图 5-56 *Roegneria longearistata*（Boiss.）Drob.

A. 全植株 B. 小穗 C. 第1颖 D. 第2颖 E. 小花背面观 F. 小花腹面观

Elymus longearistatus（Boiss.）Tzvel.，1972. Nov. Sist. Vyssch. Rast. 9：62。

形态学特征：多年生，密丛生，具长的地下茎，具多数纤维状须根。秆直立，或基部膝曲，高 30～65 cm，平滑无毛。叶鞘具较短的倒生微毛；叶舌短，平截；叶片非常狭窄，宽 1.5 mm，在干旱时内卷成刚毛状，上表面密被短柔毛，稀无毛与粗糙，下表面无毛，边缘粗糙。穗状花序下垂，长 6～10 cm（芒除外），小穗排列稀疏，仅着生 4～7 枚小穗；穗轴节间长 8～11（～15）mm，棱脊上粗糙；小穗淡绿色，长 23～35 mm（芒除外），具 7～12 花；小穗轴节间长 3～4 mm，无毛；颖线状披针形，平滑无毛，两颖不等长，第 1 颖长 6～9 mm，第 2 颖长 9～12 mm，两颖均 3～5 脉，先端渐尖而形成一长 3 mm 的短芒；外稃线状披针形，背部平滑无毛，长 10～12（～14）mm（芒除外），先端渐尖而形成芒，芒长（35～）40～80 mm，向下反折，芒基部扩大；基盘几乎平滑无毛；内稃与外稃等长，或稍短，线形，长 10～11（～13）mm，先端钝，两脊上部 2/3 具纤毛；花药黄色，长 4～6.5 mm。

细胞学特征：2n＝4x＝28（Jensen & Wang，1991；Lu & von Bothmer，1993）；染色体组组成：**StStYY**（Jensen & Wang，1991；Lu & von Bothmer，1993）。

分布区：伊朗、塔吉克斯坦、乌兹别克斯坦、中国。生长在山坡上；海拔 300～3 800 m。

27. *Roegneria macrochaeta* Nevski，1934. Acta Inst. Bot. Acad. Sci. URSS，ser. 1，2. 48. 革颖鹅观草（图 5－57）

模式标本：塔吉克斯坦"Eastern Tadzhikistan，basin of Yakhsu River，upper reaches of Ob-Deschtako River，on the ascent from village shugnan on Khazretito，27 IX 1932，No. 985，N. Goncharov et al."；主模式标本现藏于 **LE**！。

异名：*Semeiostachys macrochaeta*（Nevski）Drob.，1941. Fl. Uzbek. 1：281；

Agropyron macrochaetum（Nevski）Bondar，1968. Opred. Rast. Sredneaz. Azii 1：170；

Elymus macrochaetus（Nevski）Tzvel.，1972. Nov. Sist. Vyssch. Rast. 9：61。

形态学特征：多年生，密丛生。秆非常坚硬，直立，基部膝曲，高 80～135 cm，秆全部，或仅在穗下密被短柔毛，节下密被柔毛。叶鞘粗糙；叶片平展或内卷，长 30 cm 左右，宽 4～8（～9）mm，上表面密被白色长柔毛并杂以微毛，稀疏被白色长柔毛，下表面粗糙，边缘粗糙。穗状花序直立，长 8.5～16（～20）cm，小穗排列较疏，下部者更甚；穗轴节间长 12～16 mm，粗糙，棱脊上具纤毛；小穗紫绿色，稀绿色，长 20～22 mm（芒除外），紧贴穗轴，具 3～5（～6）花；小穗轴节间长 1.8～2 mm，贴生微毛；颖革质，广披针形，两颖近等长，第 1 颖长 11～18 mm（芒除外），宽 2.5 mm，5～7 脉，第 2 颖长 12～20 mm（芒除外），宽 2.75 mm，6～7（～9）脉，脉上具小刺毛而非常粗糙，先端稍不对称，渐尖，或具一可长达 3 mm 的短芒；外稃披针形，长 13～16（～18）mm，背部平滑无毛，或疏被贴生短硬毛，两侧粗糙，先端渐尖而延伸成一直或稍曲折的芒，芒长 20～30（～35）mm，粗糙；基盘具微毛，两侧者较长；内稃披针形，短于外稃，稀与外稃等长，长（9～）11～12（～13.5）mm，先端钝圆或钝形，极稀平截，两脊上部 2/3 具纤毛，两脊间背部被稀疏微毛；花药黄色，长 2.5～3（～3.5）mm。

细胞学特征：2n＝4x＝28（B. Salomon，1993）；染色体组组成：**StStYY**（B. Salomon，1993）。

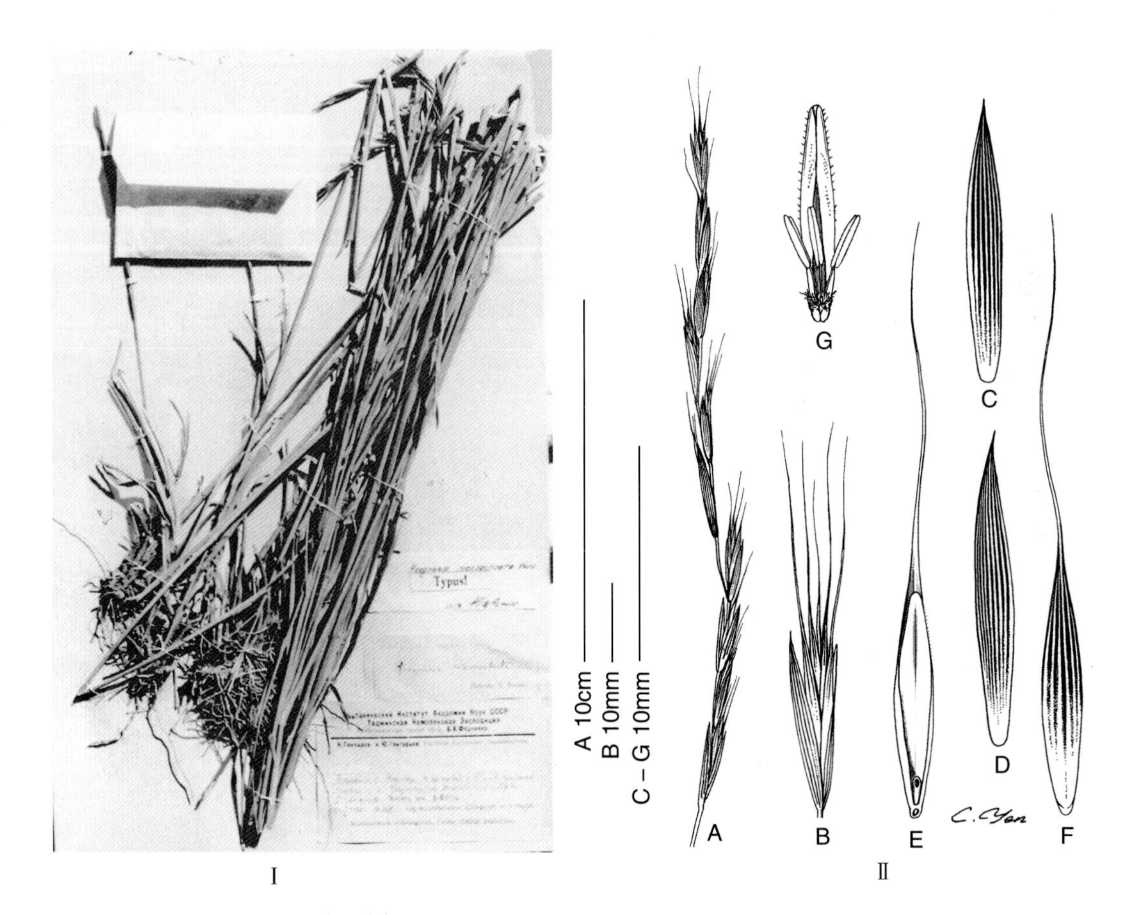

图 5-57 *Roegneria macrochaeta* Nevski

Ⅰ. 主模式标本（现藏于 **LE**!） Ⅱ. A. 全穗；B. 小穗；C. 第 1 颖；D. 第 2 颖；E. 小花腹面观；F. 小花背面观；G. 内稃、鳞被、雄蕊及雌蕊柱头

分布区：塔吉克斯坦，天山，帕米尔西部。生长在灌丛中、疏林中、林间空地、石质山坡、卵石间；海拔 1 800～2 700 m。

28. *Roegneria nakai* Kitagawa，1941. Rep. Inst. Sci. Res. Manch. 5（5）：**151. 中井鹅观草**

28a. var. *nakai*（图 5-58）

模式标本：中国吉林"Prov. Kan-nan：inter Jimmujyo et Muto-ho in monte Chang-pai-shan（长白山），中井猛之进，1914 年 8 月 8 日"，主模式标本现藏于 **TI**！。

异名：*Elymus nakai*（Kitag.）Á. Löve，1984. Feddes Repert. 95（7～8）：454。

形态学特征：多年生，具短的根状茎。秆直立，基部膝曲，高约 100 cm，具 3 节，节多少被微毛。叶鞘无毛，或下部者被倒生柔毛；叶舌长约 0.5 mm，平截，先端啮齿状；叶片平展，长 11～20 cm，宽 4～7 mm，上表面疏生柔毛，下表面无毛。穗状花序直立，有时微弯，长 10～13 cm，小穗排列较紧密；穗轴节间长 7～11（～17）mm，棱脊上粗糙；小穗多偏于一侧着生，长 15～17 mm（芒除外），具 5 花；小穗轴节间长 1.5～2

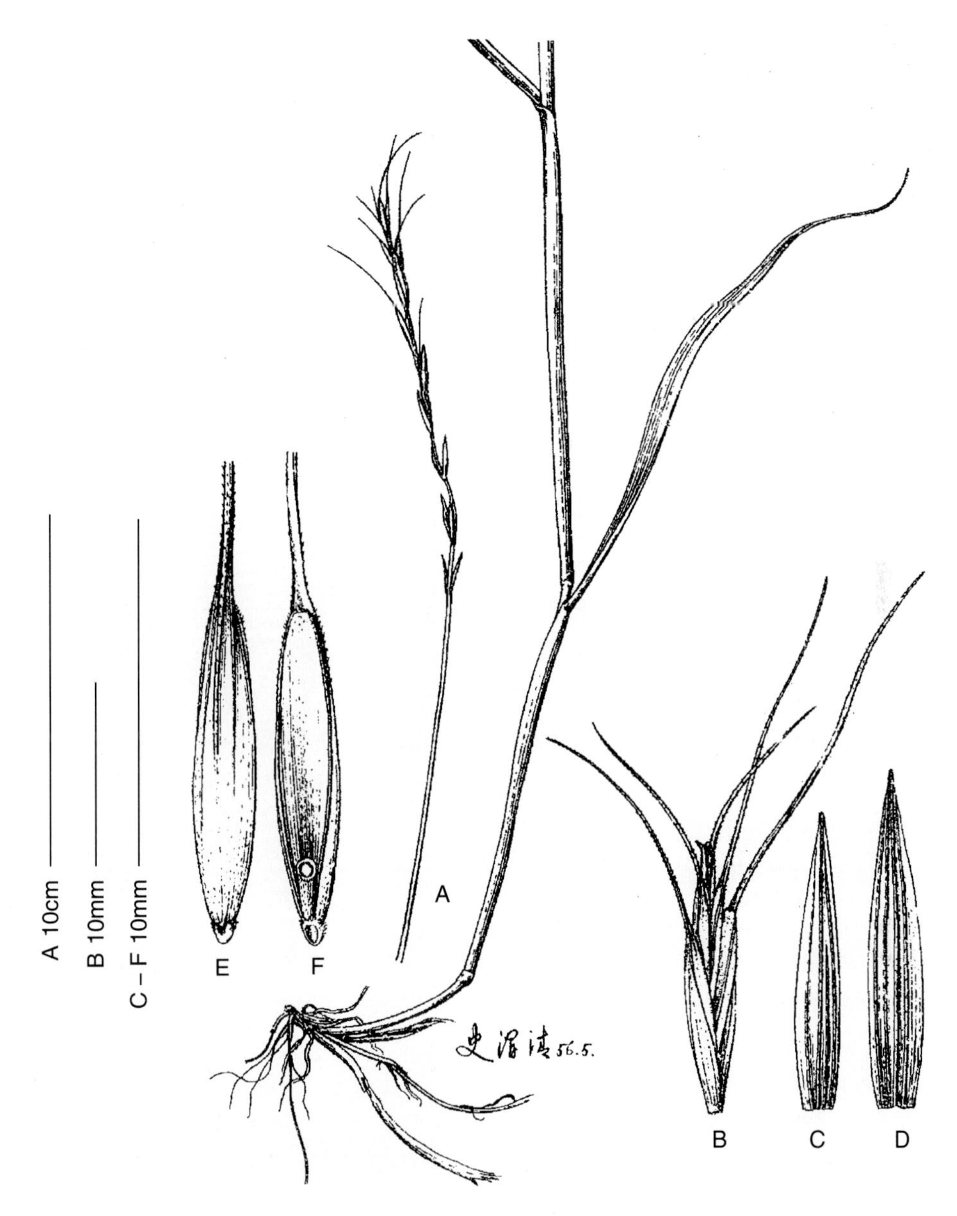

图 5－58　*Roegneria nakai* Kitagawa

A. 全穗及叶、秆　B. 小穗　C. 第 1 颖　D. 第 2 颖　E. 小花背面观　F. 小花腹面观

（引自 1959 年耿以礼主编《中国主要植物图说·禾本科》，图 324，史渭清绘制，根据刘慎谔 1656 号标本。本图标码修改）

mm，被微毛；颖披针形，无毛，两颖近等长，第 1 颖长 9～10 mm，3～5 脉，第 2 颖长 9.5～11.5 mm（包括芒尖），6～7 脉，脉上粗糙，先端渐尖至形成小尖头，边缘无毛；外稃披针形，上部明显 5 脉，除脉上与近边缘部分以及基部具微小硬毛外，余均无毛，第 1 外稃长约 10 cm，先端具芒，芒长 18～22 mm，粗糙而反曲；基盘两侧具短毛；内稃与外稃近等长，先端圆钝、平截或稍内凹，两脊上部 1/3～1/2 具纤毛，两脊间背部上端被

微毛；花药黄色，长约 1.5 mm。

细胞学特征：2n=4x=28（Sun et al.，1991）；染色体组组成：**StStYY**（Sun et al.，1991）。

分布区：中国吉林、内蒙古、河北、宁夏、四川。生长在沟谷草地、草坡；海拔 1 500～2 200 m。

28b. var. *innermogonia* C. Yen et J. L. Yang，var. nov. 中井鹅观草内蒙变种（图 5－59）

模式标本：中国内蒙古东乌旗，杨俊良、卢宝荣、罗明诚，1984 年 8 月 22 日，No. 84192；主模式、同模式标本现藏于 **SAUTI**！。

形态学特征：本变种与原变种的区别在于本变种的内稃顶端内凹成一圆形小孔状构造；小穗轴被长柔毛。

A type paleis ad apicem rodundatis cavitatibus，et articulis rhachillae longis villsis。

图 5－59 *Roegneria nakai* Kitagawa var. *innermogolia* C. Yen et J. L. Yang

Ⅰ. 主模式标本（现藏于 **SAUTI**！） Ⅱ. 内稃，示顶端内凹成一圆形小孔状构造

Ⅲ. 小花腹面观，去除内稃以内花器，示基盘及小穗轴节间上的长纤毛

细胞学特征：未知。

分布区：中国内蒙古东乌旗，草原阴坡、岩石背阴处。

29. *Roegneria nutans*（Keng）Keng，1957. Clav. Gen. & Spe. Gram. Sin. 73，185. 垂穗鹅观草（图 5－60）

模式标本：中国甘肃"夏河县，作更尼马牧地，1934 年 10 月 20 日，姚仲吾 577"；

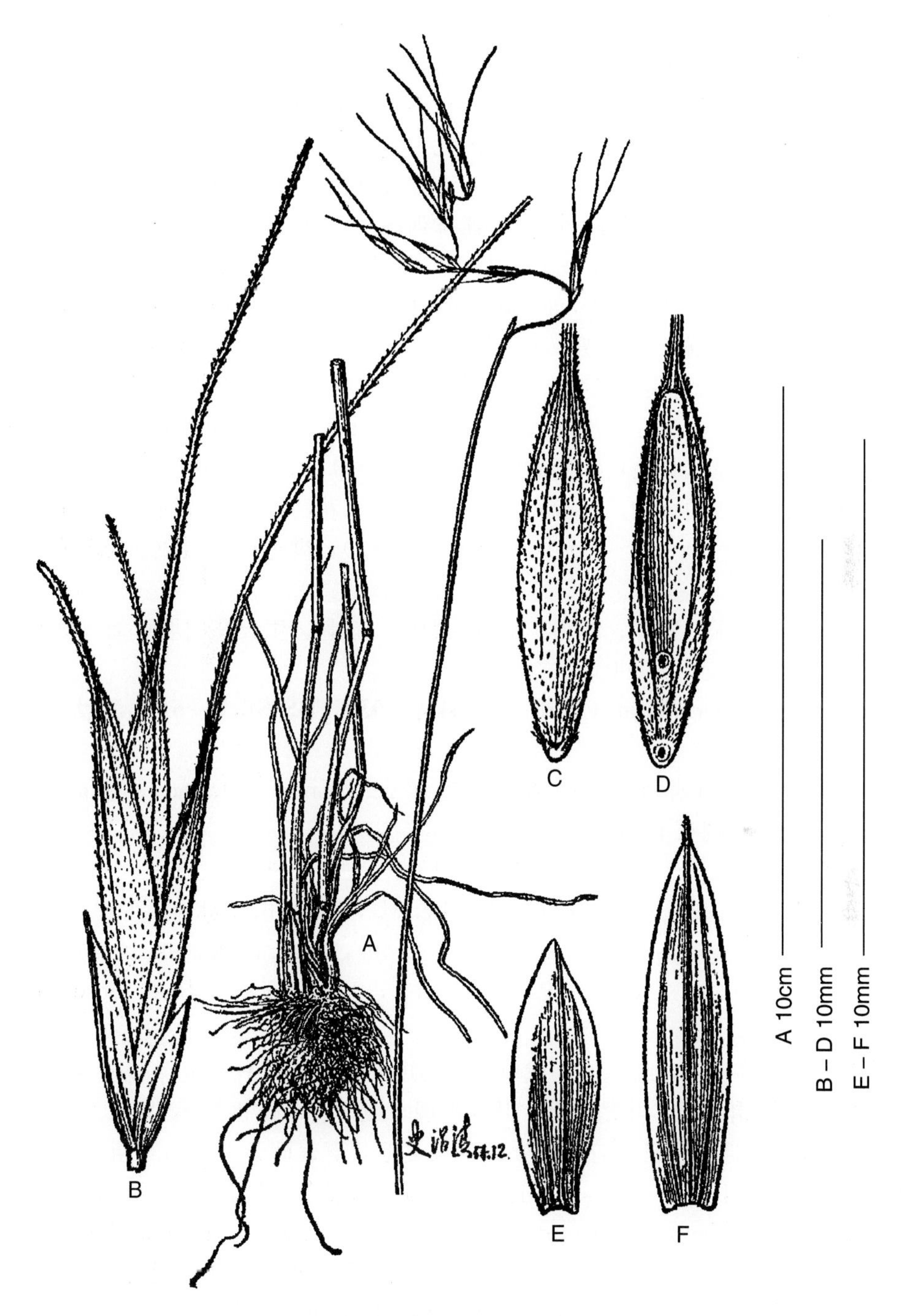

图 5－60 *Roegneria nutans* Keng

A. 全穗及叶秆 B. 小穗 C. 小花背面观 D. 小花腹面观 E. 第 1 颖 F. 第 2 颖

（引自 1959 年耿以礼主编《中国主要植物图说·禾本科》，图 305，史渭清绘制，根据姚仲吾 577 号主模式标本。本图标码修改）

主模式标本现藏于 **PE**！。

异名：*Agropyron nutans* Keng，1941. Sunyatsenia 6（1）：63；

Elymus pseudonutans（Keng）A. Love，1984. Feddes Repert. 95（7～8）：467。

形态学特征：多年生，密丛生，具多数纤维状须根。秆纤细，坚实，高 45～60 cm，基部径粗 1～1.5 mm，平滑无毛。叶鞘平滑无毛；叶舌极短或退化；叶片内卷，长 2～5 cm（分蘖者长达 10 cm），宽 1～2.5 mm，上表面无毛，或疏被柔毛，下表面无毛。穗状花序下垂，长 4～6.5 cm（芒除外），小穗排列稀疏，具 5～10 花；穗轴节间细弱，长 5～7 mm，基部者可长达 10 mm 以上，无毛，最基部 2～3 节的小穗常退化；小穗草绿色，长 10～15 mm（芒除外），具 3～4 花，小穗轴节间长 2～3 mm，被微毛；颖长圆状披针形，平滑无毛，或脉上微粗糙，两颖不等长，第 1 颖长 2～5 mm，第 2 颖长 3～7 mm，两颖均 3 脉，先端急尖或渐尖，边缘平滑；外稃披针形，多贴生小刺毛，明显 5 脉，第 1 外稃长 8～10 mm，具芒，芒长（4～）7～18 mm，上部小花者较短，粗壮，糙涩，通常反曲，稀直立；基盘具毛，两侧的毛可长达 0.5～0.8 mm；内稃与外稃等长或稍短，先端钝，两脊上半部具短纤毛，两脊间背部贴生微毛；花药黑色，长约 1.2 mm。

细胞学特征：2n=4x=28（Lu & Salomon，1992）；染色体组组成：**StStYY**（Lu & Salomon，1992）。

分布区：中国甘肃、青海、四川、云南、西藏、新疆。生长在山坡草甸、草地、河边冲积地草甸；海拔 2 700～5 500 m。

30. *Roegneria panormitana*（Parl.）Nevski，1934. Fl. SSSR. 2：612. 意大利鹅观草（图 5-61）

模式标本：意大利西西里，巴勒莫附近（Sicily，near Palermo）；后选模式标本（B. Salomon，1994）现藏于 **FI**！。

异名：*Agropyron panormitanum* Parl.，1840. Pl. Rar. Sic. 2：20；

Triticum panormitanum（Parl.）Bertol.，1841. Fl. Ital. 4：780；

Semiostachys panormitana（Parl.）Drob.，1941. Fl. Uzbek. 1：284；

Elymus panormitanus（Parl.）Tzvel.，1970. Spisok. Rast. Herb. Fl. SSSR. 18：27。

形态学特征：多年生，疏丛生，或单生，具短的根状茎。秆直立，或基部膝曲斜升，高 65～150 cm，平滑无毛。叶鞘无毛；叶片平展，或内卷，长 30 cm，宽（2.5～）5～10 mm，上表面无毛，但很粗糙，有时散生白色长柔毛，下表面无毛，边缘粗糙。穗状花序直立或微弯，细弱，长 10～20 cm，小穗排列稀疏；穗轴节间棱脊具糙毛而粗糙；小穗绿色，紧贴穗轴，长（12～）15～20 mm（芒除外），具3～5 花；小穗轴节间被细刺毛，节间顶部形成长刚毛；颖线状披针形或披针形，革质，非常粗糙，两颖近等长，长（12～）15～20 mm，约与小穗等长，具（5～）7～9 脉，脉上粗糙，先端长渐尖而形成一小尖头，或成长可达 5 mm 的短芒，具窄膜质透明边缘；外稃披针形，背部近于平滑，向先端渐粗糙，长（9～）12～15（～16）mm，上部明显 5 脉，先端逐渐变窄延伸成一长（10～）20～32（～35）mm 的芒，芒直，粗糙；基盘具微毛，两侧毛较长；内稃披针形，略短于外稃，先端稍内凹，或微钝，两脊上部 1/3 具纤毛；花药黄色，长约 5 mm。

细胞学特征：2n = 4x = 28（B. Salomon，1992）；染色体组组成：**StStYY**（B.

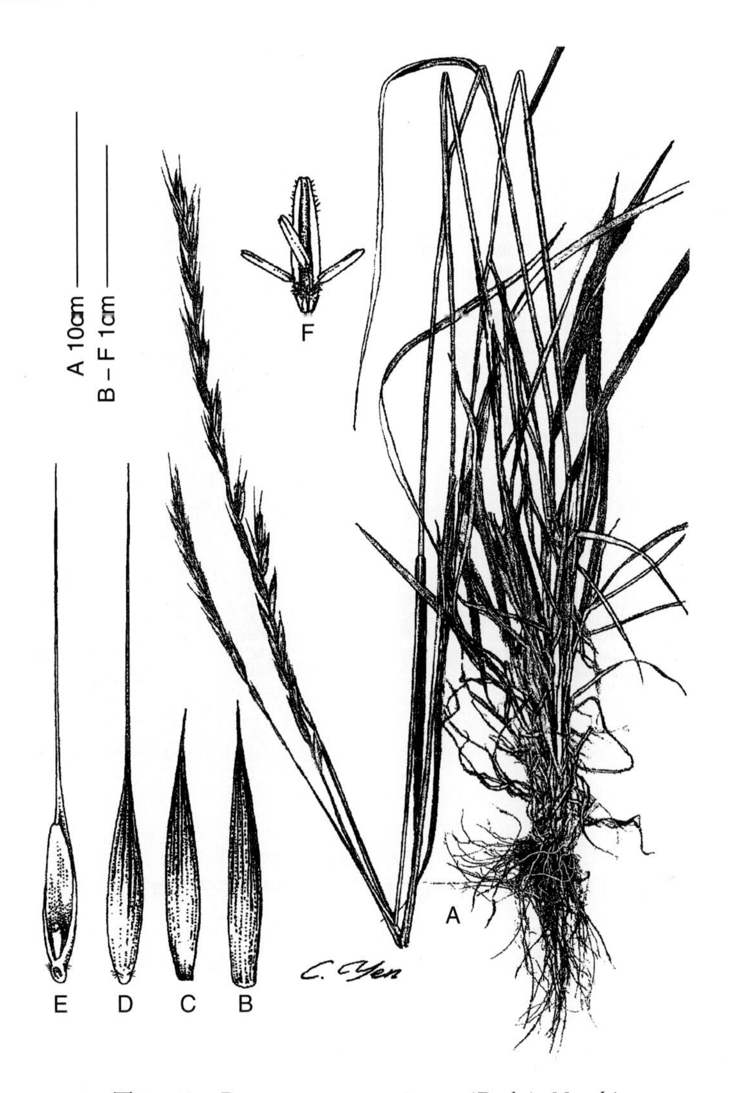

图 5－61 *Roegneria panormitana*（Parl.）Nevski
A. 全植株 B. 第 2 颖 C. 第 1 颖 D. 小花背面观
E. 小花腹面观 F. 内稃、鳞被、雄蕊及雌蕊柱头

Salomon，1992）

分布区：意大利、西班牙南部、巴尔干半岛、罗马尼亚、俄罗斯南部、土耳其、黎巴嫩、塞浦路斯、伊朗北部、伊拉克北部。生长在山地森林、山前田野与森林；海拔 550～1 625 m。

31. *Roegneria pendulina* Nevski，1934. Fl. SSSR. 2：616（in Russian）；**1936. Acta Inst. Bot. Acad. Sci. URSS. ser. 1，2. 50. 缘毛鹅观草**

31a. var. *pendulina* 缘毛鹅观草变种（图 5－62）

模式标本：俄罗斯“Amur valley，village Seyuznoe，in forest on mountain slope，18 VI 1891，S. Korzhinskii”；主模式标本现藏于 **LE**!。

异名：*Triticum caninum* var. *amurense* Korsh，1892. Tr. Petrb. Bot. Sada 12：414；

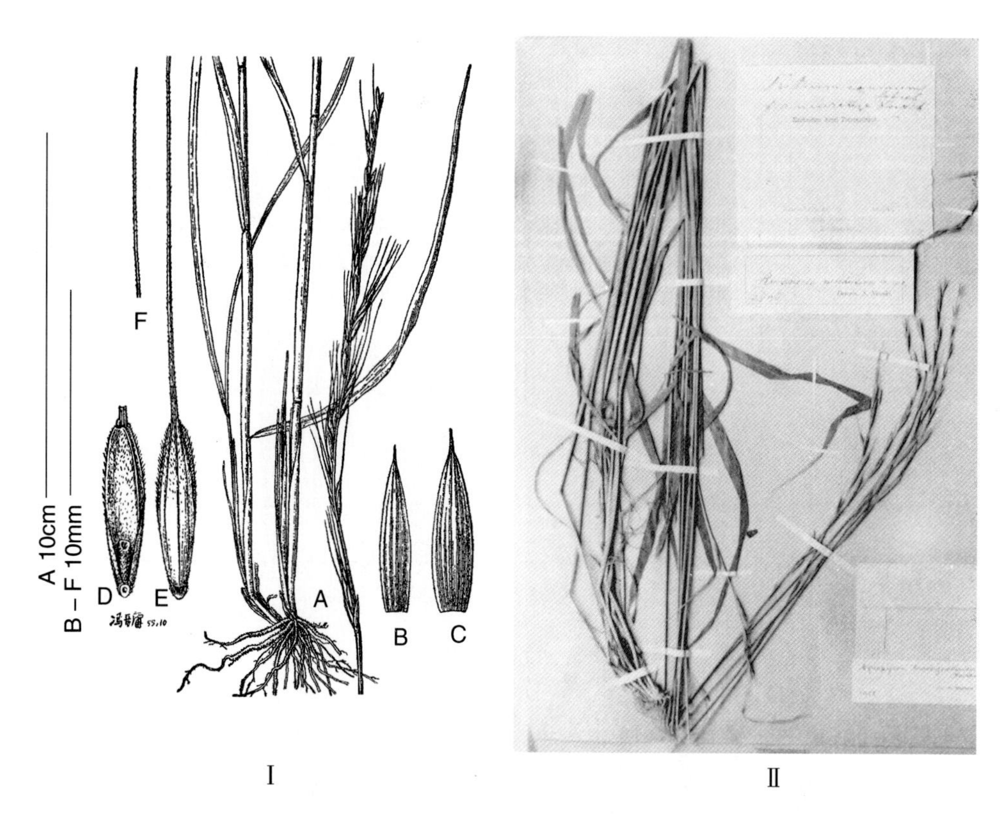

图 5-62 *Roegneria pendulina* Nevski

Ⅰ. A. 全穗及叶秆；B. 第 1 颖；C. 第 2 颖；D. 小花腹面观；E. 小花背面观；F. 图 E 芒的上段（引自 1959 年耿以礼主编《中国主要植物图说·禾本科》，图 305，冯晋庸绘制，根据王启无 612026 号标本。本图标码修改） Ⅱ. 主模式标本（现藏于 **LE**!）

Agropyron pendulinum（Nevski）Vorosch，1963. Bull. Glvn. Bot. Sada AN SSSR. 49：55；

Elymus pendulinus（Nevski）Tzvel.，1968. Rast. Tsentr. Azii 4：218。

形态学特征：多年生，疏丛生，具多数纤维状须根。秆高 60～110 cm，无毛，具 3～4 节。叶鞘无毛，或基部者具倒毛；叶舌极短；叶片平展，细软，长可达 15 cm，宽 5～9（～10）mm，上表面疏生长柔毛，或无毛，下表面粗糙无毛。穗状花序多下垂，长 14～23 cm，细瘦，小穗排列稀疏；穗轴节间长 10～14 mm，最下者可长达 25～32 mm，棱脊上粗糙；小穗绿色，窄线形，长 10～23 cm（芒除外），具 4～8 花；小穗轴节间长约1 mm，密被柔毛；颖披针形，或长圆状披针形，粗糙，两颖不等长，第 1 颖长 6～9 mm，第 2 颖长 8～10 mm，两颖均 5～7 脉，先端急尖或渐尖，有时明显具齿，或形成一短尖头；外稃披针形，长 8～10 mm，边缘具长纤毛，背部粗糙，或中部以上疏被贴生小刺毛，先端延伸成一长 15～28 mm 的直芒；基盘具短毛，两侧的毛较长，可长达 0.7 mm；内稃与外稃等长，先端钝圆，两脊上半部具纤毛，两脊间背部被微毛；花药黄色，长约 2 mm。

细胞学特征：2n= 4x=28（Lu，1990）；染色体组组成：**StStYY**（卢宝荣等，1990；

Jensen，1990）。

分布区：俄罗斯、中国。生长在林隙、草甸、山坡草地、卵石间、灌丛中；海拔 960～2900 m。

31b. var. *multicaulmis*（Kitag.）J. L. Yang，B. R. Baum et C. Yen，2008. J. Sichuan Agricult. Univ. 26：343. 多秆缘毛草

模式标本：中国吉林“in herbidis siccis circa Hsing-Ching，北川正夫，1938 年 7 月 20 日”；主模式标本现藏于 **TI**！。

异名：*Roegneria multicaulmis* Kitag.，1941. J. Jap. Bot. 17（4）：235～236；

Agropyron multicaulmis Kitagawa，1941. J. Jap. Bot. 17（4）：235；

Roegneria multicaulmis var. *pubiflora* Keng，1963. in Keng & S. L. Chen，Acta Nanking Univ.（Biol.）3（1）：29；

Elymus pendulinus subsp. *multicaulmis*（Kitag.）Á. Löve，1984. Feddes Repert. 95（7～8）：459。

形态学特征：本变种与 var. ***pendulina*** 的区别在于其秆节贴生微毛；颖边缘有时疏生小纤毛；外稃背上部疏生柔毛，或全部被短硬毛；内稃脊上部 1/3 被纤毛；花药长 3 mm。

细胞学特征：2n＝4x＝28（Jensen，1990）；染色体组组成：**StStYY**（Jensen，1990）。

分布区：中国吉林、陕西、内蒙古、青海、甘肃。生长在干燥山坡、林隙、山谷路边；海拔 450～1 450 m。

32. *Roegneria retroflexa*（B. R. Lu & B. Salomon）L. B. Cai，1977. Acta Phytotax. Sin. 35（2）：152. 反芒鹅观草（图 5－63）

模式标本：中国西藏“工布江达西 94 km，楊俊良等 880756，1988 年”；主模式标本现藏于 **LD**！，同模式标本现藏于 **SAUTI**！。

异名：*Elymus retroflexuous* B. R. Lu & B. Salomon，1993. Nord. J. Bot. 13（4）：354。

形态学特征：多年生，丛生。秆直立，或基部膝曲斜生，高 55～75 cm，径粗 1.5～2.5 mm，无毛，或在穗下微粗糙，具 3～4（～5）节，节褐色至暗紫色。叶鞘平滑无毛，或微粗糙；叶舌呈撕裂状，长 0.4～0.5 mm；叶片狭窄，内卷或边缘内卷，稀平展，长 4～10 cm，宽 1～2 mm，上下表面均粗糙，边缘粗糙。穗状花序下垂，长 6.5～12 cm，宽 5～10 mm，小穗排列疏松；穗轴节间长 7～12 mm，背部和棱脊均平滑；小穗淡绿色，长 4～6.5mm（包括芒），具短柄，柄长 0.3～0.5 mm，无毛，具 3～5（～6）花；小穗轴节间长 2.5～3 mm，被柔毛；颖窄披针形，无毛，两颖不等长，第 1 颖长（1.5～）2～5 mm，（2～）3 脉，第 2 颖长（3～）5～7.5 mm，3～5 脉，脉上粗糙，先端急尖或具小尖头，有时具窄膜质边缘；外稃窄披针形，长 9～12 mm（芒除外），具 5 脉，背部粗糙至被微毛，具芒，芒长 35～55 mm，成熟时强烈反曲；基盘密被小刺毛；内稃窄披针形，稍短于外稃，或与外稃等长，先端圆形或钝，两脊被纤毛，两脊间背部粗糙至被微毛；花药黄色，长 2.5～3 mm。

图 5－63 *Roegneria retroflexa*（B. R. Lu et B. Salomon）L. B. Cai
A. 全穗、茎秆、叶及根 B. 小穗 C. 第 1 颖 D. 第 2 颖 E. 小花腹面观
F. 小花背面观 G. 内稃、鳞被、雄蕊及雌蕊柱头

细胞学特征：2n=4x=28（Lu et Salomon，1993）；染色体组组成：**StStYY**（Lu & Salomon，1993）。

分布区：中国西藏。生长在桦木林中、山坡干灌丛草甸中、路边；海拔 3 900～4 300 m。

33. *Roegneria semicostata* （Nees ex Steud.）**Kitag.，1939. Rep. Inst. Manch. 3 App. 1：91. 强脉鹅观草**

33a. var. *semicostata* （图 5-64）

图 5-64　*Roegneria semicostata*（Nees ex Steud.）Kitagawa

A. 全植株　B. 小穗　C. 第 1 颖　D. 第 2 颖　E. 小花背面观　F. 小花腹面观

模式标本：尼泊尔"Nepal，forests，alt. 1 400～2 900 m，Royel 150，178"；主模式标本现藏于 **K**!。

异名：*Triticum semicostatum* Nees ex Steud.，1854. Syn. Pl. Glum. 1：346；

Agropyron semicostatum Nees ex Steud.，1854. Syn. Pl. Glum. 1：346；

Agropyron japonicum Tacy，1892. Ann. Rep. U. S. Dept. Div. Agrost. 1891；non Vasey ex Wickson，Rep. Calif. Exp. Sta. 1895～1897：275；

Agropyron semicostatum（Nees）Candargy，1901. Monogr. Tes phyls ton Krithodon 41；

Elymus semicostatus（Nees ex Steud.）Á. Löve，1984. Feddes Repert. 95（7～8）：453。

形态学特征：多年生，疏丛生。秆直立，或基部膝曲斜伸，高（45～）100～135 cm，细瘦，平滑无毛，或下部粗糙。叶鞘无毛；叶片平展，长 15～30 cm，宽 4～12 mm，上表面粗糙，下表面无毛，边缘粗糙。穗状花序直立，常下垂或弯曲，长（8～）20～30 cm，小穗着生较稀疏；穗轴节间棱脊上粗糙，或被微毛；小穗披针形，长 20～30 mm（芒除外），具 6～8 花；颖披针形，或线状披针形，长为小花的 3/4，两颖不等长，第 1 颖长 10～12.5 mm，5～7 脉，第 2 颖长 11～14 mm，7～9 脉，脉壮而突起，粗糙，先端急尖或渐尖，多有些偏斜，具很窄的膜质边缘；外稃披针形，第 1 外稃长 12～14 mm（芒除外），背部全部粗糙，或具微毛，上部明显 5 脉，先端椭圆状急尖，具芒，芒长（4～）12～18 mm；内稃短于外稃，长约为外稃的 3/4，先端钝或圆钝；花药黄色，长3～4 mm。

细胞学特征：2n＝4x＝28（Dewey，1968；Lu et al.，1991）；染色体组组成：**StStYY**（Lu et al.，1991）。

分布区：尼泊尔、阿富汗、巴基斯坦、锡金。生长在石质山坡、林隙；海拔 1 400～3 000 m。

34. *Roegneria shandongensis*（B. Salomon）J. L. Yang，Y. H. Zhou et C. Yen，1997. Guihaia 17（1）：19～22. 山东鹅观草（图 5－65）

模式标本：主模式标本：中国山东青岛，汇泉海水浴场东，山坡，1950 年 8 月 2 日，耿伯介 6507 号 **NAS**!；副模式标本：江苏植物所华东工作站，2778 号标本 **N**!。

异名：*Elymus shandongensis* B. Salomon，1990. Willdenowia 19（2）：449；

Roegneria mayabarana auct. non Ohwi，1963. In Keng & S. L. Chen，Acta Nanking Univ.（Biol.）1（总 3）：22。

形态学特征：多年生，秆单生或丛生。秆直立，或基部稍膝曲，高 60～90 cm，无毛，具 4～7 节。叶鞘无毛，或下部者疏被微毛；叶舌短，平截，或先端波状，长约 0.5 mm；叶片平展，或边缘内卷，长 10～25 cm，宽 4～8 mm，上表面粗糙，下表面粗糙或平滑无毛。穗状花序稍下垂，长（8～）10～16（～20）cm，宽 4～5 mm，小穗排列疏松；穗轴节间长（5～）7～10 mm，基部者可长达 18～20 mm，无毛；小穗绿色，长圆形，长 14～28 mm（芒除外），具 5～8 花；小穗轴节间长 1～1.5 mm，被短微毛；颖长圆状披针形，无毛，两颖近等长，第 1 颖长 5～6.5（～7）mm，第 2 颖长（6.5～）7～9 mm，两颖均（3～）5～7 脉，脉上粗糙，先端渐尖，具小尖头；外稃长圆状披针形，长 8～9（～11）mm（芒除外），背部平滑无毛，上部 5 脉，具窄膜质边缘，具芒，芒长

图 5－65 *Roegneria shandongensis*（B. Salomon）J. L. Yang，Y. H. Zhou et C. Yen

A. 全植株 B. 小穗 C. 第 1 颖 D. 第 2 颖 E. 小花背面观 F. 小花腹面观

11～21 mm，直而粗糙；基盘两侧及腹面具微小短毛；内稃与外稃等长，或短于外稃 0.5～1 mm，先端钝，两脊上部 1/3 具纤毛；花药黄色，长约 1.5 mm。

细胞学特征：2n＝4x＝28（Lu et al.，1993）；染色体组组成：**StStYY**（Lu et al.，

1993)。

分布区：中国山东、安徽、江苏、浙江、甘肃。生长在路边、山坡林下；海拔400～1 200 m。

35. ***Roegneria tenuispica*** **J. L. Yang et Y. H. Zhou，1994. Novon 4**（3）：**307. 瘦穗鹅观草**（图 5－66）

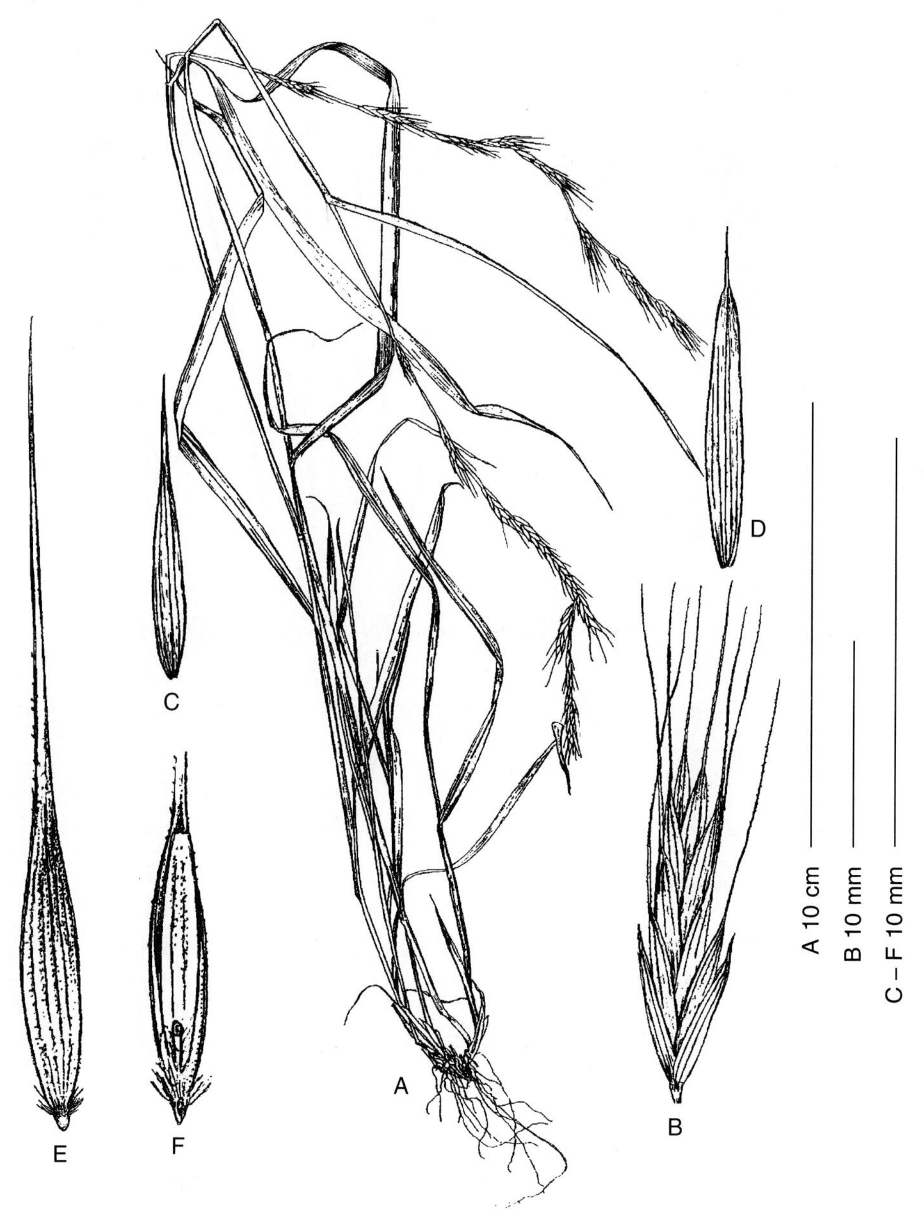

图 5－66 *Roegneria tenuispica* J. L. Yang et Y. H. Zhou

A. 全植株 B. 小穗 C. 第 1 颖 D. 第 2 颖 E. 小花背面观 F. 小花腹面观

[引自 J. L. Yang et Y. H. Zhou，1994. Novon 4（3）：307. 颜丹绘，根据杨俊良、卢宝荣 890955 号主模式标本。本图编码修改]

模式标本：中国西藏“俄洛，昌都至类乌齐公路 22 km，海拔 3 580 m，1989 年 9 月 25 日，杨俊良、卢宝荣 890955”；主模式标本现藏于 **SAUTI**！。

异名：*Elymus tenuispicus*（J. L. Yang et Y. H. Zhou）S. L. Chen，1997. Novon 7（3）：229。

形态学特征：多年生，疏丛生，具短的根状茎。秆直立，高 35～75 cm，径粗0.5～1 mm，无毛，具 4～5 节，节被微毛。叶鞘被长 1 mm 的长柔毛，秆基部叶鞘常呈撕裂状而宿存；叶舌透明膜质，平截，啮齿状，长约 0.5 mm；叶片平展，或内卷，直立，长 15～20 cm，宽 3～4 mm，上表面密被长柔毛，下表面粗糙。穗状花序直立，或稍下垂，细瘦，长 9.2～10.5 cm（芒除外），小穗排列稀疏；穗轴节间上部者长 8～12 mm，下部者长 12～15 mm，背部无毛，棱脊上具粗纤毛，穗轴节密被微毛；小穗绿色，长13～16 mm（芒除外），具 4～9 花；小穗轴节间长 1～1.5 mm，密被微毛；颖长圆状披针形，被硬毛，两颖不等长，第 1 颖长 5～6.5 mm（芒尖除外），3～4 脉，第 2 颖长 6.5～7.5 mm，4～5 脉，先端渐尖，或具一长 0.5～1 mm 的小尖头，边缘膜质；外稃长圆状披针形，长 6.5～8 mm（芒除外），背上部粗糙至被纤毛，明显 5 脉，下部密被微毛，先端具一长10～20 mm 的芒；基盘密被微毛，两侧毛长 0.6～0.8 mm；内稃短于外稃，或与外稃近等长，先端圆钝，略内凹，两脊上部 1/2～3/4 被纤毛，两脊间背部被毛；花药黄色，长2～2.5 mm。

细胞学特征：2n＝4x＝28（Zhou et al.，1999）；染色体组组成：**StStYY**（Zhou et al.，1999）。

分布区：中国西藏。生长在灌丛中；海拔 3 500～3 700 m。

36. *Roegneria tibetica*（Meld.）H. L. Yang，1987. In Fl. Reip. Popul. Sin.（中国植物志）**9**（3）**：72. 西藏鹅观草**（图 5－67）

模式标本：中国西藏“S. E. Tibet：Kongbo Province，Timpa. Tsangpo Valley，9700 ft. 677，1938，F. Ludlow，G. Sharrif and G. Taylor 5160”；主模式标本现藏于 **BM!**。

异名等模式标本：中国甘肃“隆德城，路边，海拔高 2 200 km，1942 年 7 月 9 日，王作宾 13032”；现藏于 **N!**。

异名：*Agropyron tibeticum* Meld.，1960. In Bor，Grass. Burm. Ceyl. Ind. & Pak. 696；

Roegneria stricta Keng，1963. In Keng & S. L. Chen，Acta Nanking Univ.（Biol.）3（1）：68；1959. Fl. Ill. Pl. Prim. Sin. Gram. 389（in Chinese）；

Roegneria stricata Keng f. *major* Keng，1963. In Keng & S. L. Chen，Acta Nanking Univ.（Biol.）3（1）：70；1959. Fl. Ill. Pl. Prim. Sin. Gram. 396（in Chinese）；

Elymus tibeticus（Meld.）G. Singh，1983. Taxon 32：640；

Elymus strictus（Keng），Á. Löve，1984. Feddes Repert. 95（7～8）：458。

形态学特征：多年生，丛生。秆直立，高 70～100 cm，无毛，具 3～4 节，节被短微毛。叶鞘无毛，但下部者密被短小刺毛；叶舌透明，平截并撕裂状，长 0.2～0.4 mm；叶片平展，长 12～16 cm，宽 3～6 mm，上表面在脉上疏生长柔毛，下表面无毛，比较粗糙。穗状花序近直立，或稍下垂，长 10～16 mm（芒除外）；穗轴节间仅在棱脊上粗糙；

Ⅰ

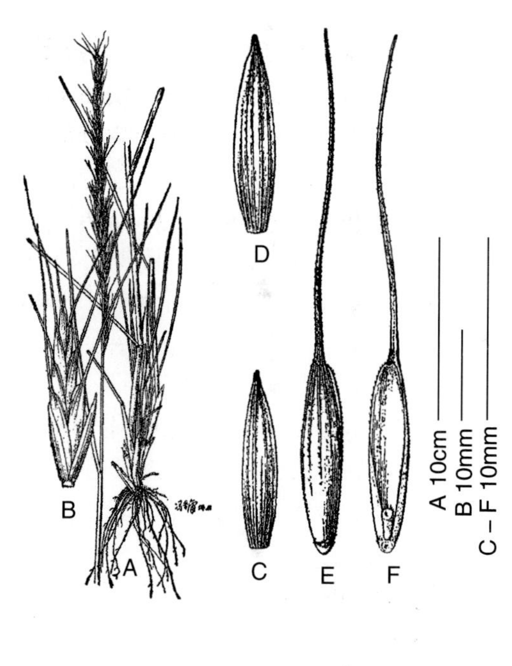

Ⅱ

图 5－67　*Roegneria tibetica*（Meld.）H. L. Yang

Ⅰ. 异名异模式标本（王作宾 1942 年 7 月 9 日，13032 号，现藏于 **N**!）

Ⅱ. A. 全穗及植株下部；B. 小穗；C. 第 1 颖；D. 第 2 颖；E. 小花背面观；F. 小花腹面观

（引自 1959 年耿以礼主编《中国主要植物图说·禾本科》，图 325，冯晋庸绘制。本图标码、编排及图修改）

小穗绿色，长圆状披针形，长 10～16 mm（芒除外），具（3～）4～5 花；小穗轴节间被微毛；颖长圆状披针形，无毛，两颖不等长，第 1 颖长 7～8.5 mm，第 2 颖长 8.5～10 mm，两颖均 5～7 脉，脉上粗糙，先端渐尖，或具一长约 6 mm 的短芒，具窄透明膜质边缘；外稃窄披针形，长 8～10 mm，5 脉，背部无毛，上端具小刺毛，先端延伸成一直或稍弯曲的芒，芒长 10～17 mm；内稃窄披针形，与外稃近等长，先端平截至钝形，或内凹，两脊上部被纤毛，两脊间背上部具小刺毛；花药黄色，长 2～2.3 mm。

细胞学特征：2n＝4x＝28（Lu & B. Salomon，1992）；染色体组组成：**StStYY**（Lu & B. Salomon，1992）。

分布区：中国西藏、甘肃。生长在山坡上或路傍；海拔 2 200～2 960 m。

37. ***Roegneria tschimganica***（原写为 *czimganica*）（Drob.）**Nevski，1934. Flora SSSR Ⅱ：604；Acta Univ. Med. Ser. 8B，17：64，68. 塔什干鹅观草**（图 5－68）

模式标本：塔吉克斯坦塔什干“Prov. Syr. - darya，Distr. Tashkent. In montibus cir-

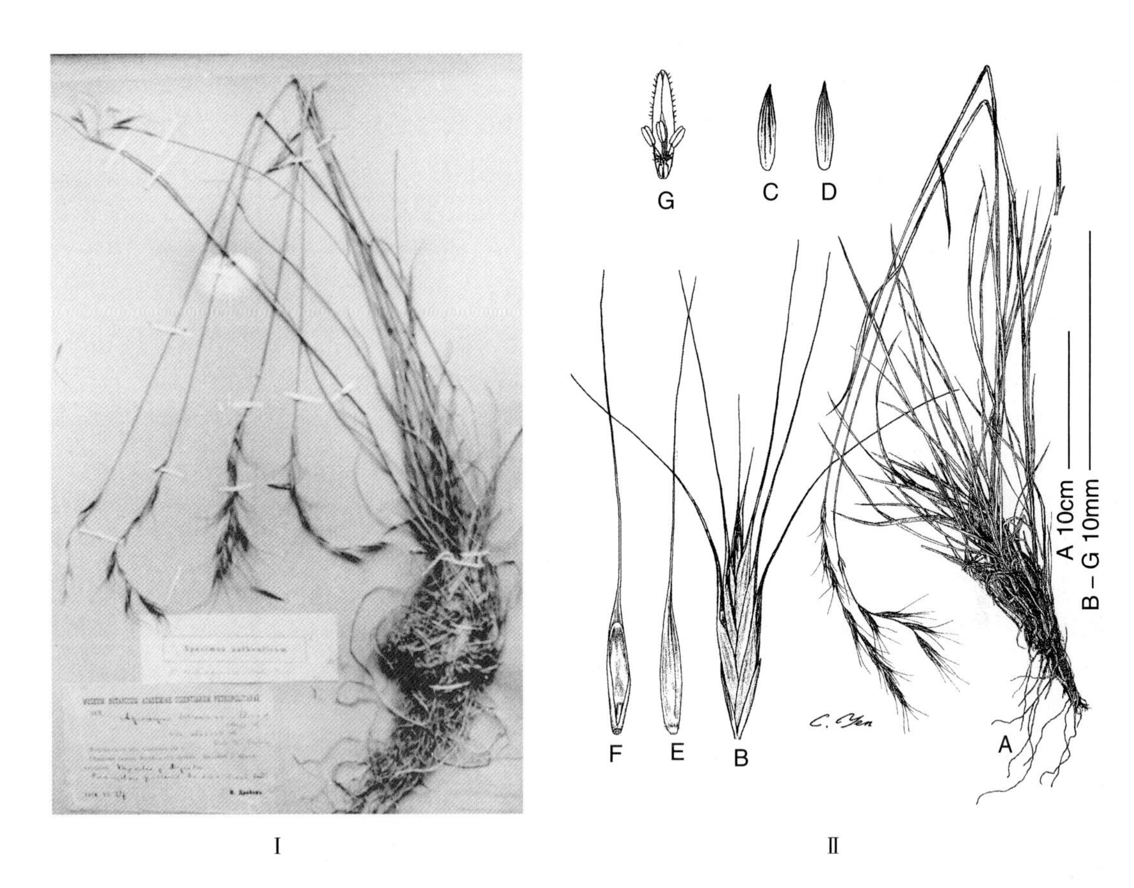

图 5－68 *Roegneria tschimganica*（Drob.）Nevski

Ⅰ. 同模式标本（现藏于 **LE**!） Ⅱ. A. 全植株；B. 小穗；C. 第 1 颖；D. 第 2 颖；E. 小花背面观；F. 小花腹面观；G. 内稃、鳞被、雄蕊及雌蕊柱头

ca urbab Tashkent，Popov，1921，no. 1266"；后选模式标本（1976 年 Tzvelev 指定）现藏于 **TAK**!。

异名：*Agropyron schrenkianum* var. *alaicum* Drob. 1916. Trav. Mus. Bot . Ac. Sc. Petrog. 16：136；

Agropyron tschimganicum Drob. 1923. in ed. Popov：Vved. et Dr. Opred. Past. Okr. Tashk.（Key Fl. Tashkent）1：40；

Agropyron czimganicum Drob.，1925. Feddes Repert. 21：40；

Elymus tschimganicus（Drob.）Tzvel.，1968. Rast Tsentr. Azii 4：221；

Roegneria hissarica M. Pop. ex Zak.，1958. Tr. Uzb. Univ. new ser. 89：19. nom. nud；

Elymus tschimganicus（Drob.）var. *glabriscula* D. F. Cui，1990. Bull. Bot. Res. 10（3）：30；

Roegneria tschimganica（Drob.）Nevski var. *glabriscula*（D. F. Cui）L. B. Cai，1995. Bull. Bot. Res. 16（1）：50；

Roegneria glabriscula （D. F. Cui） L. B. Cai，1997. Acta Phytotax. Sin. 35 （2）：167。

形态学特征：多年生，密丛生，具短而匍匐的根状茎。秆直立，下部节稍膝曲，高（20～）25～65 cm，平滑无毛。叶鞘平滑无毛；叶舌长约1 mm；叶片稍内卷，长16 cm，宽1.5～3 mm，粉白绿色，上表面无毛或被微毛，边缘粗糙，下表面平滑无毛。穗状花序柔弱，蜿蜒曲折，下垂，长（6～）7～10 cm，小穗排列疏松；穗轴节间长10～12 mm，细弱，背部无毛，棱脊上粗糙；小穗淡灰白绿色，稀微具紫晕，长12～15 cm（芒除外），具5～7花；穗轴节间长2～2.5 mm，被微毛；颖披针形或椭圆状披针形，两颖近等长，长4～9（～10）mm，无毛，脉粗糙，先端急尖或渐尖，有时具一长1～1.5 mm的小尖头；外稃披针形，背部粗糙，稀平滑，第1外稃长9～10 mm，先端渐尖，延伸成一稍下弯且粗糙的芒，芒长20～30 mm；基盘两侧具短小刺毛，稀平滑无毛；内稃与外稃近等长，或短于外稃，先端钝，稍内凹，两脊上部具纤毛；花药黄色，长2～2.5 mm。

细胞学特征：2n＝4x＝28（Grati，1972；Sun et al.，1990）；染色体组组成：**StStStStYY**（Lu et al.，1993）。

分布区：中亚，中国（新疆）。生长在高山草甸、石质山坡、倒石堆、洼地，以及卵石间。

38. *Roegneria ugamica* （Drob.） Nevski，1934. Acta Univ. As. Med. Ser. 8B，17：70. non *Elymus ugamicus* Drob.，1925. 乌岗姆鹅观草（图5-69）

模式标本：塔吉克斯坦“Ad fl. Ugam，distr. Tashkent，1921，No. 1313，Uranov”；后选模式标本（1976年Tzvelev指定）现藏于**TAK**！。

异名：*Agropyron ugamicum* Drob.，1923. Vved. Opred. Rast. Okr. Taschk. 1：41；

Semeiostachys ugamica（Drob.）Drob.，1941. Fl. Uzbeck. 1：284；

Elymus nevskii Tzvel.，1970. Spisok. Rast. Herb. Fl. SSSR 18：29；

Elymus dentatus subsp. *ugamicus* （Drob.） Tzvel.，1973. Nov. Sist. Vyssch. Rast. 10：2；

Elymus gmelinii subsp. ugamicus（Drob.）Á. Löve，1984. Feddes Repert. 95（7～8）：456。

形态学特征：多年生，丛生，具匍匐根状茎。秆直立，基部膝曲，粗壮，高50～120 cm，无毛。叶鞘平滑无毛，或下部者被柔毛；叶片平展，或内卷，长30 cm，宽2～7 mm，上、下表面均被散生白毛，或上表面粗糙，下表面无毛，边缘粗糙。穗状花序直立，长（7～）15～20 cm，小穗排列紧密，偏于一侧着生；穗轴节间长4～5 mm，下部者可长达8 mm，棱脊上粗糙；小穗绿色或具淡紫色晕，长（15～）20～30 mm，具（3～）5～9花；颖大，宽披针形，无毛，两颖不等长，第1颖长8～10 mm，5（～7）脉，第2颖长10～15 mm，5～7（～9）脉，脉明显突起，极粗糙，颖宽可达2.5～4 mm，先端渐尖，常具一齿，边缘具透明膜质；外稃披针形，长11～13（～15）mm，背部贴生小硬毛而粗糙，先端具二齿，具短芒，芒长（0.5～）1～5（～7）mm，粗壮；内稃与外稃等长，或短于外稃，长10～12mm，先端圆钝或内凹，两脊上几乎全长被纤

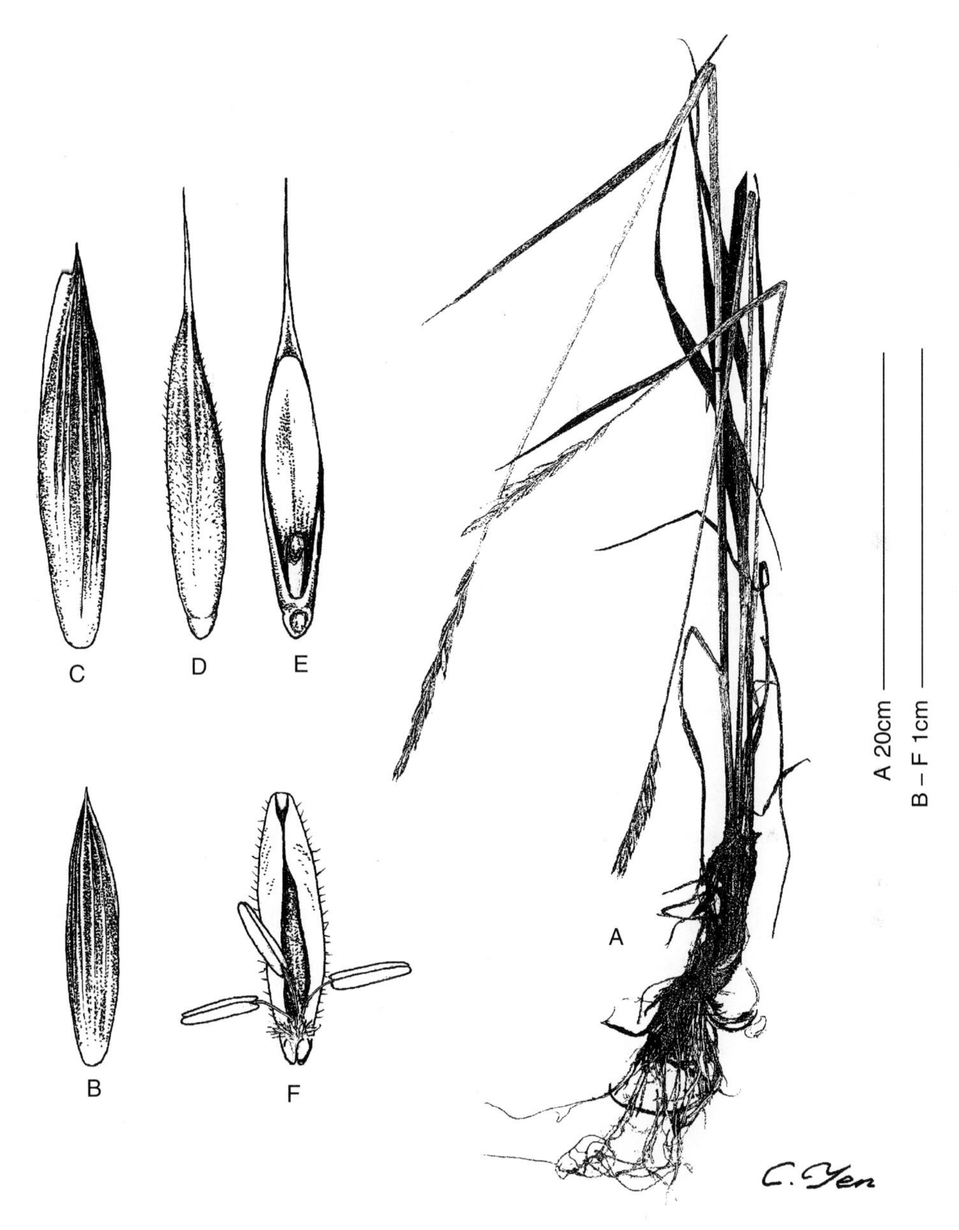

图 5－69 *Roegneria ugamica*（Drob.）Nevski

A. 全植株 B. 第1颖 C. 第2颖 D. 小花背面观 E. 小花腹面观 F. 内稃、鳞被、雄蕊及雌蕊柱头

毛，两脊间背上部疏被微毛；花药黄色，长 2.5～3 mm。

细胞学特征：2n＝4x＝28（Lu et B. Salomon，1992）；染色体组组成：**StStYY**（Lu & B. Salomon，1992）。

分布区：塔吉克斯坦、哈萨克斯坦、俄罗斯、中国。生长在中山带的石质山坡、洼地、林隙、卵石间以及灌丛中。

39. *Roegneria valida* （Meld.） **J. L. Yang，B. R. Baum et C. Yen，2008. J. Sichuan Agricult. Univ. 26：368. 根据 *Agropyron striatum* var. *validum* Meld.，1960. In Bor，Grass. Burm. Ceyl. Ind. & Pak. 696. 强壮鹅观草**

模式标本：克什米尔"Kashimir：Srinuggur，7800 ft.，16/7 1876，C. B. Clarke 29116A"；主模式标本现藏于 **K**!。

异名：*Agropyron striatum* var. *validum* Meld.，1960. In Bor，Grass. Burm. Ceyl. Ind. & Pak. 696；

Elymus validus（Meld.）B. Salomon，1994. Nord. J. Bot. 14（1）：12。

形态学特征：多年生，丛生。秆直立，强壮，高 120～140 cm，无毛，或下部者微粗糙。叶鞘无毛；叶片平展，长 15～30 cm，宽 4～12 mm，上表面粗糙，下表面平滑无毛，边缘粗糙。穗状花序直立，或弯曲，具密集着生并紧贴穗轴的小穗；穗轴节间在棱脊上粗糙，或被微毛；小穗长 20～30 mm（芒除外），具 6～8 花；颖长圆状披针形，或宽长圆状披针形，坚硬，沿边缘常具很密的微毛，两颖不等长，第 1 颖长 10～13.5 mm，5～7 脉，第 2 颖长11～14 mm，7～9 脉，脉强壮并突起，脉上稍粗糙，先端急尖，或稍偏斜；外稃披针形，背部通常无毛，沿边缘与向尖端被短毛或长毛，第 1 外稃长 12～14 mm，具芒，芒长 12～15 mm；内稃短于外稃，长为外稃的 3/4，先端钝或圆钝，无毛；花药黄色，长 3～4 mm。

细胞学特征：2n＝4x＝28（B. Salomon，1993）；染色体组组成：**StStYY**（B. Salomon，1993）。

分布区：印度东北部，巴基斯坦。生长在石质山坡；海拔 2 300～2 500 m。

40. *Roegneria varia* Keng，1963. In Keng & S. L. Chen，Acta Nanking Univ. （Biol.） **1**（总 3）：**70；1959. Fl. Ill. Pl. Prim. Sin. Gram. 397**（in Chinese）. **多变鹅观草**（图 5－70）

模式标本：中国甘肃"临夏县，万寿观，耿以礼及耿伯介 5890"；主模式标本现藏于 **N**!。

异名：*Elymus varius*（Keng）Tzvel.，1968. Rast. Tsentr. Azii 4：219。

形态学特征：多年生，疏丛生，具短而细瘦的根状茎。秆直立，或在基部稍膝曲，高 17～40 cm，径粗 0.5～1 mm，具 2～3 节。叶鞘平滑无毛；叶舌长 0.2 mm，或退化；叶片内卷，上、下表面均无毛，或在上表面散生短微毛，长 3.5～15 cm，宽 1～3 mm。穗状花序直立，长 3.5～10 cm（芒除外），小穗排列稀疏；穗轴节间长 6～10 mm，下部节间可长达 12 mm，棱脊上具硬直小纤毛；小穗绿色，成熟后呈紫色，长 8～13 cm（芒除外），具 3～5 花；小穗轴节间长 2～2.5 mm，被微毛；颖长圆状披针形，稍偏斜，两颖不等长，第 1 颖长 4.5～8 mm，第 2 颖长 6～10 mm，两颖均 3～5 脉，脉上粗糙，先端急尖，或具小尖头；外稃披针形，无毛，或边缘与基部贴生微柔毛，5 脉，第 1 外稃长 7～8.5 mm，具芒，芒长 7～17 mm，粗糙，稍反折，稀直立；基盘两侧被微毛；内稃与外稃近等长，先端略内凹，两脊上半部具纤毛，两脊间背部贴生微毛；花药黄色，长 1～2 mm。

细胞学特征：2n＝4x＝28（Lu et al.，1990）；染色体组组成：**StStYY**（Lu et al.，1993；Zhou et al.，1993）.

分布区：中国甘肃、西藏。生长在山坡上、山谷中河边；海拔 2 800～3 200 m。

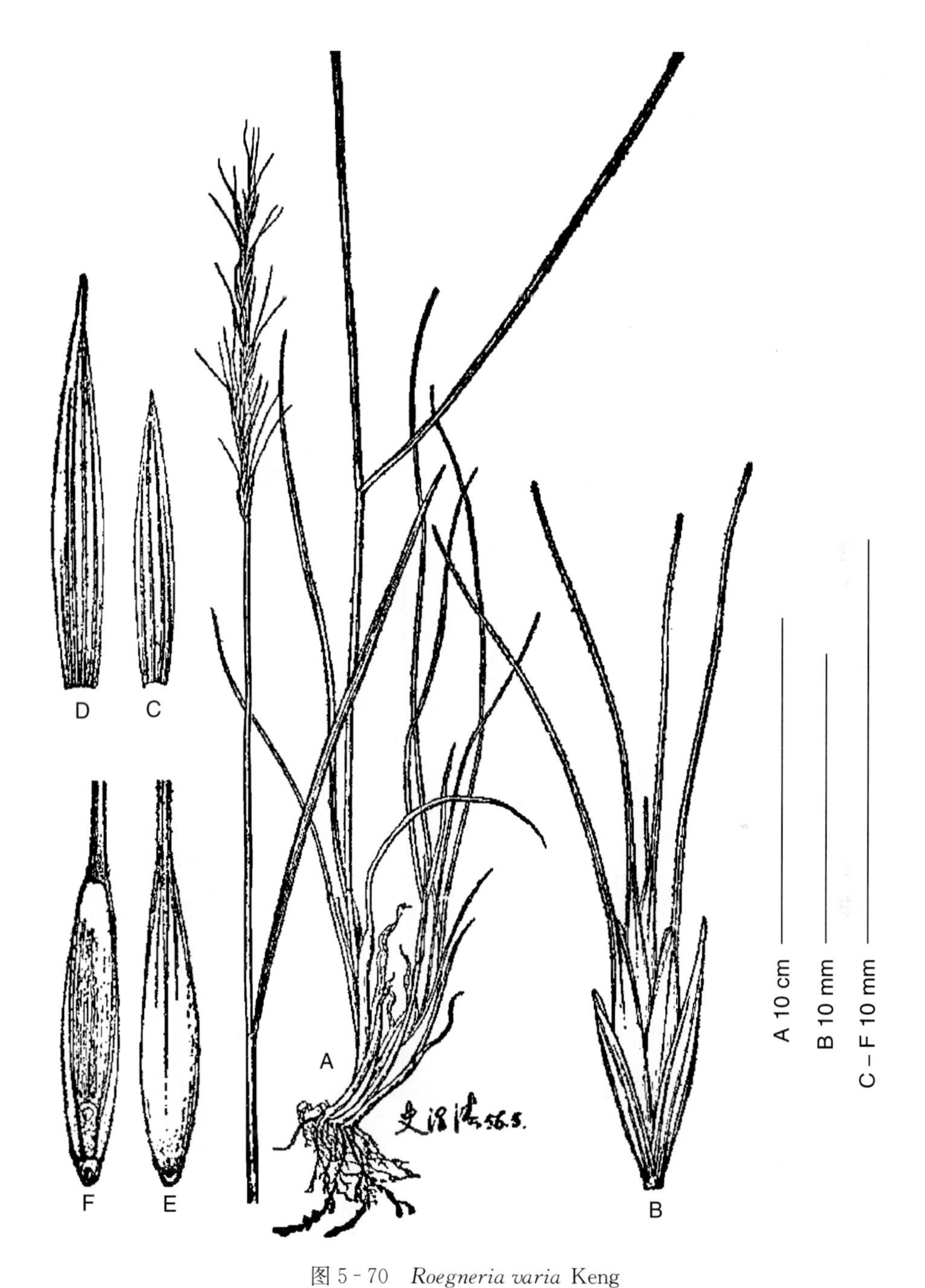

图 5－70　*Roegneria varia* Keng

A. 全穗及植株下部　B. 小穗　C. 第 1 颖　D. 第 2 颖　E. 小花背面观　F. 小花腹面观

（引自 1959 年耿以礼主编《中国主要植物图说・禾本科》，图 326，史渭清根据耿以礼、耿伯介 5890 模式标本绘制。本图标码修改）

41. ***Roegneria yangiae***（B. R. Lu）**L. B. Cai，Acta Phytotax. Sin. 35（2）：158. 杨氏鹅观草**（图 5－71）

模式标本：中国西藏“工布江达东 13 km，阿沛桥（Ape bridge），灌丛间，或石质山坡上，海拔 3 000～4 200 m，1988 年 9 月 20 日，杨俊良等，H－8341”；主模式标本现藏于 **LD**!；同模式标本现藏于 **K，PE，SAUTI**！。

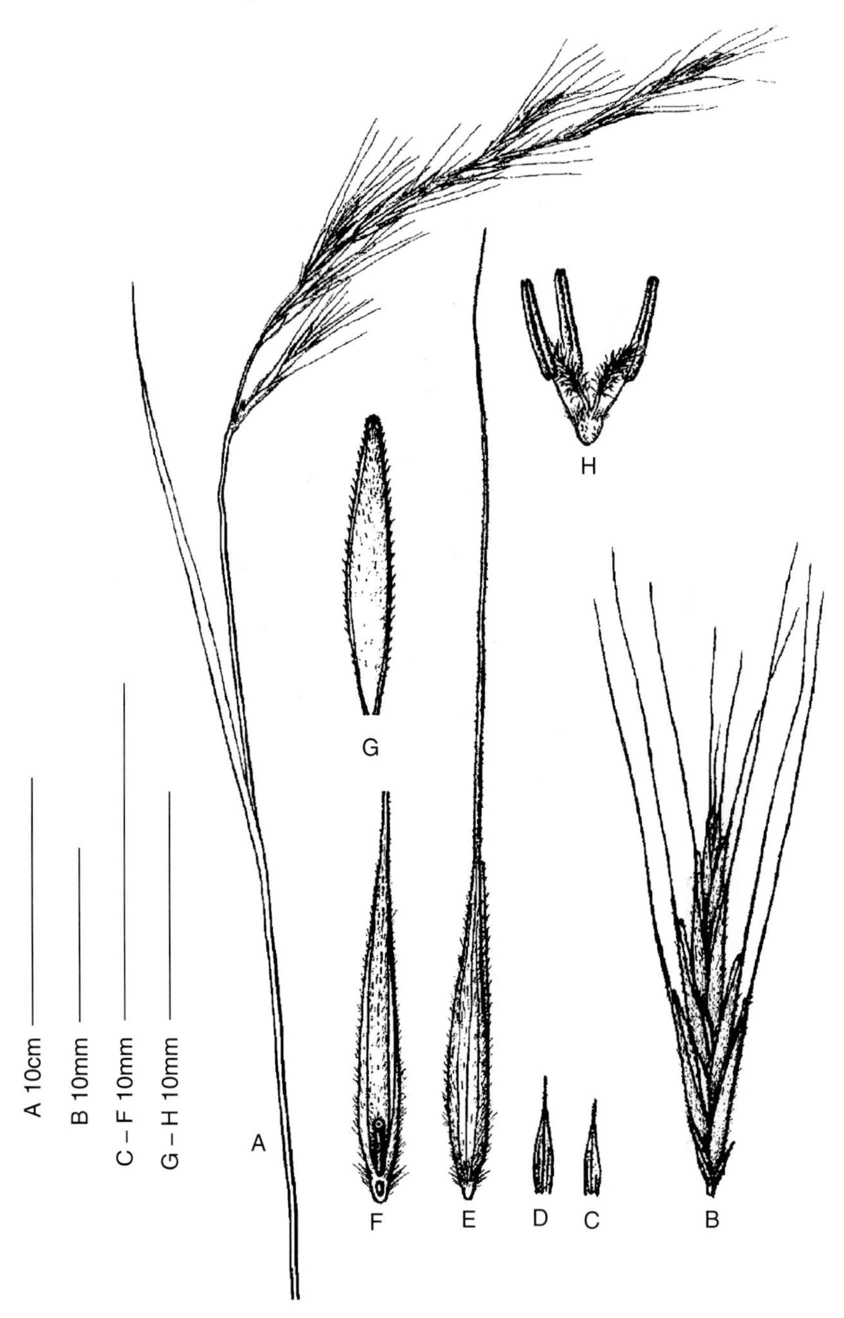

图 5－71 *Roegneria yangiae*（B. R. Lu）L. B. Cai

A. 全穗及旗叶 B. 小穗 C. 第 1 颖 D. 第 2 颖 E. 小花背面观 F. 小花腹面观

G. 内稃背面观，示脊上的纤毛与两脊间背部被微毛 H. 雄蕊及雌蕊

（引自 Willdenowia 22：130，卢宝荣绘。本图作了删减与修正，标码更改）

异名：*Elymus yangii* B. R. Lu，1992. Willdenowia 22：129～132。

形态学特征：多年生，密丛生。秆直立，高 60～100（～110）cm，具 4～7 节，无毛，最上节长 23～35 cm。叶鞘粗糙，基部者被灰色柔毛；叶舌长 0.3～0.6mm，先端撕裂状；叶片长 5～25 cm，宽 2～4 mm，上、下表面均粗糙，边缘具纤毛。穗状花序下垂，长 10～15 cm，宽 5～8 mm，小穗排列疏松；穗轴节间长 11～18 mm，无毛，棱脊上粗糙；小穗长 35～45 mm（芒在内），具 5～10 花；小穗轴节间长 1.7～2.1 mm，被微毛至柔毛；颖小，披针形，两颖不等长，第 1 颖长 2～4.5 mm，（1～）2～3 脉，第 2 颖长 3～5.5 mm，2～3（～5）脉，脉上粗糙，先端急尖，或具小尖头，边缘膜质；外稃狭披针形，长 7～10 mm（芒除外），5 脉，背部疏被微毛至密柔毛，毛长可达 0.7 mm，具芒，芒长 12～32 mm，直；基盘窄而尖，两侧被毛，毛较长；内稃披针形，稍长于或等常于外稃，先端下凹，两脊全长被纤毛，两脊间背部被微毛；花药黄色，长 3.5～4.2 mm。

细胞学特征：2n=4x=28（Lu & Salomon，1992）；染色体组组成：**StStYY**（Lu & Salomon）。

分布区：中国西藏。生长在石质山坡、灌丛间；海拔 3 000～4 200 m。

42. *Roegneria yezoensis* （Honda）**Ohwi，1941. Acta Phytotax. & Geobot. 10：98. 蝦夷鹅观草**（图 5-72）

模式标本：日本北海道，野幌临近扎幌，石狩郡（今北海道中部），工藤祐舜，1916 年；层云峡，石狩郡，中井猛之进，1928；美利河，十胜郡。合模式标本现藏于 **TI**！。

异名：*Agropyron yezoense* Honda，1929. Bot. Mag. Tokyo 43：292. non *Elymus ye-*

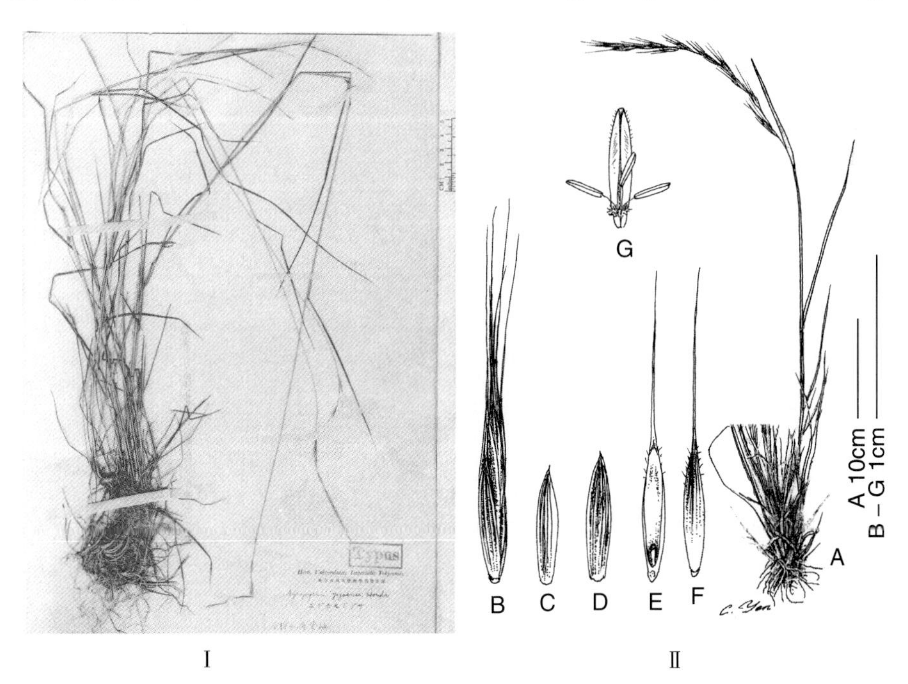

图 5-72 *Roegneria yezoensis*（Honda）Ohwi

Ⅰ. 合模式标本之一，中井采自层云峡，石狩郡 Ⅱ. A. 全植株；B. 小穗；C. 第 1 颖；D. 第 2 颖；E. 小花腹面观；F. 小花背面观；G. 内稃、鳞被、雄蕊及雌蕊羽毛状柱头

zoensis Honda，1930；

Elymus nipponicus Jaaska，1974. Eesti NSV Tead. Akad. Toim.，Biol. 23：6；

Elymus yezoensis（Honda）T. Osada，1989. Ⅲ. Grass. Jap. 738；

Elymus kurilensis Probat.，1985. Sosud Rast Sov. Daln. Vost，1：116。

形态学特征：多年生，丛生，具纤维状须根。秆直立，较细弱，高 60～100 cm，无毛。叶鞘无毛；叶舌短，长 0.4～0.7 mm，平截；叶片平展，长 10～25 cm，宽 3～5 mm，上表面被微毛，下表面粗糙。穗状花序稍下垂，或近于直立，长 10～18 cm，小穗排列疏松；小穗绿色，长 15～20 mm，具 5～7 花，紧贴穗轴；小穗轴近于无毛至疏生糙毛；颖披针形，被柔毛，两颖不等长，第 1 颖长（6～）7～7.5 mm，（3～）5 脉，第 2 颖长 8～9 mm，（5～）7 脉，脉明显突起且粗糙，先端渐尖，或具小尖头；外稃披针形至长圆形，亚革质，长 7～9 mm，外稃上部明显 5 脉，上部边缘具直立纤毛，背部被糙毛，稀无毛，具芒，芒长 10～20（～25）mm，细弱，近直立，微粗糙；内稃披针形，与外稃等长，先端钝，内凹，两脊具纤毛，两脊间背部被微毛；花药黄色，长 2～2.5 mm。

细胞学特征：2n=4x=28（Lu & Salomon，1993）；染色体组组成：**StStYY**（Lu & Salomon，1993）。

分布区：主要分布在日本，稀见于中国东北部、俄罗斯东西伯利亚以及朝鲜。生长在林缘与林隙。

存 疑 分 类 群

以下分类群因尚未进行实验分析来阐明它们的染色体组组成，因此它们的系统地位暂时还不能确定。有待今后的实验研究结果再来确定它们的归属。

43. *Roegneria aliana* Keng，1963. In Keng & S. L. Chen，Acta Nanking Univ.（Biol.）**1**（总 3）**：31；1959. Fl. Ⅲ. Pl. Prim. Sin. Gram. 366**（in Chinese）**. 涞源鹅观草**（图 5-73）

模式标本：中国河北涞源县“涞源县，村儿沟村近傍，海拔 1 100 m，1934 年 6 月 14 日，刘继孟 2424”；主模式标本现藏于 **PE**!。

异名：*Elymus semicostatus* ssp. *alianus*（Keng）Á. Löve，1984. Feddes Repert. 95（7～8）：453；

Elymus alianus（Keng）S. L. Chen，1997. Novon 7（3）：227。

形态学特征：多年生，秆单生或疏丛生，具直立而短的根状茎，具多数纤维状须根。秆直立或基部平卧，高约 70 cm，具 3 节，基部一节膝曲。叶鞘无毛，但分蘖叶被柔毛；叶舌平截，长约 1 mm；叶片平展；长 12～20 cm，宽 4～7 mm，上表面被疏柔毛，下表面无毛。穗状花序直立或弯曲，长约 15 cm（芒除外），小穗排列稀疏；穗轴节间长 10～15 mm，最下节间有时可长达 26 mm，两棱上粗糙，有时具短纤毛；小穗绿色或带紫晕，长 15～17 mm（芒除外），具 5～6 花；小穗轴节间长 2～2.5 mm，被微毛；颖长圆状披针形，背部无毛，脉上粗糙，两颖不等长，第 1 颖长7～8 mm，3～5 脉，第 2 颖长8～

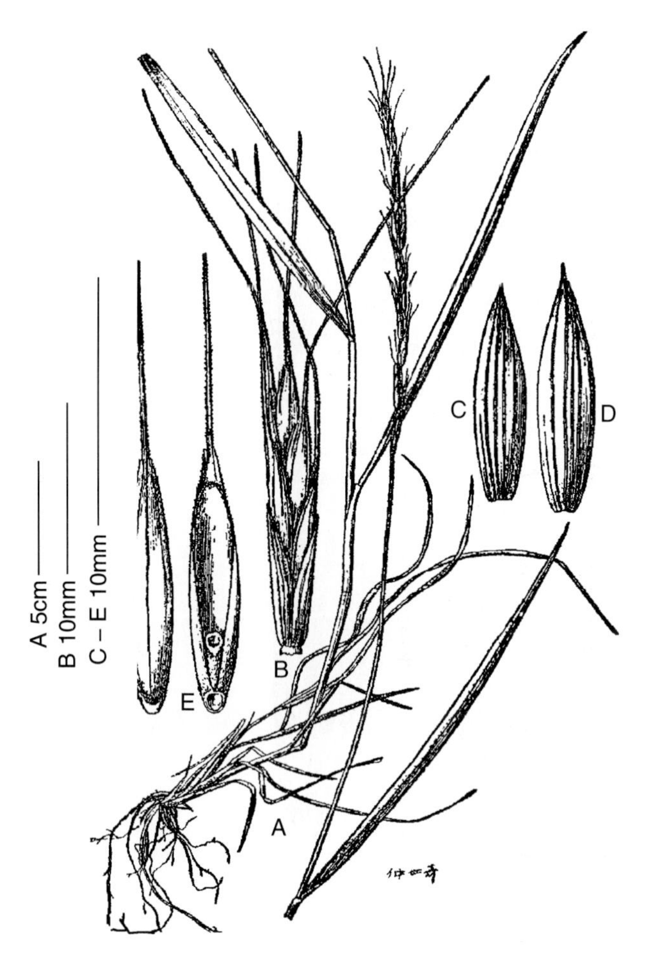

图 5－73　*Roegneria aliana* Keng

A. 全植株　B. 小穗　C. 第 1 颖　D. 第 2 颖　E. 小花背面及腹面观

（引自 1959 年耿以礼主编《中国主要植物图说・禾本科》，图 295，仲世奇绘。标号修改）

9.5 mm，5～6（～7）脉，先端渐尖或急尖，或具小尖头，有时在一侧或两侧具一齿；外稃披针形，长约 10 mm，背部无毛，上部具明显 5 脉，脉上粗糙，先端具 1 齿，具芒，芒长12～25 mm，直立或稍弯曲，粗糙；基盘两侧被长 0.5～0.75 mm 的微毛；内稃稍短于外稃，先端钝，两脊上具纤毛。

细胞学特征：未知。

分布区：中国河北、山西。生于路旁。

44. *Roegneria altaica* （D. F. Cui） **L. B. Cai，1997. Acta Phytotax. Sin. 35** （2）：**156** （未见原文献引证，不合法）．**阿尔泰鹅观草**（图 5－74）

模式标本：中国新疆阿勒泰“山地草原与森林中，1972 年 6 月 25 日，A721154”；主模式标本现藏于 **XJA－IAC**！。

异名：*Elymus altaicus* D. F. Cui，1990. Bull. Bot. Res. 10（3）：28。

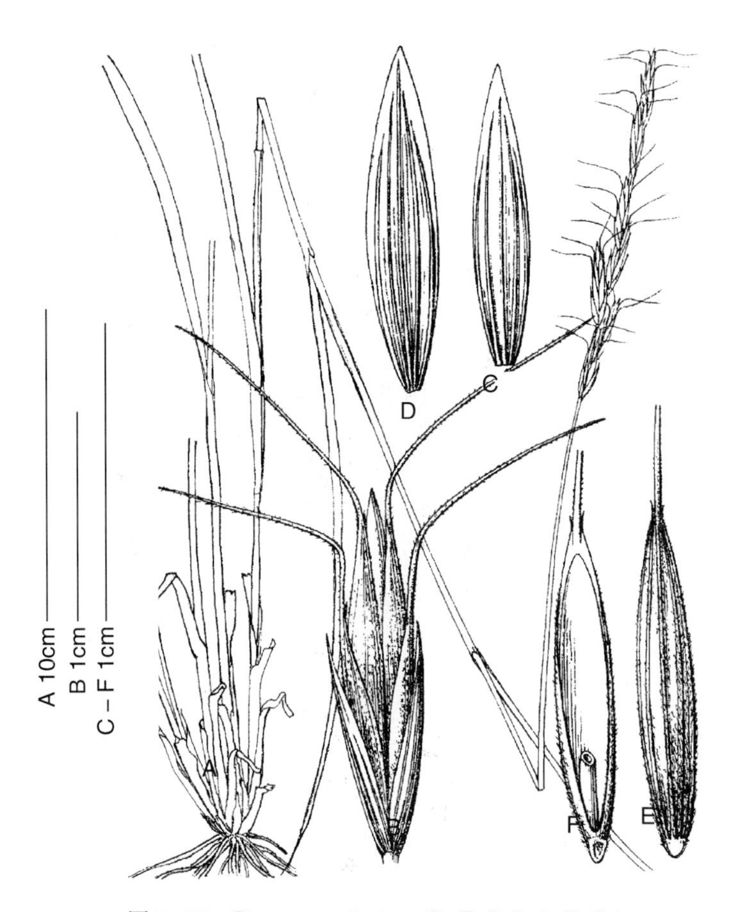

图 5-74 *Roegneria altaica*（D. F. Cui）L. B. Cai

A. 植株 B. 小穗 C. 第 1 颖 D. 第 2 颖 E. 小花背面观 F. 小花腹面观

（引自崔大方，1990，图 4，张荣生绘。本图标码修改）

形态学特征：多年生，丛生。秆直立，高 60～75 cm，平滑无毛，具 3 节，节上稍带紫色。叶鞘平滑无毛；叶舌膜质，长约 1 mm；叶片平展或边缘内卷，宽 2～3.5 mm，上表面粗糙，下表面无毛。穗状花序直立，长 8～9 mm（芒除外），小穗排列较密，稍偏于一侧；穗轴节间长 7～9 mm，无毛，两棱上具小纤毛；小穗长 13～15 mm（芒除外），通常具紫色晕，具 3～4 花，顶生小花常不发育，基部 1～2 小穗常不发育；小穗轴节间长2～3 mm，被短柔毛；颖宽披针形，平滑无毛，两颖近等长，长 9～11 mm，5 脉，边缘及先端具白色膜质；外稃披针形，绿紫色，背部贴生短柔毛，第 1 外稃长10～12 mm，具芒，芒下具 2 齿，芒长 14～18 mm，粗壮，成熟时向外反曲；基盘具短柔毛；内稃与外稃近等长或稍短于外稃，先端钝圆，两脊上半部具纤毛；花药黄色，长约 2.5 mm。

细胞学特征：未知。

分布区：中国新疆阿勒泰生长在山地草甸及河谷林下。

45. *Roegneria angusta* L. B. Cai，1996. Acta Phytotax. Sin. 34（3）：332～333. 狭穗鹅

观草（图 5 - 75）

模式标本：中国青海“循化，草原山坡上，海拔2 200 m，1964 年 7 月 8 日，G. X. 雷 841810”；主模式标本现藏于 **HNWP**！。

异名：*Elymus angustispiculatus* S. L. Chen & G. Zhu，2000. Novon 12（3）：425。

形态学特征：多年生，秆单生或疏丛生，具多数纤维状须根。秆直立，或在基部稍膝曲，高 80～100 cm，茎粗 2～2.5 mm，无毛，具 4 节。叶鞘边缘具纤毛；叶舌纸质，平截，长约 0.6 mm；叶片平展，长 8～15 cm，宽 4～6 mm，两面均无毛，或上表面粗糙。穗状花序直立或弯曲，长 16～20 cm，宽约 6 mm，小穗疏生；穗轴节间长8～12 mm，最下部者可长达 20 mm，穗轴背部粗糙，两棱上着生短纤毛；小穗狭窄，长 16～26 mm，具 4～6 花；颖披针形，无毛，脉上粗糙，两颖近等长，长 8～10 mm，3 脉，先端具长1～2 mm的小尖头；外稃线状披针形，背部平滑无毛，上部具明显 5 脉，第 1 外稃长10～12 mm，先端具芒，长 20～25 mm，直立，粗糙；内稃与外稃几近等长，先端钝或圆钝，两脊上部具纤毛；花药黄色，长 2～2.7 mm。

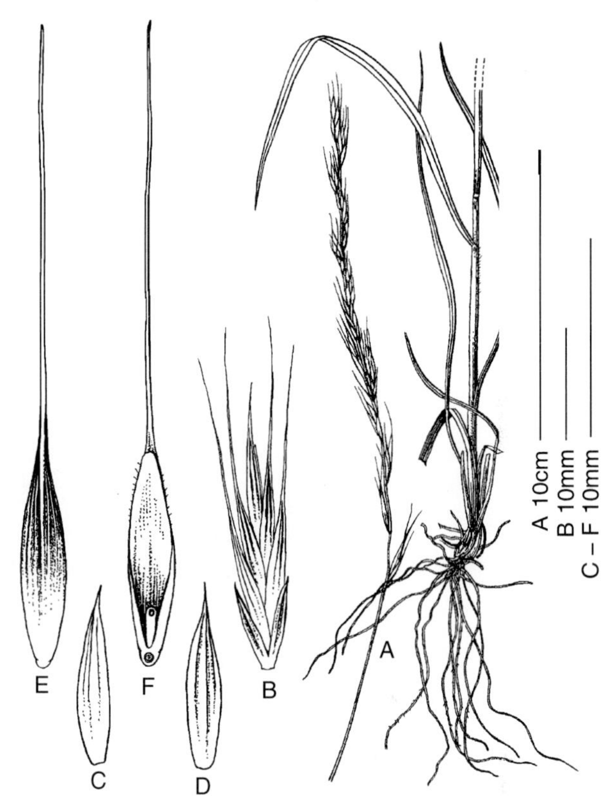

图 5 - 75　*Roegneria angusta* L. B. Cai
A. 植株下部及穗　B. 小穗　C. 第 1 颖　D. 第 2 颖
E. 小花背面观　F. 小花腹面观
（A、B引自蔡联炳，1996，王颖绘，图 3：1～3。本图稍作修正改绘）

细胞学特征：未知。

分布区：中国青海循化撒拉族自治县。生长于草原山坡；海拔2 200 m。

46. *Roegneria anthosachnoides* Keng et S. L. Chen

46a. var. *scabrilemma* L. B. Cai，1997. Acta Phytotax. Sin. 35（2）：**165. 糙稃假花鳞草**

模式标本：中国“青海，兴海县，山坡上，海拔 3 500 m，1963－07－25，杨永昌 401”；主模式标本现藏于 **HNWP**！。

形态学特征：本变种与 var. ***anthosachnoides*** 的区别在于：外稃无毛或仅疏生短小刺毛；穗状花序较大，通常长 10～16 cm。

细胞学特征：未知。

分布区：中国青海、四川。生长于山坡上；海拔 2 700～3 500 m。

47. *Roegneria antiqua* （Nevski） **J. L. Yang，B. R. Baum et C. Yen，J. Sichuan**

Agricult. Univ. 26：352. 澜沧江鹅观草（图 5－76）

var. *antiqua*

模式标本：中国“西藏湄公河（即澜沧江），茶克错（Chok－Cho）附近，海拔3 658 m，云杉林中，1900 年 8 月 31 日，V. F. 拉得金（Ladgin）”；主模式与同模式标本现藏于 **LE**!。

异名：*Agropyron antiquum* Nevski，1932. Bull. Jard. Bot. Acad. Sci. URSS. 30：515；
Elymus antiquus（Nevski）Tzvel.，1968. Rast Tsentr. Azii 4：220。

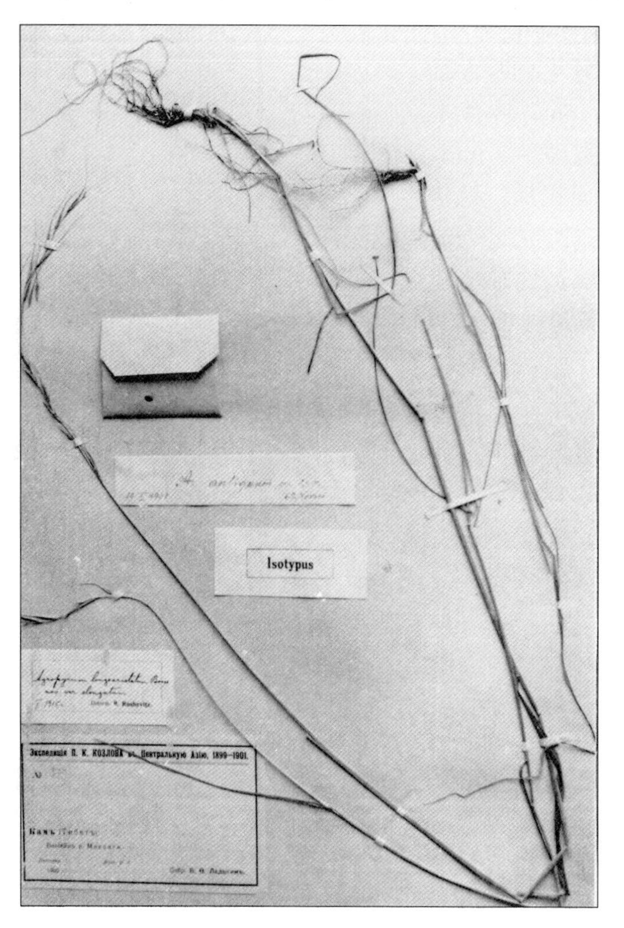

图 5－76 *Roegneria antiqua*（Nevski）J. L. Yang，B. R. Baum et C. Yen（同模式标本现藏于 **LE**!）

形态学特征：多年生，丛生，具多数纤维状须根。秆直立，细瘦，高 40～100 cm，平滑无毛，或具微柔毛，花序以下粗糙，节上被微柔毛。叶鞘无毛，或疏被短柔毛，边缘具纤毛；叶片平展或稍内卷，宽 2～4 mm，上表面粗糙或被毛，下表面粗糙，边缘无毛或粗糙。穗状花序下垂，细瘦，稍曲折，长（7.5～）9～21 cm（芒除外），宽 4～10 mm（芒除外），小穗排列稀疏；穗轴节间长 6～11（～15）mm，粗糙，无毛，两棱上粗糙；小穗具很短的柄（长约 0.4 mm），绿色或稍带紫色，具（2～）3～4 花；小穗轴节间长2～3 mm，被微柔毛或长柔毛；颖线状披针形，无毛，脉上粗糙，两颖不等长，第 1 颖长 1.5～2 mm，

（1～）2～3 脉，第 2 颖长 4～5 mm，3～5 脉，先端急尖并具小尖头；外稃线状披针形，背部密被短细刚毛，边缘具糙硬毛，长 8～11.5 mm，3 脉，侧脉常微弱，中脉突起延伸入芒，芒长 21～30 mm，细弱，外展或稍外展；基盘两侧被微毛；内稃与外稃等长，长 8～11.5 mm，先端平截，两脊上部 1/3 具纤毛；花药黄色至黄紫色，长2～3 mm。

细胞学特征：未知。

分布区：中国西藏、四川。生于山坡上或林间空地；海拔3 600～3 660 m。

48. *Roegneria barbicalla* Ohwi，1942. Acta Phytotax. Geobat. 11（4）：**257.**

48a. var. *pubinodis* Keng，1963. In Keng & S. L. Chen，Acta Nanking Univ.（Boil.）**1**（总 3）：**24；1959，Fl. Ⅲ. Pl. Sin. Gram. 359**（in Chinese）**. 毛节毛盘草**

模式标本：中国"河北内丘县，小编梁沟，山坡，1951 年 6 月 17 日，刘鑫源 441"；主模式标本现藏于 **PE**！。

异名：*Elymus barbicallus*（Ohwi）S. L. Chen var. *pubinodis*（Keng）S. L. Chen，1997. Novon 7（3）：227。

形态学特征：本变种与 var. *barbicalla* 的区别在于：秆较矮，高 40～50 cm，节上密被白色长柔毛，节下被短柔毛；叶鞘边缘具纤毛；颖较长，第 1 颖长 10～14 mm，第 2 颖长 12～14.5 mm；外稃长12～13 mm。

细胞学特征：未知。

分布区：中国河北、内蒙古。生长于山谷坡上；海拔 1 700 m。

48b. var. *pubifolia* Keng，1963. In Keng & S. L. Chen，Acta Nan（Boil.）**king Univ. 1**（总 3）：**25；1959，Fl. Ⅲ. Pl. Sin. Gram. 359**（in Chinese）**. 毛叶毛盘草**（图 5－77）

模式标本：中国"山西：灵石县，岷山，海拔 21 350 m，唐进 887，1929 年 5 月 29 日"；主模式标本现藏于 **PE**！。

异名：*Elymus barbicallus*（Ohwi）S. L. Chen var. *pubinodis*（Ke-ng）S. L. Chen，1997. Novon 7（3）：227。

形态学特征：本变种与 var. ***barbicalla*** 的区别在于：节与叶鞘光滑无毛，叶片密生柔毛；植株较矮，约 50 cm。

细胞学特征：未知。

分布区：中国山西灵石县，河北东陵。海拔 1 350～1 700 m。

49. *Roegneria burchan* - *budda*（Nevski）J. L. Yang，B. R. Baum et C. Yen，2008. J. Sichuan Agricult. Univ. 26：353. 青海鹅观草（图 5－78）

模式标本：中国青海"Burchan - Budda mountain，ravine of northern slope，on sandy - pebble riverbed，alt. 3 050～3 960 m. 12 Ⅶ 1901，No. 234，Ⅴ. F. Ladgin"；主模式标本现藏与 **LE**！

异名：*Agropyron burchan - buddae* Nevski，1932. Bull. Jard. Bot. Acad . Sci . USSR . . 30：514；

Elymus burchan-buddae（Nevski）Tzvel.，1968. Rast. Tsentr. Azii. 4：220。

形态学特征：多年生，密丛生。秆直立，高约 50 cm，无毛。叶鞘无毛；叶片疏松内

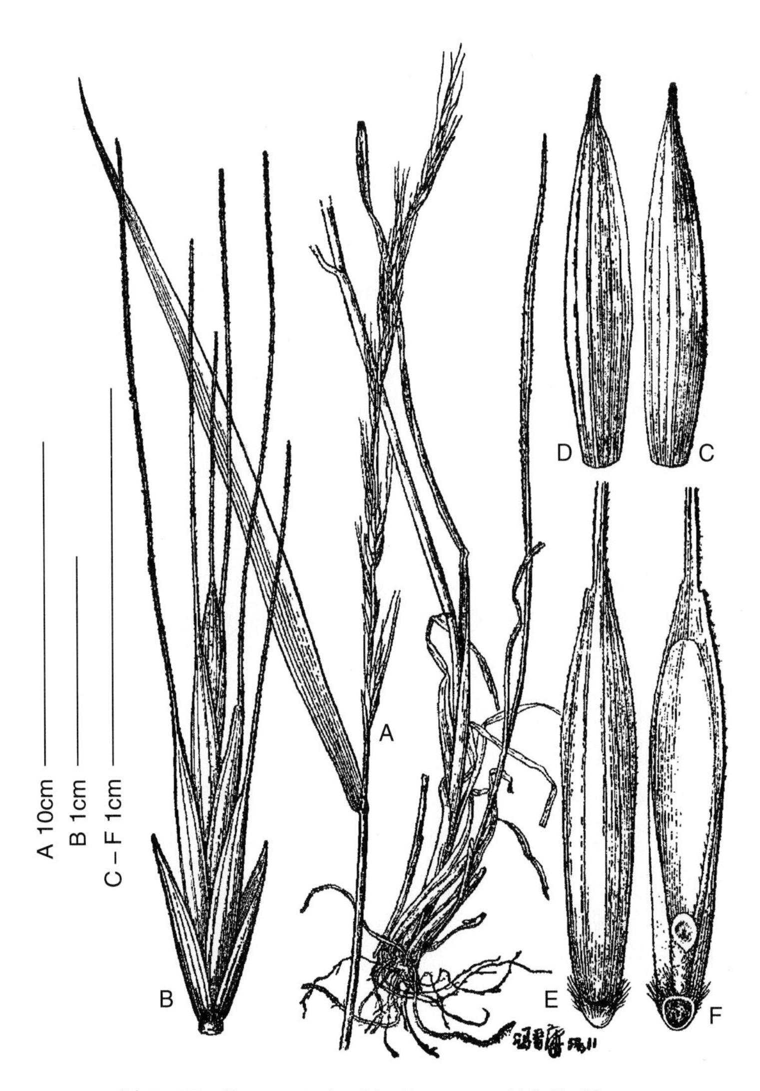

图 5-77 *Roegneria barbicalla* var. *pubifolia* Keng

A. 植株下部及穗 B. 小穗 C. 第 1 颖 D. 第 2 颖 E. 小花背面观 F. 小花腹面观

（引自耿以礼，1959，图 288，冯晋庸绘自主模式标本：唐进 887 号。本图标码修改）

卷，或近于内卷，上表面粗糙，或疏被微毛，下表面无毛，边缘无毛。穗状花序曲折或稍曲折，长 5～13（～18）cm（芒除外），小穗着生稀疏；穗轴节间长 6～10（～18）mm，最下部者可长达 18～30 mm，无毛；小穗绿紫色，具 5～6 花；小穗轴节间长 1.5～3 mm，被短微毛；颖长圆状披针形，无毛，两颖不等长，第 1 颖长 3～3.5 mm，3 脉，第 2 颖长 4～4.5 mm，3～5 脉，先端急尖；外稃披针形，背部除两侧外几乎平滑无毛，5 脉，第 1 外稃长 9～10 mm，具芒，中脉突起延伸成芒的下部，芒长（13～）15～20（～21）mm，下部稍反折，粗糙；内稃与外稃近等长，长 8.5～9 mm，先端钝，两脊上部 1/2 具纤毛；花药黄色，长 2.5～3 mm。

细胞学特征：未知（在卢宝荣的毕业论文中，他记录的本种的细胞学资料是分析的

Roegneria nutans，因他把 *R. nutans*、*R. breviglumis* 作为本种的异名）。

分布区：中国青海、西藏。生长于山谷坡上，沙质至卵石河床；海拔 3 050～3 960 m。

图 5－78 *Roegneria burchan－budda* (Nevski) J. L. Yang，B. R. Baum et C. Yen（主模式标本现藏于 **LE**!）

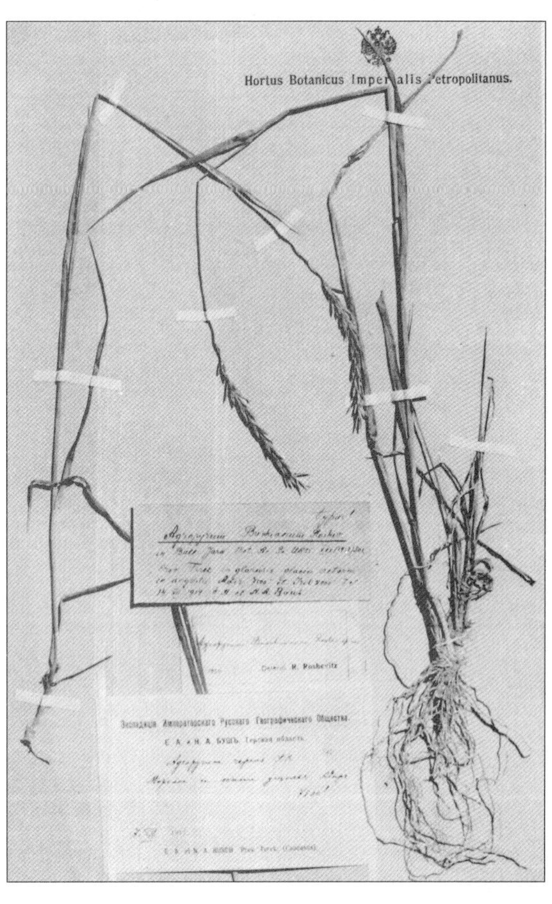

图 5－79 *Roegneria buschiana* (Roshev.) Nevski（主模式标本现藏于 **LE**!）

50. *Roegneria buschiana* (Roshev.) **Nevski，1934. Fl. SSSR. 2：620。布氏鹅观草**（图 5－79）

模式标本：俄罗斯高加索"Prov. Terek in glarescsis glaciciaeterni in angustis. Adir 2 286 et Irik 2 348 m. 14 Vii 1911. E. A. Busch"；主模式标本现藏于 **LE**!。

异名：*Agropyron buschianum* Roshev.，1932. Bull. Jard. Bot. Acad. Sci. URSS. 30：301；

Elymus buschianus (Roshev.) Tzvel.，1972. Nov. Sist. Vyssch. Rast. 9：61。

形态学特征：多年生，丛生，具多数纤维状须根。秆直立或稍斜生，高（45～）50～70（～80）cm，具 3～4 节，平滑无毛，唯在节下被蜡粉。叶鞘平滑无毛；叶舌极短近于不存，平截；叶片平展，或稍内卷，长 10～20 cm，宽 3～6 mm，上表面粗糙，下表面平滑无毛。穗状花序直立，长 8～17 cm，小穗密集着生，偏于一侧或近于二列；穗轴节间长 5～10（～18）mm，下部者长可达 40 mm，节间被蜡粉，无毛，两棱上粗糙；小穗粉绿色，有时稍具紫色红晕，长（11～）12～15（～20）mm，具（2～）3～5（～6）花；小穗轴长 2.5～3 mm，被细微毛；颖披针形，背部无毛，常被蜡粉，脉上粗糙，边缘具紫色透明膜质，两颖近等长，长 7～10 mm，5～7 脉，先端渐尖，通常由中脉延伸形成一芒尖，或具 2～3 齿；外稃披针形，长 8～10 mm，背部被细微毛，先端急尖，具一长 0.5 mm的短芒尖，并具2～3 浅齿；内稃窄披针形，稍短于外稃，先端内凹，两脊上部 1/3～1/2 具短纤毛；花药黄色，长 2～2.5 mm。

细胞学特征：2n=4x=28（Tzvel.，1976）。

分布区：俄罗斯大高加索地区。生长于山坡、草甸；海拔 2 300～2 440 m。

51. ***Roegneria cheniae*** **L. B. Cai，1996. Acta Phytotax. Sin. 34**（3）：**333～335. 陈氏鹅观草**（图 5－80）

模式标本：中国“新疆：昭苏，灌丛中，海拔 2 300 m，1978 年 8 月 3 日，K. Tuo 280875”；主模式标本现藏于 **XJBI**！。

异名：*Elymus cheniae*（L. B. Cai）G. Zhou，2002. Novon 12（3）：426。

形态学特征：多年生，疏丛生，具多数纤维状须根。秆直立或在基部膝曲，高 30～60 cm，径粗 1.5～2.5 mm，平滑无毛，具 3～4 节。叶鞘无毛；叶舌膜质，平截，长约 0.5 mm；叶片平展或边缘内卷，长 3～10 cm，宽 2～4 mm，上、下表面均平滑无毛。穗状花序直立，长 5～13 cm，宽约 4 mm，小穗着生稀疏；穗轴节间长 5～7 mm，无毛，在棱脊上着生稀疏纤毛；小穗紧贴穗轴着生，淡绿色或具紫红色晕，长 10～14 mm，具 2～4 花；小穗轴节间长 2～3 mm，被短微毛；颖披针形或长圆状披针形，无毛，两颖近等长，长 7～11 mm，第 1 颖 4 脉，第 2 颖 4～6 脉，具膜质边缘，先端骤尖或具小尖头；外稃披针形，背部贴生硬毛，第 1 外稃长 8～11 mm，上部明显具 5 脉，外稃具短芒尖，长 1～3 mm；内稃短于外稃，长 8～10 mm，先端内凹或平截，两脊上半部被纤毛，两脊间背部无毛；花药黄色，长 1.5～2 mm。

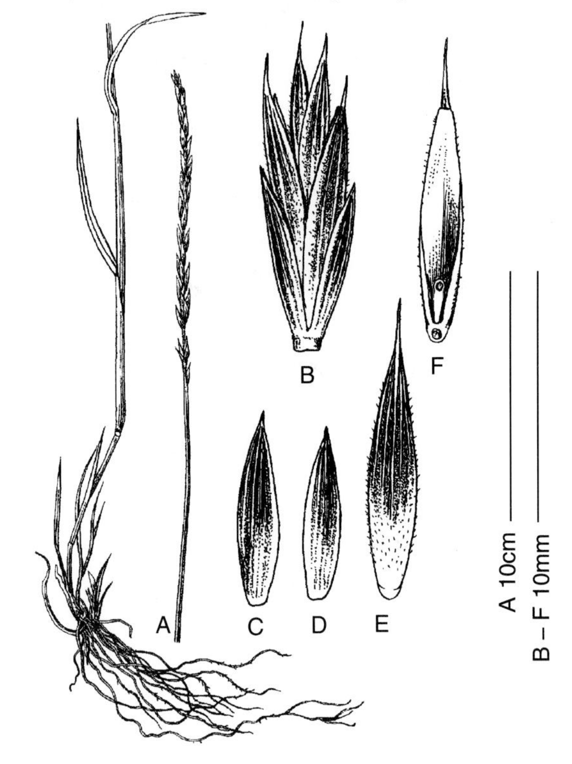

图 5－80 *Roegneria cheniae* L. B. Cai

A. 植株下部及穗 B. 小穗 C. 第 2 颖 D. 第 1 颖 E. 小花背面观 F. 小花腹面观

（A 引自蔡联柄，1996，王颖绘图 3：10～11。稍作修正改绘）

细胞学特征：未知。

分布区：中国新疆。生长于灌丛中；海拔 2 300～2 600 m。

从形态描述与分布地区来看，这个分类可能就是 *Kengyilia zhaosuensis* J. L. Yang, C. Yen et B. R. Baum，因此 *Roegneria cheniae* L. B. Cai 应为 *Kengyilia zhaosuensis* 的异名。

52. *Roegneria ciliaris* （Trininus） **Nevski**

52a. var. *hackeliana* （Honda） **L. B. Cai，1997. Acta Phytotax. Sin. 35** （2）：**176. 细叶鹅观草**

模式标本：朝鲜 "Corea：In agris Hongno，ins Quelpaert（Taquet，No. 1881，anno 1908）"；主模式标本现藏于 **TI**!。

异名：*Agropyron japonicum* Honda var. hackelianum Honda，1927. Bot. Mag.，Tokyo 41：385；

Roegneria japonensis （Honda） Keng var. *hackeliana* （Honda） Keng，1963. In Keng & S. L. Chen，Acta Nanking Univer.（Biol.）3（1）：63；

Agropyron ciliare var. *pilosum* （Korsh.） Honda，1965. Fl. Jap：154.（in English）。

形态学特征：本变种与 var. *ciliaris* 的区别，在于其穗状花序直立，稀微弯；外稃背部无毛或粗糙；颖的边缘不具纤毛；叶片宽仅（3～）4～6mm。

细胞学特征：未知。

分布区：中国、朝鲜半岛、日本。生长于山坡草地。

52b. var. *submutica* （Honda） **Keng，1957. Clav. Gen. & Sp. Gram. Sin. 71，168. 短芒纤毛草**

模式标本：日本 "Kiusiu：in littore Kushikino，prov. Satsuma（T. Doi，No. 84，Anno 1925）"；主模式标本现藏于 **TI**！。

异名：*Agropyron ciliare* var. *submuticum* Honda，1930. J. Fac. Univ. Tokyo sect. Ⅲ. Bot.：27；

Agropyron ciliare f. *submuticum*（Honda）Ohwi，1941. Acta Phytotax. Geobot. 10：96；

Elymus ciliaris （Trin.） Tzvel. var. *submuticus* （Honda） S. L. Chen，1997. Novon 7（3）：238。

形态学特征：本变种与 var. *ciliaris* 的区别，在于其外稃先端仅具小尖头或长仅 1～3（～7）mm 的短芒。

细胞学特征：未知。

分布区：日本，中国华北及华东。生长于山坡草地；海拔 1 000～1 500 m。

53. *Roegneria crassa* L. B. Cai，1996. Acta Phytotax. Sin. 34 （3）：**332. 粗壮鹅观草**（5-81）

模式标本：中国宁夏 "Yanchi，in pratis clivorum alt. 1800 m. July 21，1977. Z. Y. Zhang et H. J. Wang 140"；主模式标本现藏于 **WUK**！。

异名：*Elymus strictus* （Keng） Á. Löve var. *crassus* （L. B. Cai） S. L. Chen & G. Zhu，2002. Novon 12（3）：428。

形态学特征：多年生，疏丛生，具多数纤维状须根。秆直立或在基部膝曲，高 50～90 cm，径粗 2～3 mm，具 4～5 节，稍粗糙。叶鞘粗糙；叶舌膜质，平截，长约 0.5 mm；叶片平展或边缘内卷，长 11～18 cm，宽 3～7 mm，上表面粗糙或被稀疏长柔毛，下表面无毛或粗糙。穗状花序直立，粗壮，长14～18 cm，宽 5～6 mm，小穗排列稀疏；穗轴节间长 5～10 mm，下部者可长达 25 mm，棱脊上具纤毛；小穗狭窄，淡绿色，长 16～22 mm，具 6～8 花；小穗轴节间平滑无毛，长 2～3 mm；颖长圆状披针形，背部无毛，脉上粗糙，两颖不等长，第 1 颖长 8～9 mm，5～7 脉，第 2 颖长 9～10 mm，7 脉，先端骤尖或具小尖头；外稃披针形，第 1 外稃长 8～10 mm，5 脉，背部无毛或上部脉上疏被小硬毛，具芒，芒长15～18 mm，粗糙，反曲；基盘具微毛；内稃与外稃近等长，先端内凹或平截，两脊上部具纤毛；花药黄色，长约 2 mm。

细胞学特征：未知。

分布区：中国宁夏、青海。生长于山坡、草原、高山草甸；海拔 1 800～3 900 m。

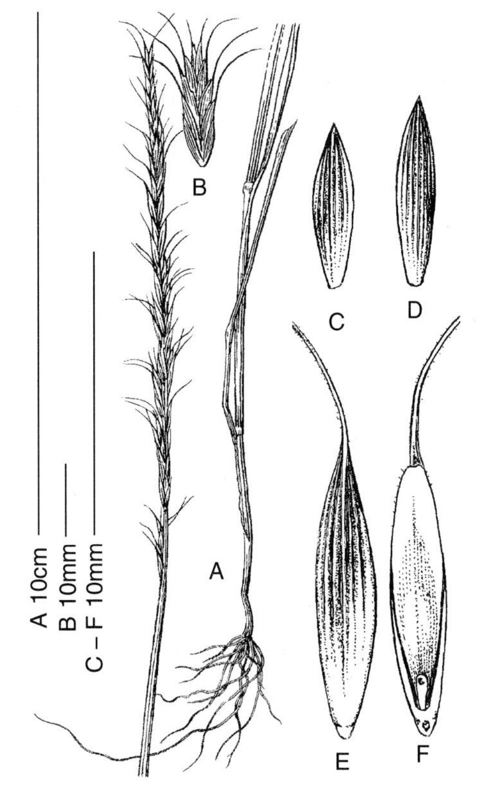

图 5－81 *Roegneria crassa* L. B. Cai
A. 植株下部及穗 B. 小穗 C. 第 1 颖 D. 第 2 颖
E. 小花背面观 F. 小花腹面观
（A、B 引自蔡联炳，1996，王颖绘，图 2：10～12。稍作修正改绘）

54. *Roegneria curtiaristata* L. B. Cai，1996. Guihaia 16（3）：200. 缩芒鹅观草（图5－82）

模式标本：中国西藏“Changdu，Xishan，in clivis，alt. 3400 m，22 Ang. 1973. Exped. Xizang 1988”；主模式标本现藏于 **HNWP**！。

异名：*Elymus curtiaristata*（L. B. Cai）S. L. Chen & G. Zhu，2002. Novon 12（3）：426。

形态学特征：多年生，疏丛生，具短的根状茎。秆直立，高 40～65 cm，茎粗1～2 mm，粗糙，具 3～4 节。叶鞘无毛，但基部者密被倒生的长柔毛；叶舌很短，平截；叶片内卷，长 4～10 cm，宽 2～3 mm，上、下表面均无毛，或上表面疏被长柔毛。穗状花序直立，或稍弯曲，长 9～12 cm，宽4.5～5 mm，小穗排列稀疏；穗轴节间长7～12 mm，无毛，棱脊上疏被小刺毛；小穗狭窄，长 13～19 mm，绿色稍带紫红色，具 5～7 花；小穗轴节间长 2～3 mm，贴生微毛；颖披针形至长圆状披针形，两颖近等长，长5～6 mm，3～5 脉，背部无毛，脉上粗糙，具窄膜质边缘，先端骤尖；外稃披针形，第 1 外稃长 9～10 mm，背部平滑无毛，边缘及上部微粗糙，5 脉，具芒，芒长5～10 mm，直立；基盘被微毛；内稃明显长于外稃，先端钝或平截，两脊上部疏被较短的纤毛，两脊间粗糙；花药黑色，长 2.5～3.2 mm。

细胞学特征：未知。

分布区：中国西藏。生长在山坡上；海拔 3 400 m。

图 5－82　*Roegneria curtiaristata* L. B. Cai

A. 穗状花序　B. 小穗　C. 第 1 颖　D. 第 2 颖　E. 小花腹面观　F. 小花背面观

（A 仿蔡联柄，1996，图 1：10，王颖绘。修正改绘）

55. ***Roegneria curvata*** （Nevski） **Nevski，1934. Acta Univ. As. Med. Ser. 8B，Bot. Fasc. 17：67. 曲穗鹅观草**

var. ***macrolepis*** （Drob.） **J. L. Yang，B. R. Baum et C. Yen，2008. J. Sichuan Agricul. Univ. 26. 大颖曲穗鹅观草**（图 5－83）

模式标本：乌兹别克斯坦 "Prov. Syr - Darja Distr. Aulie - atat. Fl. Arabik（Abolin et Popov，1921，No. 8741）"，主模式标本现藏于 **LE**！

异名：*Agropyron macrolepis* Drob.，1925. Feddes Repert. 21：41. proparte；

Semiostachys macrolepis Drob.，1941，Fl. Uzbeck. 1：382；

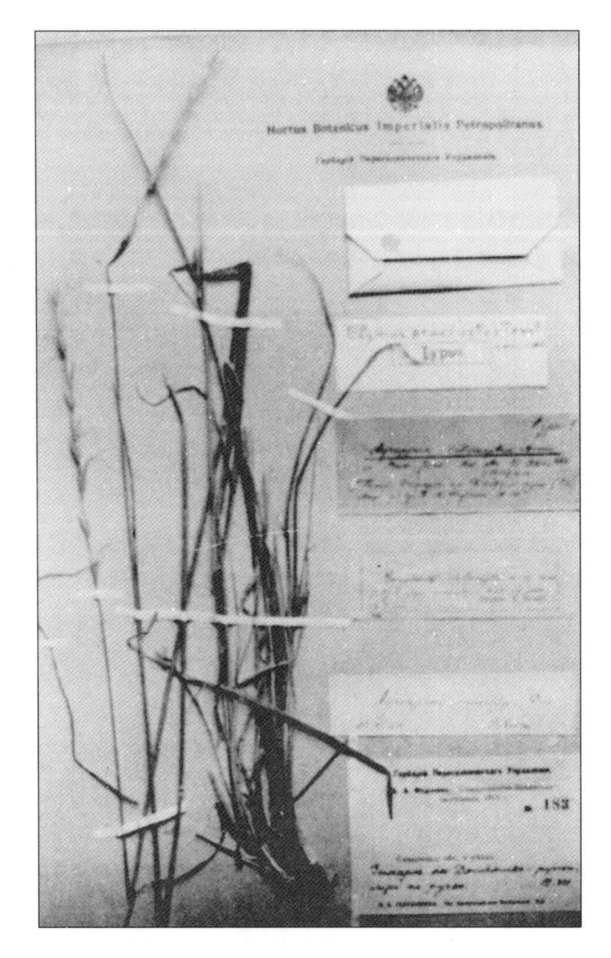

图 5-83 *Roegneria curvata* var. *macrolepis* (Drob.) J. L. Yang, B. R. Baum et C. Yen
（主模式标本，现藏于 **LE**!）

Elymus macrolepis(Drob.)Tzvel.，1968. Rast. Tsentr. Azii 4：217。

形态学特征：本变种与 var. *curvata* 的区别，在于其小穗具 7～9 花；颖具 5～11 脉；外稃芒较短，长 15～25 mm。

细胞学特征：未知。

分布区：乌兹别克斯坦。生长于高山山坡。

56. *Roegneria duthiei* （Meld.） **J. L. Yang, B. R. Baum et C. Yen, J. Sichuan Agricul. Univ. 26：355. 杜氏鹅观草**（图 5-84）

模式标本：印度"W. Himalaya：Nr. Simla，2 134～2 438 m. 23 Aug.，1889，J. F. Duthie 10123"；主模式标本现藏于 **K**！。

异名：*Agropyron duthiei* Melderis，1960. In Bor，Grass. Burm. Ceyl. Ind. Pak.：691. non (Stapf) Bor，1940；

Elymus longearistatus subsp. *duthiei*. Á. Löve，1984. Feddes Repert. 95（7～

8)：468。

形态学特征：多年生，丛生。秆细弱，高 40～70 cm，无毛，具 3～4 节。叶鞘边缘密被长纤毛；叶舌透明膜质，平截并呈撕裂状，长 0.2～0.4 mm；叶片平展，长 10～30 cm，宽 1.5～3 mm，上表面无毛，边缘被稀疏长毛，下表面无毛，但在叶耳处密被长毛。穗状花序直立，长 10～18 cm（芒除外），小穗排列疏松；穗轴节间无毛，棱脊上粗糙；小穗线状披针形，绿色具紫红色晕，长 15～20 mm（芒除外），具 3～5（～6）花；小穗轴节间长2.4～2.8 mm，被硬毛；颖披针形或线状披针形，两颖不等长，无毛，脉上粗糙，第 1 颖长3.5～5 mm，第 2 颖长 6～9 mm，均 3～5 脉，先端急尖或渐尖，有时具一齿和一短芒；外稃线状披针形，长10～12 mm，5 脉，背部无毛，脉上具细刚毛，具芒，芒长（2～）2.5～3.5（～4）cm，纤细，稍弯曲，基部较宽；内稃短于外稃或近等长，线状披针形，先端钝，或内凹，两脊上部具纤毛，两脊间先端具短细刚毛；花药黄色，长 2.8～3.2 mm。

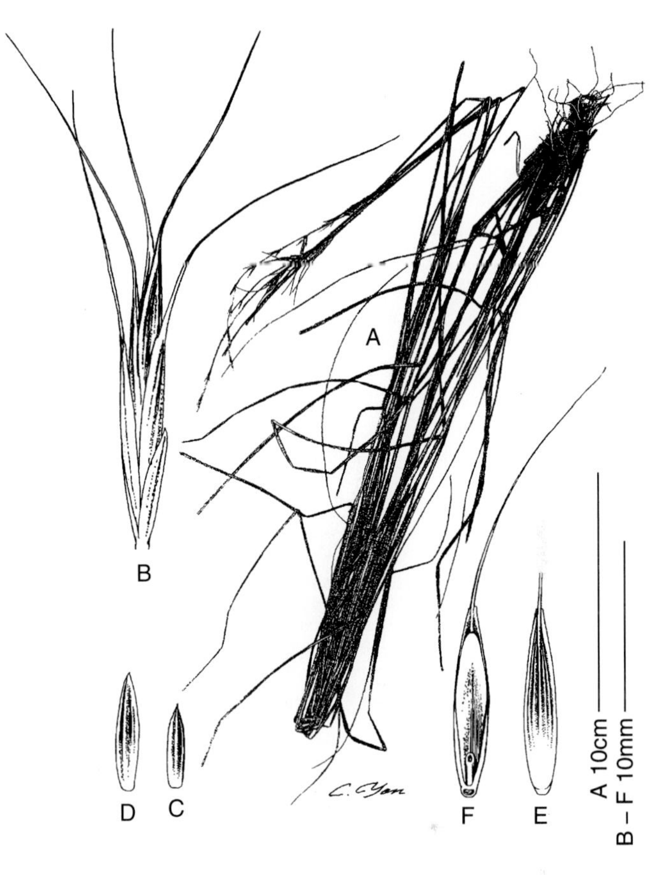

图 5-84 *Roegneria duthiei*（Meld.）J. L. Yang，B. R. Baum et C. Yen
A. 全植株 B. 小穗 C. 第 1 颖 D. 第 2 颖
E. 小花背面观 F. 小花腹面观

细胞学特征：未知。

分布区：印度西喜马拉雅山。生长在山坡；海拔 2 100～2 450 m。

57. *Roegneria flexuosa* L. B. Cai，1996. Acta Phytotax. Sin. 34（3）：330～332. 弯曲鹅观草（图 5-85）

模式标本：中国甘肃“Gansu：Zhangye，in clivis，alt. 1750 m. Aug. 1，1957，X. Z. Zhang 203”；主模式标本现藏于 **WUK**！。

异名：*Elymus sinoflexuosus* S. L. Chen & G. Zhu，2002. Novon 12（3）：428。

形态学特征：多年生，丛生，具短的根状茎。秆直立，高 30～50 cm，茎粗 1.5～2.5 mm，平滑无毛，具 3～4 节。叶鞘无毛；叶舌膜质，平截，长约 1 mm；叶片内卷，长4～14 cm，宽 2～3 mm，上表面粗糙，或被短柔毛，下表面平滑无毛。穗状花序稍下垂，长 10～16 cm，小穗排列稀疏；穗轴节间扭曲，细瘦，长 12～16 mm，棱脊上具硬

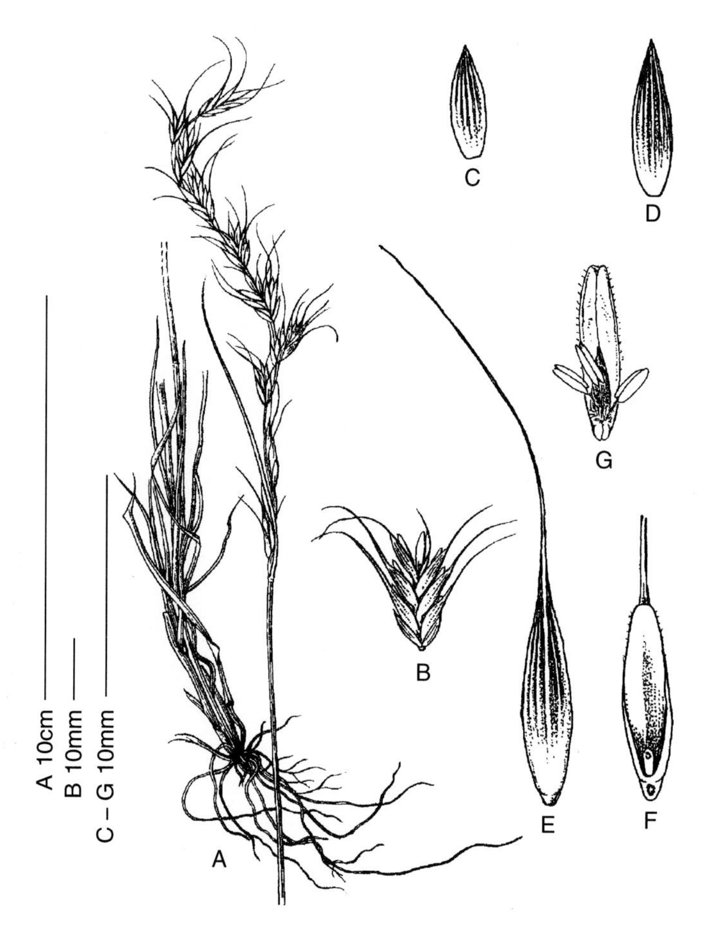

图 5-85 *Roegneria flexuosa* L. B. Cai

A. 植株下部及穗 B. 小穗 C. 第 1 颖 D. 第 2 颖 E. 小花背面观 F. 小花腹面观

（A、B引自蔡联柄，1996，图 2：1～2、3，王颖绘）

毛；小穗淡黄绿色，长 15～20 mm（芒除外），具 6～7 花；小穗轴节间被短微毛；颖长圆状披针形，两颖不等长，无毛，第一颖长 5～6 mm，第 2 颖长 7～8 mm，均 5～7 脉，先端急尖或骤尖；外稃披针形，第 1 外稃长 9～10 mm，背部疏生小刺毛，上部具明显 5 脉，具芒，芒长 20～25 mm，粗糙，外展；内稃与外稃等长或稍短，先端平截，两脊上全部具纤毛；花药黄色，长 1.5～2 mm。

细胞学特征：未知。

分布区：中国甘肃、新疆。生长于山坡上；海拔 1 750～3 520 m。

58. *Roegneria foliosa* Keng，1963. In Keng & S. L. Chen，Acta Nanking Univ.（Biol.）**1**（总 3）**：32；1959. Fl. Ⅲ. Pl. Prim. Sin. Gram.：366.（in Chinese）. 多叶鹅观草**（图 5-86）

模式标本：中国内蒙古“内蒙古百林庙，‘Madoni Ama’，多生岩石阴暗处，丛生禾草，1935 年 8 月 10 日，罗列氏采集团 770”；主模式标本现藏于 **PE**！。

异名：*Elymus semicostatus* subsp. *foliosus*（Keng）Á. Löve，1984. Feddes Rep-

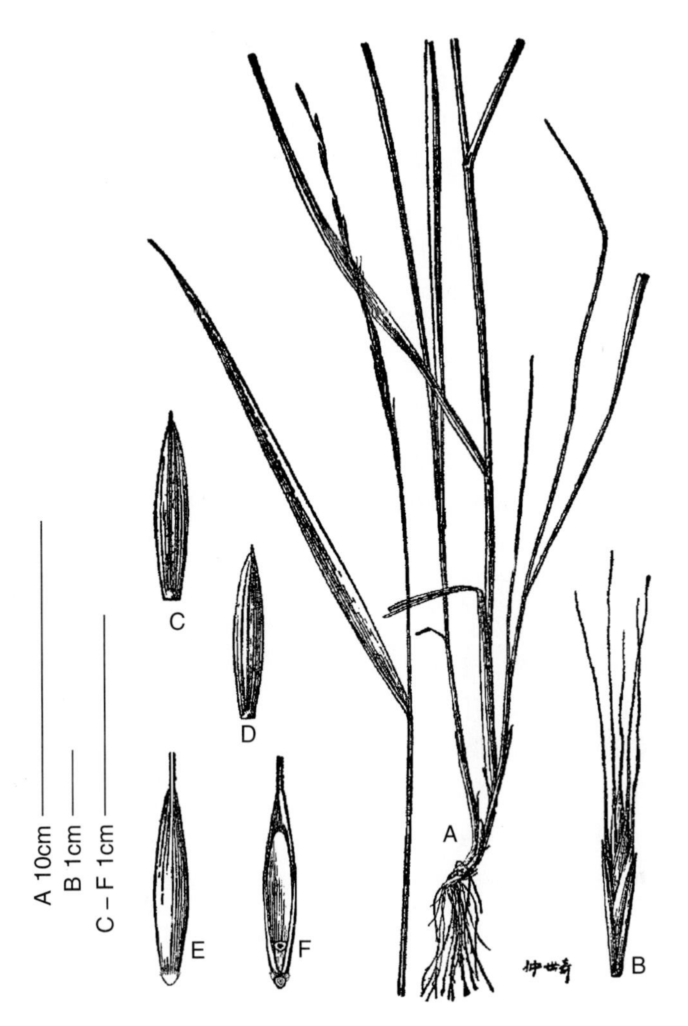

图 5－86 *Roegneria foliosa* Keng

A. 全植株 B. 小穗 C. 第 1 颖 D. 第 2 颖 E. 小花背面观 F. 小花腹面观

（引自耿以礼，1959，图 296，仲世奇绘自主模式标本：罗氏采集团 770 号）

ert. 95（7～8）：454；

Elymus foliosus（Keng）S. L. Chen，1987，Bull. Nanjing Bot. Gard. Mem. Sun Yat Sen 1987：9；

Elymus alienus（Keng）S. L. Chen，1997. Novon 7（3）：227。

形态学特征：多年生，疏丛生，具短的根状茎。秆直立，高 30～60 cm，茎粗 1～2 mm，无毛，具 4～6 节。叶鞘无毛，但基部者密被倒生微毛；叶舌干膜质，平截，长约 0.5 mm；叶片平展，长 15～20 cm，宽 4～9 mm，上表面疏生柔毛，下表面无毛。穗状花序直立，微弯曲，长 7～13 cm，小穗排列稀疏；穗轴节间长 7～10 mm，最下部节间有时长达 18 mm，棱脊上粗糙；小穗绿色，长 14～16 mm（芒除外），具 4～6 花；小穗轴节间被柔毛，长约 1 mm；颖长圆状披针形，两颖不等长，无毛或粗糙，第 1 颖长 7～8 mm，3～5 脉，第

2 颖长 9～10 mm，(3～) 6～7 脉，先端急尖或渐尖；外稃披针形，第 1 外稃长 9～10 mm，上部被明显 5 脉，背部平滑无毛，有时边缘具短微毛，具芒，芒长 10～18 mm，直或稍弯曲；基盘两侧被毛，毛长 0.4 mm；内稃短于外稃 1～2 mm，先端钝，两脊上部 1/3 具刚毛状纤毛，两脊间背部平滑，或上部贴生微毛；花药黄色，长 2.5 mm。

细胞学特征：未知。

分布区：中国内蒙古。生长于岩石阴暗处。

59. *Roegneria formosana* (Honda) **Ohwi，1941. Acta Phytotax. & Geobot. 10** (2)：**95. 台湾鹅观草** (图 5-87)

59a. var. *formosana*

模式标本：中国台湾"in monte Noko - zan (罗哥山) [E. Matsuda (松田英二)，No. 1330. anno 1919]"；主模式标本现藏于 **TI**！。

异名：*Agropyron formosanum* Honda，1927. Bot. Mag. Tokyo 41：385；

Elymus formosanus (Honda) Á. Löve，1984. Feddes Repert. 95 (7～8)：449。

形态学特征：多年生，疏丛生，具多数纤维状须根。秆直立，高 (30～) 60～80 cm，茎粗 (1～) 2 mm，无毛，具 2～4 节。叶鞘无毛；叶舌近于革质，平截至圆形，长 0.5 mm 以下；叶片平展，或微内卷，长 (6～) 15～20 cm，宽 (3～) 4～6 mm，上、下表面均无毛或粗糙。穗状花序下垂，长 (7～) 15～20 cm，宽约 5 mm，小穗排列稀疏；穗轴节间长 7～13 mm，最下部者可长达 15 mm，棱脊上粗糙；小穗卵状披针形至长圆形，绿色，长 15～20 mm (芒除外)，具 4～8 花，；小穗轴节间长 1.4～1.6 mm，被短微毛；颖长圆状披针形，近于革质，两颖不等长，背部无毛，脉突起而粗糙，第 1 颖长 5～6 mm，第 2 颖长 7～8 mm，均 5～7 脉，先端渐尖或急尖而具小尖头，边缘宽膜质；外稃长圆状披针形，近于革质，外稃长约 8 mm，背部圆，粗糙或贴生微毛，边缘具短纤毛而无膜质，上部具明显 5 脉，并形成脊而伸向先端芒内，

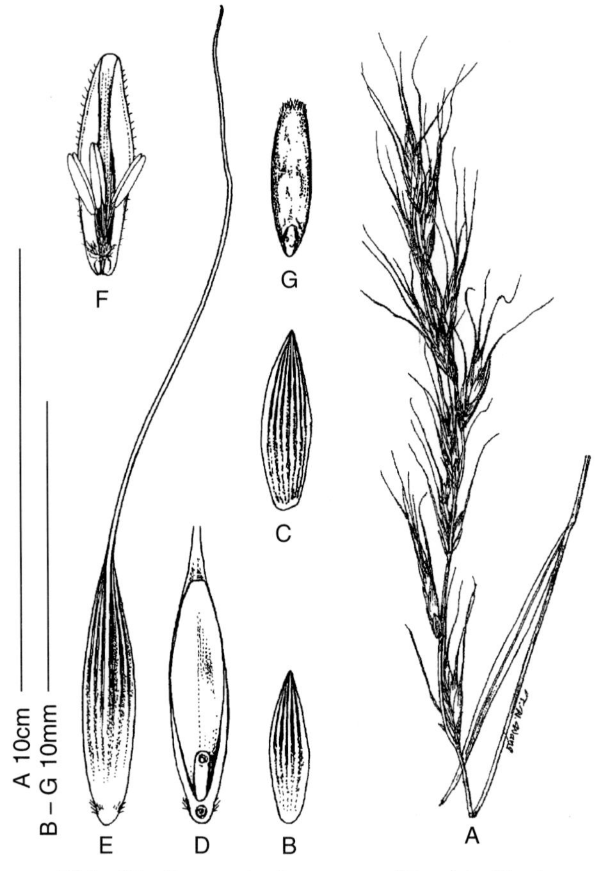

图 5-87 *Roegneria formosana* (Honda) Ohwi
A. 穗及旗叶 B. 第 1 颖 C. 第 2 颖 D. 小花腹面观 E. 小花背面观 F. 内稃、鳞被、雄蕊及雌蕊柱头 G. 颖果
(A 引自《台湾植物志》，1978，第 5 卷，T. W. Wang 绘，图版 1395：7。B～G 颜济补绘)

芒长 20 mm 左右，粗糙，粗壮，基部扩大，直伸或不规则地蜿蜒弯曲；基盘被毛，两侧者较长（长 2～3 mm）；内稃与外稃等长，长圆状披针形，先端钝或圆钝，或稍内凹，两脊上具翼，全长具纤毛；花药黄色，长 2～2.5 mm。颖果长圆形，长约 6 mm，黏稃。

细胞学特征：未知。

分布区：中国台湾。生长在高山区域。

59b. var. *longearistata* Keng，1963. In Keng & S. L. Chen，Acta Nanking Univ. （Biol.）**1**（总 3）：**59；1959. Fl. Ill. Pl. Prim Sin. Gram.：386.** （in Chinese）. **长芒台湾鹅观草**（图 5－88）

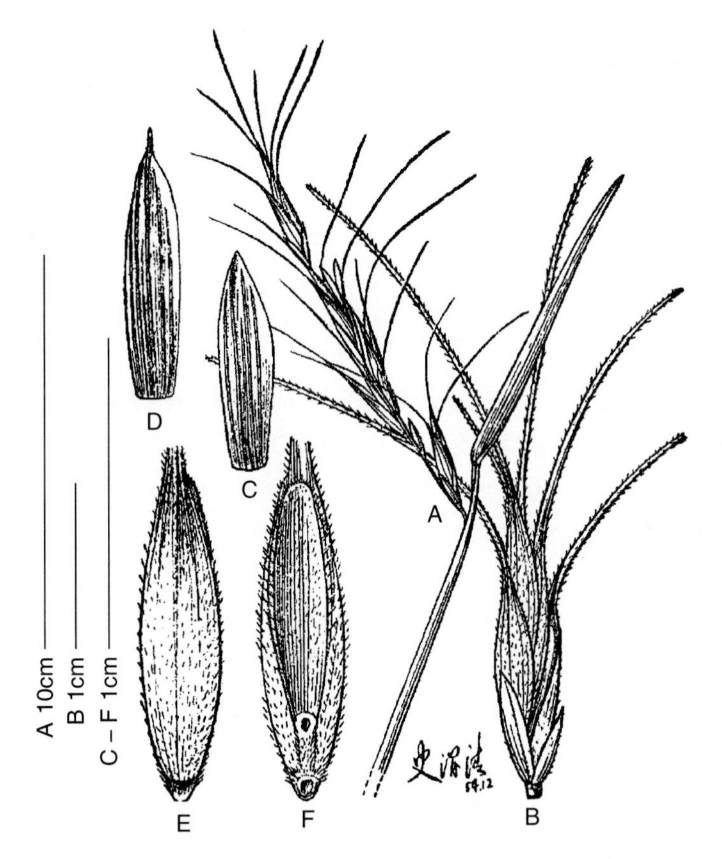

图 5－88 *Roegneria formosana* var. *longearistata* Keng

A. 穗及旗叶 B. 小穗 C. 第 1 颖 D. 第 2 颖 E. 小花背面观 F. 小花腹面观

（引自耿以礼，1959，图 315，史渭清绘自主模式标本：福山伯明 4092 号）

模式标本：中国台湾“台北市，太平山栅尾，1933 年 7 月，Noriaki Fukuyama 4092”；主模式标本现藏于 **NAS**!。

异名：*Elymus formosanus*（Honda）Á. Löve var. *longearistatus*（Keng）S. L. Chen，1997. Novon 7（3）：228。

本变种与 var. *formosana* 的区别，在于其叶片较狭窄，宽仅 2～4 mm；穗状花序较短，仅长 7～10 cm；颖较长，第 2 颖可长达 9 mm；外稃较长，长 8.5～11 mm，以及芒长 20～35 mm。

细胞学特征：未知。

分布区：中国台湾。生长于山坡。

59c. var. *pubigera* Keng，1963. In Keng & S. L. Chen，Acta Nanking Univ.（Biol.）**1**（总 3）：**60. 毛鞘台湾鹅观草**

模式标本：中国台湾"台湾省标本，前静生生物调查所蜡叶标本室 No. 82369"；主模式标本现藏于 **PE**！。

异名：*Elymus formosanus*（Honda）Á. Löve var. *pubigerus*（Keng）S. L. Chen，1997. Novon 7（3）：228。

形态学特征：本变种与 var. *formosana* 的区别，在于其植株矮，高 30～50 cm；叶鞘基部被毛；叶片狭窄，宽 2～4 mm；穗状花序较短，长 10～12 cm；以及外稃芒短，长10～20 mm。

细胞学特征：未知。

分布区：中国台湾。生长于山坡。

60. *Roegneria gmelinii*（Ledeb.）Kitag.，1939. Rep. Inst. Sc. RES. Manch. 5. App. 1，91. 直穗鹅观草

60a. var. *macrathera*（Ohwi）Kitag.，1979. Neo - Lineam，Fl. Manshur.：108. 大芒直穗鹅观草

模式标本：中国内蒙古："Mongolia interior boreali-orientalis（Kochito orientalis），leg. I. Hirayoshi n. 10277"；主模式标本现藏于 **KYO**！。

异名：*Agropyron turczaninovii*（Drob.）Nevski var. *macratherum* Ohwi，1941. Acta Phytotax. & Geobot. 10（2）：98；

Roegneria turczaninovii（Drob.）Nevski var. *macrathera* Ohwi，1941. Acta Phytotax. & Geobot. 10（2）：98；

Elymus gmelinii（Ledeb.）Tzvel. var. *macratherus*（Ohwi）S. L. Chen & G. Zhu，2002. Novon 12（3）：428；

Roegneria macrathera（Ohwi）L. B. Cai，1997. Acta Phytotax. Sin. 35（2）：176.

形态学特征：本变种与 var. *gmelinii* 的区别，在于其秆较粗壮，基部径粗约 3 mm；两颖几乎等长，长 10～15 mm，等长于或其第 2 颖长超过第 1 外稃。

细胞学特征：未知。

分布区：中国新疆、内蒙古、黑龙江。生长在山坡路边、灌丛中；海拔1 800～2 400 m。

60b. var. *pohuashanensis*（Keng）J. L. Yang，B. R. Baum et C. Yen 2008，J. S: chuan Agricul. Univ. 26. 百花山鹅观草（图 5 - 89）

模式标本：中国"河北：百花山，1908 年 7 月 16 日，矢部吉桢无号标本"；主模式标本现藏于 **NAS**！。

异名：*Roegneria tuczaninovii* var. *pohuashanensis* Keng，1963. In Keng & S. L. Chen，Acta Nanking Univ.（Biol.）3（1）：67；1959. Fl. Ill. Pl. Prim. Sin. Gram.：395.（in Chinese）；

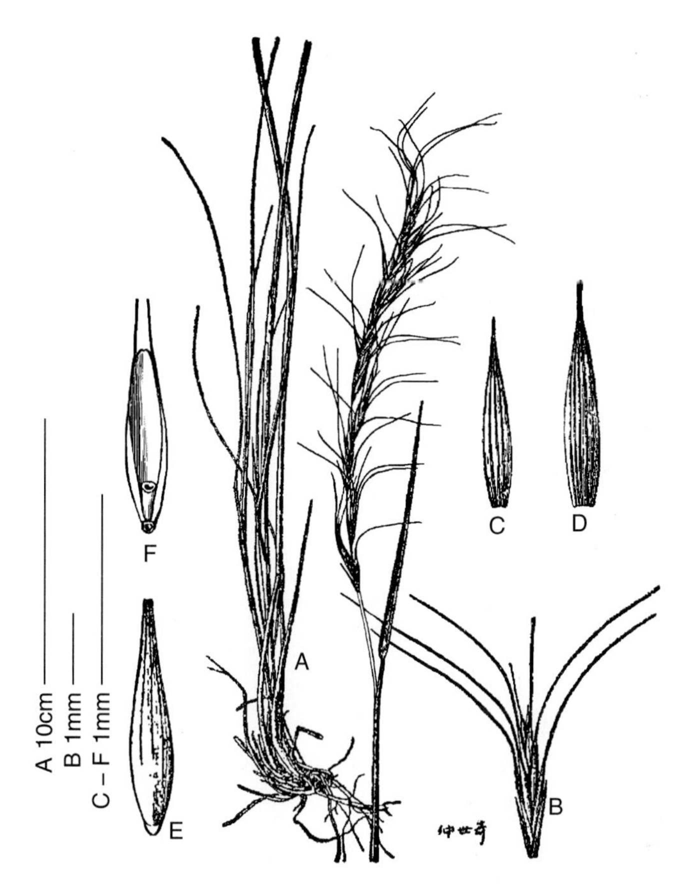

图 5-89　*Roegneria gmelinii* var. *pohuashanensis*（Keng）J. L. Yang，B. R. Baum et C. Yen

A. 植株下部及穗　B. 小穗　C. 第 1 颖　D. 第 2 颖　E. 小花背面观　F. 小花腹面观

（引自耿以礼，1959，图 323，仲世奇绘自主模式标本：矢部吉祯，无号。本图稍作修正及标码更改）

Elymus gmelinii（Ledeb.）Tzvel.，var. *pohuashanensis*（Keng）S. L. Chen & G. Zhu，2000. Novon 12（3）：428。

形态学特征：本变种与 var. *gmelinii* 的区别，在于其秆较矮，长 50～70 cm；叶片坚硬，内卷，宽 2～6 mm；穗状花序弯曲，下垂；穗轴节间细弱。

细胞学特征：未知。

分布区：中国河北、内蒙古。生长在山坡上；海拔 2 000 m。

60c. var. *tenuiseta*（Ohwi）J. L. Yang，B. R. Baum et C. Yen，2008. J. Sichuan Agricul. Univ. 26：259. 细穗鹅观草

模式标本：日本本岛"Honda：m. 雾蜂（Kirigamine），信浓（Shinano）（今长野县），大井次三郎，No. 8355"；主模式标本现藏于 **KYO**！。

异名：*Roegneria turczaninovii*（Drob.）Nevski var. *tenuiseta* Ohwi，1941. Acta Phyto tax. & Geobot. 10（2）：97；

Elymus gmelinii subsp. *tenuisetus*（Ohwi）Á. Löve，1984. Feddes Repert. 95

(7～8)：456；

Agropyron gmelinii subsp. *tenuisetum*(Ohwi)T. Koyama，1987 . Grass. Jap. & Neighb. Reg.：484。

形态学特征：本变种与 var. *gmelinii* 的区别，在于叶片坚硬，边缘内卷，较窄，宽 2～2.5 mm；穗状花序细弱，弯曲或下垂，较窄，宽 3～3 mm；穗轴节间细弱；小穗仅具 3 小花与一不育外稃。

细胞学特征：未知。

分布区：日本、中国、俄罗斯、朝鲜半岛。生长在山坡上。

61. *Roegneria*×*gracilis* L. B. Cai，1996. Acta Phytotax. Sin. 34（3）：**328～330. 纤瘦鹅观草**（图 5－90）

模式标本：中国西藏“工布江达，河边，海拔 3 970 m，1988 年 9 月 21 日，楊俊良等 880788”；主模式标本：**SAUTI**！。

异名：*Elymus caianus* S. L. Chen & G. Zhu，2002. Novon 12（3）：425。

形态学特征：多年生，疏丛生或单生，具短根状茎。秆高约 70 cm，径粗 1.2～2 mm，微粗糙，具 3～4 节。叶鞘无毛；叶舌很短，平截；叶片平展，或边缘内卷，长 2～6 cm，宽 2～3 mm，上表面粗糙或疏生微毛，下表面平滑无毛。穗状花序稍下垂，长 10～12 cm，小穗排列稀疏；穗轴节间细弱，曲折，长 5～12 mm，棱脊上疏被硬毛；小穗狭窄，绿色具紫红色晕，长 12～16 mm（芒除外），具 3～4 花，不育；小穗轴节间长2～2.5 mm，被短微毛；颖披针形，两颖不等长，无毛，脉上粗糙，第 1 颖长 2～3 mm，第 2 颖长 4～5 mm，两颖均 3 脉，先端渐尖；外稃线状披针形，具明显 5 脉，第 1 外稃长8～10 mm，外稃背部及边缘疏被硬毛，具芒，芒长 6～8 mm，稍弯曲；基盘两侧被微毛；内稃与外稃等长，或稍短于外稃，先端钝或平截，两脊上半部被纤毛；花药黄色，长约 1 mm。

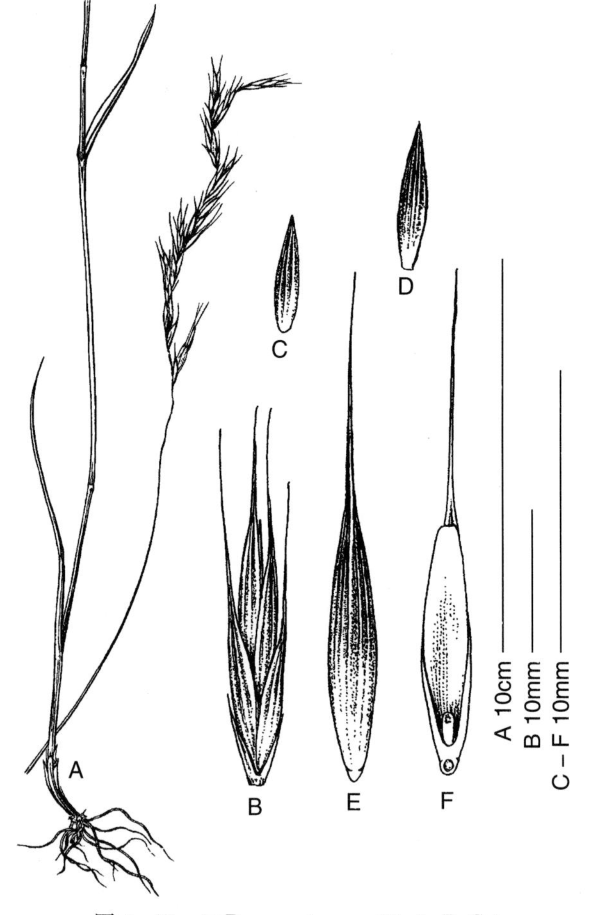

图 5－90　×*Roegneria gracilis* L. B. Cai

A. 植株下部及穗　B. 小穗　C. 第 1 颖　D. 第 2 颖　E. 小花背面观　F. 小花腹面观

（A 引自蔡联炳，1996，图 1：9，王颖绘）

细胞学特征：未知。

分布区：中国西藏工布江达。生长于河边及附近；海拔 3 970 m。

本杂种生长在具 *Roegneria tschimganica* 与 *Roegneria nutans* 的群落中，可能是杂交起源，没有观察到有能结实的植株。

62. *Roegneria hirtiflora* C. P. Wang et H. L. Yang，1984. Bull. Bot. Res. 4（4）：**86. 毛花鹅观草**（图 5－91）

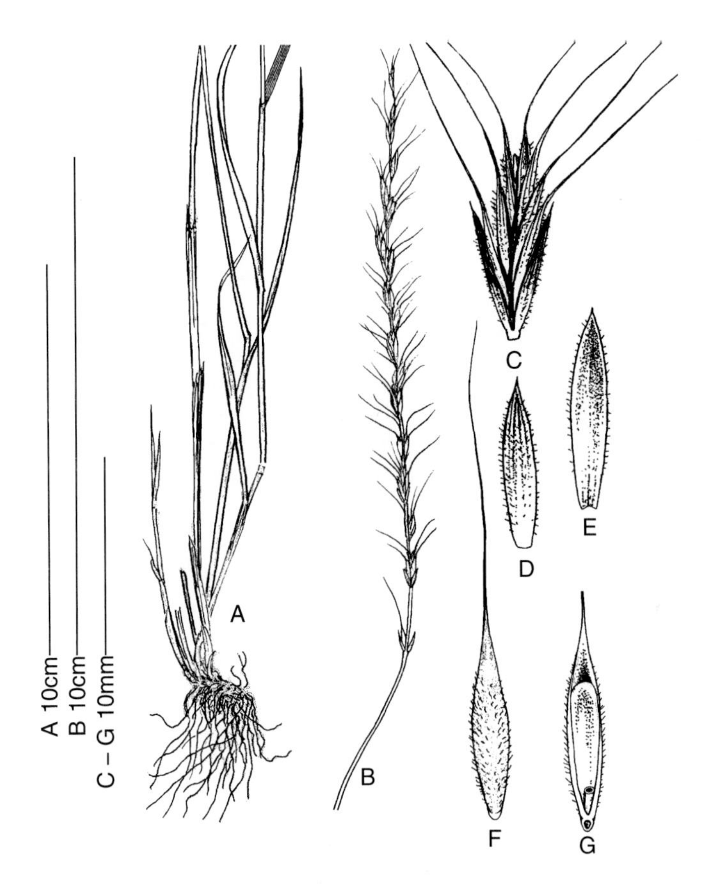

图 5－91　*Roegneria hirtiflora* C. P. Wang et H. L. Yang

A. 植株下部　B. 全穗　C. 小穗　D. 第 1 颖背面观　E. 第 2 颖腹面观

F. 小花背面观　G. 小花腹面观

（引自杨锡麟、王朝品，1984，图 4，杨锡麟绘。本图稍作修正，标码修改）

模式标本：中国“内蒙古大青山，巴库哲（Bakuczi）（呼和浩特市附近），1 200 m，山坡草甸，1960 年 7 月 15 日，王作宾 099”；主模式标本现藏于 **NMAC**！。

异名：*Elymus sinohirtiflorus* S. L. Chen，1987. Bull. Nanjing Bot. Gard. Mem. Sun Yat Sen 1987：9。

形态学特征：多年生，疏丛生。秆直立，高 100 cm 左右，径粗约1 mm，无毛。叶鞘无毛，靠近叶片处疏被长柔毛；叶片平展，长 8～15 cm，宽 1～2 mm，上、下表面均被微毛，脉上及边缘具白色长柔毛。穗状花序直立，长 12～22 cm，小穗排列疏松；穗轴节间粗糙，棱脊上具小刺毛；小穗绿色，长 10～15 mm，具7～9 花；颖长圆状披针形，两颖不等长，基部两侧被棕色糙毛，脉上及边缘具白色长硬毛，第 1 颖长 7～8 mm，第 2 颖长 10 mm 左右，两颖均 5～7 脉，先端渐尖；外稃长圆形，第 1 外稃长 7～9.5 mm，背部及边缘密被粗硬毛及点状粗糙，具芒，芒长 16～25 mm，直立或上部微弯曲；基盘被短微毛；内稃长为外稃的 2/3，长 5.5～8 mm，两脊上全部疏被纤毛。

细胞学特征：未知。

分布区：中国内蒙古大青山。生长于山坡草甸中；海拔 1 200 m。

63. *Roegneria hongyuanensis* L. B. Cai，1997. Acta Phytotax. Sin. 35（2）：157. 红原鹅观草（图 5 - 92）

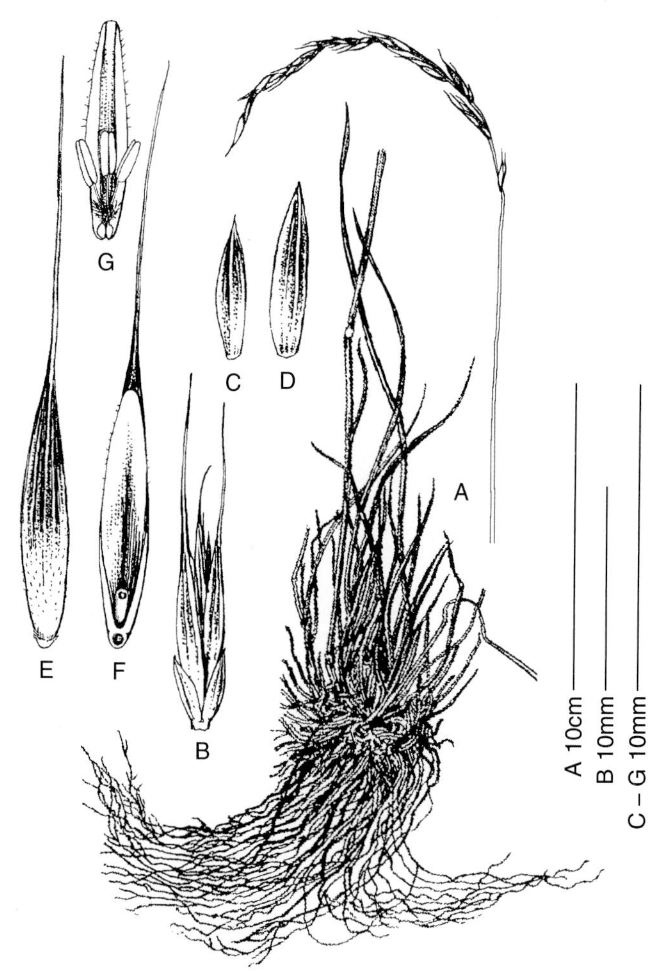

图 5 - 92 *Roegneria hongyuanensis* L. B. Cai

A. 植株下部及穗 B. 小穗 C. 第 1 颖 D. 第 2 颖

E. 小花背面观 F. 小花腹面观 G. 内稃、鳞被、雄蕊及雌蕊柱头

（A、B引自蔡联炳，1997，图 1：1～3，本图稍作修正改绘）

模式标本：中国四川“Hongyuan（红原），in pratis，alt. 3 400 m，1979－09－23，W. Z. Xie（谢文忠）005”；主模式标本现藏于 **HNWP**!。

异名：*Elymus hongyuanensis*（L. B. Cai）S. L. Chen & G. Zhu，2002. Novon 12（3）：426。

形态学特征：多年生，丛生，具细长而密的纤维状须根。秆直立，或基部稍膝曲，高 50～70 cm，径粗1. 3～2. 5 mm，微粗糙，通常具 2 节。叶鞘无毛；叶舌平截，短；叶片平展，或边缘内卷，长 7～10 cm，但分蘖叶有时可长达 25 cm，宽 1. 5～3 mm，上表面疏生长柔毛，下表面较平滑无毛。穗状花序下垂，线形，长 7～10 cm，小穗疏生；穗轴节间长 5～12 mm，无毛，棱脊上粗糙；小穗绿色，长 10～12 mm（芒除外），具 2～3 花；小穗轴节间长 0. 5～1 mm，被微毛；颖披针形，两颖不等长，无毛，或在脉上粗糙，第 1 颖长 3～4 mm，第 2 颖长 4～6 mm，均 3 脉，颖先端急尖；外稃披针形，第 1 外稃长 8～9 mm，外稃背部疏被刺毛，5 脉，具芒，芒长 6～11 mm，直；基盘被短毛；内稃与外稃近等长，先端钝或平截，两脊全长具短纤毛，两脊间背部疏被刺毛；花药黑色，长约 2 mm。

细胞学特征：未知。

分布区：中国四川红原。生长在草甸中；海拔 3 400 m。

64. *Roegneria humilis* Keng et S. L. Chen，1963. Acta Nanking Univ.（Biol.）**1**（总 3）**：40. 矮鹅观草**（图 5－93）

模式标本：中国青海“三角城，公路旁，1957 年 8 月 24 日，耿伯介及雍际炳、李琪 180 号”；主模式标本现藏于 **N**!。

异名：*Elymus humilis*（Keng & S. L. Chen）S. L. Chen，1987. Bull. Nanjing Bot. Gard. Mem. Sun Yat Sen 1987：9。

形态学特征：多年生，疏丛生，秆基部常膝曲，高 20～25 cm，无毛，常具 2 节。叶鞘无毛，常宿存在秆基部呈纤维状；叶舌干膜质，平截，长约0. 2 mm；叶片通常内卷，长 2. 5～5. 5 cm，分蘖叶片可长达 10. 5 cm，宽 1～4 mm，上表面被微毛，下表面密生细毛。穗状花序直立，长4. 5～7 cm，小穗常略偏于一侧；穗轴节间长 5～9 mm，背部无毛或具细柔毛，棱脊上具短硬纤毛；小穗单生，稀孪生于每一穗轴节上，长 8～13 mm（芒除外），具3～5 花，最上部一花常不发育；小穗轴节间长 1 mm，密被硬毛；颖披针形，偏斜，两颖不等长，无毛，中脉上粗糙，第 1 颖长 7～10 mm（包括长 1～3 mm 的短芒），2～4 脉，第 2 颖长 8～11 mm（包括长 3 mm 的尖头），2～4（5～）脉，先端渐尖而成短芒或尖头，边缘紫色膜质；外稃披针形，第 1 外稃长 8～9 mm，上部具 5 脉，背部稍粗糙，脉上粗糙，具很窄的紫色膜质边缘，具芒，芒长 2～5 mm，直；基盘有毛，毛长0. 2～0. 5 mm；内稃与外稃等长，先端内凹，两脊上具翼，翼上半部密被硬纤毛，向下渐短而稀疏，两脊间背部被微毛；花药黄色，有时具紫红色，长约 2 mm。

细胞学特征：未知。

分布区：中国青海。生长在路边。

65. *Roegneria hybrida* Keng，1963. In Keng & S. L. Cheng，Acta Nanking Univ.（Biol.）**1**（总 3）**：18；1959. Fl. Ill. Pl. Prim. Sin. Gram. 352**（in Chinese）**. 杂交鹅观草**

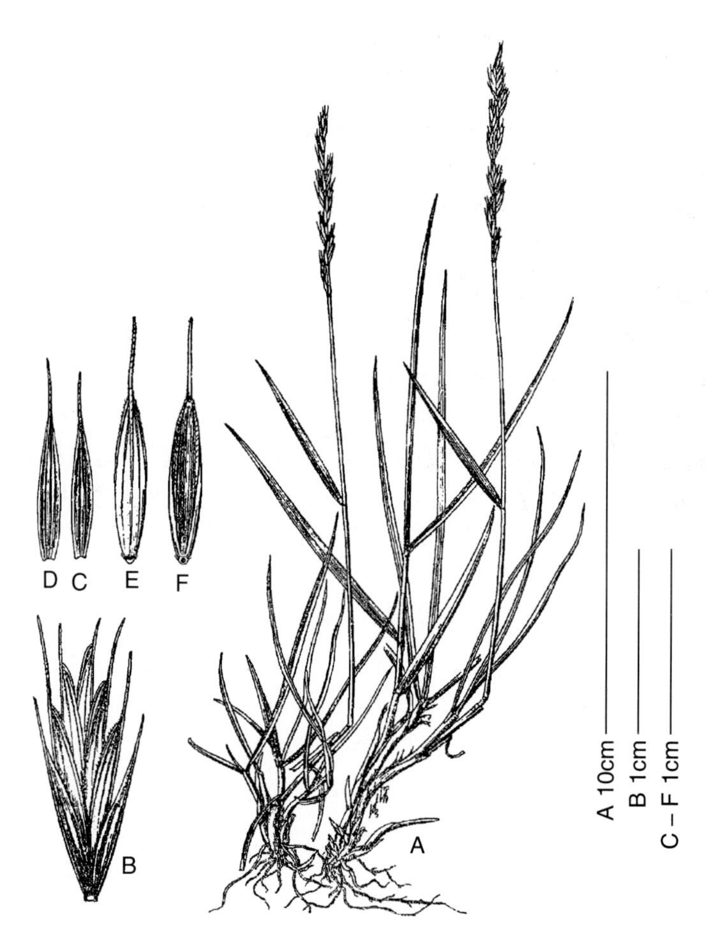

图 5－93 *Roegneria humilis* Keng et S. L. Chen

A. 全植株 B. 小穗 C. 第 1 颖 D. 第 2 颖 E. 小花背面观 F. 小花腹面观

（引自耿以礼、陈守良，1963，图 3，史渭清绘自主模式标本：耿伯介等 180 号）

（图 5－94）

模式标本：中国江苏“南京，太平门外，林业学校山上，1956 年 5 月 7 日，俞泽华 3”；主模式标本现藏于 **N**!。

异名：*Elymus hybridus*（Keng）S. L. Chen，1987. Bull. Nanjing Bot. Gard. Mem. Sin. 35（2）：166。

形态学特征：多年生，丛生。秆直立，或在基部稍膝曲，高约 90 cm，无毛，具 5～6 节。叶鞘无毛；叶舌平截，长0.5～1 cm；叶片平展，长 15～25 cm，宽 5～8 mm，基部者可仅宽 2.5 mm，上表面粗糙，下表面无毛。穗状花序下垂，长 27 cm 左右，小穗排列不紧密；穗轴节间长 10～17 mm，两棱脊上粗糙；小穗绿色，长 17～20 mm（芒除外），具 6～8 花；小穗轴节间长约 1.5 mm，贴生微毛；颖长圆状披针形，两颖不等长，无毛，脉上粗糙，第 1 颖长 6～8 mm，3～5 脉，第 2 颖长 8～9 mm，5～7 脉，颖先端渐尖或具长1～2.5 mm 的短芒，边缘膜质；外稃长圆状披针形，第 1 外稃长 10～11 mm，外稃上

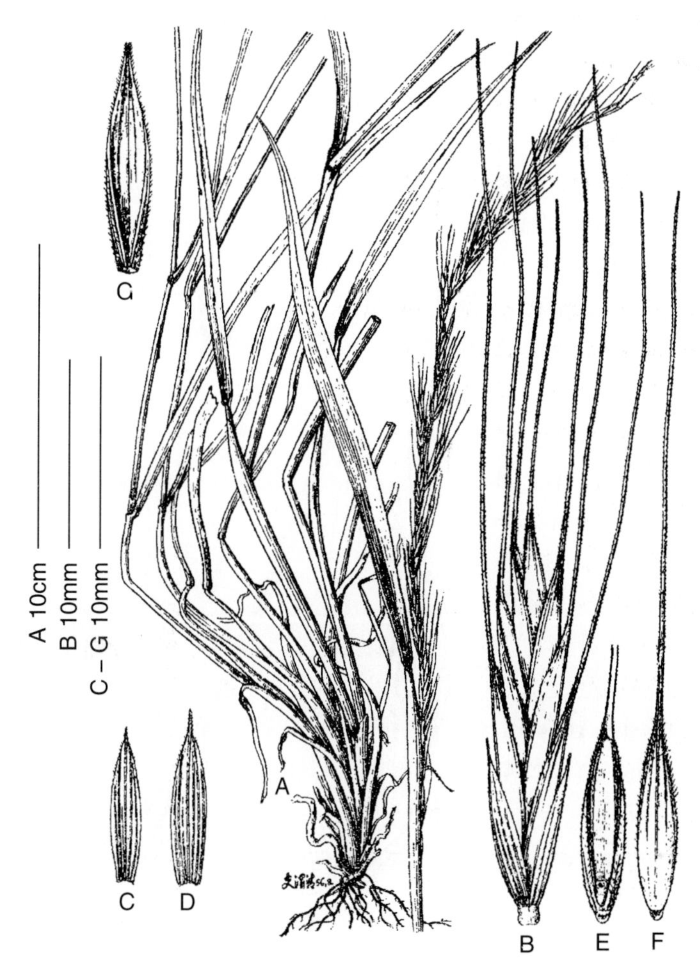

图 5－94 *Roegneria hybrida* Keng

A. 全植株 B. 小穗 C. 第 1 颖 D. 第 2 颖 E. 小花腹面观

F. 小花背面观 G. 外稃腹面观，示膜质边缘

（引自耿以礼，1959，图 282，史渭清绘自主模式标本：俞泽华 3 号。本图标码修改）

部具明显 5 脉，背中部无毛，上部及基部两侧常疏被小硬毛，近边缘处具长纤毛，边缘膜质，具芒，芒长（20～）25～30 cm，直或稍弯曲；基盘两侧具长 0.1 mm 的短毛；内稃与外稃等长，或稍短于外稃，先端圆钝形，两脊上具翼，翼缘上部 3/4 具纤毛；花药黄色，长约 2 mm。

细胞学特征：未知。

分布区：中国江苏。生长在小山坡上。

66. *Roegneria intramongolica* Sh. Chen et Gaowua，1979. Acta Phytotax. Sin. 17（4）：**93～94. 内蒙古鹅观草**（图 5－95）

模式标本：中国内蒙古“锡林郭勒盟，东乌珠穆沁旗，宝格达山，1975 年 8 月 25 日，资源队 10717”；主模式标本现藏于 **FGC**!。

异名：*Elymus intramongolicus*（Sh. Chen & Gaowua）S. L. Chen，1987. Bull. Nanjing Bot. Gard. Mem. Sun Yat Sen 1987：9。

形态学特征：多年生，疏丛生。秆直立，基部节稍膝曲，高100～160 cm，径粗约5 mm，平滑无毛。叶鞘无毛；叶舌平截，撕裂状；叶片平展，长15～25 cm，宽5～10 mm，上表面被柔毛，下表面沿脉具微硬毛。穗状花序直立，绿色或具紫晕，长9～15 cm，小穗排列较紧密；穗轴节间长3～10 mm，棱脊上具短纤毛；小穗长11～13.5（～18.5）mm（芒除外），具3～6花；小穗轴节间长1.5～3 mm，背部密被柔毛；颖窄披针形，两颖不等长，颖背部密被微硬毛至细柔毛，第1颖长9～10 mm，第2颖长10～11 mm，两颖均具5～7脉，先端渐尖或具一长1～1.5的尖头，具窄膜质边缘；外稃披针形，第1外稃长11～12.5 mm，外稃5脉，背部密被微柔毛，先端常具大小不等的2齿，外稃无芒，仅具长1～2.5 mm的芒尖或短芒；基盘两侧被微毛；内稃短于外稃，长9.5～10.5 mm，先端钝，两脊上部被短纤毛，两脊间背部被微柔毛；花药黄色，长2～2.5 mm。

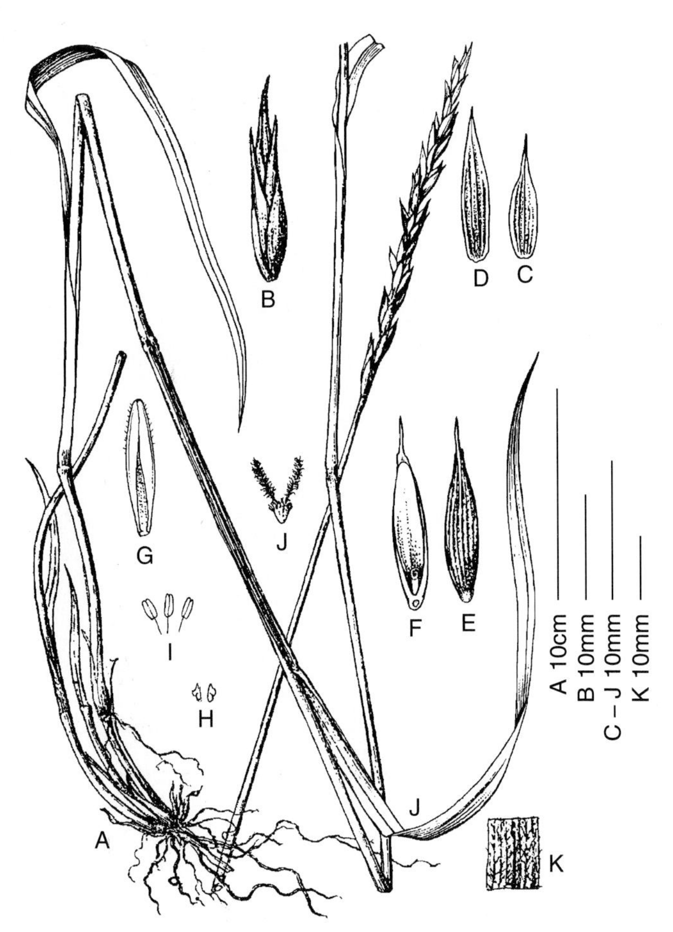

图5-95 *Roegneria intramongolica* Sh. Chen et Gaowua
A. 全植株 B. 小穗 C. 第1颖 D. 第2颖
E. 小花背面观 F. 小花腹面观 G. 内稃 H. 鳞被 I. 雄蕊
J. 雌蕊 K. 叶片背面一段，示沿脉上着生硬毛
（引自陈山、高瓦，1979，图1，张海燕绘自主模式标本：资源队No. 10717号。本图作必要的删减与修正，标码修改）

细胞学特征：未知。

分布区：中国内蒙古宝格达山。生长在林缘草地。

67. *Roegneria kamczadolora* Nevski，1934. Acta Inst. Bot. Acad. Sci. URSS. ser. 1，2. 52. 堪察加鹅观草

模式标本：俄罗斯堪察加“Avachi Basin，village Koryaki 24 Ⅷ 1908，No. 1795，V. Komarov”；主模式标本：**LE**。

异名：*Elymus trachycaulus* subsp. *kamczadolorus*（Nevski）Tzvel.，1973. Nov. Sist. Vyssch. Rast. 10：24；

Elymus kamczadolorus（Nevski）Tzvel.，1977, Nov. Sist. Vyssch. Rast. 14：245。

形态学特征：多年生，丛生。秆直立，或在基部膝曲，高 75～90 cm，除穗状花序下和节下粗糙外，其余无毛。叶鞘微粗糙，在下部多少具紫晕；叶片平展，绿色，宽5～8 mm，上表面疏生柔毛，下表面无毛。穗状花序直立，长 10～16 cm，小穗排列紧密，较偏于一侧；小穗绿色，长 14～20 mm，具（3～）5～7 花；小穗轴节间长 1.5～2 mm，密被白色长约 0.5 mm 的柔毛；颖披针形，宽可达 3 mm，背部粗糙，长 9～15 mm，5～7 脉，先端渐尖形成一小芒尖，边缘干膜质；外稃宽披针形，长 10～11.5（～12）mm，5 脉，背部无毛，常靠近先端处稍粗糙，有时基部具短柔毛，具短芒，芒长 1.5～4 mm；基盘两侧被微毛；内稃与外稃等长，或短于外稃约 1.5 mm，先端平截或凹下，两脊上部 4/5 被小纤毛；花药长 1.3～2.2 mm。

细胞学特征：2n=4x=28（Zhukova & Tikhonova，1971）；染色体组组成：未知。

分布区：俄罗斯远东地区与东西伯利亚；北美阿拉斯加南部。生长在河边沙地、卵石间、河谷的灌木丛中、河边草甸。

68. *Roegneria kronokensis*（Kom.）Tzvel.，1964. Arkt Fl. SSSR. 2：246. 冻原鹅观草（图 5-96）

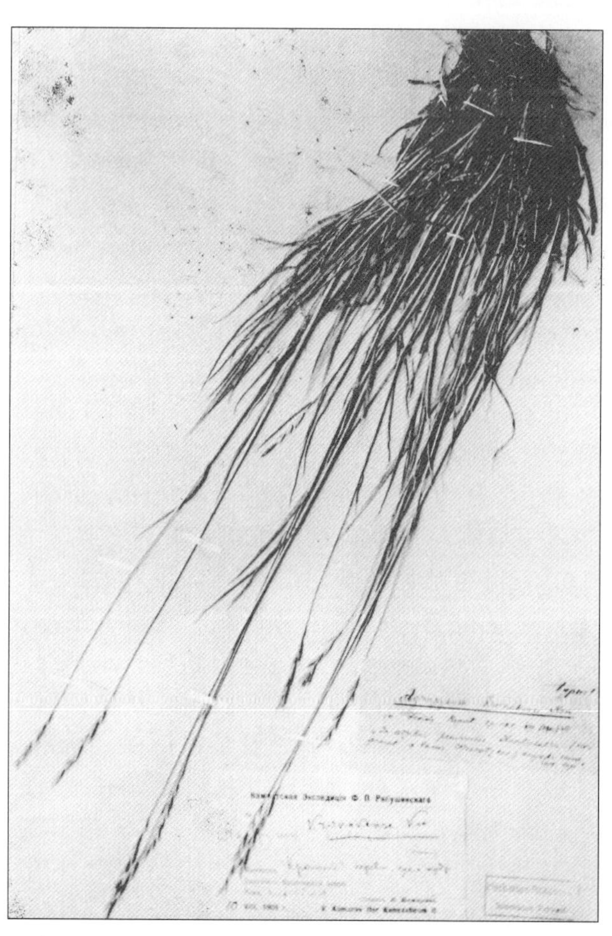

图 5-96 *Roegneria kronokensis*（Kom.）Tzvel.（主模式标本现藏于 **LE**!）

模式标本：俄罗斯堪察加“Ktonotskii pass，dery tundra in alpine zone，10 Ⅶ，1909，No. 3180，V. Komarov”；主模式标本：**LE**!。

异名：*Agropyron kronokense* Kom.，1915，Feddes Repert. 13：87；

Elymus kronokensis（Kom.）Tzvel.，1968. Rast. Tsentr. Azii 4：216；

Elymus alaskanus subsp. *kronokensis*（Kom.）Á. Löve et D. Love，1984. Feddes Repert. 95（7～8）：462。

形态学特征：多年生，密丛生。秆高（18～）20～60（～90）cm，直立，或基部膝曲，通常在节上被短柔毛。叶鞘无毛，或在下部者疏被倒生柔毛；叶片平展，或边缘内卷，长5～15 cm，宽1～2（～4）mm，上下表面均被疏生柔毛。穗状花序狭窄，几乎成线形，直立或稍弯曲，长4～10 cm，小穗排列紧密；小穗紫红色，长1～2 cm，具2～5花；小穗轴节间被贴生小刚毛；颖宽倒卵圆形，或宽披针形，无毛，两颖近等长，长（5～）7～9（～10）mm，3～5脉，脉上微粗糙，先端圆形，骤尖而形成一长1～2 mm的尖尾，两侧常不对称，具紫红色宽膜质边缘；外稃披针形，长（7～）8～9（～12）mm，背部平滑无毛，5脉，芒下的脉上粗糙，基部常被微毛，先端在芒下常具2齿，芒长（2～）4～5 mm，直；内稃与外稃等长或稍短，先端钝，两脊上被纤毛；花药黄色，长1～2 mm。

细胞学特征：2n=4x=28（Zhukova，1967）。

分布区：俄罗斯、蒙古、北美极地。生长在高山冻原、高山石质裸露山坡、河边卵石处。

69. *Roegneria kuramensis*（Meld.）J. L. Yang，B. R. Baum et C. Yen，2008. J. Sichuan Agricul. Univ. 26：263. 库然门鹅观草

模式标本：阿富汗“Kuram Valley，fields near Kaiwas，Jul. 1879，J. E. T. Aitchison 709”；主模式标本现藏于**BM**!。

异名：*Agropyron kuramense* Meld.，1960. In Bor，Grass. Burm. Ceyl. Ind. & Pak.：691；

Elymus kuramenssis（Meld.）A. Love，1984. Feddes Repert. 95（7～8）：454。

形态学特征：多年生，丛生。秆直立，高30～70 cm，细弱，具3节，节下被微毛，其余无毛。叶鞘具短细刚毛，边缘密生柔毛；叶舌透明，被细微毛，先端平截并撕裂状，长0.2～0.4 mm；叶片平展，长6～14 cm，宽2～2.5 mm，上表面疏被长柔毛，下表面无毛，边缘粗糙。穗状花序直立，或稍下垂，长3～9.5 cm（芒除外），小穗排列稀疏；穗轴节间无毛，有时棱脊上粗糙；小穗绿色，线状披针形，长10～13 mm（芒除外），具3花；小穗轴被微毛；颖线状披针形，两颖不等长，脉上粗糙，第1颖长5～6 mm，1～3（～5）脉，第2颖长6～8 mm，3～5脉，具窄透明膜质边缘，先端渐尖或具小尖头；外稃长圆状披针形，长6～8 mm，先端具5脉，背面上端被短小刺毛，余无毛，具芒，芒长（9～）10～15 mm；内稃与外稃等长，倒披针形，先端圆，两脊上部具纤毛，两脊间背面的先端具短小刺毛；花药黄色，长约2 mm。

细胞学特征：未知。

分布区：阿富汗库然门（Kuram）山谷；生长在田土中。

70. *Roegneria lachnophylla* Ovcz. et Sider.，1957. Fl. Tadzch. SSR. 1：505. 绵叶鹅观草

模式标本：塔吉克斯坦“Kussavli-saj，in Juniperetis stepposis ad 1 500～2 600 m，S. M. P. Ovchinuikov”；主模式标本现藏于 **LE**!。

异名：*Agropyron lachnopyllum*（Ovcz. et Sider.）Bondar，1968. Opred. Rast. Sredneaz. Azii 1：173；

Elymus dentatus subsp. *lachnophyllus*（Ovcz. et Sidor.）Tzvel.，1973. Nov. Sist. Vyssch. Rast. 10：21。

形态学特征：多年生，丛生。秆直立，基部膝曲，高达 80 cm，节间上部与节上密被贴生微毛。叶鞘密被微毛；叶舌短，长约 1 mm；叶片平展，宽 5 mm，两面均密被长柔毛。穗状花序稍弯曲，长约 15 cm，小穗密集着生，常偏于一侧；穗轴节间粗糙；小穗暗绿色，具 3～5（～7）花；小穗轴节间被微毛；颖线状披针形，两颖近等长，长 8～16 mm，偏斜，3～5 脉，脉上端粗糙，颖先端渐尖成一小尖头，具白色膜质边缘；外稃披针形，长 7～13 mm（芒除外），5 脉，外稃背面密被微毛，先端渐尖而成一长 3～5 mm 的短芒，芒直或弯曲；内稃略短于外稃，先端钝或稍内凹，两脊上具纤毛，两脊间背部被很细的小刺毛；花药黄色，长约 2 mm。

细胞学特征：未知。

分布区：塔吉克斯坦。生长在石质山坡、桧树森林草原；海拔高 550～2 750 m。

71. *Roegneria laxinodis* L. B. Cai，1996. Guihaia 16（3）：199～200. 稀节鹅观草（图 5-97）

模式标本：中国四川康定“Kangding，in clivis，alt. 3 700 m，18 Sept. 1973，Exped. Xizang 2599”；主模式标本现藏于 **HNWP**!。

异名：*Elymus laxinodis*（L. B. Cai）S. L. Chen & G. Zhu，2002. Novon 12（3）：427。

形态学特征：多年生，丛生，具多数纤维状须根。秆直立，或在基部稍膝曲，高 40～80 cm，径粗1～1. 5 mm，具 3～4 节，通常在花序下与节上被微毛。叶鞘被微毛或粗糙；叶舌膜质，平截，长约 0. 5 mm；叶片平展，长 10～16 cm，宽 4～6 mm，上表面疏被长柔毛，下表面无毛，或脉上被纤毛。穗状花序直立，或略弯曲，长 8～11 cm，小穗排列疏松；穗轴节间纤细，长 13～20 mm，下部者可长达 28 mm，密被微毛；小穗窄，长15～18 mm（芒除外），具 2～5 花；小穗轴节间长 2～3 mm，被微毛；颖披针形，两颖不等长，无毛，脉与边缘疏生小刺毛，第 1 颖长 3～4 mm，第 2 颖长 4～5 mm，两颖均 2～3 脉，先端急尖或锐尖；外稃线状披针形，5 脉，背部贴生微毛，第 1 外稃长 9～10 mm，具芒，芒长 12～16 mm，粗糙，弯曲；内稃明显短于外稃，先端钝或平截，两脊上粗糙，两脊间背部。被微毛；花药淡黄色，长 2～2. 5 mm。

细胞学特征：未知。

分布区：中国四川（康定）、青海（玉树）。生长在山坡上；海拔 3 600～3 700 m。

72. *Roegneria leiantha* Keng，1963. In Keng & S. L. Chen，Acta Nanking Univ.

图 5－97　*Roegneria laxinodis* L. B. Cai

A. 植株下部及穗　B. 小穗　C. 第 1 颖　D. 第 2 颖　E. 小花腹面观　F. 小花背面观

（A 引自蔡联炳，1996，图 1：1～2。本图稍作修正改绘）

(Biol.) **1**（总 3）：**42；1959. Fl. Ill. Pl. Prim. Sin. Gram. 373.**（in Chinese）. **光花鹅观草**（图 5－98）

模式标本：中国青海“大通回族土族自治县，香山，生浅水塘边，海拔 2 380 m，1945 年 7 月 3 日”；主模式标本现藏于 **N**!。

异名：*Elymus leianthus*（Keng）S. L. Chen，1997. Novon 7（3）：229。

形态学特征：多年生，疏丛生。秆直立，基部常膝曲，高约 45 cm，径粗 1.5 mm，常具 4 节，秆与节均无毛。叶鞘光滑无毛，稀下部叶鞘的上端有毛；叶舌平截，啮齿状，长约 0.5 mm，黄褐色；叶片平展，或内卷，长 6～11 cm，宽 2～4 mm，上表面无毛或被微毛，下表面无毛。穗状花序稍弯曲，长约 12 cm，小穗排列不紧密；穗轴节间长 5～8 mm，最下部者可长达 18 mm，背面粗糙，棱脊上具小刺毛；小穗长 12～14 mm（除芒外），具 3～4 花；小穗轴节间粗糙，或具小刺毛，长约2 mm；颖狭长圆形，两颖几乎等长，长 4～7 mm，第 1 颖具 3 脉，第 2 颖具 3～5 脉，脉上微粗糙，先

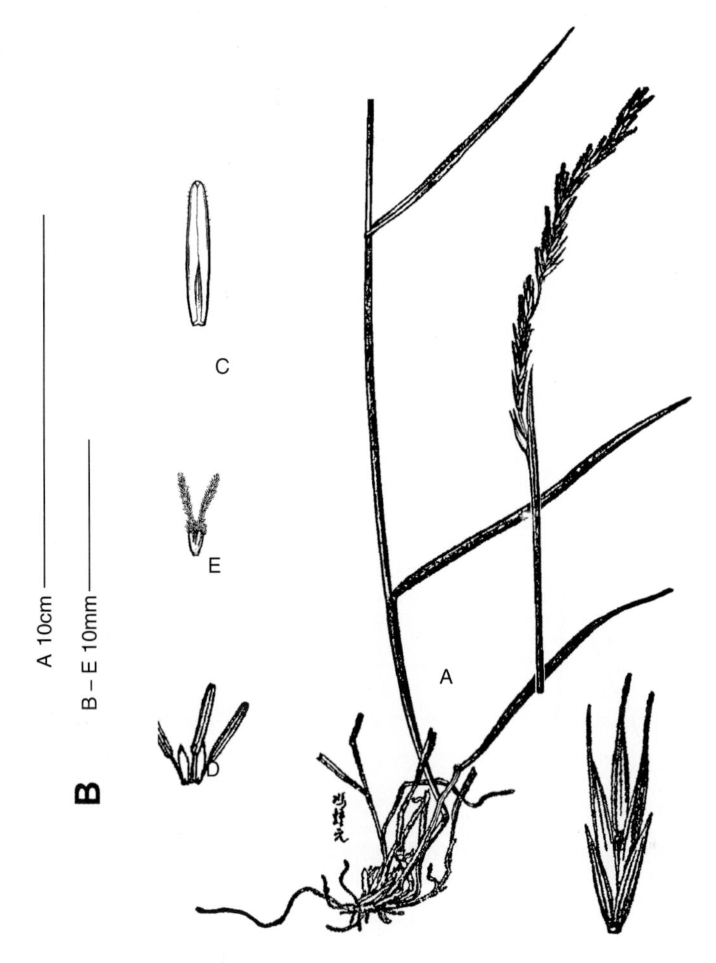

图 5－98　*Roegneria leiantha* Keng

A. 全植株　B. 小穗　C. 内稃　D. 鳞被及雄蕊　E. 雌蕊

（引自耿以礼，1959，图 301。冯钟元绘自主模式标本：何景 758 号。本图 C、E 改绘；A、B、D 修饰及编排标码修改）

端渐尖或延伸成长1～2 mm 的芒尖；外稃长圆状披针形，无毛，具 5 脉，脉上端有时微粗糙，边缘膜质，第 1 外稃长 9～10 mm，外稃具芒，芒长 4～5 mm，粗糙；内稃与外稃约等长，或稍短于外稃，先端钝或内凹，两脊上部 3/4 具刺毛状纤毛；花药黄色，长 2～3 mm。

细胞学特征：未知。

分布区：中国青海。生长在水池旁；海拔 2 380 m。

73. *Roegneria leiotropis* Keng，1963. In Keng & S. L. Chen，Acta Nanking Univ.（Biol.）**3**（1）**：58；1959. Fl. Ill. Pl. Prim. Sin. Gram. 385.**（in Chinese）**. 光脊鹅观草**（图 5－99）

模式标本：中国云南“丽江雪山，长江分水岭，生东向山坡上，1923—1924 年，I. F. Rock 10646”；主模式标本现藏于 **N**!。

异名：*Elymus leiotropis*（Keng）Á. Löve，1984. Feddes Repert. 95（7～8）：449。

形态学特征：多年生，疏丛生。秆直立，基部膝曲，高 60～90 cm，径粗 1～1.5 mm，平滑无毛，具 3 节。叶鞘无毛；叶舌极短，仅长 0.2 mm；叶片平展，或边缘内卷，长 7～17 cm，宽 2～4 mm，上表面稍粗糙，下表面平滑。穗状花序弯曲，或稍下垂，长 10～15 cm，小穗排列稀疏；穗轴节间长 7～15 mm，棱脊上粗糙；小穗绿色，常带紫色晕，长 15～20 mm（芒除外），具 3～5 花；小穗轴节间长2～2.5 mm，密生微毛；颖长圆状披针形，两颖不等长，第 1 颖长 5～7 mm，第 2 颖长 6～8 mm，两颖均3～5 脉，脉上稍粗糙或平滑，先端渐尖或锐尖；外稃披针形，上部明显 5 脉，整个背部被微小硬毛，或上部以及边缘稍粗糙，第 1 外稃长 10～13 mm，外稃具芒，芒长 25～40 mm，粗壮，弯曲或直立；基盘被较长的毛；内稃略短于外稃，长 9 mm，先端平截或内凹，两脊平滑或于接近先端处稍粗糙，两脊间背部被微毛；花药未见。颖果长 7 mm。

细胞学特征：未知。

分布区：中国云南。生长在山坡上。

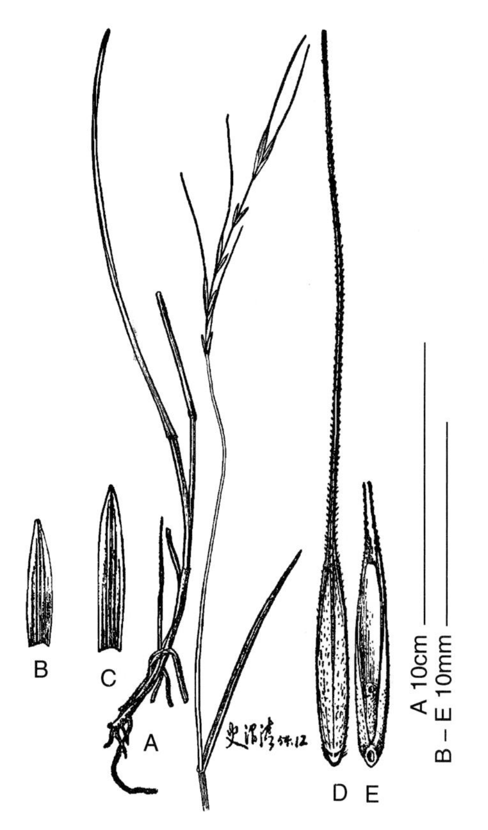

图 5－99 *Roegneria leiotropis* Keng
A. 全植株 B. 第 1 颖 C. 第 2 颖
D. 小花背面观 E. 小花腹面观
（引自耿以礼，1959，图 314，史渭清绘自主模式标本：
II. F. Rock 10646 号。本图标码修改）

图 5－100 *Roegneria lenensis* M. Popov
（主模式标本，现藏于 **LE**!）

74. *Roegneria lenensis* M. Popov，1957. Fl. Sred. Sib. 1：113. in syn. 伦拉鹅观草（图 5－100）

模式标本：俄罗斯“Irkutsk district，Ust-Kutskii region，Lena Basin，Kuta River near village Kaimanova，limestone precipice，29 Ⅷ 1951，L. Bardunov”；主模式标本现藏于 **LE**!。

异名：*Agropyron lenense* M. Popov，1957. Bot. Mat.（Leningrad）18：3；

Elymus lenensis（M. Pop.）Tzvel.，1973. Nov. Sist. Vyssch. Rast. 10：24。

形态学特征：多年生，密丛生，具多数纤维状须根。秆细瘦，高 30～50 cm，无毛。叶鞘无毛；叶片平展，非常狭窄，宽仅 1～1.5 mm，分蘖叶宽仅 1 mm，上、下表面均平滑无毛。穗状花序直立，细瘦，长 4～6 cm，小穗排列稀疏，通常两侧排列，稀偏于一侧；穗轴节间长 3～5 mm，无毛，稜脊上粗糙；小穗具（3～）4～5 花；小穗轴节间长2～2.5 mm，被小刺毛，在小穗轴节上端成为刚毛；颖倒卵圆形，无毛，两颖不等长，无毛，第 1 颖长约 5 mm，3 脉，第 2 颖长 7～8 mm，5 脉，先端骤收缩成一尖尾，长可达2 mm；外稃长 7～8 mm，大部分背部平滑无毛，先端膜质，具芒，芒长（6～）7～8 mm，细，直立；基盘两侧具微毛；内稃与外稃等长，先端钝，两脊上部 3/4 被纤毛；花药黄色，长 1.5～2 mm。

细胞学特征：2n＝4x＝28（Sokolovskaya & Probatova，cited from Tzvelev 1976）；染色体组组成：未知。

分布区：俄罗斯东西伯利亚。生长在石灰石岩壁上、落叶松林间。

75. *Roegneria longearistata*（Boiss.）Drob.，1941. Fl. Uzbek. 1：280. 长芒鹅观草

75a. var. *badaschanica*（Tzvel.）J. L. Yang，B. R. Baum et C. Yen，2008. J. Sichuan Agricul. Univ. 26：366. 长芒鹅观草毛叶变种

模式标本：塔吉克斯坦“Pamir，middle course of Chechekty River，slopes，4200 m，27 Ⅸ 1955，No. 5601，S. Immonniko”；主模式标本现藏于 **LE**！。

异名：*Elymus longearistatus* subsp. *badaschanicus* Tzvel.，1972. Nov. Sist. Vyssch. Rast. 9：26。

形态学特征：本变种与 var. *longearistata* 的区别，在于其叶片上下两面均密被短柔毛。

细胞学特征：未知。

分布区：塔吉克斯坦。生长在山坡与岩石上；海拔 1 000～2 500 m。

75b. var. *flexuosissima*（Nevski）J. L. Yang，B. R. Baum et C. Yen，J. Sichuan Agricul. Univ. 26：366. 长芒鹅观草刺毛变种（图 5－101）

模式标本：塔吉克斯坦“Karatetin，Galagem glacier，3 084 m. 7 Ⅷ 1896. V. Lipskii No. 2497”；主模式标本现藏于 **LE**!。

异名：*Agropyron flexuosissimum* Nevski，1932. Bull. Jard. Bot. Acad. Sci. URSS. 30：510；

Roegneria nevskiana Nikit. ex Zak.，1958. Tr. Uzb. Univ. New ser. 19. nom. nud；

Elymus longearistatus subsp. *flexuosissimus*（Nevski）Tzvel.，1973. Nov. Sist. Vyssch. Rast. 10：26；

形态学特征：本变种与 var. *longearistata* 的区别，在于其小穗轴节间被刺毛而粗糙；基盘两侧被刺毛；内稃两脊上部 1/3 被纤毛。

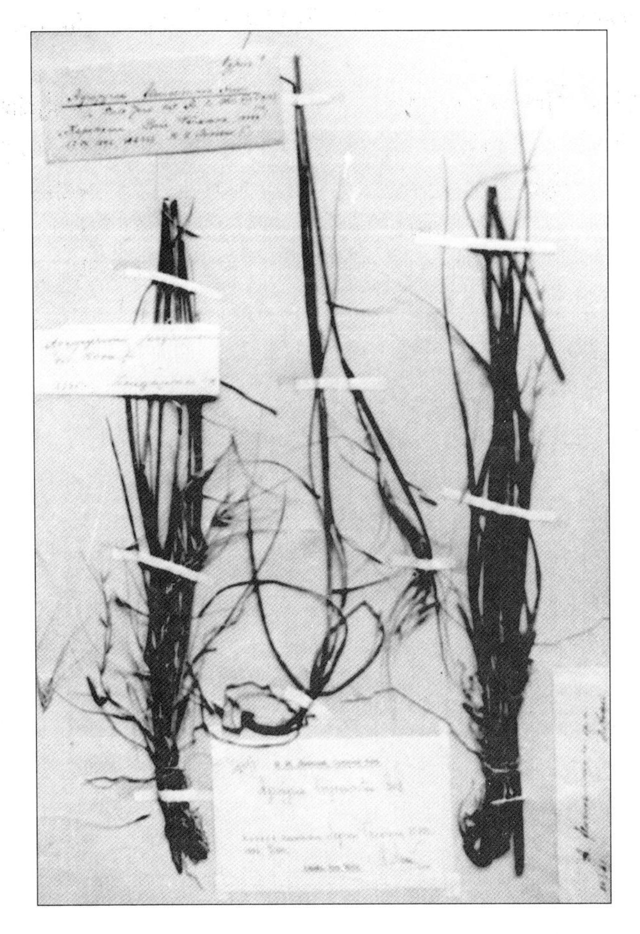

图 5-101　*Roegneria longearistata* var. *flexuosissima*（Nevski）J. L. Yang, B. R. Baum et C. Yen（主模式标本，现藏于 **LE!**）

细胞学特征：未知。

分布区：塔吉克斯坦、阿富汗、伊朗。生长在石质山坡与岩石上；海拔 3 000～3 400 m。

75c. var. *haussknechtii*（Boiss.）J. L. Yang, B. R. Baum et C. Yen, 2008. J. Sichuan Agricult. Univ. 26：366. 长芒鹅观草豪氏变种

模式标本：伊朗："in Persiae occidentalis mentibus Kellal, Sabsekuh, Elvend, Avronman et Schahu in reginibus altioribus（Haussk!）"。

异名：*Agropyron longearistatum* var. *haussknechtii*（Boiss.）Boiss, 1884. Fl. Or. 5：660。

形态学特征：本变种与 var. *longearistata* 的区别，在于其小穗仅具 3～4 花。

细胞学特征：未知。

分布区：伊朗。生长在山坡上。

75d. var. *litvinovii*（Tzvel.）J. L. Yang, B. R. Baum et C. Yen, 2008. J. Sichuan Agricul. Univ. 26：366. 长芒鹅观草利氏变种

模式标本：土库曼斯坦："in caucumine m. Risarasch, ad pulcum Bir, ca 90000' in rupibus，11 Ⅶ 1898，No. 2221，D. Litvinov"；主模式标本与同模式标本现藏于 **LE**！。

异名：*Elymus longearistatus* subsp. *litvinovii* Tzvelev，1973. Nov. Sist. Vyssch. Rast. 10：26。

形态学特征：本变种与 var. *longearistata* 的区别，在于其内稃两脊上半部被纤毛。

细胞学特征：未知。

分布区：土库曼斯坦。生长在山坡上。

75e. var. *sintenisii* （Meld.） **J. L. Yang，B. R. Baum et C. Yen，2008. J. Sichuan Agricult. Univ. 26：367. 长芒鹅观草孙氏变种**

模式标本：土耳其："Turkey a 7 Gumnusane：Kirkpaul，in declivibus；16 Ⅶ 1894，P. Sintenis 6261"；主模式标本现藏于 **LD**！。

异名：*Elymus longearistatus* subsp. *sintenisii* A. Melderis，1984. Notes Roy. Bot. Gard. Edingburgh，42（1）：79.

形态学特征：本变种与 var. *longearistata* 的区别，在于其叶片上、下两面均密被短柔毛；外稃仅在背中部无毛，先端与基部均被短柔毛；内稃两脊上部 1/3 被纤毛。

细胞学特征：未知。

分布区：土耳其、伊朗。生长在山坡上。

76. *Roegneria magnipoda* L. B. Cai，1997. Acta Phytotax. Sin. 35（2）：**164. 大柄鹅观草**（图 5-102）

模式标本：中国青海"Golmud（格尔木），in locis glareosis，ad ripas rivulorum，alt. 3 160 m，1963-06-19，Exped. Aband. Land（弃垦地考察队）001"；主模式标本现藏于 **HNWP**!。

异名：*Elymus magnipodus*（L. B. Cai） S. L. Chen & G. Zhu，2002. Novon 12（3）：427。

形态学特征：多年生，疏丛生或单生，纤维状须根短。秆直立，高 20～35 cm，径粗 1～1.5 mm，无毛，具 2 节。叶鞘无毛；叶舌纸质，极短；叶片内卷，长 4～7 cm，宽 1.5～2.5 mm，上、下表面均无毛，或上表面粗糙。穗状花序直立，长6～9 cm，小穗排列疏松；穗轴节间长 10～20 mm，基部者可长达28 mm；小穗黄绿色，长15～25 mm（芒除外），明显具柄，柄长1～2.5 mm，具 6～8 花；颖长圆状披针形，背面无毛，两颖近等长，长 4.5～7 mm，4～7 脉，先端钝尖或急尖；外稃披针形，背面平滑无毛，上部明显 5 脉，第 1 外稃长 9～10 mm，先端具芒，芒长 9～15 mm，直伸或微弯；内稃与外稃等长，或稍短于外稃，先端钝圆或平截，两脊上部 3/4 或全部疏生小刺毛；花药黑色，长2～3 mm。

细胞学特征：未知。

分布区：中国青海。生长在溪旁、石质山坡、倒石堆间；海拔3 160 m。

77. *Roegneria microlepis* （Meld.） **J. L. Yang，B. R. Baum et C. Yen，2008. J. Sichuan Agricul. Univ. 26：367. 紫药鹅观草**

模式标本：尼泊尔"Between Mugu and Parana Muga，Mugu Khola，on open stony slopes，3 962 m. 20/8，1952，O. Polunin，W. R. Sykes and L. H. J. Williams 5325"；主模式标本现藏于 **BM**!。

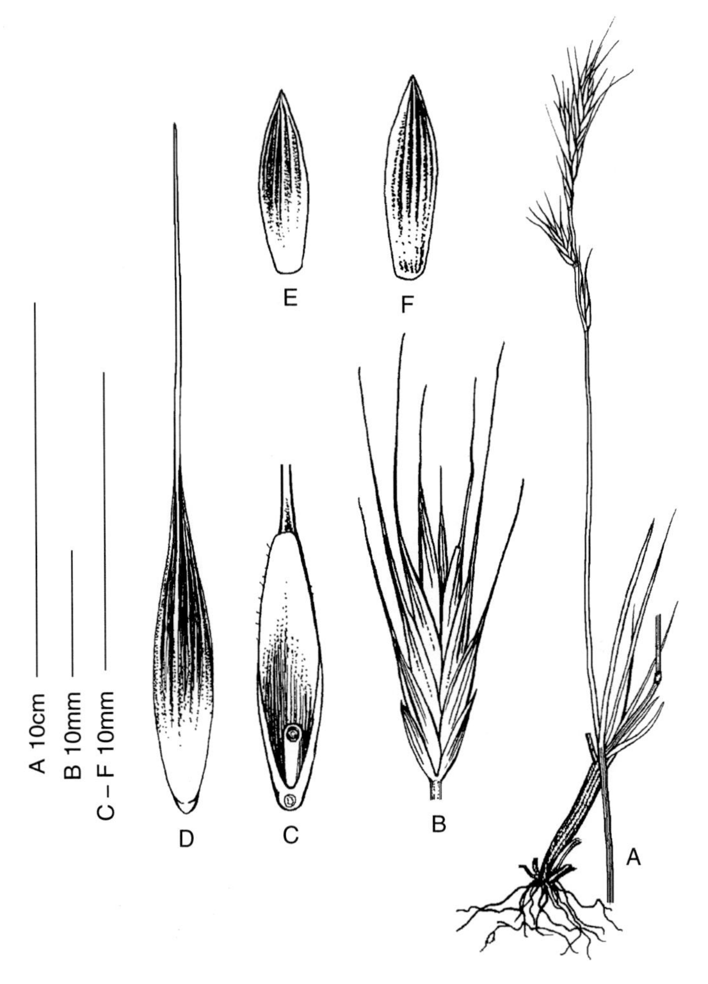

图 5－102　*Roegneria magnipoda* L. B. Cai

A. 植株下部及穗　B. 小穗　C. 小花腹面观　D. 小花背面观　E. 第 1 颖　F. 第 2 颖

（A 引自蔡联炳，1997，图 1：18～19。本图稍作修正改绘）

异名：*Agropyron microlepis* Meld.，1960. In Bor，Grass. Burm. Ceyl. Ind. & Pak. 692；

Elymus microlepis（Meld.）Á. Löve，1984. Feddes Repert. 95(7～8)：456。

形态学特征：多年生，丛生。秆直立，高 50～65 cm，纤细，无毛，具 2～3 节。叶鞘无毛，具紫色晕；叶舌长 0.3～0.5 mm，透明，先端平截并呈撕裂状；叶片平展，长 11～18 cm，宽 2～4.5 mm，分蘖叶线形，上表面脉上被稀疏长毛，下表面无毛。穗状花序下垂，纤细，长 10～15 cm（芒除外），小穗排列稀疏；穗轴节间无毛，棱脊上粗糙；小穗线状披针形，绿紫色，具 4～5（～6）花，花疏生；小穗轴节间长 2.5～3 mm，被微毛；颖线状披针形，两颖不等长，第 1 颖长 2.5～3 mm，第 2 颖长 3.5～4.5 mm，两颖均 1～3 脉，脉上明显粗糙，先端急尖；外稃线状披针形，具不明显 5 脉，长 8 mm，背部具短刺毛，具芒，芒长 12～20 mm，纤细，直或稍弯曲；内稃与外稃近等长，先端钝或平截，两脊上部具稀疏纤毛，有时上部具短刚毛；花药紫色，长 1.5～2 mm。

细胞学特征：未知。

分布区：尼泊尔。生长在开阔的石质山坡上；海拔 3 962 m。

78. *Roegneria minor* Keng，1963. In Keng & S. L. Chen，Acta Nanking Univ.（Biol.）**1**（总3）：**71；1959，Fl. Ill. Pl. Prim. Sin. Gram. 397**（in Chinese）. **小株鹅观草**（图 5－103）

模式标本：中国河北“内丘县，小岭底村，海拔 1 600 m，1950 年 7 月 3 日，刘瑛 12980”；主模式标本现藏于 **N**！。

异名：*Elymus minus*（Keng）A. Love，1984. Feddes Repert. 95（7～8）：458。

形态学特征：多年生，具纤维状须根。秆直立，或基部稍倾斜上升，高 25～30 cm，具 4 节。叶鞘无毛，分蘖的叶鞘被微毛；叶舌较短，长 0.5 mm，或退化；叶片边缘内卷，或对折，长 8～10 cm，宽 2～4 mm，上下表面均具柔毛，但上表面较密。穗状花序直立，长 8～9 cm，小穗排列较稀疏；穗轴节间长 7～14 mm，棱脊上粗糙；小穗绿色，长（8～）10～12 mm，具（2～）3～5 花；小穗轴节间长 1～1.5 mm，被微毛；颖长圆状披针形，两颖不等长，第 1 颖长 5～7 mm，5 脉，第 2 颖长 6～8 mm，6 脉，脉明显而粗糙，先端急尖，有时一侧微凹；外稃披针形，背面全部被微小短毛，上部明显 5 脉，第 1 外稃长 8.5 mm，具芒，芒长约 12 mm，向外反曲；基盘被细毛；内稃与外稃等长，先端圆钝，两脊上部 1/2 具较硬纤毛，两脊间背部上端被微毛；花药黄色，长 1.5 mm。

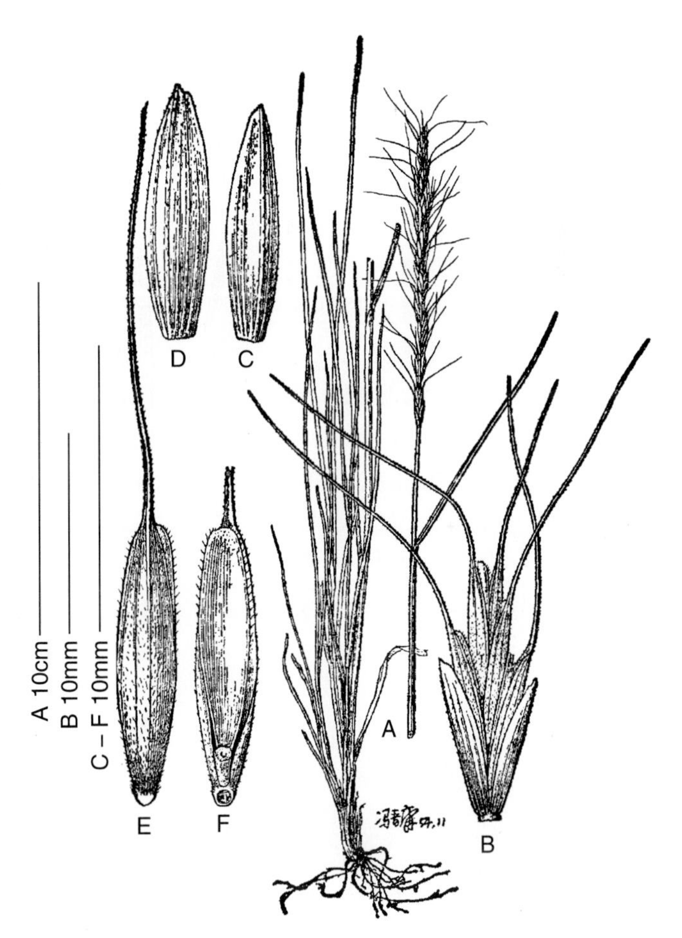

图 5－103　*Roegneria minor* Keng

A. 全植株　B. 小穗　C. 第 1 颖　D. 第 2 颖

E. 小花背面观　F. 小花腹面观

（引自耿以礼，1995，图 327，冯晋庸绘自模式标本：刘瑛 13980 号）

细胞学特征：未知。

分布区：中国北京、河北、宁夏、内蒙古、山西。生长在上坡草地；海拔1 400～1 600 m。

79. *Roegneria nudiuscula* L. B. Cai，1997. Acta Phytotax. Sin. 35（2）：**171. 裸穗鹅观草**（图 5－104）

模式标本：中国新疆“Nilekes（尼勒克），ad ripas fluviorum，alt. 1650 m，1976-07-06，Exped. Xinjiang（新疆）1746”；主模式标本现藏于 **XJBI**！。

形态学特征：多年生，疏丛生，具多数细长纤维状须根。秆直立，有时下部稍膝曲，高 75～115 cm，径粗 2～2.5 mm，微粗糙，具 5～6 节。叶鞘无毛，有时下部者密被倒毛；叶舌膜质，长约 0.4 mm，先端平截；叶片平展，长 7～20 cm，宽 4～6 mm，上表面微粗糙，或被稀疏柔毛，下表面平滑无毛。穗状花序直立，或弯曲，长 10～19 cm，小穗排列疏松；穗轴节间长 11～17 mm，基部者可长达 30 mm，背部粗糙，棱脊疏生小刺毛；小穗绿色，微带紫色，贴生穗轴，长 15～20 mm（芒除外），具 4～5 花；小穗轴被微毛；颖线状披针形，两颖近等长，长 10～15 mm，6～9 脉，脉上粗糙，先端锐尖，具狭膜质边缘；外稃披针形，背部密被短柔毛，基部被柔毛，上部显著具 5 脉，第 1 外稃长 11～12 mm，先端具 3～8 mm 长的短芒；内稃短于外稃 1～2 mm，先端平截，或微凹，两脊上部具短纤毛，两脊间背部被微毛；花药黄色，长约 5 mm。

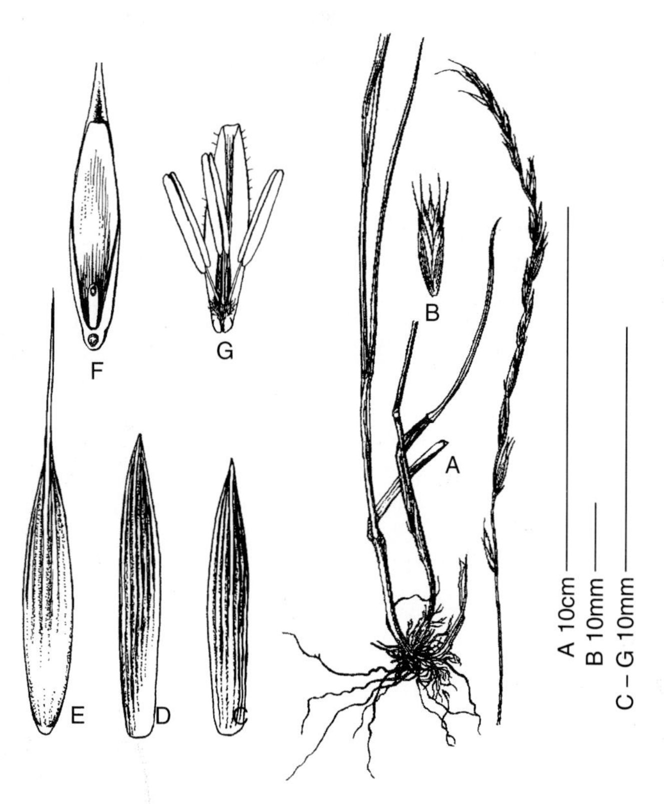

图 5-104 *Roegneria nudiuscula* L. B. Cai
A. 植株下部及穗 B. 小穗 C. 第 1 颖 D. 第 2 颖
E. 小花背面观 F. 小花腹面观 G. 内稃、鳞被、雄蕊及雌蕊柱头
（A、B引自蔡联炳，1997，图 2：13～15，王颖绘。本图稍作修正）

细胞学特征：未知。

分布区：中国新疆。生长在河边；海拔 1 650～2 000 m。

80. *Roegneria pendulina* Nevski, 1934. Fl. SSSR. 2：616（in Russian）；**1936. Acta Inst. Bot. Acad. Sci. URSS. ser. 1，2. 50. 缘毛鹅观草**

80a. var. *brachypodioides*（Nevski）**J. L. Yang，B. R. Baum et C. Yen，2008. J. Sichuan Agricul. Univ. 26：369. 缘毛草似短柄草变种**（图 5-105）

模式标本：俄罗斯“Minusinsk region，near village Potroshilovo，Nizhny Island on Enisei，floodedb meadow，9 Ⅷ 1931，M. Ilin No. 24”；主模式标本现藏于 **LE**！。

异名：*Roegneria brachypodioides* Nevski，1934. Fl. SSSR. 2：617；1936. Acta. Bot. Inst. AN SSSR，ser. 1，2：51；

Agropyron brachypodioides（Nevski）Serg.，1961. In Kryl.，Fl. Zap. Sib.

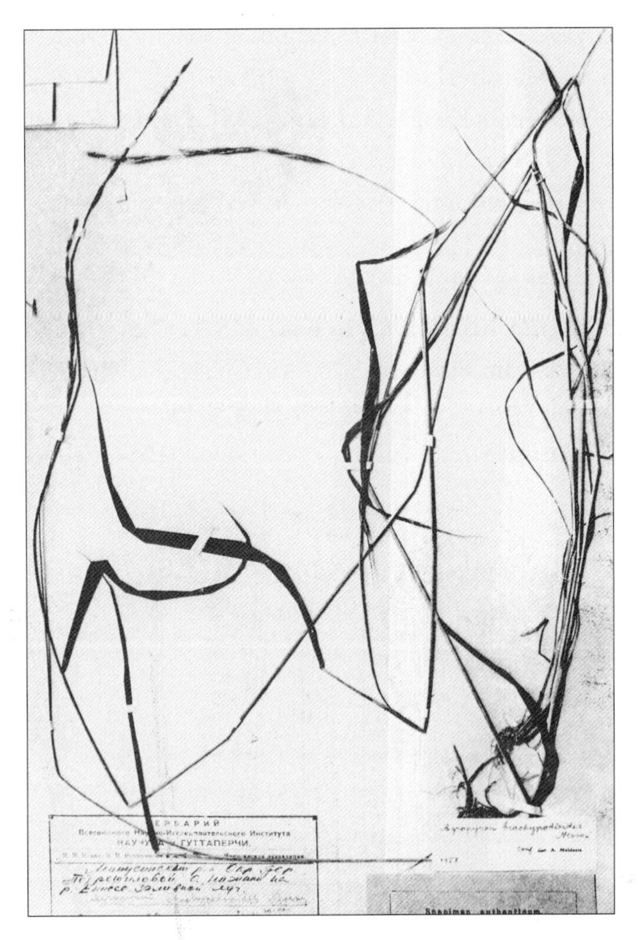

图 5-105 *Roegneria pendulina* var. *brachypodioides*（Nevski）J. L. Yang, B. R. Baum et C. Yen（主模式标本，现藏于 **LE**!）

12（1）：3128；

Elymus pendulinus subsp. *brachypodioides*（Nevski）Tzvel.，1972. Nov. Sist. Vyssch. Rast. 9：60；

Elymus brachypodioides（Nevski）Peschk.，1972. In Stepn. Fl. Bayk. Sib. 45；

Agropyron vericosum Nevski ex Grub.，1955. Bot. Mat.(Leningrad) 17：6。

形态学特征：本变种与 var. *pendulina* 的区别，在于其秆节被短柔毛，稀无毛；穗状花序长 6～12 cm；颖长 5～6.5 mm；外稃无毛，仅边缘上部具短纤毛。

细胞学特征：未知。

分布区：俄罗斯、蒙古。生长在洪积地草甸、林隙、卵石间。

80b. var. *pubinodis* Keng，1963. In Keng & S. L. Chen，Acta Nanking Univ.（Biol.）**1**（总 3）：**28**；**1959. Fl. Ill. Pl. Prim. Sin. Gram. 364.**（in Chinese）**. 毛节缘毛草**

模式标本：中国辽宁“千山南沟，大路旁，海拔 100 m，1950 年 5 月 29 日，刘慎谔、王遂纲等 65”；主模式标本现藏于 **PE**!。

异名：*Roegneria pendulina* Nevski f. *pubinodis*（Keng）M. Kitagawa，1979. Neo - Linean. Fl. Manshur. 109；

Elymus pendulina（Keng）Á. Löve，1984. Feddes Repert. 95（7～8）：459。

形态学特征：本变种与 var. *pendulina* 的区别，在于其秆节上密生白色倒毛；颖长 10～12 mm。与 var. *brachypodioides* 的区别，在于后者的颖长仅 5～6.5 mm；外稃无毛。

细胞学特征：未知。

分布区：中国辽宁、陕西。生长于山沟、路旁。

81. *Roegneria platyphylla* Keng，1963. In Keng & S. L. Chen，Acta Nanking Univ.（Biol.）**3**（1）：**35；1959. Fl Ill. Pl. Prim. Sic. Gram. 370.**（in Chinese）. **宽叶鹅观草**（图 5 - 106）

模式标本：中国新疆"沙 16"；主模式标本现藏于 **PE**！。

异名：*Elymus platyphyllus*（Keng）Á. Löve，1984. Feddes Repert. 95（7～8）：456。

形态学特征：多年生，疏丛生。秆直立，高约 110 cm，径粗约 4 mm，平滑无毛，具 4 节。叶鞘无毛；叶舌干膜质，长约 1 mm，平截或撕裂状；叶片平展，坚实，长 11.5～15 cm，宽 7～12 mm，上表面沿脉疏被柔毛，下表面无毛，或有时脉上粗糙。穗状花序直立，淡绿色，长约 13 cm，小穗略偏于一侧，小穗排列较稀疏；穗轴节间长 6～13 mm，横切呈三棱形，棱脊边缘具短纤毛；小穗长 18～24 mm（芒除外），具 6～7 花；小穗轴节间长约 2 mm，疏被微毛；颖披针形，两颖不等长，第 1 颖长 12 mm，第 2 颖长 14～15 mm（连同芒尖），两颖均 5～7 脉，脉上粗糙至具小刺毛，先端延伸成长 0.2～2 mm 的芒尖；外稃披针形，背部被微毛，上部明显 5 脉，第 1 外稃长 12 mm，具芒，芒长 7～14 mm，直，或反曲；基盘具短毛，两侧毛可长达 0.6 mm；内稃与外稃等长，先端平截或内凹，两脊上部 3/4 具硬纤毛，两脊间背部被微毛；花药黄色，长约 3 mm。

图 5 - 106 *Roegneria platyphylla* Keng
A. 植株下部、叶及穗 B. 小穗 C. 第 1 颖 D. 第 2 颖 E. 小花背面观 F. 小花腹面观
（引自耿以礼，1959，图 299，仲世奇绘自模式标本：无名氏 16 号，采自新疆）

细胞学特征：未知。

分布区：中国新疆。生长在石质山坡、林隙；海拔 1 100～2 100 m。

82. *Roegneria prokudinii* Seredin，1965. Nov. Sist. Vyssch. Rast. 2：55. 蒲氏鹅观草

模式标本：俄罗斯达吉斯坦（Dagehestan）"Dagehestan，distr. Kurach，supra pag. Kokaz，in declivitate septentrionali，in altiherbosis，subalpinis，31 Ⅶ 1940，R. Elenevskii"；主模式标本现藏于 **LE**!。

异名：*Elymus prokudinii*（Sered.）Tzvel.，1972. Nov. Sist. Vyssch. Rast. 9：61；

Elymus uralensis subsp. *prokudinii*（Sered.）Tzvel.，1973. Nov. Sist. Vyssch. Rast. 10：22。

形态学特征：多年生，疏丛生。秆直立，或基部膝曲，高约 100 cm，平滑无毛。叶鞘无毛，或下部者被微毛；叶舌短，长约 1 mm，平截；叶片平展，质硬，宽（1～）2～7 mm，上表面被柔毛，下表面与边缘粗糙。穗状花序直立或稍下垂，长 8～12 mm，小穗排列较疏；穗轴节间细瘦，棱脊上粗糙；小穗长 10～15 mm（芒除外），具（2～）3～4 花；颖披针形，两颖不等长，背部上端被微毛，并粗糙，第 1 颖长（6～）8～8.5 mm，3 脉，第 2 颖长 7～9 mm，5 脉，先端急尖而骤变窄延伸成一长 3 mm 的芒，具干膜质边缘；外稃披针形，长 9～13 mm，背面上部被柔毛，先端具 2 齿，具芒，芒长约 20 mm，细弱，粗糙，稍弯曲；内稃稍短于外稃，先端圆钝，稍内凹，两脊上密被纤毛；花药黄色，长 2.3～3 mm。

细胞学特征：2n＝4x＝28（Sokolovskaya & Probatova，cited from Tzvel. ev，1976）。

分布区：俄罗斯大高加索（Great Caucasus）。生长在亚高山草甸、桦木林林缘。

83. *Roegneria puberula* Keng，1963. In Keng & S. L. Chen，Acta Nanking Univ.（Biol.）**拟短柄草：20；1959. Fl. Ill. Pl. Prim. Sin. Gram. 354.**（in Chinese）**. 微毛鹅观草**（图 5－107）

模式标本：中国四川"南川县，贺贤育 5080"；主模式标本现藏于 **PE**!。

异名：*Elymus puberulus*（Keng）Á. Löve，1984. Feddes Repert. 95（7～8）：453。

形态学特征：多年生，疏丛生。秆直立，或基部膝曲，高约 60 cm，径粗1～1.5 mm，无毛，具 4～5 节，节无毛。叶鞘无毛，基部者以及分蘖者疏生柔毛或微毛；叶舌干膜质，平截，或呈啮齿状，长约 0.3 mm；叶片平展，长 15～22 cm，宽 5～7 mm，上表面贴生短毛，灰绿色，下表面无毛，深绿色。穗状花序稍下垂，或弯曲，长 8～11 cm，小穗排列疏松；穗轴节间长约 10 mm，上部及基部的节间长 12～16 mm，棱脊粗糙；小穗绿色，长约 12 mm（芒除外），具2～3 花；小穗具柄，长 0.5～0.75 mm，被微毛；小穗轴节间长 2～2.5 mm，被微毛；颖长圆状披针形，两颖不等长，无毛，第 1 颖长4.5～6 mm，3～4 脉，第 2 颖长 5.5～7 mm，5 脉，先端急尖至渐尖；外稃披针形，上部明显 5 脉，背面平滑或微粗糙，第 1 外稃长 8.5～9 mm，具芒，芒长 17～23 mm，直而细弱，稍粗糙；基盘被长 0.1～0.3 mm 的细毛；内稃稍短于外稃，先端钝圆而常内凹，两脊近于平滑，仅先端具微小刺毛；花药黄色，长约 1.4 mm。

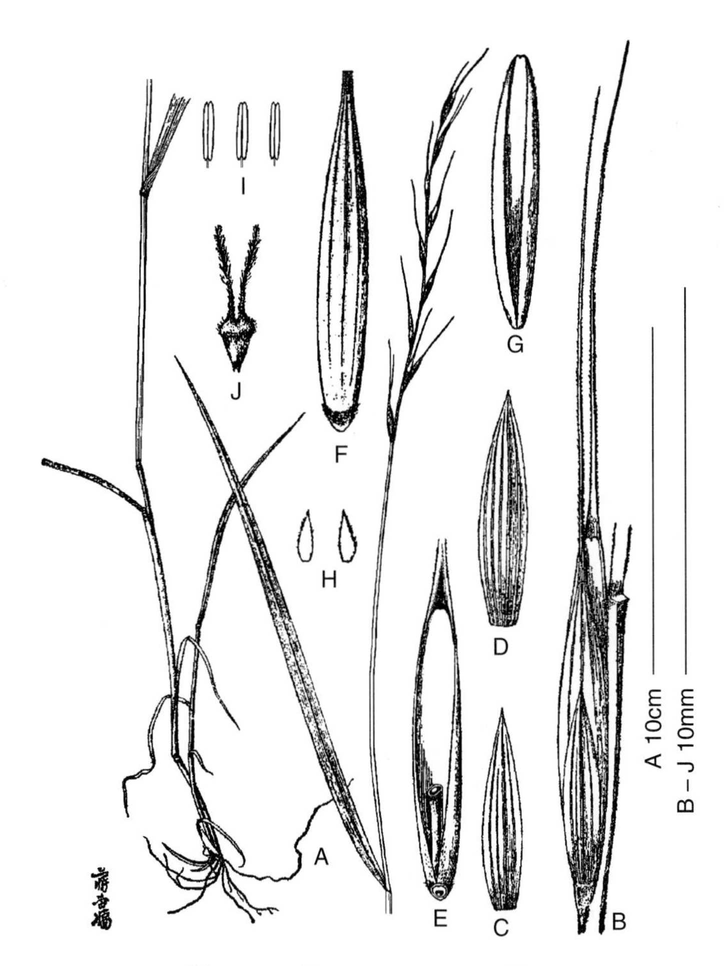

图 5-107 *Roegneria puberula* Keng

A. 植株下部及穗 B. 小穗及小穗轴一段，示小穗具短柄 C. 第 1 颖 D. 第 2 颖

E. 小花腹面观 F. 小花背面观 G. 内稃 H. 鳞被 I. 雄蕊 J. 雌蕊

（引自耿以礼，1959，图 284，蒋杏墙绘自主模式标本：贺贤育 5080 号。本图标码修改，并删去一叶片）

细胞学特征：未知。

分布区：中国四川、云南。生长在路边；海拔 2 000～2 900 m。

84. *Roegneria pubicaulis* Keng, 1963. In Keng & S. L. Chen, Acta Nanking Univ. (Biol.) **1** (总 3)：**30; 1959. Fl. Ill. Pl. Prim. Sin. Gram. 366** (in Chinese) **. 毛秆鹅观草**（图 5-108）

模式标本：中国甘肃“夏河县，清水，1937 年 7 月 3 日，傅坤俊（K. T. Fu）1016”；主模式标本现藏于 **PE**!。

异名：*Elymus pubicaulis* (Keng) A. Love，1984. Feddes Repert. 95 (7～8)：459。

形态学特征：多年生，疏丛生。秆直立，基部节膝曲，高 60～90 cm，具 4 节，节和秆露出叶鞘的部分密被倒生微毛。叶鞘上部者毛较稀疏，下部者密被倒生微毛；叶片平展，长10～20 cm，宽 3～8 mm，上、下表面均粗糙。穗状花序细弱，先端下垂，长 12～15 cm（芒除外），小穗排列稀疏；穗轴节间长 15～20 mm，最下部者长可达 30 mm，棱

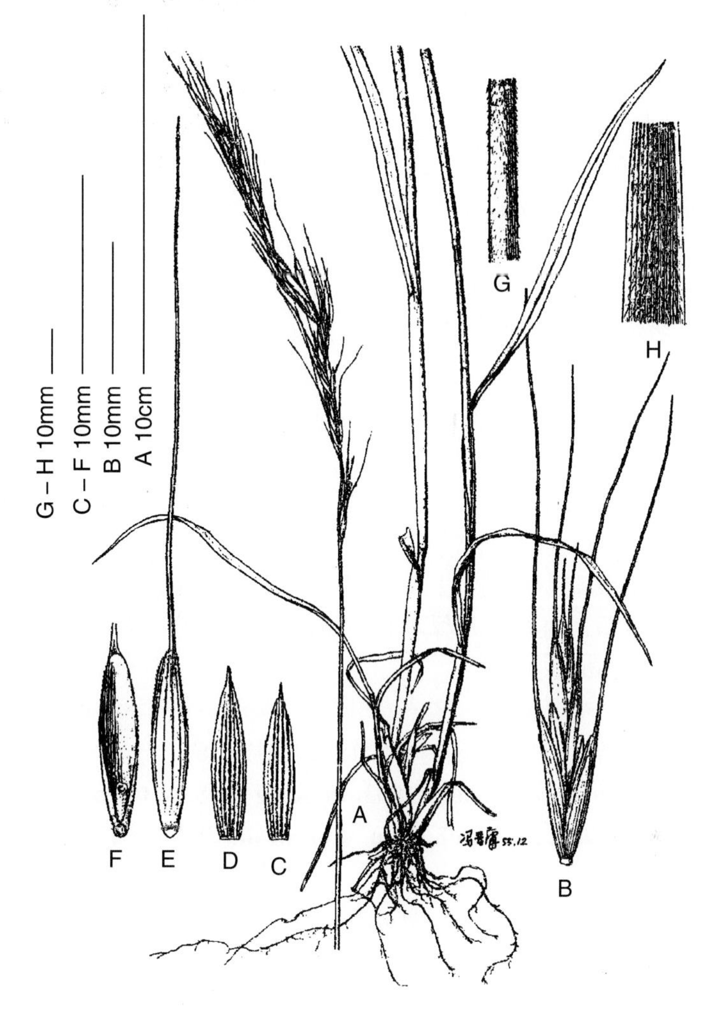

图 5－108 *Roegneria pubicaulis* Keng

A. 植株下部及穗 B. 小穗 C. 第 1 颖 D. 第 2 颖 E. 小花背面观

F. 小花腹面观 G. 节间上段示密生倒毛 H. 下部叶鞘示密生倒毛

（引自耿以礼，1959，图 294，冯晋庸绘自主模式标本：傅坤俊 1016 号，本图标码修改）

脊上粗糙，节被硬毛；小穗绿色，或在基部具紫晕，长约 15 mm（芒除外），具 4～5 花；小穗轴节间长约2 mm，密被贴生微毛；颖长圆状披针形，两颖不等长，第 1 颖长7～8 mm，第 2 颖长 8～9 mm，均具5～7 脉，脉上粗糙，先端急尖或具小尖头；外稃披针形，背部粗糙，上部边缘具小纤毛，第 1 外稃长约 9 mm，外稃具芒，芒长 20～30 mm，细弱，直立或稍弯曲；基盘两侧具长 0.5 mm 的微毛；内稃与外稃等长，先端钝或内凹，两脊上半部密被刚毛状纤毛，向下渐稀疏，以至消失，两脊间背部被小刺毛；花药黄色，长约 3 mm。

细胞学特征：未知。

分布区：中国甘肃、四川、山西。生长在潮湿路边、山坡上；海拔 1 200～2 400 m。

85. *Roegneria pulanensis* H. L. Yang，1980. Acta Phytotax. Sin. 18（2）：**253. 普兰鹅观草**

模式标本：中国西藏“普兰，科加公社，锡尔比生产队，孔雀河河滩草地，海拔3 600 m，1976年7月16日，青藏考察队76-8466”；主模式标本现藏于**HNWP**!。

异名：*Elymus pulanensis*（H. L. Yang）S. L. Chen，1987. Bull. Nanjing Bot. Gard. Mem. Sun Yat Sen 1987：9；

Roegneria jacquemontii（Hook. f.）Ovcz. & Sidor. var. *pulanensis*（H. L. Yang）L. B. Cai，1997. Acta Phytotax. Sin. 35（2）：169。

形态学特征：多年生，疏丛生。秆直立，高30～50 cm，具3～4节，无毛。叶鞘无毛；叶舌先端平截，长约0.5 mm；叶片平展，或内卷，长7～10 cm，上、下两面均无毛，或微粗糙，稀被非常稀疏的长柔毛。穗状花序弯曲，长8～10 cm（芒除外），小穗排列稀疏；穗轴节间长14～20 mm，平滑无毛；小穗长22～26 mm（芒除外），具7～9花；颖长圆状披针形，平滑无毛，具膜质边缘，两颖不等长，第1颖长4.5～5 mm，第2颖长5～7 mm，两颖均3～5脉，先端具长（1～）1.5～5 mm的芒，第2颖的芒可长达7 mm；外稃披针形，背部无毛或被小糙毛，上部明显5脉，第1外稃长约11 mm，具芒，芒长30～40 mm，反曲，粗糙；内稃与外稃等长，或较外稃稍长，先端钝，两脊上半部具纤毛；花药黄色，长约5 mm。

细胞学特征：未知。

分布区：中国西藏普兰县。生长在河滩草地；海拔3 600 m。

86. *Roegneria purpurascens* Keng，1963. In Keng & S. L. Chen，Acta Nanking Univ.（Biol.）**1**（总3）；**56；1959. Fl. Ill. Pl. Prim. Sin. Gram. 383**（in Chinese）**. 紫穗鹅观草**（图5-109）

模式标本：中国甘肃“隆德，六盘山，生于山坡，1942年7月18日，王作宾13213”；主模式标本现藏于**N**!。

异名：*Elymus purpurascens*（Keng）Á. Löve，1984. Feddes Repert. 95（7～8）：448。

形态学特征：多年生，疏丛生或单生，根具沙套。秆直立，基部略倾斜，较硬，高60～90 cm，径粗1.5～2 mm，平滑无毛，具3～4节。叶鞘疏松，无毛，叶舌纸质，长约0.5 mm；叶片较硬，内卷，长13～22 cm，宽3～6 mm，上表面粗糙或被微毛，边缘粗糙，下表面无毛。穗状花序下垂，长13～15 mm（芒除外），小穗排列疏松，具小穗13枚；穗轴节间长10～20 mm，有时最下面者长18～23 mm，棱脊上粗糙或具纤毛；小穗绿色至紫色，长15～23 mm（芒除外），具4～7花；小穗轴节间长约2 mm，被微毛；颖长圆状披针形，粗糙，两颖近等长，长5～8 mm，第1颖3（～5）脉，第2颖5脉，先端急尖；外稃披针形，背部粗糙或具小糙毛，5脉，第1外稃长9～11 mm，具芒，芒长18～28 mm，紫色，粗糙，略向外反曲；基盘被毛，两侧者可长0.5 mm；内稃与外稃近等长，长9～11 mm，先端钝，两脊上部1/3具细纤毛，两脊间背部被微毛；花药紫黑色，长约1.2 mm。

细胞学特征：2n=4x=28（Lu et al.，1990）。

分布区：中国甘肃、四川。生长在山坡上；海拔2 200～3 200 m。

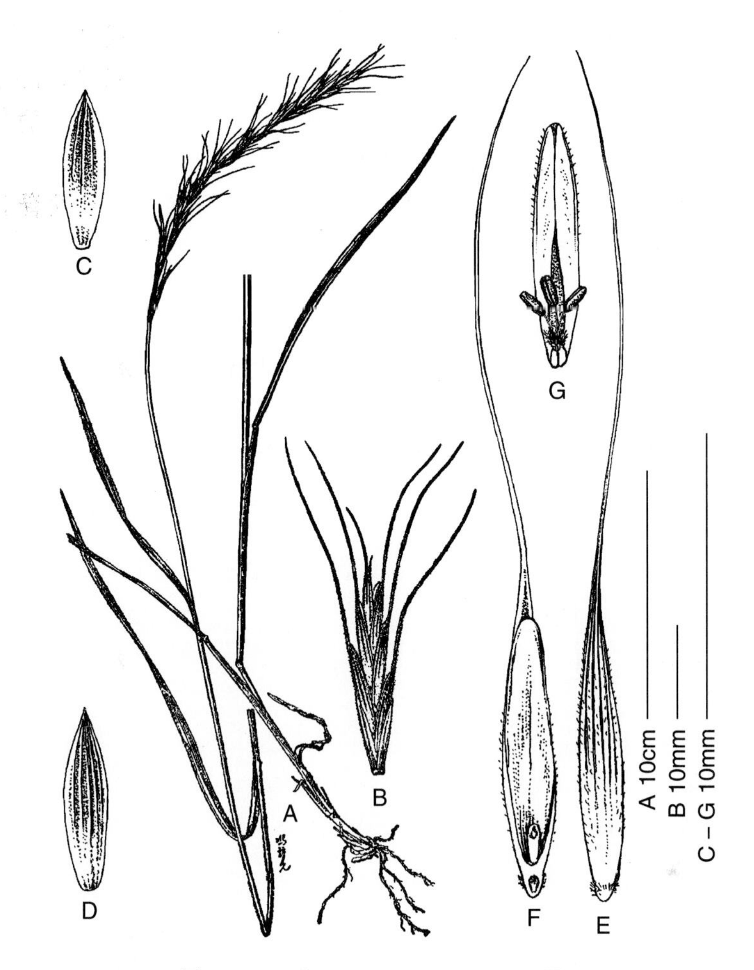

图 5－109 *Roegneria purpurascens* Keng

A. 植株下部及穗 B. 小穗 C. 第 1 颖 D. 第 2 颖 E. 小花背面观

F. 小花腹面观 G. 内稃、鳞被、雄蕊及雌蕊羽毛状柱头

（A、B引自耿以礼，1959，图 312，冯钟元绘自王作宾 13213 号主模式标本）

87. *Roegneria scabridula* Ohwi，1943. Journ. Jap. Bot. 19（5）：166. 粗糙鹅观草

模式标本：中国内蒙古“福生庄，T. Kanashiro 3841 号”；主模式标本现藏于 **KYO**！。

异名：*Agropyron scabridulum* Ohwi，1943. Journ. Jap. Bot. 19（5）：166；

Elymus scabridulus（Ohwi）Tzvel.，1968. Rast. Tsentr. Azii 4：218；

Elymus semicostatus subsp. *scabridulus*（Ohwi）Á. Löve，1984. Feddes Repert. 95（7～8）：454。

形态学特征：多年生，丛生。秆高 50～60 cm，平滑，具纵条纹，具 3～4 节，节被微毛。叶鞘无毛，下部的叶鞘与分蘖叶鞘被倒生微毛；叶舌很短，近于退化；叶片直立，疏松内卷，长 7～15 cm，宽约 3 mm，分蘖叶可长达 15～20 cm，上、下表面均微粗糙。穗状花序直立，长 8～10 cm，小穗紧密排列在穗轴的一侧；穗轴节间长 4.5～6 mm，棱脊上具小刺毛而粗糙；小穗长约 12 mm，具 5～6 花；小穗轴节间粗糙；两颖不等长，第 1 颖长 9～10 mm，3～4 脉，第 2 颖长 11～12 mm，3～5 脉，脉上粗糙，先端渐尖或具小尖头，有时一侧具明显的齿，边缘干膜质；外稃披针形，长 7～8 mm，背部点状粗糙，其两侧及下部均粗糙，上部明显具 5 脉，先端渐尖而延伸成芒，芒长 12～15 mm，细弱，直立，稍带紫色；基盘粗糙；内稃线状长圆形，与外稃等长，先端钝，两脊上部具刺状纤毛；花药黄色，长约 1.5 mm。

细胞学特征：未知。

分布区：中国内蒙古。

88. *Roegneria schugnanica*（Nevski）Nevski，1934. Acta Univ. As. Med. Ser. 8B，17：68. 中亚鹅观草（图 5－110）

模式标本：塔吉克斯坦“Jilandy - Duzak - Dara，14 Ⅶ 1913，No. 41，N. Tuturin”；主模式标本现藏于 **LE**!。

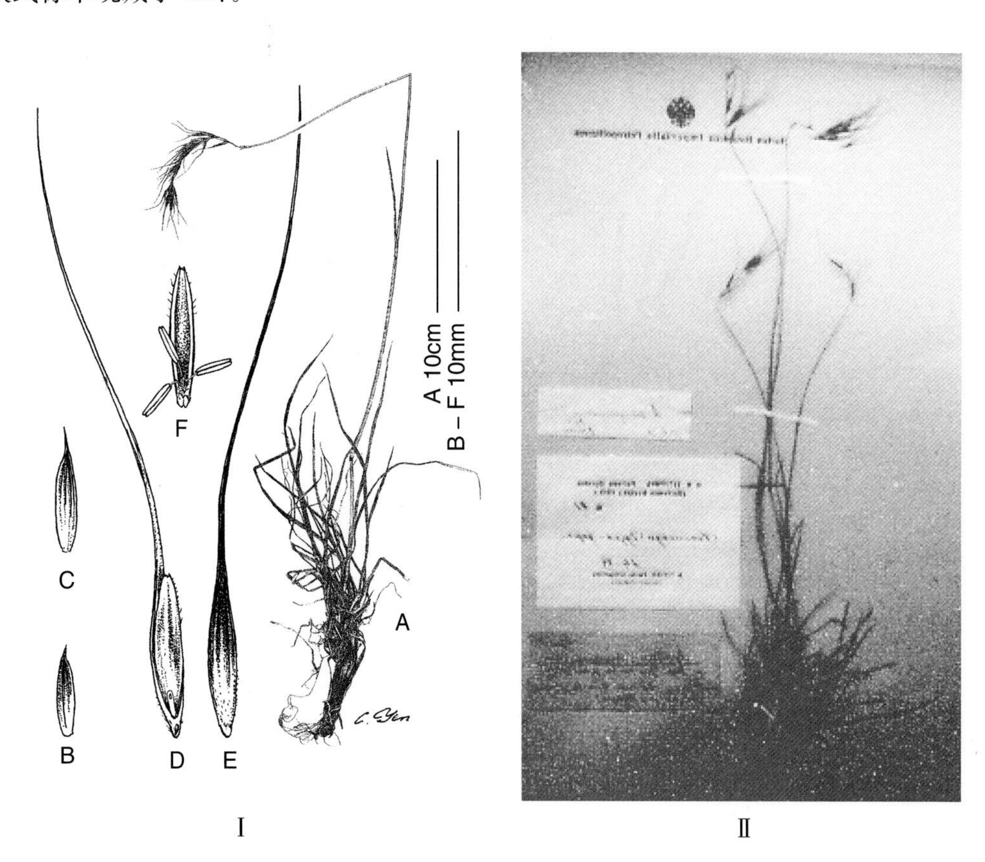

图 5－110 *Roegneria schugnanica*（Nevski）Nevski

I. A. 全植株；B. 第 1 颖；C. 第 2 颖；D. 小花腹面观，示内稃及小穗轴节间；E. 小花背面观，示外稃及基盘；F. 内稃、鳞被、雄蕊及雌蕊的柱头 Ⅱ. 主模式标本（现藏于 **LE**!）

异名：*Agropyron schugnanicum* Nevski，1932. Bull. Jard. Bot. AN SSSR. 30：512；

Elymus schugnanicus（Nevski）Tzvel.，1972. Nov. Sist. Vyssch. Rast. 9：62。

形态学特征：多年生，密丛生，具多数纤维状须根。秆直立，或在基部稍膝曲，无毛，或在穗下微粗糙，长（20～）30～60 cm，径粗1～2 mm，具2～3（～4）节，节绿色或褐色，无毛。叶鞘无毛，基部者常具灰色至褐色柔毛；叶舌长0.2～0.5 mm；叶片内卷，或平展而边缘内卷，长（2～）6.5～8 cm，宽1～3 mm，上、下表面均粗糙至密被微毛，边缘粗糙。穗状花序下垂，蜿蜒曲折，长5～12 cm（芒除外），宽5～8 mm；穗轴节间长5～13 mm，背部与棱脊均粗糙至具微柔毛；小穗绿紫色，或绿色具紫晕，具短柄，或近于无柄，柄可长达0.4 mm；小穗长12～13 mm，具4～7花；小穗轴节间长1～2 mm，被柔毛或微毛；颖窄椭圆披针形，两颖不等长，背部粗糙，脉粗糙，第1颖长1.8～4 mm，3～4脉，第2颖长2～6 mm，3～5脉，先端急尖，或具小突尖，或渐尖而具长的芒，具很窄的膜质边缘；外稃窄披针形至椭圆形，长7.5～10 mm，背部粗糙至被微毛，毛在下部则较密，上部具明显5脉，脉粗糙，先端渐狭而形成芒，芒长20～35 mm，粗壮，成熟时强烈反曲；基盘两侧被毛；内稃短于外稃，长6.5～8.5 mm，先端钝并内凹，两脊上部1/3～1/2具纤毛，两脊间背部先端被微毛；花药黄色，长1.5～2.2 mm。

细胞学特征：2n=4x=28（Tzvelev，1976）。

分布区：塔吉克斯坦；中亚吉萨尔-达尔瓦兹（Gissar - Darvaz），帕米尔；伊朗东北部；喜马拉雅山西部。生长在石质山坡、岩石上、倒石堆中、洼地；海拔3 000～4 500 m。

89. *Roegneria sclerophylla* Nevski，1934. Acta Inst. Bot. Acad. Sci. URSS ser. 1，2. 49. 硬叶鹅观草（图5 - 111）

模式标本：塔吉克斯坦“In glareosis flum. Revnou，Darvaz Occidentalis，Gontscharov et al.，1932，No. 962”；主模式标本现藏于**LE**!。

异名：*Agropyron tianschanicum* Drob.，1925. Feddes Repert. 21：42. pro parte；
Semeiostachys sclerophyla（Nevski）Drob.，1941. Fl. Uzbek. 1：281；
Elymus scleropyllus（Nevski）Tzvel.，1972，Nov. Sist. Vyysch. Rast. 9：59；
Agropyron transnominatum Bondar，1968. Opred. Rast. Seredneaz Azii 1：172；
Agropyron dolicholepis Meld.，1970. In Reich. F.，Fl. Iranica. 70：180。

形态学特征：多年生，密丛生，具多数纤维状须根。秆高70～105 cm，较粗壮，平滑无毛。叶鞘平滑无毛；叶片平展，直挺，灰绿色，长可达25 cm，宽（2～）5～8（～15）mm，上表面脉上粗糙，无毛，下表面粗糙或近于平滑，边缘粗糙或近于平滑。穗状花序直立，长11～20 cm（芒除外），小穗着生密集，或下部稍间断，多偏于一侧；穗轴节间长6～10（～14）mm，下部者可达28 mm，棱脊上粗糙；小穗绿紫色，紧贴穗轴，长15～18 mm（芒除外），具5花，小穗轴节间长2～2.5 mm，被微毛；颖宽披针形，革质，两颖不等长，第1颖长11～13 mm，第2颖长12～15 mm，两颖均具5～7（～9）脉，脉上很粗糙，先端渐尖而呈一芒尖，或具一长2～3 mm的短芒，有时先端具一齿；外稃披针形，粗糙，被贴生小刺毛，5脉，长10～12 mm（芒除外），先端延伸成一直立或稍曲折的芒，芒长12～20 mm，芒基部具2齿；

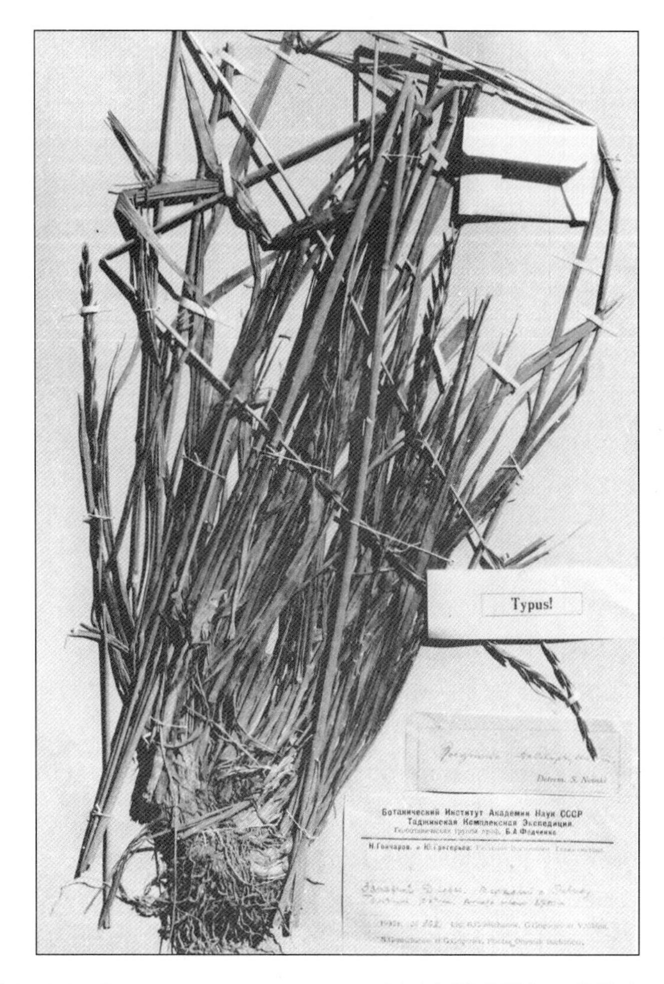

图 5-111 *Roegneria sclerophylla* Nevski（主模式标本，现藏于 **LE**!）

基盘被小柔毛，两侧者较长；内稃与外稃等长，先端钝，两脊上部 3/4 被纤毛；花药黄色，长约 3 mm。

细胞学特征：未知。

分布区：塔吉克斯坦、帕米尔西南部、伊朗东北部。生长在石质山坡、卵石间、林隙、灌丛中。

90. *Roegneria semicostata* （Nees ex Steud.）**Kitag.，1939. Rep. Inst. Manch. 3 App. 1：91. 强脉鹅观草**

90a. var. *striata* （Nees ex Steud.）**J. L. Yang，B. R. Baum et C. Yen，2008. J. Sichuan Agricul. Univ. 26：374. 强脉鹅观草长颖变种**

模式标本：尼泊尔"N. W. Himalaya，Royel 377"；主模式标本现藏于 **K**!。

异名：*Triticum striatum* Nees ex Steud.，1854. Syn. Pl. Glum. 1：346；

Roegneria striata （Nees ex Steud.）Nevski，1934. Acta Univ. As. Med. Ser. 8B，17：71；

Elymus semicostatus subsp. *striatus*（Nees ex Steud.）Á. Löve，1984. Feddes Repert. 95（7～8）：454。

形态学特征：本变种与 var. *semicostata* 的区别，在于它的小穗更紧贴穗轴；颖长圆形或长圆状披针形，第 1 颖近等长于第 1 花，先端渐尖；外稃整个背部散生极短而贴生的毛，芒可长达 20 mm。

细胞学特征：未知。

分布区：巴基斯坦、阿富汗、印度喜马拉雅山西北部、帕米尔。生长在石质山坡；海拔 2 400～2 700 m。

90b. var. *thomsonii*（Hook. f.）J. L. Yang，B. R. Baum et C. Yen，J. Sichuan Agricul. Univ. 26：376. 强脉鹅观草毛叶变种

模式标本：印度"Kunawur，alt. 3352～3657 m. Thomson"；主模式标本现藏于 **K!**。

异名：*Agropyron semicostatum* var. *thomsonii* Hook. f.，1896. Fl. Brit. Ind. 7：369；

Elymus semicostatus subsp. *thomsonii*（Hook. f.）A Love，1984. Feddes Repert. 95（7～8）：453；

Elymus semicostatus var. *thomsonii*（Hook. f.）G. Singh，1986. J. Econ. Taxon. Bot. 8（2）：498。

形态学特征：本变种与 var. *semicostata* 的区别，在于其叶鞘与叶片均密被长柔毛。

细胞学特征：未知。

分布区：印度。生长在石质山坡、林隙；海拔 3 350～3 650 m。

91. *Roegneria serotina* Keng，1963. In Keng & S. L. Chen，Acta Nanking Univ.（Biol.）**1**（总 3）：**50；1959. Fl. Ill. Pl. Prim. Sin. Gram. 379**（in Chinese）. **秋鹅观草**（图 5-112）

模式标本：中国陕西"太白山，平安寺附近，1937 年 9 月 7 日，刘慎谔，钟补求 693"；主模式标本现藏于 **PE!**。

异名：*Elymus serotina*（Keng）Á. Löve，1984. Feddes Repert. 95（7～8）：467。

形态学特征：多年生，丛生。秆直立，或基部膝曲而稍倾斜，高 25～45（～70）cm，径粗 0.5～1.2（～2）mm，无毛，或在穗状花序下略粗糙，具 2～3 节。叶鞘多被微毛，或边缘具纤毛，上部者有时无毛；叶舌短，平截，长 0.1～0.2 mm；叶片内卷，长9～11 cm，宽 1～2 mm，上、下表面均无毛，或上表面稍粗糙。穗状花序下垂，长 6～10 cm，宽 5～7 mm，具5～11 枚小穗，小穗排列疏松；穗轴节间长 7～15 mm，无毛，棱脊稍粗糙；小穗黄褐色或具紫晕，长 12～18 mm（芒除外），具无毛或粗糙的小柄，柄长 0.5 mm，具 3～6（～7）花；小穗轴节间长 1.7～2.2 mm，被微毛；颖长圆状披针形，两颖不等长，背部粗糙至被微毛，或仅脉上粗糙，第 1 颖长 5～6（～7.5）mm，（3～）4～5 脉，第 2 颖长7～8（～9）mm，（3～）5～7 脉，先端急尖具小尖头，或渐尖而延伸出一长 2.5 mm 的短芒；外稃长圆状披针形，5 脉，上部被短硬毛，下部贴生微毛，第 1 外稃长 8～10 mm（芒除外），芒长（15～）25～30 mm；基盘两侧贴生微毛；内稃稍短于外稃或等长于外稃，先端圆钝或平截，长 7～9.5 mm，两脊上部 1/3 具短小刺毛，两脊间背部被微毛；花药黄色，

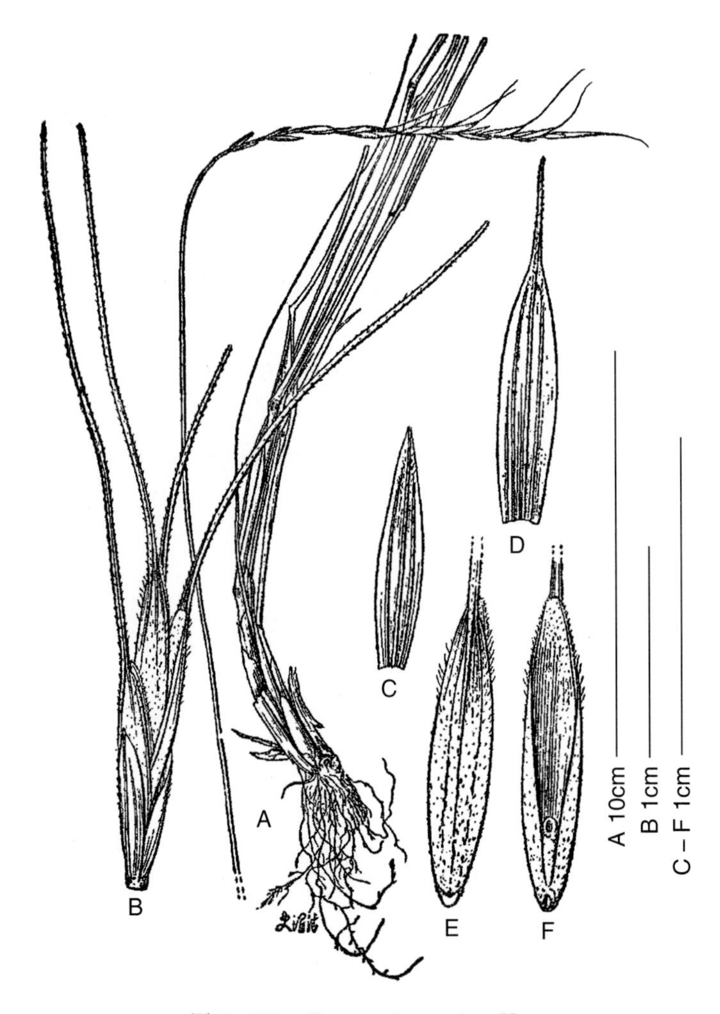

图 5-112 *Roegneria serotina* Keng

A. 植株下部及穗 B. 小穗 C. 第1颖 D. 第2颖 E. 小花背面观 F. 小花腹面观

(引自1959年，耿以礼主编《中国主要植物图说·禾本科》，图319，史渭清绘制，根据主模式标本：刘慎谔693号。本图稍加改绘及标码修改)

长1.5～2.1 mm。

细胞学特征：未知。

分布区：中国陕西太白山。生长在石质山坡和草甸；海拔2 800 m以上。

92. *Roegneria serpentina* L. B. Cai，1997. Acta Phytotax. Sin. 35（2）：**167. 蜿轴鹅观草**（图5-113）

模式标本：中国河北"蔚县，溪边，海拔2010 m，1959-07-10，山西队10147"；主模式标本现藏于**HNWP**!。

异名：*Elymus serpentines*（L. B. Cai）S. L. Chen & G. Zhu，2002. Novon 12（3）：427。

形态学特征：多年生，秆单生或疏丛生，具多数纤维状须根。秆直立，高40～60 cm，径粗1～2 mm，无毛，具4节。叶鞘无毛；叶舌膜质，平截，长约0.4 mm；叶片平展，长 9～15 cm，宽 3～4 mm，上表面疏被长柔毛。下表面无毛。穗状花序下垂，长 7～11 cm，小穗排列疏松；穗轴节间细弱，蜿蜒曲折，长 7～12 mm，最下部者长可达17 mm，粗糙，棱脊上具小刺毛；小穗绿色，长 13～16 mm（芒除外），具 4～6 花；小穗轴节间被微毛；颖长圆状披针形，两颖不等长，无毛，具窄膜质边缘，第 1 颖长 5～6 mm，第 2 颖长 6～7 mm，两颖均 4～5 脉，先端两侧或一侧具齿，并具短芒，第 1 颖芒长3～4 mm，第 2 颖芒长 4～6 mm；外稃披针形，平滑无毛，具 5 脉，脉上粗糙，第 1 外稃长 9～10 mm，具芒，芒长 14～18 mm，粗糙，反曲；内稃明显短于外稃，先端平截，微凹，两脊具小纤毛，两脊间背部被微毛；花药黄色，长约 3 mm。

细胞学特征：未知。

分布区：中国河北。生长在河边、溪边；海拔 2 010 m。

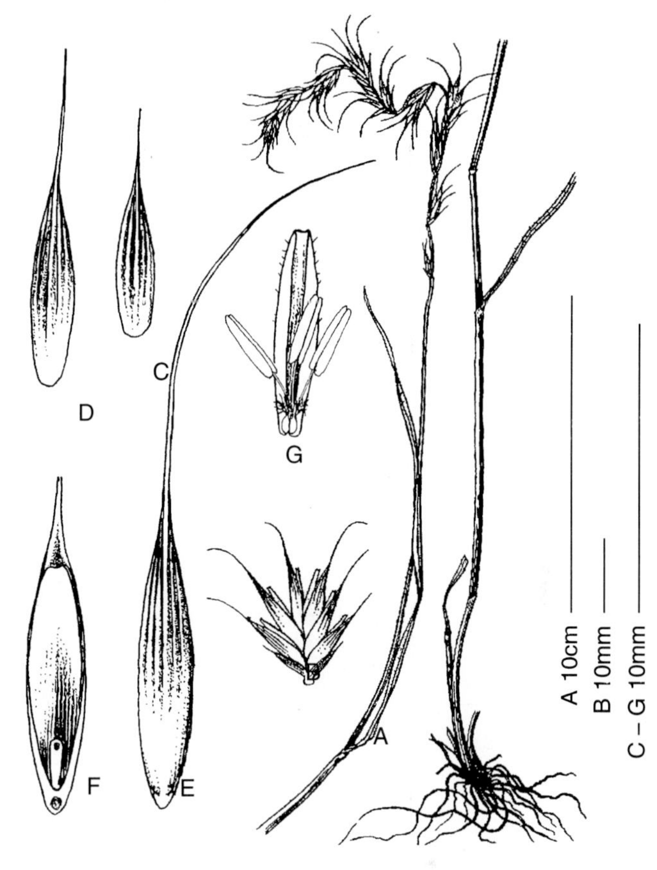

图 5 - 113　*Roegneria serpentina* L. B. Cai

A. 植株下部及穗　B. 小穗　C. 第 1 颖　D. 第 2 颖

E. 小花背面观　F. 小花腹面观　G. 内稃、鳞被、雄蕊及雌蕊柱头

（A、B引自蔡联炳，1997，图 2：1～3，王颖绘。本图稍作修正）

93. *Roegneria shouliangiae* L. B. Cai，1997. Acta Phytotax. Sin. 35（2）：**161～162. 守良鹅观草**（图 5 - 114）

模式标本：中国西藏“Gyrong（吉隆），in glareis riparum，alt. 2800 m，1975 - 07 - 06，C. Y. Wu（吴征镒）et al. 678”；主模式标本现藏于 **PE!**。

异名：*Elymus shouliangiae*（L. B. Cai）S. L. Chen & G. Zhu，2002. Novon 12（3）：427。

形态学特征：多年生，秆单生，具多数纤维状须根。秆直立，高 60～70 cm，径粗 2～3 mm，微粗糙，具 4 节。叶鞘无毛；叶舌平截，长约 0. 3 mm；叶片平展，质硬，长 9～17 cm，宽 3～6 mm，上表面无毛或微粗糙，下表面无毛。穗状花序蜿蜒曲折，长 6～19 cm，小穗排列疏松；穗轴节间长 15～23 mm，背部无毛，棱脊上粗糙或具小刺毛；小穗宽而厚，长 20～32 mm（芒除外），具 8～10 花；小穗轴节间密被微毛，长约 2mm；颖披针形，无毛，两颖不等长，第 1 颖长 7～8 mm，3～4 脉，先端渐尖，第 2 颖长 8～9 mm，5～7 脉，先端具长 2～5 mm 的短芒；外稃披针形，无毛，5 脉，第 1 外稃长 11～12 mm，先端渐尖而延伸成一长 35～40 mm 的芒，芒粗糙，强壮并反曲；内稃与外稃近等长，先端平截，两脊粗糙或具短小刺毛；花药褐色，长 4～5 mm。

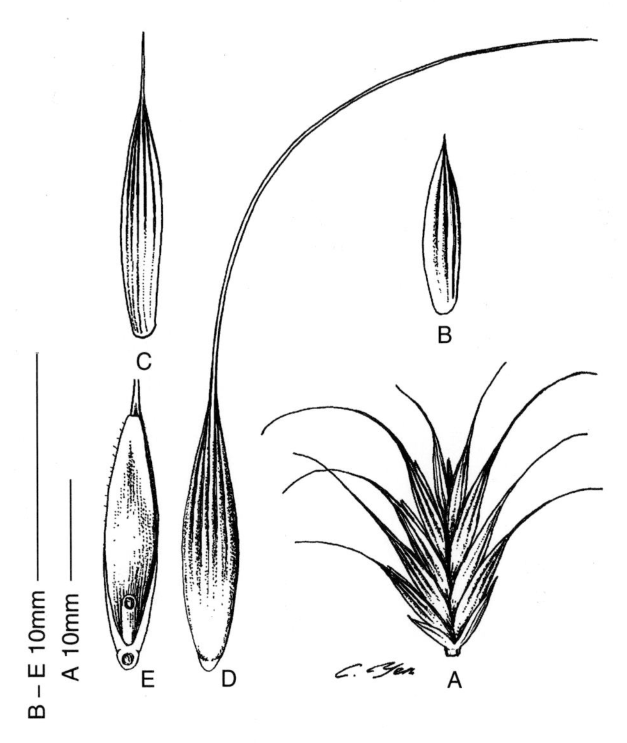

图 5－114 *Roegneria shouliangiae* L. B. Cai

A. 小穗 B. 第 1 颖 C. 第 2 颖 D. 小花背面观 E. 小花腹面观

（A 仿蔡联炳，1997，图 1：11，王颖绘）

细胞学特征：未知。

分布区：中国西藏。生长在河边石砾间；海拔 2 800 m。

94. *Roegneria sikkimensis* （Meld.）**J. L. Yang，B. R. Baum et C. Yen，2008. J. Sichuan Agricul. Univ. 26:375. 锡金鹅观草**

模式标本：锡金“Lachen，reg. temp.，2 743～3 048 m. 2/8 1849，J. D. Hooker”；主模式标本现藏于 **K**!。

异名：*Agropyron sikkimense* Meld.，1960. In Bor，Grass. Burm. Ceyl. Ind. & Pak. 694；

Elymus sikkimensis（*Meld.*）Á. Löve，1984. Feddes Repert. 95（7～8）：460。

形态学特征：多年生，丛生。秆纤细，高 70～80 cm，除花序下粗糙外余无毛。叶鞘无毛；叶舌平截，撕裂状，透明，长 0.2～0.3 mm；叶片平展，长 12～22 cm，宽 2～5 mm，上表面微粗糙，下表面无毛。穗状花序直立或稍下垂，长 10～18 cm（芒除外），小穗排列疏松；穗轴节间无毛，棱脊上微粗糙；小穗绿色，线状披针形，长 13～18 mm（芒除外），具3～6 花；小穗轴节间被硬毛；颖线状披针形，两颖不等长，无毛，第 1 颖长 5～7.5 mm，第 2 颖长6～8.5 mm，两颖均 3～5 脉，脉上粗糙，先端急尖，具窄透明膜质边缘；外稃线状披针形，长 9～10 mm，具不明显 5 脉，背部无毛，上部被短小细刚毛，具芒，芒长15～22 mm，直立；内稃线状披针形，与外稃等长，先端内凹，两脊上具纤毛，两脊间背部被短小细刺毛，内稃两脊常延伸成一非常短的芒状附属物；花药黄色，长约 2 mm。

细胞学特征：未知。

分布区：锡金。生长在山坡上；海拔 2 700～3 100 m。

95. *Roegneria sinica* Keng，1963. In Keng & S. L. Chen，Acta Nanking Univ.（Biol.）**3**（1）：**33；1959，Fl. Ill. Pl. Prim. Sin. Gram. 367**（in Chinese）**. 中华鹅观草**

95a. var. *sinica*（图 5-115）

模式标本：中国青海“西宁县，徐家寨附近，塔尔寺至西宁途中，路边干燥台地，1944 年 8 月 19 日；耿以礼、耿伯介 5505”；主模式标本现藏于 **N**!。

异名：*Elymus sinicus*（Keng）S. L. Chen，1997. Novon 7（3）：229。

形态学特征：多年生，疏丛生。秆直立，或基部稍膝曲，高 60～90 cm，径粗 1.5～1.8 mm，无毛，具 2～3 节。叶鞘无毛；叶舌先端平截，长 0.5 mm；叶片质硬，直立，常内卷，长 6～12 cm，分蘖者可长达 20 cm，宽 2～4 mm，上表面疏被柔毛，下表面无毛。穗状花序直立，长 8～10 cm，小穗排列疏松；穗轴节间上部者长 6～8 mm，扁平，下部者长 10～15 mm，凸形，棱脊上具糙纤毛；小穗绿色，或成熟后带紫色，长 13～14 mm，具 4～5 花；小穗轴节间长1.5～2 mm，被微毛；颖长圆状披针形，通常偏斜，无毛，两颖不等长，第 1 颖长 7～8 mm，第 2 颖长 8～10 mm，两颖均 3～5 脉，脉上粗糙，先端渐尖；外稃长圆状披针形，背部贴生稀疏柔毛，近先端 5 脉，脉上微粗糙，第 1 外稃长约 9 mm，具芒，芒长 10～15 mm，直立或稍弯曲；基盘钝，被短毛，两侧者毛较长，长约 0.4 mm；内稃与外稃近等长，先端平截，或内凹，两脊上部具刺状纤毛，两脊间背上部被微毛；花药淡黄色或淡红色，长 1.5～2 mm。

细胞学特征：2n＝4x＝28（Lu et al.，1990）。

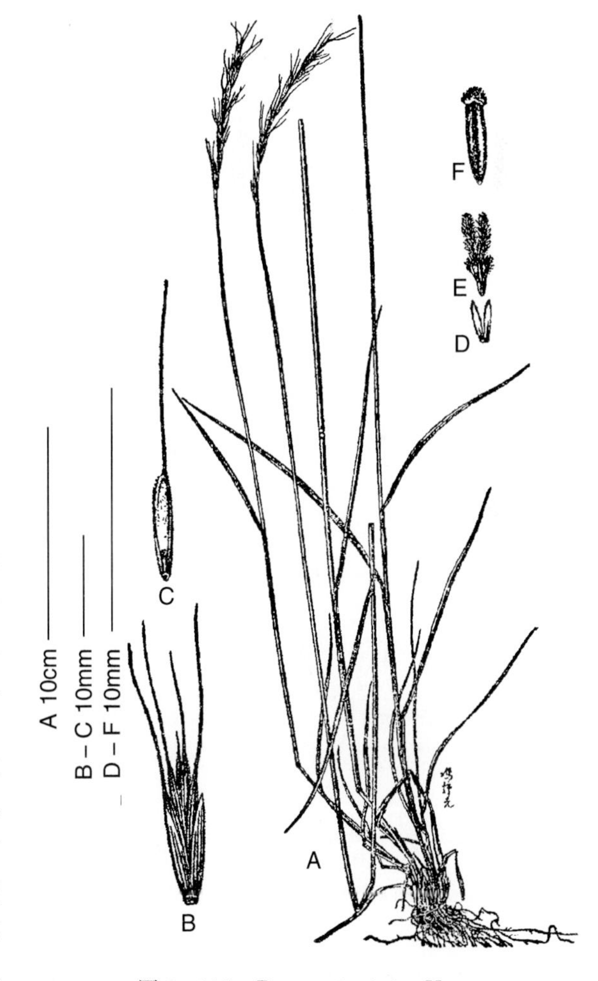

图 5-115　*Roegneria sinica* Keng

A. 全植株　B. 小穗　C. 小花腹面观　D. 鳞被

E. 雌蕊　F. 未成熟颖果

（引自耿以礼，1059，图 297，冯钟元绘自主模式标本：耿以礼、耿伯介 5505 号。本图标码更改）

分布区：中国青海、甘肃、山西、陕西、河北、四川。生长在山坡上、林隙、路边；海拔 1 400～4 340 m。

95b. var. *angustifolia* C. P. Wang & H. L. Yang，1984. Bull. Bot. Res. 4（4）：**88，pl. 6. 窄叶中华鹅观草**（图 5-116）

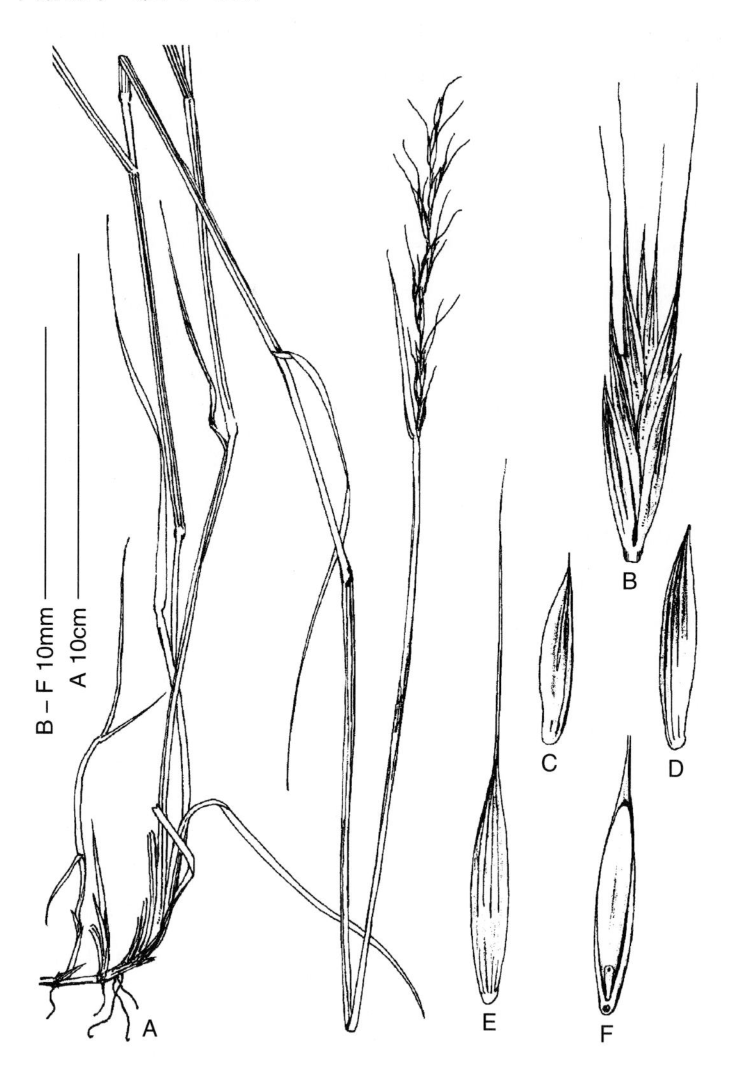

图 5-116 *Roegneria sinica* var. *angustifolia* C. P. Wang et H. L. Yang
A. 全植株 B. 小穗 C. 第 1 颖 D. 第 2 颖 E. 小花背面观 F. 小花腹面观
（引自杨锡麟、王朝品，1984，图 6，杨锡麟绘。本图稍作修正及编码更改）

模式标本：中国内蒙古"大青山，旧窝堡"；主模式标本现藏于 **NMAC**!。

形态学特征：本变种与 var. ***sinica*** 的区别，在于其叶片宽仅 1～2 mm；植株具短的根状茎；基盘两侧毛很短，长 0.1～0.3 mm。

细胞学特征：未知。

分布区：中国内蒙古。生长在山沟。

95c. var. *media* Keng，1963. In Keng & S. L. Chen，Acta Nanking Univ.（Biol.）**1**（总 3）：**33；1959. Fl. Ill. Pl. Prim. Sin. Gram. 367**（in Chinese）. **中间鹅观草**（图 5-117）

模式标本：中国山西"五台山，路旁荒地，海拔 3 500～4 000 m，1929 年 7 月 11 日，唐进 1045"；主模式标本现藏于 **PE**!。

异名：*Elymus sinicus*（Keng）S. L. Chen var. *medius*（Keng）S. L. Chen & G. Zhu，2002. Novon 12（3）：427。

形态学特征：本变种与 var. *sinica* 的区别，在于其叶片宽可达 7 mm；颖先端具长1～3 mm 的短芒。

细胞学特征：未知。

分布区：中国山西。生长在山坡路边；海拔 3 500～4 000 m。

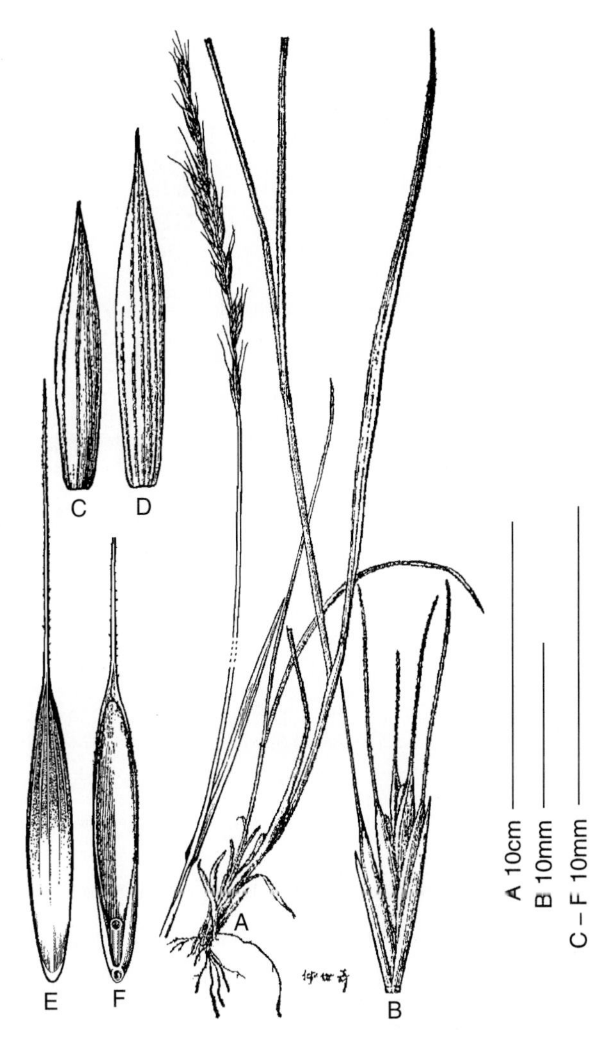

图 5-117 *Roegneria sinica* var. *media* Keng

A. 全植株 B. 小穗 C. 第 1 颖 D. 第 2 颖 E. 小花背面观 F. 小花腹面观

（引自耿以礼，1959，图 298，仲世奇绘。本图稍作修正及编码更改）

96. ***Roegneria sinkiangensis*** （D. F. Cui） **L. B. Cai，1997. Acta Phytotax. Sin. 35** （2）：**174.** （invalid，未见文献引证）. **新疆鹅观草**（图 5-118）

模式标本：中国新疆"伊宁市昭苏县；生于海拔 1 800～2 100 m 的山地草甸草原和林缘草甸；1982 年 7 月 25 日，崔乃然 821769"；主模式标本现藏于 **XIAAC!**。

异名：*Elymus sinkiangensis* D. F. Cui，1990. Bull. Bot. Res. 10（3）：26。

形态学特征：多年生，丛生，具多数纤维状须根。秆直立，高60～70 cm，具 2～3 节。叶鞘无毛，下部者常被倒生柔毛；叶舌很短，平截，长约 0.3 mm；叶片平展，宽3～5 mm，上表面被稀疏长柔毛，下表面平滑无毛，边缘具纤毛。穗状花序直立，长 7～10 cm，小穗排列紧密，常偏于一侧；穗轴节间长 4～7 mm，近于平滑，棱脊具纤毛；小穗长 13～15（～18）mm，具 4～5（～6）花；颖披针形，宽 1.8～2 mm，两颖不等长，第 1 颖长9～10 mm（连同短尖头），第 2 颖长10～12 mm（连同短尖头），两颖均3～5 脉，脉上具小刺毛，先端渐尖，或具长达 2 mm 的短芒尖，具窄膜质边缘；外稃披针形，背上部和边缘被短硬毛，先端渐尖延伸成长 20～35 mm 的芒，芒反曲而粗糙，第 1 外稃长 10～12 mm；基盘被毛，两侧毛较长；内稃与外稃等长，先端钝，两脊上半部被纤毛；花药黄色，长 1.5～2 mm。

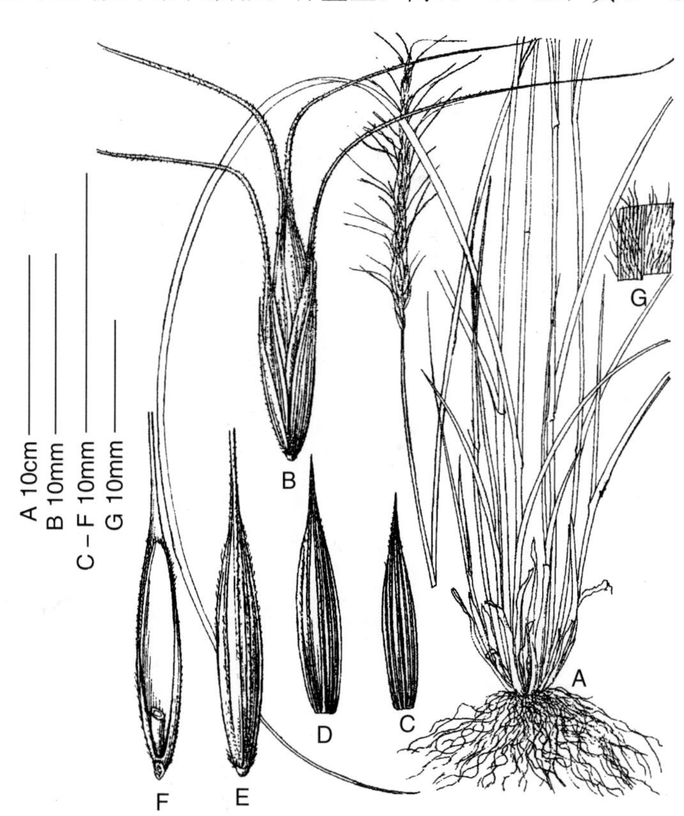

图 5-118 *Roegneria sinkiangensis*（D. F. Cui）L. B. Cai
A. 植株 B. 小穗 C. 第 1 颖 D. 第 2 颖
E. 小花背面观 F. 小花腹面观 G. 叶片一段，示着生的柔毛
（引自崔大方，1990，图 2，张荣生绘。本图标码修改）

细胞学特征：未知。

分布区：中国新疆。生长在草原草甸、林间草地；海拔 1 800～2 100 m。

97. ***Roegneria subfibrosa*** **Tzvel.，1964. Arkt. Fl. SSSR 2：238. 亚须根鹅观草**（图 5-119）

模式标本：俄罗斯"Sibiria，obl. Jachtsk，Balaganach，in arenosis ad fluminem，15 Ⅶ 1898，N. H. Nilsson"；主模式标本现藏于 **LE!**。

异名：*Elymus subfibrosus*（Tzvel.）Tzvel.，1970. Spisok. Rast Herb. Fl. SSSR 18：30；
Elymus fibrosus subsp. *subfibrosus*（Tzvel.）Tzvel.，1973. Nov. Sist. Vyssch. Rast. 10：25。

形态学特征：多年生，丛生。秆高 25～80 cm，粗壮，平滑无毛，稀在花序下微粗糙，具 2～4 节。叶鞘无毛，平滑；叶舌长 0.4～1.4 mm；叶片平展，宽 2～7（～10）mm，上表面疏生柔毛，下表面微粗糙。穗状花序直立或稍弯曲，长 6～20 cm，小穗稀疏着生；穗轴节间下部者可长达 10～20 mm；小穗绿色，有时带紫色，具 2～4 花；小穗轴被微毛；颖宽卵圆形，无毛，两颖近等长，长 4～8 mm，3～5 脉，脉上散生小刺毛，先端急尖，具 2～3（～4）不等长的齿，或具长 1～1.5 mm 的小尖头，具宽膜质边缘；外稃长 8～12（～18）mm，背部平滑无毛，有时两侧粗糙，或在先端沿脉微粗糙，或在基部具少数较长的毛，先端渐尖，具小芒尖，或具一长 2 mm 的短芒；基盘两侧被柔毛；内稃稍短于外稃，先端钝，或稍内凹，两脊上粗糙；花药黄色，长 1～1.5 mm。

图 5-119 *Roegneria subfibrosa* Tzvelev
（主模式标本，现藏于 **LE!**）

细胞学特征：2n＝4x＝28（Tzvel.，1976）。

分布区：俄罗斯西伯利亚。生长在草甸上、河谷沙地与卵石的河床上、灌丛中，稀干燥山坡上。

98. *Roegneria sylvatica* Keng et S. L. Chen，1963. Acta Nanking Univ.（Biol.）**1**（总 3）：**36. 林地鹅观草**（图 5-120）

模式标本：中国新疆“清河县，阿尔太松勾克，海拔高 1 800m，散生落叶松林中空地，草地；1956 年 8 月 2 日，新疆调查队 1236 号”；主模式标本现藏于 **PE!**。

异名：*Elymus sylvaticus*（Keng et S. L. Chen）S. L. Chen，1987. Bull. Nanjing Bot Gard. Mem. Sun Yat Sen 1987：9。

形态学特征：多年生，丛生。秆直立，在基部稍倾斜，高约 100 cm，径粗约 3 mm，无毛，具 4～5 节，节粗糙。叶鞘无毛；叶舌干膜质，平截，长约 0.5 mm；叶片平展，柔软，长 13～25 cm，宽 6～9 mm，上表面与边缘粗糙，下表面平滑无毛。穗状花序直立，长 7.5～8.5 cm，小穗排列紧密，呈覆瓦状；穗轴节间长 4～5 mm，棱脊具短硬纤毛；小穗绿色，长 12～14 mm（含小尖头），常具 3 花，下部数节小穗常退化；小穗轴节间长约 2 mm，被微毛；颖披针形，微粗糙，两颖近等长，长 8～10 mm（含长 1～2 mm

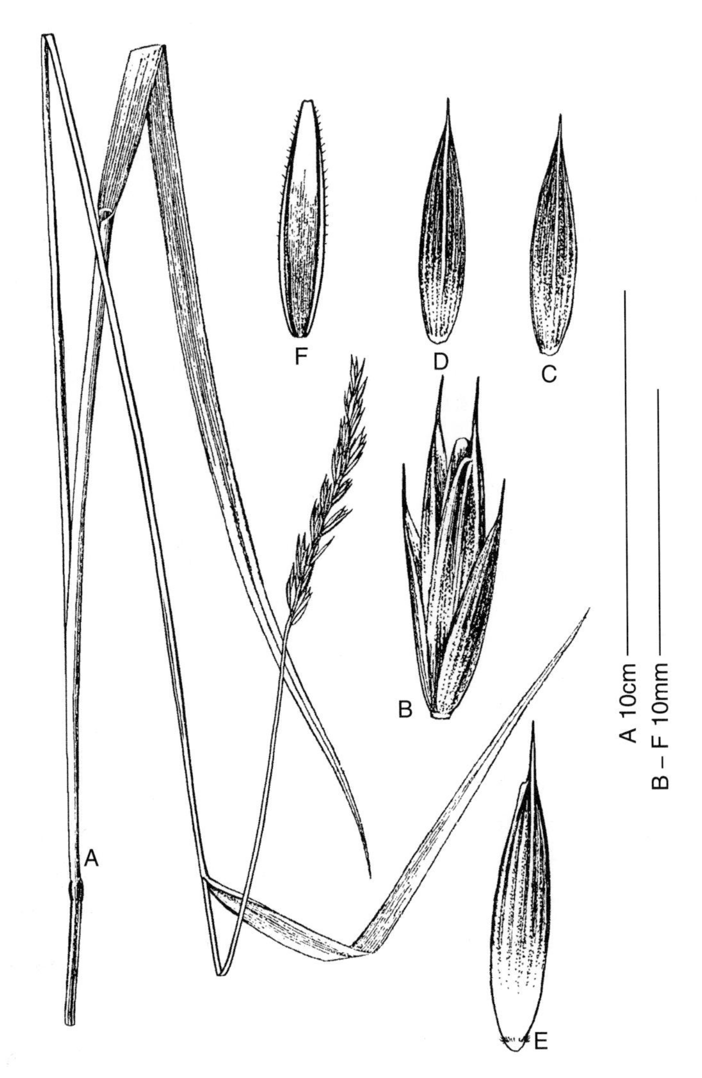

图 5-120 *Roegneria sylvatica* Keng et S. L. Chen

A. 植株上部 B. 小穗 C. 第1颖 D. 第2颖 E. 小花背面观 F. 小花腹面观

（引自耿以礼、陈守良，1963，图1，蒋杏墙绘自主模式标本：新疆调查队1236号。本图稍作修正，标码更改）

的小芒尖），3～5脉，先端渐尖或急尖成小尖头，具窄膜质边缘，上部具不明显5脉，第1外稃长9～10 mm，先端渐尖，延伸成一长1～3 mm的小尖头，有时一侧具微齿；基盘被长约0.2 mm的毛；内稃与外稃等长，先端钝常微凹，两脊上部密生纤毛，从中部向下渐短而细，至基部消失，两脊间背部被微毛；花药黄色，长约2 mm。

细胞学特征：未知。

分布区：中国新疆阿尔泰。生长在落叶松林间草地；海拔1 900 m。

99. ***Roegneria tianschanica*** （Drob.） **Nevski，1934. Acta Univ. As. Med. Ser. 8B 17：71. 天山鹅观草**（图5-121）

模式标本：塔吉克斯坦"Tashkent：Ad fl. Pskem. Distr. Tashkent，Syr - darja，14

Ⅷ 1920，No. 1254，M. Popov et al. ”；后选模式标本：**TAK!**，1976 年，N. N. Tzvelev 指定。

异名：*Agropyron tianschanicum* Drob.，1923. Vved. Opred. Rast. Okr. Taschk. 1：41. non *Elymus tianschanicus* Drob.，1925；

Semeiostachys tianschanica（Drob.）Drob.，1941. Fl. Uzbek. 1：284；

Elymus uralensis subsp. *tianschanicus*（Drob.）Tzvel.，1973. Nov. Sist. Vyssch. Rast. 10：22；

Agropyron czilikense Drob.，1925. Feddes Repert. 21：42；

Elymus czilikensis（Drob.）Tzvel.，1968. Rast. Tsentr. Azii 4：214. Quoad pl；

Elymus tianschanicus Czerp.，1981. Sosud. Rast. SSSR 30：618。

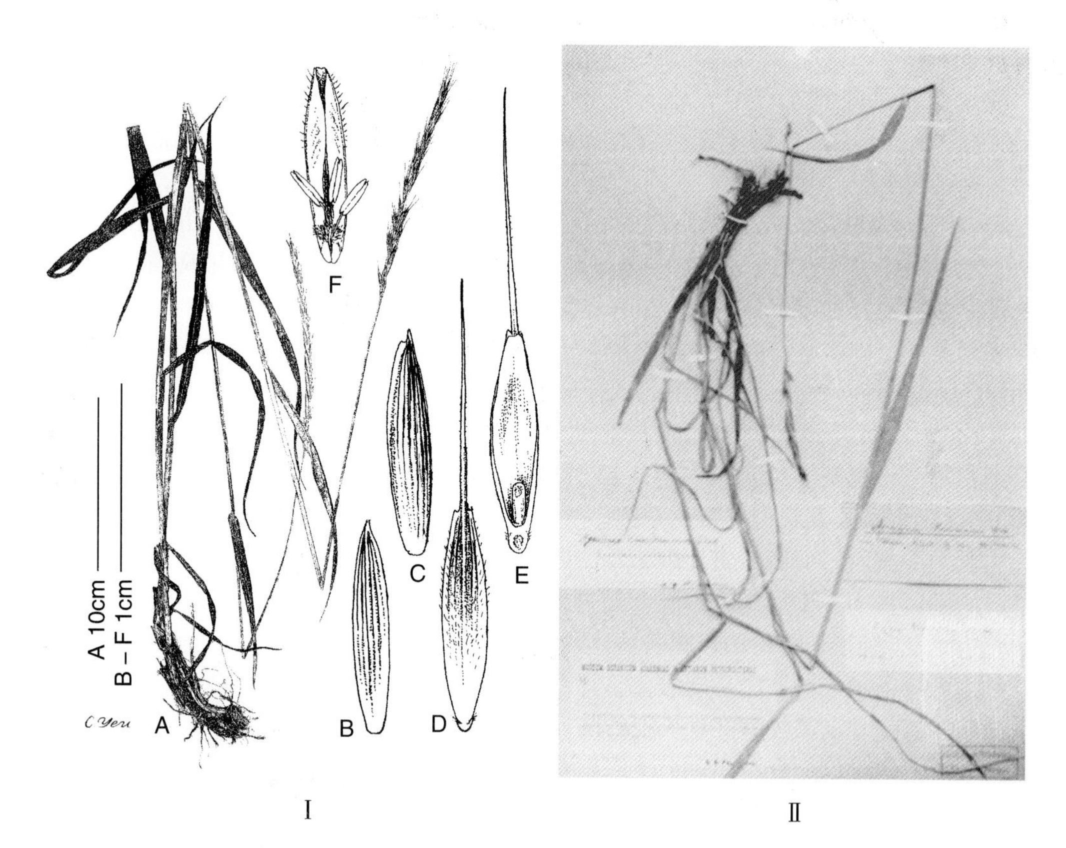

图 5－121 *Roegneria tianschanica*（Drob.）Nevski

Ⅰ. A. 全植株；B. 第 1 颖；C. 第 2 颖；D. 小花背面观；E. 小花腹面观；F. 内稃、鳞被、雄蕊及雌蕊柱头 Ⅱ. 同后选模式标本（现藏于 **LE!**）

形态学特征：多年生，丛生，具匍匐的短根状茎。秆直立，高 50～100 cm，平滑无毛。叶鞘平滑无毛；叶舌长；叶片平展，宽 8～10 mm，上表面粗糙并被柔毛，下表面粗糙，有时散生柔毛。穗状花序线形，直立或稍下垂，长（7～）10～15（～17.5）

cm，宽 5 mm，荫蔽处的标本小穗常多偏于一侧，小穗排列紧密；穗轴节间长 15 mm，贴生微毛；小穗长 15 mm（芒除外），绿紫色，具（3～）5～7（～9）花；小穗轴节间长 2～2.5 mm，贴生微毛；颖宽披针形，稍偏斜，两颖近等长，长 9～13 mm，5～7 脉，脉上粗糙，先端急尖并具小尖头，有时具一齿，边缘膜质；外稃披针形，长 10～12 mm，背部粗糙或被硬毛，5 脉，先端延伸成一直芒，芒长（5～）10～16（～20）mm，芒下具 2 齿；基盘腹面及两侧被微毛，背面平滑无毛；内稃与外稃等长，或稍短于外稃，披针形，先端钝或内凹，两脊上半部具纤毛，两脊间背部被微毛；花药橙色至黄色，长约 2.5 mm。

细胞学特征：2n=4x=28（Lu，1993）。

分布区：塔吉克斯坦、哈萨克斯坦、中国新疆。生长在近溪旁的草甸、洼地、石质山坡、林隙、灌丛中；海拔 2 300～3 300 m。

100. *Roegneria troctolepis* Nevski，1934. Acta Inst. Acad. Sci. URSS，ser. 1，2. 53. 灰白鹅观草

模式标本：俄罗斯“Abkhazia，Mtsaga demarcated area near foothills of Akhibok mountain，limestone rocky slope，1 800～1 900 m，17 Ⅷ 1931，Yu. Voronov”；主模式标本，现藏于 **LE!**。

异名：*Agropyron troctolepis*（Nevski）Meld.，1970. In K. H. Reich. Fl. Iranica. 70：182；

Elymus troctolepis（Nevski）Tzvel.，1972. Nov. Sist. Vyssch. Rast. 9：21。

形态学特征：多年生，丛生，植株显著呈灰白绿色。秆直立，高 100～110 cm，被白粉，平滑无毛。叶鞘呈灰白绿色，平滑无毛；叶片平展，长 20 cm，宽（3～）5～7 mm，灰白绿色，上表面粗糙，下表面平滑无毛，边缘粗糙。穗状花序细瘦，直立或稍下垂，长（6～）6.5～17 cm，小穗排列紧密；穗轴节间上部长 5～6 mm，下部者可长达 15 mm，棱脊上粗糙；小穗灰白绿色带紫色，长 12～18 mm，具 4～5 花；小穗轴节间长 1.5～2 mm，被微毛；颖长圆状椭圆形，革质，无毛，灰白绿色，两颖近等长，长 7～9 mm，5 脉，先端钝或偏斜，啮齿状或具齿；外稃披针形，灰白绿色，无毛，稀在上部粗糙，有时基部具短毛，长 10～11 mm，5 脉，无芒，先端钝，内凹或具齿；内稃短于外稃 1.8～2 mm，先端近于钝形，稀内凹；花药黄色，长2.2～2.8 mm。

细胞学特征：未知。

分布区：俄罗斯高加索。生长在石灰岩上、石质山坡；海拔 1 800～1 900 m。

101. *Roegneria viridula* Keng et S. L. Chen，1963. Acta Nanking Univ.（Biol.）**1**（总 3）：**39. 绿穗鹅观草**（图 5-122）

模式标本：中国新疆“乌鲁木齐南山小曲子附近，山坡低处稍湿润地，秦仁昌 394”；主模式标本，现藏于 **PE!**。

异名：*Elymus viridulus*（Keng et S. L. Chen）S. L. Chen，1987. Bull. Nanjing Bot. Gard. Mem. Sun Yat Sen 1987：9。

形态学特征：多年生，丛生。秆直立，质硬，高约 80 cm，径粗约 1 mm，平滑无毛，具 4 节。叶鞘上部者无毛，下部 1～2 节常生倒毛；叶舌干膜质，平截，长约 0.3 mm；叶片平展，干后内卷，长 15 cm 以上，宽 2.5～4 mm，上表面与边缘粗糙，近基部处具少量柔毛，下表面较平滑。穗状花序直立，或稍下垂，长7.5～9.5 cm，小穗排列较稀疏；穗轴节间长6～13 mm，无毛，棱脊上具短硬纤毛；小穗淡绿色，长14～18 mm（含小尖头），具5～6 花；小穗轴节间长 1～1.5 mm，被微毛；颖宽披针形，稍偏斜，无毛，绿色有光泽，两颖近等长，长 8～12 mm（包括长 1～2 mm 的小尖头），宽 1.5～2 mm，4～6 脉，有时第 2 颖可具 7 脉，先端长、渐尖，具宽膜质边缘；外稃长圆状披针形，淡绿色，无毛，上部及近边缘处微粗糙，具宽约1 mm的乳白色膜质边缘，第 1 外稃长约 10 mm，外稃先端具长 2～6 mm 的短芒；基盘两侧及腹部被微毛，毛长约 0.2 mm；内稃于外稃等长或稍短，先端平截或微凹，两脊具短硬纤毛，中部以下渐细小，至近基部处消失，内稃背、腹两面均被微毛；花药黄色，长 3～3.5（～4）mm。

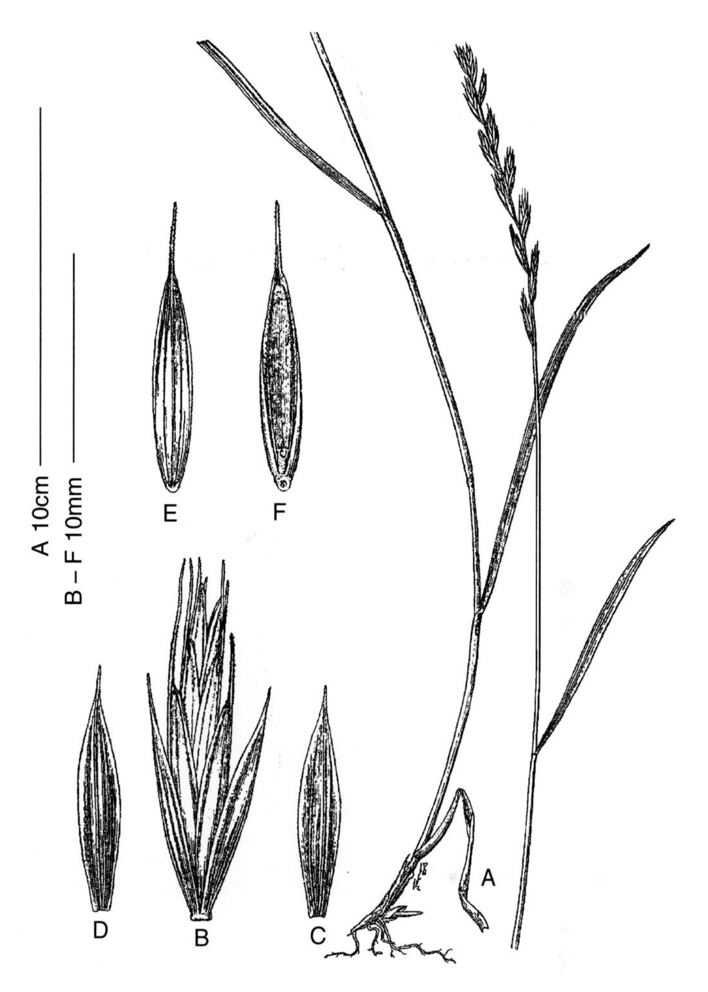

图 5－122 *Roegneria viridula* Keng et S. L. Chen

A. 植株下部及穗 B. 小穗 C. 第 1 颖

D. 第 2 颖 E. 小花背面观 F. 小花腹面观

（引自耿以礼、陈守良，1963，图 2，史渭清绘自模式标本。本图标码修改）

细胞学特征：2n＝4x＝28（Lu et al.，1990）。

分布区：中国新疆。生长在山坡低处湿润草甸；海拔 1 900～2 100 m。

102. *Roegneria yushuensis* L. B. Cai，1994. Bull. Bot. Res. 14（4）：**338～340. 玉树鹅观草**（图 5 123）

模式标本：中国青海“Yushu（玉树），secus margines variorum，alt. 3750 m，1980. 08. 24，Z. D. Wei（魏振铎）22105”；主模式标本，现藏于 **NWBI**!。

异名：*Elymus yushuensis*（L. B. Cai）S. L. Chen & G. Zhu，2002. Novon 12（3）：428。

形态学特征：多年生，丛生，具多数纤维状须根。秆直立，高 45～60 cm，径粗 1～2 mm，平滑无毛，具 2～3 节。叶鞘无毛；叶耳明显，呈镰刀状，长约 1.5 mm；叶舌极短，平截；叶片通常内卷，长 5～9 cm，上表面和边缘疏生长柔毛，下表面无毛，较平

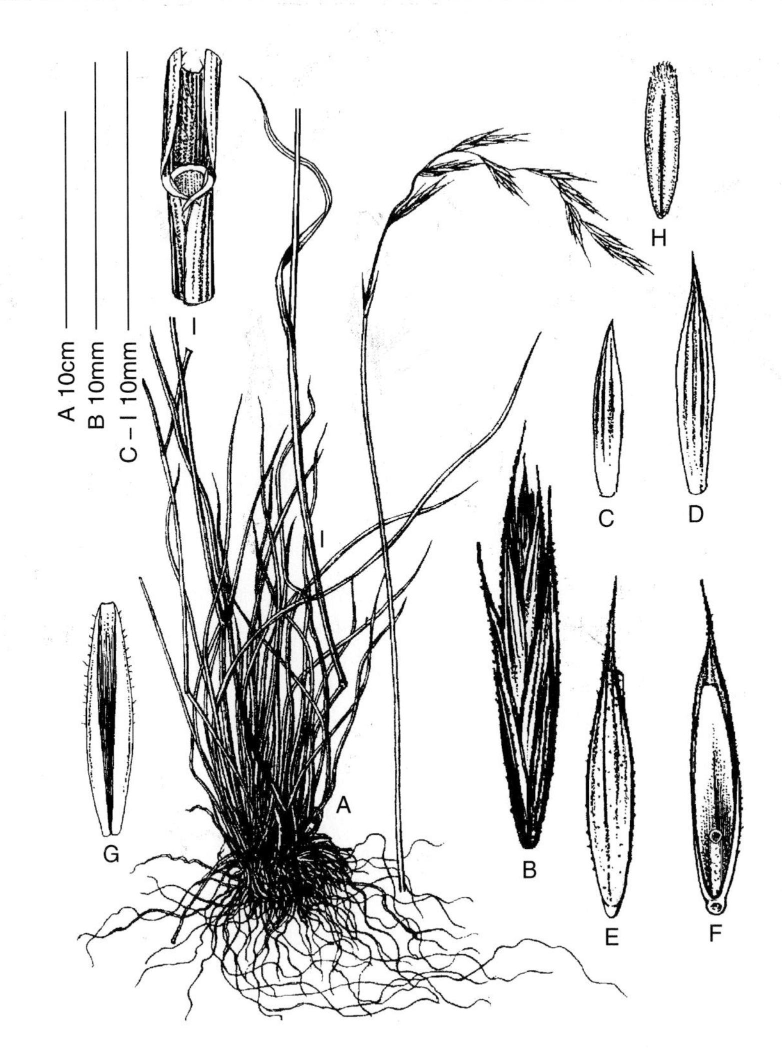

图 5-123 *Roegneria yushuensis* L. B. Cai

A. 植株下部及穗 B. 小穗 C. 第 1 颖

D. 第 2 颖 E. 小花背面观 F. 小花腹面观 G. 内稃 H. 颖果

I. 叶鞘上段及叶片下段，示平截的短叶舌与叶片上面及边缘疏生柔毛

（引自蔡联炳，1994，图 1，王颖绘。本图已修正、改绘并删减，编排标码修改）

滑。穗状花序下垂，长 6～11 cm，小穗排列疏松；穗轴纤细，常呈蜿蜒状，无毛，节间长 7～10 mm，基部者可长达 30 mm；小穗紫色，长 12～20 mm，具 4～6 花；小穗轴节间长 2～3 mm，密被短柔毛；颖披针形，无毛，两颖不等长，第 1 颖长 4～5 mm，3～5 脉，第 2 颖长 6～7 mm，3～5 脉，先端锐尖；外稃长圆状披针形，背部疏生小刺毛，第 1 外稃长 8～9 mm，上半部明显 5 脉，先端具长 2～4 mm 的短芒；内稃与外稃等长，或稍短，先端平截，两脊上部具短刺毛。

细胞学特征：未知。

分布区：中国青海。生长在路边；海拔 3 500～4 100 m。

后 记

以下两个分类群虽然发表为鹅观草属的种，但从形态特征与地理分部来看，鉴定是错误的，不应属于鹅观草属，而应属于仲彬草属（*Kengtyilia*）。

1. *Roegneria cheniae* L. B. Cai，1996. Acta phytotaxonomica Sinica 34（3）**：333～335. 陈氏鹅观草**

模式标本：中国新疆“昭苏，灌丛中，海拔 2 300 m，1978 年 8 月 3 日，K. Tuo 280875”。主模式标本：**XJBI!**。

异名：*Elymus cheniae*（L. B. Cai）G. Zhu，2002. Novon 12（3）：426。

形态学特征：多年生，疏丛，具多数纤维状须根。秆直立或在基部膝曲，高 30～60 cm，径粗 1.5～2.5 mm，平滑无毛，具 3～4 节。叶鞘无毛；叶舌膜质，平截，长约 0.5 mm；叶片平展或边缘内卷，长 3～10 cm，宽 2～4 mm，上、下表面均平滑无毛。穗状花序直立，长 5～13 cm，宽约 4 mm，小穗着生稀疏；穗轴节间长 5～7 mm，无毛，在棱脊上着生稀疏纤毛；小穗紧贴穗轴着生，淡绿色或具紫红色晕，长 10～14 mm，具 2～4 花；小穗轴节间长 2～3 mm，被短微毛；颖披针形或长圆状披针形，无毛，两颖近等长，长 7～11 mm，第 1 颖 4 脉，第 2 颖 4～6 脉，具膜质边缘，先端骤尖或具小尖头；外稃披针形，背部贴生硬毛，第 1 外稃长 8～11 mm，上部明显具 5 脉，外稃具短芒，芒长 1～3 mm；内稃短于外稃，长 8～10 mm，先端内凹或平截，两脊上半部被纤毛，两脊间背部无毛；花药黄色，长 1.5～2 mm。

细胞学特征：未知。

分布区：中国新疆。生长于灌丛中；海拔 2 300～2 600 m。

这个分类群从形态特征与地理分布来看应当是 *Kengyilia zhaosuensis* J. L. Yang，C. Yen et B. R. Baum.，需要作细胞学的鉴定是否含 **PPStStYY** 染色体组。

2. *Roegneria trichospicula* L. B. Cai，1994. Bull. Bot. Res. 14（4）**：340～342. 毛穗鹅**

模式标本：中国青海“Yushu（玉树），prope sylvas，alt. 3500 m，1981. 08. 17. Z. D. Wei（魏振铎）22414”；主模式标本，现藏于 **NWBI!**。

异名：*Elymus trichospiculus*（L. B. Cai）S. L. Chen & G. Zhu，2002. Novon 12（3）：420。

形态学特征：多年生，丛生，常具短的根状茎。秆直立，基部稍膝曲，高 90～110 cm，径粗 1.5～2.5 mm，具 4～5 节，花序下被短柔毛。叶鞘上部者无毛，基部者疏生长柔毛；叶舌短，长不足 0.5 mm；叶片平展，长 6～16 cm，宽 2～4.5mm，上、下表面或仅上表面疏生柔毛。穗状花序微弯曲，长 8～12 cm，小穗排列疏松；穗轴节间长 8～12 mm，背部被微毛，棱脊具短刺毛；小穗绿色，长 12～18 mm，具 3～5 花；小穗轴节间长 1.5～2.5 mm，密被糙毛；颖披针形，无毛，两颖近等长，长 5～6 mm，3 脉，脉上疏被刺毛，先端渐尖，或具长不足 2 mm 的小尖头；外稃长圆状披针形，背部密被长柔毛，5 脉，第 1 外稃长 9～10 mm，具芒，芒长 6～12 mm，直；内稃与外稃近等长，先端平截，两脊上部具纤毛；花药黄色，长约 2 mm。

细胞学特征：未知。

分布区：中国青海。生长在林隙；海拔 3 500～4 400 m。

这个“外稃背部密被长柔毛”的种应当是属于 *Kengyilia* C. Yen et J. L. Yang 属的分类群，不应当归入 *Roegneria* C. Koch。从形态描述与分布地区来看，这个分类群很可能就是 *Kengyilia laxiflora*（Keng）J. L. Yang，C. Yen et B. R. Baum，或与它十分相近的一个仲彬草属的种。有待细胞遗传学的进一步鉴定，是否含 **PPStStYY** 染色体组以及它与 *Kengyilia laxiflora* 的亲和性。

主要参考文献

陈守良，徐克学 . 1989. 应用数量分类探讨鹅观草属的归属问题 . 植物分类学报（27）：190 - 196.

耿以礼 . 1959. 中国主要植物图说·禾本科 . 北京：科学出版社 .

耿以礼，陈守良 . 1963. 国产鹅观草属 *Roegneria* C. Koch 之订正 . 南京大学学报：生物学，1（总 3）：1 -92.

刘志武，D R Dewey. 1983. *Elymus fedtschenkoi* 的染色体组构成 . 遗传学报（10）：20 - 27.

卢宝荣，颜济，杨俊良 . 1988. 鹅观草三个种的染色体组分析与同工酶分析 . 云南植物研究（10）：261 -270.

卢宝荣，颜济，杨俊良 . 1988. 鹅观草三个种的形态变异与核型的研究 . 云南植物研究（10）：139 - 146.

孙根楼，颜济，杨俊良 . 1991. 本田鹅观草和缘毛鹅观草杂种的细胞遗传学研究 . 云南植物研究（13）：47 -50.

孙根楼，颜济，杨俊良 . 1992. 鹅观草属三个种的核型研究 . 云南植物研究（14）：164 - 168.

孙根楼，颜济，杨俊良 . 1993. 仲彬草属和鹅观草属几个种的核型研究 . 植物分类学报，31（6）：560 -564.

周永红，孙根楼，杨俊良 . 1993. 鹅观草属 5 种植物的核型研究 . 广西植物（13）：149 - 155.

Baum B R，Yen C ，Yang J L. 1991. *Roegneria* its generic limits and justification for its recognition. Can. J. Bot. 69：282 - 294.

Davis P H，V H Heywood. 1963. Principles of Angiosperm taxonomy. D. van Norstrand Co. Princeton，N. J. ，New York.

Dewey D R. 1968. Synthetic *Agropyron-Elymus* hybrids：Ⅲ. *Elymus canadensis* × *Agropyron caninum*，*A. trachycaulum*，and *A. striatum*. Amer. J. Bot. ，55：1133 - 1139.

Dewey D R. 1969. Synthetic hybrids of *Agropyron caespitosum* × *Agropyron spicatum*，*Agropyron caninum*，and *Agropyron yezoense*. Bot. Gaz. ，130：110 - 116.

Dewey D R. 1972. Genome analysis of South American *E. pantagonicus* and its hybrids with two North American and two Asian *Agropyron* species. Bot. Gaz. ，133：436 - 443.

Dewey D R. 1980. Cytogenetics of *Agropyron ugamicum* and six of iys interspecific hybrids. Bot. Gaz. ，141：305 - 312.

Dewey D R. 1984. The genomic system of classification as a guide to intergeneric hybridization with the perennial Triticeae. In Gustafson，J. P. ，1984. Gene manipulation in plant improvement. Proc. 16th Stadler Genetics Symp. p. 209 - 279. Planum Publishing Corporation，Columbia，U. S. A.

Jensen K B. 1989. Cytology，fertility，and origin of *Elymus abolinii*（Drob. ）Tzvelev and its F_1 hybrids with *Pseudoroegneria spicata*，*E. lanceolatus*，*E. dentatus* ssp. *ugamicus*，and *E. grobovii*（Poaceae：Triticeae）. Genome，32：468 - 474.

Jensen K B. 1990. Cytology and morphology of *Elymus pendulinus*，*E. pendulinus* ssp. *multiculmis*，and

E. parviglume（Poaceae：Triticeae）. Bot. Gaz.，151：245 - 251.

Jensen K B，Hatch S L. 1988. Cytology of *Elymus panormitanus* and iys F_1 hybrids with *Pseudoroegneria spicata*，*Elymus caninus*，and *Elymus dentatus* ssp. *ugamicus*. Genome，30：879 - 884.

Jensen K B，Hatch S L. 1989. Genome analysis，morphology，and taxonomy of *Elymus gmilinii* and *E. strictus*（Poaceae：Triticeae）. Bot. Gaz.，150：84 - 92.

Jensen K B，Salomon B. 1995. Cytogenetics and morphology of *Elymus panormitantus* var. *heterophyllus* and its relationship to *Elymus panormitantus* var. *panormitanus*（Poaceae：Triticeae）. Int. J. Plant Sci.，156：731 - 739.

Jensen K B，Richard R - C Wang. 1991. Cytogenetics of *Elymus caucasicus* and *Elymus longearistatus*（Poaceae：Triticeae）. Genome，34：860 - 867.

Jensen K B，Liu Z W，Lu B R et al. 1994. Biosystematic study of hexaploid *Elymus tsschimganicus* and *E. glaucissimus* I. Morphology and genomic constitution. Chromosome Res.，2：209 -215.

Lu B R. 1993a. Cytological studies of F_1 hybrids and a dihaploid from the interspecific cross *Elymus anthosachnoides*×*E. abolinii*（Triticeae，Poaceae）. Hereditas，118：7 - 14.

Lu B R. 1993b. Meiotic studies of *Elymus nutans* and *E. jacquemontii*（Poaceae，Triticeae）and their hybrids with *Pseudoroegneria* spicata and seventeen *Elymus*s pecies. Pl. Syst. Evol.，186：193 - 212.

Lu B R. 1993c. Genomic relationships wthin the *Elymus parviglumis* group（Triticeae：Poaceae）. Pl. Syst. Evol.，187：191 - 211.

Lu B R，R von Bothmer. 1989. Cytological studies of adihaploid and hybrid from intergeneric cross *Elymus shandongensis*×*Triticum aestivum*. Hereditas，111：231 - 238.

Lu B R，R von Bothmer，1990. Intergeneric hybridization between *Hordeum* and Asian*Elymus*. Hereditas，112：109 - 116.

Lu B R，Salomon B. 1992. Differentiation of the SY genomes in Asiatic *Elymus*. Hereditas，116：121 -126.

Lu B R，Salomon B. 1993a. Two new Tibetan species of *Elymus*（Poaceae：Triticeae）and their genomic relationships. Nord. J. Bot.，13（4）：354 - 355.

Lu B R，Salomon B. 1993b. Genomic relationships of the *Elymus parviglumis*，*E. semicostatus* and *E. tibeticus* groups（Triticeae：Poaceae）. Genetica，90：47 - 60.

Lu B R，Salomon B，R von Bothmer. 1990. Cytogenetic studies of progenyfrom the intergeneric crosses *Elymus*×*Hordeum* and *Elymus*×*Secale*. Genome，33：425 - 432.

Lu B R，Salomon B，R von Bothmer. 1991. Meiotic studies of the hybrids among *Pseudoroegneria cognate*，*Elymus semicostatus* and *E. pendulinus*（Poaceae）. Hereditas，114：117 - 124.

Lu B R，Yan J，Yang J L et al. 1990. Biosystematic studies among *Roegneria pendulina*，*R. ciliaris* and *R. kamoji* of the tribe Triticeae，Gramineae. Acta Botanica Yunnanica，12：161 - 171.

Löve Á. 1984. Conspectus of the Triticeae. Feddes Repert.，95：425 - 521.

Morris K L D，Gill B S. 1987. Genomic Affinities of individual chromosomes based on C - and N - banding analyses of tetraploid *Elymus* species and their diploid progenitor species. Genome，29：247 - 252.

Redinbaugh M G，Jones T A，Zhang Y. 2001. Ubiquityof the St chloroplast genome in At-containing Triticeae polyploids. Genome，43：846 - 852.

Sakamoto，Sadao. 1964. Cytogenetic problems in *Agropyron* hybrids. Proceedings of the fourth wheat genetics symposium，Japan（Seiken Ziho No. 16）：38 - 47.

Sakamoto，Sadao，Mikio Muramatsu. 1966a. Cytogenetic studies in the tribe Triticeae. Ⅱ. Tetraploid and hexaploid hybrids of *Agropyron*. Japan. J. Genetics，41：155 - 168.

Sakamoto，Sadao，Mikio Muramatsu. 1966b. Cytogenetic studies in the tribe Triticeae. Ⅲ. Pentaploid *Agropyron hybrids and genomic relationships among Japanese and Nepalese species*. Japan. J. Genetics，41：175-187.

Sakamoto，Sadao. 1966. Cytogenetic studies in the tribe Triticeae. Ⅳ. Natural hybridization among Japanese *Agropyron* species. Japan. J. Genetics，41：189-201.

Salomon B，Lu B R. 1992. Genomic groups，morphology，and sectional delimitation in Eurasian *Elymus* (Poaceae，Triticeae). Pl. Syst. Evol.，180：1-13.

Salomon B. 1993. Interspecific hybridizations in the *Elymus semicostatus* group (Poaceae). Genome，36：899-905.

Salomon B. 1994. Tanoxomy and morphology of the *Elymus semicostatus* group (Poaceae) Nord. J. Bot.，14：7-14.

Schulz - Schaeffer，Jurgen，Peter Jurasits. 1962. Biosystematic investigations in the genus *Agropyron*. I. Cytological studies of species karyotypes. Amer. J. Bot.，49：940-953.

Svitashev S，Bryngelsson T，Li X M et al. 1998. Genome - specific repetitive DNA and RAPD markers for genome identification in *Elymus* and *Hordelymus*. Genome，41：120-128.

Zhang X Q，Yang J I，C Yen，1998. The genome constitution of *Roegneria grandis* (Poaceae：Triticeae). Pl. Syst. Evol. 209：67-73.

Zhou Y H，Yang R W，Ding C et al. 2004. Genome consititution of *Roegneria glaberrima*. Acta Prataculturae Sinica，13 (3)：1-8.

Жукова П Г и А Д Тихонова. 1971. Хромосомные числа некоторых видов растений чукотки. Ботничесий Журнал，56 (6)：868-875.

Жукова П Г. 1967. Числа хроммосом некоторых видов растений крайнего северо - востока СССР. Ботничесий Журнал，52 (7)：983-987.

附　　录

Ⅰ. 赖草属种名录

Leymus Hochst. , 1848. Flora 31: 118, in adnot.

Leymus sect. *Anisopyrum* (Griseb.) Tzvelev, 1972, Nov. Sist. Vyssch. Rast. 9: 63. = *Triticum* sect. *Anisopyrum* Griseb. 1825, in Ledeb. Fl. Ross. 4: 343.

Leymus sect. *Aphanonneuron* (Nevski) Tzvelev, 1972, Nov. Sist. Vyssch Rast. 9: 62. = *Aneurolepidium* sect. *Aphanoneuron* Nevski, 1934, Fl. URSS 2: 299.

Leymus Hochst. sect. *Leymus*.

Leymus sect. *Malacurus* (Nevski) Tzvelev, 1970, Nov. Sist Vyssch. Rast. 6: 21. =*Malacurus* Nevski, 1933, Tr. Bot. Inst. AN SSSR, ser. 1, 1: 19.

Leymus sect. *Silvicola* C, Yen, J. L. Yang et B. R. Baum, 2009. J. Syst. Evol. 47: 83.

Leymus aemulans (Nevski) Tzvelev, 1960, Not. Syst. Herb. Inst. Bot. Acad. Sci. URSS, 20: 430. =*Aneurolepidium aemulans* Nevski, 1933, Acta Inst. Bot. Acad. Sc. URSS, Ser. I. Fasc. I. 14. 27. = *Elymus aemulans* (Nevski) Nikif. , 1968, Opred. Rast. Sredn. Azii 1: 197.

Leymus ajanensis (V. Vassil) Tzvelev, 1972, Nov. Sist. Vyssch. Rast. , 9: 59. = *Asperella ajanensis* V. Vassil. , 1940, Bot. Mat. (Leningrad) 8: 216.

Leymus akmolinensis (Drobov) Tzvelev, 1960, Not. Syst. Herb. Inst. Bot. Acad. Sci. URSS, 20: 430. = *Elymus akmolinensis* Drobov 1915, Tr. Bot. Muz. AN. 14: 133. = *L. paboanus* (Claus) Pilger ssp. *akmolinensis* (Drobov) Tzvelev, 1971, Nov. Sist. Vyssch. Rast. 8: 66.

Leymus alaicus (Korsh.) Tzvelev, 1960, Bot. Mat. (Leningrad) 20: 429. =*Elymus alaicus* Korsh. , 1896, Mem. Acad. Sci. St. Peersb. , Ser. 8, 4: 102. =*Aneurolepidium alaicum* (Korsh.) Nevski, 1934, Fl. URSS. 2: 704.

Leymus alaicus (Korsh.) Tzvelev ssp. *karataviensis* (Roshev.) Tzvelev, 1973, Nov. Sist. Vyssch. Rast. 10: 50. = *Elymus karataviense* Roshev. , 1912, Tr. Pochv. Bot. Eksp. 2: 186. = *E. karataviensis* Roshev. ex. B. Fedtsch. , 1915, Rast. Turkest. 154.

Leymus alaicus ssp. *petraeus* (Nevski) Tzvelev, 1973, Nov. Sist Vyssch. Rast. , 10: 50. =*Aneurolepidium petraeus* Nevski, 1934, Fl. SSSR 2: 705.

Leymus alaicus (Korsh.) Tzvel. var. *karataviensis* (Roshev.) C. Yen, J. L. Yang & B. R. Baum, 2009, J. Syst. Evol. 4 (1): 75.

Leymus alaicus (Korsh.) Tzvel. var. *petraeus* (Nevski) C. Yen, J. L. Yang & B. R. Baum, 2009, J. Syst. Evol. 4 (1): 76.

Leymus angustiformis (Drobov) Tzvelev, 1960, Bot. mat. (Leningrad) 20: 429. = *Elymus angustiformis* Drobov, 1941, Fl. Uzbek. 1: 540. s. str. (quoad typum).

Leymus altus D. F. Cui, 1998, Bull. Bot. Res. 18 (2): 144 - 146.

Leymus ambiguus (Vasey et Scribn.) D. R. Dewey, 1983, Brittonia, 35 (1): 32. = *Elymus ambiguus* Vasey et Scribner, 1893, Contr. U. S. Natl. Herb. 1: 280. = *L. innovatus* ssp. *ambiguus* (Vasy et Scribn.) Á. Löve, 1980, Taxon 29: 168.

Leymus angustus (Trin.) Pilger, 1947. In Engl. Bot. Jahrb. 74: 6. (publ. in 1949) = *Elymus angustus* Trin., 1829, in Ledeb. Fl. Alt. 1: 119. =*Aneurolepidium angustum* (Trin.) Nevski, 1934, Fl. URSS. 2: 700.

Leymus angustus (Trin.) Pilger subsp. *macroantherus* D. F. Cui, 1998, Bull. Bot. Res. 18 (2): 148.

Leymus angustus var. *kirghisorum* (Drobov) Tzvelev, 1968, Rast. Tsentr. Azii 4: 205. =*L. karelinii* (Turcz.) Tzvelev, 1972. Nov. Sist. Vyssh. Rast. 9: 59.

Leymus arenarius (L.) Hochst., 1848, Flora, 31: 118. = *Elymus arenarius* L., 1753, Spec. Pl. 83.

Leymus arenicola (Scribn. et J. G. Smith) Pilger, 1947, Bot. Jahrb. 74: 6. (publ. In 1949) =*Elymus arenicola* Scribner et J. G. Smith, 1899, USDA Div. Agrost. Bull. 9: 7. =*L. flavescens* (Scribn. et J. G. Smith) Pilger. In Engl. Bot. Jahrb. 74: 6. (publ. in 1949) in obs. =*Elymus flavescens* Scribn. & J. G. Smith.

Leymus arjinshanicus D. F. Cui, 1998, Bull. Bot. Res. 18 (2): 146 - 148.

Leymus auritus (Keng) Á. Löve, Feddes Repert. 95 (7 - 8): 481. 1984. = *Elymus auritus* Keng, 1941, Sunyatsenia 6: 65.

Leymus baldashuanicus (Roshev.) Tzvelev, 1960, Bot. Mat. (Leningrad) 20: 429. = *Elymus baldashuanicus* Roshev., 1932, Bull. Jard. Bot. Acad. Sci. URSS. 30: 779. = *Aneurole-pidium baldashuanicum* (Roshev.) Nevski, 1934, Fl. SSSR. 2: 703.

Leymus bruneostachys N. R. Cui et D. F. Cui, 1996, Fl. Xinjiang. 6: 220, 603.

Leymus buriaticus G. A. Peshkova, 1985, Bot. Zhurn., 70 (11): 1556.

Leymus californicus (Bolander ex Thurb.) M. Barkworth, 2007. In Barkworth et al., eds. Flora of North America, vol. 24: 368 - 369. =*Gymnostichum californicum* Bolander ex Thurb., 1880, in S. Wats., Bot. Calif. 2: 327. =*Hystrix californicus* (Bolander) Kuntze, 1891, Rev. Gen. Pl. 2: 778. =*As. californica* (Bolander) Beal, 1896, Grasses N. Amer. 2: 657. =*Elymus californicus* (Bolander) Gould, 1947, Madrono 9: 127.

Leymus cinereus (Scribn. et Merr.) Á. Löve. 1980, Taxon, 29 (1): 168. =*Elymus cinereus* Scribner & Merr., 1902, Bull. Torr. Bot. Club. 29: 467.

Leymus cappadocicus (Boiss. et Bal.) A. Melderis., 1984, in Notes Roy. Bot. Gard.

Edinburgh, 42 (1): 81. = *Elymus cappadocicus* Boiss & Bal.. 1857, in Bull. Soc. Fr. 4: 308.

Leymus chakassicus G. A. Peschkova, 1990, in L. I. Malyschev & G. A. Peschkova, Fl. Siberica vol. 2: 41. Science Publishers. Inc. Enfield (NH), U. S. A.

Leymus chinensis (Trin.) Tzvelev, 1968, Rast. Tsentr. Azii 4: 205. =*Triticum chinensis* Trin., 1833, Mem. Acad. St. Petersb. Sav. Etang 2: 146. =*Aneurolepidium chinensis* (Trin.) Kitagawa, Rep. Inst. SCi. Res. Manchouk. 2: 50, 281. 1938.

Leymus condensatus (Presl.) Á. Löve, 1980, Taxon 29 (1): 168. = *Elymus condensatus* Presl, 1830, Rel. Haenk. 1: 265. =*Aneurolepidium condensatum* (Presl) Nevski, 1933, Acta Inst. Bot. Acad, Sci. URSS. I. Fac. 1: 14.

Leymus coreanus (Honda) K. B. Jensen et R. R. -C. Wang, 1997, Int. J. Plant Sci. 158 (6): 877. =*Asperella coreana* (Honda) Nevski, 1934, Fl. SSSR 2: 693. =*Clinelymus coreanus* (Honda) Honda, 1936, Bot. Mag. Tokyo 50: 571. =*Hystrix coreanus* (Honda) Ohwi, 1936, J. Jap. Bot. 12: 653. =*Elymus dasystachys* var. *maximowiczii* Komarov, 1901, Tr. Peterb. Bot. Sada, 20: 320.

Leymus crassiusculus L. B. Cai, 1995, Acta Phytotax. Sin. 33 (5): 494 - 496.

Leymus dasystachys (Trin.) Pilger, 1947, Bot. Jahrb. 74: 6. (publ. In 1949) = *Elymus dasystachys* Trin., 1829, in Ledeb. Fl. Alt. 1: 120. = *Aneurolepidium dasystachyum* (Trin.) Nevski, 1934, Fl. SSSR. 2: 706.

Leymus divaricatus (Drobov) Tzvelev, 1960, Bot. Mat. (Leningrad) 20: 430. =*Elymus divaricatus* Drobov, 1925, Feddes Repert. 21: 45. = *Aneurolepidium divaricatum* (Drobov) Nevski, 1934, Fl. SSSR. 2: 709.

Leymus divaricatus (Drob.) Tzvel. var. *fasciculatus* (Roshev.) Tzvel., 1972, Nov. Sist. Vyssch. Rast. 9: 63. = *L. divaricatus* ssp. *fasciculatus* (Roshev.) Tzvelev, 1972, Nov. Sist. Vyssch. Rast., 9: 63. = *Elymus fasciculatus* Roshev., 1932, Bull. Jard. Bot. Ac. Sc. URSS 30: 780. = Leymus fasciculatus (Roshev.) Tzvel., 1960. Bot. Mat. (Leningard) 20: 430.

Leymus duthiei (Stapf) Y. H. Zhou et H. Q. Zhang ex C. Yen, J. L. Yang et B. R. Baum, 2009. J. Syst. Evol. 47 (1): 83, = *Asperella duthiei* Stapf, 1896, in Hook. F., Fl. Brit. India 7: 375. =*Elymus duthiei* (Stapf) Á. Löve, 1984, Feddes Repert. 95: 465, nom. illeg., non *Elymus duthiei* (Meld.) G. Singh, 1983, Taxon 32: 639. = *Hy. duthiei* (Stapf) Keng, 1940, Sinensia 11: 611. nom. illeg. =*Hy. duthiei* (Stapf) Bor, 1940, Ind. For. 66: 544.

Leymus duthiei var. *japonicus* (Hack.) J. L. Yang et C. Yen, 2009. J. Syst. Evol. 47 (1): 83 =*Asperella japonica* Hack., 1899, Bull. Herb. Boissier 7: 715. =*Hystrix japonica* (Hack.) Ohwi, 1936, Acta Phytotax. Geobot. 5: 185. =*Hy. hackeli* Honda, 1930, J. Fac. Sci. Univ. Tokyo 3, 3: 14, nom. illeg., superfl. =*Elymus japonicus* (Hack.) Á. Löve, 1984, Feddes Repert 95: 465. = *Hy. duthiei* (Stapf) Bor ssp. *japonica* (Hack.) C. Baden, Fred. et Seberg, 1997, Nord. J. Bot. 17 (5): 461.

Leymus duthiei var. *longearistatus* (Hack.) Y. H. Zhou et H. Q. Zhang ex C. Yen, J. L. Yang et B. R. Baum, 2009. J. Syst. Evol. 47 (1): 83, =*Asperella sibirica* var. *longearistata* Hack., 1904, Bull. Herb. Boissier 2 ser. 4: 525. =*Hystrix longearistata* (Hack.) Honda, 1930, J. Fac. Univ. Tokyo sect. 3, Bot. 3: 14. =*Hy. longearistata* (Hack.) Ohwi, 1941, Acta Phytotax. Geobot. 10: 103. =*Elymus asiaticus* Á. Löve ssp. *longearistatus* (Hack.) Á. Löve, 1984, Feddes Repert 95: 465. =*Hy. duthieie* (Stapf) Bor ssp. *longearistata* (Hack.) Baden, Fred. et Seberg, 1997, Nord. J. Bot. 17 (5): 461.

Leymus erianthus (Phil.) J. Dubcovsky, 1997, Genome 40: 505 - 520. =*Elymus erianthus* Phil., 1892, Anales Mus. Nac. Chile. Secc. Bot. 1892: 13. =*E. barbatus* Kurtz, 1894 (1897), Bolitin de Academia Nacional de Ciencias 15: 506. nom. nud. =*E. erianthus* var. *aristatus* Hicken, 1915, Physis, Revista de la Socidad Argentina de Ciencias Naturales 2: 8. =*E. erianthus* var. *spegazzinii* Haumann, 1917, Anqales del Museo Nacional de Historia Natural deBuenos Aires 29: 410 - 411. =*E. spegazzinii* Kurtz, 1899, Bolitin de Academia Nacional Ciencias 16: 259. nom. nud. =*Eremium erianthum* (Phil.) Seberg et Linde-Laursen, 1998, Syst. Bot. 21 (2): 11. =*Cryptochloris spatacea* auct. Non Benth., 1882, Hook. Icon Pl.: tab. 1576, Speg., 1897, Rcvista Fac. Agron. Veterin. La Plata 30 - 31: 584.

Leymus fasciculatus (Roshev.) Tzvel., 1960, Bot. Mat. (Leningrad) 20: 430. = *Elymus fasciculatus* Roshev., 1932, Bull. Jard. Bot. Ac. Sc. URSS 30: 780. =*Aneurolepidium fasciculatum* (Roshev.) Nevski, 1934, Fl. URSS. 2: 709.

Leymus flavescens (Scribn. et J. G. Smith) PIlg., 1947, Bot. Jahrb. 74: 6. (publ. in 1949) =*Elymus flavescens* Scribn. et J. G. Smith, 1897, USDA Div. Agrost. Bull. 8: 8.

Leymus flexilis (Nevski) Tzvelev, 1960, Not. Syst. Inst. Bot. V. L. Komarov Acad. Sci. URSS. 20: 429. =*Aneurolepidium flexilis* Nevski, 1934, Fl. URSS. 2: 705.

Leymus flexus L. B. Cai, 1995, Acta Phytotax. Sin. 33 (5): 491 - 493.

Leymus×*fedtschenkoi* Tzvelev, 1972, Nov. Sist. Vyssh. Rast. 9: 60. (*L. alaicus*×*lanatus*). = *L. karataviensis* (Roshev.) Tzvelev, 1960, Bot. Mat. (Leningrad) 20: 429. = *Elymus karataviensis* Roshev., 1912, Tr. Pochvx. Bot. Exp. 2 (6): 186. tab. 27. = *Aneurolepidium karataviensis* (Roshev.) Nevski, 1934, Fl. URSS. 2: 705.

Leymus giganteus (Vahl.) Pilg., 1947, Bot Jahrb. Syst. 74: 7. = *Elymus giganteus* Vahl, 1794, Symb. Bot. 3: 10.

Leymus innovatus (Beal) Pilger, 1947, Bot. Jahrb. 74: 6. (publ. in 1949) =*Elymus innovatus* Beal, 1896, Grasses of North Amer. 2: 650.

Leymus interior (Hulten) Tzvelev, 1964, Fl. Arct URSS. Fasc. 2: 253. = *Elymus interior* Hulten. 1924, Acta Univ. Lund. n. ser. 38: 270. f. 1c & 2a..

Leymus karataviensis (Roshev.) Tzvel., 1960, Bot. Mat. (Leningrad) 20: 20.

Leymus karelinii (Turcz.) Tzvelev, 1972, Nov. Sist. Vyssch. Rast., 9: 59. (12 April). =*Elymus karelinii* Turcz., 1856, Bull. Soc. Nat. Moscou 29: 64. = *Aneurolepidium karelinii* (Turcz.) Nevski, 1936, Tr. Bot. Inst. AN SSSR. Ser. 1, 2: 70. quoad nom. *Leymus karelinii* (Turcz.) Chopanov, 1973, Opred. Zlakov Turkmenii 28 (5 July).

Leymus karelinii var. *kirghisorum* (Drobov) Tzvelev, 1973, Nov. Sist. Vyssh. Rast., 10: 49. =*Elymus kirghisorum* Drobov, 1915, Tr. Bot. Mus. AN 14: 135.

Leymus komarovii (Roshev.) J. L. Yang et C. Yen, 2009. J. Syst. Evol. 47 (1): . =*Asperella komarovii* Roshev., 1924, Bot. Mat. (Leningrad), 5: 152. =*Hystrix komarovii* (Roshev.) Ohwi, 1933, Acta Phytotax. Geobot. 2 (1): 31. =*Elymus komarovii* (Roshev.) Á. Löve, 1984, Feddes Repert. 95: 465. nom. illeg. non *Elymus komarovii* (Nevski) Tzvelev, 1968. Rast Tsentr. Azii 4: 216. = *Hystrix sachalinensis* Ohwi, 1931, Bot. Mag. Tokyo 45: 378.

Leymus kopetdaghensis (Roshev.) Tzvelev, 1960, Bot. Mat. (Leningrad) 20: 429. = *Elymus kopetdaghensis* Roshev. Fedtsch., 1932, Fl. Turkm. 1: 211, f. 86. (in Russian). = *Aneurolepidium kopetdaghense* (Roshev.) Nevski, 1934, Fl. URSS 2: 703.

Leymus kugalensis (Nikitin) Tzvelev, 1960, Bot. Mat. (Leningrad) 20: 429. =*Elymus kugalensis* Nik., 1950, Fl. Kirg. SSR. 2: 218. Descr. Ross.

Leymus kuznetzovii (N. Pavlov) Tzvelev, 1960, Bot. Mat. (Leningrad) 20: 429. = *Elymus angustiformis* N. Pavlov, 1956, Fl. Kazakhst. 1: 322. = *E. angustiformis* N. Pavlov, 1952, Becth AH KazCCP no. 5: 86. non Drob. 1941.

Leymus lanatus (Korsh.) Tzvelev, 1970, Spisok Rast. Herb. Fl. SSSR 18: 21, =*Elymus lanatus* Korsh., 1896, Mem. Acad St. Petersb. 8. 44: 102.

Leymus latiglumis Tzvelev, 1972, Nov. Sist. Vyssch. Rast. 9: 62. =*Elymus latiglumis* Nikif., 1968, Opred. Rast. Sreddn. Azii 1: 192, 201. non Phil. 1864. =*Elymus angustiformis* Drob., 1941, Fl. Uzbek. 1: 540.

Leymus latiglumis L. B. Cai, 1995, Acta Phytotax. Sin. 33 (5): 493 - 494. =*L. shanxiensis* (L. B. Cai) G. Zhu & et. L. Chen, 2004. Fl. China, 22: 390.

Leymus ligulatus (Keng) Tzvelev, 1968, Rast Tsentr. Azii. 4: 206. =*Elymus dasystachys* var. *ligulatus* Keng, 1941, Sunyatsenia 6 (1): 65.

Leymus littoralis (Griseb.) G. A. Peshkova, 1987, Nov. Sist. Vyssch. Rast., 24: 23. = *Elymus dasystachys* β *littoralis* Griseb. 1852. In Ledeb. Fl. Ross. 4: 333. =*Triticum littorale* Pall., 1776. Reise Prov. Russ. Reich, 3: 287.

Leymus mendocinus (Parodi) J. Dubcovsky, 1997, Genome 40: 518. =*Agropyron mendocinum* Parodi, 1940, Rev. Mus. La Plata Secc. Bot. 3 (12): 14. =*Elymus mendocinus* (Parodi) Á. Löve, 1984, Feddes Repert. 95: 472. =*Elytrigia mendocina* (Parodi) Covas ex J. H. Hunz. et Xifreda, 1986, Darwiniana 27 (14): 562.

Leymus mollis (Trin.) Pilger, 1949, Bot. Jahrb. 74: 6. =*Elymus mollis* Trin. 1821, in Spreng. Neue Entdeck. 2: 72.

Leymus mollis ssp. *interior* (Hulten) Á. Löve, 1984, in Feddes Rep. 95 (7-8): 477. = *Elymus interior* Hulten, 1924, Acta Univ. Lund, n. ser. 38. 270. f. 1c & 2a.

Leymus mollis ssp. *villosissimus* (Scribn.) Á. Löve et D. Löve, 1980, Taxon 29 (1): 168. =*Elymus villosissimus* Scribner, 1899, U. S. D. A. Div. Agrost. Bull. 17: 326.

Leymus multicaulis (Karel. et Kir.) Tzvelev, 1960, Not. Syst. Inst. Bot. V. L. Kom. Acad. Sci. URSS. 20: 430. = *Elymus multicaulis* Karel. et Kir. 1841, Bull. Soc. Nat. Moscou 14: 868. =*Aneurolepidium multicaule* (Karel. et Kir.) Nevski, 1934, Fl. SSSR. 2: 708.

Leymus multicaulis ssp. *petraeus* (Nevski) N. R. Cui, 1982, Pl. claves Xinjiang, 1: 184. =*Aneurolepidium petraeum* Nevski, 1934. Fl. USSR, 705.

Leymus × *multiflorus* (Gould) Á. Löve, 1980, Taxon 29: 168. =*L.* × *multiflorus* (Gould) Barkworth et Atkins, 1984, Am. J. Bot. 71 (5): 609-625. =*Elymus triticoides* ssp. *multiflorus* Gould, 1945, Madrono 8: 46.

Leymus nikitinii (Czopanov) Tzvelev, 1973, Nov. Sist. Vyssch. Rast., 10: 21. =*Elymus nikitinii* Czopanov, 1956, Izv. AN Turkm. SSR, 3: 89.

Leymus nikitinii (Czopanov) Czopanov, 1973. Opred. Zlakov Turkmenii: 28.

Leymus obvipodus L. B. Cai, 2000, Novon 10: 9-11.

Leymus ordensis G. A. Peschkova, 1985, Bot. Zhurn. 70 (11): 1554-1555.

Leymus ovatus (Trin.) Tzvelev, 1960, Not. Syst. Inst. Bot. V. L. Komarov Acad. Sci. URSS. 20: 430. =*Elymus ovatus* Trin., 1829, in Ledeb., Fl. Alt. 1: 121. =*Aneurolepidium ovatum* (Trin.) Nevski, 1934, Fl. URSS, 2: 707.

Leymus pacificus (Gould) D. R. Dewey, 1983, Brittonia, 35 (1): 32. = *Elymus pacificus* Gould. 1947, Madrono 9: 127.

Leymus paboanus (Claus) Pilger, 1947, In Engl. Bot. Jahrb. In obs. 74: 6. = *Elymus paboanus* Claus, 1851, in Beitr. Pflanzenk. Russ. Reiches, Pt. 8: 170. =*Aneurolepidium paboanum* (Claus) 1934, Nevski, Fl. SSSR 2: 707. =*E. dasystachys* γ *salsuginosus* Griseb., 1852, in Ledeb., Fl. Ross. 4: 333. =*E. salsuginosus* (Griseb.) Turcz. ex Steud., 1854, Syn. Pl. Glum. 1: 350. = *E. glaucus* var. *planifolius* Regel, 1881, Tr. Peterb. Bot. Sada 7: 585.

Leymus paboanus (Claus) Pilger ssp. *akmolinensis* (Drobov) Tzvelev, 1971, Nov. Sist. Vyssch. Rast., 8: 66. = *Elymus akmolinensis* Drobov, 1915, Tr. Bot. Muz. AN 14: 133. = *E. dasystachys* f. *glabra* Korsh., 1898, Tent. Fl. Ross. Or. 491. excl. syn.

Leymus pendulus L. B. Cai, 2000, Novon 10: 7-9.

Leymus petraeus (Nevski) Tzvelev, 1960, Not. Syst. Herb. Inst. Bot. Acad. Sci. URSS.

20：429. =*Aneurolepidium petraeusum* Nevski，1934，Fl. SSSR. 2：705.

Leymus pishanicus S. L. Lu et Y. H. Wu，1992，Bull. Bot. Res. North-East. Forrest Inst. 12（4）：344. as "Pishanica".

Leymus pseudoagropyrum（Trin. ex Griseb.）Tzvelev，1960，Not. Syst. Inst. Bot. V. L. Komarov Acad. Sci. URSS. 20：430. = *Triticum pseudoagropyron*（Trin. ex Griseb.）Franch.，1884，Fl. David. 1：340 = *Aneurolepidium pseudoagropyrum*（Griseb.）Nevski，Acta. Inst. Acad. Sc. URSS. Ser. I. fasc. 1：25. 1933.

Leymus pseudoracemosus C. Yen et J. L. Yang，1983，Acta Yunnanica 5（3）：275.

Leymus pubescens（O. Fedtsch.）S. S. Ikonnikov，1979，Opred. Vyssh. Rast. Bdadkhshana 61. =*Elymus dasystachys* var. *pubescens* O. Fedtsch.，1903，Tr. Pertb. Bot. Sada 21：435.

Leymus pubinodes（Keng）Á. Löve，1984，Feddes Repert. 95（7-8）：481. =*Elymus pubinodes* Keng，1941，Sunyatsenia 6：85.

Leymus racemosus（Lam.）Tzvelev，1960，Not. Syst. Herb. Inst. Bot. Acad. Sci. URSS. 20：429. =*Elymus racemosus* Lam.，1792，Tabl. Encycl. Meth. Bot. 1：207. = *E. giganteus* Vahl.，1794，Symb. Bot. 5：10.

Leymus racemosus ssp. *crassinervius*（Kar. et Kir.）Tzvel.，1971，Nov. Sist. Vyssh. Rast.，8：65. =*Elymus giganteus β crassinervius* Kar. et Kir.，1841，Bull. Soc. Nat. Moscou 14：868.

Leymus racemosus ssp. *depauperatus*（Bornm.）J. Sojak，1982，Čas. Nár. Muz.（Prague）151（1）：14.

Leymus racemosus ssp. *klokovii* Tzvelev，1971，Nov. Sist. Vyssh. Rast. 8：65. =*Elymus giganteus* var. *cylindricus* Roshev.，1928，Tr. Peterb. Bot. Sada 40：253，s. st.

Leymus racemosus ssp. *subulosus*（Bieb.）Tzvelev，1971，Nov. Sist. Vyssh. Rast. 8：65. =*Elymus sabulosus* M. Bieb.，1808，Fl. Taur.-Cauca. 1：81.

Leymus racemosus var. *crassinervius*（Kar. et Kir.）C. Yen et J. L. Yang，2009，J. Syst. Evol. 47（1）：74.

Leymus racemosus var. *cylindricus*（Roshev.）C. Yen & J. L. Yang，2009，J. Syst. Evol. 47（1）：74. =*Elymus giganteus* var. *cylindricus* Roshev.，1928，Tr. Peterb. Bot. Sada 40（2）：253.

Leymus racemosus var. *subulosus*（Bieb.）C. Yen et J. L. Yang，2009，J. Syst. Evol. 47（1）：74.

Leymus × *ramosoides* Kolmak. ex Tzvelev，1973，Nov. Sist. Vyssch. Rast.，10：51.（*L. paboanus*×*L. ramosus*）.

Leymus ramosus（Trin.）Tzvelev，1960，Not. Syst. Inst. Bot. V. L. Komarov Acad. Sci. URSS. 20：430. = *Triticum ramosum* Trin.，1829，in Ledeb. Fl. Alt. 1：114. = *Aneurolepidium ramosum*（Trin.）Nevski，1934，Fl. URSS. 2：710. *L. regelii*（Roshev.）Tzvelev，1960，Not. Syst. Inst. Bot. V. L. Komarov Acad. Sci. URSS. 20 429. =

Elymus regelii Roshev.，1932，Izv. Bot. Sada AN SSSR 30：781. =*An. regelii*（Roshev.）Nevski，1934，Fl. SSSR. 2：709.

Leymus ruoqiangensis S. L. Lu et Y. H. Wu，1992，Bull. Bot. Res. North-East. Forest Inst. 12（4）：343.

Leymus salinus（M. E. Jones）Á. Löve，1980，Taxon 29（1）：168. 1980. =*Elymus salinus* M. E. Jones，1895，Cal. Acad. Sci. Proc. II，5：725. = *E. ambiguus* var. *salinus*（M. E. Jones）C. L. Hitchc.，1969，Vasc. Pl. Pacific North-west 1：558.

Leymus salinus ssp. *mojavensis* M. E. Barkworth & R. J. Atkins，1984，Amer. J. Bot. 71（5）：621.

Leymus salinus var. *mojavensis*（M. E. Barkworth & R. J. Atkins）C. Yen & J. L. Yang，2009，J. Syst. Evol. 47（1）：81.

Leymus salinus ssp. *salmonis*（C. L. Hitchc.）R. J. Atkins，1983，Great Basin Nat.，43（4）：569. = *Elymus ambiguus* var. *salmonis* C. L. Hitchc.，1969，Vasc. Pl. Pacific Northwest 1：558.

Leymus salinus ssp. *salmonis*（C. L. Hitchc.）C. Yen & J. L. Yang，2009，J. Syst. Evol. 47（1）：81.

Leymus secalinus（Georgi）Tzvelev，1968，Rast. Tsentr. Azii 4：209. =*Triticum secalinum* Georgi，1775，Bemerk. einer Reise 1：198. =*Elymus secalinus*（Georgi）Bobr.，1960，Bot. Mat.（Leningrad）20：9. =*Aneurolepidium secalinum*（Georgi）Kitagawa，1965，J. Jap. Bot. 40：136. =*L. dasystachys*（Trin.）Pilger，1947，Bot. Jahrb. 74：6. 1947.

Leymus sacalinus var. *ligulatus*（Keng）C. Yen & J. L. Yang，2009，J. Syst. Evol. 47（1）81. =*Elymus dasystachys* var. *ligulatus* Keng，1941，Sunyatsenia 6（1）：6.

Leymus secalinus ssp. *pubescens*（O. Fedtsch.）Tzvelev，1972，Nov. Sist. Vyssch. Rast. 9：59. = *Elymus dasystachys* var. *pubescens* O. Fedtsch.，1903，Tr. Peterb. Bot. sada 21：435.

Leymus secalinus var. *pubescens*（O. Fedtsch.）Tzvelev，1968，Rast Tsentr. Azii 4：209.

Leymus sacalinus var. *pubescens*（O. Festsch.）Tzvel.，1968，Rast. Tsentr. Azii 4：209.

Leymus secalinus（Georgi）Tzvelev var. *tenuis* L. B. Cai，1995，Acta Phytotax. Sin. 33（5）：496.

Leymus secalinus（Georgi）Tzvelev ssp. *ovatus*（Trin.）Tzvel.，1973，Nov. Sist. Vyssh. Rast.，10：49. =*L. ovatus*（Trin.）Tzvelev

Leymus sibiricus（Trautv.）J. L. Yang et C. Yen，2009，J. Syst. Evol. 47（1）：82. = *Asperella sibirica* Trautv.，1877，Tr. Peterb. Bot. Sada. 5：132. = *Hystrix sibirica*（Trautv.）Kuntze，1891，Revis. Gen. Pl.：778. =*Elymus asiaticus* Á. Löve ssp. *asiaticus*，1984，Feddes Repert. 95：465.

Leymus simplex（Scribn. et Williams）D. R. Dewey，1983，Brittonia 35（1）：32. =*Ely-*

mus simplex Scribner et Williams, 1898, U. S. D. A. Div. Agrost. Bull. 11: 57. = *E. triticoides* var. *simplex* (Scribner & Williams) Hitchc., 1934, Amer. J. Bot. 21: 132. = *E. triticoides* ssp. *simplex* (Scribner & Williams) Á. Löve, 1980, Taxon 29: 168.

Leymus simplex var. *luxurians* (Scribn. et Williams) A. A. Beetle, 1984, in Phytology 55 (3): 212. = *Elymus simplex* var. *luxurianus* Scribn. et Williams, 1898, U. S. D. A. Div. Agrost. Bull. 11: 57. =*L. triticoides* (Buckl.) Pilger.

Leymus sphacelatus G. A. Peschkova, 1985, Bot. Zhurn. 70 (11): 1555.

Leymus subulosus (M. Bieb.) Tzvelev, 1960, Not. Syst. Inst. Bot. V. L. Komarov Acad. Sci. URSS. 20: 429. =*Elymus subulosus* M. Bieb.

Leymus tianschanicus (Drobov) Tzvelev, 1960, Not. Syst. Inst. Bot. V. L. Komarov Acad. Sci. URSS. 20: 469. =*Elymus tianschanicus* Drobov., 1925, Feddes Repert. 21: 45. =*Aneurolepidium baldashuanicum* (Roshev.) Nevski, 1934, Fl. SSSR. 2: 703.

Leymus tianshanicus (Drobov) Tzvelev var. *humilis* S. L. Chen & H. L. Yang, 1994, Fl. Innermongolica, ed. 2. 5: 594.

Leymus triticoides (Buckley) Pilger, 1947. in Engl. Bot. Jahrb. In obs. 74: 6. =*Elymus triticoides* Buckley, 1862, Proc. Acad. Nat. Sci. Philad. 1862: 99. =*E. condensatus* var. *triticoides* (Buckl.) Thurb. in S. Wats., 1880, Bot. Calif. 2: 326. = *E. orcuttianus* Vasey, 1885, Bot. Gaz. (Crawfordsville) 10: 258.

Leymus triticoides ssp. *simplex* (Scribn. et Williams) Á. Löve, 1980, Taxon 29 (1): 168.

Leymus triticoides (Buckl.) Pilger ssp. *multiflorus* (Gould) Á. Löve, 1980, Taxon 29 (1): 168. 1980. =*Elymus triticoides* ssp. *multiflorus* Gould. 1945, Madrono 8: 46.

Leymus tuvinicus G. A. Peshkova, 1985, Bot. Zhurn. 70 (11): 1557.

Leymus ugamicus (Drobov) Tzvelev, 1960, Not. Syst Inst. Bot. V. L. Komarov Acad. Sci. URSS. 20: 429. =*Elymus ugamicus* Drobov, 1925, Repert Sp. Nov. Fedde 21: 45. =*Aneurolepidium ugamicum* (Drobov) Nevski, 1934, Fl. SSSR. 2: 704.

Leymus×*vancoverensis* (Vasy) Pilger, 1947, Bot. Jahrb. 74: 6. =*Elymus vancoverensis* Vasey, 1888, Bull. Torr. Bot. Club. 15: 48.

Leymus velutinus (Bowden) Á. Löve et D. Löve, 1975, Bot. Notiser, 128 (4): 503. (Publ. 1976). =*Elymus innovatus* ssp. *velutinus* Bowden, 1959, Canad. J. Bot. 37: 1146. non *Elymus velutinus* Scribn. et Merr., 1902.

Leymus villiflorus Rydb., 1905, Bull. Torr. Bot. Club. 32: 609, =*L. ambiguus* Vasy et Scribner.

Leymus villosissimus (Scribn.) Tzvelev, 1960, Not. Syst. Herb. Inst. Bot. Acad. Sci. URSS. 20: 429. =*Elymus villosissimus* Scribn. 1899, U. S. D. A. Div. Agrost. Bull. 17: 326. 181=*L. mollis* ssp. *villosissimus* (Scribn.) Á. Löve.

Leymus yiwuensis N. R. Cui et D. F. Cui, 1996, Fl. Xinjiang. 6: 222, 603, pl. 88: 1-3.

Ⅱ. 鹅观草属种名录

Roegneria C Koch，1848，Linnaea 21：413.

Roegneria sect. *Cynopoa* Nevski，1934，Tr. Sredneaz. Univ. ser. 8B，17：68.

Roegneria sect. *Clinelymopsis* Nevski，1934，Tr. Sredneaz. Univ. ser. 8B，17：68.

Roegneria sect. *Roegneria*

Roegneria sect. *Paragropyron* Keng，1963，in Keng et S. L. Chen，Acta Nanking Univ. (Biology) 1963 (1)：75. = *Kengyilia* C. Yen et J. L. Yang，1990. Can. J. Bot. 68：1894 -1897.

Roegneria abolinii (Drobov) Nevski，1934，Tr. Srednea. Univ. Ser. 8B. 17：68. =*Agropyron abolinii* Drobov.，1925，Feddes Repert. 21：42. = *Semeiostachys abolinii* Drobov 1941，in Fl. Uzbek. 1：281. = *Elymus abolinii* (Drobov) Tzvelev，1968，Rast. Tsentr. Azii 4：214.

Roegneria alashanica Keng，1959，Fl. Ill. Pl. Prim. Sin. Gram. 375，descr. in Chinese；1963，Acta Nanking Univ. (Biology) 1963 (1)：73，latin descr. =*Elymus alashanicus* (Keng) S. L. Chen，1987，Bull. Nanjing Bot. Gard. Mem. Sun Yat Sen 1987：8 (publish. 1988).

Roegneria alashanica var. *jufinshanica* C. P. Wang et X. L. Yang，1984，Bull. Bot. Res. 4 (4)：87.

Roegneria alaskana (Scribn. et Merr.) V. Vassiliev，1954，Not. Syst. Herb. Inst. Bot. AN SSSR 16：58. =*Ag. alaskanum* Scribn. et Merr.，1910，Contr. U. S. Natl. Herb. 13：85. =*Elymus alaskanus* (Scribn. et Merr.) Á. Löve，1970，Taxon 19：299.

Roegneria albicans (Scribn. et J. G. Smith) A. A. Beetle，1984，Phytologia 55 (3)：212. =*Ag. albicans* Scribn. et J，G，Smith，1897，USDA Div. Agrost. Bull. 4：32. = *Elymus albicans* (Scribn. et J. G. Smith) Á. Löve，1980，Taxon 29：166.

Roegneria albicans var. *griffithsii* (Scribn. et J. G. Smith ex Piper) A. A. Beetl，1984，Phytologia 33 (3)：212. =*Agropyron griffithsii* Scribn. et J. G. Smith，1905，in Piper，Proc. Biol. Soc. Wash. 18：148. = *Elymus albicans* var. *griffithsii* (Scribn. et J. G. Smith) R. D. Dorn.，1988，Vasc. Pl. Wyoming：298.

Roegneria aliena Keng，1959，Fl. Ill. Pl. Prim. Sin. Gram. 366，descr. in Chinese；1963，Acta Nanking Univ. (Biology) 1963 (1)：31，latin descr. = *Elymus semicostatus* ssp. *alienus* (Keng) Á. Löve，1984，Feddes Repert. 95 (7 - 8)：453. = *E. alienus* (Keng) S. L. Chen，1997，Novon 7 (3)：227.

Roegneria altaica (D. F. Cui) L. B. Cai，1997，Acta Phytotax. Sin. 35 (2)：156. =*Elymus altaicus* D. F. Cui，1990，Bull. Bot. Res. 10 (3)：28.

Roegneria altissima Keng，1959，Fl. Ill. Pl. Prim. Sin. Gram. 381，descr. in Chinese；1963，Acta Nanking Univ. (Biology) 1963 (1)：74，latin descr. =*Elymus altissimus* (Keng) Á. Löve，1984，Feddes Repert. 95 (7 - 8)：446.

Roegneria armurensis (Drobov) Nevski, 1934, Fl. SSSR 2: 606. =*Agropyron amurnse* Drobov, 1914, Tr. Bot. Muz. AN 12: 50. = *Ag. ciliare* var. *pilosum* (Korshinsky) Honda, 1965, Fl. Jap.: 154. =*Elymus amurensis* (Drobov) S. K. Czerepanov, 1981, Sosud. Rast. URSS.: 348. = *E. ciliaris* ssp. *amurensis* (Drobov) Tzvelev, 1972, Nov. Sist. Vyssch. Rast. 9: 61. = *E. ciliaris* var. *amurensis* (Drobov) S. L. Chen, 1997, Novon 7 (3): 228.

Roegneria angusta L. B. Cai, 1996, Acta Phytotax. Sin. 34 (3): 332-333. =*Elymus angustispiculatus* S. L. Chen et G. Zhu, 2002, Novon 12 (3): 425.

Roegneria angustiglumis (Nevski) Nevski, 1933, Tr. Bot. Inst. AN SSSR, ser. 1, 1: 25. =*Ag. angustiglume* Nevski, 1932, Izv. Bot. Sada AN SSSR 30: 615. =*Elymus mutabilis* (Drobov) Tzvelev, 1968, Rast. Tsentr. Azii 4: 217.

Roegneria anthosachnoides Keng, 1959, Fl. Ill. Pl. Prim. Sin. Gram. 391, descr. in Chinese; 1963, Acta Nanking Univ. (Biology) 1963 (1): 65, latin descr. =*Elymus anthosachnoides* (Keng) Á. Löve, 1984, Feddes Repert. 95 (7-8): 459.

Roegneria anthosachnoides var. *scabrilemmata* L. B. Cai, 1997, Acta Phytotax. Sin. 35 (2): 165.

Roegneria antiquua (Nevski) J. L. Yang, B. R. Baum et C. Yen, 2008, J. Sichuan Agric. Univ. 26 (4): 352. =*Agropyron antiquum* Nevski, 1932, Izv. Bot. Sada AN SSSR 30: 515. = *Elymus antiquus* (Nevski) Tzvelev, 1968, Rast. Tsentr. Azii 4: 220.

Roegneria antiquua var. *parvigluma* (Keng) J. L. Yang, B. R. Baum et C. Yen, 2008, J. Sichuan Agric. Univ. 26 (4): 328. = *Ro. parvigluma* Keng, 1963. Acta Nanking Univ. (Biol.) 1963 (1): 47. =*Elymus parviglumis* (Keng) Á. Löve, 1984. Feddes Repert. 95 (7-8): 467.

Roegneria arcuata (V. P. Goloskkov) V. P. Goloskkov, 1969, Ill. Opred. Rast. Kazakhst. 1: 115. =*Agropyron arcuatum* V. P. Goloskkov, 1950, Bot. Mat. (Leningrad) 12: 27. = *Elymus arcuatus* (V. P. Goloskkov.) Tzvelev, 1972, Nov. Sist. Vyssch. Rast. 9: 61.

Roegneria aristiglumis Keng et S. L. Chen, 1963, Acta Nanking Univ. (Biol.) 193 (1): 55-56. =*Elymus aristiglumis* (Keng et Chen) S. L. Chen, 1988. Bull. Nanjing Bot. Gard. Mem. Sun Yat Sen 1987: 9 = *Campeiostachys aristiglumis* (Keng et S. L. Chen) B. R. Baum, J. L. Yang et C. Yen, 2011, J. Syst. Evol. 49 (2): 151.

Roegneria aristiglumis var. *hirsuta* H. L. Yang, 1980, Acta Phytotax. Sin. 18 (2): 253.

Roegneria aristiglumis var. *leiantha* H. L. Yang, 1980 Acta Phytotax. Sin. 18 (2): 253.

Roegneria barbicalla Ohwi, 1942, Acta Phytotax. Geobot. 11 (4): 257. =*Ag. barbicalla* Ohwi, 1942, Acta Phytotax. Geobot. 11 (4): 257, as syn. = *Elymus barbicallus* (Ohwi) S. L. Chen, 1988, Bull. Nanjing Bot. Gard. Mem. Sun Yat Sen 1987: 9. =*Elymus barbicallus* (Ohwi) S. L. Chen, 1988. Bull. Nanjing Bot. Gard. Mem. Sun Yat Sen

1987：9.

Roegneria barbicalla var. *barbicalla* Keng, 1959, Fl. Ill. Pl. Prim. Sin. Gram. 357, descr. in Chinese; 1963, Acta Nanking Univ. (Biology) 1963 (1): 24, latin descr. = *Elymus barbicallus* var. *barbicallus* (Keng) S. L. Chen, 1988, Bull. Nanjing Bot. Gard. Mem. Sun Yat Sen 1987: 9.

Roegneria barbicalla var. *breviseta* Keng, 1959, Fl. Ill. Pl. Prim. Sin. Gram. 357, descr. in Chinese; 1963, Acta Nanking Univ. (Biology) 1963 (1): 24, latin descr.

Roegneria barbicalla var. *pubifolia* Keng, 1959, Fl. Ill. Pl. Prim. Sin. Gram. 357, descr. in Chinese; 1963, Acta Nanking Univ. (Biology) 1963 (1): 25, latin descr. = *Elymus barbicallus* var. *pubifolius* (Keng) S. L. Chen, 1997. Novon 7: 227.

Roegneria barbicalla var. *pubinodis* Keng, 1959, Fl. Ill. Pl. Prim. Sin. Gram. 359, descr. in Chinese; 1963, Acta Nanking Univ. (Biology) 3: 24, latin descr. =*Elymus barbicallus* (Ohwi) S. L. Chen var. *pubinodis* (Keng) S. L. Chen, 1997, Novon 7 (3): 227.

Roegneria behmii Melderis, 1953, in Hylander, Nord. Karivaxtfl. 1: 376, sine descr. Latin; 1953, in Bot. Not. 1953: 358. = *Elymus caninus* subsp. *behmii* (Melderis) Jaaska, 1974. Eestin NSV Tead. Akad. Toim., Biol. 23 (1): 5.

Roegneria borealis (Turcz.) Nevski, 1934, Fl. SSSR 2: 624. = *Triticum boreale* Turcz., 1856, Bull. Soc. Nat. Moscou 29: 56. =*Elymus kronokensis* (Komarov.) Tzvelev ssp. *borealis* (Turcz.) Tzvelev, 1973, Nov. Sist. Vyssch. Rast. 10: 24. = *E. alaskanus* (Scribn. et Merr.) Á. Löve ssp. *borealis* (Turcz.) Á. et D. Löve, 1976, Bot. Not. 128: 502. = *E. alaskanus* (Scribn. et Merr.) Á. Löve, 1970, Taxon 19: 299.

Roegneria borealis (Turcz.) Nevski ssp. *hyperarctica* (Polunin) Á. et D. Löve, 1956, Acta Horti Gotob. 20: 188. =*Agropyron violaceum* (Hornem.) Lange var. *hyperarctum* Polunin, 1940, Bull. Natl. Mus. Canada 92: 95. =*Ro. hyperarctica* (Polunin) Tzvel., 1964, Arkt. Fl. SSSR 2: 244. =*Elymus alaskanus* (Scribn. et Merr.) Á. Löve ssp. *hyperarcticus* (Polunin) Á. et D. Löve, 1976, Bot. Not. 128: 502. =*E. hyperarcticus* (Polunin) Tzvelev, 1972, Nov. Sist. Vyssch. Rast. 9: 61.

Roegneria borealis (Turcz.) Nevski var. *islandica* Melderis, 1950, Svensk Bot. Tidskr. 44: 163. = *Ro. borealis* ssp. *islandica* (Melderis) Á. et D. Löve, 1956, Acta Holti Gotob. 20: 188. = *Elymus alaskanus* ssp. *islanicus* (Melderis) Á. et D. Löve, 1976, Bot. Not. 128: 502.

Roegneria boriana (Melderis) J. L. Yang et B. R. Lu, 1991, Canad J. Bot. 69 (2): 287. = *Agropyron borianum* Melderis, 1960, in Bor, Grass. Burm, Ceyl. Ind. Pak. 659. = *Elymus borianus* (Melderis) Á. Löve, 1984, Feddes Repert. 95 (7-8): 454.

Roegneria brachypodoides Nevski, 1934, Fl. SSSR 2: 617, in Russian; 1936, Tr. Bot.

Inst. AN SSSR ser. 1，2：49. =*Agropyron vernicosum* Nevski ex Grubov，1955，Bot. Mat.（Leningrad）17：6.

Roegneria breviaristata（D. F. Cui）L. B. Cai，1997，Acta Phytotax. Sin. 35（2）：170.

Roegneria breviglumis Keng，1959，Fl. Ill. Pl. Prim. Sin. Gram. 377，descr. in Chinese；1963，Acta Nanking Univ.（Biol.）1963（1）（1）：48－49，latin descr. =*Elymus breviglumis*（Keng）Á. Löve，1984，Feddes Repert. 95（7－8）：467.

Roegneria breviglumis var. *brevipes*（Keng）L. B. Cai，1997，Acta Phytotax. Sin. 35（2）：160.

Roegneria brevipes Keng，1959，Fl. Ill. Pl. Prim. Sin. Gram. 378，descr. in Chinese；1963，Acta Nanking Univ.（Biol.）1963（1）：49，latin descr. =*Elymus brevipes*（Keng）Á. Löve，1984，Feddes Repert. 95（7－8）：467.

Roegneria burchan-budda（Nevski）J. L. Yang，B. R. Baum et C. Yen，2008，J. Sichuan Agric. Univ. 26（4）：353. =*Agropyron burchan-buddae* Nevski，1932，Izv. Bot. Sada AN SSSR 30：618. =*Elymus burchan-buddas*（Nevski）Tzvelev，1968，Rast. Tsentr. Azii 4：220

Roegneria burjatica Sipliv，1966，Nov. Sist. Vyssch. Rast. 3：275. =*Agropyron transbaicalense* Nevski，1932，Izv. Bot. Sada AN SSSR 30：618. =*Ro. transbaicalensis*（Nevski）=*Elymus mutabilis*（Drobov）Tzvelev ssp. *transbaicalensis*（Nevski）Tzvelev，1973，Nov. Sist. Vyssch. Rast. 10：22. =*Ag. pallidissimum* M. Popov，1957，Spisok. Rast. herb. Fl. SSSR 14：8.

Roegneria buschiana（Roshev.）Nevski，1934，Fl. SSSR 2：620. =*Agropyron buschianum* Roshev.，1932，Izv. Bot. Sada AN SSSR 30：301.

Roegneria calcicola Keng，1959，Fl. Ill. Pl. Prim. Sin. Gram. 354，descr. in Chinese；1963，Acta Nanking Univ.（Biol.）1963（1）：21，latin descr. =*Elymus calcicolus*（Keng）Á. Löve，1984，Feddes Repert. 95（7－8）：453.

Roegneria cacumina（B. R. Lu et B. Salomon）L. B. Cai，1997，Acta Phytotax. Sin. 35（2）：160. = *Elymus cacuminus* B. R. Lu et B. Salomon，1993，Nord. J. Bot. 13（4）：355.

Roegneria canaliculata（Nevski）Ohwi，1966，Add. Corr. Fl. Afghan. 76. =*Agropyron canaliculatum* Nevski，1932，Izv. Bot. Sada. AN SSSR 30：509. =*Elymus canaliculatus*（Nevski）Tzvelev，1968，Rast. Tsentr. Azii 4：220. = *E. longearistatus* ssp. *canaliculatus*（Nevski）Tzvelev，1972，Nov. Sist Vyssch. Rast. 9：62. =*Ag. longearistum* var. *aitchisonii* Boiss.，1884，Fl Orient. 5：660. = *Agropyron aitchisonii*（Boiss.）Candargy，1901，Monogr. Tes phyts ton Krithodon：40.

Roegneria canina（L.）Nevski，1934，Acta Univ. As. Med. ser. 8B，17：71. =*Triticum caninum* L.，1753，Spec. Pl.：86. = *Tr. rupestre* Link，1821，Enum. Pl. Horti Berol. 1：98. =*Ag. pacififlorum* Schur，1859，Verh. Siebenb. Ver. Naturw. 10：77. =*Agropyron alpinum* Schur，1866，Enum. Pl. Transs. 810. =*Ag. abchazicum* Voronov，1912，Vestn. Tifl. Bot. Sada. 22：2. = *Elymus caninus* (L.) L.，1755，Fl. Suec.，ed. 2. 39.

Roegneria carinata Ovczinn. et Sidorenko，1957，Fl. Tadzikist. 1：505. = *Kengyilia carinata* (Ovczinn. et Sidorenko.) C. Yen，J，L. Yang & B. R. Baum，1998. Nonov 8：95.

Roegneria caucasica C. Koch，1848，Linnaea 21：413. = *Triticum roegneri* Griseb.，1852，in Ledeb.，Fl. Ross. 4：339. = *Elymus caucasicus* (C. Koch) Tzvelev，1972，9：61. =*Ro. linczevskii* Czopanov，1969，Nov. Sist. Vyssch. Rast. 6：24.

Roegneria cheniae L. B. Cai，1996，Acta Phytotax. Sin. 34 (3)：333 - 335. = *Elymus cheniae* (L. B. Cai) G. Zhu，2002，Novon 12 (3)：426.

Roegneria ciliaris (Trin.) Nevski，1933，Tr. Bot. Inst. AN SSSR 1：14. = *Triticum ciliare* Trin.，1883，Mem. Acad. Sci. St. Petersb. Sav. Etr. 2：246；1883，in Bunge，Enum. Pl. China Bor. 72. = *Brachypodium chinense* Moore，1875. Journ. Bot. Brit. & For. 13：230. =*Br. ciliare* (Trin.) Maxim.，1879，Bull. Soc. Imp. Nat. Mosc.：71. =*Agropyron ciliare* (Trin.) Franch.，Nouv. Arch. Mus. Hist. Nat. Paris II. 7：151. =*Ag. semicostatum* var. *ciliare* (Trin.) Hack.，1903，Bull. Herb. Boiss. II，3：506. =*Elymus ciliaris* (Trin.) Tzvelev，1973，Nov. Sist. Vyssch. Rast. 10：22.

Roegneria ciliaris var. *amurensis* (Drob.) C. Yen，J. L. Yang & B. R. Baum，2008，J. Sichuan Agric. Univ. 26 (4)：333. =*Agropyron amurense* Drobov，1914. Tr. Bot. Muz. AN 12：50，=*Roegneria amurensis* (Drobov) Nevski，1934. Fl. SSSR 2：606. =*Elymus amurensis* (Drobov) S. K. Cherepanov，1981. Sosud. Rast. SSSR：348.

Roegneria ciliaris var. *japonensis* (Honda) C. Yen，J. L. Yang et B. R. Lu，1988. Acta Bot. Yunnan. 10 (3)：269. = *Agropyron japonicum* Honda，1927，Bot. Mag. 41：384. = *Ag. japonense* Honda，Bot. Mag. Tokyo 49：698. = *Ag. ciliare* var. *hondai* Keng，1936，Contr. Biol. Lab. Sci. Soc. China 10 (2)：187. =*Ag. ciliare* var. *hackelianum* (Honda) Ohwi f. *japonense* (Honda) 1941，Acta Phytotax. et Geobot. 10 (2)：9. =*Ag. ciliare* var. *pilosum* (Korshinsky) Honda，1965，Fl. Jap. 154. =*Agropyron ciliare* f. *opilosum* Korshinsky，1892. acta Hort. Petrop. 12：414. =*Elymus ciliaris* (Trin.) Tzvelev，1972. Nov. Sist. Vyssch. Rast. 9：61.

Reogneria ciliaris var. *hackeliana* (Honda) L. B. Cai，1997，Acta Phytotax. Sin. 35 (2)；176. = *Agropyron japonicum* Honda var. *hackelianum* Honda，1927，Bot. Mag. Tokyo 41：385. = *Ag. ciliarie* var. *pilosum* (Korsh.) Honda，1965，Fl. Jap.：155.

Roegneria ciliaris (Trin.) Nevski var. *lasiophylla* (M. Kitagawa) M. Kitagawa，1938，Rep. Inst. Sci. Res. Manch. 2：285. = *Agropyron ciliare* var. *lasiophyllum* M. Kitagawa，1936，Rep. Inst. Sci. Exp. Manch. Sect. Ⅳ pt. 4：60，98.

Roegneria ciliaris var. *submutica* (Honda) Keng，1963，Acta Nanking Univ. (Biol.) 3：62. =*Agropyron ciliare* var. *muticum* Honda，1930，J. fac. Univ. Tokyo Sect. Ⅲ. Bot.：27. =*Ag. ciliare* f. *submuticum* (Honda) Ohwi，1941，Acta Phytotax. Geobot. 10：96. =*Elymus ciliaris* (Trin.) Tzvelev var. *submuticus* (Honda) S. L. Chen，1997，Novon 7 (3)：238.

Roegneria crassa L. B. Cai，1996，Acta Phytotax. Sin. 34 (3)：332. =*Elymus strictus* (Keng) Á. Löve var. *crassus* (L. B. Cai) S. L. Chen et G. Zhu，2002，Fl. China 12 (3)：428.

Roegneria curtiaristata L. B. Cai，1996，Guihaia 16 (3)：200. =*Elymus curtiaristatus* (L. B. Cai) S. L. Chen et G. Zhu，2002，Novon 12 (3)：426.

Roegneria curvata (Nevski) Nevski，1934，Tr. Sredneaz. Univ.，ser. 8B，17：67. = *Agropyron curvatum* Nevski，1932，Izv. Bot. Sada AN SSSR 30：629. = *Elymus fedtschenkoi* Tzvelev，1973，Nov. Sist. Vyssch. Rast. 10：21.

Roegneria curvata (Nevski) Nevski var. *macrolepis* (Drobov) J. L. Yang，B. R. Baum et C. Yen，2008，J. Sichuan Agric. Univ. 26 (4) 355. =*Agropyron macrolepis* Drobov，1925，Feddes Repert 21：41. pro parte. = *Semeiostachys macrolepis* Drobov，1941，Fl. Uzbek. 1：382.

Roegneria curvatiformis (Nevski) Nevski，1934，Tr. Sredneaz. Univ. ser. 8B，17：69. in obs. = *Agropyron curvatiforme* Nevski，1932，Izv. Bot. Sada AN SSSR 30：633. in adnot. = *Elymus curvatiformis* (Nevski) Á. Löve，1984，Feddes Repert. 95 (7-8)：454.

Roegneria debilis L. B. Cai，1996，Acta Phytotax. Sin. 34 (3)：327-328. =*Elymus debilis* (L. B. Cai) S. L. Chen et G. Zhu，2002，Novon 12 (3)：426.

Roegneria dentata (Hook. F.) Nevski，1934，Tr. Sredneaz. Univ. ser. 8B. 17：69. = *Agropyron dentatum* Hook. f.，1896，Fl. Brit. India 7：370. = *Elymus dentatus* (Hook. f.) Tzvelev，1970，Spisok. Rast. Herb. Fl. SSSR 18：29.

Roegneria dolichathera Keng，1959，Fl. Ill. Pl. Prim. Sin. Gram. 352，descr. in Chinese；1963，Acta Nanking Univ. (Biol.) 1963 (1)：19，latin descr. = *Elymus dolichatherus* (Keng) Á. Löve，1984，Feddes Repert. 95 (7-8)：453.

Roegneria dolichathera var. *glabrifolia* Keng，1963，in Keng et S. L. Chen，Acta Nanking Univ. (Biol.) 3：19.

Roegneria doniana (F. B. White) Melderis，1950，Svensk Bot. Tidskr. 44：158. =*Agropyron donianum* F. B. White，1893，Proc. Pertsb. Soc. Nat. Sci. 1：41. =*Elymus trachycaulus* ssp. *donianus* (F. B. White) Á. Löve，1984，Feddes Repert 95 (7-8)：461.

Roegneria doniana var. *stefansonii* Melderis，1959，Svensk Bot. Tidskr. 44：158. = *Elymus trachycaulus* ssp. *stefansonii* (Melderis) Á. et D. Löve，1976，Bot. Not. 128：502.

Roegneria drobovii (Nevski) Nevski，1934，Tr Sredneaz. Univ.，ser. 8B，17：71. = *Ag. drobovii* Nevski，1932，Izv. Bot. Sada AN SSSR 30：626.

Roegneria dura (Keng) Keng，1957，Clav. Gen. & Sp. Gram. Sin.：74，185；1959，Fl. Ill. Pl. Prim. Sin. Gram. 382，descr. in Chinese. = *Brachypodium durum* Keng，

1941, Sunyatsenia 6 (1): 54. = *Ro. dura* Keng var. *variglumis* Keng, 1959, Fl. Ill. Pl. Prim. Sin. Gram. 382, descr. in Chinese; in Keng et S. L. Chen, 1963, Acta Nanking Univ. (Biol.) 1963 (1): 54, latin descr, =*Elymus sclerus* Á. Löve, 1984, Feddes Repert. 95 (7-8): 448.

Roegneria duthiei (Melderis) J. L. Yang, B. R. Baum et C. Yen, 2008, J. Sichuan Agric. Univ. 26 (4): 355. = *Agropyron duthiei* Melderis, 1960, in Bor, Grass. Burm. Ceyl. Ind. Pak. 691, non (Stapf,) Bor, 1940. = *Elymus longearistatus* subsp. *duthiei* Á. Löve, 1984, Feddes Repert. 95 (7-8): 468.

Roegneria elytrigioides C. Yen et J. L. Yang, 1984, Acta Bot. Yunnanica 6 (1): 75. = *Ro. alashanica* Keng var. *elytrigioides* (C. Yen et J. L. Yang) L. B. Cai, 1997, Acta Phytotax. Sin. 35 (2): 152. = *Pseudoroegneria elytrigioides* (C. Yen et J. L. Yang) B. R. Lu, 1994, Cathya 6: 1-14.

Roegneria fibrosa (Schrenk) Nevski, 1934, Tr. Sredneaz. Univ., ser. 8B, 17: 70. = *Triticum fibrosum* Schrenk, 1845, Bull. Phys.-Math. Acad. Sci. Petersb. 3: 209. = *Elymus fibrosus* (Schrenk) Tzvelev, 1970, Spisok. Rast. Herb. Fl. SSSR 18: 29.

Roegneria fedtschenkoi (Tzvelev) N. R. Cui, 1982, Clav. Pl. Xinjiang. 1: 158. = *Elymus fedtschkoi* Tzvelev, 1973. = *Agropyron curvatum* Nevski, 1932. Izv. Sada AN SSSR 30: 629. Nov. Sist. Vyssh. Rast. 10: 21. non *E. curvatus* Piper, 1930.

Roegneria flexuosa L. B. Cai, 1996, Acta. Phytotax. Sin. 34 (3): 330. =*Elymus flexuosus* (L. B. Cai) S. L. Chen et G. Zhu, 2002, Novon 12 (3): 428.

Roegneia foliosa Keng, 1959, Fl. Ill. Pl. Prim. Sin. Gram. 366, descr. in Chinese; 1963, Acta Nanking Univ. (Biol.) 1963 (1): 32, latin descr. =*Elymus semicostatus* subsp. *foliosus* (Keng) Á. Löve, 1984, Feddes Repert. 95 (7-8): 454. =*E. foliosus* (Keng) S. L. Chen, 1988, Bull. Nanjing Bot. Gard. Mem. Sun Yat Sen 1987: 9. =*E. alienus* (Keng) S. L. Chen, 1997, Novon 7 (3): 227.

Roegneria formosana (Honda) Ohwi, 1941, Acta Phytotax. Geobot. 10: 95. =*Agropyron formosanum* Honda, 1927, Bot. Mag. Tokyo 41: 385. = *Elymus formosanus* (Honda) Á. Löve, 1984, Feddes Repert. 95 (7-8): 449.

Roegneria formosana var. *longearistata* Keng, 1959, Fl. Ill. Pl. Prim. Sin. Gram. 386, descr. in Chinese; 1963, Acta Nanking Univ. (Biol.) 3: 59, latin descr.

Roegneria formosana var. *pubigera* Keng, 1959, Fl. Ill. Pl. Prim. Sin. Gram. 387, descr. in Chinese; 1963, Acta Nanking Univ. (Biol.) 1963 (1): 48-49, latin descr. = *Elymus formosanus* var. *pubiderus* (Keng) S. L. Chen, 1997. Novon 7: 228.

Roegneria geminata Keng et S. L. Chen, 1963, Acta Nanking Univ. (Biol.) 3: 80. = *Kengyilia* × *stenostachyra* (Keng) J. L. Yang, C. Yen et B. R. Baum, 2006, Biosyst. Triticeae vol. 3: 82, 87. = *Elymus geminata* (Keng et S. L. Chen) 1987 publ. 1988. Bull. Nanjing Bot. Gard. Mem. Sun Yat Sen 1987: 9. =*K. geminata* (Keng et S. L. Chen) S. L. Chen, 1994. Bull. Bot. Res. Harbin 14: 141.

Roegneria glaberrima Keng et S. L. Chen, 1963, Acta Nanking Univ. (Biol.) 1963 (1): 72. =*Elymus gleberrimus* (Keng et S. L. Chen) S. L. Chen, 1987, Bull. Nanjing Bot. Gard. Mem. Sun Yat Sen 1987: 9.

Roegneria glaberrima Keng et S. L. Chen var. *breviaristata* (D. F. Cui) L. B. Cai, 1996, Bull. Bot. Res. 16 (1): 49.

Roegneria glabrispicula (D. F. Cui) L. B. Cai, 1997, Acta Phytotax. Sin. 35 (2): 167. = *Elymus tschimganicus* (Drobov) Tzvelev. var. *glabrispiculus* D. F. Cui, 1990, Bull. Bot. Res. 10 (3): 30. f. 8.

Roegneria glaucifolia Keng, 1959, Fl. Ill. Pl. Prim. Sin. Gram. 384, descr. in Chinese; 1963, Acta Nanking Univ. (Biol.) 1963 (1): 57, latin descr. =*Elymus caesifolius* Á. Löve, 1984, Feddes Repert. 95 (7-8): 448.

Roegneria glaucissima (M. Popov) J. L. Yang, B. R. Baum et C. Yen, 2008, J. Sichuan Agric. Univ. 26 (4): 336. = *Agropyron glaucissimum* M. Pop., 1938, Bull. Soc. Nat. Moscou Sect. Biol. 47: 84. =*Ro. glaucissima* (M. Popov) Filat., 1969, Ill. Opred. Rast. Kazakhst. 1: 114. comb. invalid. =*Elymus glaucissima* (M. Pop.) Tzvelev, 1972. Nov. Sist. Vyssch. Rast. 9: 61.

Roegneria gmelinii (Ledeb.) M. Kitagawa, 1939, in Manshoukuo 91. =*Triticum caninum* var. *gmelinii* Ledeb., 1829, Fl. Alt. 1: 118. =*Agropyron turczaninovii* Drob., 1914, Tr. Bot. Muz. AN SSSR 12: 47. = *Semeiostachys turczaninovii* (Droov) Drobov, 1941, Fl. Uzbek. 1: 539. =*Elymus gmelinii* (Ledeb.) Tzvelev, 1968, Rast Tsentr. Azii. 4: 216. = *Tr. rupestre* Turcz. ex Ganesch., 1915, Tr. Bot. Muz. AN SSSR 13: 33.

Roegneria gmelinii var. *macranthera* (Ohwi) M. Kitagawa, 1979, Neo-Lineam. Fl. Manshur. 108. = *Agropyron turczaninovii* var. *macrantherum* Ohwi, 1941, Acta Phytotax. Geobot. 10: 98. = *Elymus gmelinii* (Ledeb.) Tzvelev var. *macrantherus* (Ohwi) S. L. Chenet G. Zhu, 2002, Novon 12 (3): 428.

Roegneria gmelinii var. *pohuashanensis* Keng, 1959, Fl. Ill. Pl. Prim. Sin. Gram. 395, descr. in Chinese; 1963, Acta Nanking Univ. (Biol.) 1963 (1): 67, latin descr.

Roegneria gmelinii var. *tenuiseta* (Ohwi) J. L. Yang, B. R. Baum et C. Yen, 2008, J. Sichusn Agric. Univ. 26 (4): 359. =*Agropyron tueczaninovii* var. *tenuisetum* Ohwi, 1953, Bull. Nat. Sci. Mus. Tokyo 33: 66. =*Elymus gmelinii* subsp. *tenuisetus* (Ohwi) Á. Love Neighb. Reg.: 484. — *E. gmelinii* var. *tenuisetus* (Ohwi) T. Osada, 1990, J. Jap. Bot. 65 (9): 266.

Roegneria grandiglumis Keng, 1959, Fl. Ill. Pl. Prim. Sin. Gram. 405, descr. in Chinese; 1963, Acta Nanking Univ. (Biol.) 1963 (1): 82, latin descr. =*Elymus grandiglumis* (Keng) Á. Löve, 1984, Feddes Repert. 95 (7-8): 455. =*Kengyilia grandiglumis* (Keng) J. L. Yang, B. R. Baum et C. Yen, 1992, Hereditas 116: 28.

Roegneria gracilis L. B. Cai, 1996, Acta Phtotax. Sin. 34 (3): 228. =*Elymus caianus*

S. L. Chenet G. Zhu，2002，Novon 12（3）：425.

Roegneria grandis Keng，1959，Fl. Ill. Pl. Prim. Sin. Gram. 371，descr. in Chinese；1963，Acta Nanking Univ.（Biol.）1963（1）：45，latin descr. =*Elymus grandis*（Keng）Á. Löve，1984，Feddes Repert. 95（7-8）：458.

Roegneria hackeliana（Honda）Nakai，1952，Bull. Nat. Sci. Mus. Tokyo 31：141. = *Agropyron japonicum* Honda var. *hackelianum* Honda，1927，Bot. Mag. Tokyo 41：385.

Roegneria heterophylla（Bornm. ex Melderis）C. Yen. J. L. Yang et B. R. Baum，2008. Novon 18：405-407.

Roegneria himalayana Nevski，1934，Tr. Snedneaz. Univ.，ser. 8b，17：68. =*Elymus himalayaanus*（Nevski）Tzvelev，1972. Nov. Sist. Vyssch. Rasdt. 9：61.

Roegneria hirsuta Keng，1959，Fl. Ill. Pl. Prim. Sin. Gram. 407，descr. in Chinese；1963，Acta Nanking Univ.（Biol.）1963（1）：84，latin descr. =*Agropyron kengii* Tzvelev，1968，Rast Tsentr. Azii. 4：188. = *Elymus kengii*（TzveleV）Á. Löve，1984，Feddes Repert. 95（7-8）：455. =*Kengyilia hirsuta*（Keng）J. L. Yang，C. Yen et B. R. Baum，1992，Hereditas 116：28.

Roegneria hirtiflora C. P. Wang et H. L. Yang，1984，Bull. Bot. Res. 4（4）：86. =*Elymus sinohirtiflorus* S. L. Chen，1987，Bull. Nanjing Bot. Gard. Mem. Sun Yat Sen 1987：9.

Roegneria hondai M. Kitagawa，1942，Rep. Inst. Sci. res. Manch. 6（4）：118-119. = *Elymus hondae*（M. Kitagawa）S. L. Chen，1987，Bull. Nanjing Bot. Gard. Mem. Sun Yat Sen 1987：9.

Roegneria hissarica M. Popov ex Zak.，1958，Tr. Uzb. Univ. New ser. 89：19. nom. nud.

Roegneria hondai Kitag.，1942，Rep. Inst. Sci. Res. Manch. 6（4）：118-119. =*Elymus hondai*（Kitag.）S. L. Chen，1987 publ. 1988. Bull. Nanjing Bot. Gard. Men. Sun-Yat Sen1987：9.

Roegneria hondai var. *fascinata* Keng，1959，Fl. Ill. Pl. Prim. Sin. Gram. 361，descr. in Chinese；1963，Acta Nanking Univ.（Biol.）1963（1）：26，latin descr.

Roegneria hongyuanensis L. B. Cai，1997，Acta Phytotax. Sin. 35（2）：157. =*Elymus hongyuanensis*（L. B. Cai）S. L. Chen et G. Zhu，2002，Novon 12（3）：426.

Roegneria humilis Keng et S. L. Chen，1963，Acta Nanking Univ.（Biol.）1963（1）：40. = *Elymus humilis*（Keng et S. L. Chen）S. L. Chen，1987，Bull. Nanjing Bot. Gard. Mem. Sun Yat Sen 1987：9.

Roegneria hybrida Keng，1959，Fl. Ill. Pl. Prim. Sin. Gram. 352，descr. in Chinese；1963，Acta Nanking Univ.（Biol.）1963（1）：18，latin descr. =*Elymus hybridus*（Keng）S. L. Chen，1987，Bull. Nanjing Bot. Gard. Mem. Sun Yat Sen 1987：9.

Roegneria hyperarctica（Polunin）Tzvelev，1964，Arkt. Fl. SSSR 2：244. =*Agropyron violaceum* var. *hyperarcticum* Polunin，1940，Bull. Natl. Mus. Canada 92：95. =*Ely-*

mus alaskanus ssp. *hyperarcticus* (Polunin) Á. & D. Löve, 1976, Bot. Not. 120: 502. =*E. hyperarcticus* (Polunin) Tzvelev, 1972, Nov. Sist. Vyssch. Rast. 9: 61.

Roegneria interrupta (Nevski) Nevski, 1934, Tr. Sredneaz. Univ., ser. 8B, 17: 65. = *Agropyron interruptum* Nevski, 1932, Izv. Bot. Sada AN SSSR 30: 632. =*Semeiostachys interrupta* (Nevski) Drobov, 1941, Fl. Uzbek. 1: 281. =*Elymus praeruptus* Tzvelev, 1972, Nov. Sist. Vyssch. Rast. 9: 61. =*Ag. macrolepis* Drobov, 1925, Feddes Repert. 21: 41, pro parte.

Roegneria intramongolica S. Chen et Gaowua, 1979, Acta Phytotax. Sin. 17 (4): 93 - 94. = *Elymus intramongolicus* (S. Chen et Gaowua) S. L. Chen, 1987, Bull. Nanjing. Bot. Gard. Mem. Sun Yat Sen 1987. 9.

Roegneria jacutensis (Drobov) Nevski, 1933, Tr. Bot. Inst. AN SSSR ser. 1, 1: 24. = *Agropyron jacutense* Drobov, 1910. Tr. Bot. Mus. AN SSSR 16: 94. = *Triticum pubescens* Trin., 1835, Mem. Sav. Etr. Petersb. 2: 528. = *Ag. pubescens* Schischkin, 1928, Sist Zam. Herb. Tomsk. Univ. 2: 1. =*Ag. tuguscense* Drobov, 1931, in Avdulov, Tr. Prikl. Bot. Genet. Sel. Pril. 44: 259. =*Ag. tugarinovii* Reverd., 1932, Sist. Zam. Herb. Tozvel., 1972, Nov. Sist. Vyssch. Rast. 9: 61. msk. Univ. 4: 1. =*Elymus jacutensis* (Drobov) Tzvelev, 1972, Nov. Sist. Vyssch. Rast. 9: 61.

Roegneria japonensis (Honda) Keng, 1957, Clav. Gen. & Sp. Gram. Sin. 186. =*Agropyron japonicum* Honda, 1927, Bot. Mag. Tokyo 41: 384. =*Ag. japonense* Honda, 1933, Bot. Mag. Tokyo 49: 698. =*Ag. ciliare* var. *hondai* Keng, 1936, Centr. Biol. Lab. Sci. China 10: 187. = *Rorgneria ciliaris* var. *japonensis* (Honda) C. Yen, J. L. Yang et B. R. Lu, 1988. Acta Bot. Yunnan. 10 (3): 269.

Roegneria japonensis var. *hackeliana* (Honda) Keng, 1957, Clav. Gen. & Sp. Gram. Sin. 71. = *Ag. japonicum* var. *hackelianum* Honda, 1927, Bot. Mag. Tokyo 41: 385.

Roegneria jacquemontii (Hook. f.) Ovczinn. et Sidorenko, 1957, Fl. Tadsch. SSR 1: 295. =*Agropyron jacquemontii* Hook. f., 1896, Fl. Brit. India 7: 369. =*Anthosachne jacquemontii* (Hook. f.) Nevski, 1934, Tr. Sredneaz. Univ., ser. 8B, 17: 65. = *Elymus jacquemontii* (Hook. f.) T. A. Cope, 1982, in E. Nasir & S. I. Ali, Fl. Pakistan 143: 622.

Roegneria jacquemontii var. *pulanensis* (H. L. Yang) L. B. Cai, 1997, Acta Phytotax. Sin. 35 (2): 169.

Roegneria jufinshanica (C. P. Wang et H. L. Yang) L. B. Cai, 1997, Acta Phytotax. Sin. 35 (2): 170 - 171.

Roegneria kamczadalora Nevski, 1934, Tr. Bot. Inst. AN SSSR ser. 1, 2: 52. =*Elymus kamczadalorus* (Nevski) Tzvelev, 1977, Nov. Sist. Vyssch. Rast. 14: 245.

Roegneria kamoji Ohwi, 1942, Acta Phytotax. Geobot. 11 (3): 179. =*Agropyron semicostatum* var. *transiense* Hack., 1903, Bull. Herb. Boiss. II. 3: 507. =*Ag. tsukushiense*

(Honda) Ohwi var. *transiense* (Hack.) Ohwi, 1953, Fl. Jap. 106. =Campeiostachys kamoji (Ohwi) B. R. Baum, J. I. Yang et C. Yen, 2011, J. Syst. Evol. 49 (2): 154.

Roegneria kamoji var. *macerrima* Keng, 1959, Fl. Ill. Pl. Prim. Sin. Gram. 151, descr. in Chinese; 1963, Acta Nanking Univ. (Biol.) 3 (1): 17, latin descr. =*Elymus kamoji* (Ohwi) S. L. Chen var. *macerrimus* G. Zhu, 2002, Novon 12 (3): 426.

Roegneria kanashiroi (Ohwi) K. L. Chang, 1985, Fl. Desert Reip. Popul. Sin. 1: 80. = *Agropyrob kanashiroi* Ohwi, 1943, J. Jap. Bot. 19: 167. = *Pseudoroegneria strigosa* (M. Bieb.) Á. Löve ssp. *kanashiroi* (Ohwi) Á. Löve, 1984, Feddes Repert. 95 (7-8): 444.

Roegneria karawaewii (P. Smirn.) Karavaev, 1958, Konap. Fl. Yakut. 59. =*Agropyron yukonense* Scribn. et Merr., 1910, Contr. U. S. Natl. Herb. 13: 85. =*Elymus lanceolatus* ssp. *yukonensis* (Scribn. et Merr.) Á. Löve, 1984, Feddes Repert. 95 (7-8): 470.

Roegneria karkaralensis (Roshev.) Filat., 1969, Ill. Opred. Rast. Kazakhst. 1: 115. comb. invalid. =*Ag. karkaralense* Roshev., 1936, Tr. Bot. Inst. AN SSSR ser. 1, 2: 100. =*Ro. viridiglumis* Nevski. =*Elymus uralensis* subsp. *viridiglumis* (Nevski) Tzvelev, 1971, Nov. Sist. Vyssch. Rast. 8: 63. =*E. viridiglumis* (Nevski) S. K. Czerepanov, 1981, Sosud. Rast SSSR 351.

Roegneria kokonorica Keng, 1959, Fl. Ill. Pl. Prim. Sin. Gram. 408, descr. in Chinese; 1963, Acta Nanking Univ. (Biol.) 1963 (1): 84, latin descr. = *Agropyron kokonorekum* (Keng) Tzvelev, 1968, Rast. Tsentr. Azii 4: 118. =*Elymus kokonoricus* (Keng) Á. Löve, 1984, Feddes Repert. 95 (7-8): 455, comb. invalid. =*Kengyilia kokonorica* (Keng) J. L. Yang, C. Yen et B. R. Baum, 1992, Hereditas 116: 27.

Roegneria komarovii (Nevski) Nevski, 1934, Fl. SSSR 2: 615. =*Agropyron komarovii* Nevski, 1932, Izv. Bot. Sada AN SSSR 30: 620. =*Elymus komarovii* (Nevski) Tzvel., 1968, Rast. Tsentr. Azii 4: 216, non 1933, *E. komarovii* (Roshev.) Ohwi. = *E. uralensis* subsp. *komarovii* (Nevski) Tzvelev, 1973, Nov. Sist. Vyssch. Rast. 10: 22.

Roegneria kronokensis (Komarov) Tzvelev, 1964, Arkt. Fl. SSSR 2: 246. =*Agropyron kronokense* Komarov, 1915, Feddes Repert. 13: 87. =*Elymus kronokensis* (Komarov) Tzvelev, 1968, Rast. Tsentr. Azii 4: 216. =*E. alaskanus* subsp. *kronokensis* (Komarov) Á. et D. Löve, 1984, Feddes Repert. 95 (7-8): 462.

Roegneria kuramensis (Melderis) J. L. Yang, B. R. Baum et C. Yen, 2008, J. Sichuan Agric. Univ. 26 (4): 363. =*Agropyon kuramense* Melderis, 1960, in Bor, Grass. Burm. Ceyl. Ind. Pak. 691. =*Elymus kuramensis* (Melderis) Á. Löve, 1984, Feddes Repert. 95 (7-8): 454.

Roegneria lachnophylla Ovczinn. et Sidorenko, 1957, Fl. Tadsch. SSR 1: 505. =*Agropyron lachnophyllum* (Ovczinn. et Sidorenko.) Bondar, 1968, Opred. Rast Sredneaz. Azii 1: 173. =*Elymus dentatus* subsp. *lachnophyllus* (Ovczinn. et Sidorenko)

Tzvelev，1973，Nov. Sist. Vyssch. Rast. 10：21.

Roegneria latiglumis（Scribn. et J. G. Smith）Nevski，1936，Tr. Bot Inst. AN SSSR ser. 1，2：55. =*Agropyron violaceum* var. *latiglume* Scribn. et J. G. Smith，1897，USDA Div. Agrost. Bull. 4：30. = *Ag. latiglumis*（Scribn. et J. g. Smith）Rydb. 1909. Bull. Torr. Bot. Club 36：539. s. str. = *Elymus alaskanus* subsp. *latiglumis*（Scribn. & J. G Smith）A. Love，1980，Taxon 29：166. =*E. violaceus* var. *latiglumis*（Scribn. et J. G. Smith）Á. Löve，1984. Feddes Repert，95：463.

Roegneria laxiflora Keng，1959，Fl. Ill. Pl. Prim. Sin. Gram. 399，descr. in Chinese；1963，Acta Nanking Univ.（Biol.）1963（1）：75，latin descr. =*Elymus laxiflorus*（Keng）A. Love，Feddes Repert. 95（7－8）：455，comb. invalid. =*Kengyilia laxiflora*（Keng）J. L. Yang，C. Yen et B. R. Baum，1992，Hereditas 116：27.

Roegneria laxinodis L. B. Cai，1996，Giuhaia 16（3）：199－200. =*Elymus laxinodis*（L. B. Cai）S. L. Chen et G. Zhu，2002，Novon 12（3）：427.

Roegneria leiantha Keng，1959，Fl. Ill. Pl. Prim. Sin. Gram. 373，descr. in Chinese；1963，Acta Nanking Univ.（Biol.）3：42，latin descr. =*Kengyilia leiantha*（Keng）L. B. Cai，1996，Novon 6：142. =*Elymus lienthus*（Keng）S. L. Chen，1997，Novon 7（3）：229.

Roegneria leiotropis Keng，1959，Fl. Ill. Pl. Prim. Sin. Gram. 151，descr. in Chinese；1963. Acta Nanking Univ.（Biol.）3：17，latin descr. =*Elymus leiotropis*（Keng）Á. Löve，1984，Feddes Repert. 95（7－8）：449.

Roegneria lenensis M. Popov，1957，Fl. Sredneaz. Sib. 1：113. = *Agropyron lenense* M. Popov，1957，Bot. Mat.（Leningrad）18：3. =*Elymus lenensis*（M. Popov）Tzveev.，1973，Nov. Sist. Vyssch. Rast. 10：24.

Roegneria leptura Nevski，1934，Fl. SSSR 2：623，in Russian；1936，Tr. Bot. Inst. AN SSSR ser. 1，2：53. = *Ro. transhycanica*Nevski. = *Elytrigia vvedenskyi* Drobov，1941，Fl. Uzbek. 1：173. = *Elymus transhycanicus*（Nevski）Tzvelev，1972，Nov. Sist. Vyssch. Rast. 9：61. =*E. stewartii* Á. Löve，1982，New Zeal. J. Bot. 20：170.

Roegneria linczevskii S. K. Czopanov，1969，Nov. Sist. Vyssch. Rast. 6：24. =*Ro. caucasica* C. Koch.

Roegneria longearistata（Boiss.）Drobov，1941，Fl. Uzbek. 1：280. =*Brachypodium longearistatum* Boiss.，1846，Diagn. Fl. Orient. Ser. 1，7：127. =*Agropyron longearistatum*（Boiss.）Boiss.，1884，Fl Orient. 5：660. = *Anthosachne longearistata*（Boiss.）Nevski，1934，Tr. Snedneaz. Univ.，ser. 8B，17：64. =*Elymus longearistatus*（Boiss.）Tzvelev，1972，Nov. Sist. Vyssch. Rast. 9：62.

Roegneria longearistata var. *badaschanica*（Tzvelev）J. L. Yang，B. R. Baum et C. Yen，2008，J. Sichuan Agric. Univ. 26（4）：366. = *Elymus longearistatus* subsp. *badaschanicus* Tzvelev，1972，Nov. Sist. Vyssch. Rast. 9：62.

Roegneria longearistata var. *flexuosissima*（Nevski）J. L. Yang，B. R. Baum et C. Yen，

2008, J. Sichuan Agric. Univ. 26 (4): 366. =*Agropyron flexuosissimum* Nevski, 1932, Izv. Bot. Sada AN SSSR 30: 510. =*Ro. nevskiana* Nikit. ex Zak., 1958, Tr. Uzb. Univ. new ser. 19. nom. nud. = *Elymus longearistatus* subsp. *flexuosissimus* (Nevski) Tzvelev, 1973, Nov. Sist. Vyssch. Rast. 10: 26.

Roegneria longearistata var. *haussknechtii* (Boiss.) J. L. Yang, B. R. Bau et C. Yen, 2008, J. Sichuan Agric. Univ. 26 (4): 366. = *Agropyron longearistatum* var. *haussknechtii* (Boiss.) Boiss., 1884, Fl. Orient. 5: 660.

Roegneria longearistata var. *litvinovii* (Tzvelev) J. L. Yang, B. R. Baum et C. Yen, 2008, J. Sichuan Agric. Univ. 26 (4): 366. =*Elymus longearistatus* subsp. *litvinovii* Tzvelev, 1973, Nov. Sist. Vyssch. Rast. 10: 26.

Roegneria longearistata var. *sintenisii* (Melderis) J. L. Yang, B. R. Baum et C. Yen, 2008, J. Sichuan Agric. Univ. 26 (4): 367. =*Elymus longearistatus* subsp. *sintenisii* Melderis, 1984, NotesRoy. Bot. Gard. Edinburgh 42 (1): 79.

Roegneria longiglumis Keng, 1959, Fl. Ill. Pl. Prim. Sin. Gram. 406, descr. in Chinese; 1963, Acta Nanking Univ. (Biol.) 1963 (1): 83, latin descr. =*Kengyilia alatavica* var. *longiglumis* (Keng) J. L. Yang, C. Yen et B. R. Baum1998, Novon 8: 94.

Roegneria longiseta (Hitchc.) B. R. Baum, C. Yen et J. L. Yang, 1991, Canad. J. Bot. 69 (2): 290. =*Brachypodium longisetum* Hitchc., 1936, Brittonia 2: 107. = *Elymus longisetus* (Hitchc.) J. F. Veldkamp, 1989, Blumea 34: 74.

Roegneria macrochaeta Nevski, 1934, Tr. Bot. Inst. AN SSSR ser. 1, 2: 48. =*Agropyron macrochaetum* (Nevski) Bondar, 1968, Opred. Rast. Sredneaz. Azii 1: 170. = *Elymus macrochaetus* (Nevski) Tzvelev, 1972, Nov. Sist. Vyssch. Rast. 9: 61.

Roegneria macroura (Turcz.) Nevski, 1934, Fl. SSSR 2: 627. =*Triticum macrourum* Turcz., 1854, in Steud., Syn. Pl. Glum. 1: 243. = *Agropyron sericeum* Hitchc., 1915, Amer. J. Bot. 2: 309. =*Ag. nomokonovii* M. Popov, 1957, Bot. Mat. (Leningrad) 18: 3. =*Elymus macrourus* (Turcz) Tzvelev, 1970, Spisok. Rast. Herb. Fl. SSSR. 18: 30.

Roegneria macroura ssp. *pilosivaginata* B. A. Yurtsev, 1981, Bot. Zhurn. 66 (7): 1042.

Roegneria macrothera (Ohwi) L. B. Cai, 1997, Acta Phytotax. Sin. 35 (2): 176. = *Ro. turczaninowii* (Drobov) Nevski var. *macrothera* Ohwi.

Roegneria magnipoda L. B. Cai, 1997, Acta Phytotax. Sin. 35 (2): 164. =*Elymus magnipodus* (L. B. Cai) S. L. Chen et G. Zhu, 2002, Novon 12 (3): 427.

Roegneria mayebarana (Honda) Ohwi, 1941, Acta Phytotax. Geobot. 10: 98. =*Agropyron mayebaranum* Honda, 1927, Bot. Mag. Tokyo 41: 384. = Campeiostachys × mayeburana (Honda) B. R. Baum, J. L. Yang & C. Yen, 2011, J. Syst. Evol. 49 (2): 155.

Roegneria melanthera (Keng) Keng, 1957, Clav. Gen. & Sp. Gram. Sin. 187. =*Agropyron melantherum* Keng, 1941, Sunyatsenia 6: 62. =*Elymus melantherus* (Keng) Á.

Löve, 1984, Feddes Repert. 95 (7-8): 455. =*Kenyilia melanthera* (Keng) J. L. Yang, C. Yen et B. R. Baum, 1992, Hereditas 116: 28.

Roegneria melanthera var. *tahopaica* Keng, 1959, Fl. Ill. Pl. Prim. Sin. Gram. 401, descr. in Chinese; 1963, Acta Nanking Univ. (Biol.) 1963 (1): 78, latin descr. = *Kengyilia melanthera* var. *tahopaia* (Keng) S. L. Chen, Bull. Bot. Res. 1994, 14: 131.

Roegneria microlepis (Melderis) J. L. Yang, B. R. Baum et C. Yen, 2008, Biosyst. J. Sichuan Agric. Univ. 26 (4): 367. =*Agropyron microlepis* Melderis, 1960, in Bor, Grass. Burm. Ceyl. Ind. Pak. 692. = *Elymus microlepis* (Melderis) Á. Löve, 1984, Feddes Repert. 95 (7-8): 456.

Roegneria minor Keng, 1959, Fl. Ill. Pl. Prim. Sin. Gram. 397, descr. in Chinese; 1963, Acta Nanking Univ. (Biol.) 1963 (1): 71, latin descr. =*Elymus minus* (Keng) Á. Löve, 1984, Feddes Repert. 95 (7-8): 458.

Roegneria mutica Keng, 1959, Fl. Ill. Pl. Prim. Sin. Gram. 408, descr. in Chinese; 1963, Acta Nanking Univ. (Biol.) 1963 (1): 87, latin descr. = *Agropyron muticum* (Keng) Tzvelev, 1968, Rast. Tsentr. Azii 4: 189, comb. invalid. =*Elymus muticus* (Keng) Á. Löve, 1984, Feddes Repert. 95 (7-8): 455. =*Kengyilia mutica* (Keng) J. L. Yang, C. Yen et B. R. Baum, 1992, Hereditas 116: 28.

Roegneria multiculmis M. Kitagawa, 1941, J. Jap. Bot. 17: 235-236. =*Elymus pendulinus* subsp. *multiculmis* (M. Kitagawa) Á. Löve, 1984, Feddes Repert. 95 (7-8): 459.

Roegneria mutabilis (Drobov) Hylander, 1945, Uppsala Univ. Arakr. 7: 36. =*Agropyron mutabilis* Drobov, 1916, Tr. Bot. Muz. AN 1: 88. =*Ag. angustiglumis* Nevski, 1932, Izv. Bot. Sada AN SSSR 30: 615. = *Ag. transiliense* M. Popov, 1938, Byull. Mosk. Obsch. Isp. Prir. Otd. Biol. 47: 85. = *Elymus mutabilis* (Drobov) Tzvelev, 1968, Rast. Tsentr. Azii 4: 217.

Roegneria nakai M. Kitagawa, 1941, J. Jap. Bot. 17: 236. =*Elymus nakai* (M. Kitagawa) Á. Löve, 1984, Feddes Repert. 95 (7-8): 454.

Roegneria nakai var. *innermongolia* J. L. Yang et C. Yen, 2008, Biosyst. Triticeae vol. 4:

Roegneria nepalensis (Meld.) J. L. Yang, B. R. Baum & C. Yen, 2008, J. Sichuan Agric. Univ. 26 (4): 368. = *Agropyron* nepalense Meld. 1960, in Bor, Grass. Burm, Ceyl. Ind. & Pakist. 692. =*Eymus nepalensis* (Meld.) Á. Löve, 1984, Feddes Repert. 95 (7-8): 460.

Roegneria nepliana V. Vassiliev, 1954, Bot. Mat. (Leningrad) 16: 56. =*Elymus macrourus* subsp. *neplianus* (V. Vassiliev) Tzvelev, 1973, Nov. Sist. Vyssch. Rast. 10: 25.

Roegneria nevskiana Nikitin ex Zak., 1958, Tr. Uzb. Univ. new ser. 19. nom. nud. = *Ag. flexuosissimum* Nevski, 1932. Izv. Bot. sada AN SSSR 30: 510.

Roegneria novae-angliae (Scribn.) B. A. Yurtev et V. V. Petrovski, 1980, Byull. Mosk.

Obshch. Ispyt. Prir., Biol. 85 (6): 100. =*Agropyron novae-angliae* Scribn., 1900, in Brain., Jones & Eggl., Fl. Vermont 103. =*Elymus trachycaulus* (Link) Gould ex Shinners subsp. *novae-angliae* (Scribn.) Tzvelev, 1973, Nov. Sist. Vyssch. Rast. 10: 23. =*E. novae-angliae* (Scribn.) Tzvelev, 1977, Nov. sist. Vyssch. rast. 14: 245.

Roegneria nudiscula L. B. Cai, 1997, Acta Phytotax. Sin. 35 (2): 171. =*Elymuys abolinii* (Drobov) Tzvelev var. *nudiusculus* (L. B. Cai) S. L. Chen et G. Zhu, 2002, Novon 12 (3): 425.

Roegneria nutans (Keng) Keng, 1957, Clav. Gen. & Sp. Gram. Sin. 185. =*Agropyron nutans* Keng, 1941, Sunyatsenia 6: 63. =*Elymus pseudonutans* Á. Löve, 1984, Feddes Repert. 95 (7-8): 467.

Roegneria oschensis Nevski, 1934, Fl. SSSR 2: 619. in Russian. =*Elymus mutabilis* var. *oschensis* (Nevski) Tzvel., 1975, Nov. Sist. Vyssch. Rast. 12: 94. =*E. mutabilis* (Drobev) Tzvelev, 1968.. Tzvel. Rast. Tsentr. Azii 4: 217.

Roegneria panormitana (Parl.) Nevski, 1934, Fl. SSSR 2: 612. =*Agropyron panormitanum* Parl., 1840, Pl. Rar. Sic. 2: 20. =*Triticum panormitanum* (Parl.) Bertol., 1841, Fl. Ital. 4: 780. =*Semieostachys panormitana* (Parl.), Drobov, 1941, Fl. Uzbeck. 1: 281. =*Elymus panormitanus* (Parl.,) Tzvelev, 1970, Spisok. Rast. Gerb. Fl SSSR 18: 27.

Roegneria parvigluma Keng, 1959, Fl. Ill. Pl. Prim. Sin. Gram. 376, descr. in Chinese; 1963, Acta Nanking Univ. (Biol.) 1963 (1): 47, latin descr. =*Elymus parviglumis* (Keng) Á. Lö ve, 1984, Feddes Repert. 95 (7-8): 467.

Roegneria pauciflora (Schwein.) Hylander, 1945, Uppsala Univ. Arkskr. 7: 89. =*Triticum pauciflorum* Schwein., 1824, in Keating, Narr. Exp. St. Peters River 2: 383. =*Triticum trachycaulon* Link, 1833. Hort. Bot. Berol. 2: 189. =*Agropyron tenerum* Vasey, 1885, Bot. Gaz. 10: 258. =*Ag. pauciflorum* (Schwein.) Hitchc. Ex Silveus, 1933. Tex. Grasses: 158 =*Elymus trachycaulus* (Link) Gould ex Shinner, 1984, Rhodora 56: 28. =*Zeia tenera* Lunell, 1915, Amer. Midl. Nat. 4: 227.

Roegneria pendulina Nevski, 1934, Fl. SSSR 2: 616, in Russia; 1936, Tr. Bot. Inst. AN SSSR ser. 1, 2: 50. latin. descr. =*Triticum caninum* var. *amurense* Jorsh, 1892, Tr. Peterb. Bot. Sada 12: 414. =*Agropyron pendulinum* (Nevski) Vorosch., 1963, Bull. Glvn. Bot. Sada Akad. Naul SSSR 49: 55. =*Elymus pendulinus* (Nevski) Tzvelev, 1968, Rast Tsentr. Azii 4: 218.

Roegneria pendulina Nevski var. *brachypodioides* (Nevski) J. L. Yang, B. R. Baum et C. Yen, 2008, J. Sichuan Agric. Univ. 26 (4): 369. =*Agropyron vernicosum* Nevski ex Grubov, 1955, Bot. Mat. (Leningrad) 17: 6. =*Ag. brachypodioides* (Nevski) Serg., 1961, in Kryl. Fl. Zap. Sib. 12 (1): 3128. =*Elymus vernicosus* (Nevsli ex Grubov) Tzvelev, 1968, Rast. Tsentr. Azii 4: 219. =*E. brachypodioides* (Nevski) G. Peschkova, 1972, Stepn. Fl. Baik. Sib. 45. =*E. pendulinus* subsp. *brachypodioides*

(Nevski) Tzvelev, 1972, Nov. Sist. Vyssch. Rast. 9: 60.

Roegneria pendulina var. *multicaulmis* (Kitagawa) J. L. Yang, B. R. Baum et C. Yen, 2008, J. Sichuan Agric. Univ. 26 (4) 343. = *Ro. multicaulmis* Kitaggawa, 1941. J. Jap. Bot. 17 (4): 235 - 236. =*Agropyron multicaulmis* Kitagawa, 1941. J. Jap. Bot. 17 (4): 235. =*Ro. multiculmis* var. *pubiflora* Keng, 1963, Acta Nanking Univ. (Biol.) 1963 (1): 29. = *Elymus pendulinus* ssp. *multicaulmis* (Kitagawa) Á. Löve, 1984. Feddes Repert. 95 (7 - 8): 459.

Roegneria pendulina Nevski var. *pubinodis* Keng, 1959, Fl. Ill. Pl. Prim. Sin. Gram. 364, descr. in Chinese; 1963, Acta Nanking Univ. (Biol.) 1963 (1): 28, latin descr. = *Elymus pendulilus* (Keng) Á. Löve, 1984, Feddes Repert. 95 (7 - 8): 459.

Roegneria pendulina Nevski f. *pubinodis* (Keng) M. Kitagawa, 1979, Neo-Lineam. Fl. Manshur. 109.

Roegneria platyphylla Keng, 1959, Fl. Ill. Pl. Prim. Sin. Gram. 370, descr. in Chinese; 1963, Acta Nanking Univ. (Biol.) 1963 (1): 35, latin descr. =*Elymus platyphyllus* (Keng) Á. Löve, 1984, Feddes Repert. 95 (7 - 8): 456.

Roegneria praecaespitosa (Nevski) Nevski, 1934, Tr. Sredneaz. Univ. ser. 8B, 17: 70. =*Agropyron pracaespitosum* Nevski, 1930, Izv. Glavn. Bot. Sada SSSR 29: 541. = *Elymus mutabilis* subsp. *praecaespitosus* (Nevski) Tzvelev, 1973, Nov. Sist. Vyssch. Rast. 10: 22.

Roegneria prokudinii Seredin, 1965, Nov. Sist. Vyssch. Rast. 2: 55. =*Elymus prokudinii* (Seredin) Tzvelev, 1972, Nov. Sist. Vyssch. Rast. 9: 61. = *E. uralensis* subsp. *prokudinii* (Sered.) Tzvelev, 1873, Nov. Sist. Vyssch. Rast. 10: 22.

Roegneria puberula Keng, 1959, Fl. Ill. Pl. Prim. Sin. Gram. 354, descr. in Chinese; 1963, Acta Nanking Univ. (Biol.) 1963 (1): 20, latin descr. =*Elymus puberulus* (Keng) Á. Löve, 1984, Feddes Repert. 95 (7 - 8): 453.

Roegneria pubescens (Schischkin) Nevski, 1934, Fl SSSR 2: 626. =*Agropyron pubescens* Schischkin, 1928, Sist Zam. Gerb. Tomsk. Univ. 2: 1, non *Elymus pubescens* Davy, 1901. = *E. jacqutensis* (Drobov) Tzvelev, 1972, Nov. Sist. Vyssch. Rast. 9: 61.

Roegneria pubicaulis Keng, 1959, Fl. Ill. Pl. Prim. Sin. Gram. 366, descr. in Chinese; 1963, Acta Nanking Univ. (Biol.) 1963 (1): 80, latin descr. =*Elymus pendulinus* subsp. *pubicaulis* (Keng) Á. Löve, 1984, Feddes Repert. 95 (7 - 8): 459.

Roegneria pulanensis H. L. Yang, 1980, Acta Phytotax. Sin. 18 (2): 253. =*Elymus pulanensis* (H. L. Yang) S. L. Chen, 1987, Bull. Nanjing Bot. Gard. Mem. Sen Yat Sen 1987: 9.

Roegneria purpurascens Keng, 1959, Fl. Ill. Pl. Prim. Sin. Gram. 383, descr. in Chinese; 1963, Acta Nanking Univ. (Biol.) 1963 (1): 56, latin descr. =*Elymus purpurascens* (Keng) Á. Löve, 1984, Feddes Repert. 95 (7 - 8) 448.

Roegneria racemifera (Steud.) M. Kitagawa, 1967, J. Jap. Bot. 42: 220. =*Bromus racemiferus* Steud., 1854, Syn. Pl. Glum. 1: 323. = *Agropyron ciliaris* var. *minor* (Miq.) Ohwi., 1953, Fl. Japan. 105.

Roegneria retroflexa (B. R. Lu et B. Salomon) L. B. Cai, 1997, Acta Phytotax. Sin. 35 (2): 152. = *Elymus reflexuous* B. R. Lu et B. Salomon, 1993, Nord. J. Bot. 13 (4): 354.

Roegneria rigidula Keng, 1959, Fl. Ill. Pl. Prim. Sin. Gram. 402, descr. in Chinese; 1963, Acta Nanking Univ. (Biol.) 3: 77, latin descr. =*Elymus rigidulus* (Keng) Á. Löve, Feddes Repert. 95 (7 - 8): 455. =*Kengyilia rigidula* (Keng) J. L. Yang, C. Yen et B. R. Baum, 1992, Hereditas 116: 27.

Roegneria russellii (Melderis) J. L. Yang, et C. Yen, 1991, Canad. J. Bot. 69 (2): 291. =*Agropyron russellii* Melderis, 1960, in Bor, Grass. Burm. Ceyl. Ind. Pak. 694. =*Elymus russellii* (Melderis) Cope, 1982, in Nasir & Ali, Fl. Pakistan. 143: 618.

Roegneria sajanensis Nevski, 1934, Fl. SSSR 2: 624; 1936, Tr. Bot. Inst. AN SSSR ser. 1, 2: 54. =*Agropyron sajanense* (Nevski) Grubov, 1955, Konsp. Fl. MNR: 76. =*Elymus sajanensis* (Nevski) Tzvelev, 1972, Nov. Sist. Vyssch. Rast. 9: 61.

Roegneria scabra (R. Br.) J. L. Yang et C. Yen, 1991, Canad. J. Bot. 69 (2): 291 = *Triticum scabrum* R. Br., 1810, Prodr. Fl. Novae Holl. 178. = *Festuca scabra* Labillardiere, 1791, Nov. Holl. Pl. 1: 26. non Vahl, 1791. = *Anthosachne australasica* Steudel var. *scabra* (R. Br.) C. Yen et J. L. Yang, 2006, Biosyst. Triticeae vol 3: 228.

Roegneria scabridula (Ohwi) Melderis, 1949, in Norlindh., Fl. Mong. 122. =*Agropyron scabridulum* Ohwi, 1943, J. Jap. Bot. 19: 166. =*Elymus scabridulus* (Ohwi) Tzvelev, 1968, Rast. Tsentr. Azii 4: 218.

Roegneria scandica Nevski, 1936, Tr. Bot. Inst. An SSSR ser. 1, 2: 54. =*Elymus kronoensis* ssp. *subalpinus* (L. Neuman) Tzvelev, 1973, Nov. Sist. Vyssch. Rast. 10: 24. = *E. alaskanus* ssp. *scandicus* (Nevski) Melderis, 1978, Bot. J. Linn. Soc. 76: 375.

Roegneria schrenkiana (Fisch. et C. A. Meyer) Nevski, 1934, Tr. Sredneaz. Univ., ser. 8B, 17: 68. = *Triticum schrenkianum* Fisch. et C. A. Meyer, 1845, Bull. Acad. St. Petersb. 3: 305. = *Tr. strigosum* δ *planifolium* Regel, 1881, Tr. Petersb. Bot. Sada 7: 591. =*Agropyron pseudostrigosum* Candagy, 1901, Monogr. tes phyls ton krithodon 40. =*Campeiostachys shrenkiana* (Fisch. et Mey.) Drobov, 1941, Fl. Uzbek. 1: 300.

Roegneria schugnanica (Nevski) Nevski, 1934, Tr. Sredeanz. Univ., ser. 8B, 17: 68. =*Agropyron schugnanicum* Nevski, 1932, Izv. Bot. Sada AN SSSR 30: 512. =*Elymus schugnanicus* (Nevski) Tzvelev, 1972, Nov. Sist. Vyssch. Rast. 9: 62.

Roegneria sclerophylla Nevski,, 1934, Tr. Sredeanz. Univ., ser. 8B, 17: 68. =

Ag. transnominatum Bondar, 1968, Opred. Rast. Sredn. Azii 1: 172. = *Agropyron dolicholepis* Melderis, 1970, in Rech. F., Fl. Iranica 70: 180. = *Elymus sclerophyllus* (Nevski) Tzvelev, 1972, Nov. Sist. Vyssch. Rast. 9: 59.

Roegneria semicostata (Steud.) M. Kitagawa, 1939, Rep. Inst. Manchoukuo 3 App. 1: 91. = *Triticum semicostatum* Steud., 1854, Syn. Pl. Glum. 1: 346. = *Agropyron japonicum* Vasey ex Wickson, 1897, Rep. Cal. Exp. Sta. 1895-1897: 275.

Roegneria semicostata (Steud.) M. Kitagawa var. *striata* (Nees ex Steud.) J. L. Yang, B. R. Baum et C. Yen, 2008, J. Sichuan Agricu. Univ. 26 (4): 374. = *Triticum striatum* Nees ex Steud., 1854, Syn. Pl. Glum. 1: 346. = *Roegneria striata* (Nees ex Steud.) Nevski, 1934, Tr. Sredneaz. Univ., ser. 8B, 17: 71. = *Elymus semicostatus* (Nees & Steud.) Á. Löve var. *striatus* (Nees et Steud.) Á. Löve, 1984, Feddes Repert. 95 (7-8): 454.

Roegneria semicostata (Steud.) M. Kitagawa var. *thomsonii* (Hook. F.) J. L. Yang, B. R. Baum et C. Yen, 2008, J. Sichuan Agric. Univ. 26 (4): 374. = *Agropyron semicostatum* var. *thomsonii* Hook. F., 1896, Fl. Brit. Ind. 7: 569. = *Elymus semicostatus* subsp. *thomsonii* (Hook. f.) Á. Löve, 1984, Feddes Repert. 95 (7-8): 453. = *E. semicostatus* var. *thomsonii* (Hook. f.) G. Singh, 1986, J. Econ. Taxon. Bot. 8 (2): 498.

Roegneria serotina Keng, 1959, Fl. Ill. Pl. Prim. Sin. Gram. 379, descr. in Chinese; 1963, Acta Nanking Univ. (Biol.) 1963 (1): 50, latin descr. = *Elymus serotinus* (Keng) Á. Löve, 1984, Feddes Repert. 95 (7-8): 467.

Roegneria serpentina L. B. Cai, 1997, Acta Phytotax. Sin. 35 (2): 167. = *Elymus serpentinus* (L. B. Cai) S. L. Chen et G. Zhu, 2002, Novon 12 (3): 427.

Roegneria shandongensis (B. Salomon) J. L. Yang, Y. H. Zhou et C. Yen, 1997, Guihaia 17 (1): 19-22. = *Elymus shandongensis* B. Salomon, 1990, Willdenowia 19 (2): 449.

Roegneria shouliangiae L. B. Cai, 1997, Acta Phytotax. Sin. 35 (2): 161. = *Elymus shouliangiae* (L. B. Cai) G. Zhu, 2002, Novon 12 (3): 427.

Roegneria sikkimemsis (Melderis) J. L. Yang, B. R. Baum et C. Yen, 2008, J. Sichuan Agric. Univ. 26 (4): 374. = *Agropyron sikkimemse* Melderis, 1960, in Bor, Grass. Burm. Ceyl. Ind. Pak. 694. = *Elymus sikkimemsis* (Melderis) Á. Löve, 1994, Feddes Repert. 95 (7-8): 460.

Roegneria sinica Keng, 1963, Acta Nanking Univ. (Biol.) 1963 (总 3): 33, 1959, Fl. Ill. Pl. Prim. Sin. Gram. 367 (in Chinese). = *Elymus sinicus* (Keng) S. L. Chen, 1997, Novon 7 (3): 229.

Roegneria sinica var. *angustifolia* C. P. Wang et H. L. Yang, 1984, Bull. Bot. Res. 4 (4): 88, pl. 6.

Roegneria sinica Keng var. *media* Keng, 1959, Fl. Ill. Pl. Prim. Sin. Gram. 389, descr. in

Chinese; 1963, Acta Nanking Univ. (Biol.) 193 (1): 34, latin descr. =*Elymus sinicus* (Keng) S. L. Chen var. *medius* (Keng) S. L. Chen et G. Zhu, 2002, Novon 12 (3): 427.

Roegneria sinkiangensis (D. F. Cui) L. B. Cai, 1997, Acta Phytotax. Sin. 35 (2): 174. =*E. sinkiangensis* D. F. Cui, 1990, Bull. Bot. Res. 10 (3): 26

Roegneria spicata (Pursh) A. A. Beetle, 1984, Phytologia 55 (3): 213. =*Festuca spicata* Pursh, 1814, Fl. Amer. Sept. 1: 83. = *Pseudoroegneria spicata* (Pursh) Á. Löve, 1980, Taxon 29: 168.

Roegneria spicata (Pursh) A. A. Beetle f. *inerme* (Scribn. et J. G. Smith) A. A. Beetl, 1984, Phytologia 55 (3): 213=*Agropyron divergens* var. *inerme* Scribn. & Smith, 1897, USDA Div. Agrost. Bull. 4: 27. = *Pseudoroegneria spicata* subsp. *inermis* (Scribn. et J. G. Smith) Á. Löve, 1980, Taxon 29: 169.

Roegneria stenachyra Keng, 1959, Fl. Ill. Pl. Prim. Sin. Gram. 404, descr. in Chinese; 1963, Acta Nanking Univ. (Biol.) 3: 79, latin descr. =*Agropyron stenachyrum* (Keng) Tzvel., 1968, Rast Tsentr. Azii 4: 190. = *Elymus stenachyrus* (Keng) Á. Löve, 1984, Feddes Repert. 95 (7-8): 456. =*Kengyilia* × *stenachyra* (Keng) J. L. Yang, C. Yen et B. R. Baum, 1992, Hereditas 116: 27.

Roegneria striata (Nees ex Steud.) Nevski, 1934, Tr. Sredneaz. Univ., ser. 8B, 17: 71. =*Tritiaum striatum* Nees ex Steud., 1853. Syn. Pl. Glum. 1: 346.

Roegneria stricta Keng, 1959, Fl. Ill. Pl. Prim. Sin. Gram. 396, descr. in Chinese; 1963, Acta Nanking Univ. (Biol.) 1963 (1): 68, latin descr. =*Ro. stricta* f. *major* Keng, 1959, Fl. Ill. Pl. Prim. Sin. Gram. 396, descr. in Chinese; 1963, Acta Nanking Univ. (Biol.) 3 (1): 70, latin descr. =*Elymus strictus* (Keng) Á. Löve, 1984, Fedde Repert. 95 (7-8): 458.

Roegneria subfibrosa Tzvelev, 1964, Arkt. Fl. SSSR 2: 238. =*Elymus subfibrosus* (Tzvelev) Tzvelev, 1970, Spisok. Rast. Herb. Fl. SSSR 18: 30. =*E. fibrosus* subsp. *subfibrosus* (Tzvelev) Tzvelev, 1973, Nov. Sist. Vyssch. Rast. 10: 25.

Roegneria sylvatica Keng et S. L. Chen, 1963, Acta Nanking Univ. (Biol.) 3: 36. = *Elymus sylvaticus* (Keng et S. L. Chen) S. L. Chen, 1987, Bull. Nanjing Bot. Gard. Mem. Sun Yat Sen 1987: 9.

Roegneria taigae Nevski, 1934, Fl. SSSR 2: 616, in Russian; 1936, Tr. Bot. Inst. AN SSSR ser. 1, 2: 50. =*Agropyron karakalense* Roshev., 1936, Tr. Bot. Inst. AN SSSR ser. 1, 2: 100. = *Elymus viridiglumis* (Nevski) S. K. Czerepanov, 1981, Sosud. Rast. SSSR 351. = *E. uralensis* susbsp. *viridiglumis* (Nevski) Tzvelev, 1971, Nov. Sist. Vyssch. Rast. 8: 63.

Roegneria tenuispica J. L. Yang et Y. H. Zhou, 1994, Novon 4 (3): 309. =*Elymus tenuispicus* (J. L. Yang et Y. H. Zhou) S. L. Chen, 1997, Novon 7 (3): 229.

Roegneria thoroldiana (Oliver) Keng, 1957, Clav. Gen & Sp. Gram. Sin. 188. =*Agro-*

pyron thoroldianum Oliver, 1893, in Hook., Ic. Pl. Tab. 2262. =*Elymus thoroldianus* (Oliver) G. Singh, 1985, Taxon 32: 640. = *Kengyilia thoroldiana* (Oliver) J. L. Yang, C. Yen et B. R. Baum, 1992, Hereditas 116: 27.

Roegneria thoroldiana var. *laxiuscula* (Melderis) H. L. Yang, 1987, in Fl. Reip. Popul. Sin. 9 (3): 98. = *Agropyron thoroldianum* var. *laxiusculum* Melderis, 1960, in Bor. Grass. Burm. Ceyl. Ind. Pak. 696. =*Kengyilia thoroldiana* var. *laxiuscula* (Meld.) S. L. Chen, 1997, Novon 7 (3): 229.

Roegneria tianschanica (Drobov) Nevski, 1934, Tr. Sredneaz. Univ. ser. 8B, 17: 71. = *Agropyron tianschanicum* Drobov, 1923, Vved. Opred. Rast. Okr. Taschk. 1: 41 non *E. tianschanicus* Drobov 1925. =*Semiostachys tianschanica* (Drobov) Drobov, 1941, Fl Uzbek. 1: 284. =*Elymus czilikensis* (Drobov) Tzvelev, 1968, Rast. Tsentr. Azii 4: 214. = *E. uralensis* subsp. *tianschanicus* (Drobov) Tzvelev, 1973, Nov. Sist. Vyssch. Rast. 10: 22. =*E. tianschanicus* S. K. Czerepanov, 1981, Sosud. Rast. SSSR 351.

Roegneria tibetica (Melderis) H. L. Yang, 1987, in Fl. Reip. Popul. Sin. 9 (3): 72. = *Agropyron tibeticum* Melderis, 1960, in Bor, Grass. Burm. Ceyl. Ind. Pak. 696. =*E. tibeticus* (Melderis) G. Singh, 1983, Taxon 32: 640.

Roegneria trachycaulon (Link) Nevski, 1934, Fl. SSSR 2: 599. quoad nom. =*triticum trachycaulon* Link, 1833, Hort. Bot. Berol. 2: 189. = *Elymus trachycaulus* (Link) Gould et Shinner, 1954, Rhodora 56: 28.

Roegneria transbaicalensis (Nevski) Nevski, 1934, Fl. SSSR 2: 619. = *Agropyron transbaicalense* Nevski, 1932, Izv. Bot. Sada AN SSSR 30: 618. =*Ag. pallidissimum* M. Popov, 1957, Spisok. Rast. Herb. Fl. SSSR 14: 8. =*Roegneria burjatica* Sipl. = *Elymus mutabilis* subsp. *transbaicalensis* (Nevski) Tzvelev, 1973, Nov. Sist. Vyssch. Rast. 10: 22.

Roegneria transhyrcanica Nevski, 1934, Tr. Sresneaz. Univ. ser. 8B, 17: 71. =*Elytrigia vvedenski* Drobov, 1941, Fl. Uzbek. 1: 173. = *Elymus transhyrcanus* (Nevski) Tzvelev, 1972, Nov. Sist. Vyssch. Rast. 9: 16.

Roegneria transiliensis (M. Popov) Filat., 1969, in Ill. Opred. Rast Kazakh. 1: 116. comb. invalid. = *Elymus mutabilis* (Drobov) Tzvelev, 1968, Rast. Tsentr. Azii 4: 217.

Roegneria trichospicula L. B. Cai, 1994, Bull. Bot. Res. 14 (4): 340-342. =*Elymus trichospicula* (L. B. Cai) S. L. Chen et G. Zhu, 2002, Novon 12 (3): 428.

Roegneria tridentata C. Yen et J. L. Yang, 1994, Novon 4 (3): 310. =*Elymus tridentatus* (Yen et Yang) S. L. Chen, 1997, Novon 7 (3): 229=*Campeiostachys tridentata* (Yen et Yang) J. L. Yang, B. R. Baum et C. Yen, 2011, J. Syst. Evol. 49 (2): 156-157.

Roegneria trinii Nevski, 1936, Tr. Bot. Inst. An SSSR ser. 1, 2: 49. = *Triticum pubescens* Trin., 1835, Mem. Acad. St. Petersb. Sav. Etrang. 2: 528, non Hornem. 1813.

=*Elymus jacutensis* (Drobov) Tzvelev, 1972, Nov. Sist. Vyssch. Rast. 9: 16.

Roegneria troctolepis Nevski, 1934, Tr. Bot. Inst. AN SSSR ser. 1, 2: 53. =*Agropyron troctolepis* (Nevski) Melderis, 1970, in Reich. F., Fl. Iranica 70: 182. =*Elymus troctolepis* (Nevski) Tzvelev, 1972, Nov. Sist. Vyssch. Rast. 9: 21

Roegneria tschimganica (Drobov) Nevski, 1934, Tr. Sredneaz. Univ. Ser. 8B, 17: 64. =*Agropyron tschimganicum* (=*czimganicum*) Drobov, 1924, Feddes Repert. 21: 40. =*Elymus tschimganicus* (Drobov) Tzvelev, 1968, Rast. Tsentr. Azii. 4: 221. =*E. tschimganicus* (Drobov) var. *glabrisculus* D. F. Cui, 1990, Bull. Bot. Res. 10 (3): 30.

Roegneria tschimganica (Drobov) Nevski var. *glabriscula* (D. F. Cui) L. B. Cai, 1995, Bull. Bot. Res. 16 (1): 50.

Roegneria tsukushiensis (Honda) Ohwi, 1941, Acta Phytotax. Geobot. 10: 99. =*Elymus tsukushiensis* Honda, 1936, Bot. Mag. Tokyo 50: 391. =*Agropyron semicostatum* var. *tsukushiense* (Honda) Ohwi, 1937, Acta Phytotax. Geobot. 6: 54. =*Clinelymus tsukushiensis* (Honda) Honda, 1936, Bot. Mag. Tokyo 50: 572. =*Campeiostachys tsukushiensis* (Honda) J. L. Yang, B. R. Baum et C. Yen, 2011, J. Syst. Evol. 49 (2): 157.

Roegneria tsukushiensis var. *hybrida* (Keng) L. B. Cai, 1997, Acta Phytotax. Sin. 35 (2): 166. =*Roegneria hybrida* Keng.

Roegneria turczaninovii (Drobov) Nevski, 1934, Fl. SSSE 2: 607. =*Agropyron turczaninovii* Drob., 1914, Tr. Bot. Muz. AN 12: 47.

Roegneria turuchanensis (Reverd.) Nevski, 1934, Fl. SSSR 2: 626. =*Agropyron turuchanense* Reverd., 1932, Sist. Zam. Herb. Tomsk. Univ. 4: 2. =*Elymus macrourus* subsp. *turuchanensis* (Reverd.) Tzvelev, 1971, Nov. Sist. Vyssch. Rast. 8: 63.

Roegneria tuskaulensis Vass., 1953, Bot. Mat. (Lenengrad) 15: 36. =*Elymus caninus* (L.) L. 1755, Fl. Suec., ed. 2: 39.

Roegneria ugamica (Drobov) Nevski, 1932, Tr. Sredneaz. Univ. ser. 8B, 17: 70. =*Agropyron ugamicum* Drobov, Vved. Opred. Rast. Okr. Taschk. 1: 41, non *Elymus ugamicus* Drobov, 1925. =*Semeiostachys ugamica* (Drobov) Drobov, 1941, Fl. Uzbek. 1: 284. =*Elymus nevskii* Tzvelev, 1970, Spisok. Rast. Herb. Fl. SSSR 18: 29. =*E. dentatus* subsp. *ugamicus* (Drobov) Tzvelev, 1973, Nov. Sist. Vyssch. Rast. 10: 21.

Roegneria uralensis (Nevski) Nevski, 1934, Fl. SSSR 2: 614. =*Agropyron uralense* Nevski, 1930, Izv. Glavn. Bot. Sada SSSR 29: 89. =*Elymus uralensis* (Nevski) Tzvelev, 1971, Nov. Sist. Vyssch. Rast. 8: 63.

Roegneria valida (Melderis) J. L. Yang, B. R. Baum et C. Yen, 2008, J. Sichuan Agric. Univ. 26 (4): 348. =*Agropyron striatum* var. *validum* Melderis, in Bor, Grass. Burm. Ceyl. Ind. Pak. 696. =*Elymus validus* (Melderis) B. Salomon, 1994, Nord. J. Bot. 14 (1): 12.

Roegneria varia Keng, 1959, Fl. Ill. Pl. Prim. Sin. Gram. 397, descr. in Chinese; 1963,

Acta Nanking Univ. (Biol.) 1963 (1): 70, latin descr. =*Elymus varius* (Keng) Tzvelev, 1968, Rast. Tsentr. Azii 4: 219. (nom. invalid).

Roegneria villosa V. Vassiliev, 1954, Bot. Mat. (Leningrad) 16: 57. = *Elymus sajanensis* subsp. *villosus* (V. Vassiliev) Tzvelev, 1973, Nov. Sist. Vyssch. Rast. 10: 24. =*E. alaskanus* subsp. *villosus* (V. Vassiliev) Á. et D. Löve, 1976, Bot. Not. 128: 502. =*E. vassilijevii* S. K. Czerepanov, 1981, Pl. Vasc. URSS: 351.

Roegneria villosa V. Vassiliev. subsp. *coerulea* B. A. Yurtsev, 1989, Bot. Zhurn. 74 (1): 113. =*Elymus vassilijevii* S. K. Czerepanov, 1981, Pl. Vasc. URSS: 351.

Roegneria villosa V. Vassiliev subsp. *laxe-pilosa* B. A. Yurtsev, 1981, Bot. Zhurn. 66 (7): 1041. =*Elymus vassilijevii* S. K. Czerepanov, 1981, Pl. Vasc. URSS: 351.

Roegneria virescens (Lange) Böcher, Holmen. et Jacobsen., 1966, Grönl. Fl. 2, udg.: 294. = *Agropyron violaceum β virescens* Lange, 1880, Medd. Om Grönl. 3: 155. = *Ag. violaceum* var. *majus* Vasey, 1893, Contr. U. S. Natl. Herb. 1: 280. =*E. trachycaulus* subsp. *virescens* (Lange) Á. et D. Löve, 1976, Bot. Not. 128: 502.

Roegneria viridiglumis Nevski, 1934, Fl. SSSR 2: 616, in Russian; 1936, Tr. Bot. AN SSSR ser. 1, 2: 50. =*Ro. taigae* Nevski. =*Agropyron karakalensis* Roshev., 1936, Tr. Bot. AN SSSR ser. 1, 2: 100. =*Elymus uralensis* subsp. *viridiglumis* (Nevski) Tzvelev, 1971, Nov. Sist. Vyssch. Rast. 8: 63. = *E. viridiglumis* (Nevski) S. K, Czerepanov, 1981, Sosud. Rast. SSSR 351.

Roegneria viridula Keng et S. L. Chen, 1963, Acta Nanking Univ. (Biol.) 1963 (1): 39. = *Elymus viridulus* (Keng et S. L. Chen) S. L. Chen, 1987, Bull. Nanjing Bot. Gard. Mem. Sun Yat Sen 1987: 9.

Roegneria yangiae (B. R. Lu) L. B. Cai, 1997, Acta Phytotax. Sin. 35 (2): 158. =*Elymus yangii* B. R. Lu, 1992, Wildenowia 22: 129.

Roegneria yezoensis (Honda) Ohwi, 1941, Acta Phytotax. Geobot. 10: 98. =*Ag. yuzoense* Honda, 1929, Bot. Mag. Tokyo 43: 292, non *Elymus yesoensis* Honda, 1930. = *E. nipponicus* Jaaska, 1974, Eesti NSV Tead. Akad. Toim., Biol. 23: 6. =*E. kurilensis* N. S. Probatova, 1985, Sosud. Rast. Sov. Daln. Vost. 1: 116=*E. yezoensis* (Honda) T. Osada, 1989, Ill. Grass. Jap. 738.

Roegneria yushuensis L. B. Cai, 1994, Bull. Bot. Res. 14 (4): 338-340. =*Elymus yushuensis* (L. B. Cai) S. L. Chen et G. Zhu, 2002, Novon 12 (3): 428.

致　谢

编著者感谢下列标本室的负责人，他们大力惠借模式标本或提供照片与复印件，他们是：**BM，DAO，GH，HNWP，K，KYO，LE，MO，N，NAS，TI，UC，US，UTC，WELT，WUK，XJA，XJBI**。编著者感谢国际植物遗传资源研究所［The International Plant Genetic Resources Institute（IPGRI，前 IBPGR)］、中国国家自然科学基金、中国国家科学技术学术著作出版基金、四川省科学技术厅、四川省教育厅、四川农业大学，对我们的资料收集整理、野外调查采集、实验研究及出版工作给予的经济资助。编著者感谢以下各位先生的特殊帮助，他们提供模式标本或协助我们拍摄模式标本照片，协助我们采集、收集文献资料，或在讨论中提供宝贵意见。他们是：耿伯介与宋桂卿（南京大学生物系），陈守良与宁平平（南京中山植物园江苏省植物研究所），H. H. Цвелев（俄罗斯圣彼德堡科马洛夫植物研究所），村松干夫（日本岡山大学），辻本寿（日本鸟取大学），池田博与清水晶子（日本东京大学综合研究博物馆），汪瑞其（美国犹他州立大学美国农业部牧草与草愿研究室），罗明诚、游明安与聂勋丽（美国加州大学戴维斯分校），Björn Salomon（瑞典农业科学大学），孙根楼（加拿大哈利法克斯圣马丽大学），万永芳（英国CPI，Rothamsted Research），蔡联炳（中国科学院西北高原生物研究所），段雨农（四川大学），丁春邦、刘登才、魏育明、吴卫、杨瑞武、张海琴、张志清与周永红（四川农业大学小麦研究所与生物系）。颜丹（四川农业大学生命科学与理学院）为本书的出版作了大量工作。编著者特别要感谢加拿大皇家学会会员、加拿大农业与农业食品部东部谷物与油籽研究中心 Bernard R. Baum 博士，他对本卷进行了共同研究。如前所述，仅由于他无法审阅中文稿，因为文责关系未作为编著人。编著者对他所作的大量工作深表谢忱。

第三卷 勘 误

24 页：倒 4 行“2n=3x=42”应更正为“2n=6x=42”。

54 页：倒 1 行“J. L. Yang et B. R. Baum”应更正为“J. L. Yang，C. Yen et B. R. Baum”。

57 页：图 1-58 与图 1-59 中“J. L. Yang et B. R. Baum”应更正为“J. L. Yang，C. Yen et B. R. Baum”。

75 页：文字叙述中第一行，“花药长 2～2. 5mm”应为宋体。

109 页：倒 10 行“US！ K，LE，TAES！ UTC！”应为黑体。

114 页：图 2-11“S. J. Hatch & J. K. Wipff”中的“&”改为“et”。

123 页：倒 13 行“*rupestree*”改为“*rupestre*”。

131 页：倒 13—18 行，退后与“*Triticum pectinatum*”齐头，因均同为异名。

133 页：17 行“*Agropyron*”应与上一种名齐头。

155 页：（三）冰草属的分类中第 1 行“*Agropyron*”应为黑体。

157 页：17 行“1084”应改为“1984”。

倒 7 行“（M. B.）”应改为“（Stev. ex Roem. et Schultes）”。

倒 6 行“*Triticum imbricatum* M. B.”改为“*Triticum imbricatum* Steven in M. Bieb.，1808，Fl. Taur. -Cauc. I：88 nom. Nud.”。

倒 3 行“*Triticum imbricatum* M. B.，”改为“Steven in M. Bieb.，”。

倒 2 行“*Agropyron imbricatum*”后加“Stev. ex”，改成“*Agropyron imbricatum* Stev. ex Roem. et Schultes”。

165 页：倒 7 行“P. Beaur.”改为“P. Beauv.”。

168 页：倒 13 行“ъот.”改为“Ъот.”。

171 页：倒 13 行前，加“异名：*Triticum dasyanthum*（Ledeb.）Spreng，1824，Syst. Veg. 1：326.”。

171 页：12 行与 14 行“*ericksonii*”改为“*erickssonii*”。

172 页：17 行“Novopokrovsky”后面的缩写符号“.”取消。

24 行“auct.”后面的逗号取消。

173 页：最后增加一行“分布区：中国新疆”。

175 页：倒 5 行“上端渐类”，改为“上端渐尖”。

187 页：2 行移至中部，用黑体，上下各空 1 行。

189 页：11 行细胞学特征后加一行，“分布区：澳大利亚万达曼”。

189 页：12 行、13 行和 22 行以及图 4-11 说明中的“B. P. G. Molloy”中的“G.”改为“J.”。

190 页：7 行、8 行、16 行和图 4-12 说明中的“B. P. G. Molloy”中的“G.”改为“J.”。

193 页：倒 3 行“*Aystrolopyrum*”中 A 后面的“y”改为“u”，即 *Austrolopyrum*。
214 页：倒 11 行“Steud.”后加句点“。”，改成“Steud.”。
226 页：19 行“*australisisa*”改为“*australisica*”。
227 页：7 行“Synp.”去掉 p 改为“Syn.”。
228 页：倒 3 行“42”：改为“32：”。
倒 2 行“颖芒…，”去掉“颖”字。
倒 1 行“Triticum scabrum”用斜体，改成“*Triticum scabrum*”。
229 页：最后加一行“分布区：澳大利亚”。
231 页：倒 10 行“Nat. Herb. 1（6）：342；”提到倒 9 行“Wales”后面。
234 页：倒 12 行将“182”去掉，改为“20：183”。
237 页：19 行“CHR279320A”在 0 与 A 之间应有一空隙分开，即“CHR279320A”。